中国教师发展基金会教师出版专项基金资助出版

# 园艺产品采后生物学基础

主　编　田世平　罗云波　王贵禧
副主编　秦国政　孟祥红　朱本忠
　　　　蒋跃明　毕　阳

科学出版社

北　京

## 内 容 简 介

　　本书主要阐述了近年来园艺产品采后生物学基础研究的新进展及其实验技术。全书共分为三个部分，"采后分子生理学及生物技术"和"采后病理学及防病机制"属于基础理论研究部分，围绕呼吸代谢、果实成熟衰老调控、逆境生物学基础、果实品质调控机制、病原菌的致病机理、果实抗病性应答机制和控制病害的生物技术等方面，重点阐述了园艺产品采后生理、病理学基础和品质保持的调控机制，系统展现了当前园艺产品采后领域的热点科学问题和研究进展，具有前瞻性和指导性。第三部分是"实验方法和技术"，详细介绍了分子生物学、蛋白质组学、细胞生物学和代谢组学的研究技术和实验方法，对深入揭示园艺产品采后生物学基础研究中的科学问题具有指导作用。

　　本书的内容丰富，重点突出，图文并茂，不但对园艺产品采后领域的科研人员和教师是一本有价值的参考书和工具书，而且为在读的研究生和本科学生全面了解该领域的基础理论、研究思路和实验方法提供了有益的指导。

**图书在版编目（CIP）数据**

园艺产品采后生物学基础/田世平，罗云波，王贵禧主编. ──北京：科学出版社，2011
　ISBN　978-7-03-031598-4

Ⅰ.①园…　Ⅱ.①田…②罗…③王…　Ⅲ.①园艺作物—生物学—基本知识　Ⅳ.①S601

中国版本图书馆 CIP 数据核字（2011）第 115063 号

责任编辑：王剑虹　王玥/责任校对：何艳萍
责任印制：徐晓晨/封面设计：陈四雄

**科 学 出 版 社** 出版
北京东黄城根北街 16 号
邮政编码：100717
http://www.sciencep.com

**北京虎彩文化传播有限公司** 印刷
科学出版社发行　各地新华书店经销

\*

2011 年 6 月第 一 版　　　开本：787×1092mm　1/16
2018 年 7 月第六次印刷　　　印张：33 1/4　插页：8
字数：785 000

**定价：99.00 元**
（如有印装质量问题，我社负责调换）

# 《园艺产品采后生物学基础》
# 编 写 组

主　编　田世平　罗云波　王贵禧
副主编　秦国政　孟祥红　朱本忠　蒋跃明　毕阳

**各章编写的负责人**(按姓拼音排序)

| | |
|---|---|
| 毕　阳 | 甘肃农业大学 |
| 陈昆松 | 浙江大学 |
| 丁占生 | 江南大学 |
| 关军锋 | 河北省农林科学院遗传生理所 |
| 郭红莲 | 天津科技大学 |
| 姜微波 | 中国农业大学 |
| 蒋跃明 | 中国科学院华南植物园 |
| 李博强 | 中国科学院植物研究所 |
| 李永才 | 甘肃农业大学 |
| 李　鲜 | 浙江大学 |
| 李正国 | 重庆大学 |
| 罗云波 | 中国农业大学 |
| 孟祥红 | 中国海洋大学 |
| 庞　杰 | 福建农林大学 |
| 秦国政 | 中国科学院植物研究所 |
| 曲桂芹 | 中国农业大学 |
| 申　琳 | 中国农业大学 |
| 生吉萍 | 中国农业大学 |
| 田世平 | 中国科学院植物研究所 |
| 许　玲 | 华东师范大学 |
| 郑小林 | 湛江师范学院 |
| 郑晓冬 | 浙江大学 |
| 郑永华 | 南京农业大学 |
| 朱本忠 | 中国农业大学 |
| 朱　毅 | 中国农业大学 |

# 序　言

序之精髓，推文析人兼感时论事，长短方寸，均见性情。

果蔬采后研究的记忆可以追溯到 1952 年全国高校院系调整，园艺系中开始增设"果蔬贮藏加工学"课程；从第六个五年计划开始，国家攻关计划中就安排了果蔬采后贮藏保鲜技术研究项目。自此，"六五"到"十一五"，研究内容各有侧重，层层递进，不断深入，在上一个五年的技术储备上开拓展开，求实求新。其间，采后理论的研究进展一直紧跟国际步伐，为我国保鲜产业硬件上升级、软件上优化夯实了科学基础，在不同层面上完成从理论向实践转化，从单一技术向集成技术提升，形成了一批具有完全自主知识产权和核心技术的科技成果。

回顾我国果蔬采后生理及贮藏保鲜研究，在不平凡的求索之路上，多少学者孜孜以求、开拓进取，经历上山下滩坷垃荆棘，守住冷库的冰凉寂寞，三十余年如一日默默耕耘，为的是加快我国果蔬保鲜事业的发展，不断提高我国在果蔬贮藏保鲜领域的理论水平和应用能力，以支撑我国在全球果蔬产量第一的巨大产业。我国采后科学技术工作者长期以来，淡泊名利、宠辱不惊，表现出了真正的科学精神，一种严谨求实、锐意创新，一种坚忍不拔、甘于平凡的科学精神，这恐怕也是我最希望这部书的年轻读者透过字里行间能够领悟并践行的精神。

我国果蔬贮藏保鲜研究的发展历经数代，业已形成一支优秀的科学家团体，研究工作星火传递，许多前辈都已故去，远者有"六五"贮藏保鲜项目主持者李沛文先生，李先生一生勤勉、兢兢业业，是老一辈科学家的优秀代表；近者就在去年，"十一五"项目进行的第四年，致力推广、言语幽默、正值壮年的邓伯勋教授不幸猝然谢世，令我们无比怅然惋惜！

我从"九五"开始加入到这个优秀的团体，近二十年来的工作让我体会和感受到，一次次的滚动、一点点的延续，最后是理论指导下技术整合集成后的物化体现，在承接中拓展绿色、环保、高效的理念，在发展中展现了以点带面的示范的力度。在此，我无需赘言采后研究之不可或缺，这么多人把毕生的精力、把生命中最美好的年华都贡献其间的事业，是无需再用数字对比来说明其重要性的。尽管研究工作从立项到实施，各个环节充满困难，值得欣慰的是，同仁们从来没有气馁，都快乐地延展着奉献和努力，用辛勤汗水和智慧，促进着我国果蔬产业的进步与发展，惠及千千万万的果农、菜农和广大的消费者。

记得是前年暮秋时节，"十一五"采后团队的骨干们在我的办公室讨论研究成果的总结与体现，有人提议将近年来在自然科学基金、国家攻关、支撑等各种纵向横向的研究项目所取得的成果以著作的形式加以总结，以便今后为更多人学习应用。通过反复商讨，最终确定编撰果蔬采后基础理论和应用技术的专著各一部，书中力求反映当今国内外本领域的最新理论研究成果与实践应用技术，尤其是我们自己所取得的研究成果。一年又半，在田世平研究员的具体协调组织下，全体同仁齐心协力，专家们拨冗执笔，第一部《园艺产品采后生物学基础》的理论专著终于付梓出版了。这部书系统地总结和反映了果蔬成熟、衰老和抗性机制的最新理论和研究方法，涉及果蔬采后生理、采后病理、品质形成与保持等方面的内容，特别是本书专门撰写了用于果蔬产品采后研究的细胞生物学、分子生物学、蛋白质组学和代谢组学的实验技术与方法，可作为同行们研究时的参考。果蔬采后相关的各类书籍不算匮乏，但举整个团队之力，将采后的科学技术问题进行完整系统的梳理，恐怕还是第一次。虽不敢说字字珠玑，但却凝聚着团队的心血。

序在自语间开始，在推介中煞尾。翻过这一页，厚厚书脊里的每一页，每一页中的字字句句里，叠印着勤奋和坚韧，当今采后第一线科研工作者的身影清晰可见。

往后翻吧，尽管瑕疵在所难免，但却是一部认真的书，在学习和研究中值得一读的有价值的书。

中国农业大学食品科学与营养工程学院院长、教授、博士生导师

2011 年 6 月于北京

马连洼

# 前　言

　　园艺产品色泽艳丽、风味独特、营养丰富，为人类的健康增益，为环境的美化添彩。我国作为世界上水果蔬菜的生产大国，其栽培面积和产量均居世界第一。果蔬产品是人类膳食中不可缺少的重要组分，果蔬产业的发展对改善农村经济、调整产业结构、提高出口创汇和增加农民收入都至关重要。

　　园艺产品大多栽植于远离城市的山区或郊区，由于成熟期比较集中，需要有一定的运输和贮藏时间来调解"集中上市"与"长期供应"的市场供需矛盾。园艺产品采后品质下降很快，严重影响其商品质量和市场价值。据统计，我国每年有 20% ~ 40% 的新鲜果蔬产品在采后腐烂，经济损失超过 1000 亿元。衰老和腐烂是引起园艺产品采后品质劣变的主要因素，采后生理、病理学的研究水平将影响其精准贮运保鲜技术的集成和应用。与发达国家相比，我国在园艺产品采后生物学基础研究方面还比较薄弱，果蔬产品采后商品化处理技术和贮运设施建设不足，采后贮藏保鲜的果实不足总产量的 20%，而发达国家在 80% 以上。因此，加强采后生理、病理学基础研究，为形成精准的贮运保鲜和商品化处理技术提供指导，对保持果蔬采后品质，减少腐烂，促进园艺产业可持续发展具有重要意义。

　　近十多年来，在国家自然科学基金、科技部和中国科学院等 20 多个研究项目的资助下，我们围绕园艺产品采后生物学基础开展了较系统的研究工作，从分子生物学、蛋白质组学和细胞生物学等方面揭示了果实采后成熟衰老和品质保持的调控机理，探讨了果实对环境胁迫的生理应答机制，阐明了外源化学物质对果实采后病害的调控机制，研究了控制果实采后病害的生物技术及调控机制，取得了国外同行所公认的创新性研究结果，在国内外学术期刊上发表研究论文 800 多篇，其中在 30 多种国际 SCI 核心期刊上发表论文 400 余篇。本书结合我们的研究结果，比较系统地阐述了近十多年来国内外学者在细胞、生化、分子和蛋白质组水平上研究园艺产品采后生理、病理学基础和生物技术方面取得的最新研究进展，详细叙述了研究中涉及的细胞生物学、分子生物学、蛋白质组学和代谢组学等实验技术与方法，是我国园艺产品采后领域的第一本综合性基础研究专著。

　　本书由我国园艺产品采后领域 20 多位知名的专家学者负责编写，全书共分为三个部分：第一部分"采后生理学及调控机制"，详细论述了呼吸代谢及调控机制，激素对果实成熟的调控机制，逆境胁迫的生物学基础及调控机制，品质变化和调控机制。第二部分"采后病理学及防病机制"，深入阐明了物理方法的防病机制，化学物质的抑病机制，生物防病技术及抑病机理，以及果实抗病性应答机制。第三部分"实验技术与方法"，重点介绍了分子生物学、蛋白质组学、细胞生物学和代谢组学研究技术与实验方法。本书的内容丰富，重点突出，图文并茂，系统展现了当前园艺产品采后领域的热点问题和研究进展，具有前瞻性和指导性。希望本书能成为我国广大从事园艺作物采后生理、病理学基础和实用技术研究的科研、教学人员的一本有价值的参考书，并为在读的研究生和本科生全面了解该领域的研究背景、基础知识、研究思路和实验方法提供指导。我们相信本书相关的理论知识对提升我国园艺产品采后商品化处理和精准贮藏保鲜技术水平，加快我国园艺产业的发展具有指导作用。同时，为进一步拓展该领域未来的研究工作提供了新的思路。

本书的策划和编写工作持续了 3 年多，参与资料整理和文字编写的人员有 51 人，涉及的内容较多。尽管我们投入了很多时间和精力，希望将本书编写成我国园艺产品采后领域的第一本基础理论的精品专著，但是，也难免存在一些不足。在此，恳请同行和读者能给予批评和指正。

在完成最后的校对工作之际，作为主编期盼本书的出版就如同母亲期盼十月怀胎的婴儿诞生一样激迫和欣慰。在此，我代表主编向长期关心和支持中国园艺产品采后科学研究的国家自然科学基金委生命科学部、科技部农村科技司和中国科学院生命科学与生物技术局的领导们表示衷心的感谢！向参与本书编写的全体同仁表示感谢！同时，对中国科学院植物研究所研究员教授认真审阅本书所付出的宝贵时间和辛勤劳动表示诚挚的谢意！

中国科学院植物研究所 研究员 博士生导师
2011 年 6 月于北京香山

# 目　　录

# 第二部分　采后病理学及防病机制

# 第一部分　采后生理学及调控机制

# 第一章　呼吸代谢及调控机制

## 第一节　能量代谢及调控途径

**导言**

果蔬产品在贮运过程中的能量代谢影响到膜脂及细胞膜完整性、呼吸代谢途径以及氧自由基产生和清除的调控方式，在采后果蔬保鲜中起着重要的作用。本章概述了果蔬产品采后能量代谢的基本特性，果蔬产品在采后过程中能量特点和能量在果蔬产品采后衰老、病害中的作用，简要讨论了果蔬产品采后能量代谢的调控机制，并对果蔬采后能量代谢及调控途径的研究方向提出了展望。

### 1　果蔬产品采后能量代谢概述

能量是生物体生命活动的基础，腺苷三磷酸（ATP）是生物体内最重要的能量代谢库。果蔬产品在采后衰老时常伴随着物质转化、呼吸代谢途径和呼吸链组分的改变。在正常生命活动中，果蔬组织通常能够合成足够的能量以维持组织的正常代谢；但当采后果蔬产品处于衰老或在不良环境胁迫条件下，呼吸链受损、ATP 合成能力降低，细胞因能量耗竭而出现代谢与功能的紊乱而导致细胞结构的破坏和细胞内功能组分丧失，最终形成细胞不可逆损伤而导致细胞以凋亡方式死亡（Jiang et al.，2007）。可见，维持细胞内 ATP 和能荷的水平可保持组织的正常生命活动，从而维持果蔬品质，延长采后贮运货架期。

#### 1.1　呼吸代谢能量的贮存

线粒体是生物体进行呼吸作用和能量合成的场所，具有高度的自我调节功能，控制着细胞的能量代谢（图 1-1-1-1）。在植物呼吸代谢中，伴随着物质的氧化降解，不断地释放能量；其中除一部分能量以热能散失外，大部分则以高能键的形式贮存起来（潘瑞炽，2008）。果蔬组织能量主要以 ATP 的高能磷酸键贮藏，其次是硫酯键。在果蔬贮藏期间呼吸代谢途径变化也影响到细胞能量代谢水平。由细胞能量缺乏导致的线粒体功能下降可削弱生物体适应各种生理应激的能力。在生物体衰老时，线粒体出现数量的减少和体积增大，脂质过氧化产物累积，线粒体 DNA 缺失加重，ATP 生成下降；因而维持线粒体功能，提高细胞氧化磷酸化能力可保持果实采后品质（Jiang et al.，2007）。

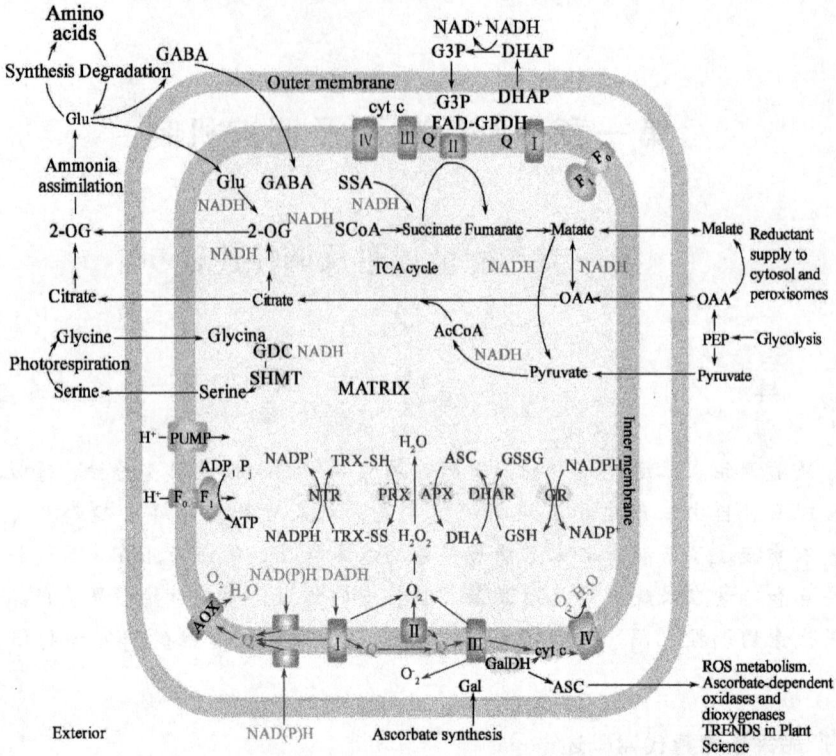

图 1-1-1-1 线粒体功能的关键反应示意图

AcCoA，乙酰辅酶 A；AOX，交替氧化酶；APX，抗坏血酸过氧化物酶；ASC，抗坏血酸；
DHAP，磷酸二羟丙酮；DHA（R），脱氢抗坏血酸（还原酶）；FADGPDH，含 FAD 甘油三磷酸脱
氢酶；GABA，γ-氨基丁酸；Gal（DH），L-半乳糖-γ-内酯（脱氢酶）；GDC，甘氨酸脱羧酶；
G3P，甘油-3-磷酸；GR，谷胱甘肽还原酶；GSH，谷胱甘肽；GSSG，氧化型谷胱甘肽；NTR，
NADPH，硫氧还蛋白还原酶；OAA，草酰乙酸；2-OG，2-酮戊二酸；PRX，过氧化物酶；Q，泛
醌；SCoA，琥珀辅酶 A；SHMT，丝氨酸羟甲基转移酶；SSA，琥珀酸半醛；TRX，硫氧还蛋白

（引自：Noctor et al.，2007）

## 1.2 电子传递与氧化磷酸化

在果蔬产品采后的呼吸代谢过程中，经糖酵解和三羧酸循环等脱下的氢需要经过一系列电子或氢传递体传递，最后与分子氧结合。在电子传递呼吸链中，各种电子或氢载体的顺序是固定不变的，电子只能从底物单向流向氧分子；而在底物脱下氢通过呼吸链传递到 $O_2$ 过程中伴随着 ATP 的合成，表现为氧化作用与磷酸化作用同时进行。氧化与磷酸化的偶联关系可用 P/O（每消耗一个氧原子形成的 ATP 数量）加以表示。氧化磷酸化途径可受到抑制，主要有两类：一类是解偶联作用，表现为氧化正常，但不产生ATP。采后果蔬产品发生旱害、寒害或在不良环境下贮运都会造成氧化磷酸化解偶联；另一类是电子传递的抑制作用，如抗霉素 A 打断电子从细胞色素 b 向细胞色素 c 的传递，而氰化物、叠氮化合物、CO 则阻碍电子从细胞色素 a 向细胞色素 $a_3$ 的传递（潘瑞炽，2008）。

### 1.3 末端氧化系统

果蔬产品存在多种末端氧化酶。在果蔬采后贮运过程中，多种末端氧化系统能够适应不同的呼吸底物和不断变化的环境条件，从而保证生命活动的正常运行。末端氧化酶类有的存在于线粒体内，也有的位于线粒体外；前者产生 ATP，后者不产生 ATP；因此，影响到果蔬组织的能量供给（图 1-1-1-2）。

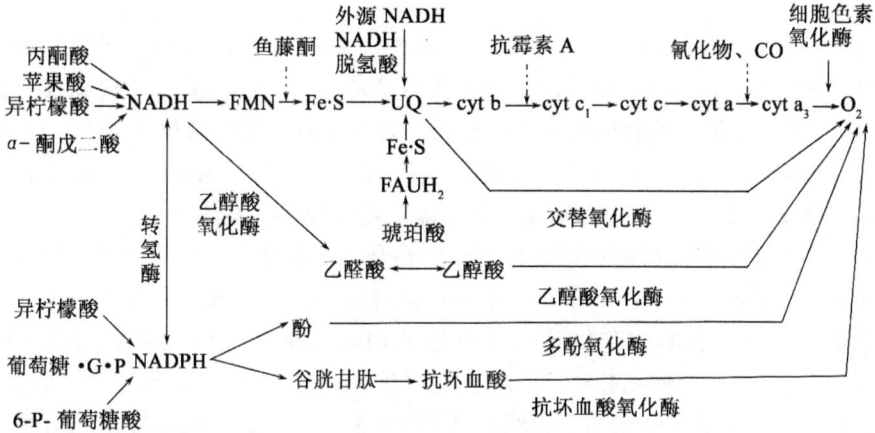

图 1-1-1-2 果蔬多途径呼吸电子传递过程

细胞色素 c 氧化酶：为植物体内最主要的末端氧化酶，位于线粒体内膜的嵴上，是一种血红蛋白，含有两个铁卟啉辅基和两个 Cu 原子。它接受细胞色素 c 上传递的电子，经过细胞色素 a 和细胞色素 $a_3$ 再将电子传给 $O_2$，使其激活，与质子结合形成 $H_2O$。该酶与氧亲和力极高，易受氰化物、叠氮化合物和 CO 的抑制。在细胞色素系统中，有 3 个部位产生 ATP。

交替氧化酶（AOX）或抗氰呼吸：在线粒体中存在一种对氰化物不敏感的氧化酶。该酶含 Fe，也可将电子传给 $O_2$。在交替途径中，最多能产生 1 个 ATP，绝大部分能量以热能的形式散失。在大多数组织中，抗氰呼吸占呼吸的 10%～25%；而在某些组织竟达 50% 以上。采后苹果、马铃薯、胡萝卜在贮藏过程中都有抗氰呼吸存在（Millenar et al.，1998；敬兰花等，1994）。

除了上述两种酶类存在于线粒体内，还有一些末端氧化酶，如酚氧化酶、抗坏血酸氧化酶、乙醇酸氧化酶和过氧化物酶等存在于线粒体外的细胞质、质体与微体内。

酚氧化酶：包括一元酚氧化酶（如酪氨酸氧化酶）和多元酚氧化酶（如儿茶酚氧化酶），含 Cu 原子，存在于质体和微体中，将酚氧化成醌，它们可与其他底物氧化相偶联，起到末端氧化酶的作用。在正常情况下，酚氧化酶和底物在果蔬细胞质中为分隔分布；但当组织受损、衰老或发生病害时，酚氧化酶与底物接触，发生反应，将酚氧化成棕褐色的醌，如果实采后酶促褐变。

抗坏血酸氧化酶：该酶广泛存在于果蔬组织中，含有 Cu 原子，位于细胞质中或与细胞壁结合，催化抗坏血酸的氧化，可与其他氧化还原反应相偶联起到末端氧化酶的作用。另外，该酶在"抗坏血酸-谷胱甘肽"循环中具有清除自由基的作用（Saquet et al.，2000）。

综上所述，果蔬体内含有多种呼吸氧化酶，这些酶各有其生物学特性，可在一定范围内使果蔬适应各种外界条件。就对氧浓度的要求而言，细胞色素 c 氧化酶对氧的亲和力最高，可在低浓度下发挥作用；而酚氧化酶对氧亲和力弱，只有在较高氧浓度下才能顺利发挥作用。例如，果实中酶的分布也反映了酶对氧的需求，内层以细胞色素 c 氧化酶为主，表层以酚氧化酶为主。

## 2　果蔬产品采后的能量特性

果蔬组织能量状况可用能荷水平大小来反映。先前的 ATP 和 ADP 含量测定主要采用生物发光方法（bioluminescent），通过荧光素酶（luciferase）催化底物荧光素的转化，利用 ATP 的能量，发射出光子进行分析。随着高效液相色谱仪（HPLC）的普及，通过采用改进流动相方法，已建立了果蔬组织内 ATP、ADP、AMP 含量及能荷水平的快速 HPLC 测定方法，这为研究果蔬采后的能量特性提供了技术支撑。

线粒体一方面是生物体进行呼吸作用和能量合成的场所，另一方面是生物体最早表现出功能性衰退的细胞器（Huang & Roman，1991；Peppelenbos & Rabbinge，1996）。由线粒体功能下降引起的细胞能量缺乏可能削弱采后果蔬适应各种生理应激的能力（Jiang et al.，2007）。当果蔬采后组织衰老时线粒体可出现数量的减少和体积增大，总体积下降，脂质过氧化产物累积，线粒体 DNA 缺失加重，线粒体膜电位降低，氧化磷酸化偶联效率降低，ATP 生成下降，导致了细胞发生能量亏损。另外，植物组织成熟、衰老时的能量代谢变化常因材料不同而有较大差异。Saquet 等（2000）发现"Conference"梨和"Jonagold"苹果在气调贮藏条件下贮藏 2 个月，"Jonagold"苹果组织中的 ATP 含量下降明显，而"Conference"梨仅略微下降。另外，我们研究结果初步发现，荔枝果实采后在衰老过程中果皮组织能量水平明显下降（表 1-1-1-1），并初步认为组织能量亏损可能是导致果实衰老、品质劣变的一个重要因素（Liu et al.，2007）。

**表 1-1-1-1　荔枝果实在常温贮藏过程中果皮组织的 ATP、ADP 和能荷的变化**

| 贮藏时间/天 | ATP/（nmol/g FW） | ADP/（nmol/g FW） | 能荷 |
| --- | --- | --- | --- |
| 0 | 68.6 | 37.2 | 0.78 |
| 2 | 31.2 | 28.6 | 0.58 |
| 4 | 16.8 | 17.2 | 0.55 |
| 6 | 16.2 | 21.2 | 0.49 |

## 3　能量在果蔬产品采后衰老中的作用

### 3.1　膜完整性与膜脂

细胞膜是生物体的重要组成部分，而膜退化是细胞衰老的一个早期事件。膜系统的损伤是采后果蔬衰老的原初反应，它意味着膜完整性的丧失、细胞离子泄露和去区域化，表现为膜透性的增加（蒋跃明等，2002）。膜完整性和细胞膜内外渗透压维持、膜上功能蛋白质合成、跨膜 $K^+$ 和 $Na^+$ 的转运均需要能量（Ohlrogge & Browse，1995；Marangoni et al.，1996）。正常生活的果蔬细胞可合成足够能量以维持细胞内膜代谢等的平衡；而处于衰老或在不良环境胁迫下的细胞表现为 ATP 合成能力下降，代谢与功能的紊乱，膜完整性、区域化的丧失，底物和酶不可控制的作用，最终导致细胞不可逆死亡。

脂类是细胞膜的主要组成部分；而细胞膜上膜脂成分的变化会改变膜的生物物理和生物化学特性，导致膜区域化的丧失（Marangoni et al.，1996）。ATP 作为生物体内的"能量通货"，在脂类合成及细胞膜修复中起着重要作用（Rawyler et al.，1999）。Rawyler 等（1999）的研究结果表明，ATP 合成与膜脂降解之间存在相关：当 ATP 合成速率低于一定阈值时，膜脂水解产物（如自由脂肪酸、$N$-乙酰磷脂酰乙醇胺）含量明显增加。Saquet 等（2003）研究也表明，随着"Conference"梨延迟气调贮藏期间，组织能量代谢水平增加，多聚不饱和脂肪酸如油酸、亚油酸等含量明显上升。最近，我们工作初步表明，能量代谢对细胞膜完整性起着重要的维持作用，ATP 处理明显抑制了荔枝果实和接种霜疫霉菌后的果实在贮藏过程中细胞膜透性的增加和细胞膜流动性的减少（3 天、4 天），抑制了过氧化产物的积累，延迟了细胞膜水解相关的脂酶、磷脂酶 D、酸性磷酸酶和脂氧合酶活性的增加，抑制了游离脂肪酸的释放和极性脂的降解并维持了脂肪酸的不饱和程度（表 1-1-1-2），延缓了果实衰老劣变发生或病害发生；而呼吸解偶联剂 2,4-二硝基甲苯（DNP）处理后则加快这一系列进程（Yi et al.，2008）。

**表 1-1-1-2　ATP 处理对采后荔枝果实在自然衰老和接种霜疫霉菌感病过程中**

**游离脂肪酸含量（μg/100g FW）的影响**

| Days | Treatment | C16：0 | C18：0 | C18：1 | C18：2 | C18：3 | DBI |
|---|---|---|---|---|---|---|---|
| | | 未接种荔枝霜疫霉菌 Non-inoculated | | | | | |
| 2 | Non-ATP | 98 ± 7 | 35 ± 5 | 21 ± 3 | 142 ± 12 | 45 ± 3 | 3.32 |
| | ATP | 84 ± 9 | 11 ± 1 | 26 ± 4 | 131 ± 14 | 42 ± 2 | 4.41 |
| 4 | Non-ATP | 159 ± 11 | 64 ± 4 | 27 ± 3 | 200 ± 3 | 62 ± 5 | 2.74 |
| | ATP | 120 ± 13 | 26 ± 3 | 25 ± 2 | 140 ± 8 | 45 ± 1 | 3.03 |
| 6 | Non-ATP | 165 ± 6 | 62 ± 11 | 50 ± 6 | 186 ± 7 | ND* | 1.86 |
| | ATP | 160 ± 8 | 56 ± 3 | 67 ± 7 | 199 ± 25 | ND | 2.15 |
| | | 接种荔枝霜疫霉菌 Peronophythora *litchii*-inoculated | | | | | |
| 2 | Non-ATP | 80 ± 9 | 6 ± 0 | 19 ± 2 | 94 ± 11 | ND | 2.41 |
| | ATP | 60 ± 13 | 16 ± 3 | 15 ± 2 | 81 ± 11 | ND | 2.33 |
| 4 | Non-ATP | 225 ± 37 | 29 ± 5 | 47 ± 6 | 223 ± 22 | ND | 1.94 |
| | ATP | 180 ± 10 | 53 ± 11 | 24 ± 2 | 225 ± 12 | ND | 2.02 |
| 6 | Non-ATP | 306 ± 86 | 82 ± 7 | 125 ± 14 | 243 ± 65 | ND | 1.58 |
| | ATP | 293 ± 42 | 84 ± 22 | 135 ± 26 | 246 ± 9 | ND | 1.67 |

* ND：未检测到。

## 3.2　自由基

自由基是需氧生物代谢过程中不可避免的产物。对于无绿色组织的果蔬来讲，产生

ROS 的部位主要集中在线粒体和过氧化物体上。氧自由基对生物体具有一定的毒害作用，同时生物体也存在着抗氧化能力；而线粒体是细胞内产生自由基的主要器官，同时线粒体自身富含的多种酶、结构蛋白、膜脂质及核酸等也是活性氧直接攻击的目标。线粒体氧化损伤包括膜脂质、结构蛋白、酶、核酸等多种损伤形式，酶的氧化损伤直接造成线粒体自由基释放增加、细胞能量代谢障碍、功能降低或丧失。随着果蔬采后贮藏时间延长，细胞能量缺乏，导致线粒体功能下降，组织抗氧化功能逐渐下降，氧化与抗氧化二者失衡，从而引发果蔬衰老。ATP 可在"抗坏血酸-谷胱甘肽"循环中自由基清除剂（如还原型抗坏血酸、谷胱甘肽和维生素 E）的合成中起重要作用（Saquet et al.，2000）。Veltman 等（2003）发现"Conference"梨在贮藏过程中组织内 ATP 亏损导致自由基积累增多。易春（2009）工作表明，外源 ATP 处理维持了荔枝果实在自然衰老和接种霜疫霉菌感病过程中较高水平的自由基清除能力，减轻组织内自由基积累，延缓了果实衰老劣变；而呼吸解偶联剂 2,4-二硝基甲苯处理后则加快这一系列进程，这进一步说明了能量在果蔬组织中清除自由基的作用。

### 3.3 褐变

果蔬组织褐变与膜的完整性相联系。膜完整性的丧失使酶和底物去区域化，导致酶促褐变发生，而膜系统的伤害可能与细胞内能量亏损有关（Xuan et al.，2005；Liu et al.，2007）。荔枝果实随着褐变指数增加，ATP 含量和能荷水平显著降低（Duan et al.，2004；Qu et al.，2006）。Veltman 等（2003）报道"Conference"梨在贮藏过程中褐心病发生原因部分是组织能量缺乏。因此，细胞内能荷水平的高低影响到细胞膜结构的完整性，而细胞膜的完整性对维持采后果实正常生命活动、防止褐变起重要作用。

采后果蔬通过合适处理可维持细胞内核苷酸和能荷水平，有效延缓组织衰老和褐变。Saquet 等（2003）报道采用延迟气调贮藏"Conference"梨可维持组织较高的能荷水平，保持果实正常生理代谢，从而抑制果心褐变。Duan 等（2004）也报道用纯氧处理"淮枝"荔枝果实可使果皮组织中 ATP、ADP 含量和能荷水平较高，果皮褐变被抑制。另外，外源 ATP 处理显著提高了荔枝果实的 ATP 含量和能荷水平，抑制了果皮褐变发生（Song et al.，2006）。可见，果蔬产品采后能量亏损引发了组织的衰老；反之，维持组织能量的水平，可明显推迟衰老和褐变的发生。

## 4 能量在果蔬产品采后病害发生过程中的作用

在采后果蔬组织中，ATP 的产生主要通过氧化磷酸化进行。在受病菌侵染初期，果蔬呼吸速率增强，ATP 含量相应增加，以供应对相关病害响应的代谢所需的能量，消除病原菌的毒素。在荔枝果实感染初期，能荷值差别较小；但在病原菌侵染后期，果实的氧化磷酸化解偶联，ATP 供应不足，细胞受伤害，寄主抗病能力降低，能荷趋向降低（Yi et al.，2008）。我们工作表明，经 ATP 处理的果实果皮内 ATP 含量及其能荷水平显著提高，膜脂过氧化和降解相关的酶磷脂酶 D、酸性磷酸酶和脂氧合酶活性则降低；并且发现 ATP 处理在荔枝果实贮藏初期可维持高的能量水平，抑制膜脂水解酶活性升高，减轻膜脂过氧化，有助于维持膜完整性，从而控制病害的发生（图 1-1-1-3）。这揭示了能量在果蔬产品采后病害控制中的作用。

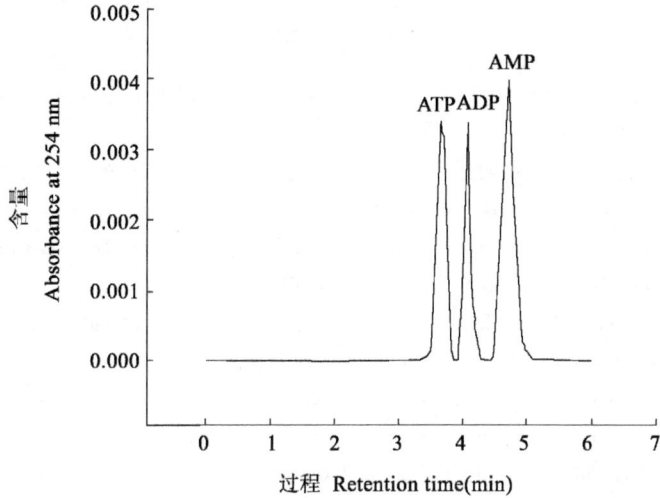

图 1-1-1-3　ATP 和 DNP 对采后荔枝果实在自然衰老（A—D）和接种霜疫霉菌感病
（E—H）中的 ATP、ADP 和 AMP 及 Energy charge 的影响

## 5　果蔬产品采后能量代谢的调控

在采后果蔬组织中，高能损耗会导致线粒体的呼吸活性增强，氧化磷酸化和 ATP
合成速率升高，继而活性氧产生增加；但过量的自由基积累和活性氧产生可影响线粒体
上的酶和电子传递链而导致线粒体损伤，阻断能量产生进程而引起能量供给不足
（Jiang et al.，2007；Tiwari et al.，2002）。但在一定范围内，果蔬组织可通过增强
AOX 和解偶联蛋白（UCP）活性及其表达水平，调控氧化磷酸化和 ATP 合成速率，
从而维持能量供需动态平衡（Sluse & Jarmuszkiewicz，2000；Vercesi et al.，2006）。
在香蕉、番木瓜、菠萝、苹果、芒果、草莓等果实成熟、衰老过程中，均发现 AOX 和
UCP 的表达（Borecký & Vercesi，2005；Cruz-Hernández et al.，1995；Considine et
al.，2001）。AOX 和 UCP 使果实在逆境（高氧、厌氧、低温）下调节能量平衡，抵抗
氧化胁迫，保持三羧酸循环的运行，降低线粒体电子传递链中活性氧产生水平（Tian et
al.，2004；Maxwell et al.，1996）。目前，至少已克隆到 3 个 AOX 家族基因：*AOX1*
与逆境密切相关，*AOX2* 为组成型表达，*AOX3* 可能与能量代谢有关（Borecký &
Vercesi，2005）。结合前面提到的电子传递与氧化磷酸化和末端氧化系统，可以初步认
为果蔬产品在采后贮藏过程中能量代谢存在着多种多样的调控方式或途径。

## 6　展望

果蔬产品在贮运过程中能量代谢影响到膜脂及细胞膜完整性、呼吸代谢途径以及氧
自由基产生和清除。维持细胞内核苷酸和能荷的水平，可有效推迟采后果蔬的贮运寿
命。能量影响到果蔬采后贮运寿命是一个相对复杂的过程，但对于有关能量代谢的生理
生化与分子机制还不十分明确，特别在呼吸途径和能量代谢的调控方式等方面。深入揭
示这些问题，可减少果蔬产品采后呼吸底物消耗和提高组织能量形成，进而延长果蔬产
品贮运保鲜期。

# 参 考 文 献

敬兰花，种康，杨成德等 . 1994. 苹果的抗氰呼吸与果实呼吸跃变的关系 . 西北植物学报，14：117-122.

蒋跃明，傅家瑞，徐礼根 . 2002. 膜对采后园艺作物衰老的影响 . 广西植物，22：160-166.

潘瑞炽 . 2008. 植物生理学 . 北京：高等教育出版社 .

Borecký J, Vercesi A. 2005. Plant uncoupling mitochondrial protein and alternative oxidase: energy metabolism and stress. *Bioscience Reports*, 25: 271-286.

Considine M J, Daley D O, Whelan J. 2001. The expression of alternative oxidase and uncoupling protein during fruit ripening in mango. *Plant Physiology*, 126: 1619-1629.

Cruz-Hernández A, Gómez-Lim M A. 1995. Alternative oxidase from mango (*Mangifera indica L.*) is differentially regulated during fruit ripening. *Planta*, 197: 569-576.

Duan X W, Jiang Y M, Su X G, Liu H, et al. 2004. Role of pure oxygen treatment in browning of litchi fruit after harvest. *Plant Science*, 167: 665-668.

Duque P, Barreiro M G, Arrabaca J D. 1999. Respiratory metabolism during cold storage of apple fruit. I. Sucrose metabolism and glycolysis. *Physiologia Plantarum*, 107: 14-23.

Huang L S, Roman R J. 1991. Metabolically driven self-restoration of energy-linked functions by avocado mitochondria. *Plant Physiology*, 95: 1096-1105.

Jiang Y M, Jiang Y L, Qu H X, et al. 2007. Energy aspects in ripening and senescence of harvested horticultural crops. *Stewart Postharvest Review*, 2 (5): 1-5.

Liu H, Song L L, Jiang Y M, et al. 2007. Short-term anoxia treatment maintains tissue energy levels and membrane integrity and inhibits browning of harvested litchi fruit. *Journal of the Science of Food and Agriculture*, 87: 1767-1771.

Marangoni A G, Palma T, Sanley D W. 1996. Membrane effects in postharvest physiology. *Postharvest Biology and Technology*, 7: 193-217.

Maxwell D P, Wang Y, McIntosh L. 1996. The alternative oxidase lowers mitochondrial reactive oxygen production in plant cells. *Proceedings of the Natinal Academy of Sciences of the United States of America*, 96: 8271-8276.

Millenar F F, Jenschop J J, Wagner A M. 1998. The role of the alternative oxidase in stabilizating the *in vivo* reduction state of the ubiquinone pool and the activation state of the alternative oxidase. *Plant Physiology*, 118: 599-607.

Noctor G, Paepe R D, Foyer C H. 2007. Review: Mitochondrial redox biology and homeostasis in plants. *Trends in Plant Science*, 2007, 12: 125-134.

Ohlrogge J, Browse J. 1995. Lipid biosynthesis. *Plant Cell*, 7: 957-970.

Peppelenbos H W, Rabbinge R. 1996. Respiratory characteristics and calculated ATP production of apple fruit in relation to tolerance of low $O_2$ concentrations. *Journal of Horticultural Science*, 71: 985-993.

Qu H X, Duan X W, Su X G, et al. 2006. Effects of anti-ethylene treatments on the browning and energy metabolism of harvested litchi fruit. *Australian Journal of Experimental Agriculture*, 46: 1085-1090.

Rawyler A, Braendle R. 2001. N-Acylphosphatidylethanola mine accumulation in potato cells upon energy shortage caused by anoxia or respiratory inhibitors. *Plant Physiology*, 127: 240-251.

Rawyler A, Pavelic D, Gianinazzi C, et al. 1999. Membrane lipid integrity relies on a threshold of ATP production rate in potato cell cultures submitted to anoxia. *Plant Physiology*, 120: 293-300.

Saquet A A，Streif J，Bangerth F. 2000. Changes in ATP，ADP and pyridine nucleotide levels related to the incidence of physiological disorders in 'Conference' pears and 'Jonagold' apples during controlled atmosphere storage. *Journal of Horticultural Science and Biotechnology*，75：243-249.

Saquet A A，Streif J，Bangerth F. 2001. On the involvement of adenine nucleotides in the development of brown heart in 'Conference' pears during delayed controlled atmosphere storage. *Gartenbauwissenschaft*，66：140-144.

Saquet A A，Streif J，Banerth F. 2003. Energy metabolism and membrane lipid alterations in relation to brown heart development in 'Conference' pears during delayed controlled atmosphere storage. *Postharvest Biology and Technology*，30：123-132.

Sluse F E，Jarmuszkiewicz W. 2000. Activity and functional interaction of alternative oxidase and uncoupling protein in mitochondria from tomato fruit. Brazilian *Journal of Medical and Biological Research*，33：259-268.

Song L L，Jiang Y M，Gao H Y，et al. 2006. Effects of adenosine triphosphate on browning and quality of harvested litchi fruit. *American Journal of Food Technology*，1（2）：173-178.

Tian M，Gupta D，Lei X Y，et al. 2004. Effects of low temperature and ethylene on alternative oxidase in green pepper (*Capsicum annuum* L.). *Journal of Horticultural Science and Biotechnology*，79：493-499.

Tiwari B S，Belenghi B，Levine A. 2002. Oxidative stress increased respiration and generation of reactive oxygen species，resulting in ATP depletion，opening of mitochondrial permeability transition，and programmed cell death. *Proceedings of the National Academy of Sciences of the United States of America*，128：1271-1281.

Veltman R H，Lenthéric I，Van der Plas L H W，et al. 2003. Internal browning in pear fruit (*Pyrus communis* L. cv conference) may be a result of a limited availability of energy and antioxidants. *Postharvest Biology and Technology*，28：295-302.

Vercesi A E，Borecky J，Godoy Maia I D，et al. 2006. Plant uncoupling mitochondrial proteins. *Annual Review of Plant Biology*，57：383-404.

Xuan H，Streif J，Saquet A，et al. 2005. Application of boron with calcium affects respiration and ATP/ADP ratio in 'Conference' pears during controlled atmosphere storage. *Journal of Horticultural Science and Biotechnology*，80：633-637.

Yi C，Qu H X，Jiang Y M，et al. 2008. ATP‐induced changes in energy status and membrane integrity of harvested litchi fruit and its relation to pathogen resistance. *Journal of Phytopathology*，156，365-371.

Yi C，Jiang Y M，Shi J，et al. 2009. ATP‐regulation of antioxidant properties and phenolics in litchi fruit during browning and pathogen infection process. *Food Chemistry*，118：42‐47.

（蒋跃明）

# 第二节　果蔬采后呼吸模式及调控

## 导　言

　　果蔬的呼吸作用是在一系列酶的催化作用下，把复杂的有机物质逐步降解为二氧化碳、水等简单物质，同时释放出能量，以维持其正常的生命活动的过程。它是果蔬采后具有生理活动的重要标志，影响采后其他生理生化过程。Blackman（1920）首次发现，许多果实的呼吸强度在幼果发育阶段不断下降，后熟期间急剧上升，形成一个高峰，进入衰老时，再次下降，这种现象被称为呼吸漂移（respiration drift），也称为呼吸跃变（respiratory climacteric）。果蔬采后具有不同的呼吸模式，按照在其成熟过程中是否出现呼吸高峰被分为跃变型和非跃变型。

## 1 果蔬采后呼吸模式

呼吸跃变同果蔬的成熟、品质变化、贮藏流通寿命有密切的关系。研究表明，呼吸高峰的出现是乙烯合成增加的结果，期间线粒体氧化磷酸化作用发生了显著变化，发生了一系列的生理生化变化，果蔬成熟过程被启动，并最终走向衰老。

呼吸跃变与乙烯有密切联系，施用外源乙烯可促进跃变型果蔬呼吸跃变的产生。一般认为呼吸跃变是跃变型果蔬生长发育结束和衰老启动的重要标志，是其生命过程中的关键时期，它对果实贮藏寿命的长短有重要影响。降低或者推迟呼吸跃变，则呼吸速率降低，这将直接影响到果蔬的采后贮藏特性。果蔬贮藏保鲜的实质就是人为创造一个适宜的环境条件，使果蔬既能保持微弱的有氧呼吸，呼吸消耗降至最低水平，又不至于发生无氧呼吸而产生乙醇使果蔬败坏，从而最大限度地保持采后果蔬的营养品质和延长贮藏期限。

### 1.1 典型呼吸模式的特点

果蔬的典型呼吸模式一般分为跃变型（climacteric）和非跃变型（non - climacteric）。跃变型果蔬在成熟过程中呼吸强度逐渐下降，在成熟前又急剧升高，到达一个小高峰后，再次下降，如苹果、梨、香蕉等。以番茄为例（图 1 - 1 - 2 - 1A）从绿熟期（mature green）呼吸开始加强，系统Ⅱ乙烯生成启动，微红期（light pink）果实呼吸达到高峰，出现呼吸跃变，之后下降。非跃变型果实无明显的呼吸高峰和乙烯释放高峰，其成熟过程缓慢，但其成熟衰老过程也同样受到外源乙烯的促进。以柑橘为例，果实成熟过程中呼吸强度逐渐下降，成熟前没有上升趋势或者上升趋势不明显，如果在成熟前采收，呼吸强度下降更快（图 1 - 1 - 2 - 1B）。通过比较发现跃变型和非跃变型果蔬具有如下四个特点（表 1 - 1 - 2 - 1）。

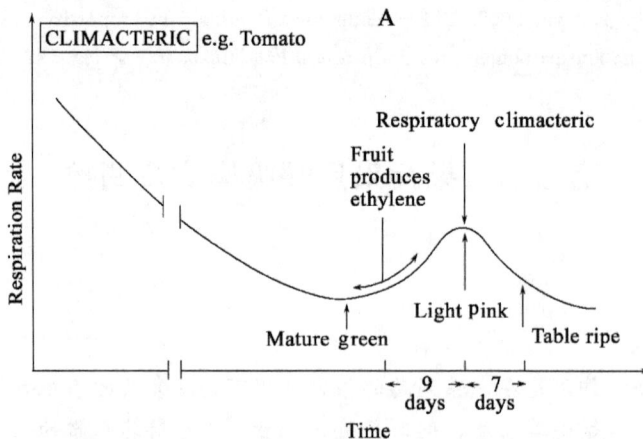

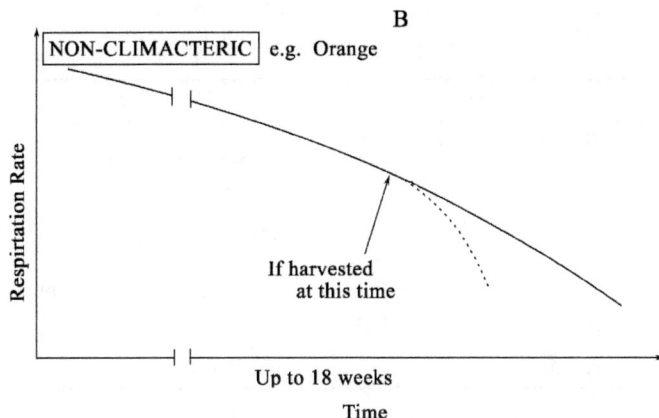

图 1-1-2-1　两种典型呼吸模式果实呼吸变化趋势图

A. 番茄果实，Mature green. 绿熟期，Light pink. 微红期，Table ripe. 硬熟期 B. 柑橘果实

（1）呼吸跃变的存在与否：①跃变型果实：在成熟过程中存在明显的呼吸跃变。属于这一类的果实有苹果、梨、桃、杏、无花果、香蕉、番茄等。不同果实的呼吸跃变有很大差异。苹果呼吸高峰值是初始速率的 2 倍，香蕉几乎是 10 倍，而桃却只上升约 30％。多数果实的跃变可发生在母体植株上，而鳄梨和芒果的一些品种连体时不完熟，离体后才出现呼吸跃变和成熟变化。②非跃变型果实：在成熟过程中不存在呼吸跃变。这类果实又可分为呼吸渐减型（如柑橘、葡萄、樱桃等）和呼吸后期上升型（如菠萝）。

（2）乙烯生成的特性不同：跃变型果蔬存在两个乙烯合成系统：系统 I 负责跃变前果蔬中低速率的基础乙烯生成；系统 II 负责呼吸跃变过程中乙烯自我催化的大量生成，有些品种系统 II 在短时间内产生的乙烯可比系统 I 多几个数量级。非跃变型果实乙烯生成速率相对较低，变化平稳，整个过程中只有系统 I 乙烯活动，缺乏系统 II 乙烯。

（3）对外源乙烯的反应不同：对于跃变型果实，外源乙烯只在跃变前起作用，诱导呼吸上升；同时启动系统 II，通过乙烯的自我催化大量合成乙烯，但不改变呼吸跃变的跃变峰值；它所引起的反应是不可逆的，一旦反应发生后，即可自动进行下去，即使去除外源乙烯，反应仍可进行，而且反应的程度与所用乙烯的浓度无关。非跃变型果蔬则相反，外源乙烯在其整个成熟期间都能起作用，促进呼吸增加，其反应大小与所用乙烯浓度成正比；同时，这种效果是可逆的，当外源乙烯去除后，其影响也随即消失，呼吸下降至原有水平，同时也不会促进内源乙烯合成增加。另外，两类果蔬对外源乙烯浓度的反应不同，提高外源乙烯的浓度，可使跃变型果蔬的呼吸跃变出现时间提前，但不改变呼吸高峰的强度，乙烯浓度的改变与呼吸跃变时间呈对数关系；而对非跃变型果蔬，提高外源乙烯浓度，可提高呼吸强度，两者呈函数关系。跃变型与非跃变型果蔬的主要差别在于对乙烯作用的反应不同，跃变型果蔬中乙烯能诱导乙烯自我催化，不断产生大量乙烯，从而促进成熟。

（4）不同的采后生理变化：跃变型果蔬在呼吸跃变前后有明显的品质变化过程，组织成分发生了巨大变化，如原果胶变成果胶，芳香物质形成，淀粉水解为糖等，另外还存在明显的后熟现象。以香蕉为例具体变化见表 1-1-2-2。而非跃变型果蔬在成熟过程中内部的生理生化变化不明显，没有明显后熟现象，从成熟到完熟发展过程中变化缓慢，不易划分。

**表 1 - 1 - 2 - 1　两种典型呼吸模式的特点**

| 项　目 | 呼吸跃变型 | 呼吸非跃变型 |
|---|---|---|
| 呼吸强度 | 具有明显的呼吸高峰，有跃变现象 | 无明显呼吸高峰出现，呼吸强度逐渐降低 |
| 内源乙烯生成特性 | 具有系统Ⅱ乙烯，由低到高，并具有乙烯峰出现 | 只有系统Ⅰ乙烯，含量低 |
| 对外源乙烯的反应 | 呼吸高峰前处理，作用明显，与浓度无关；高峰后，极不敏感 | 任何阶段都有明显刺激作用，与浓度呈函数关系，反应可逆 |
| 采后生理变化 | 有后熟现象 | 无后熟现象 |

### 1.2　判断果蔬呼吸模式的方法

呼吸模式的判断，呼吸代谢特点的分析是研究果蔬成熟生理的基础。目前已研究确定的一些果蔬呼吸类型见表 1 - 1 - 2 - 2，很多果蔬呼吸类型尚不明确，有待进一步研究。

**表 1 - 1 - 2 - 2　果蔬呼吸类型分类表**（引自：Biale & Young，1981）

| 跃变型果实（climacteric fruit） | 非跃变型果实（non - climacteric fruit） |
|---|---|
| 苹果（apple）、梨（pear）、桃（peach）、杏（apricot）、李子（plum）、柿子（persimmon）、猕猴桃（kiwifruit）、西瓜（watermelon） | 葡萄（grape）、石榴（pomegranate）、草莓（strawberry）、枣（jujube） |
| 芒果（mango）、番木瓜（papaya）、香蕉（banana）、鳄梨（avocado）、面包果（breadfruit）、油桃（nectarine）、南美番荔枝（annonaceae）、榴莲（durian）、无花果（fig）、番石榴（guava）、甜瓜（melon）、石番莲、刺果番荔枝、红毛丹（rambutan）、木菠萝果（jackfruit）、人心果（naseberry）、费约果 | 荔枝（litchi）、柑（citrus）、柠檬（lemon）、龙眼（longan）、橄榄（olive）、枇杷（loquat）、菠萝（pineapple）、樱桃（cherry）、树莓（raspberry）、黑莓（blackberry）、葡萄柚（grapefruit）、腰果（cashew）、蒲桃（*Syzygium*）、可可（cocoa）、海枣（date palm）、洋桃 |
| 番茄（tomato） | 黄瓜（cucumber）、辣椒、南瓜（pumpkin）、茄子（eggplant）、豌豆（pea）、黄秋葵（okra）、*rin* -番茄（*rin* - tomato）、*non* -番茄（*non* - tomato） |
| 月季（China rose）、香石竹（康乃馨，carnation）、满天星、风铃草（bellflower）、蝴蝶兰（*Phalaenopsis*）、紫罗兰（violet） | 菊花（*Chrysanthemum*）、千日红（globe amaranth） |

果蔬呼吸模式不能单纯从呼吸强度的高低和呼吸峰的出现与否加以判断，应该多方面因素综合评价，如呼吸变化趋势，呼吸跃变的出现与否，内源乙烯的变化规律，外源乙烯和其他激素对呼吸作用和内源乙烯合成的影响，采后生理代谢变化趋势（淀粉的转化、糖酸变化、果胶物质变化等）等。

### 1.3　果蔬呼吸速率模型的建立

呼吸强度函数对气调贮藏系统数学模型的建立至关重要，近年来该领域的研究十分活跃。由于目前人们对植物呼吸活动的认识水平还远不能达到从理论角度推导出呼吸强度函数的程度，基本上都是根据实验得出的呼吸强度参数进行推测，所提出的呼吸速率方程主要为多项式和指数形式。Kole 和 Suresh Presas（1993）建立了不同贮藏温度和气体配比下香蕉、芒果、橙的呼吸速率、呼吸热与温度、$CO_2$ 浓度及 $O_2$ 浓度关系的多项式形式回归方程；Beaudry（1993）建立了蓝莓在不同温度下的指数形式的呼吸速率方程等。Andrich 等（1998）据此以 Michaelis - menten 方程形式分别建立了花椰菜和苹果的呼吸速率方程；Fishman（1995）把 $CO_2$ 作为 $O_2$ 的非竞争性抑制因素分别建立了青椒和草莓的呼吸速率方程；Peppelenbos 和 Leven（1996）研究了 4 种 $CO_2$ 抑制机理对果蔬呼吸速率的影响，建立了 $CO_2$ 和 $O_2$ 浓度与呼吸速率（$O_2$ 消耗率）相互关系的方程，并在计算 $CO_2$ 产生率时考虑了发酵的影响；Song（2002）引入温度系数，建立了树莓的呼吸速率方程和 MAP 包装系统中蓝莓的呼吸速率方程；Guevara 等（2006）建立了以温度、湿度为变量的仙人掌果实呼吸速率方程。目前的研究主要是在酶动力学理论基础上，探讨温度对 Michaelis - menten 型方程参数的影响，Fonseca 等（2002）以 $CO_2$、$O_2$ 浓度和温度为变量建立的花椰菜呼吸速率模型，Andrich 等（1998）建立的苹果呼吸速率模型，方程中的参数均为温度的函数。

Bhande 等（2008）研究了呼吸速率的数学模型。由于呼吸速率取决于多种因素，如贮藏温度和气体成分，一种可以用来预测给定条件下的呼吸速率的数学方法将对贮藏体系的设计和控制提供帮助。实验数据来自香蕉在温度 $10℃$、$15℃$、$20℃$、$25℃$ 和 $30℃$ 密封贮藏。利用测得数据开发两个不同的基于回归分析和酶动力学的模型。在 $12℃$ 下进行了两个模型有效性的测试，结果显示两个模型与实验估计呼吸速率具有良好的协同，尽管模型是在酶促动力学基础上建立的，依赖于阿伦纽斯类型温度，该模型比其他模型具有更紧密的磨合性。同样 Ravindra1 和 Goswami（2008）以 $CO_2$ 浓度、$O_2$ 浓度、温度和贮藏时间为变量建立了绿熟期芒果的呼吸速率数学模型。

## 2　呼吸代谢与成熟衰老的关系

采后的新鲜果蔬仍然是具有生命活动的有机体，还在进行着一系列生理生化反应。但是由于水果和蔬菜一经收获，便失去了来自母体和土壤的水分及养分供应，其同化作用基本结束，故呼吸作用就成为新陈代谢的主体和其生命活动的重要标志。呼吸作用不仅保证了采后果蔬体内的各种生理代谢过程有条不紊地进行，而且在一定程度上又可进行调节控制。因此开展呼吸生理研究，调控好果蔬的呼吸作用，对于控制果蔬采后衰老、保持果蔬采后耐贮性和抗病性具有重要的意义。目前，人们对果蔬采后的呼吸作用及其相关影响因素进行了大量的研究，内容多侧重于各种果蔬的呼吸代谢途径、呼吸强度、影响呼吸作用的外部和内部因素、呼吸商、呼吸系数等方面。果蔬采收后，随着呼吸作用的进行而伴随着颜色、结构、香味和营养成分等的变化，干物质不断被呼吸所消耗，因此，在贮藏和运输过程的各个环节中需要想方设法降低呼吸作用。

### 2.1　呼吸代谢与线粒体代谢

呼吸作用是指在果蔬细胞内各种酶系统的参与下，经由许多中间反应环节进行的生物氧化还原过程，把复杂的有机物逐步分解成较为简单的物质，同时释放出能量的过程，该过程在线粒体中进行。呼吸作用过程中的放能反应与吸能反应相偶联而形成了细胞内最通用的能量形式——ATP，呼吸作用的三个主要环节（糖酵解、三羧酸循环、细胞色素系统）产物又是许多重要生物大分子（蛋白质、核酸、脂类、色素等）合成原料的主要来源。因此，呼吸作用与果蔬的生命活动息息相关。呼吸作用释放的能量除一部分转变为热能被散失掉外，大部分则以 ATP 的形式贮存起来，供生命活动加以利用（图 1-1-2-2）。没有呼吸提供的 ATP 和代谢中间产物，生命活动就会停止。呼吸作用在分解有机物质的过程中产生了许多中间产物，其中有些中间产物的化学性质非常活跃，如丙酮酸、α-酮戊二酸、苹果酸等，它们是合成核酸、蛋白质、糖以及其他物质的原料。

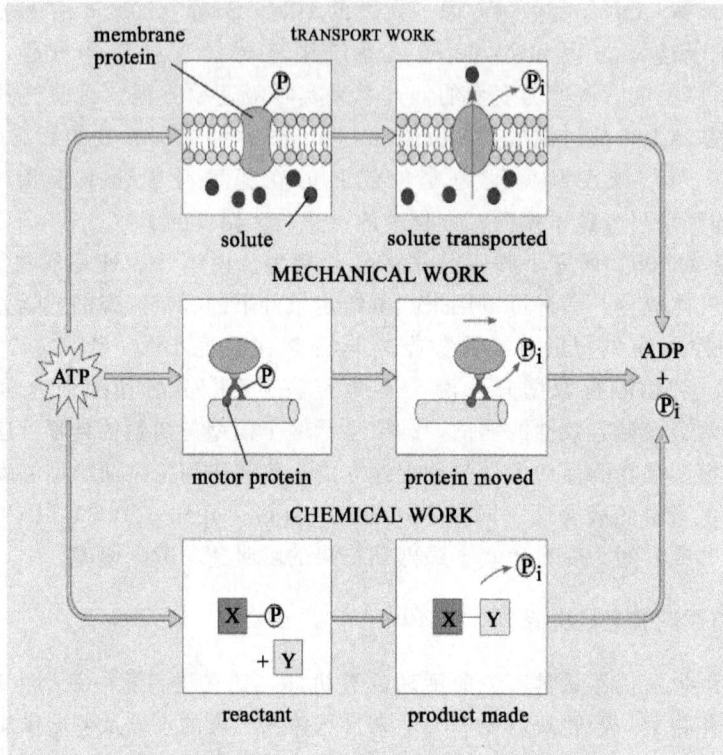

图 1-1-2-2 ATP 提供植物生命活动的路径

（引自：Campbell et al.，1999）

依据果蔬呼吸过程中是否有氧的参与，呼吸作用分为有氧呼吸和无氧呼吸两大类型，正常条件下有氧呼吸占主导地位。磷酸戊糖途径（pentose phosphate pathway，PPP）是葡萄糖氧化分解的另一种重要方式，果蔬在感染病害或受伤情况下，该途径会明显加强。在特殊情况下，果蔬还具有抗氰呼吸的特性。植物体的多种呼吸代谢途径决定其呼吸末端氧化酶具有多样性，线粒体电子传递链有多条途径存在，其中主要有细胞色素主路和抗氰交替途径支路两条途径，它们在泛醌（ubiquinone，UQ）处分支，分别以细胞色素 c 氧化酶和交替氧化酶（alternative oxidase，AOX）作为末端氧化酶。研究还证实，细胞色素途径在各类组织中都属于组成型表达，而抗氰交替途径大多情况下属于诱导型表达。研究表明，植物的细胞色素途径对 NO 十分敏感，NO 可以通过作用于细胞色素氧化酶而抑制呼吸作用。跃变型果蔬的特点是当进入成熟期时呼吸途径发生了由细胞色素途径向抗氰交替途径转移的现象，变的对 KCN 不敏感，非跃变果蔬与此相反，在成熟时不发生呼吸途径的转移现象，也不能发生诱导呼吸（吕忠恕等，1985）。

## 2.2　线粒体呼吸代谢相关酶研究

线粒体是细胞内重要的细胞器，内含丰富的膜结构，并且膜是许多酶的载体以及生理活动的重要场所，如果蔬的呼吸作用就主要在线粒体膜上进行。在植物细胞中产生活性氧的部位有叶绿体、线粒体等（Del Riola et al.，2002）。其中线粒体是产生活性氧的主要部位。活性氧会对细胞的膜造成损伤，这就有可能影响线粒体的功能，进而可能对果实的成熟衰老产生影响。

呼吸代谢与果实成熟衰老关系密切，而线粒体是呼吸作用的重要场所，所以线粒体与果实的成熟衰老有着必然的联系。目前研究人员对鳄梨、苹果、香蕉等果实线粒体内呼吸代谢进行了广泛的研究。Ku 和 Romani（1966）通过研究与鳄梨成熟衰老相关的线粒体变化，发现处于呼吸峰之前的鳄梨比处于呼吸峰时的鳄梨能更好地承受电子的攻击。还有研究认为鳄梨的成熟可能受线粒体膜脂控制。从果实成熟衰老的中后期较小的 $H^+$-ATPase 酶活可以表明可能是由于果实线粒体的呼吸代谢受到了限制，致使 ATP 合成减少，从而降低了 $H^+$-ATPase 酶活性。

由于线粒体拥有自身的遗传物质和合成其自身 RNA 和蛋白质的装置，线粒体 DNA 有编码呼吸链氧化磷酸化复合体中某些多肽链的基因及其他相关的 tRNA 和 rRNA 的基因，但线粒体 DNA 由于缺乏蛋白质的保护和损伤修复系统，容易受到氧化磷酸化过程中产生的氧自由基的损伤而发生突变，这将影响线粒体氧化磷酸化的功能。为此，我们可以采用分子生物学手段研究线粒体 DNA 对果实成熟衰老的影响，从而更深入地分析呼吸代谢与果实成熟衰老的关系，从分子水平通过调节呼吸代谢相关酶调控果实成熟衰老。

## 2.3　呼吸底物的消耗与成熟的关系

呼吸强度是衡量果蔬呼吸作用强弱的一个重要指标。在一定的温度范围内，呼吸强度与温度呈正相关。Ravindra 和 Goswami（2008）研究表明，绿熟芒果果实在 5℃ 时的呼吸强度为 16.5 $CO_2$ mL/（kg·h），而在 30℃ 时则为 55 $CO_2$ mL/（kg·h）（表 1-1-2-3）。果蔬呼吸强度越大，说明呼吸作用越旺盛，各种生理生化过程进行得越快，营养物质消耗得越快，加速产品衰老，缩短贮藏寿命。

**表 1-1-2-3　芒果在不同温度范围内呼吸强度测定值和预测值**

（引自：Ravindra & Goswami，2008）

| 贮藏温度 /℃ | $RO_2$ /[mL/(kg·h)] | $R^2$ | Average of experimental $RO_2$/[mL/(kg·h)] | $RCO_2$ /[mL/(kg·h)] | $R^2$ | Average of experimental $RCO_2$/［mL/（kg·h）] |
|---|---|---|---|---|---|---|
| 5 | 6.63 | 0.888 | 6.28 | 6.95 | 0.809 | 6.88 |
| 10 | 10.52 | 0.903 | 9.20 | 10.66 | 0.885 | 9.00 |
| 15 | 13.15 | 0.863 | 11.22 | 13.34 | 0.821 | 11.26 |
| 20 | 19.73 | 0.863 | 17.15 | 17.22 | 0.927 | 17.31 |
| 25 | 23.81 | 0.880 | 22.04 | 23.04 | 0.844 | 21.07 |
| 30 | 31.68 | 0.849 | 31.11 | 28.77 | 0.852 | 28.22 |

　　果蔬贮藏过程中消耗的呼吸底物（呼吸基质）主要有碳水化合物、有机酸、蛋白质和脂肪等。碳水化合物主要包括淀粉、葡萄糖、果糖和蔗糖等，一般来说，它们是最常用的呼吸底物。果蔬中的糖与淀粉代谢有密切关系，淀粉是葡萄糖的天然贮藏形式。根据结构不同，淀粉可以分为直链淀粉和支链淀粉，在淀粉酶的作用下，可以被分解为葡萄糖和麦芽糖等简单糖类，葡萄糖在细胞系统中各种酶的作用下，最终被彻底分解为水和 $CO_2$，同时还伴随 ATP 的生成。

　　采收时淀粉含量较高（$1\% \sim 2\%$）的果蔬，贮藏期间淀粉水解，含糖量短暂增加，但达到最佳食用阶段后，含糖量会因呼吸消耗而下降，该类水果的典型代表为苹果。有机酸主要包括苹果酸、柠檬酸、酒石酸和草酸等，以游离态或结合态存在于果蔬中，它的含量和成分是决定果蔬品质的重要因素。苹果酸和柠檬酸是三羧酸循环（TCA）的中间产物，它们在 TCA 中占有重要地位，可以作为基质直接参与呼吸或糖异生作用。果蔬贮藏期间更多的利用有机酸作为呼吸基质，故有机酸的消耗较可溶性糖更快，故经长期贮藏的果实糖酸比升高。果蔬中蛋白质和脂肪的含量一般较低，不是主要的呼吸底物，但它们的分解产物，如氨基酸或乙酰辅酶 A 等产物也可加入到 TCA 中，参与物质和能量代谢。从果蔬的贮存角度来讲，不论哪种类型的呼吸作用都要消耗自身贮藏养分用来合成 ATP，所产生的呼吸热积累往往引起果蔬贮藏温度升高，这反过来又会引起呼吸强度的上升，促进呼吸热进一步释放，形成恶性循环，从而加速果蔬腐坏变质。特别是无氧呼吸产生的乙醇还会引起正常细胞中毒，造成生理病害，缩短贮存期限，故应尽量防止果蔬贮藏过程中无氧呼吸发生。但是同时应该明确，正常的呼吸作用是果蔬的最基本生理活动体现，它是一种自身防卫反应，有利于抵抗病原微生物的侵害，所以在果蔬贮运过程中应做到保持其正常而缓慢的有氧呼吸，防止发生无氧呼吸，这是进行果蔬贮运需要掌握的基本原理。另外，还需要避免各种逆境胁迫的影响，如振动胁迫刺激桃果实呼吸上升，加速果实衰老进程（应铁进等，1997）；机械损伤也明显促进红富士苹果果实的呼吸作用及乙烯释放水平（申琳等，1999）。

　　影响果蔬采后贮藏过程中呼吸强度的环境因素主要有温度和环境中的气体成分。降低贮藏温度是延长果蔬贮藏寿命最有效的方法之一，适宜的稳定低温可以显著降低产品的呼吸强度，但温度频繁波动会对细胞原生质有刺激作用，因而促进呼吸。此外，各种果蔬都有一个适温限度，不能简单认为贮藏温度越低越好，温度过低会造成果蔬发生冷害，出现各种生理失调。降低环境中 $O_2$ 浓度和提高 $CO_2$ 浓度均可抑制呼吸作用，这是果蔬气调贮藏的原理，但 $O_2$ 浓度过低可能激发无氧呼吸，$CO_2$ 浓度过高则会影响脱氢酶的活性，引起代谢失调，造成组织 $CO_2$ 中毒，果实品质劣变。在低氧浓度下，对氧亲和力低的氧化酶如多酚氧化酶和抗坏血酸氧化酶的活性降低。尽管细胞色素氧化酶系统基本不受影响，但由于其他氧化酶参与了呼吸作用总的氧化过程，因此呼吸仍然降低。根据测算，在最适的气调条件下，苹果的呼吸热大约是在空气中的 $30\%$，这种效应对果蔬采后贮藏起良好作用。果蔬贮藏的气调条件因种类、品种、产地、季节和成熟度而异。

## 2.4　呼吸代谢与细胞活性氧代谢

　　活性氧泛指那些含有氧原子但较氧具有更活泼的化学反应性的氧的某些代谢产物及

其衍生物。主要有超氧化物自由基（$O_2^{-}$）、羟自由基（$OH^{·}$）、单线态氧（$^1O_2$）、脂类过氧化物（$ROO^{·}$）和 $H_2O_2$ 等类型。

细胞内的线粒体被称为细胞的"动力工厂"，能通过氧化磷酸化进行能量转换，为细胞生命活动提供能量，是细胞发生有氧呼吸的主要场所，同时线粒体也是活性氧（reactive oxygen species，ROS）产生的主要部位之一（Bartoli et al.，2004），线粒体功能障碍的研究是近年来探讨衰老机制的一个热点。正常情况下，电子通过呼吸链传递给氧生成 $H_2O$。但是，如果线粒体功能下降，会使氧不能被有效利用，导致大量电子漏出，直接对氧进行单电子还原，生成 $O_2^{-}$。因此电子泄漏是细胞内活性氧的恒定来源，电子漏出增加，活性氧产生增加。自从 McCord 等提出生物自由基伤害学说以来，人们曾从生理生化和分子生物学等角度对活性氧进行了大量的研究，并取得了显著成果。植物在正常的呼吸过程中，通过呼吸链的电子传递会产生 $O_2^{-}$ 和 $H_2O_2$ 等活性氧，但适量的抗氧化剂（如维生素 C、维生素 E）存在可防止膜的蛋白质和磷脂受到伤害。在植物遭受逆境因素胁迫时，线粒体的呼吸基质增加，呼吸链不能传递过量的电子流而发生电子泄漏现象，活性氧产生能力大于抗氧化系统清除活性氧的能力，以致植物受活性氧的伤害。线粒体产生 $O_2^{-}$ 的部位在内膜上，ROS 在生物体内不断地产生，但也不断地被清除。

植物在成熟衰老的过程中能产生大量活性氧，同时植物体内与活性氧代谢相关的酶类活性也发生相应的变化。果蔬体内的保护酶，如超氧化物歧化酶（SOD）、过氧化氢酶（CAT）、过氧化物酶（POD）、抗坏血酸过氧化物酶（APX），它们在自由基和活性氧的清除中起着关键作用。SOD 能催化植物体内超氧化物的自身氧化还原反应，从而防御细胞膜脂过氧化。抗氰氧化酶（AOX）作为活性氧清除剂，可以在线粒体呼吸链中有效地使分子氧与还原醌相互作用，降低活性氧的产生量，从而减少 ROS 对细胞的伤害。在植物线粒体中 AOX 可能是通过调控 ROS 产量来调控编程性细胞死亡（programmed cell death，PCD）（Lam & Del Pozo，2000）。Maxwell 等（1999）发现抑制 AOX 可导致线粒体活性氧上升，而过量表达 AOX 则可以降低活性氧并同时升高活性氧清除系统的活性。由于在生理条件下 $O_2^{-}$ 有很短的半衰期，它很快被歧化。因此，衰老的最终结果是在过氧化物体中形成更多的稳定的代谢物 $H_2O_2$，而 $H_2O_2$ 就会扩散到细胞溶质中，从而对细胞造成伤害。试验发现，钙处理可提高果实内维生素 C 的含量，而维生素 C 是植物体内重要的自由基消除剂之一。

正常条件下，在生物体内自由基的浓度极低且处于平衡状态。当处于逆境条件（胁迫）下，如病原物侵染等，其产生与清除便失去平衡。自由基在体内积累，导致膜脂过氧化和膜透性丧失，从而引起一系列生理生化变化，代谢紊乱，致使机体受到伤害，甚至死亡。在正常的生长条件下，植物也能产生少量的 $O_2^{-}$，它主要来源于线粒体的电子转移系统、光合作用及一些氧化还原酶的产物，对于采后果蔬来说，由于几乎不存在光合作用，因此 $O_2^{-}$ 主要产生于线粒体呼吸作用。在水溶液中，$O_2^{-}$ 被质子化形成 $HO_2^{-}$，然后 $HO_2^{-}$ 和 $O_2^{-}$ 能自发歧化产生 $H_2O_2$，$H_2O_2$ 被认为对细胞有毒性，可作为一些过氧化物酶的底物而被清除。$H_2O_2$ 与 $O_2^{·}$ 直接反应能形成 $-OH$，如有过渡金属离子（$Fe^{2+}$ 和 $Cu^{2+}$）的存在，则该金属离子可以螯合成金属蛋白的形式存在，金属离子催化 $H_2O_2$ 转化为 $OH^{-}$。伴随着生物体的衰老，细胞内线粒体数量及总体积减小，其功能在不断下降。席玙芳等（2001）研究发现刚采后的梅果实细胞内线粒体数量丰富，随着贮藏时间的延长，细胞中线粒体数量减少，这就会直接妨碍线粒体的呼吸作用，使果实能量代谢受到影响。

活性氧可以引发膜脂过氧化，即非脂性自由基（$O_2^-$、OH 等）对类脂中不饱和脂肪酸引起的一系列自由基反应。膜脂过氧化作用的直接结果是引起膜脂组分改变，MDA 使膜蛋白交联聚合，膜相由液晶态转为凝胶态，膜结构破坏，离子渗漏增加，电导率提高。在膜脂过氧化过程中，脂氧合酶起着重要作用，它催化具有顺-戊二烯结构的不饱和脂肪酸氧化生成脂氢过氧化物，后者在自由基链式反应中能形成一系列自由基。大量资料表明，脂氧合酶可能参与脂过氧化的启动，LOX 途径是高等植物脂肪酸氧化的途径之一，LOX 协同催化脂肪酸氧化代谢，植物 LOX 途径中可生成自由基、脂质氢过氧化物等促进组织衰老的物质。脂氧合酶及其脂质过氧化的产物均可参与茉莉酮酸、脱落酸、乙烯等物质的生物合成，从而促进植物组织衰老。申琳等（1999）研究表明，机械损伤可以促进 LOX 活性的升高，并且苹果果皮中 LOX 活性的上升趋势早于果肉，强度也大于果肉。目前对于 LOX 与果实成熟衰老关系的研究主要集中在跃变型果实上，而对于非跃变型果实活性氧的毒性主要表现在能与酶的疏基或色氨酸残基反应，导致酶失活，破坏核酸结构，影响蛋白质合成，启动膜脂过氧化反应，使维持细胞区域化的膜系统受损或瓦解。宗会和胡文玉（1999）研究表明，涂膜能减少果实中活性氧生成，降低膜脂过氧化程度，保持细胞膜的完整性，并使果实保持较低的保护酶活性。初步认为海藻酸钠涂膜可通过降低活性氧代谢而起保鲜作用。

## 3  果蔬采后呼吸代谢的调控

### 3.1  减压技术对呼吸代谢的调控

通常低压冷藏比单独冷藏的效果好，因为低压条件下会减弱果蔬的呼吸强度，从而有效地延长其贮藏保鲜时间。有研究表明：低压可延缓青州蜜桃二次呼吸高峰近 14 天，极大地抑制了第二次呼吸高峰的峰值，但对第一次呼吸峰的峰值没有影响（常军等，2004）。采用两种低压条件（74.0 kPa 和 43.6 kPa）处理绿熟期番茄果实，对番茄果实的呼吸代谢和转红速率有显著影响。常压下

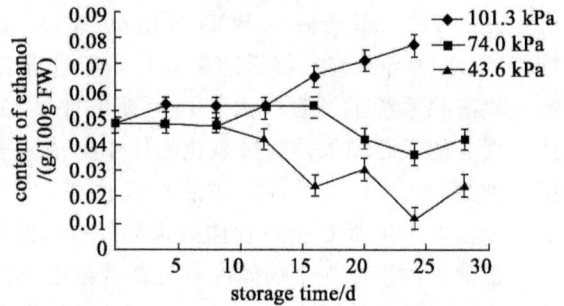

图 1-1-2-3  不同压力条件下番茄果实呼吸强度的变化。其中的误差棒代表的是标准差

番茄果实呼吸强度上升和下降的速度都很快，常压对照组上升速度明显高于其他两个压力组（$p < 0.05$），在贮藏第 8 天出现呼吸高峰，其后强度迅速降低，在贮藏后期强度维持在较低的水平。两个压力组番茄果实呼吸高峰分别出现在贮藏第 16 天和第 20 天，并且其峰值均低于常压对照组的峰值，峰后呼吸强度下降较缓慢。减压贮藏有效地延缓了番茄呼吸高峰的出现并且降低了呼吸高峰的峰值（图 1-1-2-3）。

乙醛、乙醇是果蔬无氧呼吸的产物，如果在果蔬细胞内积累，就会造成细胞中毒死

亡或腐烂。有研究表明减压条件下番茄果肉的乙醇含量显著低于常压（图1-1-2-4），说明减压贮藏能有效抑制番茄内乙醇含量的积累，并促使番茄内积累的乙醇排出，延缓了番茄成熟衰老的进程、降低了番茄果实软化的速率、改善了番茄的流通品质并且延长了其流通期限；43.6 kPa 负压的贮藏效果比 74.0 kPa 负压明显。

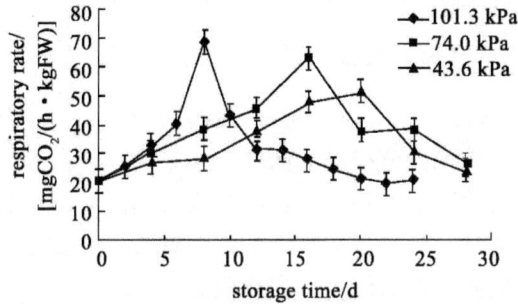

图1-1-2-4 不同压力条件下番茄果实乙醇含量的变化

### 3.2 气调技术对呼吸代谢的调控

气调贮藏是在低温冷藏基础上，通过改变贮藏环境的气体组分来有效延长贮藏期的一种保鲜方法。和其他方法相比，气调贮藏更有效地抑制果蔬的呼吸作用，延缓其生理代谢过程，推迟后熟和衰老，抑制病原菌生长和延长果蔬的贮藏保鲜时间。席玛芳等（2001）研究了气调贮藏对杨梅贮藏效果的影响，结果表明：气调贮藏的杨梅呼吸强度始终低于对照，前8天内两者无显著差异，8天后差异达显著水平。Angos等（2008）在微加工马铃薯在 MAP（气调包装）中不同气体环境变化过程中呼吸速率相对变化值变化的研究中表明，在低 $O_2$ 和零 $CO_2$ 条件下，$CO_2$ 释放量和 $O_2$ 吸收量都显著下降，即样本中有部分压力 2.5 kPa $O_2$。10 kPa $CO_2$ 环境条件下与 5 kPa 压力的低浓度 $O_2$ 获得的效果相同。

### 3.3 高氧处理对呼吸代谢的调控

高氧对采后果蔬呼吸作用的影响因果蔬种类、品种、成熟度、氧浓度、处理时间、温度以及环境中 $CO_2$ 和乙烯的浓度而不同（段学武和蒋跃明，2005）。高氧对多种果蔬的呼吸有明显的抑制作用，如纯氧不仅抑制了苹果果实的呼吸作用，而且经纯氧处理的苹果加工成苹果片后，在随后的冷藏过程中呼吸作用也受到明显抑制，表现出后续效应（Solomas et al，1997）。Wszelaki 和 Mitcham（2000）用高氧处理"Camarosa"草莓后发现，40%～100%$O_2$ 处理在贮藏初期即显著抑制果实的呼吸作用，3天后高氧处理则表现促进作用。Tian 等（2002）的研究发现将龙眼果实用 70%$O_2$ 处理后气调贮藏能显著降低果肉中乙醇含量，保持果皮较低的 pH，有利于保持果皮绿色。郑永华（2005）研究了 40%、60%、80% 和 100% $O_2$ 及空气气流连续处理对"Duke"蓝莓和"Allstar"草莓果实在 5℃下 14 天和 35 天贮藏期间呼吸作用和乙烯产生的影响。结果表明，60%～100%$O_2$ 处理显著抑制蓝莓果实的呼吸速率和乙烯释放速率，并且 $O_2$ 浓度越高，呼吸速率和乙烯释放速率越低，而 40%$O_2$ 对蓝莓果实呼吸速率和乙烯释放速率无显著影响。高氧不仅影响果蔬呼吸作用，还可能改变呼吸途径。例如，鳄梨的抗氰呼吸速率也随氧浓度的提高而增强（Tucker & Laties，1995），高氧诱导交替途径的加强有利于降低线粒体电子传递链产生活性氧，交替氧化酶途径被认为在细胞色素途径电子流达到饱和后作为电子溢流机制发挥作用（Purvis，1997），当氧浓度超过呼吸链末端氧化酶饱和浓度时，$O_2$ 对呼吸速率起负反馈抑制（Tucker & Laties，1995）。

### 3.4 低氧处理对呼吸代谢的调控

超低氧（ultra low oxygen，ULO）贮藏是指将环境中 $O_2$ 的体积分数降至 2% 或更低浓度的贮藏方式，是继气调贮藏研究后的又一个新热点。由于品种与处理方式存在差异，目前应用于果蔬贮藏主要有两种方法：一种为短期的超低氧胁迫处理，另一种为长期的超低氧贮藏处理。前者是一种比较常见的处理方法，主要是将果蔬产品置于非常低的氧气环境条件下短期放置，然后转为普通冷藏。

国外将超低氧贮藏应用于油桃（Tian et al.，1996）、李（Ke & Kader，1992）、金帅（Blazek et al.，2003）、澳洲青苹（Lavilla & Recasens，1999）等果实，证明超低氧环境条件能更好地抑制果蔬的衰老和微生物的生长。田世平探讨了甜橙果实在短期超低氧贮藏条件下，果皮和果汁中乙醇、乙醛等挥发性物质的含量，以及它们在不同贮藏温度和货架存放期间的变化和对果实风味品质的影响。结果表明：在普通冷藏条件下，随着贮藏期的延长，甜橙果实中挥发性物质的含量呈上升趋势，但超低氧贮藏更明显地刺激果实中乙醇和乙醛含量的迅速增加。甜橙果实在 0.3% $O_2$ 超低氧条件下贮藏 30 天，果皮中乙醇含量为 519.8 $\mu g/kg$，果汁中达 1547.1 $\mu g/kg$，比普通冷藏果实高 83 倍，乙醛含量较对照果实高 6~7 倍。低氧处理对果实可溶性固形物，可滴定酸和 pH 的影响不大。甜橙果汁中乙醇含量在 1000 $\mu g/kg$ 以下时果实的风味品质仍在正常范围之内（田世平，2000a），说明对甜橙果实进行短期（<20 天）的超低氧处理是可行的。另外，她还发现在 0℃ 低温条件下低氧处理可以促进甜樱桃果实中乙醇和乙醛含量的增加，特别是贮藏 18 天以后，乙醇含量提高 180~300 倍，乙醛的含量高 8~9 倍，但甜樱桃果实在 0.3% $O_2$ 的低氧条件下贮藏 24 天后风味仍正常（田世平，2000b）。

### 3.5 射线对呼吸代谢的调控

一般说来，果蔬在贮藏时期，其成熟进程、呼吸作用及乙烯释放三者几乎是同步进行，凡能控制乙烯生成的措施，就可以抑制呼吸作用和延缓成熟进程；反之，则促进呼吸作用和成熟进程。辐照（irradiation）技术是利用辐射对物质产生的各种效应来达到辐照保鲜，包括常见的 X 射线、$^{60}$Co-γ 射线、电子束等。辐照通过降低其呼吸强度等来保持和改善果蔬的品质，从而延长其货架期，达到保鲜的目的。另外辐照对乙烯的释放速度也起到了一定的抑制作用，呼吸高峰前对果实进行适宜剂量的处理，造成果肉细胞膜系统一定程度的损伤，从而抑制 ACC 氧化酶活性，降低乙烯生物合成的速度，控制早熟，延长保鲜期。香梨经 γ 射线处理后，不仅贮藏效果明显提高，而且还推迟了其呼吸高峰的出现，减少了呼吸代谢等因素造成的自然损耗，达到了延长贮藏的目的，γ 射线照射的适宜剂量为 5~11 kGy（童莉等，2004）。辐照剂量是辐照保鲜的一个重要参数，对于不同的果蔬，不同的贮藏条件，以及不同的生长条件均应给予不同的剂量，通过调节辐射剂量可以用于不同种类的果蔬保鲜。青花菜在经过 2.5 kGy 处理后其呼吸强度最低，而且此时的乙烯含量也最低，可以较好地延长其保鲜期（庄荣福，2002）。

### 3.6　高压静电保鲜技术对呼吸代谢的调控

高压静电保鲜技术是在果蔬保鲜中运用比较广泛的一种非热技术，研究领域集中在高压静电对果蔬呼吸强度的降低和乙烯释放的抑制。王颉等（2003）在对鸭梨、番茄、草莓、苹果的保鲜研究中，分别以场强 100 kV/m 和 50 kV/m 进行对比实验，结果四种水果的呼吸强度都受到了明显的抑制，呼吸高峰出现的时间均有不同程度的延缓，峰值也略有降低，表明通过高压静电可以降低果蔬的呼吸强度，延长货架期。但是，不同水果所选用的最佳电场强度不尽相同，张全国等（2002）对番茄的研究中，通过电场强度 150 kV/m 处理 45 min 后，可以使呼吸峰延迟 4 天出现，此时可以达到最佳的保鲜效果。用 70 kV/m 高压静电处理猕猴桃 6 h 后，乙烯释放峰值受到了明显抑制，且峰值仅为对照组的一半；而且处理时间不同，对猕猴桃乙烯释放的影响不同，处理 9 h 和12 h 的峰值比处理 6 h 的峰值推后 2 天出现，但峰值相差不大（王悦芳和曾一凡，2004）。近年来，Palanimuthu 等（2009）采用高压静电场对越橘果实处理后，果实的呼吸强度比对照明显下降，货架期相应延长。此外，高压静电还可以通过一些其他的作用来实现保鲜，如控制果蔬的失水以及表皮硬度和颜色的变化。电场强度是高压静电技术的重要参数，对于不同的果蔬，以及同一种类果蔬的不同品种，需要采用不同的电场强度及不同的作用时间。

### 3.7　热处理（heat treatment）与呼吸代谢

热处理对乙烯生成量与呼吸强度有重要影响。Klein（1989）将苹果、鳄梨和番茄置于高温环境中贮藏，初期 $CO_2$ 生成量比对照低，而乙烯的生成量增加，且超过对照，但此时乙烯生成量的增加并不会引起果实的软化。随后乙烯的生成量逐渐下降，低于对照。李、番茄在高温（30℃以上）下贮藏，呼吸强度逐渐下降，7 天后呼吸量低于贮藏在 20℃的贮藏结果。高温贮藏对李、番茄、桃等乙烯的产生都能起到抑制作用。香蕉于 40℃贮藏时，最初乙烯发生量增多，5 天后几乎不产生乙烯并抑制随后置于室温条件下的乙烯合成，同时降低对外源乙烯的感受性（郭时印等，2004）。

### 3.8　NO（nitric oxide）和 $N_2O$ 与果蔬呼吸代谢

NO 可在植物中合成，并对植物的生长和衰老具有一定的影响。目前，有试验证据表明：NO 和 $N_2O$ 通过抑制乙烯的合成和作用延缓果蔬的衰老进程，从而增强果蔬在贮藏过程中抵御逆境的能力，有利于延长货架寿命和改善其贮藏品质（宋丽丽等，2005）。NO 可以调控多种园艺产品的成熟与衰老，Wills 等（2000）在草莓上的试验研究表明，NO 可以抑制果实的呼吸速率和乙烯释放量。Brown（2001）证明了 NO 能结合线粒体上呼吸酶的金属离子，从而影响线粒体的功能。另外，NO 也能抑制线粒体呼吸链上复合体 Ⅰ 和复合体 Ⅱ 以及细胞色素 c 氧化酶的活性，与氧可逆性竞争而抑制呼吸链，导致线粒体产能过程受阻，从而抑制呼吸作用（宋丽丽等，2005）。Zottini 等

（2002）以 NO 释放剂硝普钠（SNP）处理胡萝卜悬浮细胞后发现，24 h 内 SNP 引起细胞总呼吸速率下降 50%。他们认为细胞总呼吸的下降主要源于细胞色素途径部分，而交替途径在 SNP 处理后不仅没有下降，反而升高，同时交替氧化酶的基因表达加强。此外，Sowa 等（1991）报道外施 $N_2O$ 显著抑制荔枝和龙眼种子线粒体的呼吸作用，增强种子的贮藏活力。

### 3.9 1-MCP 与呼吸代谢

乙烯受体抑制剂 1-甲基环丙烯（1-MCP）能竞争性地与乙烯受体结合，且这种结合是非可逆的，因此可以有效地抑制跃变型果实的呼吸和乙烯的作用（Watkins，2006；Guillen et al.，2007），目前 1-MCP 被广泛应用于园艺产品贮藏保鲜实践之中，大量的研究表明：1-MCP 不仅能够显著地降低香蕉果实乙烯释放与呼吸速率，还可不同程度地延迟乙烯峰与呼吸峰的出现，推迟衰老的启动，延长果实的贮藏期与货架期（Jiang et al.，1999；Tian et al.，2000）。茅林春等（2004）采用 1 $\mu$L/L、5 $\mu$L/L 和 10 $\mu$L/L 1-甲基环丙烯（1-MCP）处理杨梅果实。1-MCP 处理果实的呼吸强度在贮藏期间变化不明显，对照果实在贮藏到第 10 天呼吸强度快速上升，明显高于处理果实。13 天以后，对照的呼吸强度极显著高于各浓度 1-MCP 处理的果实，3 种浓度 1-MCP 处理之间的呼吸强度也出现了差异，10 $\mu$L/L 1-MCP 处理的呼吸强度显著低于 1 $\mu$L/L 和 5 $\mu$L/L 1-MCP 处理。表明 1-MCP 能够明显地抑制杨梅呼吸强度的增强，且 10 $\mu$L/L 浓度最为明显。这些研究结果均表明 1-MCP 对呼吸速率与乙烯释放的影响因处理果实种类、1-MCP 的浓度、处理时间、处理温度、处理时期等而异。

## 4 展望

呼吸作用是果蔬成熟衰老过程中重要的基础代谢，对于了解采后生理和调控果蔬成熟衰老具有重要意义。尽管已有许多研究证明了一些果蔬的呼吸模式，并且进行了不同处理对果蔬呼吸代谢影响的研究，但这只是个开始，有很多尚需进一步研究。未来的研究工作应主要包括以下几个方面：①研究果蔬采后呼吸代谢途径中的关键酶变化规律。例如，使用新技术（如基因芯片，蛋白质组学），能够发现果蔬采后各种呼吸途径或者各种处理作用下的基因或蛋白的差异表达，鉴定出大量与呼吸代谢相关的关键基因和蛋白，从而深入了解果蔬呼吸代谢机理。②建立更多果蔬的呼吸模型。③研究基于呼吸代谢的综合技术，调控果蔬呼吸作用，控制果蔬采后品质，延长保鲜期。

### 参 考 文 献

常军，张平，王莉，田玲 . 2004. 减压对青州蜜桃贮藏效果的影响 . 食品科学，25（1）：179-182.

段学武，蒋跃明 . 2005. 高氧对果蔬采后生理影响研究进展，热带亚热带植物学报，13（6）：543-548.

郭时印，谭兴和，李清明，等 . 2004. 热处理技术在果蔬贮藏中的应用 . 河南科技大学学报（农学版），24（2）：54-58.

吕忠恕，杨成德，曾福礼 . 1985. 抗氰呼吸与果实呼吸跃变的关系 . 植物学报，5：50-57.

茅林春，方雪花，庞华卿 . 2004. 1-MCP 对杨梅果实采后生理和品质的影响 . 中国农业科学，37

（10）：1532-1536 H

申琳，生吉萍，罗云波．1999．运输中的机械损伤对贮藏初期苹果活性氧代谢的影响．中国农业大学学报，4（5）：107-110．

宋丽丽，段学武，苏新国，等．2005．NO 和 $N_2O$ 与采后园艺作物的保鲜．植物生理学通讯，41（1）：121-125．

童莉，王欣，雯茜姆，郭哲．2004．辐照对库尔勒香梨贮藏保鲜的研究．核农学报，18（2）：134-136．

田世平．2000a．超低氧处理对贮藏期间甜橙果实挥发性物质成分的影响．植物学通报，17（2）：160-167．

田世平．2000b．冷藏条件下超低氧处理对甜樱桃果实中乙醇、乙醛和甲醇含量的影响．植物生理学通讯，36（3）：201-204．

王颉，李里特，丹阳，等．2003．高压静电场处理对鸭梨采后生理的影响．园艺学报，30（6）：35-40．

王悦芳，曾一凡．2004．高压静电场对猕猴桃果实乙烯释放速率的影响．江西农业大学学报，26（6）：890-892．

席玛芳，罗自生，徐程，等．2001．气调贮藏对杨梅品质的影响．浙江农业科学，6：56-60．

应铁进，郑永华，茅林春，等．1997．振动胁迫对桃果实衰老的影响．园艺学报，24（2）：137-140．

庄荣福，胡维冀，林光荣，蔡龙祥．2002．辐照对青花菜生理生化指标及保鲜效果的影响．亚热带植物科学，31（3）：16-18．

张全国，焦有宙，张泽星．2002．高压静电预处理技术对番茄保鲜的影响．华中农业大学学报，21（6）：558-562．

郑永华．2005．高氧处理对蓝莓和草莓果实采后呼吸速率和乙烯释放速率的影响．园艺学报，32（5）：866-868．

宗会，胡文玉．1999．海藻酸钠涂膜对苹果果实活性氧代谢的影响．园艺学报，4：263-264．

Andrich G，Zinnai A，Balzini S，et al. 1998. Aerobic respiration rate of Golden Delicious apples as a function of temperature and $PO_2$. *Postharvest Biology and Technology*，14：1-9.

Angos I，Irseda P V，Fernandez T. 2008. Control of respiration and color modification on minimally processed potatoes by means of low and high $O_2/CO_2$ atmospheres. *Postharvest Biology and Technology*，48：422-430.

Bartoli C G，Gomez F，Martinez D E，et al. 2004. Mitochondria are the main target for oxidative damage in leaves of wheat（Triticum aestivumL.）. *Journal of Experimental Botany*，55（399）：1663-1669.

Beaudry R M. 1993. Effect of carbon dioxide partial pressure on blueberry fruit respiration and respiratory quotient. *Postharvest Biology and Technology*，3：249-258.

Bhande S D，Ravindra M R，Goswami T K. 2008. Respiration rate of banana fruit under aerobic conditions at different storage temperatures. *Journal of Food Engineering*，87：116-123.

Biale J B，Young R E. 1981. Respiration and ripening in fruits：retrospect and prospect. *In*：Friend J，Rhodes M J C. Recent Advances in the Biochemistry of Fruits and Vegetables. London：Academic Press. 1-39.

Blazek J，Hlusickoval I，Varga A. 2003. Changes in the quality characteristics of Golden Delicious apples under different storage conditions and correlations between them. *Zahradnictvi（Horticultural Science）*，30（3）：81-89.

Brown G C. 2001. Regulation of mitochondrial respiration by nitric oxide inhibition of cytochrome C oxidase. *Biochimica et Biophysica Acta*，1504：46-57.

Campbell N A，Reece J B，Mitchell L G. 1999. Biology. Addison Wesley Longman，Inc. 697.

Del Riola，Corpas F J，Sandalio L M，et al. 2002. Reactive oxygen species，antioxidant systems and nitric oxide in peroxisome. *Jounral of Experimental Botany*，53：1255-1272.

Fishman S. 1995. Model for gas exchange dynamics in modified atmosphere packages of fruits and vegetables. *Journal of Food Science*，60（5）：1078-1083.

Fonseca S C，Oliveira F A R，Brcht J K. 2002. Modeling respiration rate of fresh fruits and vegetables for modified atmosphere packages：a review. *Journal of Food Engineering*，52：99-119.

Guevara J C，Yahia E M.，Beaudry R M. 2006. Modeling the influence of temperature and relative humidity on respiration rate of prickly pear cactus cladodes. *Postharvest Biology and Technology*，41：260-265.

Guillen F，Castillo S，Zapata P J，et al. 2007. Efficacy of 1 - MCP treatment in tomato fruit 1. Duration and concentration of 1 - MCP treatment to gain an effective delay of postharvest ripening. *Postharvest Biology and Technology*，43：23-27.

Jiang Y M，Joyce D C，Macnish A J. 1999. Responses of bananafruit to treatment with 1 - Methylcyclopropene. *Plant Growth Regulation*，28：77-82.

Ke D，Kader A A. 1992. External and internal factors influence fruit tolerance to low - oxygen atmospheres. *Journal of the American Society for Horticultural Science*，117：913-918.

Klein J D. 1989. Ethylene biosynthesis in heat treated apples. *In*：Clijsters H，Proft M，Marcella R. et al. Biochemical and Physiology - Cal Aspects of Ethylene Production in Lower and Higher Plants. Dordrecht，The Netherlands：Kluwer. 184-190.

Kole N，Suresh Presas. 1993. Respiration rate and heat of some fruits under controlled atmosphere conditions. *International Journal of Refrigeration*，17（3）：199-204

Ku L.，Romani R J. 1966. Ribosomes from Pear Fruit. *Science*，3747：408-410.

Lam E，Del Pozo O. 2000. Caspase - like protease involvement in the control of plant cell death. *Plant Molecular Biology*，44（3）：417-428.

Lavilla T，Recasens I. 1999. Relationships between volatile production，fruit quality，and sensory evaluation in Granny Smith apples stored in different controlled - atmosphere treatments by means of multivariate analysis. *Journal of Agricultural and Food Chemistry*，47（9）：3791-3803.

Maxwell D P，Wang Y，McIntosh L. 1999. The alternative oxidase lowers mitochondr ial reactive oxygen production in plant cells. *Proceedings of the National Academy of Sciences*，96：8271-8276.

Palanimuthu V，Rajkumar P，Orsat V，et al. 2009. Improving cranberry shelf - life using high voltage electric field treatment. *Journal of Food Engineering*，90：365-371.

Peppelenbos H W，Leven J. 1996. Evaluation of four types of inhibition for modelling the influence of carbon dioxide on oxygen consumption fruits and vegetables. *Postharvest Biology and Technology*，7：27-40.

Purvis A C. 1997. The role of adaptive enzymes in carbohydrate oxidation by stressed and senescing plant tissues. *HortScience*，32：1165-1168.

Ravindra M R，Goswami T K. 2008. Modelling the respiration rate of green mature mango under aerobic conditions. *Biosystems Engineering*，99：239-248.

Solomos T，Whitaker B，Lu C. 1997. Deleterious effects of pure oxygen on "Gala" and "Granny Smith" apples. HortScience，32：4581

Song Y. 2002. Modeling respiration - transpiration in a modified atmosphere packaging system containing blueberry. *Journal of Food Engineering*，53（2）：103-109.

Sowa S，Roos E E，Zee F. 1991. Anesthetic storage of recalcitrant seed：nitrous oxide prolongs storage longevity of lychee and longan. *HortScience*，26：597-599

Tian S P，Xu Y，Jiang A L，et al. 2002. Physiological and quality responses of longan fruits to high–$O_2$ or high–$CO_2$ atmospheres in storage. *Postharvest Biology and Technology*，24：335-340.

Tian S P，Folch E ，Pratella G C. 1996. The correlation of some physiological properties during ultra low oxygen storage in nectarine. *Acta Horticulture*，374：131-140.

Tian，M S，Prakash S，Elgar H J，et al. 2000. Responses of strawberry fruit to 1–Methylcyclopropene (1–MCP) and ethylene. *Plant Growth Regulation*，32：83-90.

Tucker M L，Laties G G. 1995. The dual role ofoxygen in avocado fruit respiration：kinetic analysis and computer modeling of diffusion—affected respiratory oxygen isotherms. *Plant，Cell & Environment*，8：117-127.

Watkins C B. 2006. The use of 1–methylcyclopropene (1–MCP) on fruits and vegetables. *Biotechnology Advances*，24：389-409.

Wills R B H，Ku V V，Leshem Y Y. 2000. Fumigation with nitric oxide to extend the postharvest life of strawberries. *Postharvest Biology and Technology*，18 (1)：75-79.

Wszelaki A L，Mitcham E J. 2000. Effects of superatmospheric oxygen on strawberry fruit quality and decay. *Postharvest Biology and Technology*，20 (2)：125-133.

Zottini M，Formentin E，Scattolin M，et al. 2002. Nitric oxide affects plant mitochondrial functionality *in vivo*. *FEBS Letters*，515：75-78.

（寇晓红　罗云波）

# 第三节　一氧化氮的生理作用及机理

**导言**

一氧化氮（NO）最初被认为是生物机体内细胞的毒性分子，后来发现 NO 是一种信号分子，在动物生理代谢中发挥重要作用，近年来发现它在植物种子萌发、生长、发育、成熟、衰老及其胁迫响应等生理过程中也发挥了重要作用，1992 年 NO 还被美国《科学》杂志评为年度"明星分子"。本节主要介绍 NO 的生化特性、在植物体内的代谢及其在植物生理功能调控中的作用，以及外源 NO 处理在园产品采后保鲜中的应用及安全性评价。

## 1　植物中一氧化氮的概述

### 1.1　一氧化氮的生化特性

一氧化氮（nitric oxide，NO）是一个不带电荷的气体分子，具有高脂溶性、极不稳定的特点。由于得失电子的不同，NO 常以三种形态存在，即 $NO^·$、$NO^+$ 和 $NO^-$。NO 在水中的溶解度随着温度的增高而降低，相同温度下溶解度大于 $O_2$。NO 不带电荷，可以自由通过细胞的细胞质和膜，从一个细胞传给另一个细胞。NO 因含有一个未配对的电子使它具有顺磁性。两分子 NO 同一分子 $O_2$ 反应生成另外一种顺磁性的自由基二氧化氮（$NO_2^-$），$NO_2^-$ 进一步与 NO 和 $NO_2$ 反应生成 $N_2O_3$ 和 $N_2O_4$。氮和硫醇是 NO 的两个重要的亲核试剂靶。NO 与亲核靶氮作用，生成亚硝胺；与亲核靶硫醇作用，生成亚硝基硫醇。NO 与超氧阴离子反应，生成的强氧化剂过氧化亚硝酸根（$ONOO^-$）相对稳定，有毒性，它与 $H^+$ 形成相应的酸 ONOOH。ONOOH 在 37℃，pH7 时半衰期为 1 s，它可分解为 $NO^{2+}$、$OH^-$、$NO_2^-$ 和 $NO_3^-$ 等代谢产物。其中 $NO_2^-$、$ONOO^-$ 和 $OH^-$ 对机体是有害的，机体内的抗氧化剂可清除这些有毒物质。

在生物机体内，NO 作为细胞毒性分子，作用于疏基，使能量代谢或抗氧化的有关酶失去活性。NO 与金属作用，可以激活鸟苷酸环化酶（GTP‐cyclase，GC）和环氧化酶（COX）。NO 破坏金属硫因的锌‐硫基团，使金属硫因的半氨酸疏基亚硝基化。而由于 NO 与超氧阴离子反应生成的过氧化亚硝酸根可使超氧物歧化酶（SOD）的酪氨酸硝基化，从而使高剂量的 SOD 丧失保护作用。此外，NO 若被氧化成高氧的 NOX，可使含疏基的分子如谷胱甘肽、半胱氨酸和白蛋白硝基化，而被硝基化的分子则可作为 NO 的载体，或以生物的形式沉积 NO。NO 还损伤 DNA，其可能的机制包括 DNA 碱基脱氨基，DNA 氧化，生成亚硝胺，抑制 DNA 修复酶，从而抑制 DNA 损伤的修复等。NO 还引起多种细胞凋亡。

### 1.2　NO 生物学活性的发现

20 世纪 80 年代以前，NO 被认为是一种对环境和人有害的气体。人吸入 NO 会出现类似于一氧化碳的中毒症状，NO 在空气中会形成酸雨，同时，NO 也是破坏臭氧层的重要因素之一。自从 1987 年生物体内源 NO 合成机制的发现及其生理特性的证实开始（Palmer et al，1987），NO 就引起了科学界的关注。研究的突破发生在 1980 年。美国科学家 Furchaout 在一项研究中发现了一种小分子物质，具有使血管平滑肌松弛的作用，后来被命名为血管内皮细胞舒张因子（endothelium‐derived relaxing factor，EDRF），EDRF 是一种不稳定的生物自由基，EDRF 之后被确认为是 NO。

对于 NO 的研究不仅局限于动物领域，近年来 NO 在植物中的作用越来越受到重视。植物学家最初对 NO 与植物之间关系的研究主要侧重于大气污染物 NO 和 $NO_2$ 对植物的影响，人们通常将 NO 和 $NO_2$ 的混合物统称为 $NO_x$，大气中的 $NO_x$ 主要是通过气孔或受损的上皮细胞进入植物的。当 $NO_x$ 进入植物体内后将会引起植物自身一系列的生理和生化变化，其中包括硝酸盐还原酶和亚硝酸盐活性的降低、光合作用受到抑制、根生理方面的变化、细胞膜结构的变化等，但是最明显的是 NO 对植物生长的抑制。目前人们已经发现 NO 作为一种信号分子在植物的种子萌发、生长、发育、成熟、衰老及其胁迫响应等生理过程中都起到了重要的作用（Arasimowicz & Floryszak‐Wieczorek，2007）。

### 1.3　植物中 NO 的生理功能

近年来，有关 NO 与植物生物学关系的研究迅速展开。最近的研究表明，NO 与植物的形态发育（Beligni & Lamattina，2000）、线粒体活性（Graziano et al.，2002）、叶片的伸展（Leshem et al.，1998）、气孔关闭、衰老（Neill et al.，2002），以及离子的新陈代谢（Wendehenne et al.，2000）都有关。另外 NO 在植物防卫反应中也起到重要的作用，包括激活防卫基因（PR1 和 Phytoalexin）、调控细胞程序性死亡（programmed cell death，PCD）(Delledonne et al.，1998)、与其他的信号分子发生反应等（图 1-1-3-1）。例如，NO 可以与超氧阴离子（$O_2^-$）、过氧化氢（$H_2O_2$）等活性氧反应，在植物的抗病过程中起重要作用（Malolepsza & Rózalska，2005）。

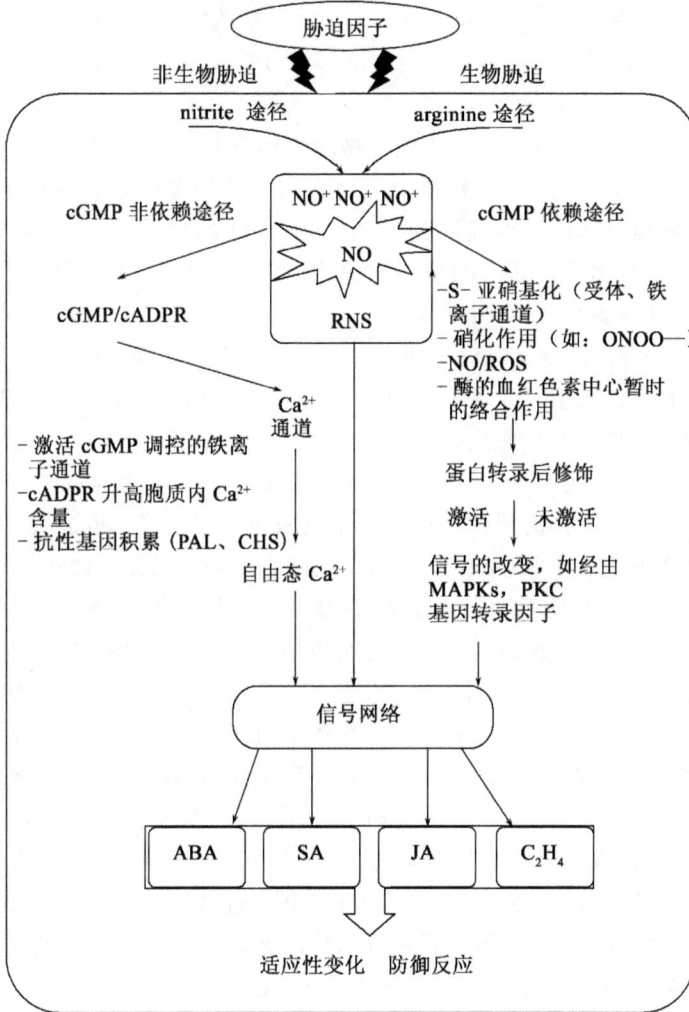

图 1-1-3-1 逆境胁迫下 NO 与其他分子的互作

(引自：Magdaleza et al.，2007)

## 2 植物中 NO 的合成与代谢

### 2.1 NO 在植物体内的生物合成

NO 在植物体内的生物合成主要有三条途径，即一氧化氮合酶（NOS）途径，硝酸还原酶（NR）途径及非酶途径。

#### 2.1.1 NO 生物合成的 NOS 途径

哺乳动物中的内源性 NO 是由一氧化氮合酶（nitric oxide synthase，NOS）催化产生的。NOS 是迄今所知的最复杂、最大的酶类之一。在动物组织中已证实 NO 的酶促生物合成基于以下反应：

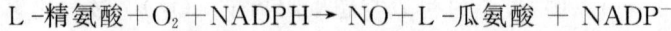

$$L\text{-精氨酸}+O_2+NADPH \rightarrow NO+L\text{-瓜氨酸}+NADP^-$$

在此反应中，NOS 是合成 NO 的关键酶，FAD、FMN、血红素、四氢叶酸以及钙调蛋白是 NOS 的辅基（Serégelyes et al.，2003）。在动物体内 NOS 主要分为三种：神经元 NOS（neuronal NOS，nNOS）、内皮细胞 NOS（endotchelial NOS，eNOS）和可诱导 NOS（inducible NOS，iNOS）。

在植物体内寻找与哺乳动物 NOS 相似物的工作已开展了一段时间。主要的研究方法是检测从植物体内提取的 NOS 相似物的活性蛋白，检测其是否对哺乳动物 NOS 抑制剂敏感。在一些植物体内已经检测到类似 NOS 活性的物质，它们能将 L-精氨酸转化形成 L-瓜氨酸，而且还有很多报道指出植物体内的这种类似物受钙离子调控。这一点和哺乳动物的 NOS 很相似（Ribeiro et al.，1999）。Durner 等（1999）发现接种烟草花叶病毒（TMV）后，抗病植株体内类似 NOS 物质活性增强，但感病植株无此现象。在大豆悬浮细胞和拟南芥植株上进行的实验也得到同样的结果，而且同时也发现 NOS 抑制剂能阻碍拟南芥植株的过敏反应和处理后大豆悬浮细胞的 PCD。

利用动物的 NOS 作为抗体，通过 Western 杂交技术在植物提取物中检测到与之相对应的免疫蛋白。利用同样的抗体，通过电子显微免疫定位技术也证实了豌豆叶片过氧化物酶体和叶绿体中类似 NOS 活性物质的存在（Barroso et al.，1999）。此外，利用免疫荧光技术在玉米根部胞质部分区域，细胞核的延伸区中也观察到类似 NOS 的蛋白（Ribeiro et al.，1999）。虽然不断有报道证明植物体内存在 NOS，但是也有一些科学家提出与之相反的论点。有人认为利用免疫定位技术得到的结论不准确，如从分子量的角度考虑，在烟草中检测到的类似 NOS 活性物质的分子质量是 56 ku，在玉米中检测到的类似 NOS 活性物质的分子质量是 166 ku，而动物体内 NOS 的分子质量一般为 130～160 ku（Butt et al.，2003）。又如在植物叶片的提取物或是完整的植物组织中添加 NOS 抑制剂对 NO 合成体系并没有影响。也有一些实验表明在一些植物中不存在与 NOS 相关的蛋白，但是它们仍然可以和动物的 NOS 抗体反应（Butt et al.，2003）。

但 2003 年 5 月 Chandok 等研究报道 TMV 诱导烟草 iNOS 基因的表达，该基因的分子质量是 120 ku，是甘氨酸脱羧酶复合体（GDC）P 蛋白的变体形式（Chandok et al.，2003）。从活性、所需辅助因子、抑制剂敏感性和动力学参数来看，GDC 与动物 iNOS 具有许多相似性。同年 10 月 Guo 等（2003）在拟南芥中成功克隆了与植物生长和信号转导有关的 NOS 基因和相应的 cDNA，并命名为 AtNOS1。AtNOS1 cDNA 含有编码 561 个氨基酸序列的可读框，推测其蛋白质分子质量为 62 ku。进一步的研究发现，TMV 诱导烟草产生的 iNOS 和拟南芥中的 AtNOS1 与动物 NOS 存在一定的共性。如烟草的 iNOS 和动物的 iNOS 都有较高的 $V_{max}$，拟南芥 AtNOS1 基因和动物的 eNOS 和 nNOS 都受 $Ca^{2+}$ 和 CAM 调控。当然它们也有许多不同之处，如动物 iNOS 基因的表达主要是在转录水平进行调控，而植物 iNOS 主要在翻译后进行调节，且植物 NOS 蛋白质的氨基酸序列与动物 NOS 没有明显同源性。

2.1.2 NO 生物合成的 NR/NiR 途径

高等植物中 NR/NiR 是氮代谢的关键酶，催化硝酸盐或亚硝酸盐和 NADH 或

NADPH 形成 NO（图 1-1-3-2）。在向日葵、菠菜、玉米中发现由 NR 催化形成的 NO，且 NR 的抑制剂叠氮化钠（sodium azide，$NaN_3$）可抑制 NO 的产生。

植物细胞中的硝酸盐、亚硝酸盐和 NR 都存在于胞质中。在适当条件下，亚硝酸盐可被转运到叶绿体中，或在 NiR 催化下形成 $NH^{4+}$（Shingles et al.，1996）。在烟草根质膜上发现有 NR（PM bound nitrate reductase，PM-NR）活性（Stöhr et al.，2001）。不同植物体不同组织或

图 1-1-3-2　植物体内由 NR 催化形成 NO 的途径
（引自：Yamasaki et al.，1999）

器官影响 NR 的因子不同。研究者发现，黄瓜叶片的 NR 主要受光的调控，光下叶片中的 NR 增强，暗处 NR 活性下降；根部的 NR 活性无光/暗依赖性，但缺氧、加解偶联剂（CCCP）或甘露糖降低根中 ATP 水平可激活根系 NR，而高氧可以促进 NR 失活。当用 ATP 预处理缺氧的根提取物时，根中 NR 活性即逐渐失去；加入 5'-AMP 可使 NR 再活化，即黄瓜根细胞内腺苷酸参与对 NR 活性的调控。

NR 可以受环境条件如光、$CO_2$ 或 $O_2$ 的快速调节，又受外来物质的影响。例如，高 $CO_2$ 下黄瓜叶片中 NR 活性高于低 $CO_2$ 时 NR 活性，黄瓜植株同化 $CO_2$ 的速率可调控 NR 的表达和活性；果糖显著刺激叶片和根中 *NR* 基因的转录（Larios et al.，2001）。呼吸链抑制剂 Kresoximmethyl（KROM）促使菠菜叶片中 NR 活性下降，完全阻止黑暗引起的 NR 活性下降（Glaab & Kaiser，1999）；盐胁迫下 NR 活性的日变化及 NR-mRNA 都会发生改变（Abd-El Baki et al.，2000）；酚类物质可抑制小麦叶片中的 NR 活性，此种抑制效应与酚类物质的结构和浓度相关（Albassam，2000）。此外，$Ca^{2+}$、蛋白激酶（PK）、蛋白激酶激酶（PKK）、蛋白磷酸酯酶（PP）、14-3-3 蛋白（14-3-3s）和蛋白酶都可调控 NR 活性（MacKintosh & Meek，2001）。例如，叶片光合作用暗中停止时，NR 的丝氨酸残基磷酸化形成一个磷酸肽序列可以与一个或多个 14-3-3s 结合，而抑制 NR 的活性；蛋白磷酸酯酶可引起丝氨酸的去磷酸化，使 14-3-3s 被解离从而逆转 14-3-3s 对 NR 活性的抑制作用。在体外，一些小分子化合物包括磷酸盐离子、EDTA 和 AMP 也都能够使 NR 活化。

2.1.3　NO 的其他酶促来源

NO 还可通过其他酶促反应得到。例如，Stöhr 等（2001）发现烟草根具有亚硝酸还原活性，能导致 NO 的产生；Harrison（2002）发现黄嘌呤氧化还原酶（xanthine oxidoreductase，XOR）具有产生 NO 的能力。与 NR 一样，XOR 也是一个以钼为辅因子的氧化还原酶。在低氧张力下，XOR 将亚硝酸转变为 NO；有氧存在时，会形成超氧化物，超氧化物随后与 NO 反应形成过亚硝酸（peroxynitrite）（Godber et al.，2000）。因此，XOR 具有产生两种信号分子的能力，即当氧张力高时，产生超氧化物，超氧化物可以歧化为 $H_2O_2$ 和活性氧（ROS）；当氧张力低时，产生 NO。当植物组织如根暂时处于缺氧状态时，氧分子的可利用性则成为 XOR 产生信号分子的调节因子。已经在植物过氧化物体中发现了 XOR 的活性（Corpas et al.，2001）。但迄今为止，XOR 在植物信号转导中的作用研究还很少。

2.1.4　NO 生物合成的非酶途径

植物也通过多种非酶途径形成 NO。如由 NO 的供体硝普钠（sodium nitroprus-

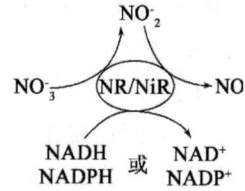

side，SNP）、$S$ -亚硝基- $N$ -乙酰青霉胺（$S$ - nitroso - $N$ - acetylpenicilla mine）和 3 - morpholino- sydno mine 形成 NO（García - Mata & Lamattina，2002）；经反硝化作用和氮固定形成 NO；经硝化作用和反硝化作用将 $N_2O$ 氧化形成 NO（Durner and Klessig，1999）；酸性条件下，由 $NO_2^-$ 还原形成 NO；由类胡萝卜素转化的光介导非酶反应产生 NO（Cooney et al.，1994）；抗坏血酸或光参与由 $NO_2^-$ 形成 NO（Wojtaszek，2000）等。

综上所述，在植物中有几条潜在的产生 NO 的途径，包括 NOS、NR、XOR 和非酶促反应途径。这些途径对 NO 产生的贡献取决于物种、细胞、组织、植株的生长条件以及在专一条件下信号途径的活性。一般来说，有氧条件下依赖 NR 的途径是形成 NO 的主要方式；酸化的区域或组织则多是经非酶途径形成 NO（De la Haba et al.，2001）。

### 2.2　NO 在植物体内的代谢及分布

NO 是一种气体自由基，在 $\text{II}2$ 轨道上具有未配对电子，但能保持电荷中性。由于它的自由基性质，容易得到或失去一个电子，因而能以一氧化氮自由基（NO·）、亚硝酸正离子（nitrosonium cation，$NO^+$）和硝酰自由基（nitroxyl radical，$NO^-$）3 种形式存在（Wojtaszek，2000）。NO 具有高脂溶性，微溶于水（0.047 $cm^3/cm^3$ $H_2O$，20℃，1 atm[①]）的特点，铁盐能增强其水溶性，因而无论是在细胞水溶性的原生质还是在脂溶性的膜系统，NO 都能扩散移动。因此，NO 一旦产生，就容易在细胞内和细胞间扩散。其作用范围主要是产生 NO 的细胞和邻近的细胞（Neill et al.，2003）。但是，作为一种活性自由基，NO 的半衰期只有几秒钟。NO 能与 $O_2$ 快速反应生成 $NO_2$，然后快速降解为硝酸根离子和亚硝酸根离子。

绿熟期酸橙（*Citrus aurantium*）经照光处理后 NO 释放量增加，而完熟期柑橘（果皮黄色）未见 NO 量有增加。相比之下，中华猕猴桃（*Actinidia chinensis*）无论成熟与否，光照不能明显提高其 NO 产生速度，说明果皮叶绿体可能是 NO 代谢的位点之一。在未成熟果实中，产生 NO 的另一个可能部位是果肉组织的小泡，此组织中 NO 代谢很活跃，NO 产生速率随果实的成熟而下降。果肉液囊中汁液可能对内源 NO 的产生和 NO 含量多少有一定的作用。

## 3　NO 在植物生理功能调控中的作用

### 3.1　NO 在植物种子萌发和生长发育过程中的作用

NO 在植物体中的作用远没有在动物体中的清楚。最初的研究着重于工业排放以及微生物活动所产生的大气污染物 NO 和 $NO_2$，这类污染物的大量产生使得大气中自由基平衡失调，对植物产生影响，主要包括 NO 的吸收和以后在植物体内的代谢以及对光合作用所产生的毒性等。近年来发现 NO 对植物的作用依赖于 NO 的浓度（Anderson

---

① 　1atm＝$1.013 \times 10^5$ Pa，后同。

& Mansfield，1979），高浓度 NO（40~80 ppm[①]）抑制番茄的生长，而低浓度 NO（10~20 ppm）促进生长。在莴苣（Hufton et al.，1996）和豌豆（Leshem & Haramaty，1996）中也得到了与此一致的结果。2002 年 Takahashi 和 Yamasaki 又报道 NO 能可逆地抑制叶绿体中 ATP 的合成和电子传递过程。亚硝酸盐也可以产生 NO，但是如果亚硝酸盐的还原过程被亚硝酸还原酶所抑制，硝酸还原酶产生的 NO 就会抑制植物的光合作用。

NO 可以促进许多植物种子，特别是光敏感种子的萌发。有些植物如莴苣、泡桐等种子的萌发需要一定的光照作用，但使用 NO 的供体硝普钠（SNP）也能使莴苣种子在黑暗条件下萌发，并且种子的萌发率与 SNP 的剂量成正比，这种作用可以被 NO 的抑制剂 PTIO 所逆转，但 $NO_2^-$ 和 $NO_3^-$ 对种子萌发毫无影响（Beligni & Lamattina，2000）。NO 的这种作用也可以用来解释加利福尼亚常绿落叶灌木的休眠种子被烟雾（内含 NO）所促萌发的事实。皇后树种子的萌发也受光敏色素的调节，用自旋捕集和顺磁共振技术可以直接检测到种子萌发时释放 NO。在酸性条件（pH2.5~3.0）下，亚硝酸盐可以促进种子的萌发，而 $NO_2^-$ 却不能促进种子萌发。在此条件亚硝酸盐生成了 NO，并且植物中亚硝酸盐可以通过非酶途径诱导 NO 的合成（Giba et al.，1998）。因此，早期的一些关于亚硝酸盐刺激种子萌发作用的报道可能用 NO 的作用来解释。

NO 对下胚轴和节间的伸长有作用，NO 的供体抑制土豆、莴苣和拟南芥下胚轴的伸长，刺激去黄化作用和叶绿素的增加（Beligni & Lamattina，2000），NO 也可以增加豌豆叶片中叶绿素的含量，尤其是保卫细胞中叶绿素的含量（Leshem et al.，1997），阻止蚜虫侵染的土豆叶片中叶绿素的流失（Laxalt et al，1997）。NO 对植物生长发育的影响较为广泛，有报道证明 NO 还影响植物根的生长。使用多种释放 NO 的化学药品（SNP 或 SNAP）处理离体的玉米根，发现根尖的生长与药品的浓度呈正相关，而亚甲基蓝能阻止这种作用，但生长素对根的促进作用不能被 NO 的抑制剂所抑制，说明 NO 对根的促进作用和生长素对根的促进作用是通过两条不同的途径实现的（Gouvêa et al.，1997）。

### 3.2 NO 在植物成熟衰老过程中的作用

#### 3.2.1 NO 对果实成熟衰老的调控

Leshem 和 Haramaty（1996）首次报道了经济作物内源 NO 的产生和作用，并提出以 NO 作为果实成熟的调控因子（Leshem & Haramaty，1996）。Leshem 等（1998）采用 N-叔丁基-α-苯基硝酮（N-tert-butyl-α-phenylnitrone，PBN）和 3-吗啉-斯德酮亚胺（3-morpholinosydnonimine，SIN-1）等所释放的一定浓度的外源 NO 处理鳄梨、香蕉、樱桃、番茄、猕猴桃、柿和甜橙后，发现未成熟果实产生的内源 NO 量均显著高于成熟的果实，其中鳄梨和香蕉未成熟组织中 NO 含量分别约是其成熟果实的 10 倍和 4 倍。

无论是呼吸跃变型还是非跃变型果实，外源 NO 均可延迟其成熟衰老。降低草莓等

---

① 1ppm＝$1×10^{-6}$，后同。

果实周围的乙烯浓度可以延长其贮藏时间（Wills & Kim，1995）。以 $5\sim10~\mu L/L$ NO 熏蒸草莓 2 h 可使其贮藏期延长 50%。这与 1-甲基环丙烯（1-methylcyclopropene，1-MCP）的效果相似（Ku et al.，1999）。

跃变型果实成熟衰老过程中，在呼吸逐渐降低后会产生一个乙烯诱导的呼吸高峰；而非跃变果实成熟后没有呼吸高峰，随着果实成熟其呼吸逐渐下降。通常情况下，跃变型果实完熟期产生乙烯的量高于非跃变果实，浓度低于 $0.1\sim1.0~\mu L/L$ 的乙烯处理 1 天就足以使其完熟。而外源乙烯仅引起非跃变果实呼吸的瞬时增加。而 Leshem（2000）发现 NO 对非跃变品种作用比跃变型品种明显，非跃变品种柑橘果肉组织汁液中内源 NO 含量特别高，远远超出许多跃变品种果实中 NO 的含量，因此推测柑橘的果肉含有高浓度 NO 及 NOS 含量和活性高等特点可能有助于解释非跃变品种果实的完熟机制，但还需要进一步研究证实。

果实组织成熟和衰老进程中，NO 释放量的下降与乙烯产量的升高密切相关（Leshem & Haramaty，1996）。未成熟的草莓和鳄梨的 NO 产量很高而乙烯产量很低，但成熟的草莓和鳄梨正好相反。随着草莓和鳄梨果实的成熟、衰老，其内源 NO 量显著下降，施用 NO 释放剂（PBN 或 SIN-1）可明显延缓成熟和衰老进程（Leshem & Wills，1998）。表明 NO 可能是一种可延缓果实衰老的天然植物生长调节物质，其作用机制与抑制乙烯产生有关。

### 3.2.2　NO 对蔬菜、切花成熟衰老的调控

有关 NO 与内源乙烯关系的报道最初来源于一系列衰老豌豆叶片的实验（Leshem & Haramaty，1996）。早期报道发现，豌豆断根处理 60 min 内乙烯释放显著（Leshem et al.，1984）。Leshem 和 Haramaty（1996）用 $KNO_3$ 等反应产生的 NO 熏蒸豌豆芽（pisum sativum）叶片，并在部分处理的溶液中加入乙烯前体物质 ACC，2 h 后发现无论施用 ACC 与否，NO 与乙烯均同时释放，在未以 ACC 处理的实验中，乙烯和 NO 释放均下降，但 NO 释放量多于乙烯。低浓度 NO 促进豌豆叶片的伸展，高浓度则有使其缩小的趋势，将叶片直接置于纯 NO 中时出现明显生长下降趋势。统计分析表明，NO 载体化合物抑制豌豆叶片生长的能力为：SNAP>PBN>SIN-1（Leshem & Haramaty，1996）。

Leshem 等（1998）用 PBN 和 SIN-1 等释放 NO 来熏蒸三友花（*Chaelaucium uncinatum*）和极美泰洛帕（*Telopea speciosissima*）鲜切花，发现花朵和萼片更加紧凑而舒展，处理花产生的内源 NO 量显著高于衰老花（约为衰老花的 2.5 倍）。在康乃馨（*Dianthus caryophyllus*）的培养液中加入 PBN 或 SIN-1（NO 自由基浓度为 $10^{-7}\sim10^{-3}$ mol/L）和 ACC，处理 6 天后发现 $10^{-3}$ mol/L 的 NO 可有效抑制 ACC 引起的花瓣变褐萎蔫。这种抑制作用与 NO 浓度有关，低浓度的 NO 供体抑制衰老的能力差（Leshem et al.，1998）。任小林等（2004）提出，适宜浓度（$10^{-6}$ mol/L）NO 气体熏蒸，可延长玫瑰和香石竹鲜切花的货架期，黄瓜和青椒得到的实验结果与此相同。并且，NO 处理可使鲜切花货架期延长 50%～150%（Leshem & Wills，1998）。

### 3.2.3　NO 调控果蔬成熟衰老的机理

衰老自由基学说认为，自由基产生与清除的平衡对维持生物体正常物质代谢起作用，衰老是自由基过度氧化的过程，任何降低自由基过度氧化的措施都可以延缓衰老。NO 对生物体有双重作用。一方面，低浓度 NO 能迅速清除超氧阴离子（$O_2^-$）和脂质

自由基（$R^{\cdot}$），阻断包括脂质过氧化在内的活性氧参与的各种伤害反应，诱导抗氧化酶基因的表达，起保护作用（Guo et al.，2003）。另一方面，高浓度 NO 与 $O_2^{-\cdot}$ 相互作用生成大量的过氧亚硝酸阴离子（$ONOO^-$），后者质子化形成强氧化性的过氧亚硝酸（ONOOH），破坏生物大分子的结构与功能，最终具有生物毒性。一般认为，这种双重作用取决于以下因素：①NO 的生成量。$10^{-12}$ mol/L 水平的 NO 主要起到信息传递和免疫功能，对机体是有益的；当 NO 在局部产生过多，达到 $10^{-9}$ mol/L 水平时，则常常引起细胞毒性作用。②NO 的氧化还原状态。以 $NO^+$（氧化型）状态存在时有保护作用，以 $NO^-$（还原型）状态存在时则有神经毒性作用。③环境 pH。$NO^-$ 和 $O_2^{-\cdot}$ 形成的 $ONOO^-$ 在碱性条件（pH＝7.40±0.60）下相当稳定，一旦低于生理 pH，立即分解为 $\cdot OH$ 自由基和 $NO^-$ 自由基，具有很强的细胞毒性。④产生 NO 的 NOS 类型。NOS 是 NO 生成的主要限速因子。由 cNOS（构成型 NOS，包括 nNOS 和 eNOS）催化产生的 NO 主要起生理信使作用，而由 iNOS 催化产生的 NO 主要参与免疫炎症反应和细胞毒性作用。cNOS 激活后酶活力持续时间很短，而 iNOS 诱导一般需数小时才显示酶活性，一经诱导生成，酶活性持续时间较长。Leshem 等（2001）在大量实验的基础上，提出 NO 在乙烯调控中的具体作用模式（图 1-1-3-3）。

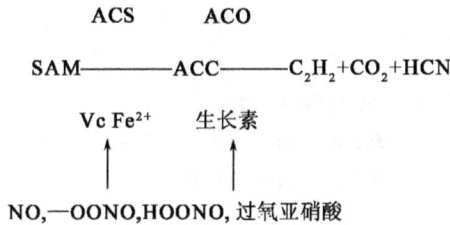

图 1-1-3-3 NO 和过氧化硝酸盐的乙烯合成调控模型

SAM. 硫腺苷甲硫氨酸；ACS. ACC 合酶；ACO. ACC 氧化酶；Vc. 抗坏血酸（维生素 C）

（引自：Leshem et al.，2001）

在乙烯的生物合成中，ACC 合酶（ACS）和 ACC 氧化酶（ACO）是两个关键酶。ACC 合酶是乙烯合成的倒数第二个酶，生长素对其活性有促进作用。ACC 氧化酶至少有 4 种同工酶。NO 和过氧亚硝酸盐通过调控 ACC 合酶的活性调节物质（生长素）及 ACC 氧化酶的辅助因子（抗坏血酸和 $Fe^{2+}$）而抑制乙烯的生物合成，调控植物组织的成熟和衰老。

Leshem 等（1996）发现，在生长的植物组织中，乙烯前体 ACC 的出现不但促进乙烯的释放，同时也刺激产生更多的 NO。因此，对于生长阶段的植物组织来说，乙烯也可能是作为一种调节物质调控组织中 NO 的水平，从而对植物的生长进行调节。结合上述 NO 对乙烯的作用模型，可以推断出，在对植物生长及成熟与衰老的调节中，内源 NO 与乙烯比值的大小似乎比 NO 或乙烯的单独作用更重要。这一点可进一步解释短期的外界环境胁迫（如干旱、高温和盐碱）过程中，植物内源 NO 的生理作用，即 NO 是作为一种自然的胁迫抵抗因子。另外，有报道表明，内源 NO 与环化核苷酸有紧密联系。例如，Leshem 等（2001）研究发现，低浓度 NO 释放剂处理可明显延长玫瑰、康乃馨和大丁草切花的瓶插期，而用磷酸二酯酶可抑制这一作用，从而保持内源环化鸟苷酸（cGMP）的恒定水平。由此推测，NO 的采后生理功能除通过调控乙烯合成外，还可能存在另外的途径。

综上所述，NO 可以通过调控乙烯的生物合成和调节植物内源环化核苷酸的水平两种途径参与植物组织的成熟和衰老调控。

### 3.2.4 NO 在植物非生物胁迫中的作用

NO 参与诸多植物非生物胁迫反应，如植物对干旱、盐度、温度、重金属、紫外线和臭氧等胁迫的反应都受 NO 的调节。在植物非生物逆境中，NO 作为一种具有生物活性的信号分子，主要通过两条途径介导信号传导：一是依赖于 cGMP 的信号途径：通过激活 NOS，提高 NO 的水平，与可溶性的鸟苷酸环化酶结合，激活依赖于 cGMP 的蛋白激酶，使环腺苷二磷酸核糖（cyclic ADP-ribose，cADPR）的浓度升高。cADPR 激酶使 $Ca^{2+}$ 浓度增加，从而刺激水杨酸与植物抗性相关基因的表达。二是不依赖 cGMP 的信号途径：NO 也可以通过抑制顺乌头酸酶来参与植物的抗性反应，一方面是由于线粒体顺乌头酸酶被 NO 失活后，降低线粒体中电子传递的电子流，从而减少活性氧的生成；另一方面由于顺乌头酸酶活性被抑制所导致细胞内柠檬酸浓度升高，可以诱导与抗病相关的交替氧化酶（alternative oxidase，AOX）活性的上升，而后者也可以减少活性氧的产生。NO 除直接抑制顺乌头酸酶活性外，还可能经过氧化氢（$H_2O_2$）的介导而发生抑制。通过以上途径均能最终提高植物的抗胁迫能力。

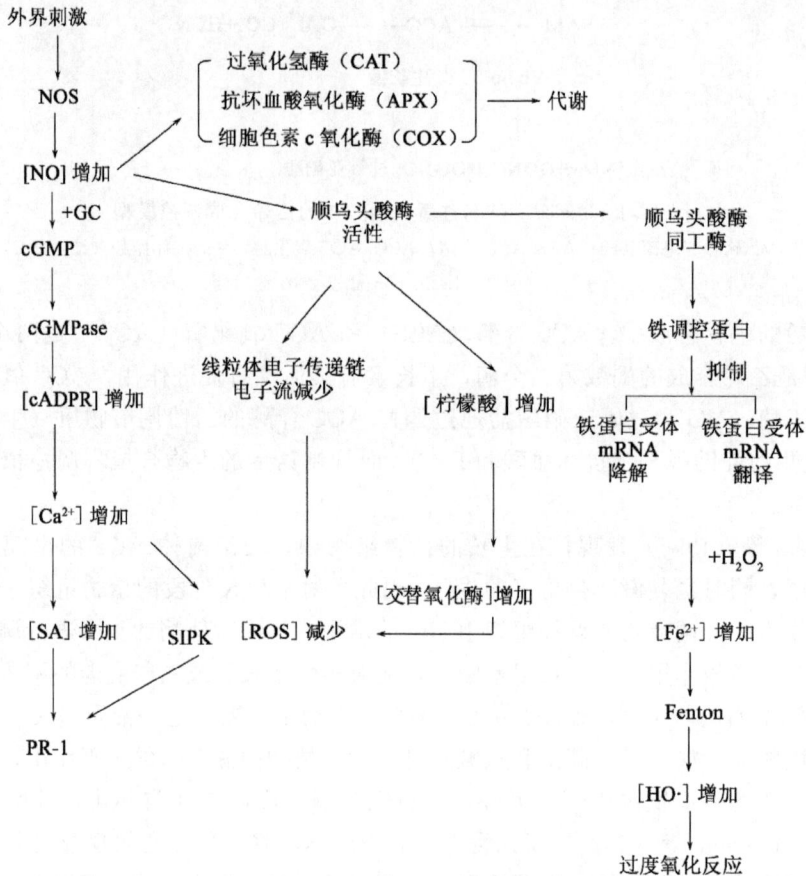

图 1-1-3-4 非生物逆境中 NO 信号转导模式

(引自：王文重和高继国，2006)

非生物胁迫一般诱导活性氧（reactive oxygen species，ROS）的产生，ROS 则引发一些氧化性损伤过程，触发下游信号转导途径（图 1 - 1 - 3 - 4）。NO 作为一种氧化还原分子在这一过程中具有双重效应。在胁迫反应中，低浓度 NO 能迅速清除超氧阴离子（$O_2^-$）和脂质自由基（$R^·$），阻断包括脂质过氧化在内的 ROS 参与的各种伤害效应，而且能诱导抗氧化酶基因的表达，起到抗氧化作用；而过量的 NO 会与 $O_2^-$ 相互作用生成大量的过氧亚硝酸阴离子（- OONO），后者质子化再形成具有强氧化性的过氧亚硝酸（HOONO），破坏生物大分子的结构与功能，引起亚硝基胁迫（nitrosative stress）。此外，双重效应的发挥还取决于植物的种类和所处的发育阶段。

### 3.2.4.1　NO 在植物氧化胁迫反应中的作用

植物细胞膜对维持细胞的微环境和正常代谢起着重要作用。正常条件下细胞膜对物质具有选择透性。当植物受到氧化胁迫影响时，细胞质膜的透性会发生不同程度的增大，细胞内溶质外渗，导致细胞膜结构和功能的破坏。膜透性增大的程度与抗氧化能力有关，也取决于植物抗逆性的强弱。实验证明，外源 NO 可降低植物细胞质膜的相对透性，使细胞膜的离子渗透减少，对细胞膜具有良好的保护或修复作用。同样 NO 对植物细胞结构的影响也表现为明显的剂量效应。低浓度 NO 可通过质外体直接作用于细胞壁的组分，通过与自由基作用，使细胞壁松弛，进而达到促进植物细胞扩展的效果；高浓度 NO 则导致膜渗漏，细胞膜结构破坏，发生膜脂过氧化，对植物产生破坏性的影响。Beligni 和 Lamattina（1999）提出 NO 对植物中 ROS 水平可能具有双重调节作用，并且与植物细胞的生理条件和 NO 浓度有关，并证明低浓度 NO 可以通过调节植物体内的活性氧代谢来减轻胁迫伤害。另外，NO 在抑制线粒体活性的同时也可增强抗氰呼吸，避免因线粒体电子传递链受阻而导致 ROS 的积累。

在氧化胁迫条件下，植物细胞产生的 $OH^·$、$O_2^-$ 等自由基增多，自由基启动膜脂过氧化，导致膜的损伤和破坏，同时降低植物体内 SOD、CAT、APX 和 POD 等膜保护酶的活性。这些酶是植物体内自由基清除系统中的重要组分，它们活性的变化在一定程度上反映机体内自由基的代谢情况。MDA 是膜质过氧化的产物，细胞中的 MDA 含量代表氧化损伤的程度。NO 对植物 ROS 水平的调节主要可能与其对 ROS 代谢酶活力的影响相关。ROS 代谢酶都含有金属离子，并可能因此成为 NO 的靶酶，NO 可以与酶中的金属离子结合形成硝酰化复合物，从而调节其活性，间接地调控生物体内的 ROS 水平。Clark 等（2000）研究表明，NO 可逆抑制烟草叶片的 CAT 和 APX 的活力。而由于 CAT 和 APX 是植物 $H_2O_2$ 的主要清除酶，NO 对其活力的影响必将会导致 $H_2O_2$ 水平的变化。此外，低浓度外源 NO 供体硝普钠（SNP）处理可以明显提高番茄幼苗叶片 SOD、CAT 和 POD 酶的活性以及小麦叶片 SOD、POD 活性。正是由于这些保护酶活性的升高，减缓了植物膜脂过氧化的发生，抑制自由基的积累，从而使植物抗氧化能力在一定程度上得到提高。

另外，NO 能够可逆抑制一些植物的光合磷酸化作用，即阻断电子传递和质子梯度的形成（Takahashi & Yamasaki，2002），而电子传递链中产生的"电子漏"也是 ROS 的来源之一。有研究显示，植物细胞过氧化物体是 NO、ROS 信号的发生位点，同时也是 NO、ROS 代谢酶的主要存在位点（图 1 - 1 - 3 - 5）。

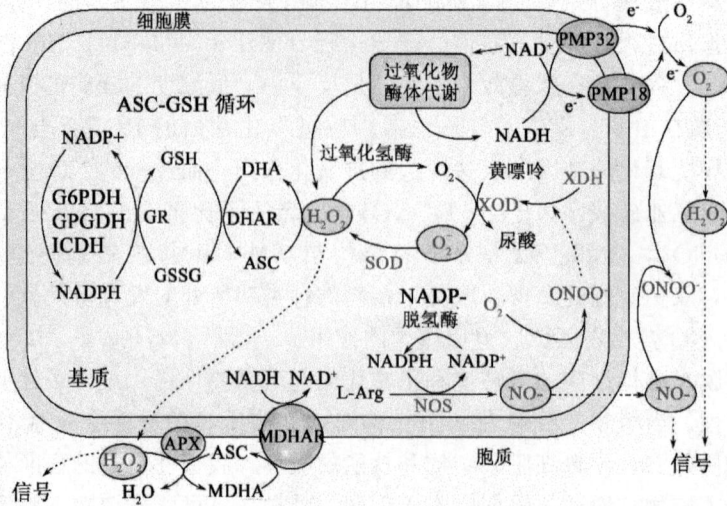

图 1-1-3-5 信号分子过氧化氢（$H_2O_2$），超氧阴离子（$O_2^-$）和一氧化氮（$NO^.$）
在植物过氧化物酶体中的代谢模式图

GPGDH，6-磷酸葡萄糖脱氢酶；APX，抗坏血酸过氧化物酶；ASC，还原型抗坏血酸；DHA，不饱和脂肪酸；DHAR，不饱和脂肪酸还原酶；G6PDH，葡萄糖-6-磷酸脱氢酶；GR，谷胱甘肽还原酶；GSH，还原型谷胱甘肽；GSSG，氧化型谷胱甘肽；ICDH，异柠檬酸脱氢酶；MDHA，单脱氢抗坏血酸；MDHAR，单脱氢抗坏血酸还原酶；NOS，一氧化氮合酶；SOD，超氧化物歧化酶；XDH，黄嘌呤脱氢酶；XOD，黄嘌呤氧化酶

（引自：Corpas et al.，2001）

### 3.2.4.2 NO 在植物高温和低温胁迫反应中的作用

#### （1）NO 与高温胁迫

高温胁迫对植物造成的热害主要表现为：蛋白质变性；光合作用和呼吸作用的速率下降，随后是生物膜的结构破损，透性丧失，质体的类囊体瓦解，质液外渗，植物体内生理生化代谢紊乱；叶绿体受损导致光合作用受到抑制，导致植株因"饥饿"而死亡。NO 能够参与植物对高温胁迫的反应，短期的热胁迫可以增加 NO 的产生，而且这种增加与乙烯生成量呈负相关。Song 等（2006）的研究结果表明，外源 NO 处理能够显著地降低两种耐热性不同的芦苇愈伤组织的膜脂过氧化水平，减轻离子渗漏和生长受抑的程度，提高细胞活力，说明 NO 能够提高植物组织的热耐受能力。此外，高温胁迫可以激发耐热性较强的沙丘芦苇内源 NO 的产生，而对耐热性较差的沼泽芦苇的 NO 含量没有明显影响。内源 NO 可能作为信号分子通过诱导沙丘芦苇的抗氧化酶活性，减轻活性氧的积累和膜脂过氧化的程度，从而赋予沙丘芦苇较强的耐热性。Uchida 等（2002）报道，外源 NO 可以使热激胁迫下的水稻叶片保持更多的绿色组织、更高的光系统 II 量子效率和较高的抗氧化酶活性，而且某些胁迫相关基因（如蔗糖磷酸合酶基因 $SPS$、二氢吡咯羧酸合酶基因 $P5CS$）和热激蛋白基因（$HSP26$）大量表达。而由于蔗糖磷酸合酶（SPS）是植物适应渗透胁迫的重要酶类，二氢吡咯羧酸合酶（P5CS）的过量表达有利于抗盐性提高，热激蛋白 HSP26 则可保护叶绿体免遭氧化胁迫和热胁迫引起的伤害，表明 NO 在提高水稻幼苗抗热胁迫能力的同时，还影响其抗旱和抗盐能力，暗示交叉抗性的存在。

（2）NO 与低温胁迫

植物在低温胁迫条件下，膜脂发生相变，膜流动性降低，透性增加，膜结合酶活力失调，这些变化会使植物的主动吸收和运输能力下降，溶质向胞外渗漏，代谢失调，有毒中间产物累积，导致植物受害死亡。有研究表明，NO 参与低温胁迫的响应，并通过抑制植物代谢中产生的高水平超氧化物来缓解胁迫的危害。外源 NO 的施用能增加番茄、小麦和玉米对冷害的忍耐性，这极有可能与 NO 的抗氧化作用有关。García - Mata 和 Lamattina（2001）发现，外源 NO 能提高玉米、小麦和番茄植株和种子抵抗低温的能力，特别是对那些低温敏感型的幼苗，效果更明显。例如，用 NO 供体喷洒小麦和玉米幼苗叶片后，二者在低温胁迫下的存活率提高，低温伤害后植株的恢复能力也提高。Neill 等（2002）认为 NO 的这种作用可能反映了 NO 能降低低温和热胁迫中积累的 ROS 的抗氧化剂特性。

## 4　外源 NO 在园艺产品采后保鲜中的应用及安全性评价

### 4.1　NO 在果蔬贮藏保鲜方面的应用

当前，果蔬产品贮藏保鲜中常用低温贮藏保鲜技术和气调贮藏保鲜技术。低温贮藏保鲜是以控制温度为条件来抑制果蔬生理活性、抑制微生物的繁殖，其缺点是在贮藏中果蔬尚存在部分微生物继续活动，贮藏效果受到影响。气调贮藏是较先进的果蔬保鲜法，发展较快，可以延缓果蔬衰老，减少乙烯对果蔬的刺激，降低腐烂率等，因而成为正在兴起的研究热潮，但是该方法耗能大，成本高。

作为一种气体保鲜药剂，NO 通过抑制乙烯产生和作用来延长新鲜果蔬产品采后寿命，具有极大的潜在应用价值。在这一点上，低浓度 NO 短时熏蒸的效果优于 $N_2O$（$N_2O$ 熏蒸需要长时间和高浓度）（Leshem & Wills，1998）。草莓经 5~10 μL/L 的 NO 熏蒸 2 h 后无论置于 20℃ 还是 5℃ 中，均能使货架期延长 50% 以上（Rensbury & Engelbrecht，1986），从而降低了库房费用和运输销售中的成本，因而 NO 在实际贮藏保鲜应用中似乎更具有可行性。

植物内源 NO 在空气中的半衰期仅 5~12 s，在这样短的时间内就迅速转化为 $NO_2$，所以外源熏蒸时需要除氧。NO 极易与水反应生成 $NO_2$，一定浓度的 $NO_2^-$ 可以杀菌，而人胃液和唾液中都含有 $NO_2^-$，所以低浓度的 NO 对生物体有积极作用。但是浓度高于 $10^{-3}$ mol/L 的外源 NO 会对环境和生物体产生毒害，因此 NO 用于贮藏保鲜时，应先对其技术进行研究，以进一步改善熏蒸环境，使之易于操作且不会对生物体产生毒害作用。同时，根据不同果实品种特性、产区和生长季节来确定适宜 NO 处理浓度的研究也相当重要。

### 4.2　NO 对果蔬产品采后病原菌的抑制机理

一氧化氮（NO）兼具细胞毒性和细胞保护双重功能，而功能的转换依赖于其浓度的变化，高浓度的 NO 倾向于抑制细胞发育或促进细胞的衰老死亡。许多研究表明，NO 对果实采后主要病原真菌如 *Aspergillus niger*、*Monilinia fructicola*、*Penicillium expansum* 和 *Penicillium italicum* 等有明显的抑制作用，采用一氧化氮供体硝普钠处理青霉病原菌 *P. expansum*，能有效抑制其生长。最近，Lai 等（2010）利用荧光探针

DCFH－DA（2,7－dichlorofluorescin）和蛋白质羰基化水平检测等技术手段，发现硝普钠处理后的 $P.expansum$ 胞内活性氧水平升高、抗氧化能力下降、ATP 合成减少、细胞功能发生障碍。这些研究结果对阐明 NO 的抑菌机理提供了依据，同时，也说明一氧化氮可以作为一种新防病方法应用与果蔬采后处理。

### 4.3　NO 处理对采后园艺产品的安全性

植物体内的 NO 通过硝酸还原酶与硝酸盐及亚硝酸盐密切相关。植物体内 NO 含量发生变化可能引起硝态氮含量发生改变。硝酸盐、亚硝酸盐广泛存在于自然环境，是自然界中最普遍的含氮化合物。硝酸盐的存在对人类并没有太大的危害，而亚硝酸盐一旦污染了环境，将造成较大的危害。蔬菜中的硝酸盐由于细菌，特别是大肠杆菌或是人体内硝酸还原酶的作用，被还原为亚硝酸盐。在适当的条件下，亚硝酸盐和二级胺，三级胺合成 N－亚硝基化合物，这种化合物具有致癌作用，可能诱发消化系统的癌变。

我们利用 100 μmol/L 外源 NO 供体 SNP 处理使采后青梗白菜在 0.5 d 时出现亚硝酸盐的高峰。如果使用 100 μmol/L 外源 NO 供体 SNP 的处理对青梗白菜进行保鲜，推荐在处理 1 天以后再食用，避开亚硝酸盐生成高峰。维生素 C 能抑制亚硝胺的形成，而外源 SNP 真空渗透处理白菜可以延缓白菜体内维生素 C 含量的下降，从而保持白菜良好的营养品质和安全性（陈海荣，2007）。

NO 作为一种具有生物活性的信号分子，广泛地参与到植物的各种生理代谢中，已有许多证据表明，NO 参与植物成熟与衰老的过程调节。我们相信，随着研究的深入，NO 作为一种采后处理方式会越来越得到认可，NO 采后处理技术也将越来越完善，它对植物成熟衰老的有效调控显示了良好的应用前景。

## 参 考 文 献

任小林，张少颖，于建娜.2004.一氧化氮与植物成熟衰老的关系.西北植物学报，24（1）：167-171.

王文重，高继国.2006.NO 在植物体内产生的途径及其作用.东北农业大学学报，37（4）：546-551.

Abd－El Baki G K，Siefritz F，Man H M，et al. 2000. Nitrate reductase in *Zea mays* L. under salinity. *Plant Cell and Environmet*，23（5）：515-521.

Albassam B A. 2000. Inhibition of wheat leaf nitrate reductase activity by phenolic compounds. *Bioscience Biotechnology and Biochemistry*，64（7）：1507-1510.

Anderson L S，Mansfield T A. 1979. The effects of nitric oxide pollution on the growth of tomato. *Environ mental Pollution*，20（2）：113-121.

Arasimowicz M，Floryszak－Wieczorek J. 2007. Nitric oxide as a bioactive signalling molecule in plant stress responses. *Plant Science*，172：876-887.

Barroso J B，Corpas F J，Carreras A，et al. 1999. Localization of nitric－oxide synthase in plant peroxisomes. *Journal of Biological Chemistry*，274（51）：36729-36733.

Beligni M V，Lamattina L. 2000. Nitric oxide stimulates seed ger mination and deetiolation and inhibits hypocotyl elongation，three light－inducible responses in plants. *Planta*，210：215-221.

Beligni M V，Lamattina L. 1999. Is nitric oxide toxic or protective? *Trends in Plant Science*，4（8）：299，300.

Butt Y K C，Lum J H K，Lo S C L. 2003. Proteomic identification of plant proteins probed by mammalian nitric oxide synthase antibodies. *Planta*，216（5）：762-771.

Chandok M R, Ytterberg A J, van Wijk K J, et al. 2003. The pathogen – inducible nitric oxide synthase (iNOS) in plants is a variant of the P protein of the glycine decarboxilase complex. *Cell*, 113: 469-482.

Clark D, Durner J, Navarre D A, et al. 2000. Nitric oxide inhibition of tobacco catalase and ascorbate peroxidase. *Molecular Plant –Microbe Interaction*, 13 (12): 1380-1384.

Cooney R V, Harwood P J, Custer L J, et al. 1994. Light mediated conversion of nitrogen dioxide to nitric oxide by carotenoids. *Environmental Health Perspectives*, 102: 460-462.

Corpas F J, Barroso J B, del Rio L A, et al. 2001. Peroxisomes as a source of reactive oxygen species and nitric oxide molecules in plant cells. *Trends in Plant Science*, 6 (4): 145-150.

Delledonne M, Xia Y J, Dixon R A, et al. 1998. Nitric oxide functions as a signal in plant disease resistance. *Nature*, 394: 585-588.

Del Rio L A, Sandalio L M, Corpas F J, et al. 2006. Reactive oxygen species and reactive nitrogen species in peroxisomes. Production, scavenging, and role in cell signaling. *Plant Physiology*, 141: 330-335.

De la Haba P, Agueera E, Benitez L, Maldonado JM. 2001. Modulation of nitrate reductase activity in cucumber (Cucumis sativus) roots. *Plant Science*, 161 (2): 231-237.

Durner J, Klessig D F. 1999. Nitric oxide as a signal in plants. *Current Opinion in Plant Biology*, 2 (5): 369-374.

García – Mata C, Lamattina L. 2001. Nitric oxide induces stomatal closure and enhances the adaptive plant responses against drought stress. *Plant Physiology*, 126 (3): 1196-1204.

García—Mata C, Lamattina L. 2002. Nitric oxide and abscisic acid cross talk in guard cells. *Plant Physiology*, 128: 790-792.

Giba Z, Grubišič D, Todorovič S, et al. 1998. Effect of nitric oxide – releasing compounds on phytochromecontrolled ger mination of Empress tree seeds. *Plant Growth Regulation*, 26: 175-181.

Glaab J, Kaiser W M. 1999. Increased nitrate reductase activity in leaf tissue after application of the fungicide Kresoxim – methyl. *Planta*, 207 (3): 442-448.

Godber B L J, Doel J J, Durgan J, et al. 2000. A new route to peroxynitrite: a role for xanthine oxidoreductase. *FEBS Letters*, 475 (2): 93-96.

Gouvea CMCP, Souza JF, Magalhaes MIS. 1997. NO-releasing substances that induce growth elongation in maize root segments. *Plant Growth Regulation*, 21: 183-187.

Graziano M, Beligni M V, Lamattina L. 2002. Nitric oxide improves internal iron availability in plants. *Plant Physiology*, 130: 1852-1859.

Guo F Q, Okamoto M, Crawford N M. 2003. Identification of a plant nitric oxide synthase gene involved in hormonal signaling. *Science*, 302: 100-103.

Harrison R. 2002. Structure and function of xanthine oxidoreductase: where are we now? *Free Radical Biology and Medicine*, 33 (6): 774-797.

Hufton C A, Besford R T, Wellburn A R. 1996. Effects of NO (+NO$^2$) pollution on growth, nitrate reductase activities and associated proteincontents in glasshouse lettuce grown hydroponically in winter $CO_2$ enrichment. *New Phytologist*, 133 (3): 495-501.

Ku V V V, Wills R B H, Ben – Yehoshua S. 1999. 1 – Methylcyclopropene can differentially affect the postharvest life of strawberries exposed to ethylent. *Horticultural Science*, 34: 119, 120.

Lai T F, Li B Q, Qin G Z, et al. 2010. Oxidative damage involves in the inhibitory effect of nitric oxide on spore ger mination of *Penicillium expansum*. *Current Microbiology*, 2010, 62 (1): 229-234.

Larios B, Agüeera E, de la Haba P, et al. 2001. A short – term exposure of cucumber plants to rising atmospheric $CO_2$ increases leaf carbohydrate content and enhances nitrate reductase expression and activity. *Planta*，212（2）：305-312.

Laxalt A M，Beligni M V，Lamattina L. 1997. Nitric oxide preserves the level of chlorophyll in potato leaves infected by *Phytophthora infestans*. *European Journal of Plant Pathology*，103：643-651.

Leshem Y Y，Haramaty E. 1996. The characterization and controasting effects of the nitric oxide free radical in vegetative stress and senescence of Pisum sativum Linn. foliage. *Plant Physiology*，148（3 − 4）：258-263.

Leshem Y Y，Haramaty E，Iluz D，et al. 1997. Effect of stress nitric oxide（NO）：interaction between chlorophyll fluorescence，galactolipid fluidity and lipoxygenase activity. *Plant Physiology and Biochemistry*，35：573-579.

Leshem Y Y. 1996. Nitric oxide in biological systems. *Plant Growth Regulation*，18（3）：155-159.

Leshem Y Y，Sridhara S，Thompson J E. 1984. Involvement of calcium and calmodulin in membrane deterioration during senescence of per foliage. *Plant Physiology*，75：329-335.

Leshem Y Y，Wills R B H，Ku V V. 1998. Evidence for the function of the free reduced gas − nitric oxide（NO • ）as an endogenous maturation and senescence regulating factor in higher plants. *Plant Physiology and Biochemistry*，36（11）：825-833.

Leshem Y Y，Wills R B H，Ku V V V. 2001. Applications of nitric oxide（NO）for postharvest control. *Acta Horticulturae*，*International Society for Horticultural Science*，553：571-575.

Leshem Y Y，Wills R B H. 1998. Harnessing senescence delaying gases nitric oxide and nitrous oxide：a novel approach to postharvest control of fresh horticultural produce. *Biologia Plantarum*，41（1）：110.

MacKintosh C，Meek S E M. 2001. Regulation of plant NR activity by reversible phosphorylation，14 − 3 − 3 proteins and proteolysis. *Cellular and Molecular Life Sciences*，58（2）：205-214.

Magdalena Arasimowicz，Jolanta Floryszak-Wieczorek. 2007. Nitric oxide as a bioactive signalling molecule in plant stress responses. *Plant Science*，172：876-887.

Malolepsza U，Rόżalska S. 2005. Nitric oxide and hydrogen peroxide in tomato resistance. Nitric oxide modulates hydrogen peroxide level in o − hydroxyethylorutin − induced resistance to Botrytis cinerea in tomato. *Plant Physiology and Biochemistry*，43（6）：623-635.

Neill SJ，Desikan R，Clarke A，et al. 2002. Nitric oxide is a novel component of abscisic acid signaling in stomatal guard cells. *Plant Physiology*，128（1）：13-16.

Neill S J，Desikan R，Hancock J T. 2003. Nitric oxide signaling in plants. *New Phytol*，159（1）：11-35.

Palmer R M J，Ferrige A G，Moncada S. 1987. Nitric oxide release accounts for the biological activity of endothelium − derived relaxingfactor. *Nature*，327（6122）：524-526.

Rensburg E V，Engelbrecht A H P. 1986. Effect of calcium salts on susceptibility to broening of avocado fruits. *Journal of Food Science*，51（4）：1067，1068.

Ribeiro E A，Cunhab F Q，Tamashiro W M，et al. 1999. Growth phase − dependent subcellular localization of nitric oxide synthase in maize cells. *FEBS Letters*，445（2）：283-286.

Serégelyes C，Barna B，Henning J，et al. 2003. Phytoglobins can interfere with nitric oxide functions during plant growth and pathogenic responses：a transgenic approach. *Plant Science*，165（3）：541-550.

Shingles R，Roh M H，McCarty R E. 1996. Nitrite transport in chloroplast inner envelope vesicles （I. Direct measurement of protonlinked transport）. *Plant Physiology*，112（3）：1375-1381.

Song L L，Ding W，Zhao M G，et al. 2006. Nitric oxide potects against oxidative stress under heat stress in the calluses form two ecotypes of reed. *Plant Science*，171（4）：449-458.

Stöhr C，Strube F，Marx G，et al. 2001. A plasma membrane − bound enzyme of tobacco roots catalyses the formation of nitric oxide from nitrite. *Planta*，212（5 − 6）：835-841.

Takahashi S，Yamasaki H. 2002. Reversible inhibition of photophosphorylation in c hloroplasts by nitric oxide. *FEBS Letters*，512（1-3）：145-148.

Uchida A，Jagendorf A T，Hibino T，et al. 2002. Effects of hydrogen peroxide and nitric oxide on both salt and heat stress tolerance in rice. *Plant Science*，163（3）：515-523.

Wendehenne D，Pugin A，Klessig D F，et al. 2000. Nitric oxide：comparative synthesis an d signaling in animal and plant cells. *Trends in Plant Science*，6（4）：177-183.

Wills R B H，Kim G H. 1995. Effect of ethylene on postharvest life of strawberries. *Postharvest Biology and Technology*，6（3-4）：249-255.

Wojtaszek P. 2000. Nitric oxide in plants - to NO or not to NO. *Phytochemistry*，54（1）：1-4.

Yamasaki H，Sakihama Y，Takahashi S. 1999. An alternative pathway for nitric oxide production in plants：New features of an old enzyme. *Trends Plant Science*，4（4）：128-129.

（生吉萍）

# 第四节　过氧化氢生理作用及其机制

**导言**

在植物细胞内过氧化氢（$H_2O_2$）不仅是一种活性氧分子，而且在植物信号转导中起着至关重要的作用，甚至被称为"可移动的信号分子"。本节主要从 $H_2O_2$ 的性质、代谢及作用等方面认识 $H_2O_2$ 分子，讨论它在果实成熟衰老过程中的作用及其在贮藏保鲜中可能的应用前景。

## 1　植物中 $H_2O_2$ 的概述

$H_2O_2$ 是生命进化过程中一种必要的衍生物。通常认为早期地球上的大气是还原型的（富含 $H_2$）或者是中性的（$CO_2 - N_2$），而现在的大气是处于高度氧化状态的（20% $O_2$）。这些氧主要来源于植物的光合作用。然而，在生命进化过程中，处于无氧条件下氧化性的光合作用是如何进化的，或者这种产生氧气的能力是如何衍生的呢？这是一个非常重要的问题。有人认为，在空间上限定的栖息地以维持局部的氧化条件，消除可用的还原剂，迫使氧化性的光合生物利用水作为电子供体产生氧化产物，使局部环境中的过氧化物增加，而 $H_2O_2$ 在此过程中起到了关键作用。因为，$H_2O_2$ 的存在使有机体不但面对还原剂的丧失，同时还要被迫进化生化机制（如 $H_2O_2$ 的产生及代谢机制）以应对氧化条件的改变，这些进化对于保护生命体免遭氧化性光合作用产物带来的伤害是必须的。那么，在生物体中 $H_2O_2$ 到底是扮演什么角色呢？

$H_2O_2$ 是生物细胞代谢过程中产生的一种活性氧（reactive oxygen species，ROS）。所谓活性氧是一系列化学性质活泼、氧化能力强的含氧物质的总称，由氧直接或间接转变的氧自由基及其衍生物，包括氧的单电子反应产物 $O_2^-$、$HO_2^-$、$\cdot OH^-$ 及其衍生物 $^1O_2$ 和膜质过氧化中间产物 $LO\cdot$、$LOO\cdot$、$LOOH$ 等比分子氧活泼的物质。$H_2O_2$ 在活性氧代谢过程中产生并积累，但它的生成并非经由单一途径，而是在不同细胞器中经由多条途径共同完成。$H_2O_2$ 的生成部位包括：过氧化物酶体，它通过乙醇酸氧化产生 $H_2O_2$；

线粒体，能在消耗 NADH 的同时产生 $H_2O_2$；叶绿体，通过光化学反应产生 $H_2O_2$；现在了解到细胞质膜氧化还原系统也是产生 $H_2O_2$ 的重要部位。$H_2O_2$ 的产生途径也不唯一，包括 NADH 氧化酶的作用下的 $H_2O_2$ 产生途径，及过氧化物酶（POD）与超氧化物歧化酶（SOD）协同作用生成 $H_2O_2$ 的途径。此外，$H_2O_2$ 的代谢途径也不是唯一的，分为酶促代谢途径及非酶途径。前者代谢机制中需要多种活性氧代谢酶的参与，如 NADPH 氧化酶、SOD、POD、过氧化氢酶（CAT）、抗坏血酸过氧化物酶（APX）、谷胱甘肽过氧化物酶（GPX）等；后者则主要依靠抗坏血酸、谷胱甘肽、甘露醇、类黄酮等物质的还原性。通过以上产生及代谢途径的协同作用，正常情况下植物细胞内的 $H_2O_2$ 浓度维持在一定水平上，且这种维持属于一种动态的平衡。但是，当植物受到生物胁迫（biotic stress）或非生物胁迫（abiotic stress）刺激时，$H_2O_2$ 的动态平衡将会被打破，$H_2O_2$ 迅速产生并经质膜水通道进入细胞质。这一过程的发生灵敏而迅速，主要是由 $H_2O_2$ 在植物细胞内的重要作用决定的。

由于 ROS 对细胞有氧化损伤作用，一直认为，$H_2O_2$ 是一种对细胞有毒害作用的化学分子，它对生物膜、蛋白质、核酸、酶分子等具有损伤作用，这种损伤不仅来源于 $H_2O_2$ 本身所具备的强氧化能力，也来源于其代谢生成的自由基、活性氧的细胞毒性。然而近年来的研究发现 $H_2O_2$ 在细胞中的作用不仅仅是负面的，而是在很大程度上对细胞起到保护作用，如当植物细胞受到病原菌侵染时 $H_2O_2$ 可直接对病原体产生毒害作用。此外，越来越多的实验证据证实 $H_2O_2$ 在植物细胞内信号转导中起着至关重要的作用，它的存在对于细胞信号网络的信息传递及信号交叉互作具有重要的意义。当细胞受到胁迫信号刺激时，$H_2O_2$ 可被迅速诱导、大量产生，特别是它能通过细胞膜的水通道进行跨膜运输，在细胞间迅速扩散和代谢，这些特性使它具备了其他种类活性氧不可比拟的信号分子的作用。因此，$H_2O_2$ 甚至被称为"可移动的信号分子"。

关于 $H_2O_2$ 在植物体内的信号转导机制有大量的工作正在进行。研究表明，$H_2O_2$ 在许多细胞生命活动中作为第二信使参与多种细胞生物学效应的启动（图 1-1-4-1）。$H_2O_2$ 容易引发氧化还原反应，它通过氧化还原反应与靶分子非共价结合或对靶分子进行磷酸化或去磷酸化修饰，引起靶分子空间结构和活性的变化来传递信号。目前发现有 $H_2O_2$ 参与的信号转导过程包括两大类，一类是胁迫条件（如病原体、激发子、损伤、冷、热、强光、紫外线、臭氧）引发的植物防御反应中的信号转导途径，如系统获得抗性（SAR）、高度敏感抗性（HR）、细胞程序性死亡（PCD）、诱导植保素合成、诱导植物木质化和结构蛋白的沉积；另一类是植物处于正常生理状态下调控植物生长发育和成熟衰老过程的信号途径，如细胞壁的发育、根的向地性、根的生长和不定根形成、柱头和花粉粒的发育、植株及果实成熟衰老等。

由于 $H_2O_2$ 在植物中具有如上所述的一系列生理作用，加上其具有成本低廉、作用迅速、分解容易、无残留等一些特点，使人们想将其对植物具有保护性的一面应用到果蔬保鲜当中。直接使用适当浓度的外源 $H_2O_2$ 处理或通过其他处理方式间接提高植物内源 $H_2O_2$ 含量均可有效延长叶菜、果菜及水果的保藏期，贮藏期内不仅可以延缓果蔬成熟衰老进程，同时对微生物有一定的抑制作用，从而减轻采后病害及腐败现象的发生。但是，现有的实验结果对于将 $H_2O_2$ 广泛应用到采后贮藏保鲜领域中还远远不够，因此对于该方面研究仍需继续。

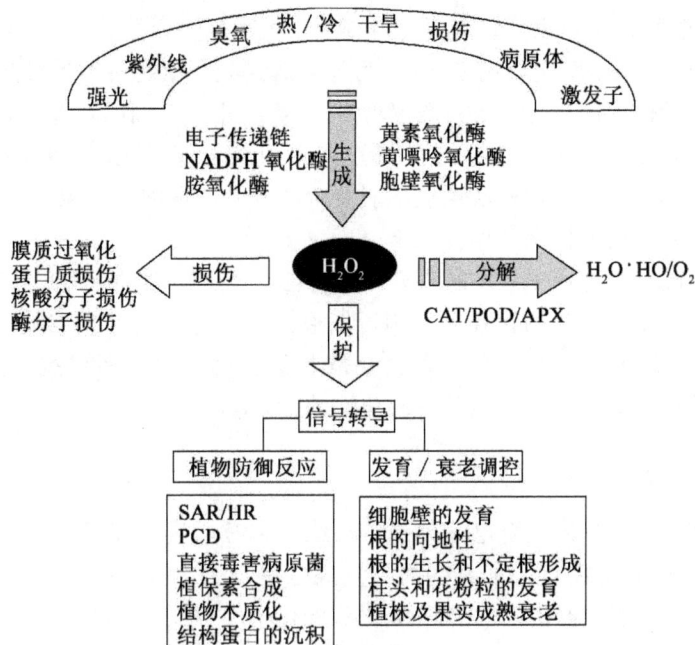

图 1-1-4-1 植物细胞内的 $H_2O_2$

## 2 $H_2O_2$ 的理化性质

$H_2O_2$ 是无色、无臭、透明液体。溶于水、乙醇、乙醚，不溶于石油醚。能与水、乙醇、乙醚等以任意比例混合。呈弱酸性。受光照射、接触金属杂质，或在碱性条件下会发生分解而生成水和氧，并放出热量。在水中能缓慢分解产生 $H_2O$ 和 $H_2$，不产生新污染物。标准氧还电位 1.77 V，仅次于高锰酸钾，次氯酸，在水中 1 分子 $H_2O_2$ 产生 2 分子 $·OH$（氧还电位 2.8 V），通过提供 $·OH$ 来氧化微生物和有机质表面。

## 3 植物体中 $H_2O_2$ 的代谢

### 3.1 $H_2O_2$ 在植物体内的产生及代谢途径

$H_2O_2$ 是细胞有氧代谢的产物。有研究表明高浓度的 $H_2O_2$ 对细胞产生毒害作用，而低浓度 $H_2O_2$ 则对细胞和组织起保护性作用。$H_2O_2$ 对细胞的这种作用与活性氧在体内的代谢情况息息相关。$H_2O_2$ 在植物细胞中的含量低于 $10\ \mu mol/L$ 即处于安全浓度范围，该浓度范围内的 $H_2O_2$ 可作为信号分子参与植物的生理生化进程（Neill et al.，2002）。植物细胞可以通过多条途径产生 $H_2O_2$（Low & Merida，1996）：过氧化物酶体通过乙醇酸氧化产生 $H_2O_2$；线粒体能在消耗 NADH 的同时产生 $H_2O_2$；叶绿体通过光化学反应产生 $H_2O_2$。现在了解到细胞质膜氧化还原系统也是产生 $H_2O_2$ 的重要部位（Liochev & Fridovich，1997）。$H_2O_2$ 也可以通过以下途径形成：细胞分泌出苹果酸，在细胞壁苹果酸脱氢酶的催化下，将 $NAD^+$ 还原为 NADH，后者在质膜 NADH 氧化酶的作用下，与氧反应生成 $H_2O_2$。另一条途径是在缺铁状态下，POD 活性下降，但是铁还原酶能力剧增，在质膜外表面，电子传递还原氧生成 $O_2^-$，$Fe^{3+}$ 还原生成 $Fe^{2+}$，$O_2^-$

和 $Fe^{2+}$ 可以直接通过 SOD 发生歧化反应生成 $H_2O_2$；也可以先由 $Fe^{2+}$ 与 $O_2$ 反应生成 $O_2^-$，然后 $O_2^-$ 再与 $Fe^{2+}$ 反应形成 $H_2O_2$。另外，通过光合氧化过程也可产生 $O_2^-$，光合氧化过程是由光敏化剂产生的。在叶绿体中的光系统 II，可同时产生 $O_2^-$、$O_2$ 和 $\cdot OH$ (Gunz & Hoffmann，1990)，这些活性氧之间可以通过酶促或非酶促反应相互转换 (Guan et al.，2001)。如果这些活性氧不能及时被转换，在细胞中积累，就会破坏生物大分子，影响植物体内的代谢和调控。

植物体为了减轻和防止 $H_2O_2$ 的毒害，体内已形成了复杂的 $H_2O_2$ 代谢机制。目前了解得较为清楚的是酶促代谢途径，细胞可以通过一些保护酶，如 CAT、POD、APX 等催化反应清除 $H_2O_2$。另外一个代谢途径是非酶途径，主要利用抗坏血酸、谷胱甘肽、甘露醇、类黄酮等还原性物质降解氧化性的 $H_2O_2$。

### 3.2　$H_2O_2$ 合成的关键酶

植物中 $H_2O_2$ 是叶绿体光合电子传递链、线粒体呼吸链、光呼吸和脂肪酸 $\beta$-氧化的副产物，包括 SOD 等酶催化的某些酶促反应也是产生 $H_2O_2$ 的重要来源。但植物逆境胁迫中 $H_2O_2$ 的累积主要由 NADPH 氧化酶催化生成。NADPH 氧化酶是主要存在于哺乳动物嗜中性粒细胞、植物细胞和丝状真菌细胞中的一种以胞质 NADPH 为电子供体，催化胞外 $O_2$ 生成超氧阴离子 $O_2^-$ 的氧化还原酶 (Vignais，2002)。而植物细胞质膜 NADPH 氧化酶是植物中一种与哺乳动物嗜中性粒细胞 gp91[phox]同源的氧化还原酶。

当植物受到生物或非生物胁迫时，NADPH 氧化酶通过短时间内大量产生信号分子活性氧调节基因表达和细胞代谢，使植物及时对逆境胁迫作出反应，以适应环境的变化。当致病菌侵染植物或悬浮细胞时，植物会发生氧化猝发，产生大量的 $O_2^-$、$H_2O_2$ 和 $\cdot OH$ 等 ROS，且主要是由 NADPH 氧化酶催化产生。Desikan 等 (1998) 发现细菌激发子 harpin 能够诱导拟南芥 NADPH 氧化酶基因 *ArtbohD* 表达水平上升，10 mmol/L $H_2O_2$ 和 Harpin 均可显著诱导植物内源 $H_2O_2$ 水平的提高。

用病毒诱导的基因沉默法证明，编码烟草 NADPH 氧化酶 NbrbohA 和 NbrbohB 的基因在本塞姆氏烟草抗病反应中参与了 $H_2O_2$ 的生成和对病菌的抵抗 (Yoshioka et al.，2003)。实验证明当 NbrbohA 和 NbrbohB 的基因被分别或同时沉默后，均会导致沉默植株对病原菌抵抗能力的下降，同时会抑制在抗病过程中内源 $H_2O_2$ 的生成。除此之外，Olmos 等 (2003) 还证明镉能够诱导烟草悬浮细胞产生氧化猝发，他们用组织化学的方法证实 $H_2O_2$ 首先产生于质膜，NADPH 氧化酶的抑制剂 DPI 和 imidazole 都能够抑制 $H_2O_2$ 的产生，说明 NADPH 氧化酶在此过程中起关键作用。

### 3.3　$H_2O_2$ 代谢的关键酶

植物体内存在丰富的 $H_2O_2$ 清除酶类，除了存在于过氧化物酶体、乙醛酸循环体、线粒体、液泡以及非特异性微体的 CAT 以外，通过抗坏血酸-谷胱甘肽氧化还原途径 (A-G 循环) 清除植物 $H_2O_2$ 也是一种重要方式。过氧化氢酶 (CAT) 主要存在于过氧化物酶体中，它分解过氧化氢生成氧和水，是一类含有血红素辅基的四聚体酶。CAT 清除 $H_2O_2$ 不仅需要还原力且需要具有较高的酶活速率，但对 $H_2O_2$ 的亲和力较弱。有研究表明，$Ca^{2+}$ 可以和钙调素 (CaM) 结合，然后 CaM 与特定构象的 CAT 结合并激活其活性，调控清除 $H_2O_2$（Yang & Poovaiah，2002）。

植物叶绿体和胞质中，清除 $H_2O_2$ 的一个重要系统就是抗坏血酸-谷胱甘肽氧化还原途径，其中直接负责清除 $H_2O_2$ 的关键酶是抗坏血酸过氧化物酶 APX，它对 $H_2O_2$ 的亲和力远大于 CAT。APX 是由肽链与卟啉构成的血红蛋白，属于末端氧化酶的一种，它利用抗坏血酸为电子供体来清除 $H_2O_2$。在细胞内它的同工酶定位于 4 个不同的区域：叶绿体中的基质 APX（sAPX）、类囊体膜 APX（tAPX）、微体 APX（mbAPX）和胞质 APX（cAPX）（孙卫红等，2005）。在某些细胞器中，当无过氧化氢酶存在时，抗坏血酸-谷胱甘肽循环中 APX 作为主要酶就会有效地清除细胞代谢产生的 $H_2O_2$。此酶的催化循环属于过氧化氢酶的乒乓机制，即 APX 首先与 $H_2O_2$ 形成中间复合物，中间复合物接着氧化还原性抗坏血酸（ASA）形成产物，当 ASA 未被复合物利用时，APX 失活，适当浓度的内源 ASA（$\geqslant 20$ mol/L）对于 APX 的稳定性是至关重要的，在纯化以及检测酶活性时要加入 ASA（孙卫红等，2005）。在强光、干旱、热处理、ABA 激素处理下，APXI 的转录水平稳定提高；然而，胁迫条件下酶活性的提高远不如转录水平的提高显著（Park et al.，2004）。说明 APX 可能存在转录水平上的调节、蛋白质翻译水平上的调节、酶原的激活，也有可能是 mRNA 以不转录的 mRNA 形式暂时储存起来。各种同工酶的调控方式可能具有特异性。过氧化氢的产生能够诱导 APX 的表达，但是，高浓度的过氧化氢能够破坏 APX 催化中间产物——化合物 I 的血红素辅基，从而导致 APX 活性被抑制（Hiner et al.，2000）。推测过氧化氢浓度与 APX 的表达处于动态平衡状态。

## 4　$H_2O_2$ 在植物体中的作用

$H_2O_2$ 是细胞有氧代谢的产物。体内活性氧主要包括含氧化合物：超氧根阴离子（$O_2^-$）、氢氧根离子（$OH^-$）、羟自由基（$OH\cdot$）、过氧化氢（$H_2O_2$）等。近年来，越来越多的实验证据表明，$H_2O_2$ 不仅具有损伤生物大分子产生细胞毒害性作用的能力，而且具有多种多样的生理功能。

### 4.1　$H_2O_2$ 对机体的损伤作用

20 世纪 60 年代末，Fridovich 等提出了生物自由基伤害学说，已被广泛地用于需氧生物细胞毒害机理的研究（Elster，1982）。在植物体受到低温、干旱、高盐等（生吉萍等，2007）环境胁迫时迅速诱导活性氧大量产生，这样会引起细胞膜质过氧化作用和膜蛋白（包括酶分子）链式聚合作用等，使细胞膜系统产生变性，最终导致细胞损伤和死亡。过量活性氧会对植物造成氧化胁迫，使细胞产生细胞水平和分子水平的不可逆损伤，膜系统遭到破坏，导致组织结构和细胞区域化丧失，还可直接参与植物某些基因的表达，引起 DNA 的剪切、损伤和修饰，蛋白质合成减缓或降解，从而导致植物细胞的伤害甚至死亡。

高浓度的 $H_2O_2$ 对细胞产生毒害作用，而低浓度 $H_2O_2$ 则对细胞和组织起保护作用。$H_2O_2$ 对细胞的这种作用与活性氧在体内的代谢情况息息相关。其代谢过程及相关抗氧化酶的关系如图 1-1-4-2 所示。

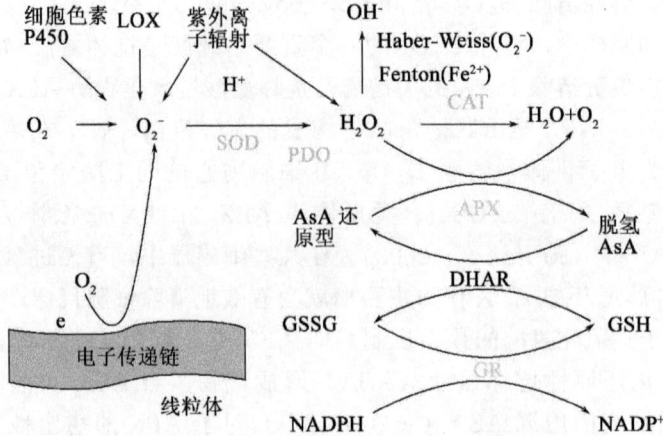

图 1-1-4-2 $H_2O_2$ 及代谢相关酶关系示意图

del Rio 等认为 SOD 和 CAT 活性不协调导致 $H_2O_2$ 的积累，而 $H_2O_2$ 是启动衰老的重要因子（del Rio et al.，1998）。其原因可能是：①$H_2O_2$ 有利于形成攻击性更强的 $OH^·$；②$H_2O_2$ 是最为稳定的活性氧，可通过细胞膜快速扩散，引起胞质内钙含量的增加；③$H_2O_2$ 可诱导过氧化物酶（POD）的从头合成，刺激 POD 活性的上升（Foyer et al.，2003）。而 $O_2^-$、$H_2O_2$、$OH^·$ 等活性氧在植物体内可以相互转化、协调作用，因而形成了一个复杂的反应网络。活性氧对植物体的毒害是它们之间相互转化和协同作用的结果。

4.2 $H_2O_2$ 对生物膜的损伤作用

生物膜是植物细胞及细胞器与周围环境间的一个界面结构。它既能接受和传递环境信息，又能对环境胁迫做出反应，同时生物膜对保持植物正常生理生化过程的稳定性也具有重要作用。当植物体遭受外界不良环境的胁迫使细胞膜保护系统及活性氧清除系统受损，导致活性氧产生，从而使膜质中不饱和脂肪酸发生过氧化作用，造成膜系统结构和功能的损伤。膜脂过氧化即自由基（$O_2^-$、$OH^·$ 等）对类脂中不饱和脂肪酸（如亚油酸、亚麻酸等）攻击引发的一系列自由基反应。该反应可由 $OH^·$、$O_2^-$ 等以非酶促方式启动，从而发生一系列链式反应，产生大量多元不饱和脂肪酸（PUFA）、脂氧基（$RO^·$）、脂质过氧自由基（$ROO^·$）等自由基以及丙二醛（MDA）、乙烷等。其中 MDA 可作为判断膜脂过氧化程度的一个主要标志。

植物体内 $H_2O_2$ 主要是通过 Haber-Weiss、Fenton 和 Winterbourn 反应以及光解反应等产生 $OH^·$，这在植物细胞叶绿体中已得到一些实验证实。$O_2^-$、$H_2O_2$、$OH^·$ 等活性氧对植物体的损伤效应可以认为是它们之间相互转化和协同作用的结果。林植芳等以水稻、玉米和苋菜为材料，研究衰老叶片和叶绿体中 $H_2O_2$ 的累积与膜脂过氧化关系的结果表明，$OH^·$ 的清除剂甘露醇可显著抑制叶绿体中 MDA 的产生，而 Fenton 反应的催化剂 $Fe^{2+}$ 可明显地提高 MDA 的含量；$Fe^{2+}$ 与 $H_2O_2$ 的协同作用，可引起更多的 MDA 累积。由于 $OH^·$ 是一种反应力极强的活性氧，因而被认为是脂质过氧化的启动者。但也有人认为 $OH^·$ 并不是启动脂质过氧化所必需的。为了弄清这一问题，今后应进一步对 $OH^·$ 的产生机制，特别是 $OH^·$ 在细胞膜表面的特异产生位点进行详细研究。

### 4.3 $H_2O_2$ 对蛋白、核酸的损伤作用

活性氧对蛋白质的损伤主要是氧化损伤，它进攻蛋白质氨基酸残基，使蛋白质发生聚合而失活，或进攻蛋白质的巯基，使蛋白质发生交联或使多肽链发生断裂而失活，随即导致蛋白质迅速降解。损伤的蛋白质半衰期延长，而衰老的细胞中蛋白质合成速率下降，导致受损伤的蛋白质更新率下降。

活性氧、自由基还能直接与核酸分子作用，使碱基羟基化，发生突变，改变核酸的结构。最近的研究表明，活性氧自由基有引起噬菌体、细菌和哺乳动物 DNA 的剪切、降解和修饰的作用，从而影响 DNA 的复制，阻碍蛋白质合成，促使细胞衰老死亡。早在 1956 年就有报道证明在生物体系中脂质过氧化可以引起 DNA 损伤。自由基（如 ROS 中的 OH）易导致 DNA 碱基的修饰改变，可以引起 DNA 复制时碱基的错误配对及编码，导致基因突变。

### 4.4 $H_2O_2$ 对酶的损伤作用

植物体内某些生化反应需利用活性氧，但超过一定浓度的活性氧对机体有害。$H_2O_2$ 等活性氧将损伤生物大分子及细胞，例如，蛋白质、酶、核酸以及细胞膜的重要组成成分脂肪酸等。$H_2O_2$ 可产生攻击力更强的 $OH\cdot$，$OH\cdot$ 与多价不饱和脂肪酸作用，生成过氧酸（ROOH）后，又可自动分解产生小分子 MDA，MDA 与氨基酸或有游离氨基的蛋白质、磷脂酰乙醇胺及核酸结合，形成具有荧光的 Schiff 碱，称作类脂褐色素（lipofuscin–like pigment，LFP），它是干扰细胞内正常生命活动代谢的不溶性化合物。因此，人们也常用 LFP 作为脂质过氧化的指标。MDA 与蛋白质结合，能引起酶的聚合和交联，使酶的活性和催化功能受到破坏，蛋白质变性，从而使细胞变形受损。$H_2O_2$ 等活性氧的强氧化性还可氧化巯基（—SH），使蛋白质变性，酶失活。

## 5 $H_2O_2$ 的生理功能

一直以来，人们认为 $H_2O_2$ 等活性氧是植物代谢过程中的毒副产品，能引起植物体内大分子物质如脂类、蛋白质及 DNA 的损伤。相应地，为了保护细胞免受 ROS 的潜在伤害，植物体发展了一套完整的防御系统，包括酶促的抗氧化体系（如 SOD、CAT、POD 等）和非酶促抗氧化体系（如 AsA、GSH 等）。然而，越来越多的证据表明，$H_2O_2$ 不仅只是细胞代谢中有害的副产品，更是细胞信号传导和调控的重要组成部分。

### 5.1 $H_2O_2$ 参与信号转导

$H_2O_2$ 是植物体内较为活跃的信号分子，因为它的化学性质较为稳定，在细胞内存留时间较长，可以扩散到细胞的各个部位，它作为一个信号分子越来越多地被人们所关注，诱导氧化胁迫的一个机制是它激活了植物体解毒和防御基因的表达。例如，GST、POD、CAT、HSPs 等成分的反应元件已从拟南芥、烟草等植物中筛选出来。目前，关于 $H_2O_2$ 在植物体内的信号转导机制的大量的工作正在进行。大量资料提示 ROS 可能通过直接影响胞内 $Ca^{2+}$ 浓度的变化调节下游基因的激活或转录下调，氧自由基能激活拟南芥根细胞质原生质体膜对 $Ca^{2+}$ 和 $K^+$ 的通透性，调控的 $Ca^{2+}$ 内流与 $K^+$ 的外流，通

过这种离子通道的激活来察知环境信号。这种自由基激活膜对 $Ca^{2+}$ 和 $K^+$ 通透性的现象，同样在单子叶植物、双子叶植物和 $C_3$、$C_4$ 植物中被观察到，表明这是一种植物诱导性的调控机制。经羟自由基生成剂 [1 mmol/L $CuCl_2$，1 mmol/L 抗坏血酸（Cu/a）] 处理后，在豌豆、苜蓿、菠菜、小麦、拟南芥、棉花根细胞的原生质体中均检测到一定水平的 $Ca^{2+}$ 内流（Demidchik et al.，2003）。

### 5.1.1　$H_2O_2$ 在植物防御系统中的作用

植物处于不利的生活环境或受到病原菌侵染时，体内的 ROS 水平显著上升，这一现象被称为"氧化迸发"（oxidative burst）。这种增强的 ROS 能对病原菌产生毒害，更重要的是，ROS 能启动防御反应的信号传导途径和抗性相关基因的表达。$H_2O_2$ 等活性氧对植物细胞有很强的毒害作用，但近年来随着研究的深入，人们已经认识到 $H_2O_2$ 在植物防御反应中的信号分子作用。在一些代谢过程中 $H_2O_2$ 能被植物体有效利用：①当病原体侵染植物后，细胞内的活性氧水平迅速提高，从而引起过敏细胞死亡。②$H_2O_2$ 等活性氧参与细胞壁中富含羟脯氨酸的糖蛋白交联过程，这也有利于抵御病原体侵入细胞。③$H_2O_2$ 活性氧很可能作为第二信使调控抗病相关基因的表达并启动植物抗毒素合成基因的转录（Inzé & Van Montagu，1995）。

### 5.1.2　$H_2O_2$ 在细胞死亡中的信号作用

细胞死亡是植物生命周期中的必要程序，包括两种模式：程序性细胞死亡（programmed cell death，PCD）和坏死（necrosis）。PCD 是一个受遗传控制的程序，是在本身基因的调控之下有序进行的，其特征为：细胞质凝聚，染色质凝集，DNA 降解。已有实验证据表明 $H_2O_2$ 在 PCD 过程中发挥信号调控作用。经外源 $H_2O_2$ 处理后的拟南芥悬浮细胞中苯丙氨酸解氨酶（PAL）、谷胱甘肽-S-转移酶（GST）的 mRNA 丰度增加（Desikan et al.，1998）。Fath 等（2002）研究发现，$H_2O_2$ 与赤霉素（GA）和脱落酸（ABA）调控的大麦糊粉细胞中 PCD 有关。实验表明 GA 和 ABA 参与大麦糊粉细胞的 PCD 调控过程，而且这两种激素的调控作用与细胞内源 $H_2O_2$ 的生成关系密切，外源 GA 处理会提高 PCD 过程中的内源 $H_2O_2$ 水平，并降低 $H_2O_2$ 代谢酶活性（Fath et al.，2002）。

### 5.1.3　$H_2O_2$ 在生长发育和成熟衰老中的信号作用

#### 5.1.3.1　$H_2O_2$ 在生长发育中的信号作用

人们最早对活性氧参与细胞壁生成的认识是来自于间接的证据。后来，有研究表明，在棉花纤维发育过程中直接检测到 $H_2O_2$ 的产生，并且发现 $H_2O_2$ 产生的时间与次生壁开始沉积的时间一致；抑制或清除 $H_2O_2$ 的产生则阻止这一分化过程，而加入外源 $H_2O_2$ 则能促进次生壁的形成。这样，这些现象就为人们认识 $H_2O_2$ 参与植物细胞壁形成过程提供了直接的证据。

植物原生质体是已通过酶解除去细胞壁的裸细胞，它的形态建成过程包括原生质体的分离培养、细胞壁重建、细胞的增殖培养、愈伤组织的形成、植物再生等。在原生质体的分离过程中，由于细胞的生活环境发生了变化，各种代谢水平包括抗氧化系统也会相应发生变化。其中，酶的裂解以及机械损伤都会造成活性氧的迸发，同时可能对抗氧化系统产生破坏作用，从而打破植物细胞内环境中原有的氧化还原平衡状态。Papadakis和 Roubelakis-Angelakis（1999）研究烟草和葡萄原生质体系统的再生时，指出原生质体分离和培养过程中产生的活性氧对原生质体的命运有决定性作用。活性氧与原生质体全能性表达的关系如图 1-1-4-3 所示。

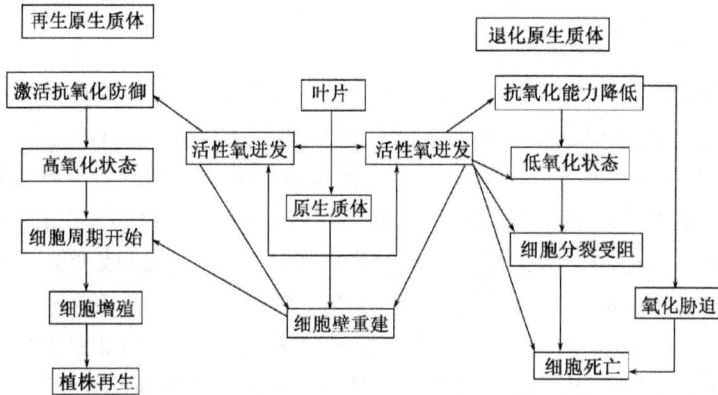

图 1-1-4-3　ROS 与原生质体全能性表达的关系

另外，植物种子的萌发过程是植物细胞形态建成的直接体现，活性氧参与这一发育过程，这种现象人们可以直观地观察到。Schopfer 等用发光探针直接在萌发的萝卜种子中检测到了活性氧的产生，并且发现活性氧释放发生于胚的不断扩张直到突破种皮的过程中（Schopfer et al.，2001）。同样，在百日草种子的萌芽过程中和玉米叶片的扩展区也都发现了较高的 ROS 活性（Rodriguez et al.，2002；Ogawa & Iwabuchi，2001），因此推测 $H_2O_2$ 在植物细胞分化和形态建成过程中可能充当发育信号的角色。

5.1.3.2　$H_2O_2$ 在成熟衰老中的信号作用

关于活性氧对果实成熟衰老的影响机制，研究认为，$H_2O_2$ 可能转化为别的自由基对乙烯形成产生作用，而活性氧离子直接参与了乙烯的生成。乙烯是植物体内一种重要的内源激素和信号分子，它调节着植物的生长发育，特别是果实的成熟衰老过程。而在乙烯的形成过程中，活性氧是一个重要的影响因素。自 Lieberman 在 1989 年提出自由基参与乙烯的形成后，很多研究者在这一方面进行了深入的研究，目前主要有三种观点。第一种观点认为，$O_2^-$ 激发 ACC 氧化酶，从而促进乙烯形成（McRae et al.，1982），而乙烯的释放反过来又促进线粒体中 $O_2^-$ 的产生（柯德森等，1998）。第二种观点认为，OH· 直接作用于蛋氨酸（Met）而产生乙烯，而其他自由基（如 $O_2^-$、$H_2O_2$ 等）影响乙烯的生成可能是通过 Fenton 反应和铁催化的 Haber-Weiss 反应生成 OH· 而实现的。据报道在酶促产生 $O_2^-$ 和 $H_2O_2$ 的环境里，有助于蛋氨酸氧化形成乙烯，SOD 和 CAT 分别能抑制这一过程。似乎 $O_2^-$ 和 $H_2O_2$ 均参与乙烯合成过程，根据 OH· 的专一性清除剂乙醇和苯甲酸的应用能抑制乙烯合成的观察，推测是 OH· 将蛋氨酸氧化为乙烯的，故 $O_2^-$ 和 $H_2O_2$ 只能间接影响乙烯合成。另外，EFE 活性可能与 OH· 也有关系，因为有研究表明 EFE 活性绝对依赖于 $Fe^{2+}$ 和抗坏血酸（Ververidis & John，1991），而 $Fe^{2+}$·AsA 本身就是一个典型的 Fenton 系统（产生另一种活性氧 OH）。第三种观点认为氧自由基不参与乙烯的形成，不过现在持这种观点的人已越来越少。

果实成熟衰老机理研究对果实贮藏保鲜具有重要理论和实践意义，也是果实采后生理研究的重点。活性氧在果实成熟衰老中的研究起步较晚,有许多问题尚不清楚,值得我们进一步的研究。

### 5.2 $H_2O_2$ 参与基因调控

$H_2O_2$ 作为植物的第二信使,在多种生物及非生物胁迫的信号转导中起到十分重要的作用。它在信号转导中调控下游信号流,进而激活和调控植物体内各种胁迫相关基因,并将信号最终放大为蛋白的翻译表达,在植物体中即为产生各种抗性相关物质,以提高其自身的免疫能力。这一发现首先来自于细菌,OxyR 蛋白是细菌中的转录调控因子,$H_2O_2$ 能氧化 OxyR 中两个保守的胱氨酸形成二硫键,通过改变其结构而激活其活性。大肠杆菌中,SoxR 转录因子能被 $O_2$ 的诱导剂如维生素 K 特异地活化。在植物细胞中,病原物引起 $H_2O_2$ 的产生使局部细胞死亡从而限制病原物的感染范围;同时,$H_2O_2$ 还能诱发更多的系统反应,包括抗性基因的表达(田敏等,2005)。

### 5.3 $H_2O_2$ 参与防御反应

植物除了天然的结构屏障和体内已存在的毒素之外,植物还具有一系列的防御机制。植物可以识别入侵的病原体,启动体内的防御反应,将入侵物限制在特定位点,从而使植物免受更大的侵害。这一系列的防御反应包括活性氧的产生、过敏反应、防御屏障(如木质素和富含羟脯氨酸的细胞壁糖蛋白)的形成、病程相关蛋白和其他防御相关蛋白的合成、植保素的合成等。目前的研究发现 $H_2O_2$ 等活性氧在植物防御机制中可能起关键作用。

#### 5.3.1 $H_2O_2$ 参与程序性细胞死亡

PCD 是指由基因控制的细胞主动、有序地死亡,是一种生命现象。PCD 普遍存在于植物组织、器官分化、生长和发育过程中;同时,环境胁迫也能引起植物的 PCD。PCD 一般具有比较典型的形态和生化特征,如细胞收缩、核浓缩、染色质边缘化、核 DNA 被剪切成寡聚核小体大小的片断并最终被膜包围形成凋亡小体等。

越来越多的证据表明,在植物细胞死亡过程中,活性氧不只是作为细胞内有毒的代谢副产物直接损伤生物大分子,某些活性氧在植物中还有调节信号转导的作用。在莴苣叶子的导管细胞中和衰老的豌豆叶子中发现有 $O_2^-$ 和 $H_2O_2$ 的积累;据报道,在百日菊的叶肉细胞被诱导分化成导管时,发现在 NADPH 氧化还原酶作用下产生了大量的活性氧,可以诱导细胞死亡的发生。在拟南芥和烟草中发现 $H_2O_2$ 可刺激 $Ca^{2+}$ 从细胞外内流,进而激发 PCD,DNA 被降解成约 200 bp 及其整数倍大小的片段,同时还发现在这一过程中有受 $Ca^{2+}$ 激活的核酸酶表达,这证明活性氧可能不是直接引发细胞死亡,而是通过 $Ca^{2+}$ 作为中间信号。但同时也发现能被 $H_2O_2$ 激活的细胞保护性基因——GST(Levine et al.,1996)。在植物中,不同的胁迫处理均能明显增加活性氧的生成,其中的许多胁迫处理,如低温、渗透胁迫、臭氧处理、UV 射线都能有效地引发细胞死亡,更为直接的证据是用硫酸亚铁和 $H_2O_2$ 处理烟草悬浮细胞时,生成的 $OH^-$ 能够有效地诱导细胞死亡;镉胁迫烟草悬浮细胞时会在细胞中造成大量活性氧,引起烟草悬浮细胞的大规模死亡,暗示烟草细胞死亡可能与 ROS 有关。

5.3.2　$H_2O_2$ 对病原菌的直接毒害

有研究表明，$O_2^-$、$H_2O_2$ 等活性氧对病原菌具有直接毒害作用。如在烟草悬浮细胞培养液中加入烟草野火病细菌的非亲和菌株后 2 h，细菌数量明显下降，$O_2^-$ 等活性氧已大量产生，但加入 SOD 等活性氧清除剂后，细菌量增加。在体外，低浓度的 $H_2O_2$（$2.6 \times 10^{-3}$ mol/L）可抑制真菌孢子的萌发，对真菌生长具有直接的毒害作用（宋凤鸣等，1996）。在马铃薯晚疫病菌的非亲和小种侵染马铃薯块茎后，在入侵菌丝周围形成了大量的 $O_2^-$ 等活性氧。而亲和性小种入侵菌丝周围则没有活性氧的积累。据此认为在非亲和小种侵染的早期，寄主组织形成的 $O_2^-$ 对入侵菌丝具有毒性作用。

5.3.3　$H_2O_2$ 诱导植保素合成

植保素（phytoalexin，PA）是受病菌侵染后植物体内合成并积累的一种抗微生物的低分子量物质，在过敏性反应中植保素的合成对抑制甚至杀死入侵病原菌具有重要作用。外源 $O_2^-$ 可诱发菜豆悬浮细胞中基维酮（kievitone）、菜豆素（phaseollin）及马铃薯中日齐素（rishitin）等的合成；$H_2O_2$ 可诱发大豆中大豆素（glyceollin）的合成，而 $OH \cdot$ 则参与了大豆中大豆素的合成（宋凤鸣等，1996）。相反，用 SOD、CAT 或毛地黄皂苷等活性氧清除剂处理，可有效地抑制植物中 PA 的合成与积累。这些结果证明活性氧与过敏性反应中 PA 合成及积累直接有关。另一方面，由活性氧启动的膜脂过氧化作用所产生的物质可能具有 PA 活性。如水稻在受稻瘟病菌侵染后发生的膜脂过氧化作用所产生的不饱和脂肪酸过氧化物，对稻瘟病菌具明显的杀菌及抑制分生孢子萌发的作用，表现了 PA 活性。

5.3.4　$H_2O_2$ 参与植物木质化和结构蛋白的沉积

细胞壁的木质化是病菌侵染后植物产生的主要防卫反应之一。木质素生物合成中松柏醇的聚合需要有活性氧的参与，在 $H_2O_2$ 作为电子受体时，松柏醇在过氧化物酶（POD）的催化下发生脱氢反应形成酚氧自由基，从而导致木质素的合成。因此，$H_2O_2$ 可能参与了细胞壁的木质化。

人们早已发现，POD 对细胞壁的形成是必不可少的，POD 参与细胞壁中木质素、木栓层的生物合成和富含羟脯氨酸的糖蛋白中异二酪氨酸（isodityrosine）的产生。相对退化的原生质体来说，有再生能力的烟草原生质体具有较高的 POD 和 NAD（P）H 依赖型的 $H_2O_2$ 活性和吲哚乙酸氧化酶活性。Cordewener 等（1991）的研究表明，一些 PODs 在萝卜的培养细胞中能诱导体细胞胚的形成，添加这些 PODs 能使抑制的细胞恢复发育潜能。结构糖蛋白，如伸展蛋白（extensin）的聚合是细胞壁形成的第一步，人们在原生质体培养的不同时期已分离出 2 种伸展蛋白，它们参与了不同阶段细胞壁的形成。

Jackson 等（2001）发现，在葡萄愈伤组织诱导的氧化迸发过程中，一个分子质量为 40 kD 的 POD 能特异性地催化伸展蛋白的快速沉积。用来自大豆疫霉细胞壁的寡聚葡聚糖和寡聚半乳糖醛酸处理，可同时诱发黄瓜子叶发生木质化和 $H_2O_2$ 的积累，而且木质化的诱发与 $H_2O_2$ 产生之间有相关性。用 CAT 处理则同时抑制 $H_2O_2$ 的产生和木质化的发生。此外，$H_2O_2$ 还可能参与富含羟脯氨酸的糖蛋白（HRGP）等结构蛋白在细胞壁上的交错网状沉积。

# 6 $H_2O_2$ 在采后贮藏保鲜中的应用

我国是果蔬生产大国，产量居世界第一位，但采后损失严重，其中由病害和冷害造成的损失巨大，解决好病害和冷害问题是采后贮藏的关键所在。低温贮运是防止果蔬采后病害发生最行之有效的方法之一，但对于冷敏型果蔬来说，低温贮运易导致冷害，而冷害的发生又会进一步促进病害的发展，若能同时增强果蔬采后的抗病性和抗冷性，就能很好地解决病害和冷害防治中的这一矛盾，从而极大地降低采后损失。交叉抗性诱导无疑是解决这一矛盾的好方法。有研究表明：$H_2O_2$ 可作为一种逆境反应中的信号分子，在信号转导中调控下游信号流，从而激活和调控植物体内各种胁迫相关基因的表达。作为第二信使 $H_2O_2$ 可在多种胁迫条件下被诱导，是多个信号途径的交叉调控因子，在交叉抗性中起到重要作用（欧阳丽喆等，2007）。

### 6.1　$H_2O_2$ 对叶菜类蔬菜保鲜的作用

$H_2O_2$ 是一种使用较早的化学消毒剂，它的显著特点是分解后无残留毒性。且 $H_2O_2$ 对叶菜类蔬菜所携带的常见病原菌具有很好的杀灭作用。用 $H_2O_2$、$CaCl_2$ 和柠檬酸混合处理鲜切西洋芹，结果表明 $H_2O_2$ 对杀菌起主要作用，随着 $H_2O_2$ 浓度的增加，杀菌效果增加。此外，该处理有效地抑制了多酚氧化酶（PPO）的活性，延缓了由于 PPO 引起的酶促褐变，同时，也抑制了呼吸作用和蒸腾失水，降低了体内营养物质的消耗，对维生素 C 具有一定的保护作用，产品感官品质优良。

### 6.2　$H_2O_2$ 对果菜类蔬菜保鲜的作用

温度是果实采后贮藏环境中的重要因素。一般认为，低温贮藏是新鲜果实贮藏保鲜最有效的方法。但冷敏感性果实在冰点以上的低温逆境中容易造成代谢失调和细胞伤害，即冷害，而 $H_2O_2$ 对冷敏感性果实在低温贮藏中的冷害发生具有一定的抑制作用。

冷激处理可以使番茄果皮中 $H_2O_2$ 含量在冷藏初期显著增加，而抑制内源 $H_2O_2$ 后有效抑制了由冷激诱导的番茄耐冷性的提高（图 1-1-4-4）。冷激处理诱导的短暂应激升高的 $H_2O_2$ 可能作为信号级联中的一分子，调控下游相关代谢体系和其他生理生化反应过程，使番茄果实的抗冷性增强，说明冷藏初期内源 $H_2O_2$ 在冷激诱导的果实抗冷性中发挥重要作用，其可能参与冷激介导的番茄果实抗冷性。冷激这种采后处理方法同样可以提高番茄果实抗病性，而这种抗病性的提高与番茄体内 $H_2O_2$ 的含量有密切关系，并且推断，$H_2O_2$ 可能是番茄对病害和冷害交叉抗性中的关键因子。

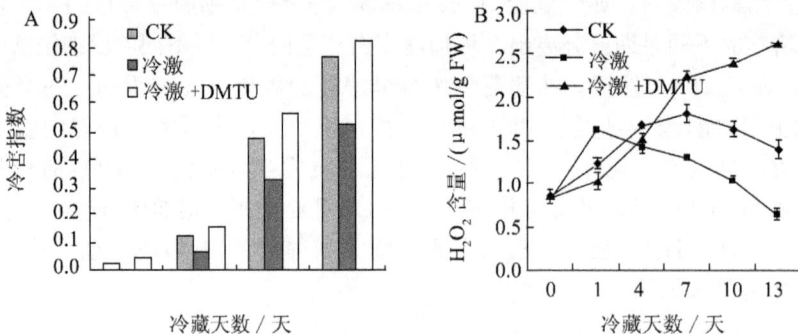

图 1-1-4-4　冷激对处理对番茄果实冷害指数和 $H_2O_2$ 含量的影响

冷激：番茄置于密封塑料袋内后，放入冰水混合物中 2.5 h；CK：空白对照；DMTU：过氧化氢合成抑制剂二甲基硫脲

（引自：欧阳丽喆等，2007）

6.3　$H_2O_2$ 对水果保鲜的作用

外源 $H_2O_2$ 能有效改变果实的成熟与衰老，通过控制活性氧产生与清除之间的平衡关系来调节香蕉果实的后熟。不同外源活性氧处理能够改变苹果果皮组织氧化胁迫水平。用 $H_2O_2$ 和 $CaCl_2$ 单独或混合使用的方法喷洒香蕉幼苗，并置于低温培养箱中进行冷胁迫处理，可提高香蕉幼苗冷胁迫期间叶片 POD 活性，降低细胞质泄漏，增加可溶性糖含量及减缓叶绿素降解，从而减轻冷害程度。此外，低温锻炼能够提高芒果的耐冷性，并迅速诱导果皮 POD、CAT、SOD 等保护酶系统活性的提高。

## 7　展望

$H_2O_2$ 作为植物的第二信使，参与多种细胞生物学效应的启动，在多种生物及非生物胁迫的信号转导过程中以及正常生理状态下植物生长发育和成熟衰老过程的调控方面具有重要作用。作为多个信号途径的交叉调控因子，$H_2O_2$ 在交叉抗性中起到重要作用。我们相信，随着对 $H_2O_2$ 及其相关信号途径研究的深入，对果蔬交叉抗性发生和发展规律及其信号网络的了解也将更加深入，进而为探讨适当的调控果蔬交叉抗性诱导新技术提供新思路。

## 参 考 文 献

柯德森，王爱国，罗广华. 1998. 成熟香蕉果实活性氧与乙烯形成酶活性的关系. 植物生理学报，24（4）：313-319.

欧阳丽喆，申琳，陈海荣，等. 2007. $H_2O_2$ 参与冷激处理对番茄果实抗冷性及抗氧化酶活性的影响. 食品科学，28（7）：31-35.

生吉萍，代晓霞，刘灿，等. 2007. $H_2O_2$ 在采后果蔬冷害中的作用机制. 北京农学院学报，22（3）：77-80.

宋凤鸣，郑重，葛秀春. 1996. 活性氧及膜脂过氧化在植物-病原物互作中的作用. 植物生理学通讯，32（5）：377-385.

孙卫红，王伟青，孟庆伟. 2005. 植物抗坏血酸过氧化物酶的作用机制、酶学及分子特性. 植物生理学通讯，41（2）：143-147.

田敏，饶龙兵，李纪元. 2005. 植物细胞中的活性氧及其生理作用. 植物生理学通讯，41（2）：235-241.

Cordewener J，Booij H，van der Zandt H，et al. 1991. Tunicamycininhibited carrot somatic embryogenesis can be restored by secreted cationic peroxidase isoenzymes. *Planta*，184（4）：478-486.

Del Rio L A，Pastori G M，Palma J M，et al. 1998. The activated oxygen role of peroxidation in senescence. *Plant Physiology*，116（4）：1195-1200.

Demidchik V，Shabala S N，Coutts K B，et al. 2003. Free oxygen radical regulate plasma membrane $Ca^{2+}$ and $K^+$ permeable channels in plant root cells. *Journal of Cell Science*，116：81-88.

Desikan R，Burnett E C，Hancock J T，et al. 1998. Harpin and hydrogen peroxide induce the expression of a homologue of gp91[phox] in Arabidopsis thaliana suspension cultures. *Journal of Experimental Botany*，49（327）：1767-1771.

Desikan R，Reynolds A，Hancock J T，et al. 1998. Harpin and hydrogen peroxide both initiate programmed cell death but have differential effects on defence gene expression in Arabidopsis suspension cultures. *Biochemical Journal*，330：115-120.

Elster E F. 1982. Oxygen activation and Oxygen toxicity. *Ann Rev Plant Physiol*，33：73-96.

Fath A，Bethke P，Beligni V，et al. 2002. Active oxygen and cell death in cereal aleurone cells. *Journal of Experimental Botany*，53（372）：1273-1282.

Foyer C H，Lopez - Delgado H，Dat J F，et al. 2003. Hydrogen peroxide and glutathione - associated mechanism of acclamatory stress tolerance and signaling. *Physiologia Plantarum*，100（2）：241-254.

Guan LM，Zhao J，Scandalios J G. 2001. Cis - elements and trans - factors that regulate expression of the maize Cat1 antioxidant gene in response to ABA and osmotic stress：$H_2O_2$ is the likely intermediary signaling molecule for the response. *Plant Journal*，22（2）：87-95.

Gunz D W，Hoffmann M R. 1990. Atmospheric chemistry of peroxides：a review. *Atmospheric Environment*，24（7）：1601-1633.

Hiner A N，Rodríguez - López J N，Arnao M B，et al. 2000. Kinetic study of the inactivation of ascorbate peroxidaase by hydrogen peroxide. *Biochemical Journal*，348：321-328.

Inzé D，Van Montagu M. 1995. Oxidative stress in plants. *Current Opinion in Biotechnology*，6（2）：153-158.

Jackson P A P，Galinha C I R，Pereira C S，et al. 2001. Rapid deposition of extensin during the elicitation of grapevine callus culture is especially catalyzed by a 40 - kDa peroxidase. *Plant Physiology*，127：1065-1076.

Levine A，Pennell R I，Alvarez M E，et a. 1996. Calcium - mediated apoptosisin a planthypersensitive disease resistance response. *Current Biology*，6（4）：427-437.

Liochev S I，Fridovich I. 1997. Lucigenin iu minescence as a measure of intracellular superoxide dismutase activity in Escherichia. *Proceedings of the National Academy of Sciences USA*，94（7）：2891-2897.

Low P S，Merida J R. 1996. The oxidative burst in plant defense：function and signal transduction. *Physiologia Plantarum*，96（3）：533-542.

McRae D G，Baker J E，Thompson J E. 1982. Evidence for involvement of the superoxide radical in the conversion of 1 - a minocyclopropane - 1 - carboxylic acid to ethylene by pea microsomal membrane. *Plant and Cell Physiology*，23（3）：375-383.

Neill S，Desikan R，Hancock J. 2002. Hydrogen peroxide signaling. *Current Opinion in Plant Biology*，5（5）：388-395.

Ogawa K，Iwabuchi M. 2001. A Mechanism for promoting the ger mination of Zinnia elegans seeds by hydrogen peroxide. *Plant and Cell Physiology*，42（3）：286-291.

Olmos E，Martinez - Solano J R，Piqueras A，et al. 2003. Early steps in the oxidative burst induced by cadmium in cultured tobacco cells（BY - 2line）. *Journal of Experimental Botany*，54（381）：291-301.

Papadakis A K，Roubelakis - Angelakis K A. 1999. The generation of active oxygen species differs in tobacco and grapevine mesophyll protoplasts. *Plant Physiology*，121：197-206.

Papadakis A K，Roubelakis - Angelakis K A. 2002. Oxidative stress could be responsible for the recalcitrance of plant protoplasts. *Plant Physiology and Biochemistry*，40：549-559.

Park S Y，Ryu S H，Jang I C，et al. 2004. Molecular cloning of a cytosolic ascorbate peroxidase cDNA from cell cultures of sweet potato and its expression in response to tress. *Molecular Genetics and Genomics*，271（3）：339-346.

Rodriguez A A，Grunberg K A，Taleisnik E L. 2002. Reactive oxygen species in the elongation zone of maize leaves are necessary for leaf extension. *Plant Physiology*，129：1627-1632.

Schopfer P，Plachy C，Frahry G. 2001. Release of reactive oxygen intermediates（superoxide radicals，hydrogen peroxide，and hydroxyl radicals）and peroxidase in ger minating radish seeds controlled by light，gibberellin，and abscisic acid. *Plant Physiology*，125：1591-1602.

Ververidis P，John P. 1991. Complete recovery *in vitro* of ethylene for ming enzyme activity. *Phytochemistry*，30（3）：725-727.

Vignais P V. 2002. The superoxide - generating NADPH oxidase：structural aspects and activation mechanism. *Cellular and Molecular Life Sciences*，59（9）：1428-1459.

Yang T，Poovaiah B W. 2002. Hydrogen peroxide homeostasis：activation of plant catalase by calcium/calmodulin. *Proceedings of the National Academy of Sciences USA*，99（6）：4097-4102.

Yoshioka H，Numata N，Nakajima K，et al. 2003. Nicotinan benthamiama gp91[phox] homologues NtrbohA and NtrbohB participate in $H_2O_2$ accumulation and resistance to Phytophthora infestans. *Plant Cell*，15（3）：706-718.

（申　琳）

# 第二章 激素对果实成熟的调控机制

## 第一节 乙烯生理作用的分子机制

### 导言

乙烯的分子式为 $CH_2 = CH_2$，结构非常简单。但是它作为一种植物激素，在与其他激素（生长素、细胞分裂素、赤霉素和脱落酸等）的交互作用下，协同或单独地发挥了重要的生理功能，如细胞生长、种子发育、果实成熟、抗病、逆境胁迫等。在植物体内，自身合成的乙烯通过信号转导途径发挥上述生物学功能。目前，植物中乙烯生物合成和信号转导途径中的多个元件被分离、克隆，人们可以通过调节这些元件的表达，实现对乙烯合成和信号转导的调节控制，进而培育出具有期望性状的新品种，满足人们的需求。因此，揭示乙烯作用的分子基础就显得尤为重要。本节将讨论近年来乙烯生物合成和信号转导途径的研究和应用进展。

果蔬在发育、成熟过程中会持续不断地合成并释放乙烯，即便是在采后的贮藏、运输过程中，也是如此。了解乙烯合成的途径，是调控其合成的基础。目前，人们不仅在模式植物（如拟南芥、烟草）中明晰了乙烯合成途径中的各个元件，而且在经济作物（如水稻、棉花）、各类水果（番茄、猕猴桃、香蕉、葡萄和李子等）中克隆了乙烯合成中多个组分的基因，并且利用分子生物学技术实现对其合成的抑制或增强调控。

## 1 乙烯的采后生理功能

果蔬在采摘以后，继续进行成熟、衰老等正常的生命活动。乙烯在果蔬成熟、衰老和抗逆过程中，发挥了重要作用。实验结果表明，乙烯在植物体内是通过调控相关基因的表达，调节细胞质膜的透性来实现它所具有的生理功能（潘瑞炽，1982）。同时，植物体内乙烯的生物合成能进行自我正、负反馈调节。

### 1.1 乙烯与果实成熟

果蔬成熟是一个复杂的遗传调控过程，伴随着颜色、结构、风味和香气成分等的巨大变化。由于果蔬产品的重要经济价值，上述过程的生理、分子机理已成为果蔬成熟的研究重点。研究发现，幼嫩果实中的乙烯含量极微，随着果实的成熟，乙烯合成加速。与此同时，由于乙烯增加细胞膜的透性，使呼吸作用加速，引起果实的果肉内有机物的强烈转化，达到可食程度。

根据不同生理时期乙烯合成量的多少，人们把乙烯合成系统分为系统Ⅰ和系统Ⅱ。从种子发育、幼苗生长开始，植物就会不断合成乙烯。这种乙烯是持续的、少量的，称之为系统Ⅰ乙烯。系统Ⅰ乙烯可以抑制植株过度生长，参与植物对生物和非生物的抗逆反应。果蔬成熟过程中也有乙烯不断合成，大多数果蔬在成熟过程中都表现出颜色、质地、风味和病原抵抗等方面的巨大变化。按照成熟过程中是否出现乙烯释放高峰和呼吸高峰，果蔬被分为为跃变型和非跃变型。非跃变型果实发育和成熟整个过程中，都一直有低量的乙烯合成，这部分乙烯属于系统Ⅰ乙烯（图1-2-1-1），如草莓、葡萄、柑橘等。尽管有些非跃变型果实（如柑橘）会产生乙烯反应，如特定的 mRNA 和色素会受到乙烯诱导而积累，但乙烯不是成熟所必需的。

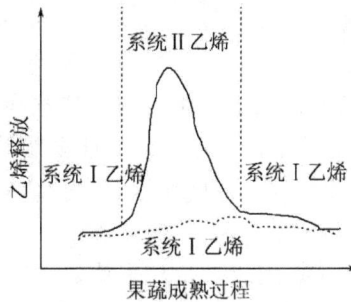

图1-2-1-1 跃变型果实和非跃变型果实发育成熟中的系统Ⅰ乙烯和系统Ⅱ乙烯

番茄、葫芦、梨、香蕉、桃、李子和苹果等都是典型的跃变型果实，在这类果实在成熟前会产生大量的乙烯，即系统Ⅱ乙烯，伴随着呼吸高峰的出现，之后果实的颜色、质地和风味发生巨大变化，果蔬趋于成熟（图1-2-1-1）。系统Ⅱ乙烯的量远高于系统Ⅰ乙烯。通过抑制乙烯合成和感知的实验发现，系统Ⅱ乙烯是跃变型果实成熟所必需的。

### 1.2 乙烯与果蔬衰老

早期人们注意到，当空气中乙烯浓度相当低时，植物叶片和果实即可脱落。其实在植物自然脱落过程中，也有乙烯参与。因此，乙烯被认为具有加速植物组织器官衰老和脱落的作用。乙烯加速叶片和花的脱落的研究非常多；用乙烯利处理棉花叶，离层的形成、叶片的衰老和脱落被加速，并且老叶表现得更为明显；还有人用 1000 mg/kg 乙烯利水溶液喷在葡萄上，能促进落叶而对果实没有影响，以此提高收获时的工作效率；另外，在果树栽培的盛花和末花期，用一定浓度的乙烯利喷施，可达到疏果的效果。在果实中，成熟与衰老密不可分，果蔬成熟后，不可避免地要发生衰老。内源乙烯的大量合成加速了桃果实的软化衰老速度，低温处理可以通过抑制内源乙烯合成来延迟其高峰期的出现，从而延缓果实衰老进度。

### 1.3 乙烯与果蔬抗逆

植物在生长发育过程中，会遇到各种各样不利的环境，这些对植物生长发育不利的环境就构成了逆境。另外，农产品在采摘中容易产生机械伤害，采后需要低温贮藏或者运输，在贮藏期间容易遭到微生物的侵染、机械伤害、低温伤害等非生物胁迫以及病害、虫害等生物胁迫都属于逆境。近年来的研究发现：许多物质参与植物的抗逆反应，如植物抗毒素、抗菌蛋白、几丁质酶、葡聚糖酶、蛋白酶、脂氧合酶、过氧化物酶、酚氧化酶、木质素、富含羟基脯氨酸和甘氨酸的糖蛋白、水杨酸、茉莉酸、乙烯、多肽、寡多糖、过氧化氢和活性氧类物质（Choi et al.，1996）。其中，乙烯受到人们的重视。更有人明确地指出，乙烯是植物防御反应的报警信号物质并参与防御反应。例如，植物在受到病原菌侵染时常会激活乙烯的合成，用病原菌分泌的诱导子处理也会刺激乙烯的合成。乙烯被视为植物与病原菌互作过程中的一个信使分子。大量的实验结果表明，逆境下植物乙烯的释放量明显增加，进而启动下游抗逆反应。可以说，乙烯在农产品采收、贮运和销售过程中，是介导农产品本身对环境适应的重要媒介。

乙烯在植物抗病中的作用有大量的研究。Song 等（1993）用除草剂氟乐灵 trifluralin 处理棉花可提高其对尖孢镰刀菌（*Fusarium oxysporum*）的抗病能力，而抗病能力的提高与乙烯含量的降低呈正相关。当然，众多研究中也有不同的报道，Lund 等（1998）发现番茄感染镰刀菌后乙烯大量产生，而番茄抗病能力的提高是番茄对乙烯敏感性降低的缘故，并非是乙烯合成的降低所致。目前虽然关于乙烯在植物抗病反应中的作用机理尚不清楚，还需进一步研究，但所获得的实验结果已足以证明，乙烯在植物抗病反应中起着十分重要的作用。

综上所述，果蔬从发育、成熟到衰老，从采摘、贮运到销售，整个生命过程中都没有停止生命活动，并且乙烯在当中发挥了重要的作用。只有明确乙烯的合成和信号转导途径，才能通过调控乙烯释放和感知来调节农产品的生理变化，满足人们的需求。

## 2  乙烯生物合成途径

### 2.1  乙烯生物合成途径简介

乙烯生物合成的生化研究曾经是植物激素生理研究的重点，其中的主要突破是确立了 S-腺苷甲硫氨酸（SAM）和 ACC（1-aminocyclopropane-1-carboxylic acid，1-氨基环丙烷-1-羧酸）是乙烯合成的前体（Yang and Hoffman，1984）。在此基础上，催化乙烯合成的各种酶之后被不断纯化和研究。不论是系统Ⅰ乙烯还是系统Ⅱ乙烯，其在植物中的生物合成途径都是一致的，那就是按照"Met（L-甲硫氨酸）→ SAM→ ACC → 乙烯"这一基本途径完成的。

在 1979 年，Adams 和 Yang 证明，乙烯分子源于 SAM 的 3、4 位碳，$CH_3S$ 基在循环中保持不变，而蛋氨酸中的氨基丁酸由 ATP 中的核糖补充。因此最终形成乙烯分子的两个碳原子实际上来自 ATP 核糖残基的第 4、5 位碳原子。此循环称为蛋氨酸循环，或称 Yang 循环。SAM 就是乙烯合成的前体。除了用于合成基础蛋白，剩下的细胞甲硫氨酸在 ATP 存在的条件下，几乎 80% 被 SAM 合成酶（SAM synthetase，SAMS，EC 2.5.1.6）催化变为 SAM。SAM 是植物中主要的甲基供体，是许多生物合成途径的底物。如多胺的合成和乙烯的合成，都从 SAM 开始。除此之外，SAM 还参与修饰脂肪、蛋白和核酸的甲基化作用。

乙烯合成的第一个关键步骤就是由 ACC 合酶（ACC synthase，ACS，EC4.4.1.14）催化 SAM 合成 ACC。此过程不但合成了 ACC，还会形成 5′-甲硫腺苷（MTA），并通过 Yang 循环再次合成蛋氨酸。这样，就不断有充足的甲基团以供合成乙烯。最终，ACC 被 ACC 氧化酶（ACC oxidase，ACO 或 ACCO）氧化生成乙烯、$CO_2$ 和氰化物。氰化物在 $\beta$-氰丙氨酸合酶（$\beta$-CAS，EC 4.4.1.9）的催化下形成 $\beta$-氰丙氨酸，避免乙烯快速合成过程中氰化物的过度积累。

合成的乙烯通过信号转导途径被植物感应，并反馈作用于乙烯合成。系统 II 乙烯的大量合成直接源于 ACS 的大量表达和活性提高。其启动的机制和物质基础尚不明了。

## 2.2　乙烯生物合成途径中的重要酶类

在乙烯合成过程中，各种酶的作用毋庸置疑是关键的。本部分会对合成途径中的 ACS、ACO、SAMS 的研究成果做综述总结。

### 2.2.1　ACC 合酶（ACS）

ACS 是一种以磷酸吡哆醛为辅基的酶，对 SAM 具有立体专一性，是乙烯合成途径中的限速酶，其分子质量为 46~58 kD。ACS 是一类较不稳定的可溶性蛋白质（番茄中 ACS 的半衰期为 58 min），以单体或二聚体甚至三聚体形式存在，其中以单聚体存在时活性最强，在催化反应时较不易失活。早期 ACS 的分离纯化也因此遇到了障碍。ACS 蛋白最早在番茄的果皮组织中被发现，但含量极低，在成熟番茄果皮中，ACS 的含量不到可溶性总蛋白的 0.0001%。从成熟和伤诱导的番茄果实中纯化的 ACS 差别较大，分别为 45 kD、50 kD 和 67 kD，其主要原因可能是 ACS 的多态性。从不同植物材料和不同条件下统一材料中纯化的 ACS 其 Km 值、最适 pH 等都存在很大差别，说明植物体内可能具有多种 ACS 同工酶。

此后，ACS 的 cDNA 最早从小西葫芦中克隆得到，而第一个 ACS 基因序列则由 Van Der Straeten 等于 1990 年从番茄果实的 cDNA 文库中分离得到。ACS 基因的结构与依赖于吡哆醛 5′-磷酸盐（PLP）的转氨酶的亚族-I 家族结构类似，而 PLP 是与未配位酶的活性区结合，是 ACS 活性的基础辅助因子。目前科学家已克隆得到许多植物的 ACS 基因，如番茄（*LeACS1A*、*LeACS1B*、*LeACS2 - 7*）、南瓜（*CpACS1A*、*CpACS1B*）、苹果（*MsACS1*、*MsACS2*）、康乃馨（*DcACS1*）、烟草（*NtACS1*）、绿豆（*VrACS1 - 6*）、笋瓜（*CmACS1A*、*CmACS1B*）和大豆（*GmACS1*）等。

不同物种或同一物种的不同同工酶具有较高同源性，DNA 序列同源性约 60%，氨基酸序列约 70%，其中有大约 8 个高度保守的区域。几乎所有的 ACS 都存在编码底物和氨基转移酶结合的氨基酸序列，但不同成员编码长度与序列略有差异，非编码区（羧基末端）的同源性则很差。苹果 ACS 蛋白的晶体结构显示，ACS 以二聚体形式存在。ACS 家族亚型中保守残基大多在二聚物表面，并且在酶的活性区附近簇生。这些酶的底物特异性可能就是由于活性位点中保守区域之间的相对位置引起的。

### 2.2.2　ACC 氧化酶（ACO）

ACC 氧化酶又称乙烯形成酶（EFE），是一类黄烷酮-3-羟化酶。它是乙烯合成途径中的最后一个酶，直接催化乙烯的最终形成。由于这个酶需要抗坏血酸和氧作为辅助底物，因此称为 ACC 氧化酶。在未成熟果实对乙烯的反应中，ACO 的活性先于 ACS 活性增强（Lui et al.，1985），因此，认为 ACO 的活性对乙烯的合成也应有重要的调控作用。

　　由于 ACO 是一种膜结合酶，具有结构上的立体专一性，因此它的稳定依赖于细胞结构的完整性。一些重金属离子、游离基、亲脂物质及能破坏膜结构的高渗透压均影响 ACO 的活性。ACO 的不稳定性导致了在很长一段时间内对它的分离一直未能成功，因此，其鉴定远比 ACS 困难得多。

　　用分子克隆的办法来鉴定 ACO，克服了直接从植物组织中提取 ACO 酶的困难，有关 ACO 性质研究的突破性进展就来自于对其 cDNA 的研究。ACO 基因 pTOM13 最早从番茄 cDNA 文库中克隆出来（Holdworth et al.，1987）。用成熟番茄与未成熟番茄 cDNA 文库进行杂交，得到数个成熟期特异表达的 cDNA，其中一个被命名为 pTOM13 的克隆，被鉴定为是番茄的 ACO。根据番茄 ACO cDNA pTOM13 的核苷酸序列推导出其氨基酸序列中具有黄烷酮-3-羟化酶的同源序列（同源性达 58%）。根据黄烷酮-3-羟化酶的测定方法，Ververidis 和 John 首次从甜瓜中分离到了有活性的 ACO（Vereridis & John，1991）。此后，运用多种技术从不同果蔬中克隆得到 ACO 同源物。例如，以番茄 ACO 基因 pTOM13 为探针，分别从苹果和猕猴桃 cDNA 文库中筛选出苹果 ACO 基因的 pAP4 和猕猴桃 ACO 基因的 pKIWIAO1；基于 pTOM13 的核苷酸保守序列，人工合成寡核苷酸引物，运用 RT-PCR（反转录-聚合酶链式反应）技术从苹果 cDNA 文库中克隆出苹果 ACO 基因的 cDNApAE12 等；再比如用差异杂交法筛选得到桃和鳄梨 ACO 基因的 pch313 和 pAVOe3。另外，在樱桃、柑橘、梨、矮牵牛花、康乃馨、哈密瓜、甜瓜等多种植物中也都克隆到了 ACO 基因片段。

　　显而易见，ACO 也由多基因家族编码控制。在番茄中已经分离了 3 个 ACO 基因（ACO1、ACO2 和 ACO3）。通过比较已知的 ACO 基因序列的氨基酸序列，发现不同来源的基因及同一来源的基因家族不同成员在序列上差异较小，尤其编码区高度同源，但 3′ 非翻译区序列有一定程度的不同。由于反转录酶在进行反转录时的不稳定性，使得大多数植物难以从 cDNA 文库中调出全长基因。Loh 等建立了快速克隆 cDNA 末端的方法，也就是 RACE PCR 法，加快了通过已知基因片段获得全长基因的研究进程。

### 2.2.3　S-腺苷蛋氨酸合成酶（SAMS）

　　SAMS 是植物体内物质代谢中一个重要的酶，催化 Met 和 ATP 形成 SAM。SAMS 除了参与乙烯合成外，还参与了多胺的生物合成及甲酯化反应。不论从数量上还是结构上看，SAMS 所催化形成的 SAM 在组织中比较稳定，因此对 ACC 和乙烯的生成影响不大，所以并不是乙烯产生的限速步骤。

　　尽管它是乙烯生物合成途径中的第一个酶，但是人们对它的认识却较晚，从 20 世纪 80 年代末期人们才开始注意到这个酶，因此对 SAMS 的研究远没有 ACS 和 ACO 那样深入和广泛。现已从中华猕猴桃、拟南芥、番茄及豌豆等植物中得到克隆。研究表明植物 SAMS 基因由多基因家族所编码，番茄中至少有 4 个成员，拟南芥菜和豌豆各有 2 个成员，猕猴桃中有 3 个。

### 2.2.4　ACC N-乙酰胺转移酶

　　ACC 在 ACO 的催化下形成乙烯，但同时还存在另一条竞争途径，那就是在 ACC N-乙酰胺转移酶的作用下生成丙二酰-ACC（M-ACC）。ACC N-乙酰胺转移酶是从土壤农杆菌 Pseudomonas sp. 中分离出来的，在杆菌、根瘤菌、某些酵母菌以及丝状真菌中均有发现，但是至今尚未在植物体内发现。因此在野生型植物中，这条竞争途径是不存在的。但是有人利用 ACC N-乙酰胺转移酶的特点，用分子生物学方法控制乙烯合成。应用的具体方法在后文中会涉及。

### 2.3　系统Ⅱ乙烯的启动

系统Ⅱ乙烯的合成归功于部分 *ACS* 家族成员的大量生成，已在番茄中克隆到的 9 个 *ACS* 基因中，只有 *LeACS1A*、*LeACS2*、*LeACS4* 和 *LeACS6* 在果实发育的不同时期表达，而仅 *LeACS2* 与番茄成熟直接有关。在呼吸跃变型果实成熟期，*LeACS2* 的转录物 mRNA 大约是 *LeACS4* 的十倍，这些转录物能引起乙烯的大量增加（Lincoln et al.，1993）。Barry 等（2000）用杂交的方法分析 *LeACS1A*、*LeACS2*、*LeACS4* 和 *LeACS6* 在野生型果实和 *rin* 突变体果实发育的不同时期的表达量后，提出了跃变型果实（番茄）系统Ⅰ乙烯向系统Ⅱ乙烯转变的模式的猜想（图 1-2-1-2）。*LeACS2* 一旦被乙烯诱导，便促使乙烯的自动催化和引发呼吸高峰。*ACS* 基因这种差异表达已在甜瓜、葫芦、柑橘中得到证实。

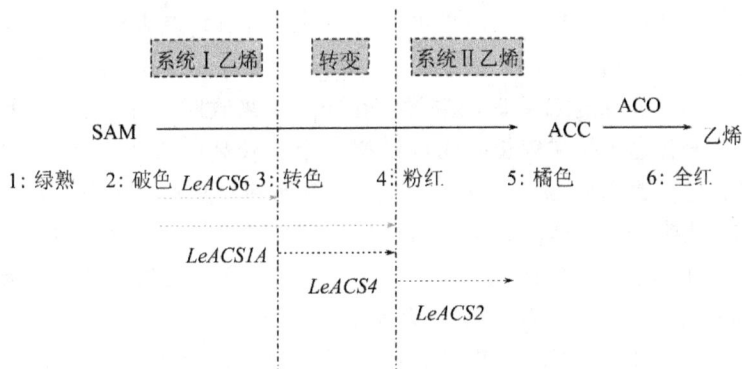

图 1-2-1-2　番茄中 ACS 调控系统Ⅰ乙烯向系统Ⅱ乙烯转变的模式

（引自：Barry et al.，2000）

## 3　采后果蔬乙烯生物合成调控研究进展

为什么在植物不同发育阶段乙烯的合成速率会有所不同？植物应对外界刺激时如何产生异常的乙烯信号？系统Ⅱ乙烯的高峰又是如何产生的？为了进一步了解乙烯的合成过程，揭示果实成熟、逆境反应机理，越来越多的研究关注于果蔬采后乙烯生物合成的调控。乙烯在植物体内的生物合成受到正向（positive）和负向（negative）两方面的反馈调控（feedback regulation），分别称为自催化（autocatalytic）和自抑制（autoinhibitive）调节（Kende，1993）。控制乙烯生物合成的关键酶是 ACS。目前已知多种因素诱导植物体内乙烯生成都要通过 ACS 蛋白的表达和诱导有关（Kende，1989）。

研究表明，*ACS* 基因表达受很多信号高度调控，并且其活性不稳定，这说明乙烯合成是高度受调控的。很多植物中都有乙烯受正调控或负反馈调控的报道。例如在番茄果实成熟过程中，*LeACS2* 和 *LeACS4* 受乙烯的正调控，而 *LeACS6* 受乙烯的负调控（Nakatsuka et al.，1998）。调控主要发生在基因转录水平和转录后水平。

### 3.1 乙烯生物合成的转录水平调控

转录水平是调控乙烯生物合成的重要方式之一,在农产品整个生长发育过程中都广泛存在。其基本机制就是通过调控乙烯合成途径中关键酶的基因表达,来增加或减少酶蛋白分子的数量,从而加快或减缓乙烯合成。基因转录水平调控主要体现在器官表达差异、时空表达差异、诱导表达差异三个方面。

器官表达差异是指某个基因在同一植株的不同器官具有表达差异性。乙烯合成途径中的限速酶 ACS 基因家族的不同成员就明显地表现出表达的器官特异性。最初在模式植物拟南芥的研究中发现:光培养的拟南芥中,5 个不同的 ACS 基因分别在不同的器官中表达:AtACS4 只在根、叶和花中表达,AtACS5 仅在花和长角果中表达;暗培养的拟南芥种子中,AtACS1 在下胚轴中表达受抑制,而在根部则强烈表达。在有果实的植物中,ACS 器官差异表达的特异性更加明显。如番茄 LeACS2 基因在果实成熟、衰老的花、病原感染的叶片和水淹的根中均能表达,而 LeACS4 基因仅在果实中表达。ACO 基因也具家族性,其表达也表现出器官表达差异性。如猕猴桃果实 ACO 基因在果实不同组织中的表达以中柱组织(内果皮以内的果芯组织)表达量最高,内果皮次之。

时间表达差异性是指某基因在植物萌发、生长、发育、开花、结果等不同时期的表达量有所差异。ACS 的表达存在时间差异:在花椰菜采收时,并无 ACS 表达,但是采收后 2 h 开始大量表达,并在较长时间内维持一个比较高的表达水平。ACO 的表达也存在时间差异:兰花授粉后 12 h、24 h、48 h 均观察到柱头和花柱中乙烯的产生,但是 ACO mRNA 的积累显著下降,而在子房中则明显上升。在研究最为广泛的番茄果实中,LeACO mRNA 的出现先于乙烯的上升,转录物的积累与呼吸高峰一致。LeACO1和 LeACO2 的 mRNA 在果实成熟开始时较低,LeACO1 的 mRNA 在整个成熟过程中继续积累,而 LeACO2 的 mRNA 积累只在呼吸跃变时暂时增加,然后迅速下降。由于ACO 基因能被果实中低水平的乙烯所激活,所以其 mRNA 在果实成熟过程中积累增多,ACO 活性也随之增强(Barry et al.,1996)。Tonutti 等(1997)对桃果实发育早期和成熟过程中乙烯产生速率和 ACO 基因的表达进行了研究。发现乙烯生成最快的时期是发育早期(S1 期)和成熟期。S1 期中乙烯的高速生成伴随着 ACO 较高的活性状态。在成熟过程中,中果皮出现了呼吸高峰,这一过程是在 ACC 含量和 ACO 活性增加之后发生的。ACO 转录在整个果实乙烯生物合成增加之前开始积累。

诱导表达差异性是指植物在外界影响因子的刺激下,启动某些基因的差异表达。外界因子包括微生物侵染等生物因素和低温、高温、冷害和盐害等非生物因素,当然还包括外界化学物质或激素处理。伤害可启动某一特定的 ACS 基因的表达,而 IAA 又能诱导另一些 ACS 基因的表达。根据报道,生长素(IAA)、赤霉素(GA)、脱落酸(ABA)、乙烯、细胞分裂素等激素均能诱导 ACS 基因的表达。番茄中的 9 个 ACS 基因中,有 6 个受生长素所调控,2 个为果实成熟所诱导。Olson 等(1991)对番茄中果实成熟中特异表达的 ACS1 和 ACS2 进行了研究,发现 ACS1 的转录活性还受机械伤诱导,而 ACS2 的转录却不受机械伤影响。此外,IAA 能诱导至少有 5 个绿豆下胚轴ACS 基因、3 个水稻 ACS 基因、5 个拟南芥 ACS 基因、2 个西葫芦 ACS 基因和 2 个笋瓜 ACS 基因的表达;而乙烯处理能诱导番茄、拟南芥、蝴蝶兰、香石竹等 ACS 基因的表达；ABA、GA、ACC 和茉莉酸等可刺激水稻三个不同的 *ACS* 基因表达。已被克隆的 ACS 基因家族中，水稻、拟南芥、番茄等大多为蛋白质抑制剂 CHI 所诱导，可能是因为 *ACS* 基因的表达由不稳定的阻抑物分子所控制或基因的转录物是不稳定的，CHI 通过除去不稳定的核酸酶稳定了基因转录物，使之得以表达。对于植物 ACO 来说，其基因的表达受激素、环境胁迫、植物的发育过程等诱导。据报道，诱导 *ACO* 基因的激素有乙烯、ABA 和 IAA。其他制剂主要有 ACC、芸薹素内脂、$Cu^{2+}$、LiCl、CHI、CHX 和 NaCl 等。乙烯处理诱导了拟南芥、蝴蝶兰、网纹甜瓜、碧冬茄和青花菜等 *ACO* 基因的表达；ABA 则诱导青花菜 *ACCOX1* 和 *ACCOX2* 的表达；NaCl 处理能诱导蝴蝶兰 *ACO1* 的表达，而 IAA 可诱导黄瓜 *ACO* 基因的表达。IAA 能够促进乙烯的增加，主要是通过乙烯自身诱导了 *ACO* 基因的转录（Balague et al.，1993）；同时 *ACO* 基因对机械伤害、渍水、臭氧、病原体侵染、光温和干旱等环境胁迫有应答。如伤刺激诱导花椰菜 *ACCOX1* 和 *ACCOX2*、番茄 *ACO1*、网纹甜瓜 *ACO1* 和桃 *ACO* 等基因的表达；用外源臭氧处理番茄叶片可快速诱导 *ACO* 基因表达；病原体侵袭可诱导甜瓜 *CmACO1* 和 *CmACO3* 基因的表达。另外，植物在自然条件下的开花、传粉、果实成熟、衰老等过程均可诱导植物 *ACO* 基因的表达，如蝴蝶兰、香石竹在开花、传粉、花瓣衰老等过程中，*ACO* 基因均被诱导表达；番茄、香蕉等跃变型果实在果实成熟时 *ACO* 也高效表达。番茄 *LeACS* 家族和 *LeACO* 家族成员表达的器官表达特异性差异、时空表达差异、诱导表达差异性总结于表 1-2-1-1。

表 1-2-1-1　番茄 *LeACS* 家族和 *LeACO* 家族成员组织、时间及诱导表达特异性

| 基因 | 表达器官 | 刺激因素 |
| --- | --- | --- |
| *LeACS1A* | 果实、花、幼苗 | 伤害 |
| *LeACS2* | 果实、根、叶片、花瓣 | 伤害、生长素、淹水、臭氧 |
| *LeACS3* | 营养器官、根、果实、花瓣 | 生长素、淹水 |
| *LeACS4* | 果实 | |
| *LeACS5* | 营养器官 | 生长素 |
| *LeACS6* | 果实、叶片、花瓣 | 臭氧、伤害 |
| *LeACS7* | 根 | 淹水 |
| *LeACO1* | 果实、叶、花 | 伤害、真菌 |
| *LeACO2* | 花（仅在花粉囊处） | |
| *LeACO3* | 果实、花（萼片除外） | |

有时，以上三种因素会交互作用。如 Zhu 等（2003）在研究钙和 ABA 对不同成熟阶段和不同成熟模式番茄果实乙烯生成的影响后发现，两者在绿熟期番茄果实乙烯生成的影响中有协同作用关系，但在未熟期番茄果实乙烯生成的影响中表现相互抑制作用；在反义 ACS 番茄中，ABA 和钙抑制未熟果实的乙烯生成，而都促进了绿熟果实的乙烯生成。这表明 ABA 和钙在番茄果实不同成熟阶段和不同成熟模式的乙烯生物合成过程中有着不同的相互作用关系。

基因转录水平调控的产生可能因为基因的启动子特异性或其他结构的特异性造成的，很多 ACS 和 ACO 基因羧基末端非编码区同源性有区别。同工酶基因的表达通过调控序列差异而接受不同的刺激。除了非编码区调控以外，ACS 还可能由于其在染色体上的排序而有不同的表达调控模式。如前面提到的 Van Der Straeten 等从番茄果实中克

隆到的两个 ACS 基因 pcVV4A 和 pcVV4B，其 DNA 序列和氨基酸顺序同源性都达到了 82%，它们在染色体上按 5∶1 的比例成串排列。后来，Rottmann 等（1991）在番茄克隆到 5 个 ACS 基因，其中同源性达到 97% 的 LeACC1A 和 LeACC1B 位于第 8 条染色体上，相邻但反向排列。

需要特别注意的是，尽管基因表达的变化会造成相应蛋白数量和活性的变化，但是这种变化并不一定是同步的。如衰老的香石竹花的雌蕊中，ACS 酶活性很高，但是 mRNA 水平却维持在低水平，表现出 ACS 基因的转录水平和 ACS 酶活性并不同步递增。

### 3.2 乙烯生物合成的转录后调控

尽管某个基因的转录水平并无多大变化，但是通过调控 mRNA 的稳定性或翻译速度，或者通过调节蛋白的稳定性或结构，也可以改变活性蛋白的数量，从而在表型上发生变化。

ACS 基因的表达调控主要发生在转录后水平上，并且有两种模式已经得到明确的实验证据，那就是磷酸化/去磷酸化调控机制和泛素/26S 蛋白酶降解机制。以下实验结果意味着磷酸化对 ACS 活性的增加起到了主要的作用：真菌诱导剂能使番茄悬浮细胞 ACS 活性快速增加，但是又能因为加入蛋白激酶抑制剂 K-252a 或者十字孢碱而快速降低。用蛋白磷酸化酶抑制剂花萼海绵诱癌素 A（Calyculin A）处理番茄悬浮细胞后，不管存在不存在诱导剂，都能增加 ACS 的活性（Spanu et al.，1994）。K-252a 和 Calyculin A 作用都依赖于 ACS 蛋白的持续合成，当 mRNA 合成抑制剂虫草素（cordycepin）存在时，K-252a 和 Calyculin A 的作用效果都被稀释，而诱导剂引起的 ACS 活性不受影响，这说明蛋白磷酸化/去磷酸化调节 ACS 酶的稳定性而不是增加其活性。后来，Tatsuki 和 Mori（2001）确定了番茄 LeACS2 在体内通过 CDPK（calcium-dependent protein kinase）途径磷酸化位点是 Ser-460，并发现了在体外磷酸化后的 LeACS2 活性不发生改变，进一步从分子水平说明了磷酸化增加 ACS 蛋白稳定性这一事实。目前证实有两种磷酸化途径—CDPK 途径和 MAPK 磷酸化途径（图 1-2-1-3）（Chae & Kieber，2005）。

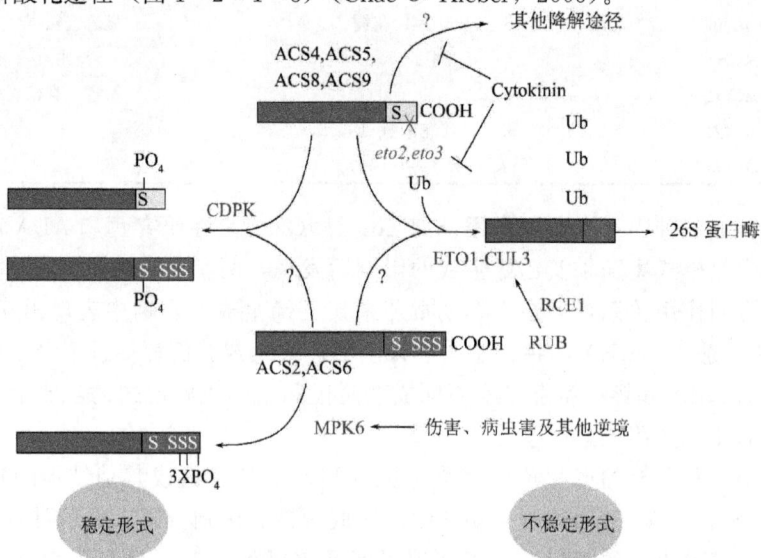

图 1-2-1-3　ACS 转录后调控模式

（引自：Chae & Kieber，2005）

对拟南芥 *eto*1 突变体的基因学研究发现了 *ETO* 这一负调控乙烯生物合成的基因，也在乙烯合成途径中找到了泛素/26S 蛋白酶降解调控模式。首先，对泛素及降解途径中相关酶作一简介。泛素（ubiquitin, Ub）是几乎存在于所有真核生物中的一个高度保守的 76 个氨基酸的蛋白质，它能共价修饰靶蛋白，使其为 26S 蛋白酶体降解。泛素结合途径是一个酶促级联反应。第一步是泛素的 c 末端羧酸基团在依赖 ATP 的方式与泛素激活酶（ubiquitin – activating enzyme, E1）保守的半胱氨酸形成硫醇键结合。然后激活的泛素从 E1 – Ub 转移给泛素结合酶（ubiquitin conjugating enzyme，E2）半胱氨酸。最后在泛素连接酶（ubiquitin ligase，E3）的催化下，泛素转移到与泛素连接酶的靶蛋白（底物蛋白）上。26S 蛋白酶体识别泛素链，并将泛素化的蛋白降解为小肽，之后将自由泛素蛋白释放出来（图 1 - 2 - 1 - 4）。

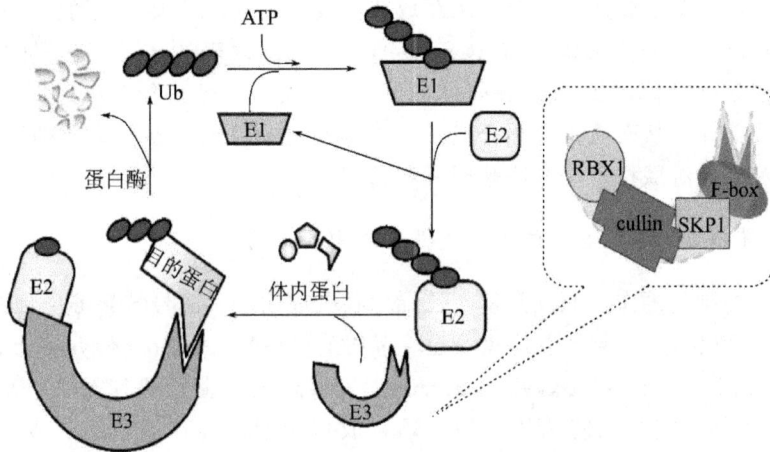

图 1 - 2 - 1 - 4　泛素降解途径及生长素受体参与的泛素连接酶 E3 的结构

泛素蛋白连接酶 E3 由于具有对底物特异性而更显关键，在生长素信号转导中起作用的一类 E3 酶是 SCF 复合体。它由 SKP1、cullin/Cdc53p、F - box 及 RBX1/ROC1/HRT1 四个亚基组成。SCF 就是前三个亚基的首字母缩写。cullin 亚基作为复合体的支架，与 SKP1 和 RBX1 结合。RBX1 的功能是结合 E2，并将其带至 E3 附近。RBX1 与 cullin 形成二聚体，具有素化活性，介导 E2 与 cullin 互作，促进 E2 转移到靶蛋白。SKP1 蛋白将 RBX1/cullin 二聚体与 F - box 蛋白接合在一起。F - box 蛋白与 SKP1 通过氨基末端约 40 个氨基酸的 F - box 结构域互作。F - box 蛋白还直接与 SCF 底物互作，并且赋予 SCF 酶复合体底物特异性。现已证明 TIR1 为生长素受体，是一种赋予 SCF 酶复合体底物特异性的 F - box 蛋白，特别称为 SCFTIR1 复合体，它以 AUX/IAA 蛋白为底物的。色氨酸、苯甲酸及 2 - NAA 是没有活性的生长素，因此也不能结合。

ETO 含有 BTB 区域（Broad - complex, Tramtrack, Bric - a - brac）和重复的 TPR 区域（Tetratricopeptide repeat）。其中 BTB 区域编码的蛋白（相当于图 1 - 2 - 1 - 4 中的 E2 部分）能与以 CUL3 为基础的泛素连接酶连接，从而有可能参与蛋白的降解。而 TPR 区域是一个蛋白-蛋白结合区（相当于图 1 - 2 - 1 - 4 中的 E3 部分）。所以 ETO 有可能将 ACS 蛋白与泛素/26S 蛋白酶连接起来从而导致 ACS 的降解。为了验证这个假设，Ecker 等用酵母双杂交、免疫共沉淀等方法验证了 ETO1 蛋白的 TPR 区域的确能与拟南芥 AtACS5 蛋白羧基端结合，N 端的 BTB 区域也的确能与 CUL3A 特异性结合。ETO 是否是系统 Ⅱ 乙烯合成的关键启动因子？是否因为 ETO 在特定时期数量减少从而使得在番茄果实成熟中起决定作用的 *LeACS2* 和 *LeACS4* 大量积累，最后导致乙烯大量合成？后来 Ecker 及其同事用转基因和突变的方法证实：ETO 与含有特定序列的 ACS 结合并降解之，但对 *LeACS2* 和 *LeACS4* 并不起作用。因此，ETO 目前看起来并不在果实乙烯合成中起关键作用（Yoshida et al.，2006）。

## 4 乙烯合成调控在果蔬采后贮藏中的应用

目前，基因工程主要通过调节乙烯生物合成相关酶的含量或活性来阻断或减少果蔬中乙烯的产生，最终达到延缓果蔬成熟与衰老的目的。乙烯生物合成的基因工程调控主要目的就是降低乙烯合成速率，减缓果蔬成熟、衰老过程，延长货架期。其中包括两种策略：一是抑制乙烯合成关键酶（ACS 和 ACO）的基因表达，降低它们的催化活性；二是引入并过量表达降解乙烯合成前体的酶（如 ACC 脱氨酶和 SAM 水解酶）基因，减少乙烯合成前体，从而减少乙烯合成。为了实现这一目的，乙烯合成抑制剂的使用、转基因技术和基因沉默技术等方法被开发和利用。

### 4.1 乙烯合成抑制剂在延缓果蔬成熟衰老中的应用

乙烯合成抑制剂的作用原理是基于乙烯生物合成途径和信号转导等生理过程来起作用的。它们于 20 世纪 80 年代初问世，至今品种有 AOA（amino - oxyacetic acid，氨基乙羧酸）和 AVG（minoethoxyvinyl glycine，2 -氨基乙氧基乙烯甘氨酸）等。

AOA 是乙烯研究初期使用的一种乙烯合成抑制剂，具有强烈的刺激气味。AVG 也有强烈的刺激性气味，能够通过抑制 SAM 向 ACC 的转化，减少乙烯的生物合成。AOA 和 AVG 能强烈抑制 ACS 活性，过去在鲜切花的保鲜中曾有很多应用，但是现在越来越少了。而在果蔬等农产品的应用中，多集中于对采前果实品质的影响。如最近的研究表明，AVG 能提高苹果果实采收时的品质，减少葡萄的落果率，并能延迟桃果实的采收时间。在乙烯合成抑制剂对采后果实贮藏特性的影响研究中，李富军等证实了 AVG 是通过对 ACS 的抑制，阻碍了 SAM 向 ACC 的转化，从而减少了乙烯的释放。通过对乙烯合成和释放的调节，AVG 还对肥城桃果实内控制果实硬度的纤维素酶活性产生了抑制，从而延缓了果实贮藏期间硬度的下降（李富军等，2006）。虽然乙烯合成抑制剂阻断了乙烯的生物合成，但是对外源乙烯却没有影响，因此在使用中还需及时除去环境中的乙烯。正因如此，它们在生产上的应用还存在一定局限性。

### 4.2 转基因技术在延缓果蔬成熟衰老中的应用

转基因技术的应用给果蔬保鲜带来了全新概念和手段。通过反向转入促进乙烯合成的基因，或者正向转入促进乙烯合成前体减少的酶的基因，来抑制乙烯的合成。前者就是转正义技术，而后者为反义 RNA 技术。两种技术在本质和方法上没有差别。

植物反义 RNA 技术始于 20 世纪 80 年代后期，是根据碱基互补原理，利用人工或生物合成特异互补的 DNA 或 RNA 片段（或其修饰产物），即在适宜的启动子

(promoter)和转录终止子（terminator）之间反向插入一段靶基因，从而阻断由 DNA 经过 RNA 到蛋白质的信息流：mRNA 和反义 RNA 能形成复合物，然后这种复合物或者被迅速降解，或者在核内加工过程中被破坏。或者使 mRNA 的翻译受到阻碍，从而发挥调节基因表达的功能。利用反义 RNA 技术可有针对性地控制细胞内某种特异基因的表达及蛋白合成，而其他不相关基因的表达并不受影响。

Hamilton 等（1990）采用反义 RNA 技术抑制转基因番茄果实中 ACO 活性，实现了对乙烯生物合成和果实成熟的控制，是世界上首次获得减少乙烯生成的转基因植株，其乙烯的合成被抑制达 97%，果实的着色时间同正常果实相同，但是红色变淡。贮藏实验表明它比正常果实更耐过熟及皱缩。至今，采用这项技术也获得了减少乙烯生成的转反义 ACO 基因的康乃馨和甜瓜。叶志彪（1996）也成功获得了转反义 ACO 的番茄，在常温条件下可贮藏 88 天，显著长于亲本，并保持原亲本的果实硬度和颜色等优良品质，表现出一定的开发和应用价值。金勇丰等（1998）以"玉露"桃的基因组 DNA 为模板，用人工合成的寡聚核苷酸引物扩增克隆出桃 ACO 基因，并对基因表达、植物中间表达载体构建进行了研究，以期为通过基因工程进行桃耐贮品种育种奠定基础。

Oller 等（1991）将 ACS cDNA 的反义系统导入番茄，转基因植株的乙烯合成严重受阻。在转基因植株果实中，乙烯合成也被严重抑制，抑制率高达 99.5%，系统 II 乙烯消失，呼吸高峰也没有出现。这样的果实放置 3、4 个月不变红，不变软也不形成香气，说明没有成熟。只有用外源乙烯或丙烯处理，果实才能成熟变软。这种转反义基因番茄具有明显的经济价值，所以美国农业部于 1997 年许可在 22 种果蔬和 7 种花卉上利用这一基因。在我国，刘传银等也获得了反义 ACS 番茄植株，同样表现出耐贮保鲜特性（刘传银和田颖川 1998）。罗云波等对反义 ACS 番茄植株进行了更深入的研究，寻找转 ACS 基因番茄植株和普通野生型番茄植株的区别，进而探讨 ACS 基因与系统 II 乙烯合成以及与果实成熟的关系（罗云波等，2000）。研究发现：转反义 ACS 基因番茄的采后生理性状与普通番茄不同，转基因番茄的果实和叶片乙烯以及果实呼吸强度受到抑制，果实乙烯释放量为 0，发育期间也没有出现呼吸高峰，呼吸强度极显著低于对照。并且转反义 ACS 番茄与普通番茄果实的激素平衡方式不同，其 IAA/ABA 从花后 20 天到绿熟期呈上升趋势，而绿熟期到腐败期缓慢下降，转反义 ACS 番茄生长类激素的含量在果实生长发育时期（绿熟期之前）与普通番茄没有显著差异，但在成熟衰老时期显著高于普通番茄。猜测这可能是转反义 ACS 番茄抗衰老耐贮藏的重要原因。

ACC N-乙酰胺转移酶与 SAM 水解酶能够促进乙烯合成的前体降解，但植物体内并不存在这两种酶。因此，可以用转正义基因的方法把这两个基因转入目的农产品，从而控制农产品的乙烯合成。Klee 等（1991）将细菌 ACC N-乙酰胺转移酶基因插入含有 CaMV 35 启动子的载体，导入番茄得到转基因植株，该基因在转基因植株的各种组织中均得到了表达，表达最强的组织中该酶含量可占总蛋白的 0.5%。在如此高的表达量下，乙烯生成也被严重抑制，抑制率高达 97%。果实成熟明显被推迟，在保持相同硬度上比正常对照储藏期长 42 天，但营养生长无明显形态上的变化，且没有干扰果实对乙烯的感受能力。当用外源乙烯处理果实时，还是能正常启动成熟。

与 ACC N-乙酰胺转移酶基因类似，SAM 水解酶在植物体内也不存在，但是它能将 SAM 降解为 $5'$-甲硫腺苷（MTA）和高丝氨酸，SAM 水解后形成的 MTA 又是 ACS 的一个抑制剂，所以 SAM 水解酶的转入，起到了一箭双雕的作用，既减少了前体物又抑制了 ACS 的活性。SAM 水解酶来自于大肠杆菌 T3、黏质沙雷氏菌（*Serratia marcescens*）噬菌体Ⅳ及克雷伯氏菌噬菌体 K11。Good 等于 1994 年首次将 SAM 水解酶基因导入番茄，获得乙烯生成受阻的转基因植株，与对照果实相比，乙烯生成大约下降 80%，对番茄果实成熟生理产生较大影响，贮藏寿命大约延长两倍，采后可放置 3 个月。Metheas 等（1994）也成功地将 SAM 水解酶基因导入树莓，催化 SAM 水解而使 ACC 和乙烯生成水平下降。

转 ACC N-乙酰胺转移酶基因或 SAM 水解酶基因的植株和前面提到的反义 RNA 技术得到的转基因植株相比，具有一个明显的优势，那就是它具有通用性。导入 ACC N-乙酰胺转移酶基因，可以降解 ACC，破坏 ACC 向乙烯转化的途径。不管导入那种植物，都能起到相似的效果。而前面所提到的反义 ACS 或反义 ACO 运用起来具有一定的局限性，比如番茄的反义 ACS 载体或反义 ACO 载体有可能仅能用于番茄相应基因的抑制。

### 4.3 基因沉默技术在延缓果蔬成熟衰老中的应用

由于目前对转基因技术产生了越来越多的争议，Fu 等于 2005 年首次在活体番茄果实中建立了病毒诱导的基因沉默技术（virus induced gene silencing，VIGS）。这是一种转录后基因沉默现象，可引起内源 mRNA 序列特异性降解。与前文提到的反义抑制技术相比，病毒诱导的基因沉默具有研究周期短、不需要遗传转化、可在不同的遗传背景下生效以及能在不同的物种间进行基因功能的快速比较等优点。将番茄 *LeEILs* 片段插入烟草脆裂病毒（tobacco rattle virus，TRV）载体，然后转入农杆菌，用果柄注射的方法导入活体的绿熟期番茄中。番茄果实被沉默部分不能正常转红（图 1-2-1-5），相关生理指标表明不变红部分未成熟。

图 1-2-1-5　在连体番茄中用 TRV 介导的 VIGS 沉默 *LeEILs* 基因

A. 对照果实（TRV）；B. 和 C. *LeEILs* 基因沉默番茄果实表型（TRV-*LeEILs*）；

D. 番茄果实切图，左：对照果实；右：LeEILs 沉默果实

（引自：Fu et al.，2005）

将 VIGS 技术运用于离体番茄果实，用真空渗透的方法导入采后的绿熟期番茄中，获得的番茄果实在常温贮藏条件下，乙烯高峰的出现比未处理果实延迟了 8 天，大大延长了果实的贮藏期（Xie et al.，2006）。

### 4.4　采后乙烯的其他调控方法

在农产品贮藏中，并不仅仅需要抑制乙烯合成，有时还需要利用乙烯的催熟作用。例如，贮藏后上架时，果蔬并不一定达到适于销售或消费的成熟度，这个时候就要加速其成熟过程。施用外源乙烯可以催熟果蔬，但是由于乙烯是气体，在生产上应用很不方便。乙烯利（2－氯乙基膦酸）就是一种很好的替代品，因为乙烯可以从乙烯利的液体化合物中产生。尽管使用乙烯利并不直接影响果蔬本身的乙烯合成，但是由于存在反馈调控机制，特别是跃变型果实中，外源施加乙烯能够诱导农产品本身系统Ⅱ乙烯的合成，因此在此还是对这种方法做一简单介绍。

乙烯利无毒、无味，而且它价格低廉，又便于储存和使用，是一种理想的乙烯释放剂。目前在生产上普遍使用，特别是在果实催熟过程中被广泛应用。例如，把转色期的番茄果实采下放在 2000～4000 mL/L 的乙烯利水溶液中浸泡 1 min，并在 20～25℃ 的环境中催熟，2～3 天就能转红成熟。另外。冬季塑料大棚中的草莓等果实的催熟也通常使用乙烯利进行处理。

## 参 考 文 献

金勇丰，张耀洲，陈大明.1998. 桃 ACC 氧化酶基因的克隆和植物表达载体的构建. 园艺学报，25（1）：37-43.

李富军，张新华，王相友.2006. AVG 对肥城桃采收品质和采后乙烯合成的影响. 农业机械学报，02：18-22

刘传银，田颖川.1998. 番茄 ACC 合酶 cDNA 克隆及其对果实成熟的反义抑制. 中国农业科学，203（04）：139-146

罗云波，郝四平，生吉萍.2000. 反义 ACS 转基因乙烯缺陷型番茄的生理特性. 中国农业大学学报，5（3）：13-17.

潘瑞炽.1982. 植物激素的作用机理. 植物生理生化进展，1：90-102.

叶志彪.1996. 两个反义基因在番茄工程植株中的生理抑制效应分析. 植物生理学报，22（2）：157-160.

Balague C，Walson C F，Turner A J.1993. Isolation of a ripening and wound－induced cDNA from Cucum is melon L. encoding a protein with homology to the ethylene for ming enzyme. *European Journal of Biochemistry*，212（1）：27-34.

Barry C S，Blume B，Bouzayen M，et al. 1996. Differential expression of the 1－a minocyclopropane－1－carboxylate oxidase gene family in tomato. *Plant Journal*，9：525-535.

Barry C S，Llop－Tous M I，Grierson D. 2000. The regulation of 1－a minocyclopropane－1－carboxylic acid synthase gene expression during the transition from system－1 to system－2 ethylene synthesis in tomato. *Plant Physiology*，123：979-986.

Chae H S，Kieber J J. 2005，Eto Brute? Role of ACS turnover in regulating ethylene biosynthesis. *Plant Science*，10：291-296.

Choi D，Kim H M，Yun H K，et al. 1996. Molecular cloningof a metallothionein－like genefrom Nicotiana glutinosa L. and itsinduction by wounding and tobacco mosaic virus infection. *Plant Physiology*, 112 (1): 353-359.

Fu D Q，Zhu B Z，Zhu H L，et al. 2005. Virus - induced gene silencing in tomato fruit. *Plant Journal*, 43: 299-308.

Hamilton A J，Lycett G W，Grierson D. 1990. Antisense gene that inhibits synthesis of hormone in plants. *Nature*, 346: 284-287.

Holdworth M J，Birds C R，Ray J，et al. 1987. Structure and expression of an ethylene related mRNA from tomato. *Nucleic Acids Research*, 15: 731-739.

Kende H. 1989. Enzymes of ethylene biosynthesis. *Plant Physiology*, 91: 1-4.

Kende H. 1993. Ethylene biosynthesis. *Annual Review of Plant Biology*, 44: 283-307.

Klee H J，Hayford M B，Kretzmer K A，et al. 1991. Control of ethylene synthesis by expression of a bacterial enzyme intransgenic tomato plants. *Plant Cell*, 3: 1187-1193.

Lincoln J E，Campbell A D，Oetiker J，et al. 1993. LE - ACS4，a fruit ripening and wound - induced 1 - a minocyclecoproprne - 1 - carboxylate synthase gene of tomato. *Biolology Chemical*, 269: 19422-19430.

Lui Y，Hoffman N E，Yang S F. 1985. Promotion by ethylene of the capacity to convert 1 - a minoeyclop ropane - 1 - earboxylic acid to ethylene in preclimacteric tomato and cantaloupe fruit. *Plant Physiology*, 77: 407-411.

Lund S T，Stall R E，Klee H J. 1998. Ethylene regulates the susceptible response to pathogen infection in tomato. *Plant Cell*, 10: 371-382.

Metheas H，Cohen W，Wagoner C. 1994. Genetic transformation of red raspberry with a gene to control ethylene of biosynthesis. *HortScience*, 29: 454.

Nakatsuka A，Murachi S，Okunishi H，et al. 1998. Differential expression and internal feedback regulation of 1 - a minocyclopropane - 1 - carboxylate synthase，1 - a minocyclopropane - 1 - carboxylate oxidase，and ethylene receptor genes in tomato fruit during development and ripening. *Plant Physiology*, 118: 1295-1305.

Oller P W，Lu M W，Taylor L P，et al. 1991. Reversible inhibition of tomato fruit senescence by antisense RNA. *Science*, 254: 437-439.

Olson D C，White J A ，Edelman L，et al. 1991. Differential expression of two genes 1 - a minocyclopropanc - 1 - carboxylate synthase in tomato fruits. *Proceedings of the National Academy of Science of the United States of America*, 88: 5340-5344.

Rottmann H W，Peter G F，Oeller P W，et al. 1991. 1 - a minocyclopropane - 1 - carboxylate synthase in tomato is encoded by a multigene family whose transcription is induced during fruit and floral senescence. *Molecular Biology*, 222: 937-961.

Spanu P，Grosskopf D G，Felix G，et al. 1994. The apparent turnover of 1 - a minocyclopropane - 1 - carboxylate synthase in tomato cells is regulated by protein - phosphorylation and dephosphorylation. *Plant Physiology*, 106: 529-535.

Song F M，Zheng Z，Ge O X. 1993. Trifluralin induced resistance of cotton to Fusarium wilt disease and its mechanism. *Acta Phytopathology*, 23: 115-120.

Tatsuki M，Mori H. 2001. Phosphorylation of tomato 1 - a minocyclopropane - 1 - carboxylic acid synthase，*LE - ACS2*，at the C - ter minal region. *Journal of Biology Chemistry*, 276: 28051-28057.

Tonutti P，Bonghi C，Ruperti B，et al. 1997 . Ethylene evolution and 1 - a minocyclopropane - 1 - carboxyiste oxidase gene expression during early development and ripening of peach fruit. *Journal of* the American Society for Horticulture Society for Horticulture Science，122（5）：642-647.

Van der Straeten D. Van Wiemeersch L，Goodman HM，Van Montagu M. 1990. Cloning and sequence of two different cDNAs encoding 1 – aminocyclopropane – 1 – carboxylate synthase in tomato. *PNAS*，87（12）：4859-4863.

Vereridis P，John P. 1991. Complete recoveryin vitro of ethylene for ming enzyme activity. *Phytochemitry*，30：725.

Xie Y H，Zhu B Z，Yang X L，et al. 2006. The delay of ripening and senescence of postharvest tomato fruit through virus induced *LeACS2* gene silencing. *Postharvest Bionoligy and Technology*，42（1）：8-15.

Yoshida H，Wang K L C，Chang C M，et al. 2006. The *ACC synthase TOE* sequence is required for interaction with ETO1 family proteins and destabilization of target proteins. *Plant Molecular Biology*，62：427-437.

Zhu B Z，Wei S C，Luo Y B. 2003. Relationship between calcium and ABA in ethylene synthesis in tomato Fruit. *Journal of Agricultural Biotechonology*，11（4）：359-364.

（邵　毅　罗云波）

# 第二节　果蔬发育与成熟过程中激素的相互作用

**导言**

果蔬的发育与成熟过程是一个复杂的生理生化过程，果实经历了一系列生理生化的变化，包括乙烯的生物合成，细胞壁的降解，色素、有机酸以及糖含量的变化等，使果蔬在色泽、质地和风味上发生转变，最终导致果蔬品质形成（Grierson & Schuch，1993；Gray et al.，1994）。植物激素在果蔬品质形成过程中，发挥着重要的调控作用，是决定果蔬品质的重要因子。

## 1　生长素

生长素（auxin）在果实形成和发育中起着重要作用，外源施加生长素能够改善果实形成和发育过程，这已经在番茄、柑橘和葡萄等植物中得到证实（Gillaspy et al.，1993）。随着花粉管生长和授精，花粉中的内源生长素能够刺激子房的生长。研究结果显示，生长素在番茄果实发育过程中出现两个高峰期。第一个高峰期在开花期后第10天，第二个高峰期在开花期后30天，表明生长素在番茄果实细胞发育过程中的细胞增长和最后的胚胎发育时期起着重要的作用（Gillaspy et al.，1993；Buta & Spaulding，1994）。同时认为生长素对跃变型果实获得成熟能力，启动正常成熟具有重要作用（Jones et al.，2002）。

## 2　赤霉素

赤霉素（gibberellin，GA）在开花、结果和种子发育等过程中发挥着重要的作用（Rebers et al.，1999）。研究证明，豌豆授粉子房中内源GA含量和豆荚生长发育速度呈正相关（García – Martínez et al.，1991；Cristina and José，1995）。开花期的番茄花柱施加外源赤霉素能引起子房细胞增大，子房中生长素水平增加，最终产生单性结实果实（Fos et al.，2000）。花粉产生的 GA 可能增加了子房中生长素的含量，这可能是果实开始形成和细胞分裂开始的信号，因而，GA 在未成熟的番茄幼果中含量很高（Gillaspy et al.，1993）。研究发现，在番茄果实发育过程中内源赤霉素含量出现两个高峰，第一个高峰从开花持续到第 8 天，第二个高峰从第 15 天到果实开始成熟。这两个赤霉素的积累高峰正好分别与果实发育过程中细胞分裂和细胞增长两个时期同步。非跃变型果实葡萄浆果发育过程呈现一个双 S 曲线，第一次快速生长时期和第二次快速生长时期伴随着出现两次赤霉素类物质的高峰期。两次快速生长时期中间有一个浆果生长速度降低的过程，这个时期赤霉素类物质水平也较低。低水平赤霉素物质可能是阻止浆果生长的因素。

## 3　细胞分裂素

细胞分裂素（cytokinin，CTK）是影响果实发育过程中细胞分裂、同化物运输和蛋白合成的一种激素。一种人工合成的细胞分裂素 CPPU 能够刺激细胞分裂和细胞增长而影响果实生长发育，这在苹果、梨、西瓜、枇杷、猕猴桃等中得到证实（Antognozzi et al.，1996；Lewis et al.，1996）。分析结果显示开花期后第 5 天出现细胞分裂素高峰期。发育期幼果中细胞数目和细胞分裂素水平的相关性表明细胞分裂素在果实发育的细胞分裂期起着重要作用，研究发现细胞分裂素水平和细胞分裂活性在果实发育过程中具有同步性。果实成熟时期细胞分裂素水平呈现急剧下降，到红熟期达到最低（Bohner & Bangerth，1988）。这说明细胞分裂素减少可能与果实成熟过程密切相关，但其调节机理目前还不清楚。

## 4　脱落酸

乙烯在跃变型果实成熟中的作用已被普遍认可（Johnson & Ecker，1998），脱落酸（abscisic acid，ABA）在非跃变型果实的成熟过程中起重要作用（Coombe，1992）。对番茄果实的研究结果表明，番茄子房授粉后 5 天便能检测到 ABA，种子和果皮中 ABA 浓度升高发生在授粉后 30～50 天（Bohner & Bangerth，1988；Berry & Bewley，1991），ABA 高峰期与果实发育过程中细胞快速增长期相对应。近年来研究发现，在苹果、杏、白兰瓜等跃变型果实的成熟过程中，内源 ABA 含量峰值出现在乙烯跃变之前，抑制 ABA 则可以降低乙烯生成量（陈尚武和张大鹏，2000）；因此，人们认为 ABA 可能作为一种果实成熟的"原始启动信使"，通过刺激乙烯的合成参与调控跃变型果实的成熟。

## 5　乙烯

乙烯（ethylene，ETH）最主要的生理作用是促进果实、叶片等植物器官和组织的成熟、衰老、凋萎和脱落（Johnson & Ecker，1998）。几乎所有高等植物的组织都能产生微量乙烯。干旱、水涝、极端温度、化学伤害和机械损伤都能刺激植物体内乙烯增加（称为"逆境乙烯"），从而加速器官衰老和脱落。萌发的种子、果实等器官成熟、衰老和脱落时组织中乙烯含量很高。高浓度生长素促进乙烯生成，乙烯能抑制生长素的合成与运输。不论是跃变型果蔬还是非跃变型的果蔬都产生一定量的乙烯。跃变型果蔬在发育前期未成熟时内源乙烯含量较低，在果蔬进入成熟和呼吸高峰出现之前乙烯含量开始迅速增加，并且出现一个与呼吸高峰相类似的乙烯高峰，从而促进果蔬的成熟和衰老。

　　果实发育及成熟过程中同时存在多种植物激素，不同植物激素存在功能上的相关性，以协同调节果实发育、成熟过程及对逆境的适应等（Srivastava & Handa，2005）。激素间的相互作用对正常发育来说非常重要，它们之间即可以相互促进增效，也可以相互拮抗。果蔬的生长发育过程或者抵御病原菌侵染的过程，都是由多种植物激素相互协调发挥其调节作用的结果。生长素可促进细胞核的分裂，而细胞分裂素则促进细胞质的分裂，二者相互协调，使得细胞分裂得以进行；只有在生长素存在的情况下，细胞分裂素才可以促进细胞分裂。乙烯和脱落酸都可以促进组织衰老和器官脱落，但乙烯的存在可以加强脱落酸促进脱落的生理效应。各类植物激素在番茄果实发育及成熟过程中的变化情况如图 1-2-2-1 所示（Srivastava & Handa，2005），它们的消长协调变化精细地控制了果实的整个发育和成熟衰老过程。

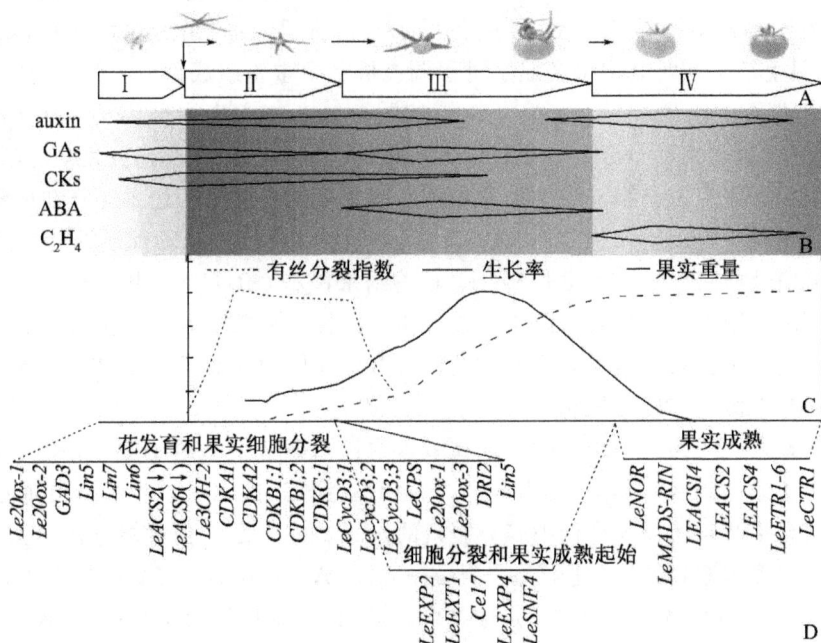

图 1-2-2-1　番茄果实发育的激素调控

A. 番茄果实发育不同阶段示意图．I. 花的发育和果实形成阶段．II. 果实发育早期细胞分裂阶段．III. 细胞增大和果实成熟开始阶段．IV. 果实成熟阶段．B. 果实发育不同阶段的激素含量变化示意图．C. 番茄果实的有丝分裂指数、生长曲线及果实重量示意图．D. 果实发育过程中与激素变化相关的基因示意图，下标箭头表示该基因表达下调

（引自：Srivastava & Handa，2005）

　　植物激素的相互作用主要体现在生物合成上的相互作用，代谢上的相互作用和信号转导网络上的相互作用（袁晶等，2005）。植物激素在生物合成上的相互作用通常表现为一种植物激素对另一种植物激素生物合成的直接调节作用，或者对其生物合成酶的调节作用。如生长素对乙烯生物合成的调节作用主要是生长素通过调节乙烯生物合成关键酶——ACC 合酶的表达来诱导乙烯的生物合成，从而增加乙烯效应（Abel et al.，1995）。生长素和赤霉素均能促进豌豆茎的伸长和果实的生长。研究表明，在这一过程

中需要有正常水平的 I AA 来维持活性 GA（GA1）的水平。同时发现 GA 和 IAA 可各自正向调节对方的生物合成水平，从而发挥相互增效的作用（Ross et al.，2000）。ABA 可通过刺激乙烯的合成参与调控跃变型果实的成熟。对拟南芥 *arf2* 突变体中 8 个功能性 *ACS* 基因家族成员研究发现，*AtARF2* 基因突变明显影响 *ACS* 基因的表达，*ACS2*、*ACS6*、*ACS8* 基因在发育时期的果实中表达量明显减少，而 *ACS7* 和 *ACS11* 的表达量剧增（Yoko et al.，2005）。该基因的表达水平还受到乙烯的负调控，表明 *AtARF2* 与乙烯合成和应答信号有密切的相关性。桃果实的研究显示，许多生长素信号因子如 ARF 和 Aux/IAA，其表达受到生长素和乙烯的影响（Ranjan et al.，2007）。Jones 等（2002）研究与生长素信号途径相关的 *ARF* 和 *Aux/IAA* 基因时发现，它们在番茄果实发育阶段存在着差异表达。Ranjan 等（2007）的研究结果也证明了生长素信号途径组分在果实成熟过程中的特异性表达。最近研究表明，*SlIAA3* 基因表现依赖于乙烯和与果实成熟相关的转录模式，该基因的转录受乙烯抑制剂 1 - MCP 的负调节。在番茄 rin、nor 和 Nr 等突变体中，*SlIAA3* 转录水平急剧下降，预示着 *SlIAA3* 是果实成熟过程连接乙烯和生长素信号途径的一个非常重要的组分（Chaabouni et al.，2009）。表明生长素是跃变型果实成熟过程调控机制中重要组成部分。*GH3* 是一个生长素早期应答基因，Kede 等（2005）从辣椒抑制差减杂交文库中分离出一个 *CcGH3* 基因，在 *CcGH3* 基因启动子区存在生长素和乙烯诱导元件。进一步研究发现，*CcGH3* 基因在根、花芽、萼片、花瓣、成熟果皮和胎座中受生长素诱导表达，尤其在成熟果皮和胎座中生长素诱导表达更为强烈。*CcGH3* 基因表达也能被内源乙烯所诱导，这种诱导过程被乙烯信号抑制剂 1 - MCP 所阻止。这些结果预示 *CcGH3* 是果实成熟过程中乙烯和生长素作用机制中的一个调节因子，它可能在两种激素信号调节果实发育的一个相交点。综上所述，生长素不但对果实成熟过程有着调控作用，而且生长素和乙烯在果实成熟过程中存在着协同作用的机制。

植物激素之间的相互作用同时体现在激素的代谢调节上。组织中 CTK 可能通过抑制结合态生长素（IAA - Asp）的形成而提高活性生长素的水平，生长素则通过促进氧化降解和糖苷化两条途径来降低细胞分裂素的水平，一方面生长素能直接增强 CTK 氧化酶的活性，促进 CTK 的氧化降解；而另一方面 IAA 或结合态 IAA 能抑制 β-葡萄糖苷酶的活性，β-葡萄糖苷酶的功能是使结合态 CTK 分解以释放出活性 CTK。

植物激素相互作用还体现在信号转导网络的相互作用上。植物激素在细胞内存在复杂的信号转导网络体系，随着植物激素的生物合成与信号转导研究的进展，使人们对植物激素间相互作用的分子机制和不同激素信号转导途径之间的相互作用的认识也不断深入。植物激素的信号转导途径不是孤立的，而是存在着复杂的相互联系，不同植物激素信号转导途径之间存在相互协同、对抗等关系。独立的激素信号途径可能具有共享的相同组分。这些相互作用表面上看似乎是增加了植物调节作用的复杂性，但事实上，不同激素信号间共享的信号元件意味着仅需较少的部件来转导所有激素信号，分离与鉴定其中的关键基因，如 *EIN2*、*Aux/IAA* 等就可以有效地探明多种信号转导途径；并且激素间的相互作用现象也解释了一种激素在不同器官中有不同的反应是由于这种激素在不同器官中分别与其他不同激素相互作用的结果（Ross & O'Neill，2001）。

近十年来，人们对激素信号作用的分子机制的认识，在很大程度上得益于对模式植物拟南芥的遗传学研究。通过遗传筛选，鉴定到拟南芥激素信号转导途径中的重要组分，为人们研究不同信号转导途径之间的相互作用提供了良好材料（Ross & O'Neill，2001）。不过，尽管各种激素信号途径的基本框架已建立，但关于激素信号相互作用的网络体系尚未完全确立，还有许多问题尚不清楚。植物激素间相互作用分子机制的阐明，一方面依赖于不同植物激素生物合成、代谢、运输和信号转导研究上的进展，特别是激素生物合成的调节以及激素信号转导途径的新元件的鉴定；进一步比较不同激素信号转导途径是否有相同的元件，并研究它们在不同层次上的相互作用；此外，筛选激素的多重突变体，利用这些突变体进行分子遗传学研究，以及对不同植物激素共同诱导的基因的启动子区域进行分析也将有助于揭示不同激素间相互作用的分子机制（Ross & O'Neill，2001）。相信今后随着新的研究方法的运用，将极大地推动激素信号相互作用的研究。激素间相互作用的分子机制的阐明不仅可以极大地增强人们对植物细胞信号网络系统及其作用机制的认识，而且在果蔬品种改良及衰老调控上具有广阔的应用前景。由于不同植物激素协同调节果实的生长发育和抗逆性，不久的将来，有可能通过对激素信号转导途径中重要相关基因的遗传操作，调控植物体内的激素平衡和激素反应，以调节果蔬产品器官的形成和发育，提高其抗逆性和耐贮性。

## 6 其他植物生长调节物质

现有的报道证明，其他的几类植物生长调节物质如油菜素甾醇类（brassinosteroids，BR）、茉莉酸（jasmonate，JA）等在果实成熟过程中发挥着重要的作用。

油菜素甾醇类是一类多羟基甾体类化合物，它在植物生长发育过程中发挥重要生理功能的一类新型植物激素。研究发现，番茄、豌豆和拟南芥正在发育的种子和果实中，油菜素的生物合成显著增强（Shimada et al.，2003；Montoya et al.，2005；Nomura et al.，2007）。施用油菜素能够加速番茄和葡萄果实的成熟（Vidya Vardhini and Rao，2002；Symons et al.，2006）。油菜素处理番茄果皮组织可以提高番茄红素的水平，同时降低了叶绿素的含量（Vidya Vardhini and Rao，2002）。bzr1 基因是一种 BR 信号途径中的重要组分，bzr1 转基因株系果实在转色期，其可溶性固形物、可滴定有机酸、可溶性蛋白、维生素 C、番茄红素和类胡萝卜素含量，以及乙烯释放量均显著高于对照（李振等，2010）。以上研究表明，BR 对番茄果实的发育和品质性状有影响。

茉莉酸是一类植物体内特殊的环戊烷酮衍生物。茉莉酸类可以诱导多种次生代谢物质的合成和果实的成熟等生理功能，其中最具代表性的是茉莉酸（JA）和茉莉酸甲酯（MeJA）。在呼吸跃变型果实番茄和苹果中，内源茉莉酸含量在果实开始进入成熟期时开始增加，表明它可能参与果实成熟过程（Fan et al.，1998；Kondo et al.，2000）。外源茉莉酸能促进乙烯的合成和果实颜色的转变（Fan et al.，1998）。然而，过时发育过程中茉莉酸和乙烯的相互关系仍然不是很清楚。在番茄中，外源茉莉酸能够引起乙烯合成量的增加（Saniewski et al.，1987），而在苹果和梨中，茉莉酸能增强跃变期前果实的乙烯释放，但却抑制了跃变期和跃变期后果实的乙烯释放（Fan et al.，1998；Kondo et al.，2007）。并且，在不同品种的苹果中施加茉莉酸对乙烯产量的影响是不一样的（Kondo et al.，2005）。这些研究结果表明，茉莉酸类和乙烯共同在果实成熟早期事件中发挥着重要作用。

# 参 考 文 献

陈尚武，张大鹏.2000. ABA 和 Fluridone 对苹果果实成熟的影响. 植物生理学报，26（2）：123-129.

李振，魏佳，贾承国，等.2010. *bzr1* 基因的转化对番茄果实性状的影响. 中国农业科学，43：1868-1876.

袁晶，汪俏梅，张海峰.2005. 植物激素信号之间的相互作用. 细胞生物学杂志，27：325-328.

Abel S，Nguyen M D，Chow W，et al. 1995. ACS4，a primary indoleacetic acid – responsive gene encoding 1 – a minocyclopropane – 1 – carboxylate synthase in Arabidopsis thaliana. Structural characterization，expression in *Escherichia coli*，and expression characteristics in response to auxin. *Journal of Biological Chemistry*，270：19093-19099.

Antognozzi E，Battistelli A，Famiani F，et al. 1996. Influence of CPPU on carbohydrate accumulation and metabolism in fruits of *Actinidia deliciosa*（A. Chec.）. *Scientia Horticulturae*，65：37-47.

Berry T，Bewley J D. 1991. Seeds of tomato（*Lycopersicon esculentum* Mill）which develop in a fully hydrated environment in the fruit switch from a developmental to a ger minative mode without a requirement for desiccation. *Planta*，186：27-34.

Bohner J，Bangerth F. 1988. Cell number cell size and hormone levels in semi – isogenic mutants of Lycopersicon pimpinefollium differing in fruit size. *Physiologia Plantarum*，72：316-320.

Buta J G，Spaulding D W. 1994. Changes in indole – 3 – acetic acid and abscisic acid levels during tomato（*Lycopersicon esculentum* Mill.）fruit development and ripening. *Journal of Plant Growth and Regulation*，13：163-166.

Chaabouni S，Jones B，Corinne Delalande，et al. 2009. Sl – IAA3，a tomato Aux/IAA at the crossroads of auxin and ethylene signalling involved in differential growth. *Journal of Experimental Botany*，60：1349-1362.

Coombe B G. 1992. Research on development and ripening of the grape berry. *American Journal of Enology and Viticulture*，43：101-110.

Cristina M S，José L G M. 1995. Effect of the growth retardant 3，5 – dioxo – 4 – butyryl – cyclohexane carboxylic acid ethyl ester，an acylcyclohexanedione compound，on fruit growth and gibberellin content of pollinated and unpollinated ovaries in pea. *Plant Physiology*，108：517-523.

Fan X，James P. M，John K. F. 1998. A role for jasmonates in climacteric fruit ripening. *Planta*，204：444-449.

Fos M，Nuez F，Garcia – Martinez J L. 2000. The pat – 2 gene which induces natural parthenocarpy alters the gibberellin content in unpollinated tomato ovaries. *Plant Physiology*，122：471-479.

García – Martínez J L，Santes C，Croker S J，et al. 1991. Identification，quantitation and distribution of gibberellins in fruits of *Pisum sativum* L. cv. Alaska during pod development. *Planta*，184：53-60.

Gillaspy G，Ben – David H，Gruissem W. 1993. Fruits：a developmental perspective. *The Plant Cell*，5：1439-1451.

Gray J E，Picton S，Giovannoni J J，et al. 1994. The use of transgenic and naturally occurring mutants to understand and manipulate tomato fruit ripening. *Plant Cell and Evironment*，17：557-571.

Grierson D，Schuch W. 1993. Control of ripening. *Philosophical Transactions of the Royal Society of London B*，342：241-350.

Johnson P R，Ecker J R. 1998. The ethylene gas signal transduction pathway：a molecular perspective. *Annual Review of Genetics*，32：227-254.

Jones B，Frasse P，Olmos E，et al. 2002. Down – regulation of DR12，an auxin – response – factor homolog, in the tomato results in a pleiotropic phenotype including dark green and blotchy ripening fruit. *The Plant Journal*, 32 : 603-613.

Kede L, Byoung-Cheorl K, Hui J, et al. 2005. A GH3-like gene, CcGH3, isolated from Capsicum chinense L. fruit is regulated by auxin and ethylene. *Plant Molecular Biology*, 58 : 447-464.

Kondo S, Setha S, Rudell D, Buchanan D, Mattheis J. 2005. Aroma volatile biosynthesis in apple affected by 1-MCP and methyl jasmonate. *Postharvest Biology and Technology*, 36 : 61-68.

Kondo S, Tomyiama A, Seto H. 2000. Changes of endogenous jasmonic acid and methyl jasmonate in apples and sweet cherries during fruit development. *Journal of the American Society for Horticultural Science*, 125 : 282-287.

Kondo S, Yamada H, Setha S. 2007. Effects of jasmonates differed at fruit ripening stages on 1-aminocyclopropane-1-carboxylate (ACC synthase and ACC oxidase gene expression in pears. *Journal of the American Society for Horticultural Science*, 132 : 120-125.

Lewis D H, Burge G K, Hopping M E, et al. 1996. Cytokinins and fruit development in the kiwifruit (Actinidia deliciosa): effects of reduced pollination and CPPU application. *Physiologia Plantarum*, 98 : 187-195.

Montoya T, Nomura T, Yokota T, Farrar K, Harrison K, Jones JD, Kaneta T, Kamiya Y, Szekeres M, Bishop GJ. 2005. Patterns of Dwarf expression and brassinosteroid accumulation in tomato reveal the importance of brassinosteroid synthesis during fruit development. *Plant Journal*, 42 : 262-269.

Nomura T, Ueno M, Yamada Y, Takatsuto S, Takeuchi Y, Yokota T. 2007. Roles of brassinosteroids and related mRNAs in pea seed growth and germination. *Plant Physiology*, 143 : 1680-1688.

Ranjan S, Paula P, Dik H, et al. 2007. Ethylene upregulates auxin biosynthesis in Arabidopsis seedlings to enhance inhibition of root cell elongation. *The Plant Cell*, 19 : 2186-2196.

Rebers M, Kaneta T, Kawaide H, et al. 1999. Regulation of gibberellin biosynthesis genes during flower and early fruit development of tomato. *The Plant Journal*, 17 : 241-250.

Ross J J, O'Neill D P, Smith J J, et al. 2000. Evidence that auxin promotes gibberellin A1 biosynthesis in pea. *The Plant Journal*, 21 : 547-552.

Ross J J, O'Neill D P. 2001. New interactions between classical plant hormones. *Trends in Plant Science*, 6 : 2-4.

Saniewski M, Czapski J, Nowacki J, Lange E. 1987. The effect of methyl jasmonate on ethylene and 1-aminocyclopropane-1-carboxylic acid production in apple fruits. *Biologia Plantarum*, 29 : 199-202.

Shimada Y, Goda H, Nakamura A, Takatsuto S, Fujioka S, Yoshida S. 2003. Organ—specific expression of brassinosteroid—biosynthetic genes and distribution of endogenous brassinosteroids in Arabidopsis. *Plant Physiology*, 131 : 287-297.

Srivastava A. , Handa A K. 2005. Hormonal regulation of tomato fruit development: a molecular perspective. *Journal of Plant Growth and Regulation*, 24 : 67-82.

Symons GM, Davies C, Shavrukov Y, Dry IB, Reid JB, Thomas MR. 2006. Grapes on steroids. Brassinosteroids are involved in grape berry ripening. *Plant Physiology*, 140 : 150-158.

Vidya Vardhini B and Rao SS. 2002. Acceleration of ripening of tomato pericarp discs by brassinosteroids. *Phytochemistry*, 61 : 843-847.

Yoko O, Irina M, Hong L, et al. 2005. AUXIN RESPONSE FACTOR 2 (ARF2): a pleiotropic developmental regulator. *The Plant Journal*, 43 : 29-46.

（李正国 任振新）

# 第三节　乙烯信号转导与果实成熟衰老

## 引　言

大量研究表明，乙烯是调控果实成熟衰老的关键因子。乙烯生物合成和信号转导及其作用机制一直是植物学的研究热点和前沿领域。乙烯生物合成研究开始较早，早在 20 世纪 80 年代就已明确其合成途径并确定 ACC 合酶和 ACC 氧化酶为调控乙烯合成的关键酶，反义抑制其编码基因的表达可有效抑制果实乙烯合成，并延缓成熟衰老进程（Yang & Hoffman，1984）。*Plant Science* 杂志于 2008 年（第 175 卷，第 1～2 期）专题还刊载了乙烯研究的最新进展及其发展趋势，其中乙烯反应在成熟衰老进程中的机制也是研究热点。

乙烯生物合成是乙烯作用的上游部分，有关乙烯如何实现其生物学功能的下游研究起步较晚，但进展较快。研究表明，乙烯通过如下途径实现生物学效应的表现：乙烯 → ETR 家族（乙烯受体）→ CTR1 家族 → EIN2 → EIN3/EILs → ERFs → 乙烯反应相关基因 → 乙烯的生物学效应。乙烯受体在内质网膜上感知乙烯信号，与下游 CTR1 协同负调控乙烯反应；EIN2 位于 CTR1 下游，与 EIN3/EILs 和 ERFs 正调控乙烯反应；ERFs 可结合 GCC 盒（含有 GCC 的重复序列，核心序列为 AGCCGCC），进而识别目标基因启动子，调控其表达，是乙烯信号转导途径中直接与目标基因作用的元件（Chen et al.，2005）。

目前已有很多关于拟南芥乙烯信号转导方面的综述，介绍了乙烯反应突变体的筛选鉴定、乙烯信号转导元件的克隆分离、相关元件在植物发育过程和逆境胁迫下的表达模式、亚细胞定位以及乙烯信号转导与其他激素信号转导的互作效应等（Chen et al.，2005；Wang et al.，2002）。本节以模式植物番茄果实成熟衰老相关的乙烯信号转导研究报道为主线，结合猕猴桃和甘蓝等果蔬的研究进展，在本研究小组（魏绍冲等，2004）关于"乙烯受体与果实成熟调控"综述的基础上，进一步从乙烯信号转导不同级别元件入手，介绍相关基因家族成员及其表达调控、成熟衰老相关乙烯信号转导途径元件的鉴别、乙烯信号转导在果蔬成熟衰老进程中的调控机制，总结乙烯信号转导的研究进展，以期明确果蔬采后成熟衰老进程中乙烯信号转导的研究重点与方向。

## 1　果蔬乙烯信号转导元件的克隆

乙烯受体是整个乙烯信号转导途径的最上游元件。目前已从多种果蔬中得到分离数量不等的乙烯受体编码基因（表 1-2-3-1），其中最早获得的果蔬乙烯受体基因为番茄 *NR*（*LeETR*3）（Wilkinson et al.，1995）。研究表明，番茄果实至少存在 6 个乙烯受体基因（*LeETR*1—*LeETR*6）（Alexander & Grierson，2002），猕猴桃（Yin et al.，2008）和苹果（Wiersma et al.，2007）均含有至少 5 个乙烯受体编码基因。除了跃变型果实，人们还从草莓和柑橘等非跃变型果实中也克隆了多个乙烯受体编码基因。

果蔬 *CTR*1 及其下游级别元件的克隆报道要少于乙烯受体。番茄和猕猴桃果实中分别有 4 个和 2 个 *CTR*1 编码基因家族成员，苹果、李和桃等果实仅有 1 个 *CTR*1 基因，绿豆和甘蓝的研究则主要集中于 *EIN3/EILs* 和 *ERF* 基因（表 1-2-3-1）。利用猕猴桃 EST 库，我们已经分别获得了 4 个 *EIN3/EILs*（Yin et al.，2009）和 14 个 *ERF* 的全长序列。

**表 1-2-3-1  采后果蔬的乙烯信号转导元件克隆**

| 品种 \ 元件 | 乙烯受体 | CTR1 | EIN2 | EIN3/EILs | ERFs |
|---|---|---|---|---|---|
| 番茄 | 6 | 4 | 1 | 4 | 9 + 50* |
| 猕猴桃 | 5 | 2 | | 4# | >14# |
| 苹果 | 5 | 1 | 2 | — | 2 |
| 李 | 2 | 1 | — | — | 1 |
| 桃 | 3 | 1 | 1 | — | — |
| 梨 | 4 | — | — | — | — |
| 柿子 | 3 | — | — | — | — |
| 草莓 | 3 | — | — | — | — |
| 柑橘 | 2 | — | — | — | — |
| 花椰菜 | 3 | — | — | — | — |
| 绿豆 | 1 | — | — | 2 | — |
| 甘蓝 | — | — | — | — | 2 |

引自：番茄（Zhou et al.，1997；Tieman et al.，2001；Alexander & Grierson，2002；Tournier et al.，2003；Yokotani et al.，2003；Adams-Phillips et al.，2004；Li et al.，2007；Wang et al.，2007b）；猕猴桃（Yin et al.，2008）；苹果（Tatsuki et al.，2007；Wang et al.，2007a；Wiersma et al.，2007）；李（EI-Sharkawy et al.，2007）；梨（EI-Sharkawy et al.，2003）；桃（Rasori et al.，2002；Trainotti et al.，2006；Begheldo et al.，2007）；柿子（Pang et al.，2007）；草莓（Trainotti et al.，2005）；柑橘（Katz et al.，2004）；花椰菜（Wang et al.，2002b；Chen et al.，2008）；绿豆（Kim et al.，1999；Lee and Kim，2003）；甘蓝（Zhang et al.，2006）。

\* 法国 INP-ENSAT 的 Mondher Bouzayen 小组，私人通讯。

# 本小组未发表数据。

## 2  乙烯受体与果蔬成熟衰老

乙烯受体是乙烯信号转导途径的第一级元件，是一类具有乙烯结合能力的与细菌双组分信号转导系统相似的蛋白家族（Chang & Meyerowitz，1995；O'Malley et al.，2005）。根据结构域乙烯受体可分为 *ETR*1 亚家族和 *ETR*2 亚家族。例如拟南芥 *AtETR*1 和 *AtERS*1 属于 *ETR*1 亚家族，而 *AtETR*2、*AtERS*2 和 *AtEIN*4 则属于 *ETR*2 亚家族。多重乙烯受体缺失型突变体（缺失两个或两个以上乙烯受体）植株呈组成型乙烯反应，因此乙烯受体作为负反馈调控因子参与了乙烯信号转导（Hua & Meyerowitz，1998；Qu et al.，2007）。

### 2.1  番茄乙烯受体

在番茄果实 6 个乙烯受体基因家族成员中，*LeETR*4 具有最高的表达丰度，约占成熟果实组织总 RNA 的 0.04%，*LeETR*1、*LeETR*2、*NR* 和 *LeETR*5 约分别为 0.01%、0.002%、0.03% 和 0.01%（Lashbrook et al.，1999；Tieman & Klee，1999）。番茄果实在成熟衰老进程中，*NR*、*LeETR*4、*LeETR*5 和 *LeETR*6 等成员的表达水平趋于增强，而 *LeETR*1 和 *LeETR*2 则维持稳定（Lashbrook et al.，1998；Kevany et al.，2007）。果实在成熟衰老进程中乙烯受体基因的表达水平与乙烯积累呈正相关关系，似乎与乙烯受体的负反馈调控作用相矛盾。目前，有两种观点解释上述现象：①乙烯受体与乙烯的解离模型。果实成熟进程中产生的乙烯通过与受体结合产生生理效应，由于受体与乙烯之间在结合后需要时间实现解离，由此促使组织生成更多受体用于结合乙烯（O'Malley et al.，2005）；②乙烯受体基因转录水平的变化并不等同于其蛋白水平的变化。番茄果实乙烯受体的蛋白质含量随果实成熟加快而显著降解，乙烯受体的表达增强可能用于合成新的乙烯受体蛋白质（Kevany et al.，2007）。

转基因研究为进一步明确乙烯受体在果实成熟、衰老进程中的功能提供了证据。*LeETR*4 具有"功能性补偿作用（functional compensation）"，可能是乙烯受体水平的监控器，具有调节果实组织乙烯敏感性的作用（Tieman et al.，2000）。在 *NR* 反义植株中 *LeETR*4 表达的增强可以弥补 *NR* 转录本的减少，并保持植株野生型性状；而在 *LeETR*4 的反义植株中，其他乙烯受体基因表达水平基本稳定。*LeETR*6 的作用可能与 *LeETR*4 类似（Kevany et al.，2007）。通过调控 *LeETR*4 和 *LeETR*6 基因表达可有效调节果实对乙烯的敏感性。虽然 *NR* 转录本在番茄果实成熟后期积累，但是反义 *NR* 并不能加速番茄果实的成熟进程，表明 *NR* 参与果实成熟衰老的调控，但不是必要成员（Tieman et al.，2000）。通过沉默 *LeETR*4 在番茄果实中的表达，可加速绿熟番茄系统 Ⅱ 乙烯的加速合成，导致果实的提前成熟（Kevany et al.，2008）。

## 2.2　其他跃变型果蔬乙烯受体

越来越多的研究显示，乙烯受体基因家族不同成员在果实成熟进程中具有表达差异。苹果 *ETR*1 亚家族成员 *MdERS*1 表达水平在成熟、衰老进程中维持稳定，而 *MdETR*1 则随乙烯积累而表达增强（Dal Cin et al.，2006）。桃果实的两个乙烯受体表达模式也不一致，其中 *PpERS*1 在成熟、衰老进程中的表达水平趋于增强，而 *PpETR*1 则维持基本稳定水平；1-MCP 处理显著抑制 *PpERS*1 转录本积累（Dal Cin et al.，2006）。在花菜型蔬菜花椰菜中，*BoETR*1 在采后花椰菜中表达稳定，*BoETR*2 仅在茎中检测到表达，而且其在采收时（0 h）表达最强，到采后 36 h 表达显著下降，而 *BoERS* 在采后 12 h 内表达增强（Wang et al.，2002）。也有研究显示，不同亚家族的乙烯受体基因其表达模式可能相似。梨果实 *PcETR*1a 和 *PcERS*1a 同属于 *ETR*1 亚家族，*PcETR*5 为 *ETR*2 亚家族成员，它们的表达水平在果实成熟衰老进程中均显著增强（EI-Sharkawy et al.，2003）。类似结果在柿子果实中也有报道（Pang et al.，2007）。

我们从多年生果树猕猴桃果实中分离了 5 个乙烯受体基因家族成员。研究发现 *AdETR*1 表达水平受外源和内源乙烯下调，不同于番茄等果实（Yin et al.，2008）。根据乙烯受体负反馈调控理论，认为 *AdETR*1 转录水平下降导致其对乙烯信号转导抑制效果的减弱，进而活化整个信号转导途径，由此推测 *AdETR*1 可能是猕猴桃乙烯受体家族中调控乙烯信号转导的关键成员。猕猴桃果实 *AdERS1b* 对乙烯不敏感，其表达模式与果实软化密切相关；而其他 3 个乙烯受体基因（*AdETR2a*，*AdETR2b* 和 *AdERS1a*）的转录本水平均随猕猴桃果实乙烯跃变而积累（Yin et al.，2008）。拟南芥的研究表明 *ETR1* 可以作为其他蛋白（RTE）参与乙烯信号转导的媒介（Resnick et al.，2006；Zhou et al.，2007），猕猴桃 *AdETR1* 可能通过与 *CTR1* 以外的蛋白作用参与成熟进程，而 *AdERS1b* 可能通过 *CTR1* 途径的乙烯信号转导方式调控猕猴桃果实软化进程。

### 2.3　非跃变型果蔬乙烯受体

非跃变型果实在成熟衰老进程中的乙烯受体研究也取得了进展。成熟柑橘果实采后贮藏过程中，*CsETR1* 和 *CsERS1* 表达水平基本稳定，而幼小果实组织中的 *CsERS1* 可被外源乙烯诱导表达，推测 *CsETR1* 参与系统 I 乙烯生理效应发挥，*CsERS1* 调节果实对乙烯的敏感性（Katz et al.，2004）。草莓 *FaETR1* 和 *FaERS1* 在果实成熟进程中表达水平维持基本不变，而 *FaETR2* 具有最高转录本水平并于白色期达到高峰，其表达水平可被乙烯处理显著诱导；白色期果实对乙烯具有最高敏感性，*FaETR2* 表达水平可被诱导 10 倍左右，红色成熟期果实则对乙烯的敏感性较低（Trainotti et al.，2005）。上述结果显示非跃变型果实的乙烯敏感性受果实发育阶段影响，乙烯受体不同成员对乙烯处理的响应存在差异。

### 2.4　乙烯受体转录本丰度与蛋白质含量的关系

近年来在乙烯受体蛋白方面的研究取得了一些进展。在番茄果实上的研究显示，乙烯受体蛋白与其基因表达模式相反：*NR*、*LeETR4* 和 *LeETR6* 的表达水平在果实成熟和衰老进程中趋于增强，然而对应的蛋白水平则呈现为下降趋势，蛋白质含量与转录本丰度的比值在未成熟的绿色果实中最高，而在破白、转色阶段显著下降（Kevany et al.，2007）。同时，研究还显示 *NR*、*LeETR4* 和 *LeETR6* 的表达水平受乙烯处理显著诱导，而受体蛋白质含量则明显下降。根据乙烯受体的负反馈调控理论，推测受体蛋白降解激活了乙烯信号转导途径，由此参与了果实成熟进程（Kevany et al.，2007）；但也有研究显示，乙烯受体基因表达和蛋白水平在甜瓜果实发育进程中相一致（Takahashi et al.，2002）。乙烯受体的基因表达模式及其翻译的蛋白水平在果实成熟、衰老进程中是否一致，仍有待于进一步研究。目前有关果实乙烯受体的研究主要在转录本水平上开展。模式果实番茄乙烯受体蛋白的进展为进一步研究其他果实乙烯受体的作用机制提供了新方向。

## 3　*CTR1/EIN2* 与果蔬成熟衰老

迄今从番茄果实中共分离得到了 4 个 *CTR1* 基因家族成员，分别被命名为 *LeCTR1*、*TCTR2*（*LeCTR2*）、*LeCTR3* 和 *LeCTR4*，其中 *TCTR2* 为组成型表达，与拟南芥 *AtCTR1* 类似；*LeCTR1* 随果实成熟、衰老而表达增强并对外源乙烯敏感，*LeCTR3* 和 *LeCTR4* 在叶片中表达较强，但它们对乙烯处理不敏感（Adams - Phillips et al.，2004）。在拟南芥 *ctr1 - 8* 突变体中过量表达番茄 *CTR1* 同源基因中，*LeCTR3*

和 *LeCTR*4 能补偿 *AtCTR*1 的功能，而 *LeCTR*1 只能部分补偿 *AtCTR*1 功能（Adams - Phillips et al.，2004）。猕猴桃 2 个 *CTR*1 同源基因均在果实发育阶段初期具有较强表达水平，随后呈下降趋势（Yin et al.，2008）；但在果实采后成熟、衰老进程中，*AdCTR*1 随乙烯跃变而表达增强，并被 1 - MCP 处理抑制，而 *AdCTR*2 则呈组成型表达模式（Yin et al.，2008）。苹果 *MdCTR*1 和桃 *PpCTR*1 在果实后熟进程中表达变化不大，1 - MCP 对于 *MdCTR*1 表达的影响主要在成熟后期（Dal Cin et al.，2006）。*PdCTR*1 在李果实发育初期表达较高，而在成熟衰老进程中维持稳定水平（Pang et al.，2007）。

番茄和猕猴桃果实具有多个 *CTR*1 基因，且表达模式存在差异；而拟南芥仅存在单个 *CTR*1，推测果实中 *CTR*1 的作用可能较为复杂。近来研究表明，MAPK 激酶级联反应参与了乙烯信号转导；当 *CTR*1 失活时，MKK9 - MPK3/6 被激活，进而通过调控 *EIN*3 的磷酸化实现乙烯信号转导（Yoo et al.，2008）。因此，现有的研究结果表明果实中 *CTR*1 同源基因可能通过 *EIN*2 到 *EIN*3 的途径，或者通过 *MAPK* 激酶级联反应直接影响 *EIN*3，进而调控乙烯信号转导途径及果实后熟衰老进程。

### 4 EIN3/EILs 与果蔬成熟衰老

*EIN*3/*EILs* 是位于细胞核内的乙烯信号转导元件，它可以识别启动子区含有类似于初级乙烯反应元件（PERE）的目标基因；而 PERE 序列不仅存在于下游 *ERF* 的启动子区，还存在于一些果实成熟、衰老相关基因的启动子区，如 *ACO*（Blume et al.，1997；Lasserre et al.，1997）。对番茄 *EIN*3 同源基因（*LeEIL*1 - *LeEIL*4）的研究显示，EIL 基因在果实成熟、衰老进程中表达水平维持基本稳定（Yokotani et al.，2003）。通过转基因手段抑制 *LeEILs* 表达可以显著影响番茄植株的乙烯反应，认为通过调节 *LeEILs* 的 mRNA 水平可实现对果实成熟衰老的调控（Tieman et al.，2001），转反义 *LeEIL*2 基因可明显抑制番茄果实乙烯释放量，延缓果实成熟（何琳等，2006）；但是番茄 EIL 基因家族成员之间可能具有功能冗余性（Tieman et al.，2001）。香蕉中至少含有 5 个 EIL 基因，其中 *MaEIL*2 在果实成熟进程中呈上升趋势，也可被外源乙烯处理诱导，其他 *EIL* 基因家族成员的表达水平则无明显变化（Mbéguié - A - Mbéguié et al.，2008）。在绿豆中，乙烯对 *VrEIL*1 和 *VrEIL*2 的表达没有显著调控效应，进一步研究显示 *VrEIL*1 和 *VrEIL*2 可与目标序列以特异性结合，认为它们可能通过对目标基因的调控进而实现相关生理效应（Lee and Kim，2003）。猕猴桃 4 个 *EIL* 基因（命名为 *AdEIL*1 - 4）在果实成熟进程中的转录本水平维持稳定，但是它们均可被低温处理明显诱导，认为 *EIL* 可能参与了低温对果实成熟进程的调控（Yin et al.，2009）。我们研究还显示，冷害温度（0℃）处理也可显著诱导枇杷果实 *EIL* 的转录本积累，推测 *EIL* 表达增强可能是冷敏型果实对低温胁迫的响应。

### 5 ERFs 与果蔬成熟衰老

*ERF* 是乙烯信号转导途径中最下游元件，它具有 AP2/ERF 结构域，是一类能识别 GCC 盒的转录因子。*ERF* 在植物中由一个大基因家族编码。目前，在拟南芥中发

现 12 个亚族 122 个 *ERF* 基因，在水稻中 15 个亚族 139 个 *ERF* 基因（Nakano et al.，2006）。表 1-2-3-1 显示，从番茄果实中已得到约 59 个 *ERF* 基因，苹果和李子中分别获得 2 个和 1 个。我们利用 EST 库从猕猴桃果实中分离了 14 个 *ERF* 全长序列。

目前有关 *ERF* 在果实成熟衰老进程中的研究较少。番茄 *LeERF2*（AAO34704，第Ⅶ族 *ERF*）表达水平在果实成熟衰老进程中呈增强趋势（Tournier et al.，2004）。Wang 等（2007a）认为同属于Ⅶ族 *ERF* 的苹果 *MdERF1* 与 *LeERF2* 相似，参与了果实成熟和衰老进程；转基因研究进一步显示，抑制属于第Ⅴ族 *ERF* 的 *LeERF1*（AAL75809，第Ⅴ族 *ERF*）可有效延缓番茄果实的成熟进程（Li et al.，2007），表明 *ERF* 在果实成熟衰老进程中具有重要的调控作用。

拟南芥 *ERF* 基因在植株逆境胁迫和生长发育过程中也具有重要作用。*CBFs*（第Ⅲ族 *ERF*）、*DREB2s*（第Ⅳ族 *ERF*）、*AtEBP*（第Ⅶ族 *ERF*）和 *AtERF14*（第Ⅳ族 *ERF*）参与干旱、涝害、低温和热胁迫等抗逆反应（Novillo et al.，2007；Oñate-Sánchez et al. 2007；Sakuma et al.，2006），*DDFs*（第Ⅲ族 *ERF*）参与赤霉素的合成（Magome et al.，2004），*LEP*（第Ⅷ族 *ERF*）调控幼苗发育（Ward et al.，2006），而 *DRL*（第Ⅷ族 *ERF*）则是雄蕊形成的关键因子（Nag et al.，2007）。拟南芥 *CBFs* 主要参与植株对低温冷害的响应，甘蓝 *BcCBF1* 和 *BcCBF2* 也可被低温处理诱导，但是两个基因在不同组织中对于逆境条件的反应灵敏性存在差异，表明它们可能参与了组织特异性的抗逆反应（Zhang et al.，2006）。

研究显示，逆境相关基因的启动子区多具有 GCC 盒（Brown et al.，2003），但迄今尚未发现果实成熟和衰老相关基因在启动子区含有 GCC 盒；因此，*ERF* 如何与目标基因联系进而调控果实成熟进程有待阐明。苹果的 *PG* 启动子区虽然不含有 GCC 盒，但是 *ERF* 基因也可实现对 *PG* 基因的转录调控。我们研究显示，猕猴桃 *AdERF9* 可特异性抑制 *AdXET* 启动子的活性，该启动子同样不含有 GCC 盒（未发表数据），认为 *ERF* 可能通过识别启动子区的其他序列调节果实成熟衰老进程。

## 6　新的乙烯不敏感突变体

近年来人们从番茄植株中分离了 *Green-ripe*（*Gr*）和 *Never-ripe2*（*Nr-2*）两种新型突变体，它们与 *Nr*（*Never-ripe*）类似，其果实均不能正常成熟（Barry & Giovannoni，2006）。研究显示 *Gr/Nr-2* 突变体植株对于乙烯反应具有组织特异性。花的衰老脱落与根的伸长等乙烯反应受到抑制，而在胚轴伸长以及叶柄偏上性等乙烯反应方面则表现正常（Barry & Giovannoni，2006）。进一步研究显示，*Gr/Nr-2* 定位在番茄一号染色体，同时发现一个未知基因（*GR*）存在于 *Gr/Nr-2* 位点。在 Gr 突变体中过量表达 GR 可以逆转突变体的表现型，说明了 *GR* 基因在番茄果实成熟进程中的重要作用。然而关于 GR 是否类似 RTE1 通过乙烯受体参与调控乙烯信号转导有待于进一步研究。

## 7　展望

目前已开展了大量乙烯信号转导与果蔬成熟、衰老的研究。越来越多的研究显示，乙烯信号转导途径不同级别元件的基因家族成员在果蔬成熟进程中具有表达与功能差异。然而，相关报道主要集中在番茄、苹果和猕猴桃等乙烯信号转导上游元件编码基因的表达与调控（如乙烯受体和 CTR1）。以不同种类果蔬为研究对象，从基因家族角度对直接影响成熟、衰老相关基因表达的 EIN3/EILs 和 ERFs 等乙烯信号转导下游元件的研究将是果蔬成熟衰老机理与调控研究的重点，可进一步丰富与完善乙烯信号转导的作用机制。

近年来持续增长的果蔬 EST 信息（见 NCBI 网站，http：//www. ncbi. nlm. nih. gov/，包括苹果、桃、柑橘、黄瓜和辣椒等），以及正在进行和已经完成的基因组测序计划（如番茄和葡萄），为开展不同果蔬乙烯信号转导不同级别元件的基因家族研究提供了条件。利用转录本和蛋白水平的表达调控以及转基因等研究手段可进一步阐明乙烯调控果蔬成熟、衰老的内在作用机制。

## 参 考 文 献

何琳，朱本忠，罗云波. 2006. 转反义 LeEIL2 基因番茄果实采后部分生理特性. 中国农业大学学报，11（1）：57-60.

魏绍冲，陈昆松，罗云波. 2004. 乙烯受体与果实成熟调控. 园艺学报，31（4）：543-548.

Adams - Phillips L，Barry C，Kannan P，et al. 2004. Evidence that CTR1 - mediated ethylene signal transduction in tomato is encoded by a multigene family whose members display distinct regulatory features. *Plant Molecular Biology*，54：387-404.

Alexander L，Grierson D. 2002. Ethylene biosynthesis and action in tomato：a model for climacteric fruit ripening. *Journal of Experimental Botany*，53：2039-2055.

Barry C S，Giovannoni J J. 2006. Ripening in the tomato Green - ripe mutant is inhibited by ectopic expression of a protein that disrupts ethylene signaling. *Proceedings National Academy Sciences USA*，103：7923-7928.

Begheldo M，Manganaris G A，Bonghi C，et al. 2007. Different postharvest conditions modulate ripening and ethylene biosynthetic and signal transduction pathways in Stony Hard peaches. *Postharvest Biology and Technology*，48：84-91.

Blume B，Barry C S，Hamilton A J，et al. 1997. Identification of transposon - like elements in non - coding regions of tomato ACC oxidase genes. *Molecular and General Genetics*，254：297-303.

Brown R L，Kazan K，McGrath K C，et al. 2003. A role for the GCC - box in jasmonate - mediated activation of the PDF1. 2 Gene of Arabidopsis. *Plant Physiology*，132：1020-1032.

Chen YF，Etheridge N，Schaller GE. 2005. Ethylene signal transduction. *Annals of Botany*，95：901-915.

Chen Y T，Chen L F O，Shaw J F. 2008. Senescence - associated genes in harvested broccoli florets. *Plant Science*，175：137-144.

Dal Cin V，Rizzini F M，Botton A，et al. 2006. The ethylene biosynthetic and signal transduction pathways are differently affected by 1 - MCP in apple and peach fruit. *Postharvest Biology and Technology*，42：125-133.

EI - Sharkawy I，Jones B，Li Z G，et al. 2003. Isolation and characterization of four ethylene perception elements and their expression during ripening in pears（*Pyrus communis* L.）with/without cold requirement. *Journal of Experimental Botany*，54：1615-1625.

EI - Sharkawy I，Kim W S，EI - Kereamy A，et al. 2007. Isolation and characterization of four ethylene signal transduction elements in plums（*Prunus salicina* L.）. *Journal of Experimental Botany*，58：

3631-3643.

Hua J, Meyerowitz E M. 1998. Ethylene responses are negatively regulated by a receptor gene family in Arabidopsis thaliana. *Cell*, 94: 261-271.

Katz E, Lagunes P M, Riov J, et al. 2004. Molecular and physiological evidence suggests the existence of a system II - like pathway of ethylene production in non - climacteric Citrus fruit. *Planta*, 219: 243-252.

Kevany B M, Taylor M G, Klee H J. 2008. Fruit - specific suppression of the ethylene receptor LeETR4 results in early - ripening tomato fruit. *Plant Biotechnology Journal*, 6: 295-300.

Kevany B M, Tieman D M, Taylor M G, et al. 2007. Ethylene receptor degradation controls the ti ming of ripening in tomato fruit. *The Plant Journal*, 51: 458-467.

Lashbrook C C, Tieman D M, Klee H J. 1999. Differential regulation of the tomato ETR gene family throughout plant development. *The Plant Journal*, 15: 243-252.

Lasserre E, Godard F, Bouquin T, et al. 1997. Differential activation of two ACC oxidase gene promoters from melon during plant development and in response to pathogen attack. *Molecular and General Genetics*, 254: 211-222.

Lee J H, Kim W T. 2003. Molecular and biochemical characterization of VR - EILs encoding mung bean ETHYLENE INSENSITIVE3 - LIKE proteins. *Plant Physiology*, 132: 1475-1488.

Li Y C, Zhu B Z, Xu W T, et al. 2007. LeERF1 positively modulated ethylene triple response on etiolated seedling, plant development and fruit ripening and softening in tomato. *Plant Cell Report*, 26: 1999-2008.

Mbéguié - A - Mbéguié D, Hubert O, Fils - lycaon B, et al, 2008. EIN3 - like gene expression during fruit ripening of Cavendish banana (Musa acu minate cv. Grande naine). *Physiologia Plantarum* , 133: 435-448.

Nag A, Yang YZ, Jack T. 2007. DORNRöSCHEN - LIKE, an AP2 gene, is necessary for stamen emergence in Arabidopsis. *Plant Molecular Biology*, 65: 219-232.

Nakano T, Suzuki K, Fujimura T, et al. 2006. Genome - wide analysis of the ERF Gene family in Arabidopsis and Rice. *Plant Physiology*, 140: 411-432.

Novillo F, Medina J, Salinas J. 2007. Arabidopsis CBF1 and CBF3 have a different function than CBF2 in cold acclimation and define different gene classed in the CBF regulon. *Proceedings National Academy Sciences USA*, 104: 21002-21007.

O' Malley R C, Rodriguez F I, Esch J J, et al. 2005. Ethylene - binding activity, gene expression levels, and receptor system output for ethylene receptor family members from Arabidopsis and tomato. *The Plant Journal*, 41: 651-659.

Oñate - Sánchez L, Anderson J P, Young J, et al. 2007. AtERF14, a member of the ERF family of transcription factors, plays a nonredundant role in plant defense. *Plant Physiology*, 143: 400-409.

Pang J H, Ma B, Sun H J, et al. 2007. Identification and characterization of ethylene receptor homologs expressed during fruit development and ripening in persimmon (Diospyros kaki Thumb.). *Postharvest Biology and Technology*, 44: 195-203.

Qu X, Hall B P, Gao Z Y, et al. 2007. A strong constitutive ethylene - response phenotype conferred on Arabidopsis plants containing null mutation in the ethylene receptor ETR1 and ERS1. *BMC Plant Biology*, 7: 3.

Rasori A, Ruperti B, Bonghi C, et al. 2002. Characterization of two putative ethylene receptor genes expressed during peach fruit development and abscission. *Journal of Experimental Botany*, 53:

2333-2339.

Resnick J S，Wen C K，Shockey J A，et al. 2006. REVERSION－TO－ETHYLENE SENSITIVITY1，a conserved gene that regulates ethylene receptor function in Arabidopsis. *Proceedings National Academy Sciences USA*，103：7917-7922.

Sakuma Y，Maruyama K，Osakabe Y，et al. 2006. Functional analysis of an Arabidopsis transcription factor DREB2A，Involved in Drought－Response gene expression. *The Plant Cell*，18：1292-1309.

Takahashi H，Kobayashi T，Sato－Nara K，et al. 2002. Detection of ethylene receptor protein Cm－ERS1 during fruit development in melon (Cucumis melo L.). *Journal of Experimental Botany*，53：415-422.

Tatsuki M，Endo A，Ohkawa H. 2007. Influence of time from harvest to 1－MCP treatment of apple fruit quality and expression of genes for ethylene biosynthesis enzymes and ethylene receptors. *Postharvest Biology and Technology*，43：28－35.

The ethylene hormone response in Arabidopsis：a eukaryotic two－component signaling system. *Proceedings National Academy Sciences USA*，92：4129－4133.

Tieman D M，Ciardi J A，Taylor M G，et al. 2001. Members of the tomato LeEIL (EIN3－like) gene family are functionally redundant and regulate ethylene responses throughout plant development. *The Plant Journal*，26：47-58.

Tieman D M，Klee H J. 1999. Differential expression of two Novel members of the tomato ethylene－receptor family. *Plant Physiology*，120：165-172.

Tieman D M，Taylor M G，Ciardi J A，et al. 2000. The tomato ethylene receptors NR and LeETR4 are negative regulators of ethylene response and exhibit functional compensation within a multigene family. *Proceedings National Academy Sciences USA*，97：5663-5668.

Tournier B，Sanchez－Ballesta M T，Jones B，et al. 2003. New members of the tomato ERF family show specific expression pattern and diverse DNA－binding capacity to the GCC box element. *FEBS Letters*，550：149-154.

Trainotti L，Bonghi C，Ziliotto F，et al. 2006. The use of microarray μPEACH1.0 to investigate transcriptome changes during transition from pre－climacteric to climacteric phase in peach fruit. *Plant Science*，170：606-613.

Trainotti L，Pavanello A，Casadoro G. 2005. Different ethylene receptors show an increased expression during the ripening of strawberries：does such an increment imply a role for ethylene in the ripening of these non－climacteric fruits? *Journal of Experimental Botany*，56：2037-2046.

Wang A，Tan D M，Takahashi A，et al. 2007a. MdERFs，two ethylene－response factors involved in apple fruit ripening. *Journal of Experimental Botany*，58：3743-3748.

Wang J，Chen G P，Hu Z L，et al. 2007b. Cloning and characterization of the EIN2－homology gene LeEIN2 from tomato. *DNA sequence*，18：33-38.

Wang K L C，Li H，Ecker J R. 2002. Ethylene biosynthesis and signaling networks. *The Plant Cell*，(*Supplement*). S131-S151.

Ward J M，Smith A M，Shah P K，et al. 2006. A new role for the Arabidopsis AP2 transcription factor，LEAPY PETIOLE，in gibberellin－induced ger mination is revealed by misexpression of a homologous gene，SOB2/DRN－LIKE. *The Plant Cell*，18：29-39.

Wiersma P A，Zhang H，Lu C，et al. 2007. Survey of the expression of genes for ethylene synthesis and perception during maturation and ripening of 'Sunrise' and 'Golden Delicious' apple fruit. *Postharvest Biology and Technology*，44：204-211.

Wilkinson JQ，Lanahan MB，Yen HC，Giovannoni JJ，Klee HJ. 1995. An ethylene－inducible component of signal transduction encoded by Never－ripe. *Science*，270：1807－1809.

Yang S F，Hoffman N E. 1984. Ethylene biosynthesis and its regulation in higher plants. *Annual Review Plant Physiology*，35：155-189.

Yin X R，Allan A C，Zhang B，et al. 2009. Ethylene－related genes show a differential response to low temperature during 'Hayward' kiwifruit ripening. *Postharvest Biology and Technology*，52：9-15.

Yin X R，Chen K S，Allan A C，et al. 2008. Ethylene－induced modulation of genes associated with the ethylene signaling pathway in ripening kiwifruit. *Journal of Experimental Botany*，59：2097-2108.

Yokotani N，Tamura S，Nakano R，et al. 2003. Characterization of a novel tomato EIN3－like gene (LeEIL4). *Journal of Experimental Botany*，54：2775-2776.

Yoo S D，Cho Y H，Tena G，et al. 2008. Dual control of nuclear EIN3 by bifurcate MAPK cascades in C2 h4 signalling. *Nature*，451：789-796.

Zhang Y，Yang T W，Zhang L J，et al. 2006. Isolation and expression analysis of two cold－inducible genes encoding putative CBF transcription factors from Chinese Cabbage (*Brassica pekinensis Rupr.*). *Journal of Integrative Plant Biology*，48：848-856.

Zhou X，Liu Q，Xie F，et al. 2007. RTE1 is a Golgi－associated and ETR1－dependent negative regulator of ethylene responses. *Plant Physiology*，145：75-86.

（陈昆松　张　波）

# 第四节　果蔬产品采后的程序性细胞死亡

## 导言

　　程序性细胞死亡（programmed cell death，PCD），在动物中也称凋亡（apoptosis），是多基因编程调控的细胞自主性死亡过程，广泛存在于人体、动物、植物及微生物的生长发育、衰老及胁迫反应中。动物及人体细胞中，PCD发生伴有明显的形态及生化特征，诸如细胞核的聚集、DNA片段化、细胞色素c的释放，Caspase（半胱氨酸-天冬氨酸蛋白酶）的激活，涉及线粒体和死亡受体两条分子路径调控着PCD的发生（Green，1998）。

　　植物PCD研究起步较晚，国际上20世纪90年代初把这一概念引入植物界。众多研究表明PCD作为一种普遍的生命现象，在植物的正常生长发育和病害的抵御过程中都发挥着重要作用（Hideo & Hiroo，2002），如花粉囊、雌配子体、维管组织发生以及衰老、授粉、性别决定等过程中都有PCD参与；外界的生物或非生物胁迫如病原微生物的侵染或臭氧的伤害同样可诱导细胞的程序性死亡（图1－2－4－1）。

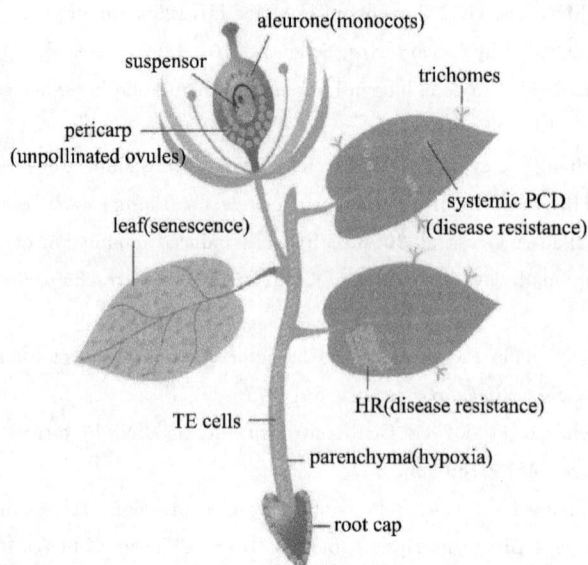

图 1-2-4-1 维管植物发育和胁迫条件下 PCD 的发生部位图中橘色的圆点代表发生 PCD 的细胞
(引自：Pennell & Lamb，1997)

## 1 植物细胞程序性死亡发生的特征及调控

既然 PCD 在生命的发育和胁迫反应中起着如此重要的作用，那么如何判断 PCD 的发生呢？众多研究表明，动物和植物中发生的 PCD 具有高度保守性。虽然研究植物 PCD 的发生机制还处于初始阶段，但不同的实验体系从形态学、生理生化或者基因蛋白调控上描述了植物和动物细胞在 PCD 发生过程中的相似性，包括染色体的聚集、细胞核的皱缩破碎和 DNA 片段化（DNA fragmentatio），以及细胞色素 c 的释放和一类半胱氨酸天冬氨酸蛋白水解酶（cysteine aspartic acid specific protease，简称 caspase）的激活等一系列相关事件。

当然植物 PCD 的发生与动物细胞特征并不完全相同，比如植物细胞具有细胞壁，所有的成熟植物细胞中央都具有一个巨大的液泡，液泡的崩溃被认为是植物 PCD 发生的显著特征（Hatsugai et al.，2004）。

### 1.1 植物细胞程序性死亡的形态学变化

动物细胞凋亡是具有一系列形态特征的有序过程，包括细胞收缩、核浓缩、染色质边缘化、核 DNA 被剪切成寡聚核小体大小的片段，并被膜包围形成凋亡小体，凋亡小体最终巨噬细胞吞噬或被溶酶体降解（Baehrecke，2003）。植物细胞 PCD 的形式多种多样，包括发育相关 PCD 过程和胁迫诱导的 PCD 过程。PCD 中的 DNA 片段化是一个典型特征，由于发生 PCD 的细胞在整个群体中数量有限，因此必须有大的样本量才可以检测到。在授粉诱导的花瓣衰老、采后诱导的芦笋芽衰老过程（Eason et al.，2002）、黄瓜子叶的发育衰老（Delorme et al.，2000），以及多种胁迫诱导的 PCD 过程，比如喜树碱诱导的番茄悬浮细胞的 PCD（De Jong et al.，2000）都检测到 DNA 片段化。在形态上，植物细胞 PCD 与动物细胞凋亡相似同时还存在着最大的不同，即没有凋亡小体的形成或吞噬作用，因此在植物细胞中没有真正的凋亡发生（Lam，2004）。同时液泡在植物细胞的 PCD 中发挥特殊重要作用，在百叶草叶肉细胞体外培养分化成导管的PCD 过程中，液泡积累降解酶并皱缩，液泡膜崩溃并导致细胞核在 10～20 min 之内降解，细胞壁重塑成高度网状结构，而无染色质皱缩及其他典型的凋亡特征（Obara et al.，2001）。这种液泡直接介导的死亡过程也存在于其他的植物发育 PCD 中，如衰老和根部的通气组织形成中（Jones，2001）。超敏反应（Hypersensitive Response，HR）是植物和病原体相互作用体系中研究的最为广泛的 PCD 过程，即感染病原体的植物细胞迅速死亡，防止病害的进一步扩展，同时植物获得系统性抗性。细胞质的液泡化是HR－PCD 形态学的主要特征，液泡膜的解体发生在可见的坏死斑出现之前，随着感染时间的增长，液泡膜解体，质壁分离、胞质聚集（Hatsugai et al.，2004）。图 1-2-4-2 是植物 PCD 和动物细胞凋亡之间形态学的比较。

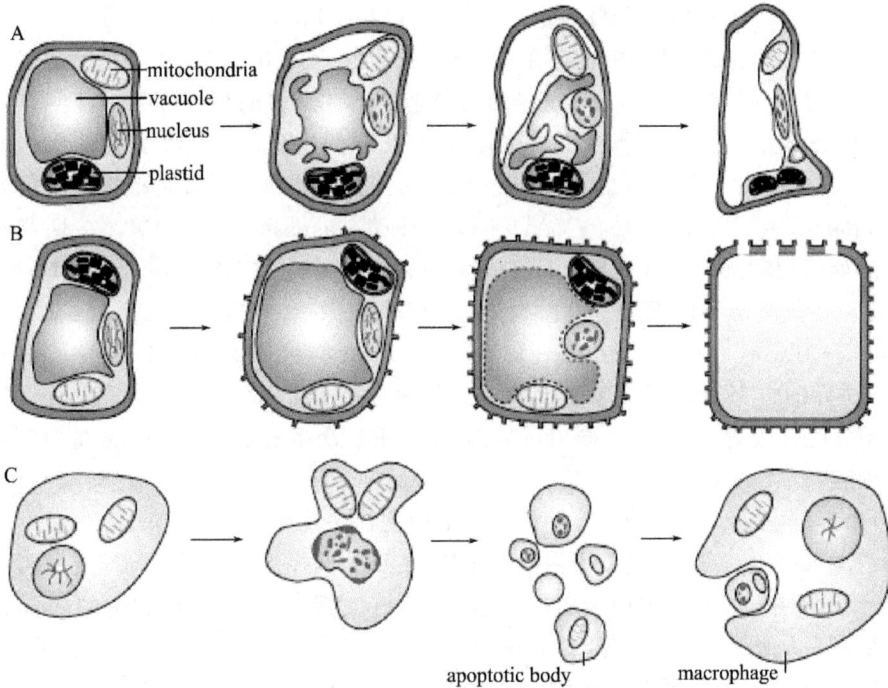

图 1-2-4-2　植物 PCD 和动物细胞凋亡之间形态学的比较

A. 植物的超敏反应，在细胞死亡的后期，能够观察到染色质皱缩、DNA 裂解成 50 kb 大小的片段，然后液泡出现明显破裂。并且能够观察到液泡和质膜出芽以及细胞器的降解。在细胞死亡的最后阶段，质膜崩溃并质壁分离，并以死亡细胞的内容物泄露进入非原生质体而告终。图中不规则、棕色的块状物是片段化的细胞核 DNA。B. 管状分子的分化，液泡的肿胀和破裂伴随着细胞壁的增厚和重建. 在液泡发生崩溃后，核 DNA 立即发生片段化，这一过程发生在细胞自溶之前，是细胞死亡的后期。正在分化的管状分子中的短茬是网状的次生壁。在管状分子分化的末期，细胞壁中破裂的区域表明了局部空间的穿孔。C. 动物细胞的凋亡，最初的形态学特征是染色质皱缩、DNA 片段化，质膜呈现边缘化，并包裹细胞内含物形成凋亡小体，最终被邻近细胞或巨噬细胞吞噬降解

（引自：Lam，2004）

### 1.2　类 caspase 蛋白酶在植物细胞程序性死亡中的调控作用

在细胞发生程序性死亡出现多种形态变化的同时，也伴随着许多生化上的变化。其中 caspase（半胱氨酸天冬氨酸蛋白酶）是一类在动物细胞凋亡中发挥关键作用的蛋白酶，是多基因编码的蛋白酶家族。caspase 以酶原的形式合成，包括一个大亚基（P20），一个小亚基（P10），和一个长度可变的前域（prodomain）。含有长前域的 caspase，称为启始 caspase（initiator caspase），又称为 I 型 caspase。它包括 caspase - 2、caspase - 8、caspase - 9 等亚型，位于 caspase 级联反应的最上游。当前域从细胞表面的死亡受体或者从细胞内部的细胞器（如线粒体）上接受凋亡刺激因素后，开始启动 caspase 级联反应的发生。而起始 caspase 活化下游的执行 caspase（executioner caspase），又称为 II 型 caspase，包括 caspase - 3、caspase - 6、caspase - 7 等亚型，其作用是完成分解细胞的任务。caspase 的激活及调控在线粒体、死亡受体及内质网三类动物细胞凋亡途径中都发挥着极为重要的作用（Morishima et al.，2002）。

那么是否植物 PCD 过程中也存在 caspase 介导的死亡调控过程呢？虽然通过基因组的比对，没有发现植物中存在 caspase 的同源基因，在众多的植物体系中证明存在一类 caspase - like（类 caspase）蛋白酶调控着植物 PCD 的进程。利用特异性的荧光合成底物和 caspase 抑制剂，现已发现 caspase - like 活性蛋白酶参与了多种植物细胞的死亡过程（Sanmartin et al.，2005）。YVADase，一种类 caspase - 1 蛋白酶，在烟草花叶病毒诱导的烟草超敏反应中被诱导（Hatsugai et al.，2004）；DEVDase，一种类 caspase - 3 蛋白酶，在热激诱导的烟草原生质体的 PCD 中被激活（Chen et al.，2000）；LEVDase and VEIDase，一种类 caspase - 6 和类 caspase - 8 蛋白酶，在 SI（self - incompatibility）-诱导的自交不亲和的花粉 PCD 中诱导表达（Bosch & Franklin - Tong，2007）。总之，不论是在发育 PCD 还是胁迫诱导的 PCD 中，众多的 caspase - like 蛋白酶在不同的植物细胞（Vacca et al.，2006）、叶片（Hatsugai et al.，2004）、花器官（Rogers，2006）、果实（Qu et al.，2009）都参与到了细胞程序性死亡过程中。

为了深入探索 caspase 类似蛋白酶在植物 PCD 的调控作用，不同的研究小组在检测植物 PCD 过程中 caspase 类似蛋白酶激活的同时，也致力于纯化植物中的 caspase - 类似蛋白酶或者从基因水平上克隆相关编码该蛋白的基因。2004 年 *Plant cell* 和 *Science* 上的两篇文章更直接的证明了植物 PCD 的发生确实存在着 caspase 类似蛋白或相关基因。Coffeen 和 Wolpert（2004）在长蠕孢霉毒素诱导燕麦叶片叶绿体 Rubisco 水解的 PCD 研究中，纯化和鉴定了 2 个具有 caspase 类似活性的 saspases（具有天冬氨酸特异性和丝氨酸残基活性位点），进而从蛋白水平验证了植物体内含有具有 caspase 类似活性的蛋白水解酶启动着植物 PCD 的进程。Hatsugai 等则在 2004 年 *Science* 8 月刊从基因水平上揭示了植物液泡加工酶（vacuolar processing enzyme，VPE）在植物 HR（超敏反应）PCD 的作用，克隆出 4 个和病斑发生相关的 *VPE* cDNAs，利用基因沉默技术、caspase 抑制剂和酶活性分析，进一步阐明烟草 HR 中的 PCD 是由具有动物 caspase - 1 活性的 VPE 引发液泡膜的降解及最终细胞的死亡（Hatsugai et al.，2004）。

### 1.3　植物细胞程序性死亡过程中细胞色素 c 的释放

近几年，线粒体在凋亡中的作用日益受到人们的重视，特别是细胞色素 c 在凋亡中作用的发现，引起人们广泛的注意。

细胞色素 c 最重要的功能是作为线粒体氧化磷酸化电子传递链上重要的组成蛋白，分子质量 12～14 kD。细胞色素 c 松散的结合于线粒体内膜的外侧。1996 年，王晓东研究小组通过体外诱导细胞核 DNA 片段化实验，发现细胞色素 c 具有激活凋亡蛋白酶的作用（Liu et al.，1996）从而使人们对细胞色素 c 及线粒体在细胞凋亡中的作用有了一个崭新的认识。

现在认为在动物细胞中，细胞色素 c 介导的 caspase 激活在凋亡的起始和执行都起重要的作用（Jiang & Wang，2004）。在多种多样的凋亡诱导因子的作用下，细胞色素 c 从线粒体的内外膜间隙释放到细胞质，通过与细胞质中的 Apaf-1、ATP/dATP 相互作用形成复杂的 apoptosome 蛋白复合体，从而激活了起始 caspase-9（Li et al.，1997），caspase-9 是动物凋亡途径中重要的起始 caspase（Johnson & Jarvis，2004），下游的多种效应 caspase 的激活依赖于 caspase-9 dependent（Guerrero et al.，2008）。caspase-3 作为重要的效应 caspase，在动物凋亡体系中既可以通过死亡受体途径的起始 caspase-8 来激活，也可以通过线粒体途径的起始 caspase-9 来激活。选择哪个途径取决于信号（Riedl & Salvesen，2007）及细胞类型的不同（Fulda et al.，2001）。caspase-3 的激活最终导致 DNA 片段化和细胞死亡。

在植物细胞中，细胞色素 c 作为 PCD 发生的早期事件，在臭氧诱导烟草叶片的凋亡过程中（Overmyer et al.，2005）、热胁迫诱导的番茄果实（Qu et al.，2009）．SI 诱导的花粉的自交不亲和（Thomas & Franklin-Tong，2004）等多种植物 PCD 过程中检测到其从线粒体中释放到细胞质。在上述植物 PCD 体系中，细胞色素 c 的释放同时也伴随着类 caspase 蛋白的激活，虽然上述研究还没有直接的证据确定植物细胞色素 c 的释放和 caspase 类似蛋白酶之间存在着类似动物细胞凋亡的调控关系。但也有相关文章表明植物细胞色素 c 的释放和 caspase 类似蛋白的激活存在着一定的因果关系。例如，通过抑制剂实验发现 fusaric acid 诱导的藏红花根尖细胞程序性死亡中 DEVDase 与 YVADase 蛋白酶的激活可能位于细胞色素 c 释放的下游（Samadi & Behboodi，2006），但在热激诱导的烟草悬浮细胞的 PCD 过程中细胞色素 c 的释放不依赖于类 caspase 蛋白的激活，但激活的类 caspasey 蛋白一定程度上降解释放到细胞质中的细胞色素 c（Vacca et al.，2006）。进一步的体内和体外实验需要验证植物 PCD 系统中是否存在着细胞色素 c 诱导的类 caspase 蛋白酶激活的机制。

### 1.4　激素在植物细胞程序性死亡中的调控作用

植物激素广泛的参与到植物的发育和胁迫反应中。大多数植物发育 PCD 是由植物激素引发，死亡信号可以通过激素信号传递（Kuriyama & Fukuda，2002）。禾本科种子糊粉层 PCD 的发生依赖于赤霉素（Fath et al.，2000），赤霉素使糊粉层细胞清除活性氧的酶活降低，因此降低了细胞清除 ROS 的能力，导致细胞死亡。

在百日草叶肉细胞体外诱导形成导管过程中，油菜素内酯调控着导管 PCD，在导管形态发生之前，油菜素内酯的生物合成途径被激活，油菜素内酯的含量急剧上升，随后才发生次生壁的形成和细胞死亡（Yamamoto et al.，2001）。乙烯促进衰老（Orzaez & Granell，1997）及其他形式发育过程中细胞的死亡，如缺氧根部通气组织的形成及禾本科种子胚乳细胞的死亡（Shiono et al.，2008）。

## 2　衰老诱导的 PCD 分子机制

衰老，涉及多种代谢途径和信号调控，是植物发育中具有代表性的 PCD 过程（Lim et al.，2007）。叶片衰老以 1,5 -二磷酸核酮糖羧化/加氧酶（Rubisco）降解为 PCD 的典型特征（Coffeen & Wolpert，2004）。Rubisco 是绿色植物中含量最高的蛋白，是叶绿体基质中固定 $CO_2$ 主要酶。长蠕孢霉毒素诱导的燕麦叶片 Rubisco 大亚基的水解被认为是一种典型的 PCD 过程（Navarre & Wolpert，1990），Rubisco 的水解呈现出长蠕孢霉毒素浓度和时间依赖关系，当长蠕孢霉毒素浓度为 10 ng/mL 时，Rubisco 大亚基的水解呈现出很明显的特征。Rubisco 大亚基的降解也是叶片衰老的重要特征（Weidhase et al.，1987），而叶片衰老也是一种典型的 PCD 过程（Delorme et al.，2000）。Delorme 研究了黄瓜子叶在发育中的 PCD 过程，根据叶绿素含量，将子叶发育分为 7 个阶段，只是在黄瓜子叶发育最后阶段，叶子变黄褐化才出现 PCD 的典型特征。

花瓣衰老过程表现为失水萎蔫、DNA 片段化（Yamada et al.，2003）；花椰菜采后诱导的花组织失水萎蔫衰老（Coupe et al.，2003），豌豆幼苗去除上胚轴后产生同等大小芽端，其一优势生长导致另一很快衰老死亡等过程则是受 caspase 类似蛋白酶的调控（Bekenghi et al.，2004）；PCD 发生相关基因（LSD1，B1，SPT）在自然衰老和离体衰老拟南芥叶子和花椰菜花中表达方式不同（Coupe et al.，2004）；外界的胁迫因素如活性氧和水杨酸可诱导拟南芥完整叶片的 PCD（Mazel & Levine，2001）。众多研究表明植物衰老过程中存在着 PCD 的发生和调控。

## 3　果蔬产品采后细胞程序性死亡的发生

果蔬产品作为重要的经济产品及人类营养的重要来源，在日常生活中起着重要的作用。采后果蔬在经历不可避免的衰老的同时，也会受到各种环境胁迫，如低温、病害等影响；另外，为了延长果蔬采后的货架期，人们也采用多种物理方法延缓果蔬的衰老和病害。其中，热激处理即为一种最为常见的物理处理方式。但是，在果实采后的热处理过程中，不可避免会引起热伤害（Oaull & Chen，2000），影响果实的成熟和品质。这种热伤害会引起蛋白表达的变化、抗氧化系统的改变及破坏细胞膜完整性（Yahia et al.，2007）。许多研究表明植物也利用 PCD 这种防御机制作为胁迫条件下的一种反应（Overmyer et al.，2005）。Qu 等（2009）研究发现，番茄果实 45℃ 热水浴处理 20～30 min 后，在随后放置的 12 h 内，会出现细胞色素 c 的释放、类 caspase 蛋白酶，如 LEHDase 和 DEVDase（类 caspase - 9 和类- 3 蛋白酶）的激活，及 TUNEL 检测的 DNA 片段化（图 1 - 2 - 4 - 3）。说明采后果实在一定的胁迫条件下引起的伤害伴随着细胞程序性死亡的发生。

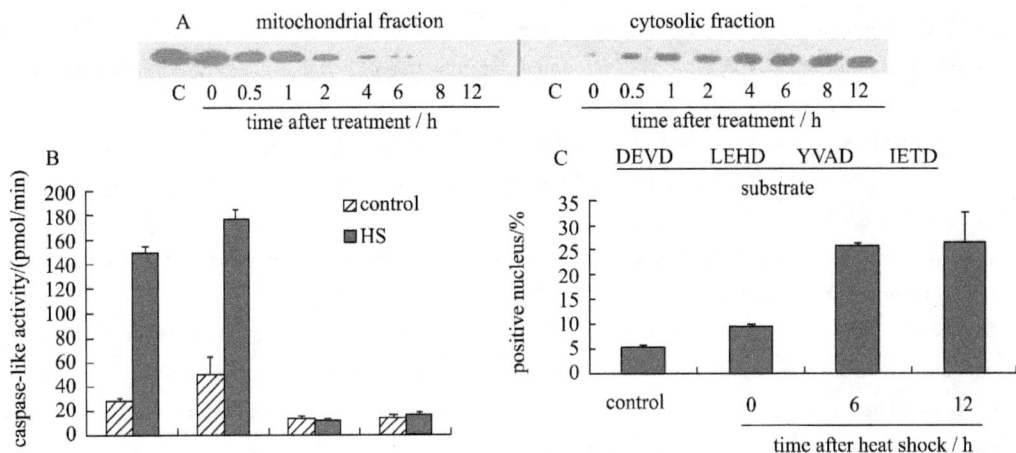

图 1-2-4-3　热胁迫诱导的番茄果实细胞程序性死亡

A. 45℃ 20 min 热处理后不同时间，western blot 检测番茄果实线粒体和细胞质组分细胞色素 c 变化情况。
B. 45℃ 20 min 热处理后番茄果实不同 caspase-类似蛋白酶活性的变化。C. 45℃ 20 min 热处理后番茄果实果皮
细胞 TUNEL 检测出现 DNA 片段化阳性的细胞百分比

（引自：Qu et al.，2009）

果蔬产品采后的衰老和成熟过程不仅与器官发育本身有关，而且与采后贮藏环境有关。衰老作为一个相对缓慢的过程，发生在器官生命过程的末期，包括一系列的形态、生理生化及基因蛋白表达的变化。

对于未熟可食的植物组织，采后诱导的衰老是个非常快速的过程（如芦笋芽、花椰菜）。芦笋芽在收获时正处于旺盛生长状态，采后 24 h 之内品质劣变（King et al.，1990），12 h 内可检测到 mRNA 活性的变化（King & Davies，1992）。利用 Southern blot 方法检测采后不同时间内芦笋芽基因组 DNA 是否发生片段化，发现采后 1 h 没有明显的 DNA 片段化，采收 6 h 后可见明显的 DNA 片段化，说明幼嫩芽组织的 DNA 片段化发生是采后的前期事件（Eason et al.，2002）。

## 4　展望

植物程序性细胞死亡作为植物发育和胁迫过程中普遍存在的重要生命现象，在植物的超敏反应、植物花器官的发育衰老等方面的研究已取得了一定的进展。在采后生物学领域还存在着很多空白，此外植物 PCD 的调控机制一直没有取得突破性进展。

未来的研究工作应主要包括以下几个方面：①扩大程序性细胞死亡在采后领域的研究范围，可从不同器官的衰老、生物和非生物胁迫角度更广泛的证明植物程序性细胞死亡的存在；②利用动物凋亡领域取得的进展，可从基因和蛋白两个层面上寻求新的 PCD 调控因子；③通过多方位的研究，建立植物程序性细胞死亡与其他采后衰老品质调控路径之间的关系。

### 参 考 文 献

Baehrecke E H. 2003. Autophagic programmed cell death in Drosophila. *Cell Death and Differention*，10：940-945.

Bekenghi B, Salomon, et al. 2004. Caspase – like activity in the seedlings of *Pisum sativum* eli minates weaker shoots during early vegetative development by induction of cell death. *Journal of Experimental Botany*, 55: 889.

Bosch M, Franklin – Tong V E. 2007. Temporal and spatial activation of caspase – like enzymes induced by self – incompatibility in Papaver pollen. *Proceedings of the Natuinal Academy of Sciences of the United States of America*, 104: 18327-18332.

Chen H M, Zhou J, Dai Y R. 2000. Cleavage of la min – like proteins in vivo and in vitro apoptosis of tobacco protoplasts induced by heat shock. *FEBS Letter*, 480: 165-168.

Coffeen W C, Wolpert T J. 2004. Purification and characterization of serine proteases that exhibit caspase – like activity and are associated with programmed cell death in Avena sativa. *Plant cell*, 16: 857.

Coupe S A, Sinclair B K, et al. 2003. Identification of dehydration – responsive cysteine proteases during post – harvest senescence of broccoli florets. *Journal of Experimental Botany*, 54: 1045.

Coupe S A, Watson L M, et al. 2004. Molecular analysis of programmed cell death during senescence in Arabidopsis thaliana and Brassica oleracea: cloning broccoli LSD1, Bax inhibitor and serine palmitoyl-transferase homologues. *Journal of Experimental Botany*, 55: 59.

De Jong A J, Hoeberichts F A, Yakimova E T, et al. 2000. Chemical – induced induced apoptotic cell death in tomato cells: involvement of caspase – like proteases. *Planta*, 11: 656-662

Delorme V G, McCabe P F, Kim D J, et al. 2000. A matrix metalloproteinase gene is expressed at the boundary of senescence and programmed cell death in cucumber. *Plant Physiology*, 123: 917-927.

De Jong AJ, Hoeberichts FA, Yakimova ET, Maximova E, Woltering EJ. 2000. Chemical – induced induced apoptotic cell death in tomato cells: involvement of caspase – like proteases. *Planta*, 11: 656-662.

Eason J R, Pinkney T T, Johnston J W. 2002. DNA ragmentation and nuclear degradation during harvest– induced senescence of asparagus spears. *Postharvest Biology and Technology*, 26: 231-235.

Fath A, Bethke P, Lonsdale J, et al. 2000. Programmed cell death in cereal aleurone. *Plant Molecular Biology*, 44: 255-266.

Fulda S, Meyer E, Friesen S, et al. 2001. Cell type specific involvement of death receptor and mitochon-drial pathways in drug – induced apoptosis. *Oncogene*, 20: 1063 -1075.

Green D R. 1998. Apoptotic pathways: the roads to ruin. *Cell*, 94: 695.

Guerrero AD, Chen M, Wang J. 2008. Delineation of the caspase – 9 signaling cascade. *Apoptosis*, 13: 177-186.

Hatsugai N, Kuroyanagi M, Yamada K, et al. 2004. A plant vacuolar protease, VPE, mediates virus – induced hypersensitive cell death. *Science*, 305: 855-858.

Hideo K, Hiroo F. 2002. Developmental programmed cell death in plants. *Current Opinion in Plant Biology*, 5: 568-573.

Jiang X J, Wang X D. 2004. Cytochrome c – mediate apoptosis. *Annual Review of Biochemistry*, 73: 87-106.

Johnson C R, Jarvis W D. 2004. Caspase – 9 regulation: an update. *Apoptosis*, 9: 423-427.

Jones AM. 2001. Programmed cell death in development and defense. *Plant Physiology*, 125: 94-97.

King G A, Davies K M. 1992. Identification, cDNA cloning, and analysis of mRNAs having altered expression in tips of harvested asparagus spears. *Plant Physiology*, 100: 1661-1669.

King G A, Woollard D C, Irving D E, et al. 1990. Physiological changes in asparagus spear tips after harvest. *Physiologia Plantarum*, 80: 393-400.

Kuriyama H，Fukuda H. 2002. Developmental programmed cell death in plants. *Current Opinion in Plant Biology*，5：568-573.

Lam E. 2004. Controlled cell death，plant survival and development. *Nature Reviews in Molecular Cellular Biology*，5：305-314.

Li P，Nijhawan D，Budihardjo I，et al. 1997. Cytochrome c and dATP－dependent formation of Apaf－1/Caspase－9 complex initiates an apoptotic protease cascade. *Cell*，91：479-489

Lim P O，Kim H J，Nam H G. 2007. Leaf senescence. *annual Reviwes. of Plant Biology*，58：115-136.

Liu X，Li P，Widlak P，et al. 1996. Induction of apoptotic program in cell－free extracts：requirement for dATP and cytochrome c. *Cell*，86：147-157.

Mazel A，Levine A. 2001. Induction of cell death in Arabidopsis by superoxide in combination with salicylic acid or with protein synthesis inhibitors. *Free Radical Biology and Medicine*，30：98.

Morishima N，Nakanishi K，Takenouchi H，et al. 2002. An endoplasmic reticulum stress－specific caspase cascade in Apoptosis. *The Journal of Biology Chemistry*，277：34287-34294.

Navarre D A ，Wolpert T J. 1999. Victorin induction of an apoptotic/senescence－like response in oats. *Plant Cell*，11：237-249.

Oaull R E，Chen N J . 2000. Heat treatment and fruit ripening. *Postharvest Biology and Technology*，21：21-37.

Obara K，Kuriyama H，Fukuda H. 2001. Direct evidence of active and rapid nuclear degradation triggered by vacuole rupture during programmed cell death in zinnia. *Plant Physiology*，125：615-626.

Orzaez D，Granell A. 1997. DNA fragmentation is regulated by ethylene during carpel senescence in *Pisum sativum*. *Plant Journal*，11：137-144.

Overmyer K，Brosche M，Pellinen R，et al. 2005. Ozone－induced programmed cell death in the Arabidopsis *radical－induced cell death*1 Muntant. *Plant Physiology*，137：1092-1104

Pennell RI，Lamb C. 1997. Programmed cell death in plants. *Plant cell*，9：1157-1168.

Qu G Q，Liu X，Zhang Y L，et al. 2009. Evidence for programmed cell death and activation of specific caspase－like enzymes in the tomato fruit heat stress response. *Planta*，229：1269-1279.

Riedl S J，Salvesen G S. 2007. The apoptosome：signaling platform of cell death. *Nature Reviews Molecular Cell Biology*，8：405-414.

Rogers H J. 2006. Programmed cell death in floral organs：how and why do flowers die? *Annals of Botany*，97：309-315.

Samadi L，Behboodi B S. 2006. Fusaric acid induces apoptosis in saffron root－tip cells：roles of caspase－like activity，cytochrome c ，and $H_2O_2$. *Planta*，225：223-234.

Sanmartin M，Jaroszewski L，Raikhel N V，et al. 2005. Caspases. Regulating death since the origin of life. *Plant Physiology*，137：841-847.

Shiono K，Takahashi H，Colmer T D，et al. 2008. Role of ethylene in acclimations to promote oxygen transport in roots of plants in waterlogged soils. *Plant Science*，17：52-58.

Thomas S G，Franklin－Tong V E. 2004. Self－incompatibility triggers programmed cell death in Papaver pollen. *Nature*，429：305-309.

Vacca R A，Valenti D，Bobba A，et al. 2006. Cytochrome c is released in a reactive oxygen species－dependent manner and is degraded via caspase－like proteases in Tobacco Bright－Yellow 2 Cells en route to heat shock－induced cell death. *Plant Physiology*，141：208-219.

Weidhase R A，Lehmann J，Kramell H，Sembdner G，Parthier B. 1987a. Degradation of ribulose－1，5－

biphosphate carboxylase and chlorophyll in senescing barley leaf segments triggered by jasmonic acid methylester, and counteraction by cytokinin. *Physiology Plantarum*, 669: 161-166.

Yahia E M, Soto – Zamora G, Brecht J K, et al. 2007. Postharvest hot air treatment effects on the antioxidan system in stored mature – green tomatoes. *Postharvest Biology and Technology*, 44: 107-115.

Yamada T, Takastu Y, et al. 2003. Suppressive effect of trehalose on apoptotic cell death leading to petal senescence in ethylene – insensitive flowers of gladiolus. *Plant Science*, 164: 213.

Yamamoto R, Fujioka S, Demura T, et al. 2001. Brassinosteroid levels increase drastically prior to morphogenesis of tracheary elements. *Plant Physiology*, 125: 556-563.

（曲桂芹）

# 第三章　逆境胁迫的生物学基础及调控机制

## 第一节　低温胁迫及冷害的调控机制

### 导言

低温可以降低植物细胞的代谢速率，抑制果实的成熟，延缓衰老和保持果蔬产品的采后品质，被广泛应用于园艺产品采后的贮藏保鲜。对于一些生长在热带、亚热带以及某些温带的冷敏果蔬而言，不适当的低温会引起冷害，从而影响其食用品质。冷害是果蔬产品在不适宜的低温胁迫下出现的生理失调，产生冷害的温度因果蔬产品不同而变化，亚热带果蔬产品的冷敏温度在 $5 \sim 8^{\circ}\mathrm{C}$，而热带果蔬产品可能在 $12^{\circ}\mathrm{C}$ 以下（Lyons，1973）。

冷害可以在植物生长发育的任何一个阶段产生，其程度取决于低温胁迫的时间和温度，以及植物器官的类型和发育阶段。果蔬产品的冷害症状因种类和品种而异，并与其生长环境（土壤，气候和水分等）有关。在微观水平上，植物器官冷害症状具有比较类似的表现，如叶绿体和线粒体肿胀，解体；基粒内囊体膨胀，松散；淀粉粒的数目和大小减少；叶绿体中脂肪滴累积，以及核染色质聚集（Kratsch & Wise，2000）。对于果蔬而言，冷害症状的宏观表现为果蔬发育或代谢失调，如不能完全成熟或成熟受阻，果蔬风味和香气丧失等。其次，内在的生理失调以不同的外在形态表现，如果皮凹陷，果皮颜色异常变黄，果皮出现水渍状斑点，果实内部或表皮褐变，果肉木质化或絮败等。产生冷害的果蔬产品对机械伤害，细菌和真菌病害的抵抗力下降，容易感染病害（Lurie et al.，1997）。

### 1　生物膜脂组成与冷害

生物膜构象和结构的改变被认为是植物冷害在分子水平上的最初事件，进而影响到植物膜的渗透性（Raison & Orr，1990）。低温逆境会造成植物多种形式的膜伤害，具体表现为：膜电导率上升，生物膜相改变，以及生物膜脂成分改变，而后者的变化最为显著。类似于果蔬衰老进程中膜脂的变化规律，低温逆境下的果实会出现膜脂过氧化反应，膜脂不饱和成度降低，磷脂和糖脂的降解，以及固醇/磷脂上升等，这些变化会引起膜流动性的降低，并最终导致膜和膜相关蛋白功能下降（Marangoni et al.，1996）。

生物膜脂的不饱和程度是评价膜功能和低温环境下植物器官生活力很重要的参数之一。通过提高膜脂中不饱和脂肪酸比例和膜流动性可提高植物对低温的适应能力（Nishida & Murata，1996）。Murata 等（1992）将冷敏感型南瓜的甘油-3-磷酸酰基转移酶基因转入烟草后发现，转基因烟草植株生物膜中的不饱和脂肪酸含量和膜流动性降低，对低温十分敏感。而 Ishizaki-Nishizawa 等（1996）报道通过基因工程技术调控烟草体内的不饱和脂肪酸水平可以改变其冷敏性。他们在烟草中表达叶绿体 $\omega-3$ 去饱和酶基因可以提高转基因烟草中的不饱和脂肪酸含量，从而显著提高其抗冷性。Zhang 和 Tian（2009）发现桃果实在 $5^{\circ}C$ 下贮藏 21 天出现冷害症状，而在同一贮藏时间 $0^{\circ}C$ 下的果实却不出现冷害，通过研究揭示了桃果实在 $0^{\circ}C$ 下具有较强的抗冷性的机制，主要是由于 $0^{\circ}C$ 低温有利于保持桃果实生物膜较高的不饱和程度，维持生物膜的流动性。他们证实了生物膜脂的不饱和程度与膜脂中的较高 C18：3 的含量正相关（表 1-3-1-1），而 C18：3 水平受到 $\omega-3$ 去饱和酶基因表达的正调控。另外，通过单向薄层层析的方法，他们首次从气调贮藏下的桃果实（没有发生冷害）质膜中分离出一类特殊的磷脂-氮酰基磷。

**表 1-3-1-1　桃果实生物膜脂的脂肪酸组成及不饱和程度**（引自：Zhang & Tian，2009）

| 贮藏时间/天 | 处理[1] | 脂肪酸组成/（mol %) | | | | | 双键指数 DBI[2] |
| --- | --- | --- | --- | --- | --- | --- | --- |
| | | C16：0 | C18：0 | C18：1 | C18：2 | C18：3 | |
| 0 | | 24.17±0.45 | 23.99±0.31 | 15.43±0.19 | 16.96±0.07 | 19.45±0.15 | 1.45±0.01 |
| 10 | 5℃ | 20.06±0.53a | 13.44±0.24a | 10.06±0.15b | 29.87±0.21a | 26.56±0.23b | 3.20±0.05b |
| | 0℃ | 18.99±0.38b | 7.35±0.07b | 13.19±0.37a | 18.54±0.07b | 42.01±0.37a | 4.13±0.05a |
| 20 | 5℃ | 36.86±0.75a | 20.30±0.33b | 9.72±0.09b | 22.58±0.12a | 10.66±0.25b | 1.15±0.01b |
| | 0℃ | 22.18±0.55b | 16.29±0.33b | 10.76±0.17a | 10.93±0.18b | 40.01±0.37a | 2.88±0.04a |
| 30 | 5℃ | 37.08±0.76a | 25.30±0.37a | 6.82±0.11b | 24.76±0.02a | 6.04±0.17b | 0.98±0.01b |
| | 0℃ | 36.29±0.71a | 16.37±0.30b | 9.68±0.16a | 12.25±0.05b | 25.15±0.26a | 1.60±0.02a |

注：1）5℃为桃果实产生冷害的温度，0℃为桃果实不产生冷害的温度；2）脂肪酸不饱和程度用双键指数（double bound index，DBI）来评价，DBI 的计算公式为：DBI＝［（3×mol% C18：3）＋（2×mol%C18：2）］/［（mol%C16：0）＋（mol%C18：0）＋（mol%C18：1）］。C18：1 表示含 18 个碳原子，含 1 个不饱和双键的脂肪酸。

N-酰基磷脂酰乙醇胺（NAPE）。这种化合物在磷脂酰乙醇胺（PE）头部的 N 原子处通过酰基双键连有第三个脂肪酸链残基，作为一种细胞膜保护剂，NAPE 的积累可能有利于保护细胞免受低温伤害。从 NAPE 脂的质谱分析（图 1-3-1-1B）看出 NAPE 脂包含几类物质。不考虑脂肪酸残基的准确位置，按照脂肪酸碳原子数目可以将 NAPE 脂分为三类，分别为 16/16/16 型；16/16/18 和 16/18/18 型（图 1-3-1-1C）。同时阐明抑制磷脂降解酶（PLDα）基因的表达有助于减缓 PE 的分解，从而增加 NAPE 的合成（Zhang & Tian，2010）。Bakht 等（2006）报道外源脱落酸处理可以通过提高鹰嘴豆组织中不饱和脂肪酸比例来维持质膜的流动性，从而提高其对低温的抗性。

在植物发生冷害时，线粒体膜的脂类成分改变与受损细胞的能量代谢丧失之间可能存在某种关联。冷害会造成植物细胞线粒体呼吸代谢途径的紊乱，Lyons 和 Raison（1970）认为低温逆境下膜脂的相变（由液晶态向凝胶态转变）使线粒体内膜完整性丧失，从而导致氧化磷酸化解偶联。氧化过程照样进行，但不能形成 ATP，从而影响植物正常的生命代谢活动，甚至导致植物死亡。

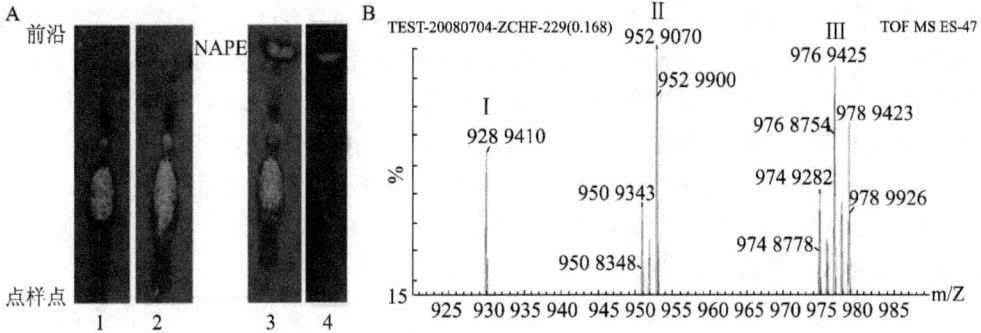

图 1-3-1-1 贮藏 21 天的桃果实质膜中磷脂部分的单向 TLC（A）、NAPE 脂的质谱图（B）和气调贮藏（0℃-CA）条件下的桃果实质膜中的 NAPE 的质谱分析及各成分的相对含量。A 图中（1）5℃；（2）0℃；（3）0℃-CA 和（4）标准棕榈酰磷酸酰乙醇胺

（引自：Zhang & Tian，2010）

## 2 氧化胁迫与冷害

低温逆境除直接改变植物生物膜脂的分子组成外，还可以通过诱导氧化胁迫使膜完整性丧失。正常植物细胞内活性氧（reactive oxygen species，ROS）的产生和清除是平衡的。然而，一旦植物遭受环境胁迫，ROS 产生和清除的平衡体系即遭破坏，诱发氧化胁迫。活性氧首先袭击的是膜系统，磷脂和脂肪酸受损将导致生物膜中脂质的过氧化或脱脂化，干扰生物膜上镶嵌的多种酶的空间构型，使得膜孔隙变大，通透性增强，离子大量泄漏，从而导致植物严重伤害或死亡（Scandalios，1993）。

植物细胞中含有由抗氧化物质和抗氧化酶，由此共同构成了活性氧清除系统，这些抗氧化物质包括 $\beta$-胡萝卜素、$\alpha$-维生素 E、抗坏血酸盐、谷胱甘肽等物质，而抗氧化酶主要是超氧化物歧化酶（SOD）、谷胱甘肽还原酶（GR）、过氧化氢酶（CAT）、过氧化物酶（POD）和抗坏血酸过氧化物酶（APX）等（Blokhina et al.，2003）。对于特定的酶系统，如果抗氧化酶和助氧化酶活性之间的平衡丧失，植物组织内的活性氧就会积累，进而使其遭受氧化胁迫。因此，增加细胞内抗氧化物质的含量和提高抗氧化酶活性，被认为是增强植物抗冷性的有效方法。Wang 等（2005）采用 0℃ 低温结合气调（CA，$5\%O_2 + 5\%CO_2$）贮藏的方式，可以显著地减轻桃果实冷害发生率和冷害程度。同对照果实相比，该条件下贮藏的桃果实具有较高的 SOD 和 CAT 活性，并维持较低的膜相对电导率。韩晋和田世平（2006）报道外源茉莉酸甲酯可以减缓黄瓜果实冷害症状的发展，降低细胞膜电解质渗出率，这与黄瓜组织中 CAT 活性升高存在正相关。Park 等（2006）报道外源甜菜碱可明显提高番茄的抗冷性，其作用机理是提高生物膜的稳定性和 CAT 等抗氧化酶的活性。Ding 等（2007）采用 5 mmol/L 外源草酸或 2 mmol/L 水杨酸处理芒果果实，可减轻贮藏期间果实的冷害程度，其调控机制可能与提高果实抗坏血酸和谷胱甘肽的还原状态水平、抑制 $O_2^-$ 含量有关。

降低植物体内 ROS 水平的另一个途径是减少其生成量，这可以通过激活一类交替氧化酶（alternative oxidase，AOX）的活性来实现。AOX 也称抗氰氧化酶（cyanide resistant oxidase），它广泛存在于高等植物及部分真菌和藻类中，是植物体线粒体内膜呼吸链上抗氰呼吸途径的末端氧化酶。AOX 可以在线粒体呼吸链中有效地使分子氧与还原醌相互作用，降低 ROS 的产生量，从而减少 ROS 对细胞的伤害（Moller，2001）。Maxwell 等（1999）发现抑制 AOX 可导致线粒体活性氧上升，而过量表达 AOX 则可以降低活性氧含量，提高活性氧清除系统的能力。另外，AOX 还可以通过抑制呼吸链复合物的过度还原来抑制线粒体 ROS 产生（Juszczuk & Rychter，2003）。研究表明，AOX 酶对控制果蔬产品冷害具有重要作用。外源水杨酸甲酯和茉莉酸甲酯处理都可以提高甜椒和番茄在低温贮藏下的抗冷性，这主要是由于 AOX mRNA 水平及酶活性的提高可以保护细胞免受膜脂类物质氧化胁迫而造成的功能丧失（Fung et al.，2006）。Zheng 等（2006）报道高氧气调贮藏的西葫芦具有较强的抗冷性，与高氧条件下有利于西葫芦维持较高的 AOX 转录水平和较高的抗氧化酶（SOD、CAT 和 APX 等）活性有关。

## 3 细胞超微结构与冷害

叶绿体的结构与功能对低温胁迫很敏感。当冷敏感植物（如玉米、水稻、番茄和黄瓜等）受到低温胁迫时，叶绿体首先发生膨胀，变形；同时淀粉粒体积变小，数量减少。随着低温胁迫的延续，叶绿体被膜转变成许多串联状的小囊泡。随后，叶绿体内产生拟脂颗粒的积累，基粒片层减少，甚至消失。当受到更严重的低温胁迫时，被膜破裂，其中的内容物与细胞质相混合，导致细胞死亡（Kratsch & Wise，2000）。电镜观察显示，遭受冷害的植物线粒体呈现膨胀状态，内嵴腔增大，变得粗短，严重时内嵴破裂（Ishikawa-Nishizawa et al.，1996）。

冷害桃果实的电镜观察结果显示细胞核及线粒体电子透明度增加，叶绿体中淀粉粒和嗜锇颗粒增多，原生质自溶，亚细胞结构趋向解体，囊泡增多，聚集在细胞壁一侧；细胞间通道剧增，细胞内含物质外泄；细胞壁不均匀增厚，细胞变形，细胞的区隔作用减弱，液泡、细胞质、中胶层趋向共质体（齐灵等，1994）。由此认为细胞壁作为代谢门户的功能丧失，水分和营养物质自由流出细胞。这不仅使果实汁液减少，风味变淡，而且导致代谢紊乱。细胞壁次生增厚也是低温引起细胞伤害和品质劣变的直接原因。

Han 等（2006）发现外源水杨酸甲酯（MeSA）处理可以缓解低温贮藏对芒果果实细胞壁的伤害。芒果在 14℃ 贮藏不会发生冷害，外果皮组织中的厚壁细胞在三细胞交界处相互分离，到贮藏后期这些厚壁的细胞出现膨胀。而在 5℃贮藏的对照果实发生冷害，出现了类似的三细胞交界处的分离，随着贮藏时间的延长，分离开始扩大到细胞边缘。到贮藏后期细胞间的分离加大，细胞壁变薄。MeSA 处理的果实（没有出现冷害）在贮藏过程中，外果皮细胞的分离和细胞壁的变化类似于 14℃贮藏的果实，细胞间的分离主要局限在细胞间隙，贮藏后期出现细胞壁膨胀现象，在贮藏的中、后期，外果皮组织局部细胞间的分离有向细胞边缘扩大的现象。

他们还认为 MeSA 处理可能通过改变果皮蜡层结构，提高果皮的通透性来增强芒果果实对低温的抗性。芒果果皮蜡层有一系列相互连接的脊状凸起，最初脊状物排列紧密，蜡层平滑，其上附有少量蜡块（图 1-3-1-2A，B）。在 14℃下贮藏 14 天，果实蜡层的脊状物排列松散，脊的基部出现蜡质细丝和许多裂缝（图 1-3-1-2C，D）。同时期 5℃贮藏的果实，蜡层仍然平滑、无裂缝，表面附有少量蜡块（图 1-3-1-2E，F）。MeSA 处理的果实贮藏到 14 天时，蜡层的形态类似于 14℃贮藏的果实，但裂缝更加明显，呈孔洞状（图 1-3-1-2G，H），这可能与其缓解冷害症状有关。Meng 等（2009）通过电镜观察到 MeJA 处理的桃果实在贮藏期间，细胞壁中的钙沉淀主要沿中胶层和靠近质膜的位置分布，且保持较稳定的钙离子含量，由此认为 MeJA 通过调控果实细胞壁的降解和细胞壁中的钙含量来提高果实对低温的抗性。

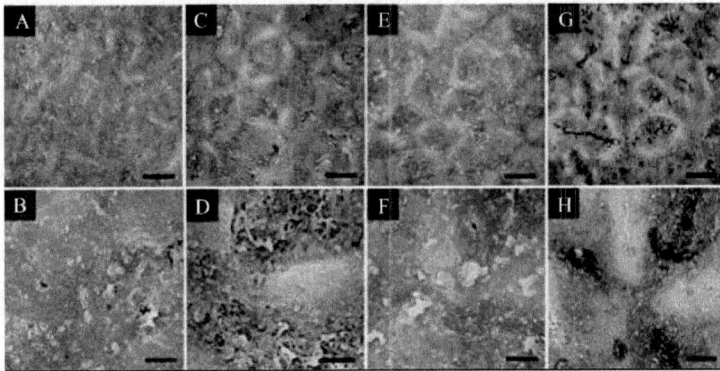

图 1-3-1-2　芒果果实表皮蜡层结构变化。贮藏前果实蜡层致密而平滑（A，B）；贮藏 14 天后，三个处理的果实蜡层都变得疏松（C，E，G），其中 14℃贮藏的果实蜡层出现较多的裂缝（C），裂缝上有蜡丝盘绕（D）；5℃贮藏的对照果实蜡层仍然保持平滑完整（E，F）；MeSA 处理 5℃贮藏的果实蜡层类似于 14℃贮藏的果实，表面出现了较多的裂缝（G），但裂缝上无蜡质覆盖（H）。图中 A，C，E，G 的比例尺为 30 $\mu m$；B，D，F，H 的比例尺为 6 $\mu m$

（引自：Han et al.，2006）

## 4　抗性基因或蛋白表达与冷害

低温信号通过生物膜上的受体（如离子通道、组蛋白激酶等）可传递给二级信号，如活性氧分子、磷酸肌醇和钙离子。二级信号分子可进一步引起蛋白磷酸化、促分裂素原活化蛋白激酶（MAPK）参与的级联反应，从而激发相应的转录因子和基因的表达，最终植物产生相应的反应，表现为局部细胞死亡或抗性应答（Wen et al.，2002）。在拟南芥中发现了大量对冷胁迫产生应答的基因，部分基因合成转录因子，部分基因参与转录后修饰，还有些基因参与脱落酸、赤霉素和生长素的合成（Seki et al.，2002；Lee et al.，2005）。

贮藏前热激处理和低温预处理（先在 16℃下贮藏 7 天，再转入 2℃下贮藏），可提高葡萄果实在 2℃下的抗冷性，但它们的分子调控机制并不完全相同。热激可明显提高抗性相关基因，如热激蛋白、脱水蛋白、运载蛋白、葡聚糖酶和超氧化物歧化酶基因在转录水平上的表达；低温预处理可提高膜脂代谢相关基因，如脂肪酸去饱和酶、脂质运载蛋白基因在转录水平上的表达（Sapitnitskaya et al.，2006）。

Sabehat 等（1996）发现在 38℃下处理西红柿 48 h，能减轻其冷害发生，[35]S-甲硫氨酸标记观察到热处理果实中 HSP70、HSP18.1 和 HSP23 含量比对照高，他们认为低温下这些蛋白的存在有利于防止冷害导致的电解液渗漏。Porat 等（2004）对柚子采用 62℃热水处理 20s 以增强其抵抗冷害的能力。将热处理后的柚子放在 20℃下，仅在 6～48 h 内可以检测到 HSP mRNA 的上升，但是，如果将热处理后的柚子进行冷藏，其诱导的较高水平 HSP mRNA 可以维持整整 8 周。另外，热处理后 HSP mRNA 水平的提高有利于增强柚子的耐冷性。Zhang 等（2010）通过差异蛋白质组学研究桃果实的耐冷机制结果表明，与没有发生冷害的桃果实（0℃下贮藏）比较，发生冷害的桃果实（5℃下贮藏）中烯醇化酶、脂质运载蛋白、过敏蛋白出现缺失表达，以及脱水蛋白的表达下调，会导致生物膜完整性的破坏。而分支酸变位酶、桂醇脱氢酶的表达上调会导致果实多酚类物质含量的增加。分子杂交试验结果进一步表明：桃果实在 5℃下贮藏 21 天后，编码这些与膜稳定性相关蛋白的基因表达显著地受到抑制（图 1-3-1-3）。

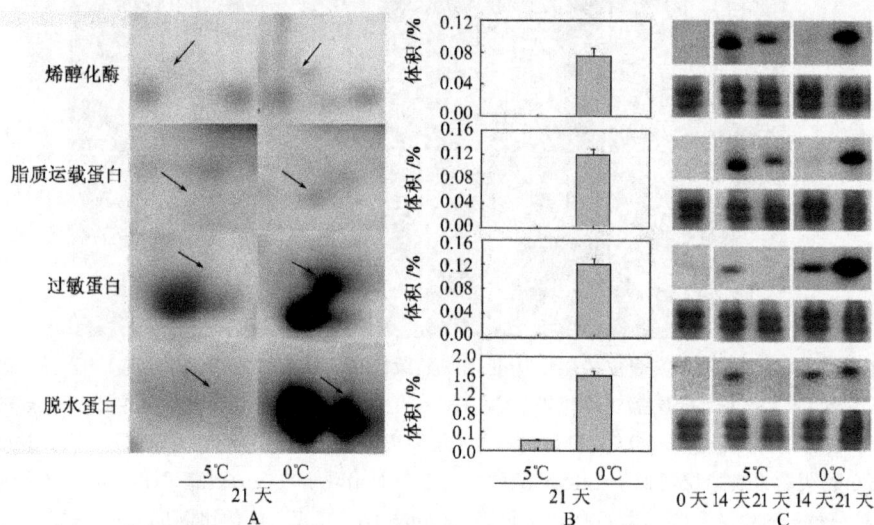

图 1-3-1-3 烯醇化酶、脂质运载蛋白、过敏蛋白和脱水蛋白的放大图（A）和表达水平（B），以及编码这些蛋白的基因的表达水平随时间的变化（C）

（引自：Zhang & Tian，2010）

近年来对不少生物全基因组序列的测定表明，膜蛋白约占总蛋白的 30%。各种膜蛋白在细胞内信号转导、能量转换、代谢物和离子的运输、细胞粘连、细胞内吞和外排等重要生物学过程中起着重要的作用。在植物抵御低温逆境方面膜蛋白也非常重要，很多植物通过冷驯化（cold acclimation，CA）获得抗冷性就是靠激发某些膜蛋白的活性而发生作用的（Uemura et al.，2006）。因此，对膜蛋白的研究已经成为揭示冷害机理的热点课题。质膜是植物与外界进行物质交换、信息交换和能量交换的最主要场所，在植物的生命活动中具有重要作用。通过蛋白质组学的研究方法已经鉴定出了多种组成质膜的蛋白质。Alexandersson 等（2004）从拟南芥的叶片和叶柄中提取和高度纯化了细胞质膜蛋白，经质谱分析鉴定出了 238 个与质膜相关的蛋白质，其中 114 个蛋白被预测有跨膜区或是糖基磷酸肌醇锚定蛋白。大约 33.3％的镶嵌膜蛋白是以前没有证明的质膜蛋白。在鉴定的 238 个蛋白中，其功能主要是参与转运、信号转导、膜运输和逆境响应等生化途径。几乎 25％的鉴定蛋白功能未知，但这些半数以上的蛋白被预测是膜镶嵌蛋白质。Tanaka 等（2004）分离鉴定得到了 58 种质膜蛋白，Chen 等（2007）从水稻悬浮细胞提取质膜蛋白，银染胶上共有 250～300 个可见蛋白点，他们只鉴定出了 14 个涉及壳聚糖抗性途径的蛋白。冷驯化后拟南芥叶片质膜蛋白质组将发生变化，其中 38 个蛋白的变化显著，这些蛋白包括了 DNA 修复蛋白 RAD23、COR47 家族脱水素蛋白、烟草 DREPP 相似蛋白、碳酸酐酶-2、伴侣素-20 以及 rubisco 亚基等。它们分别参与膜损伤的修复、保护膜应对渗透胁迫、信号转导、促进 $CO_2$ 固定以及蛋白质周转等过程，从不同方面共同影响拟南芥的抗冷性（Kawamura and Uemura，2003）。我们在果实膜蛋白抵御低温逆境作用的研究中发现：外源油菜素内酯（BR）处理能够提高芒果果实的抗冷性，同时可诱导与防御和逆境胁迫响应相关的膜蛋白，如 major latex protein - related，remorin protein，abscisic stress ripening - like protein，type Ⅱ SK2 dehydrin 等和 temperature - induced lipocalin 等运输蛋白的表达量。此外，编码这些蛋白基因的表达水平同样受到 BRs 诱导。

## 5　展望

　　研究果蔬产品在低温贮藏中冷害产生及调控机制，对揭示其对低温逆境应答的生理学效应，研制精准的贮藏保鲜技术具有重要意义。尽管目前对果蔬产品低温胁迫机制的研究已经取得了可喜进展，但有关果蔬产品是如何感知外界低温逆境信号？如何进行信号传递？并最终做出的响应机制等科学问题还有待于进一步探索（图 1 - 3 - 1 - 4）。

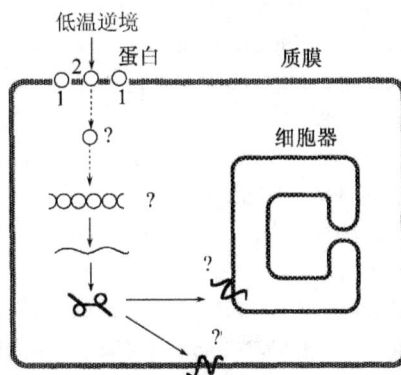

图 1 - 3 - 1 - 4　果实对外界低温逆境的响应机制示意图
1：在生理生化水平上起作用的蛋白；2：作为信号转导组分的蛋白

### 参 考 文 献

韩晋，田世平 . 2006. 外源茉莉酸甲酯对黄瓜采后冷害及生理生化的影响 . 园艺学报，33（2）：289-293.

齐灵，吕昌文，修德仁 . 1994. 桃冷害细胞学表现与品质劣变关系的研究 . 园艺学报，21（2）：134-138.

Alexandersson E, Saalbach G, Larsson C, et al. 2004. Arabidopsis plasma membrane proteomics identifies components of transport, signal transduction and membrane trafficking. *Plant Cell Physiology*, 45: 1543-1556.

Bakht J, Bano A, Dominy P. 2006. The role of abscisic acid and low temperature in chickpea (Cicer arietinum) cold tolerance. II. Effects on plasma membrane structure and function. *Journal of Experimental Botany*, 57: 3707-3715.

Blokhina O, Virolainen E, Fagerstedt K V. 2003. Antioxidants, oxidative damage and oxygen deprivation stress: a review. *Annals of Botany*, 91: 179-194.

Chen F, Li Q, He Z H. 2007. Proteomic analysis of rice plasma membrane - associated proteins in response to chitooligosaccharide elicitors. *Molecnlar Plant Pathology*, 49 (6): 863 - 870.

Ding Z S, Tian S P, Zheng X L, et al. 2007. Responses of reactive oxygen metabolism and quality in mango fruit to exogenous oxalic acid or salicylic acid under chilling temperature stress. *Physiologia Plantarum*, 130: 112-121.

Fung R W, Wang C Y, Smith D L, et al. 2006. Characterization of alternative oxidase (AOX) gene expression in response to methyl salicylate andmethyl jasmonatepre - treatment and low temperature in tomatoes. *Journal Plant Physiology*, 163: 1049-1060.

Han J, Tian S P, Meng X H, et al. 2006. Response of physiologic metabolism and cell structures in mango fruit to exogenous methyl salicylate under low - temperature stress. *Physiologia Plantarum*, 128, 125-133.

Ishizaki - Nishizawa O, Fujii T, Azuma M, et al. 1996. Low - temperature resistance of higher plants is significantly enhanced by a nonspecific cyanobacterial desaturase. *Nature Biotechnology*, 14 (8): 1003-1006.

Juszczuk I M, Rychter A M. 2003. Alternative oxidase in higher plants. *Acta Biochim Polonica*. 50 (4): 1257-1271.

Kawamura Y, Uemura M. 2003. Mass spectrometric approach for identifying putative plasma membrane proteins of Arabidopsis leaves associated with cold acclimation. *Plant Journal*, 36: 141-154.

Kratsch H A, Wise R R. 2000. The ultrastructure of chilling stress. *Plant Cell Environment*, 23: 337-350.

Lee S H, Ahn S J, Im Y J, et al. 2005. Differential impact of low temperature on fatty acid unsaturation and lipoxygenase activity in figleaf gourd and cucumber roots. *Biochemical and Biophysical Research Communications*, 330 (4): 1194-1198.

Lurie S, Laamin M, Lapsker Z, et al. 1997. Heat treatments to decrease chilling injury in tomato fruit. Effects on lipids, pericarp lesions and fungal growth. *Physiologia Plantarum*, 100: 297-302.

Lyons J M, Raison J K. 1970. Oxidative activity of mitochondria isolated from plant tissues sensitive and resistant to chilling injury. *Plant Physiology*, 45 (4): 386-389.

Lyons J M. 1973. Chilling injury in plants. *Annual Review of Plant Physiology*, 24: 445-466.

Marangoni A G, Palma T, Stanley D W. 1996. Membrane effects in postharvest physiology. *Postharvest Biology and Technology*, 7: 193-217.

Maxwell D P, Wang Y, Mcintosh I. 1999. The alternative oxidase lowers mitochondrial reactive oxygen production in plant cells. *Proceedings of the National Academy of Sciences of the United States of America*, 96: 8271-8276.

Meng X H, Han J, Wang Q, et al. 2009. Changes in physiology and quality of peach fruits treated by methyl jasmonate under low temperature stress. *Food Chemistry*, 114: 1028-1035.

Moller I M. 2001. Plant mitochondria and oxidative stress: electron transport, NADPH turnover, and metabolism of reactive oxygen species. *Annual Review of Plant Physiology and Plant Molecular Biology*，52：561-591.

Murata N，Ishizaki - Nishizawa O，Higashi S，et al，1992. Genetically engineered alteration in the chilling sensitivity of plants. *Nature*，356 (6371)：710-713.

Nishida I，Murata N. 1996. Chilling sensitivity in plants and cyanobacteria：the crucial contribution of membrane lipids. *Annual Review of Plant Physiology and Plant Molecular Biology*，47：541-568.

Park E J，Jeknic Z，Chen T H H. 2006. Exogenous application of glycinebetaine increases chilling tolerance in tomato plants. *Plant Cell Physiology*，47 (6)：706-714.

Porat R，Pasentsis K，Rozentzvieg D，et al. 2004. Isolation of a dehydrin cDNA from orange and grapefruit citrus fruit that is specifically induced by the combination of heat followed by chilling temperatures. *Physiologia Plantarum*，120：256-264.

Raison J K，Orr G R. 1990. Proposals for a better understanding of the molecular basis of chilling injury. *In*：Wang C Y. Chilling Injury of Horticultural Crops . Boca Raton，FL：CRC Press. 145-164.

Sabehat A，Weiss D，Lurie S. 1996. The correlation between heat shock protein accumulation an d persistence an d chilling toleran ce in tomato fruit. *Plant Physiology*，110：531-537.

Sapitnitskaya M，Maul P，McCollum G T，et al. 2006. Postharvest heat and conditioning treatments activate different molecular responses and reduce chilling injuries in grapefruit. *Journal of Experimental Botany*，57 (12)：2943-2953.

Scandalios J G. 1993. Oxygen stress and superoxide dismutases. *Plant Physiology*，101：7-12.

Seki M，Narusaka M，Ishida J. 2002. Monitoring the expression profiles of 7000 Arabidopsis genes under drought，cold and high - salinity stresses using a full - length cDNA microarray. *Plant Journal*，31 (3)：279-292.

Tanaka N，FujitaM，Handa H. 2004. Proteomics of the rice cell：systematic identification of the protein population in subcellular compartments. *Molecular Genetics and Genomics*，271：566-576.

Uemura M，To minaga Y，Nakagawara C. 2006. Responses of the plasma membrane to low temperatures. *Physiologia Plantarum*，126：81-89.

Wang Y S，Tian S P，Xu Y. 2005. Effects of high oxygen concentration on pro - and anti - oxidant enzymes in peach fruits during postharvest periods. *Food Chemistry*，91 (1)：99-104.

Wen J Q，Oono K，Imai R. 2002. Two novel mitogen - activated protein signaling components，Osmek1 and Osmap1，are involved in a moderate low - temperature signaling pathway in rice. *Plant Physiology*，129 (4)：1880-1891.

Zhang C F，Tian S P. 2009. Crucial contribution of membrane lipids' unsaturation to acquisition of chilling- tolerance in peach fruit stored at 0℃. *Food Chemistry*，115 (2)：405-411.

Zhang C F，Tian S P. 2010. Peach fruit acquired the tolerance to low temperature stress by accumulation of linolenic acid and N - acylphosphatidylethanola mine in plasma membrane. *Food Chemistry*，120 (3)：864-872.

Zhang C F，Ding Z S，Xu X B，et al. 2010. Crucial roles of membrane stability and its related proteins in the tolerance of peach fruit to chilling injury. *Amino Acids*，39：181-194.

Zheng Y，Fung R W，Wang S Y，et al. 2006. Transcript levels of antioxidative genes and oxygen radical scavenging enzyme activities in chilled zucchini squash in response to superatmospheric oxygen. *Postharvest Biology and Technology*，47：151-158.

（张长峰　田世平）

# 第二节　高温胁迫对果蔬采后生理的影响

**导言**

随着人们对环境和自身健康的关注，在果蔬采后保鲜中曾广泛使用的化学药剂已受到严格限制，寻找可替代化学杀菌剂和杀虫剂的安全无毒的保鲜方法成为果蔬采后研究新热点。采后热处理以其无化学残留、安全和简便易行等优点，在果蔬保鲜中显示了较好的应用前景。热处理一般是指用 35～60℃ 的热空气、热蒸汽或热水对采后果蔬进行处理，旨在控制果蔬病虫害，延缓果蔬衰老，改善果蔬品质，从而保持果蔬的商品性。经过几十年的研究和发展，热处理方法不断得到改进和完善，并已在多种水果采后处理中实现商业应用。本文主要从果蔬采后生理生化、品质和病虫害等方面，综述热处理对果蔬采后贮藏保鲜的影响及其机理，为进一步的研究和应用提供参考。

## 1　热处理对果蔬采后生理生化的影响

### 1.1　呼吸和乙烯产生

研究表明，在热处理开始时，果蔬的呼吸强度常因热刺激而增大，并且处理温度越高，对呼吸的刺激作用越大（Paull & Chen，2000）。但当高于某一临界温度时，呼吸强度就不再上升，反而下降。如热处理的猕猴桃果实，在 38～50℃，温度越高呼吸强度越大，但 54℃ 热处理却降低了呼吸强度（Irving et al.，1991）。Vicente 等（2006）认为热处理主要是促进了抗氰呼吸，从而提高整个果实的呼吸强度。热处理提高呼吸强度是暂时的，经热处理的果蔬在转移至低温贮藏时，其呼吸强度减弱或推迟了呼吸高峰的到来。例如杨梅果实经 40～50℃ 热空气处理后在 2℃ 贮藏时，其 $CO_2$ 释放量下降，且一直低于对照水平（Luo et al.，2009）。经热处理后贮藏的草莓、桃和甜樱桃果实的呼吸强度也显著降低（Alique et al.，2005；Malakou & Nanos，2005）。总之，适宜的贮前热处理能够抑制果蔬后续贮藏期间的呼吸作用，减缓其生理代谢。

乙烯是启动和促进果蔬成熟与衰老的激素。1-氨基环丙烷-1-羧酸（1-aminocyclopropane-1-carboxylic acid，ACC）是乙烯合成的重要中间产物；ACC 合酶（1-aminocyclopropane-1-carboxylic acid synthase，ACS）和 ACC 氧化酶（1-aminocyclopropane-1-carboxylic acid oxidase，ACO）是乙烯合成的关键酶。大多数果蔬在受到 35℃ 以上热处理时，乙烯的产生会受到抑制。热处理抑制乙烯的产生可能与 ACS 和 ACO 在高温下的失活有关。一般认为，ACO 是一种热敏感酶，高温容易使其失活。如经过 42～46℃ 热水处理，多种果实的 ACO 活力急剧下降从而减少了乙烯的合成（Lurie，1998；Paull & Chen，2000）。Atta-Aly（1992）认为与 ACS 相比，高温胁迫能更有效地抑制番茄果实中 ACO 活性，从而减少内源乙烯的合成，只有更高温度的热处理才能使得 ACS 活性降低并减少 ACC 含量。但也有学者认为 ACS 对高温也较为敏感，如 Ketsa 等（1999）发现芒果经过 38℃ 的热空气处理 3 天后，ACC 含量与 ACS 活性均显著下降，果实乙烯释放高峰相应推迟。另外，热处理可显著抑制番茄果实 ACO 基因的转录并抑制其翻译过程，从而使 ACO 活性下降，乙烯生成量减少，这说明热处理改变了乙烯合成有关基因的表达（Lurie et al.，1996）。

### 1.2 活性氧代谢和膜脂过氧化作用

热处理造成的高温胁迫会破坏细胞内 ROS 产生与清除之间的动态平衡，使细胞内 ROS 大量积累，引起膜脂的过氧化作用，从而引发膜系统的损伤和膜透性的增大，细胞内电解质外渗，对果蔬造成高温伤害。但采用适当的贮前热处理能诱导果蔬的抗氧化酶活性，减弱膜脂过氧化作用，保持膜的稳定性。例如，45℃ 热处理能提高草莓中超氧化物歧化酶（superoxide dismutase，SOD）、过氧化物酶（peroxidase，POD）、抗坏血酸过氧化物酶（ascorbate peroxidase，APX）和过氧化氢酶（catalase，CAT）的活性，抑制细胞膜透性的上升，减轻果实腐烂（Vicente et al.，2006）。Zhang 等（2005）发现葡萄果实经 38℃ 热处理后，抗氧化酶活性都有不同程度的上升，而膜脂过氧化产物丙二醛（malondialdehyde，MDA）

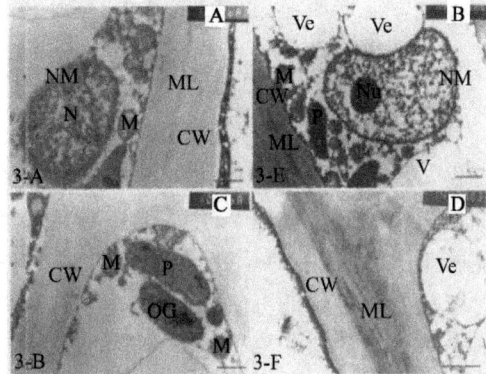

图 1-3-2-1 热处理对于葡萄果皮细胞超微结构的影响。低温贮藏 24 h 后对照组果实的果皮细胞，细胞核逐渐消失，细胞壁胞间层严重降解（A）。图 A 的放大，示片层肿胀的质体和胞间层消失的细胞壁（B）。低温贮藏 24 h 后热处理组果实的果皮细胞有明暗分明的细胞壁，囊泡增多，核膜变模糊，质体于线粒体无明显变化（C）。图 C 的放大，示细胞壁排列紧密的胞间层和微纤丝

（引自：Zhang et al.，2005）

的积累和细胞膜透性的上升受到抑制，从而减轻果实冷害的发生。对葡萄果皮细胞超微结构的研究表明，经过热处理的果实果皮细胞各细胞器结构基本保持完整，而对照组的果实果皮细胞发生明显的伤害状：先是液泡膜断裂，质体片层肿胀，排列紊乱；继而细胞核双层核膜被消化，细胞壁增厚，胞间层融解，微纤丝排列松散（图 1-3-2-1）。热处理也可显著诱导提高柑橘、黄瓜和柿子等冷敏果实低温冷藏期间 CAT、SOD 和 POD 活性，减轻膜脂的过氧化程度，减轻果实冷害症状（Ghasemnezhad et al.，2008；罗自生等，2007）。此外，热处理还诱导提高了青花菜中谷胱甘肽-抗坏血酸途径中的关键酶谷胱甘肽还原酶（glutathione reductase，GR）的活性，从而保持较高的维生素 C 和谷胱甘肽含量，提高了组织抗氧化能力从而避免了 ROS 的过度累积（Shigenaga et al.，2005）。

### 1.3 内源多胺

多胺（polyamine，PA）是生物体代谢过程中产生的具有生物活性的相对分子质量较低含氮脂肪碱，常见的有腐胺（putrescine，Put）、尸胺（cadavarine，Cad）、精胺（spermine，Spm）和亚精胺（spermidine，Spd）。多胺对植物的生长发育与衰老起重要的调节作用，并参与植物对各种逆境的反应，特别是多胺的含量与果蔬冷害有着密切的

关系。多胺能通过自身所带的正电荷，与膜上的阴离子成分（如磷脂）相互作用，加固膜的双分子层结构；同时多胺能清除自由基，因此多胺可有效阻止植物处于冷害温度下时膜脂的过氧化进程，减轻膜的损伤，从而减轻冷害的发生（Wang，1994）。贮前适当的热处理可提高柠檬（Valero et al.，1998）、甜椒（Gonzalez‐Aguilar et al.，2000a）、宽皮橘（Gonzalez‐Aguilar et al.，2000b）、杏（Abu‐kpawoh et al.，2002）、桃（Xu et al.，2005）和柿子（Mirdehghan et al.，2007）等多种冷敏果蔬低温冷藏期间内源多胺含量，从而增加果蔬的抗冷性，减轻冷害的发生。

### 1.4 热激蛋白合成及基因表达

当植物处于非致死高温（高于正常生长适温 10～15℃）时，一般蛋白质的合成速度减慢，而一类特殊的蛋白质即热激蛋白（heat shock protein，HSP）的合成却增加，从而提高植物的抗热性。HSP 可分为高相对分子质量和低相对分子质量两大类，前者包括60 kD、70 kD、90 kD 和 100 kD 的 HSP，后者的分子质量为 15（17）～30 kD。高分子相对质量和低分子相对质量的 HSP 都具分子伴侣（molecular chaperone）的作用，分子伴侣的功能是在高温下稳定其他蛋白质的结构，阻止它们的凝聚，使变性蛋白质重新伸展，并能与其他膜蛋白结合，阻止其降解，从而维持膜的功能（Vierling，1991）。低温、干旱、盐分和重金属胁迫也可诱导 HSP 的合成，从而提高植物对这些逆境的抗性，这些在不同逆境下产生的 HSP 可能赋予植物的交叉抗性（cross resistance），即一种逆境条件可增加对另一种逆境的抗性（Sabehat et al.，1998）。如绿熟番茄用 38℃热空气处理 3 天后，HSP17 和 HSP70 合成增加，从而提高了果实的抗冷性（Lurie & Klein，1993）。经过 38℃的热处理后，葡萄果实 HSP70 合成增加，果实的冷害症状也相应减轻（Zhang et al.，2005）。Chen 等（2008）的研究发现，香蕉果实经38℃热空气处理后，果实合成了分子质量为 70 kD 的 HSPs，并且在以后 8℃、12 天贮藏期间保持较高的水平（图 1‐3‐2‐2），同时明显减轻了果实的冷害症状。

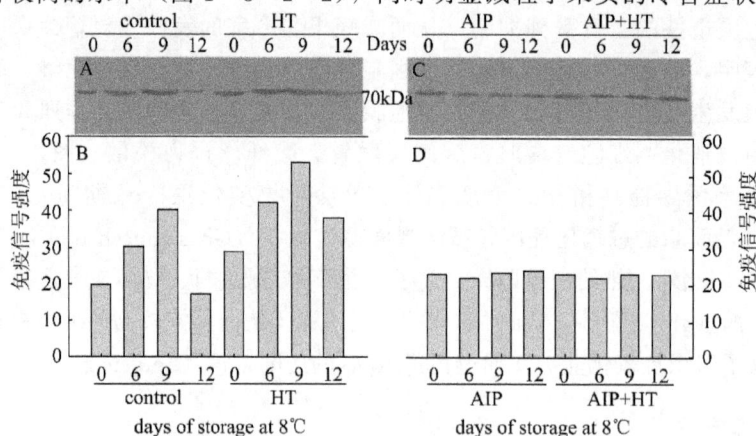

图 1‐3‐2‐2 热处理对香蕉果皮细胞中 HSP70 在 8℃、12 天贮藏期间变化的影响。A 和 B 为 Western 印迹图谱，C 和 D 分别为对应的免疫信号强度。葡萄果实按照不同的处理分为四组：不做任何处理的对照组（Control），热处理组（HT），蛋白合成抑制剂 AIP 处理组（AIP），热处理结合蛋白合成抑制剂 AIP 处理（AIP＋HT）。SDS‐PAGE 的每孔蛋白上样量为 10 μg。Western 印迹所用的抗体为小麦抗 HSP70 血清
（引自：Chen et al.，2008）

热激蛋白的调控机制可用 Morimoto（1993）提出的调节模式（图 1 - 3 - 2 - 3）解释。植物细胞内存在的热激因子（heat shock factor，HSF）在热激条件下可以激活热激基因的表达。在热激基因的 5′端有一小段特异的 DNA 序列，称为热激元件（heat shock element，HSE），是 HSF 的结合部位。HSF 和 HSE 结合就会激活热激基因的表达。在正常条件下，HSF 通过与 HSP 的相互作用来保持不与 DNA 结合的非活性状态。当受到热胁迫或其他环境胁迫后，大量 HSP 与热变性蛋白结合，从而使 HSF 从 HSP - HSF 复合物中释放出来，游离的 HSF 发生磷酸化形成有活性的三聚体并转入核内，在核内与 HSE 结合，激活其下游热诱导基因（包括 HSP）的表达。大量诱导合成的 HSP 可与新合成的 HSF 结合，抑制其向核内的进一步转运，从而反馈抑制热激反应。在核内 HSF 的活性也受到热激结合蛋白 HSBP（heat shock binding protein）的负调控。近年来对拟南芥的研究表明，上述调控模型在植物体内极为吻合（Wunderlich et al.，2003）。

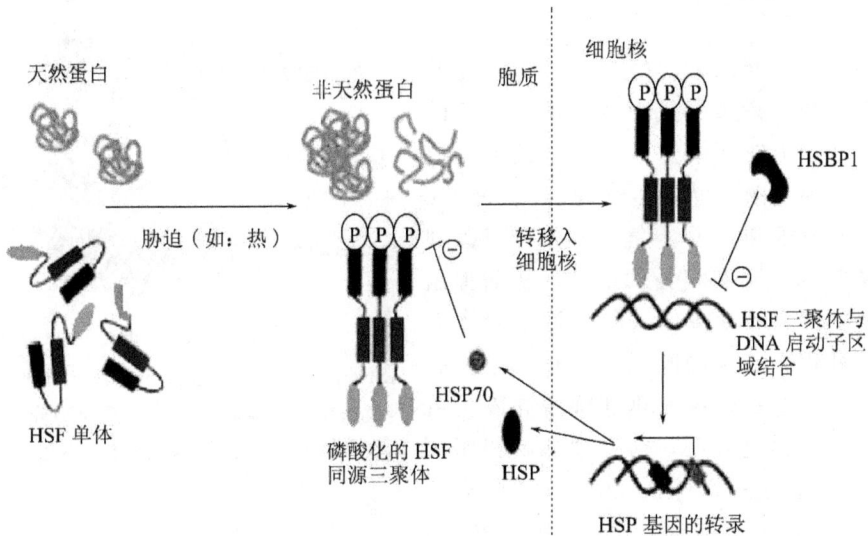

图 1 - 3 - 2 - 3  HSF 对 HSP 基因表达的调控作用

（引自：Morimoto，1993）

### 1.5  抗病相关酶活性和物质

热处理可延缓果蔬贮藏期间抗菌物质含量的下降，并可诱导果蔬抗病相关物质和病程相关蛋白的合成，从而提高对病害的抗性，延缓采后病害的发展（Schirra et al.，2000）。如 56～62℃热处理延缓了柑橘果皮中柠檬醛等抗菌物质含量的下降速度，并诱导形成木质素和 7 - 羟基 - 6 - 甲氧基香豆素等抗菌物质，从而增加对青霉病的抗性（Ben - Yehoshua et al.，1998）。热处理也提高了柠檬接种病菌部位木质素的含量，形成了抵御微生物入侵的屏障（Nafussi et al.，2001）。将扩展青霉的孢子置于经过热处理的苹果果皮的粗提物中培养，发现病菌孢子芽管的生长被明显抑制，芽管壁变厚，同时菌丝体的生长明显变慢，这表明热处理使苹果果皮形成了抑菌物质（Fallik et al.，1996）。

几丁质酶和 $\beta$ - 1,3 - 葡聚糖酶的作用是水解真菌细胞壁的主要成分几丁质和葡聚糖，苯丙氨酸解氨酶（Phenylalanine ammonia - lyase，PAL）是苯丙烷类代谢的关键酶，POD可催化酚类物质的前体聚合为木质素，起到加固植物细胞壁、抵抗病原物侵袭的作用（Liu et al.，2005）。38℃热空气处理显著诱导了番茄果实的POD活性，并抑制了灰霉葡萄孢霉引起的灰霉病（Lurie et al.，1997）；52℃热水处理则显著提高了香蕉果实几丁质酶和POD活性，同时抑制炭疽病的发生，表明热处理减轻香蕉炭疽病的发生与果实抗病性的提高有关（陈丽等，2006）；热处理也诱导了香蕉果实果皮中PAL、PPO和POD活性，从而提高了果实抗病性（庞学群等，2008）。另外，62℃热激处理诱导了葡萄柚果实中一系列小分子热激蛋白的合成，通过Western印迹实验证实这些小分子的热激蛋白中包括几丁质酶和$\beta$-1,3-葡聚糖酶蛋白（图1-3-2-4），随着这些小分子蛋白的合成，果实青霉病发生率也显著降低（Pavoncello et al.，2001）。

## 2 热处理对果蔬品质的影响

### 2.1 果蔬色泽和组织褐变

果蔬中含有叶绿素、类胡萝卜素和花青素等色素物质，是果蔬呈现各种不同颜色的原因。热处理能够影响这些色素物质的合成与降解，使果蔬的色泽发生变化。Funamoto等（2002）发现50℃热空气2 h处理显著抑制青花菜叶绿素降解相关酶活性，从而抑制叶绿素的降解和叶片黄化，在15℃贮藏4天期间，热处理青花菜的叶绿素含量几乎没有变化，而对照组的叶绿素迅速降解并发生黄化。进一步的研究表明，热处理抑制花椰菜叶绿素降解还与其抑制POD酶的活性有关（Funamoto et al.，2003）。汪峰等（2003）

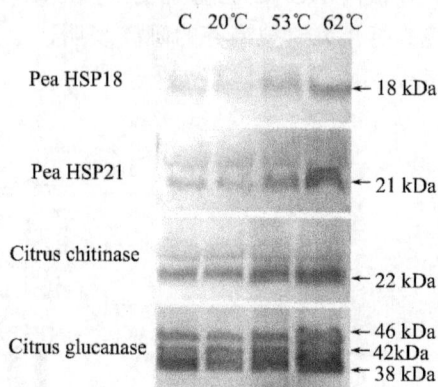

图1-3-2-4　葡萄柚果实中小分子质量HSP的Western印迹图谱。图中可见，62℃热激诱导了葡萄柚果实中一系列小分子HSP，包括几丁质酶和$\beta$-1,3-葡聚糖酶

（引自：Pavoncello et al.，2001）

的研究发现，热处理可以有效抑制食荚豌豆贮藏期间叶绿素含量的下降，延缓豆荚的黄化。但也有研究发现，热空气处理促进了苹果和番茄果实叶绿素的降解和脱绿（Lurie & Klein，1990，1991）；可见，热处理对果蔬叶绿素降解的影响随热处理温度、时间和果蔬的种类变化而异。热处理还可抑制花色苷和茄红素的合成。如30℃或更高温度热处理抑制了番茄果实茄红素的合成，这是由于热处理抑制了茄红素合成相关酶基因的表达，使茄红素的合成受阻，但将热处理的番茄转移至室温后，茄红素的合成又恢复正常，果皮能正常转色（Lurie & Sabehat，1997）。45℃热空气3 h的处理则延缓了草莓果实后熟过程，抑制果实花色苷合成和果面红色的发展（Civello et al.，1997）。

果蔬在受到机械损伤及冷害等逆境胁迫时，细胞分室被打破，多酚类物质即在多酚氧化酶（polyphenol oxidase，PPO）催化下氧化聚合，导致组织褐变而影响果蔬的外观，限制果蔬货架期。尤其是当前国内外发展迅速的鲜切果蔬（fresh-cut fruit and vegetable）产品，需要作去皮和切分等预处理，这会加速酶促褐变的发生，从而导致这类产品的货架期缩短。在鲜切前对完整果蔬作适当的热处理，可抑制果蔬切片多酚类物质积累和PPO活性，减少褐变的发生，延长货架期。如切分前热处理可有效抑制鲜切生菜（Loaiza - Velarde & Saltveit，2001）、鲜切梨片（Abreu et al.，2003）、鲜切猕猴桃（Beirao - da - Costa et al.，2006）和鲜切桃片（Koukounaras et al.，2008）PPO活性的上升和酚类物质积累的下降，从而减少褐变的发生。同时，我们的研究也发现采用 45℃、60 s 热激处理可显著降低蚕豆在冷藏期间的 PPO 和 PAL 活性，抑制总酚含量上升及褐变发生（张兰等，2003）。

### 2.2 果蔬滋味和风味

热处理影响果蔬的呼吸作用，从而有可能影响到果蔬中糖和酸等碳水化合物的含量和果蔬的滋味。多数的研究发现热处理对果实可溶性固形物含量无显著影响，但降低可滴定酸含量，从而提高糖酸比（McDonald et al.，1999）。热处理减少草莓果实中可滴定酸的含量，这可能与热处理提高了草莓果实的呼吸强度，从而消耗了作为底物的有机酸有关（Vicente et al.，2002）。但也有报道称热处理对可溶性固形物和可滴定酸含量无显著影响（Artes et al.，2000），这可能与果实的种类与热处理条件不同有关（Paull & Chen，2000）。Lydakis 和 Aked（2003a）发现热蒸汽处理促进果实失水，从而增加了葡萄果实可溶性固形物和可滴定酸含量。

热处理对果蔬风味的影响随果蔬种类以及热处理条件的变化而不同。不当的热处理会对果蔬产品造成热伤害，产生乙醇等异味物质，从而影响其风味。例如，52℃、3 min热水处理可使花椰菜产生乙醇和甲基硫氰酸酯等挥发性物质而使其产生异味（Forney & Jordan，1998）。不当的热水处理可造成果皮油胞的损伤，从而影响甜橙的风味（Shellie & Mangan，1998）。过度热处理也使杨桃果实的风味下降（Miller & McDonald，2000）。38℃热空气处理可促进苹果挥发性物质的产生，但热处理后果实挥发性物质的产生受到抑制，之后逐渐恢复。但恢复的芳香味与原来的存在差异，主要是部分醇类和酯类物质产生增加（Fallik et al.，1997）。热处理还使绿熟番茄的挥发性物质组成发生改变，在总共检测到的 15 种挥发性物质中，有 2 种成分增加而 5 种组分减少（McDonald et al.，1999）。但也有研究发现热处理并不影响葡萄柚果实贮藏后的风味（Jacobi & Giles，1997）。

### 2.3 果蔬质地

硬度是果实品质的重要指标之一，采用适当的贮前热处理可有效抑制苹果（Klein & Lurie，1992）、甜椒（Fallik et al.，1999）和草莓（Vicente et al.，2005；Martinez & Civello，2008）等果实在贮藏期间硬度的下降。一般认为，果实的硬度与细胞壁水解酶活性密切相关。35～60℃热处理可以降低番茄果实中 $\beta - 1,4 -$ 葡聚糖酶（$\beta - 1,4 -$ glucanase，EGase），$\beta -$ 甘露聚糖酶（$\beta -$ mannanase）和 $\beta -$ 半乳糖苷酶（$\beta -$ galactosidase，$\beta - gal$）的活性，而这些酶在番茄果实软化中起到重要作用（Sozzi et al.，1996）。Vicente 等（2005）同样发现，45℃、3 h 热空气处理显著抑制了草莓果实 EGase、多聚半乳糖醛酸酶（polygalacturonase，PG）、$\beta -$ 半乳糖苷酶和 $\beta -$ 木糖苷酶（$\beta -$ xylosidase，$\beta - xyl$）活性，从而抑制果胶物质和半纤维素的降解，保持果实的硬度。最近，Martinez 和 Civello（2008）发现 45℃、3 h 热空气处理可抑制草莓果实细胞壁降解相关酶的基因表达，从而降低这些酶的活性，抑制果实的软化。另外，适当的贮前热处理可提高竹笋贮藏期间纤维素酶、果胶甲酯酶和多聚半乳糖醛酸酶活性，抑制纤维素含量的上升，从而保持其嫩度（罗自生等，2002）。

### 2.4　果蔬失重

果蔬失重率的大小与热处理的温度和时间长短有着密切的关系。一般来说，处理温度越高时间越长，果实的失重就越大。对草莓、葡萄、番木瓜和鲜切韭菜的研究表明，它们的失重率均随着热处理温度的升高和时间的延长而增加（Civello et al.，1997；Lay - Yee et al.，1998；Lydakis & Aked，2003b；Tsouvaltzis et al.，2006）。但也有报道指出，果实的失重也与热处理的方式有关，如 Zhou 等（2002）发现 37～43℃热蒸汽处理 8 h 或 37℃热水处理 1 h 能够显著抑制桃果实在贮藏期间的失重，但 40℃和 43℃的热水处理却对果实失重没有影响。

## 3　热处理对果蔬采后病虫害的影响

### 3.1　果蔬冷害

热处理可提高多种冷敏果蔬对冷害的抗性，从而减轻冷害的发生（表1-3-2-1）。热处理抑制冷害的可能机制有以下三点：①热处理可诱导提高活性氧清除酶的活性和抗氧化物质含量，从而防止活性氧对组织的损伤；②热处理可诱导 HSP 基因的表达和 HSPs 的合成与积累，对蛋白质起稳定和保护作用；③热处理还可以诱导提高果蔬内源多胺含量，对细胞膜起稳定和保护作用。

**表 1-3-2-1　热处理减轻果蔬的冷害**

| 果蔬种类 | 冷害症状 | 处理方式 | 处理温度/时间 | 参考文献 |
|---|---|---|---|---|
| 苹果 | 虎皮病 | 热空气 | 38℃/4 天或 42℃/2 天 | Lurie et al.，1990 |
| | | 热水 | 48℃/3 min | Jemric et al.，2006 |
| 鳄梨 | 果心和果皮褐变 | 热空气＋热水 | 38℃/3～10 h＋40℃/30 min | Woolf et al.，1995 |
| | | 热水 | 38℃/60 min | Woolf & Lay - Yee，1997 |
| | | | 38～42℃/20～60 min | Hofman et al.，2002 |
| 香蕉 | 果皮褐变 | 热空气 | 38℃/3 天 | Chen et al.，2008 |
| | | 热空气处理 | 37℃/3 天 | Sala & Lafuente，1999 |
| 柑橘 | 果皮斑点 | 热水处理 | 50℃/2 min | Ghasemnezhad et al.，2008 |
| | | | 50～54℃/3 min | Schirra & Dhallewin.，1997 |
| 芒果 | 果皮凹陷斑 | 热空气 | 38℃/2 天 | McCollum et al.，1993 |
| | | 热水 | 54℃/20 min | Jacobi et al.，1997 |
| 柿子 | 果肉凝胶化 | 热水 | 47℃/90～120 min | Lay - Yee et al.，1998 |
| | | 热空气 | 47℃/0.5～3 h | Woolf et al.，1997 |
| 桃子 | 果肉木质化 | 热空气 | 39℃/1 天 | Murray et al.，2007 |
| 石榴 | 果皮褐变 | 热水 | 45℃/4 min | Mirdehghan et al.，2007 |
| 青椒 | 果皮凹陷斑 | 热水 | 53℃/4 min | Gonzalez - Aguilar et al.，2000a |

续表

| 果蔬种类 | 冷害症状 | 处理方式 | 处理温度/时间 | 参考文献 |
|---|---|---|---|---|
| 黄瓜 | 果皮凹陷斑 | 热水 | 42℃/30 min | McCollum et al.，1995 |
| | | 热空气 | 37℃/1 天 | Mao et al.，2007 |
| 番茄 | 果皮凹陷斑 | 热空气 | 38℃/2 天～3 天 | Lurie & Sabehat，1997 |
| | | 热水 | 42℃/60 min | McDonald et al.，1999 |
| 葡萄柚 | 果皮凹陷斑 | 热水 | 53℃/2 min | Miller et al.，2000 |
| | | 热空气 | 43.5℃/260 min | Porat et al.，1999 |

## 3.2　果蔬病害

至今已报道芒果、香蕉、番木瓜、荔枝、柑橘和苹果等 30 多种果蔬经热处理后，可防治由炭疽菌、青霉菌、腐霉菌、核盘菌、盘多毛孢、根霉、交链孢、色二孢、拟茎点霉、毛霉、疫霉和欧文氏菌等 20 多种病菌引起的采后病害，并且有些热带水果（如芒果和番木瓜）只有通过采后热处理才能取得较好的控制病菌危害的效果（表 1-3-2-2）。一些果蔬应用热处理控制采后病害的方法和条件见表 1-3-2-2。目前普遍认为热处理抑制果蔬贮藏病害，主要是通过以下几种作用方式：①病原菌被高温杀死或抑制，从而控制和阻断传染源；②热处理可以促进果蔬表皮木质素等物质的合成，促进伤口的愈合，从而阻止病原菌的侵染；③热处理可诱导果蔬抗病相关物质和病程相关蛋白的合成，增强了果蔬的抗菌和自身免疫能力。

**表 1-3-2-2　热处理减轻果蔬采后真菌病害**

| 病原菌 | 病害 | 果蔬种类 | 处理方式 | 温度/时间 | 参考文献 |
|---|---|---|---|---|---|
| *Alternaria alternata* | 黑斑病 | 胡萝卜 | 热水冲淋 | 100℃/3 s | Afek et al.，1999 |
| | | 芒果 | | 60～70℃/15～20 s | Prusky et al.，1999 |
| | 黑霉病 | 甜椒 | 热水 | 50℃/3 min | Fallik et al.，1996 |
| | | 苹果 | 热空气 | 38℃/4 天 | Klein et al.，1992 |
| | | 甜椒 | 热水 | 50℃/3 min | Fallik et al.，1996 |
| | | 草莓 | 热空气 | 45℃/3 h | Vincente et al.，2002 |
| *Botrytis cinerea* | 灰霉病 | 番茄 | 热水 | 50℃/2 min | Barkai-Golan et al.，1993 |
| | | | 热空气 | 38℃/2 天 | Fallik et al.，1993 |
| | | 葡萄 | 热蒸汽 | 55℃/21 min | Lydakis & Aked，2003b |
| | | | 热水 | 50℃/3 min | Karabulut et al.，2004 |
| *Chalara paradoxa* | 冠腐病 | 香蕉 | 热水 | 45℃/20 min 或 50℃/10 min | Reyes et al.，1998 |
| | 黑斑病 | 菠萝 | | 54℃/3 min | Wijeratnam et al.，2005 |
| *Colletotrichum gloeosporioides* | 炭疽病 | 芒果 | 热水 | 46～48℃/24s～8 min | Coates et al.，1993 |
| *Colletotrichum musae* | 冠腐病 | 香蕉 | 热水 | 45℃/20 min | Win et al.，2007 |
| *Penicillium digitatum* | 绿霉病 | 葡萄柚 | 热空气 | 46℃/6 h | Shellie，1998 |
| | | | 热水冲淋 | 59～62℃/15 s | Porat et al.，2000 |
| *Penicillium expansum* | 青霉病 | 苹果 | 热空气 | 38℃/4 天 | Leverentz et al.，2000 |
| | | 甜橙 | 热水 | 41～43℃/1～2 min | Smilanick et al.，1997 |
| *Rhizopus stolonifer* | 根霉病 | 番茄 | 热水 | 50℃/2 min | Barkai-Golan et al.，1993 |

### 3.3　果蔬虫害

在一定的温度条件下使果实受热一段时间后,可杀死为害果实昆虫的卵和幼虫。因此,作为一种无公害的检疫手段,热处理已在热带和亚热带果蔬采后检疫中得到商业应用。热处理的杀虫效果受昆虫种类、虫龄和热处理方法等因素的影响。一般成虫对高温的耐受力要强于卵和幼虫,因此最难以杀死。

## 4　展望

贮前适当的热处理能有效延缓果蔬后熟衰老,保持品质,减轻果蔬贮藏冷害和抑制病虫害的发生。但目前果蔬贮前热处理大多还处在试验阶段,对热处理方式的研究还不系统和深入,热处理的作用机制也不十分清楚。同时,热处理是一种破坏性的物理方法,其发挥作用所需的最低温度常与果蔬产生热伤害的温度接近,不适当的热处理会造成果蔬组织的伤害,促进失水和变色,并使果蔬缺乏对病原菌再次侵染的抵抗力,从而增加后续贮藏中的腐烂。另外,热处理的效果受果蔬的种类和品种、成熟度、热处理方法、温度与时间等许多因素的影响,不同种类和品种、不同成熟度的果蔬对热处理条件的要求不同,造成操作成本相对较高,不利于工厂化处理。单独应用热处理对控制果蔬采后病害的作用也不及化学杀菌剂明显,所有这些都阻碍了热处理技术的商业应用。针对这些问题,今后需要在以下几方面进行研究:①进一步深入研究热处理对不同果蔬品质的影响及其机制,明确特定果蔬的热处理条件;②研究热处理与其他生物、物理或化学因子结合使用对控制果蔬采后病虫害的作用及其机制;③采用基因工程方法研究热处理对果蔬热激蛋白的诱导机制以及热激蛋白的功能作用。④研究热处理对一些现阶段研究尚未涉及的病原菌与害虫的影响,确定其致死温度与时间。⑤研究并设计适合不同果蔬应用的最佳热处理装置。

## 参 考 文 献

陈丽,朱世江,朱红,等.2006.热水处理减轻采后香蕉病害的效果及其机理探讨.农业工程学报,22(8):224-228.

罗自生,席玙芳,傅国柱,等.2002.竹笋采后热处理对细胞壁组分和水解酶活性的影响.园艺学报,29(1):43-46.

罗自生,徐晓玲,蔡侦侦,等.2007.热激减轻柿果冷害与活性氧代谢的关系.农业工程学报,23(8):249-252.

庞学群,黄雪梅,李军,等.2008.热水处理诱导香蕉采后抗病性及其对相关酶活性的影响.农业工程学报,24(2):221-224.

汪峰,郑永华,苏新国,等.2003.热处理对食夹豌豆贮藏品质的影响.农业工程学报,19(4):197-200.

张兰,郑永华,汪峰,等.2003.热激处理对冷藏蚕豆种子褐变和有关酶活性的影响.植物生理与分子生物学学报,29(4):327-331.

Abreu M, Beirao - da - Costa S, Goncalves E M, et al. 2003. Use of mild heat pre - treatments for quality retention of fresh - cut'Rocha' pear. *Postharvest Biology and Technology*,30:153-160.

Abu - kpawoh J C, Xi YF, Zhang Y Z, et al. 2002. Polya mine accumulation following hot - water dips influences chilling injury and decay in 'Friar' plum fruit. *Journal of Food Science*, 67: 2649-2653.

Afek U, Orenstein J, Nuriel E. 1999. Steam treatment to prevent carrot decay during storage. *Crop Protection*, 18: 639-642.

Alique R, Zamorano J P, Martinez M A, et al. 2005. Effect of heat and cold treatments on respiratory metabolism and shelf - life of sweet cherry, type picota cv "Ambrunes". *Postharvest Biology and Technology*, 35: 153-165.

Artes F, Tudela J A, Villaescusa R. 2000. Thermal postharvest treatments for improving pomegranate quality and shelf life. *Postharvest Biology and Technology*, 18: 245-251.

Atta - Aly M. 1992. Effect of high temperature on ethylene biosynthesis by tomato fruit. *Postharvest Biology Technology*, 2: 19-24.

Barkai - Golan R, Padova R, Ross I, et al. 1993. Combined hot water and radiation treatments to control decay of tomato fruits. *Scientia Horticulturae*, 56: 101-105.

Beirao - da - Costa S, Steinera A, Correia L, et al. 2006. Effects of maturity stage and mild heat treatments on quality of minimally processed kiwifruit. *Journal of Food Engineering*, 76: 616-625.

Ben - Yehoshua S, Rodov V, Peretz J. 1998. Constitutive and induced resistance of citrus fruit against pathogens. *Australian Centre for International Agricultural Research Proceedings Series*, 80: 78-92.

Chen J Y, He L H, Jiang Y M, et al. 2008. Role of phenylalanine ammonia - lyase in heat pretreatment - induced chilling tolerance in banana fruit. *Physiologia Plantarum*, 132: 318-328.

Civello PM, Martínez G A, Chaves A R, et al. 1997. Heat treatments delay ripening and postharvest decay of strawberry fruit. *Journal of Agricultural and Food Chemistry*, 45: 4589-4594.

Coates L M, Johnson G I, Cooke A. 1993. Postharvest disease control in mangoes using high humidity hot air and fungicide treatments. *Annals of Applied Biology*, 123: 441-448.

Fallik E, Archbold A A, Hamilton - Kemp T R, et al. 1997. Heat treatment temporarily inhibits aroma volatile compound emission from 'Golden Delicious' apples. *Journal of Agricultural and Food Chemistry*, 45: 4038-4041.

Fallik E, Grinberg S, Alkalai S, et al. 1999. A unique rapid hot water treatment to improve storage quality of sweet pepper. *Postharvest Biology and Technology*, 15: 25-32.

Fallik E, Grinberg S, Gambourg M, et al. 1996. Prestorage heat treatment reduces pathogenicity of *Penicillium expansum* in apple fruit. *Plant Pathology*, 45: 92-97.

Fallik E. 2004. Prestorage hot water treatments (immersion, rinsing and brushing). *Postharvest Biology and Technology*, 32: 125-134.

Forney C F, Jordan M A. 1998. Induction of volatile compounds in broccoli by postharvest hot - water dips. *Journal of Agricultural and Food Chemistry*, 46: 5295-5301.

Funamoto Y, Yamauchi N, Shigenaga T, et al. 2002. Effects of heat treatment on chlorophyll degrading enzymes in stored broccoli (*Brassica oleracea* L.). *Postharvest Biology and Technology*, 24: 163-170.

Funamoto Y, Yamauchi N, Shigyo M. 2003. Involvement of peroxidase in chlorophyll degradation in stored brocooli (*Brassica oleracea* L.) and inhibition of acitivty by heat treatment. *Postharvest Biology and Technology*, 28: 39-46.

Ghasemnezhad M, Marsh K, Shilton R, et al. 2008. Effect of hot water treatments on chilling injury and heat damage in 'satsuma' mandarins: antioxidant enzymes and vacuolar ATPase, and pyrophosphatase. *Postharvest Biology and Technology*, 48: 364-371.

Gonzalez - Aguilar G A, Gayosso L, Cruz R, et al. 2000a. Polya mine induced by hot water treatments reduce chilling injury and decay in pepper fruit. *Postharvest Biology and Technology*, 18: 19-26.

Gonzalez – Aguilar G A, Zacarias L, Perez – Amador M A, et al. 2000b. Polya mine content and chilling susceptibility are affected by seasonal changes in temperature and by conditioning temperature in cold – stored Fortune mandarin fruit. *Physiologia Plantarum*, 108: 140-146.

Hofman P J, Stubbings B A, Adkins M F, et al. 2002. Hot water treatments improve 'Hass' avocado fruit quality after cold disinfestations. *Postharvest Biology and Technology*, 24: 183 – 192.

Irving D E, Pallesen J C, Cheah L H. 1991. Respiration and ethylene production by kiwifruit following hot water dips. *Postharvest Biology and Technology*, 1: 137-142.

Jacobi K K, Giles J E. 1997. Quality of 'Kensington' mango (Mangifera indica L. ) fruit following continued vapor heat disinfestation and hot water disease control treatments. *Postharvest Biology and Technology*, 12: 285-292.

Jacobi K, Giles E, MacRae E, et al. 1995. Conditioning 'Kensington' mango with hot air alleviates hot water disinfestation injuries. *HortScience*, 30: 562-565.

Jemric T, Lurie S, Dumija L, et al. 2006. Heat treatment and harvest date interact in their effect on superficial scald of 'Granny Smith' apple. *Scientia Horticulturae*, 107: 155-163.

Karabulut A, Gabler F M, Mansour M, et al. 2004. Postharvest ethanol and hot water treatments of table grapes to control gray mold. *Postharvest Biology and Technology*, 34: 169-177.

Ketsa S, Chidtragool S, Klein J D, et al. 1999. Ethylene synthesis in mango fruit following heat treat-ment. *Postharvest Biology and Technology*, 15: 65-72.

Klein J D, Lurie S. 1992. Prestorage heating of apple fruit for enhanced postharvest quality: interaction of time and temperature. *HortScience*, 27, 326-328.

Klein J, Conway W, Whitaker B, et al. 1997. Botrytis cinerea decay in apples is inhibited by postharvest heat and calcium treatments. *Journal of the American Society for Horticultural Science*, 122: 91-94.

Koukounaras A, Diamantidis G, Sfakiotakis E. 2008. The effect of heat treatment on quality retention of fresh – cut peach. *Postharvest Biology and Technology*, 48: 30-36.

Lay – Yee M, Clare G K, Petry R J, et al. 1998. Quality and disease incidence of 'Waimanalo Solo' papaya following forced – air heat treatments. *HortScience*, 33: 878-880.

Lee J H, Hubel A, Schffl F. 1995. Derepression of the activity of Senetically engineered heat shock factor causes constitutive synthesis of heat shock proteins and increased thermotolerance in transgenic Arabidopsis. *Plant Journal*, 18: 603-612.

Liu H X, Jiang W B, Bi Y, et al. 2005. Postharvest BTH treatment induces resistance of peach (Prunus persica L. cv. Jiubao) fruit to infection by *Penicillium expansum* and enhances activity of fruit defense mechanisms. *Postharvest Biology and Technology*, 35: 263-269.

Loaiza – Velarde J G, Saltveit M E. 2001. Heat shocks applied either before or after wounding reduce browning of lettuce leaf tissue. *Journal of the American Society for Horticultural Science*, 126: 227-234.

Luo Z S, Xu T Q, Xie J, et al. 2009. Effect of hot air treatment on quality and ripening of Chinese bayberry fruit. *Journal of the Science of Food and Agriculture*, 89: 443-448.

Lurie S, Fallik E, Handros A, et al. 1997. The possible involvement of peroxidase in resistance to Bot-rytis cinereain heat treated tomato fruit. *Physiological and Molecular Plant Pathology*, 50: 141-149.

Lurie S, Handros A, Fallik E, et al. 1996. Reversible inhibition of tomato fruit gene expression at high temperature. *Plant physiology*, 110: 1207-1214.

Lurie S，Klein J D. 1990. Heat treatment of ripening apples: differential effects on physiology and biochemistry. *Physiologia Plantarum*，78：181-186.

Lurie S，Klein J D. 1991. Acquisition of low temperature tolerance in tomatoes by exposure to high temperature stress. *Journal of the American Society for Horticultural Science*，116：1007-1012.

Lurie S，Klein J D. 1993. Prestorage heat treatment of tomatoes prevents chilling injury and reversibly inhibits ripening. *Acta Horticulturae*，343：283-285.

Lurie S，Sabehat A. 1997. Prestorage temperature manipulations to reduce chilling injury in tomatoes. *Postharvest Biology and Technology*，11：57-62.

Lurie S. 1998. Postharvest heat treatments. *Postharvest Biology and Technology*，14：257-269.

Lydakis D，Aked J. 2003a. Vapour heat treatment of Sultanina table grapes. Ⅱ: Effects on postharvest quality. *Postharvest Biology and Technology*，27：117-126.

Lydakis D，Aked J. 2003b. Vapour heat treatment of Sultanina table grapes. I: control of *Botrytis cinerea*. *Postharvest Biology and Technology*，27：109-116.

Malakou A，Nanos，G D. 2005. A combination of hot water treatment and modified atmosphere packaging maintains quality of advanced maturity 'Caldesi 2000' nectarines and 'Royal Glory' peaches. *Postharvest Biology and Technology*，38：106-114.

Martinez G A，Civello P M. 2008. Effect of heat treatments on gene expression and enzyme activities associated to cell wall degradation in strawberry fruit. *Postharvest Biology and Technology*，49：38-45.

Mao L C，Wang G Z，Zhu C G，et al. 2007. Phospholipase D and lipoxygenase activity of cucumber fruit in response to chilling stress. *Postharvest Biology and Technology*，44：42-47.

McCollum G，Doostdar H，Mayer R，et al. 1995. Immersion of cucumber in heated water alters chilling-induced physiological changes. *Postharvest Biology and Technology*，6：55–64.

McCollum T G，D'Aquino S，McDonald R E. 1993. Heat treatment inhibits mango chilling injury. *HortScience*，28：197-198.

McDonald R E，McCollum T G，Baldwin E A. 1999. Temperature of water heat treatments influences tomato fruit quality following low-temperature storage. *Postharvest Biology and Technology*，16：147-155.

Miller W R，McDonald R E. 2000. Carambola quality after heat treatment，cooling and storage. *Journal of Food Quality*，23：283-291.

Miller W R，McDonald R E，Sharp J L. 1991. Quality changes during storage and ripening of Tommy Atkins'mangos treated with heated forced air. *HortScience*，26：395-397.

Mirdehghan S H，Rahemi M，Martínez-Romero D，et al. 2007. Reduction of pomegranate chilling injury during storage after heat treatment: role of polya mines. *Postharvest Biology and Technology*，44：9-25. *Morimoto RI*. 1993. *Science*，259：1409-1450.

Morimoto R I. 1993. Cells in stress: transcriptional activation of heat shock genes. *Science*，259：1409-1410.

Murray R，Lucangeli C，Polenta G，et al. 2007. Combined pre-storage heat treatment and controlled atmosphere storage reduced internal breakdown of 'Flavorcrest' peach. *Postharvest Biology and Technology*，44：116-121.

Nafussi B，Ben-Yehoshua S，Rodov V，et al. 2001. Mode of action of hot water dip in reducing decay of lemon fruit. *Journal of Agricultural and Food Chemistry*，49：107-113.

Paull R E，Chen N J. 2000. Heat treatment and fruit ripening. *Postharvest Biology and Technology*，21：21-37.

Pavoncello D, Lurie S, Droby S, et al. 2001. A hot water treatment induces resistance to Penicillium digitatum and promotes the accumulation of heat shock and pathogenesis – related proteins in grapefruit flavedo. *Physiologia Plantarum*, 111: 17-22.

Porat R, Daus A, Weiss B, et al. 2000. Reduction of postharvest decay in organic citrus fruit by a short hot water brushing treatment. *Postharvest Biology and Technology*, 18: 151-157.

Porat R, Pavoncello D, Peretz J, et al. 1999. Effects of various heat treatments on the induction of cold tolerance and on the postharvest qualities of 'Star Ruby' grapefruit. *HortScience*, 124: 184-188.

Prusky D, Fuchs Y, Kobiler I. , et al. 1999. Effect of hot water brushing, prochloraz treatment and waxing on incidence of black spot decay caused by Alternaria alternata in mango fruits. *Postharvest Biology and Technology*, 15: 165-174.

Reyes M E, Hishijima W N, Paull R E. 1998. Control of crown rot in 'Santa Catarine Prata' and 'Williams' banana with hot water treatment. *Postharvest Biology and Technology*, 14: 71-75.

Sabehat A, Weiss D, Lurie S. 1998. Heat shock proteins and cross – tolerance in plants. *Physiologia Plantarum*, 103: 437-441.

Sala J M, Lafuente M T. 1999. Catalase in the heat – induced chilling tolerance of cold – stored hybrid Fortune mandarin fruits. *Journal of Agricultural and Food Chemistry*, 47: 2410-2414.

Schirra M, D'Hallewin G, Ben – Yehoshua S, et al. 2000. Host – pathogen interactions modulated by heat treatment. *Postharvest Biology and Technology*, 21: 71-85.

Shellie K C, Mangan R L. 1998. Navel orange tolerance to heat treatments for disinfesting Mexican fruit fly. *Journal of the American Society for Horticultural Science*, 123, 288-293.

Shigenaga T, Yamauchi N, FunamotoY, et al. 2005. Effects of heat treatment on an ascorbate – glutathione cycle in stored broccoli (*Brassica oleracea* L. ) florets. *Postharvest Biology and Technology*, 38: 152-159.

Smilanick J L, Mackey B E, Reese R, et al. 1997. Influence of concentration of soda ash, temperature, and immersion period on the control of postharvest green mold of oranges. *Plant Disease*, 81: 379-382.

Sozzi G O, Casscone O, Fraschina A A. 1996. Effect of high – temperature stress on endo – β – mannanase and α – and β – galactosidase activities during tomato quit ripening. *Postharvest Biology and Technology*, 9: 49-63.

Tsouvaltzis P, Siomos A S, Gerasopoulos D. 2006. Effect of storage temperature and size of stalks on quality of minimally processed leeks. *Postharvest Biology and Technology*, 39: 56-60.

Valero D, Martínez – Romero D, Serrano M, et al. 1998. Postharvest gibbereli and heat – treatment effects on polya mines, abscisic acid and firmness in lemons. *Journal of Food Science*, 63: 611-615.

Vicente A R, Costa L M, Martinez G A, et al. 2005. Effect of heat treatments on cell wall degradation and softening in strawberry fruit. *Postharvest Biology and Technology*, 38: 213-222.

Vicente A R, Martinez G A, Chaves A R, et al. 2006. Effect of heat treatment on strawberry fruit damage and oxidative metabolism during storage. *Postharvest Biology and Technology*, 40: 116-122.

Vicente A R, Martínez G A, Civello P M, et al. 2002. Quality of heat – treated strawberry fruit during refrigerated storage. *Postharvest Biology and Technology*, 25: 59-71.

Vierling E. 1991. The roles of heat shock proteins in plants. *Annual Reviews in Plant Physiology and Plant Molecular*, 42: 579-620.

Wang C Y. 1994. Combined treatment of heat shock and low temperature conditioning reduces chilling injury in zucchini squash. *Postharvest Biology and Technology*, 4: 65-73.

Wijeratnam R S W，Hewajulige I G H，Abeyratne N. 2005. Postharvest hot water treatment for the control of Thielaviopsis black rot of pineapple. *Postharvest Biology and Technology*，36：323-327.

Win N K K，Jitareerat P，Kanlayanarat S，et al. 2007. Effects of cinnamon extract，chitosan coating，hot water treatment and their combinations on crown rot disease and quality of banana fruit. *Postharvest Biology and Technology*，45：333-340.

Woolf A B，Watkins C B，Bowen J H，et al. 1995. Reducing external chilling injury in stored 'Hass' avocados with dry heat treatments. *Journal of the American Society for Horticultural Science*，120：1050-1056.

Woolf A B，Ball S，Spooner K，et al. 1997. Reduction of chilling injury in the sweet persimmon 'Fuyu' during storage by dry air heat treatments. *Postharvest Biology and Technology*，11：155-164.

Woolf A B，Lay－Yee M. 1997. Pretreatments at 38℃ of 'Hass' avocado confer thermotolerance to 50℃ hot water treatments. *HortScience*，32：705-708.

Wunderlich M，Werr W，Schöffl F. 2003. Generation of dominant negative effects on the heat shock response in Arabidopsis thaliana by transgenic expression of a chimaeric HSF1 protein fusion construct. *Plant Journal*，35：442-445.

Xu C，Jin Z，Yang S. 2005. Polya mines induced by heat treatment before cold-storage reduce mealiness and decay in peach fruit. *Journal of Horticultural Science and Biotechnology*，5：557-560.

Zhang J H，Huang W D，Pan Q H，et al. 2005. Improvement of chilling tolerance and accumulation of heat shock proteins in grape berries (*Vitis vinifera cv. Jingxiu*) by heat pretreatment. *Postharvest Biology and Technology*，38：80-90.

Zhou T，Xu S Y，Sun D W，et al. 2002. Effects of heat treatment on postharvest quality of peaches. *Journal of Food Engineering*，54：17-22.

（汪开拓　郑永华）

# 第三节　氧胁迫及调控途径

## 1　超低氧胁迫对果蔬采后生理和品质的影响

超低氧（ultra low oxygen，ULO）是指将贮藏环境中氧气的体积分数降至1%或更低程度，它是在传统气调贮藏基础上发展起来的一种果蔬贮藏保鲜方式，也是气调贮藏研究的一个新热点。目前应用在果蔬贮藏上的超低氧处理主要有两种方式：一种为短期的超低氧处理，主要通过短期充氮气处理来实现；另一种为长期的超低氧贮藏处理。前者是一种比较常见的处理方法，果蔬产品采后经超低氧短期处理后，转入普通冷藏或气调贮藏。而后者由于长时间的低氧胁迫会严重影响到果蔬的正常代谢，风险较大，目前仍处于研究阶段。

### 1.1　果实腐烂

低氧处理可以抑制需氧微生物的生长，减少桃（Mitchell et al.，1984）、油桃（Tian et al.，1996）、香蕉（Pesis et al.，2001）、甜橙（田世平，2000a）和樱桃（田世平，2000b）等果实采后病害的发生。短期氮气处理引起的超低氧胁迫也可以明显抑制枇杷（Gao et al.，2009）和荔枝（Jiang et al.，2004）果实的腐烂，其中氮气处理

6 h为最佳处理时间。关于超低氧处理抑制微生物生长的作用机制还不十分清楚，有待于进一步研究。

## 1.2　果实后熟软化

短期超低氧胁迫可以抑制果实呼吸作用和乙烯生成，延缓果实后熟和衰老进程。Yi 等（2006）发现，9 h氮气处理引起的超低氧胁迫可以明显抑制香蕉果实的软化，延长货架寿命。Polenta 和 Murray（2005）也发现氮气处理 64 h 的桃果实硬度高于对照果实。Song 等（2009）指出 6 h 氮气处理的猕猴桃，在冷藏前 14 d 保持较高的果实硬度，并且能够延缓货架期果实硬度的下降（图 1-3-3-1）。

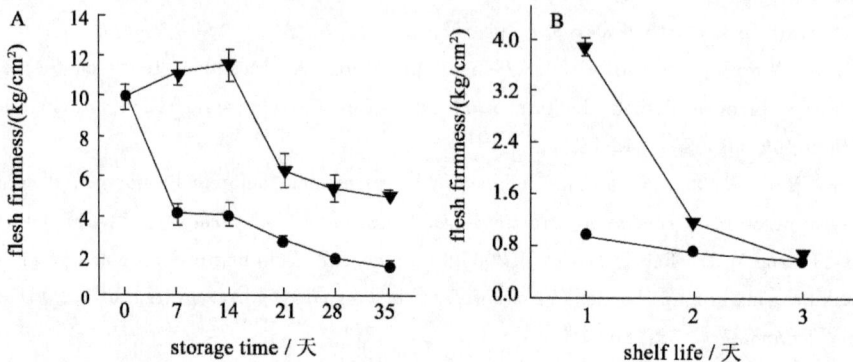

图 1-3-3-1　氮气处理（6 h）对猕猴桃果实1℃冷藏（A）和20℃货架期（B）果实硬度的影响，对照（●），氮气处理（▼），图中误差棒代表的是平均数的标准差

（引自：Song et al, 2009）

## 1.3　呈味物质与滋味

可溶性固形物、可滴定酸以及维生素 C 是果实主要的呈味物质和品质指标。短期超低氧胁迫可以抑制果实的呼吸作用，减少糖酸等有机物的消耗，从而保持较好的品质。国内外已对桃（Mitchell et al.，1984）、油桃（Tian et al.，1996）、李（Ke & Kader，1992）等核果类果实，以及甜橙（田世平，2000a）和樱桃（田世平，2000b）的超低氧处理技术进行了研究，结果表明超低氧处理可以更好地保持果实的品质。

此外，Lavilla 和 Tecasens（1999）对澳洲青苹果研究也表明，超低氧贮藏可延长苹果货架期，较好地保持果实可溶性固形物和可滴定酸含量。在"红富士"、"金帅"苹果上的研究也发现超低氧处理可以减少果实失重、糖酸以及维生素 C 的损耗。与传统气调贮藏相比，"金帅"苹果在超低氧贮藏条件下，贮藏寿命为 250 天，而传统气调贮藏仅为 150 天（Blazek et al.，2003）。Jiang 等（2004）对荔枝果实进行短期氮气处理，发现氮气处理造成的低氧胁迫可以显著抑制可溶性固形物和抗坏血酸含量的下降，但是并不影响总酸含量（表 1-3-3-1）。

**表 1-3-3-1 厌氧处理对荔枝果实 25℃下贮藏 6 天可溶性固形物、可滴定酸和抗坏血酸含量的影响**

（引自：Jiang et al.，2004）

| $t$ (N$_2$ treatment) /h | $w$ (total soluble solids) /% | $w$ (total titratable acidity) /% | $w$ (ascorbic acid in pulp) / (mg/100g) |
|---|---|---|---|
| 0 | 13.0[b] | 0.09[a] | 21.90[c] |
| 3 | 13.2[b] | 0.09[a] | 23.37[b] |
| 6 | 13.5[a] | 0.10[a] | 24.85[b] |
| 12 | 13.5[a] | 0.10[a] | 23.42[b] |
| 24 | 13.6[a] | 0.11[a] | 23.32[b] |

表中数值为三次重复的平均值，同一列中无共同字母为差异显著（$P<0.05$），荔枝果实采收后可溶性固形物为 16.8%，可滴定酸为 0.14%，抗坏血酸为 41.82 mg/100g。

## 1.4 挥发性物质与气味

超低氧贮藏极易引起果蔬发生无氧呼吸，导致果蔬内部乙醇和乙醛含量大量增加，影响果实的风味和品质。有研究表明：采用 0.3%，0.25% 低氧条件分别贮藏甜樱桃 24 天、35 天时，果实风味可以接受，而当氧气浓度下降到 0.02% 时，樱桃果实贮藏 20 天后，乙醇含量大增，果实风味也迅速恶化。随着贮藏期的延长，0.3% 低氧贮藏的果实中乙醇含量也会快速增加，果实的风味也随之降低（田世平，2002b）。甜橙果实对低氧浓度较敏感，不宜长期贮藏在超低氧的环境下。超低氧环境下，果皮和果汁中乙醇含量的增加则非常迅速（表 1-3-3-2），在 0.3% 超低氧条件下贮藏 20 天，果汁中乙醇的含量在 1000 μg/kg 以下时，果实的风味品质在正常可接受的范围之内，而贮藏 30 天后，果皮和果汁中乙醇含量较普通冷藏果实高 83 倍，果实风味不可接受（田世平，2000a）。

**表 1-3-3-2 超低氧处理对甜橙 0℃贮藏下果汁和果皮中乙醇 (A)、乙醛 (B)、甲醇 (C) 含量的影响**

（引自：田世平，2000a）

| 甜橙果实 | 处理 | 贮藏时间/天 | 乙醇/ (μL/L) | 乙醛/ (μL/L) | 甲醇/ (μL /L) |
|---|---|---|---|---|---|
| 果汁 | 对照 | 10 | 3.7 | 0.22 | 31.5 |
| | 0.3% O$_2$ | 10 | 121.8 | 1.16 | 36.2 |
| | 对照 | 20 | 4.3 | 0.35 | 37.9 |
| | 0.3% O$_2$ | 20 | 286.9 | 1.93 | 39.8 |
| | 对照 | 30 | 6.2 | 0.46 | 49.4 |
| | 0.3% O$_2$ | 30 | 519.8 | 3.21 | 40.1 |
| 果皮 | 对照 | 10 | 10.2 | 0.41 | 6.4 |
| | 0.3% O$_2$ | 10 | 250.3 | 0.53 | 8.0 |
| | 对照 | 20 | 10.7 | 0.32 | 11.5 |
| | 0.3% O$_2$ | 20 | 966.3 | 2.14 | 12.6 |
| | 对照 | 30 | 18.7 | 0.39 | 11.1 |
| | 0.3% O$_2$ | 30 | 1547.1 | 2.32 | 13.5 |

### 1.5　组织褐变与生理失调

果蔬组织褐变是由于多酚类物质在多酚氧化酶（PPO）催化下氧化聚合成深褐色的醌类物质，从而使果蔬颜色变深，从而影响商品性。由于酶促褐变是需氧过程，氧气提供充足褐变发生越严重。因此，超低氧处理可以抑制酶促褐变进程，减轻荔枝（Liu et al.，2007）、鳄梨（Pesis et al.，1994）和香蕉（Pesis et al.，2001）等果实的褐变。Liu 等（2007）研究发现短期厌氧处理可以提高荔枝果实中 ATP 和 AMP 含量，保持较高的能量转换率，维持果皮组织细胞膜完整性，从而减少酚类物质与 PPO 的接触，降低褐变的发生。此外，采用 0.5% 或更低浓度的氧气对苹果进行低氧胁迫处理 9～14 天，然后再进行气调冷藏（$1\%O_2$、$3\%CO_2$、1℃），可有效控制苹果虎皮病的发生（苑克俊等，2002）。

### 1.6　活性氧代谢和膜脂过氧化作用

果蔬采后细胞膜过氧化作用与组织褐变以及果实衰老密切相关。氮气处理引起的低氧胁迫可以抑制猕猴桃果实细胞膜电导率的上升，减少 $O_2^-$ 和 $H_2O_2$ 的积累，减少膜脂过氧化的发生（Song et al.，2009）。Gao 等（2009）的研究也发现，6 h 氮气处理能保持枇杷果实较高的超氧物歧化酶（SOD）、过氧化氢酶（CAT）活性和较低的脂氧合酶（LOX）活性，从而抑制膜脂的过氧化作用。

## 2　高氧胁迫对果蔬采后生理和品质的影响

传统的果蔬气调贮藏是利用适当的低 $O_2$ 和高 $CO_2$ 抑制果蔬的后熟衰老，从而延长贮藏期。由于使用简便和效果明显，气调贮藏已成为目前国内外广泛采用的果蔬保鲜技术。但传统的气调贮藏技术，尤其是我国应用较广的塑料薄膜自发气调包装（modified atmosphere packaging，MAP）存在着易发生低 $O_2$ 和高 $CO_2$ 伤害等目前还难以克服的不足之处。贮藏环境中缺氧，不仅会导致果蔬的无氧酵解积累乙醛、乙醇等异味（off-flavor）物质，从而对果蔬本身产生毒害并影响风味，还会促进一些厌氧致病菌在果蔬上生长繁殖，影响果蔬的食用安全性。

自英国学者 Day（1996）首次提出超大气高氧（70%～100% $O_2$）在鲜切果蔬保鲜中的可能作用以来，国内外有关超大气高氧（21%～100% $O_2$）对果蔬采后生理与品质变化及腐烂发生的影响研究逐渐增多，高氧处理有望发展成为一种全新概念的气调贮藏新技术而在果蔬贮藏中发挥作用。然而，与其他贮藏技术一样，高氧处理的效果也因果蔬种类、品种、贮藏温度、气体成分和乙烯等因素的变化而变化。近年来，采后果蔬对高氧胁迫的反应已成为植物逆境生物学研究领域的一个重要课题，人们对高氧处理的作用机理以及果蔬对高氧胁迫的应答模式有了更广泛和深入地了解。

### 2.1　高氧对果蔬采后生理生化的影响

### 2.1.1　呼吸作用

果蔬采后正常的呼吸是一个需氧过程，因此高氧处理有可能增加果蔬的呼吸强度。如 'Wickson' 李果实的呼吸速率随 $O_2$ 浓度升高而增加，当 $O_2$ 浓度升至 40% 时呼吸达到最大值，此后呼吸速率一直稳定在这一水平上，不再随 $O_2$ 浓度上升而变化 (Maxie et al.，1958)。更有一些研究表明，当 $O_2$ 浓度高于某一临界水平时，高氧反而有抑制果蔬呼吸强度的作用，如 30％ 和 50％ $O_2$ 促进绿熟番茄果实的呼吸，而 80％ 和 100％ $O_2$ 则抑制其呼吸，40％、60％ 和 80％ $O_2$ 也都削弱 'Bartlett' 梨切片的呼吸强度 (Kader & Ben‐Yehoshua，2000)。60％～100％ $O_2$ 处理显著抑制了蓝莓果实的呼吸，且 $O_2$ 浓度越高，呼吸强度越低 (郑永华，2005)。80％ $O_2$ + 10％～20％ $CO_2$ 处理可以抑制鲜切马铃薯的呼吸作用 (Angos et al.，2008)。纯氧处理的西葫芦和枇杷果实的呼吸速率也受到显著抑制 (郑永华等，2000；Zheng et al.，2008a)。此外，经纯氧短期前处理的桃果实在空气中冷藏期间，以及经纯氧短期前处理的鲜切苹果片在低氧 MAP 冷藏期间，呼吸速率也都受到显著抑制，这表明高氧处理对呼吸的抑制作用还有后续效应 (Lu & Toivonen，2000)。关于高氧抑制呼吸的机理，Tucker 和 Laties (1995) 提出了负反馈抑制假说，认为当 $O_2$ 浓度超过使呼吸链末端氧化酶饱和的浓度时，$O_2$ 对呼吸即起负反馈抑制。也有人 (Solomos et al.，1997) 发现高氧可抑制顺乌头酸酶的活性，因而 TCA 途径中柠檬酸到 $\alpha$‐酮戊二酸的反应受抑制，以致呼吸受抑制。这些结果表明，高氧对果蔬呼吸作用的影响随果蔬的种类和氧气浓度等因素而异。

### 2.1.2 乙烯产生

乙烯在果蔬成熟衰老进程中起着重要的调控作用。在乙烯合成过程中，从 ACC 氧化为乙烯是一个需氧过程，因此高氧处理有可能会刺激内源乙烯的产生。如在 7℃ 下 80％ $O_2$ 可促进马铃薯块茎中乙烯的产生 (Creeck et al.，1973)、在 20℃ 下纯氧促进 'Bartlett' 梨乙烯的释放 (Frenkel，1975)，但 $O_2$ 浓度高于一定水平时，高氧也有抑制内源乙烯产生的作用。如 30％ 和 50％ $O_2$ 促进而 80％ 和 100％ $O_2$ 则抑制番茄内源乙烯的产生。鲜切梨片放在 10℃，40％、60％ 和 80％ $O_2$ 中贮藏时，其内源乙烯产生量分别下降 7％、13％ 和 27％ (Kader & Ben‐Yehoshua，2000)。60％～100％ $O_2$ 处理显著抑制了蓝莓果实乙烯的释放速率，80％ 和 100％ $O_2$ 也抑制了草莓果实贮藏后期乙烯释放速率 (郑永华，2005)。在纯氧中贮藏的 'Gala' 和 'Granny Smith' 苹果，以及在 90％ $O_2$ + 10％ $CO_2$ 中贮藏的鲜切胡萝卜条，它们的内源乙烯产生量都受到明显抑制 (Solomos et al.，1997；Amanatidou et al.，2000)。在空气中冷藏的预先以纯氧作过短期前处理的桃果实以及在低氧 MAP 冷藏的预先以纯氧作过短期前处理的苹果鲜切加工而成的苹果片，两者的内源乙烯产生也都明显受抑制 (Lu & Toivonen，2000)，这表明高氧处理对内源乙烯产生的抑制作用也有后续效应。但高氧抑制内源乙烯产生的机制仍不清楚。另有研究表明，高氧对贮藏在 20℃ 下的甜瓜内源乙烯产生无影响，但 100％ $O_2$ + 10 $\mu$L/L 乙烯处理则对其内源乙烯的产生有促进作用 (Altman & Corey，1987)。这些表明，高氧对果蔬内源乙烯产生的影响大小因果蔬种类、$O_2$ 浓度、外源乙烯和处理温度等因素而异。

### 2.1.3 组织褐变

果蔬受到机械损伤及冷害等逆境胁迫时，细胞分室被打破，多酚类物质即在多酚氧化酶 (PPO) 催化下氧化聚合，导致组织褐变而影响果蔬的外观，限制果蔬货架期。尤其是当前国内外发展迅速的鲜切果蔬 (fresh‐cut fruit and vegetable) 产品，需要作去皮和切分等预处理，这会加速酶促褐变的发生，从而导致这类产品的货架期缩短。在正常情况下，$O_2$ 供应越充足，酶褐变发生就越严重，但目前有研究表明超大气高氧对果蔬组织褐变具有抑制作用。如与传统低 $O_2$ 高 $CO_2$ 气调贮藏相比，70% $O_2$ 更有效的抑制低温贮藏荔枝（Tian et al.，2005）和龙眼（Tian et al.，2002）果皮褐变。100% $O_2$ 也可显著抑制荔枝和龙眼常温贮藏下的果皮褐变（Duan et al.，2004；Su et al.，2005）。Heimdal 等（1995）和 Amanatidou 等（2000）分别报道，80% $O_2$＋20% $CO_2$ MAP 显著抑制 5℃下贮藏 10 天的鲜切莴苣中 PPO 活性和组织褐变，鲜切胡萝卜条以 50%、80% 和 90% $O_2$ 结合高 $CO_2$ 气体处理后其总酚含量的上升和褐变明显受抑。Jacxsens 等（2001）发现高氧气调包装（70%～95% $O_2$）显著抑制了鲜切蘑菇、芹菜和菊苣的褐变。Limbo 和 Piergiovanni（2006）研究表明，抗坏血酸、柠檬酸浸泡结合 100% $O_2$ 气调包装，可以显著抑制马铃薯片在 5℃下贮藏 10 天褐变的发生。Angos 等（2008）也发现 80% $O_2$＋10%～20% $CO_2$ 可有效抑制鲜切马铃薯褐变的发生。纯氧处理也可显著抑制冷藏枇杷果实中 PPO 活性并减轻果心褐变（郑永华等，2000）。经纯氧短期处理的鲜切苹果片在 1℃低氧 MAP 下贮藏 2 周期间，组织酶褐变受到明显抑制，表现为表面的白度下降缓慢（Lu & Toivonen，2000），这说明高氧处理对抑制酶褐变也具后续效应。然而也有报道 70% $O_2$ 气调却促进了甜樱桃 1℃贮藏 40 天后褐变的发生（Tian et al.，2004）。高氧抑制酶褐变的发生主要与抑制 PPO 的活性有关。Duan 等（2004）发现高氧还可以提高 ATP、ADP 和能荷水平，有利于保持组织细胞膜的完整性，防止 PPO 与酚类底物的接触，从而控制褐变发生。但高氧抑制 PPO 活性的机理仍不清楚，Day（1996）认为可能是多酚氧化后产生的无色产物奎宁对 PPO 发生了反馈抑制之故。长期以来，人们一直采用 $SO_2$ 等化学药剂控制果蔬产品的褐变，但这会带来化学残留和危害人类健康等问题，而高氧处理则可避免这些不足之处。因此深入研究高氧控制果蔬酶褐变的作用及其机制，将高氧 MAP 技术应用于鲜切果蔬货架期的保鲜无疑是有意义的。

### 2.1.4 活性氧代谢和膜脂过氧化作用

采后果蔬在自然衰老过程中，伴随着膜脂过氧化作用的发生，细胞膜结构破坏，膜透性增加。Amanatidou 等（2000）报道，90% $O_2$＋10% $CO_2$ 气体处理可抑制鲜切胡萝卜条中膜脂过氧化产物的积累，从而延缓衰老，延长货架期。'Spartan'苹果鲜切加工而成的苹果片经纯氧短期处理后，放在 1℃贮藏 2 周期间细胞膜透性上升明显受抑（Lu & Toivonen，2000）。我们的研究发现，高氧处理能保持草莓果实较高的超氧物歧化酶（SOD）、过氧化氢酶（CAT）和抗坏血酸过氧化物酶（APX）等抗氧化酶活性，减少了 $O_2^-\cdot$ 的积累，从而降低膜脂过氧化程度。Wang 等（2005）发现 70% $O_2$ 气调包装可以提高桃果实 SOD 和 CAT 活性，减少膜脂过氧化产物丙二醛（MDA）生成，提高细胞膜完整性。这些结果表明，适当浓度的高氧处理可以诱导果实的抗氧化系统活性，从而防止膜脂的过氧化作用。由于保持膜结构和功能的稳定是延缓果蔬采后衰老和延长保鲜期的关键，因此，研究高氧胁迫下活性氧代谢和膜脂过氧化作用的变化，将有助于对高氧下果蔬保鲜机制的了解。

### 2.1.5 生理失调

高氧对一些果实可产生毒害作用，从而引起生理失调。如在纯氧中长期贮藏的'嘎啦''Gala'和'史密斯奶奶''Granny Smith'苹果会发生果皮和果肉褐变（Solomos et al.，1997）。纯氧处理可促进'史密斯奶奶'苹果冷藏中 α-法尼烯的产生，从而加剧虎皮病（Scald）的发生，3个月后果实完全变为古铜色（Whitaker et al.，1998）。经80%或100% $O_2$ 处理5天的绿熟番茄果皮上出现深褐色斑块（dark-brown spot）（Kader & Ben-Yehoshua，2000），而在70% $O_2$ 中贮藏1个月对苹果虎皮病发生无影响（Lurie et al.，1991）。此外高氧处理也促进了甜樱桃、香蕉果实褐斑的发生（Jiang et al.，2002；Maneenuama et al.，2007）。可见高氧对果实的伤害因 $O_2$ 浓度和处理时间等因素而异。高氧还可加剧乙烯诱导的果蔬生理失调。如0.5 $\mu$L/L乙烯 + 100% $O_2$ 处理的胡萝卜中异香豆素的合成比单独采用0.5 $\mu$L/L乙烯处理的胡萝卜增加5倍，因而胡萝卜的苦味加剧（Lafuente et al.，1996）。但也有一些研究发现，高氧处理可减轻桃和西葫芦果实低温冷藏期间冷害的发生（Wang et al.，2005；Zheng et al.，2008a）。采后贮藏温度控制不当会造成果蔬产生冷害，发生冷害的果蔬更容易腐烂，这是果蔬采后损失的重要原因之一。贮藏环境中 $O_2$ 含量会影响果蔬的冷敏性，因此研究高氧处理对果蔬贮藏冷害发生的影响具有重要意义。

### 2.2　高氧对果蔬化学成分和品质的影响

#### 2.2.1　色素与色泽

果蔬中含有叶绿素、类胡萝卜素和花青素等色素物质，是果蔬呈现各种颜色的原因。高氧会影响这些色素物质的合成与降解，使果蔬的色泽发生变化。如高氧可促进非跃变型果实柑橘外果皮叶绿素的降解，加速'哈梅林''Hamlin'甜橙的脱绿（degreening），改善果实色泽，以50% $O_2$ 或5~10 $\mu$L/L乙烯处理甜橙果实可起到同样的脱绿效果（Jahn et al.，1969）。据报道在15℃用40%~80% $O_2$ 处理血橙4周，除了促进其外果皮脱绿外，还可促进内果皮中花青素的合成，使果肉的红色加深，果汁的色泽和果汁质量都得到改善，这在生产实践中有一定的应用价值（Aharoni & Houck，1982）。对跃变型果实来说，高氧可加速或抑制果实的转色和成（后）熟衰老过程。30%和50% $O_2$ 促进20℃下的绿番茄茄红素合成和转色变红，而80%和100% $O_2$ 则推迟转色（Kader & Ben-Yehoshua，2000）。在绿色蔬菜中，80% $O_2$ + 20% $CO_2$ MAP贮藏加速莴苣叶片的黄化，这可能与高氧促进叶绿素降解有关（Heimdal et al.，1995）。叶绿素变化与绿色果蔬的后熟衰老和品质变化密切相关，因此高氧与不同果蔬叶绿素含量和色泽变化的关系值得深入研究。

#### 2.2.2　挥发性物质与气味

$O_2$ 含量会影响果蔬挥发性物质生物合成途径中的氧化反应。传统的低 $O_2$ 和高 $CO_2$ 气调贮藏，易造成果蔬的缺氧呼吸，积累乙醛、乙醇和乙酸乙酯等异味物质，从而降低果蔬的风味。从理论上说，高氧气调可避免果蔬的缺氧呼吸，从而减少异味物质的产生和积累（Tian et al.，2005）。如在5℃或15℃下以80% $O_2$ 或80% $O_2$ + 15 $CO_2$ %贮藏2周的葡萄柚果实中乙酸乙酯的浓度明显比在15% $CO_2$ 中贮藏的果实低（Kader & Ben-Yehoshua，2000），在8℃下以90% $O_2$ + 10% $CO_2$ 贮藏2天的鲜切胡萝卜条中乙醇含量仅是空气中贮藏样品的十分之一，约为1% $O_2$ + 10% $CO_2$ 中贮藏样品的三千分之一（Amanatidou et al.，2000）。与低氧气调相比，70%的高氧气调显著抑制了龙眼、荔枝和甜樱桃果实中乙醇的生成（图1-3-3-2）。

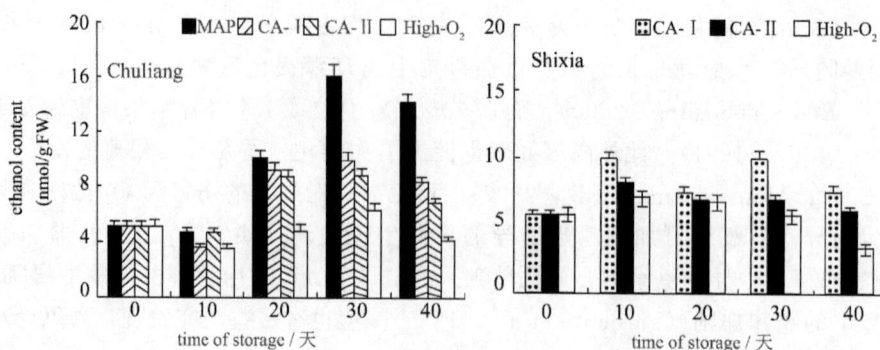

图 1-3-3-2 高氧处理对龙眼果实 2℃贮藏过程中乙醇含量的影响

左图龙眼品种为 *Dimocarpus longan* Lour. cvs Chuliang；右图龙眼品种为 *Dimocarpus longan* Lour. cvs Shixia. MAP 代表聚乙烯薄膜袋包装贮藏，薄膜厚度为 0.04 mm，气体成分为 $O_2$ 15%～19%＋$CO_2$ 2%～4%；CA I 代表气体成分为 $O_2$ 4%＋$CO_2$ 5%的气调贮藏；CA Ⅱ 代表气体成分为 $O_2$ 4%＋$CO_2$ 15%的气调贮藏；High-$O_2$ 代表 70%$O_2$ 的气调贮藏。图中误差棒代表的是平均数的标准差

（引自：Tian et al.，2004）

短期纯氧处理还可显著抑制桃果实在后续空气中冷藏期间和鲜切苹果在后续低氧 MAP 冷藏期间，果肉中乙醛、乙醇和乙酸乙酯等异味物质的积累（Lu & Toivonen，2000），说明高氧处理对抑制异味物质的产生也具有后续效应。但也有研究发现高氧处理反而促进异味物质的产生和积累。如在纯氧中贮藏 3 个月的 'Gala' 和 'Smith' 苹果中积累了大量的缺氧呼吸产物乙醇，认为可能与高氧处理时间过长引起高 $O_2$ 毒害和果实表层细胞死亡导致酵母菌生长有关（Whitaker et al.，1998）。高氧处理也促进了草莓和鲜切梨片中乙醛、乙醇和乙酸乙酯等异味物质的产生和积累（Wszelaki & Mitcham，2000；Oms-Oliu et al.，2008）。Perez 和 Sanz（2001）发现在 80% $O_2$＋20%中贮藏的草莓果实，其乙醛、乙醇和乙酸乙酯的产生量要显著高于其他高氧处理和传统低氧和高二氧化碳气调贮藏的果实，这表明高氧并不能够减轻高二氧化碳诱导的异味物质积累，相反高氧和高二氧化碳对异味物质的生成还具有增强效应。此外，Van der Steen 等（2002）和 Jacxsens 等（2003）报道高氧气调包装（＞70% $O_2$）虽可以抑制草莓果实腐败微生物的生长，但贮藏 5 天后氧气消耗过快导致 $CO_2$ 大量积累，草莓果实产生无氧呼吸，促进了异味物质的生成。这些研究表明，高氧对果蔬中异味物质产生的影响因果蔬种类、$O_2$ 和 $CO_2$ 浓度及贮藏时间等因素而异，高氧对不同果蔬产品异味物质产生影响的机制还有待阐明。

### 2.2.3 呈味物质与滋味

高氧可影响果蔬的呼吸作用，从而影响果蔬中糖和酸等碳水化合物的含量和果蔬的滋味。据报道，80% $O_2$＋20% $CO_2$ MAP 贮藏的鲜切莴苣中碳水化合物下降加速（Heimdal et al.，1995），而以 50% $O_2$＋30% $CO_2$ 及 90% $O_2$＋10% $CO_2$ 处理显著抑制鲜切胡萝卜条中蔗糖含量的下降（Amanatidou et al.，2000），高氧处理可保持龙眼、荔枝、甜樱桃中较高的可溶性固形物含量（Tian et al.，2002，2004，2005），防止冷藏枇杷和葡萄果实中可溶性固形物和可滴定酸含量的下降（郑永华等，2000；Deng et al.，2006），因而果实甜酸可口的滋味得以保持。但不同浓度氧气（40%～100% $O_2$）

处理对草莓、蓝莓和杨梅果实中可溶性固形物和可滴定酸含量变化无显著影响（Zheng et al.，2003，2007）。但也有研究发现高氧处理促进了草莓果实可溶性固形物含量的下降（Wszelaki & Mitcham，2000），90% $O_2$ 处理可提高贮藏前 4 天草莓果实可滴定酸含量，但 7 天后却促进可滴定酸含量下降（Perez & Sanz，2001）。因此高氧对果实中可溶性固形物和可滴定酸含量的影响，随贮藏温度、时间以及 $O_2$ 和 $CO_2$ 含量等因素而变化。

### 2.2.4　植物活性成分和抗氧化活性

黄酮、酚类物质及维生素等抗氧化成分是衡量果蔬营养品质的重要指标。这些物质具有清除自由基和抗氧化等生理功能，可预防人类很多慢性疾病的发生。果蔬贮藏过程中抗氧化活性物质的变化已成为近年来果蔬保鲜研究的重要内容。有研究表明，高氧处理可以显著抑制草莓、杨梅和葡萄果实中维生素 C 的含量（Deng et al.，2005a），而对鲜切莴苣，高 $O_2$ 气调贮藏可抑制其维生素 C 的氧化（Heimdal et al.，1995）。然而，也有研究表明纯氧处理可促进荔枝果实中维生素 C 的氧化损失（Duan et al.，2004）。此外，我们研究了不同浓度高氧处理对草莓和蓝莓果实中花青素、酚类物质以及氧自由基清除能力（oxygen radical absorbance capacity，ORAC）的影响（表 1-3-3-3）。

表 1-3-3-3　高氧处理对草莓和蓝莓果实总酚、总花青素含量和氧自由基清除能力（ORAC）的影响（引自：Zheng et al.，2003，2007）

| 果实种类 | 氧气浓度/% | 贮藏时间/天 | 总酚/（mg/100g） | 总花青素/（mg/100g） | ORAC/（μmol TE/g） |
|---|---|---|---|---|---|
| 草莓 | 对照 | 7 | 110±8a | 20.70±1.71b | 11.92±0.60b |
| | 60% $O_2$ | 7 | 116±8a | 22.13±0.38ab | 13.06±0.92b |
| | 100% $O_2$ | 7 | 117±8a | 24.23±1.57a | 13.41±0.40a |
| | 对照 | 14 | 112±7a | 20.12±1.85a | 12.17±1.48a |
| | 60% $O_2$ | 14 | 107±7a | 18.52±0.57a | 11.61±0.77a |
| | 100% $O_2$ | 14 | 106±7a | 18.97±1.67a | 10.92±0.72a |
| 蓝莓 | 对照 | 7 | 327±14a | 188±10a | 14.3±0.9a |
| | 60% $O_2$ | 7 | 351±15a | 203±11a | 15.5±1.3a |
| | 100% $O_2$ | 7 | 338±15a | 193±11a | 15.7±0.3a |
| | 对照 | 14 | 331±15b | 199±11a | 15.5±0.6a |
| | 60% $O_2$ | 14 | 354±17a | 217±16a | 17.5±1.5a |
| | 100% $O_2$ | 14 | 348±15a | 213±8a | 17.6±1.8a |
| | 对照 | 21 | 324±15b | 189±23a | 13.4±0.2b |
| | 60% $O_2$ | 21 | 357±17a | 204±12a | 18.5±1.1a |
| | 100% $O_2$ | 21 | 360±12a | 207±13a | 18.3±0.8a |
| | 对照 | 28 | 323±4b | 185±13b | 13.8±1.8b |
| | 60% $O_2$ | 28 | 363±24a | 224±22a | 18.0±2.6a |
| | 100% $O_2$ | 28 | 386±49a | 228±15a | 19.5±2.4a |
| | 对照 | 35 | 315±18b | 160±20b | 11.9±1.5b |
| | 60% $O_2$ | 35 | 362±14a | 200±9a | 19.7±3.0a |
| | 100% $O_2$ | 35 | 390±12a | 217±9a | 20.8±1.2a |

注：同一列中无共同字母为差异显著（$P<0.05$）。

结果表明，高于 60% $O_2$ 可提高贮藏前 7 天草莓果实中花青素和酚类物质的含量和 ORAC 值，但 14 天后高氧处理与对照没有明显差别（Zheng et al.，2007）。Pérez 和 Sanz（2001）也发现 80% $O_2$ 结合 20% $CO_2$ 可以提高贮藏前 4 天草莓果实总花青素含量，但在贮藏末期高氧处理果实的花青素含量却显著低于对照果实。然而 $60\% \sim 100\%$ $O_2$ 处理能显著提高蓝莓果实在 35 天贮藏期间的花青素和酚类物质含量和 ORAC 值 (Zheng et al., 2003)。因此，高氧处理对果蔬活性成分和抗氧化活性的影响因果蔬的种类、氧气浓度、贮藏温度和时间等因素而异。

### 2.2.5 果蔬质地

高氧对完整或鲜切果蔬质地影响的研究较少。Kader 和 Ben-Yehoshua (2000) 报道，$30\%$ 和 $50\%$ $O_2$ 促进番茄果实软化，而 $80\%$ 和 $100\%$ $O_2$ 则抑制这一过程。Frenkel (1975) 也报道，纯氧处理促进 $20℃$ 下贮藏的'巴特拉''Bartlett'梨果实硬度下降，而 $60\%$ 和 $80\%$ $O_2$ 则抑制贮藏在 $10℃$ 下的'巴特拉'梨果片硬度下降，这说明高氧对梨果实质地的影响随 $O_2$ 浓度、贮藏温度及果实完整状况而变。还有报道表明高氧处理可显著抑制葡萄和草莓果实硬度的下降，这与高氧抑制果实细胞壁水解酶的活性有关 (Stewart，2003；Deng et al.，2005b，2006)。此外，据报道，高氧气调贮藏或高氧预处理也都显著抑制贮藏期间的鲜切胡萝卜条和苹果片质地软化，从而保持品质 (Amanatidou et al.，2000；Lu & Toivonen，2000)。鲜切果蔬产品受到机械切割损伤后，组织的衰老和软化加速，货架期缩短。因此高氧气调能延缓鲜切果蔬的衰老和软化，这在鲜切果蔬货架保鲜中无疑有一定的潜在应用价值。

### 2.3 高氧对微生物生长和果蔬腐烂的影响

### 2.3.1 微生物离体生长

对专性厌氧微生物来说，$O_2$ 浓度高于 $0.1\%$ 就会受到伤害，这可能是这类微生物缺乏过氧化氢酶（CAT），不能有效清除体内的 $H_2O_2$ 以致受到毒害之故。但对好氧微生物来说，高氧会促进活性氧的产生和积累，从而对微生物产生毒害，使生长受抑 (Amanatidou，2000)。Amanatidou 等 (1999) 研究了高 $O_2$ 和高 $CO_2$ 对来自新鲜果蔬的 12 种病原微生物离体生长的影响，结果表明，单独用 $80\%$ 或 $90\%$ $O_2$ 处理仅能显著抑制肠炎沙门氏菌（*Salmonella enteritidis*）等少数病菌的生长，而对大多数菌种的生长则无显著作用，与此相反，单独以高 $O_2$ 处理还可促进单核细胞增生李斯特杆菌（*Listeria monocytogenes*）和伤寒沙门氏菌（*Salmonella typhimurium*）的生长，而 $80\% \sim 90\% O_2 + 10\% \sim 20\%$ $CO_2$ 复合处理则可显著抑制所有用于实验的菌的生长。Wszelaki 和 Mitcham (2000) 研究了七种高氧处理（$40\%$、$60\%$、$80\%$、$90\%$、$100\%$ $O_2$，$40\%$ $O_2 + 15\%$ $CO_2$，$15\%$ $CO_2$）对灰霉葡萄孢（*Botrytis cinerea*）菌丝体生长的影响，结果表明所有高氧处理的菌丝体生长都受到明显抑制，且氧气浓度越高其抑制作用越大，但以 $15\%$ $CO_2 + 40\%$ $O_2$ 复合处理的抑制作用最大。经高 $O_2$ 处理 14 天的菌丝体转入 $20℃$ 空气中时生长即迅速恢复，说明高 $O_2$ 对灰霉葡萄孢离体生长的抑制无后续效应。Jacxsens 等 (2001) 研究了高氧气调包装（$70\%$，$80\%$ 和 $95\% O_2$）对多种腐败微生物生长的影响。他们发现 $70\% \sim 95\%$ $O_2$ 处理显著抑制了荧光假单胞杆菌（*Pseudomonas fluorescens*），郎比可假丝酵母（*Candida lambica*），灰霉葡萄孢，黄曲霉（*Aspergillus flavus*）、豚鼠气单胞菌（*Aerromonas caviae*）和单核细胞增生李斯特杆菌等的生长，且氧气浓度越高效果越显著。但高 $O_2$ 却促进了软腐欧文氏菌（*Erwinia carotovora*）的生长。这些结果说明，高 $O_2$ 对微生物离体生长的作用，因 $O_2$ 的浓度、处理时间和温度、$CO_2$ 浓度及微生物种类而异。一般来说，单独采用高 $O_2$ 处理对微生物生长的抑制作用较弱，且变异较大，而高 $O_2$ 结合高 $CO_2$ 处理则有显著而稳定的抑菌作用。

### 2.3.2　鲜切果蔬上微生物生长

Amanatidou 等（2000）研究表明，采用 50% $O_2$ +30% $CO_2$ 处理可显著抑制鲜切胡萝卜片中肠杆菌科细菌（*Enterobacteriaceae*），假单胞杆菌属（*Pseudomonas*）和乳酸菌（*Lactobacillus*）的生长，使货架期延长 2~3 天。采用 95% $O_2$ 气调包装也可显著抑制鲜切根芹菜和菊苣在 4℃ 贮藏时酵母菌的生长和组织腐烂，与常规低氧气调包装相比货架期延长一倍以上（Jacxsens et al.，2001）。Allende 等（2004）发现采用 95% $O_2$ 气调包装可显著抑制鲜切菠菜在 5℃ 贮藏时好氧嗜温菌（*Aerobic mesophilies*）的生长，对混合蔬菜色拉冷藏期间表面乳酸菌和肠杆菌科细菌的生长也有明显的抑制作用，而对于嗜冷细菌和单核细胞增生李斯特杆菌（*Listeria monocytogenes*）的生长没有影响，而酵母菌的生长则被高氧所促进。Conesa 等（2007）报道，50% $O_2$ +15% $CO_2$ 以及 80% $O_2$ +15% $CO_2$ 气调处理也可抑制鲜切青椒在 5℃ 贮藏时嗜热细菌（*Mesophilic bacteria*）、嗜冷细菌（*Psychrotrophic bacteria*）和肠杆菌科细菌的生长，但单独高氧处理对这些微生物没有明显的抑制作用。最近，Oms-Oliu 等（2008）研究发现，高 $O_2$ 和传统的低 $O_2$ 和高 $O_2$ 气调包装都可以抑制鲜切梨片中嗜冷细菌的生长，且高 $O_2$ 处理对抑制黏性红酵母（*Rhodotorula mucilaginosa*）的效果更明显。这些结果说明，高 $O_2$ 对鲜切果蔬上微生物生长的影响与对微生物离体生长的作用相似，即单独采用高 $O_2$ 处理对微生物生长的抑制作用较小，而高 $O_2$ 结合高 $CO_2$ 处理能显著抑制鲜切果蔬上微生物生长，从而显著延长货架期。

### 2.3.3　完整果蔬上微生物生长和组织腐烂

高氧既对微生物的生长产生直接作用，又影响果蔬本身的生理状况，因此有关高氧对果蔬病原微生物生长和组织腐烂发生的影响是一个更具有实际意义的研究课题。据报道 80%~100% $O_2$ 显著抑制'卡麦罗莎''Cormarosa'草莓在 5℃ 冷藏时灰霉病的发生，且 $O_2$ 浓度越高，果实腐烂程度越轻，这与不同浓度高 $O_2$ 对草莓灰霉葡萄孢菌丝体离体生长影响的结果相吻合，经高 $O_2$ 处理冷藏 14 天后的草莓果实转移到 20℃ 空气中 2 天货架存放期间，果实腐烂发生仍受到显著抑制（Wszelaki & Mitcham，2000）。我们在'硕丰'草莓上的研究也得到类似结果（郑永华等，2000）。这些结果说明高 $O_2$ 处理抑制草莓果实上微生物生长和腐烂发生有后续效应，这与高氧影响草莓灰霉葡萄孢菌离体生长的结果不同。Pérez 和 Sanz（2001）也发现 80% $O_2$ +20 % $CO_2$ 和 100% $O_2$ 处理可有效控制草莓腐烂发生。此外，高氧气调包装可明显减少草莓和树莓果实中酵母和霉菌的生长（Van der Steen et al.，2002；Jacxsens et al.，2003）。Deng 等（2007）报道，80% $O_2$ 或 40% $O_2$ +30% $CO_2$ 可以显著抑制葡萄 0℃ 贮藏 60 天后果实腐烂和落果的发生。70% $O_2$ 气调包装也可以明显抑制荔枝、龙眼和甜樱桃果实的腐烂（Tian et al.，2002，2004，2005）。Zheng 等（2008a，b）研究了不同浓度高氧处理对杨梅、草莓和蓝莓果实在 5℃ 贮藏条件下腐烂的影响，发现高于 60% $O_2$ 浓度可明显抑制这些浆果类在 5℃ 冷藏和后续 20℃ 空气中 2 天货架存放期间果实腐烂的发生，且 $O_2$ 浓度越高，果实腐烂率越低（表 1-3-3-4）。

表 1－3－3－4　高氧处理对杨梅、草莓和蓝莓果实腐烂的影响

（引自：Zheng et al. ，2008 b）

| 处理 | 杨梅果实腐烂率 | | | 草莓果实腐烂率 | | | 蓝莓果实腐烂率 | | |
|---|---|---|---|---|---|---|---|---|---|
| | 5℃ 贮藏[a] | 20℃ 货架1天 | 20℃ 货架2天 | 5℃ 贮藏[b] | 20℃ 货架1天 | 20℃ 货架2天 | 5℃ 贮藏[c] | 20℃ 货架1天 | 20℃ 货架2天 |
| 对照 | 21.1a | 43.9a | 83.9a | 27.7a | 53.9a | 76.4a | 40.3a | 54.8b | 67.5b |
| 40% $O_2$ | 22.2a | 41.7a | 82.7a | 25.1a | 51.7a | 72.7a | 39.2a | 62.7a | 73.1a |
| 60% $O_2$ | 12.2b | 28.5b | 54.7b | 13.5b | 29.1b | 51.2b | 19.5b | 42.1c | 47.7c |
| 80% $O_2$ | 8.89c | 25.6b | 51.9b | 11.2b | 24.3b | 49.9b | 6.66b | 22.9 d | 31.2 d |
| 100% $O_2$ | 7.78c | 16.8c | 36.2c | 8.25c | 17.4c | 37.3c | 4.49c | 17.5 d | 25.4e |

注：同一列中无共同字母为差异显著（$P<0.05$）。其中杨梅果实贮藏期为9天，草莓果实贮藏期为14天，蓝莓果实贮藏期为35天。

高 $O_2$ 单独处理或与高 $CO_2$ 结合处理，可以有效地抑制病原微生物的生长和果实腐烂的发生，然而其作用机理尚不完全清楚，这可能是由于高氧的氧化作用对病原微生物产生直接伤害（Amanatidou，2001）。Wszelaki 和 Mitcham（2000）研究发现，80%～100% $O_2$ 处理对草莓果实腐烂的抑制作用要强于对引起草莓果实腐烂的灰霉葡萄孢菌离体生长的抑制效果，由此推测高氧除了对病原微生物的生长产生直接抑制作用外，还可能对果实本身抗病性产生影响。在杨梅上的研究发现，高 $O_2$ 处理可以诱导提高果实几丁质酶、$\beta-1,3-$葡聚糖酶和苯丙氨酸解氨酶等抗病相关活性，保持较高的总酚含量（杨震峰等，2005）。因此，诱导果实产生抗病性可能是高 $O_2$ 抑制果实腐烂发生的一个重要机理。由于高 $O_2$ 处理具有无化学污染和残留等明显优点，这符合当今世界果蔬防腐保鲜技术发展的方向，因此以不同高 $O_2$ 浓度控制不同果蔬采后腐烂的技术有潜在的应用价值。

## 3　展望

氧胁迫对果蔬产品采后生理、品质和病害均有显著影响。超低氧贮藏可以有效控制果蔬采后腐烂病害的发生，延缓衰老。而高氧处理能抑制无氧呼吸，减少异味物质的产生，控制酶促褐变和抑制腐烂微生物生长，特别是对鲜切果蔬产品和浆果类果实的腐烂控制更为有效。但是，需要进一步研究①氧胁迫对果实品质的调控机制；②不同果蔬产品对氧胁迫的忍受能力及适宜的氧浓度指标；③氧胁迫与其他处理对果蔬产品的协同作用；④不同氧透性包装膜材料的研发。这些研究能为揭示氧胁迫的作用机理，以及形成有效的调控技术提供科学依据。

## 参 考 文 献

陈学红，郑永华，杨震峰，等．2006.高氧处理对草莓果实采后腐烂与抗病性诱导的关系，农业工程学报，22（10）：208-211.

田世平．2000a.超低氧处理对贮藏期间甜橙果实挥发性物质成分的影响．植物学通报，17（2）：160-167.

田世平．2000b.冷藏条件下超低氧处理对甜樱桃果实中乙醇、乙醛和甲醇含量的影响．植物生理学通讯，36（3）：201-204.

杨震峰，郑永华，曹士锋，等．2005.纯氧对杨梅果实采后腐烂的抑制与抗病相关酶的诱导．植物生

理与分子生物学学报，31（4）：425-435.

苑克俊，梁东田．2002. 影响苹果虎皮病发生的因素．落叶果树，（3）：38－40.

郑永华，苏新国，李欠盛，等．2000. 高氧对枇杷果实贮藏期间呼吸速率和多酚氧化酶活性及品质的影响．植物生理学通讯，36（4）：318-320.

郑永华．2005. 高氧处理对蓝莓和草莓果实采后呼吸速率和乙烯产生的影响．园艺学报，32（5）：866-868.

Aharoni Y，Houck L G. 1982. Changes in rind，Flesh，and juice color of blood oranges stored in air supplemented with ethylene or in oxygen－enriched atmospheres. *Journal of Food Science*，47：2091，2092.

Allende A，Luo Y G，McEvoy J L，et al. 2004. Microbial and quality changes in minimally processed baby spinach leaves stored under super atmospheric oxygen and modified atmosphere conditions. *Postharvest Biology and Technology*，33：51-59.

Altman S A，Corey K A. 1987. Enhanced respiration of muskmelon fruits by pure oxygen and ethylene. *Hort Science*，31：275-281.

Amanatidou A，Smid E J，Gorris L G M. 1999. Effect of elevated oxygen and carbon dioxide on the surface growth of vegetable－associated micro－organisms. *Journal of Applied Microbiology*，86：429-438.

Amanatidou A，Slump R A，Gorris L G M. 2000. High oxygen and high carbon dioxide modified atmospheres for shelf－life extension of minimally processed carrots. *Journal of Food Science*，65：61-66.

Amanatidou, A. 2001. High oxygen as an additional factor in food preservation. *PhD Thesis. Wageningen University*，*Department of Microbiology & Preservation*，*The Netherlands*.

Angós I，Vírseda P，Fernández T. 2008. Control of respiration and color modification on minimally processed potatoes by means of low and high $O_2/CO_2$ atmospheres. *Postharvest Biology and Technology*，48：422-430.

Blazek J，Hlusickoval I，Varga A. 2003. Changes in the quality characteristics of Golden Delicious applles under different storage conditions and correlations between them. *Hort Science*，30（3）：81-89.

Conesa A，Artès－Hernàndez F，Geysen S，et al. 2007. High oxygen combined with high carbon dioxide improves microbial and sensory quality of fresh－cut peppers. *Postharvest Biology and Technology*，43：230-237.

Creeck D L，Workman M，Harrison M D. 1973. The influence of storage factors on endogenous ethylene production by potato tubers. *American Potato Journal*，50：145-150.

Day B P F. 1996. High oxygen modified atmosphere packaging for fresh prepared produce. *Postharvest News Information*，7：31-34.

Deng Y，Wu Y，Li Y. 2005a. Effects of high $O_2$ levels on post－harvest quality and shelf life of table grapes during long－term storage. *European Food Research and Technology*，221：392-397.

Deng Y，Wu Y，Li Y. 2005b. Changes in firmness，cell wall composition and cell wall hydrolases of grapes stored in high oxygen atmosphere. Food Research. International，38：769-776.

Deng Y，Wu Y，Li Y，et al. 2006. Effects of high $O_2$ pretreatment and gibberellic acid on sensorial quality and storability of table grapes. *Food Science and Technology International*，12：307-313.

Deng Y，Wu Y，Li Y，et al. 2007. Studies of postharvest berry abscission of 'Kyoho' table grapes during cold storage and high oxygen atmospheres. *Postharvest Biology and Technology*，43：95-101.

Duan X，Jiang Y，Su X，et al. 2004. Role of pure oxygen treatment in browning of litchi fruit after harvest. *Plant Science*，167：665-668.

Frenkel C. 1975. Oxidative turnover of auxins in relation to the onset of ripening in Bartlett pear. *Plant*

*Physiology*，55：480-484.

Gao H Y，Tao F，Song L L，et al. 2009. Effects of short – term $N_2$ treatment on quality and antioxidant ability of loquat fruit during cold storage. *Journal of the Science of Food and Agriculture*，89：1159-1163.

Heimdal H，Kuhn B F，Poll L. 1995. Biochemical changes and sensory quality of shredded and MA – packaged iceberg lettuce. *Journal of Food Scicence*，60：1265-1268.

Jacxsens L，Devlieghere F，Van der Steen C，et al. 2001. Effect of high oxygen modified atmosphere packaging on microbial growth and sensorial qualities of fresh – cut produce. *International Journal of Food Microbiology*，71：197-210.

Jacxsens L，Devlieghere F，Van der Steen C，et al. 2003. Application of ethylene adsorbers in combination with high oxygen atmospheres for the storage of strawberries and raspberries. *Acta Horticulture*，600：311-318.

Jahn O L，Chace W G，Jr Cubbedge R H. 1969. Degreening of citrus fruits in response to varying levels of oxygen and ethylene. *Journal of American Society for Horticultural Science*，94：123-125.

Jiang A L，Tian S P，Xu Y. 2002. Effect of CA with high – $O_2$ or high – $CO_2$ concentrations on postharvest physiology and storability of sweet cherry. *Acta Botanic Sinica*，44（8）：925-930.

Jiang Y M，Su X G，Duan X W，et al. 2004. Anoxia treatment for delaying skin browning，inhibiting disease development and maintaining the quality of litchi fruit. *Food Technology and Biotechnology*，42：131-134.

Kader A A，Ben – Yehoshua S. 2000. Effects of superatmospheric oxygen levels on postharvest physiology and quality of fresh fruits and vegetables. *Postharvest Biology and Technology*，20：1-13.

Ke D，Kader A A. 1992. External and internal factors influence fruit tolerance to low – oxygen atmospheres. *Journal of American Society for Horticultural Science*，117：913-918.

Lafuente M T，Lopez – Galvez G，Cantwell M. 1996. Factors influencing ethylene – induced isocomarin formation and increased respiration in carrots. *Journal of American Society for Horticultural Science*，121：357-542.

Lavilla T，Tecasens I. 1999. Relationships between volatile production，fruit quality，and sensory evaluation in Granny Smith apples stored in different controlled – atmosphere treatments by means of multivariate analysis. *Journal of Agricultural and Food Chemistry*，47（9）：3791-3803.

Limbo S，Piergiovanni L. 2006. Shelf life of minimally processed potatoes：Part 1. Effects of high oxygen partial pressures in combination with ascorbic and citric acids on enzymatic browning. *Postharvest Biology and Technology*，39：254-264.

Liu H，Song L L，Jiang Y M，et al. 2007. Short – term anoxia treatment maintains tissue energy levels and membrane integrity and inhibits browning of harvested litchi fruit. *Journal of the Science of Food and Agriculture*，87：1767-1771.

Lu C，Toivonen P M A. 2000. Effect of 1 and 100 kPa $O_2$ atmospheric pretreatments of whole 'Spartan' apples on subsequent quality and shelf life of slices stored in modified atmosphere packages. *Postharvest Biology and Technology*，18：99-107.

Lurie S，Pesis E，Ben – Arie R. 1991. Darkening of sunscald on apples in storage is a non – enzymatic and non – oxidative process. *Postharvest Biology and Technology*，1：119-125.

Maneenuama T，Ketsa S，Doorn W G. 2007. High oxygen levels promote peel spotting in banana fruit. *Postharvest Biology and Technology*，43：128-132.

Maxie E C，Robison B J，Catlin P B. 1958. Effect of various oxygen concentrations on the respiration of wickson plum fruit and fruit tissues. *Proceeding of American Society for Horticultural Science*，71：

145-156.

Mitchell F G, Kader A A, Crisosto G. 1984. Stone fruit tolerance to high carbon dioxide and low oxygen atmospheres. *Hort Science*, 19: 573-580.

Oms - Oliu G, Soliva - Fortuny R, Mart'In - Belloso O. 2008. Physiological and microbiological changes in fresh - cut pears stored in high oxygen active packages compared with low oxygen active and passive modified atmosphere packaging. *Postharvest Biology and Technology*, 48: 295-301.

Perez A G, Sanz C. 2001. Effect of high - oxygen and high - carbon - dioxide atmospheres on strawberry flavor and other quality traits. *Journal of Agricultural and Food Chemistry*, 49: 2370-2375.

Pesis E, Copel A, Ben—Arie R, Feygenberg O, Aharoni Y. 2001. Low - oxygen treatment for inhibition of decay and ripening in organic bananas. *Journal of Horticultural Science and Biotechnology*, 76: 648-652.

Pesis E, Marinansky R, Zauberman G, et al. 1994. Prestorage low - oxygen atmosphere treatment reduces chilling injury symptoms in 'Fuerte' avocado fruit. *Hort Science*, 29: 1042-1046.

Polenta G, Murray B R. 2005. Effects of different pre - storage anoxic treatments on ethanol and acetaldehyde content in peaches. *Postharvest Biology and Technology*, 38: 247-253.

Solomos T, Whitaker B, Lu C. 1997. Deleterious effects of pure oxygen on 'Gala' and 'Granny Smith' apples. *Hort Science*, 32: 458.

Song L L, Gao H Y, Chen H J, et al. 2009. Effects of short - term anoxic treatment on antioxidant ability and membrane integrity of postharvest kiwifruit during storage. *Food Chemistry*, 114: 1216-1221.

Stewart D. 2003. Effects of high $O_2$ and high $N_2$ atmospheres on strawberry quality. *Acta Horticulture*, 600: 567-570.

Su X G, Jiang Y M, Duan X W, et al. 2005. Effects of pure oxygen on the rate of skin browning and energy status in longan fruit. *Food Technology and Biotechnology*, 43: 359-365.

Tian S P, Folchi A, Pratella G C, et al. 1996. The correlation of some physiological properties during ultra low oxygen storage in nectarine. *Acta Horticulturae*, 374: 131-140.

Tian S P, Xu Y, Jiang A L, et al. 2002. Physiological and quality responses of longan fruit to high $O_2$ or high $CO_2$ atmospheres in storage. *Postharvest Biology and Technology*, 24: 335-340.

Tian S P, Jiang A L, Xu Y, et al. 2004. Responses of physiology and quality of sweet cherry fruit to different atmospheres in storage. *Food Chemistry*, 87: 43-49.

Tian S P, Li B Q, Xu Y. 2005. Effects of $O_2$ and $CO_2$ concentrations on physiology and quality of litchi fruit in storage. *Food Chemistry*, 91: 659-663.

Tucker M L, Laties G G. 1995. The dual role of oxygen in avocado fruit respiration: kinetic analysis and computer modeling of diffusion - affected respiratory oxygen isotherms. *Plant Cell Environment*, 8: 117-127.

Van der Steen C, Jacxsens L, Devlieghere F, et al. 2002. Combining high oxygen atmospheres with low oxygen modified atmosphere packaging to improve the keeping quality of strawberries and raspberries. *Postharvest Biology and Technology*, 26: 49-58.

Wang Y S, Tian S P, Xu Y. 2005. Effects of high oxygen concentration on pro - and anti - oxidant enzymes in peach fruits during postharvest periods. *Food Chemistry*, 91: 99-104.

Whitaker B D, Solomos T, Harrison D J. 1998. Synthesis and oxidation of a - farnesene during high and low $O_2$ storage of apple cultivars differing in scald susceptibility. *Acta Horticulture*, 464: 165-170.

Wszelaki A L, Mitcham E J. 2000. Effects of superatmospheric oxygen on strawberry fruit quality and decay. *Postharvest Biology and Technology*, 20: 125-133.

Yi C, Jiang Y M, Sun J, et al. 2006. Effects of short – term N₂ treatments on ripening of banana fruit. *Journal of Horticultural Science and Biotechnology*, 81: 1025-1028.

Zheng Y H, Wang C Y, Wang S Y, et al. 2003. Effect of high–oxygen atmospheres on blueberry phenolics, anthocyanins, and antioxidant capacity. *Journal of Agricultural and Food Chemistry*, 51: 7162-7169.

Zheng Y H, Wang C Y, Wang S Y, et al. 2007. Changes in strawberry phenolics, anthocyanins, and antioxidant capacity in response to high oxygen treatments. *LWT—Food Science and Technology*, 40: 49-57.

Zheng Y H, Funga R W M, Wang S Y, et al. 2008a. Transcript levels of antioxidative genes and oxygen radical scavenging enzyme activities in chilled zucchini squash in response to superatmospheric oxygen. *Postharvest Biology and Technology*, 47: 151-158.

Zheng Y H, Yang Z, Chen X H. 2008b. Effect of high oxygen atmospheres on fruit decay and quality in Chinese bayberries, strawberries and blueberries. *Food Control*, 19: 470-474.

（金　鹏　郑永华）

# 第四节　减压贮藏的生理学基础

## 导言

　　低温和气调可明显影响果蔬采后的代谢活动，延长其保鲜期，但与消费者的要求还有一定的差距。1962 年，Burg 等提出了较完整的减压贮藏理论和技术，并申请了技术专利。减压贮藏（hypobaric storage）也称为低压贮藏（low pressure storage, LP），指将产品置于密闭环境中，通过真空泵使此环境中的气压降低到一定的程度，从而延缓产品的新陈代谢，延长保鲜期。在此基础上，多家公司对减压贮藏设备进行了研究、开发，最初应用于苹果，取得了较好的保鲜效果，后来发展到其他园艺产品和肉类。在减压贮藏的商业应用中，有成功的例子，也有失败的教训。失败的原因主要是减压设备（库和集装箱）的设计欠合理、制作欠完善，如密封性不够，导致换气时设备外相对湿度较低的气体过多进入设备内，增加了贮藏果蔬产品的蒸腾失水，影响产品的贮藏性。其次，使用压力偏高且波动幅度大，未实现精确控制，也影响保鲜效果。另外，在低压环境下贮藏产品内气体、水分、热量的传递规律欠明确，对贮藏品的代谢活动的了解也不充分，限制了针对具体果蔬产品制定相应的减压贮藏条件。随着工业的发展，新的减压设备不断问世，如国外"TransVac"和"VacuFresh SM"品牌的减压库，1997 年在我国包头市建成并投入使用的一千吨级的 JBXK – 2000 型减压保鲜库。国家农产品保鲜工程技术研究中心（天津）采用非金属管和塑料膜，研制出一种小型减压贮藏设备，明显降低了减压设备的制造成本。在减压采后生理方面，近些年也有新的进展，发现低压环境利于果蔬气孔的张开，促进果蔬内气体向外扩散。低压环境不仅可延缓农产品的衰老进程，也可控制微生物的侵染、害虫的危害，对鲜活农产品的保鲜作用是多方面的，具有快速降氧、快速真空降温和快速排除有害气体成分的特点。对一些农产品的保鲜作用如表 1 – 3 – 4 – 1 所示。

表 1-3-4-1 一些生鲜农、林、畜、水产品的最长贮藏期（天）

（引自：Burg SP 和郑先章，2007）

| 名称 | NA | CA | LP | 名称 | NA | CA | LP |
|---|---|---|---|---|---|---|---|
| 苹果（各种） | 200 | 300 | 300+ | 菠菜 | 10～14 | 效果微 | 50 |
| 鳄梨（Lula） | 30 | 42～60 | >102 | 康乃馨鲜切花 | 21～42 | 无效果 | 140 |
| 香蕉 | 14～21 | 42～56 | 150 | 山龙眼鲜切花 | <7 | 无效果 | 30+ |
| 甜樱桃 | 14～21 | 28～35 | 56～70 | 玫瑰鲜切花 | 7～14 | 无效果 | 42 |
| 酸橙（Persian） | 14～28 | 失汁，皮变厚 | 90+ | 牛肉（一半后部） | 12 | 无效果 | >41 |
| 芒果（Florida 产） | 14～21 | 几乎无效果 | >50 | 小牛肉（一半后部） | 12 | 无效果 | >42 |
| 番木瓜（Solo） | 12 | 12+ | 28 | 猪肉（臀部） | 8 | 无效果 | >28 |
| 梨（Bartlett） | 60 | 100 | 200 | 羊羔肉（整羊） | 12 | 无效果 | >42 |
| 草莓 | 7 | 7+，失去风味 | 21 | 马肉（一半后部） | <13 | 无效果 | >22 |
| 芦笋 | 14～21 | 微果效，失去香味 | 28～42 | 鸡 | <15 | 无效果 | >21 |
| 黄瓜 | 9～14 | 14+ | 49 | 鸭 | <15 | 无效果 | 28 |
| 青椒 | 14～21 | 无效果 | 50 | 三文鱼（鱼片） | 2 | 无效果 | 8 |
| 蘑菇 | 5 | 6 | 21 | 虾 | <10 | 无效果 | 42 |

注：1）NA. 普通冷藏，CA. 气调冷藏，LP. 减压冷藏。

2）无效果是指相关研究得出的结论是：不如 NA；比 NA 略好；没有任何效果。

3）运输过程也认为是贮藏过程，是移动贮藏，区别是运输过程中的震动可能会影响贮藏效果。

减压贮藏技术被称为继低温、气调之后的第三次保鲜技术革命，但目前其应用还远未达到低温、气调的普及程度，还有许多理论和应用问题需要研究，如减压库的成本偏高，限制了果蔬保鲜的经济效益；果蔬在减压条件下容易失水，给品质带来不利影响。结合企业对果蔬保鲜的需求，通过对减压贮藏在保鲜中存在问题的不断研究，改进相关技术，减压贮藏将在果蔬保鲜领域发挥其应有的潜力。

# 1 减压环境下果蔬内气体的移动

采后果蔬是有生命的活体，伴随有新陈代谢活动。因此，在果蔬细胞内、细胞间存在氧气、二氧化碳、乙烯、氨气以及氰化物等气体。氧气来源于外界空气，供果蔬呼吸作用；呼吸作用释放出二氧化碳；果蔬在代谢过程中产生乙烯；蛋白质的分解可产生氨气，对细胞有毒害作用；一些糖类和脂类物质在分解过程中，可产生氰化物，对细胞也是有害的。这些果蔬内的气体与外界交换、向外界扩散的途径主要是气孔、皮孔和表皮。气体向外扩散的阻力分为液体阻力和空气阻力两种，液体阻力主要指细胞壁、细胞质和细胞器的阻力，空气阻力则指源于充气气孔、皮孔和表皮的阻力。

一般叶片比果实表面具有较多的气孔，因此，与果实相比，叶片对其内气体的扩散阻力较小。随果实的长大、成熟，其表面的气孔密度常呈下降趋势。在采后果蔬表面，随贮藏时间延长，蜡质层常增厚，而且气孔常被蜡质堵塞、功能丧失。另外，气孔的开张受光照、水分以及二氧化碳浓度等因素调节，在采后低温、暗环境中，气孔常为关闭状态。所以，采后果蔬对气体的扩散阻力比采前要大，果蔬内层、外层以及外界之间的气体浓度梯度较大，内层的氧气浓度最低、二氧化碳浓度最高、乙烯的浓度也最高。周围环境的大气压降低，可使采后果蔬的气孔张开，降低气体扩散阻力，促进气体向外扩散，从而降低了果蔬内层、外层和外界之间的氧气、二氧化碳等气体浓度梯度，也降低了这些气体在果蔬内的浓度。

## 2　减压贮藏对果蔬水分蒸腾的影响

水分是采后果蔬的重要组成成分之一，一般新鲜果蔬含水量为 85%～95%。因为果蔬含有如此高的水分，才使其表现新鲜的品质，表面具有光泽和弹性。失水是影响果蔬采后保鲜的重要因素之一，大多数果蔬在水分蒸腾超过 3%～10% 时，则明显萎蔫、商品品质降低。水分蒸腾过度不仅可使果蔬表现皱缩、萎蔫、丧失脆度，而且失水导致的细胞内水势改变，还可影响代谢机制，如激素的含量和作用方式发生改变、呼吸作用的改变，从而加速果蔬的衰老。果蔬水分蒸腾是果蔬与环境之间相互作用的一种现象，具体过程包括细胞内水分移动到表皮下空间，在此呼吸作用等产生的热量使水分由液态转变为气态。水分蒸腾的通道有：气孔、皮孔和表皮。水分蒸腾与以下三个变量有关：在蒸腾表面可利用的潜在热量，果蔬与环境之间的蒸汽压差，水分蒸腾的阻力。在一个有生物材料的系统中，热量主要来源于生物自身的呼吸作用以及外界传入的热量，热量的传递主要通过传导、对流和辐射等方式。水分蒸腾与果蔬自身的呼吸作用密切相关，呼吸作用强，由此产生的热量较多，水分蒸腾也较多。与常压贮藏相比，减压贮藏可显著抑制果蔬的呼吸作用，从而可明显降低由此引起的水分蒸腾和失重，如香蕉贮藏过程中的现象（表 1-3-4-2）。

**表 1-3-4-2　香蕉果实在 13.3℃ 下贮藏 27 天后的失重率**（引自：Burg，1969）

| 大气压 kPa（mm Hg） | 呼吸速率/[mL CO₂/(g·h)] | 失重率 测量值 | 失重率 理论值 |
|---|---|---|---|
| 5.33（40） | — | 1.29 | — |
| 6.67（50） | 1.54 | 1.80 | 1.06 |
| 8.00（60） | — | 1.55 | — |
| 10.67（80） | 1.46 | 1.30 | 1.01 |
| 13.33（100） | — | 1.42 | — |
| 16.00（120） | 2.24 | 1.56　0.65 | 1.45 |
| 20.00（150） | — | 2.02 | — |
| 101.30（760） | 7.19 | 6.56　0.89 | 4.95 |

水分蒸腾也与环境中的相对湿度有关。环境中相对湿度较高的情况下，果蔬表面对水分蒸腾的阻力较小。果蔬的这种反应是对环境适应的一种自我调节，环境中湿度较高时，果蔬通过蒸腾可加快释放自身的呼吸热；在湿度较低时，则增大蒸腾的阻力，以减少水分丧失。减压可促进果蔬气孔的张开，减少水分蒸腾的阻力，促进水分丧失。目前水分丧失过多是果蔬减压贮藏的主要问题之一，其原因主要是贮藏容器密闭性不好，从外界进入容器的空气及附带的热量过多，从而使果蔬水分蒸腾偏高。

## 3　减压贮藏对果蔬乙烯、呼吸作用及品质的影响

减压不仅通过促进果蔬内气体的移动，直接降低果蔬内部乙烯的浓度，而且减压形成的低氧、低二氧化碳环境也影响乙烯的生成及功能。乙烯的生成与氧气有关，低氧可抑制乙烯生成。对果实而言，环境中氧气浓度降低到 5%～7%，可使乙烯生成量降低到自然环境中的 50%。乙烯与受体的结合以及进一步发挥的调节作用，促进果蔬成熟、衰老，也需氧气的参与，低氧常抑制乙烯的这些功能。依浓度不同，二氧化碳对乙烯生

成的影响也不同,高于20％浓度时二氧化碳对乙烯合成有抑制作用,低于20％时则利于乙烯的合成,但减压下形成的基本无二氧化碳的环境对乙烯生成有明显的抑制作用。常压下气调贮藏和自然环境贮藏过程中,二氧化碳可促进乙烯的生成。二氧化碳是乙烯发挥功能的抑制物,气调贮藏中应用5％的二氧化碳可明显抑制乙烯的生理作用。

乙烯是植物体内的一种重要激素,参与调节呼吸作用、成熟和衰老等生理进程。在果实、蔬菜中,伴随乙烯浓度高峰的出现,常出现呼吸作用的高峰。氧气是呼吸作用的必需气体,伴随其浓度的降低,呼吸作用也下降。二氧化碳对呼吸作用的影响,与果蔬种类和其浓度有关。高于自然环境中二氧化碳浓度时,它常对呼吸作用有抑制作用,但对一些果蔬则影响不明显或有促进作用。10％～30％的二氧化碳短时间处理可抑制香蕉、番茄和黄瓜的呼吸作用,但对洋葱、橙子无效。5％～10％的二氧化碳可促进柠檬的呼吸作用。

与一般冷藏和气调贮藏不同,减压贮藏可减小果蔬内部与外界环境之间的氧气、二氧化碳以及乙烯等气体的浓度差,并降低这些气体在果蔬内的浓度,二氧化碳和乙烯的浓度几乎为零。此气体环境对呼吸作用有明显的抑制作用,此作用甚至超过气调的作用。在低温下,减压贮藏可显著抑制草莓和生菜的呼吸作用,而且此抑制作用随气压降低而增强(图1-3-4-1);在抑制呼吸作用的同时,减压贮藏可明显延缓草莓的衰老,保持果实的新鲜和营养价值,但对叶菜类蔬菜生菜的保鲜效果不明显,反而引起较严重的失重(An et al.,2009)。

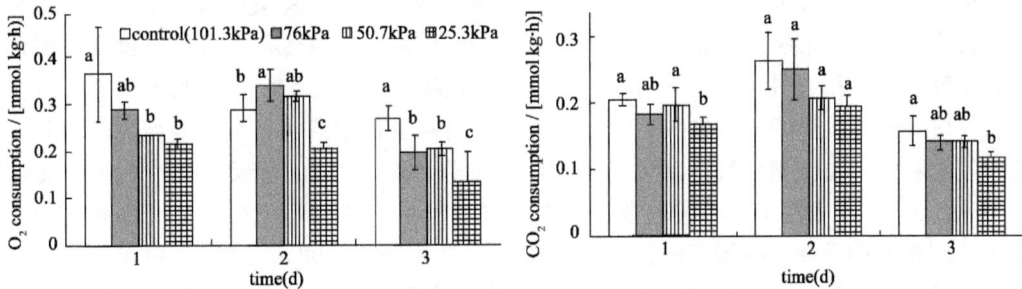

图1-3-4-1 在不同减压和3℃条件下,草莓贮藏3天后的呼吸情况

(引自：An et al.,2009)

与常压冷藏相比,减压冷藏可显著延缓绿芦笋的衰老,明显降低呼吸速率,延缓叶绿素、维生素C的降解以及感官品质的下降,抑制丙二醛的积累,采后保鲜期约延长一倍(Li et al.,2006)。为克服减压贮藏容易造成果蔬过度失水的缺点,采用三阶段降压(在贮藏初期采用较低压力,然后随贮藏期延长逐渐升高压力,分别为$15\pm5$ kPa、$25\pm5$ kPa和$45\pm10$ kPa)对绿芦笋的采后生理及保鲜进行了研究,发现阶段减压贮藏的保鲜效果优于一般的减压贮藏,可显著抑制纤维素、木质素和维管束的生成以及导管壁的增厚,从而明显延缓品质劣变。同时,三阶段降压可提高芦笋过氧化氢氧化酶(CAT)、超氧化物歧化酶(SOD)的活性,减少芦笋内过氧化氢($H_2O_2$)和超氧阴离子($O_2^-$)的含量,抑制丙二醛的积累(Li & Zhang,2006;Li et al.,2008)。在水蜜桃保鲜方面,应用三阶段减压贮藏也取得了可喜的结果,三阶段减压贮藏能明显抑制呼吸强度,延缓可溶性固形物、可滴定酸、硬度、可溶性蛋白、维生素C的下降,

抑制相对电导率、丙二醛含量的增加，从而明显延缓水蜜桃的后熟进程（李文香等，2007）。

　　减压贮藏（20.3 kPa）可显著抑制采后"安哥诺"李的呼吸强度和乙烯释放速率，并分别将二者的高峰出现时间推迟了 12 天和 14 天；还可延缓果实硬度、可滴定酸、可溶性糖含量的下降；保持较高的超氧化物歧化酶活性和较低的过氧化物酶活性；从而延缓了李果肉褐变和成熟衰老的进程，较好地保持了果实的贮藏品质（王文凤等，2007）。在（0±0.5）℃下，减压贮藏可以显著降低"黄花"梨贮藏期的呼吸强度，减少维生素 C 的损失，有利于保持果实含水量、硬度和可溶性总糖；能够有效保持超氧化物歧化酶活性，并抑制过氧化氢酶活性的上升（陈文烜等，2004）。减压处理能有效降低采后杏果实的呼吸强度、多聚半乳糖醛酸酶和脂氧合酶活性，维持果肉细胞的正常结构和功能，从而延缓杏果实软化衰老进程（王伟和张有林，2008）。减压处理（40～50 kPa）可明显抑制冷藏枇杷果实的呼吸强度、乙烯产生和果实褐变，减轻果实的木质化败坏，并保持较高的果实可溶性固形物、可滴定酸度和维生素 C 含量，抑制贮藏 21 天后果实硬度的增加，减轻出汁率的下降程度，抑制过氧化物酶和苯丙氨酸解氨酶活性的上升趋势，抑制木质素含量的增加（郜海燕等，2008）。减压贮藏可显著抑制红柿果实总酸含量、硬度、可溶性固形物和维生素 C 含量的下降，以及多酚氧化酶和过氧化物酶活性的升高（翟莉艳等，2005）。蒜薹在 0 kPa、20.26～40.52 kPa 减压条件下贮藏，可显著降低呼吸强度和自然损耗率，抑制叶绿素分解和霉菌孢子的繁殖，防止粗纤维含量增加和可食率下降；在此贮藏条件下，陕西兴平栽培的"苍山"蒜薹贮藏 270 天，自然损耗率仅为 4.5%，叶绿素含量 38.5 mg/100 g，可食率达 95.4%，薹条色泽鲜绿，质地脆嫩（韩军歧和张有林，2006）。减压环境下，枣果实的呼吸作用受到明显抑制，维生素 C、硬度等品质下降得到延缓，转红变慢，果肉褐变程度减弱，与衰老相关的酶如过氧化氢酶和抗坏血酸氧化酶的活性受到抑制（常燕平等，2002；靳爱仙等，2006；王亚萍等，2007）。辽西两个枣品种的微红果在贮藏过程中，减压环境可抑制纤维素酶、果胶酶、淀粉酶的活性，减缓枣果的软化过程（颜廷才等，2006）。减压处理能降低枣果硬度、可滴定酸及还原糖的变化速率，同时可抑制维生素 C 含量下降以及过氧化物酶和多酚氧化酶活性，减缓果肉褐变速度，延缓果实衰老过程，将金丝小枣贮藏期延长到 90 天，好果率可达 90% 以上（颜廷才等，2007）。但是，薛梦林等（2003）报道，减压贮藏虽然能有效地保持冬枣的硬度和维生素 C 含量，降低果肉中乙醇、乙醛含量和枣果呼吸强度，抑制抗坏血酸氧化酶和乙醇脱氢酶的活性，减慢内源乙烯的释放速率，却对阻止果肉褐变无明显效果。

## 4　减压贮藏对果蔬病虫害和生理性失调的影响

　　由病原物侵染引起的病害是果蔬采后腐烂的主要原因之一。低氧（<1%）环境可抑制需氧细菌和真菌的孢子萌发和菌丝生长。减压贮藏可提供的氧气浓度为 0.1%～0.25%±0.008%、二氧化碳浓度基本为零的环境。此环境可显著抑制病原菌的生长、繁殖，也避免了二氧化碳诱导病原菌生长及孢子萌发的可能。减压贮藏可抑制冬枣贮藏期间霉菌孢子的繁殖，减轻果实腐烂（表 1-3-4-3）。

表 1-3-4-3　不同压力对冬枣贮藏期霉菌孢子数和枣果腐烂率的影响（引自：韩军岐和张有林，2006）

| 压力 kPa | 侵染回接果 | | 正常果 | |
|---|---|---|---|---|
| | 霉菌孢子数 | 腐烂率/% | 霉菌孢子数 | 腐烂率/% |
| 101.3 | 8.2±0.37 a | 70.7±1.77 a | 2.6±0.51 a | 30.7±1.76 a |
| 80.1 | 8.0±0.32 a | 66.7±2.90 a | 1.6±0.51 a | 23.3±1.76 b |
| 60.7 | 6.4±0.98 a | 59.3±1.77 b | 1.2±0.37 b | 21.3±1.76 b |
| 40.5 | 2.4±0.51 b | 10.7±0.67 c | 1.0±0.55 b | 6.0±1.15 c |
| 20.3 | 8±0.80 b | 8.0±1.15 c | 0.2±0.20 b | 2.7±1.76 c |

　　果蝇、蚜虫等昆虫可对采后果蔬的保鲜造成不良影响，而且一些昆虫还是进出口果蔬的检疫对象。采用热处理可有效杀死害虫，但对果蔬的品质和保鲜影响较大。减压贮藏由于具有很低的氧气浓度，可有效杀死这些害虫。在 10～20 mmHg 的大气压下，果蔬存放一周后，果蝇卵和幼虫的死亡率可达 98%；存放 11 天后，卵的死亡率可达 100%（Davenport et al.，2006）。

　　低温是果蔬保鲜的有效措施，但一些果蔬在低温下贮藏一段时间后，出现冷害，表皮出现凹陷、变色，果肉变色、变味等。减压贮藏对一些果蔬的采后冷害有明显的抑制作用，水蜜桃在 0 ℃下贮藏一段时间后，果肉会出现褐变等症状，产生冷害；减压贮藏对此有一定的抑制作用，而且可降低果实的呼吸作用，减少维生素 C 含量的下降（陈文烜等，2004）。减压贮藏还可减轻冬枣在冷藏期间的冷害（表 1-3-4-4）。

表 1-3-4-4　减压对贮藏期冬枣冷害和失重率的影响（引自：韩军岐和张有林，2006）

| 压力/kPa | 0 ℃ | | −1 ℃ | | −2 ℃ | | −3 ℃ | | −4 ℃ | | −5 ℃ | |
|---|---|---|---|---|---|---|---|---|---|---|---|---|
| | 冷害 | 失重率/% | 冷害 | 失重率/% | 冷害 | 失重率/% | 冷害 | 失重率/% | 冷害 | 失重率/% | 冷害 | 失重率/% |
| 101.3 | — | 4.8 | — | 4.5 | + | 3.7 | ++ | 3.2 | +++ | 2.9 | +++ | 2.6 |
| 80.1 | — | 4.5 | — | 4.5 | + | 3.6 | ++ | 3.2 | ++ | 2.7 | +++ | 2.4 |
| 60.7 | — | 3.2 | — | 3.0 | — | 2.8 | + | 2.3 | ++ | 2.0 | +++ | 1.9 |
| 40.5 | — | 3.0 | — | 2.6 | — | 2.4 | — | 2.0 | + | 1.7 | ++ | 1.7 |
| 20.3 | — | 3.0 | — | 2.5 | — | 2.3 | — | 1.8 | + | 1.6 | ++ | 1.6 |

注：表中数值为贮藏 90 天的调查值。— 未受冷害；+ 轻度冷害；++ 中度冷害；+++ 重度冷害。

## 5　展望

　　尽管许多研究结果表明减压贮藏对保持果蔬产品采后品质具有一定的作用，但是，不同果蔬产品对减压环境的适应能力不一样，生理反应不相同。因此，需要进一步研究不同果蔬产品对减压贮藏的生理应答机制及适宜的减压环境，为减压贮藏的商业化应用提供指导。

### 参 考 文 献

Burg S P，郑先章.2007.中西方减压贮藏研究概述.制冷学报，28（2）：1-7.

常燕平，胡振华，王如福.2002.减压贮藏条件下梨枣某些生理生化指标的变化.植物生理学通讯，38（5）：434-435.

常燕平，王如福，王国盛.2005.减压处理对梨枣果实采后生理及贮藏效果的影响.中国农学通报，21（2）：196-199.

陈文煊，郜海燕，陈杭君，等．2004．减压贮藏条件下水蜜桃生理生化指标的变化．保鲜与加工，4（6）：16-18.

郜海燕，宋丽丽，周拥军，等．2008．减压贮藏对冷藏枇杷果实品质和木质化败坏的影响．农业工程学报，24（6）：245-249.

韩军岐，张有林．2006．蒜薹减压贮藏技术研究．吉林农业大学学报，28（2）：222-225.

靳爱仙，王亚萍，梁丽松，等．2006．减压贮藏对冬枣果实呼吸及软化相关指标的影响．西北林学院学报，21（5）：143-146.

李文香，肖伟，王成荣，等．2007．（25±1）℃下三阶段减压贮藏对水蜜桃保鲜效果的影响．食品科技，8：232-236.

王伟，张有林．2008．减压处理对采后杏果实软化的生理控制效应．西北植物学报，28（1）：131-135.

王文凤，孟庆瑞，张广燕，等．2007．减压贮藏对安哥诺李果实生理生化特性的影响．中国食品学报，7（2）：86-91.

王亚萍，梁丽松，王贵禧，等．2007．不同减压强度对冬枣贮藏品质变化的影响．食品科学，2（2）：335-338.

薛梦林，张继澍，张平，等．2003．减压对冬枣采后生理生化变化的影响．中国农业科学，36（2）：196-200.

颜廷才，孟宪军，周加猛．2006．减压贮藏对辽西大枣采后软化影响的研究．食品科技，11：231-235.

颜廷才，王淑琴，李江阔，等．2007．减压贮藏对辽西鲜枣衰老的影响．沈阳农业大学学报，38（2）：157-161.

翟莉艳，张平，孟宪军，等．2005．减压贮藏对柿果实采后生理生化的影响。山西食品工业，4：7-10.

张有林，韩军岐，张润光．2005．低温、减压和臭氧对冬枣保鲜的生理效应研究．中国农业科学，38（10）：2102-2110.

Aharoni Y，Apelbaum A，Copel A. 1986. Use of reduced atmospheric pressure for control of the green peach aphid on harvested head lettuce. *HortScience*，21：469，470.

An D S，Park E，Lee D S. 2009. Effect of hypobaric packaging on respiration and quality of strawberry and curled lettuce. *Postharvest Biology and Technology* 52（1）：78-83.

Burg S P，Burg E A. 1962. Role of ethylene in fruit ripening. *Plant Physiology*，37：179-189.

Chau K F，Alvarez A M. 1983. Effects of low－pressure storage on Colletotrichum gloeosporioides and postharvest infection of papaya. *HortScience*，18：953.

Davenport T L，White T L，Burg S P. 2006. Optimal low－pressure conditions for long－term storage of fresh commoditie kill caribbean fruit fly eggs and larvae. *HortTechnology*，16（1）：98-104.

Li W X，Zhang M，Wang S J. 2008. Effect of three－stage hypobaric storage on membrane lipid peroxidation and activities of defense enzyme in green asparagus. *LWT－Food Science and Technology* 41（10）：2175-2181.

Li W X，Zhang M，Yu H Q. 2006. Study on hypobaric storage of green asparagus. *Journal of Food Engineering*，73（3）：225-230.

Li W X，Zhang M. 2006. Effect of three－stage hypobaric storage on cell wall components，texture and cell structure of green asparagus. *Journal of Food Engineering*，77（1）：112-118.

Pantastico E B. 1975. Structure of fruits and vegetables. *In*：Pantastico E B. *Postharvest Physiology，Handling and Utilization of Tropical and Subtropical Fruits and Vegetables*. AVI，Westport，Connecticut，1-24.

Uota M，Garazsi M. 1967. Quality and display life of carnation blooms after storage in controlled atmospheres. *USDA Marketing Research Report*，796：1-9.

（丁占生）

# 第二部分　采后病理学及防病机制

# 第一章 物理方法的防病机制

## 第一节 病原菌的低温生物特性

**导言**

　　新鲜果蔬从生长、采收、贮藏、运输到市场销售的整个过程中的病原微生物侵染会造成大量的腐烂损失。病害的发生与发展主要受三个因素的影响，即病原菌、寄主和环境条件。当病原菌致病力强，寄主抵抗力弱，而环境条件有利于病菌生长、繁殖和致病时，病害则严重；反之，病害受到抑制。因此，认识病害的发生和发展规律，必须了解病害发生发展的各个环节，并深入分析病原菌、寄主和环境条件三个因素在各个环节中的相互作用。认识病害发生发展的实质，才能有效地制定防治方法。对于采后果蔬而言，通过控制贮藏条件降低病原菌的生活力和致病力，减少因病原菌侵染造成的腐烂损失，是有效的手段之一。

　　贮藏温度是影响园艺产品采后病害最重要的环境因子之一。病菌孢子的萌发力和致病力与温度极为相关，大多数病原菌的最适温度为 $24\sim26℃$。温度过高或过低都对病菌有抑制作用。在病菌与寄主的对抗中，温度对病害的发生起着重要的调控作用。一方面，温度影响病菌的生长、繁殖和致病力；另一方面，温度也影响寄主的生理、代谢和抗病性，从而制约病害的发生与发展。一般而言，较高的温度加速果实的衰老，降低果实对病害的抵抗力，有利于病菌孢子的萌发和侵染；而较低的温度能够延缓果实衰老，保持果实的抗性，抑制病菌孢子的萌发和侵染。因此，贮藏温度的选择一般以不引起果实产生冷害的最低温度为宜，这样既能够延缓果实衰老，又能最大限度地抑制病害的发生。资料表明，一些采后病原菌，如 *Botrytis cinerea*、*Pezicula malicorticis*、*Alternaria alternata*、*Penicillium species*（*P. puberulum*、*P. palitans*、*P. expansum*、*P. frequentans*、*P. chrysogenum* 和 *P. urticae*）和 *Cladosporium herbarum* 等，最低生长温度在 $-2\sim-4℃$。表 2-1-1-1 列举了一些重要采后病原菌的最低生长温度。

**表 2-1-1-1　果实采后病原菌生长的最低温度**（引自：Sommer，1985）

| 病原菌 | 水果寄主 | 生长最低温度/℃ |
|---|---|---|
| *Alternaria alternata*（Fr.）Keissler | 梨果类、核果类、柑橘类 | $-3$ |
| *Alternaria citri* Ell. & Pierce | 柑橘类 | $-2$ |
| *Aspergillus niger* Van Tiegh. | 无花果、葡萄 | 11 |

续表

| 病原菌 | 水果寄主 | 生长最低温度/℃ |
|---|---|---|
| *Botryodiplodia theobromae* Pat. | 香蕉、凤梨 | 8 |
| *Botrytis cinerea* Pers. Ex Fr. | 梨果类、核果类、浆果类 | −2 |
| *Cladosporium herbarum* Lk. Ex Fr. | 梨果类 | −4 |
| *Colletotrichum gloeosporioides*（Penz.）Arx | 番木瓜、芒果、柑橘类 | 9 |
| *Ceratocystis paradoxa*（Dade）C. Moream | 香蕉、凤梨 | 5 |
| *Colletotrichum musae*（Berk. & Mass.）Arx | 香蕉 | 9 |
| *Diplodia natalensis* P. Evans | 柑橘类 | 2 |
| *Geotrichum candidum* Lk. Ex Pers. | 柑橘类、番茄 | 2 |
| *Monilinia fructicola*（Wint.）Honey | 核果类 | 1 |
| *Penicillium digitatum* Pers. Sacc. | 柑橘类 | 3 |
| *Penicillium expansum* Lk. ex Thom. | 梨果类、核果类 | −3 |
| *Penicillium italicum* Wehm. | 柑橘类 | 0 |
| *Pezicula malicorticis*（Jacks.）Nannfld. | 梨果类 | −3 |
| *Phomopsis citri* Faw. | 柑橘类 | −2 |
| *Phytophthora cactorum*（Leb. & Cohn）Schroet. | 草莓、梨 | 2 |
| *Rhizopus stolonifer*（Ehr. ex Fr.）Vuill. | 梨果类、核果类、浆果类 | 2 |

## 1　低温对菌丝生长的影响

　　众多研究表明病原菌在培养基上的生长对温度十分敏感。一般随着温度的降低病原菌菌丝生长速度随之降低。当环境温度低于病原菌最适生长温度时，其生长繁殖停止。但此时只要病菌原生质结构未遭到破坏其就不会很快死亡，并能在较长时间内保持活力，当温度升高时又能恢复正常的生命活动。Tamm 和 Flückiger（1993）报道甜樱桃褐腐病菌（*Monilinia laxa*）在培养基上生长时，在 5～25℃条件下菌丝生长速度与温度呈正相关。Bertolini 和 Tian（1995）发现多毛青霉病菌（*Penicillium hirsutum*）在马铃薯葡萄糖琼脂培养基（potato dextrose agar，PDA）上培养时生长速度受到温度的显著影响。在 0℃以上的环境中菌丝生长速度较快，随着培养温度的上升，菌丝生长速度显著增加；但在 0℃及更低的温度下菌丝生长出现了较长的滞育期，培养 25 周后菌丝直径还不到培养皿直径的一半。在−2℃下培养 3 周的 *P. hirsutum* 菌丝没有明显生长，而在−4℃下菌丝几乎停止了生长，直到 19 周后才出现微弱的生长（图 2−1−1−1）。Tian 和 Bertolini（1995）发现，韭菜灰霉病菌 *Botrytis allii* 在 PDA 上培养时，菌丝生长随温度的降低而减慢。在 20℃、10℃和 4℃下培养的 *B. allii* 菌落直径分别在 5 天、14 天和 42 天达到最大；而在−2℃和−4℃下 *B. allii* 菌丝的生长显著地受到抑制（图 2−1−1−2）。Tian 和 Bertolini（1999）研究了不同温度下油桃褐腐病菌（*Monilinia laxa*）的菌丝生长规律。*M. laxa* 在 0℃以下的低温下培养时，菌丝生长速度明显受到抑制，并且产孢时间也随着温度的降低而推迟（图 2−1−1−3）。在 25℃、10℃和 5℃条件下培养的 *M. laxa*，其菌落直径分别在 6 天、12 天和 14 天达到最大。然而，在 0℃和−2℃条件下菌丝分别在 12 天和 21 天才开始生长。而在−4℃基本看不到菌丝的生长。Eastburn 和 Gubler（1992）推测低温下病原真菌生长速度降低是由于病原菌从培养基上摄取营养物质能力的降低。

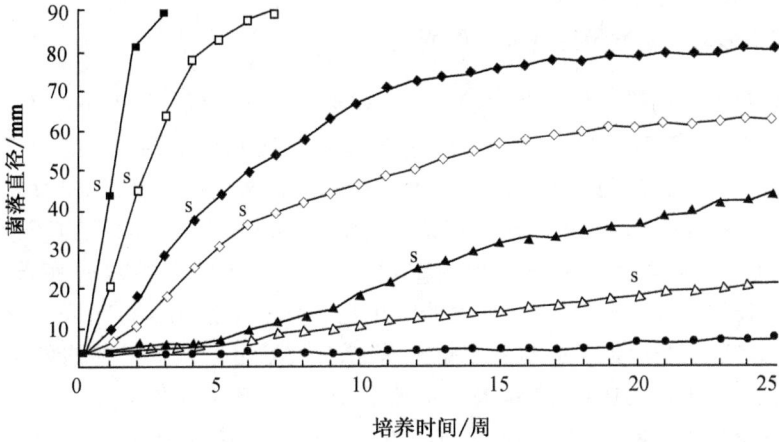

图 2-1-1-1 在 20 (■)，10 (□)，4 (◆)，2 (◇)，0 (▲)，-2 (△) 和 4℃ (●) 条件下
*B. hirsutum* 在 PDA 上的菌丝生长。每一个点是 10 个平板菌落直径的平均值。s 表示孢子萌发的开始
（引自：Bertolini & Tian，1996）

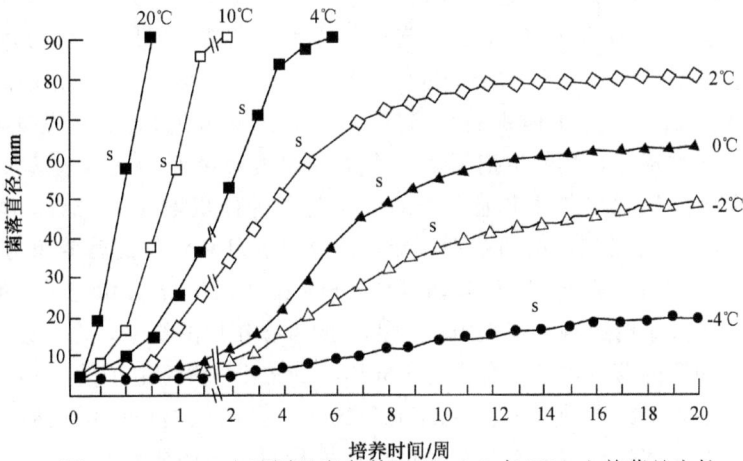

图 2-1-1-2 在不同温度条件下 *B. altii* 在 PDA 上的菌丝生长
每一个点是 10 个平板菌落直径的平均值。s 表示孢子萌发的开始
（引自：Tian & Bertolini，1995）

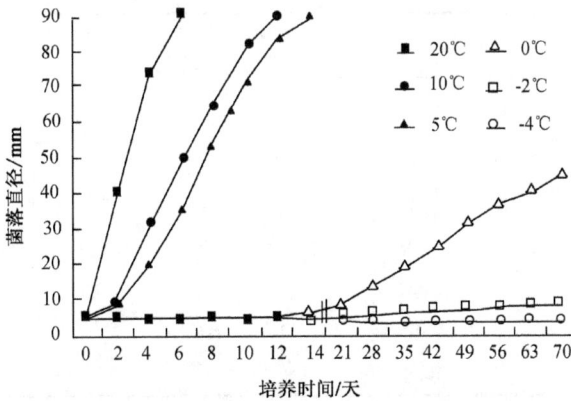

图 2-1-1-3 在不同温度条件下 *Monilinia laxa* 在桃汁-琼脂培养基上的菌
丝生长。每一个点是 10 个平板菌落直径的平均值。s 表示孢子萌发的开始
（引自：Tian & Bertolini，1999）

## 2　低温对孢子形成、萌发及芽管伸长的影响

温度影响病原菌的孢子形态及萌发。许多研究表明在较低的温度下产生的分生孢子形态较大。早在 1977 年，Byrde 和 Willetts 报道核年褐腐菌 M. laxa 在冬天产生的分生孢子要比夏天产生的分生孢子大。Abbas 等（1995）也发现向日葵黑斑病菌（Alternaria helianthi）在 18℃ 下产生的孢子不仅形态上要比 22℃、26℃ 和 30℃ 下产生的大，而且萌发率更高，感染寄主的能力更强。Phillips（1984）发现桃褐腐病菌 Monilinia fructicola 在 15℃、20℃ 和 25℃ 下产生的分生孢子体积分别为 1002 $\mu m^3$、862 $\mu m^3$ 和 697 $\mu m^3$，且 15℃ 下产生孢子的萌发率也显著高于 25℃ 下所产孢子的萌发率。Tian 和 Bertolini（1996）发现在 PDA 培养基上培养的 B. allii 和 P. hirsutum，其孢子的形成受到温度的显著影响（表 2-1-1-2）。B. allii 和 P. hirsulum 在 20～-2℃ 培养时，产孢时间随温度的降低而推迟，而低温对 P. hirsulum 的产孢滞后效应更显著。在 20℃ 培养时，B. allii 和 P. hirsulum 分别在第 3 天和 7 天产孢，而在 -2℃ 下培养时，分别在第 70 天和 140 天产孢。另外，当培养温度从 20℃ 降低到 -2℃ 时，孢子的体积变大（表 2-1-1-2）。B. allii 和 P. hirsutum 孢子的体积在 -2℃ 时最大，在 20℃ 时的体积最小。B. allii 在 -2℃ 时孢子的平均体积约是 20℃ 时的 2.8 倍；P. hirsulum 在 -2℃ 时孢子的平均体积是 20℃ 时孢子体积的 2 倍。Tian 和 Bertolini（1999）发现 M. laxa 在培养基和寄主上分别培养，其分生孢子的大小均随温度降低而增大（表 2-1-1-3）。当温度从 25℃ 降至 0℃ 时，在寄主上生长的分生孢子的体积增加 15.5%，而在培养基上生长增加 41%，这种增加幅度的差别可能与离体培养基和活体的营养组分差异有关。Lorbeer（1980）曾报道在不同的培养基和温度条件下 B. allii 的分生孢子的形态和大小不同。温度对孢子大小的影响可能是对孢子生长的直接作用的结果，也可能是间接改变了培养基中可以利用的营养物质的结果。Phillips（1984）认为孢子的大小可能受到生长代谢过程中某些未知因子的控制。Garrett（1956）提出低温环境可能通过增大分生孢子的体积来影响产孢过程，从而为提高侵染能力积累更多的能量。

**表 2-1-1-2　在 20，10，4，0 和 -2℃ 条件下培养的 Botrytis allii 和 Penicillium hirsutum 的产孢时间和孢子大小（PDA 培养基）（引自：Tian & Bertolini, 1996）**

| 培养温度 | 产胞时间 | | 孢子大小 * | | | |
|---|---|---|---|---|---|---|
| | | | 直径 | | 体积/$\mu m^3$ ** | |
| | B. allii | P. hirsutum | B. allii | P. hirsutum | B. allii | P. hirsutum |
| 20 | 3 | 7 | 8.8×5.8 | 3.4 | 155 a | 21 a |
| 10 | 7 | 14 | 9.6×6.2 | 3.5 | 193 b | 22 a |
| 4 | 21 | 28 | 10.5×6.6 | 3.6 | 239 c | 25 b |
| 0 | 50 | 84 | 12.0×6.7 | 4.1 | 282 d | 37 c |
| -2 | 70 | 140 | 14.1×7.6 | 4.3 | 426 e | 42 d |
| $R^2$（$P=0.0001$） | 0.93 | 0.88 | | | 0.88 | 0.89 |

注：* 数值为两次独立试验中各重复三次的平均值，每个重复有 60 个孢子。

* * 根据 Fisher 检验方法（显著差异水平 $P = 0.05$），列数值标相同字母者，表示差异不显著。

### 表 2-1-1-3 不同温度条件下分别在桃汁-琼脂培养基和桃

果实上生长的 *Monilinia laxa* 的孢子大小（引自：Tian & Bertolini，1999）

| | | 25℃ | | 5℃ | | 0℃ | |
|---|---|---|---|---|---|---|---|
| | | 长×宽/μm | 体积/μm³ | 长×宽/μm | 体积/μm³ | 长×宽/μm | 体积/μm³ |
| 桃琼脂 | 最小值 | 12.0×8.0 | 402 | 12.0×8.0 | 402 | 12.0×8.0 | 402 |
| | 最大值 | 16.0×10.4 | 905 | 18.4×12.0 | 1385 | 18.4×13.8 | 1576 |
| | 平均值 | 13.9×9.5 | 656 a | 14.8×10.0 | 774 b | 15.4×10.7 | 925 c |
| 油桃 | 最小值 | 13.6×10.4 | 769 | 13.6×10.4 | 769 | 14.4×11.2 | 945 |
| | 最大值 | 17.6×12.8 | 1509 | 18.4×12.8 | 1576 | 20.0×14.4 | 2169 |
| | 平均值 | 14.8×11.8 | 1078a | 15.2×12.0 | 1145ab | 16.5×12.0 | 1243b |

注：a：体积＝（π×长度／6）×（宽度）²。
b：根据 Fisher 检验方法（显著差异水平 $P=0.05$），行数值标相同字母者，表示差异不显著。

孢子萌发率和芽管长度是病原菌活力的重要指标。Sussman（1966）报道高温和低温波动有助于打破孢子的休眠。有些真菌孢子需要高温处理才能萌发（Kreitlow，1943），而其他的孢子在萌发前需要经过低温处理（Holton & Suneson，1943）。对于不同的病原菌，低温对孢子的萌发作用是不相同的。Matsumoto 和 Osawa（1969）报道匍茎根霉菌 *Rhizopus stolonifer* 在0℃下培养4天，其90％～95％的孢子不能生成菌落。Phillips（1984）发现在15℃下 *M. fructicola* 孢子的萌发率显著高于25℃下孢子的萌发率。Sommer（1985）发现，将正在萌发的病原菌葡枝根霉 *Rhizopus*，黑曲霉 *Aspergillus niger*，黄曲霉 *Aspergillus*，蒂腐病菌 *Diplodia natalensis* 和炭疽病 *Colletotrichum gloeosporioides* 孢子放在0℃环境中会迅速丧失活力。然而也有报道称一些采后病原菌的孢子在低温贮藏后其活性并不会丧失（Matsumoto & Osawa，1969）。Sommer（1982）等的研究进一步证实大多数采后病原菌的孢子在0℃下放置数天或更长时间后，其活性并不会有明显丧失。将 *P. hirsutum* Dierckx 和 *Botrytis allii* Munn. 接种在大蒜上后在-4℃下贮藏12周，其孢子不会丧失活力，但是真菌的感染能力会受到抑制（Bertolini & Tian，1995；Tian & Bertolini，1995）。Tian 和 Bertolini（1996）发现 *B. allii* 和 *P. hirsutum* 在低温下产的分生孢子比高温下所产的分生孢子不仅萌发时间早，而且随时间延长其萌发率的增速更快。这两种病原菌孢子的芽管长度同样受产孢温度的影响。较低温度下所产孢子萌发率的增加导致了芽管的快速伸长；芽管长度与产孢温度呈负相关（相关系数在0.85以上）。在不同温度下所产生的孢子分别在20℃、10℃、4℃、0℃、-2℃和-4℃下培养相同的时间，低温下产生的大孢子要比高温下产生的小孢子的芽管伸长快。特别是当培养温度在0℃以下时，不同温度下产生的孢子的芽管长度差别显著。在-2℃下产生的孢子放在-4℃下培养7天，*B. allii* 孢子的平均芽管长度为36.5 μm；而在20℃下产生的孢子的芽管长度为8 μm。

同样，-2℃下产生的 *P. hirsutum* 孢子的平均长度约为20℃下产生的孢子的芽管长度的3.6倍（表2-1-1-2）。Phillips（1984）将 *M. fructicola* 分别在15℃、20℃和25℃下进行离体培养后发现，15℃下的孢子的形态最大、萌发率最高，而且侵染力最强。Tian 和 Bertolini（1996）认为大孢子比小孢子含更多的营养物质，因此大孢子在萌发时可以利用更多的内源物质，从而使得芽管萌发得更快且更长；另外大孢子比小孢子有更大的表面积，从而有利于更好的利用外源营养物质。

## 3 低温与病原菌致病力的关系

致病性是指病原菌具有的侵染寄主和引起病变的能力。早在 1932 年，Tompkin 和 Pack 就发现温度会显著地影响甜菜根腐病的致病能力。当贮藏温度从 15℃降到 1℃时，感染茎点病的甜菜数量急剧下降。Bertolini 和 Tian（1996）也发现当温度从 20℃降至 −1.5℃时，甜菜茎点病的发病率和病斑的扩展速度受到明显抑制。当贮藏温度为 20℃、10℃、4℃、2℃和 0℃时，甜菜分别在第 4 周、6 周、8 周、9 周和 10 周全部感染茎点病；而−1.5℃下贮藏的甜菜，12 周后的发病率为 53%。关于温度影响病原菌致病力的规律在青霉菌（*P. hirsutum*）侵染大蒜的试验中得到了进一步验证（Bertolini & Tian，1995）。接种 *P. hirsutum* 的大蒜在 20℃到 0℃之间贮藏四周后全部发病；在 −2℃和−4℃贮藏的大蒜分别在第 7 和 16 周全部发病。在−4℃下贮藏 16 周后的健康大蒜即使与感病的大蒜接触后仍不会被侵染，而在−4℃以上的温度下贮藏的健康大蒜可以被已经发病的大蒜感染。可见低温不仅可以抑制已受病原菌侵染的植物发生病害，还可以抑制病害在植物个体之间的传播。Tian 和 Bertolini（1997）报道板栗黑腐病菌（*Rhacodiella castaneae*），在 0℃及以上的温度都可以成功侵染板栗，而在−2℃和−4℃时即使接种 19 周后仍不能使之发病。在 20℃和 10℃下贮藏 3 周以及在 4℃和 2℃下贮藏 15 周的板栗会全部腐烂；而在 0℃下贮藏的板栗，5 周以后才开始出现病害，直到 19 周才全部腐烂。Sommer（1985）认为低温从两个方面抑制了病原菌的致病力：一方面直接抑制病原菌的生长；另一方面可以延缓、减弱寄主氧化作用、蒸发作用等，推迟寄主的衰老过程从而提高寄主的抗病性。Bertolini 和 Tian（1997）研究了洋葱灰霉病菌（*B. allii*）在 20℃、0℃、−2℃下所产孢子的致病性。结果表明−2℃下所产孢子比 0℃和 20℃所产孢子更容易使贮藏中的洋葱发生灰霉病害，而且发病率高、病斑面积大，潜伏期短。另外，油桃褐腐病菌（*Monilinia laxa*）的致病力也受到温度的影响。Tian 和 Bertolini（1999）报道将 *M. laxa* 接种到油桃上，0℃下产生的孢子侵染力比 25℃下所产孢子的侵染力高（表 2−1−1−3）。Abbas 等（1995）发现向日葵黑斑病菌（*Alternaria helianthi*）在较低温下产生的孢子中多聚糖含量较高，表明其代谢活性比较高，这为其高致病力提供了基础。在 18℃下产生的孢子侵染向日葵后可引起茎的坏死，叶片枯萎，生长受抑，萎蔫等病症，而在 28 和 30℃下所产孢子却丧失了致病力。这些结果进一步验证了低温下所产孢子要比高温下所产孢子具有更快的生长能力和更强的致病性（Zimmer & McKeen，1969；Misaghi et al.，1978；Phillips，1984）。

## 参 考 文 献

Abbas H K，Egley G H，Paul R N. 1995. Effect of conidia production temperature on germination and infectivity of *Alternaria helianthi*. *Phytopathology*，85：677-682.

Bertolini P，Tian S P. 1995. Low−temperature biology and pathogenicity of *Penicillium hirsuum on garlic in storage*. *Postharvest Biology and Technology*，7：83-89.

Bertolini P，Tian S P. 1996. Effect of low temperature on growth and pathogenicity of *Phoma betae on sugar beet steckling in storage*. *Petria*，6：215-223.

Bertolini P，Tian S P. 1997. Effect of temperature of production of Botrytis allii conidia on their pathoge-nicity to harvested white onion bulbs. *Plant Pathology*，46：432-438.

Byrd RJW and Willetts H H，1977. The Brown Rot fungi of fruit：their biology and controe. Pergamon press oxford. 1171.

Eastburn D M，Gubler W D. 1992. Effecs of soil moisture and temperature on the survival of *Colletori-chum acutatum*. *Plant Disease*，76：841，842.

Garrett S D. 1956. Biology of Root－Infection Fungi. London：Cambridge University Press. 293.

Holton C S，Suneson C A. 1943. Wheat varietal reaction to dwarf bunt in the western wheat region of the United States. *Agronomy Journal*，35：579-583.

Kreitlow K W. 1943. Ustilago striaeformis. I. Temperature as a factor influencing development of smutted plants of *Poa pratensis* L. and germination of fresh chlamydospores. *Phytopathology*，33：1055-1063.

Lorbeer J W. 1980. Variation in botrytis and botryotinia. *The Biology of Botrytis*，19-40.

Matsumoto I，Osawa T. 1969. Purification and characterization of an anti－H (O) phytohemagglutinin of *Ulex europeus. Biochimica et Biophysica Acta*，194：180-189.

Misaghi I J，Grogan R G，Dumiway J M，et al. 1978. Influence of environment and culture media on spore morphology of *Alternaria alternata*. *Phytopathology*，68：29-34.

Phillips D J. 1984. Effect of temperature on *Monilinia fructicola* conidia produced on fresh stone fruits. *Plant Disease*，68：610-612.

Sommer N F. 1985. Role of controlled environments in suppression of postharves diseases. *Canadian Journal of Plant Pathology*，7：331-339.

Sommer A. 1982. Nutritional Blindness：Xerophtalmia and Keratomalacia. New York：Oxford University Press.

Sussman M. 1966. Biochemical and genetic methods in the study of cellular slime mold develop-ment. *Methods Cell Physiology*，2：397-410.

Tamm L，Flückiger W. 1993. Influence of temperature and moisture on growth，spore production，and conidial germination of *Monilinia laxa. Phytopathology*，83：1321-1326.

Tompkins C M and Pack D A. 1932. Effect of temperature on rate of decay of sugar beets by strains of *Phoma betae. Jounal agricucture recearch*. 44：29-37.

Tian S P，Bertolini P. 1995. Effects of low temperature on mycelial growth and spore germination of *Botrytis allii* in culture and on its pathogenicity to stored garlic bulbs. *Plant Pathology*，44：1008-1015.

Tian S P，Bertolini P. 1996. Changes in conidial morphology and germinability of *Botrytis allii* and *Penicillium hirsutum* in response to low temperature incubation. *Mycological Research*，100：591-596.

Tian S P，Bertolini P. 1997. Biology and pathogenicity of *Rhacodiella casaneae* in chestnuts stored at low temperatures. *Journal of Plant Disease and Protection*，24：23-28.

Tian S P，Bertolini P. 1999. Effect of temperature during conidial formation of *Monilinia laxa* on conidial size，germination and infection of stored nectarines. *Phytopathology*，147：635-641.

Zimmer R C，McKeen W E. 1969. Interaction of light and temperature on sporulation of the carrot foliage pathogen *Alternaria dauci. Phytopathology*，59：743-749.

（张长峰　田世平）

# 第二节    热处理的防病机制

### 导言

热处理（heat treatment）是用 35～50℃ 的热水或热蒸汽处理采后果蔬，杀死或抑制病原菌生长，延缓产品的成熟和衰老进程，从而达到防腐保鲜目的的一种物理方法。早在 1922 年，热处理就用来控制柳橙的采后腐烂（Fawcett，1922），但由于其处理时间长、成本高、效果一般，20 世纪 50 年代后逐渐被高效、廉价且使用方便的人工合成化学杀菌剂所取代。80 年代后，随着人们对杀菌剂残留和环境问题的日益关注，采后热处理又被重新认识和完善（Spotts & Chen，1987）。目前，热处理已广泛应用于多种果蔬的采后病害以及成熟衰老控制等方面。

## 1  热处理方法

### 1.1    热蒸汽处理

热蒸汽处理（vapor heat）是利用 40～50℃ 的饱和水蒸气来杀灭产品表面或体内的病原物。目前的商业化处理多采用换气扇强制循环热蒸汽的方法，已在芒果、番木瓜等热带水果上普遍应用（Jacob et al.，2001）。热蒸汽处理应注意三个阶段的温度控制：首先是预热期（warming period）温度，该阶段的处理温度和时间与产品的热敏性密切相关，温度过高或时间过长就会产生烫伤；其次是恒温期（holding period）温度，该阶段要求产品内部温度恒定至一定时间，以足以致死病原物；最后是冷却期（cooling down period）温度，要求通过冷空气或冷水使加热的产品迅速降至适宜的温度（Lurie，1998）。

### 1.2    强制热空气处理

强制热空气处理（forced air – hot heat）是用温度精确控制的高速热空气处理果蔬产品。热首先由空气传至果蔬表面，然后通过对流达到产品中心部位，初期热的传导速度较慢，后期逐渐增快。该法与热蒸汽处理的最大区别在于热空气湿度偏低，处理期间果面始终保持干燥，热主要是通过对流进行传递（Hallman & Armstrong，1994）。由于热空气湿度太低会造成产品失重，因此为了保持处理后的品质，非常有必要对处理过程的热空气湿度进行控制（Williamson & Winkelman，1994）。此外，普通非强制的热空气也能减轻由灰葡萄孢（*Botrytis cinerea*）和扩展青霉（*Penicillium expansum*）引起的苹果灰霉病和青霉病（Fallik et al.，2002；Klein et al.，1997），以及由 *B. cinerea* 引起的番茄灰霉病（Fallik et al.，2000）。由于这种处理所需时间较长，一般要在 38～46℃ 处理 12～96 h，故处理效率偏低（Lurie，1998）。

### 1.3    热水处理

热水处理（hot water dip and spray）是指用热水浸泡或喷淋处理产品的一种方法。

处理期间热首先从热水传递至果实表面，进而到达中心部位。热水处理较普通热空气处理能明显加快热在果实表皮和体内的传递速度。与热蒸汽和强制热空气处理相比，其温度更易精确控制，致死果蔬表面的病原物的效率更高；处理时间短；处理费用相对较低，更加有利于处理的商业化（Jordan，1993）。另外，在普通热水处理的基础上，研究人员还开发出了高压热水冲淋系统（high-pressure hot-water washing treatment，HPHW），进一步提高了热水处理的效果。该系统作为改善采后果蔬品质和控制腐烂的方法已得到广泛应用，大量研究结果表明，40~55℃高压热水喷淋能有效控制多种果蔬的采后病害（Akerman，1997；Porat et al.，2000；Bai et al.，2006）。

## 2 热处理对病原物的抑制

热处理致死或抑制病原物的机制涉及钝化病原物果胶酶或相关蛋白质、降解膜脂、破坏激素结构、造成损伤代谢、消耗贮存营养或积累有毒中间产物等方面，一般是多种机制协同作用（Barkai-Golan & Phillips，1991）。病原物对热处理的敏感程度受孢子含水量及其生理状态的影响，孢子含水量越高对热处理也就越敏感。此外，萌发的孢子比休眠的孢子对热更敏感（Klein & Lurie，1991）。

不同种类真菌孢子对热处理的致死或抑制温度存在差异（Castejon-Munoz & Bollen，1993）。*B. cinerea* 对热的敏感程度高于 *A. alternata*，在采用萌发孢子和伸长芽管的试验中发现，致死 50% *B. cinerea* 孢子（$ET_{50}$）的热处理时间-温度组合显著短于对 *A. alternate* 的处理，而 *A. alternata* 对热的敏感性又低于茄病镰刀菌（*Fusarium solani*），*A. alternata* 达到 $ET_{50}$ 的温度和时间为 65℃，16 s，而 *F. solani* 则为 60℃，18 s（Fallik et al.，2000）。真菌的热敏性也依赖于其生理状态。42℃的热水能显著抑制萌发的 *A. alternata* 孢子，但对休眠孢子的活力没有影响（Barkai-Golan，1973）。热处理能显著改变休眠的果生链核盘菌（*Monilinia fructicola*）孢子的超微结构，导致线粒体结构的破坏、液泡膜瓦解和分生孢子胞质形成裂隙（Margosan & Phillips，1990）。而对已萌发的 *M. fructicola* 分生孢子，热处理会导致核、细胞壁或两者结构同时改变。此外，萌发的孢子比菌丝体对热更加敏感。对 *P. expansum* 而言，在 38℃、42℃和 46℃下孢子萌发的半抑制时间较菌丝生长的半抑制时间分别缩短 12%、23% 和 45%（Fallik et al.，1993）。程海慧等（2005）对从荔枝、龙眼、芒果、木瓜果皮中分离出的炭疽病菌胶孢炭疽菌研究发现其分生孢子热致死温度为 50℃，10 min 或 55℃，5 min，而菌丝热致死温度为 60℃，30 min（表 2-1-2-1，表 2-1-2-2）。

表 2-1-2-1 **热处理对炭疽病菌分生孢子萌发的影响**（引自：程海慧等，2005）

| 处理时间/min | 病菌来源 | 45℃ 萌发率/% | 45℃ 抑制率/% | 48℃ 萌发率/% | 48℃ 抑制率/% | 50℃ 萌发率/% | 50℃ 抑制率/% | 52℃ 萌发率/% | 52℃ 抑制率/% | 55℃ 萌发率/% | 55℃ 抑制率/% |
|---|---|---|---|---|---|---|---|---|---|---|---|
| 2 | 荔枝 | 88.8 | -1.6a | 84.4 | 3.4bc | 60.7 | 30.5b | 45.8 | 47.6b | 6.7 | 92.3a |
| | 龙眼 | 88.3 | 3.2a | 90.8 | 0.4c | 62.2 | 31.8b | 51.0 | 44.1b | 6.6 | 92.7a |
| | 芒果 | 89.5 | 7.3a | 88.7 | 8.2bc | 71.8 | 25.7b | 46.8 | 51.6b | 8.9 | 90.8a |
| | 木瓜 | 94.0 | -4.7a | 89.3 | 0.6c | 67.3 | 25.1b | 34.5 | 61.6b | 11.3 | 87.4a |

续表

| 处理时间/min | 病菌来源 | 45℃ | | 48℃ | | 50℃ | | 52℃ | | 55℃ | |
|---|---|---|---|---|---|---|---|---|---|---|---|
| | | 萌发率/% | 抑制率/% | 萌发率/% | 抑制率/% | 萌发率/% | 抑制率/% | 萌发率/% | 抑制率/% | 萌发率/% | 抑制率/% |
| 5 | 荔枝 | 90.0 | -3.0a | 77.4 | 12.8b | 15.3 | 82.5a | 7.7 | 91.2a | 0.0 | 100.0 |
| | 龙眼 | 88.7 | 2.7a | 89.2 | 2.2c | 18.2 | 80.0a | 1.8 | 98.0a | 0.0 | 100.0 |
| | 芒果 | 95.1 | 1.6a | 84.8 | 12.2b | 29.5 | 69.5a | 13.0 | 86.5a | 0.0 | 100.0 |
| | 木瓜 | 92.3 | -2.8a | 84.8 | 5.6bc | 21.1 | 76.5a | 4.7 | 94.8a | 0.0 | 100.0 |
| 10 | 荔枝 | 84.7 | 3.0a | 62.3 | 28.7a | 0.0 | 100 | 0.0 | 100 | 0.0 | 100.0 |
| | 龙眼 | 92.9 | -1.9a | 68.0 | 25.4a | 0.0 | 100 | 0.0 | 100 | 0.0 | 100.0 |
| | 芒果 | 89.1 | 7.8a | 65.4 | 32.3a | 0.0 | 100 | 0.0 | 100 | 0.0 | 100.0 |
| | 木瓜 | 82.6 | 8.0a | 69.7 | 22.4a | 0.0 | 100 | 0.0 | 100 | 0.0 | 100.0 |

注：荔枝、龙眼、芒果、木瓜 CK 孢子萌发率分别为87.4%、91.2%、96.6%、89.8%。

**表 2-1-2-2　热处理对炭疽病菌菌丝生长的影响**（引自：程海慧等，2005）

| 处理时间/min | 病菌来源 | 48℃ | | 50℃ | | 52℃ | | 55℃ | | 60℃ | |
|---|---|---|---|---|---|---|---|---|---|---|---|
| | | 菌落直径/mm | 抑制率/% | 菌落直径/mm | 抑制率/% | 菌落直径/mm | 抑制率/% | 菌落直径/mm | 抑制率/% | 菌落直径/mm | 抑制率/% |
| 2 | 荔枝 | 54.3 | 0.0 | 53.7 | 1.1 | 46.3 | 14.7 | 48.7 | 10.3 | 37.6 | 32.4 |
| | 龙眼 | 53.7 | 1.8 | 54.3 | 0.7 | 52.7 | 3.7 | 50.3 | 8.0 | 42.7 | 21.9 |
| | 芒果 | 54.7 | 0.5 | 55.0 | 0.0 | 48.7 | 11.5 | 50.7 | 7.8 | 48.3 | 12.2 |
| | 木瓜 | 56.0 | -2.4 | 53.7 | 1.8 | 51.3 | 6.2 | 52.7 | 3.6 | 39.3 | 28.2 |
| 5 | 荔枝 | 53.7 | 1.1 | 48.3 | 11.0 | 32.3 | 40.5 | 36.3 | 33.1 | 9.7 | 82.1 |
| | 龙眼 | 54.0 | 1.3 | 52.7 | 3.7 | 36.7 | 32.9 | 30.0 | 45.2 | 20.0 | 63.4 |
| | 芒果 | 56.0 | -1.8 | 54.3 | 1.3 | 29.3 | 46.7 | 22.0 | 60.0 | 16.3 | 70.4 |
| | 木瓜 | 53.7 | 1.8 | 52.7 | 3.7 | 38.0 | 30.5 | 22.0 | 59.8 | 24.7 | 54.8 |
| 10 | 荔枝 | 54.0 | 0.6 | 50.3 | 7.4 | 28.7 | 47.1 | 21.0 | 61.3 | 5.3 | 90.3 |
| | 龙眼 | 55.7 | -1.8 | 49.7 | 9.1 | 24.3 | 55.6 | 24.3 | 55.6 | 2.3 | 95.8 |
| | 芒果 | 52.7 | 4.2 | 47.4 | 13.8 | 20.3 | 63.1 | 21.0 | 61.8 | 8.7 | 84.2 |
| | 木瓜 | 56.7 | -3.6 | 52.3 | 4.4 | 29.3 | 46.4 | 14.7 | 73.1 | 12.0 | 78.1 |
| 20 | 荔枝 | 51.7 | 4.7 | 47.3 | 12.9 | 26.7 | 50.8 | 17.0 | 68.7 | 0.7 | 98.7 |
| | 龙眼 | 53.7 | 1.8 | 45.7 | 16.5 | 18.3 | 66.5 | 13.3 | 75.7 | 4.3 | 92.1 |
| | 芒果 | 54.3 | 1.3 | 48.0 | 12.7 | 17.7 | 67.8 | 12.7 | 76.9 | 1.7 | 96.9 |
| | 木瓜 | 55.0 | -0.5 | 51.7 | 5.5 | 24.7 | 54.7 | 8.7 | 84.1 | 2.3 | 95.8 |
| 30 | 荔枝 | 55.0 | -1.3 | 50.0 | 7.9 | 14.3 | 73.7 | 4.3 | 92.1 | 0.0 | 100.0 |
| | 龙眼 | 56.0 | -2.3 | 51.3 | 6.2 | 21.7 | 60.3 | 1.7 | 96.9 | 0.0 | 100.0 |
| | 芒果 | 54.7 | 0.5 | 47.3 | 14.0 | 24.3 | 55.8 | 6.7 | 87.8 | 0.0 | 100.0 |
| | 木瓜 | 52.7 | 3.7 | 46.7 | 14.6 | 9.7 | 82.3 | 2.3 | 95.8 | 0.0 | 100.0 |

注：荔枝、龙眼、芒果、木瓜 CK 菌落直径分别为54.3 mm、54.7 mm、55.0 mm、54.7 mm。

另外，真菌孢子的水分含量显著地影响热的传递和孢子的生活力（Edney ＆ Burchill，1967）。通过对指状青霉（*P. digitatum*）分生孢子的比较研究发现，70℃处理湿润孢子30 min后，90%被杀死，而干孢子的杀死率只有10%。处理后存活的干孢子仍具有侵染柑橘果实的能力，但发病症状延迟了24 h（Barkai-Golan，1972）。

## 3　热处理对寄主防御反应的影响

热处理对果蔬防御反应的影响包括诱导产生抗菌物质和病程相关蛋白，影响抗性酶活性等方面。

### 3.1 诱导产生抗菌物质

Ben - Yehoshua 等（1987）报道柠檬果实愈伤处理（36℃，RH 97％ 3 天）抑制了果皮组织中抗菌物质的下降、降低了柠檬醛的损失并有效降低了果实腐烂。经过热处理后的苹果，表皮粗提液能够显著抑制病原物的生长并产生畸形的菌丝体（Fallik et al.，1993），表明热处理可通过诱导产生抗菌物质而提高苹果抵抗 *P. expansum* 侵染的能力。热处理可诱导柚果实产生 scoparone 和 scopoletin 两种植保素（D' hallewin et al.，1997）。同时，研究发现损伤或损伤后热水浸泡处理诱导形成的 scoparone 含量均低于损伤接种与热水复合处理。Porat 等（2000）报道柚果实接种前用热水冲洗（62℃，20 s）能通过诱导形成抗菌物质而提高果实抗病性。另外热处理还能够延缓过氧化物酶 mRNA 的降解速率以保持果实组织的抗病活性（Lurie et al.，1997）。柑橘果实经 32℃、RH 97％ 处理 3 天后可诱导愈伤过程中木质素类物质的合成而增强果实的抗病性（Ben - Yehoshua et al.，1987）。调查发现，柠檬果实接种 *P. digitatum* 后用热水浸泡处理可提高木质素的生成，且持续增长时间可延长至 1 周，最终木质素含量达起初的 3 倍（Nafussi et al.，2000）。

### 3.2 诱导积累抗病蛋白

热处理能诱导果实产生或积累两类蛋白质：病程相关蛋白（pathogenesis - related protein，PRP）和热激蛋白（heat shock protein，HSP）。果实接种病原菌或热处理均能诱导柑橘果皮中几丁质酶等病程相关蛋白含量增加（Rodov et al.，1996）。接种前热水喷淋处理柚果实也能诱导 $\beta - 1,3$ - 葡聚糖酶和几丁质酶的产生（Porat et al.，2000）。

热激蛋白是植物在高温胁迫下诱导产生的一些特殊的蛋白质，其分子质量一般在15～115 KDa，热激蛋白的积累与植物或果实组织抗热性相关（Sabehat et al.，1998）。热处理（62℃，20 s）后不同时间接种病原菌能诱导柚果皮组织产生 17～105 kDa 的一系列 HSP（图 2 - 1 - 2 - 1），虽然它们与其他植物上获得的 HSP 具有同源性，但发现其中多数与热处理诱导柚果实抗病性之间没有直接关联（Pavoncello et al.，2001）。目前在番木瓜、李、苹果、番茄或梨等多种果实中也报道热处理能够诱导合成不同分子质量的 HSP（Lurie，1998）。

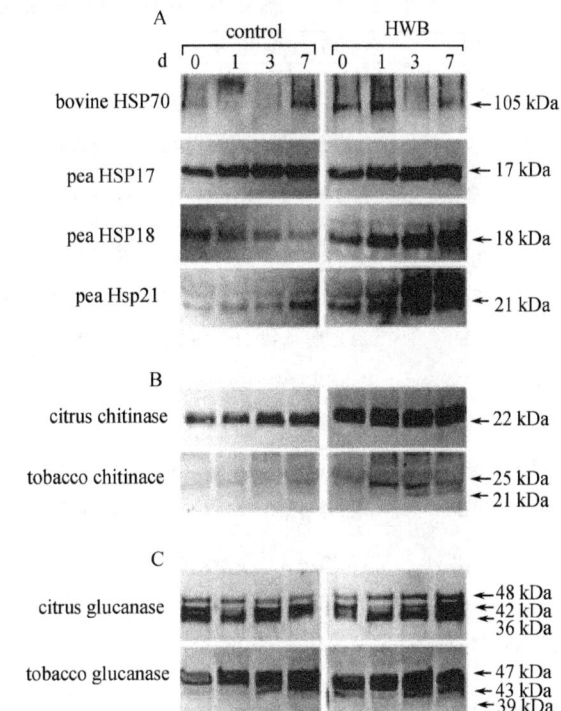

图 2 - 1 - 2 - 1 采后热水处理（62℃，20 s）对星路比（Star Ruby）柚果皮组织热激蛋白（A）、几丁质酶（B）和 $\beta - 1,3$ - 葡聚糖酶（C）蛋白积累的影响

蛋白在热水处理当天及处理后 1 天、3 天和 7 天提取，12％的聚丙烯酰胺凝胶电泳分离后印迹到硝酸纤维素膜上再与不同蛋白抗体反应

（引自：Pavoncello et al.，2001）

### 3.3 影响抗性酶活性

热处理可诱导柑橘及猕猴桃果实苯丙氨酸解氨酶（PAL）的活性（Golomb et al.，1984；Ippolite et al.，1994）。热处理（52℃，10 min）对香蕉果皮 PAL 活性影响不显著，但降低了果皮多酚氧化酶（PPO），过氧化物酶（POD）和超氧化物歧化酶（SOD）活性，明显提高了脂氧合酶（LOX）活性（庞学群等，2008）。

## 4 热处理在采后病害控制中的应用

热处理已在控制柑橘绿霉病、芒果炭疽病和黑斑病、苹果青霉病、甜瓜粉霉病、核果类褐腐病等多种果蔬采后病害方面进行了广泛的研究，并取得了较好的效果（表 2-1-2-3）。热处理对采后病害的控制效果不仅与处理的温度和时间有关，而且也与处理方法、果实组织结构、病原物侵染程度、处理前的预置及热处理后的冷却速度等密切相关（Fallik，2004）。

**表 2-1-2-3 热处理控制部分果蔬采后病害的方法及条件**（1998 年后文献）

| 品名 | 控制的主要病害（病原物） | 热处理方法 | 处理温度/℃ | 处理时间 | 参考文献 |
|---|---|---|---|---|---|
| 柑橘 | 绿霉病（P. digitatum） | 热水浸泡 | 45.0 | 2.5 min | Larrigaudiere 等（2002） |
| 柚（cvs. Star Ruby） | 绿霉病（P. digitatum） | 热水喷淋 | 59.0～62.0 | 20 s | Porat 等（2000） |
| 金钱橘 | 绿霉病（P. digitatum） | 热水喷淋 | 58.0 | 20 s | Ben Yehoshua 等（1987） |
| 柠檬 | 绿霉病（P. digitatum） | 热水浸泡 | 52.0～53.0 | 2 min | Nafussi 等（2000） |
| 柠檬 | 绿霉病（P. digitatum） | 热水喷淋 | 62.8 | 15 s | Smilanick 等（1997） |
| 芒果 | 黑斑病（A. alternate） | 热水喷淋 | 43.0～49.0 | 65～90 min | Prusky 等（1999） |
| 甜瓜（Galia-type） | 黑斑病（A. alternate） | 热水喷淋 | 59.0 | 15 s | Fallik 等（2000） |
| 橙（cvs. Shamouti） | 绿霉病（P. digitatum） | 热水喷淋 | 56.0 | 20 s | Porat 等（2000） |
| 橙（cvs. Tarocco） | 绿霉病（P. digitatum） | 热水喷淋 | 62.8 | 15 s | Smilanick 等（1997） |
| 甜椒 | 灰霉病（B. cinerea） | 热水喷淋 | 55.0 | 15s | Fallik 等（1999） |
| 甜椒 | 灰霉病（B. cinerea） | 热水浸泡 | 45.0 或 53.0 | 15min 或 4min | Gonzalez-Aquilar 等（2000） |
| 柑橘（cvs. Minneola） | 绿霉病（P. digitatum） | 热水喷淋 | 56.0 | 20 s | Porat 等（2000） |
| 番茄（cvs. 144 and 189） | 灰霉病（B. cinerea） | 热水喷淋 | 52.0 | 15s | Ilic 等（2001）；Fallik 等（2002） |
| 番茄（cvs. Sunbean） | 灰霉病（B. cinerea） | 热水浸泡 | 39.0 或 45.0 | 60min | McDonald 等（1999） |
| 苹果 | 青霉病（P. expansum） | 热水喷淋 | 55.0 | 15s | Fallik 等（2000） |
| 鳄梨 | 炭疽病（C. loeosporioides） | 热水浸泡 | 40.0～42.0 | 20～30min | Hofman 等（2002） |
| 柚（cvs. Star Ruby） | 绿霉病（P. digitatum） | 热水喷淋 | 59.0～62.0 | 20 s | Porat 等.（2000）Pavoncello 等（2001） |
| 李（cvs. Friar） | 褐腐病（M. fructigena） | 热水浸泡 | 45.0～50.0 | 35～30 min | Abu-Kpawoh 等（2002） |

| 品名 | 控制的主要病害（病原物） | 热处理方法 | 处理温度/℃ | 处理时间 | 参考文献 |
|---|---|---|---|---|---|
| 荔枝 | 炭疽病<br>(*C. gloeosporioides*) | 热水喷淋 | 55 | 20 s | Lichter 等（2000） |
| 香蕉 | 炭疽病（*C. musae*） | 热水浸泡 | 52 | 10 min | 庞学群等（2008） |
| 甜瓜（cv. Yindi） | 粉霉病<br>(*Trichothecium* sp.) | 热水浸泡 | 55 | 3min | 张咏梅等（2005） |

## 5 热处理与其他方法配合对采后病害的控制

### 5.1 热处理与化学物质结合

热结合杀菌剂处理可有效提高对采后病害的控制效果，不仅明显缩短了热处理的时间，还大大减少了杀菌剂的用量，增强了杀菌剂的活性并提高了渗入的速度。热结合杀菌剂处理在控制匍枝根霉（*Rhizopus stolonifer*）引起的桃、李和油桃软腐病方面效果显著优于热水和杀菌剂单独处理（Jones & Burton，1973）。对于热敏感的芒果品种，热处理结合杀菌剂能有效的控制果实炭疽病，同时还可减轻高温对果实造成的伤害（Spalding & Reeder，1986）。Prusky 等（1999）研究表明，热水喷淋（48～64℃）结合咪鲜胺处理及涂蜡能显著的降低由 *A. alternata* 引起的芒果黑斑病，同时还保持了果实的商品价值。抑霉挫与热水结合能有效的降低葡萄柚绿霉病的发生和 *P. digitatum* 的产孢能力，使果实在 8℃下的贮藏期延长至 16 周（Schirra et al.，1995）。与处理相比，柑橘果实在 37.8℃抑霉挫溶液中浸泡处理的防腐效果明显优于含抑霉挫的涂蜡处理，同时还促进了杀菌剂在果实组织中的积累（Smilanick et al.，1997）。

热处理能增强乙醇对采后病害的控制效果。与 32℃、38℃或 44℃热水单独处理相比，用含 10%～20%的乙醇的热水处理能有效控制柠檬果实由 *P. digitatum* 引起的腐烂（Smilanick et al.，1997）。当热处理温度达 50℃时，即使在较低浓度（2.5%～5%）下也能将柑橘绿霉病控制在 5% 以内。热乙醇处理对桃和油桃的主要致病菌 *M. fructicola* 和 *R. stolonifer* 的致死速度较单独热水处理快（Margosan et al.，1997），46℃或 60℃的 10%乙醇溶液处理能显著降低两种病原物的 LT95（95%的致死率）。用 46℃或 60℃的 10%乙醇、46℃的 20%乙醇处理接种了 *M. fructicola* 的桃和油桃果实，发病率分别为 83%、25% 和 12%，效果接近或优于杀菌剂异烟酰异丙肼（1000 $\mu g$ $ml^{-1}$）处理，对果实外观和风味也未造成任何不良影响。

热水与钙复合处理能提高热处理在保持果实硬度和降低贮藏病害中的作用。45℃的热水处理能减少苹果果实盘长孢属（*Gloeosporium*）引起的腐烂，但会导致组织崩溃，但在热水中添加 $CaCl_2$ 不仅能够控制组织崩溃，而且延缓了腐烂的发生（Sharples & Johnson，1976）。进一步研究发现，苹果经 2%～4% $CaCl_2$ 压力渗透后再进行长时间热处理（38℃，4 天），冷藏和货架期间的软化和腐烂均得到明显的抑制（Conway et al.，1994）。

### 5.2 热处理与其他物理方法结合

热与辐照处理配合较两者单独处理能更加有效地控制柑橘绿霉病（*P. digitatum*）、

油桃褐腐病（*M. fructicola*）、芒果炭疽病（*C. gloeosporioides*）以及番木瓜的多种采后病害（Spalding & Reeder，1986）。在降低采后病害发生的同时，还明显缩短了单独处理所需的时间。复合处理效果与处理顺序相关，一般热处理后 24 h 之内再进行辐照处理效果会更好（Spalding & Reeder，1986）。

## 6　展望

热处理技术作为替代化学杀菌剂的果蔬采后处理方法具有安全、无农药残留和便于操作等特点。热处理是通过热力的作用致死或钝化病原菌，从而达到减少腐烂的目的；同时，热处理也能够延缓果实后熟并诱导果实产生抗病性。热处理与化学药物及其他物理方法（辐射等）等复合处理，不但具有协同增效作用，而且可以降低化学药物的使用量和辐射剂量。尽管热处理在控制采后病害方面及其机理的研究已经取得了一定的成就，但所涉及的影响因素较多。热处理的效果不仅与处理温度和时间有关，而且与果实种类、品种、成熟度，病原物种类和生理状态等多个因素有关。因此，进一步扩大热处理的应用范围，筛选影响热处理效果的关键因素，探索热处理的机理，寻求热处理与其他处理的最佳组合，开发可用于生产实践的热处理设备以及降低处理期间的能耗仍然是今后热处理研究和发展的方向。

## 参 考 文 献

程海慧，陈维信，刘爱媛．2005．热处理对四种果实上炭疽菌的抑制作用及防治效果．西南园艺，33（3）：4-6，8．

庞学群，黄雪梅，李军，等．2008．热水处理诱导香蕉采后抗病性及其对相关酶活性的影响．农业工程学报，24（1）：221-225．

张咏梅，安力，毕阳，等．2005．热处理对"银帝"厚皮甜瓜采后病害的控制效果．甘肃农业科技，（4）：46-49．

Abu-Kpawoh J C，Xi Y F，Zhang Y Z，et al. 2002. Polyamine accumulation following hot-water dips influences chilling injury and decay in 'Friar' plum fruit. *Journal of Food Science*，67：2649-2653.

Akerman M. 1997. Hot water brush: a new method for the control of postharvest disease caused by Alternaria rot in mango fruits. *Acta Horticulturae*，455：780-785.

Bai J，Mielke E A，Chen P M，et al. 2006. Effect of a high-pressure hot-water washing system on fruit quality，insects，and disease in apples and pears. Part I. System description. *Postharvest Biology and Technology*，40：207-215.

Barkai-Golan R，Phillips D J. 1991. Postharvest heat treatment of fresh fruits and vegetables for decay control. *Plant Disease*，75：1085-1089.

Barkai-Golan R. 1972. Survival and pathogenicity of dry and wet *Penicillium digitatum* spores as affected by heat. Proc. Ⅲ Congress of the Mediterranean phytopathological Union，Oeiras，Portugal，pp. 59-61.

Barkai-Golan R. 1973. Postharvest heat treatment to control *Alternaria tenuis* Auct. rot in tomato. *Phytopathologia Mediterranea*，12：108-111.

Ben-Yehoshua S，Shapiro B，Moran R. 1987. Individual seal packaging enables the use of curing at high temperatures to reduce decay and heal injury of citrus fruits. *HortScience*，22：777-783.

Castejon-Munoz M，Bollen G J. 1993. Induction of heat resistance in *Fusarium oxysporum* and *Verticillium*

*Dahliae* caused by exposure to sublethal heat treatments. *Netherlands Journal of Plant Pathology*, 99: 77-84.

Conway W S, Sams C E, Wang C Y, et al. 1994. Additive effects of postharvest calcium and heat treatment on reducing decay and maintaining quality in apples. *Journal of the American Society for Horticultural Science*, 119: 49-53.

D' hallewin G, Dettori A, Marceddu S, et al. 1997. Evoluzione dei processi infettivi di *Penicillium digitatum* Sacc. *in vivo e in vitro* dopo immersione in acqua calda. *Italus Hortus*, 4: 23-26.

Edney K L, Burchill R T. 1967. The use of heat to control the rotting of Cox' s Orange Pippin apples by Gloeosporium sp. *Annals of Applied Biology*, 59: 389-400.

Fallik E, Aharoni Y, Copel A, et al. 2000. A short hot water rinse reduces postharvest losses of Galia melon. *Plant Pathology*, 49: 333-338.

Fallik E, Grinberg S, Alkalai S, et al. 1999. A unique rapid hot water treatment to improve storage quality of sweet pepper. *Postharvest Biology and Technology*, 15: 25-32.

Fallik E, Ilic Z, Tuvia – Alkalai S, et al. 2002. A short hot water rinsing and brushing reduces chilling injury and enhance resistance against *Botrytis cinerea* in fresh harvested tomato. *Advances in Horticultural Science*, 16: 3-6.

Fallik E, Klein J D, Grinberg S, et al. 1993. Effect of postharvest heat treatment of tomatoes on fruit ripening and decay caused by *Botrytis cinerea*. *Plant Disease*, 77: 985-988.

Fallik E. 2004. Prestorage hot water treatments (immersion, rinsing and brushing). *Postharvest Biology and Technology*, 32: 125-134.

Fawcett H S. 1922. Packing house control of brown rot. *Citrograpth*, 7: 232-234.

Golomb A, Ben – Yehoshua S, Sarig Y. 1984. High density polyethylene wrap enhances wound healing and lengthens shelf life of grapefruit. *Journal of the American Society for Horticultural Science*, 109: 155-159.

Gonzalez – Aguilar G A, Gayosso L, Cruz R, et al. 2000. Polyamines induced by hot water treatments reduce chilling injury and decay in pepper fruit. *Postharvest Biology and Technology*, 18: 19-26.

Hallman G J, Armstrong J W. 1994. Heat air treatment. *In*: Sharp J L, Hallman G J. Quarantine treatment for pests of food plants. Denver, CO: Westview Press. 149-163.

Hofman P J, Stubbings B A, Adkins M F, et al. 2002. Hot water treatments improve 'Hass' avocado fruit quality after cold disinfestation. *Postharvest Biology and Technology*, 24: 183-192.

Ippolite A, El Ghaouth A, Wilson C L, et al. 1994. Improvement of kiwifruit resistance to Botrytis storage rot by curing. *Phytopathologia Mediterranea*, 33: 132-136.

Ilic Z, Polevaya Y, Tuvia – Alkalai S, et al. 2001. A short prestorage hot water rinse and brushing reduces decay development in tomato, while maintaining its quality. *Tropical Agricultural Research and Extension*, 4: 1-6.

Jacob K K, MacRae E A, Hetherington S E. 2001. Postharvest heat disinfestations treatments of mango fruit. *Scientia Horticulturae*, 89: 171-193.

Jones A L, Burton C. 1973. Heat and fungicide treatments to control postharvest brown rot of stone fruit. *Plant Disease Reporter*, 57: 62-66.

Jordan R A. 1993. The disinfestations heat treatment process. Plant quarantine in Asia and the Pacific. A report of an Asian Productivity Organization Study Meeting, Taipei, Taiwan, March 17 – 26, 1992. Asian Productivity Organization, Tokyo, pp. 53 – 68.

Klein J D, Conway W S, Whitaker B D, et al. 1997. *Botrytis cinerea* decay in apples is inhibited by postharvest heat and calcium treatments. *Journal of the American Society for Horticultural Science*, 122: 91-94.

Klein J D, Lurie S. 1991. Postharvest heat treatment and fruit quality. *Postharvest News and Information*, 2: 15-19.

Larrigaudiere C, Pons J, Torres R, et al. 2002. Storage performance of clementines treated with hot water, sodium carbonate and sodium bicarbonate dips. *Journal of Horticultural Science and Biotechnology*, 77: 314-319.

Lichter A, Dvir O, Rot I, et al. 2000. Hot water brushing: an alternative method to $SO_2$ fumigation for color retention of litchi fruit. *Postharvest Biology and Technology*, 18: 235-244.

Lurie S, Fallik E, Handros A, et al. 1997. The involvement of peroxidase in resistance of *Botrytis cinerea* in heat treated fruit. *Physiological and Molecular Plant Pathology*, 50: 141-149.

Lurie S. 1998. Postharvest heat treatments. *Postharvest Biology and Technology*, 14: 257-269.

Margosan D A, Phillips D J. 1990. Ultrastructural changes in dormant *Monilinia friicticola* conidia with heat treatment. *Phytopathology*, 80: 1052.

Margosan D A, Smilanick J L, Simmons G F, et al. 1997. Combination of hot water and ethanol to control postharvest decay of peaches and nectarines. *Plant Disease*, 81: 1405-1409.

McDonald R E, McCollum T G, Baldwin E A. 1999. Temperature of hot water treatments influences tomato fruit quality following low – temperature storage. *Postharvest Biology and Technology*, 16: 147-155.

Nafussi B, Ben – Yehoshua S, Rodov V, et al. 2000. Mode of action of hot water dip in reducing decay in lemon fruit. Proc. Int. Symp. Postharvest 2000. March 26 – 31, Jerusalem, Israel.

Pavoncello D, Lurie S, Droby S, et al. 2001. A hot water treatment induces resistance to *Penicillium digitatum* and promotes the accumulation of heat shock and pathogenesis – related proteins in grapefruit flavedo. *Physiologia Plantarum*, 111: 17-22.

Porat R, Daus A, Weiss B, et al. 2000. Reduction of postharvest decay in organic citrus fruit by a short hot water brushing treatment. *Postharvest Biology and Technology*, 18: 151-157.

Prusky D, Fuchs Y, Kobiler I, et al. 1999. Effect of hot water brushing, prochloraz treatment and waxing on the incidence of black spot decay caused by *Alternaria alternata* in mango fruits. *Postharvest Biology and Technology*, 15: 165-174.

Rodov V, Burns P, Ben – Yehoshua S, et al. 1996. Induced local disease resistance in citrus mesocarp (albedo): accumulation of phytoalexins and PR proteins. Proc. VIII Int. Citrus Congress, Sun City Resort, South Africa. Vol. 2. 1101-1104.

Sabehat A, Weiss D, Lurie S. 1998. Heat – shock proteins and cross – tolerance in plants. *Physiologia Plantarum*, 103: 437-441.

Schirra M, Mulas M, Baghino L. 1995. Influence of postharvest hot – dip fungicide treatments on Redblush grapefruit quality during long – term storage. *Food Science and Technology International*, 1: 35-40.

Sharples R O, Johnson D S. 1976. Postharvest chemical treatments for control of storage disorders of apples. *Annals of Applied Biology*, 83: 157-167.

Smilanick J L, Michael I F, Mansour M F, et al. 1997. Improved control of green mold of citrus with imazalil in warm water. *Plant Disease*, 81: 1299 – 1304.

Spalding D H, Reeder W F. 1986. Decay and acceptability of mangos treated with combinations of hot water, imazalil and $\gamma$ – radiation. *Plant Disease*, 70: 1149-1151.

Spotts R A，Chen P M. 1987. Prestorage heat treatment for the control of decay of pear fruit. *Phytopathology*，77：1578-1582.

Williamson M，Winkelman P. 1994. Heat treatment facilities. *In*：Pall R E，Armstrong J W. Insect Pest and Fresh Horticultural Products：Treatments and Responses. Wallingford，Oxon，UK：CAB International. 249-271.

（李永才）

# 第三节　电离辐射对采后病害的控制

## 导言

电离辐射（Ionizing radiations）即利用 γ、β、x 射线及电子束对产品进行照射，以达到防腐保鲜目的的一种物理方法（Olson，1998）。目前以$^{60}$Co 作为辐射源的 γ 射线照射应用最广，其原因在于$^{60}$Co 获得相对容易，γ 射线释放能量大，穿透力强，半衰期较适中。自 1943 年美国研究人员首次用射线处理汉堡包以来，辐射处理便逐步成为食品加工和贮藏的最有效手段之一（Molins，2001；US FDA，2004）。γ 射线在果蔬防腐保鲜中得到了广泛的研究和应用，其不仅能够有效控制采后病害，而且还可杀灭检疫性虫害、延缓成熟及衰老、抑制发芽（Kader，1999；Miller et al.，2000；Hallman & Martinez，2001；Mahrouz et al.，2002；Fan et al.，2003；Ladaniya et al.，2003；Alonso et al.，2007；Palou et al.，2007；Wani et al.，2008；Xiong et al.，2009）。

## 1　电离辐射对病原物的抑制

电离辐射通过破坏病原物细胞的遗传物质导致基因突变而引起细胞死亡，其主要作用位点是核 DNA（Grecz et al.，1983）。病原物对辐射的反应受多种因素影响，其中最主要的是病原物的种类，不同真菌的抗辐射能力差异较大。通常，多细胞的 *Alternaria* 和 *Stemphylium*，以及双细胞的 *Cladosporium* 和 *Diplodia* 孢子比单细胞的真菌孢子更抗 γ 射线的照射（Sommer et al.，1964b；Maxie et al.，1969）。Jitareerat 等（2005）对导致香蕉采后病害的 3 种病原物进行了研究，结果表明 2 kGy 的 γ 射线能完全抑制 *Colletotrichum musae* 的生长，而 4kGy γ 射线却只能延迟 *Lasiodiplodia theobromea* 和 *Fusarium* spp. 的生长。对辐射后其致病性的研究发现，辐射对 *C. musae* 和 *Fusarium* spp 的致病性没有影响，而 L. theobromea 的致病性略有降低。电离辐射对病原物菌落生长、孢子萌发、芽管伸长和产孢能力也具有一定的影响。研究发现，0.75 和 1 kGy γ 射线促进了 *Colletotrichum gloeosporioides* 分生孢子的形成，但抑制了孢子的萌发（图 2-1-3-1，图 2-1-3-2）（Cia et al.，2007）。辐射处理对病原真菌的抑制效果会随剂量的增加而增强，在相同剂量条件下，高频率辐射能进一步提高处理效果（Beraha，1964）。辐射对病原物的控制剂量应随病原物孢子和菌丝体细胞数量的增加而提高。同时，辐照环境中如有氧气存在会增强抑菌效果。例如，有氧的情况下将 *R. stolonifer* 孢子存活率降至 1‰所需的辐射剂量远远低于无氧环境下所需的剂量（Sommer et al.，1964a）。细胞的含水量也会影响病原物对辐射的敏感性，因此营养体比繁殖体对辐射更敏感（Barkai-Golan，1992）。这是因为高含水量的细胞易形成有害的自由基从而增强了辐射对细胞的破坏效果（Grecz et al.，1983）。

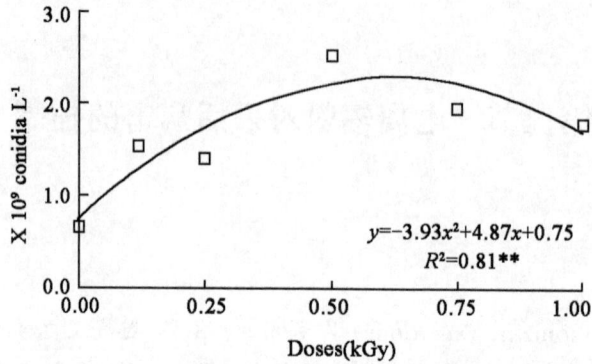

图 2-1-3-1　不同剂量的 γ 射线对 PDA 培养基上 *C. gloeosporioides*
分生孢子形成的影响，处理后 25℃培养 9 天测量结果

（引自：Cia et al.，2007）

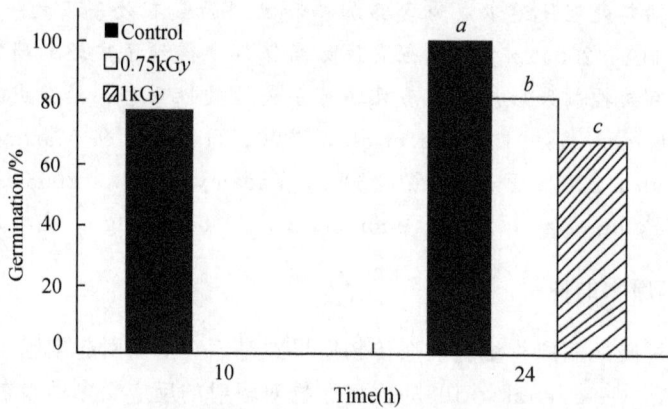

图 2-1-3-2　不同剂量 γ 射线对 *C. gloeosporioides* 孢子萌发的影响，处理
10 h 和 24 h 后测定，不同字母代表不同处理间存在显著性差异（$P=0.05$）

（引自：Cia et al.，2007）

## 2　电离辐射对采后病害的控制

γ 射线因其易于穿透果实组织而优于其他化学药物处理，辐射处理不仅能够抑制伤口中病原物的生长，而且也能影响到寄主内部存在的潜伏侵染。由此可见，即使病原物开始侵染辐射处理仍然有效。由于不同果蔬对辐射的敏感性存在差异，因此辐射的剂量主要决定于寄主对辐射的耐受性，而非抑制病原物所需的剂量（Barkai-Golan，2001）。通常，果蔬对致死病原物的辐射剂量均表现敏感，故常采用亚致死剂量处理，通过抑制真菌的生长、延长病害的潜育期而达到防腐保鲜的目的。该处理对控制采后寿命较短的果实腐烂比较有效。例如，用不造成果实伤害的低剂量（2 kGy）辐射处理草莓，不但能有效地抑制腐烂，而且能保持果实的维生素 C 含量（Barkai-Golan et al.，1971）。同

样剂量处理自然接种的草莓果实，可使 15℃下灰霉病的潜育期由 3 天延长至 10 天，且明显降低病原物的生长速率。辐射可使常温下夏季草莓的货架寿命延长 3～12 天，2℃下延长达 50 天（Du Venage，1985）。对由 *Erwinia* 和 *Pseudomonas* 引起的细菌性软腐病使用辐射处理效果较好（Spalding & Reeder，1986）。番木瓜损伤接种 *C. gloeosporioides* 后进行辐照处理可有效降低炭疽病的病斑直径及发病率（图 2-1-3-3）（Cia et al.，2007）。

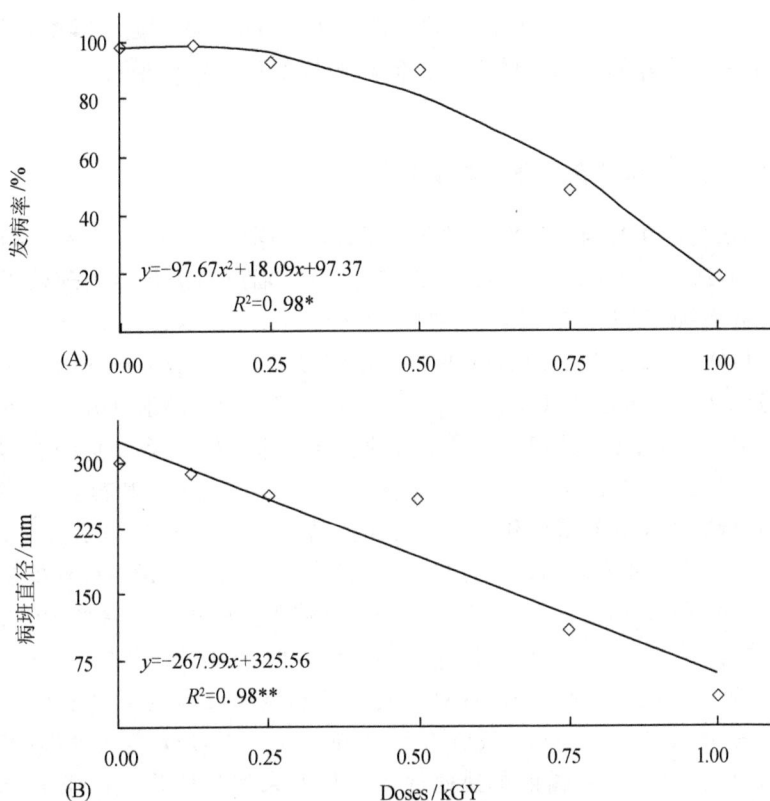

图 2-1-3-3 不同剂量照射对番木瓜损伤接种 *C. gloeosporioides* 10h 后
发病率（％）（A）和病斑直径（mm）（B）的影响
（引自：Cia et al.，2007）

辐射对果蔬组织中病原物的抑制作用效果与挑战接种和辐射处理之间的时间间隔有关，间隔时间越长，抑制病原物扩展所需的辐射剂量就越高（Zegota，1987）。大多数采后病原物都是通过采收时造成的伤口进入果蔬组织，如果采收后不及时处理，就会明显增加产品体内的病原物数量，增加辐射控制的难度。对于潜伏侵染性病原物来说，若延长采收与处理时间间隔，果实会因后熟而激活体内的病原物，辐射处理则难以达到效果（Droby et al.，1986）。因此，辐射处理应在果实采后立即进行。

辐射对病害的抑制作用与辐射诱导寄主形成抗菌物质有关。当用 1～4 kGy 的剂量辐射处理柚时，果皮中就会积累 7-羟基-6-甲氧基香豆素、异东莨菪醇和金雀花酮（scoparone）等抗菌物质（Riov 等，1971；1975）。然而也有相反的结果报道，当用控制马铃薯块茎发芽的辐射剂量（100Gy）和延长番茄货架期的辐射剂量（3 kGy）分别处理马铃薯和番茄时，马铃薯块茎中的抗菌物质 rishitin 和 lubimin 及受侵染的番茄果实中的 rishitin 含量会降低 (El-Sayed，1978)。

低剂量的辐射处理还能通过延缓果蔬后熟和衰老进程，维持果实组织固有的抗侵染能力而控制采后病害 (Barkai-Golan，2001)。50～850Gyγ 射线辐射处理能有效的抑制芒果、番木瓜、香蕉及其他热带和亚热带果实的后熟而保持果实的抗病性 (Barkai-Golan，1992)。用 220 Gy 辐射处理绿熟 Carabao 芒果，能将炭疽病和茎端腐的症状出现时间延迟 3～6 天，但该低剂量处理未能直接致死病原物 (Alabastro 等，1978)。用 50～370Gy 处理 Cavendish 香蕉可以有效降低 *Colletotrichum* 引起的腐烂，该处理是通过延缓果实的后熟而降低炭疽病的发生，但高剂量处理会导致果皮褐变 (Alabastro et al.，1978)。

## 3　电离辐射与其他方法配合处理的增效作用

辐射与热水浸泡在控制多种采后病害方面具有协同增效作用，且能显著降低辐射单独处理的剂量 (Barkai-Golan et al.，1977)。通常辐射前进行热处理效果更为明显，这是因为高温增强了孢子对辐射的敏感度 (Sommer et al.，1967)。热水 (52℃，5 min) 和 γ 射线 (0.5 kGy) 复合处理能使损伤接种 *Penicillium digitatum* 的柑橘绿霉病症状延迟 33～40 天出现 (Barkai-Golan et al.，1969)。辐射 (0.75 kGy) 结合常规的热水 (50℃，10 min) 处理能使番木瓜的货架寿命延长 9 天，远超过了热水单独处理的效果 (Brodrick and Thomas，1978)。热水 (55℃，5 min) 和辐射 (0.75 kGy) 在控制芒果炭疽病方面也具有增效作用，且已在商品化处理中应用 (Brodrick & Thomas，1978)。对李和油桃的研究表明，单独热水 (46℃，10 min) 处理虽能够抑制采后病害，却会对果实造成伤害，单独辐射 (2 kGy) 处理会使果实软化。而温水 (42℃，10 min) 和低剂量的辐射 (0.75～1.5 kGy) 复合处理能有效的控制 *M. fructicola*、*R. stolonifer* 和 *B. cinerea* 的侵染，且对果实质地和风味没有显著的影响 (Brodrick et al.，1985)。热水 (50℃，2 min) 和低剂量的辐射 (0.5 kGy) 复合处理能完全控制番茄的黑斑病，但如果热水和辐射单独处理均会加速果实的软化 (Barkai-Golan et al.，1993)。辐射结合紫外照射能有效降低辐射剂量，控制 *Phytophthora* 和 *Colletotrichum* 引起的腐烂 (Moy et al.，1978)。

辐射与杀菌剂结合处理不仅可提高防腐的效果，而且可以降低辐射剂量和化学药物的用量。同时由于这两类处理所抑制的病原物存在差异，故复合处理还能增加抑菌谱 (Barkai-Golan，1992)。低剂量的辐射、温和的热水及低剂量杀菌剂复合处理较任何两类结合处理更能有效的控制采后病害。例如，热水 (50℃，10 min)、辐射 (0.5 kGy) 和苯来特 (250 ppm) 依次处理能有效的抑制苹果青霉病的发生 (Roy，1975)。辐射 (200 Gy)、联苯 (15 mg/果实) 和热水 (52℃，5 min) 浸泡复合处理与热处理与辐射或联苯与辐射复合处理相比，能显著延长 Shamouti 橙损伤接种 *P. digitatum* 的绿霉病潜育期 (Barkai-Golan et al.，1977)。低剂量辐射 (0.3～1.2 kGy) 前用热的苯来特复合处理芒果，能显著的改善辐射单独处理的部分控制效果 (Johnson et al.，1990)。1.5～1.7 kGy 的辐射结合低温贮藏 [(3±1)℃，RH，80%] 能使巴梨贮藏 45 天而不发生腐烂，同时该处理还能显著延迟果实的后熟 (Wani 等，2008)。

## 4 展望

电离辐射属于冷处理技术，具有安全、节能的特点。电离辐射杀菌效果好，并能最大限度保持果蔬风味。辐射还可对包装好的果蔬进行处理，可避免采后处理过程中可能出现的交叉污染。但电离辐照的效果受处理剂量、贮藏温度、产品种类、辐照介质组成、产品新鲜度、含水量等多种因素的影响，因此还需要根据各种果蔬对辐射的敏感性差异、产品用途、生理特性等方面进行系统深入的研究，开发便于进行采后处理的辐照设备，以促进电离辐照在采后防腐中的规模化应用。同时 FAO、WHO 和 IAFA 3 个权威机构组成的联合专家委员会，根据长期以来毒理学、营养学、辐射化学以及微生物学方面的研究结果，认为辐射总平均剂量不超过 10 kGy 对食品安全，不存在毒理学危害。但较高剂量辐射处理会对果蔬产品造成伤害，影响其风味和商品价值，因而要提高辐照处理的效果，应考虑与热处理、化学药物、低温等采后处理技术的结合，以减少辐照剂量，维持处理产品的品质和安全性。

## 参 考 文 献

Alabastro E F, Pineda A S, Pangan A C, et al. 1978. Irradiation of fresh Cavendish bananas (*Musa cavendishii*) and mangoes (*Mangifera indica Linn var. carabao*). The microbiological aspect. In: Food Preservation by Irradiation. International Atomic Energy Agency. Vienna. pp. 283-303.

Alonso M, Palou L, delRio M A, et al. 2007. Effect of X—ray irradiation on fruit quality of clementine mandarin cv. 'Clemenules'. *Radiation Physics and Chemistry*. 76: 1631-1635.

Barkai-Golan R, Ben-Yehoshua S, Aharoni N. 1971. The development of *Botrytis cinerea* irradiated strawberries during storage. *International Journal of Applied Radiation and Isotopes*. 20: 577-583.

Barkai-Golan R. 1992. Suppressing of Postharvest Pathogens of Fresh Fruits and Vegetables by Ionizing Radiation. In: I. Rosenthal (ed.) Electromagnetic Radiation in Food Science, Springer-Verlag, Berlin, Heidelberg, pp. 155-193.

Barkai-Golan, R. 2001. Postharvest Diseases of Fruits and Vegetables: Development and Control. Elsevier Science B. V.

Beraha L. 1964, Influence of radiation dose rate on decay of citrus, pears, peaches and on *Penicellium italicum*, *Botrytis cinerea* in vitro. *Phytopathology*. 54: 755-759.

Cia P, Pascholati SF, Benato EA, Camili EC, Santos CA. 2005. Effects of gamma and UV-C irradiation on the postharvest control of papaya anthracnose. *Postharvest Biology and Technology*. 43: 366-373.

Droby S, Prusky D, Jacoby B, et al. 1986. Presence of an antifungal compound in the peel of mango fruit and their relation to latent infection of *Alternaria alternata*. *Physiological and Molecular Plant Pathology*. 29: 173-183.

Du Venage, CA 1985. Strawberry radurisation on a commercial scale. SAFFOST '85 Congress, Pretoria, Vol. 2, pp. 463-467.

El-Sayed SA. 1978. Phytoalexins as possible controlling agents of microbial spoilage of irradiated fresh fruit and vegetables during storage. In: Food Preservation by Irradiation. International Atomic Energy Agency. Vienna. pp. 179-193.

Fan X, Niemira BA, Sokorai KJB. 2003. Sensorial, nutritional and microbiological quality of fresh cilantro leaves as influenced by ionizing radiation and storage. *Food Research International*. 36: 713-719.

Grecz N, Rowley DB, Matsuyama A. 1983. The action of radiation on bacteria and viruses. In: Josephson ES, Peterson MS, eds. Preservation of food by ionizing radiation, Vol. II. Boca Raton, FL, CRC Press, pp. 167-218.

Hallman G J, Martinez L R. 2001. Ionizing irradiation quarantine treatment against Mexican fruit fly (*diptera*: Tephritidae) in citrus fruits. *Postharvest Biology and Technology*. 23: 71-77.

Jitareerat P, Kriratikron W, Phochanachai S, Uthiratanakij A. 2005. Effects of Gamma Irradiation on Fungal Growths and Their Pathogenesis on Banana cv. 'Kluai Kai'. International Symposium "New Frontier of Irradiated food and Non—Food Products" 22-23 September KMUTT, Bangkok, Thailand.

Kader A A. 1999. Current and potential applications of ionizing radiation in postharvest handling of fresh horticultural perishables. *Int. Produce J*. 8: 38-39.

Ladaniya M S, Singh S, Wadhawan A K. 2003. Response of 'Nagpur' man darin 'Mosambi' sweet orange and 'Kagzi' acid lime to gamma radiation. *Radiation Physics and Chemistry*. 67: 665-675.

Mahrouz M, Lacroix M, D'Aprano G, et al. 2002. Effect of γ-irradiation combined with washing and waxing treatment on physicochemical properties, vitamin C, and organoleptic quality of Citrus clementina Hort Ex. Tanaka. *Journal of Agricuttural and Food Chemistry*. 50: 7271-7276.

Maxie EC, Sommer NF, Eaks IL. 1969. Effect of gamma radiation on citrus fruit. *Proceedings of the First International Citrus Symposium*, vol. 3, pp. 1375-1387.

Miller W R, McDonald R E, Chaparro J. 2000. Tolerance of selected orange and mandarin hybrid fruit to low—dose irradiation for quarantine purposes. *Hort Science*. 35: 1288-1291.

Molins RA (Eds.). 2001. Food Irradiation: Principles and Applications. Wiley Interscience, New York.

Olson DG. 1998. Irradiation of food. *Food Technology*. 52: 58-60.

Palou L, Marcilla A, Rojas-Argudo C, Alonso M, Jacas JA, delRio MA. 2007. Effects of X-ray irradiation and sodium carbonate treatments on postharvest Penicillium decay and quality attributes of clementine mandarins. *Postharvest Biology and Technology*. 46: 252-261.

Riov J. 1971. 6, 7—dimethoxycoumarin in the peel of gamma—irradiated grapefruit. *Phytoehemistry*. 10: 1923.

Riov J. 1975. Histochemical evidence for the relationship between peel damage and the accumulation of phenolic compounds in gamma—irradiated citrus fruit. *Radiation Botany*. 15: 257-260.

Sommer N F, Maxie E C, Fortlage R J, et al. 1964a. Sensitivity of citrus fruit decay fungi to gamma irradiation. *Radiation Botany*. 4: 317-322.

Sommer N F, Maxie E C, Fortlage R J. 1964b. Quantitative dose-response of *Prunus* fruit decay fungi to gamma irradiation. *Radiation Botany*. 4: 309-316.

US FDA (United States Food and Drug Administration), 2004. Irradiation in the production, processing and handling of food: final rule. Federal Register. 69: 76844-76847.

Wani A M, Hussain P R, Meena R S, et al. 2008. Effect of gamma-irradiation and refrigerated storage on the improvement of quality and shelf life of pear (*Pyrus communis* L., Cv. Bartlett/William). *Radiation Physics and Chemistry*. 77: 983-989.

Xiong Q L, Xing Z T, Feng Z Y, et al. 2009. Effect of $^{60}$Co γ-irradiation on postharvest quality and selected enzyme activities of *Pleurotus nebrodensis*. *LWT—Food Science and Technology*. 42: 157-161.

Zegota H. 1987. Suitability of Dukat strawberries for studying effects. on shelf life of irradiation combined with cold storage. *Zeitschrift für Lebensmittel — Untersuchung und — Forschung. Unters. Forch*. 187: 111-114.

（毕　阳）

# 第四节　短波紫外线照射对采后病害的控制

## 导言

紫外线可分为短波紫外线（UV - C，波长小于 280 nm）、中波紫外线（UV - B，波长 280～320 nm）和长波紫外线（UV - A，波长 320～390 nm）三种。长期以来人们一直将紫外线处理视为一种杀菌消毒方法。然而，20 世纪 90 年代研究人员发现，果蔬经低剂量的短波紫外线（UV - C）照射后，贮藏期间的腐烂率可明显降低，这与诱导果蔬自身的抗病性密切相关（Wilson et al.，1994）。UV - C 的辐照源采用普通低压汞蒸汽紫外线放电杀菌灯，灯管直径 2.5 cm，长 88 cm，输出功率 30 W，电流强度 0～36 A，灯管最大垂直辐照强度为 2.66 mW/（cm$^2$·s），约 95％的紫外光在 254 nm 波长处发射波能。将欲处理的果蔬置于紫外灯下方约 10cm 处，用数字式辐照计可测得此距离的紫外场强度。辐照处理期间产品可果蒂向上或随意摆放。根据一定辐照强度下处理时间的长短来确定对产品的辐射剂量。

## 1　进展

### 1.1　UV - C 照射对采后病害的控制

目前，对于 UV - C 控制采后病害的研究主要集中在柑橘（Droby et al.，1993）、苹果（Capdeville et al.，2002）、桃（Lu，1993）、葡萄（Nigro et al.，1998）、芒果（Gonzalez et al.，2001）、草莓（Marquenie，2003）、蓝莓（Penelope et al.，2008）、番茄（Liu et al.，1993）、辣椒（Vicente et al.，2005）、洋葱（Lu，1987）、胡萝卜（Mercier et al.，1993）、甘薯（Stevens & Khan，1990）、马铃薯（Ranganna et al.，1997）、蘑菇（Hui et al.，1998）等果蔬。UV - C 的照射剂量因产品种类和品种而异，应注意的是，剂量的大小与产品腐烂率的降低不呈线性关系。例如，葡萄柚经 3.2 kJ/m$^2$ 照射 24 h 后损伤接种 *Penicillium digitatum*，1 周后接种点的侵染率为 13％，而经 1.6 kJ/m$^2$ 和 16 kJ/m$^2$ 照射后侵染率分别高达 60％和 55％（Droby et al.，1993）。

UV - C 与其他防腐方法结合使用可以取得更好的效果。例如，UV - C 与拮抗酵母（*Debaryomyces hansenii*）结合处理，可有效地抑制 *M. fructicola* 引起的桃褐腐病、*P. digitatum* 引起的柑橘绿霉病以及 *R. stolonifer* 引起的番茄和甘薯软腐病（Stevens et al.，1997）。UV - C 与热水结合，可有效控制草莓和甜樱桃灰霉病（*Botrytis cinerea*）和褐腐病（*Monilinia fructicola*）（Jerónimo et al.，2004）。采前壳聚糖处理结合采后 UV - C 辐照可显著减少葡萄灰霉病的发生（Romanazzi，2006）。

### 1.2　影响 UV - C 照射效果的因素

UV - C 的效果受果蔬种类、品种、成熟度、病原物种类、剂量、辐照后贮藏温度等诸多因素的影响。

### 1.2.1　果蔬种类、品种及病原物

控制腐烂的紫外线照射剂量因果蔬种类的不同而存在差异，这种差异甚至可体现在同一产品的不同品种中，例如，"Gorgia Jet"甘薯经 3.6 kJ/m² 处理后腐烂率最低，而"Jewel"甘薯则须经 4.8 kJ/m² 处理才能达到最好的抑病效果（Stevens & Khan，1990）。此外，引起同一产品腐烂的不同病原物以及引起不同产品腐烂的同一病原物对辐照剂量的反应也表现出一定程度的差异。

### 1.2.2　产品的成熟度

产品的成熟度越高，紫外线辐照所诱导的抗病性反应也越弱。辐照处理绿熟期和破色期番茄果实，贮藏期间软腐病和灰霉病的发病率及病斑直径明显低于同样处理的粉色期及红色期番茄。红色期番茄处理 24 h 后接种 Rhizopus stolonifer，发病率及病斑直径与对照相比没有显著差异（Liu et al.，1993）。不同生长时期采收的葡萄柚经紫外线处理后接种指状青霉（P.digitatum），11 月采收的果实产生最大抗性反应的辐照剂量为 4.8 kJ/m²，12 月和翌年 1 月采收的果实分别降为 1.6 kJ/m² 和 3.2 kJ/m²，翌年 2 月采收的葡萄柚须经 8 kJ/m² 辐照才能产生最大抗性反应（Droby et al.，1993）。

### 1.2.3　辐照后产品的贮藏温度

紫外线照射后产品贮藏环境的温度对抗病性的影响很大。例如，葡萄柚经 6.4 kJ/m² 处理，在 6℃下贮藏 24 h 后接种 P.digitatum，1 周后腐烂率高达 97%，与同样条件下的对照相近。但若将上述剂量处理的葡萄柚在 11℃、17℃和 20℃条件下贮藏同样时间，然后接种同一病原物，1 周后腐烂率则分别降至 6%、10% 和 6%。值得注意的是，经25℃贮藏的葡萄柚，其损伤接种的侵染率反而增至 23%（Droby et al.，1993）。上述各温度条件下相应对照的损伤接种腐烂率均为 95%～100%。

### 1.2.4　可见光对 UV-C 处理后果蔬诱导抗病性的影响

紫外线对植物 DNA 的损害具有光恢复特性，紫外照射采后果蔬引起的褐变及抗病性也具有光恢复特性。桃处理后置于可见光下，则处理与对照之间发病率无明显差异，而置于黑暗条件下则发病率显著降低。

### 1.2.5　最大抗性出现的时间

经过 UV-C 照射的果蔬抗病性会明显增强（Wilson & Fl-Ghaouth，1994）。出现最强抗病性的时间依不同产品种类及病害而异，如桃对褐腐病（M.fructicola）以及番茄对软腐病（R.stolonifer）的最大抗性出现在处理后的 48～72 h（Lu，1993），葡萄柚对绿霉病（P.digitatum）抗性出现在辐照后的 24～48 h（Droby et al.，1993），而甘薯的黑斑病（Alternaria alternata）的最大抗性则发生在处理后的 1～7 天后（Stevens & Khan，1990）。

## 1.3　UV-C 处理的作用机理

UV-C 对采后病害的抑制作用主要包括诱导抗病性、延缓成熟与衰老和直接杀菌三个方面。

### 1.3.1 诱导抗病性

UV-C 可通过诱导合成植保素而提高果蔬的抗病性（Mercier et al.，2001）。UV-C 照射增加胡萝卜抗性的同时也诱导了 6-甲氧嘧呤（6-methoxymellein）的合成（Afek et al.，1995）。甜橙外果皮中的二甲基氧香豆素（scoparone）和东莨菪苷原（scopoletin）含量会因 UV-C 辐照而增加（Rodov et al.，1994）。

UV-C 处理可提高多种抗性酶的活性，增强寄主的抗病性。例如，UV-C 可诱导柑橘苯丙氨酸解氨酶（PAL）和过氧化物酶（POD）活性的增加，与产品抗病性的增强有关（Droby et al.，1993）。绿熟番茄经 UV-C 照射后，果皮中 POD、PPO 和 PAL 活性明显升高。UV-C 照射还可诱导果蔬体内几丁质酶（CHT）和 $\beta-1,3-$葡聚糖酶（GLU）活性的提高（El Ghaouth et al.，2003）。

UV-C 处理会诱导果蔬形成物理屏障，阻止病菌的入侵。可促使番茄外果皮和中果皮细胞发生原生质分离，这些细胞的崩溃最终导致细胞壁形成堆垛区域化以及细胞壁的木质化和木栓化（Charles et al.，1996）。

### 1.3.2 延缓成熟与衰老

UV-C 照射可延缓多种果蔬成熟与衰老的进程（Costa et al.，2006）。主要表现在抑制呼吸和乙稀的释放（Maharaj et al.，1999）；降低果实体内细胞壁降解酶的活性（Barka et al.，2000）；诱导多胺的合成（Maharaj et al.，1999）等。通过延缓果实的成熟与衰老维持了产品自身的抗病性。

### 1.3.3 直接抑菌

UV-C 属于非电离辐照，仅能穿透寄主表面 $50\sim300$ nm 厚的数层细胞。因此，UV-C 一直被用于直接杀菌和诱变处理。UV-C 可破坏病原物 DNA 的结构，干扰细胞的分裂，导致蛋白质变性，引起膜的透性增大，导致膜内离子、氨基酸和碳水化合物的外渗。由于大部分的微生物不能对 UV-C 造成的损伤进行修复，进而导致死亡的发生（Stapelton，1992）。

## 2 展望

虽然 UV-C 可通过诱导抗性、延缓衰老、直接抑菌等作用方式减轻果蔬采后病害的发生，但其处理效果还远不及化学杀菌剂。因此，为了提高 UV-C 采后防腐的效果，还需考虑与其他方法结合使用。目前，虽然已有报道表明 UV-C 对一些果蔬采后病害具有抑制效果，但供试的产品范围和病害种类仍然有限，影响处理效果的因素也很多，还需要进一步扩大产品和病害的范围，确定照射剂量和影响处理效果的采前和采后关键因素，深入探讨 UV-C 处理的作用机理，评价处理对产品品质和货架期的影响，开发可在生产实际中使用的设备。从目前的研究结果分析，UV-C 只能诱导产品的局部抗性，对于个体较大的产品存在照射剂量不均的问题，也需要进一步研究解决。同其他采后处理方法相比，UV-C 具有简便、安全、经济的特点。将有望成为减少采后腐烂、延长采后寿命的一项新技术。

## 参 考 文 献

Afek U，Aharoni N，Carmeli S. 1995. Increasing celery resistance to pathogens during storage and reducing high－risk psoralen concentration by treatment with GA3. *Journal American Society Horticultural Science*，120：562-565.

Barka E A，Kalantari S，Makhlouf J，et al. 2000. Impact of UV－C irradiation on the cell wall－degrading enzymes during ripening of tomato (*Lycopersicon esculentum* L.) fruit. *Journal of Agricultural and Food Chemistry*，48：667-671.

Capdeville G，Wilson C L，Beer S V. 2002. Alternative disease control agents induce resistance to blue mold in harvested 'Red Delicious' apple fruit. *Phytopathology*，92：900-908.

Charles MT，Benhamou N，Arul J. 1996. Induction of resistance to grey mold in tomato fruits by UV light. IFT annual meeting：book of abstracts，p. 98. ISSN 1082-1236.

Costa L，Vicente A R，Civello P M，et al. 2006. UV－C treatment delays postharvest senescence in broccoli florets. *Postharvest Biology and Technology*，39：204-210.

Droby S，Chalutz E，Horev B. 1993. Factors affecting UV－induced resistance in grapefruit against the green mould decay caused by *Penicillium digitatum*. *Plant Pathology*，42：418-424.

El Ghaouth A，Wilson C L，Callahan A M. 2003. Induction of chitinase，β－1，3－glucanase，and phenylalanine ammonialyase in peach fruit by UV－C treatment. *Biological Control*，93：349-355.

González－Aguilar G A，Wang C Y，Buta J G，et al. 2001. Use of UV－C irradiation to prevent decay and maintain postharvest quality of ripe 'Tommy Atkins' mangoes. *International Journal of Food Science & Technology*. 36：767-773.

Hui Y T，Pei R C，Jeng L M. 1998. Effect of ultraviolet－C irradiation on stored quality of *Agaricus bisporus* and *A. bitorquis mushrooms*. *Food Science Taiwan*，25：93-103.

Jerónimo P，Vicente A R，Martínez G A，et al. 2004. Combined use of UV－C irradiation and heat treatment to improve postharvest life of strawberry fruit. *Journal of the Science of Food Agriculture*，8：1831-1838.

Liu J，Stevens C，Khan V A. 1993. Application of ultraviolet－C light on storage rots and ripening of tomatoes. *Journal of Food Protection*，56：868-872.

Lu J Y. 1993. Low dose UV and gamma radiation on storage rot and physiochemical changes in peaches. *Journal of Food Quality*，16：301-309.

Lu J Y. 1987. Gamma electron bean and UV radiation on control of storage rots and quality of Walla Walla onions. *Journal of Food Processing and Preservation*，12：53-62.

Maharaj R，Arul J，Nadeau P. 1999. Effect of photochemical treatment in the preservation of fresh tomato (*Lycopersicon esculentum* cv. Capello) by delaying senescence. *Postharvest Biology and Technology*，15：13-23.

Marquenie D. 2003. Pulsed white light in combination with UV－C and heat to reduce storage rot of strawberry. *Postharvest Biology and Technology*，28：455-457.

Mercier J，Arul J，Julien C. 1993. Effect of UV－C on phytoalexin accumulation and resistance to *Botrytis cinerea in* stored carrots. *Phytopathology*，139：2587-2589.

Mercier J，Baka M，Baskhara R. 2001. Shortwave ultraviolet irradiation for control of decay caused by *Botrytis cinerea* in bell pepper：induced resistance and germicidal effects. *Journal American Society Horticultural Science*，126：128-133.

Nigro F，Ippolito A，Lima G. 1998. Use of UV－C light to reduce Botrytis storage rot of table grapes. *Postharvest Biology and Technology*，13：171-181.

Penelope P V，Julie K C，Luke H. 2008. Blueberry fruit response to postharvest application of ultraviolet radiation. *Postharvest Biology and Technology*，47：280-285.

Ranganna B，Kushalappa A C，Raghavan G S V. 1997. Ultraviolet irradiance to control dry rot and soft rot of potato in storage. *Canada Journal of Plant Pathology*. 19：30-35.

Rodov V，Ben Yehoshua S，Fang D. 1994. Accumulation of phytoalexins scoparone and scopoletin in citrus fruits subjected to various postharvest treatments. International symposium on natural phenols in plant resistance，Volume II，Weihenstephan，*Germany Acta horticulture*，381：517-524.

Romanazzi G. 2006. Preharvest chitosan and postharvest UV irradiation treatments suppress gray mold of table grapes. *Plant Disease*，90（4）：445-450.

Stapelton A E. 1992. Ultraviolet radiation and plants：burning question. *Plant Cell*，4：1353-1358.

Stevens C，Khan V A，Lu J Y，et al. 1997. Integration of ultraviolet（UV－C）light with yeast treatment for control of postharvest storage rots of fruits and vegetables. *Biological Control*，10：98-103.

Stevens C，Khan V A. 1990. The effect of ultraviolet irradiation on mold rots and nutrients of stored sweet potatoes. *Journal of Food Protection*，53：223-226.

Vicente A R，Pineda C，Lemoine L，et al. 2005. UV－C treatments reduce decay，retain quality and alleviate chilling injury in pepper. *Postharvest Biology and Technology*，35：69-78.

Wilson CL，El－Ghaouth A. 1994. Potential of induced resistance to control postharvest diseases of fruits and vegetables. *Plant Disease*，78：837-884.

（毕　阳）

# 第五节　气体成分对采后病害的控制

**导言**

气调贮藏是指在一定的温度条件下，通过调节贮藏环境中 $O_2$ 与 $CO_2$ 浓度来达到维持果蔬品质、延长采后寿命的一种方法。包括人工气调贮藏（controlled atmosphere storage，CA）和自发气调贮藏（modified atmosphere storage，MA）或限气包装（modified atmosphere packaging，MAP）两类。气调贮藏期间较低的温度和 $O_2$ 浓度，以及较高的 $CO_2$ 浓度能够抑制果蔬的呼吸作用，降低内源乙烯的合成和削弱外源乙烯的作用，从而达到延缓成熟衰老、维持产品抗性、保持品质、减轻或避免某些生理紊乱发生的目的。另外，气调环境中的低氧和高二氧化碳浓度还具有直接的抑菌作用（Sommer，1985）。因此，通过气调实现对采后病害的控制的研究和应用近年来颇受关注（Beaudry，1999；Cutter，2002；Rama & Narasimham，2003；Tian et al.，2001，2002；Qin et al.，2004；Das et al.，2006；Palou et al.，2007；Janisiewicz et al.，2008；Singh & Pal，2008；Sivakumar et al.，2008；Zheng et al.，2008）。

## 1　气体成分对病原物的抑制

低 $O_2$ 和高 $CO_2$ 对病原物的孢子萌发、菌丝生长以及孢子的形成等均具有直接的抑制作用，但其抑制效果因气体成分（$O_2$ 和 $CO_2$）及其浓度（分压）、病原物的种类及其存在的生理状态而异（De Vries-Paterson et al.，1991；Sitton & Patterson，1992；Ahmadi et al.，1999；Tian et al. 2001，2002）。

### 1.1 低 $O_2$ 对病原物的作用

$O_2$ 是病原物正常的呼吸和生长作用所必需的，低氧主要是通过影响细胞色素氧化系统的电子传递而抑制病原物生长（Sommer，1985）。对于多数真菌来说，无氧条件可完全抑制其生长。但是不同病原物以及同一病原物所处的不同生理阶段对氧的敏感性存在很大的差异。一般情况下，当 $O_2$ 浓度从21％降至5％时对真菌的生长没有显著的影响，如果要抑制大多数的真菌孢子萌发，$O_2$ 的含量常需低于1％（Well & Uota，1970）。在此 $O_2$ 浓度下，*Rhizopus stolonifer* 和 *Cladosporium herbarum* 的孢子萌发率可降至50％。随着 $O_2$ 浓度从1％降至0.25％，孢子的萌发率会进一步降低。对于 *Alternaria alternata*、*Botrytis cinerea* 和 *Fusarium roseum* 来说，当 $O_2$ 浓度降至0.25％或以下时，这些病原物的孢子萌发率才会明显减少。当移入正常空气中时，所有的病原物又恢复了正常生长的能力。当 $O_2$ 浓度降至4％时，上述大多数病原物的菌丝生长抑制率可达50％（以菌丝体的干重为指标），但要使 *R. stolonifer* 的菌丝生长抑制率达到50％，$O_2$ 浓度则需降至2％。即使在无氧的条件下，上述部分病原物的菌丝也能生长（Follstad，1966；Well & Uota，1970）。另外，研究人员还发现，*R. stolonifer* 孢子囊在无氧的条件下可存活72 h，但是只有少数孢囊孢子能在此条件下存活（Bussel et al.，1969）。低 $O_2$ 对不同真菌孢子形成的影响也存在差异，在1％ $O_2$ 浓度下 *B. cinerea* 只能产生丰富的气生菌丝体，而不能形成孢子。相反，当 $O_2$ 浓度为0.25％时 *A. alternata* 和 *C. herbarum* 也能形成孢子，尽管此时菌丝生长已明显被抑制（Follstad，1966）。菌核的形成也会受低 $O_2$ 的影响。例如，*Sclerotinia minor* 的菌核形成比菌落生长对低 $O_2$ 更敏感，尽管在1％ $O_2$ 浓度下菌落可以生长，但菌核难以形成（Imolehin & Grogan 1980）。通常，1％～3％的 $O_2$ 浓度能显著降低 *Erwinia carotovora*，*E. atroseptica* 和 *Pseudomonas fluorescens* 等各种病原细菌的生长量，但即使在缺 $O_2$ 的条件下这些细菌也能生长（Wells，1974）。

### 1.2 高 $CO_2$ 对病原物的作用

$CO_2$ 是一种具有明显抑菌活性的气体，可通过改变病原物细胞膜的功能，影响了营养物质的吸附和吸收；直接抑制酶的作用或降低了酶的反应速率；进入细菌的细胞膜导致胞内 pH 发生变化和直接使菌体蛋白质的生理生化特性发生改变等方面来影响病原菌的生长（Farber，1991）。Sommer（1985）认为，高 $CO_2$ 可通过影响菌体代谢、降低呼吸作用而抑制病原物的生长。与低 $O_2$ 的作用类似，高 $CO_2$ 浓度对不同病原物孢子萌发和菌丝生长的抑制效果也存在差异（Well 和 Uota，1970）。例如，当 $CO_2$ 浓度高达16％时，超过90％的 *R. stolonifer*、*C. herbarum* 和 *B. cinerea* 孢子萌发受到抑制。但是，即使 $CO_2$ 的浓度高达32％时也没有影响到 *A. alternata* 的孢子萌发。一般认为 $CO_2$ 对菌丝生长有较强的抑制作用。当 $CO_2$ 浓度为20％时，*A. alternate*、*C. herbaru* 和 *B. cinerea* 的菌丝生长抑制率可达50％，但对 *F. roseum* 来说，若使其菌丝生长的抑制率达到50％，则需要45％的 $CO_2$ 浓度。当 $CO_2$ 浓度为10.4％时，*B. cinerea*，

*Penicillium* spp. 和 *R. stolonifer* 的菌丝生长和孢子形成均受到抑制，*Penicillium italium* 菌丝干物质较对照减少 32%，在 $CO_2$ 浓度 20% 的条件下菌丝干重降 28%，而在 $CO_2$ 浓度达到 50% 的情况下菌丝生长才完全停止。Tian 等（2002）发现，当 $CO_2$ 浓度在 0%～15% 时对 *B. cinerea* 和 *P. expansum* 的菌落生长无显著影响，但当 $CO_2$ 浓度高达 20% 时，两种菌的菌落生长均受到明显的抑制。8% 的 $CO_2$ 浓度结合 3% 的 $O_2$ 比 3% $CO_2$ 结合同样 $O_2$ 浓度具有更好的抑菌效果（图 2-1-5-1）。*Monilinia fructicola* 的菌丝生长量会随 $CO_2$ 浓度的提高而逐渐减少，当 $CO_2$ 浓度达 30% 时菌落的扩展被完全抑制（图 2-1-5-2）（Tian et al.，2001）。

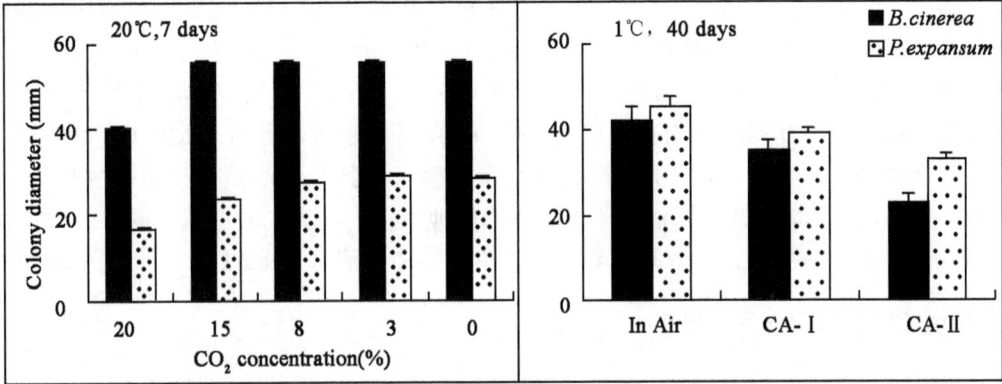

图 2-1-5-1　不同浓度 $CO_2$ 对在不同温度下培养的 *Botrytis cinerea* 和 *Penicillium expansum* 菌丝生长的影响，图中竖线表示标准差 CA-I：3% $O_2$+3% $CO_2$；CA-II：3% $O_2$+8% $CO_2$.
（引自：Tian et al.，2002）

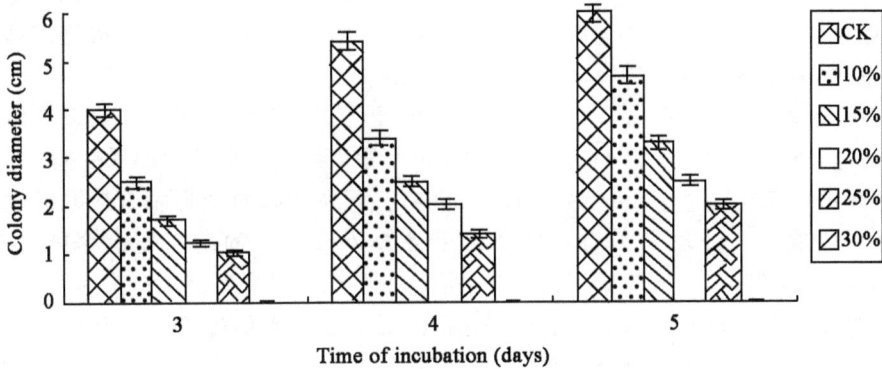

图 2-1-5-2　不同浓度的 $CO_2$ 对 *Monilinia fructicola* 菌丝生长的影响，图中竖线表示标准差
（引自：Tian et al.，2001）

高 $CO_2$ 还能延长菌体的发育期和对数生长期，但其抑制效果依赖于其浓度和产品的贮藏温度（Phillips，1996）。Bertolini 等（2003）发现，用高 $CO_2$ 长时间处理 *B. cinerea*，其菌丝生长量随 $CO_2$ 浓度（5%～20%）的增加而呈线性降低，降低的程度在培养 30～40 天以后表现更为明显。同时，孢子萌发率和萌发的孢子数量均显著降低，当 $CO_2$ 浓度达到 20% 时，孢子萌发完全被抑制，芽管的伸长亦受到同样的抑制，可见 $CO_2$ 对真菌生长和侵染力的直接抑制作用是由于抑制了孢子的萌发和芽管的伸长。另外，10% $CO_2$ 处理可以抑制 *Fusarium verticillioides* 和 *F. proliferatum* 两种病原物的

生长，并且可完全或部分抑制这两种病原物产生的 fumonisin B1 毒素（Samapundo et al.，2007）。对好氧细菌如 *Pseudomonads* 等来说，较高的 $CO_2$ 浓度（10%～20%）可以抑制其生长，然而，对乳酸菌这样的厌氧细菌来说，其生长反而可被 $CO_2$ 所促进（Amanatidou，1999）。

### 1.3　高 $O_2$ 分压对病原物的作用

不同的病原物对高 $O_2$ 分压的敏感程度存在差异。研究表明 *E. coli* 体内的 SOD 能够被高 $O_2$ 分压激活，从而消除自由基，提高了菌体的抗性，然而对 *Bacillus subtilis* 来说，高 $O_2$ 不能活化 SOD，故其对高 $O_2$ 分压较为敏感（Fridovich，1974）。Gonzalez - Roncero 和 Day（1998）发现，99 kPa $O_2$ 对 *Pseudomonas fragi*、*Aeromonas hy-drophila*、*Yersinia enterocolitica* 和 *Listeria monocytogenes* 等病原物的生长的抑制效果不强，对前两者细菌的抑制作用仅为 14% 和 15%。然而，当用 80kPa $O_2$ 和 20 kPa $CO_2$ 配合处理时能够抑制 8℃下上述所有细菌的生长，其效果明显优于单一气体处理。此外，80%$O_2$ 和 20%$CO_2$ 配合处理还能显著地抑制 *R. stolonifer*、*B. cinerea* 和 *Penicillium discolor* 的生长，其效果也显著优于单一气体处理（Hoogerwerf et al.，2002）。

## 2　气调贮藏对采后病害的控制

### 2.1　气调贮藏（CA）

CA 贮藏期间的低 $O_2$ 和高 $CO_2$ 浓度能有效的抑制果蔬采后病害的发生。白菜在 3%$O_2$ 和 5% $CO_2$ 或 2.5% $O_2$ 和 3% $CO_2$ 气调贮藏条件下的腐烂率显著低于普通贮藏条件（Prange & Lidster，1991）。采用 7.5%～30% $CO_2$ 和 1.5% $O_2$ 处理能够明显降低芹菜贮藏期间腐烂的发生，4%～16% $CO_2$ 和 1.5% $O_2$ 或 1.5%～6% $O_2$ 的处理效果次之，1%或 2% $O_2$ 结合 2%或 4% $CO_2$ 可显著抑制贮藏过程中芹菜黑径病的扩展（Reyes，1988）。同样，5 kPa $O_2$ 和 15 kPa $CO_2$ 能有效的控制芹菜的采后病害，贮藏 5 周后无腐烂现象发生（Gómez & Artés，2004）。气调贮藏可降低番石榴贮藏过程中的炭疽病和软腐病，处理果实的腐烂率比正常气体条件下的果实腐烂率降低了 50%（Singh & Pal，2008）。同样，气调贮藏也能降低番茄的腐烂率（Parson et al.，1970）。

高浓度 $CO_2$ 处理可有效控制有些果实的采后病害。将草莓贮藏在 10%～30% $CO_2$ 或者 0.5%～2% $O_2$ 条件下能够降低采后病害的发生。进一步研究发现，草莓在 0、10%、20%或者 30% $CO_2$，21% $O_2$ 5℃条件下贮藏 3～5 天，然后在 15.6℃贮藏 1～2 天后的果实软化和腐烂均比正常贮藏条件下的要低，其中 20% 和 30% $CO_2$ 处理效果最好，但是 30% 的高浓度处理使果实产生了异味（Hardenburg et al.，1990）。"旭"、"元帅"和"金冠"苹果在高于 2.8% 的 $CO_2$ 条件下进行气调贮藏能显著减少由 *B. cinerea. P. expansum* 和 *Pezicula malicorticis* 引起的灰霉病、青霉病和牛眼病的发生（Sitton & Patterson，1992）。高 $CO_2$ 处理结合冷藏能显著的降低损伤接种甜樱桃褐腐病的发生率（图 2-1-5-3）（Tian et al.，2001）。同样，高 $CO_2$ 处理还能减少葡萄采后病害的发生率（Romero et al.，2006）。Zheng 等（2008）发现，高 $O_2$ 能显著的降低中国杨梅、草莓和蓝莓的采后病害，抑制效果会随 $O_2$ 浓度的增加而增强，当 $O_2$ 浓度达到 100％时控制效果最好。

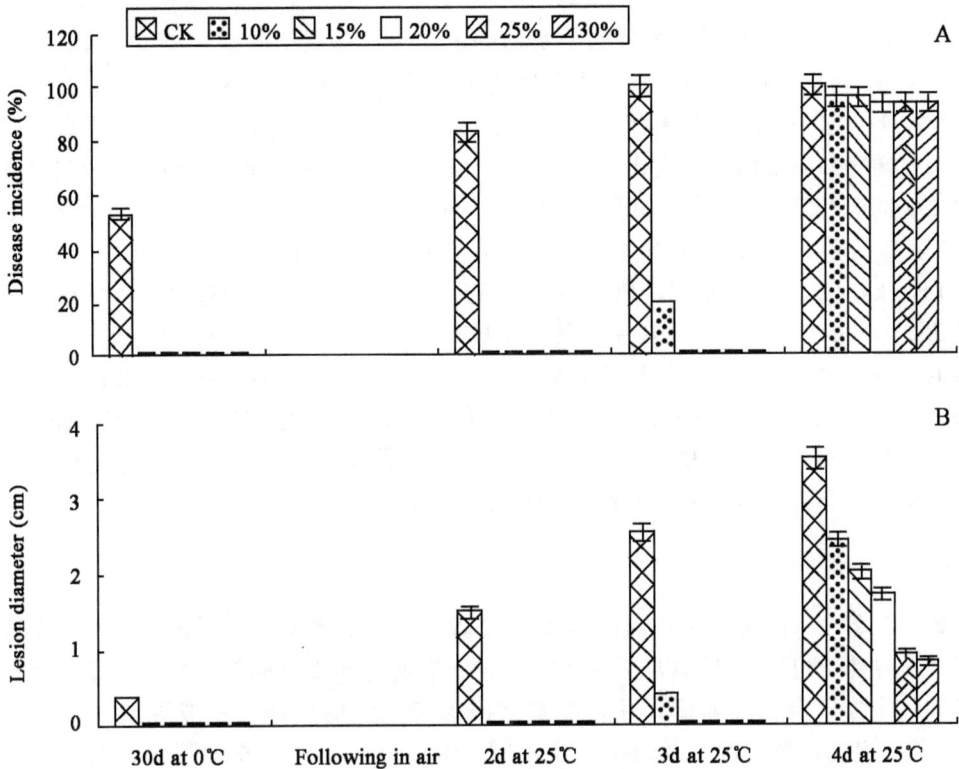

图 2-1-5-3　不同浓度的 $CO_2$ 对损伤接种 *Monilinia fructicola* 的甜樱桃果
实在 0℃贮藏 30 天后再在 25℃放置 2～4 天的发病率（A）和病斑直径（B）的影响
（引自：Tian et al.，2001）

　　气调和低温对采后病害的控制存在协同增效作用。黑加仑在 20％或者 25％ $CO_2$ 和
－0.5℃下贮藏 12 周的真菌腐烂率仅为 5％，而在 25％ $CO_2$ 和 1℃下贮藏同样时间的腐
烂率为 35％，在 20％ $CO_2$ 和 1℃条件下的腐烂率则高达 50％，在两种温度条件下若
$CO_2$ 浓度为 0，则果实的腐烂率可高达 95％（Roelofs & Waart，1994）。气调和低温贮
藏期间苹果由 *P. expansum* 引起的青霉病明显低于正常气体条件下的低温贮藏（Nilsson
et al.，1956），并且随着温度的降低果实的腐烂率还会进一步减少（Yackel et al.，
1971）。
　　与其他生物、化学防腐方法结合气调贮藏还可以进一步提高对采后病害的控制效
果。气调贮藏（5 kPa $O_2$ 和 15 kPa $CO_2$）和山梨酸钾（3％）复合处理对石榴灰霉病的
控制效果与热的杀菌剂咯菌腈（49℃，0.6 g/L）处理效果相同，且复合处理能有效的
保持果实品质（Palou et al.，2007）。拮抗酵母 *Metschnikowia pulcherrima* 和
*Cryptococcus laurentii* 及碳酸氢钠采后处理结合商业化的气调贮藏可以有效控制苹果的
青霉病（Janisiewicz et al.，2008）。气调（10％ $O_2$ ＋10％ $CO_2$）能显著地增强拮抗酵
母 *C. laurentii*，*Rhodotorula glutinis* 对甜樱桃黑斑病（*A. alternate*）和青霉病
（*P. expansum*）的控制效果（Tian，2004）。

## 2.2　限气包装

限气包装（MAP）可通过果实本身的呼吸作用，降低密封袋中的 $O_2$ 和增加 $CO_2$ 浓度，从而形成了一个自发的气调小环境造成了对病害的抑制。Miller 等（1983）用热收缩膜单果包装芒果，经 12℃贮存 2 周后在 21℃下后熟，可明显降低果实失重，但对延缓果实硬度和果皮色泽的变化及控制腐烂没有明显的影响，而当采用打孔膜包装则可延迟果实的腐烂发生。采前异菌脲处理和采后 *Cryptococcus infirmominiatus* 处理结合 MAP 能使甜樱桃褐腐病的发生率从 41.5％降至 0.4％（Spotts et al.，1998）。Karabulut 和 Baykal（2004）观察到，热水和酵母拮抗菌单独处理均不能有效控制桃果实损伤接种 *B. cinerea* 和 *P. expansum* 引起的灰霉病和青霉病，但 MAP 和酵母拮抗菌结合能显著的降低上述两种病原物引起的果实病斑直径，且 MAP 还能够增强拮抗酵母的控制效果。MAP 与 *Bacillus subtili* 结合处理可有效控制荔枝的采后腐烂（Sivakumar et al.，2008）。同样，MAP 和丁香油酚、麝香草酚、薄荷醇结合处理还可保持樱桃果实采后品质，降低腐烂的发生（Serranoa et al.，2005）。

## 2.3　减压贮藏

减压贮藏（hypobaric storage）是将果蔬置于密闭的库室内，用真空泵抽出大部分空气，使内部压力降到 10kPa 左右，造成一个低氧的环境（氧气的浓度可降到 2％），乙烯等气体分压也相应降低，并在贮藏期间保持恒定的低压，一般降至 $1.013\,25\times10^4$Pa 甚至更低，是气调贮藏的进一步发展（伍培等，2008）。据报道，采用 0.5atm[①] 和 0.25atm 处理 2 h 的减压贮藏能够有效降低甜樱桃，草莓和鲜食葡萄的采后腐烂（Romanazzi et al.，2001）。Apelbaum 和 Barkai - Golan（1977）发现，在 23℃，0.20atm 条件处理 5 天能够明显抑制 *B. cinerea* 和 *A. alternata* 的孢子萌发和菌丝生长，随着压力的降低到 0.13atm 以下抑制效果会显著增加。减压贮藏（0.50 atm）结合壳聚糖（1％）处理可以有效减少甜樱桃果实采后的褐腐病和灰霉病（Romanazzi et al.，2003）。

# 3　气体成分在维持产品抗性中的作用

低 $O_2$ 和高 $CO_2$ 能通过阻止或抑制乙烯的生成和作用，延缓成熟和衰老进程从而维持果蔬的抗病性（Yang & Hoffman，1984）。Aharoni 等（1985）发现，乙烯在花椰菜花序衰老的起始中起着重要的作用，高 $CO_2$ 浓度对衰老的抑制与其阻碍乙烯的作用有关。高 $CO_2$ 浓度明显降低了花椰菜损伤接种 *B. cinerea* 的腐烂率，但如在贮藏环境中通入 10ppm 乙烯则高 $CO_2$ 对腐烂的抑制效果则完全消失。

气调贮藏延长果蔬采后寿命的能力与其作用于产品细胞壁密切相关。低 $O_2$ 和高 $CO_2$ 可以阻止果胶成分的变化，长期保持果实的坚硬质地而免于病原物的侵染（Smock，1979）。随着成熟的进行，细胞间中胶层中的不溶性原果胶转变为可溶性的果胶类物质，导致组织软化。增加的可溶性果胶物质和软化的组织更易被病原物分泌的果

---

[①]　1atm＝$1.013\,25\times10^5$Pa，后同。

胶酶作用。另外，气调环境对病原物胞外酶的活性也有一定的影响。例如，将 *R. stolonifer* 在低 $O_2$ 浓度下培养，既能阻止菌体的生长也能抑制诸如果胶甲酯酶（PME）、多聚半乳糖醛酸酶（PG）和纤维素酶（CX）等胞外酶的活性。同样，5% $CO_2$ 和 3% $O_2$ 的苹果气调贮藏条件能显著降低 *Gloeosporium album* 和 *G. perennans* 的生长及其分泌的多聚半乳糖醛酸酶（PG）和多聚半乳糖甲酯酶（PMG）的活性（Edney，1964）。

高 $CO_2$ 处理可显著提高果实体内抗菌物质的含量。Prusky 与 Keen（1993）发现，用 30% 的 $CO_2$ 短暂处理刚采收的鳄梨果实，然后立刻放入普通空气中，鳄梨果皮中的抑菌物质（抑菌二烯）的含量明显增加，炭疽病显著减少。而用 11%～16% 的 $CO_2$ 处理，这种抑菌二烯的含量增加不明显，炭疽病的发病率也较高。高 $CO_2$ 处理可减少葡萄采后病害的发生率，但未能诱导病程相关蛋白基因的过量表达（Romero et al.，2006）。由此表明，高 $CO_2$ 处理不能通过诱导果实抗性的方式来减少腐烂的发生。

## 4　展望

气调贮藏既有改变气体成分，又有冷藏的双重作用，其对采后病害的抑制效果要明显优于单纯的冷藏。由于低 $O_2$ 和高 $CO_2$ 可直接影响病原物的生长发育，加之气调具有抑制产品呼吸、降低内源乙烯的生成、防止外源乙烯的作用、保持品质、维持产品体内的抗病性等特性。此外，气调还具有安全、无农药残留和条件便于控制等特点。因此，气调贮藏将会在采后病害的控制方面发挥更大的作用。气调还可与其他物理、化学和生物的处理方法结合，通过协同增效作用而进一步增强防腐的效果。尽管气调在采后病害控制中的应用研究已经取得了一定的进展，有些方法已在生产中引用，但影响气调的因素较多，不仅与 $O_2$ 和 $CO_2$ 浓度以及贮藏温度和时间有关，而且涉及产品种类、品种、成熟度、病原物种类和状态等多个方面。因此，进一步扩大气调的应用范围，筛选影响气调防腐效果的关键因素，深入探索气调防腐的机理，寻求气调防腐与其他采前和采后处理结合的途径，维持气调处理后的产品品质，以及降低气调处理的成本仍然是今后的研究和发展方向。

## 参 考 文 献

伍培，张卫华，郑洁等．2008.果蔬减压保鲜技术的发展和研究．制冷与空调．22（3）：1-9.

Aharoni N，Philosoph - Hadas S，Barkai - Golan R. 1985. Modified atmospheres to delay senescence and decay of broccoli. Proceedings of the 4th National Controlled Atmosphere Conference，Department of Horticultural Science，Raleigh，NC，Horticulture Report. 126：169-177.

Ahmadi H，Biasi W V，Mitcham E J. 1999. Control of brown rot decay of nectarines with 15% carbon dioxide atmospheres. *Journal of the American Society for Horticuttural Science*. 124：708-712.

Amanatidou A，Smid E J，Gorris L G. 1999. Effect of elevated oxygen and carbon dioxide on the surface growth of vegetable—associated micro—organisms. *Journal of Applied Microbiology*. 86：429-438.

Apelbaum A，Barkai - Golan R. 1977. Spore germination and mycelial growth of postharvest pathogens under hypobaric pressure. *Phytopathology*. 67：400-403.

Beaudry R M. 1999. Effect of $O_2$ and $CO_2$ partial pressure on selected phenomena affecting fruit and vegetable quality. *Postharvest Biology and Technology*. 15：293-303.

Bertolini P, Baraldi E, Mari M, Lazzarin R. 2003. Effects of long term exposure to high $CO_2$ during storage at 0℃ on biology and infectivity of *Botrytis cinerea* in Red Chicory. *Journal of Phytopathology*. 4: 201-207.

Bussel J, Sommer N F, Kosuge T. 1969. Effect of anaerobiosis upon germination and survival of *Rhizopus stolonifer* sporangiospores. Phytopathology. 59: 946-952.

Cutter C N. 2002. Microbial control by packaging: A Review. *Critical Reviews in Food Science and Nutrition*. 42: 151-161.

Das E, Gürakan G C, Bayindirl A. 2006. Effect of controlled atmosphere storage, modified atmosphere packaging and gaseous ozone treatment on the survival of *Salmonella Enteritidis* on cherry tomatoes . *Food Microbiology*. 23: 430-438.

De Vries - Paterson R M, Jones A L, Cameron A C. 1991. Fungistatic effects of carbon dioxide in a package environment on the decay of Michigan sweet cherries by *Monilinia fructicola*. *Plant Disease*. 75: 943-946.

Edney, K L 1964. The effect of the composition of the storage atmosphere on the development of rotting of Cox's Orange Pippin apples and the production of pectolytic enzymes by *Gloeosporium* spp. *Annals of Applied Biology*. 54: 327-334.

Farber J M. 1991. Microbiological aspects of modified atmosphere packaging technology - a review. *Journal of Food Protection*. 54: 58-70.

Follstad M N. 1966. Mycelial growth rate and sporulation of *Alternaria tennis*, *Botrytis cinerea*, *Cladosporium herbarum* and *Rhizopus stolonifer* in low - oxygen atmospheres. *Phytopathology*. 56: 1098, 1099.

Fridovich, I. 1974. Superoxide dismutase. *In*: Hayaishi O (ed.): Molecular Mechanism of Oxygen Activation. New York - London. Academic Press, 453-477.

Gómez P A., Artés F. 2004. Controlled atmospheres enhance postharvest green celery quality. *Postharvest Biology and Technology*. 34: 203-209.

Gonzalez - Roncero G, Day B. 1998. The effects of novel MAP on fresh prepared produce microbial growth. Proceedings of the Cost 915 Conference, Ciudad Universitaria, Madrid, Spain, 15-16 October.

Hardenburg R E, Watada A E, Wang C Y. 1990. The Commercial Storage of Fruits, Vegetables, and Florist and Nursery Stocks. USDA Handbook No. 66, Wash. DC.

Hoogerwerf S W, Kets E P W, Dijksterhuis J. 2002. High - oxygen and high - carbon dioxide containing atmospheres inhibit growth of food associated moulds. *Letters in Applied Microbiology*. 35: 419-422.

Imolehin E D, Grogan R G. 1980. Effect of oxygen, carbon dioxide, and ethylene on growth, sclerotial production, germination, and infection by *Sclerotinia minor*. *Phytopathology*. 70: 1158-1161.

Janisiewicz W J, Saftner R A, Conway W S et al. 2008. Control of blue mold decay of apple during commercial controlled atmosphere storage with yeast antagonists and sodium bicarbonate. *Postharvest Biology and Technology*. 49: 374-378.

Karabulut O A, Baykal N. 2004. Integrated control of postharvest diseases of peaches with a yeast antagonist, hot water and modified atmosphere packaging. *Crop Protection*. 23: 431-435.

Miller W R, Hale P W, Spalding D H, Davis P. 1983. Quality and decay of mango fruit wrapped in heat - shrinkable film. *Hort Science*. 18: 957-958.

Nilsson F, Nyhlen A, Nilsson R, et al. 1956. Carbon dioxide storage of apples and pears, 1951 - 1954. *Journal of Royal Swedish Academy of Agriculture and Forestry*. 93: 319-347.

Palou L, Crisosto C H, Garner D. 2007. Combination of postharvest antifungal chemical treatments and controlled atmosphere storage to control gray mold and improve storability of 'Wonderful' pomegranates. *Postharvest Biology and Technology*. 43: 133-142.

Parsons C S, Anderson R E, Penney R W. 1970. Storage of mature—green tomatoes in controlled atmospheres. *Journal of the American Society for Horticultural*. 95: 791-794.

Phillips C A. 1996. Review: modified atmosphere packaging and its effects on the microbiological quality and safety of produce. *International Journal of Food Science and Technology*. 31: 463-480.

Prange R K, Lidster P D. 1991. Controlled atmosphere and lighting effects on storage of Winter cabbage. *Canadian Journal of Plant Science*. 71: 263-268.

Prusky D, Keen N T. 1993. Involvement of preformed antifungal compounds and the resistance of subtropical fruits to fungal decay. *Plant Disease*. 77: 114-119.

Qin G Z, Tian S P, Xu Y. 2004. Biocontrol of postharvest diseases on sweet cherries by four antagonistic yeasts in different storage conditions. *Postharvest Biology and Technology*. 31: 51-58.

Rama M V, Narasimham P. 2003. Controlled atmodphere storage, effects on fruit and vegetables. *Encyclopedia of Food Science and Nutrition*. 1607-1615.

Reyes A A. 1988. Suppression of *Sclerotinia sclerotiorum* and watery soft rot of celery by controlled atmosphere storage. *Plant Disease*. 72: 790-792.

Roelofs F P, Waart A J. 1994. Long-term storage of red currants under controlled atmosphere conditions. *Acta Horticulturae*. 352: 217-222.

Romanazzi G, Nigro F, Ippolito A et al. 2001. Effect of short hypobaric treatments on postharvest rots of sweet cherries, strawberries and table grapes. *Postharvest Biology and Technology*. 22: 1-6.

Romanazzi G, Nigro F, Ippolito A. 2003. Short hypobaric treatments potentiate the effect of chitosan in reducing storage decay of sweet cherries. *Postharvest Biology and Technology*. 29: 73-80.

Romero I. Sanchez-Ballesta M T, Maldonado R, et al. 2006. Expression of class I chitinase and $\beta-1, 3$ -glucanase genes and postharvest fungal decay control of table grapes by high $CO_2$ pretreatment. *Postharvest Biology and Technology*. 41: 9-15.

Samapundo S, De Meulenaer B, Atukwase A, Debevere J, et al. 2007. The influence of modified atmospheres and their interaction with water activity on the radial growth and fumonisin B1 production of *Fusarium verticillioides* and F. *proliferatum* on corn. Part I: The effect of initial headspace carbon dioxide concentration. *International Journal of Food Microbiology*. 114: 160-167.

Serranoa M, Martinez-Romero D, Castillo S, et al. 2005. The use of natural antifungal compounds improves the beneficial effect of MAP in sweet cherry storage. Innovative Food Sci. *Innovative Food Science and Emerging Technologies*. 6: 115-123.

Singh S P, Pal R K. 2008. Controlled atmosphere storage of guava (*Psidium guajava L.*) fruit. *Postharvest Biology and Technology*. 47: 296-306.

Sitton, J W, Patterson M E. 1992. Effect of high—carbon dioxide and low-oxygen controlled atmospheres on postharvest decays of apples. *Plant Disease*. 76: 992-995.

Sivakumar D, Arrebola E, Korsten L. 2008. Postharvest decay control and quality retention in litchi (cv. McLean's Red) by combined application of modified atmosphere packaging and antimicrobial agents. *Crop Protection*. 27: 1208-1214.

Smock R M. 1979. Controlled atmosphere storage of fruit. *Horticultural Reviews*. 1: 301-336.

Sommer N F. 1985. Role of controlled environments in suppression of postharvest diseases. *Canadan Journal of Plant Pathology*. 7: 331-339.

Spotts R A, Cervantes L A, Facteau T J, et al. 1998. Control of brown rot and blue mold of sweet cherry with preharvest iprodione, postharvest *Cryptococcus infirmominiatus*, and modified atmosphere packaging. *Plant Disease*. 82: 1158-1160.

Tian SP, Fan Q, Xu Y, et al. 2002. Biocontrol efficacy of antagonist yeasts to gray mold and blue mold on apples and pears in controlled atmospheres. *Plant Disease*. 86: 848-853.

Tian S P, Fan Q, Xu Y, et al. 2001. Evaluation of the use of high $CO_2$ concentrations and cold storage to control *Monilinia fructicola* on sweet cherries. *Postharvest Biology and Technology*. 22: 53-60.

Wells J M, Uota M. 1970. Germination. and growth of five fungi in low-oxygen and high-carbon dioxide atmospheres. *Phytopathology*. 60: 50-53.

Wells J M. 1974. Growth of *Erwinia carotovora*, *E. atroseptica* and *Pseudomonas fluorescens* in low oxygen and high carbon dioxide atmospheres. *Phytopathology*. 64: 1012-1015.

Yackel W C, Nelson A I, Wei L S, et al. 1971. Effect of controlled atmosphere on growth of mold on synthetic media and fruit. *Applied Microbiology*. 22: 513-516.

Yang S F, Hoffman N E. 1984. Ethylene biosynthesis and its regulation in higher plants. *Annual Review of Plant Physiology*. 35: 155-189.

Zheng Y H, Yang Z F, Chen X H. 2008. Effect of high oxygen atmospheres on fruit decay and quality in Chinese bayberries, strawberries and blueberries. *Food Control*. 19: 470-474.

（李永才　毕　阳）

# 第二章　化学物质的抑病机理

## 第一节　硅和硼影响病原菌致病力的机制

**导言**

　　果实采后腐烂造成的损失非常巨大。化学农药仍然是果实采后病害防治的常用措施。然而，长期使用化学农药会导致病原菌产生抗药性而降低化学药剂的防病效果（Rosenberger & Meyer，1981），同时，频繁和高浓度地使用化学药剂会造成农药在果实上的残留量增加而威胁人类的健康，并造成环境的污染（Ragsdale & Sisler，1994）。随着人们对身体健康及环境条件的日益关注，研究者不得不寻求更加安全有效的防治果实采后病害的新技术（Smilanick et al.，1995；Karabulut et al.，2001）。研究表明，一些安全无毒或低毒的化学物质例如壳几丁质，脱氧葡萄糖，碳酸氢钠，硅酸盐等能够有效地防治果实采后病害。结合本实验室的研究结果，本节重点探讨硅酸盐及硼酸盐在果实采后病害中的防治效果。

### 1　硅防治植物病害的研究进展

　　地壳中硅的含量丰富。生长在土壤中的植物体内都含有不同数量的硅元素，占植物体干重的 $0.1\% \sim 10\%$。然而由于硅的广泛存在以及缺乏时没有明显症状，长期以来，硅元素对植物生长的影响并没有引起人们的重视。与必需元素相比，有关硅对病虫害防治的报道也相对较少。近年来，特别是 20 世纪 70 年代以后，硅在植物抗病性研究中得到了一定的应用。早期的研究表明，硅是某些单子叶植物生长的必需元素，硅与植物抵御真菌性病害之间的关系也首先在单子叶植物中得到了证实。Germar（1934）最早报道了施用硅的小麦比对照更加能够抵抗白粉病菌的侵染。自此，有关硅在单子叶植物抵御病害中作用的研究便不断得到证实，如硅对高粱炭疽病、大麦和小麦白粉病、水稻稻瘟病、胡麻斑病和纹枯病等的防治效果（Jiang et al.，1989）。硅在防治植物病害中的作用已经受到了广泛关注。

　　硅对病原细菌和病原真菌引起的植物病害都具有很好的防治效果，并且对盐害、金属毒害、干旱、放射损伤、营养不平衡、高温和冷害等生理性病害也有一定的缓和作用。Nakata 等人研究发现，野生型可以正常摄取硅元素的水稻植株比不能摄取或摄取量极少的突变株能够更好地抑制稻瘟病病菌的扩展，说明硅可以保护水稻植株抵制外界生物因素的损伤（Nakata & Ueno，2008）。Buck 等（2008）通过叶部喷洒硅酸钾的方法，也证实了硅可以有效地控制稻瘟病的发生。Bowen 和 Menzies（1992）同样通过叶部喷洒硅酸钾的方法，证实了硅对防治葡萄白粉病的作用。Gueével 等（2007）通过叶部和根部施用可溶性硅制剂的方法，证明植物获取硅元素抵抗病原菌入侵的主要途径是通过根部吸收。对于果实病害的防治来说，一些研究表明，硅酸盐具有抑制甜樱桃（Qin & Tian，2005）、冬枣（Tian et al.，2005）以及桃果实（Biggs et al.，1994）病害的作用。

国内在这方面的研究相对较晚，但是也取得了一些有意义的成果。苹果梨（Pyrus-bretschn - eideri Rehd）是甘肃省名优特产，品质极佳，在国内外市场颇具声誉。但苹果梨果实极易遭受细链格孢侵染而发生黑斑病，该病原菌是典型潜伏侵染菌，侵入时期自花期至果实膨大期。由于采前果实体内抗病性的存在，因而无症状表现，采收以后，随着贮藏期的延长，果实衰老，抗性降低，症状便逐渐显现，在贮藏后期该病的发病率可高达 37%，由于该病原菌的病程尚不明确，有效的控制方法也不清楚，因此对苹果梨黑斑病的防治一直是一个生产中亟待解决的问题。近年来，有关硅在防治苹果梨黑斑病的研究中取得了令人满意的结果。可显著抑制黑斑病菌的生长，抑菌率高达 94.5%。

厚皮甜瓜"玉金香"是我国西北地区的特色作物，由于产期集中且不耐贮藏，采后腐烂极为严重，其中由粉红聚端孢（*Trichochecium roseum*）引起的红粉病最为显著。该病原菌的病斑不规则，边缘不明显，病斑下陷，果肉苦而不堪食用。郭玉蓉等证实离体条件下硅酸钠处理对粉红聚端孢菌丝生长有明显抑制作用，并能显著减小"玉金香"采后红粉病的病斑直径（郭玉蓉等，2003a）。郭玉蓉等人还测定了硅处理对甜瓜采后过氧化物酶（POD）、苯丙氨酸解氨酶（PAL）和呼吸强度的影响，实验表明硅酸钠处理能显著提高甜瓜采后 POD 和 PAL 的活性，降低其呼吸强度，有利于抵御病原菌的侵入和果实的采后贮藏（郭玉蓉等，2003b）。

马铃薯是甘肃省的重要经济作物，随着产业结构的调整，种植面积和产量仍在不断增加，但其块茎在贮藏期间常常发生腐烂，不仅影响品质，而且造成了较大的经济损失。研究发现，马铃薯的腐烂与多种病原菌相关，其中以茄科链孢（*Fusarium solani*）引起的干腐病最为常见，该病原菌可在采前和采后进入马铃薯体内造成块茎腐烂。

本实验室将硅酸盐与生物防治相结合综合防治冬枣果实采后病害，结果表明，将酵母拮抗菌 *Cryptococcus laurentii* 和 *Rhodotorula glutinis* 与 2%硅酸盐相结合能够有效控制由链格孢菌（*Alternaria alternate*）和青霉菌（*Penicillium expansum*）引起的病害。硅酸盐与生物防治配合使用能够提高生防菌对冬枣果实采后病害的防治效果（Tian et al.，2005）。硅酸钠在离体条件下对柑橘绿霉病菌（*Penecilliun digitatum*）、桃褐腐病菌（*Monilinia fructicola*）、冬枣青霉菌（*P. expansum*）和交链孢（*A. alternata*）有明显的抑制作用（图 2-2-1-1）。我们对其抑菌机理进行了初步研究。结果表明，在离体条件下，硅酸钠能明显抑制病原菌 *P. digitatum* 和 *M. fructicola* 的菌丝生长、孢子萌发和芽管伸长，抑制作用随浓度的增加而增强。碘化丙啶（PI）染色结合荧光显微镜的观察表明硅酸钠对这两种病原菌孢子的质膜均有明显的破坏作用。检测菌体内含物渗漏量的结果表明，硅酸钠处理后，菌体内可溶性蛋白及可溶性糖的渗漏量均明显高于对照，说明硅酸盐可能是通过直接破坏病原菌的细胞结构而发挥作用。

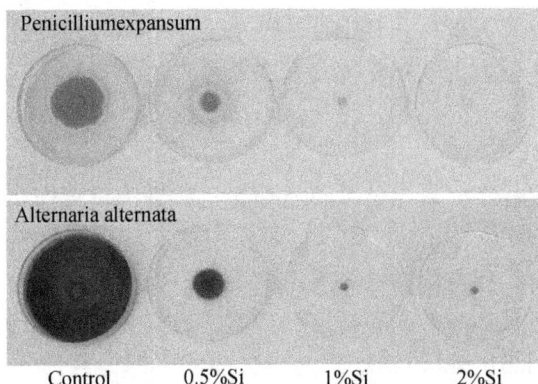

图 2 - 2 - 1 - 1　硅酸钠在离体条件下对青霉菌 (*Penicillium expansum*) 和交链孢
(*Alternaria alternata*) 的抑制作用

## 2　硅防治植物病害的作用机理

硅能够有效防治植物抗病性已是不争的事实。Menzies 等 (1991) 报道，硅能够使黄瓜叶片上的白粉病的数目、面积及分生孢子的萌发数显著减少，用硅酸钾代替硅酸钠对病害的抑制作用相同，而用硫酸钾代替硅酸钾或硅酸钠不能减轻病害的发生，说明对白粉病起作用的是硅元素而不是钠或钾元素。硅酸盐的作用机理还不是很清楚，硅酸盐可能是通过在病原菌入侵处形成物理性屏障，从而阻碍病原菌进一步侵染 (Health，1981)；或者是诱导植物体自身产生抗病性而发挥作用 (Cherif et al.，1992b)。有研究表明，硅酸盐处理的植物组织，在病原菌入侵处积累了大量的酚类物质和类似于木质素的物质，而这些物质具有直接抑制病原菌生长的作用 (Cherif et al.，1992a)。目前主要有以下几种假说：

### 2.1　机械作用

关于硅在植物病害防治中的作用机理，最初的观点认为，硅主要通过沉积在乳突体、表皮层或受真菌侵染的部位或伤口处，增加了植物细胞壁的机械强度，从而对病原菌的渗透起到机械屏障的作用。然而早在 1965 年，Okuda 和 Takahashi (1965) 就对这一学说提出了质疑。他们认为，硅保护水稻不受稻瘟病侵害并不仅仅是因为植物吸收硅而使组织机械坚韧性得到了增强。尽管如此，这一学说却维持了多年。Carver 等 (1987) 观察到了乳突中的硅积累，这一结果与 Kunoh 和 Ishizaki (1975) 的发现一致。他们提出，在侵入点处聚集的硅可能提供了抵抗病原菌侵入的机械屏障。最近，Kim 等 (2002) 提出，硅处理能够加固水稻细胞壁，增强细胞壁的抗性。然而在这一工作中，研究者没有证据将细胞壁的加固与真菌侵入的抑制联系在一起。硅在植物中的沉积与病原菌抗性的逻辑关系来自于已有的报道：在几种病害侵染系统中，硅可以在侵染点处积累 (Blaich & Grundhöfer，1998)。这一过程在白粉菌侵染的拟南芥中也得到了证实。这一现象可能是由于在角质层被损坏的部位有较高的蒸发速率引起的，而不是通过一种防卫方式的硅积极运输产生。Cherif 等 (1992a) 观察到，硅确实能够在叶片针刺位点处积累，但是当植物在饱和湿度条件下生长时便不会出现硅的沉积现象。尽管硅能够在病原菌侵入位点有效沉积，并且也会在侵入发生后以较高的速率持续沉积，但是硅处理使细胞壁加固这一假说近几年来一直存在着激烈的争议。

### 2.2　诱导抗性

在 20 世纪 90 年代早期，认为硅并不是作为机械屏障发挥抑病作用的证据在研究双子叶模式植物中得到证实。Samuels 等（1991）用黄瓜－白粉病相互作用时发现，硅供给被切断后的短时间内，所有的防治效果都消失了。因此，硅供给受阻是直接导致抗性下降的原因，而根据机械屏障假说，硅已经积累，且这一积累过程不可逆，应该已经减缓了病原菌的扩展。Cherif 等（1992b）的研究表明，即使在饱和湿度条件下，硅也不会在侵染点积累，但是用硅处理的黄瓜能够更有效地抵抗腐霉菌。这一结果为反驳硅作为机械屏障的观点提供了又一证据。Cherif 等（1994）提出，硅通过诱导几丁质酶、过氧化物酶、多酚氧化酶活性的提高以及增加酚类化合物的积累，而激发了黄瓜抗腐霉菌的防卫机制。Fawe 等（1998）证实，感染白粉病的黄瓜用硅处理后，黄酮类植保素的产生会相应增加。在对黄瓜进行了大量研究的基础上，他们提出，硅通过激发植物的自身防卫反应而发挥抑病作用，在增强植物抗病性方面起着积极的作用。这一假说在双子叶植物中已经被广泛认可，但是在单子叶植物中却没有观察到类似的结果。为解释这一现象，不同研究小组对硅在单子叶植物－病原菌互作中的作用进行了大量研究。在小麦－白粉菌系统中，通过组织和超微结构观察，研究人员发现硅处理后代植物，表皮细胞结构发生了特定变化，包括乳突的形成、胼胝质的产生和电子密集的嗜锇细胞的物质的释放（经细胞化学标记，认为是糖基化的酚类物质）等，这些变化可能与硅的抑病作用密切相关（Bélanger et al.，2003）。另外，Rodrigues 等（2003）报道，硅诱导水稻对稻瘟病的抗性可能与水稻叶部细胞的反应相关。该研究小组还证明，在感染稻瘟菌的水稻中，硅与侵染点的某些化合物的积累有关，这些化合物包括二萜类植保素（Rodrigues et al.，2004）。这些实验结果不仅进一步证实了硅在植物抵御病原菌侵染过程中起积极作用，也表明这种作用并非只限于双子叶植物，而是普遍适用于整个植物界。

### 2.3　直接抑制病原菌生长

硅也可能通过直接抑制病原菌生长的方式发挥抑病作用。本实验室研究了硅酸钠对青霉病菌（$P. expansum$）和褐腐病菌（$M. fructicola$）的孢子萌发和芽管伸长的影响，结果表明硅酸钠能够显著地抑制病原菌 $P. expansum$ 和 $M. fructicola$ 的孢子萌发或芽管伸长。当液体培养基中硅酸钠的浓度达到 0.5% 的时候，完全抑制了两种病原菌的孢子萌发及芽管伸长。同时，硅酸钠也能够直接抑制这两种病原菌菌丝在固体培养基中的生长。两种病原菌对硅酸钠的反应表现出相似的结果。0.5% $Na_2SiO_3$ 能够部分抑制 $P. expansum$ 和 $A. alternata$ 的菌丝生长，当培养基中的硅酸钠浓度达到 1% 的时候，完全抑制了两种病原菌的菌丝生长。另外，我们用电镜观察了硅酸钠处理对病原菌在甜樱桃果实中生长的影响。扫描电镜的结果显示，在甜樱桃果实伤口中硅酸钠能够显著抑制病原菌 $P. expansum$ 和 $M. fructicola$ 的生长。经过硅酸钠处理以后，$P. expansum$ 的菌丝形状发生了一定的变化，出现一些畸形的菌丝。硅酸钠对 $M. fructicola$ 的影响更加明显，当对照果实中 *M. fructicola* 的菌丝已经很长的时候，用硅酸钠处理过的果实中，*M. fructicola* 才开始萌发（图 2-2-1-2）。

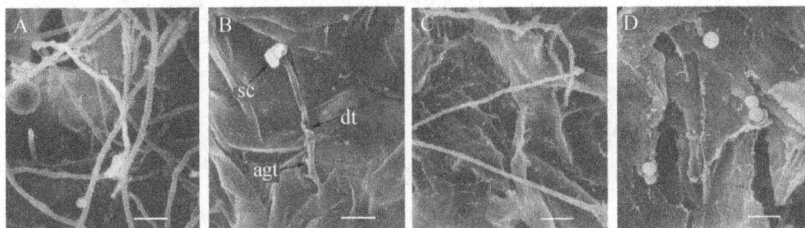

图 2-2-1-2　$Na_2SiO_3$ 处理对 *Penicillium expansum* 和 *Monilinia fructicola* 在甜樱桃果实伤口生长的影响（20 ℃）

A：*P. expansum*（CK），横线代表 15 μm；B：*P. expansum*（$Na_2SiO_3$ 处理），横线代表 15 cm；

C：*M. fructicola*（CK），横线代表 30 μm；D：*M. fructicola*（$Na_2SiO_3$ 处理），横线代表 30 cm

（引自：Qin & Tian 2005）

为进一步观察硅酸钠的直接抑病作用，我们研究了硅酸钠对病原菌质膜的破坏作用以及硅酸钠处理以后病原菌细胞质可溶性蛋白和可溶性糖的渗漏情况。我们用荧光染料 PI 对硅酸钠处理后的菌丝进行染色，PI 染料能够与核酸结合，如果细胞质膜被破坏，荧光染料便进入细胞，与核酸结合，表现出红色荧光。我们的结果表明，硅酸钠处理对病原菌 *P. digitatum* 及 *M. fructicola* 的质膜有明显的破坏作用（图 2-2-1-3）。细胞膜是防止细胞外物质自由进入细胞的屏障，它保证了细胞内环境的相对稳定，使各种生化反应能够有序运行。此外，细胞所必需的养分和代谢产物的排出都要通过细胞膜。一旦质膜结构受到破坏，细胞的很多生理生化过程都将受到影响，导致细胞死亡。对病原菌菌丝体分泌可溶性蛋白和可溶性糖的实验表明，0.2% 硅酸钠处理 *M. fructicola* 后，病菌细胞内可溶性蛋白和可溶性糖大量渗漏出来，这一结果也间接证明了硅酸钠对病原菌细胞膜的破坏，造成内含物渗漏。

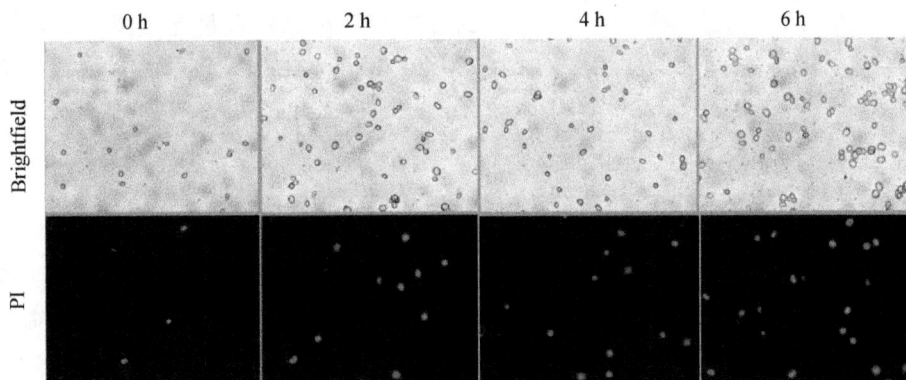

图 2-2-1-3　*Penicillium digitatum* 及 *Monilinia fructicola* 孢子在 0.05% 硅酸钠中质膜完整性的动态变化

病原菌孢子用荧光染料 Propidium iodide（PI）染色后在荧光显微镜下观察孢子染色情况

## 3 硼影响病原菌致病力的机制

硼是植物必需的营养元素，同时也是农业中应用最早的微量元素，它存在于有机物质、各种土壤矿物（如电气石）以及吸附在土壤颗粒表面和与之平衡的土壤溶液中，含硼矿物风化以后，硼以硼酸根的形式进入土壤溶液。早在 1857 年人们就从植物中分离出了硼，随后科学工作者对植物中硼营养进行了广泛的研究。在豌豆试验中，Warington（1923）证实了硼对植物的必要性，首次发现硼是高等植物生长发育所必需的微量元素之一。但是在 20 世纪上半叶之前植物中有关硼的研究进展缓慢。五十年代以后，植物营养学界对硼营养及其在植物体内的生理功能进行了大量的研究，并试图揭示硼对植物重要性的作用机制。对硼的分布、硼在土壤中的含量和存在形态、硼对植物生长发育的影响、植物缺硼和硼毒症状及施硼技术等方面取得了不少研究成果。目前已经报道具有缺硼症状（即缺硼对其生长发育有显著影响）的植物超过 100 种（刘鹏，2002）。植物体内硼的含量变幅很大，从 2 mg/kg 至 100 mg/kg 不等。通常双子叶植物因具有较大数量的形成层和分生组织，需硼量相对较大，易缺硼。而谷类作物需硼较少，不易缺硼。目前缺硼土壤在世界各地均有广泛分布，有关缺硼影响作物品质、导致作物产量减少的报道较多，在实际生产中也具有重要意义。

硼素营养缺乏时，会使植物产生严重的生理性病害。白菜缺硼是辽中县白菜的主要生理性病害，每年都有不同程度的发生，严重时造成植株矮小，叶片严重萎缩、粗糙，结球小、坚硬，产量损失严重。土壤中缺少硼会引起番茄果实老化，造成裂果以及畸形果。梁和等（2000）实验发现，叶面喷施硼肥可显著降低柑橘果实的贮藏烂果率。关于硼对侵染性病害的防治效果研究较少。黄芳等（2008）研究发现，硼处理灰霉病菌孢子后，显著地抑制了孢子萌发和芽管伸长。灰霉病菌孢子细胞内超氧化物歧化酶（SOD）、过氧化氢酶（CAT）和过氧化物酶（POD）的活性逐渐下降，还原型谷胱甘肽（GSH）和抗坏血酸（ASA）含量逐渐降低，而丙二醛（MDA）、过氧化氢（$H_2O_2$）含量和超氧阴离子产生速率上升。同时，他们的研究表明硼处理造成了灰霉病菌孢子细胞内活性氧的积累。

本实验室较早开展了硼对果实采后病害的防治效果。硼处理能够显著抑制青霉病菌（$P.\,expansum$）的孢子萌发和芽管伸长（图 2-2-1-4），降低苹果果实采后青霉病的发病率（图 2-2-1-5）。随着硼使用浓度的提高，抑病效果逐渐增强。青霉菌（$P.\,expansum$）是引起果实腐烂的主要致病菌之一。它的寄主范围广，是果实采后最常见的致病真菌之一，能够引起苹果、梨、桃及甜樱桃等多种果实产

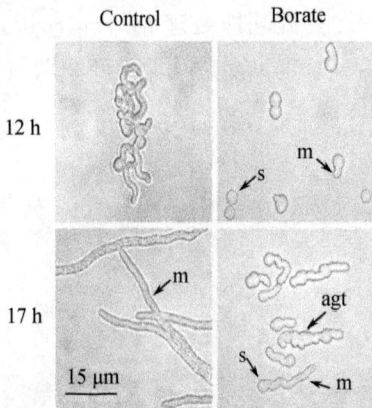

图 2-2-1-4 硼酸钾处理对青霉病菌（$Penicillium\ expansum$）孢子萌发和芽管伸长的影响
青霉病菌经硼酸钾处理后，在不同时间观察病菌孢子的萌发及芽管伸长。s, m, agt 分别代表孢子（spore），菌丝（mycelium）和非正常芽管（abnormal germ tube）

（引自：Qin et al.，2007）

生采后青霉病，大大限制了果实产业的发展。

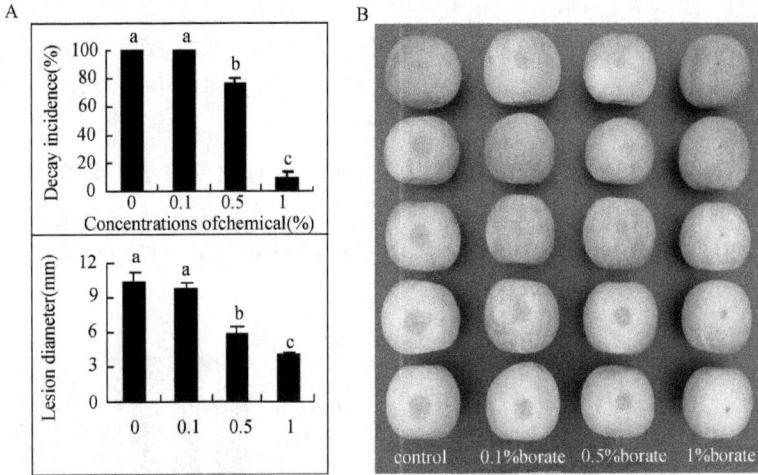

图 2-2-1-5　不同浓度硼酸钾处理对苹果果实采后青霉病（*Penicillium expansum*）的
防治效果。果实接种后贮藏在 25℃，4 天后统计发病率及病斑直径

　　为了研究硼的抑病机理，我们首先通过蛋白质组学的方法研究了硼酸盐处理后，青霉菌细胞内总蛋白的差异表达（Qin et al.，2007）（图 2-2-1-6）。由于青霉菌的基因组序列未知，因此我们采用 ESI－Q－TOF－MS/MS 结合 *de novo* 从头测序和 MS－BLAST 的方法鉴定差异蛋白。在细胞质蛋白中，我们鉴定出几种与抗逆（glutathione *S*－transferase，catalase，heat shock protein 60）和基础代谢相关的蛋白（glyceraldehyde－3－phosphate dehydrogenase，dihydroxy－acid dehydratase，arginase）。其中，两种抗氧化酶 glutathione *S*－transferase 和 catalase 的表达水平受到硼酸盐的显著抑制。

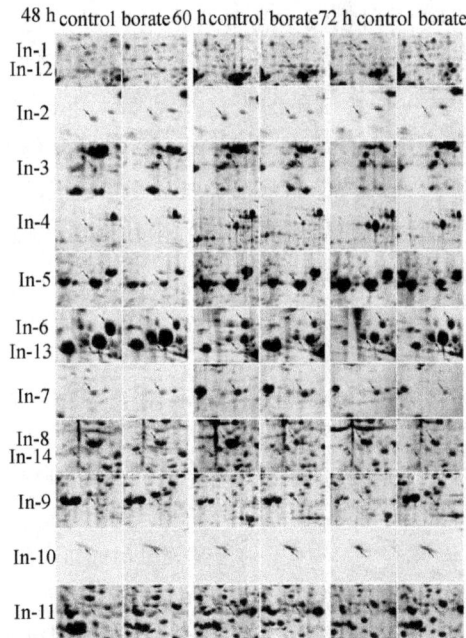

图 2-2-1-6　硼酸盐处理以后青霉菌（*Penicillium expansum*）细胞内总蛋白的双向电泳
图谱青霉菌在含有 0％或 0.1％硼酸钾的培养基中培养 48 h、60 h、72 h 后收集菌丝
总蛋白（500 μg）双向电泳分离后用考马斯亮蓝染色。箭头代表上调或下调的蛋白

（引自：Qin et al.，2007）

由于 glutathione $S$ - transferase 和 catalase 与细胞的氧化应激反应密切相关，我们进一步用荧光染料 DCHF - DA 研究了细胞中活性氧的代谢。结果表明，随着抗氧化酶 glutathione $S$ - transferase 和 catalase 表达水平的下降，细胞中活性氧的积累明显提高。

同时，通过免疫印迹的方法，检测了蛋白羰基化水平（蛋白损伤）（图 2 - 2 - 1 - 7）。蛋白质羰基化是目前研究蛋白质氧化损伤最普遍、最有效的方法。研究结果显示，硼酸盐处理在提高细胞中活性氧积累的同时，显著增加了蛋白质羰基化程度，表明 glutathione $S$ - transferase 和 catalase 在清除细胞内活性氧和降低蛋白质氧化损伤中发挥了重要作用。

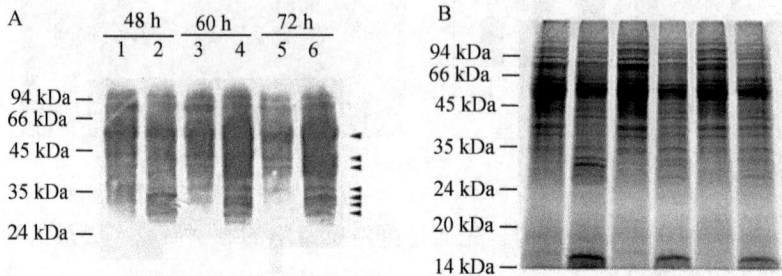

图 2 - 2 - 1 - 7 硼胁迫下青霉病菌（*Penicillium expansum*）蛋白质氧化损伤测定

病菌在含有 0.1% 的硼酸盐条件下培养 48、60、72 h 后收集菌丝。蛋白质通过电泳分离后与特异性抗体杂交。图上箭头代表羰基化程度加强的蛋白质。1、3、5 代表对照；2、4、6 代表硼酸盐处理。图 A 代表羰基化检测；图 B 代表考马斯亮蓝染色

（引自：Qin et al.，2007）

为了研究硼处理的抑病效果是否与病原菌的外分泌水解酶有关，我们研究了青霉菌（*P. expansum*）细胞外分泌蛋白在硼酸盐处理后的差异表达。从图上可以看出，硼酸盐处理后，青霉菌细胞外分泌蛋白质的表达也发生了相应变化，一些蛋白质的表达受硼酸盐诱导（上调），而另外一些蛋白质的表达受抑制（下调）。串联质谱鉴定的结果表明，硼酸盐处理显著降低了一种重要的水解酶，多聚半乳糖酸酶（polygalacturonase）的表达量，说明硼酸盐可能是通过抑制病原菌的外分泌蛋白发挥作用。

综上所述，硼可能是通过引起病原真菌细胞内活性氧代谢紊乱，导致蛋白质氧化损伤，抑制病菌细胞外水解酶分泌发挥抑病作用。

## 参 考 文 献

郭玉蓉，毕阳，曹孜义 . 2003a. 硅剂处理对'玉金香'甜瓜红粉病的抑制 . 园艺学报，30（5）：586-588.

郭玉蓉，毕阳，刘磊，等 . 2003b. 硅处理对甜瓜采后 POD、PAL 和呼吸强度的影响 . 西北植物学报，23（11）：1894-1898.

黄芳，王建明，徐玉梅 . 2008. 硼抑制灰霉病菌孢子萌发机制的初步研究 . 植物病理学报，38（4）：370-376.

梁和，石伟勇，马国瑞，等 . 2000. 叶面喷硼对柑橘硼钙、果实生理病害及耐贮性的影响 . 浙江大学学报，26（5）：509-512.

刘鹏 . 2002. 硼胁迫对植物的影响及硼与其它元素关系的研究进展 . 农业环境保护，21（4）：372- 374.

Bélanger R R, Benhamou N, Menzies J G. 2003. Cytological evidence of an active role of silicon in wheat resistance to powdery mildew (*Blumeria graminis* f. sp *tritici*) . *Phytopathology*, 93: 402-412.

Biggs A R, El-Kholi M M, El-Neshawy S M. 1994. Effect of calcium salts on growth, pectic enzyme activity, and colonization of peach twigs by *Leucostoma persoonii*. *Plant Disease*, 78: 886-890.

Blaich R, Grundhofer H. 1998. Silicate incrusts induced by powdery mildew in cell walls of different plant species. *Journal of Plant Diseases and Protection*, 105: 114-120.

Bowen P, Menzies J. 1992. Soluble silicon sprays inhibit powdery mildew development on grape leaves. *Journal of American Society of Horticulture Science*, 117: 906-912.

Buck G B, Korndorfer G H, Nolla A, et al. 2008. Potassium silicate as foliar spray and rice blast control. *Journal of Plant Nutrition*, 31: 231-237.

Carver T L W, Zeyen R J, Ahlstrand G G. 1987. The relationship between insoluble silicon and success or failure of attempted primary penetration by powdery mildew (*Erysiphe graminis*) germlings on barley. *Physiological and Molecular Plant Pathology*, 31: 133-148.

Chérif M, Asselin A, Be'langer R R. 1994. Defense responses induced by soluble silicon in cucumber roots infected by *Pythium* spp. *Phytopathology*, 84: 236-242.

Chérif M, Benhamou N, Menzies J G, et al. 1992a. Silicon induced resistance in cucumber plants against *Pythium ultimum*. *Physiological and Molecular Plant Pathology*, 41: 411-425.

Chérif M, Menzies J G, Benhamou N, et al. 1992b. Studies of silicon distribution in wounded and *Pythium ultimum* - infected cucumber plants. *Physiological and Molecular Plant Pathology*, 41: 371-385.

Fawe A, Abou-Zaid M, Menzies J G, et al. 1998. Silicon-mediated accumulation of flavonoid phytoalexins in cucumber. *Phytopathology*, 88: 396-401.

Gueével M H, Menzies J G, Beélanger R R. 2007. Effect of root and foliar applications of soluble silicon on powdery mildew control and growth of wheat plants. *European Journal of Plant Pathology*, 119: 429-436.

Heath M C. 1981. Insoluble silicon in necrotic cowpea cells following infection with an incompatible isolate of the cowpea rust fungus. *Physiological and Molecular Plant Pathology*, 19: 273-276.

Jiang D, Zeyen R J, Russo V. 1989. Silicon enhances resistance of barley to powdery mildew (*Erysiphe gramminis f*. sp. *Hordei*) . *Phytopathology*, 79: 1198.

Karabulut O A, Lurie S, Droby S. 2001. Evaluation of the use of sodium bicarbonate, potassium sorbate and yeast antagonists for decreasing postharvest decay of sweet cherries. *Postharvest Biology and Technology*, 23: 233-236.

Kim S G, Kim K W, Park E W, et al. 2002. Silicon induced cell wall fortification of rice leaves: a possible cellular mechanism of enhanced host resistance to blast. *Phytopathology*, 92: 1095-1103.

Kunoh H, Ishizaki H. 1975. Silicon levels near penetration sites of fungi on wheat, barley, cucumber and morning glory leaves. *Physiological Plant Pathology*, 5: 283-287.

Menzies J G, et al. 1991. Effect of soluble silicon on the parasitic fitness of spherotheca fuliginea on *Cucumis sativus*. *Photopathology*, 81: 84-88.

NakataY, Ueno M. 2008. Rice blast disease and susceptibility to pests in a silicon uptake - deficient mutant lsil of rice. *Crop Protection*, 27: 865-868.

Okuda A, Takahashi E. 1965. The role of silicon. The Mineral Nutrition of the Rice Plant. Baltimore: John Hopkins Press. 123-146.

Qin G, Tian S. 2005. Enhancement of biocontrol activity of *Cryptococcus laurentii* by silicon and the possible mechanisms involved. *Phytopathology*，95：69-75.

Qin G，Tian S，Chan Z，et al. 2007. Crucial role of antioxidant proteins and hydrolytic enzymes in pathogenicity of *Penicillium expansum*. *Molecular and Cellular Proteomics*，6：425-438.

Ragsdale N N，Sisler H D. 1994. Social and political implications of managing plant diseases with decreased availability of fungicides in the United States. *Annual Review of Phytopathology*，32：545-557.

Rodrigues F A，Benhamou N，Datnoff L E，et al. 2003. Ultrastructural and cytochemical aspects of silicon-mediated rice blast resistance. *Phytopathology*，93：535-546.

Rodrigues F A，McNally D J，Datnoff L E，et al. 2004. Silicon enhances the accumulation of diterpenoid phytoalexins in rice：apotential mechanism for blast resistance. *Phytopathology*，94：177-183.

Rosenberger D A，Meyer F W. 1981. Postharvest fungicides for apples：development of resistance to benomyl，vinclozolin，and iprodione. *Plant Disease*，65：1010-1013.

Samuels A L，Glass A D M，Ehret D L，et al. 1991. Mobility and deposition of silicon in cucumber plants. *Plant，Cell and Environment*，14：485-492.

Smilanick J L，Margosan D A，Henson D J. 1995. Evaluation of heated solutions of sulfur dioxide，ethanol，and hydrogen peroxide to control postharvest green mold of lemons. *Plant Disease*，79：742-747.

Tian S，Qin G，Xu Y. 2005. Synergistic effects of combining biocontrol agents with silicon against postharvest diseases of jujube fruit. *Journal of Food Protection*，68：544-550.

Warington K. 1923. The efect of boric acid and borax on the broad bean and certain other plants. *Annals of Botany*，37：629-672.

（秦国政）

# 第二节　pH 影响病原菌致病力的机制

**导言**

　　pH 是生命活动中最重要的环境参数，它通过调节酶的活性影响细胞对赖以生存的营养物质的摄取和吸收（Manteau et al.，2003）。通常，微生物对环境 pH 的变化十分敏感，因为它们是单细胞或多细胞生物，与周围环境直接接触。环境 pH 对于病原真菌对寄主的侵染也非常重要（Prusky & Yakoby，2003）。在整个生活史中病原菌生存的环境不断发生着变化，环境 pH 也总在一定的范围内波动。面对环境 pH 的不断变化，病原菌在与环境和寄主的长期互作中逐渐形成了特定的机制来感受和应对 pH 的变化。同时，病原菌可以向胞外分泌碱性和酸性物质，主动改变环境 pH，使其得以在较宽的 pH 范围内生长发育、侵染寄主，并完成生活史。关于环境 pH 影响病原菌致病力的研究不仅可以让人们深入了解病原菌与环境和寄主之间复杂的互作关系，也可以为病害的防治提供新的途径。本章节主要从真菌对环境 pH 的感受及其调控机制、环境 pH 对病原真菌生长发育和致病力的影响、病原菌对环境 pH 的影响等几个方面来阐述 pH 影响采后病原真菌致病力的机制，同时介绍了 pH 调控在果实采后病害防治中的应用。

## 1　真菌对环境 pH 的感受及其调控机制

当真菌所处的环境 pH 发生变化时，真菌首先通过位于细胞表面的受体感受外界 pH 的变化，然后将信号传导到细胞内部，调控相应的基因表达以适应外界环境发生的变化。Caddick 等早在 1986 年就报道过丝状真菌感受及调控环境 pH 的机制。目前相关的研究在子囊菌亚门真菌构巢曲霉（*Aspergillus nidulans*）中进行得最为深入，在其他真菌中也发现了类似的机制（图 2-2-2-1）。

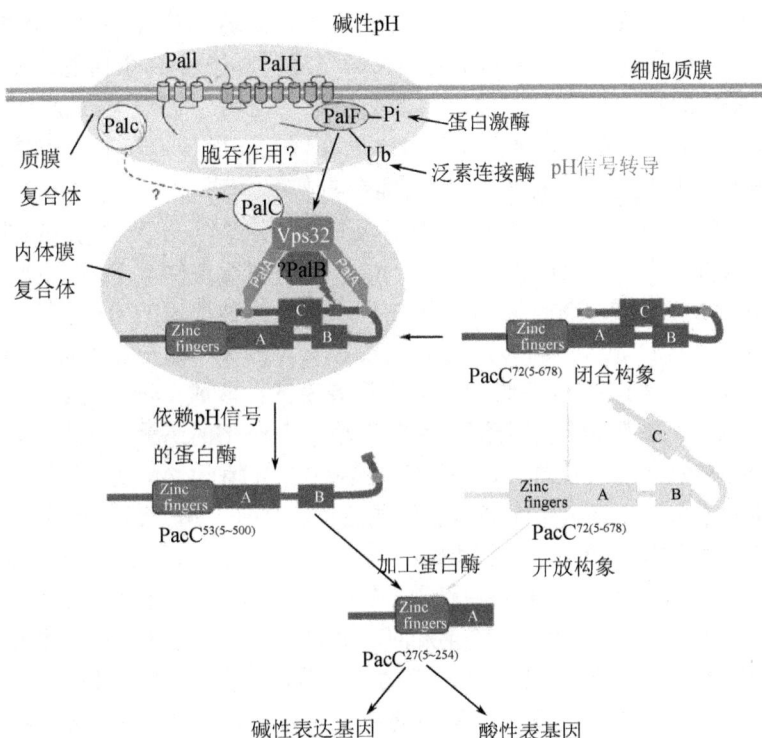

图 2-2-2-1　构巢曲霉 *Aspergillus nidulans* 中的 pH 调控机制
（引自：Peñalva et al.，2008）

在 *A. nidulans* 中，目前已经克隆了 7 个与环境 pH 的感受和调控相关的基因，分别是 *pacC*、*palA*、*palB*、*palC*、*palF*、*palH*、*palI*（Peñalva & Arst，2002；Arst & Peñalva，2003），这些基因中任何一个的功能缺失都会产生明显的表型。其中，PacC 是一个转录因子，负责调控相关基因在酸性和碱性条件下表达，而所有的 Pal 蛋白都在 PacC 的上游发挥作用，负责感受外界 pH 的变化并且提供信号转导和 PacC 活性加工的功能（Peñalva & Arst，2002）。

胞外环境 pH 的感受和信号转导由位于质膜上的复合体来完成，该复合体由含 7 个跨膜结构域的 PalH 蛋白、抑制因子（arrestin）PalF 和含 3 个跨膜结构域的 PalI 蛋白组成（Herranz et al.，2005）。PalH 是基本组件，是最重要的质膜受体，它的 C 端在细胞质中，已经发现它与 PalF 有明显的互作。PalI 位于细胞膜上，它的作用可能是帮助 PalH 定位到膜上。因为单独过表达 PalH-GFP 融合蛋白时发现 palH 大部分出现在高尔基体和内体（endosome）中，而当 PalI 与 PalH 同时过表达时，PalH 重新定位到膜上（Calcagno - Pizarelli et al.，2007），但是 PalH 和 PalI 还没有发现直接互作的证据。PalH 依赖的 PalF 的泛素化和磷酸化可能与 pH 的信号转导相关，然而目前还不清楚质膜信号转导复合体感受外界 pH 变化的具体机制。

另一个 pH 信号转导复合体位于内体膜上，该复合体由 PalA，PalB，PacC 组成。已有证据表明内体膜"内体转运复合体"（ESCRT，endosomal sorting complex required for transport）相关的组件参与了 pH 的信号转导。其中，PalA 通过与 ESCRT - Ⅲ 复合体中的 Vps32 互作定位于内体上，通过位于 PacC 蛋白酶剪切位点两侧的 YPXL/I motif 与之结合，在 PacC 活性形式的剪切中起到关键作用。PalB 是钙蛋白酶（calpain）类蛋白，它负责 PacC 的第一步剪切，酵母双杂交的结果表明它可与 Vps32 互作（Vincent et al.，2003）。pH 信号在质膜复合体和内体复合体之间的传递机制还不清楚，已有证据表明可能与胞吞作用有关，此外 PalC 可能参与其中。

转录因子 PacC 全长 674 个氨基酸，有三种形式，分子质量分别为 72 kDa（PacC$^{72}$）、52 kDa（PacCⅠ52）和 27 kDa（PacC$^{27}$）。酸性条件下 PacC 主要以闭合构象的 PacC$^{72}$ 形式存在于细胞质中，不能被蛋白酶水解，这种形式的 PacC 对转录的调节作用还不清楚（Orejas et al.，1995）。在碱性条件下，PacC$^{72}$ 首先被上面提到的 PalB 的半胱氨酸蛋白酶活性水解掉 C 端约 180 个氨基酸残基，形成 PacC$^{53}$，PacC 由闭合构象转变为开放构象，此步骤依赖于上游基因对环境 pH 变化的感受。PacC 变为开放构象后就可以被蛋白酶体（proteasome）从 C 端继续水解掉约 245 个氨基酸残基，形成 PacC$^{27}$，此步骤不依赖于环境 pH 的信号转导过程。PacC$^{27}$ 作为活性形式被转运至细胞核，它有 3 个锌指结构，其中 2 个锌指结构与 DNA 共有序列 5′-GCCARG 互作，抑制酸性 pH 条件下相关基因的表达，促进碱性 pH 条件下相关基因的表达，包括 pacC 自身的表达（Caracuel et al.，2003）。此外，酸性条件下也有很小一部分的 PacC$^{72}$ 以开放构象的形式存在，可以直接被蛋白酶体剪切成 PacC$^{27}$ 的活性形式，绕过依赖 pH 的信号转导过程。

环境 pH 在植物病原真菌致病过程中起到重要作用，因此 PacC 调控的 pH 信号转导过程在很多植物病原真菌（其中很多是果蔬采后病原菌）中也有研究（表 2 - 2 - 2 - 1）。

表 2 - 2 - 2 - 1　已经发现 *pacC* 基因的真菌及基因登录号（引自：Prusky & Yakoby，2004）

| Species | Accession number | Species | Accession number |
| --- | --- | --- | --- |
| *Aspergillus oryzae* | AB035899 | *Gibberella moniliformis* | AY216461 |
| *A. niger* | X98417 | *G. fujikuroi* | AJ14259 |
| *A. nidulans* | Z47081 | *Sclerotinia sclerotiorum* | AY005467 |
| *A. fumigatus* | AF451286 | *Neurospora crassa* | AF304568 |
| *A. parasiticus* | AAK98616 | *Trichophyton rubrum* | AF363788 |
| *Penicillium chrysogeum* | U44726 | *Acremonium chrysogenum* | AJ251521 |
| *P. echinulatum* | AF536982 | *Paracoccidioides brasiliensis* | AAN06812 |
| *P. expansum* | AY225524 | * *Yarrowia lipolytica* | X99616 |
| *Fusarium oxysporum* | AAM95700 | * *Candida albicans* | AAD51714 |
| *Colletotrichum sublineolum* | AF260325 | * *Saccharomyces cerevisiae* | S43129 |
| *C. gloeosporioides* | AF539700 | | |

注：该物种中发现基因为 *PacC* 的同源基因 *Rim*1。

## 2　环境 pH 对病原真菌生长发育和致病力的影响

pH 是影响微生物生长发育的重要环境参数，微生物只能在一定的 pH 范围内正常生长，而且每种微生物都有各自的最适 pH。一般而言，大多数细菌、藻类和原生动物的最适 pH 为 6.5～7.5，在 pH 4～10 可以生长；放线菌一般微碱性即 pH 7.5～8.0 最适合；酵母菌、丝状真菌则喜欢 pH 5～6 的酸性环境，但可在 pH 1.5～10 范围生存。同一微生物不同生长发育阶段的最适 pH 也可能会不同。pH 影响微生物生长发育的机制主要包括以下几个方面：改变细胞膜所带电荷状态，使细胞膜的通透性发生变化，影响微生物对营养物质的吸收和代谢产物的排泄；影响代谢过程中酶的活性；影响周围营养物质中某些组分的解离，进而影响微生物对这些成分的吸收；改变环境中有害物质的毒性。

病原真菌的孢子萌发率和菌丝生长速度决定着病原菌能否成功侵染以及病斑的扩展速度，人们经常通过调查这两项指标来评估 pH 对病原菌生长发育的影响。陈彦等（2006）对葡萄白腐病菌（*Coniella diplodiella*）的研究表明该病菌菌丝在 pH 1～9 的范围内均能生长，在 pH 3～5 的范围内生长迅速，最适 pH 为 4；病原菌的孢子可以在 pH 2～10 的范围内萌发，最适 pH 范围为 4～6，最佳 pH 为 5。与之相比较，梨的黑斑病菌（*Alternaria alternata*）则喜欢略微偏碱的环境，该菌孢子萌发和菌丝生长的最适 pH 均为 7～8。孟祥东等（2007）比较了 pH 对不同园艺作物上分离到的 5 株灰霉病菌菌丝生长的影响，结果表明 pH 对不同灰霉菌株菌丝生长影响的趋势相同，各菌株在 pH 低于 2 或高于 12 时均不能生长，但从草莓、葡萄和辣椒上分离到的灰霉菌株的最适 pH 为 6，而番茄和黄瓜上灰霉菌株的最适 pH 为 5。Li 等（2010）研究了三种不同环境 pH（pH 2、5、8）对扩展青霉病菌（*Penicillium expansum*）孢子萌发的影响机制。他们发现在 pH5 条件下青霉孢子萌发迅速，而 pH2 和 8 会抑制青霉孢子的萌发（图 2-2-2-2）。

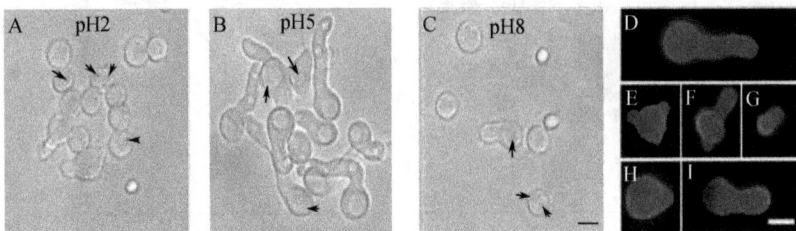

图 2-2-2-2　青霉孢子在不同 pH 的 PDB 培养液中 25℃培养 10 h 后的孢子形态
（引自：Li et al.，2010）

在进一步研究中，他们应用蛋白质组学等方法发现不同 pH 处理可以使细胞内几十种蛋白发生差异表达，且大部分蛋白的表达量发生下调。在质谱鉴定出的蛋白中，一半的蛋白与蛋白质合成和折叠相关（表 2-2-2-2），表明影响新蛋白的合成和发挥功能可能是环境 pH 影响病原菌孢子萌发的主要机制。蛋白质含量和凝集分析的结果证实了他们的推论（图 2-2-2-3）。此外，他们还发现在孢子萌发过程中环境 pH 可以影响胞内 pH 的变化和 ATP 的产生，这可能是环境 pH 抑制孢子萌发的另一个机制。

表 2 - 2 - 2 - 2　扩展青霉孢子在不同环境 pH 条件下与蛋白合成和折叠相关蛋白的差异表达

| Protein name | Regulation | |
|---|---|---|
| | pH 2 Vs pH 5 | pH 8 Vs pH 5 |
| Proteins related to protein synthesis | | |
| Glycyl – tRNA synthetase 1 | down | down |
| Aspartyl – tRNA synthetase | down | down |
| Elongation factor 2 | down | — |
| Guanine nucleotide – binding protein beta subunit – like protein | down | down |
| 40S ribosomal protein S0 | down | down |
| 40S ribosomal protein S12 | down | down |
| 60S acidic ribosomal protein P0 | up | — |
| Proteins related to protein folding | | |
| Heat shock protein BiPA | up | up |
| Protein disulfide – isomerase | up | — |
| Heat shock protein STI1 | down | — |
| Heat shock protein SSC1，mitochondrial | up | down |
| Heat shock protein SSB2 | down | — |
| Peptidyl – prolyl cis – trans isomerase D | down | — |
| Heat shock protein 70 | down | — |
| Nascent polypeptide – associated complex subunit beta | down | down |

注：No significant difference in protein abundance was detected.

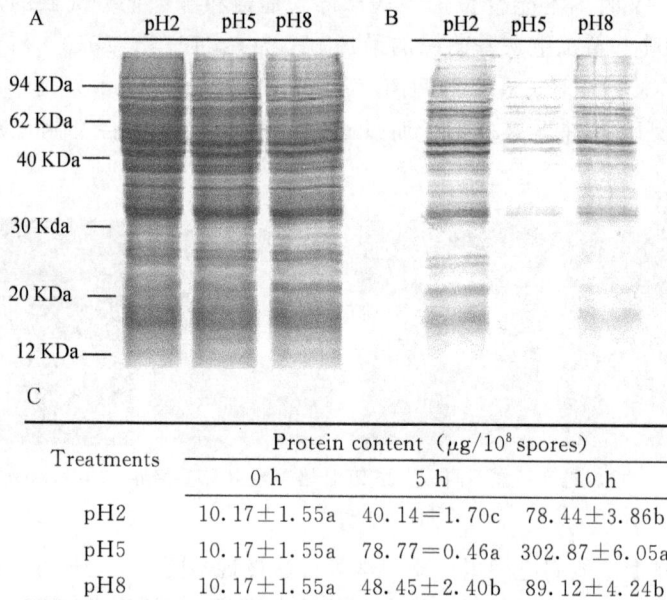

| Treatments | Protein content（$\mu$g/$10^8$ spores） | | |
|---|---|---|---|
| | 0 h | 5 h | 10 h |
| pH2 | 10.17±1.55a | 40.14＝1.70c | 78.44±3.86b |
| pH5 | 10.17±1.55a | 78.77＝0.46a | 302.87±6.05a |
| pH8 | 10.17±1.55a | 48.45±2.40b | 89.12±4.24b |

图 2 - 2 - 2 - 3　不同环境 pH 对青霉孢子蛋白含量和蛋白质凝集的影响

A. 可溶性蛋白图谱；B. 凝集蛋白图谱；C. 胞内可溶性蛋白含量的变化

（引自：Li et al.，2010）

　　环境 pH 对病原菌的致病因子，尤其是胞外酶的活性和基因表达也起着关键作用。病原菌在长期的进化过程中拥有了一套精密的调节系统，它可以让某些致病因子只在特定的 pH 水平下表达和分泌，使这些因子可以充分发挥它们的功能，完成对寄主的侵染。

　　对病原菌致病因子的研究中发现，某些真菌的致病相关基因的表达在 pH 较高时明显增强。内切葡聚糖酶是病原菌 *A. alternata* 产生的一种胞外细胞壁降解酶，这种酶由 *Aak*1 基因编码，它可以水解植物细胞壁葡聚糖的 $\beta-1,4-$糖苷键，在病原菌的侵染过程中起着十分重要的作用。通过对 *A. alternata* 中 *Aak*1 的表达分析表明，当环境 pH 超过 6.0（与病斑腐烂组织的 pH 相似）时该基因高表达（Eshel et al.，2002b）。同样，当 pH 高于 5.7 时，鳄梨炭疽病菌 *Colletotrichum gloeosporioides* 中 *pelB* 基因及其编码的果胶裂解酶（PL）的表达和分泌水平增加，该 pH 与发病果实腐烂组织的 pH 相似（Yakoby et al.，2001）。

　　低 pH 也可以诱导某些病原菌胞外细胞壁水解酶类基因的表达。McCallum 等（2002）在研究中发现致病力强的 *P. expansum* 菌株降低周围环境 pH 的速度比致病力弱的菌株快。通过对 *P. expansum* 在不同 pH 培养基中多聚半乳糖醛酸酶（polygalacturonase，PG）编码基因 *pepg*1 的转录水平分析发现，该基因的 mRNA 在 pH 3.5～5.0 范围内高度积累，在 pH4.0 的培养基中表达量最高，而在 pH 高于 5.0 时几乎不表达（Prusky et al.，2004）。在苹果果实上的研究也发现 *pepg*1 通常在 pH3.6～4.0 的腐烂组织中表达（Yao et al.，1996）。值得说明的是，纯化的病原菌胞外酶活性的最适 pH 与它们编码基因表达的最适 pH 并不完全一致，这说明病原菌对植物的侵染主要是依靠基因的表达和蛋白的分泌，而不是最佳酶活性（Prusky et al.，2004）。

　　pH 调控的转录因子 PacC 可能与病原菌在不同 pH 下致病基因的差异表达有着密切的关系。在 *C. gloeosporioides* 中，与 PacC 同源的 *pac*1 在碱性 pH 条件下的表达与 pelB 的表达模式相似，同时在 pelB 启动子中发现了 PacC 的共有识别位点，虽然两者的互作还缺乏直接的实验证据，但这些结果暗示该种酶的表达存在着 pH 依赖的调控机制（Drori et al.，2003）。在 *Fusarium oxysporum* 的 *pg*1 启动子中也发现了 PacC 的共有识别位点，该基因在酸性条件下表达受抑制，并且在该病原菌的寄主番茄中（pH 偏酸性），一个 PacC 表达显著增加的 pacC[c] 突变体的毒力明显减少（Caracuel et al.，2003）。*Sclerotinia sclerotiorum* 中，endoPG 的编码基因 *pg*1 在酸化过程中的表达水平升高，而 *pacC* 同源基因 *pac*1 的转录水平在酸化期间降低（Rollins & Dickman，2001）。此外，Rollins（2003）还发现 *pac*1 与菌核的发育和病菌的毒力密切相关。上述结果表明 PacC 在酸性条件下是病原菌侵染相关的重要基因的负调控因子。

　　对于那些寄主范围很广的病原菌而言，拥有一个比较大的致病基因家族，从而在不同情况下表达不同的致病基因可能是它们可以侵染不同寄主的原因，例如，*Botrytis cinerea* 和 *S. sclerotiorum* 的内切多聚半乳糖苷酶基因家族（endoPGs）（Wubben et al.，1999），以及 *A. alternata* 中的葡聚糖酶基因家族（Eshel et al.，2002a）。灰霉病菌可以侵染超过 200 种不同作物的果实、花、叶等器官，寄主的 pH 可以从 3.5 到 6.3（Manteau et al.，2003），与此相对应，它至少有 6 个 endoPG 编码基因（*Bcpg*1～6），这些基因在不同 pH 条件下的表达水平也有很大的差异。培养液的低 pH 可以抑制 *Bcpg*2 的表达，但能诱导 *Bcpg*3 的表达（Wubben et al.，2000）。ten Have 等（2001）在研究 *B. cinerea* 的 6 个 *Bcpg* 基因在苹果（组织 pH 为酸性）上的表达时也得到了相似的结果，*Bcpg*2 在苹果中缺乏表达，而 *Bcpg*3 在苹果上被诱导表达。环境 pH 对病原菌致病相关基因的差异调控还表现在不同的菌株上。Manteau 等（2003）从葡萄藤（组织 pH 约为 3.5）和番茄（组织 pH 约为 6.0）上分别分离到灰霉病菌的菌株 630 和 T8，研究发现这两种 *B. cinerea* 同样处于与番茄组织 pH 相近的条件下时，T8 表现出显著的 PG 酶合成，而 630 则分泌出更多的漆酶。这进一步阐明了环境 pH 控制的特异调节系统的重要性和复杂性。

## 3 病原菌对环境 pH 的影响

环境 pH 对病原菌的生长发育和致病性有重要的影响，自然界中不同植物、不同组织和器官的 pH 差异会对病原菌的侵染产生一定的限制。但是，病原菌并不是被动的接受这种限制，在长期进化过程中，病原菌不但可以通过发展不同的致病体系来应对不同的 pH 条件，还可以通过分泌酸性和碱性的物质来改变环境 pH，以增强它们致病相关因子的表达和活性，从而完成对寄主的侵染。具备这种能力的病原真菌可以分为两类：能分泌碱性物质，提高环境 pH 的真菌称为碱性真菌；能分泌酸性物质，降低环境 pH 的真菌称为酸性真菌。常见的碱性和酸性真菌在表 2-2-2-3 中列出。

**表 2-2-2-3　常见的采后碱性和酸性病原真菌及它们的寄主**（引自：Prusky & Yakoby，2003）

| Alkaline fungi | Hosts |
| --- | --- |
| *Colletotrichum gloeosporioides* | avocado |
| *C. acutatum* | apple, strawberry |
| *C. coccodes* | tomato |
| *Alternaria alternata* | melon, tomato, cherry, pepper |
| Acidic fungi | |
| *Penicillium digitatum* | citrus |
| *P. italicum* | citru |
| *P. expansum* | apple |
| *Botrytis cinerea* | tomato, apple, squash, peppers |
| *Geotrichum candidum* | citrus |
| *Sclerotinia sclerotiorum* | wide range of hosts |

### 3.1　碱性真菌

碱性真菌主要通过向周围环境分泌氨来碱化环境，氨的产生可能是氨基酸脱氨的结果（Jennings，1989）。Prusky 等（2001）的研究表明 *Colletotrichum* 属的三种病原菌 *C. gloeosporioides*，*C. coccodes* 和 *C. acutatum* 在酸性的酵母提取物固体培养基上培养后可以使培养基的 pH 明显升高，而且菌落边缘以外的培养基的 pH 也明显升高。其中，*C. gloeosporioides* 在初始 pH 为 4.0 的固体培养基上培养五天后，菌落内培养基的 pH 可以升高到 7.0 以上，距离菌落边缘 15 mm 处的培养基的 pH 也升高到 4.5。将炭疽病菌的孢子接种到液体的酵母提取物培养基中进行培养，40 h 后每克菌丝累计向培养液中分泌的氨为 6000 $\mu$mol，51 h 后达到 12 000 $\mu$mol，这使得培养基的 pH 超过了 8.0，且病原菌分泌的氨量与菌丝的生长呈正相关。在离体条件下，培养基的初始 pH

以及周围环境的缓冲能力对病原菌氨的分泌有明显影响，两者共同调节着氨的分泌和
pH 的变化。在活体条件下，*C. gloeosporioides* 接种到成熟的鳄梨上 7 天后，发病部位
组织的 pH 为 7.0～7.2，而病斑外组织的 pH 为 6.5～6.7。与此相对应，健康组织果
汁中的氨浓度为 500 $\mu M$，pH 为 6.9，而腐烂组织果汁的氨浓度为 3350 $\mu mol/L$，pH
为 8.5。在 *C. Coccodes* 侵染番茄以及 *C. acutatum* 侵染苹果果实的过程中也得到了相似
的结果。同时发现酵母提取物和氯化铵等诱导病原菌氨分泌的物质可以增加病原菌的致
病力。

　　*A. alternata* 是另一种非常重要的碱性病原真菌，被它侵染后的几种寄主中都检测
到了氨的积累（3～10 倍的提高）及 pH 的升高（0.2～2.4 个 pH 单位），包括番茄、
胡椒、瓜类、樱桃和柿子（表 2-2-2-4）。在不同的寄主中，氨的积累和 pH 的升高
并不完全相关。例如，在西瓜腐烂组织的氨含量为 1500 $\mu mol/L$，对应的组织 pH 从
6.3 升高到 7.5（增加 1.2 个单位），而在胡椒腐烂组织中的氨含量仅为 482.7 $\mu mol/L$，
对应的组织 pH 就从 5.4 增加到了 7.6（增加 2.2 个单位）。上述结果表明每个宿主中
pH 的升高依赖于一个复杂的相互作用，包括组织的缓冲能力、氮源和初始 pH（Eshel
et al.，2002b）。

表 2-2-2-4 **Alternaria alternata** 在几种果实上引起的 pH 变化和氨积累

（引自：Prusky & Yakoby，2003）

| | pH | | 氨浓度 | |
|---|---|---|---|---|
| | 健康组织 | 腐烂组织 | 健康组织 | 腐烂组织 |
| 番茄 | 5.6 | 7.4* | 96.7 | 352.9* |
| 胡椒 | 5.4 | 7.6* | 56.1 | 482.7* |
| 甜瓜 | 6.3 | 7.5* | 150.0 | 1500.0* |
| 樱桃 | 4.3 | 6.1* | 321.4 | 1075.3* |
| 柿子 | 5.6 | 5.8* | 33.3 | 162.7* |

注：表示腐烂和健康组织中的数值在 $P \leqslant 0.05$ 水平上差异显著。

### 3.2 酸性真菌

　　与碱性真菌相反，酸性真菌在它们自身的生长发育过程中可以使周围环境的 pH 降
低。值得一提的是，一些非常重要的果蔬采后病原真菌都是酸性真菌，例如，
*P. expansum*，*P. digitatum*，*P. itlicum*，*B. cinerea*（Prusky et al.，2004）和
*S. sclerotiorum*（Vautard - Mey & Fevre，2003）。在这些病原菌中，*P. expansum*、
*B. cinerea* 等都是寄主范围非常广的病原真菌，它们主要通过分泌有机酸和排出 $H^+$ 酸
化寄主组织。与碱性真菌主要通过氨的分泌来碱化周围环境不同，酸性真菌分泌的用于
酸化周围环境的有机酸种类很多，而且不同真菌分泌的有机酸种类也不同。*Penicilli-
um*（Prusky et al.，2004）和 *Aspergillus*（Ruijter et al.，1999）主要分泌葡萄糖酸和
柠檬酸；*S. sclerotiorum* 和 *B. cinerea* 通过分泌大量的草酸降低宿主的 pH（Manteau et
al.，2003；Rollins & Dickman，2001）；*F. oxysporum* 通过激活膜 $H^+$ - ATPase 来降
低胞外的 pH（Brandao et al.，1992），同时该菌在侵染过程中还能够分泌镰刀菌酸

(fusaric acid，FA)。

Prusky 等（2004）将 *P. expansum* 和 *P. digitatum* 在 YSM 培养液中培养，24 h 后在培养液中检测到了柠檬酸、延胡索酸和草酸的积累，其中主要产物是柠檬酸。培养液的初始 pH 对酸的分泌能力和分泌种类都有影响，在 pH3、5、7 三个处理中，两种青霉病菌在初始 pH 为 5 的培养液中积累的柠檬酸含量最高，而 *P. expansum* 在 pH7 条件下分泌的草酸是其他两个 pH 处理的 40 多倍。*P. digitatum* 侵染柚子果实后，腐烂组织的柠檬酸含量增加了 52%，葡萄糖酸增加了 150%，组织 pH 下降了 1.6 个单位；*P. expansum* 侵染引起的苹果果实腐烂组织中葡萄糖酸和延胡索酸的含量由 0 增加到 1586 和 6μg/g，柠檬酸的含量也增加了 64%，组织 pH 下降了约 0.6 个单位。研究表明酸的分泌与 $NH_4^+$ 吸收伴随的 $H^+$ 交换有关。

病原菌分泌的有机酸不仅可以酸化周围的环境，增加本身致病相关基因的表达和胞外酶活性，还可以影响寄主的抗性。例如，*B. cinerea* 和 *S. sclerotiorum* 侵染过程中分泌的草酸不仅可以降低宿主的 pH，其本身也被认为是一种毒力因子。草酸可以通过 Fenton 反应抑制植物活性氧的爆发（Cessna et al.，2000），还可以限制植物产生的多酚氧化酶的活性（Magro et al.，1984），这两种病原菌缺乏草酸分泌的突变体没有致病性（Kunz et al.，2006）。同时，草酸、柠檬酸和葡萄糖酸等可以限制钙离子的螯合能力，通过改变矿物质平衡削弱植物细胞壁，进而影响细胞膜的稳定性和细胞壁果胶聚合体（Cunningham & Kuiack，1992）。

## 4 pH 调节在采后病害防治中的应用

使用酸性、碱性物质对采后病害进行防治已经有很多的报道，这些化学物质包括碳酸氢钠、碳酸钠、硅酸钠、硼酸钠、山梨酸钾等碱性的强碱弱酸盐以及草酸等有机酸（Smilanick et al.，2008；Tian et al.，2005；Zheng et al.，2007a）。

### 4.1 碱性化学物质在采后病害防治中的应用

在用于采后病害防治的化学物质中碳酸氢钠的应用最为广泛（Smilanick et al.，2005）。碳酸氢钠是一种食品添加剂，在食品行业中常用作发酵剂、汽水和冷饮中二氧化碳的发生剂、食品的保存剂，呈碱性。Prusky 等（2004）在向苹果伤口中接种病原菌 1 h 前用 140 mmol/L 的 $NaHCO_3$ 进行处理，接种后苹果伤口处的 pH 从 4.5 升高到 7.1，接种 7 天后 $NaHCO_3$ 处理中苹果青霉病的病斑面积约 70 $mm^2$，而对照果实的病斑面积超过 170 $mm^2$。研究表明 $NaHCO_3$ 主要通过抑菌作用而不是杀菌作用来降低病害的发生（Aharoni et al.，1997），因为它对病原菌再次侵染的防治效果并不好。因此，$NaHCO_3$ 通常与其他的物理、化学和生物的防治措施一起使用。$NaHCO_3$ 与化学杀菌剂一起使用时可以通过 pH 的调节提高农药的活性，减少农药的使用剂量。使用 3% 的 $NaHCO_3$ 浸泡处理柠檬果实 1 min 可以让果实伤口处的 pH 从 5.3 增加到 6.7，柠檬果实接种 *P. digitatum* 24 h 后用水，500 μg/mL 的化学农药抑霉唑（imazalil），3% $NaHCO_3$ 以及 Imazalil＋$NaHCO_3$ 处理后绿霉病的发病率分别为 96.3%、63.0%、44.4% 和 6.5%（Smilanick et al.，2005）。$NaHCO_3$ 与生防菌一起使用被认为是一种很有前途的无公害防治方法，因为生防菌可以通过定殖来保护伤口防止病原菌的再侵染。Yao 等（2004）将 NaHCO₃ 与两种酵母拮抗菌 *Cryptococcus laurentii* 和 *Trichosporon pullulans* 一起使用，明显提高了酵母拮抗菌对梨果实青霉病的抑制效果，种群动态分析表明 NaHCO₃ 与酵母菌配合使用可以增加酵母拮抗菌在果实伤口处的种群密度。Torres 等（2007）将 NaHCO₃ 与热处理和基于 *Pantoea agglomerans* 的生防菌制剂配合使用，在半商业化条件下用 50℃ 3% NaHCO₃ 处理橙子果实 40 s 再用生防菌制剂浸泡处理30 s可以使橙子绿霉病的发病率减少 75%，显著好于两者单独使用的防治效果。让人感兴趣的是，虽然使用 NaHCO₃ 成功防治果实采后病害的报道多集中于酸性真菌引起的病害，例如，*P. expansum*、*P. digitatum*、*P. italicum*、*B. cinerea*，但也有研究表明它对某些碱性病菌（如 *A. alternata*）引起的病害有防治效果（Aharoni et al.，1997），这说明 NaHCO₃ 的防治病害的机制可能不只是通过调节 pH，对寄主抗性的影响可能也是其作用机制之一。除碳酸氢钠外，碳酸钠、硅酸钠和山梨酸钾等碱性物质对柑橘的青霉和绿霉病、枣的青霉和黑霉病等的成功防治也有报道（Tian et al.，2005；Smilanick et al.，2008）。

### 4.2　酸性化学物质在采后病害防治中的应用

酸性化学物质应用于采后病害防治的报道较少。Zheng 等（2007a，2007b）报道了使用草酸对芒果采后炭疽病的成功防治。他们的研究表明离体条件下 5 mmol/L 和 10 mmol/L 的草酸（pH 分别为 3.1 和 2.7）对引起芒果炭疽病的碱性真菌 *C. gloeosporioides* 的孢子萌发和菌丝生长有明显的抑制作用，使用 5 mmol/L 的草酸浸泡处理芒果 10 min 可以降低常温（25℃）和低温（14℃）贮藏条件下红芒六号芒果炭疽病的发病率，草酸处理芒果在低温贮藏 5 周后的发病率为 50%，而对照已经全部发病。

## 5　总结与展望

环境 pH 与果蔬采后病害的发生有着密切的关系，pH 对病原菌的孢子萌发、生长发育、致病基因的表达、致病因子的活性有着重要影响；同时，病原菌为了能够成功侵染寄主会主动对寄主的 pH 进行调节。因此，通过调节环境 pH 来进行果蔬采后病害的防治是一条可行的途径，在将来的工作中，除了对能够有效防治果蔬采后病害的化学物质进行深入探索外，人们可以通过常规和分子育种的方法改变果实的 pH（如柑橘外果皮），减少病害对果实的侵染。

### 参 考 文 献

陈彦，刘长远，赵奎华，等 . 2006. 葡萄白腐病菌生物学特性研究 . 沈阳农业大学学报，37（6）：840-844.

孟祥东，傅俊范，周如军，等 . 2007. 保护地主要园艺作物灰霉病菌生物学特性比较研究 . 沈阳农业大学学报，38（3）：322-326.

王宏，常有宏，陈志谊 . 2006. 梨黑斑病病原菌生物学特性研究 . 果树学报，23（2）：247-251.

Aharoni Y，Fallik E，Copel A，et al. 1997. Sodium bicarbonate reduces postharvest decay development on melons. *Postharvest Biology and Technology*，10：201-206.

Arst H M，Peñalva M A. 2003. pH regulation in Aspergillus and parallels with higher eukaryotic regulatory systems. *Trends in Genetics*，19：224-231.

Brandao R L，Castro I M，Passos J B，et al. 1992. Glucose – induced activation of the plasma membrane $H^+$ – ATPase in *Fusarium oxysporum*. *Journal of General Microbiology*，138：1579-1586.

Caddick M X，Brownlee A G，Arst H J. 1986. Regulation of gene expression by pH of the growth medium in *Aspergillus nidulans*. *Molecular Genetics and Genomics*，203：346-353.

Calcagno – Pizarelli A M，Negrete – Urtasun S，Denison S H，et al. 2007. Establishment of the ambient pH signalling complex in *Aspergillus nidulans*：PalI assists plasma membrane localization of PalH. *Eukaryotic Cell*，6：2365-2375.

Caracuel Z，Roncero M I G，Espeso E A，et al. 2003. The pH signaling transcription factor PacC controls virulence in the plant pathogen *Fusarium oxysporum*. *Molecular Microbiology*，48：765-779.

Cessna S，Sears V，Dickman M，et al. 2000. Oxalic acid，a pathogenicity factor of *Sclerotinia sclerotiorum*，suppresses the host oxidative burst. *Plant Cell*，12：2191-2199.

Cunningham J E，Kuiack C. 1992. Production of citric and oxalic acids and solubilization of calcium phosphate by *Penicillium bilaii*. *Applied and Environmental Microbiology*，58：1451-1458.

Drori N，Kramer – Haimovich H，Rollins J，et al. 2003. External pH and nitrogen source affect secretion of pectate lyase by *Colletotrichum gloeosporioides*. *Applied and Environmental Microbiology*，69：3258-3262.

Eshel D，Lichter A，Dinoor A，et al. 2002a. Characterization of *Alternaria alternata* glucanase genes expressed during infection of resistant and susceptible persimmon fruits. *Molecular Plant Pathology*，3：347-358.

Eshel D，Miyara I，Ailinng T，et al. 2002b. pH regulates endoglucanase expression and virulence of Alternaria alternata in persimmon fruits. *Molecular Plant – Microbe Interactions*，15：774-779.

Herranz S，Rodríguez J M，Bussink H J，et al. 2005. Arrestin – related proteins mediate pH signalling in fungi. *Proceedings of the National Academy of Sciences of the United States of America*，102：12141-12146.

Jennings D H. 1989. Some perspectives on nitrogen and phosphorus metabolism in fungi. *In*：Boddyl，Machant R，Read DJ. Nitrogen，Phosphorus and Sulphur Utilization by Fungi. Cambridge，UK：Cambridge University Press. 1 – 31.

Kunz C，Vandelle E，Rolland S，et al. 2006. Characterization of a new，nonpathogenic mutant of *Botrytis cinerea* with impaired plant colonization capacity. *New Phytologist*，170：537-550.

Li B Q，Lai T F，Qin G Z，et al. 2010. Ambient pH stress inhibits spore germination of *penicillium expansum* by impairing protein synthesis and folding：a proteomic – based study. *Journal of Proteome Research*，9：298-307.

Magro P，Marciano P，Di Lenna P. 1984. Oxalic acid production and its role in pathogenesis of *Sclerotinia sclerotiorum*. *FEMS Microbiology Letters*，24：9-12.

Manteau S，Abouna S，Lambert B，et al. 2003. Differential regulation by ambient pH of putative virulence factors secretion by the phytopathogenic fungus *Botrytis cinerea*. *FEMS Microbiology Ecology*，43：359-366.

McCallum J L，Tsao R，Zhou T. 2002. Factors affecting patulin production by *Penicillium expansum*. *Journal of Food Protection*，65：1937-1942.

Orejas M，Espeso E A，Tilburn J，et al. 1995. Activation of the *Aspergillus* PacC transcription factor in response to alkaline ambient pH requires proteolysis of the carboxy— terminal moiety. *Genes & Development*，9：1622-1632.

Peñalva M A, Tilburn J, Bignell E, et al. 2008. Ambient pH gene regulation in fungi: making connections. *Trends in Microbiology*, 16: 291-300.

Peñalva M A, Arst H J. 2002. Regulation of gene expression by ambient pH in filamentous fungi and yeasts. *Microbiology and Molecular Biology Reviews*, 66: 426-446.

Prusky D, McEvoy JL, Leverentz B, et al. 2001. Local modulation of host pH by *Colletotrichum* species as a mechanism to increase virulence. *Molecular Plant -Microbe Interactions*, 14: 1105-1113.

Prusky D, McEvoy J L, Saftner R, et al. 2004. Relationship between host acidification and virulence of *Penicillium* spp. on apple and citrus fruit. *Phytopathology*, 94: 44-51.

Prusky D, Yakoby A N. 2003. Pathogenic fungi: leading or led by ambient pH. *Molecular Plant Pathology*, 4: 509-516.

Rollins J A. 2003. The Sclerotinia sclerotirum pac1 gene is required for sclerotial development and virulence. *Molecular Plant -Microbe Interactions*, 16: 785-795.

Rollins J A, Dickman M B. 2001. pH signaling in *Sclerotinia sclerotiorum*: identification of pacC/RIM1 homolog. *Applied and Environmental Microbiology*, 67: 75-81.

Ruijter G J G, Vondervoort P J I, Visser J. 1999. Oxalic acid production by *Aspergillus niger*: an oxalate - non - producing mutant produces citric acid at pH5 and in the presence of manganese. *Microbiology*, 145: 2569-2576.

Smilanick J L, Mansour M F, Gabler F M, et al. 2008. Control of citrus postharvest green mold and sour rot by potassium sorbate combined with heat and fungicides. *Postharvest Biology and Technology*, 47: 226-238.

Smilanick J L, Mansour M F, Margosan D A, et al. 2005. Influence of pH and $NaHCO_3$ on effectiveness of imazalil to inhibit germination of *Penicillium digitatum* and to control postharvest green mold on citrus fruit. *Plant Disease*, 89: 640-648.

Ten Have A, Beuil W O, Wubben J P, et al. 2001. *Botrytis cinerea* endopolygalacturonase genes are differentially expressed in various plant tissues. *Fungal Genetics and Biology*, 33: 97-105.

Tian S P, Qin G Z, Xu Y. 2005. Synergistic effects of combining biocontrol agents with silicon against postharvest diseases of jujube fruit. *Journal of Food Protection*, 68: 544-550.

Torres R, Nunes C, García J M, et al. 2007. Application of Pantoea agglomerans CPA - 2 in combination with heated sodium bicarbonate solutions to control the major postharvest diseases affecting citrus fruit at several mediterranean locations. *European Journal of Plant Pathology*, 118: 73-83.

Vautard - Mey G, Fevre M. 2003. Carbon and pH modulate the expression of the fungal glucose repressor encoding genes. *Current Microbiology*, 46: 146-150.

Vincent O, Rainbow L, Tilburn J, et al. 2003. YPXL/I is a protein interaction motif recognised by Aspergillus PalA and its human homologue AIP1/Alix. *Molecular and Cellular Biology*, 23: 1647-1655.

Wubben J P, Mulder W, ten Have A, et al. 1999. Cloning and partial characterization of endopolygalacturonase genes from *Botrytis cinerea*. *Applied and Environment Microbiology*, 65: 1596-1602.

Wubben J P, ten Have A, van Kan J A L, et al. 2000. Regulation of endopolygacturonase gene expression in *Botrytis cinerea* by galacturonic acid, ambient pH and carbon catabolite repression. *Current Genetics*, 37: 152-157.

Yakoby N, Beno - Moualem D, Keen N T, et al. 2001. *Colletotrichum gloeosporioides pelB*, is an important factor in avocado fruit infection. *Molecular Plant -Microbe Interactions*, 14: 988-995.

Yao H J, Tian S P, Wang Y S. 2004. Sodium bicarbonate enhances biocontrol efficacy of yeasts on fungal spoilage of pears. *International Journal of Food Microbiology*，93：297-304.

Yao C，Conway W S，Sams C E. 1996. Purification and characterization of a polygalacturonase produced by *Penicillium expansum* in apple fruit. *Phytopathology*，86：1160-1166.

Zheng X L，Tian S P，Gidley M，et al. 2007a. Effects of exogenous oxalic acid on ripening and decay incidence in mango fruit during storage at room temperature. *Postharvest Biology and Technology*，45：281-284.

Zheng X L，Tian S P，Meng X H，et al. 2007b. Physiological and biochemical responses in peach fruit to oxalic acid treatment during storage at room temperature. *Food Chemistry*，104：156-162.

（李博强）

# 第三节　草酸处理对果实抗性的调控机制

## 导言

　　草酸（oxalic acid）又名乙二酸，是最简单的二元酸。草酸一般含有二分子结晶水，为无色透明结晶，易溶于乙醇，溶于水。草酸是生物体的一种代谢产物，广泛分布于植物、动物和真菌体中，在不同的生命体中发挥着不同的功能（Dutton & Evans，1996）。目前，草酸因具有独特的物、化特性和生化功能而在木材腐烂、纸浆臭氧漂白、环境重金属污染修复和植物抗病性中受到了广泛关注（Roncero et al.，2003）。首先，外源草酸能够发挥双重作用调节 Fenton 反应（低浓度促进 Fenton 反应、高浓度抑制 Fenton 反应），促进或者抑制纤维素的生物降解（Shimada et al.，1997）。在纸浆臭氧漂白工艺中，草酸通过影响活性氧代谢大大降低纤维素的降解速率，避免自由基和氧化剂降解过多的有序纤维素（Roncero et al.，2003）。其次，草酸通过与植物组织细胞中的 $Ca^{2+}$ 形成草酸钙沉淀控制细胞壁和细胞质之间的游离态 $Ca^{2+}$ 水平，从而影响膜的热稳定性（Franceschi，1989）。草酸能够保护植物叶片光合机构免遭高温胁迫的破坏，提高植物的抗热性。其三，草酸作为质子供体和金属离子螯合剂能够清除羟自由基，$H_2O_2$ 形成，提高植物的抗氧化酶活性，直接或间接地影响活性氧代谢（Maleněié et al.，2004）。其四，草酸能螯合并钝化土壤中的一些重金属元素，减低重金属对植物的伤害，提高植物对重金属损伤的修复效率（Choi et al.，2001）；同时，草酸能增强营养离子的活化，提高磷、铁等营养元素的吸收和利用效率（Ström et al.，2002）。其五，草酸能够有效防止采后蔬菜和水果的褐变（Zheng & Tian，2006；Whangchai et al.，2006）。其六，草酸是一种有效的非生物诱抗剂，可诱导植物对多种真菌病害产生抗性，也可诱导对细菌和病毒病害的抗性（Mucharromah & Kuc，1991）。当前，越来越多的研究发现草酸处理不仅能够提高采后果实的抗病性，而且能够延缓果实采后成熟衰老进程，从而有效地延长果实的贮藏保鲜期（郑小林等，2005；Zheng et al.，2007a）。本节就草酸处理对采后水果的抗性调控机制作简要的概述。

· 202 ·

# 1 草酸处理对果实采后成熟的影响及作用机制

## 1.1 延缓果实采后的成熟进程

果实采后硬度、可溶性固形物（SSC）和可滴定酸（TA）含量、采后呼吸速率等是衡量果实成熟的重要指标（Mitra & Baldwin，1997）。芒果经过 5 mM 草酸溶液浸泡 10 min 后在常温（25℃）、低温（14℃）和气调（3% $CO_2$ ＋2% $O_2$，14℃）条件下贮藏，果实软化、SSC 增加和 TA 降低的速率都显著减缓（Zheng et al.，2007b）。桃果实采后分别经 1 和 5 mM 草酸处理后，果实的硬度在贮藏中保持较高，果实呼吸速率在贮藏期间显著低于对照（Zheng et al.，2007a）。研究发现用 20 g/L 草酸浸泡猕猴桃果实 5 min、10 min 和 15 min，不仅能有效地清洗猕猴桃果锈，而且草酸处理后猕猴桃果肉硬度下降减缓，呼吸强度和乙烯释放量明显受到抑制，有机酸和维生素 C 降解速度均受到抑制（张中海等，2006）。邓建军等（2008）研究发现草酸处理延缓了甜瓜果实贮藏期间硬度和 SSC 含量的下降。因此，上述研究结果表明外源草酸能够有效地延缓采后果实的成熟进程。

## 1.2 延缓果实成熟的作用机制

### 1.2.1 提高果实的抗氧化能力

果实成熟过程是一种氧化作用不断加强的过程，成熟过程中活性氧（ROS）含量增加不仅改变膜的完整性，而且加剧膜脂过氧化，最终导致细胞结构破坏，代谢紊乱（Rogiers et al.，1998）。果实具备酶促和非酶促抗氧化防御系统清除 ROS，缓解果实的氧化伤害，进而延缓果实成熟衰老进程（Jimenez et al.，2002）。果实的一些抗氧化酶如超氧物歧化酶（SOD）、过氧化氢酶（CAT）、过氧化物酶（POD）和抗坏血酸氧化酶（APX）等在抗氧化过程中发挥着重要作用。SOD 催化超氧阴离子（$O_2^-$）转化为过氧化氢（$H_2O_2$），$H_2O_2$ 随之被 CAT、POD 和 APX 催化生成 $H_2O$。研究发现产生 $H_2O_2$ 的氧化酶与清除 $H_2O_2$ 的氧化酶之间的协同作用比单一酶在植物/果实的抗氧化过程中更具重要性（Ye & Gressel，2000）。另外，LOX 参与 $O_2^-$ 和单线态氧自由基的形成和膜脂过氧化过程，导致膜结构破坏，因而在果实的成熟进程中同样发挥着重要作用（Lester，1990）。抑制 LOX 活性升高、控制 *LOX* 基因的表达能够有效地延缓和控制果实的成熟进程（Kausch & Handa，1997）。

Maleněié 等（2004）发现草酸（2 mmol、3 mmol 和 4 mmol）处理影响向日葵植株的抗氧化系统，并表现出基因型差异。这主要是因为草酸能够影响 SOD 和谷胱甘肽过氧化物酶（GPx）活性，提高了谷胱甘肽（GSH）含量。桃和芒果采后经草酸处理，果实的主要抗氧化物如抗坏血酸（AsA）和 GSH 没有发生显著变化，但是 LOX 活性降低，同时 SOD、CAT、POD 和 APX 活性升高，ROS 水平包括 $O_2^-$ 产量和 $H_2O_2$ 含量在贮藏期出现不同程度的降低，果实细胞膜透性增加趋势缓解，膜脂过氧化产物丙二醛含量降低（图 2-2-3-1）。因此，草酸处理通过提高果实抗氧化酶活性、降低 LOX 活性和抑制 ROS 积累，从而降低膜脂过氧化的程度并维持细胞膜结构的稳定性，最终减缓果实的软化进程并延缓果实的成熟过程。

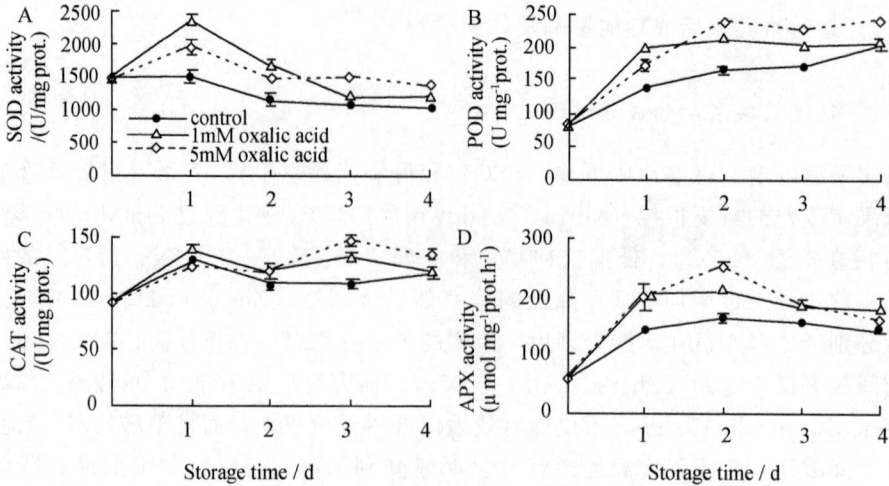

图 2-2-3-1 常温贮藏条件下草酸处理对桃果实 SOD（A）、POD（B）、
CAT（C）和 APX（D）活性的影响图中误差棒指平均数的标准差

（引自：Zheng et al.，2007c）

### 1.2.2 降低乙烯产量

乙烯代谢是控制采后果实，特别是呼吸跃变型果实成熟的一个重要因子（Blume & Grierson，1997）。草酸处理能够有效抑制采后芒果果实的乙烯释放量（图 2-2-3-2），降低采后猕猴桃果实乙烯释放量并推迟乙烯释放高峰的出现时间。

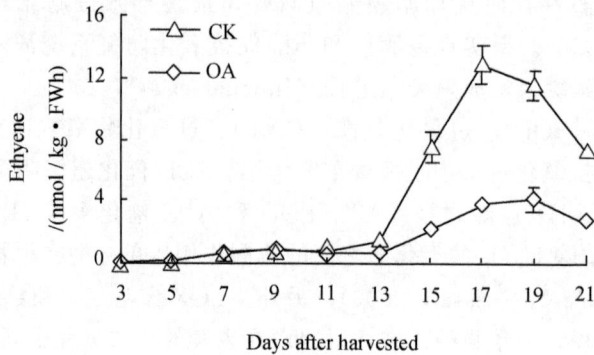

图 2-2-3-2 草酸处理对采后芒果果实乙烯释放量的影响

芒果经 5 mmol/L 草酸溶液浸果 10 min，以清水浸果为对照。在 25 ± 1℃下贮藏。图中误差棒指平均数的标准差

（引自：Zheng et al.，2007 b）

还有研究表明，ROS 作为中间信号或中间因素启动了乙烯的生物合成（柯德森等，1998）。同时，$Ca^{2+}$ 作为一种重要的"第二信使"影响和调节植物体内乙烯的代谢，$Ca^{2+}$ 是促进还是抑制植物组织乙烯合成取决于 $Ca^{2+}$ 在细胞中的分布位置及胞内外 $Ca^{2+}$ 浓度（Zhang et al.，2002）。促进胞外 $Ca^{2+}$ 内流或限制胞内 $Ca^{2+}$ 泵出，导致胞质 $Ca^{2+}$ 水平升高能够促进 ACS 的转录或转录后加工，加速乙烯生成（Kwak & Lee，1997）。利用 $Ca^{2+}$ 专一性螯合剂 EGTA 能够降低胞外 $Ca^{2+}$ 浓度，抑制小麦叶绿体系统 ACC 向乙烯的转化（宋纯鹏等，1992）。外源草酸进入胞间隙与 $Ca^{2+}$ 形成草酸钙沉淀而降低胞外 $Ca^{2+}$ 水平，并造成胞质 $Ca^{2+}$ 外流，从而诱发胞内 $Ca^{2+}$ 库（如液泡等）释放出 $Ca^{2+}$。

而随着胞外 $Ca^{2+}$ 水平降低，草酸钙沉淀可以重新溶解产生 $Ca^{2+}$（Franceschi，1989）。草酸以这种方式控制细胞壁和细胞质之间 $Ca^{2+}$ 水平，有助于维护胞壁和胞膜的结构稳定性，也可作为一种信号引发细胞内的一系列生理生化反应。草酸是否通过影响 $Ca^{2+}$ 的重新分配和/或 ROS 代谢，调控与果实细胞壁软化和乙烯生物合成相关基因的表达，最终有效延缓果实成熟尚待深入研究。

### 1.2.3 影响果实的细胞壁代谢

在果实成熟过程中，多聚半乳糖醛酸酶（PG）、果胶酯酶（PE）、果胶甲酯酶（PME）、木聚糖酶（XYL）和纤维素酶（Cx）等水解酶是引起果实软化的重要因素（王贵禧等，1995）。草酸处理对采后芒果果皮的 Cx 和 XYL 活性的作用效果不显著，但能够显著降低果肉的 Cx 和 XYL 的活性。草酸处理能够推迟采后猕猴桃果实 PG 活性高峰的出现时间。目前应用分子生物学方法调控和改变这些水解酶活性的研究表明另外一些重要因子也参与了果实的成熟软化过程。其中，扩展蛋白（expansin，EXP；又名膨胀素），是新近发现的一种与果实成熟软化密切相关的细胞壁蛋白。扩展蛋白可能通过抑制和干扰纤维素与木质葡聚糖（xyloglucan）之间的非共价键，破坏胞壁微纤丝结构，从而在果实成熟软化过程中发挥重要作用（Rose et al.，2000）。扩展蛋白属于多基因家族，普遍存在于果实中。这些基因有的与果实生长发育有关，有的与果实后熟软化相关。目前，从番茄（Rose et al.，2000）、草莓（Harrison et al.，2001）、荔枝（陆旺金和蒋跃明，2003）、香蕉（陆旺金，2003）等果实中克隆出了 *EXP* 基因。环境胁迫、植物激素对 *EXP* 基因表达具有调节作用。例如，乙烯能够诱导番茄果实 *LeExp*1、桃果实 *PchExp*1 的专一性表达，而非跃变型果实草莓 *FaExp*2 和 *FaExp*5 受生长素的负调节（Harrison et al.，2001）。最近，研究发现草酸处理能够抑制采后芒果 *EXP* 基因的表达。另外，果实软化机理的研究证明，LOX 与果实软化进程密切相关（罗云波，1994）。LOX 可能是乙烯生物合成的上游因子，LOX 引起的膜质过氧化作用可能既是果实后熟软化的启动因子，又是加速果实后熟软化进程的关键。王文雅等（2005）研究证实 $Ca^{2+}$ 处理抑制番茄果实组织中 LOX、PG 活性和 *PG*、*LeLOXB*、*LeExp*1基因的表达，而且主要通过抑制 LOX 来抑制果实软化过程。草酸处理能够有效降低采后桃和芒果的 LOX 活性、ROS 产量和乙烯释放量，果实成熟软化减慢（Zheng et al.，2007a，2007b）。系统深入地研究外源草酸如何调控胞壁 *EXP* 基因和乙烯生物合成关键酶基因的表达，如何影响细胞壁代谢和乙烯代谢，将为进一步揭示和阐明草酸延缓采后果实成熟的分子机理提供依据。

## 2 草酸处理对果实采后腐烂的影响及作用机制

### 2.1 抑制采后果实的腐烂发生

采后草酸处理、采前＋采后草酸处理和采前 $Ca^{2+}$ ＋采后草酸处理三种方式处理芒果果实，发现常温下贮藏 6 天后，经过处理的果实的病情指数显著低于对照和杀菌剂处理；低温贮藏 21 天，经过处理的果实的病情指数显著低于对照和杀菌剂处理，在常温货架 3 天后，病情指数仍显著低于对照，但与杀菌剂处理的相当（图 2 - 2 - 3 - 3）。气调下贮藏 20 天和 30 天，草酸处理果实的病情指数显著低于对照和杀菌剂处理，随后在常温货架 3 天后，病情指数仍显著低于对照和杀菌剂处理（郑小林等，2005）。"八月脆"果实采后经 5 mmol/L 草酸溶液浸泡 10 min 后在低温条件下贮藏，尽管处理和对照果实贮藏 20 天后未出现病斑和腐烂，病情指数和果实腐烂率均为零，但是转入常温（25℃）3 后后果实腐烂剧增，其中对照和处理果实的病情指数分别是 42.00% 和 25.00%，果实的腐烂率分别是 84.00% 和 56.52%（郑小林等，2005）。上述研究结果表明草酸处理能有效抑制果实采后腐烂的发生。

图 2-2-3-3　芒果经不同草酸处理后在常温（25℃）下贮藏 18 天果实的腐烂状况

A：对照，B：采后草酸处理，C：采前＋采后草酸，D：采前 $Ca^{2+}$ ＋ 采后草酸

## 2.2　草酸抑制采后果实腐烂发生的作用机制

### 2.2.1　诱导提高采后果实的抗病性

许多研究报道草酸是一种非常有效的非生物诱抗剂，可以诱导植物对真菌、细菌和病毒的系统抗性（Mucharroman & Kuc，1991）。据研究，草酸诱导植物对真菌、细菌和病毒的系统抗性与草酸诱导植物 POD 活性升高、产生新的 POD 同工酶等生理效应相关（郑光宇等，1999）。Tian 等（2006）发现草酸处理能够诱导梨果实对 *Alternaria alternata* 的系统抗性，这种抗性与草酸诱导抗病相关酶包括 PPO、POD、苯丙氨酸解氨酶（PAL）等活性密切相关。邓建军等（2008）的研究表明，草酸处理能够显著提高甜瓜果实对采后多种病害的抗性。Wang 等（2009）认为草酸处理提高冬枣果实对青霉病的抗性与其诱导果实的 major allergen、Cu/Zn - SOD 和热激蛋白 70（HSP70）等与胁迫和防御相关蛋白质的表达有关。

PPO 在桃采后贮藏抗病性中具有重要作用（Wang 等，2004）。POD 和 SOD 不仅与抗氧化相关，也与植物的抗病性相关（Devi & Prasad，1996）。一些化学物质如水杨酸和茉莉酸甲酯诱导植物系统抗病性的获得与 SOD 活性的诱导有关（Foder et al.，1997）。郑小林等（2005，2007）认为草酸处理诱导提高桃果实的 PPO、SOD 和 POD 活性与提高果实的抗病性密切相关。

### 2.2.2　直接抑菌作用

草酸对某些病原真菌孢子萌发和菌丝生长具有直接抑制作用。张衍荣和王小菁（2006）研究不同浓度草酸对豇豆枯萎病病菌的孢子萌发、菌丝生长和接种病原菌后幼苗发病率的影响，结果表明草酸浓度＞5.0 mmol/L 能显著地抑制豇豆枯萎病病菌孢子萌发，草酸浓度＞ 20.0 mmol/L 对病菌菌丝生长也有显著的抑制作用。El Ganaienyrma (2002) 发现 2 mmol/L、4 mmol/L、6 mmol/L、8 mmol/L 和 10 mmol/L 浓度草酸均能抑制洋葱枯萎菌菌丝的生长，而且 8 mM 能极大减少孢子的萌发。

炭疽病菌 (*Colletotrichum gloeosporioides Penz.*) 感染导致的炭疽病是采后芒果的主要病害之一 (Kuo，2001)。环境的 pH 影响炭疽病菌的生长和致病力 (Drori et al.，2003)。例如，Yakoby 等 (2000) 报道炭疽病菌在 PEIM (pectolytic enzyme - inducing medium) 培养基下，当 pH 低于 5 时其菌丝干重比 pH 高于 5 时至少降低 5％～10％，而且当 pH 升高，炭疽病菌果胶酯裂解酶 (PL) 分泌增加，导致病菌的致病性提高。Zheng 等 (2007a) 发现培养基中草酸含量在 5 或高于 5 mmol/L 时，无论 pH 是否被中和，芒果炭疽病菌的孢子萌发和菌丝生长均受到显著抑制，表明草酸对一些病原菌具有直接抑制的作用。

## 3 草酸处理对果实抗冷、抗褐变的影响

对低温敏感的果实在采后冷藏过程中往往会发生冷害，提高这类果实的抗冷性对于延长果实的贮藏期至关重要。Ding 等 (2007) 研究发现贮藏前用 5 mmol/L 草酸浸泡芒果果实，可明显减缓果实在低温 (5℃) 下冷害的发生；草酸处理提高 CAT 和 POD 活性，从而降低果实内 $H_2O_2$ 含量和减轻氧胁迫，可能是草酸减缓芒果果实冷害的原因之一。

外源草酸可作为一种有效的防褐剂控制采后莴苣及菊苣 (Castañer et al.，1997)、苹果 (Son et al.，2001)、香蕉切片 (Yoruk et al.，2004)、荔枝果实 (Zheng & Tian，2006) 和龙眼果实 (Whangchai et al.，2006) 的褐变。荔枝采后经 2 mmol/L 和 4 mmol/L 草酸处理，果实的褐变系数显著降低。草酸处理降低荔枝果实的褐变可能与提高荔枝果实膜的完整性，防止花色苷的降解，降低 POD 活性和膜脂过氧化等效应密切相关 (Zheng & Tian，2006)。

另外，草酸处理对清除采后猕猴桃果锈效果显著。用 20 g/L 草酸浸泡猕猴桃果实 15 min，对猕猴桃果实的去锈效果最好，去锈率可达 83.3％ (张中海等，2006)。

## 4 草酸处理在水果贮藏保鲜中的应用前景

草酸可降低矿质元素的生物利用率，同时在人体中草酸容易与钙离子形成草酸钙导致肾结石，所以，草酸往往被认为是一种矿质元素吸收利用的拮抗物 (Massey et al.，2001)。然而，草酸广泛存在于植物界，研究发现 110 多种植物富含草酸，其中尤以菠菜、苋菜、甜菜、芋头、甘薯和大黄 (Weaver et al.，1997) 等植物中含量最高。另外，蜂蜜中的草酸含量也极高 (Moosbeckhofer et al.，2003)。研究表明毫摩尔浓度水平的草酸就具有极强的抗氧化性能，在适当用量范围内可作为一种天然的抗氧化剂应用于食物贮藏中并发挥重要作用 (Kayashima & Katayama，2002)。众所周知，杀菌剂处理往往引起致病菌产生抗药性，而且杀菌剂处理常常导致环境污染并危害人体健康。草酸处理不仅能有效延长果实的贮藏、而且诱导采后果实的系统抗病性。因此，草酸处理可作为一些水果采后贮藏保鲜的新方法。草酸处理操作简单、价格低廉、安全有效，展示出较大的商业应用前景。

# 参 考 文 献

邓建军，毕阳，谢东锋，等.2008.草酸处理对厚皮甜瓜采后病害及果实品质的影响.甘肃农业大学学报，43（1）：82-86.

柯德森，孙谷畴，王爱国.2003.低温诱导绿豆黄化幼苗乙烯产生过程中活性氧的作用.植物生理与分子生物学学报，29（2）：127-132.

陆旺金，蒋跃明.2003.荔枝果实两个膨大素基因的克隆与序列分析.中国农业科学，36（12）：1525-1529.

陆旺金.2003.香蕉果实 expansin cDNA 克隆及序列分析.华南农业大学学报（自然科学版），24（3）：40-43.

罗云波.1994.脂氧合酶与番茄采后成熟关系.园艺学报，21（4）：357-360.

宋纯鹏，梅慧生，储钟稀，等.1992.$Ca^{2+}$对叶绿体中超氧物自由基产生以及由 ACC 形成乙烯的影响.植物生理学报，18（1）：55-62.

王贵禧，韩雅珊，于梁.1995.猕猴桃软化过程中阶段性专一酶活性变化的研究.植物学报，37（3）：198-203.

王文雅，朱本忠，罗云波，等.2005.番茄果实软化过程中钙处理对多聚半乳糖醛酸酶、脂氧合酶、伸展蛋白的影响.河北农业大学学报，28（1）：12-15.

张衍荣，王小菁.2006.阿魏酸和草酸对豇豆枯萎病的抑制效果.安徽农业科学，34（13）：3113-3114.

张中海，饶景萍，王美丽，等.2006.草酸对猕猴桃果锈清洗及耐贮性的影响.果树学报，23（6）：888-891.

郑光宇，赵荣乐，彭旭.1999.草酸可诱导甜瓜对 WMV－2 的系统抗性.科学通报，44（10）：1059-1062。

郑小林，田世平，李博强，等.2005.草酸对冷藏期间桃果实抗氧化系统和 PPO 活性的影响.园艺学报，32（5）：788-792.

郑小林，田世平，李博强，等.2007.外源草酸延缓采后芒果成熟及其生理基础的研究.中国农业科学，40（8）：1767-1773.

Blume B，Grierson D. 1997. Expression of ACC oxidase promoter－GUS fusions in tomato and *Nicotiana plumbaginifolia* regulated by developmental and environmental stimuli. *Plant Journal*，12：731-746.

Castañer M，Gil M I，Artés F. 1997. Organic acids as browning inhibitors on harvested "Baby" lettuce and endive. *Zeitschrift für Lebensmitteluntersuchung und －Forschung A*，205：375-379.

Choi Y E，Harada E，Wada M，et al. 2001. Detoxification of cadmium in tobacco plants：formation and active excretion of crystals containing cadmium and calcium through trichomes. *Planta*，213：45-50.

Devi S R，Prasad M N V. 1996. Ferulic acid mediated changes in oxidative enzymes of maize seedlings－Implication of growth. *Biologia Plantarum*，38：387-395.

Ding Z S，Tian S P，Zheng X L，et al. 2007. Responses of reactive oxygen metabolism and quality in mango fruit to exogenous oxalic acid or salicylic acid under chilling temperature stress. *Physiologia Plantarum*，130：112-121.

Drori N，Kramer－Haimovich H，Rollins J，2003. External pH and nitrogen source affect secretion of pectate lyase by *Colletotrichum gloeosporioides*. *Applied and Environmental Microbiology*，69：3258-3262.

Dutton M V，Evans C S. 1996. Oxalate production by fungi，its role in pathogenicity and ecology in the soil environment. *Canadian Journal of Microbiology*，42：881-895.

El Ganaienyrma R M A, El Sayedam A M, Gebraiel M Y. 2002. Induced resistance to Fusarium diseases in onion plants by treatment with antioxidants. *Assiut Journal of Agricultura Sciences*, 33: 133-147.

Foder J, Gullner G, Adám A L, et al. 1997. Local and systemic responses of antioxidant to tobacco mosaic virus infection and to salicylic acid in tobacco (role in systemic acquired resistance). *Plant Physiology*, 114: 1443-1451.

Franceschi V R. 1989. Calcium oxalate formation is a rapid and reversible process in *Lemna minor* L. *Protoplasma*, 148: 130-137.

Harrison E P, Mcqueenmason S J, Mann N G K. 2001. Expression of six expansin genes in relation to extension activity in develop ingstrawberry fruit. *Journal of Experimental Botany*, 52: 1437-1446.

Jimenez A, Creissen G, Kular B, et al. 2002. Changes in oxidative processes and components of the antioxidant system during tomato fruit ripening. *Planta*, 214: 751-758.

Kausch K D, Handa A K. 1997. Molecular cloning of a ripening - specific lipoxygenase and its expression during wild - type and mutant tomato fruit development. *Plant Physiology*, 113: 1041-1050.

Kayashima T, Katayama T. 2002. Oxalic acid is available as a natural antioxidant in some systems. *Biochimica et Biophysica Acta*, 1573: 1-3.

Kuo K C. 2001. Sensitivity of mango anthrancnose pathogen, *Colletotrichum gloeosporioides*, to the fungicide prochloraz in Taiwan. *Proceedlings of the National Science Council, Republic of China (B)*, 25: 174-179.

Kwak S H, Lee S H. 1997. The requirements for $Ca^{2+}$, protein phosphorylation, and dephosphorylation for ethylene signal transduction in *Pisum sativum* L. *Plant and Cell Physiology*, 38: 1142-1149.

Maleněié D J, Vasié D, Popovié M, et al. 2004. Antioxidant systems in sunflower as affected by oxalic acid. *Biologia Plantarum*, 48: 243-247.

Massey L K, Horner H T, Palmer P G. 2001. Oxalate content of soybean seeds (*Glycine max*: *Leguminosae*) and other edible legumes. *Journal of Agricultural and Food Chemistry*, 49: 4262-4266.

Mitra S K, Baldwin E A. 1997. Mango. *In*: Mitra S K. Postharvest Physiology and Storage of Tropical and Subtropical Fruits. New York: CAB International. 85-122.

Moosbeckhofer R, Pechhacker H, Unterweger H, et al. 2003. Investigatons on the oxalic acid content of honey from oxalic acid treated & untreated bee colonies. *European Food Research & Technology*, 217: 49-52.

Mucharroman E, Kuc J. 1991. Oxalate and phosphate induce systemic induce resistance against disease caused by fungi, bacteria and viruses in cucumber. *Crop Protection*, 10: 265-261.

Rogiers S Y, Kumar M G N, Knowles N R. 1998. Maturation and ripening of fruit of *Amelanchier alnifolia* Nutt. are accompanied by increasing oxidative stress. *Annals of Botany*, 81: 203-211.

Roncero M B, Colom J F, Vidal T. 2003. Cellulose protection during ozone treatments of oxygen delignified eucalyptus kraft pulp. *Carbohydrate Polymers*, 51: 243-254.

Rose J K C, Cosgrove D J, Albersheim P, et al. 2000. Detection of expansin proteins and activity during tomato fruit ontogeny. *Plant Physiology*, 123: 1583-1592.

Shimada M, Akamatsu Y, Tokimatsu T, et al. 1997. Possible biochemical roles of oxalic acid as a low molecular weight compound involved in brown—rot and while - rot wood decays. *Journal of Biotechnology*, 53: 103-113.

Ström L, Owen A G, Godbold D L, et al. 2002. Organic acid mediated P mobilization in the rhizosphere and uptake by maize roots. *Soil Biology and Biochemistry*, 34: 703-710.

Son S M, Moon K D, Lee C Y. 2001. Inhibitory effects of various antibrowning agents on apple *slice. Food Chemistry*，73：23-30.

Tian S P，Wan Y K，Qin G Z，et al. 2006. Induction of defense responses against *Alternaria* rot by different elicitors in harvested pear fruit. *Applied Microbiology and Biotechnology*，70：729-734.

Wang Q，Lai T F，Qin G Z，et al. 2009. Response of jujube fruits to exogenous oxalic acid treatment based on proteomic analysis. *Plant and Cell Physiology*，50：230-242.

Wang Y S，Tian S P，Xu Y，et al. 2004. Changes in the activities of pro－and anti－oxidant enzymes in peach fruit inoculated with *Cryptococcus laurentii* or *Penicillium expansum* at 0 or 20℃. *Postharvest Biology and Technology*，34：21-28.

Weaver C M，Heaney R P，Nickel K P，et al. 1997. Calcium bioavailability from high oxalate vegetables：Chinese vegetables，sweet potatoes and rhubarb. *Journal of Food Science*，62：524-525.

Whangchai K，Saengnil K，Uthaibutra J. 2006. Effect of ozone in combination with some organic acids on the control of postharvest decay and pericarp browning of longan fruit. *Crop Protection*，25：821-825.

Yakoby N，Kobiler I，Dinoor A，et al. 2000. pH regulation of pectate lyase secretion modulates the attack of *Colletotrichum gloeosporioides* on avocado fruits. *Applied and Environmental Microbiology*，66：1026-1030.

Ye B，Gressel J. 2000. Transient，oxidant－induced antioxidant transcript and enzyme levels correlate with greater oxidant－resistance in paraquant－resistance *Conyza bonariensis*. *Planta*，211：50-61.

Yoruk R，Yoruk S，Balaban M O，et al. 2004. Machine vision analysis of antibrowning potency for oxalic acid：a comparative investigation on banana and apple. *Journal of Food Science*，69：281-289.

Zhang Y P，Zhu B Z，Luo Y B. 2002. Relationship between $Ca^{2+}$ and plant ethylene response. *Acta Botanica Sincia*，44：422-426.

Zheng X L，Tian S P. 2006. Effect of oxalic acid on control of postharvest browning of litchi fruit. *Food Chemistry*，96：519-523.

Zheng X L，Tian S P，Gidley M J，et al. 2007a. Slowing deterioration of mango fruit during cold storage by pre－storage application of oxalic acid. *Journal of Horticultural Science and Biotechnology*，82：707-714.

Zheng X L，Tian S P，Gidley M J，et al. 2007b. Effects of exogenous oxalic acid on ripening and decay incidence in mango fruit during storage at room temperature. *Postharvest Biology and Technology*，45：281-284.

Zheng X L，Tian S P，Meng X H，et al. 2007c. Physiological and biochemical responses in peach fruit to oxalic acid treatment during storage at room temperature. *Food Chemistry*，104：156-162.

（郑小林）

# 第四节　一氧化氮的生理作用及机理

## 导言

近年来，NO 与植物生物学关系的研究迅速展开。最近的研究表明，NO 与植物的形态发育（Beligni & Lamattina，2000）、线粒体活性（Graziano et al.，2002）、叶片的伸展（Leshem & wills，1998）、气孔关闭、衰老（Neill et al.，2002）以及离子的新陈代谢（Wendehenne et al.，2000）都有关系。

另外，NO 在植物防卫反应中也起到重要作用，包括激活防卫基因（*PR*1 和 phytoalexin），调控细胞程序性死亡（programmed cell death，PCD）(Delledonne et al.，1998)，与其他的信号分子发生反应等。例如，NO 可以与超氧阴离子（$O_2^-$）、过氧化氢（$H_2O_2$）等活性氧反应，在植物的抗病过程中发挥重要作用（Urszula et al.，2005）。在植物抗病反应中，抗病信号必须由信号分子从受侵染部位传导至整株植物才能引起相应的系统抗病性，信号分子在植物抗病信号传导途径中是不可或缺的。NO 作为信号物质在植物抗性反应中起到至关重要的作用，逐渐成为植物抗性诱导中研究的一个焦点。

# 1　NO 参与植物抗病反应的证据

## 1.1　植物中 NO 抗病作用的发现和证据

在植物中，NO 在很长时间内都被视为一种植物毒性分子，直到 Delledonne 小组（Delledonne et al.，1998）和 Klessig 小组（Durner et al.，1998）在 1998 年发现 NO 可以作为植物抗病反应的信号分子后，人们才开始重新认识 NO 在植物中的作用。

NO 参与了植物抗病防御反应（Dang，1998）和胁迫响应（Neill et al.，2002a），NO 暴发作为抗病反应中的早期事件（Tada et al.，2004），被认为是诱导植物抗病反应的原初信号分子。受烟草花叶病毒感染后，抗病烟草植株体内一氧化氮合酶（nitric oxide synthase，NOS）活性增加，而不抗病的植株体内 NOS 的活性并不增加（Durner et al.，1998）；用无毒病原菌处理大豆和拟南芥的悬浮培养细胞，使得细胞内源 NO 迅速积累（Delledonne et al.，1998），在以拟南芥植株作为实验材料的研究中也得到同样的结果（Zhang et al.，2003）。生吉萍实验室采用 NO 特异性荧光探针结合激光共聚焦显微镜监测的结果表明，用番茄灰霉激发子处理番茄果皮组织，1 min 后即可监测到 NO 的暴发（图 2-2-4-1，待发表），且抑制 NO 可削弱真菌激发子诱导番茄果实抗病反应的作用，证明 NO 参与了激发子诱导番茄果实抗病反应的过程，在其中起到重要作用。

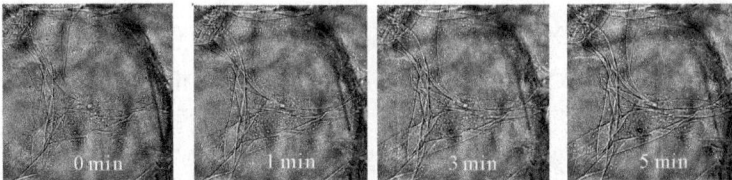

图 2-2-4-1　真菌激发子诱导的 NO 暴发

LCSM 40 倍物镜下拍摄番茄果皮组织在真菌激发子处理前、处理后 1、3、5 min 的 NO 荧光染色照片

## 1.2　NO 处理诱导抗病反应的证据

NO 不仅参与到植物的抗病反应中，且 NO 本身也可诱导植物抗病能力的提高。用

外源 NO 直接处理拟南芥叶片会影响一系列抗性相关基因的转录活性（Polverari et al.，2003），如苯丙氨酸解氨酶（phenylalanine ammonialyase，PAL）的基因和病程相关蛋白 1（pathogenesis - related protein，PR - 1）的基因等（图 2 - 2 - 4 - 2）；在采后的番茄果实中，NO 供体处理也可诱导一系列防御酶的活性以及 PR - 1 基因的表达（结果待发表）。NO 作为信号物质不仅可以诱导抗性相关基因的表达，还可诱导植物抗毒素的积累（Noritake et al.，1996）。此外，NO 与植物抗性反应中的超敏反应关系密切。它与活性氧协同作用调控植物超敏反应（Keller et al.，1998），抵御病原物的侵染；而 NOS 抑制剂则能阻碍拟南芥植株的过敏反应和病原菌处理的大豆悬浮细胞的程序化细胞凋亡过程（Delledonne et al.，1998）。

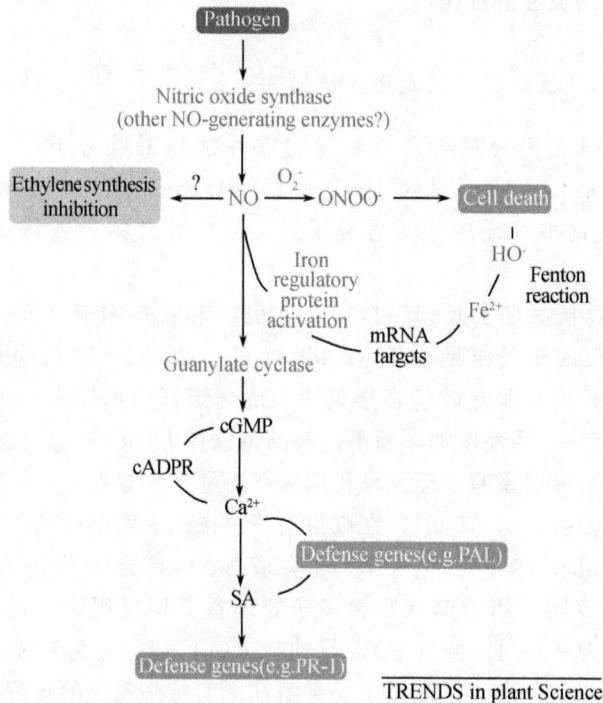

图 2 - 2 - 4 - 2 NO 信号途径

（引自：Wendehenne et al.，2001）

NO 不但具有诱导抗病性的作用，而且还具有一定的保鲜作用（Leshem et al.，2001），是一种具有多重功效的诱抗物质。与动物中的研究相比，植物中关于 NO 的研究开展得较晚，对于 NO 诱导抗性机制的研究尤其是 NO 与其他信号物质之间的相互作用体系方面的研究还处于探索阶段。

## 2 NO 诱导抗病反应作用的特点

### 2.1 NO 诱导抗病反应的浓度效应

NO 是植物体内重要的信号分子，同时也是一种非常活跃的活性氧分子（Durner et al.，1998）。它在植物体内的作用是复杂的，具有毒害和保护的双重作用：在高浓度下会对细胞产生毒性作用，导致 DNA 分解、抑制叶片伸展、改变类囊体黏性、削弱光合作用的电子传递、抑制呼吸、细胞死亡等；而在适宜的浓度下则能起到促进植物多种生理功能的作用（Romero – Puertas et al.，2004）。

其实动物体内 NO 的双重作用早有报道（Stamler，1994）。Beligni 和 Lamattina（1999）认为 NO 是致毒还是起保护作用取决于胞内环境及其水平。当 NO 胞内浓度较高时，NO 作为一种自由基对细胞是有毒性的，而在适宜浓度下 NO 则起到信号分子的作用，调控包括植物抗病反应在内的多种生理过程。Laxalt 等（1997）在外源 NO 处理马铃薯叶片的研究中证明 NO 供体硝普钠（sodium nitroprusside，SNP）的保绿效果依赖于其浓度，在 $10 \sim 100 \ \mu mol/L$ 范围内有明显作用。生吉萍实验室的研究结果也表明，外源 NO 供体 SNP 处理番茄果实诱导其抵御病原菌侵染的能力具有明显的浓度效应：处理浓度过高时 SNP 不仅不能诱导番茄果实的抗病性，反而会对果实造成一定程度的伤害；而低浓度处理则无显著效果；只有 $100 \sim 200 \ \mu mol/L$ 的 SNP 处理能够较好地发挥其诱抗作用。

不同的植物和组织对 NO 外源处理的浓度有不同的要求，因此在 NO 应用的过程中，首先要探索其适宜的处理浓度。

### 2.2　NO 诱导抗病反应的成熟度效应

果蔬的成熟度往往会对采后处理的效果产生影响，Harris 等（2000）在研究 1 – MCP 对采后果蔬乙烯生物合成的抑制作用时发现成熟度较低时其处理效果较明显；D'hallewin 等（1995）也发现随着番茄的成熟，紫外线处理诱导其抗病性的效果下降。生吉萍实验室的结果表明，番茄果实的成熟度也会影响外源 NO 供体 SNP 处理诱导其抗病反应的效果：在相同的处理浓度下，SNP 处理绿熟期和破色期的番茄果实能够显著地诱导其抗病性的增强，包括一系列防御酶活性的提高和对病原菌侵染的防御能力的增强；而从转色期开始其处理效果逐渐下降。可见，外源 NO 供体处理对采后番茄果实抗病反应的诱导作用受到果实成熟度的影响，在采后应用中应于转色期前进行处理。在其他果蔬品种中，NO 的作用是否也受到成熟度的影响仍有待进一步研究。

## 3　NO 在植物抗病反应中的作用机制

NO 可通过多种机制参与植物的抗病反应，既有对多种防卫基因的诱导作用，也有对植物超敏反应、细胞程序性死亡和次生代谢途径等的调控作用。

### 3.1　NO 对病原菌的毒害作用

NO 本身对病原菌并没有直接毒害作用。Laxalt 等（1997）在研究马铃薯与致病疫霉互作的实验中发现 NO 供体 SNP 直接处理对致病疫霉的生存无影响：致病疫霉能在含有 $100 \ \mu mol/L$ SNP 的琼脂培养基上生长，NO 的存在对致病疫霉的孢子囊数量和萌发率都无影响。

但是，NO 可与超氧阴离子（superoxide radical，$O_2^-$）反应产生毒性更强且具有膜通透性的过氧亚硝基阴离子（peroxynitrite，$ONOO^-$），后者不仅可以杀伤病原物，而且对病原菌细胞的脂类、蛋白和 DNA 都有损害作用。

### 3.2　NO 参与植物超敏反应和细胞程序性死亡过程

植物超敏反应（hypersensitive response，HR）和程序性细胞死亡过程在植物防御反应中占有重要的地位。NO 参与了对植物超敏反应和程序性细胞死亡的调控过程，是其中重要的信号分子，这也是 NO 对病原菌的间接毒杀作用机制之一。

HR 是病原菌侵染时植物在局部形成坏死斑以限制病害进一步侵染与扩散的反应。HR 的早期事件就是活性氧和 NO 的爆发。接种无毒菌株的大豆会迅速诱发 HR 产生，并伴随 NO 的爆发；接种烟草花叶病毒的烟草诱导的 HR 中也可观察到 NO 产生；而白粉病菌诱导大麦表皮细胞短暂的 NO 爆发则发生在 HR 相关的细胞崩解之前。NO 和 NOS 的抑制剂能够抑制植物体产生 PCD 的过程。而 NO 供体处理则能引发一些与 PCD 相关的反应，如电势损耗和细胞色素 C 释放等。此外，NO 介导的植物体内铁离子浓度升高有利于 HR 的产生，从而杀死入侵病原体（Navarre et al.，2000）。这些结果表明 NO 参与了与 HR 相关的 PCD 过程（Prats et al.，2005）。在 NO 介导的 PCD 过程中可观察到染色质浓缩，DNA 链断裂等现象。

通常，NO 和活性氧需协同激活大豆和烟草悬培细胞的 PCD，单独的活性氧对诱导细胞凋亡的作用很小。例如，酵母细胞壁激发子可快速激发大豆悬浮细胞产生一种强烈的氧化爆发，但无外源 NO 时甚至不能诱导细胞死亡（Delledonne et al.，1998）。值得注意的是，NO 在 HR 在细胞之间的扩散中的作用比起对 HR 的触发可能更重要。有研究认为，在拟南芥受病原菌侵染时，NO 可能作为信号分子引发邻近细胞死亡，但 NO 累积动力学和 HR 级数表明 NO 与 HR 在细胞间的传递有关而不是引发细胞死亡（Zhang et al.，2003）。

### 3.3　NO 诱导植物抗病基因的表达和防御酶的活性

植物防御基因的转录调控是植物防御反应的重要组成部分，在诱导植物抗病性中起着重要的作用。从参与抗病防卫反应的过程来讲，防卫基因受特定信号诱导而表达，信号刺激与基因转录之间常需要第二信使的存在。NO 作为重要的第二信使分子在其中起到至关重要的作用。NO 可以诱导多种植物防御基因的表达，并可提高植物体内多种防御酶的活性。

病程相关蛋白（PRs）的产生被认为是植物产生诱导抗病性的重要生化机制之一。当寄主植物受到病原物侵染时，在侵染部位和未侵染部位均有 PRs 积累（Sticher et al.，1997）。PR-1 是植物体内重要的病程相关蛋白之一，是植物抗病反应中的重要物质（Tornero et al.，1997），外源 SNP 处理在 3 h 内就能有效诱导番茄果实 *PR-1* 基因表达的升高。Durner 等（1998）在 NO 处理烟草中的研究结果也证明了这一点。此外，NO 处理不仅可诱导 *PR-1* 基因的表达，其蛋白的表达量也会显著上升。将哺乳动物 NOS 注入烟草叶片后，PR-1 蛋白显著积累，用几种 NO 供体处理烟草也可有效地诱导 PR-1 蛋白的表达；而 NOS 的抑制剂或 NO 清除剂处理均能抑制 NOS 诱导的 PR-1 表达（Durner et al.，1998）。

几丁质酶（chitinase，CHI）和 $\beta$-1,3-葡聚糖酶（$\beta$-1,3-glucanase，GLU）也是植物抗病反应中重要的 PRs。CHI 在高等植物体内普遍存在。它能水解病原物细胞壁成分——几丁质，从而具有直接的抗菌作用（Mauch et al.，1988）。此外，在水解几丁质过程中释放出的小分子物质又可作为激发子进一步诱导植物抗病性（Keen and Yoshikawa，1983）。GLU 主要降解真菌细胞壁中的 $\beta-1,3$-葡聚糖，其活性在植物抗性诱导过程中也会迅速升高（Sticher et al.，1997）。当用 NO 供体处理马铃薯叶片时，它们的 mRNA 水平都增加；在番茄果实中，外源 NO 供体处理还能诱导 CHI 和 GLU 酶活性的增强。

　　蛋白质磷酸化和脱磷酸化是生物体内信号传导的一种重要机制。蛋白质磷酸化由蛋白激酶催化完成。促分裂原活化蛋白激酶（mitogen-activated protein kinase，MAPK）是普遍存在于真核生物中的一类蛋白激酶。目前已从高等植物中分离出近 20 种 MAPK，它们参与环境胁迫、病原侵染和伤害等引起的信号传递过程。在烟草中发现一种 MAPK，称为"水杨酸诱导的蛋白激酶"（salicylic acid-induced protein kinase，SIPK），此酶受抗病过程特异激活。实验发现 NO 也可活化 SIPK，且 NO 对 SIPK 的活化需要水杨酸（SA）的参与（Kumar & Klessig，2000）。

　　除此之外，在植物抗性反应中，还有很多防御酶起到了重要的作用，如苯丙烷类代谢途径关键酶 PAL 和 PPO（章元寿，1996）等。苯丙烷衍生物（phenylpropanoids）是一类由苯丙氨酸衍生而来的含有芳香环和一个三碳单位的化合物的总称，它与 SA、木质素及一些抗生素的合成有关。PAL 基因的产物苯丙氨酸解氨酶是苯丙烷衍生物代谢途径的第一个酶。植物受到紫外线、光、机械损伤、氧化胁迫及病原物侵染等刺激时，PAL 是植物对这些刺激早期响应的重要防卫基因（Dixon & Paiva，1995）。在大豆细胞中，NOS 抑制剂处理明显减弱无毒丁香假单胞菌诱导的 PAL 基因表达，而 SNP 处理则可诱导其 PAL 基因的转录，这一诱导作用又可被 NO 清除剂所抑制（Delledonne et al.，1998）。此外，人工注射哺乳动物 NOS 于烟草叶片胞间区域，也可诱导 PAL 基因的瞬间表达。在普通番茄果实中，外源 NO 处理可不同程度地诱导 PAL 和 PPO 的活性，且其诱导效果非常迅速。

　　查尔酮合酶（chalcone synthase，CHS）基因编码苯基苯乙烯酮合酶，它是类黄酮和异类黄酮衍生抗生素支路的第一个酶。Delledonne 等（1998）在大豆细胞中发现，病原物诱导的 CHS 基因表达也依赖于内源 NO，NO 清除剂可抑制 SNP 诱导的 CHS 基因转录。

### 3.4　NO 诱导植物次生代谢产物的合成

　　NO 可以诱导和调控包括植保素在内的多种抗病相关的次生代谢产物的合成，从而提高植物体对病原物侵染的防御能力。PAL 是苯丙烷类合成途径中的第一个酶，它参与许多低分子量抗菌物质如植保素的合成。NO 可通过对 PAL 等基因的诱导而进一步诱导苯丙烷衍生物的合成，从而诱导 SA、木质素以及一系列植保素的合成。在研究马铃薯与致病疫霉互作的实验中，用 NO 释放剂处理不含抵抗致病疫霉的抗性基因的马铃薯品种，可诱导植保素 rishitin 的积累，而 NO 清除剂处理则能完全抑制这一作用（Noritake et al.，1996）。此外，用 NO 供体处理致病疫霉接种的马铃薯叶片可维持其叶绿素含量不下降，还能减轻感病导致的细胞离子渗漏，以及基因组 DNA 断裂（Beligni & Lamattina，1999）。

## 4　NO 的信号转导途径

在植物体内，NO 的信号转导途径主要分为依赖于 cGMP 的途径和不依赖于 cGMP 的途径两类。

### 4.1　NO 信号转导的环鸟苷酸（cyclic guanosine monophosphate，cGMP）依赖途径

NO 通过调节 cGMP 而发挥作用是 NO 作用的主要信号途径（图 2-2-4-5）。这一途径最早在动物体内被研究发现。NO 可活化鸟苷酸环化酶，以致第二信使 cGMP 水平升高（McDonald & Murad，1995）。在正常生理情况下，细胞内 NOS 处于低表达水平，但它对外源刺激反应迅速，受到激活后酶活性迅速增加，合成 NO；合成的 NO 激活鸟苷酸环化酶从而合成 cGMP，进一步通过第二信使 cGMP 而起作用；cGMP 通过调控离子通道、激活蛋白磷酸化酶等方式调节细胞的生理功能。现在已经证实 NO 的这种信号传递方式广泛存在于植物中。例如，用 NO 处理烟草叶片后可以检测到 cGMP 水平迅速而短暂的上升，cGMP 的这种变化参与了抗病反应中 PR-1 和 PAL 基因的诱导（Durner et al.，1998）。用 cGMP 类似物处理大豆细胞，能诱导 *PAL* 和 *PR*-1 积累并激活依赖 NO 的 cGMP 信号途径元件；在 NO 诱导的拟南芥细胞死亡中，cGMP 需求量不大但却是必须的；用哺乳动物中鸟苷酸环化酶的抑制剂 LY 83583 和 ODQ 处理都能抑制 NO 对烟草鸟苷酸环化酶以及 PAL 的诱导作用。

此外，cGMP 的下游信号分子环腺苷二磷酸核糖（cyclic adenosine diphosphate ribose，cADPR）和 Ca$^{2+}$ 也参与了植物 NO 信号的传递。cADPR 是哺乳动物 NO 信号转导的次级信使，在 cGMP 依赖的信号级联反应中起 Ca$^{2+}$ 动员作用。NO 合成后可扩散到邻近细胞，作为一种胞外刺激原进入细胞，激活鸟苷酸环化酶合成 cGMP，cGMP 再活化环腺苷二磷酸环化酶，产生环腺苷二磷酸核糖（cyclic adenosine diphosphate ribose，cADPR），进而作用于 Ca$^{2+}$ 通道而释放 Ca$^{2+}$，起到胞内信使作用。在植物中也证明 cGMP 和 cADPR 参与了植物体内的 NO 信号传导（图 2-4-2-2）。被 NO 激活的基因也可被 cADPR 所诱导，cADPR 被认为是植物体内 NO 信号转导中的重要次级信使之一。值得一提的是，尽管 cADPR 能诱导烟草 PAL 和 PR-1 表达，但却对 NO 诱导的 *PR*-1 表现出一定的抑制作用，说明 NO 能通过不只一种途径激活植物防卫反应（Klessig et al.，2000）。

总之，NO 通过调节鸟苷酸环化酶影响次级信使 cGMP 和 cGDPR 的合成，cGMP 或 cGDPR 作用于 PAL 而调节 SA 的积累，再经由 SA 信号的放大，从而诱导 *PR*-1 和其他抗病基因的表达，进而参与植物的抗病反应，这也是植物中 NO 发挥其作用的最主要的信号途径。

### 4.2　NO 信号转导的非 cGMP 依赖途径

#### 4.2.1　顺乌头酸酶（aconitase，ACO）途径

ACO 又称为顺乌头酸水合酶或柠檬酸（异柠檬酸）裂解酶，催化顺乌头酸生成柠檬酸或异柠檬酸。已证明，ACO 是植物中介导 NO 非 cGMP 途径抗病信号转导中的重要靶酶。NO 可以通过抑制 ACO 活性来调控防御反应和其他生理过程（Navarre et al.，

2000）。位于线粒体中的 ACO 是 Krebs 循环的组分，NO 可使之失活（Navarre et al.，2000）。ACO 与 NO 反应后能转变为调节细胞铁状态的 mRNA 结合蛋白（iron - regulatory protein，IRP）。烟草细胞质中的 *ACO* 基因编码的蛋白质氨基酸序列与人 *IRP* - 1 具有 61% 的序列同源性，而且含有保守的 mRNA 结合残基。ACO 通过对靶基因的调控增加细胞内铁离子含量，铁离子进一步发生 Fenton 反应产生自由基，对病原菌进行毒杀（Wendehenne et al.，2001）。一般认为 NO 造成 ACO 失活的原因可能与其含有一个易被氧化的 4Fe - 4S 中心有关（Navarre et al.，2000）。张文利等（2002）研究认为，NO 直接氧化小麦叶片 ACO 的 4Fe - 4S 中心的二价铁原子，从而导致该酶活性中心变构并失活。

### 4.2.2　蛋白质的 S - 亚硝基化途径

NO 还会通过其他一些途径发挥作用。例如，NO 可通过蛋白质的 S - 亚硝基化作用直接与蛋白发生反应，对其进行转录后的修饰（Durner & Klessig，1999）。

NO 能氧化、硝基化及 S - 亚硝基化蛋白质中的活性氨基酸如半胱氨酸、酪氨酸的巯基以及蛋白质的转铁中心（Stamler et al.，2001）。这些调节能根据环境信号可逆而特异地改变细胞内蛋白质构象（Mannick & Schonhoff，2002）。哺乳动物中，NO 依赖的转录后调节能作为胞内信号调节机体对微生物和肿瘤细胞免疫能力。植物中的 Metacaspase 是一种半胱氨酸蛋白酶，NO 能通过巯基亚硝化修饰半胱氨酸酶残基以调节其蛋白酶解活性（Belenghi et al.，2007）。目前对植物 NO 依赖的转录后调节研究还不多，鉴定对 NO 调节敏感的蛋白将有利于更好的理解 NO 在植物中的病理学和生理学功能。

### 4.2.3　蛋白激酶途径

NO 还可通过激活蛋白激酶发挥其生物学效应。哺乳动物中 MAPKs 是 NO 的一种胞内靶蛋白，在植物中也发现了这种蛋白。据报道至少有 2 种 MAPKs 在植物防卫反应早期起调节功能（Cardinale et al.，2000）。例如，NO 可以激活由其他信号分子如 SA 和 $H_2O_2$ 激活的烟草 MAPK。分析转基因 NahG 烟草结果揭示，SA 对由 NO 介导的 SIPK 的激活是必要的，在 NO 信号途径中 SIPK 作为 SA 的下游分子发挥功能。其他一些激酶也在植物抗病反应中起作用。

总之，NO 的信号途径是复杂而多样的，由 NO 诱导的蛋白激酶、磷酸化酶、转录因子、离子通道以及其他信号蛋白的研究鉴定和定性分析也将是今后 NO 研究工作中的重点之一。越来越多的研究证据表明，NO 信号转导是一个复杂的信号网络，并且与其他胁迫反应的信号转导网络重叠。

## 5　抗病反应中 NO 与其他信号分子之间的关系

植物与病原的相互作用是一个复杂的系统，涉及多种信号分子。在植物抗病反应过程中，各个抗病信号途径并不是孤立存在的，各信号分子间相互交叉，组成信号网络，共同调控植物的抗病反应。

NO 作为重要的抗病信号分子，其参与植物抗病反应的一个重要途径就是与其他信号分子互作，协同调控植物抗性反应（Romero - Puertas et al.，2004）。例如，NO 与水杨酸（salicylic acid，SA）、茉莉酸（jasmonate，JA）、乙烯（ethylene，ETH）以及过氧化氢（hydrogen peroxide，$H_2O_2$）等信号分子之间在抗性诱导中的关系就十分密切。

### 5.1 NO 与 SA 的关系

SA 是一种小分子酚类物质，作为植物应对生物胁迫的重要信号分子，SA 能够诱导植物对病原胁迫产生持续抗性，诱导一系列植物抗性相关酶的合成，调节其活性（Gaffney et al.，1993）。NO 和 SA 之间存在着多效的相互作用。

一方面，NO 能够激发植物体内 SA 的积累，经 NOS 处理的烟草叶片中总 SA 水平明显上升（Durner et al.，1998）。NO 可以通过激活苯丙氨酸解氨酶（phenylalanine ammonialyase，PAL）合成更多的 SA（Dang，1998）。而 SA 也能诱导 NO 的合成（Van Camp et al.，1998）。同时，过氧化氢酶（catalase，CAT），顺乌头酸酶（aconitase，ACO），抗坏血酸过氧化物酶（ascorbate peroxidase，APX），蛋白激酶 SIPK（SA-induced protein kinase）等都是 NO 和 SA 共同的靶酶。SA 可能通过改变这几种 NO 调节酶的活性来加强 NO 的作用，两者也可能通过靶向相同的效应酶基因来协同作用（Klessig et al.，2000）。此外，NO 可以通过依赖 SA 信号途径激活或增强植物防卫反应。将哺乳动物 NOS 注入野生烟草叶片中后，病程相关蛋白 1（pathogenesis-related protein，PR-1）显著积累；但在不能积累 SA 的转 nahG 基因烟草中 PR-1 的表达水平没有提高（Klessig et al.，2000），说明 NO 通过 SA 诱导 *PR*-1 基因表达，SA 是 NO 诱导 *PR*-1 基因表达所必需的（Durner et al.，1998）。

另外，除了与 NO 协同激活一些防卫反应之外，也有 SA 拮抗 NO 作用的报道。在哺乳动物细胞中，水杨酸盐是哺乳动物细胞中 NO 及其衍生物的强清除剂（Hermann et al.，1999）。水杨酸盐能够抑制诱导型一氧化氮合酶（induced nitric oxide synthase，iNOS）的活性和转录，从而抑制 NO 的合成（Farivar & Brecher，1996）。在植物中，SA 也可能通过激活对 NO 不敏感的氧化酶来拮抗 NO 的作用。

### 5.2 NO 与 JA 的关系

茉莉酸类化合物（jasmonates，Jas）包括茉莉酸（jasmonate，JA）、茉莉酸甲酯（methyl jasmonates，MeJA）以及其他衍生物，广泛存在于自然界，是植物抗病反应中一类重要的信号分子（Creelman & Mullet，1997）。NO 与 JA 之间也存在着密切的关系。用一定浓度的 JA 处理拟南芥表皮细胞能够诱导 NO 的产生，NO 可能通过诱导 JA 响应基因的表达而参与该信号途径的调控（Huang et al.，2004）。此外，在 NO、JA 和 SA 之间还存在更为复杂的信号交叉，JA 诱导拟南芥表皮细胞产生 NO，而外源 NO 诱导 JA 生物合成的基因表达，但是 NO 处理又不增加细胞中 JA 的水平，却使 SA 缺乏的突变体植株产生 JA，因此推测 SA 在 NO 介导的 JA 合成中起负调控作用（Huang et al.，2004）。但三者之间的关系仍有待进一步研究。

### 5.3 NO 与 ETH 的关系

ETH 在植物体内具有广泛的生物功能。作为一种内源激素，ETH 参与了对种子萌发、性别分化、器官脱落和果实成熟等植物多种生理活动的调控（Bleecker and Kende，2000）。近些年的研究表明 ETH 在植物抗性反应中也起到重要作用，是其中重要的信号分子。病原物侵染等能够诱导 ETH 大量生成（Chen et al.，2003），且会影响 ETH

受体突变体对 ETH 的敏感性（Diaz et al.，2002）；此外，真菌侵染还可诱导拟南芥中 ETH 信号转导途径中重要的转录因子 ERF1（ETH 反应因子）基因的表达，而 ERF1 超表达会诱导抗性的增强（Berrocal‑Lobo & Molina，2004）。但目前 ETH 在植物抗病反应中的作用和机制仍有待于进一步研究。

ETH 与 NO 在抗性诱导中存在着密切而复杂的关系（Arasimowicz and Floryszak‑Wieczorek，2007）。它们的互作比他们各自的单独作用更重要（Romero‑Puertas et al.，2004）。

一方面，NO 能够影响植物内源 ETH 的释放。有研究认为，NO 处理能够抑制 ETH 的产生（Leshem and Pinchasov，2000）。在环境和病原菌的胁迫条件下，NO 和 NOS 可能作为对 ETH 有抑制作用的胁迫对抗因子存在，从而对胁迫发生响应（Leshem and Wills，1998）。还有研究表明 NO 是通过影响 ETH 生物合成过程中的关键限速酶 ACC 合酶（1‑aminocyclopropane‑1‑carboxylate synthease，ACS）和 ACC 氧化酶（1‑Aminocyclopropane‑1‑carboxylate oxidase，ACO）的活性来调节 ETH 生物合成的（Zhu & Zhou，2007）；NO 可通过顺乌头酸酶途径调控植物体内铁离子水平，而铁离子是 ACS 的辅因子（Leshem et al.，2001）。NO 对 ETH 生物合成的影响具有显著的浓度效应。适宜浓度的 NO 处理能够抑制 ETH 的生物合成，而浓度较高时，NO 处理反而会促进 ETH 产生，并对植物体造成伤害。此外，NO 对 ETH 的作用还会受到采后果蔬成熟度的影响。生吉萍实验室研究结果表明，在采后番茄果实中，外源 NO 供体对 ETH 生物合成的抑制作用具有成熟度依赖性，在破色期前处理番茄果实才能起到抑制 ETH 合成的作用。

另一方面，ETH 对 NO 的合成也会产生影响。Leshem 等（1997）发现，在生长的植物组织中，ETH 前体的出现不但促进 ETH 的释放，同时也刺激更多的 NO 产生。因此，ETH 也可能作为一种调节物质调控组织中 NO 的水平，从而对植物的生理功能进行调节。不仅如此，ETH 生物合成和信号转导在 NO 介导的植物抗性诱导过程中也是不可或缺的。生吉萍实验室研究结果表明，以外源 NO 供体处理采后野生型番茄果实，其抗病能力显著增强，而在 ETH 生物合成受阻的转反义 ACS2 番茄果实或 ETH 信号转导受阻的转反义 ERF2 番茄果实中，外源 NO 供体处理的诱抗效果不显著，说明在 NO 诱导的番茄果实抗性反应信号网络中 ETH 的生物合成和信号转导中的重要因子 ACS 和 ERF 起到重要作用。

## 5.4　NO 与 $H_2O_2$ 的关系

$H_2O_2$ 是一种最稳定的活性氧，长期以来它被认为是对植物细胞具有毒害作用的代谢产物。然而，近年来 $H_2O_2$ 在信号转导中的作用已经被越来越多的实验证实（Elisa et al.，2006）。$H_2O_2$ 在受到胁迫时被迅速诱导、大量产生，特别是它能通过细胞膜的水通道进行跨膜运输，在细胞之间迅速扩散和代谢，这些特性使它具备了其他种类活性氧不可比拟的信号分子的作用（Neill et al.，2002）。因此，$H_2O_2$ 甚至被称为"可移动的信号分子"（Karpinski et al.，1997）。

作为植物细胞内的一个信号分子，$H_2O_2$ 参与了植物抗性反应过程。$H_2O_2$ 可能触发了 MAPK 引起的级联反应。外源 $H_2O_2$ 处理拟南芥叶肉原生质体，激活 MAPK 的上游因子，触发 MAPK 级联的信号传递，最终导谷胱甘肽 - S - 转移酶（glutathione - S - transferase，GST）等抗性相关基因的表达（苗雨晨等，2001）。在植物的抗性反应中，$H_2O_2$ 作为细胞间和细胞内的关键信号与植物抗病原微生物的超敏反应关系密切。研究发现 $H_2O_2$ 是超敏反应中细胞死亡信号转导过程中的重要信号分子，$H_2O_2$ 和 SA 的积累导致细胞死亡的启动（Moeder et al.，2002）。

　　植物内 NO 和 $H_2O_2$ 的关系很密切，二者的生理效应相似并具有协同性，且都参与促进细胞编程性死亡、诱导防御基因的表达等。用病毒侵染大豆悬浮细胞培养物诱导细胞程序性死亡时发现 $H_2O_2$ 和 NO 的协同作用在其中起到不可或缺的作用（Betake and Jones，2001）；Pinto 等（2002）也发现单独的 $H_2O_2$ 或 NO 并不足以引起烟草细胞执行过敏性坏死反应，只有 $H_2O_2$ 和 NO 同时存在时过敏性坏死才会发生。植物内 NO 和 $H_2O_2$ 之间的平衡调控着植物超敏反应（Romero - Puertas et al.，2004）。

　　NO 可能通过调控 $H_2O_2$ 水平参与胁迫信号转导（Clark et al.，2000）。Delledonne 等（1998）对大豆研究后发现 NO 能促进内源 $H_2O_2$ 产生，提高细胞对 $H_2O_2$ 的敏感程度；但 Lander 等（1993）则发现在 $H_2O_2$ 浓度较高的情况下，其合成酶 NADPH 氧化酶的活性受 NO 的抑制。在采后番茄果实中，外源 NO 处理能够双向调控 $H_2O_2$ 的水平：当 $H_2O_2$ 水平较低时，外源 NO 处理能够诱导低浓度的 $H_2O_2$ 产生；而当 $H_2O_2$ 水平较高、对植物造成伤害时，外源 NO 处理能够抑制 $H_2O_2$ 的合成与积累（Fan et al.，2008）。进一步的研究表明 NO 对 $H_2O_2$ 的调控作用是通过对超氧化物歧化酶（superoxide dismutase，SOD）、CAT 和 APX 等 $H_2O_2$ 合成代谢酶活性的调控而实现的（Fan et al.，2008）。

　　另外，$H_2O_2$ 也可以通过对 NOS 活性的影响反过来调控 NO 的产生（刘新等，2003）。此外，$H_2O_2$ 还参与了 NO 诱导植物抗病反应的过程。生吉萍实验室研究结果表明，在番茄果实抗真菌抗性诱导过程中，NO 与 $H_2O_2$ 之间存在互作关系，NO 处理诱导抗病性的作用需要 $H_2O_2$ 的存在，当 $H_2O_2$ 缺失时外源 NO 处理降低发病率和促进防御酶活性的作用均被削弱（Fan et al.，2008）。总之，NO 与 $H_2O_2$ 在抗性反应中相互影响，关系密切。它们之间的关系是相互抑制还是协同作用可能取决于它们的浓度比例（Wendehenne et al.，2001）。

　　NO 作为一种信号分子在植物的抗病过程中发挥了重要作用。随着研究的深入，在不久的将来，NO 处理必将成为采后防病抗病的一种重要方式和方法。

## 参 考 文 献

刘新，张蜀秋，娄成后．2003.植物体内一氧化氮的来源及其与其他信号分子之间的关系．植物生理学通讯，39（5）：513-518.

苗雨晨，董发才，宋纯鹏．2001.过氧化氢——植物体内的一种信号分子．生物学杂志，2（2）：4-7.

张文利，沈文飚，叶茂炳．2002.小麦叶片顺乌头酸酶对 NO 和 $H_2O_2$ 的敏感性．植物生理与分子生物学学报，28（2）：99-104.

章元寿．1996.植物病理生理学．江苏：科学技术出版社．246.

Arasimowicz M，Floryszak - Wieczorek J. 2007. Nitric oxide as a bioactive signalling molecule in plant stress responses. *Plant Science*，172：876-887.

Beligni M V，Lamattina L. 1999. Is nitric oxide toxic or protective? *Trends in Plant Sciense*，4：299-310.

Beligni M V，Lamattina L. 2000. Nitric oxide stimulates seed germination and deetiolation and inhibits hypocotyl elongation, three light - inducible responses in plants. *Planta*, 210: 215 - 221.

Berrocal - Lobo M, Molina A. 2004. Ethylene response factor1 mediate Arabidopsis resistance to the soilborne fungus *Fusarium oxysporum*. *Molecular Plant - Microbe Interactions*, 17: 763.

Betake P C, Jones R L. 2001. Cell death of barley aleurone protoplasts is mediated by reactive oxygen species. *Plant Journal*, 25: 19-29.

Belenghi B, Romero Puertas M C, Vercammen D. 2007. Metacaspase activity of *Arabidopsis thaliana* is regulated by S - nitrosylation of a critical cysteine residue. *Biological Chemistry*, 282: 1352-1358.

Bleecker A B, Kende H. 2000. Ethylene: a gaseous signal molecule in plants. *Annual Review of Cell and Developmental Biology*, 16: 1-40.

Cardinale F, Jonak C, Ligterink W. 2000. Differential activation of four specific MAPK pathways by distinct elicitors. *Journal of Biological Chemistry*, 275: 36734-36740.

Chen N, Goodwin P H, Hsiang T. 2003. The role of ethylene during the infection of *Nicotiana tabacum* by Colletotrichum destructivum. *Journal of Experimental Botany*, 54: 2449-2456.

Clark D, Dunar J, Navarre D A. 2000. Nitric oxide inhibition of tobacco catalase and ascorbate peroxidase. *Molecular Plant - Microbe Interactions*, 13: 1380-1384.

Creelman R A, Mullet J E. 1997. Biosynthesis and action of jasmonates in plants. *Annual Review of Psychology*, 48: 355-381.

D' hallewin G, Schirra M, Manueddu E. 1995. Scoparone and scopoletin accumulation and ultraviolet - C induced resistance to posharvest decay in oranges as influenced by harvest date. *Journal of the American Society for Horticultural Science*, 124: 702-707.

Dang J. 1998. Plants just say NO to pathogens. *Nature*, 394: 525-257.

Delledonne M, Xia Y, Dixon R A. 1998. Nitric oxide functions as a signal in plant disease resistance. *Nature*, 394: 585-588.

Diaz J, ten Have A, van Kan J. 2002. The role of ethylene and wound signaling in resistance of tomato to *Botrytis cinerea*. *Plant Physiology*, 129: 1341-1351.

Dixon R A, Paiva N L. 1995. Stress - induced phenylpropanoid metabolism. *Plant Cell*, 7: 1085-1097.

Durner J, Klessig D F. 1999. Nitric oxide as a signal in plants. *Current Opinion in Plant Biology*, 2: 369-374.

Durner J, Wendehenne D, Klessig D F. 1998. Defense gene induction in tobacco by nitric oxide, cyclic CMP and cyclic ADP - ribose. *Proceedings of the National Academy of Sciences of the United States of America*, 95: 10328-10333.

Elisa Z, Stijn M, James D. 2006. Nitric oxide and hydregen peroxide responsive gene regulation during cell death induction in tobacco. *Plant Physiology*, 141: 404-411.

Fan B, Shen L, Liu K L, et al. 2008. Interaction between nitric oxide and hydregen peroxide in postharvest tomato resistance responses to *Rhizopus nigricans*. *Journal of the Science of Food and Agriculture*, 88: 1238-1244.

Fan X, Argenta L, Mattheis JP. 2000. Inhibition of ethylene action by 1 - methylcyclopropene prolongs storage life of apricots. Postharvest *Biology and Technology*, 20: 135 — 142.

Farivar R S, Brecher P. 1996. Salicylate is a transcriptional inhibitor of the inducible nitric oxide synthase in cultured cardiac fibroblasts. *Biological Chemistry*, 271: 31585-31592.

Gaffney T, Friedrich L, Vernooij B. 1993. Requirement of salicylic for the induction of systemic acquired resistance. *Science*, 261: 754-756.

Graziano M, Beligni M V, Lamattina L. 2002. Nitric oxide improves internal iron availability in *plants. Plant Physiology*，130：1852-1859.

Harris D R，Seberry J A，Wills R B H. 2000. Effect of fruit maturity on efficiency of 1 − methylcyclopropene to delay the ripening of banana. *Postharvest Biology and Technology*，20：303-308.

Hermann M，Kapiotis S，Hofbauer R. 1999. Salicylate inhibits LDL oxidation initiated by superoxide nitric oxide radicals. *FEBS Letters*，45：212-214.

Huang X，Stettmaier K，Michel C. 2004. Nitric oxide is induced by wounding and influences jasmonic acid signaling in *Arabidopsis thaliana*. *Planta*，218：938-946.

Karpinski S，Escobar C，Karpinska B. 1997. Photosynthetic electron transport regulates the expression of cytosolic ascorbate peroxidase genes in Arabidopsis during excess light stress. *Plant Cell*，9：627-640.

Keen N T，Yoshikawa M. 1983. β − 1，3 − Endoglucanase from soybean releases elicitor − active carbohydrates from fungus cell walls. *Plant Physiology*，71：460-465.

Keller T，Damude H G，Werner D. 1998. A plant homolog of the neutrophil NADPH oxidase gp91phox subunit gene encodes a plasma membrane protein with $Ca^{2+}$ binding motifs. *Plant Cell*，10：255-266.

Klessig D F，Durner J，Noad R. 2000. Nitric oxide and salicylic acid signaling in plant defense. *Proceedings of the National Academy of Sciences of the United States of America*，97：8849-8855.

Kumar D，Klessig D F. 2000. Differential induction of tobacco MAP kinases by the defense signals nitric oxide，salicylic acid，ethylene，and jasmonic acid. *Molecular Plant − Microbe Interactions*，13：347-351.

Lander H M，Sehajpal P K，Novogrodsky A. 1993. Nitric oxide signaling：a possible role for G − proteins. *Journal of Immunology*，151：7182-7187.

Laxalt A M，Beligni M V，Lamattina L. 1997. Nitric oxide preserves the level of chlorophyll in potato leaves infected by *Phytophthora infestans*. *European Journal of Plant Pathology*，103：643-651.

Leshem Y Y，Haramaty E. 1996. The characterization and contrasting effects of the nitric oxide free radical in vegetative stress and senescence of *Pisum sativum* Linn. foliage. *Journal of Plant Physiology*，148：258-263.

Leshem Y Y，Haramaty E，Ilu Z D. 1997. Effect of stress nitric oxide（NO）：interaction between chlorophyll fluorescence，galactolipid fluidity and lipoxyenase activity. *Plant Physiology and Biochemistry*，35：573-759.

Leshem Y Y，Pinchasov Y. 2000. Noninvasive photoacoustic spectroscopic determination of relative endogenous nitric oxide and ethylene content stoichiometry during the ripening of strawberries *Fragaria anannasa*（Duch. ）and avocados Persea amaricana（Mill. ）. *Journal of Experimental Botany*，51：1471-1473.

Leshem Y Y，Will S R，Kuv V V. 2001. Applications of nitric oxide（NO）for postharvest control. *Acta Horticulturae*，553：571-575.

Leshem Y Y，Wills R B H. 1998. Harnessing senescence delaying gases nitric oxide and nitrous oxide：a novel approach to postharvest control of fresh horticultural produce. *Biologia Plantarum*，41：1-10.

Mauch F，Mauch − Mani B，Boller T. 1988. Antifungal hydrolases in pea tissue I：induction of fungal growth by combination of chitinase and β−1，3−glucanase. *Plant Physiology*，88：936-942.

Mannick J B，Schonhoff C M. 2002. Nitrosylation：the next phosphorylation. *Archives of Biochemistry and Biophysics*，408：1-6.

McDonald I J，Murad F. 1995. Nitric oxide and cGMP signaling. *Advances in Pharmacology*，34：263-276.

Moeder W，Barry C S，Tauriainen A. 2002. Ethylene synthesis regulated by bi − phasic induction of ACC synthase and ACC oxidase genes is required for $H_2O_2$ accumulation and cell death in ozone − exposed tomato. *Plant Physiology*，130：1918-1926.

Navarre DA，Wendehenne D，Durner J. 2000. Nitric oxide modulates the activity of tobacco aconitase. *Plant Physiology*，122：573-582.

Neill SJ，Desikan R，Hancock J T. 2002. Hydrogen peroxide signaling. *Current Opinion in Plant Biology*，5：388-395.

Noritake T，Kawakita K，Doke N. 1996. Nitric oxide induces phytoalexin accumulation in potato tuber tissues. *Plant and Cell Physiology*，37：113-116.

Pinto M C，Tommasi F，De Gara L. 2002. Changes in the antioxidant systems as part of the signaling pathway responsible for the programmed cell death activated by nitric oxide and reactive oxygen species in tobacco bright - yellow cells. *Plant Physiology*，130：323-332.

Polverari A，Molesini B，Pezzotti M. 2003. Nitric oxide - mediated transcriptional changes in *Arabidopsis thaliana*. *Molecular Plant - Microbe Interactions*，16：1094-1105.

Prats E，Murla J，Sanderson R. 2005. Nitric oxide contributes both to papilla - based resistance and the hypersensitive response in barley attacked by *Blumeria graminis* f. sp. *hordei*. *Molecular Plant Pathology*，6：65-78.

Romero - Puertas M C，Perazzolli M，Elisa D. 2004. Nitric oxide signalling functions in plant - pathogen interactions. *Cellular Microbiology*，6：795-803.

Stamler J S. 1994. Redox signaling：nitrosylation and related target interactions of nitric oxide. *Cell*，78：931-936.

Stamler J S，Lamas S，Fang F C. 2001. Nitrosylation：the prototypic redox - based signaling mechanism. *Cell*，106：675-683.

Sticher L，Mauch - Mani B，Métraux J P. 1997. Systemic acquired resistance. *Annual Review of Phytopathology*，35：235-270.

Tada Y，Mori T，Shinogi T. 2004. Nitric oxide and reactive oxygen species do not elicit hypersensitive cell death but induce apoptosis in the adjacent cells during the defense response of oat. *Molecular Plant - Microbe Interactions*，17：245-253.

Tornero P，Gadea J，Conejero V. 1997. Two PR - 1 genes from tomato are differentially regulated and reveal a novel mode of expression for a pathogenesis - related gene during the hypersensitive response and development. *Molecular Plant - Microbe Interactions*，10：624-634.

Urszula Malolepsza，Sylwia Rózalska. 2005. Nitric oxide and hydrogen peroxide in tomato resistance. Nitric oxide modulates hydrogen peroxide level in o - hydroxyethylorutin - induced resistance to Botrytis cinerea in tomato. *Plant Physiology and Biochemistry*，43：623-635.

Van Camp W，Van Montagu M，Inzé D. 1998. $H_2O_2$ and NO：redox signals in disease resistance. *Trends in Plant Sciense*，3：330-334.

Wendehenne D，Pugin A，Klessig D F. 2001. Nitric oxide：comparative synthesis and signaling in animal and plant cells. *Trends in Plant Science*，6：177-183.

Zhang C，Czymmek K J，Shapiro A D. 2003. Nitric oxide does not trigger early programmed cell death events but may contribute to cell - to - cell signaling governing progression of the Arabidopsis hypersensitive response. *Molecular Plant - Microbe Interactions*，16：962-972.

Zhu S H，Zhou J. 2007. Effect of nitric oxide on ethylene production in strawberry fruit during storage. *Food Chemistry*，100：1517-1522.

（生吉萍）

# 第三章　生物防病技术及抑病机制

## 第一节　生物拮抗菌的防病效果及抑病机理

**导言**

水果蔬菜富含大量的维生素、有机酸、矿质元素和抗氧化物质等营养成分，成为人类膳食结构中的重要组成部分。许多果实因其色泽艳丽、风味独特而深受人们的青睐。然而，果蔬产品的生产地一般都远离城市，成熟期也相对集中，需要有一定的贮藏和运输周期来调节产品的市场供求矛盾。在此期间果蔬产品的品质容易恶化，出现失水、变色、异味和腐烂，损失非常严重。据统计，发达国家新鲜果蔬产品的采后损失在 15%～25%，而缺乏冷藏、冷链运输和销售的发展中国家，其腐损率高达 20%～50%。

尽管采后果蔬产品品质损失的诱因很多，但由病原菌引起的腐烂是最主要的原因。病原菌通常在采前或采收期和采后的贮、运、销过程中侵染寄主，而病害的发生与发展又取决于环境条件和寄主的抗病性（田世平，2001）。控制病害的传统方法是使用化学农药，然而，长期使用化学药剂防病已经导致许多病原菌产生了抗药性，从而降低了化学药剂的防病效果。同时，生产上频繁和高浓度地使用化学农药，不但增加了防病的成本，也造成果蔬产品上的农药残毒严重超标，影响人类的健康，化学农药防病对人体的毒害和环境的污染已经越来越受到人们的关注。为了减少化学杀菌剂的用量，确保农产品的卫生和安全，各国科学家都致力于研究更安全有效的防病新技术，生物技术控制病害就成为当今研究的热点（Janisiewicz & Korsten，2002）。

生物防治（biological control）是利用微生物之间的拮抗作用，选择对寄主不造成危害，但对病原菌致病力有明显抑制作用的微生物来防治寄主病害的一种有效方法。生物防治是一项具有很大潜力的新兴技术，可以有效地减少化学农药的使用量和由此带来的环境污染，减轻农药残毒，有利于农产品的食用安全。大量的研究表明，生物防治将成为取代化学杀菌剂的有效方法之一（Droby et al.，2009）。

果实采后病害生物防治研究起始于 20 世纪 70 年代，研究初期主要是分离筛选出一些有效的生物拮抗菌株，并研究这些生物拮抗菌对不同果实采后主要病原菌的抑制效果，拮抗菌对环境条件的适应力，拮抗菌的抑病机理以及提高拮抗菌生防效力的综合配套技术（Tian，2006）。近年来，随着分子生物学、生物化学、蛋白质组学等研究技术的快速发展，在揭示生物拮抗菌抑病机理方面取得了新的研究进展。

## 1 生物拮抗菌的主要种类

迄今为止，人们已经分离和筛选出了上百种生物拮抗菌株，这些生物菌包括了具有拮抗作用的细菌（*Bacillus* spp.，*Burkholderia* spp.，*Pseudomonas* spp. 等），小型丝状真菌（*Aspergillus* spp.，*Trichoderma* spp. 等）和酵母菌（*Candida* spp. *Cryptococcus* spp.，*Debaryomyces* spp.，*Kloeckera* spp.，*Pichia* spp.，*Rhodotorula* spp.，*Trichosporon* spp. 等）。大量的试验结果表明，有些生物拮抗菌对果蔬采后的主要病原真菌有明显抑菌效果。由于大多数果蔬产品采后都是低温贮藏，通常低温要影响抗生菌的生长和繁殖能力，而许多采后病原菌，如 *Botrytis* spp. *Molinilia* spp. *Penicillium* spp. 等在零度以下的低温环境都能生长，并引起果蔬产品致病。因此，理想的拮抗菌通常应具有以下特点：①具有以较低浓度在果蔬表面上生长和繁殖的能力；②能和其他采后处理措施和化学药物相容，并对低温和气调环境有较好的适应能力；③能利用低成本培养基进行大规模生产；④遗传性稳定；⑤具广谱抗菌性，不产生对人有害的代谢产物；⑥对寄主不致病。

采后生物防治的拮抗菌主要有细菌、酵母菌和小型丝状真菌。近年来，随着生物拮抗菌抑病机理的揭示，酵母菌越来越受到青睐，成为防治果蔬病害的主要拮抗菌。其原因有三：其一，酵母菌不产生抗生素，安全性有保障；其二，酵母菌能在较干燥的果蔬表面生存，可产生胞外多糖加强其自身的生存能力，能迅速利用营养进行繁殖，并对定殖点（colonization site）和萌芽时插入真菌繁殖体的位点要求都很严格；其三，酵母菌受杀虫剂的影响较小，能与多种外源化学物质配合使用，应用前景广阔。

## 2 生物拮抗菌的抑病效果

### 2.1 不同生物拮抗菌的防病效果

枯草芽孢杆菌（*Bacillus subtilis*）：*B. subtilis* 是最早被发现对果实采后真菌病害有抑制效果的一种拮抗细菌。1953 年，Gutter 和 Littauer 首先发现 *B. subtilis* 对柑橘青霉病原菌（*Penicillium italicum*）有拮抗作用，并报道了 *B. subtilis* 对柑橘青霉病的抑制效果。之后 Singh 和 Deverall（1984）进一步证实了 *B. subtilis* 对柑橘果实青霉病、绿霉病和蒂腐病的抑病效果。1984 年，Pusey 和 Wilson 将从土壤中分离到的 *B. subtilis* 成功地用于防治桃、油桃、李和杏等核果的褐腐病。1986 年，Utkhede 和 Sholberg 又报道了 *B. subtilis* 和 *Enterobacter aerogenes* 对樱桃果实褐腐病的防治效果。

另外，范青等系统地研究了从土壤中分离的 *B. subtilis*（B-912）在不同贮藏温度下不同接种时间的活菌液、热处理液和过滤液对柑橘青、绿霉病的抑制效果（范青等，2000a）。他们发现，B-912 活菌液的抑菌效果最佳，柑橘果实 24 h 和 48 h 接种后在 25℃下贮藏 7 天，没有病害发生。热处理液和过滤液的抑病效果次之，但都显著地好于对照（图 2-3-1-1）。

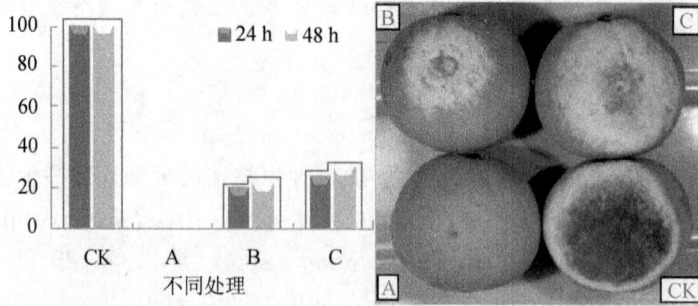

图 2 - 3 - 1 - 1　枯草芽孢杆菌不同处理液对柑橘绿霉病的防治效果（25℃，7 天）

A 活菌液；B 过滤液；C 热处理液；CK 对照

较高的贮藏温度有利于枯草芽孢杆菌对青霉病菌的抑制作用，活菌液处理的果实在 25℃下的发病率及病斑直径均小于 15℃下的果实，24 h 后接种病菌孢子的果实其发病率及病斑直径一般都高于 48 h 后接种的果实。

随后，他们研究了不同处理的 *B. subtilis*（B - 912）在不同贮藏温度下对采后黄桃和油桃褐腐病（*Monilinia fructicola*）的防治效果（Fan et al.，2000）。证实用 $10^6$ CFU / mL 的 B - 912 能显著地降低褐腐病的发生，黄桃和油桃的发病率仅分别为 20% 和 40% 。而 $10^8$ CFU / mL 的 B - 912 能完全抑制贮藏在 25℃ 和 3℃ 下油桃和黄桃果实褐腐病的发生。同时，将 B - 912 与扑海因配合使用能显著地抑制褐腐病的发生，其抑病效果比单独使用 B - 912 或扑海因的好。B - 912 的滤液在 *in vitro* 上能有效地抑制病菌孢子的萌发，也能在 *in vivo* 上明显地抑制桃褐腐病的发生。由此也证明了 *B. subtilis* 的抑菌机理与其产生的抗菌物质有关。

假单胞菌（*Pseudomonas* spp.）：有研究表明，丁香假单胞菌（*Pseudomonas syinga*）对柠檬果实绿霉病（Smilanick & Dennis - Arrue，1992.）梨果实绿霉病和灰霉病（Janisewicz & Marchi，1992）以及桃和油桃果实褐腐病（Smilanick et al.，1993）也有显著的抑制作用。同时，Janisiewicz 和 Roitman（1987）报道洋葱假单胞菌（*Pseudomonas cepacia*）能有效地防治苹果果实毛霉（mucor）病，以及苹果和梨果实的青霉病和灰霉病（Janisiewicz & Roitman，1988）。另外，其他细菌如 *Bacillus pumilus* 和 *Bacillus Amylolique faciens* 对防治苹果青霉病和灰霉病也有一定效果（Janisiewcz，1988）。

假丝酵母（*Candida* spp.）：假丝酵母是一类对果实采后病害有明显抑制效果的拮抗菌，能在果实伤口快速繁殖生长，对许多采后病原菌都表现出明显的抑制作用。1992 年，MacLaughlin 等（1992）调查了季也蒙假丝酵母（*C. guilliermondii*）的两个菌株 87 和 101 在 24℃ 下对桃软腐病（*Rhizopus stolonifer*）的抑制效果，他们用 $5×10^8$ CFU/mL 的拮抗菌处理伤口后再接种 $10^3$ 个/mL 的病菌孢子，贮藏 4 天后的发病率分别为 35.2% 和 34.4%（MacLaughlin et al.，1992）。之后，范青等进一步研究了 *C. guilliermondii* 在培养基上和不同贮藏温度下桃果实上对软腐病的抑制作用（范青等，2000b）。他们发现 *C. guilliermondii* 的使用浓度和接种时间都会影响其抑菌效果。使用浓度越大，抑病效果就越好。用浓度为 $5×10^8$ CFU/mL 的酵母悬浮液就能完全抑制 25℃、15℃ 和 3℃ 下桃果实的软腐病。酵母菌处理 24 h 后接种病菌孢子的抑菌效果最佳。同时，*C. guilliermondii* 能在果实伤口处迅速繁殖，在 25℃、15℃ 和 3℃ 下分别培养 3 天、3 天和 7 天时，酵母菌的数量可分别增加 45.6 倍、34.4 倍、33.1 倍，并对果实不产生任何伤害。这些结果说明，低温并不影响 *C. guilliermondii* 对病原菌的拮抗作用，该酵母菌能和低温贮藏方法配合作用，共同抑制病害的发生。

另外，Mercier 和 Wilson（1994）观测了橄榄假丝酵母菌（*C. oleophila*）在苹果果实伤口上的繁殖情况，以及对贮藏期间 *Botrytis cinerea* 侵染苹果的抑制效果。他们还发现苹果果实伤口的湿度将影响 *C. oleophila* 对 *B. cinerea* 的拮抗作用（Mercier & Wilson，1995）。Lima 等用 *C. oleophila* 处理草莓能有效地抑制果实的采后病害（Lima et al.，1998）。同时，Arras 报道了无名假丝酵母菌（*C. famata*）对 *Penicillium digitatum* 引起柑橘果实绿霉病有明显的抑制效果（Arras，1996）。随后，El - Ghaouth 等人发现 *C. saitoana* 能够抑制 *Botrytis cinerea* 在苹果果实上的致病力（El - Ghaouth et al. 1998）。

隐球酵母（*Cryptococcus* spp.）：1990 年，Roberts 报道了罗伦隐球酵母 *Cryptococcus laurentii* 对苹果果实灰霉病有较好的防治效果（Roberts，1990a）。同时，他的研究还表明其他的隐球酵母 *C. laurentii*，*C. flavus* 和 *C. albicus* 也能有效地控制梨果实贮藏期间的毛霉病（Roberts，1990b）。之后，Lima 等比较了从不同果实表面分离获得的 50 多种拮抗菌对苹果青霉病的抑制效果，结果表明罗伦隐球酵母（*C. laurentii*）是最有效的拮抗菌。他们还调查了这些拮抗菌对梨、草莓、猕猴桃和葡萄果实采后主要病害的防治效果，证实了 *C. laurentii* 具有较好的广谱抑病效果（Lima et al.，1998）。Spotts 等（1998）在甜樱桃采后病害综合防治技术研究中，将果园采前喷普海因与果实采后用隐球酵母 *C. infirmo - miniatus* 处理和自发性气调塑料薄膜袋包装相结合，观测了对甜樱桃果实贮藏期间褐腐病和灰霉病的控制效果，他们认为采前喷化学药剂与采后用隐球酵母处理相结合，能提高拮抗菌的防病效果（Spotts et al.，1998）。

2001 年，Fan 和 Tian 从桃果实上分离获得了隐球酵母 *C. albidus*，研究了该酵母菌对不同贮藏温度下富士苹果灰霉病和青霉病的控制效果。结果表明，用浓度为 $1 \times 10^8$ CFU/mL 的细胞悬浮液可以完全抑制 23℃ 和 1℃ 下这两种病害（Fan & Tian，2001）。用 *C. albidus* 处理金冠苹果和京白梨能有效控制冷藏和气调贮藏（3% $O_2$＋3% $CO_2$）期间果实的灰霉病和青霉病。但是，*C. albidus* 对这两种病原菌的控制效果因果实不同而有差异，在苹果果实上，*C. albidus* 对灰霉病菌的抑制作用较明显，而在梨果实上对青霉病的控制效果更好（Tian et al.，2002a，2002b）。

另外，他们还从苹果果实表明分离获得了另一种具有广谱拮抗效果的罗伦隐球酵母 *C. laurentii*，并检测了该酵母菌对葡萄果实采后由于机械伤引起灰霉病的自然发病率的抑制效果。结果表明，*C. laurentii* 能有效抑制葡萄采后伤口引起的自然发病率，其拮抗效果与拮抗菌的使用浓度成正比。外加一定浓度的 NYDB 营养液能提高该拮抗菌在伤口处的菌群数量，大幅度增加其抑病效果（刘海波等，2002）。同时，他们在 2004 年还报道了用罗伦隐球酵母菌 *C. laurentii* 处理采后的冬枣果实，能明显抑制贮藏期间黑霉病（*Alternaria alternata*）和褐腐病（*M. fructicola*）的发病率的研究结果（Qin & Tian，2004）。

毕赤酵母（*Pichia* spp.）：目前用于果实采后病害防治的毕赤酵母主要包括季也蒙毕赤酵母（*Pichia guilliermondii*）、（*Pichia anomala*）和膜醭毕赤酵母

（*P. membranaefaciens hansen*）。1989 年，Wilson 和 Chaluze 首先报道了从果实表面分离获得的季也蒙毕赤酵母 *P. guilliermondii* 对柑橘果实贮藏期间青、绿霉病的防治效果。随后，Droby 等人的研究结果进一步表明，*P. guilliermondii* 除了抑制柑橘果实贮藏期间青、绿霉病外，对酸腐菌都有抑制作用，他们还成功地将该拮抗菌应用于柑橘果实采后商品化处理中（Droby et al.，1997）。Wisniewski 等（1991）还研究了 *P. guilliermondii* 对苹果贮藏期间病害的防治效果，发现该拮抗菌在苹果果实伤口上对灰霉病菌 *B. cinerea* 有吸附作用，并能有效抑制该病原菌的生长和对苹果果实的侵染力（Wisniewski et al.，1991）。1998 年，Jijakli 和 Lepoivre 报道了另一种毕赤酵母 *Pichia anomala* 对苹果的灰霉病有抑制作用，他们还证实了这种抑制效果与 *P. anomala* 产生外源 $\beta - 1，3 -$ 葡聚糖酶有关（Jijakli & Lepoivre，1998）。2000 年，Fan 和 Tian 首次报道了从桃果实伤口分离获得的膜醭毕赤酵母（*P. membranaefaciens hansen*）对油桃果实软腐病（*Rhizopus stolonifer*）的防治效果（Fan & Tian，2000）。他们用浓度为 $1 \times 10^8$ CFU/mL 膜醭毕赤酵母的细胞悬浮液就能够完全抑制各贮藏温度下油桃果实软腐病的发生，培养原液处理的果实在 25℃下贮藏 4 d 后的发病率和病斑直径均显著地高于悬浮液的处理（$P < 0.01$）。滤液在 25℃和 15℃下并不抑制软腐病的发生，但在货架期间，发病率（20%）却显著地低于对照（$P < 0.01$）。所有果实在 3℃下贮藏 30 d 后都不发病。膜醭毕赤酵母在果实伤口处 24~48 h 的生长速度最快，抑病效果最好。后来的研究表明，*P. membranaefaciens*（$5 \times 10^7$ cells/mL）可显著地减少甜樱桃果实贮藏期间青霉病（Chan & Tian，2006）和褐腐病（Qin et al.，2006）的发病率和抑制病斑在果实上的扩展。该酵母菌还对贮藏期间甜樱桃果实的黑霉病（*A. alternata*）和灰霉病（*Botrytis cinerea*）有明显的控制效果（Qin et al.，2004）。*P. membranaefaciens*（$1 \times 10^8$ cells/mL）还能有效抑制苹果贮藏期间褐腐病、青霉病和褐软腐病发病率（Chan & Tian，2005）和桃果实青霉病的发病和抑制病斑直径的扩展（Chan et al.，2007）。用浓度为 $1 \times 10^8$ CFU/mL *P. membranaefaciens* 可显著抑制桃果实的褐腐病，当果实在 10℃下贮藏 8 天时，用拮抗菌处理果实的病斑直径只有 36 mm，显著低于不处理对照果实的 65 mm（Xu et al.，2008a）。

黏红酵母（*Rhodotorula* spp）：用于果实病害防治的黏红酵母拮抗菌主要是 *R. glutinis*。1998 年，Lima 等比较了 *R. glutinis* 对不同果实采后病害的防治效果，结果表明，*R. glutinis* 对苹果、梨、草莓、猕猴桃和葡萄灰霉病、青霉病、软腐病和黑斑病等多种病害都具有明显的抑制效果（Lima et al.，1998）。Qin 等研究了不同浓度的 *R. glutinis* 对苹果青霉病的防治效果（表 2-3-1-1），发现 *R. glutinis* 使用浓度越高，对苹果青霉病的防治效果越好（Qin et al.，2003a）。

**表 2-3-1-1　不同浓度的 *R. glutinis* 对苹果采后青霉病的抑制效果**（在 23℃下 7 天）

| Treatment | Infected wounds/% | Lesion diameter/mm |
|---|---|---|
| Water control | 100 a | 26.8 a |
| *R. glutinis*（$10^6$ CFU / mL） | 73.3 ab | 15.9 bc |
| *R. glutinis*（$10^7$ CFU / mL） | 56.7 bc | 14.5 bcd |
| *R. glutinis*（$10^8$ CFU / mL） | 38.3 cde | 11.2 de |

注：数据经过邓肯多重比较方差分析，同一栏数据后面不同字母代表 $P = 0.05$ 的差异显著性（引自：Qin et al.，2003a）。

　　尽管加 $CaCl_2$ 对 *R. glutinis* 的生防效力没有明显的增效作用，但是将 *R. glutinis* （$1×10^7$ CFU/mL）与 SA（0.5mmol/L，pH 3.6）配合使用，能够增强对甜樱桃青霉病（*P. expansum*）和黑腐病（*A. alternata*）的防治效果，不论是在果实伤口处还是在离体条件下，SA 对 *R. glutinis* 的生长动态都没有明显的影响（Qin et al.，2003b）。另外，Wan 等报道了用浓度为 $1×10^7$ CFU/ mL 的 *R. glutinis* 与 238 mmol/L SBC 或 15 mmol/L $NH_4$–Mo 配合使用可以提高该酵母菌对冬枣果实青霉病的生防效力（Wan et al.，2003）。将 $5×10^7$ CFU/mL *R. glutinis* 酵母拮抗菌与 2％硅配合使用能够有效提高其对冬枣采后青霉病和黑霉病防治效果，特别是在 20℃下 *R. glutinis* 与硅的协调抑病效果最好（Tian et al.，2005）。

　　另外，在甜樱桃果园采前喷施浓度为 $1×10^8$ CFU/mL 的 *R. glutinis*，由于该菌能够在甜樱桃果实表面生长和快速繁殖，维持一个较高且稳定的种群动态水平，对甜樱桃果实采后在 25℃、低温（0℃）或气调（$10％O_2+10％CO_2$）条件下贮藏期间的青霉病、黑霉病、灰霉病和软腐病都具有较好的防治效果（Tian et al.，2004）。冯晓元等研究了不同 $CO_2$ 浓度的气调环境对 *R. glutinis* 生长的影响，结果表明，*R. glutinis* 能够适应高 $CO_2$ 浓度的气调环境，在 5％或 15％ $CO_2$ 气调条件下完全可以抑制 *A. alternata* 在甜樱桃果实上的生长（冯晓元等，2004）。

　　丝孢酵母（*Trichosporon* spp.）

　　2001 年，范青等将用从桃果实表面上分离获得了丝孢酵母菌（*Trichosporon* sp.）处理"富士"苹果，观察该拮抗菌在果实伤口处的生长动态、对灰霉（*B. cinerea*）和青霉（*P. expansium*）病原菌生长的抑制作用及对苹果在不同温度贮藏下青霉病和灰霉病的控制效果（范青等，2001）。结果表明，浓度为 $1×10^8$ CFU/mL 的酵母悬浮液接种苹果伤口能完全抑制 25℃下灰霉病和青霉病的发生（图 2-3-1-4）。果实在 1℃下冷藏 30 天后，灰霉病和青霉病的发病率仅分别为 13％和 0。接种丝孢酵母菌的滤液对这两种病害则没有抑制作用。丝孢酵母菌能在苹果伤口迅速繁殖，以 25℃下最初的 48 h 内和 1℃下的最初 5 d 内增长最快，分别增加了 50 和 20 倍以上，以后基本维持在此水平。酵母菌和病菌孢子的接种时间与生物防治效果有关，先接种拮抗菌的抑菌效果显著地好于同时或后于病菌接种的效果。另外，酵母菌的浓度越大，对病菌孢子的萌发抑制越明显。当拮抗菌浓度为 $5×10^8$ CFU/mL 时，病菌孢子不能萌发。拮抗菌浓度为 $5×10^6$ CFU/mL 及 $5×10^4$ CFU/mL 时孢子的萌发率和芽管长度显著地低于对照、滤液和高压灭菌液的（$P=0.01$），滤液和高压灭菌液对孢子萌发和芽管伸长的抑制作用不明显。

　　Tian 等研究了丝孢酵母在不同贮藏环境下对苹果和梨果实灰霉病和青霉病的防治效果，他们将接种拮抗菌和病原菌的苹果和梨果实分别贮藏在低 $O_2$ 高 $CO_2$ 气调和 0℃普通冷藏的环境下，观察果实的发表情况。结果表明，气调贮藏环境更有利于提高丝孢酵母对苹果和梨果实灰霉病和青霉病的防治效果，*Trichosporon* sp. 对苹果果实灰霉病的抑制效果比青霉病要好，而且 *Trichosporon* sp. 对苹果病害的防治效果要好于梨果实（Tian et al.，2002a，2002b）。另外，用 $10^6\sim10^7$ CFU/mL 的丝孢酵母与 50 μL/L 的扑海因配合对苹果采后灰霉病和青霉病的抑制效果明显地好于单独使用相同剂量的拮抗菌或杀菌剂。在丝孢酵母的悬浮液中加入 $1\% \sim 2\% CaCl_2$ 可显著地提高拮抗菌对灰霉病和青霉病的抑制效果（Tian et al.，2001）。Qin 等（2003）比较了不同拮抗酵母菌和外加营养物质以及与钙配合使用对苹果青霉病的抑病效果，发现丝胞酵母 *Trichosporon pullulans* 对苹果青霉病的抑病效果最好（Qin et al.，2003a）。但是，外加营养物质要削弱丝胞酵母的抑病效果，增加 $CaCl_2$ 对 *T. pullulans* 的抑病效果也没有明显的增效作用（Qin et al.，2003b）。他们还发现 *T. pullulans* 在 25℃ 下对甜樱桃果实采后青霉病、黑霉病、灰霉病和软腐病的抑制效果最好，但是，在 0℃ 贮藏下，该酵母拮抗菌的抑病效果较差，特别是对青霉病和黑霉病的控制（Qin et al.，2004）。

### 2.2 拮抗菌的使用浓度与防病效果

生物拮抗菌作为一种活体菌剂，其防病的效果与使用的浓度密切相关。一般而言，拮抗菌的使用浓度越高，对病害的抑制效果就越明显，而病害的发病率和病斑直径扩展则与拮抗菌的使用浓度呈显著负相关。尽管用 $5 \times 10^5$ CFU/mL 的假丝酵母 *C. guilliermondii* 能显著地抑制桃果实软腐病发病率和病斑直径（$p < 0.01$），但随着拮抗菌浓度增加，抑病效果就更显著，*C. guilliermondii* 的悬浮液浓度达到 $5 \times 10^8$ CFU/mL 时，就能完全抑制 25℃、15℃ 和 3℃ 下桃果实的软腐病（范青等，2000a）。用 $1 \times 10^8$ CFU/mL 的隐球酵母 *Cryptococcus albidus* 悬浮液也能完全抑制柑橘果实青、绿霉病的发生（Fan & Tian，2001）。另外，*B. subtilis* 随着使用浓度的增加，对桃褐腐病的抑制效果显著提高，$10^8$ CFU/ml 的 *B. subtilis* 原液就能完全抑制贮藏在 25℃ 和 3℃ 下油桃和黄桃果实的褐腐病（Fan et al.，2000）。

### 2.3 接种时间对果实病害的防治效果

病原菌的接种时间要影响病害的发生，病原菌接种时间越早，发病率越高，并与拮抗菌的浓度密切相关。如用枯草芽孢杆菌 $10^8$ CFU/mL 的活菌液处理柑橘果实，24 h 接种青霉菌孢子，在 25℃ 下的发病率为 10%，显著大于 48 h 接种的发病率 5%（$p < 0.05$）。而且接种时间对病斑扩展的影响更为明显，24 h 接种病菌孢子的果实其病斑的扩展一般都较 48 h 接种的要快，其中 24 h 后接种绿霉菌孢子的活菌液，热处理液和滤液处理的果实在 15℃ 下贮藏 6 d 时病斑的直径分别为 28 mm，29.5 mm 和 30 mm，都极显著地（$p < 0.01$）大于 48 h 后接种的 6.7 mm，7.1 mm 和 7.8 mm（范青等，2000b）。同样，用 $5 \times 10^8$ CFU/mL 的 *C. guilliermondii* 无论是与病菌孢子同时接种，还是在接种病菌之前的 4 h、24 h、48 h、72 h 接种，发病率都为 0%，显著地低于对照的 100%（$p = 0.05$）。但浓度降低至 $1 \times 10^8$ CFU/mL 时，接种时间与发病率及病斑直径有关，接种酵母菌 24 h 后再接种病菌的处理抑菌效果最好，发病率为 0%，显著地低于其他各处理时间（$p = 0.05$）；次为 48 h 后接种病菌的。与病菌同时接种的处理最差，发病率高达 100%，不过病斑直径仍显著低于对照，仅为对照的 43.5%。

如果病原菌的接种时间先于拮抗菌时，一般发病比较严重。在苹果果实伤口处接种 *C. albidus* 4 h 和 24 h 后再接种灰霉菌，或接种 *C. albiolus* 0 h，4 h，24 h 和 48 h 后再接种青霉菌，都能完全抑制病害的发生。但是，在接种 *C. albidus* 前 24 h 接种灰霉和青霉菌的孢子时，苹果的发病率上升至 100%（Fan & Tian，2001）。因为病原菌接种时间的延后一方面有利于拮抗菌在伤口处繁殖，另一方面也有利于果实伤口的愈合，从而增强对病菌侵染的抵抗力。然而，用 $1 \times 10^8$ CFU/mL 的 *P. membranefaciens* 孢子悬浮液处理油桃果实，24 h 和 48 h 后接种病菌，可以完全抑制软腐病的发生，而与接种时间无关（Fan & Tian，2000）。

## 3　拮抗菌对环境条件的适应能力

生物拮抗菌在寄主表面的生存和繁殖能力与其防病效果密切相关，而环境条件又直接地影响拮抗菌的生存和繁殖能力。通常，在室温下拮抗菌的生长和繁殖比较快，如在油桃果实伤口上，*P. membranefaciens* 酵母菌在 25℃ 生长 4 天酵母菌数量达到 $8.30 \times 10^7$ CFU，比初始浓度增加了 26.3 倍；在 3℃ 低温下，该菌生长 28 天后，菌落数量达到 $3.00 \times 10^7$ CFU，与初始值相比只增加了 9.50 倍（Fan & Tian，2000）。由于果蔬产品采后贮藏于低温或低 $O_2$ 和高 $CO_2$ 的气调环境下，筛选一些对低温和气调环境有较好适应能力的生物拮抗菌，有利于商业化的应用。

Lima 等（1998）报道 *R. glutinis* 和 *C. laurentii* 在冷藏条件下能有效地抑制 *P. expansum*，说明这两种酵母拮抗菌对低温有较好的适应能力。Roberts（1990）也证实了 *C. laurentii* 在 0～20℃ 下均能在苹果伤口上快速生长，即使在不利于微生物生长的环境条件和气调状态下（1.5% $CO_2$，2.0% $CO_2$），该菌也能在苹果和梨等果实的伤口迅速繁殖。范青等（2000）的研究表明，*C. guilliermondii* 在桃果实伤口上生长 48 h 后，3 种温度下的每个伤口的酵母数均达到 $3.3 \times 10^7 \sim 3.4 \times 10^7$ CFU，为 0 h 时的 $1.6 \times 10^6$ CFU 的 21 倍。在 25℃ 和 15℃ 下培养 72 h 时，生长更快，分别为 $7.3 \times 10^7$ CFU 和 $5.5 \times 10^7$ CFU，为 0 h 时的 45.6 倍和 34.4 倍，以后基本维持在此水平。贮藏在 3℃ 下果实伤口处的酵母数在 7 d 时达到最高，为 $5.3 \times 10^7$ CFU，是 0 h 时的 33 倍，28 天后仍为初始值的 25 倍（图 2-3-1-2）。随后的研究也证实了 *P. membranefaciens* 和 *C. albidus* 也能在低温下生长繁殖和抑制病原菌生长（Fan & Tian，2001）。

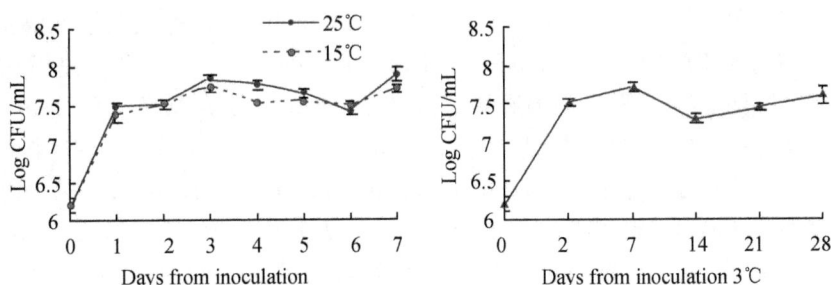

图 2-3-1-2　酵母拮抗菌 *Candida guilliermondii* 在贮藏于 25℃，15℃ 和
3℃ 下桃果实伤口上的生长动态
（引自：Fan & Tian，2000）

然而，不同酵母拮抗菌对低温和气调贮藏环境的适应能力不一样。*C. albidus* 和 *Trichosporon* sp. 在冷藏、气调（3% $O_2$ + 3% $CO_2$ 及 3% $O_2$ + 8% $CO_2$）下都能在苹果和梨果实伤口上迅速定殖，繁殖数量能在起始浓度 $1.25 \times 10^4$ CFU 的基础上增加 10～60 倍，拮抗菌在梨伤口的数量比苹果多。气调贮藏并不影响拮抗菌在果实伤口的定殖，有时在 3% $O_2$ + 8% $CO_2$ 的气调条件下菌数比 3% $O_2$ + 3% $CO_2$ 气调和冷藏下的还

高（Tian et al.，2002b）。此外，拮抗菌 *C. laurentii*，*R. glutinis* 和 *P. membrane faciens* 在低温和气调贮藏环境下也能在甜樱桃果实伤口中的良好的生长。而低温和气调贮藏环境却显著抑制拮抗酵母菌 *Trichosporon pullulans* 的生长（Tian et al.，2004）。

生物拮抗菌对采后贮藏环境条件的适应能力与其防病的效果密切相关。我们比较了四种拮抗菌 *T. pullulans*、*C. laurentii*、*R. glutinis* 和 *P. membrane faciens* 在低温和气调条件下对樱桃果实贮藏期间青霉（*P. expansum*）和黑腐（*A. alternata*）病的控制效果，结果表明，由于低温和气调条件显著地抑制丝孢酵母 *T. pullulans* 的生长，其防病效果明显不如其他三种拮抗菌，其中，*R. glutinis* 在低温和气调下的防病效果明显好于其他几种酵母菌（Tian et al.，2004）。

另外，*Cryptococcus albidus* 和 *Trichosporon* sp. 在冷藏和气调贮藏下也能完全抑制苹果灰霉病和青霉病的发生，而对梨病害的抑制效果没有苹果的好，贮藏 60 天时，气调和冷藏下的梨都有病害发生，其中青霉病的发病率为 20%～30%，灰霉病为 80%～90%，说明这两种拮抗菌对青霉病的抑制效果显著地好于灰霉病（Tian et al.，2002b）。

## 4　生物拮抗菌的抑病机理

生物拮抗菌是一个活体，其抑病机理（mode of action）非常复杂，至今还未完全清楚。生物防治拮抗作用自身的复杂性使得对拮抗机理的研究进展非常缓慢。由于拮抗菌、病原菌和寄主三方在外部环境的影响下相互作用，每种拮抗菌的抑病机理往往是多重作用的共同结果。许多研究表明，拮抗菌的抑病机理主要包括了以下几个方面：（1）产生对病原菌生长有抑制作用的抗菌素类物质；（2）通过快速生长繁殖在寄主伤口处实现有效的营养和空间竞争；（3）与病菌产生吸附作用直接抑制病原菌生长；（4）自生和诱导寄主产生抗病相关的蛋白酶来提高寄主对病原菌入侵的抵抗力。

产生抗菌素物质

许多拮抗细菌都能在 *in vitro* 产生抗菌素（antiauxin），这种抗菌素能够抑制多种果实采后病原真菌的生长。如枯草芽孢杆菌（*B. subtilis*）产生的一种伊枯草菌素（iturin），对引起果实采后腐烂的褐腐病菌（*M. fracticola*）、灰霉菌（*B. cinerea*）和青霉菌（*P. italicum*）有抑制作用（Pusey & Wilson，1984）。丁香假单胞菌（*Pseudomonas syinga*）产生的丁香霉素 E（syingomuycin E），在 *in vitro* 和 *in vivo* 都能有效防治柑橘绿霉病和酸腐病（Bull et al.，1998）。洋葱假单胞菌（*Pseudomonas cepacia*）的代谢产物吡咯菌素（pyrrolnitrin）对苹果和梨的采后病害也具有明显的抑制效果（Janisiewicz et al.，1991）。不过，细菌在果实表面能否都像在培养皿上一样产生抗菌素仍需进一步证实，因为有些细菌只在培养皿上产生抗菌素。同时，产生抗菌素也不一定是拮抗细菌抑病的唯一机理。Janisiewicz 研究证实 *P. cepacia* 在培养基上产生吡咯菌素的浓度＜1 mg/mL 时，能抑制 *B. cinerea* 和 *P. expansum* 的生长，用其处理苹果，也能抑制绿霉病和灰霉病的发生（Janisiewicz et al.，1991）。然而，Smilanick 和 Dennis-Arrue（1992）则发现抗吡哆菌素的 *P. digitatum* 也能被 *P. cepacia* 所抑制，这说明 *P. cepacia* 还可能存在其他抑菌机理。我们比较了 9 种酵母菌与 4 种病原菌在 PDA 培养基上的对峙生长情况，结果表明也有明显的抑菌圈（图 2-3-1-3），说明酵母菌可能产生某些抑菌物质，但具体是什么物质还有待深入的研究。

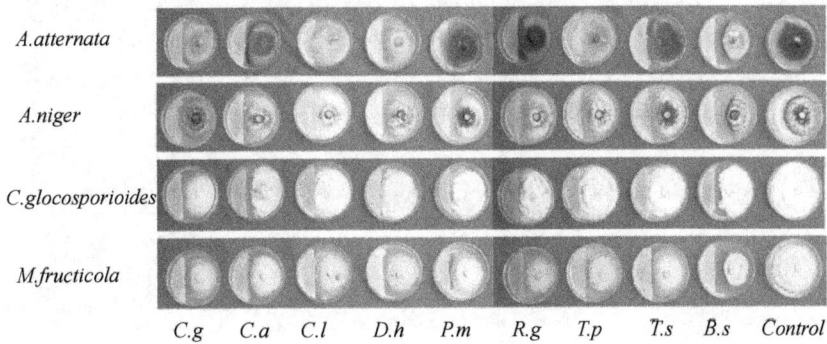

图 2-3-1-3　不同酵母拮抗菌与不同病原菌在 PDA 培养基上的对峙生长情况

B. s-*B. subtilis* 912；C. g-*C. guilliermondii*；C. a-*C. albidus*；

C. l-*C. laurentii*；D. h-*D. hansentii*；P. m-*P. membraneafaciens*；

R. g-*R. glutinis*；T. p-*T. pullulans*；T. s-*Tricosporon* sp.

营养和空间的竞争

病害的发生多是由病原微生物引起的，病原微生物进入寄主的途径一般有两种，或是通过果实上的自然通道（皮孔、气孔等）侵入，或是由机械伤形成的伤口侵入。引起果实采后病害的大多数病原菌是通过伤口入侵，引起贮藏期间的病害。因此，要有效地控制这类病害，拮抗菌必须在伤口具有较强的竞争力，应比病菌更适宜于伤口的环境和营养状况，且能利用低浓度营养快速生长，并忍受极端温度、pH 和不利的渗透条件。大多拮抗微生物都具有这样的特点，如 *P. cepacia* 能在柠檬（Smilanick & Dennis - Arrue，1992）、苹果和梨（Janisewicz & Roitman，1988）伤口处迅速繁殖，但在无伤果上却不然；而 *P. guilliermondii* 在葡萄柚的伤果和无伤果上均能迅速繁殖（Droby et al.，1989）。将拮抗菌 *P. guilliermondii* 和绿霉菌 *P. digitatum* 孢子共同培养在培养基或伤口淋出液时，若加入营养物质，拮抗酵母菌的抑菌作用会减弱，说明营养物质充足时，拮抗菌与病原菌的竞争能力会减弱。

近年来大量研究证实了酵母菌主要是通过在伤口处快速繁殖和营养竞争来抑制病菌的生长。如季也蒙假丝酵母 *C. guilliermondii* 能在果实伤口处迅速繁殖，在 25℃、15℃和 3C 下分别培养 3 天、3 天和 7 天时，酵母数量可增加 45.6 倍、34.4 倍、33.1 倍，并对果实不产生任何伤害，将 *C. guilliermondii* 接种到桃果实的伤口上，在有病菌存在时该拮抗酵母菌的数量一天内可以猛增 200 多倍（范青等，2000b）。丝孢酵母（*Trichosporon* sp.）也能在苹果伤口迅速繁殖，以 25℃下最初的 48 h 内和 1℃下的最初 5 天内增长最快，分别增加了 50 倍和 20 倍以上（范青等，2001）。这种快速的繁殖能力反映出拮抗菌与病原菌之间的营养竞争。另外，在电子显微镜下，我们也观察到了酵母拮抗菌 *P. membraneafaciens* 在苹果果实伤口处大量繁殖，抑制了病原菌 *M. fructicola* 孢子的萌发和菌丝的生长（图 2-3-1-4）。拮抗菌的迅速繁殖，有利于它与病菌竞争生存空间（Chan & Tian，2006）。在不同环境条件下拮抗菌在伤口的生存能力是确定其是否能作为生防菌的前提条件。

拮抗菌与病原菌争夺的营养物质主要是碳水化合物、氮源等。范青和田世平在以

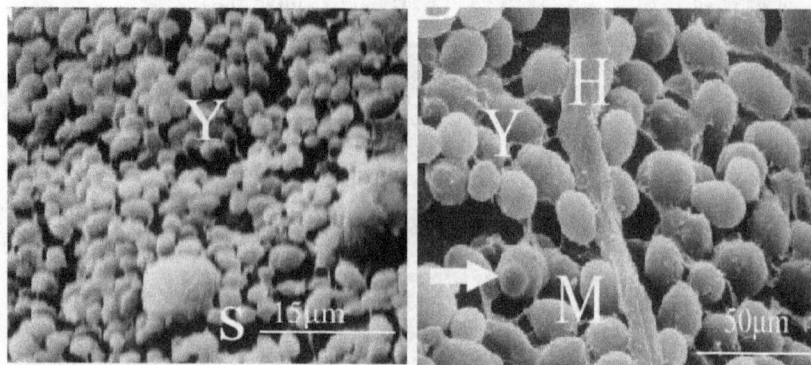

图 2-3-1-4　酵母拮抗菌 *Pichia membranefaciens* 在苹果果实伤口处的生长情况

Y：拮抗菌 *P. membranefaciens*；S：褐腐病原菌 *M. fructicola* 孢子；H：褐腐病原菌 *M. fructicola* 菌丝

(引自：Chan & Tian，2006)

前的研究中发现相同浓度拮抗菌的细胞悬浮液比培养原液有更好的拮抗效果（Fan & Tian，2000；2001），原因很可能是培养液中的丰富营养削弱了拮抗菌与病原菌之间营养竞争的力度。Filonow（1998）用 $C^{14}$ 标记的果糖、葡萄糖、蔗糖检验在苹果伤口处的拮抗菌 *C. laurentii* 和 *S. roseus* 与 *B. cinerea* 病菌孢子在营养利用上的差别，发现拮抗菌比病原菌孢子消耗了更多的糖类物质，而两种拮抗酵母菌之间在糖的消耗量方面没有明显差别，这表明竞争营养在两种酵母和苹果灰霉菌孢子之间起主要作用。但Janisiewicz等（1992）的研究表明，在苹果一类的果实伤口处，糖类营养物质非常丰富，而作为氮源的氨基酸等则相对匮乏，因而成为竞争的焦点。他们通过向苹果伤口加入拮抗菌容易利用而病原菌难以利用的 L-天冬氨酸和 L-脯氨酸使拮抗菌的拮抗效果大大加强。因此，在营养竞争的研究上，还有很多疑点有待进一步探讨。

直接与病原菌作用

拮抗菌与病原菌的吸附（attachment）是微生物互作的早期行为，可能是由非特异性的物理作用力（如疏水作用力和静电引力等）或细胞壁表面的某些特殊化学物质（糖蛋白）引起的。早期的吸附可能会激活某些信号转导途径，促进相关蛋白的合成，进而加强了互作过程（Osherov & May，2001）。Cook 等分离了 8 株对灰霉病菌芽管产生吸附的酵母菌株，其中有 7 株对番茄的灰霉病表现出明显的防治效果（Cook et al.，1997）。Wisniewski 等（1991）将拮抗菌 *P. guilliermondii* 和病原菌 *B. cinerea* 一起培养时，发现酵母拮抗菌可紧紧附在病原菌的菌丝上，而 *P. guilliermondii* 产生的胞外多糖被证实具有抗菌的能力（Droby et al.，1993）。

El-Ghaouth 等（1998）在电镜下观察苹果伤口处酵母菌 *C. saitoana* 和 *B. cinerea* 作用的超微结构时发现，酵母细胞不仅能防止病菌菌丝对寄主细胞的降解，还能使病菌菌丝肿胀变形，并诱导寄主细胞产生乳突状结构，封填细胞内部空间以抵抗真菌入侵。Arras（1996）发现酵母菌 *Candida famata* 可以在柑橘伤口上快速繁殖，并定殖于病原菌的菌丝上，使得菌丝裂解和出现嗜菌活动。Zimand 等（1996）将 *Trichoderma harzianum* T39 接种到菜豆叶片上，发现该处理使 *B. cinerea* 芽管的生物量降低 20%～50%，病原菌细胞的果胶裂解酶（PL）、多聚半乳糖醛酸酶（PG）和果胶甲脂酶（PME）活性分别下降了 30%、83% 和 100%。酵母拮抗菌 *P. guilliermondii* 和

*C. saitoana* 是通过产生细胞壁降解酶使细胞牢固嵌入病菌的菌丝上，同时引起菌丝细胞质凝聚，菌丝变形瓦解（El - Ghaouth et al.，1998；Wisniewski et al. 1991）。酵母附着于菌丝有助于其分泌的水解酶的有效发挥，并阻止病菌芽管的伸长，使菌丝畸变，内容物渗出（Jijakli & Lepoivre，1998）。这些研究结果说明，在酵母拮抗菌与病原菌互作过程中，这种吸附作用可以增强酵母拮抗菌对定殖位点的营养和空间的竞争能力或通过分泌胞外水解酶等对病原菌直接起到抑制作用。目前报道对病原菌孢子或菌丝产生吸附作用的拮抗菌还包括 *Aureobasidium pullulans*（Castoria et al.，2001）、*C. laurentii*（Cook et al.，1997）、*Debaromyces hansenii*（Wisniewski et al.，1988）、*Pichia membranefaciens*（Chan & Tian，2005）和 *R. glutinis* LS - 11（Castoria et al.，2001）。

　　酵母拮抗菌对病原菌的吸附能力与其抑病效果密切相关，这种吸附不仅可以通过直接作用使病原菌菌体变形、瓦解，同时有利于拮抗菌对定殖位点营养和空间的竞争（El - Ghaouth et al.，1998）。我们的研究发现，不同拮抗菌对不同病原菌产生的吸附效果不一样（图 2 - 3 - 1 - 5），这种吸附力的差异可能与细胞壁表面的凝集素类物质有关，因为用一些影响蛋白质完整性的物质处理酵母拮抗菌后会降低或消除拮抗菌的吸附能力（Wisniewski et al.，1991），但至今仍未从拮抗菌中分离、鉴定出这类物质。有研究认为病原菌的细胞壁离体条件下会诱导拮抗菌几丁质酶和 $\beta$ - 1,3 - 葡聚糖酶的分泌（Chan & Tian，2005；Wisniewski et al.，1991），这可能是酵母拮抗菌与病原菌吸附后产生的应答。然而，关于酵母拮抗菌对病原菌产生吸附的机理，以及两者吸附过程中参与应答的相关蛋白或调控的基因，在细胞内的相关代谢和信号转导途径并不十分清楚。

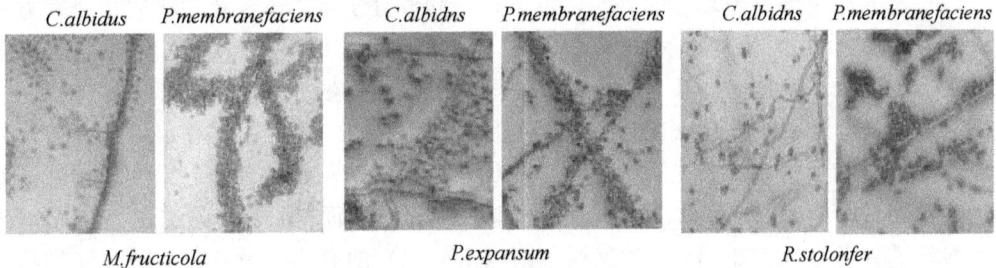

图 2 - 3 - 1 - 5　不同拮抗菌对不同病原菌的吸附效果

诱导寄主产生抗性

　　植物受到病原菌入侵时要产生一系列生理生化反应，主要包括抗毒素等次生产物的合成，抗性相关酶蛋白的激活，富含羟脯氨酸蛋白在细胞壁中的积累以及木质素的沉积等。尽管在植物抗病性应答机制方面已经取得了很好的进展，但在果实抗病诱导机理方面的研究还比较肤浅。拮抗菌对果实抗性的诱导机制主要表现在以下几个方面。

　　（1）诱导抗性相关酶的产生：植物在抵御病原微生物的侵染过程中，抗性相关酶发挥了重要作用，这主要包括病原相关蛋白（PR 蛋白）家族和酚类代谢系统中的一些酶。几丁酶、$\beta$ - 1,3 - 葡聚糖酶是植物抗病系统的两种主要水解酶，它们通过水解病原菌细胞壁中的几丁质和 $\beta$ - 1,3 - 葡聚糖达到保护寄主的作用。多酚氧化酶（PPO）、过氧化物酶（POD）和苯丙氨酸解氨酶（PAL）是存在于植物体内与抵抗病原微生物侵染有关的酶。PPO 通过催化木质素及醌类化合物形成，构成保护性屏蔽而使细胞免受病菌的侵害；POD 在木质素生物合成的最后一步反应过程中催化 $H_2O_2$ 分解而发挥作用；PAL 则是苯丙烷类代谢途径中的第一个关键酶，与植物抗毒素及酚类化合物的形成密切相关。Ippolito 等（2000）报道了用拮抗菌 *A. pullulans* 处理苹果可以诱导果实的 $\beta-1,3-$葡聚糖酶、几丁酶和过氧化物酶活性。范青等研究了膜醭毕赤酵母 *Pichia membranea faciens* 和季也蒙假丝酵母 *C. guilliermondii* 在 *in vitro* 和 *in vivo* 上 $\beta-1,3-$葡聚糖和几丁酶活性的变化（Fan et al.，2002），结果表明，以葡萄糖＋细胞壁制品（CWP）作为碳源的 Lilly-Barnett 基本培养基能够诱导这两种拮抗菌的 $\beta-1,3-$葡聚糖活性，其最高值分别达 114.0 SU 和 103.2 SU。在 Czapeck 基本培养基中，诱导 *P. membranea faciens* 的几丁酶（外切及内切几丁酶）活性显著地高于 *C. guilliermondii*，当 *P. membranea faciens* 外切几丁酶最大活性达 3.13 SU 时，*C. guilliermondii* 的最大活性只有 2.24 SU。同时，酵母菌悬浮液也能诱导桃果实伤口处 $\beta-1,3-$葡聚糖和几丁酶活性的升高，这些结果说明 *P. membranea faciens* 能够自生和诱导桃果实产生 $\beta-1,3-$葡聚糖酶和几丁酶，而 $\beta-1,3-$葡聚糖和几丁酶对病原菌的抑制具有协同效果。Qin 等将 *P. membranea faciens* 接种在桃果实伤口，发现该拮抗菌能诱导桃果实多酚氧化酶（PPO）、过氧化物酶（POD）和苯丙氨酸解氨酶（PAL）的活性（Qin et al.，2002）。Wang 等（2004）在"大久宝"桃果实伤口处接种 30 μL 浓度为 $10^8$ 细胞/mL 的罗伦隐球酵母拮抗菌（*C. laurentii*），结果表明拮抗菌处理果实的多酚氧化酶（PPO），过氧化物酶（POD）和超氧歧化酶（SOD）明显提高，而青霉病原菌（*P. expansum*）的侵染和病斑直径的扩展受到抑制。可以说抗性相关酶活性的提高是拮抗菌抑病作用的一种重要方式。

（2）诱导相关蛋白和基因的表达：近年来，随着分子生物学和蛋白质组学研究方法的应用，为揭示拮抗菌的抑病机理提供了新的证据，Chan 等的研究发现，拮抗菌 *P. membrane faciens* 处理桃果实后，可以诱导 4 个抗氧化蛋白和 1 个 PR-蛋白的表达，说明拮抗菌诱导的系统抗性（ISR）涉及活性氧代谢和 PR-蛋白的应答。另外，被诱导的 6 个蛋白参与了糖酵解和三羧酸循环中的代谢途径，暗示拮抗菌诱导果实的抗性还与能力代谢相关（Chan et al.，2007）。Tian 等（2007）的研究证明，拮抗菌 *C. laurentii* 能明显地诱导冬枣果实 $\beta-1,3-$葡聚糖基因（*Glu-1*）的表达，诱导效果随时间推移而增加，处理后 48 h*Glu-1* 基因的表达要强于 24 h 和 12 h。但对 *Glu-2* 基因的表达却没有明显的诱导效果（图 2-3-1-6）。另外，拮抗菌的使用浓度越大诱导效果也越明显。Xu 等（2008a）比较了 *P. membranae faciens*、*C. laurentii*、*C. guilliermondii* 和 *R. glutinis* 处理对桃果实相关基因的诱导效果，结果表明四种拮抗菌都能显著诱导桃果实 2 个抗氧化酶基因（*CAT*，*POD*）和 2 个 PR 基因（*CHI* 和 *GLU*）基因表达（图 2-3-1-7），拮抗菌处理桃果实 1 天后，*CAT* 和 *POD* 基因表达量明显增加，并激发这 2 个防卫反应基因表达，有利于抵御病原菌的侵染。

（3）抑制蛋白质的氧化损伤：病原菌入侵果实后导致大量的活性氧产生而引起果实蛋白质的氧化损伤，加剧蛋白质的羰基化程度。我们最近的研究结果表明，桃果实接种病原菌 *M. fructicola* 1～2 天后，蛋白出现了不同程度的损伤，在 20～94 kDa 蛋白分子量范围内出现了明显的羰基化，而拮抗酵母菌 *P. membranae faciens*，*R. glutinis* 和 *C. guilliermondii* 处理桃果实 1 天后，没有观察到蛋白羰基化的产生。说明酵母菌处理果实后能清除由病原菌侵染产生的活性氧，减缓氧化损伤，降低病害侵染造成的蛋白羰基化程度。这些结果也证明诱导果实抗氧化反应和抵御病原菌侵染造成的氧化胁迫是酵母拮抗菌抑病病害的一个机制（Xu & Tian，2008a）。

（4）诱导寄主产生具有抗病作用的次生代谢物：将酵母液接种在葡萄柚、柚、葡萄、胡萝卜等组织上均会诱发乙烯产生（Wilson & Wisniewski，1994）。乙烯不但对病原菌的生长有抑制作用，而且还能诱导苯丙氨酸解氨酶（PAL）产生，PAL 是催化莽草酸途径的关键酶，可合成酚、植保素和木质素，而这些物质均与植物抗性有关。Arras（1996）发现拮抗菌 *Candida famata* 可以诱导柑橘产生植保素蒿属香豆素（scoparone）和 7-羟基-6-甲氧基香豆素（scopoletin）等抗性物质，明显提高了柑橘果实对绿霉病原菌 *P. digutatum* 的抵抗力。

（5）细胞组织结构的变化。El-Ghaouth 等（1998）发现拮抗菌 *C. saitoana* 在苹果伤口上可以诱导寄主细胞变形，产生乳突结构，抑制病原菌的入侵。

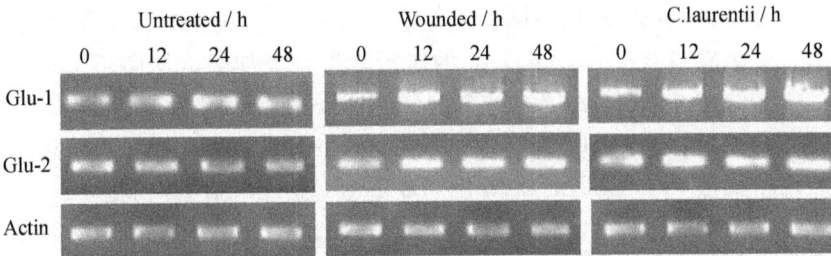

图 2-3-1-6 *C. laurentii* 对冬枣果实 Glu-1 和 Glu-2 基因在转录水平的诱导表达

（引自：Tian et al.，2007）

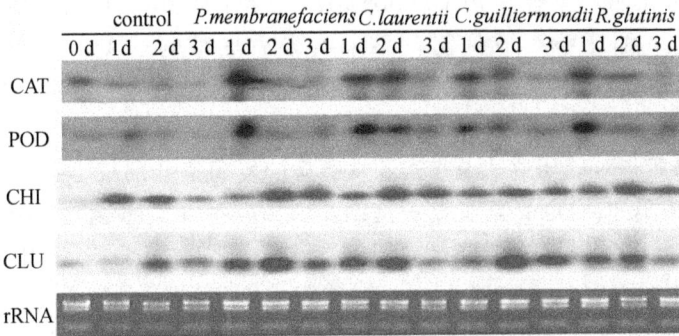

图 2-3-1-7 拮抗酵母菌处理对桃果实 *CAT*，*POD*，*CHI* 和 *GLU* 基因表达量的影响

（引自：Xu et al.，2006a）

## 5 提高拮抗菌生防效力的途径

尽管生物拮抗菌在防治水果采后病害中展示了良好的应用前景，但拮抗菌是一种活体，不同于化学杀菌剂，其抑病效果要受到诸多因素的影响，单独使用拮抗菌的防病效果有时远不如化学杀菌剂明显。而且拮抗菌的商业化应用将面临完全不同于实验室伤口接种实验的生态环境。如采前田间的高温低湿环境、果实表面干燥及营养亏缺，采后低温、低 $O_2$ 和高 $CO_2$ 浓度气调贮藏的胁迫，都直接影响酵母拮抗菌的生活力、繁殖力和抑病力。另外，生物拮抗菌有一定的专一性和特殊性，不同拮抗菌对采前田间高温、采后低温、低 $O_2$ 和高 $CO_2$ 浓度气调贮藏的适应力也有明显的差异，对果实采后不同病害

的抑制效果不一样。因此，如何提高生物拮抗菌的生防效力，对拮抗菌的商业化应用至关重要。近年来，大量的研究表明，将生物拮抗菌外源化学物质（如低浓度的化学杀菌剂、钙、硅、碳酸氢钠、钼酸铵、水杨酸、壳聚糖等）配合使用，可以显著提高其生防效果。

### 5.1　拮抗菌与低浓度的化学药剂配合

将生物拮抗菌与低浓度的化学杀菌剂配合使用，不但可以降低化学农药的使用量，还能有效地提高拮抗菌的生防效力。1996 年，Chand – Goyal 和 Spotts 将酵母拮抗菌与低剂量化学杀菌剂 TBZ（thiabendzole）配合来防治梨、苹果和甜樱桃果实的采后青霉和褐腐病害，结果表明，在降低拮抗菌和化学农药使用浓度的同时，还能提高对果实采后病害的防治效果（Chand – Goyal & Spotts，1996a，1996b）。Fan 和 Tian（2000）报道，拮抗酵母菌 *P. membranaefaciens* 悬浮液中加入 100 $\mu$g/mL 扑海因（iprodione），对油桃果实采后软腐病（*R. stolonifer*）的防治效果大大加强。他们还发现用浓度为 1 $\times 10^6$ CFU/mL 的拮抗菌 *C. albidus* 与 50 ppm 的扑海因配合使用，对苹果青霉病和灰霉病的防治效果比单独使用的要好（Fan & Tian，2001）。甜樱桃果实采摘前喷施扑海因，采摘后用拮抗菌 *Cryptococcus infirmo – miniatus* 处理，果实褐腐病（*M. fructicola*）的发病率从 41.5% 降低到 0.4%，拮抗菌的抑病能力显著提高（Spott et al.，2002）。将 *Trichosporon* spp. 与 50 $\mu$g/mL 的扑海因结合使用，也得到了相似的结果（Tian et al.，2001）。

Tian 等研究证明，单独使用 *C. laurentii* 和两种杀菌剂（imazalil 和 kresoxim – methyl）在 20℃下都能够有效抑制冬枣果实采后黑霉病（*A. alternata*）及褐腐病（*M. fructicola*）。拮抗菌和杀菌剂对冬枣果实不产生任何伤害，两种杀菌剂都显著地提高了拮抗菌 *C. laurentii* 的抑病效果。在 20℃下 5 天后，用 *C. laurentii*＋imazalil（CL＋IM）处理的果实与对照相比，黑霉病和褐腐病的发病率分别减小了 77% 和 93%。同时，两种病害的病斑扩展也受到了显著抑制。*C. laurentii* 与杀菌剂 kresoxim – methyl 配合使用时对黑霉病和褐腐病的防治效果与 *C. laurentii*＋imazalil（CL＋IM）的相似（Tian et al.，2005）。另外，将 *C. laurentii* 与戴挫霉和 stroby 配合使用对冬枣黑霉病和褐腐病的抑制效果表明，单独使用 *C. laurentii* 和两种杀菌剂在 25℃下能够有效抑制冬枣果实采后黑霉及褐腐病，两种杀菌剂都显著地提高了拮抗菌 *C. laurentii* 的抑病效果。*C. laurentii* 和 kresoxim – methyl 配合使用在低温和气调下完全抑制了 *A. alternata* 的发生，与戴挫霉合用能够完全抑制 *M. fructicola*（Qin & Tian，2004）。

### 5.2　拮抗菌与无机化合物配合使用

将生物拮抗菌与钙离子（$Ca^{2+}$），碳酸根离子（$CO_3^{2-}$，$HCO_3^-$），磷酸根离子（$PO_4^{3-}$）等无机物配合使用，可有效提高其防病的效果。钙离子对于植物体具有非常重要的作用，植物的正常生长发育及生理代谢都离不开钙离子。同时，钙离子与植物的信号转导也密切相关，它通过第二信使的形式发挥作用。外源使用钙离子能够明显抑制苹果果实果实采后青霉病（*P. expansum*）的发病率（Conway *et al.*，1991）。钙离子还能增强拮抗菌 *Candida oleophila* 对苹果果实采后青霉病（*P. expansum*）和灰霉病

（*B. cinerea*）的防治效果（Wisniewski et al.，1995）。Mc－Laughlin 等（1990）在拮抗菌 *Candida* sp. 的悬浮液中加入 2% $CaCl_2$ 溶液后大大提高了拮抗菌防治苹果采后病害的效果，同时降低了拮抗菌的用量。

Tian 等将 *Trichosporon* sp. 与不同浓度的 $Ca^{2+}$ 配合，观察对苹果采后灰霉病和青霉病的抑制效果，发现与未加 $Ca^{2+}$ 的处理相比，加 $Ca^{2+}$ 的各处理能显著地抑制苹果灰霉病和青霉病的发生。抑菌效果与酵母菌和 $Ca^{2+}$ 浓度有关。当酵母悬浮液浓度较高时（$10^7 \sim 10^8$ CFU/mL），2% 的 $CaCl_2$ 比 1% 的 $CaCl_2$ 的抑菌效果好，反之，则是 1% 的 $CaCl_2$ 比 2% 的 $CaCl_2$ 的抑菌效果好。在 $Ca^{2+}$ 浓度一定时，抑菌效果和酵母悬浮液的浓度呈正相关。即使酵母浓度低到 $10^5$ CFU/mL 时，果实的发病率和病斑直径也显著地低于对照（Tian et al.，2001）。他们还比较了不同浓度的酵母拮抗菌 *C. guilliermondii* 和 *P. membranaefaciens* 与 2% $CaCl_2$ 配合使用对桃果实软腐病的防治效果，结果表明：尽管 *C. guilliermondii* 和 *P. membranaefaciens* 的使用浓度与其对桃和油桃软腐病的抑制效果有关，但加 $Ca^{2+}$ 可以更明显地提高其防病效果（图 2-3-1-13）。各种拮抗菌浓度下加 $Ca^{2+}$ 处理果实的发病率和病斑直径均显著地低于不加 $Ca^{2+}$ 处理的（$P = 0.05$）。*P. membranaefaciens* 和 2% $CaCl_2$ 结合应用时在各浓度梯度的发病率和病斑直径都显著地低于不加钙的（$5 \times 10^8$ CFU/mL 的例外，加钙与否都能完全抑制病害的发生）。即使浓度低至 $5 \times 10^5$ CFU/mL，加钙处理果实的发病率和病斑直径也显著地低于对照（$P < 0.01$）（Tian et al.，2002a）。钙离子与拮抗菌配合的协调抑病效果主要是因为钙不影响拮抗菌的正常生长，但对病原菌孢子的萌发和芽管生长有一定的抑制作用，而钙的作用效果还与水果的种类密切相关。

Droby 等的研究表明，碳酸氢钠（$NaHCO_3$）能够显著抑制病原菌 *P. expansum* 和 *B. cinerea* 的生长，抑制效果随着 $NaHCO_3$ 浓度的增加而加强。$NaHCO_3$ 与拮抗菌 *Candida oleophila* 配合，对苹果采后灰霉病（*B. cinerea*）和青霉病（*P. expansum*）以及桃褐腐病（*M. fructicola*）和软腐病（*R. stolonifer*）的防治效果（Droby et al.，2003）。Wan 等发现单独使用碳酸氢钠对冬枣青霉病没有明显的防治效果，而钼酸铵对青霉病却有一定的抑制作用。用 $1 \times 10^7$ 拮抗菌 *R. glutinis* 和 *C. laurentii* 与碳酸氢钠和钼酸铵配合使用，其防治效果明显好与单独使用拮抗菌处理。两种拮抗菌与碳酸氢钠和钼酸铵配合使用表现出相同的增效趋势（Wan et al.，2003）。Yao 等也报道了酵母拮抗菌 *C. laurentii* 和 *T. pullulans* 与 2% 碳酸氢钠配合使用时，可以增强这两种拮抗菌对鸭梨果实采后青霉病的生防能力（Yao et al.，2004）。将拮抗菌 *P. membranaefaciens* 和 *C. laurentii* 与钼酸铵（5 mmol/L）和碳酸氢化钠（2%）配合使用，也可以协同提高拮抗菌对甜樱桃果实在 20℃，0℃低温和气调（0% $O_2$ + 10% $CO_2$，0℃）贮藏下褐腐病的抑制效果（Qin et al.，2006）。

单独使用拮抗菌 *C. laurentii*（$5 \times 10^7$ CFU/mL），*R. glutinis*（$5 \times 10^7$ CFU/mL）和 $Na_2SiO_3$（2%）能够显著地抑制冬枣果实采后青霉病（*P. expansum*）和黑霉病（*A. alternata*）。2% 的 $Na_2SiO_3$ 溶液显著提高了拮抗菌 *C. laurentii* 和 *R. glutinis* 对两种病害的防治能力。用 *C. laurentii* + $Na_2SiO_3$ 处理的果实，直到第 6 天也没有青霉病发生；*R. glutinis* + $Na_2SiO_3$ 处理的果实，到第 4 天时没有青霉病发生。此时，对照果实的发病率均已达到 100%。拮抗菌和 $Na_2SiO_3$ 单独或配合使用时对黑霉病的防治效果

低于对青霉病的效果（Tian et al.，2005）。

同样，将拮抗菌 *C. laurentii* 与 1‰ $Na_2SiO_3$ 溶液配合，也能显著提高 *C. laurentii* 对病原菌 *M. fructicola* 和 *P. expansum* 的抑制力，能够完全控制甜樱桃果实采后褐腐病和青霉病的发病率（Qin & Tian，2005）。$Na_2SiO_3$ 处理对拮抗菌 *C. laurentii* 在果实伤口初期（24～48 h）的生长有一定的抑制，但 72 h 以后，拮抗菌的繁殖数量与对照差异不大。但是，$Na_2SiO_3$ 对病原菌孢子萌发和菌丝生长均有直接的抑制作用，在甜樱桃果实伤口处，当 $Na_2SiO_3$ 浓度达到 1‰ 时，能够完全抑制冬枣病害青霉病菌（*P. expansum*）和黑霉病菌（*A. alternata*）的菌丝生长。

### 5.3　拮抗菌与水杨酸配合使用

水杨酸（SA）是自然存在于植物体内的一种小分子酚类化合物，在局部及系统获得性抗性中发挥着重要作用，直接参与植物细胞间的信号转导。许多研究表明应用外源水杨酸处理能够延缓果实的软化，降低果实的呼吸速率，并抑制多聚半乳糖醛酸酶（PG）等细胞壁降解酶的活性，提高果实抗病相关的酶活性（Chan & Tian，2006），诱导抗氧化蛋白和 PR 蛋白及相关基因的调控表达（Chan et al.，2007），减缓由于病原菌侵染所导致的果实蛋白质的氧化损伤（Xu & Tian，2008b）。

2003 年，Qin 等比较了黏红酵母（*R. glutinis*）和罗伦隐球酵母（*C. laurentii*）与水杨酸（0.5mmol/L，pH 3.6）配合对甜樱桃果实采后青霉病（*P. expansum*）和黑霉病（*A. alternata*）的抑制效果，他们发现两种拮抗菌和 SA 单独处理对防治甜樱桃果实采后青霉病和黑腐病都有显著效果，SA 能够提高拮抗菌黏红酵母（*R. glutinis*）对青霉及黑霉的抑病能力，用浓度为 $10^7$ CFU mL/L *R. glutinis* 与 0.5 mmol/L SA 配合处理甜樱桃果实，在 0℃ 贮藏 30 天后，青霉病和黑霉病的发病率分别为 12.8％ 和 10.0％，显著低于对照果实 43.6％ 和 63.3％ 的发病率。但是，SA 对罗伦隐球酵母（*C. laurentii*）却没有明显的增效作用。另外，低浓度的 SA（10 mmol/L）处理对两种拮抗菌在 NYDB 中的生长都没有显著影响，而高浓度（100 mmol/L）的 SA 能够显著抑制 *C. laurentii* 的生长，但是对 *R. glutinis* 的生长没有影响。表明不同拮抗菌对 SA 的敏感度有差异。在 *in vitro* 实验中，低浓度 SA 对病原菌 *P. expansum* 和 *A. alternata* 孢子萌发和芽管伸长也没有明显的抑制作用，当 SA 的浓度提高到 100 mmol/L 的时候，却能显著抑制了两种病原菌的孢子萌发及芽管伸长（Qin et al.，2003b）。说明 SA 可能主要是通过诱导果实产生抗性来协同提高拮抗菌的抑病效果，而不是直接抑制病原菌生长。

### 5.4　拮抗菌与壳聚糖及其衍生物配合使用

利用壳聚糖及其衍生物具有的广谱抑菌性，与生物拮抗菌配合使用可以增强其综合防病效果。El - Ghaouth 等（2000）将 *C. saitoana* 与 0.2％ 和 0.5％ 的羟乙基壳聚糖配合，能显著地提高 *C. saitoana* 对苹果灰霉病和青霉病及柑橘和柠檬果实青霉病害的防治效果，其防病效力与 2 000 μg/mL 抑霉唑相当（El - Ghaouth et al.，2000）。他们在半商业化贮藏条件下，用 0.2％羟乙基壳聚糖与 *C. saitoana* 的混合溶液对苹果和柑橘包膜处理后，也显著降低了果实贮藏过程中自然发病率（El - Ghaouth et al.，2000b）。

*C. laurentii* 与不同浓度不同分子质量壳聚糖配合使用，可以提高对苹果青霉病害的防治效果，其中 *C. laurentii* 与 0.1% 壳聚糖（12cps）配合的防病效果最佳（Yu et al.，2007）。将甲壳素与 *C. laurentii* 配合也能增加其对梨果实青霉病害的防治效果（Yu et al.，2008）。另外，Meng 和 Tian（2009）的研究结果表明，采前 10 天喷施 *C. laurentii* 结合采后壳聚糖包膜，或采前 10 天喷施壳聚糖与 *C. laurentii* 的混合溶液均能显著降低贮藏期间（0 ℃）以及贮藏 42 天后货架存放期间葡萄果实自然发病程度（图 2-3-1-14），有利于保持果实的贮藏品质（Meng & Tian，2009）。

由此可见，生物拮抗菌与壳聚糖及其衍生物配合使用是一种具有良好的应用前景综合防病措施，但是，要实现商业化的应用还需要加强特征壳聚糖及其衍生物的筛选，系统研究其采前采后的应用技术。

### 5.5　不同拮抗菌的混合使用

拮抗菌对病害的防治效果受到许多因素的影响，将两种或多种不相互排斥的拮抗酵母菌或细菌混合使用，能够更有效地发挥拮抗菌的抑病能力（Leverentz et al.，2000）。我们的研究表明：将 *C. guilliermondii* 和 B-912 配合使用，对桃果实软腐病具有较好的防治效果。单独使用 $10^6$ CFU/mL 的 *C. guilliermondii* 或 *B. subtilis* 时，果实的发病率和病斑直径分别高达 45%、38 mm 和 50%、48 mm。但将 $10^6$ CFU/mL 的两种菌配合使用时，就能完全抑制软腐病的发生，其抑病力与单独使用 $10^8$ CFU/mL 的 *C. guilliermondii* 具有同样效果。Janisiewicz 和 Bors（1995）将从苹果果实和叶片中分离获得的拮抗菌 *Pseudomonas syringae* 和 *S. roseus* 混合使用，防治苹果果实的青霉病（*P. expansum*），也得到了比两种拮抗菌单独使用更好的防治效果。说明拮抗菌的混合使用有几个优点：可以提高拮抗菌的抑菌范围（对不同病原菌，不同水果、品种和不同成熟期）；降低拮抗菌的使用浓度和使用时间；提高拮抗菌抑病效果的稳定性。

### 5.6　拮抗菌的遗传改良

应用分子生物学手段提高拮抗菌的抑病能力是生物防治的热点之一，也是今后的一个发展趋势。目前，世界上各国已筛选出许多能有效地防治果蔬贮藏病害的细菌和酵母菌。但是，如何进一步提高这些拮抗菌的生防效力仍值得深入研究。研究人员正试图从分子水平上阐明生物防治的作用机理，并通过遗传改良的方法增强拮抗菌的抑病效果。例如，运用基因工程手段，将抗性相关蛋白基因转入到拮抗菌中，使其高效表达；通过 DNA 重组技术来创造理想的拮抗菌，使新的拮抗菌产生耐受杀菌剂的能力，能在贮藏环境下有效定殖，能产生有用的代谢产物如抗菌素、酶、铁载体或铁载体受体蛋白等等。将能够产生抗生素的微生物的基因转入到对果蔬表面适应性更强的微生物中，产生更多的抗菌素，提高工程菌株的抑病能力。

Lindow（1985）研究发现了 *P. syringae* 的一种缺失突变体在低温下不形成冰核，运用此技术可避免生物防治中拮抗菌在低温贮藏时遭受冻害。将产生抗生素微生物的基因转到对果蔬表面适应性更强的微生物上去的设想也极具吸引力。不过 Kerr（1987）认为用这些方法还不成熟，如 *Psendomonas putida* 的铁载体合成涉及 5 个基因族，而 *Psendomonas* sp B-10 则涉及 4 个。目前要转移这么多的基因且要在转基因微生物中表达是极困难的。若集中精力分离和鉴定果蔬表面自然发生的微生物，可能会更快些。

近年来，人们对酵母菌分泌的胞外水解酶如几丁质酶和葡聚糖酶产生了浓厚兴趣，这些作为真菌细胞壁的水解酶具有抗菌活性，并与其对真菌的寄生密切相关，在体外还具有协同抑制病原菌生长的作用。但是酵母菌所产生的几丁质酶和 $\beta-1,3-$ 葡聚糖酶的酶量和活性很有限。可以通用基因工程的方法将几丁质酶或 $\beta-1,3-$ 葡聚糖酶基因转入已知的拮抗菌中，使几丁质酶和 $\beta-1,3-$ 葡聚糖酶在该拮抗菌中高效表达，这样可能会增强拮抗菌的生物防治能力。Limón 等 （1999） 将 *chit*33 基因导入到 *Trichoderma harizanum* 中，将转化后的 *T. harizanum* 培养在含葡萄糖的培养基中时，其转化体产生的几丁质酶活性是野生型的 200 倍以上，抑菌能力也大大加强。

另外，运用基因工程手段，还可以追踪微生物，阐明其活动规律。单从形态和培养性状上已不足以分析拮抗菌的种内变异及亲缘关系极近的菌株的分化。应用 RAPD（randomly amplified polymorphic DNA） 及 ap-PCR（arbitratry primed polymorphic DNA）技术能观测到自然发生的微生物数量，并取得果实表面微生物遗传多样性的第一手资料。Schena 等 （1999） 采用 ap-PCR 测定了 *A. pullulans* 在防治采后病害中的遗传多样性，和 RAPD 技术分析了该拮抗菌在生物防治中的存活率。Paavanen-Huhtala等 （2000） 也用 RAPD 技术设计了 *Gliocladium catenulatum* 菌株 J1446 的特异性引物，来鉴定和区分 *G. catenulatum* 的其他菌株，用这种方法可以研究该菌株在施用于土壤中或喷洒在叶面上拮抗菌存活的时间。

## 参 考 文 献

范青，田世平，徐勇 . 2001. 丝孢酵母对苹果采后灰霉病和青霉病抑制效果的影响 . 中国农业科学，34（2）：163-168.

范青，田世平，李永兴，等 . 2000a. 枯草芽孢杆菌（*Bacillus subtilis*）B-912 对采后柑橘果实青、绿霉病的抑制效果 . 植物病理学报，30（4）：343-348.

范青，田世平，徐勇，等 . 2000b. 季也蒙假丝酵母 *Candida guilliermondii* 对采后桃软腐病 *Rhizopus stolonifer* 的抑制效果 . 植物学报，42（10）：1033-1038.

冯晓元，田世平，秦国政，等 . 2004. 贮藏环境对甜樱桃拮抗酵母菌生长和链格孢菌生物防治的影响 . 果树学报，21（2）：113-115.

刘海波，田世平，秦国政，等 . 2002. 罗伦隐球酵母对葡萄采后病害的拮抗效果 . 中国农业科学，35（7）：831-835.

田世平 . 2001. 园艺产品采后病害及防治 . 见：罗云波等 . 园艺产品贮藏加工学 . 北京：中国农业大学出版社 . 113-136.

Arras G. 1996. Mode of action of an isolate of *Candida famata* in biological control of *Penicillium digitatum* in orange fruits. *Postharvest Biology and Technology*，8：191-198.

Bull C T，Wadsworth M L，Sorensen K N，et al. 1998. Syringomycin E produced by biological control agents controls green mold on lemons. *Biological Control*，12：89-95.

Castoria R，De Curtis F，Lima G，et al. 2001. *Aureobasidium pullulans*（LS-30）an antagonist of postharvest pathogens of fruits：study on its modes of action. *Postharvest Biology and Technology*，22：7-17.

Chan Z L，Tian S P. 2005. Interaction of antagonistic yeasts against postharvest pathogens of apple fruit and possible mode of action. *Postharvest Biology and Technology*，36：215-223.

Chan Z L, Tian S P. 2006. Induction of $H_2O_2$ – metabolizing enzymes and total protein synthesis by antagonistic yeast and salicylic acid in harvested sweet cherry fruit. *Postharvest Biology and Technology*, 39: 314-320.

Chan Z L, Qin G Z, Xu X B, et al. 2007. Proteome approach to characterize proteins induced by antagonist yeast and salicylic acid in peach fruit. *Journal of Proteome Research*, 6: 1677-1688.

Chand – Goyal T, Spotts R A. 1996a. Control of postharvest pear diseases using natural saprophytic yeast colonists and their combination with a low dosage of thiabendazole. *Postharvest Biology and Technology*, 7: 51-64.

Chand – Goyal T, Spotts R A. 1996b. Posthavest biological control of blue mold of apple and brown rot of sweet cherry by natural saprophytic yeast alone or in combination with low doses of fungicides. *Biological Control*, 6: 253-259.

Cook D W M, Long P G, Ganesh S, et al. 1997. Attachment microbes antagonistic against *Botrytis cinerea* – biological control and scanning electron microscope studies *in vivo*. *Annals of Applied Biology*, 131: 503-518.

Droby S, Chalutz E, Wilson C L, et al. 1989. Characterization of the biocontrol activity of *Debaryomyces hansenii* in the control of *Penicillium digitatum* of grapefruit. *Canada Journal of Microbiology* 35: 794-800.

Droby S, Robin D, Chlutz E, et al. 1993. Possible role of glucanase and extracellular polymers in the mode of action of yeast antagonists of postharvest disease. *Phytoparasitica*, 2: 167.

Droby S, Wisniewski M W, Cohen L, et al. 1997. Influence of $CaCl_2$ on *Penicillium digitatum*, Grapefruit peel tissue and biocontrol activity of *Pichia guilliermondii*. *Phytopathology*, 87: 310-315.

Droby S, Wisniewski M, El – Ghaouth A, et al. 2003. Biological control of postharvest diseases of fruit and vegetables: current achievements and future challenges. *Acta Horticulturae*, 628: 703-713.

Droby S, Wisniewski M, Macarisin D, et al. 2009. Twenty years of postharvest biocontrol research: Is it time for a new paradigm? *Postharvest Biology and Technology*, 52: 137-145.

El – Ghaouth A, Smilanick J L, Wilson C L. 2000. Enhancement of the performance of *Candida saitoana* by the addition of glycolchitosan for the control of postharvest decay of apple and citrus fruit. *Postharvest Biology and Technology*, 19: 103-110.

El – Ghaouth A, Wilson C, Wisniewski M. 1998. Ultrastructural and cytochemical aspects of the biological control of *Botrytis cinerea by Candida saitoana* in apple fruit. *Phytopathology*, 88: 282-291.

Fan Q, Tian S P. 2001. Postharvest biological control of grey mold and blue mold on apple by *Cryptococcus albidus* (Saito) Skinner. *Postharvest Biology and Technology*, 21: 341-350.

Fan Q, Tian S P, Li Y X, et al. 2000. Biological control of postharvest brown rot in peach and nectarine fruits by *Bacillus subtilis* (B – 912) . *Acta Botanica Sinica*, 42: 1137-1143.

Fan Q, Tian S P, Liu H B, et al. 2002. Production of $\beta – 1$, 3 – glucanase and chitinase of two biocontrol agents and their possible modes of action. *Chinese Science Bulletin*, 47: 292-296.

Fan Q, Tian S P. 2000. Postharvest biological control of Rhizopus rot on nectarine fruits by *Pichia membranefaciens* Hansen. *Plant Disease*, 84: 1212-1216.

Filonow A B. 1998. Role of competition for sugars by yeasts in the biocontrol of gray mold of apple. *Biocontrol Science and Technology*, 8: 243-256.

Gutter Y, Littauer F. 1953. Antagonistic action of Bacillus subtilis against citrus fruit pathogens. *Bull Research Council of Israel*, 3: 192-197.

Ippolito A，E1 – Ghaouth A，Wilson C L，et al. 2000. Control of postharvest decay of apple fruit by *Aureobasidium pullulans* and induction of defence responses. *Postharvest Biology and Technology*，19：265-272.

Janisiewicz W J，Usall J，Boras B. 1992. Nutritional enhancement of biocontrol of blue mold of apples. *Phytopathology*，82：1364-1370.

Janisiewicz W J，Bors B. 1995. Development of a microbial community of bacterial and yeast antagonists to control wound – invading postharvest pathogens of fruits. *Applied and Environmental Microbiology*，61：3261-3267.

Janisiewicz W J，Korsten L. 2002. Biological control of postharvest diseases of fruits，*Annual Review of Phytopathology*，40：411-441.

Janisiewicz WJ，Roitman J. 1987. Postharvest mucor rot control on apples with *Pseudomonas cepacia*. *Phytopathology*，77：1776.

Janisiewicz WJ，Roitman J. 1988. Biological control of blue and gray mold on apple and pear with *Pseudomonas cepacia*. *Phytopathology*，78：1697-1700.

Janisiewicz WJ. 1988. Biocontrol of postharvest diseases of apples with antagonist mixtures. *Phytopathology*，78：194-198.

Janisiewicz WJ，Yourman L，Roitman J，Mahoney N. 1991. Postharvest control of blue mold and gray mold of apples and pears by dip treatment with pyrrolnitrin，a metabolite of *Pseudomonas cepacea*. *Plant Disease*，75：490-494.

Janisiewicz WJ，Roitman J. 1988. Biological control of blue and gray mold on apple and pear with *Pseudomonas cepacia*. *Phytopathology*，78：1697-1700.

Jijakli M H，Lepoivre P. 1998. Characterization of an exo – beta – 1，3 – glucanase produced by Pichia anomala strain K，antagonist of Botrytis cinerea on apples. *Phytopathology*，88：335-343.

Kerr A. 1987. The impact of molecular genetics on plant pathology. *Annual Review of Phytopathology*，25：87-110.

Leverentz B，Janisiewicz W J，Conway W S，et al. 2000. Combining yeasts or a bacterial biocontrol agent and heat treatment to reduce postharvest decy of 'Gala' apples. *Postharvest Biology and Technology*，21：87-94.

Lima G，De Curtis F，Castoria R，De Cicco V. 1998. Activity of the yeasts *Cryptococcus laurentii* and *Rhodotorula glutinis* against post – harvest rots on different fruits. *Biocontrol Science and Technology*，8：257-267.

Limón M C，Pintor – Toro J A，Benítez T. 1999. Increased antifungal activity of *Trichoderma harzianum* transformants that overexpress a 33 – kDa chitinase. *Phytopahology*，89：254-261.

Lindow S E. 1985. Ecology of *Pseudomonas syringae* relevant to the field use of ice deletion mutants constructed in vitro for plant frost control. *In*：Halverson H O，Pramer D，Rogul M M. Engineered organisms in the Environment：Scientific Issues. Washington，DC：Am. Soc. Microbial. 23-25.

MacLaughlin R J，Wilson C L，Droby S，et al. 1992. Biological control of postharvest diseases of grape，peach，and apple with yeasts *Kloeckera apiculata* and *Candida guilliermondii*. *Plant Disease*，76：470-473.

Meng X H，Tian S P. 2009. Effects of preharvest application of antagonistic yeast combined with chitosan on decay and quality of harvested table grape fruit. *Journal of the Science of Food and Agriculture*，89：1838-1842.

Mercier J，Wilson C L. 1994. Colonization of apple wounds by naturally occurring microflora and introduced Candida oleophila and their effect on infection by *Botrytis cinerea* during storage. *Biological Control*, 4: 138-144.

Mercier J, Wilson C L. 1995. Effect of wound moisture on the biocontrol by *Candida oleophila* of grey mold rot (*Botrytis cinerea*) of apple. *Postharvest Biology and Technology*, 6: 9-15.

Osherov N, May G S. 2001. The molecular mechanisms of conidial germination. *FEMS Microbiology Letters*, 199: 153-160.

Paavanen - Huhtala S, Avikainen H, Yli - Mattila T. 2000. Development of strain - specific primers for a strain of *Gliocladium catenulatum* used in biological control. *European Journal of Plant Pathology*, 106: 187-198.

Pusey P L, Wilson C L. 1984. Postharvest biological control of stone fruit brown rot by *Bacillus subtilis*. *Plant Disease*, 68: 753-756.

Qin G Z, Tian S P, Liu H B, et al. 2002. Polyphenol oxidase, peroxidase and phenylalanine ammonium lyase induced in postharvest peach fruits by inoculation with *Pichia membranefaciens or Rhizopus stolonifer*. *Agricultutral Sciences in China*, 1: 1370-1375.

Qin G Z, Tian S P, Liu H B, et al. 2003a. Biocontrol efficacy of three antagonistic yeasts against *Penicillium expansum* in harvested apple fruits. *Acta Botanica Sinica*, 45: 417-421.

Qin G Z, Tian S P, Xu Y, et al. 2003b. Enhancement of biocontrol efficacy of antagonistic yeasts by salicylic acid in sweet cherry fruit. *Physiological and Molecular Plant Pathology*, 62: 147-154.

Qin G Z, Tian S P, Xu Y. 2004. Biocontrol of postharvest diseases on sweet cherries by four antagonistic yeasts in different storage conditions. *Postharvest Biology and Technology*, 31: 51-58.

Qin G Z, Tian S P. 2004. Biocontrol of postharvest diseases of jujube fruit by *Cryptococcus laurentii* combined with a low dosage of fungicides under different storage conditions. *Plant Disease*, 88: 497-501.

Qin G Z, Tian S P. 2005. Enhancement of biological control activity by silicon and the possible mechanisms involved. *Phytopathology*. 95: 69-75.

Qin G Z, Tian S P, Xu Y, et al. 2006. Combination of antagonistic yeasts with two food additives for control of brown rot caused by *Monilinia fructicola* on sweet cherry fruit. *Journal of Applied Microbiology*, 100: 508-515.

Roberts R G. 1990a. Postharvest biological control of gray mold of apple by *Cryptococcus laurentii*. *Phytopathology*, 80: 526-530.

Roberts R G. 1990b. Biological control of mucor rot of pear by *Cryptococcus laurentii*, *C. flavus*, and *C. albicus*. *Phytopathology*, 80: 1051.

Schena L, Ippolito A, Zahavi T, et al. 1999. Genetic diversity and biocontrol activity of *Aureobasidium pullulans* isolates against postharvest rots. *Postharvest Biology and Technology*, 17: 189-199.

Singh N, Deverall B J. 1984. *Bacillus subtilis* as a control agent against fungal pathogens of citrus fruit. *Transactions of the British Mycological Society*, 83: 487.

Smilanick J L, Denis - Arrue R, Bosch J R, et al. 1993. Control of postharvest brown rot of nectarines and peaches by *Pseudomonas* species. *Crop Protection*, 12: 513-520.

Smilanick J L, Dennis - Arrue R. 1992. Control of green mold of lemons with *Pseudomonas* species. *Plant Disease*, 76: 481-485.

Spotts R A, Cervantes L A., Facteau T J, et al. 1998. Control of brown rot and blue mold of sweet cherry fruit with preharvest iprodione, postharvest *Cryptococcus infirmo - miniatus*, and modified atmosphere packaging. *Plant Disease*, 82: 1158-1160.

Spotts R A, Cervantes L A, Facteau T J, et al. 2002. Control of brown rot and blue mold of sweet cherry with preharvest iprodione, postharvest *Cryptococcus infirmominiatus*, and modified atmosphere packaging. *Plant Disease*, 82: 1158-1160.

Tian S P, Fan Q, Xu Y, et al. 2001. Effects of *Trichosporon* sp. in combination with calcium and fungicide on biocontrol of postharvest diseases in apple fruits. *Acta Botanica Sinica*, 43: 501-505.

Tian S P, Fan Q, Xu Y, et al. 2002a. Effects of calcium on biocontrol activity of yeast antagonists against the postharvest fungal pathogen Rhizopus stolonifer. *Plant Pathology*, 51: 352-358.

Tian S P, Fan Q, Xu Y, et al. 2002b. Biocontrol efficacy of antagonist yeasts to grey mold and blue mold on apples and pears in controlled atmospheres. *Plant Disease*, 86: 848-853.

Tian S P, Qin G Z, Xu Y. 2004. Survival of antagonistic yeasts under field conditions and their biocontrol ability against postharvest diseases of sweet cherry. *Postharvest Biology and Technology*, 33: 327-331.

Tian S P, Qin G Z, Xu Y. 2005. Synergistic effects of combining biocontrol agents with silicon against postharvest diseases of jujube fruit. *Journal of Food Protection*, 68: 544-550.

Tian S P, Yao H J, Deng X, et al. 2007. Characterization and expression of $\beta-1$, 3 - glucanase genes in jujube fruit induced by the biocontrol microbial agent, *Cryptococcus laurentii*. *Phytopathology*, 97: 260-268.

Tian S P. 2006. Microbial control of postharvest diseases of fruits and vegetables: current concepts and future outlook. *In*: Edited by Dr Ranesh C. Ray, Owen P. Ward. Microbial Biotechnology in Horticulture. Volume Enfield, NH. Published by Science Publishers, Inc. 163-202.

Utkhede RS, Sholberg PL. 1986. In vitro inhibition of plant pathogens by *Bacillus subtilis* and *Enterobacter aerogenes* and *in vivo* control of two postharvest cherry diseases. *Canadian Journal of Microbiology*, 32: 963-967.

Wan Y K, Tian S P, Qin G Z. 2003. Enhancement of biocontrol activity of yeasts by adding sodium bicarbonate or ammonium molybdate to control postharvest disease of jujube fruits. *Letters in Applied Microbiology*, 37: 249-253.

Wang Y S, Tian S P, Xu Y, et al. 2004. Changes in the activities of pro - and anti - oxidant enzymes in peach fruit inoculated with *Cryptococcus laurentii* or *Penicillium expansum* at 0 or 20 ℃. *Postharvest Biology and Technology*, 34: 21-28.

Wilson C L, Wisniewski M E. 1994. Biological Control of Postharvest Diseases of Fruits and Vegetables-Theory and Practice. Boca Raton, Florida, USA: CRC, Press. 66.

Wisniewski M, Biles C, Droby S, et al. 1991. Mode of action of the postharvest biocontrol yeast, *Pichia guilliermondii*. I: characterization of attachment to *Botrytis cinerea*. *Physiological and Molecular Plant Pathology*, 39: 245-258.

Wisniewski M, Droby S, Chalutz E, et al. 1995. Effects of $Ca^{2+}$ and $Mg^{2+}$ on *Botrytis cinerea* and *Penicillium expansum in vitro* and on the biocontrol activity of *Candida oleophila*. *Plant Pathology*, 44: 1016-1024.

Wisniewski M, Wilson C L, Chalutz E, et al. 1988. Biological control of postharvest diseases of fruit: inhibition of *Botrytis* rot on apples with an antagonistic yeast. *Proc Annual Meeting Electron Microscopy Society of America*, 46: 290-291.

Xu X B, Chan Z L, Xu Y, et al. 2008a. Synergistic effect of antagonist yeast and SA on controlling brown rot in peach fruit and its mechanism. *Journal of the Science of Food and Agriculture*, 88: 1786-1793.

Xu X B，Qin G Z，Tian S P. 2008b. Effect of microbial biocontrol agents on alleviationg oxidative damage of peach fruit subjected to fungal pathogen. *International Journal of Food Microbiology*，126 (1-2)：153-158.

Xu X B，Tian S P. 2008a. Reducing oxidative stress in sweet cherry fruit by *Pichia membranaefaciens*：a possible mode of action against *Penicillium expansum*. *Journal of Applied Microbiology*，105：1170-1177.

Xu X B，Tian S P. 2008b. Salicylic acid alleviated pathogen-induced oxidative stress in harvested sweet cherry fruit. *Postharvest Biology and Technology*，49：379-385.

Yao H J，Tian S P，Wang Y S. 2004. Sodium bicarbonate enhances biocontrol efficacy of yeasts on fungal spoilage of pears. *International Journal of Food Microbiology*，93：297-304.

Yao H J，Tian S P. 2005a. Effects of a biocontrol agent and methyl jasmonate on postharvest diseases of peach fruit and the possible mechanisms involved. *Journal of Applied Microbiology*，98：941-950.

Yao H J，Tian S P. 2005b. Effects of pre-and postharvest application of SA of MeJA on inducing disease resistance of sweet cherry fruit in storage. *Postharvest Biology and Technology*，35：253-262.

Yu T，Li H Y，Zheng X D. 2007. Synergistic effect of chitosan and *Cryptococcus laurentii* on inhibition of *Penicillium expansum* infections. *International Journal of Food Microbiology*，114：261-266.

Yu T，Li H Y，Zheng X D. 2007. Synergistic effect of chitosan and *Cryptococcus laurentii* on inhibition of *Penicillium expansum* infections. *International Journal of Food Microbiology*，114：261-266.

Yu T，Wang L P，Yin Y，et al. 2008. Effect of chitin on the antagonistic activity of *Cryptococcus laurentii* against *Penicillium expansum* in pear fruit. *International Journal of Food Microbiology*，122：44-48.

Zimand G，Elad Y，Chet I. 1996. Effect of *Trichoderma harzianum* on *Botrytis cinerea* pathogenicity. *Phytopathology*，86：1255-1260.

（田世平）

# 第二节　植物源防病效果和机制研究

**导言**

多种天然物质都具有抑制果蔬采后病害的作用，如芳香物质、乙酸、植物生长激素、植物提取物以及一些动物性来源的物质，如壳聚糖、蜂胶、鱼精蛋白等。在众多防治手段中，来源于植物的物质对果蔬采后病害的防治受到了人们的广泛关注。植物源农药具有悠久的历史，虽然随着化学农药的不断开发和发展，逐渐代替了植物源农药，但随着人们安全和环保意识的提高，植物源农药又重新受到了人们的青睐（Burt，2004；Garcia et al.，2008）。植物源抑菌物质的资源十分丰富，可以利用植物根、茎、叶、花和果实等部分进行分离和加工，是生物农药的重要组成部分（Bouchra et al.，2003），具有低毒、低残留、对人畜安全、对环境友好、不易产生抗药性等优点，并且能保持农产品品质（Tripathi et al.，2004）。近年来，国内外对植物源杀菌剂的研究取得了较大进展，发现了很多具有开发潜力的抑菌或杀菌化学成分。植物源抑菌物质是植物体内产生的具有抗菌活性的次生代谢物质，超过 40 万种（Swain，1977）。其中大多数为萜烯类、生物碱、类黄酮、甾体、酚类、小分子多肽和多糖等。但对植物活性物质在化学性质上进行研究的仅占 10% 左右。开发利用植物资源用于植物病害的生物防治前景十分广阔。

目前，利用植物源物质防治果蔬采后病害主要局限于实验室阶段，实际应用较少，也缺乏相对系统成熟的理论指导，其抑菌机制还有待深入研究（Burt，2004）。

# 1　研究概况

植物是生物活性化合物的天然宝库。我国地域辽阔，植物资源极其丰富，植物源农药的发展具有悠久的历史。人们已经从植物中提取抗真菌、细菌、病毒、线虫、除草剂的活性物质。开发利用植物资源用于有害生物的防治前景十分广阔。从植物中探寻新的活性先导化合物或新的作用靶标，通过类推合成或合理设计新农药已成为当前农药化学和农药毒理学研究的热点。目前，植物源农药研究的基本状况是，研究面较宽，但研究深度不够，至今对植物源农药的研究仍缺少系统的、成熟的理论指导。在研究内容方面，作为杀虫剂研究的较多，作为杀菌剂的研究较少，作为植物生长调节剂和除草剂研究的更少。Mahadeven（1982）在《植物抗病生物化学》中列出了 591 种对真菌或细菌具有拮抗作用的植物提取物。Grainge 和 Ahmed（1988）报道约有 2400 种植物具有防治有害生物的活性。植物中的抗毒素、类黄酮、病程相关蛋白、有机酸和酚类化合物等均具有杀菌或抗菌活性。因此，植物被认为是替代化学合成杀菌剂的最好资源。较早用于植物病害防治的有大蒜汁、洋葱汁、棉子饼、辣蓼和五风草等。近几年来，国内外许多学者调查和研究了一些植物提取物的抗菌、杀菌活性和抗病毒活性。利用天然植物抗菌物质来控制采后果实腐烂的研究表明，一些植物的提取物对病菌生长具有明显的抑制效果。随着人们对植物源抑菌物质研究的深入，用于果实采后病害防治的植物源物质越来越多，从已研究的植物中发现约有 2400 种植物活性物质具有控制有害生物的活性（Grainge & Ahmed，1988），这个数据还在不断增加，同时对其防病机制的研究也在不断深入。值得注意的是，植物提取物作为抑菌剂的研究多数是在实验室条件下进行的，很少应用于实际生产中（Board & Gould，1991）。植物源抗病物质防治果蔬采后病害的研究主要集中在对细菌和真菌的抑制效果及机制研究上（Bishop，1995；Mari et al.，2003）。

# 2　用于病害防治的植物源活性物质的种类

## 2.1　根据抑制的病原微生物进行分类

根据所抑制的病原微生物种类不同，可以分为抗细菌、抗真菌和抗病毒的植物源性物质。对真菌有防效作用的植物活性物质主要来源于花椒、细辛、麻黄、白头翁、穿心莲、大黄、大蒜、夹竹桃等，其中大黄、大蒜提取物对马铃薯疫病有很好的防治效果（Hartmans et al.，1995；Demirci et al.，2008）。

对细菌有防效的植物有大蒜、穿心莲、荆芥、洋葱、仙鹤草和半支莲等，其中大蒜对许多病原细菌有很好的抑制作用（Ebrahimi et al.，2008）。对病毒有效的植物有商陆、大黄碱、甘草、连翘、小黎和红花马齿苋等，植物提取液虽对植物病毒病有一定的防效，但因其成分复杂，受环境影响后作用抗病毒作用相互制约，在实际生产应用上往往稳定性较差。

植物源活性物质抗植物病毒的作用机理主要在以下几个方面。①直接作用于病毒，如与病毒体外结合，降低病毒对寄主的识别能力，导致病毒失活；②作用于寄主上的病毒侵染位点；③诱导植物产生抗性；④抑制病毒复制。在病毒侵染寄主时，病毒外壳蛋白特异性作用于寄主表面未知位点而得以侵染成功（French et al.，1992）。有研究表明，许多植物粗提物对病毒侵染的抑制与粗提物中的单宁与病毒外壳蛋白结合有关。单宁可阻止病毒在细胞表面的吸附，直接杀灭病毒；抑制病毒的复制（刘国坤，2003）。

植物源抗菌物质的作用方式很多，主要表现为对病原菌的直接抑制，如直接抑制菌丝的生长、孢子萌发、抑制附着胞形成，影响细菌的细胞膜合成和呼吸作用等。间接的抑病作用主要是对宿主的诱导作用，使植物对病原菌产生抗性。诱导产生的抗性可以分为系统获得性抗性（SAR）和诱导系统抗性（ISR），分别依赖水杨酸和茉莉酸、乙烯信号途径（Bostock，2005）。

### 2.2　根据有效化学成分进行分类

#### 2.2.1　萜类

萜类是异戊二烯的聚合物及它们的衍生物的总称。从非洲药用植物 *Clerodenrum uncinatum* 中分离得到一种新的抗真菌的萜类化合物氢化喹啉酮二萜，对爪枝孢霉具有强烈的抑制活性（Dorsaz et al.，2004）。从 *Scutellaria* 属植物中分离获得两种新的双萜类化合物，不仅能抑制尖孢镰孢霉等病原菌的菌丝生长，同时也能够抑制分生孢子的萌发（Cole & Paul，1991）。从盘花垂头菊中提取出一种倍半萜成分 $1\beta,8$ -二已酰氧基 $-2\beta,10$ -二已酰基 $-3\beta$ -羟基 $-4\alpha$ -氯 $-11$ -甲氧基-没药 $-7$（14）-烯，对大肠杆菌、枯草杆菌、金黄色葡萄球菌具有一定的抑制活性。运用 GC - MS 技术研究金丝桃挥发油成分中的萜类物质，结果表明该物质对白色菌株、绿脓杆菌和大肠杆菌具有明显的抑制作用（王勤等，2002）。

#### 2.2.2　生物碱类

生物碱（alkaloid）是一类含氮有机物，分子中含有碳、氢、氧和氮 4 种元素，大都有明显的生物活性，是多种中草药的有效成分。生物碱在植物中的分布较广，其中豆科、茄科、十字花科、防己科和小檗科等含生物碱较多。通常把生物碱分为喹啉类（quinoline）、异喹啉类（isoquinoline）、吲哚类（indole）、吡啶类（pyridine）和喹唑酮类（quinnazolidone）等。大部分生物碱具有良好的杀菌活性，因此国内外有关植物体内生物碱类物质的分离、抑菌作用研究比较多（崔建国等，2004；刘建新等，2006）。研究表明双稠哌啶类生物碱（槐定碱、槐胺碱、苦参碱、野靛碱、氧化苦参碱和苦豆草总生物碱）对大肠杆菌、产气杆菌、变形杆菌、枯草杆菌和白色葡萄球菌的生长均有明显的抑制作用。黄连体内含有大量的生物碱，尤以小檗碱的含量最高，这些生物碱对植物病原真菌的菌丝生长和孢子萌发有较强的抑制作用。黄连生物碱对水稻菌核病菌、柑橘青霉病菌、小麦全蚀病菌、贝母茎腐病菌均有很强的抑制作用。小檗碱对 *Alternaria* altennta 的分生孢子、大麦散黑穗病菌的冬孢子、蚕豆锈病病菌的夏孢子和油菜霜霉病菌的孢子囊有较强的抑制效果（朱振东和周茂繁，1991）。利用苦参碱与小檗碱复配用于防治苹果腐烂病、轮纹病和黄瓜霜霉病，为生物碱类物质的研制与开发提供了基础（佟树敏等，2002）。

### 2.2.3 黄酮类

黄酮类（flavonoid）化合物也是植物中分布较广的一类物质，主要存在于芸香科、唇形科、豆科、伞形科、银杏科、菊科中，它们常以游离态或与糖结合的形式存在。黄酮类化合物主要分为黄酮类（flavone）、异黄酮类（isoflavone）、高异黄酮类（homoisoflavonoid）、黄酮醇类（flavonol）等，同样具有很好的杀菌活性。黄酮化合物特别是异黄酮化合物具有很强的抗菌作用。蒲公英中的槲皮素-3-O-葡萄糖苷和槲皮素-3-O-β-半乳糖苷、黄芩中的黄芩苷和甘草中的查耳酮均有抗菌活性。黄柏叶中的3种黄酮醇苷化合物黄柏苷 A、B 和山奈酚-3-O-α-D-甘露糖对金黄色葡萄球菌、柠檬色葡萄球菌及枯草杆菌均有抑制作用，尤其对枯草杆菌的抑菌活性最强。荷叶中提取获得的金丝桃苷，对口腔致病菌具有强烈的抑制作用。从植物 *Psidium acutangulum* 的枝条和叶中分离出黄酮类化合物，对丝核菌和大麦网孢长蠕霉具有抑菌活性。植物黄酮 MPB6 在体外对鸡致病性大肠杆菌、鸡白痢沙门氏菌具有明显抑制作用，MIC 分别达到 1.25 mg/mL 和 0.625 mg/mL。金银花中的总黄酮亦对金黄色葡萄球菌和大肠杆菌具有强烈的抑制作用，其活性分别是绿原酸的 4 倍和 2 倍。从花生壳中提取获得的木樨草素具有强烈的抑菌活性，且具有良好的抗氧化性能力，可作为食品防腐保鲜剂（陈春涛等，2003）。

### 2.2.4 苷类

从角胡麻科单角胡麻属 *Ibicella lutea* 植物的氯仿提取物中分离获得一种糖苷：11-O-（6-O-乙酰基-β-D-吡喃葡萄糖）-硬脂酸，研究发现该化合物对金黄色葡萄球菌具有抑制作用，其 MIC 值为 9 μg/mL（Cerdeiras & Fewández，2000）。从新几内亚乌毛蕨科植物 *Stenochlaena plustris* 的叶片中分离到 4 种具有抗菌活性的黄酮苷 stenopalutrosid A-D，抗菌试验表明，4 种糖苷对革兰氏阳性菌蜡状芽孢杆菌、表皮葡萄球菌和金黄色葡萄球菌均有抑制活性，stenopalutrosid A 对上述 3 种菌的 MIC 值分别为 4 μg/mL、2 μg/mL 和 16 μg/mL；stenopalutrosid B 对 3 种菌的 MIC 值分别为 8 μg/mL、64 μg/mL 和 32 μg/mL；stenopalutrosid C 和 stenopalutrosid D 的 1:1 混合物对 3 种菌的 MIC 值分别为 16 μg/mL、8 μg/mL 和 64 μg/mL，而阳性对照氯霉素对 3 种菌的 MIC 值分别为 2 μg/mL、4 μg/mL 和 4 μg/mL（Liu et al.，1999）。

### 2.2.5 醌类

大黄素、大黄酚、大黄酸及槲皮素醌类化合物在 1% 和 0.05% 的浓度下，对细链格孢、盘多毛孢、栗盘色多格孢和香石竹单孢锈等植物病原菌的孢子萌发、产孢数量等有不同程度的抑制作用（安银岭和陈秀虹，1999）。从蔷薇科核桃楸新鲜根皮、枝皮、青果皮中分离获得胡桃醌，在 6.25 μg/mL 浓度下对黄色球菌、大肠杆菌、枯草杆菌、酵母菌、金黄色葡萄球菌及白色念珠菌均有抑制作用（张野平和杨志平，1993）。同样，来源于玄参科锈毛地黄中的锈毛地黄醌，柿科柿属植物根、叶中的柿双醌，紫草科植物狼紫蓝蓟愈伤组织培养物中的蓝蓟醌，百合科块茎中的红葱醌，丹参根中的丹参新醌甲、乙、丙及白花丹根中的白花丹醌等醌类都有一定的抑菌活性（孙文基和绳金房，1998）。

### 2.2.6　香豆素和木脂素类

香豆素类（coumarin）化合物在自然界分布广泛，分布最多的是芸香科、伞形科、木樨科、豆科、菊科和兰科等植物，并且结构类型多样，具有多种生物活性。根据香豆素母核不同的取代基分为羟基香豆素类（hydroxylcoumarin）、呋喃香豆素类（furocoumarin）、吡喃香豆素类（pyranocoumarin）、双香豆素类（biscoumarin）和双氢异香豆素类（dihy-dro-isocoumarin）等。Quadri-spinelli 等从金星蕨科不育带毛蕨植物中分离得到具抗菌活性的香豆素衍生物 5,7-dihydroxy-6-methyl-4-phenyl-8-（3-phenyl-propionyl）-1-benzopyran-one，该化合物对蜡状芽孢杆菌、表皮葡萄球菌和藤黄八叠球菌的 MIC 值分别为 2 mg/mL、1 mg/mL 和 2 mg/mL）。8-ben-zyl-5，8β，9β-trihydroxy-60-methyl-4-phenyl-8，9-dihydroxy-furo［2,3-h］-1-benzopyran-2-one，8-benzyl-5，8β，9α-trihydroxy-60-methyl-4-phenyl-8，9-dihydroxy-furo［2,3-h］-1-benzopy-ran-2-one 的混合物对蜡状芽孢杆菌、表皮葡萄球菌和藤黄八叠球菌的 MIC 值分别为 32 mg/mL、8 mg/mL 和 16 mg/mL；5-11-dihydroxy-6-methyl-4-phenyl-11-（1-phenylmethyl）-7，10-地 oxocane［5,6-h］-1-benzopyran-2,12-dione 对蜡状芽孢杆菌、表皮葡萄球菌和藤黄八叠球菌的 MIC 值分别为 64 mg/mL、64 mg/mL 和 16 mg/mL。来源于 *Diplotaenia damavandica* 的香豆素类化合物白芷素对白色念珠菌、隐球菌和黑曲霉都有较强的抑制作用。从马鞭草科蔓茎植物的果实中分离到 4 种具抗菌活性的木脂素 vitrofolalC、vitrofolal D、vitrofolal E 和 ahydro-conidendrin，对耐苯唑青霉素金黄色葡萄菌的 MIC 值分别为 64 µg/mL、16 µg/mL、64 µg/mL 和 8 µg/mL（Sardari et al.，1999）。

### 2.2.7　酯类

来源于芸香或日本常山叶的香柑内酯，可使细菌致死，也是细菌诱变性光敏剂。而从康乃馨中分离得到的石竹内酯具有强烈抗真菌活性，是植物被细菌感染后诱导产生的防御素。另外，来源于微甘菊中的双氢微甘菊内酯具有抗真菌生长作用，如对白色念珠菌的生长有强烈抑制作用（孙文基和绳金房，1998）。

### 2.2.8　醛类、酚类和醇类

茴香醛是茴香挥发油中的一种成分。用药基法测得茴香醛体外抗白色念珠菌（*C. albicans*）的 MIC 值为 0.625～1.25 mg/mL，新生隐球菌的 MIC 值为 1.25 mg/mL，对其他深部真菌，如申克氏孢子丝菌、紧密着色真菌、烟曲霉菌、黑曲霉的 MIC 值为 0.625～1.25 mg/mL。另外，从白桂皮中分得的白桂皮醛、灰胡桃的松柏醛、肉桂中的桂皮醛、玫瑰的玫瑰醛、天麻块茎的香草醛，从唇形科植物日本香茶菜叶中分离到的香茶菜醛在万分之一浓度时对枯草杆菌、大肠杆菌及金黄色葡萄球菌就有抑制作用（孙文基和绳金房，1998）。从厚朴树的自然落叶中提取总酚化合物对供试 10 种真菌均有很强的抑制作用，水提取物在 2000 mg/kg 盆栽条件下能杀死土壤中棉立枯病菌，田间对小麦白粉病、蚕豆赤斑病，高酚对 *Geotrichum* sp.、*Eshcherichia coli*、*Saccharomyces* 等病具有抑制作用。苯多酚、厚朴酚和鞣酸对变链菌、乳杆菌、黏性放线菌、坏死梭杆菌、牙龈卟啉菌具有强弱不同的抑制作用（赵纯森等，1994）。此外，存在于亚麻中的松柏醇，软骨藻中的环桉叶醇及来源于麝香草全草的 α-松油醇均油抑菌活性，且后两者已制成气雾剂作空气消毒杀菌剂（孙文基和绳金房，1998）。

### 2.2.9　有机酸

从松萝中提取的地依酸（usnic acid），从铁苋菜、翻白草、牡丹叶、细叶野牡丹及芒果叶中分离的没食子酸，白蒿中分离的香草酸，四季青中分离的原儿茶酸，百蕊草中分离的丁二酸，小青杨中分离的阿魏酸，水杨酸及对羟基苯甲酸等有机酸均具有强烈的抑菌活性（韩公羽等，1991）。从菊科绢毛菊（*Soroseris hookeriana* subsp. *erysimoides*）中分离得到的 $p$-甲氧基苯甲酸和异香草酸（isovanillic acid）对黑曲霉均有较强烈的抑制作用，其 MIC 都为 25 $\mu g/mL$（Meng et al.，2000）。从龙胆科植物高山龙胆（*Gentiana algida*）丙酮提取物中分离出的 anofinic acid 和 fomannoxin acid 对植物病原真菌瓜枝孢（*Cladosporium cucumerinum*）有较强的抑制作用，其 MIC 值分别为 50 $\mu g/mL$、5 $\mu g/mL$（Tan & Kong，1998）。

此外，从菊科植物一枝黄花（*Solidago virga* var. *leiocarpa*）中分离得到的咖啡酸，从樟科植物肉桂中分离得到的桂皮酸，绵马（*D. filix-mas*）中分离的黄绵马酸（flavas pidic acid），龙胆中分离的龙胆酸（gentisic acid），甘草中分离的甘草次酸（glycyrhetinic acid），掌叶大黄和何首乌中分离的大黄酸（rhein），白蒿中分离的丁香酸（syringic acid）等有机酸均具有显著的抑菌活性，并已在抗菌药物开发中显示出一定的潜力（孙文基和绳金房，1998）。

### 2.2.10　胺类

澳洲茄胺具有强烈的抑菌活性，其作用机制主要在于抑制甾醇生物合成途径。从龙胆科植物龙胆中分离得到一些氨基甲酸类化合物 $N$-二十二酰基-邻胺基苯甲酸乙酯，研究发现它具有良好的抗菌作用，对白色念珠菌和黄曲霉均有较强的活性，MIC 值为 60 $\mu g/mL$（Tan & Kong，1998）。而来源于芸香科植物北芸香草地上部分的林巴胺及存在于康乃馨中的石竹胺均有强力杀菌活性（孙文基和绳金房，1998）。

### 2.2.11　芪类

芪类是具有均二苯乙烯母核或其聚合物的一类物质的总称。从决明心材中提取的芪类化合物 3,3,4,5-四羟基反二苯乙烯，对桔青霉和黑根霉具有强烈的抑制活性。从维基尼阿木兰叶中提取分离到三种有强烈抑菌活性的化合物：4,4-二乙烯基-2,3-二羟基二苯醚、3,5-二乙烯基-2-羟基-4-甲氧基二苯和5,5-二乙烯基-2,2-二羟基二苯，它们对白假丝酵母、黄曲霉和丝黑霉具有很强的抑菌活性（Gollapudi et al.，1989）。从黄独和灌木黄独中提取到抗真菌活性成分 3,5,4-三羟基二苯，对枝状孢霉和须发癣菌均有杀菌活性（Cookysey et al.，1988）。从落花生中提取到一种 3-异戊二烯基-4，3,5-三羟基芪类化合物，在 14 $\mu g/mL$ 浓度下可抑制黄曲霉的繁殖，而在 11.3 $\mu g/mL$ 浓度下可抑制菌丝生长（Adesanya et al.，1989）。

### 2.2.12　皂苷

植物皂苷有多种多样的生物效应，也具有很强的抗菌活性。据中国应用药理学记载，萨酒皂苷具有广谱抗菌作用，它对溶血性金黄色葡萄球菌、溶血性链菌、肺炎双球菌、痢疾杆菌、伤寒杆菌、大肠杆菌、变形杆菌、百日咳杆菌及常见的致病性皮肤真菌均有较强的抑制性。从植物扁豆中分离得到 3 种有抗菌活性的皂苷，它们对瓜枝孢霉的最小抑菌量分别为 5.0 $\mu g$、2.5 $\mu g$、5.0 $\mu g$。从油菜籽饼中成功分离出一种抗真菌活性成分油茶皂苷 A，被鉴定为齐墩果烷型的五环三萜皂苷，其对红色毛癣菌、石膏样癣菌、断发癣菌的 MIC 为 0.125～1.000 mg/mL，对白色念珠菌的 MIC 为 0.0625～0.2500 mg/mL (Marston et al.，1988)。从三叶草中亦分离出一种植物皂角苷能有效防治疫病 (*Phytophthora cinnumomi* Rands)，其作用机制主要在于影响细胞膜的蛋白质、磷脂及甾体的合成。

### 2.2.13 甾类

对薯蓣皂苷元、funkiosideC、滇黄精苷 A、25 -（R）- PO - 8 和胡萝卜苷共 5 种甾体类化合物的杀菌试验表明，胡萝卜苷对植物病原真菌尖孢镰刀菌和人类病原菌白色念珠菌的生长都有抑制作用，对尖孢镰刀菌的 MIC 为 0.108 g/L，对白色念珠菌的 MIC 为 0.078 g/L（周立刚等，1997）。来源于植物 Jolyna rioides 的岩藻甾醇 (fucosterol) 对弯孢霉、黑葡萄穗霉和犬小孢子霉等霉菌具有显著的抑杀活性。而 24 -（R，S）- 25 - epiminolanosterol 具有抑菌活性，其作用机制主要在于抑制甾醇生物合成途径 (Atta - Ur - Rahman et al.，1997)。

### 2.2.14 精油类

早在 1887 年，就对精油抗菌性进行了研究。研究表明飞机草挥发油在中等浓度（800 mg/L）时，对水稻稻瘟病菌的抑制作用最强，对长春花痰病菌的抑制作用次之，对香蕉枯萎病菌的抑制作用最弱，其抑菌率分别为 61.40%、29.27% 和 14.44%，用 GC/MS 详细分析了飞机草挥发油的化学成分，共鉴定了 33 个化合物，其主要成分是萜类化合物，如反式 - 石竹烯 (16.58%)、$\delta$ - 杜松烯 (15.85%)、$\alpha$ - 可巴烯 (11.58%)、氧化石竹烯 (9.63%)、大根香叶烯 (4.96%) 和 $\alpha$ - 律草烯 (4.32%)。对 6 种芳香型植物精油的抑菌试验发现所选精油都有一定的抑杀菌效果，丁香油最低抑杀菌浓度为 320 mg/kg，抑霉效果与对羟基苯甲酸乙酯相当，优于苯甲酸、山梨酸和丙酸；山苍子油和柠檬油最低抑杀菌浓度为 320～1250 mg/kg，抑霉效果和苯甲酸、山梨酸、丙酸相似，比冰醋酸、富马酸好。采用 GS - MS 技术分析了乐东拟单性木兰花部挥发油的化学组成，共鉴定出 57 种化合物，其中 $\beta$ - 蒎烯含量最多，并且发现该挥发油对大肠杆菌和伤寒杆菌具有一定的抑制作用或杀灭能力。从麻黄和细辛中提取的挥发油对植物病原真菌 *Alternaria panax*、*Phytophthoracathorum*、*Rhizoctonia solani*、*Ustilago coicis* 等均有抑制作用，接种 48 h 后两种挥发油对 *R. solani* 的毒力最强，最低抑制浓度为 250 mg/L。

### 2.2.15 其他

植物中的木质素和植保素及一些蛋白质（如抗真菌蛋白 AFP）亦有抑菌抗病活性，并已开始应用到实际生产。此外，有些植物粗提物本身没有抗菌活性，但其酶解或水解产物具有抑菌活性。从十字花科植物种子中分离到 11 种芥子油苷及其酶解产物，对 8 种真菌的抗菌活性研究中发现，芥子油本身不具有抗菌活性，但其酶解产物对立枯丝核菌、*Sclerotinia sclerotirum*、*Diapotthe phaseolorum* 和 *Pythium irregulare* 具有抗菌活性，MIC 为 0.1～1.2 mg/L，作用最强的酶解产物的 EC50 为 0.05 mg/L (Lusia et al.，1997)。

由于植物源活性物质的成分复杂，因此作用机理也呈现多样性，病原菌不易对其产生抗性，但这也给研究工作带来一定的困难，使得研究进展参差不齐（表 2 - 3 - 2 - 1）。

表 2 - 3 - 2 - 1　主要的几种植物活性成分对病原微生物的抑制作用

| 名称 | 主要成分 | 主要作用的病原菌 | 实际作用的果蔬 | 参考文献 |
|---|---|---|---|---|
| 生物碱类 | 含氮有机物 | *Alternaria altennta* | 土豆 | (Eberh ardu et al., 1985) |
| 萜类 | 异戊二烯的聚合物及其衍生物 | | | |
| 脂类 | 长链碳烷和脂肪酸 | *Aspeigillus niger*<br>*Saccharomyces cerevisiae* | 无 | (Tverskoy, et al., 1991) |
| 蛋白质类 | 蛋白质 | 多种病原菌 | 甜瓜等 | (魏桂芳等，2002) |
| 精油类 | | | | |
| 百里香精油 | *thymol carvarol*<br>$\gamma-terpinene$<br>$p-cymene$ | *L. monocytogenes*, *E. coli* | 莴苣、胡萝卜、杏子 | (Singh et al., 2002) |
| 肉桂精油 | $\beta-$phenylacrylic acid | *Natural flora*<br>*Alternaria alternate* | 猕猴桃、甜瓜<br>樱桃番茄 | (Roller et al., 2002)<br>(Feng et al., 2007) |
| 葛缕子精油 | carvone | *fungal* | 土豆 | (Hartmans et al., 1995) |
| 迷迭香精油 | $\alpha-$pinene bornyl acetate<br>camphor 1, 8 - cineole | *Botrytis cinerea*<br>*Penicillium digitatum* | 无 | (Daferera et al., 2000, 2003) |

# 3　植物源抑菌物质的研究方法

## 3.1　筛选方法

### 3.1.1　体外筛选

以某种病原菌为研究对象，在实验室条件下进行筛选，可对不同植物的提取物进行筛选，或者对同一植物不同部位的提取物进行筛选；也可以多种病原菌为研究对象，筛选广谱抗菌物质。主要方法如下几个方面。

孢子萌发法：该法是测定杀菌剂毒力的常用方法。孢子萌发法除常规的试管培养法、悬滴法、载玻片萌发法外，还有其他方法。深见顺一等（1981）在进行植物抗真菌成分检测时，提出了植物叶片上的孢子萌发试验法。

含毒介质培养法：抑制菌丝生长可采用含毒介质培养法。含毒介质培养法主要包括水平扩散法、生长速率法、最低抑制浓度法（MIC）。其中水平扩散法又称抑菌圈法或洋菜平面法，该法又包括管碟法（牛津杯法）、滤纸片法、孔碟法及洋菜柱法等（Wilkinson et al., 2003；Pintoreet al., 2002）。

其他方法：如适用于挥发物质的熏蒸作用测定法；适用于杀细菌离体生测的澳化四氮噢比色法；附着法（该法是以细菌、真菌孢子附着在灭菌的种子、果皮或其他保护材料上，直接接触药剂，并给予适当的温湿条件，一定时间后观察有无菌落形成，观察菌体异常的形态观察法）；液体培养试验法（本方法是在添加药液的液体培养基中培养病原菌，然后测定菌量，并与不加药液处理相比较求出生长抑制率）；叶上微生物的活菌数测定法（该法将叶片上的微生物群移植到培养皿中，从长出的菌落数来进行判断生长抑制）。另外，通过叶面上微生物的真菌数和细菌数之比，也可推测叶片上所含抗菌物质是抗细菌物质，还是抗真菌物质。在研究活性物质过程中，一些国内外学者采用薄板生物自显影技术或生物层析法来进行生测。离体测试中影响抗菌活性的因素主要有供试菌的不均一性、供试药剂的不均一性、药剂的溶解度和培养基组分的影响等（张应烙等，2005）。

离体测试方法的优点是测定条件易于控制，操作简便迅速，精确度高。但由于有些化合物用这类方法不表现杀菌活性，而在寄主植物上却有良好的防治效果，如果用这类方法初筛，将使一些本来颇具潜力的化合物漏筛。因此，目前国外一些公司已不采用这类方法进行大量化合物的活性筛选。

### 3.1.2　活体筛选

利用植物组织或器官作为实验材料，直接进行筛选，获得有效的活性物质，评价化合物杀菌活性高低。植物组织筛选法比较简单，能在室内进行，比孢子萌发法和含毒介质培养法更接近生产实际。

### 3.2　使用方法

### 3.2.1　直接利用

直接将天然产物（如植物体或其提取物）加工成适当的制剂用以采后病害。最初是直接利用植物或将植物研磨后使用。目前，国外农药公司已生产出不同剂型（如乳油、可湿性粉剂、气雾剂、可分散粉剂、超微量喷雾剂等）的植物性杀虫农药。植物源杀菌剂已有少部分被开发为农药，如黄蒿种子香精油中的主要成分单菇黄蒿酮已被荷兰一家公司以 Talent™ 商品名上市。BAsF 公司从萝科植物 Reynoutri sach Iinesis 中获得的提取物对白粉病防效良好，现亦已工业化生产，商品名为 Milsa。近年来，我国学者先后对多种生物碱、小飞蓬、红树、厚朴、麻黄、细樟、凤仙和骆驼篷等植物的抑菌活性进行了初步探讨。

### 3.2.2　研制组合制剂

以植物杀菌剂与化学农药经科学组配研制成新型组合制剂，可以达到减少化学农药使用量，降低采后病害发生的目的。

### 3.2.3　作为先导化合物，合成新型农药

植物性杀菌剂，除直接利用外，还可作为合成新型病害防治剂的先导化合物。而以植物源活性成分为先导结构研究开发的药剂对农药发展的贡献远大于直接利用植物。它不仅可以研究开发出一系列的类似物，而且它们的生物活性往往高于先导物，并能克服先导物的某些物理性质的不足，扩大应用范围（杨义钧等，2008）。

## 4　植物源物质的防病效果及抑病机制

### 4.1　植物激素

茉莉酸和茉莉酸甲酯在自然界广泛存在，在植物中起信号传递作用，对植物有抑制生长、诱导抗逆和促进衰老等生理功能（Creelman & Mullet，1997）。有研究报道茉莉酸甲酯可有效抑制灰葡萄孢引起的草莓灰霉病（Moline et al.，1997）。由于茉莉酸甲酯具有挥发性，对果蔬进行采后处理时，不需要浸果，使用方便。水杨酸是自然界中存在的一种酚类化合物，是普遍存在于植物体内的内源性物质，是一种重要的信号传递分子。利用低浓度的水杨酸处理果蔬，可以提高果实对采后病害的抗性，诱导果实抗性物

质的产生。

### 4.2　芳香物质和植物精油

研究发现几乎所有的植物都能分泌挥发性物质，抑制或杀灭细菌、真菌和原生动物等（Taskova et al.，2002）。植物挥发性物质包括：碳氢化合物（如烃、萜烯）及其含氧化合物（如醇、醛、酮、酸、酯、内酯、醚和酚等）。大致分为脂肪酸衍生物、芳香族化合物、单萜和倍半萜类，也包含一些含氮（吲哚）及含硫（大蒜素）的化合物（何培青等，2005）。

#### 4.2.1　芳香物质

果蔬本身就具有一定的香气，有些还具有可诱导的芳香物质，在芳香物质中有些具有抗菌性，从而可以控制果蔬采后病的发生（Culter et al.，1986）。这些物质通常是植物的次生代谢产物，一般具有一定的挥发性、亲脂性、低水溶性。这些物质对哺乳动物无害而且很少产生异味。许多芳香物质在低浓度下就具有较好的抑菌效果。Wilson 等（1987）发现成熟的桃果实产生的挥发性气体具有杀菌的效果。Prasad 和 Stadelbacher（1973）利用乙醛熏蒸的方法有效地抑制了灰葡萄孢的生长。

#### 4.2.2　植物提取物

近年来，国内外对植物源杀菌剂的研究相当重视，并取得了较大的进展，发现了很多具有开发潜力的抑菌或杀菌的化学成分。例如，从一种名为 Star Ruby 的柑橘皮中提取的某种天然物质在体内和体外都能有效抑制意大利青霉和指状青霉的生长（Agnioni et al.，1998）。蒋继志等（2005）利用大蒜、韭菜、洋葱、大黄、连翘和花椒等植物的提取物对草莓的根腐病原真菌进行了体外抑制效果的研究，结果发现大蒜和韭菜的水提取物以及丁香和大黄的水煎剂在较高浓度下对立枯丝核菌（*Rhizoctonia solani*）和胶胞炭疽菌（*Colletotrichum gloeosporioides*）均有较强的抑制效果。将植物提取液用于果蔬保鲜具有良好的发展前景。

#### 4.2.3　植物精油

在植物源杀菌剂中，植物精油是目前研究的热点之一。植物精油是具有芳香气味的油状液体，通常是从植物的花、芽、种子、叶、枝条、树皮、果实和根获得。它们可通过挤压、发酵、有机溶剂提取或蒸馏的方法获得，其中水蒸气蒸馏是生产上最为常见的提取方法（Van et al.，1999）。估计现在已知的精油有 3000 种，其中有 300 种具有重要的商业用途，主要用于香料和调味市场（Van et al.，1999）。

植物精油在远古时就被人们所认识，具有广泛的用途。人们用植物精油调味、为尸体防腐或用于医药等（Trehane，1995）。随后，人们又发现了其工业用途，特别是用于香料、化妆品和去污剂等精细化工和食品工业。许多研究表明植物精油还具有抑制细菌（Deans et al.，1987；Mourey et al.，2002）、真菌（Azzouz et al.，1982；Akgül et al.，1988；Jayashree et al.，1999；Mari et al.，2003）、抗病毒（Bishop，1995）、杀灭寄生虫（Pandey et al.，2000；Pessoa et al.，2002）、杀虫（Konstantopoulou et al.，1992；Karpouhtsis et al.，1998）的作用。

植物精油由许多挥发性的成分组成，其成分在不同种属的植物之间具有很大的区别（Arras et al.，1992；Marotti et al.，1994；McGimpsey et al.，1994；Cosentino et al.，1999；Marino et al.，1999；Juliano et al.，2000；Faleiro et al.，2002）。植物精油的抑菌作用似乎是不同成分协同作用的结果（Mishra et al.，1994；Hammer et al.，1999），抑病机制多种多样，因此病原菌不易对植物精油产生抗性。

虽然人们对植物精油的抑菌特性有了一定的认识，但对植物精油的抑菌机制的研究还远远不够。植物精油的一个重要的特点是具有疏水性，使之可以进入细胞膜和线粒体膜，破坏其膜结构，从而使膜的渗透性提高，导致细胞的内容物泄漏。虽然一定量的泄漏不会影响微生物的生存力，但大量内容物或关键分子和离子的流失会最终导致微生物的死亡（Denyer et al.，1991）。细胞壁是真菌抵抗外来物质的第一道防线，植物精油对细胞壁的影响也十分显著。Ghfir 等（1997）发现牛膝草（*Hyssopus officinalis*）中提取的植物精油能明显降低曲霉（*Aspergillus fumigatus*）细胞壁中的中性糖、糖醛酸和蛋白质的水平，使氨基糖和酯类的含量增加，细胞壁成分的微小变化最终导致了细胞结构上的变化。Rasooli 等（2005）使用从 *Thymus eriocalyx* 和 *Thymus x - porlock* 中提取的植物精油处理黑曲霉（*Aspergillus niger*），植物精油会造成病原菌细胞壁、细胞膜和细胞器结构上的不可逆损伤。这些形态上的损伤可能是由于植物精油干扰与细胞壁合成有关的酶的活性造成的。

总地来说，植物精油的抑菌机制特别是对真菌的抑菌机制到目前为止还没有完全阐明（Lambert et al.，2001）。这主要是因为植物精油的成分复杂，抑菌机制多种多样。植物精油对细菌的抑制作用是通过对细菌细胞中的多个位点作用来实现的。植物精油成分和位点之间的相互作用并不孤立，它们之间存在着相互作用。对于细菌来说，其抑菌机理主要可归纳为以下几点（图 2-3-2-1）。①细胞壁的降解（Thoroski et al.，1989；Helander et al.，1998）；②破坏细胞膜（Knobloch et al.，1989；Sikkema et al.，1994；Oosterhaven et al.，1995）；③破坏膜蛋白（Ultee et al.，1999）；④细胞内容物的泄漏（Cox et al.，2000；Lambert et al.，2001）；⑤细胞质凝结（Gustafson et al.，1998）；⑥质子动力的损耗（Ultee et al.，2001）。

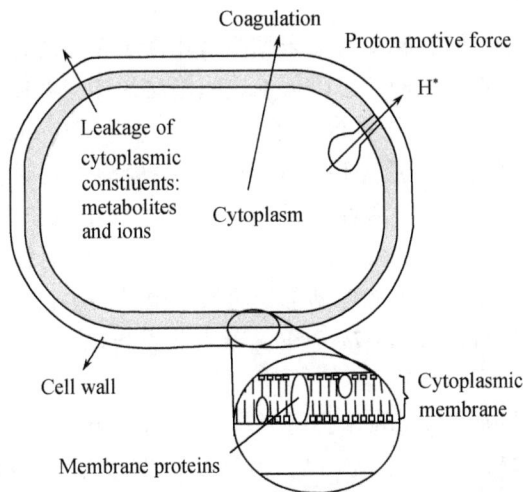

图 2-3-2-1　植物精油成分对细菌作用的位点和机制

### 4.3 乙酸

乙酸是一些果实自然产生的中间代谢产物（Nursten，1970）。乙酸对微生物具有一定的抑制作用，未解离的乙酸可以渗入到微生物细胞中发挥作用，这种效果比单纯降低 pH 增加抑菌效果更好（Banwart，1981）。Sholberg 和 Gaunce（1995）发现空气中低浓度乙酸可以有效抑制苹果中灰葡萄孢的生长。利用乙酸作为熏蒸剂进行抑菌，具有低残留、低成本、操作简便、不需过多设备的优点。

### 4.4 其他植物源抑病因子

抗菌肽最早于 1965 年从蜜蜂毒液中分离得到（Park et al.，1996），随后的研究发现抗菌肽广泛存在于原核生物、植物及动物体内，并在生物的天然防御系统中起着重要的作用（Brogden，2005）。抗菌肽包括抗细菌多肽（antibacterial peptide）和抗真菌多肽（antifungal peptide），有人建议把它们通称为抗生素肽（peptide antibiotic）。

植物抗菌肽是植物自身合成的能够防御环境中微生物侵害的一类小分子多肽。它们大都是阳离子多肽，有较好的热稳定性。根据作用位点和抗菌机制的不同，植物抗菌肽可分为 3 大类：第一类通过干扰微生物细胞壁的合成来抑制微生物生长；第二类作用于质膜并使其产生穿膜孔洞，从而导致微生物因细胞物质外泄受损；第三类则通过抑制某些细胞器的作用而起到抑菌的效果（Anthony et al.，2000）。

葡聚糖是从植物体内分离的化合物，具有抗真菌和诱导植物抗性的作用，可以人工合成。从日本柏树中提取的日柏醇能有效地控制灰霉菌、褐腐病和青霉菌孢子的萌发，对防治桃和草莓果实的采后病害有较好的效果。银杏的外种皮提取液或浸提物均有较好的抑菌效果，对苹果炭疽病菌、青霉病菌具有显著的抑制作用。大蒜汁和洋葱汁在控制柑橘果实的青绿霉菌方面取得了较好的效果。此外我国特优的中草药也用于果实保鲜，如天然中草药丁香、桂皮、花椒、鹿蹄草、蕾香等的提取液制成保鲜剂、保鲜纸等，对水果均有较好的保鲜效果。

天然抑制剂主要作用于细胞膜，目前未见报道作用于专门的毒性靶标。香叶醇可提高细胞外渗并增强真菌细胞的流动性、降低细胞膜脂层的相变温度及膜脂的流动性。从三叶草中分离出一种植物皂角苷能有效防治一种疫病菌（*Phytophthora cinnumomi*），其作用位点主要为细胞膜的蛋白质、磷脂和甾体。多种萜类对菌类的初生能量代谢、NADH 及丁二酸脱氢酶（SDH）活性、以及对呼吸过程中电子传递的影响，发现在 $5 \times 10^{-3}$ mol/L 浓度下，所有供试萜类都能抑制上述反应，从而影响病菌的呼吸作用及细胞膜功能。另外有些活性物质可能抑制孢子萌发和菌丝的生长，从麻黄和细辛中提取的麻黄油和细辛油能够抑制 *Alternaria panax* 分生孢子和 *Ustilago coicis* 冬孢子萌发的作用（张国珍等，1995）。

目前已知的相关产品有 Mycotech 公司生产的 Cinnamite™，它是作为一种在温室中对花卉作物杀虫、杀螨、杀真菌的产品。但其公司生产的另一种产品 Valero™ 是一种用于葡萄、草莓、柑橘和坚果类的杀螨剂和杀真菌剂。这两种产品都是以肉桂精油作为主要原料，其中肉桂醛是其活性成分。从田页蒿（*Carum carvi*），又名葛缕子的精油中分离出来的一种单萜由于对土豆的腐烂有良好的抑制用（Hartmans et al.，1995；

Oosterhaven，1995），已经在新西兰冠以 TALENT 的商标进行推广。

植物源性的活性物质要运用在实际生产中还有很多问题亟待解决。相对于体外试验来说，植物源抗菌物质在实际运用中通常需要更高的浓度（Feng et al.，2008）；抑病效果受果蔬自身物质的影响很大，特别是某些植物源抗菌物质不具有渗透性和吸收性，难以控制侵入到果蔬内部的病原微生物，因此效果无法持久；植物源性物质在单独作为杀菌剂或抑菌剂时，其效果可能会受到外界因素的影响而不稳定；由于植物源性活性成分的不确定性，要使之商品化，需要对其生产加工的过程标准化，对其实行化学标准和质量控制，同时还要加强其化学物质的分子机构和活性之间的关系的研究；由于植物源性物质是直接用于食品中，是否会影响食品的品质，消费者对其接受程度如何等。目前在这些方面还缺乏系统全面的研究，这都给植物源性物质的商品化带来一定的困难。

## 参 考 文 献

安银岭，陈秀虹 . 1999. 几种蒽醌类衍生物对植物病原真菌抑制作用的研究 . 西南林学院学报，19（2）：122-125.

陈春涛，马庆一，马玉美，等 . 2003. 花生壳中木犀草素等抑菌活性成分的提取、纯化与研究 . 食品科学，24（5）：84-88.

陈彤彤，宋晓妍，解树涛，等 . 2006. 植物源抗菌肽的研究进展，西北 植物学报，26（2）：420-426.

崔建国，陈小军，孙志良，等 . 2004. 白毛藤生物碱的提取及体外抗菌活性研究 . 中兽医医药杂志，23（5）：41-42.

何培青，柳春燕，郝林华，等 . 2005. 植物挥发性物质与植物抗病防御反应 . 植物生理学通讯，41（1）：105-110.

韩公羽，沈企发 . 1991. 植物药有效成分的研究与开发 . 杭州，杭州大学出版社，70.

蒋继志，梁宁 . 2005. 植物提取物对草莓根腐病病原真菌的抑制作用 . 河北大学学报，25（4）：399-404.

刘国坤，谢联辉，林奇英，吴祖建，陈启建 . 2003. 15 种植物的单宁提取物对烟草花叶病毒（TMV）的抑制作用 . 植物病理学报，33（3）：279-283.

刘建新，赵国林，薛林贵 . 2006. 多裂骆驼蓬生物碱类物质抑菌杀虫活性研究 . 植物保护，32（5）：41-44.

深见顺一 . 1981. 农药实验法－杀虫剂篇 . 北京：农业出版社 . 101-102.

孙文基，绳金房 . 1998. 天然活性成分简明手册 . 北京：中国医药科技出版社 .

佟树敏，李学静，杨先芹 . 2002. 6％苦小檗碱杀菌剂研制及在苹果上的应用 . 农业环境保护，2（1）：67-69.

屠予钦 . 1999. 天然源农药的研究利用-机遇与问题 . 世界农药，12（4）：4-12.

魏桂芳，赵淑清，赵立平 . 2002. 软腐欧氏杆菌的Ⅲ型分泌系统对 harpin 蛋白的识别与分泌 . 微生物学报，42（4）：465-474.

王利国，马祁 . 2000. 天然产物对植物病毒的抑制作用 . 中国生物防治，16（3）：127-130.

王勤，张琪，陈正山 . 2002. 盘花垂头菊半萜的体外抗菌、抗肿瘤活性 . 中国病理学通报，30（4）：1125-1127.

杨义钧，董慧，徐兴 . 2008. 植物源杀菌剂的研究现状与展望 . 河北农业科学，12（1）：53-55.

张野平，杨志平 . 1993. 胡桃醌对肿瘤增殖抑制作用和抗菌作用 . 沈阳药学院学报，10（4）：271-274.

赵纯森，黄俊斌 . 1994. 厚朴叶中抑菌活性成分鉴别及其防病效果 . 华中农业大学学报，13（4）：373-377.

张国珍 . 1995. 麻黄和细辛挥发油的抗真菌作用 . 植物保护学报，12（4）：373-374.

周利刚，张颖君 . 1997. 黄酮和甾体化合物的抗菌活性 . 天然产物研究与开发，9（3）：24-29.

张应烙，尹彩萍，冯俊涛，王汝贤，张兴 . 2005. 植物源杀菌剂的研究进展 . 西南民族大学学报，31

（3）：402-408.

朱振东，周茂繁.1991. 黄连生物碱对植物病原真菌抑菌作用及其应用的初步研究. 华中农业大学学报，10（4）：342-346.

Adesanya S A，Ogundans S K，Roberts M F. 1989. Dihydrostilene phytoalexins from Discorea bulbifera and D. dummentorum. *Phytochemistry*，28（3）：773，774.

Agnioni A，Cabras P，Dhallewin G，et al. 1998. Synthesis and inhibitory activity of 7-geranoxy coumarin against *Penicillium* species in citrus fruits. *Phytochemistry*，47：1521-1525.

Akgül A. Kivanc M. 1988. Inhibitory effects of selected Turkish spices and oregano components on some food-borne fungi. *International Journal of Food Microbiology*，6：263-268.

Anthony J D L，Walsh J T. 2000. Antifungal peptides：origin，activity，and therapeutic potential. *Revista Iberoamericana de Micología*，17：16-120.

Atta – Ur – Rahman，Choudhary M I，Majeed A，et al. 1997. A succinylanthranillic acid ester and other bioactive constituents of *Jolyna laminarioides*. *Phytochemistry*，46（7）：1215-1218.

Arras G，Grella G E. 1992. Wild thyme，Thymus capitatus，essential oil seasonal changes and antimycotic activity. *Journal of Horticultural Science*，67（2）：197-202.

Azzouz M A. Bullerman L B. 1982. Comparative antimycotic effects of selected herbs，spices，plant components and commercial antifungal agents. Journal of Food Protection，45（14）：1298-1301.

Banwart G J. 1981. Basic Food Microbiology. Westport，CT：AVI Publishing Company Inc.．

Bishop C D. 1995. Antiviral activity of the essential oil of *Melaleuca alternifolia*（Maiden and Betche）Cheel（tea tree）against tobacco mosaic virus. *Journal Essential Oil Research*，7：641-644.

Board R G，Gould G W. 1991. Future prospects. *In*：Gould N J R a G W. *Food Preservatives*. Glasgow：Blackie. 267-284.

Bostock R M. 2005. Signal crosstalk and induced resistance：straddling the line between cost and benefit. *Annual Review of Phytopathology*，43：545-580.

Bouchra C，Mahamed A，Mina I H，et al. 2003. Antifungal activity of essential oils from several medicinal plants against four postharvest citrus pathogens. *Phytopathologia Mediterranea*，42：251-256.

Brogden K A. 2005. Antimicrobial peptides：pore formers or metabolic inhibitors in bacteria. *Nature Reviews Microbiology*，3（3）：238-250.

Burt S. 2004. Essential oils：their antibacterial properties and potential applications in foods—a review. *International Journal of Food Microbiology*，94：223-253.

Cerdeiras M P，Femández J. 2000. A new antibacterial compound from Ibicella lutea. *Journal of Ethnopharmacology*，73（3）：521-525.

Cole M D，Paul D B. 1991. Antifungal activity of rico Clerodand diterpenoids from Scutellaria. *Phytochemistry*,30（4）：1125-1127.

Cookysey C J，et al. 1988. A dienyl stilbean phytoalexin from Arachis aypogaea. *Phytochemistry*，27（4）：1015，1016.

Cosentino S，Tuberoso C I G，Pisano B，et al. 1999. In vitro antimicrobial activity and chemical composition of Sardinian Thymus essential oils. *Letters in Applied Microbiology*，29：130-135.

Cox S D. Mann C M. Markham J L，et al. 2000. The mode of antimicrobial action of essential oil of *Melaleuca alternifola*（tea tree oil）. Journal of Applied Microbiology，88：170-175.

Daferera D J，Ziogas B N，Polissiou M G. 2000. GC – MS analysis of essential oils from some Greek aromatic plants and their fungitoxicity on *Penicillium digitatum*. *Journal of Agricultural and Food Chemistry*，48：2576-2581.

Daferera D J, Ziogas B N, Polissiou M G. 2003. The effectiveness of plant essential oils in the growth of *Botrytis cinerea*, *Fusarium* sp. and *Clavibacter michiganensis* subsp. *michiganensis. Crop Protection*, 22: 39-44.

Demirci F, Guven K, Demirci B, et al. 2008. Antibacterial activity of two Phlomis essential oils against food pathogens. *Food Control*, 19: 1159-1164.

Denyer S P. Hugo W B. 1991. Mechanisms of Action of Chemical Biocides. The Society for Applied Bacteriology, Technical Series No 27. Oxford: Oxford Blackwell Scientific Publication. 171-188.

Dorsaz A C, Marston A, Stoeckli - Evans H, et al. 2004. A new antifungal hydroquinone diterpenoid from *Clerodendrum uncinatum* SCHINZ. *Helvetica Chimica Acta*, 68 (6): 1605-1610.

Culter H G, Steverson R F, Cole P D, et al. 1986. Secondary Metabolites from Higher Plants. Their Possible Role as Biological Control Agents. ACS Symposium Series, American Chemical Society, Washington DC. 178-196.

Deans S G, Ritchie G, 1987. Antibacterial properties of plant essential oils. *International Journal of Food Microbiology*, 5: 165-180.

Eberhardu. 1985. Control of phytophthorainfestans with berberine. CA, (107): 72874.

Ebrahimi S N, Hadian J, Mirjalili M H, et al. 2008. Essential oil composition and antibacterial activity of *Thymus caramanicus* at different phenological stages. *Food Chemistry*, 110: 927-931.

Faleiro M L. Miguel M G. Ladeiro F. et al. 2002. Antimicrobial activity of essential oils isolated from Portuguese endemic species of Thymus. *Letters in Applied Microbiology*, 36: 35-40.

Feng W. Zheng X D. 2007. Essential oil to control Alternaria alternata *in vitro* and *in vivo. Food Control*, 18: 1126-1130.

Feng W. Zheng X D. Chen JP. Yang Y. 2008. Combination of cassia oil with magnesium sulphate for control of posthavest storage rots of cherry tomatoes. *Crop Protection*. 27 (1) 112-117.

French C J, Nell T. 1992. Inhibition of infectivity of potato virus X by flavonoids. *Phytochemistry*, 31 (9): 3017-3020.

Garcia R, Alves S S E, Santos P M, et al. 2008. Antimcrobial activity and potental use of monoterpenes as tropical fruits preservatives. *Brazilian Journal of Microbiology*, 39: 163-168.

Ghfir B. Fonvieille J L. Dargent R. 1997. Influence of essential oil of Hyssopus officinalis on the chemical composition of the walls of *Aspergillus fumigatus (Fresenius) . Mycopathologia*, 138: 7-12.

Gollapudi, Sitaraghav R, Telikepalli, et al. 1989. Glepidotin C: a minor antimicrobial bibenzyl from Glycyrhiza lepidota. *Phytochemistry*, 27 (4): 1015, 1016.

Grainge M, Ahmed S. 1988. Handbook of Plants with Pest Control Properties. New York, USA: John Wiley and Sons Inc.

Gustafson J E. Liew Y C. Chew S. et al. 1998. Effects of tea tree oil on Escherichia coli. *Letters in Applied Microbiology*, 26: 194-198.

Hadidi A, Davis I, Postman J D, et al. 1995. A virus affecting apples and pears is related to grapevine virus A as revealed by IC - RT - PCR and molecular hybridization. *Acta Horticulturae*, 386: 37-43.

Hartmans KJ, Diepenhorst P, Bakker W, Gorris LGM. 1995. The use of carvone in agriculture, sprout suppression of potatoes and antifungal activity against potato tuber and other plant diseases. *Industrial Crops and Products*, 4: 3-13.

Hammer KA. Carson CF. Riley TV. 1999. Antimicrobial activity of essential oils and other plant extracts. *Journal of Applied Microbiology*, 86: 985-990.

Hartmans KJ, Diepenhorst P, Bakker W, et al. 1995. The use of carvone in agriculture, sprout suppression of potatoes and antifungal activity against potato tuber and other plant diseases. *Industrial Crops and Products*, 4: 3-13.

Hartmans KJ, Diepenhorst P, Bakker W, et al. 1995. The use of carvone in agriculture, sprout suppression of potatoes and antifungal activity against potato tuber and other plant diseases. *Industrial Crops and Products*, 4: 3-13.

Helander IM. Alakomi H-L. Latva-Kala K. et al. 1998. Characterization of the action of selected essential oil components on Gram-negative bacteria. *Journal of Agricultural and Food Chemistry*, 46: 3590-3595.

Helvetiea Chiminca Acta Volume 68 Issue 6, Pages 1605-1610.

Jayashree T. Subramanyam C. 1999. Antiaflatoxigenic activity of eugenol is due to inhibition of lipid peroxidation. *Letters in Applied Microbiology*, 28: 179-183.

Juliano C. Mattana A. Usai M. 2000. Composition and in vitro antimicrobial activity of the essential oil of Thymus herba—barona Loisel growing wild in Sardinia. *Journal of Essential Oil Research*, 12: 516-522.

Karpouhtsis I, Pardali E, Feggou E, et al. 1998. Insecticidal and genotoxic activities of oregano essential oils. *Journal of Agricultural and Food Chemistry*, 46: 1111-1115.

Kim A B. 2005. Antimicrobial pepides: pore formers or metabolic inhibitor in bacteria. *Nature*, 3: 238-250.

Konstantopoulou I. Vassilopoulou L. Mavragani-Tsipidou P. Scouras ZG. 1992. Insecticidal effects of essential oils. A study of the effects of essential oils extracted from eleven Greek aromatic plants on Drosophila auraria. *Experientia*, 48 (6): 616-619.

Knobloch K. Pauli A. Iberl B. Weigand H. Weis N. 1989. Antibacterial and antifungal properties of essential oil components. *Journal of Essential Oil Research*, 1: 119-128.

Lambert R J W, Skandamis P N, Coote P, et al. 2001. A study of the minimum inhibitory concentration and mode of action of oregano essential oil, thymol and carvacrol. *Journal of Applied Microbiology*, 91: 453-462.

Liu H, Orjala J, Sticher O, et al. 1999. Acylated flavonol glycosides from the leaves of Stenochlaena palustris. *Journal of natural products*, 62 (1): 70-75.

Luisa M, Luca L, Sandro P. 1997. In vitro fungitoxic activity of some glucosinolates and their enzyme derived products toward plant pathogentic fungi. *Journal Agricultural and Food Chemistry*, 45: 3768-3773.

Mahadeven A. 1982. Biochemical aspects of plant disease resistance. Part I: Preformed inhibitory substances "prohibitins" India: Today & Tomorrow Sprinters and Publishers. 400.

Marino M, Bersani C, Comi G. 1999. Antimicrobial activity of the essential oils of Thymus vulgaris L. measured using a bioimpedometric method. *Journal of Food Protection*, 62 (9): 1017-1023.

Mari M, Bertolini P, Pratella G C. 2003. Non-conventional methods for the control of post-harvest pear diseases. *Journal of Applied Microbiology*, 94: 761-766.

Marotti M, Piccaglia R, Giovanelli E. 1994. Effects of planting time and mineral fertilization on peppermint (*Mentha piperita L.*) essential oil composition and its biological activity. *Flavour and Fragrance Journal*, 9: 125-129.

Marston A, Gafner F, Dossaji S F, et al. 1988. Fungicidal and molluscicidal saponind from Dolichos kilimandscharicus. *Phytochenistry*, 27 (5): 1325-1218.

McGimpsey J A, Douglas M H, Van Klink J L, et al. 1994. Seasonal variation in essential oil yield and composition from naturalized Thymus vulgaris L. in New Zealand. *Flavour and Fragrance Journal*, 9: 347-352.

Meng J C, et al. 2000. New antimicrobial mono and sesquiterpenes from Soroseris hookeriana

Subsp. Erysimiodes. *Planta Medica*, 66: 541.

Mishra A K. Dubey N K. 1994. Evaluation of some essential oils for their toxicity against fungi causing deterioration of stored food commodities. *Applied and Environmental Microbiology*, 60: 1101-1105.

Moline HE, Buta JG, Saftner RA, Maas JL. 1997. Comparison of three volatile natural products for the reduction of post harvest diseases in strawberries. *Advances in Strawberry Research*, 16: 43-48.

Mourey A. Canillac N. 2002. Anti-Listeria monocytogenes activity of essential oils components of conifers. *Food Control*, 13: 289-292.

Nursten HE. 1970. Volatile compounds. The aroma of fruits. In: Hulme, A. C. (Ed.), The Biochemistry of Fruits and Their Products. Academic Press, New York, 239-268.

Oosterhaven K. Poolman B. Smid EJ. 1995. S-carvone as a natural potato sprout inhibiting, fungistatic and bacteristatic compound. *Indnstrial Crops and Products*, 4: 23-31.

Pandey R, Kalra A, Tandon S, et al. 2000. Essential oil compounds as potent source of nematicidal compounds. *Journal of Phytopathology*, 148 (7—8): 501-502.

Park C B, Kim M S, Kim S C. 1996. A novel antim icrobial peptide from *Bufo bufo* gargarizans. *Biochemical and Biophysical Research Communications*, 218: 408-413.

Pessoa L M, Morais S M, Bevilaqua C M L, et al. 2002. Anthelmintic activity of essential oil of Ocimum gratissimum Linn. and eugenol against Haemonchus contortus. *Veterinary Parasitology*, 109 (1-2): 59-63.

Pintore G, Usai M, Bradesi P, Juliano C, Boatto G, Tomi F, Chessa M, Cerri R. Casanova J. 2002. Chemical composition and antimicrobial activity of Rosmarinus officinalis L. oils from Sardinia and Corsica. *Flavour and Fragrance Journal*. 17: 15-19.

Prasad K, Stadelbacher GJ, 1973. Control of post harvest decay of fresh raspberries by acetaldehyde vapor. *Plant Disease Reporter*, 57: 795-797.

Rasooli I, Rezaei B, Allameh A, 2005. Growth inhibition and morphological alterations of Aspergillus niger by essential oils from Thymus eriocalyx and Thymus x-porlock. *Food Control*, 17: 359-364.

Roller S, Seedhar P. 2002. Carvacrol and cinnamic acid inhibit microbial growth in fresh—cut melon and kiwifruit at 4℃ and 8℃. *Letters in Applied Microbiology*, 35: 390-394.

Sardari S, et al. 1999. Synthesis and antifungal activity of cournarins and angular furanocournaria. *Bioorganic and Medicinal Chemistry*, 7: 1933.

Sholberg P L, Gaunce A P. 1995. Fumigation of fruit with acetic acid to prevent post harvest decay. *HortScience*, 30: 1271-1275.

Sikkema J. De Bont JAM. Poolman B. 1994. Interactions of cyclic hydrocarbons with biological membranes. *Journal of Biological Chemistry*, 269 (11): 8022-8028.

Singh N, Singh R K, Bhunia A K, Stroshine R L. 2002. Efficacy of chlorine dioxide, ozone and thyme essential oil or a sequential washing in killing *Escherichia coli* O157: H7 on lettuce and baby carrots. *Lebensmittelwissenchaften und Technologien*, 35: 720-729.

Swain T. 1977. Secondary compounds as protective agents. *Annual Review of Plant Physiology*, 28: 479 – 501.

Tan R X L D, Kong H X W. 1998. Secoiridoid glycosides and an antifungal nthranilate derivative from Gentiana tibetica. *Phytochemistry*, 47 (7): 1223-1226.

Taskova R, Mitova M, Najdenski H, et al. 2002. Antimicrobial activity and cytotoxicity of *Carthamus lanatus*. *Fitoterapia*, 73: 540-543.

Thoroski J, Blank G, Biliaderis C, 1989. Eugenol induced inhibition of extracellular enzyme production by Bacillus cereus. *Journal of Food Protection*, 52 (6): 399-403.

Trehane P. 1995. Proposal to conserve *Chrysanthemum* L. with a conserved type (Compositae). Taxon,

44：439-441.

Tripathi P，Dubey N K，Banarji R，et al. 2004. Evaluation of some essential oils as botanical fungitoxi-cants in management of post harvest rotting of citrus fruits. *World Journal of Microbiology and Bio-technology*，20：317-321.

Tverskoy L，Dmitriev A，Kozlovsky A. 1991. Two phytoalexins from *Alliumee Pabilbs*. *Phytochemistry*，30：799-802.

Ultee A. Kets EPW. Smid EJ. 1999. Mechanisms of action of carvacrol on the food－borne pathogen *Bacillus cereus*. *Applied and Environmental Microbiology*，65（10）：4606-4610.

Ultee A. Smid EJ. 2001. Influence of carvacrol on growth and toxin production by Bacillus cereus. *Inter-national Journal of Food Microbiology*，64：373-378.

Van de Braak S A A J. Leijten G C J J. 1999. Essential oils and oleoresins：a survey in the netherlands and other major markets in the European Union. CBI，Centre for the Promotion of Imports from Developing Countries，Rotterdam，116.

Wilkinson J M，Hipwell M，Ryan T，et al. 2003. Bioactivity of *Backhousia citriodora*：antibacterial and antifungal activity. *Journal of Agricultural and Food Chemistry*，51：76-81.

Wilson C L，Franklin J D，Otto B E. 1987. Fruit volatiles inhibitory to *Monilinia fructicola* and *Botrytis cinerea*. *Plant Disease*，71：316-319.

（郑晓冬）

# 第三节　壳聚糖控制病害的效果及抑病机制

## 导言

　　壳聚糖（chitosan），又名甲壳胺、壳多糖，是甲壳素部分脱乙酰化的产物，化学名称为聚 $\beta$ -（1，4）-2-氨基-2-脱氧-D-葡萄糖，分子结构式如图 2-3-3-1 所示。一般而言，$N$-乙酰基脱去55%以上的甲壳素可称为壳聚糖；或者能在1%乙酸或盐酸中溶解1%的脱乙酰甲壳素，事实上，脱乙酰度（degree of deacetylation，DA）在55%以上的甲壳素即能在这种稀酸中溶解（蒋挺大，2001；Rinaudo，2006）。

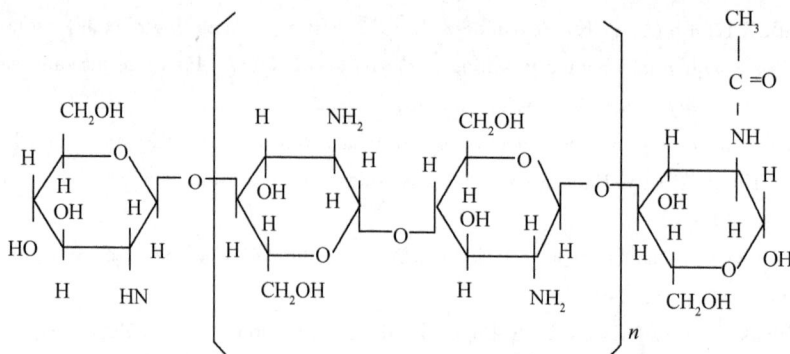

图 2-3-3-1　壳聚糖的结构式

　　脱乙酰度（DA）作为壳聚糖分子的一个特征参数，其高低直接决定分子游离氨基基团的数目和分子带正电荷的数量，影响其溶解度、黏度等物理性质、化学性质和生物学功能。根据脱乙酰度的不同可分为低（55％～70％）、中（70％～85％）、高（85％～95％）和超高脱乙酰度（95％～100％）壳聚糖，通常在其他参数固定的条件下，壳聚糖的溶解度与其脱乙酰度呈正相关（蒋挺大，2001）。聚合度（degree of polymerization，DP）是指壳聚糖分子所包含的氨基单糖的数目，一般分为高、低和寡聚壳聚（寡）糖。壳聚糖与其他高分子化合物一样是由聚合度不同的同系混合物组成，其分子的大小常采用相对分子质量表示。在溶液中，壳聚糖分子内和分子间形成许多强弱不同的氢键使分子链彼此缠绕在一起，造成相对分子质量越大，缠绕越程度越高，溶解度越小。一般而言，分子质量小于 8 kDa 的壳聚糖可不必借助于酸的作用而直接溶解水中（Rinaudo，2006）。黏度是壳聚糖溶液的一种物理参数，在其他分子特征和溶液参数相同的条件下，相对分子质量越高其黏度也越大，因此，在一定程度上黏度也反映溶液中壳聚糖混合物相对分子质量的大小，常用黏均分子量表示壳聚糖相对分子质量。另外，壳聚糖的溶解性受溶剂种类的影响，甲酸、乙酸等有机酸和盐酸是壳聚糖的良好溶剂（蒋挺大，2001；Rinaudo，2006）。

　　壳聚糖作为一种带阳离子的天然多糖化合物，具有抗菌、抗氧化、诱导植物抗性等多种生物学功能和自发成膜的物理特性，同时壳聚糖具有良好的生物亲和性和安全性，在果实采后病害控制和生理调节方面的应用日益受到重视，近年来相关研究报道逐渐增多（Bautista‑Baños et al.，2006），本部分内容将对壳聚糖在此方面的研究进展进行综述，并对存在的不足和未来的研究重点进行评述。

## 1　壳聚糖对果蔬病害控制效果

　　壳聚糖对果蔬采后多种病原菌繁殖和生长具有显著的抑制效应，外源处理具有提高果蔬产品的抗病性和延缓果实衰老的作用。因此，单独利用壳聚糖或与其他物质相配合进行果蔬采后病害防治，降低果蔬贮运过程病害损失，成为近年来国内外采后领域的一个研究热点，对壳聚糖在采前、采后不同阶段的应用技术和效果开展了大量的研究工作。

### 1.1　壳聚糖采前喷施对采后病害的控制效果

　　采后感染病菌和潜伏病菌均能引起贮运过程果蔬病害发生，利用壳聚糖的抑菌和诱导抗病性的作用，采前喷施壳聚糖在一定程度上可以降低潜伏病害、提高果蔬产品的抗病性和品质、降低病害发生，被认为是一种行之有效的果蔬病害防治的措施。

#### 1.1.1　壳聚糖采前处理降低果实采后贮藏病害和维持果实品质

　　采前 30 天开始每间隔 10 天对苹果果实喷施壳聚糖溶液一次，采后常温下贮存 5 个月果实含水量、可溶性糖含量变化较小，总酸度和维生素 C 含量明显高于对照，好果率达 98％（邹良栋等，1998）。采收前 1 周和 1 天，采用不同浓度的壳聚糖处理龙眼果实能显著降低贮藏期间果实失重率和烂果率，减缓贮藏期间果实可溶性固形物和总糖的下降，提高贮藏期间果皮、果肉超氧化物歧化酶（superoxide dismutase，SOD）活性，降低果皮、果肉的丙二醛（malonaldehyde，MDA）含量，高浓度处理效果优于低浓度处理（何燕文等，2005）。番荔枝果实采前经壳聚糖溶液喷施处理后，果实贮藏寿命与软熟时间延长，裂果率和失重率降低，果实可溶性固形物、总糖、总酸和维生素C含量的损失减缓（谢冬娣和岳君，2006）。荔枝果实采前1个月喷施壳聚糖溶液后，在生长过程中果皮几丁质酶（chitinase）、$\beta$-1,3-葡聚糖酶（$\beta$-1,3-glucanase）和苯丙氨酸解氨酶（phenylalanine ammonia-lyase，PAL）活性持续增高，果肉中有机酸含量增加；贮藏过程中荔枝果实病害得到有效控制，3种酶活性和有机酸的降低远小于对照组，壳聚糖的作用效果与其浓度呈正相关，且采前壳聚糖处理对果皮微结构和保水能力无显著影响（王志国等，2007，2008）。葡萄果实采前10天喷施1mg/mL、黏度为15cp的壳聚糖溶液，可显著降低贮藏过程中果实病害的发生，影响果实抗性相关的多酚氧化酶（polyphenol oxidase，PPO）、过氧化物酶（peroxidase，POD）、SOD和PAL的活性以及多酚化合物的含量（Meng et al.，2008）。

1.1.2 壳聚糖采前喷施的作用效果受其分子质量和浓度的影响

芒果果实采前一周用10 ppm、分子质量为350 kDa的壳聚糖喷施两次或采前一个月用10 ppm、分子质量为55 kDa的壳聚糖喷施一次，结果表明采前处理均显著降低采后低温（13℃）贮藏过程中病害发生率和病害程度，提高果实几丁质酶和$\beta$-1,3-葡聚糖酶活性，低分子质量和采前一个月处理效果最好（Kongkaew et al.，2005）。草莓果实转红期，不同浓度壳聚糖（2％、4％和6％）喷施处理均能显著降低采后不同贮藏温度（3和13℃）条件下果实灰霉病害，其病害控制效果与喷施浓度呈正相关与贮藏温度呈负相，6％壳聚糖两次喷施处理在低温下贮藏能够达到比较满意的效果；而且采前处理能提高果实硬度、降低花青素和可滴定酸含量，维持果实的品质（Bhaskara Reddy et al.，2000）。尽管Romanazzi等（2002）研究也发现采前喷施3种浓度壳聚糖（0.1％、0.5％和1.0％）均能极显著地降低葡萄采后贮藏（0℃，30天＋4天货架期）自然病害的发生，提高采后贮藏过程中葡萄果皮PAL活性和产物肉桂酸（cinnamie acid）的含量，未影响采收期葡萄果实表面酵母或酵母样有益菌群数量，但发现壳聚糖浓度对其病害防治效果无显著影响。

1.1.3 壳聚糖采前喷施次数、时期以及采摘间隔期影响其作用效果

采用1g/L的壳聚糖溶液分别在"银帝"甜瓜开花前1周、幼果期、果实膨大期、网纹形成期对植株进行1次、2次、3次、4次喷洒。结果表明：采前壳聚糖处理可有效降低甜瓜果实采后总真菌病害潜伏侵染率及 Alternaria alternata 和 Fusarium spp. 的潜伏侵染率；随处理次数的增加，潜伏侵染率依次降低，其中以4次处理效果最好；采前壳聚糖3次和4次处理还可有效抑制采后果实刺伤接种 A. alternata 和 F. semitectum 病斑的扩展（谢东锋等，2008）。1％壳聚糖溶液喷施葡萄果实之后1～5天内每天采收后接种一定浓度灰霉孢子，结果表明壳聚糖喷施处理均能显著降低病害敏感程度不同的几种葡萄果实灰霉病害发生和病情指数，以喷施后1～2天最为有效，但对葡萄果皮抗病性相关的几丁质酶、儿茶酚（catechin）和白藜醇（resveratrol）含量无明显影响（Romanazzi et al.，2006）。Bhaskara Reddy等（2000）研究表明间隔10天重复喷施壳聚糖溶液提高其对草莓果实病害防治效果，弥补高温贮藏所造成的果实品质的下降，壳聚糖处理后5天采摘果实的贮藏效果好于10天。但Romanazzi等（2002）

研究发现采前喷施壳聚糖溶液的次数（21 天一次或 21 天＋5 天两次）对采后病害无显著性的影响。

上述实验结果表明采前壳聚糖喷施处理显著降低采后贮藏过程中果实病害发生和病情发展，延缓果实衰老，其作用规律性主要表现在以下几个方面。①壳聚糖分子量影响采前作用效果，一般低聚或寡聚糖的效果相对较好；②采前喷施高浓度壳聚糖的效果优于低浓度；③采前多次处理效果好于单次；④壳聚糖处理后及时采摘（间隔 1～2 天）果实采后贮藏效果好；⑤壳聚糖采前处理提高果实抗病相关酶活性和物质含量。但研究结果间存在差异甚至矛盾，主要原因可能与不同实验体系所使用壳聚糖分子特征和果实种类的差异有关。因此，针对不同的果实需要开展全面的研究工作，以探讨其采前喷施的病害防治规律，为其在果实贮运中的产业化应用奠定基础。

### 1.2 壳聚糖采后接种对采后病害的控制效果

壳聚糖作为一种带正电荷的氨基多糖，具有广谱的抑菌作用。目前，在采后刺伤接种壳聚糖研究其对果实病害防治方面开展了大量的研究工作。

蕉柑果实经刺伤后分别接种浓度梯度为 0.05％、0.1％ 和 0.2％，脱乙酰度 94.2％、分子质量 92.1 kDa 和 357.3 kDa 的两种壳聚糖，然后再分别接种指状青霉（*Penicillium digitatum*）、意大利青霉（*Penicillium italicum*）、球二孢菌（*Botrydiplodia lecanidion*）和灰霉（*Botrytis cinerea*）4 种病原菌之后 7 天、14 天和 21 天果实病害发生率比未接种壳聚糖的对照组显著降低，低分子量、高浓度的壳聚糖病害控制效果最佳（Chien ＆ Chou，2006）。壳聚糖处理显著降低番茄果实伤口处青霉和灰霉两种病害发生（Liu et al.，2007）、降低冬枣青霉病害（图 2-3-3-2），降低梨黑霉和轮纹病害（Meng et al.，2010），壳聚糖处理对不同病害控制效果存在差异的现象也已有报道（Liu et al.，2007；Meng et al.，2010）。Badawy 和 Rabea（2009）采用 $0.5 \times 10^4$ g/mol、$3.7 \times 10^4$ g/mol、$5.7 \times 10^4$ g/mol 和 $2.9 \times 10^5$ g/mol 4 种相对分子质量，每种相对分子质量的壳聚糖分别在 500 mg/L、1000 mg/L、2000 mg/L 和 4000 mg/L 浓度条件下接种番茄果实刺伤伤口，然后再接种一定浓度灰霉孢子，研究了不同分子特征和浓度壳聚糖对 2 和 25℃ 条件下贮藏 21 天及其 3 天货架期番茄灰霉病害的防治效果。实验结果表明 4 种壳聚糖在不同浓度条件下均能显著降低番茄果实灰霉病害的发生；病害防治效果与壳聚糖的浓度呈正相关，当浓度大于 2000 mg/L 完全抑制病害发生；同时病害防治效果也与分子质量密切相关，在上述 4 种壳聚糖中以为 $5.7 \times 10^4$ 效果最佳。Muñoz 等（2009）研究表明壳聚糖接种显著降低番茄和葡萄果实炭疽病害（*Colletotrichum* sp.）的发生和病情发展，对番茄果实病害控制效果优于葡萄果实，但病害防治效果与壳聚糖浓度无显著相关性。壳聚糖对果实病害的防治效果不仅与其分子特征、浓度、病源菌以及果实类型有关，而且与在伤口部位的接种次序和间隔时间有关。研究表明桃果实伤口先接种褐腐病菌再接种壳聚糖的病害发生率低于先接种壳聚糖再接种褐腐病菌果实（图 2-3-3-2，孟祥红等未发表资料）；Xu 等（2007c）研究发现葡萄果实刺伤后接种灰霉孢子后间隔不同时间（12 h、24 h 和 48 h）再接种 1.0％壳聚糖均能降低果实病害发生，随着间隔时间的延长病害控制效果逐渐减弱。上述研究报道结果表明壳聚糖接种果实伤口部位能显著降低果实病害发生和病情发展，其作用效果主要与接种壳聚糖的分子特征、浓度、接种次序、间隔时间、病原菌和果实类型相关。

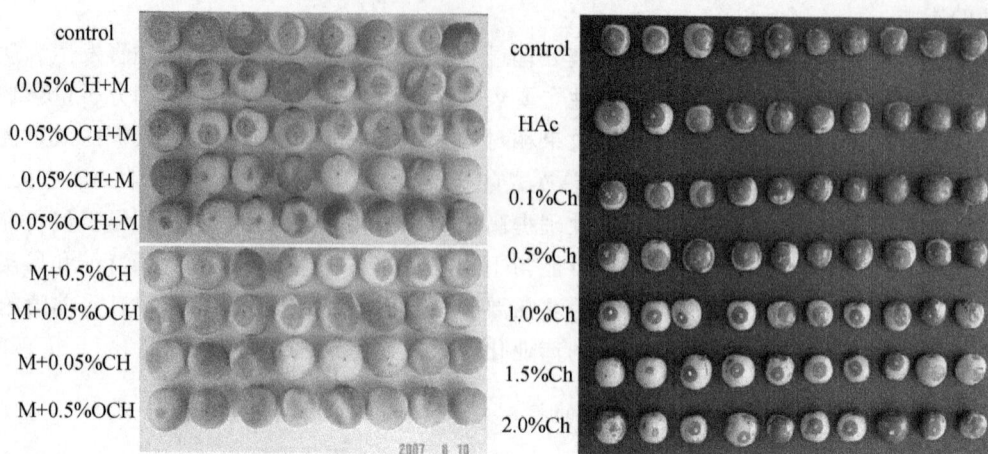

图 2-3-3-2　壳聚糖或壳寡糖接种控制桃果实褐腐病害和冬枣青霉病害

### 1.3　壳聚糖浸泡和包膜对采后病害的控制效果

壳聚糖溶液浸泡或包膜处理显著降低果蔬采后病害的发生，提高果实的贮藏品质，其效果与壳聚糖的分子结构、浓度和果实种类密切相关。蕉柑果实用不同分子质量（92.1 kDa 和 357.3 kDa）、不同浓度（0.05％、0.1％和 0.2％）壳聚糖包膜处理后于低温条件下贮藏，果实自然发病率显著降低；并且具有较高的硬度、可溶性固形物含量、可滴定酸和维生素 C 含量；高浓度低分子质量壳聚糖保鲜效果好于同浓度高分子质量壳聚糖，但贮藏过程中水分散失高于高分子质量处理（Chien et al.，2006）。进一步用浓度大于 0.2％、分子质量为 15 kDa 的壳聚糖溶液包膜处理茂谷柑果实后在 15℃条件贮藏过程中，壳聚糖处理果实在病害发生率、果实硬度、可滴定酸和维生素 C 含量以及水分散失等指标上显著优于 TBZ 处理，达到了良好的贮藏保鲜效果（Chien et al.，2007）。Fornes 等（2005）以克莱门氏柑橘为实验材料于采前 3 个月喷施壳聚糖溶液或采后壳聚糖溶液浸泡，结果表明采前和采后处理均能延缓果皮着色但不影响果肉的正常成熟，降低果实成熟时的软化和果皮的吸水率；壳聚糖处理同时可以降低果实水痘病的发生并与其浓度成正相关。另外，壳聚糖溶液（浓度为 0.5％和 1.0％）浸泡处理显著降低桃果实褐腐病害的发生和病情的发展，抑制果实呼吸代谢和乙烯代谢，维持果实硬度、可滴定酸和维生素 C 含量等品质，保持高活性 SOD、低含量 MDA 和较完整的膜系统从而延缓果实衰老，而且高浓度壳聚糖效果相对较好（Li & Yu，2000），类似的结论在草莓果实（Hernandez-Munóz et al，2008）和冬枣果实（图 2-3-3-3，孟祥红等未发表资料）的研究中亦有报道。

果实腐烂、果皮褐变以及果肉品质降低是影响荔枝果实贮藏保鲜的主要因素。壳聚糖包膜处理降低荔枝果实贮藏过程中自然病害的发生和水分散失，延迟花青素、类黄酮和总酚物质的变化，延缓或抑制 PPO 和 POD 酶活性的增加，有效地降低果皮褐变和腐烂现象的发生，但增加包膜溶液壳聚糖的浓度无显著性的增益效用（Zhang & Quantick，1997）。同时，壳聚糖包膜处理亦能延迟荔枝果实在货架期果皮花青素含量的降解、PPO 酶活性的增加以及色泽变化，减弱可溶性固形物和可滴定酸含量的降低，降低果实自然病害的发生，提高果实货架品质（Jiang et al.，2005）。Jiang 和 Li（2001）发现壳聚糖包膜处理降低龙眼果实低温贮藏过程中自然病害的发生、呼吸速率和水分的散失，延缓果皮 PPO 酶活性增加和果皮颜色的变化，但增加包膜溶液中壳聚糖的浓度可延长果实贮藏寿命，提高果实贮藏品质。

图 2-3-3-3　壳聚糖包膜延长冬枣果实低温贮藏期和品质

目前多数研究结果表明壳聚糖浸泡或包膜处理可以降低果实病害的发生和发展，调节果实生理代谢，延缓果实衰老，维持果实品质，但研究结果存在差异，这与壳聚糖的分子结构、浓度以及果实种类有关。针对壳聚糖包膜处理在果实贮藏保鲜中的应用，应从包膜溶液的组成、膜的物理特征以及对果实生理代谢的调节方面开展系统的研究工作。

### 1.4　壳聚糖与生物或非生物因子配合使用对采后病害的控制效果

壳聚糖与化学或食品添加剂配合提高果实贮藏保鲜效果。Hernández-Munóz 等（2008）研究表明 1% 的壳聚糖包膜溶液中添加 0.5% 的葡萄糖酸钙可以降低包膜处理的草莓果实在贮藏过程中病害的发生，并且提高果实硬度和钙含量。1-MCP 熏蒸和壳聚糖包膜处理相配合较好地维持印度枣果实叶绿素、可溶性固形物和维生素 C 含量以及果实硬度，降低果实 PG（polygalacturonase）和 LOX（lipoxygenase）活性，有效延缓乙烯跃变进程和呼吸速率，降低果蒂腐烂病害的发生，起到良好的贮藏保鲜效果（Zhong & Xia，2007）。Romanazzi 等（2007）研究表明 0.5% 壳聚糖和 20% 乙醇配合浸泡处理显著降低葡萄果实灰霉病害的发生，延长果实的贮藏时间。壳寡糖与硅酸钠对桃褐腐病害（Yang et al.，2010），壳聚糖与葡萄籽或植物提取物配合对灰霉或炭疽等（Xu et al.，2007a/b/c；Bautista-Banõs et al.，2003）多种病害均防治具有良好的协同效应。

壳聚糖与生防菌剂配合提高果实贮藏保鲜效果。壳聚糖或甲壳素与罗伦酵母（*C. laurentii*）相配合对苹果（Yu et al.，2007）和梨（Yu et al.，2008）青霉病害，葡萄自然病害（Meng et al.，2010a/b）的防治具有协同效应，与壳聚糖的直接抑菌作用以及刺激罗伦酵母产生几丁质酶，提高其生防能力有关。壳聚糖乙二醇衍生物与假丝酵母（*C. saitoana*）配合在实验商业条件下对多种苹果和柑橘果实病害具有良好的防治效果，二者作用具有协同效应（El-Ghaouth et al.，2000）。

壳聚糖与物理因子配合提高果实贮藏保鲜效果。Romanazzi 等研究表明 1.0% 壳聚糖与减压（0.5 atm）处理配合在降低樱桃果实贮藏过程中褐腐病害和真菌病害的发生以及采前喷施壳聚糖与采后 UV 辐照相配合对葡萄果实灰霉病害的防治上具有增效作用（Romanazzi et al.，2003，2006）。

## 2 壳聚糖控制果蔬采后病害机制

壳聚糖对果蔬病害的防治作用一般认为主要基于其对采后病原菌的直接抑制作用、对果蔬抗病性的诱导作用以及对果蔬果蔬衰老的延缓作用 3 个方面，下面将基于这 3 方面对壳聚糖控制果蔬采后病害机制进行综述和讨论。

### 2.1 壳聚糖直接抑制病原真菌的繁殖和生长

壳聚糖具有广谱的抑菌性，其抑菌效应受壳聚糖的分子结构、浓度以及溶剂特性的影响，目前对其抑菌机制还了解较少。

#### 2.1.1 壳聚糖具有广谱的抑菌性

研究表明壳聚糖能够在真菌孢子形成，孢子萌发，芽管伸长以及菌丝扩展等不同阶段抑制病原真菌的生长，并且具有广谱抑菌性（表 2-3-3-1）。

表 2-3-3-1　壳聚糖对多种病原真菌不同生长阶段的抑制（杨玲玉等，2009）

| 真菌名称 | 孢子 | | 菌丝生长 | 文献资料 |
| --- | --- | --- | --- | --- |
| | 释放 | 萌发 | | |
| *Alternaria solani* | √ | √ | | Xu et al., 2007a; Guo et al., 2006 |
| *Alternaria mali* | | | √ | Peng et al., 2005 |
| *Alternation kikuchiana* | | | | Meng et al., 2010 |
| *Aspergillus niger* | √ | | √ | Plascencia-Jatomea et al., 2003 |
| *Botrydiplodia lecanidion* | | | √ | Chien et al., 2007 |
| *Botrytis cinerea* | | √ | √ | Ben Shalom et al., 2003; Xu et al., 2007b; Liu et al., 2007 |
| *Colletotrichum gloeosporioides* | √ | | √ | Bautista-Baños et al., 2003 |
| *Colletotrichum orbiculare* | | | √ | Xu et al., 2007a |
| *Coniella diplodiella* | | | √ | Peng et al., 2005 |
| *Exserohilum turcicum* | | | √ | Xu et al., 2007a |
| *Fusarium graminearum* | | | √ | Xu et al., 2007a |
| *Fusarium oxysporium* f. sp. *vasinfectum* | | √ | √ | Guo et al., 2006 |
| *Fusarium oxysporum* | | | √ | Peng et al., 2005; Xu et al., 2007a |
| *Fusarium solani* | √ | √ | √ | Eweis et al., 2006 |
| *Fusarium solani* f. sp. *glycines.* | | | √ | Prapagdee et al., 2007 |
| *Gloeosporium fructigenum* | | | √ | Peng et al., 2005 |
| *Monilinia fructicola* | | √ | √ | Yang et al., 2010 |
| *Penicillium chrysogenus* | | √ | √ | Meng et al. ① |
| *Penicillium expansum* | | √ | √ | Yu et al., 2007; Liu et al., 2007 |
| *Penicillium digitatum* | | √ | √ | Meng et al. ① |
| *Penicillium italicum* | | | √ | Chien et al., 2007; |
| *Penicillium polonicum* | | √ | √ | Meng et al. ① |
| *Physaclospora piricola* | | √ | √ | Peng et al., 2005; Meng et al., 2010 |
| *Phytophthora capsici* | √ | √ | √ | Xu et al., 2007a |

| 真菌名称 | 孢子 | | 菌丝生长 | 文献资料 |
| --- | --- | --- | --- | --- |
| | 释放 | 萌发 | | |
| *Puccinia arachidis* Speg | | √ | | Sathiyabama & Balasubramanian, 1998 |
| *Pyricularia oryzae* | | | √ | Xu et al., 2007a |
| *Rhizoctonia solani* | √ | √ | √ | Eweis et al., 2006 |
| *Rhizopus nigricans* | | | √ | Peng et al., 2005 |
| *Sclerotinia sclerotiorum* | | | √ | Molloy et al., 2004 |
| *Sclerotium rolfsii* | √ | √ | | Eweis et al., 2006 |
| *Valsa mali* | | | √ | Guo et al., 2006 |
| *Verticillium dahliae* | | | √ | Xu et al., 2007a |

注："√"示壳聚糖对该阶段的影响有研究或文献报道；①为待发表资料。

### 2.1.2　壳聚糖抑菌机制

尽管近年来对壳聚糖抑菌活性的研究取得了一定的进展，但是有关壳聚糖抑菌机制方面的研究还有待进一步的深入探讨。根据目前的文献资料，壳聚糖抑菌机理研究主要包括以下两个方面。①壳聚糖对微生物细胞体的直接破坏作用，包括在细胞外形成物理屏障，阻碍细胞内外的物质交换和正常的新陈代谢；直接破坏细胞壁（或细胞膜）的正常功能，造成细胞渗漏，胞内物质外泄等。②壳聚糖作为信号物质对微生物正常代谢的干扰作用，包括作为信号分子诱导细胞内发生一系列的生化反应，或进入细胞内直接作用于胞内物质。

（1）壳聚糖对微生物体的直接损伤作用

酸性条件下，壳聚糖分子上的 $NH_3^+$ 质子化而带正电荷，可以直接与负电性的细胞表面发生静电相互作用，吸附在细胞表面，破坏细胞内外正常电化学势的变化，影响细胞膜正常的生理功能，干扰细胞正常的新陈代谢活动。低 pH 条件下，壳聚糖及其衍生物带正电荷相对较多，与细胞表面的蛋白质或是磷脂相互作用增强，抑菌作用相对较强（Kong et al., 2008）。壳聚糖作为高分子聚合物还可能在细胞的表面形成一层高分子膜，阻止细胞内外物质运输与传递，影响菌丝细胞正常的生长（Qin et al., 2006）。同时，壳聚糖作为一种金属离子的螯合剂，能吸附细胞外的金属离子（Taha & Swailam, 2002），影响细胞表面金属离子的分布，进而干扰微生物体的正常代谢活动。

壳聚糖抑菌作用还表现在其对细胞膜（细胞壁）完整性的破坏作用。壳聚糖处理在一定程度上引起菌体细胞发生凹陷等异常的细胞形态（Laflamme et al., 1999; Xu et al., 2007a; Chung et al., 2008）。Vesentini 等（2007）研究表明壳聚糖处理引起真菌菌丝体细胞壁组分的改变，破坏了细胞壁正常的形态结构。孟祥红等（未发表资料）表明壳聚糖对青霉孢子和菌丝具有显著的破坏作用，随壳聚糖浓度增加和处理时间延长孢子和菌丝体破坏更为明显（图 2-3-3-4）。研究人员还通过各种研究方法间接证明了壳聚糖对细胞膜完整性造成破坏（Helander et al., 2001; Xu et al., 2007b）。对真菌孢子进行 PI（propidium iodide, 碘化丙锭）染色发现，25℃ 下 0.5% 的壳聚糖对 *B. cinerea* 和 *P. expansum* 孢子的质膜均有明显的破坏作用，并且处理时间越长，质膜损伤程度越高（Liu et al., 2007）。其中，*P. expansum* 孢子的质膜对壳聚糖更为敏感，壳聚糖处理 6 h 后，*P. expansum* 的质膜完整性仅为 6.5%。对真菌菌丝进行棉兰染色后观察发现壳聚糖处理后的菌丝的颜色比对照组浅，说明壳聚糖处理的菌丝细胞质可能发生外泄，进而推测壳聚糖对细胞膜的完整性有破坏作用（Xu et al.，2007c）。Liu 等（2004）通过检测培养基中的 $\beta$-半乳糖苷酶的活性，检测细胞渗出物在 260 nm 的吸收值以及检测荧光探针 NPN 的荧光强度的变化等多种手段证明壳聚糖对细胞的内膜和外膜的完整性均造成破坏作用；Xing 等（2009）研究结果进一步验证上述实验结果。另外，还有报道表明壳聚糖能够造成细胞壁或使细胞内的钙离子的外泄，而钙离子的渗漏会进一步加剧细胞膜的渗透性（Young & Kauss，1983）。Chung 等（2008）以完整细胞或原生质体细胞为研究对象，通过微生物生长动态以及培养基中碱性蛋白酶、膜结合的葡萄糖-6-磷酸脱氢酶和核苷含量变化的检测，认为壳聚糖依次通过破坏微生物细胞壁和细胞膜结构的完整性，引起渗漏而达到抑菌功能。目前普遍认为高聚合度壳聚糖的抑菌效果可能主要是在胞外对微生物体的直接损伤作用，但缺乏系统直观的研究资料。

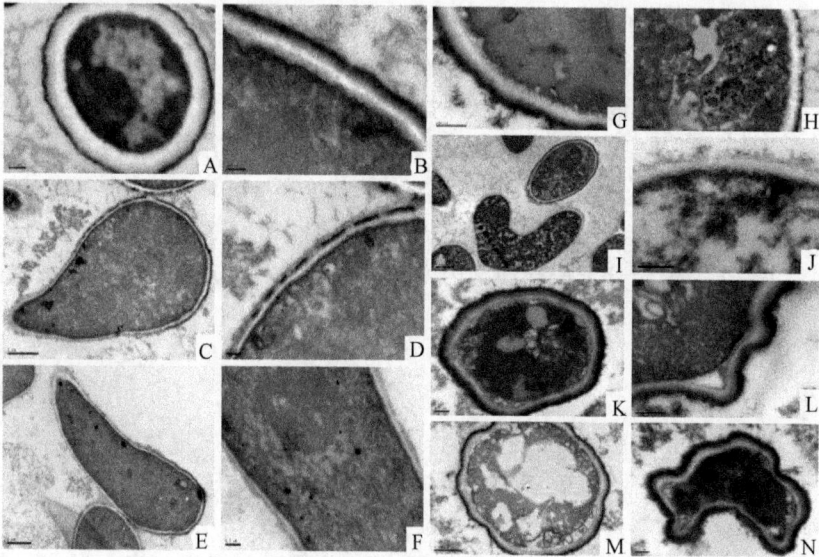

图 2-3-3-4　壳聚糖对青霉孢子和菌丝超微结构的影响

CK-0h（A、B）；CK-8h（C、D）；CK-12h（E、F）；CH 0.1%-8h（G、H）；
CH0.1%-12h（I、J）；CH0.5%-8h（K、L）；CH0.5%-12h（M、N）

（2）壳聚糖作为信号物质对细胞代谢的干扰作用

壳聚糖可能进入细胞内，与细胞中的物质相互作用从而起到抑制菌体生长的作用，这也是壳聚糖抑菌机制研究中的另一个热点问题。杜昱光实验室研究壳聚糖低聚物对 *P. capsici* 等抑制作用时发现壳聚糖的低聚物不仅引起菌体外部形态的变化，而且还使细胞器发生变化，例如，液泡的破裂等，因此，他们认为壳聚糖的抑菌作用不仅仅在于它的聚阳离子性，能够与细胞外的物质相互作用，还有可能是低聚物进入到细胞内发生作用（Xu et al.，2007a）。在后续的研究中该实验室对低聚物进行标记，观察标记物质的去向，发现低聚物进入到了细胞内，而提取菌的核酸在体外进行凝胶阻留实验，结果表明壳寡糖能够与 DNA 和 RNA 结合紧密，壳聚糖（尤其是低聚物）很有可能是进入细胞后与细胞内的特定靶物质（如核酸）相互作用，引起胞内物质紊乱，进而起到杀菌作用（Xu et al.，2007b）。同样采用荧光标记的方法，Liu 等（2001，2007）在处理后的大肠杆菌细胞内壳聚糖存在，体外条件下壳聚糖及其衍生物特异性结合 DNA 和 mRNA。因此，Eweis 等（2006）认为壳聚糖尤其是水溶性的壳聚糖的作用位点很有可能是在细胞内。另外，有报道认为壳聚糖或壳寡糖可以作为一种外源信号分子发挥作用，如诱导细胞中的壳聚糖酶的过量表达，导致自身细胞壁的几丁质的降解（Prapagdee et al.，2007）。Singh 等（2008）研究认为壳聚糖直接或间接诱导质膜透性改变诱导真菌菌丝体细胞内 ROS 产生，导致氧爆发生，最终干扰细胞正常代谢，并认为 ROS 介导的氧化损伤是壳聚糖抑菌的主要机制。Zuppini 等（2003）认为壳聚糖诱导植物细胞程序化死亡。在对巨噬细胞的研究中发现细胞内存在壳寡糖的受体和作用位点，为进一步研究其在细胞内的信号转导具有启发作用（Feng et al.，2004；Han et al.，2005）。

　　目前，壳聚糖的抑菌机制备受关注，不同研究者从各个角度探讨了特定分子特征壳聚糖对不同种属微生物细胞结构和生理代谢的影响，但缺乏系统性的研究。应在利用荧光或胶体金标记壳聚糖研究其作用部位以及对细胞膜的影响方面加强研究。

　　2.1.3　壳聚糖抑菌作用的影响因素（分子质量、脱乙酰度、浓度）

　　（1）壳聚糖相对分子质量和脱乙酰度对抑菌效果的影响

　　壳聚糖的分子质量和脱乙酰度作为两个基本的理化性质影响其抑菌效果。Liu 等（2001）试验结果表明分子质量为 91.6 kDa 壳聚糖的抑菌活性最强。覃彩芹等（2005）研究发现壳聚糖对植物 *C. gloeosporioides* 和 *V. alsa sp* 的抑制效果为中等分子质量（78 kDa）优于大分子质量（350 kDa）和小分子质量（17.2 kDa，2.3 kDa）。马鹏鹏等（2003）结果表明分子质量为 50～200 kDa 时，壳聚糖对某些植物病原菌的抑菌效果随分子质量增加而降低。Liu 等（2006）研究认为 55～88 kDa 壳聚糖抑菌效应随分子质量增加而降低，但其抑菌性均强于 88～155 kDa。Qin 等（2006）研究认为，中等分子质量壳聚糖（约 50 kDa）的抑菌效果最好，50～400 kDa 壳聚糖抑菌效果较差，而水溶性低聚糖和壳寡糖会促进细菌生长。对低聚壳聚糖分子，Jeon 等（2001）研究认为分子质量大于 10 kDa 才具有显著抑菌作用；但 No 等（2002）用分子质量为 22 kDa、10 kDa、7 kDa、4 kDa、2 kDa 和 1 kDa 的系列低聚壳聚糖研究革兰氏阴性菌的抑菌规律时，发现随分子质量的降低抑菌活性升高。廖春燕等（2001）利用分子质量为 30 kDa、3 kDa 和 1.7 kDa 的壳聚糖研究其对 *H. maydis*、*P. piricola*、*C. lagenarium*、*P. italicum* 等多种病原菌的抑制作用时也发现寡糖的效果最好。从上述分析发现壳聚糖的分子质量影响其抑菌效果，中等分子质量抑菌作用相对较强，高分子质量抑菌作用较差，水溶性低聚和寡聚壳聚糖的抑菌效果变化较大。但关于分子质量与抑菌性的定量规律尚不明确，其原因可能与以下 3 方面密切相关。①不同病原菌对壳聚糖的敏感性有差异（Allan & Hadwiger，1979）；②脱乙酰度影响壳聚糖的抑菌性；③高、低分子质量壳聚糖可能通过不同的方式或机制影响病菌的生长。

　　壳聚糖的抑菌性不仅与分子质量相关还受其乙酰化度的影响。王鸿和沈月新（2001）研究发现，随脱乙酰度的增加，壳聚糖对 *E. coli* 和 *S. aureus* 的抑菌活性增加。高脱乙酰度低黏度壳聚糖对 *R. solani*，*S. rolfsii* 和 *F. solani* 的抑菌效果最好（Eweis et al.，2006）。马鹏鹏等（2003）认为壳聚糖中的乙酰基有利于抑菌功能，脱乙酰度值增加反而会降低壳聚糖的抑菌活性。吴小勇等（2006）认为在分子质量相差不大的条件下，不同脱乙酰度值的壳聚糖有相似的抑菌活性。李美芹等（2007）采用分子质量为

1600 kDa，脱乙酰度分别为 73%、80%、86%、90% 和 95% 的壳聚糖研究其对番茄叶霉病菌生长的抑制效果，发现抑菌性随脱乙酰度的升高先增加后降低，以 86% 脱乙酰度值为最佳。Gerasimenko 等（2004）也发现低聚壳聚糖在 55%～85% 脱乙酰度范围内抑菌性与脱乙酰度呈正相关。壳聚糖溶解在酸性溶液中，单体分子上的游离氨基（—$NH_2$）质子化而带正电荷（—$NH_3^+$）变成阳离子聚合物，具有吸附带负电荷物质的能力，能与带负电荷的病菌表面发生吸附作用（Kong et al.，2008）。Chung 等（2008）通过改变壳聚糖分子中乙酰度或自由氨基结合状态证明分子中自由氨基的含量对其抑菌功能是至关重要的。壳聚糖的脱乙酰度直接决定分子中游离的氨基数，影响了分子的带电量，从而影响其抑菌性。

（2）pH 和溶剂种类影响壳聚糖的抑菌效果

壳聚糖在水溶液中的表观酸度解离常数 pKa 为 6.2～6.5，当 pH<pKa，壳聚糖残基 $C_2$—$NH_2$ 将质子化，增加其溶解性；随着 pH 的升高，壳聚糖的溶解性和质子化程度降低。通常认为大分子壳聚糖只能溶解在酸性溶液中，在 pH<6 条件下具有显著抑菌效果；在中性以及碱性条件下溶解性差，基本无抑菌活性（Taha & Swailam，2002）。No 等（2002）研究也认为壳聚糖的抑菌活性与 pH 成反比。较系统性的研究表明 pH（1～3）时，随着 pH 的升高，抑菌活性提高；pH（3～8）时随 pH 升高，壳聚糖的抑菌活性降低（Chung et al.，2003），可能是当 pH<3 时，壳聚糖所带正电荷相对较多，壳聚糖分子之间或分子内的斥力增加，影响壳聚糖与菌体的相互作用，进而影响其抑菌性能。Jia 等（2001）发现小分子低聚糖在中性条件下也有较好的抑菌性。将 pH 调到 7.0 后，壳寡糖对 *P. capsici* 的抑制作用明显降低，但是对 *B. cinerea* 的作用无显著变化，说明不同真菌对 pH 的敏感性存在差异。胍基化壳聚糖溶解性增大，在 pH 6.6 时对常见病原细菌的生长具有显著的抑制作用（Hu et al.，2007）。N-烷基二糖修饰化的壳聚糖在 pH 6.0 时抑菌活性低于壳聚糖，但是当 pH 7.0 时抑菌活性明显好于壳聚糖，主要原因可能是该衍生物在中性条件下的溶解性能更好（Yang et al.，2005）。因此，pH 对壳聚糖的抑菌效应可能主要通过影响其溶解性和分子带电荷量。

壳聚糖的抑菌性不仅与 pH 相关，高聚合度壳聚糖的酸性溶剂对其抑菌作用亦有不同程度的影响。Chung 等（2003）比较了几种有机和无机酸作为溶剂壳聚糖的抑菌作用，发现有机酸作为溶剂的效果好于无机酸，有机酸中以甲酸效果最好，乙酸次之。No 等（2002）的试验也发现乙酸、甲酸和乳酸作为溶剂壳聚糖的抑菌活性好于丙酸和抗坏血酸。李美芹等（2007）用柠檬酸、谷氨酸、乳酸、乙酸和水作溶剂，同样发现乳酸和乙酸为溶剂时抑菌效果较好。有机酸作为溶剂提高壳聚糖的抑菌性可能与有机酸自身的抑菌性以及作为高效质子供体增加壳聚糖的溶解性和带正电荷的量相关。

（3）壳聚糖的浓度对其抑菌性的影响

Plascencia-Jatomea 等（2003）发现，壳聚糖对 *A. niger* 孢子萌发和菌丝生长有抑制作用，13 h 后孢子萌发率为 40%，孢子萌发的半抑制浓度为 3.5 mg/mL。100～1000 μg/mL 壳聚糖对 *R. solani* 和 *S. rolfsii* 孢子产生、萌发以及菌丝生长都有抑制作用，且抑制作用具有浓度依赖性（Eweis et al.，2006）。1000 μg/mL 壳聚糖能降低 *P. arachidis* Speg 孢子萌发（Sathiyabama & Balasubramanian，1998），对 *F. solani f. sp. glycines* 菌丝的生长有明显的抑制作用（Prapagdee et al.，2007）。1.5×

$10^4$ $\mu$g/mL壳聚糖处理 *C.gloeosporioides* 菌体 7 h 后观察到菌体形态变化；$2\times10^4$ 和 $3\times10^4$ $\mu$g/mL的壳聚糖溶液对其菌丝的生长有明显的抑制作用（Bautista‑Baños et al.，2003）。Li 等（2007）发现浓度为 2000 $\mu$g/mL 壳聚糖可以显著抑制细菌的生长，而 500 $\mu$g/mL 壳聚糖乙酸盐溶液能促进细菌的生长，并认为低浓度壳聚糖可被微生物分解利用，促进其生长。因此，目前普遍观点认为壳聚糖的抑菌性是随着浓度的增大而增强的（Guo et al.，2006；Prapagdee et al.，2007；Liu et al.，2001）。但廖春燕等（2001）用一种高分子量的壳聚糖对几种常见的植物病原真菌进行抑菌试验时却发现浓度为 $2\times10^4$ $\mu$g/mL 的壳聚糖溶液的抑制效果低于 $1.5\times10^4$ $\mu$g/mL 和 $1\times10^4$ $\mu$g/mL 壳聚糖溶液，认为大分子质量的壳聚糖浓度增大后黏度升高，不易迅速扩散到菌丝周围而抑制菌丝的生长。Badawy ＆ Rabea（2009）研究表明 4 种分子质量分别为 $0.5\times10^4$ g/mol、$3.7\times10^4$ g/mol、$5.7\times10^4$ g/mol 和 $2.9\times10^5$ g/mol 的壳聚糖分子随着分子质量的增加其抑菌效果降低。

　　同浓度壳聚糖对不同种属病原菌的抑制效果不同，对同一菌种在不同生长阶段的抑制效果也存在差异性。Guo 等（2006）研究发现，500 $\mu$g/mL 壳聚糖对 *F.oxysporium f.sp.vasinfectum*、*A.solani* 和 *V.mali* 3 种病原菌均具有抑制效果，以 *F.oxysporium f.sp.vasinfectum* 对壳聚糖最为敏感，*V.mali* 最不敏感。Liu 等（2007）发现浓度为 5000 $\mu$g/mL 壳聚糖溶液能完全抑制 *P.expansum* 孢子萌发，而完全抑制 *B.cinerea* 孢子萌发的壳聚糖浓度要大于 5000 $\mu$g/mL；就菌丝生长而言，5000 $\mu$g/mL 壳聚糖能完全抑制 *B.cinerea* 生长，而完全抑制 *P.expansum* 菌丝生长的壳聚糖浓度要大于 $1\times10^4$ $\mu$g/mL。但不同的研究者所得到的结论也存在差异，Yu 等（2007）认为 3 000 $\mu$g/mL 壳聚糖在体外可以完全抑制 *P.expansum* 孢子萌发，而 Liu 等（2007）发现 5000 $\mu$g/mL 壳聚糖才能完全抑制 *P.expansum* 孢子的萌发和芽管的伸长；Ben Shalom 等（2003）研究表明 50 $\mu$g/mL 壳聚糖几乎完全抑制 *B.cinerea* 的孢子萌发，而另有试验表明完全抑制 *B.cinerea* 孢子的萌发壳聚糖的浓度要达到 5000 $\mu$g/mL 以上（Liu et al.，2007）。而且不同的作用环境下，同一浓度壳聚糖的抑菌效果也是不一样的，*in vitro* 试验中 400 $\mu$g/mL 壳聚糖可以完全抑制罗伦隐球酵母（*C.laurentii*）的生长，但是在果实伤口处，10～1000 $\mu$g/mL 壳聚糖存在时酵母生长状况均良好，可能与在 *in vivo* 试验中壳聚糖被相对稀释或者果实自身限制了壳聚糖抑菌活性有关（Yu et al.，2007）。

　　目前研究资料表明壳聚糖浓度影响其抑菌性能，但不同的研究结论存在差异甚至矛盾，其原因主要与不同微生物在不同生长阶段对壳聚糖的敏感性及壳聚糖自身的分子特征（分子质量、脱乙酰度）差异相关，因此，需进一步加强相关规律性的系统性研究。

　　（4）壳聚糖衍生物的抑菌效果

　　针对壳聚糖自身水溶性差等局限性，越来越多的试验开始通过基团的化学修饰以改造其分子结构，来增加其溶解性或抗菌功能。

　　羧甲基壳聚糖（CMCS）是壳聚糖经化学改性得到的水溶性衍生物，取代基团在 $O\text{-}6$ 位则生成 $6\text{-}O$-羧甲基壳聚糖；取代基团发生 $N\text{-}2$ 位则生成 $N$-羧甲基壳聚糖；取代基团同时发生 $O\text{-}6$ 位和 $N\text{-}2$ 位即生成 $N,O\text{-}2$-羧甲基壳聚糖。羧甲基壳聚糖的水溶性优于壳聚糖（Guo et al.，2006），而其抑菌性，不同的试验得出的结论也不尽同。Liu 等（2001）的试验结果表明对 *E.coli* 而言，$N,O\text{-}CMCS$ 的抑菌性优于壳聚糖，而壳聚糖的抑菌性优于 $O-CMCS$。而对于一些果实病原真菌的抑制效果，壳聚糖比羧甲基壳聚糖具有较好的抑菌活性，但在羧甲基壳聚糖的基础上制备的希夫碱对真菌的抑制效果比壳聚糖强（Guo et al.，2006）；笔者研究结果表明 $6-O-CMCS$ 对青霉菌、褐腐菌菌丝生长无显著抑制。

用缩水甘油三甲基氯化铵对壳聚糖进行化学结构修饰，可在壳聚糖分子中引入季铵盐基团制备壳聚糖季铵盐。壳聚糖季铵盐对革兰氏阴性菌和真菌（*E. coli* 和 *C. albicans*）有很强的抑菌作用（徐霞等，2006），其抑菌效果优于壳聚糖。Jia 等（2001）认为衍生物的抑菌活性受到烷基链长度的影响。刘振儒和赵江霞（2006）在试验中发现，在中性或弱碱性条件下壳聚糖季铵盐仍然有较好的抑菌性，并认为在中性及弱碱性条件下，细菌蛋白质带有更多的负电荷，将增加与壳聚糖季铵盐的相互作用。吴迪和蔡伟民（2005）认为季铵盐高效的抑菌效应主要是强阳离子导致病原菌细胞壁功能的破坏。

以异丙醇为溶剂，用环氧丙烷与碱化壳聚糖反应合成了水溶性羟丙基壳聚糖。Peng 等（2005）发现羟丙基壳聚糖对细菌（*E. coli* 和 *S. aureus*）没有抑制效果，但是对几种病原真菌（*C. diplodiella*，*R. nigricans*，*G. fuctigenum*，*F. oxysporum sp.*，*A. mali* 和 *P. piricola* 等）有显著的抑制作用，并认为其对细菌无抑制作用的原因在于衍生物中氨基数目的减少。Xie 等（2002）认为羟丙基壳聚糖在 pH 7 以上对 *E. coli* 和 *S. aureus* 无抑制作用，而在中性条件下将衍生物与马来酸钠反应制成的复合物对两种细菌具有良好的抑制效果。

Hu 等（2007）的试验结果表明，与胍基化壳聚糖的抑菌性优于壳聚糖，而且在pH 6.6 时仍然可以抑制金黄色葡萄球菌生长。利用苯酰硫氰酸盐与壳聚糖反应制备的硫脲衍生物对几种真菌孢子萌发和菌丝生长的抑制效果优于壳聚糖（Eweis et al.，2006）。Yang 等（2005）发现壳聚糖衍生物的抑菌活性受修饰化二糖配基种类和取代度的影响。因此，壳聚糖与衍生物的抑菌活性在很大程度上依赖于嫁接支链的种类和数量，其抑菌机制可能与其对真菌细胞壁亲和性有关。

总之，壳聚糖衍生物的抑菌功能不仅受壳聚糖自身分子结构（脱乙酰度、聚合度）的影响，还与接枝基团种类、取代度等因子有关。但由于部分修饰化是发生在 $2-NH_2$，在一定程度上可能减弱壳聚糖分子带正电荷的量甚至改变分子带电荷的性质，对其高效抑菌机制与普遍认为壳聚糖正电荷决定其抑菌功能的观点可能存在矛盾，因此对其抑菌规律以及机制需要更深入的研究和分析。

（5）其他因素

Wang 等（2004）研究表明壳聚糖与锌形成的复合物抑菌效果优于壳聚糖，随锌离子浓度的增加而增大。而将 $Ag^+$ 螯合到壳聚糖的硫脲衍生物上，既提高 $Ag^+$ 的稳定性，又提高复合物的抑菌效果（Chen et al.，2004）。但 Taha 和 Swailam（2002）发现二价金属离子 $Ba^{2+}$、$Cu^{2+}$ 以及 $Mg^{2+}$ 在 $10\sim25$ mmol/L 时能降低壳聚糖的抑菌性，其影响效果是 $Ba^{2+}>Cu^{2+}>Mg^{2+}$。Chung 等（2003）也发现金属离子能降低壳聚糖的抑菌活性，以 $Zn^{2+}$ 的负面作用最大，$Mg^{2+}$ 的负面作用最小，其原因可能是壳聚糖与金属离子发生螯合作用降低其对微生物表面金属的螯合而影响其抗菌功能有关。因此，壳聚糖的金属盐是否对病原真菌具有抑制作用及机制还有待深入研究。

Plascencia-Jatomea 等（2003）研究发现温度影响壳聚糖的抑菌作用，抑菌作用在低温（≤18℃）时更有效。将壳聚糖溶液在室温和低温下放置一段时间之后，低温处理的壳聚糖对 *S. enteritidis* 和 *E. coli* 的抑制作用优于未处理壳聚糖（No et al.，2006）。低温条件下，壳聚糖抑菌活性的增强将有利于它在果实低温贮藏中的应用。另外，放射性处理也会影响壳聚糖的抑菌活性，主要是因为射线造成壳聚糖链的断裂（Matsuhashi & Kume，1997）。

## 2.2　壳聚糖诱导果蔬抗病性的提高

壳聚糖作为一种病原激发子诱导植物抗病性已有大量研究报道，其在病害防治中的应用已受到广泛关注，其中对农作物如水稻的研究报道较多，以果实为材料的系统性研究相对较少。壳聚糖在一定程度上诱导组织木质素、植保素以及其他抗菌物质（如酚类，脂肪酸等）含量升高，影响果实细胞壁、胼胝质、皮孔等结构的变化，阻碍病原菌的侵袭（Benhamou & Lafontaine，1995；Benhamou et al.，1998；El Ghaouth et al.，1994；Kauss et al.，1989；Bautista-Baños et al.，2006）。采前喷施壳聚糖提高采收及贮藏过程中葡萄果实 PAL、PPO 和 POD 活性，提高果实总酚物质的含量，降低果实自然病害发生（Romanazzi et al.，2002，2006；Meng et al.，2008）。壳聚糖接种处理增加柑橘 $\beta$-1,3-葡聚糖酶的活性，降低相应病害的发生（Fajardo et al.，1998）。Liu 等（2007）结果表明，壳聚糖处理影响番茄果实 PPO 和 POD 活性以及总酚物质的含量，降低果实青霉和灰霉病害。Badawy 和 Rabea（2009）研究结果表明壳聚糖接种处理具有病源激发子的作用，表现为提高番茄伤口部位总蛋白和总酚物质的含量，降低 PPO 的活性，提高果实抗病能力。Ben-Shalom 等（2003）研究发现，喷施 0.1% 壳聚（寡）糖显著提高黄瓜果实壳聚糖酶和 POD 活性，降低果实病害，且喷施 24 h 后对灰霉病的防治效果优于 1 h。0.25% 壳聚糖处理采后马铃薯，显著提高 POD 和 PPO 活性，提高类黄酮和木质素的含量，提高壳多糖酶和 $\beta$-1,3-葡聚糖酶活性，降低病害发生（Sun et al.，2008）。在作物上的研究表明，壳聚糖处理可以提高花生叶总蛋白质含量，在第 8 天蛋白质含量最高，内源壳多糖酶和 $\beta$-1,3-葡聚糖酶活性升高，在第 10 天二者活性达到最大值，叶片抗锈病能力增加（Sathiyabama & Balasubramanian，1998）。Lin 等（2005）发现壳聚糖诱导水稻悬浮细胞内 $H_2O_2$ 的积累，而 $H_2O_2$ 作为细胞中的信号分子能进一步诱导 PAL 和 CHI 酶活性。另有研究表明壳聚糖处理能提高细胞内源水杨酸（SA）和茉莉酸（JA）的含量，激发植物的系统抗性反应（Rakwal et al.，2002；Sathiyabama & Balasubramanian，1998）。SDS-PAGE 和免疫印记研究结果表明，壳聚糖处理水稻幼苗叶明显提高抗坏血酸过氧化物酶的活性，双向电泳结果表明壳聚糖诱导水稻叶片两种 PR 蛋白 OsPR5 和 OsPR10 的积累，与 Northern 分析结果 *OsPR5* 和 *OsPR10* 大量表达一致（Agrawal et al.，2002），说明壳聚糖处理在一定程度上诱导 PR 蛋白的增加。壳寡（聚）糖诱导植物抗病反应机制涉及众多细胞代谢和信号转导过程，这方面的综述本书将有专本章节综述。在作物方面的深入研究为果实抗病性诱导研究提供了思路和方法，笔者以桃为材料利用分子生物学方法和蛋白质组学技术正在开展这方面的系统性研究工作。

虽然研究报道已证明壳聚糖或壳寡糖具有抗病诱导作用，Amborabé 等（2008）研究证明壳聚糖诱导细胞去极化参与抗病信号反应过程，并认为壳聚糖所具有的抗性诱导作用在对其病害防治作用可能优于其直接抑菌作用。但 Ben – Shalom 等（2003）研究发现壳聚糖在低浓度条件下几乎完全抑制灰霉孢子萌发而壳寡糖几乎对孢子萌发无显著影响；尽管壳寡糖处理对果实组织几丁质酶和过氧化物酶活性的提高程度大于壳聚糖的处理，但壳聚糖喷施黄瓜果实 1 h、4 h 和 24 h 后再接种灰霉病菌，其病害发生率分别下降 65%、82% 和 87%，而壳寡糖处理与对照相比无显著差异；另外，壳聚糖喷施黄瓜叶片 1 h 后，果实再接种灰霉病菌后其病害发生率仅降低 52%，结果说明壳聚糖对果实病害的防治与其直接的抗菌性和诱导抗病性相关，单纯的抗病诱导作用不足以发挥其病害作用（Ben – Shalom et al.，2003）。因此，目前对壳聚糖抑菌作用和抗性诱导作用在其病害防治中主导作用难以形成统一的结论，二者的协同或配合作用可定对其病害防治是有益的。

### 2.3 壳聚糖调节果实生理代谢和延缓果蔬衰老

壳聚糖作为一种生长调节剂促进植物光合作用，增加植物根茎干物质含量（Ait Barka et al.，2004）。壳聚糖具有良好的自发成膜性，其所形成的选择性半透膜可以阻止 $O_2$ 的进入，限制 $CO_2$ 的排出，降低果蔬呼吸强度，同时半透膜允许果实在贮存期间乙烯透过；并且可以阻碍果蔬的蒸腾作用，从而减少果蔬的失重（Pen & Jiang. 2003）。同时研究也表明壳聚糖可以清除自由基含量起到抗氧化作用（Kim & Thoms，2007），壳聚糖包膜处理也能够显著地抑制芒果果皮色泽的转变，减少果实腐烂发生与水分散失，保持果实较高硬度和维生素 C 含量（弓德强等，2005）；能够维持印度枣果实的硬度，降低果实的失重率，延缓乙烯产生和呼吸代谢，降低果蒂部位病害发生（Zhong & Xia，2007）；降低荔枝果实果皮褐变发生（Zhang & Quantick，1997；Jiang & Li，2001；Jiang et al.，2005）。1.5% 壳聚糖包膜处理显著降低草莓的衰老所引起的生理性腐烂（Hernández – Muñoz et al.，2008）。因此，壳聚糖包膜处理的作用一方面可以在果实表面形成一层天然的屏障作用，避免或减少病原菌的浸染；另一方面通过调节果实生理代谢延迟果实贮藏期间的衰老，降低果实病害的发生。

## 3 壳聚糖在果蔬采后病害控制领域的应用展望

壳聚糖不仅生产原料广泛存在于各种甲壳类动物的外骨骼和真菌细胞壁中，是地球上第二大再生资源，而且具有多功能性、生物相容性和安全性、生物降解性等其他工业合成高分子物质无法比拟的优越性，将其开发成一种新型的杀菌保鲜剂，在"绿色"农产品的生产中具有广阔的应用前景。尽管已有研究表明壳聚糖能够防治果实采后贮藏期间的病害，但 2004 年澳大利亚曾针对壳聚糖对番茄、胡萝卜、黄瓜、豌豆、辣椒、生菜、甜菜等果蔬病害防治效果进行了田间评价实验，结果表明壳聚糖除对番茄具有一定的病害防治效果外，对其他实验品种效果并不乐观，难以规模化的推广使用（Walker et al.，2007）。因此，针对壳聚糖在果蔬方面的应用还需要开展更深入系统的研究工作，未来应在以下方面加强的研究工作。

（1）研究壳聚糖衍生物的制备技术，并确定其抗菌和成膜规律；

（2）研究壳聚糖分子结构与抗菌性的关系，以及环境条件（溶液浓度、pH、溶剂等）对其抑菌效果的影响；

   （3）研究壳聚糖对果实生理、抗病性和品质的影响及抑病机制；

   （4）研究壳聚糖与外源物质配合的综合使用技术及协同抑病机制。

## 参 考 文 献

弓德强，马蔚红，王松标，等. 2005. 壳聚糖涂膜对芒果常温保鲜效果的影响. 保鲜与加工，5（5）：23-25

何燕文，梁和，韦剑锋，等. 2005. 采前喷施壳聚糖和高良姜溶液对龙眼采后耐贮性的影响. 中国农学通报，21（10）：81-84.

蒋挺大. 2001. 壳聚糖. 北京：化学工业出版社.

李美芹，肖慧，孟祥红，等. 2007. 壳聚糖对番茄叶霉病菌的抑制作用. 武汉大学学报（理学版），53：244-248.

廖春燕，马国瑞，陈美慈，等. 2001. 不同分子量壳聚糖对几种植物病原真菌的拮抗作用. 浙江农业学报，13：172-175.

刘振儒，赵江霞. 2006. 水溶性壳聚糖季铵盐的抗菌性能. 青岛科技大学学报，27（4）：317-319.

马鹏鹏，何立千，高天洲. 2003. 不同脱乙酰度壳聚糖对植物病原细菌的抑制作用研究. 北京联合大学学报（自然科学版），17（3）：28-31.

马鹏鹏，何立千，高天洲. 2003. 壳聚糖对植物病原细菌的抑制作用研究. 研究天然产物开发与研究，15：411-414.

覃彩芹，龙晶，李会荣，等. 2005. 壳聚糖抗庭院植物病原真菌的活性. 武汉大学学报（理学版），51：489-492.

王鸿，沈月新. 2001. 不同脱乙酰度壳聚糖的抑菌性. 上海水产大学学报，10：380-382.

王志国，王锡彬，潘在煜，等. 2008. 采前喷施壳聚糖对荔枝采后贮藏性能的影响. 食品工业科技，29：260-262.

王志国，潘在煜，蓝延玲，等. 2007. 采前喷施壳聚糖对荔枝采后腐烂的控制. 食品科学，28：344-346.

吴迪，蔡伟民. 2005. 壳聚糖季铵盐的抑菌机理研究. 哈尔滨工业大学学报，37：1014-1015.

吴小勇，曾庆孝，莫少芳，等. 2006. 不同脱乙酰度和分子质量的壳聚糖的抑菌性能. 华南理工大学学报（自然科学版），34（3）：58-62.

谢东锋，毕阳，邓建军，等. 2008. 采前壳聚糖对厚皮甜瓜果实潜伏侵染及其采后主要病害的控制. 甘肃农业大学学报，43（2）：96-99.

谢冬娣，岳君. 2006. 采前喷施壳聚糖与硼营养液对番荔枝冷藏品质的影响. 保鲜与加工，6（6）：12-14.

徐霞，雷万学，李正军，等. 2006. 壳聚糖季铵盐衍生物的合成及其抗菌活性. 信阳师范学院学报（自然科学版），19（1）：58-60.

邹良栋，王振龙，王静华，等. 1998. 采前处理对苹果常温贮藏效果. 北方园艺，（119）：34，35.

杨玲玉，孟祥红，刘成圣，等. 2009. 壳聚糖的抗菌性及其对果实病害的防治. 中国农业科学，42：626-635.

Agrawal G K，Rakwal R，Tamogami S，et al. 2002. Chitosan activates defense/stress response（s）in the leaves of *Oryza sativa* seedlings. *Plant Physiology and Biochemistry*，40：1061-1069.

Ait Barka E，Eullaffroy P，Clément C，et al. 2004. Chitosan improves development，and protects *Vitis vinifera* L. against *Botrytis cinerea*. *Plant Cell Report*，22：608-614.

Allan C R, Hadwiger L A. 1979. The fungicidal effect of chitosan on fungi of varying cell wall component. *Experimental Mycology*, 3: 285-287.

Amborabé B E, Bonmort J, Fleurat-Lessard P, et al. 2008. Early events induced by chitosan on plant cells. *Journal of Experimental Botany*, 59: 2317-2324.

Badawy M E I, Rabea E I. 2009. Potential of the biopolymer chitosan with different molecular weights to control postharvest gray mold of tomato fruit. *Postharvest Biology and Technology*, 51: 110-117.

Bautista-Baños S, Hernández-Lauzardo A N, Velázquez-del Valle M G, et al. 2006. Chitosan as a potential natural compound to control pre and postharvest diseases of horticultural commodities. *Crop Protection*, 25: 108-118.

Bautista-Baños S, Hernández-López M, Bosquez-Molina E, et al. 2003. Effects of chitosan and plant extracts on growth of *Colletotrichum gloeosporioides*, anthracnose levels and quality of papaya fruit. *Crop Protection*, 22: 1087-1092.

Benhamou N, Kloepper J W, Tuzun S. 1998. Induction of resistance against *Fusarium wilt* of tomato by combinaison of chitosan with endophytic bacterial strain: ultrastructure and cytochemistry of the host response. *Planta*, 204: 153-168.

Benhamou N, Lafontaine P J. 1995. Ultrastructural and cytochemical characterization of elicitor-induced structural responses in tomato root tissues infected by *Fusarium oxysporum* f. sp. *radicis-lycopersici*. *Planta*, 197: 89-102.

Ben-Shalom N, Ardi R, Pinto R, et al. 2003. Controlling gray mould caused by Botrytis cinerea in cucumber plants by means of chitosan. *Crop Protection*, 22: 285-290.

Bhaskara Reddy M V, Belkacemi K, Corcuff R, et al. 2000. Effect of pre-harvest chitosan sprays on post-harvest infection by *Botrytis cinerea* and quality of strawberry fruit. *Postharvest Biology and Technology*, 20: 39-51.

Chien P J, Chou C C. 2006. Antifungal activity of chitosan and its application to control post-harvest quality and fungal rotting of Tankan citrus fruit (*Citrus tankan* Hayata). *Journal of the Science of Food and Agriculture*, 86: 1964-1969.

Chen S P, Wu G Z, Zeng H Y. 2005. Preparation of high antimicrobial activity thiourea chitosan - $Ag^+$ complex. *Carbohydrate Polymers*, 60: 33-38.

Chien P J, Sheu F, Lin H R. 2007. Coating citrus (*Murcott tangor*) fruit with low molecular weight chitosan increases postharvest quality and shelf life. *Food Chemistry*, 100: 1160-1164.

Chung Y C, Chen C Y. 2008. Antibacterial characteristics and activity of acid-soluble chitosan. *Bioresource Technology*, 99: 2806-2814.

Chung Y C, Wang H L, Chen T M, et al. 2003. Effect of abiotic factors on the antibacterial activity of chitosan against waterborne pathogens. *Bioresource Technology*, 88: 179-184.

El Ghaouth A, Arul J, Wilson C L, et al. 1994. Ultrastructural and cytochemical aspects of the effect of chitosan on decay of bell pepper fruit. *Physiological and Molecular Plant Pathology*, 44: 417-432.

El-Ghaouth A, Smilanick J L, Brown G E, et al. 2000. Application of *Candida saitoana* and glycolchitosan for the control of postharvest diseases of apple and citrus fruit under semi-commercial conditions. *Plant Disease*, 84: 243-248.

Eweis M, Elkholy S S, Elsabee M Z. 2006. Antifungal efficacy of chitosan and its thiourea derivatives upon the growth of some sugar-beet pathogens. *International Journal of Biological Macromolecules*, 38: 1-8.

Fajardo J E, McCollum T G, McDonald R E, et al. 1998. Differential induction of proteins in orange flavedo by biologically based elicitors and challenged by *Penicillium digitatum* Sacc. *Biological Control*, 13: 143-151.

Feng J, Zhao L H, Yu Q Q. 2004. Receptor - mediated stimulatory effect of oligochitosan in macrophages. *Biochemical and Biophysical Research Communications*, 317: 414-420.

Fornes F, Almela V, Abad M, et al. 2005. Low concentrations of chitosan coating reduce water spot incidence and delay peel pigmentation of *Clementine mandarin* fruit. *Journal of the Science of Food and Agriculture*, 85: 1105-1112.

Gerasimenko D V, Avdienko I D, Bannikova G E, et al. 2004. Antibacterial effects of water - soluble low - molecular - weight chitosans on different microorganisms. *Applied Biochemistry and Microbiology*, 40: 253-257.

Guo Z Y, Chen R, Xing R, et al. 2006. Novel derivatives of chitosan and their antifungal activities *in vitro*. *Carbohydrate Research*, 341: 351-354.

Han Y, Zhao L, Yu Z, et al. 2005. Role of mannose receptor in oligochitosan - mediated stimulation of macrophage function. *International Immunopharmacology*, 5: 1533-1542.

Helander I M, Nurmiaho - Lassila E L, Ahvenainen R, et al. 2001. Chitosan disrupts the barrier properties of the outer membrane of Gram - negative bacteria. *International Journal of Food Microbiology*, 71: 235-244.

Hernández - Munóz P, Almenar E, Del Valle V, et al. 2008. Effect of chitosan coating combined with postharvest calcium treatment on strawberry (*Fragaria×ananassa*) quality during refrigerated storage . *Food Chemistry*, 110: 428-435.

Hu Y, Du Y M, Yang J H, et al. 2007. Synthesis, characterization and antibacterial activity of guanidinylated chitosan. *Carbohydrate Polymers*, 67: 66-72.

Jeon T J, Park P J, Kim S K. 2001. Antimicrobial effect of chitooligo - saccharides produced by bioreactor. *Carbohydrate Polymers*, 44: 71-76.

Jia Z S, Shen D F, Xu W L. 2001. Synthesis and antibacterial activities of quaternary ammonium salt of chitosan. *Carbohydrate Research*, 333: 1-6.

Jiang Y M, Li J R, Jiang W B. 2005. Effects of chitosan coating on shelf life of cold - stored litchi fruit at ambient temperature. *LWT - Food Science and Technology*, 38: 757-761.

Jiang Y M, Li Y B. 2001. Effect of chitosan coating on postharvest life and quality of longan fruit. *Food Chemistry*, 73: 139-143.

Kauss H, Jeblick W, Domard A. 1989. The degrees of polymerization and N - acetylation of chitosan determine its ability to elicit callose formation in suspension cells and protoplasts of *Catharanthus roseus*. *Planta*, 178: 385-392.

Kim K W, Thomas R L. 2007. Antioxidative activity of chitosans with varying molecular weights. *Food Chemistry*, 101: 308-313.

Kong M, Chen X G, Liu C S, et al. 2008. Antibacterial mechanism of chitosan microshperes in a solid dispersing system against *E. coli*. *Colloids and Surfaces B: Biointerfaces*, 65: 197-202.

Kongkaew K, Niyomlao W, Fuggate P, et al. 2005. Preharvest chitosan sprays for the control of postharvest diseases and quality of 'Namdokmai' mango during storage. 31th Congress of Science and Technology of Thailand at Suranaree University of Technology, 18 - 20, October.

Laflamme P, Benhamou N, Bussières G, et al. 1999. Differential effect of chitosan on root rot fungal pathogens in forest nurseries. *Canadian Journal of Botany*, 77: 1460-1468.

Li H Y, Yu T. 2000. Effect of chitosan on incidence of brown rot, quality and physiological attributes of postharvest peach fruit. *Journal of the Science of Food and Agriculture*, 81: 269-274.

Li Y, Chen X G, Liu N, et al. 2007. Physicochemical characterization and antibacterial property of chitosan acetates. *Carbohydrate Polymers*, 67: 227-232.

Lin W L, Hu X Y, Zhang W Q, et al. 2005. Hydrogen peroxide mediates defence responses induced by chitosans of different molecular weights in rice. *Journal of Plant Physiology*, 162: 937-944.

Liu H, Du Y M, Wang X H, et al. 2004. Chitosan kills bacteria through cell membrane damage. *International Journal of Food Microbiology*, 95: 147-155.

Liu J, Tian S P, Meng X H. 2007. Effects of chitosan on control of postharvest diseases and physiological responses of tomato fruit. *Postharvest Biology and Technology*, 44: 300-306.

Liu N, Chen X G, Park H J, et al. 2006. Effect of MW and concentration of chitosan on antibacterial activity of Escherichia coli. *Carbohydrate Polymers*, 64: 60-65.

Liu X F, Guan Y L, Yang D Z, et al. 2001. Antibacterial action of chitosan and carboxymethylated chitosan. *Journal of Applied Polymer Science*, 79: 1324-1335.

Liu X F, Song L, Li L, et al. 2007. Antibacterial effects of chitosan and its water – soluble derivatives on E. coli, plasmids DNA, and mRNA. *Journal of Applied Polymer Science*, 103: 3521-3528.

Matsuhashi S, Kume T. 1997. Enhancement of antimicrobial activity of chitosan by irradiation. *Journal of the Science of Food and Agriculture*, 73: 237-241.

Meng X H, Qin G Z, Tian S P. 2010. Influences of preharvest spraying Cryptococcus laurentii combined with postharvest chitosan coating on postharvest diseases and quality of table grapes in storage. *LWT – Food Science and Technology*, 43: 596-601.

Meng X H, Tian S P, Li B Q, et al. 2008. Physiologic responses and quality attributes of table grape fruit to chitosan preharvest spray and postharvest coating during storage. *Food Chemistry*, 106: 501-508.

Meng X H, Yang L Y, Kennedy J F, et al. 2010. Effects of chitosan and oligochitosan on growth of two fungal pathogens and physiological properties in pear fruit. *Carbohydrate Polymers*, 81: 70-75.

Molloy C, Cheah L H, Koolaard J P. 2004. Induced resistance against *Sclerotinia sclerotiorum* in carrots treated with enzymatically hydrolysed chitosan. *Postharvest Biology and Technology*, 33: 61-65.

Muñoz Z, Moret A, Garcés S. 2009. Assessment of chitosan for inhibition of *Colletotrichum* sp. on tomatoes and grapes. *Crop Protection*, 28: 36-40.

No H K, Kim S H, Lee S H, et al. 2006. Stability and antibacterial activity of chitosan solutions affected by storage temperature and time. *Carbohydrate Polymers*, 65: 174-178.

No H K, Park N Y, Lee S H, et al. 2002. Antibacterial activity of chitosans and chitosan oligomerswith different molecular weights. *International Journal of Food Microbiology*, 74: 65-72.

Pen L T, Jiang Y M. 2003. Effects of chitosan coating on shelf life and quality of fresh – cut Chinese water chestnut. *LWT – Food Science and Technology*, 36: 359-364.

Peng Y F, Han B Q, Liu W S, et al. 2005. Preparation and antimicrobial activity of hydroxypropyl chitosan. *Carbohydrate Research*, 340: 1846-1851.

Plascencia-Jatomea M, Viniegra G, Olayo R, et al. 2003. Effects of chitosan and temperature on spore germination of *Asperillus niger*. *Macromolecular Bioscience*, 3: 582-586.

Prapagdee B, Kotchadat K, Kumsopa A, et al. 2007. The role of chitosan in protection of soybean fromsudden death syndrome caused by *Fusarium solani* f. sp. *glycines*. *Bioresource Technology*, 98: 1353-1358.

Qin C Q, Li H R, Liu Y, et al. 2006. Water – solubility of chitosan and its antimicrobial activity. *Carbohy-*

*drate Polymers*，63：367-374.

Rakwal R，Tamogami S，Agrawal G K，et al. 2002. Octadecanoid signaling component "burst" in rice (*Oryza sativa L.*) seedling leaves upon wounding by cut and treatment with fungal elicitor chitosan. *Biochemical and Biophysical Research Communications*，295：1041-1045.

Romanazzi G，Karabulut O A，Smilanick J L. 2007. Combination of chitosan and ethanol to control postharvest gray mold of table grapes. *Postharvest Biology and Technolgy*，45：134-140.

Rinaudo M. 2006. Chtin and chitosan：properties and application. *Progress of Polymer Science*，31：603-632.

Romanazzi G，Mlikota Galer F，Smilanick J L. 2006. Preharvest chitosan and postharvest UV irradiation treatments suppress gray mold table grapes. *Plant Disease*，90：445-450.

Romanazzi G，Nigro F，Ippolito A，et al. 2002. Effects of pre－and postharvest chitosan treatments to control storage grey mold of table grapes. *Journal of Food Science*，67：1862-1867.

Romanazzi G，Nigro F，Ippolito A. 2003. Short hypobaric treatments potentiate the effect of chitosan in reducing storage decay of sweet cherries. *Postharvest Biology and Technology*，29：73-80.

Sathiyabama M，Balasubramanian R. 1998. Chitosan induces resistance components in *Arachis hypogaea* against leaf rust caused by *Puccinia arachidis* Speg.. *Crop Protection*，17：307-313.

Singh T，Vesntini D，Singh A P，et al. 2008. Effect of chitosan on physiological，morphological，and ultrastructural characteristics of wood－degrading fungi. *International Biodeterioration & Biodegradation*，62：116-124.

Sun X J，Bi Y，Li Y C，et al. 2008. Postharvest chitosan treatment induces resistance in potato against Fusarium sulphureum. *Agricultural Sciences in China*，7：615-621.

Taha S M A，Swailam H M H. 2002. Antibacterial activity of chitosan against Aeromonas hydrophila. *Nahrung*，46：337-340.

Vesntini D，Steward D，Singh A P，et al. 2007. Chitosan－mediated changes in cell wall composition，morphology and ultrastructure in two wood－inhabiting fungi. *Mycological Research*，111：875-890.

Walker R，Morris S，Brown P，et al. 2007. Potential for Chitosan to Enhance Plant Defences in Organic Systems. Rural Industries Research and Development Corporation，Australian. *www. rirdc. gov. au/ reports/ORG/07-106sum. html*

Wang X H，Du Y M，Liu H. 2004. Preparation，characterization and antimicrobial activity of chitosan－Zn complex. *Carbohydrate Polymers*，56：21-26.

Xie W M，Xu P X，Wang W，et al. 2002. Preparation of water－soluble chitosan derivatives and their antibacterial activity. *Carbohydrate Polymers*，50：35-40.

Xing K，Chen X G，Kong M，et al. 2009. Effect of oleoyl－chitosan nanoparticles as a novel antibacterial dispersion system on viability，membrane permeability and cell morphology of *Escherichia coli* and *Staphylococcus aureus*，*Carbohydrate Polymers*，76：17-22.

Xu J G，Zhao X M，Han X W，et al. 2007a. Antifungal activity of oligochitosan against *Phytophthora capsici* and other plant pathogeni fungi *in vitro*. *Pesticide Biochemistry and Physiology*，87：220-228.

Xu J G，Zhao X M，Wang X L，et al. 2007b. Oligochitosan inhibits *Phytophthora capsici* by penetrating the cell membrane and putative binding to intracellular targets. *Pesticide Biochemistry and Physiology*，88：167-175.

Xu W T，Huang K L，Guo F，et al. 2007c. Postharvest grapefruit seed extract and chitosan treatments of table grapes to control Botrytis cinerea. *Postharvest Biology and Technology*，46：86-94.

Yang LY，Zhao P，Wang L，et al. 2010. Synergistic effect of oligochitosan and silicon on inhibition of *Monilinia fructicola* infections. *Journal of Science of Food and Agriculture*，90：630-634.

Yang L Y，Zhao P，Wang L，et al. 2010. Synergistic effect of oligochitosan and silicon on inhibition of *Monilinia fructicola* infections. *Journal of the Science of Food and Agriculture*，90：630-634.

Yang T C，Chou C C，Li C F. 2005. Antibacterial activity of N−alkylated disaccharide chitosan derivatives. *International Journal of Food Microbiology*，97：237-245.

Young D H，Kauss H. 1983. Release of calcium from suspension−cultured glycine max cells by chitosan，other polycations，and polyamines in relation to effects on membrane permeability. *Plant Physiology*，73：698-702.

Yu T，Li H Y，Zheng X D. 2007. Synergistic effect of chitosan and Cryptococcus laurentii on inhibition of *Penicillium expansum* infections. *International Journal of Food Microbiology*，114：261-266.

Yu T，Wang L P，Yin Y，et al. 2008. Effect of chitin on the antagonistic activity of *Cryptococcus laurentii* against *Penicillium expansum* in pear fruit. *International Journal of Food Microbiology*，122：44-48.

Zhang D L，Quantick P C. 1997. Effects of chitosan coating on enzymatic browning and decay during postharvest storage of litchi (*Litchi chinensis Sonn.*) fruit. *Postharvest Biology and Technology*，12：195-202.

Zhong Q P，Xia W S. 2007. Effect of 1−methylcyclopropene and/or chitosan coating treatments on storage life and quality maintenance of Indian jujube fruit. *LWT−Food Science and Technology*，40：404-411.

Zuppini A，Baldan B，Millioni R，et al. 2003. Chitosan induces $Ca^{2+}$−mediated programmed cell death in soybean cells. *New Phytologist*，161：557-568.

（孟祥红）

# 第四节　乙烯对病原菌致病力的调控机制

## 导言

　　乙烯是一种常见的不饱和碳氢化合物，相对分子质量 28.05，熔点 −169.4℃，沸点−103.9℃。在 20℃下 1 mL 水中可溶解 0.122 mL。在 23℃ 的空气中扩散系数为 16.6 $mm^2/s$，25℃水中的扩散系数为 $15.1×10^{-4} mm^2/s$，水中的扩散系数是空气中的 1/1000，乙烯的相对密度为 0.9740，略轻于空气 （下川敬之，1988）。乙烯微溶于乙醇、酮、苯，溶于醚，乙烯分子中存在双键，因此化学性质活泼。乙烯可被高锰酸钾（$KMnO_4$）氧化，也可与溴水、氯气等发生加成反应，在适当温度、压强和有催化剂存在的情况下，乙烯双键断裂，碳原子间互相结合形成长链。在果蔬采收后高锰酸钾可用作贮运环境中乙烯的脱除剂。

　　自然界中不仅高等植物可以产生乙烯，低等植物、动物、细菌、真菌和线虫都具有产生乙烯的能力。例如，低等植物乳汁苹属蕨类植物（*Regnellidium diphyllum*）与荇菜（*Nymphoides peltata*）（Osborne et al.，1996）以及地衣（*Ramalina duriae*）都具有乙烯合成能力（Garty et al.，1993）。健康的兔子释放乙烯的速率为每天 17~20 nL/g 体重，人类的呼吸中也会含有 7~25 ppb 的乙烯（下川敬之，1988）。然而动物产生乙烯的生物学意义完全不清楚。很多微生物也具有合成乙烯的能力，如细菌（Ince & Knowles，1986；Mansouri & Bunch，1989；Nagahama et al.，1991）和真菌（Cristescu，2002；Graham & Linderman，1980；Arshad & Frankenberger，1989）。

乙烯在高等植物中的生物学功能已经较为清楚，它作为植物的气态激素以极低的浓度显著作用于植物生长发育的各个阶段。例如，种子萌发，花器发育，果实成熟，叶片脱落和衰老。植物组织还以大量产生乙烯的方式应答多种环境因子的影响，包括：干旱，水浸，冷害、化学物质伤害和病虫害的侵袭。自从 1993 年（Chang et al.，1993）乙烯第一个受体基因 ETR1 被发现以来，人们对于植物乙烯生物学功能的探索已经进入到信号分子调控网络的研究阶段（Guo & Ecker，2004；Ecker，2004）。近年来在植物与微生物相互作用的机制研究中发现乙烯作为植物对病原物侵染应答的最早期信号之一，在植物的抗病防卫反应中起着重要的作用（Stearns & Glick，2003）。乙烯和茉莉酸途径作为坏死型病原菌侵染时植物诱导反应的重要信号途径而备受瞩目（Wang et al.，2002；Lorenzo，2003）。然而，植物组织对乙烯的反应并非大多如此，在新鲜水果和蔬菜采收后的贮运环境中，乙烯除了起到促进果蔬的后熟、黄化、衰老作用以外，还会促进病原微生物引起的采后腐烂。但目前人们对采后病害的控制大多从控制果蔬采后生理衰老，间接提高抗性的理念出发，仅致力于开发各类脱除或抑制果蔬产生乙烯的技术方法，而对病原菌自身合成乙烯以及乙烯如何影响采后病害发展的情况尚未给予足够的重视。本部分内容着重介绍病原菌（真菌与细菌）产生乙烯的途径，以及乙烯在植物抗病与病原菌致病过程中的调控机制，为更有效地制定果蔬防腐保鲜措施提供依据。

## 1　微生物乙烯合成途径研究现状

20 世纪 60 年代至今的很多研究都表明包括植物病原菌在内的很多微生物都具有在体外自身合成乙烯的能力。最早发现真菌合成乙烯现象的是 Gane（1934），他于 1934 年在实验中发现面包酵母可以释放出一种使豌豆苗的生长受到抑制的气体。Biale（1940）和 Miller 等（1940）随后又分别独立证明柑橘青霉（*P. digitatum*）可以释放一种气体，该气体对植物组织产生的影响与乙烯相同。Il-ag 和 Curtis（1968）研究了 228 种真菌产乙烯的情况，结果表明其中 58 种都具有自身合成乙烯的能力。

甲硫氨酸是植物合成乙烯的唯一前体，植物以甲硫氨酸为底物通过 ACC 途径合成乙烯，植物的 ACC 途径只存在于极少数真核微生物体内，只在黏土菌 *Dictyostelium mucoroides*（Amagai & Maeda，1992）和 *Penicillium citrinum*（Jia et al.，1999）中有相关的报道。而在微生物体内还存在其他两条乙烯合成途径：EFE 途径和 KMBA 途径。EFE 途径存在于大多数真菌和部分细菌体内，在乙烯合成酶系（EFE）的作用下通过α-酮戊二酸（α-oxoglutarate）合成乙烯，且需要一些氨基酸的参与，如以精氨酸或者组氨酸为辅助因子（Fukuda et al.，1986；Hottiger & Boller，1991；Pazout & Pazoutova，1989）。KMBA 途径多存在于细菌体内，以蛋氨酸为底物，通过合成中间产物为 2 -酮基-4 -甲基硫代丁酸（4 -methylthio -2 -oxobutanoate，KMBA），最终转化为乙烯（Yang，1969；Primrose & Dilworth，1976），真菌中镰刀菌 *F. oxysporum*（Graham & Linderman，1980）和灰霉菌 *Botrytis cinerea*（Chagué et al.，2002；Cristescu et al.，2002）体内的乙烯合成也是通过 KMBA 途径完成的。

## 1.1　ACC 途径

高等植物乙烯合成过程中有两种特异性的酶起重要的调节作用：ACC 合成酶（ACC synthase）催化 SAM（S -腺苷甲硫氨酸）合成 ACC，ACC 在有氧条件下和 ACC 氧化酶（ACC oxidase）催化下形成乙烯。Jia 等（1999）等首次发现在青霉菌（*P. citrinum*）中存在 ACC 合成酶，催化 SAM 合成 ACC，ACC 在 ACC 脱氨酶的作用下分解为氨和 $\alpha$ -酮酸（$\alpha$ -oxobutyrate）。在枝顶胞菌（*Acremonium falciforme*）中也有 ACC 合成，这一发现对微生物及植物乙烯合成的起源及进化过程的研究具有重要意义，同时也丰富了人们对微生物蛋氨酸的代谢及乙烯产生意义的认识。

## 1.2　EFE 途径

EFE 途径是利用蛋氨酸为底物的 EFE 蛋白参与乙烯合成途径，大多数真菌和部分细菌体内合成乙烯走的是 EFE 途径。Fukuda 等（1989）在 *P. digitatum* IFO 9372 培养液中提取了 EFE 蛋白，通过凝胶层析、聚丙烯酰胺凝胶电泳等方法，首次确定了 EFE 蛋白是一条多肽折叠而成的酶，分子质量约为 42 kDa。乙烯合成酶系（EFE）的活性与 $\alpha$ -酮戊二酸（$\alpha$ -oxoglutarate），精氨酸，亚铁离子，二硫苏糖醇（dithiothreitol）及氧气紧密相关（Fukuda et al.，1989a）。

大多数真菌以 $\alpha$ -oxoglutarate 为前体物质来合成乙烯，如 *P. cyclopium*（Pazout & Pazoutova，1989）、*P. digitatum*（Fukuda et al.，1986）、*F. oxysporum*（Hottiger & Boller，1991），部分细菌也通过这条途径合成乙烯，如 *Pseudomonas syringae*（Nagahama et al.，1991）。这个反应是在精氨酸、组氨酸等其他的一些氨基酸的共同作用下由一种被称为乙烯合成酶（ethylene formation enzyme，EFE）的多功能酶系催化进行的（Fukuda et al.，1986；Hottiger & Boller，1991；Pazout & Pazoutova，1989）。植物病原细菌 *Pseudomonas* spp. 各菌株的乙烯合成酶基因（*efe*）在结构上具有相似性（Nagahama et al.，1991；Weingart et al.，1999）。Fukuda 等（1989a，b）等的研究表明在青霉菌与假单胞菌中存在 EFE，可催化 $\alpha$ -oxoglutarate 转化为乙烯。微生物中的 *efe* 基因与植物中的不同。EFE 蛋白属于铁氧环蛋白超家族成员，在乙烯合成的过程中催化两个反应。主要反应为催化 $\alpha$ -oxoglutarate 氧化分解为一分子乙烯及 3 分子二氧化碳，另一个反应为在精氨酸存在的条件下，将 $\alpha$ -oxoglutarate 转变为琥珀酸、二氧化碳、胍和 1 -吡咯啉-5 -羧酸（L - D1 - pyrroline -5 - carboxylate），这个过程中产生乙烯与生成琥珀酸的比例为 2∶1（图 2 -3 -4 -1）（Fukuda et al.，1992b）。

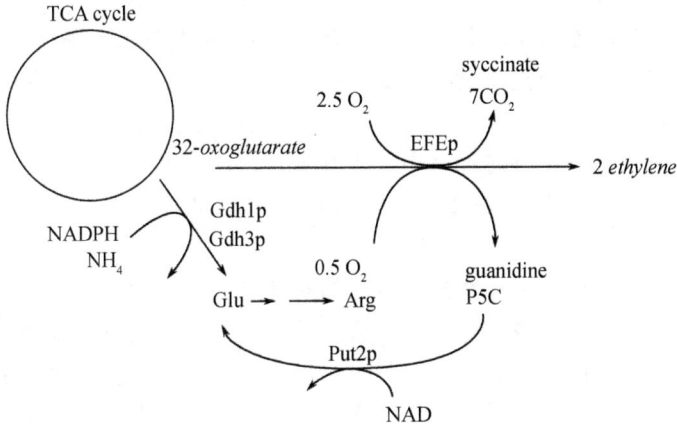

图 2 - 3 - 4 - 1　*Pseudomonas syringae* 细菌产生乙烯的 EFE 途径

(引自：Fukuda et al.，1992b)

Fukuda 等（1992a）等首次报道了 *P. syringae* pv. *phaseolicola* PK2 中乙烯合成酶基因（*efe*），该基因位于假单胞菌自身的质粒中。通过对该基因的测序及利用载体在大肠杆菌中的表达，验证了其乙烯合成的功能。这是一段能编码 350 个氨基酸的基因，与植物 *efe* 基因的比对发现，两种 *efe* 基因序列整体上存在显著差异，但在一些特殊位点存在着保守序列（Fukuda et al.，1992a），*P. syringae* 的 *efe* 基因在进化的过程中经历了菌株之间的水平迁移，但是这些基因可能并不是普遍存在的，因为在另一种病原细菌 *R. solanacearum* 中并没有检测到 EFE 酶活性也没有找到与 *efe* 同源的基因（Weingart et al.，1999）。只有当培养基中存在甲硫氨酸（Billington et al.，1979）、氮源和碳源（Mansouri & Bunch，1989）时才可以检测出 EFE 的活性。例如，当缺乏 NADPH 时，补充葡萄糖可以激发 *E. coli* 的无细胞提取物中 KMBA 的合成（Ince & Knowles，1986）。

### 1.3　KMBA 途径

KMBA（2-酮基-4-甲基硫代丁酸，2 - keto - 4 - methylthiobutyric acid）途径是微生物乙烯合成的第三条途径。这条途径最初是在细菌中发现，如 *Escherichia*、*Pseudomonas*、*Bacillus*、*Acinetobacter*、*Aeromonas*、*Rhizobium* 和 *Corynebacterium* 等细菌都利用 KMBA 途径合成乙烯（Primrose & Dilworth，1976）。除此之外，这条途径在酵母菌 *Saccharomyces cerevisiae* 和丝状真菌 *P. digitatum*、*B. cinerea* 体内也都有报道（Chagué et al.，2002）。

1969 年，Yang 最先明确了乙烯合成中间物 KMBA，并初步确定了细菌乙烯合成的 KMBA 途径需要过氧化物酶的参与。隐球酵母（*Cryptococcus albidus* IFO 0939）的乙烯合成过程，证实了 NAD（P）H，$Fe^{3+}$，EDTA 和氧气在 KMBA 转化为乙烯的过程中起重要作用（Fukuda et al.，1989b），在 KMBA 途径中伴随着过氧化物的生成与电子传递的发生（Ogawa et al.，1990）。Perpète 等（2006）对 *S. cerevisiae* 酵母体内甲硫氨酸的分解途径进行了研究，利用核磁共振手段，清晰的展示了甲硫氨酸分解为 KMBA 及其他相关产物的过程，酵母菌在转氨酶的作用下利用甲硫氨酸生成 KMBA，NADH：Fe（Ⅲ）EDTA 氧化还原酶催化分子氧生成自由基，自由基直接作用于

KMBA，将其分解为乙烯，甲硫醇和二氧化碳。刺盘孢菌（*Colletotrichum musae*）在添加有甲硫氨酸的马铃薯葡萄糖培养基中振荡培养，乙烯释放量比静止培养的要更高，黑暗中刺盘孢菌乙烯合成需要过氧化物酶的参与，而在光下，KMBA 可以直接被氧化分解为乙烯（Daundasekera et al.，2003），这些结果为微生物乙烯合成的 KMBA 途径需要氧参与提供了实验支持。目前可利用二硝基苯肼（DNPT）分光光度法和薄层层析（TLC）技术对微生物乙烯合成中重要中间物 KMBA 进行检测（Billington et al.，1979）。

微生物产生乙烯的途径的多样性预示着它们对环境的适应性，当前对微生物自身合成乙烯途径的调节机制尚不清楚，它们自身合成的乙烯在其生长发育以及与植物寄生或共生互作中究竟发挥着怎样的功能，仍然是个空白点。要想诠释微生物乙烯合成的生物学功能尚需化学家与生物学家的通力合作，在进一步深入研究更广泛微生物类群的乙烯代谢途径的基础上，尚待建立酶学与基因水平的调控信息。

## 2 乙烯在诱导植物抗病过程中的作用机制

在植物与微生物相互作用的机制研究中发现乙烯作为植物对病原物侵染应答的最早期信号之一，在植物的抗病防卫反应中起着重要的作用（Stearns & Glick，2003）。乙烯和茉莉酸途径作为坏死型病原菌侵染时植物诱导防卫反应的重要信号途径而备受瞩目（Kevin et al.，2002；Lorenzo，2003）。本节就乙烯在诱导植物抗病性过程中与各种激素在信号传递通道间的相互交叉和影响做简要介绍。

植物受病原菌侵袭、机械损伤和环境因子等生物和非生物胁迫时，通过系统性获得抗性（SAR）和诱导系统抗性（ISR）进行有效防御。目前已有充分证据表明植物受病原物侵染后可通过乙烯信号转导机制来驱动多种特异的生物学反应，但是激素乙烯作为抗病信号分子的作用仍然具有一定的争议，这主要表现在乙烯能否诱导植物的抗病反应，随植物和病原菌组合的不同而变化（Kevin et al.，2002；Van Loon et al.，2006）。下面将主要介绍乙烯在植物 SAR 和 ISR 过程的作用，以及乙烯信号与茉莉酸（JA）、水杨酸（SA）等植物抗病相关激素之间的相互联系和作用。

### 2.1 乙烯在植物与病原菌相互作用中的双重角色

由于植物合成、感受乙烯的途径已经比较清楚，因此人为地对植物施加外源乙烯，或者 AVG、AOA 等乙烯合成抑制剂，以及冰片二烯、异丁烯、1‑MCP、银离子等植物乙烯受体抑制剂，有助于研究乙烯在植物感病或抗病过程中的作用（Van Loon et al.，2006）。乙烯在各种不同的植物和不同的病原菌之间，常常会出现不同的作用。例如，有研究发现用乙烯预处理，能减弱番茄果实对灰霉菌（*B. cinerea*）的感染性，而与此相对应的是，用乙烯受体抑制剂预处理则导致番茄对 *B. cinerea* 感染性的增强，而且乙烯预处理能使番茄在遭受 *B. cinerea* 侵入之前合成几种病程相关蛋白（PR），因此认为番茄果实是否具有感受和响应乙烯信号的能力对于它能否产生对 *B. cinerea* 的抗性至关重要（Diaz et al.，2002）。此外，有研究用 AVG 对烟草（*Nicotiana benthamiana*）进行处理，导致其不能正常合成乙烯，结果在这些被 AVG 处理的烟草作物加剧了由灰霉菌引起的发病症状，而补充外源乙烯后则能缓解症状的蔓延（Chagué et al.，2006）。

　　然而另一方面，乙烯处理能加剧灰霉菌对草莓的发病症状，可以加速 *Diplodia natalensis*
引起的柑橘类果实的腐烂进程（Kazzaz et al.，1983）。乙烯在植物致病过程中的影响可
能还取决于处理方式（Van Loon et al.，2006）。例如，若先用外源乙烯对柑橘果实处
理，再接种 *P. italicum*，则果实的病斑扩展受到抑制，且果实—病原菌体系内氨基葡
萄糖含量降低（Kazzaz et al.，1983）。

　　乙烯在植物感病或抗病反应中的作用，还体现在合成或感受乙烯的各种突变株的表
型变化上。其中最典型的是乙烯不敏感突变体对不同病原菌的反应。例如，乙烯敏感性
降低的大豆突变体对 *P. syringae* pv. *glycinea* 和 *Phytophthora sojae* 的发病症状减轻，
但是对 *Septoria glycines* 和 *Rhizoctonia solani* 的发病症状则变得更加严重（Hoffman
et al.，1999）；与之相似，拟南芥的乙烯不敏感突变体 *ein2* 对 *S. glycines* 和 *R. solani*
的发病症状减轻（Bent et al.，1992），但是 *ein2* 对 *B. cinerea* 诱导的发病症状却增强了
（Thomma et al.，1999）。关于与乙烯有关的突变株对不同病原菌所表现出的感病或抗
病性状的差异，Van Loon 等（2006）还有更详细具体的叙述（表 2-3-4-1）。基于这
些现象可以总结出这样的规律，即由于乙烯不敏感的突变体对营养坏死型病原菌的病害
程度加剧，说明乙烯可能具有诱导植物产生对这类病原菌的抗性作用；相反的是乙烯相
关的突变体对其他营养类型的病原物（包括线虫和昆虫类）的病害程度减弱，暗示乙烯
能加剧这类病原物的危害作用。由此可见，乙烯在不同植物——病原菌互作中表现出的
这种不同作用，可能与不同病原菌的侵染机制有关，加之乙烯作为植物生长发育，尤其
是果实成熟的调节因子，与植物多方面生理效应有关，这也可能间接导致了乙烯在各种
植物—病原菌互作中发挥作用的复杂与多样性。

表 2-3-4-1　植物乙烯突变体对各类病原菌的感应（引自：Van Loon et al.，2006）

| Plant species | Mutant or transgenic | Pathogen | Lifestyle | Disease severity |
|---|---|---|---|---|
| Arabidopsis | *ein2-1* | *Botrytis cinerea* | Necrotrophic | + |
| Arabidopsis | *ein2-5*, *ein3-1* | *Botrytis cinerea* | Necrotrophic | + |
| Arabidopsis | *etr1-1*, *ein2-1* | *Chalara elegans* | Necrotrophic | + |
| Arabidopsis | *ein2-1* | *Erwinia carotovora* pv. *carotovora* | Necrotrophic | + |
| Arabidopsis | *ein2-5* | *Fusarium oxysporum* f. sp. *conglutinans* | Necrotrophic | + |
| Arabidopsis | *ein2-5* | *Fusarium oxysporum* f. sp. *lycopersici* | Necrotrophic | + |
| Arabidopsis | *etr1-1*, *ein2-1* | *Fusarium oxysporum* f. sp. *matthiolae* | Necrotrophic | + |
| Arabidopsis | *etr1-1*, *ein2-1* | *Fusarium oxysporum* f. sp. *raphani* | Mixed | − |
| Arabidopsis | *eto1 - eto3* | *Heterodera schachtii* | Biotrophic | + |
| Arabidopsis | *etr1-1*, *ein2-1* | *Heterodera schachtii* | Biotrophic | − |
| Arabidopsis | *ein3-1*, *eir1-1*, *axr2* | *Heterodera schachtii* | Biotrophic | − |
| Arabidopsis | *ein2-5* | *Plectosphaerella cucumerina* | Necrotrophic | + |
| Arabidopsis | *ein2-1* | *Pseudomonas syringae* pv. *maculicola* | Mixed | −（tolerant） |
| Arabidopsis | *ein2-1, -3, -4, -5* | *Pseudomonas syringae* pv. *tomoto* | Mixed | − |
| Arabidopsis | *etr1-1*, *ein2-1* | *Pythium* spp. | Necrotrophic | + |
| Arabidopsis | *ein2-1*, *eto3* | *Ralstonia solanacearum* | Necrotrophic | − |

续表

| Plant species | Mutant or transgenic | Pathogen | Lifestyle | Disease severity |
|---|---|---|---|---|
| Arabidopsis | *etr1* | *Spodoptera exigua* | Herbivore | − |
| Arabidopsis | *ein2 − 1*, *hls1 − 1* | *Spodoptera littoralis* | Herbivore | |
| Arabidopsis | *etr1 − 1* | *Verticillium dahliae* | Necrotrophic | − |
| Arabidopsis | *etr1 − 1*, *etr2 − 1* | *Xanthomonas campestris* pv. *campestris* | Mixed | + |
| Arabidopsis | *ein2 − 1* | *Xanthomonas campestris* pv. *campestris* | Mixed | − |
| Arabidopsis | *eto1 − 1* | *Xanthomonas campestris* pv. *campestris* | Mixed | + |
| Potato | *AtEtr1*，*AtEtr1AS* | *Phytophthora infestans* | Mixed | + |
| Soybean | *Gmetr1*，*Gmetr2* | *Phytophthora sojae* | Mixed | −/= |
| Soybean | *Gmetr1*，*Gmetr2* | *Pseudomonas syringae* pv. *glycinea* | Mixed | −/= |
| Soybean | *Gmetr1*，*Gmetr2* | *Rhizoctonia solani* | Necrotrophic | =/+ |
| Soybean | *Gmetr1*，*Gmetr2* | *Septoria glycines* | Necrotrophic | =/+ |
| Tobacco | *Atetr1 − 1*（Tetr） | *Botrytis cinerea* | Necrotrophic | + |
| Tobacco | *Atetr1 − 1*（Tetr） | *Cercospora nicotianae* | Necrotrophic | + |
| Tobacco | *Atetr1 − 1*（Tetr） | *Chalara elegans* | Necrotrophic | + |
| Tobacco | *Atetr1 − 1*（Tetr） | *Colletotrichum destructivum* | Mixed | + |
| Tobacco | *Atetr1 − 1*（Tetr） | *Erwinia carotovora* pv. *carotovora* | Necrotrophic | + |
| Tobacco | *Atetr1 − 1*（Tetr） | *Fusarium oxysporum* | Necrotrophic | + |
| Tobacco | *Atetr1 − 1*（Tetr） | *Fusarium solani* | Necrotrophic | + |
| Tobacco | *Atetr1 − 1*（Tetr） | *Odium neolycopersici* | Biotrophic | −/= |
| Tobacco | *Atetr1 − 1*（Tetr） | *Peronospora parasitica* | Biotrophic | − |
| Tobacco | *Atetr1 − 1*（Tetr） | *Pythium sylvaticum* | Necrotrophic | + |
| Tobacco | *Atetr1 − 1*（Tetr） | *Pythium* spp. | Necrotrophic | + |
| Tobacco | *Atetr1 − 1*（Tetr） | *Ralstonia solanacearum* | Necrotrophic | =/+ |
| Tomato | *ACD* | *Botrytis cinerea* | Necrotrophic | + |
| Tomato | *Epi* | *Botrytis cinerea* | Necrotrophic | − |
| Tomato | *ACD* | *Verticillium dahliae* | Necrotrophic | − (tolorent) |
| Tomato | *ACD* | *Xanthomonas campestris* pv. *vesicatoria* | Mixed | − (tolorent) |
| Tomato | *NR*，*Nr* | *Xanthomonas campestris* pv. *vesicatoria* | Mixed | − (tolorent) |
| Tomato | *Nr* | *Fusarium oxysporum* f. sp. *lycopersici* | Necrotrophic | − |
| Tomato | *Nr* | *Pseudomonas syringae* pv. *tomota* | Mixed | − (tolorent) |
| Tomato | *Nr* | *Xanthomonas campestris* pv. *vesicatoria* | Mixed | − (tolorent) |
| Tomato | *Atetr1 − 1 − LeEtr3* | *Xanthomonas campestris* pv. *vesicatoria* | Mixed | − |

注：*Arabidopsis* 组中，*ein2 − 1*，−3，−4，−5，*ein3 − 1*，*eir1 − 1*，*etr1 − 1*，*hls1 − 1* 是乙烯不敏感突变体，*axr2* 生长素不敏感突变体，*eto3* 乙烯过量产生的突变体；*Potato* 组中 *AtEtr1*，*AtEtr1AS* 是乙烯不敏感突变体；*Soybean Gmetr1*，*Gmetr2* 是乙烯不敏感突变体；*Tobacco* 组中 *Atetr1 − 1*（Tetr）是乙烯不敏感突变体；*Tomato* 组中 *Atetr1 − 1 − LeEtr3* 是乙烯不敏感突变体，*ACD* 是细胞死亡加速突变体，*Epi* 是乙烯过表达单基因突变体，Nr，NR 是成熟突变体。+：病害加重；−：病害减弱；=：无作用；tolerant：病原菌能感染并定殖到植物上，但不出现明显的症状。

### 2.2 乙烯诱导植物抗病机制

植物受病原菌侵染或其他生物因子刺激后在局部组织发生过敏反应（hypersensitive response，HR），诱导植物抗毒素（phytoalexin）等物质的产生，并伴随水杨酸（SA）含量的升高，激发下游病程相关蛋白（pathogen‐related protein）的表达，使植物产生系统获得抗性（system acquired resistance）（Feys & Parker，2000；Dowell et al.，2000）。关于植物水杨酸（SA）与 SAR 之间的关系已经研究得比较透彻，如将细菌体内表达 SA 水解酶的 NahG 转到植物体内，得到 SA 表达水平明显下降的突变植株 *NahG*。该突变植株的防卫反应减弱，且 SAR 受到抑制（Delaney et al.，1994；Gaffney et al.，1993）。但 SA 不是介导 SAR 的唯一的信号分子，如 SA 释放量降低的 *NahG* 植株虽然对 *Peronospora parasitica* 和 *P. syringae* 的感病性增强，但是它对 *B. cinerea* 和 *Alternaria brassicicola* 的易感性却没有明显变化（Thomma et al.，1998）。乙烯作为重要的信号分子在植物的抗病途径中，与茉莉酸（jasmonic acid）一起发挥了重要作用。

大量研究显示，SA 主要参与诱导植物对活体营养型病原菌的抗性，而 JA 和乙烯则协同发挥作用，与诱导植物对营养坏死型病原菌的抗性有关，并且 SA 信号系统与 JA/乙烯信号系统之间往往相互拮抗。JA/乙烯信号系统更多的是参与了植物另外一种抗性反应——诱导系统抗性（induced system resistance）的调控。ISR 是植物的一种依赖于 JA/乙烯信号而非 SA 信号的系统性抗性。与 SAR 不同的是 ISR 由非致病的根际细菌（rhizobacteria）诱导，使植物产生对多种病原菌的系统抗性（Berrocal‐Lobo，2002）。

首先，以拟南芥为材料的各种研究表明，对乙烯的感受能力是植物产生 ISR 反应所必需的（Van Loon et al.，2006），乙烯感受能力的缺失会导致一些植物对各种病原菌感病性增强，尤其是根际细菌诱导的根部组织，如果缺乏乙烯的感受能力，那么即使植株的其他部位能够感受乙烯信号，整个植株仍然不能诱导产生系统抗性（ISR）（Knoester et al.，1999）。如果对拟南芥进行突变，不论是让植株 JA 的信号途径受阻（包括冠菌素非敏感突变体 *coi*1 和茉莉酸非敏感突变体 *jar*1），还是 JA 的合成受阻（脂肪酸脱氢酶 FAD 突变体 *fad* 3‐2，*fad* 7‐2 和 *fad* 8）都会导致拟南芥对多种病原菌感病性的增强（Lorenzo et al.，2003）。至于乙烯和茉莉酸信号之间的联系，首先有研究发现拟南芥组成型表达的乙烯响应因子 1（ethylene response factor 1，ERF1）位于乙烯信号途径的下游，该转录因子的表达对于乙烯诱导的拟南芥对 *B. cinerea* 等营养坏死性病原菌的抗性是必需的；接着又有研究表明 ERF1 这一转录因子是整合乙烯与茉莉酸两个信号系统的结合点，即乙烯和 JA 都能迅速激活 ERF1 表达，ERF1 可能是乙烯与 JA 途径的共同下游信号。

在植物的抗病信号转导网络中，乙烯信号与其他信号如 SA 和 JA 等存在着一定的交叉（crosstalk），乙烯与其他激素，如 ABA 和 IAA 等也存在一定的相互作用，但在植物的抗病与抗逆反应中乙烯、茉莉酸与水杨酸则是最常见，也是最重要的 3 种激素调节物质。虽然植物的其他激素如脱落酸、生长素、赤霉素和细胞分裂素等对植物抗性反应的影响也有报道（Robert‐Seilaniantz *et al.*，2007），但是对前面 3 大激素的研究则相对透彻。如图 2‐3‐4‐2 所示，是一个关于植物抗病反应中茉莉酸、水杨酸与乙烯有关的信号途径（Kevin et al.，2002）。

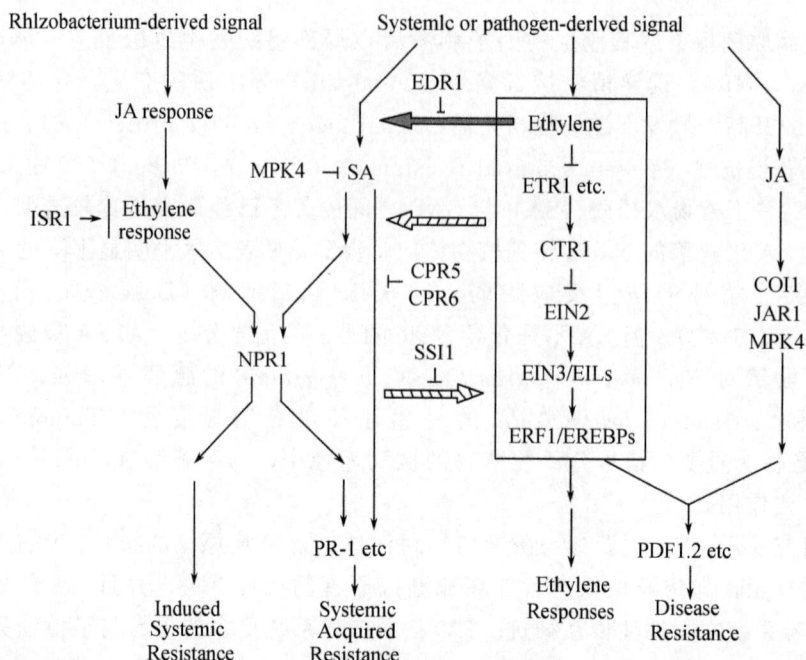

图 2-3-4-2　植物抗病反应中各种与乙烯有关的信号途径（Kevin et al.，2002）

（引自：Kevin et al.，2002）

乙烯信号途径可以与 JA 信号途径协同作用，诱导植物抗病相关基因表达，即 *PR* 基因表达，如 *PDF*1.2 等。同时，在诱导系统获得抗性过程中，JA/乙烯和 SA 依赖的信号途径之间会发生交叉影响。在突变体 *edr*1 中，乙烯加强了 SA 介导的 *PR* - 1 基因的表达。而在缺失 CPR5 和 CPR6 后，乙烯仍然能够激活 SA 依赖的 *PR* - 1 基因表达以促进 SAR 的进行。在突变体 *ssi*1 中，JA/乙烯依赖的 *PDF*1.2 基因能组成型表达。此外，乙烯信号途径还是根际细菌介导植物形成 ISR 所必需的，ISR 既不依赖 SA，也不依赖激活病程相关基因。乙烯是 JA 信号途径的下游信号，但是处于 NPR1 和 ISR 的信号上游。

### 2.3　乙烯诱导抗病的应用实例

植物侵染病原菌后发生一系列的抗性反应（SAR 或 ISR）在植株中已有大量研究，而关于成熟果实的抗性研究却很少。由于乙烯能参与诱导植物体对物理伤害或病原菌，尤其是坏死营养型病原菌的抗性，加之乙烯处理还可能改善多种果蔬的采后品质，因此将乙烯应用于果蔬采后处理的研究已有一些报道。

这方面研究主要见于乙烯对柑橘类果实的采后处理方面。Ron 等（1999）的研究显示乙烯和乙烯受体竞争抑制剂 1 - MCP 不影响柑橘果实的重量和硬度，但是乙烯能减少由霉菌引发的腐烂症状；少量的内源乙烯有助于柑橘保持对环境或病原胁迫的抵抗性（Ron et al.，1999）。此外，有研究表明柑橘果实感染指状青霉后释放大量乙烯，用 1 - MCP 处理增强了柑橘果实对指状青霉菌的感病性，这就反向证明柑橘果实对乙烯的感受能增强对病原菌的抗性（Jose et al.，2005）。外源乙烯处理还能增强柑橘果实苯丙氨酸解氨酶 PAL 的活性 (Lafuente et al.，2001)，而 PAL 参与调控了植物体内苯丙酯类的合成，并且是控制木质素积累的关键酶 (Lewis & Paiva.，1999)，与保持植物细胞的活力有关 (Tamagnone et al.，1998)。此外，PAL 催化的苯基丙酸类合成途径的产物参与了植物保卫素的合成 (Dixon & Paiva，1995)。10 ppm 的乙烯处理有助于脐橙外皮维持较高含量的酚、木质素以及可溶性的 POD，而在脐橙的内表皮中，乙烯能激活可溶性 POD 与 PAL，最重要的是乙烯处理能抑制脐橙果实采后贮藏期间果皮的褐变 (Jacques et al.，2007)。

在其他作物中也有类似的发现。例如，在胡萝卜的研究中，经机械损伤后组织内积累大量具有生物活性的酚类化合物，如双咖啡酰基奎宁酸、异香豆素和绿原酸等，而乙烯和甲基茉莉酸能使这些酚类物质的积累增强，值得注意的是，双咖啡酰基奎宁酸具有抗癌作用，而异香豆素和绿原酸则具有抗氧化活性，能够清除自由基，是植物体内两种重要的抗病物质。因此对于某些果蔬，采后使用乙烯处理不仅可以诱导抗性，还有助于改善果实的品质。

综合上述研究不难看出，乙烯在植物病害调控方面具有双重的效应，乙烯对植物是有助于抗病还是感病以及乙烯对病原菌致病性是增强还是减弱，取决于具体研究的植物及病原菌种类。在果实采后环节引入乙烯的抗病机制具有广阔的研究前景。

## 3　乙烯促进植物感病及抗病性

植物激素乙烯作为生长调节剂，可以调控植物组织的生理状况并影响其发病，而且通过数量性状和分子遗传突变研究等多重证据都表明，乙烯对于植物感病或抗病性的影响，既取决于植物的种类，也受制于病原物种类。一方面，在植物体内，乙烯对种子萌发、根毛发育、根的结瘤、花的凋谢、脱落和果实（尤其是跃变型）成熟等植物生命周期的多个环节中发挥重要调节作用；而乙烯对于病原菌在植物或果实上的致病性则会因为病原菌自身种类与寄主种类的不同而不同，甚至还与乙烯作用的时间有关。比较普遍的规律是乙烯可以诱导植物对坏死型病菌产生有效的抗性而对活体营养型病菌则没有影响。关于这些内容前文已有了比较详尽的叙述，那么乙烯能否直接作用于病原真菌，进而从病原真菌感受乙烯信号并影响其生长发育以及致病的角度解释乙烯在植物与病原菌之间的作用，这一假设已经受到了部分研究人员的关注。

人们之所以把乙烯和病原菌直接联系起来，最主要的原因是许多微生物（包括多种植物的致病真菌）也能合成乙烯，并且微生物合成乙烯的途径不同于植物 (Chagué et al.，2006)。Kazzaz 等 (1983) 系统地研究了乙烯对于 10 种不同病原菌生长的影响，乙烯对 *A. alternate*，*C. gloeosporioides*，*P. expansum* 和 *R. stolonifer* 等真菌的孢子萌发没有影响；100 ppm 和 1000 ppm 的外源乙烯对 *Botrytis theobromae* 和 *B. cinerea* 的孢子萌发有微弱的抑制作用，而低浓度的乙烯则对这两种菌的孢子萌发没有影响；*P. digitatum*，*P. italicum* 和 *T. paradoxa* 经乙烯处理后，孢子的萌发率有显著升高；另外乙烯促进多种真菌芽管的伸长，但是乙烯的浓度与促进芽管伸长之间并不存在相关性。1 ppm 的低浓度乙烯就足够激发真菌孢子芽管的伸长。值得注意的是：在培养基上通过测菌落直径发现乙烯处理对真菌生物量的变化没有显著影响，但是采用测定培养物中葡萄糖胺（几丁质降解的主要产物）的方法则表明乙烯能促进 *B. cinerea* 和

*P. italicum* 在草莓和橙子果实上的生长。用检测葡萄糖胺的方法也发现乙烯能促进 *B. cinerea* 和 *P. italicum* 生物量中葡萄糖胺的含量。由此看来，乙烯对病原菌生长的影响不仅因菌种的不同而有差异，而且所选择的测量方法也可能决定结论的可靠性。不仅如此，其他研究乙烯对真菌生长影响的结果也与上述 Kazzaz 等的结论有不一致的地方，尤其是针对 *B. cinerea*，乙烯对它的生长的影响在 2004 年出版的关于 *Botrytis* 的一本专著中有详细论述（Elad et al.，2004）。乙烯和其他激素一样，对真菌的影响可能还取决于光照、二氧化碳、温度以及培养基的营养成分等多种因素（Roze et al.，2004），因此，相对于病原菌表观数量性状受乙烯影响的不稳定性，分子层面的证据由于受环境的影响较小，显得更加可靠和具有说服力。

　　*B. cinerea* 是引起植物灰霉病的典型坏死营养型病菌，能够侵染 200 多种植物，侵染寄主的广泛性不同于一般坏死营养型病原真菌。它能对作物在生长和采后期间造成巨大经济损失（Theo et al.，2000）。因此，*B. cinerea* 成为人们研究得较多的病原真菌。同时，由于 *B. cinerea* 具有合成乙烯的能力（Chagué et al.，2002），而乙烯诱导植物抗性主要是针对坏死营养型病原菌，因此 *B. cinerea* 成为研究乙烯对真菌生长发育作用的重要模式菌之一。尽管如此，关于乙烯对灰霉菌作用的分子机制研究依然很少，目前发表的仅有 Chagué 等（2006）的研究，显示 *B. cinerea* 细胞膜 G 蛋白 *a* 亚基缺失的突变体 Δ*bcg*1 表现出对乙烯不敏感，在体外能过量合成乙烯，而此前 Gronover 等（2001）对 *bcg*1 突变的研究结果显示该突变体在形态方面与野生型明显不同，且对大豆和烟草的致病性也显著降低，说明 *B. cinerea* 可以感受乙烯，其感受乙烯的能力与细胞膜上的 G 蛋白有关，并且致病性也会因乙烯的作用受到影响；此外研究还通过在转录水平的分析表明多种基因的表达会对乙烯的刺激发生应答（Chagué et al.，2006）。但是，人们关于乙烯对真菌作用的分子机制的研究似乎还处于初始探索阶段，正如 Chague 等（2006）所描述的，*B. cinerea* 对乙烯的感应是乙烯调节真菌与植物相互作用过程中被忽略的环节，因此没有理由不相信将来人们在这一未知领域会有更多新的发现。

## 4　乙烯在果蔬采后病理学研究中的重要意义

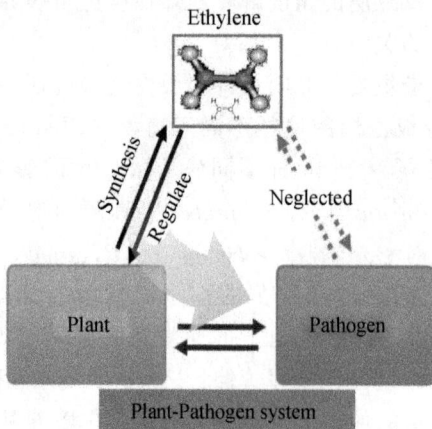

图 2-3-4-3　乙烯在植物与病原物互作体系中的研究现状

采收后的新鲜水果和蔬菜仍然具有生命活动，其生理状态处于植物营养器官的后熟与衰老阶段，它们与田间栽培期植物不同，由于没有营养物质的来源供给，很易受到病原微生物的侵袭，正因为采后果蔬所处的特殊生理状态，使得植物生长发育期的抗病性理论及田间病害的控制不能简单地沿用于果蔬采后病害的控制。此外，采后体系中的贮运环境与大田栽培期相比更容易控制，这就为研究"采后植物——微生物——环境"3 者的相互作用关系提供了基础研究方面的有利条件。就乙烯的生物学功能研究现状而言（图 2-3-4-3），人们更多地研究了植物对乙烯的感应和乙烯作为信号分子诱导植物抗性的机制,忽略了许多病原菌自身合成乙烯的生物学作用。目前有关控制病原菌合成和感应乙烯的关键基因尚属空白,乙烯对病原菌致病过程的调控机制仍未有定论,因此在这些方面的深入研究,不仅具有重要的理论价值,同时将会为更好地控制采后环境中的乙烯和开发新型保鲜技术提供理论依据。

综上所述,采后贮运环境中对乙烯的控制除了可间接地提高果蔬抗性以外,很可能还对控制采后病原菌的生长发育起到重要的作用。乙烯可能是病原菌生长发育所必需的"物质",同时也可能直接参与了病原菌的致病作用。因此,深入研究果蔬采后贮运阶段乙烯对果蔬和病原菌的双重作用机制,对研究病原微生物与植物相互作用、探讨病原菌的生理和致病特性以及控制采后病害的发生都具有重要的意义。

## 参 考 文 献

下川敬之. 1988. エチレン 東京:東京大学出版会.

Abeles F B, Morgan P W, Saltveit M E Jr. 1992. Ethylene in Plant Biology. 2nd ed. San Diego, CA: Academic. 414 pp.

Alexandex L, Grierson D. 2002. Ethylene biosynthesis and action in tomato: a model for dimacteric fruit riping. *Journal of Experimental Botany*, 53: 2039-2055.

Amagai A, Maeda Y. 1992. The ethylene action in the development of cellular slime molds: an analogy to higher plants. *Protoplasma*, 167: 159-168.

Arshad M, Frankenberger W T. 1989. Biosynthesis of ethylene by *Acremonium falciforme*. *Soil Biology & Biochemistry*, 21: 633-638.

Bent A F, Innes R W, Ecker J R, et al. 1992. Disease development in ethylene–insensitive *Arabidopsis thaliana* infected with virulent and avirulent *Pseudomonas* and *Xanthomonas* pathogens. *Molecular Plant–Microbe Interactions*, 5: 372-378.

Berrocal–Lobo M, Antonio M, Roberto S. 2002. Constitutive expression of ETHYLENE—RESPONSE—FACTOR1 in *Arabidopsis* confers resistance to several necrotrophic fungi. *Plant Journal*, 29, 23-32.

Biale J B. 1940. Effect of emanations from several species of fungi on respiration and colour development of citrus fruits. *Science*, 91: 458-459.

Billington D C, Golding B T, Primrose S B. 1979. Biosynthesis of ethylene from methionine. Isolation of the putative intermediate 4–methylthio–2–oxobutanoate from culture fluids of bacteria and fungi. *Biochemical Journal*, 182: 827-836.

Chang C, Kwok S F, Bleecker A B, et al. 1993. Arabidopsis ethylene–response gene ETR1: similarity of product to two–component regulators. *Science*, 262: 539-544.

Chagué V, Elad Y, Barakat R, et al. 2002. Ethylene biosynthesis in *Botrytis cinerea*. *FEMS Microbiology Ecology*, 40: 143-149.

Chagué V, Danit L V, Siewers V, et al. 2006. Ethylene sensing and gene activation in *Botrytis cinerea*: a missing link in ethylene regulation of fungus–plant interactions. *Molecular Plant–Microbe Interactions*, 19: 33-42.

Cristescu S M, De Martinis D, Hekkert S L, et al. 2002. Ethylene production by *Botrytis cinerea in vitro and in tomatoes. Applied and Environmental Microbiology*, 68: 5342-5350.

Daundasekera M, Joyce D C, Aked J, et al. 2003. Ethylene production by *Colletotrichum musae in vitro. Physiological and Molecular Plant Pathology*, 62: 21-28.

Delaney T P，Uknes S，Vernooij B，et al. 1994. A central role of salicylic acid in plant disease resistance. *Science*，266：1247-1250.

Dixon R A，Paiva N L. 1995. Stress – induced phenylpropanoid metabolism. *Plant Cell*，7：1085-1097.

Ecker J R. 2004. Reentry of the ethylene MPK6 module. *Plant Cell*，6：3169-3173.

Elad Y，Williamson B，Tudzynski P，et al. 2004. Botrytis：Biology，Pathology and Control. Dordrecht，The Netherlands：Kluwer Academic Publishers：168-172.

Feys B J，Parker J E. 2000. Interplay of signaling pathways in plant disease resistance. *Trends in Genetics*，16：449-455.

Fukuda H，Fujii T，Ogawa T. 1986. Preparation of a cell – free ethylene forming system from *Penicillium digitatum. Agricultural Biology and Chemistry*，50：977-981.

Fukuda H，Kitajima H，Fujii T，et al. 1989a. Purification and some properties of a novel ethylene – forming enzyme produced by *Penicillium digitatum. FEMS Microbiology Letters*，59：1-5.

Fukuda H，Ogawa T，Ishihara K，et al. 1992a. Molecular cloning in *Escherichia coli*，expression，and nucleotide sequence of the gene for the ethylene – forming enzyme of *Pseudomonas syringae pv. phaseolicola* PK2. *Biochemical and Biophysical Research Communications*，188：826-832.

Fukuda H，Ogawa T，Tazaki M，et al. 1992b. Two reactions are simultaneously catalyzed by a single enzyme：The arginine – dependent simultaneous formation of two products，ethylene and succinate，from 2 – oxoglutarate by an enzyme from *Pseudomonas syringae. Biochemical and Biophysical Research Communications*，188：483-489.

Fukuda H，Takahashi M，Fujii T，et al. 1989b. Ethylene production from L – methionine by *Cryptococcus albidus. Journal of Fermentation and Bioengineering*，63：173-175.

Gaffney T，Friedrich L，Vernooij B，et al. 1993. Requirement of salicylic acid for the induction of systemic acquired resistance. *Science*，261：754-756.

Gane R. 1934. Production of ethylene by some ripening fruits. *Nature*，134：1008.

Garty J，Karary Y，Harel J，et al. 1993. Temporal and spatial fluctuations of ethylene production and concentrations of sulfur，sodium，chlorine and iron on/in the thallus cortex in the lichen *Ramalina duriaei* (De Not. ) *Bagl. Environmental and Experimental Botany*，33：553-563.

Graham J H，Linderman R G. 1980. Ethylene production by ectomycorrhizal fungi，*Fusarium oxysporum* f. sp. *pini*，and by aseptically synthesized ectomycorrhizae and *Fusarium* – infected Douglas – fir roots. *Canadian Journal of Microbiology*，26：1340-1347.

Gronover C，Kasulke D，Tudzynski B. 2001. The role of G protein alpha subunits in the infection process of the gray mold fungus *Botrytis cinerea. Molecular Plant – Microbe Interactions*，14：1293-1302.

Guo H，Ecker J R. 2004. The ethylene signaling pathway：new insights. *Current Opinion in Plant Biology*，7：40-49.

Hoffman T，Schmidt J S，Zheng X，et al. 1999. Isolation of ethylene – insensitive soybean mutants that are altered in pathogen susceptibility and gene – for – gene disease resistance. *Plant Physiology*，119：935 – 950.

Hottiger T，Boller T. 1991. Ethylene biosynthesis in *Fusarium oxysporum* f. sp. *tulipae* proceeds from glutamate/2 – oxoglutarate and requires oxygen and ferrous ions in vivo. *Archives of Microbiology*，157：18-22.

Ilag L，Curtis R W. 1968. Production of ethylene by fungi. *Science*，159：1357，1358.

Ince J E，Knowles C J. 1986. Ethylene formation by cell – free extracts of *Escherichia coli. Archives of*

*Microbiology*，146：151-158.

Jacques FC and María TL. 2007. Ethylene - induced tolerance to non - chilling peel pitting as related to phenolic metabolism and lignin content in 'Navelate' fruit. *Postharvest Biology and Technology*，45 (2)：119-203.

Jia Y J，Kakuta Y，Sugawara M，et al. 1999. Synthesis and degradation of 1 - aminocyclopropane - 1 - carboxylic acid by *Penicillium citrinum*. *Bioscience Biotechnology and Biochemistry*，63：542-549.

Kazzaz M K，Sommer N F，Kader A A. 1983. Ethylene effects on *in vitro* and *in vivo* growth of certain postharvest fruit - infecting fungi. *Phytopathology*，73：998-1001.

Kevin L C. Wang H L，Ecker J R. 2002. Ethylene biosynthesis and signaling Networks. *Plant Cell*，S131 - S151，Supplement.

Knoester M，Pieterse C M J，Bol J F，et al. 1999. Systemic resistance in *Arabidopsis* induced by rhizobacteria requires ethylene - dependent signaling at the site of application. *Molecular Plant - Microbe Interactions*，12：720-727.

Lafuente M T，Zacarias L，Martínez - Téllez M A，et al. 2001. Phenylalanine ammonia - lyase as related to ethylene in the development of chilling symptoms during cold storage of citrus fruits. *Journal of Agricultural and Food Chemistry*，49：6020-6025.

Lewis N G，Davin L B，Sarkanen S. 1999. The nature and function of lignins. *In*：Barton，Sir D. H. R.，Nakanishi K，Meth - Cohn O. Comprehensive Natural Products Chemistry，vol. 3. Oxford：Elsevier. 617-745.

Lorenzo O，Piqueras R，Sanchez - Serrano J J，et al. 2003. Ethylene response factor 1 integrates signals from ethylene and jasmonate pathways in plant defense. *Plant Cell*，15：165-178.

Mansouri S，Bunch A J. 1989. Bacterial ethylene synthesis from 2 - oxo - 4 - thiobutyric acid and from methionine. *Journal of General Microbiology*，135：2819-2827.

Miller V E，Winston J R，Fisher DF. 1940. Production of epinasty by emanations from normal and decaying citrus fruits and from Penicillium digitatum. *Journal of Agricultural Research*，60：269-277.

Nagahama K，Ogawa T，Fujii T，et al. 1991. Purification and properties of an ethylene - forming enzyme from *Pseudomonas syringae* pv. *phaseolicola* PK2. *Journal of General Microbiology*，137：2281-2286.

Ogawa T，Takahashi M，Fujji T，et al. 1990. The role of NADH：Fe (III) EDTAoxidoreductase in ethylene formation from 2 - keto - 4 - methylthiobuty - rate. *Journal of Fermentation and Bioengineering*，69：287-291.

Osborne D J，Walters J，Milborrow B V，et al. 1996. Special publication Evidence for a non - ACC ethylene biosynthesis pathway in lower plants. *Phytochemistry*，42：51-60.

Pazout J，Pazoutova S. 1989. Ethylene is synthesized by vegetative mycelium in surface cultures of *Penicillium cyclopium* Westling. *Canadian Journal of Microbiology*，35：384-387.

Perpète P，Duthoit O，De Maeyer S，et al. 2006. Methionine catabolism in *Saccharomyces cerevisiae*. *FEMS Yeast Research*，6：48-56.

Porat R，Weiss B，Cohen L，et al. 1999. Effects of ethylene and 1 - methylcyclopropene on the postharvest qualities of 'Shamouti' oranges. *Postharvest Biology and Technology*，15 (2)：155-163.

Primrose S，Dilworth M，1976. Ethylene production by bacteria. *Journal of Fermentation and Bioengineering*，93：177-181.

Robert - Seilaniantz A，Navarro L，Bari R，et al. 2007. Pathological hormone imbalances. *Current Opinion in Plant Biology*，10：372-379.

Roze L V，Calvo A M，Gunterus A，et al. 2004. Ethylene modulates development and toxin biosynthesis in *Aspergillus* possibly via an ethylene sensor mediated signaling pathway. *Journal of Food Protection*，67：438-447.

Stearns J C，Glick B R. 2003. Transgenic plants with altered ethylene biosynthesis or perception. *Biotechnology Advances*，21：193-210.

Tamagnone L，Merida A，Stacey N，et al. 1998. Inhibition of phenolic acid metabolism results in precocious cell death and altered cell morphology in leaves of transgenic tobacco plants. *Plant Cell*，10：1801-1816.

Thomma B P H J，Eggermont K，Penninckx I A M A，et al. 1998. Separate jasmonate - dependent and salicylate - dependent defense response pathways in *Arabidopsis* are essential for resistance to distinct microbial pathogens. *Proceedings of the National Academy of Sciences of the United States of America*，95：15107-15111.

Thomma B P，Eggermont K，Tierens K F，et al. 1999. Requirement of functional ethylene - insensitive 2 gene for efficient resistance of *Arabidopsis* to infection by *Botrytis cinerea*. *Plant Physiology*，121：1093-1102.

Van Loon L C，Geraats B P，Linthorst H J. 2006. Ethylene as a modulator of disease resistance in plants. *Trends in Plant Science*，11：184-191.

Wang K L，Li H，Ecker J R. 2002. Ethylene biosynthesis and signaling networks. *Plant Cell*，14：S131-S151.

Weingart H，Völksch B，Ullrich M. 1999. Comparison of ethylene production by *Pseudomonas syringae* and *Ralstonia solanacearum*. *Phytopathology*，89：360-365.

Yang S. 1969. Further studies on ethylene formation from 2 - keto - 4 - methylthiobutyric acid or 3 - methylthiopropionaldehyde by peroxidase in presence of sulfite or oxygen. *Journal of Biological Chemistry*，244：4360-4365.

（许 玲）

# 第四章　抗病性诱导的机理

## 第一节　水杨酸诱导果实的抗病机制

**导言**

水杨酸（salicylic acid，SA），又称邻羟基苯甲酸（图 2 - 4 - 1 - 1），是一种白色的结晶粉状物，分子式 $C_6H_4(OH)(COOH)$，相对分子质量 138.05，熔点 $156\sim159\,\text{℃}$，相对密度 1.44，沸点约 $211\,\text{℃}/2.67\,\text{kPa}$。水杨酸是普遍存在于植物体内（柳树皮、白珠树叶和甜桦树等）的一种小分子酚类物质。Salicylic 取自拉丁文 *Salix*，即柳树的拉丁文植物名。水杨酸是重要的精细化工原料，在医药工业中是一种用途极广的消毒防腐剂。另外，水杨酸还具有淡化色素斑、缩小毛孔、去除细小皱纹及改善日晒引起的老化等效果，也是一种美容的保养品。在植物体内，SA 以游离态和结合态两种形式存在，游离态的 SA 是一种结晶状的粉末，能迅速地从合成部位或被处理部位运输到远距离的组织中；结合态 SA 是由 SA 与糖苷、糖脂、甲基，以及氨基酸等结合而成为 SA -葡萄糖苷等复合物。SA 可以调控植物的许多生理生化过程，如种子萌发、开花结果、气孔关闭、离子吸收、产热、植物抗病和延缓衰老等。近年来，水杨酸作为一种植物生长调节剂和重要的信号分子被广泛应用于植物和果实的抗性诱导。

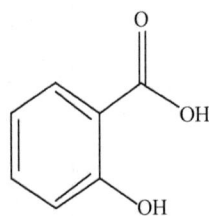

图 2 - 4 - 1 - 1　水杨酸的分子结构

## 1　水杨酸生物合成途径

水杨酸是肉桂酸的衍生物，一般认为水杨酸的生物合成主要是通过莽草酸途径，其产物苯丙氨酸经过苯丙氨酸解氨酶（PAL）合成反式肉桂酸，再转变为香豆酸或苯甲酸，最终形成 SA（图 2 - 4 - 1 - 2）。PAL 和这一途径中的一些其他酶在植物受到生物和非生物胁迫因子诱导产生坏死症状时都会被明显诱导，水杨酸的积累是这些酶共同作用的结果。在细菌中，SA 还有另外的生物合成途径，由分支酸（chorismate）经过异分支酸合成酶（isochorismate synthase，ICS）合成异分支酸（isochorismate），然后再经过异分支酸裂解酶（isochorismate pyruvate lyase，IPL）合成 SA。最近的研究证实了在植物中过量表达这两种酶基因能够增加 SA 的合成量，Verberne 等分别从大肠杆菌和假单孢杆菌中克隆了 SA 合成过程中的关键基因 *ICS* 和 *IPL*，并转入了烟草，使得转基因植株体内的 SA 水平比对照提高 $500\sim1000$ 倍。同时，也提高了转基因烟草对

TMV 侵染的抗性（Verberne et al.，2000）。Wildermuth 等报道了拟南芥叶绿体中疑似编码 *ICS* 的 *SID2* 基因在 SA 合成中被激活，由此证实了植物中存在一条类似从分支酸经过异分支酸合成 SA 的途径（Wildermuth et al.，2001）。

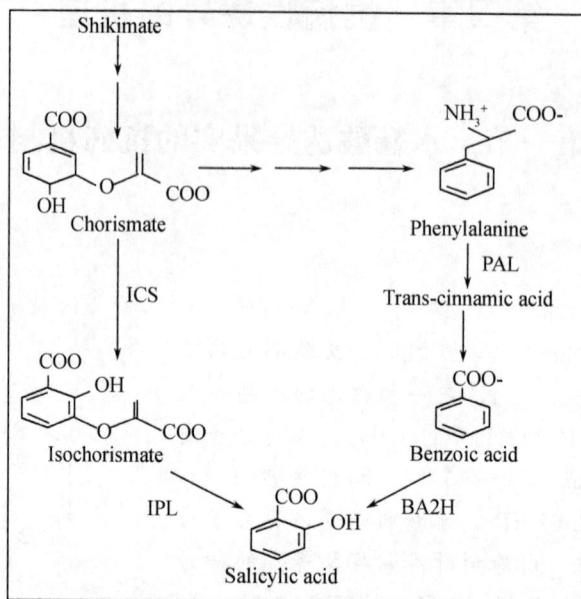

图 2-4-1-2　水杨酸的生物合成途径

（引自：Shah，2003）

## 2　水杨酸对植物抗性的诱导作用

　　植物在遭遇病原菌侵染的过程中，为了自我保护，常常激活一套防御机制，以抵御病原菌的入侵。植物对病原菌侵染所产生的抗性是通过细胞间或细胞内的信号转导机制来激活局部或系统的应答，这个过程包括对病原菌编码分子的识别，随后的信号转导，以及生物合成或释放阻止病原菌生长的分子产物（Dietrich et al.，1994）。在许多抗性应答中，过敏反应（hypersensitive response，HR）是植物抵御病原菌入侵的一种极端应答，它是通过在侵染部位寄主细胞的快速死亡来阻止病原菌入侵。植物与病原菌在侵染部位的早期识别受双方某些特殊基因的调控，并影响寄主应答的持续性（Keen，1982）。这种识别所产生的信号可以激发双方产生不同类型的反应，抗病和感病是其中最基本的反应。

　　植物对病原菌侵染产生的抗性应答一般分为两类，即系统获得抗性（systemic acquired resistance，SAR）和诱导系统抗性（induced systemic resistance，ISR）。系统获得抗性是通过侵染性的病原物或者外源使用水杨酸及其类似物诱导产生的，从而导致植株未侵染（处理）部位产生对后续多种病原物侵染表现出的抗性。这种抗性具有系统、持久、广谱的特点，并与诱导抗性导致病程相关蛋白（PR-蛋白）的表达相关。水杨酸（SA）被认为是诱发系统获得抗性的关键信号分子之一。诱导系统抗性是指由部分非致病性根围细菌定殖植物根部，诱发植物产生的整株系统性的抗性，不涉及 PR-蛋白的表达。而茉莉酸（jasmonic acid，JA）和乙烯则是诱发诱导系统抗性的关键信号分子。

水杨酸作为信号转导途径中的一个重要分子，在植物对病原菌的防御反应中起着重要的作用（Klessig & Malam，1994）。Gaffney 等（1993）的研究证明：水杨酸是植物系统获得抗性（SAR）中所必需的信号分子，因为水杨酸羟化酶基因（*nahG*）的异常表达将阻碍系统获得抗性的启动。相反，通过外施适宜浓度的水杨酸或增加内源水杨酸的合成有利于诱导敏感型植物的系统获得抗性，从而提高植物对病原菌入侵的抵抗能力（Malamy et al.，1990）。在田间对烟草施用非毒性浓度的外源水杨酸，可以提高其内源水杨酸的积累，有利于诱导烟草植株对病原菌的抵抗力（Murphy et al.，2000）。水杨酸处理也可以诱导花生植物 PR 蛋白的表达，减轻由 *Cercosporidium personatum* 病原菌引起的叶斑病（Meena et al.，2001）。最近的研究表明：在系统获得抗性所包括的局部和系统反应过程中也涉及 SA 合成，氧化还原势变化和抗病基因的诱导表达。如图 2-4-1-3 所示，概括了从对病原菌入侵的识别到防卫基因诱导应答的网络调控途径中的相关因子。病原菌的识别信号与寄主的 PR 蛋白作用后，通过 EDS1（enhanced disease susceptibility）和 PDA4 的信号途径，将信息传递给 SA，而 SA 通过氧化还原势的变化（ΔRedox）或 SA 结合蛋白（SABP2）来调控 NPR1（nonexpressor of pathogenesis- relatedgenes 1），NPR1 是一个重要的正向调控因子，可移动到细胞核并且与转录因子 TGA 作用，从而诱导抗病基因的表达（Durrant & Dong，2004）。

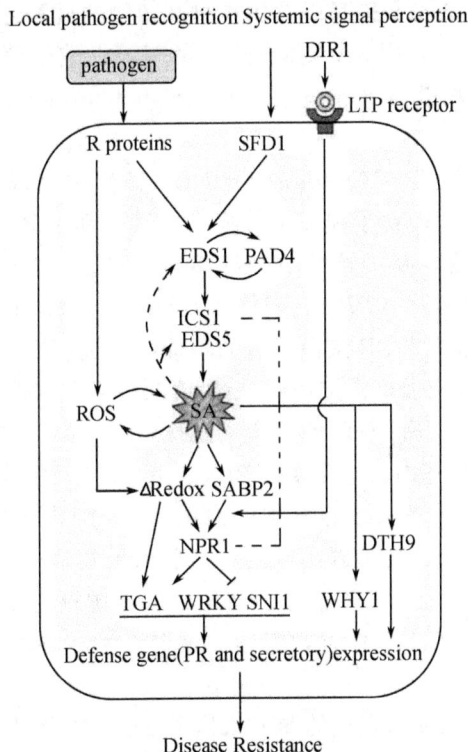

图 2-4-1-3 从病原菌入侵的识别到防卫基因诱导途径中的相关调控因子

（引自：Durrant & Dong，2004）

## 3 水杨酸受体及抗病信号传递机制

近 20 年来，SA 在系统获得抗病性中作为信号分子已经得到广泛的研究。Malamy

等在病毒感染的烟草叶片中发现 SA 含量增加了近 50 倍（Malamy et al.，1990）。Shulaev 等用 $^{18}O_2$ 标记观察发现，SA 可以在处理的烟草叶片中积累，并传递到其他未处理的叶片（Shulaev et al.，1995）。Gaffeny 等将编码水杨酸羟化酶的恶臭假单胞 *nahG* 基因分别转入烟草和拟南芥后发现，SA 的合成明显受到抑制，*PR-1* 基因不再表达，所得到的转基因植株对病原菌的抗性显著降低，而外源施加 SA 或其衍生物 BTH 可以激活 *PR-1* 基因表达从而提高植物的抗病性，说明植物在系统获得抗性（SAR）中有 SA 的积累（Gaffney et al.，1993）。

另外，Klessig 的研究组分别用 $^3H$ 和 $^{14}C$ 标记 SA，通过快速蛋白液相色谱方法从烟草中分离纯化得到了 4 种 SA 结合蛋白（SA-binding protein，SABP），他们的实验结果证明了这 4 种蛋白分别是过氧化氢酶（CAT）、过氧化物酶（POD）、碳酸酐酶和脂肪酶（Slaymaker et al.，2002；Kumar & Klessig，2003）。其中脂肪酶（SABP2）和 SA 结合的亲和度（Kd = 90 nmol/L）大于其他 SA 结合蛋白（Kd = 3.7-14$\mu$mol/L），SA 存在时 SABP2 的活性提高，而 SABP2 沉默时则造成植物系统获得抗病性（SAR）受抑制，暗示 SABP2 可能是植物防卫反应中 SA 的受体（Kumar & Klessig，2003）。其他低亲和力 SA 结合蛋白是抗氧化剂，SA 可以抑制它们的活性，造成 $H_2O_2$ 的积累，而 $H_2O_2$ 或其他衍生的活性氧的积累对防卫反应基因的激活起着第二信使作用。SA 处理的烟草叶片导致 $H_2O_2$ 的水平提高以及用动物和植物的过氧化氢酶抑制子处理的实验结果也证实这一观点。相反，用 SA 类似物 3-羟基苯甲酸处理既不诱导 $H_2O_2$ 水平的提高，也不诱导病程相关蛋白（pathogenesis-related proteins，PR）基因 *PR-1* 的表达。

Cao 等（1997）从拟南芥（*Arabidopsis thaliana*）中克隆得到一个 *NPR1* 基因，位于 1 号染色体，含有 3 个内含子和 4 个外显子。其启动子区域有一个 W-box 序列，可与 WRKY 转录因子结合，从而调控 *NPR1* 基因的转录。*NPR1* 基因是 SAR 信号传递途径中的重要基因。拟南芥 *NPR1* 突变体在 SAR 诱导条件下能积累正常水平的 SA，但不能激发 SAR，不能够积累 PR 蛋白，从而不能产生抗病性，而在拟南芥和水稻中过量表达 *NPR1* 基因则能够增强植株抗病性。这些结果表明：*NPR1* 是 SAR 信号转导途径中作用于 SA 下游的一个关键性调控因子（Delaney et al.，1995）。Mou 等的研究表明：SA 信号传递激活 *PR* 基因表达需要 *NPR1* 基因参与，在诱导条件下，作为 *PR* 基因表达的调节器，*NPR1* 能进入细胞核中，但本身不与 DNA 结合。在未诱导情况下 *NPR1* 蛋白则是以复杂的聚合体形式出现的，这些低聚物通过 82 号和 216 号半胱氨酸残基分子间二硫键结合在一起，SA 能诱导 *NPR1* 二硫键迅速还原，形成单体。如果这两个残基突变则会导致 *NPR1* 单体化，表达的蛋白产生在核内，造成防卫基因的表达（Mou et al.，2003）。

NPR1 对防卫反应相关基因表达的调节依赖于 TGA 转录因子的存在。TGA 是介于 *NPR1* 和 *PR* 基因之间的一类重要的转录因子，含碱性 DNA 结合结构域（basic DNA binding domain）和亮氨酸拉链结构域（leucine zipper domain），能与 as-1（activation sequence 1）顺式作用元件相结合，调控含 as-1 基因表达的 bZIP 类转录因子。As-1 结合位点长 20~22 bp，两端各有 TGACG 保守序列。最早发现于花椰菜花叶病毒（cauliflower mosaic virus，CaMV）35S 启动子，以及农杆菌（*Agrobacterium tumefa-*

ciens）章鱼碱合酶（octopine synthase，OCS）和胭脂氨酸合酶（nopaline syntbase，NOS）基因启动子中。后来发现在许多植物防卫反应相关基因，包括 SA 信号传导基因，以及一些 PR 基因的启动子中也包含该元件（Xiang et al.，1996）。因此，调控含 as-1 基因表达的 TGA 转录因子自然也在植物抗病反应中起调节作用。TGA2，TGA3，TGA5 和 TGA6 与 NPR1 直接结合，正向调控 PR 基因表达和抗性的产生，两者结合的强度，保持时间与 PR 基因表达和抗性产生的强度成正比（Johnson et al.，2003；Zhang et al.，2003）。在正常情况下的植物中，TGA1 和 TGA4 并不与 NPR1 发生相互作用，当 SA 处理后，它们才能与 NPR1 互作。Despre 等通过与其他的 TGA 转录因子比较，发现 TGA1 和 TGA4 具有两个特有的半胱氨酸残基 Cys-260 和 Cys-266。在非诱导情况下，这两个残基以氧化态存在，以二硫键结合；当 SA 诱导后，二硫键还原使得蛋白与 NPR1 互作从而激活基因表达（Despre et al.，2003）。这个实验也证明了 SA 介导信号传递途径中，PR 基因在还原状态表达。除了 TGAs 转录因子外，WRKY 转录因子也被鉴定在诱导 PR 基因表达过程中起作用。由于 WRKY 因子家族很多，很难鉴定某一特定基因在 PR 基因表达过程中的功能，一个 WRKY70 因子已经被鉴定出其功能，过量表达 WRKY70 转录因子使得 PR 基因表达，说明 WRKY70 因子是 PR 基因的正向调控因子。另外，Li 等研究报道，转录因子 WRKY70 也在 SA 诱导的茉莉酸信号转导途径中起重要作用，而且这种作用的产生依赖于 NPR1 的存在（Li et al.，2004）。

## 4　水杨酸对果实抗性的诱导效果

影响果实抗性的因素主要有成熟度、伤口和生理病害。一般来说，没有成熟的果实有较强的抗病性，如未成熟的苹果不会感染焦腐病和疫病，但随着果实成熟度增加，感病性也增强。伤口是病菌入侵果实的主要门户，有伤的果实极易感病。果实产生生理病害（冷害、冻害、低氧或高二氧化碳伤害）后对病菌的抵抗力降低，也易感病，发生腐烂。许多研究表明，利用外源因子（包括各种化学物质、生长调节剂、生物拮抗剂等）可以诱导果实的抗病性，减少采后果实贮藏期间的病害（Tian & Chan，2004）。

近年来，有许多关于水杨酸处理对甜樱桃、桃、芒果、香蕉、番木瓜等果实采后病害的研究报道。例如，用 0.5 mmol/L 的水杨酸浸泡采后甜樱桃果实，可以减少贮藏期间青霉病（Penicillium expansum）和黑霉病（Alternaria alternata）的发生（Qin et al.，2003）。在果园采前用 2 mmol/L 的水杨酸喷甜樱桃果实，或采后用 0.2 mmol/L 的水杨酸甲酯（methyl jasmonate，MeJA）处理甜樱桃都能够显著减少 25℃下褐腐病（M. fructicola）的发生，在 0℃低温贮藏下，采前处理的防病效果比采后处理的要好（Yao & Tian，2005）。采后用 0.5 mmol/L SA 浸泡甜樱桃果实 10 min 可以减少由 P. expansum 引起的腐烂和抑制病斑扩展（Chan & Tian，2006）。水杨酸处理还能诱导桃果实病原菌的抵抗力，将桃果实浸泡在 0.5 mmol/L 的水杨酸溶液中 10 min，晾干后刺伤接种 P. expansum 孢子悬浮液，然后将果实置于相对湿度 95% 和 25℃下贮藏观测，结果表明水杨酸处理的果实发病较慢，病斑较小（图 2-4-1-4），说明水杨酸可以有效抑制病原菌的初始侵染，延缓病斑直径的扩展（Chan et al.，2007）。

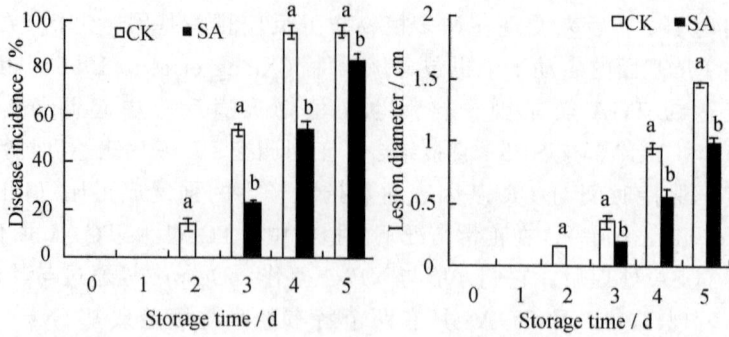

图 2-4-1-4 水杨酸处理对桃果实采后青霉病的防治效果

另外，我们在果园用浓度为 2 mmol/L 的水杨酸处理 3 种成熟度（7 成熟、8 成熟和 9 成熟）的甜樱桃果实，然后接种青霉病原菌（*P. expansum*）观察其发病情况，试验结果表明：SA 处理能显著降低青霉病的发病率和抑制病斑的扩展（图 2-4-1-5），而且 SA 对低成熟度甜樱桃果实的抗性诱导效果更好（Chan et al.，2008）。

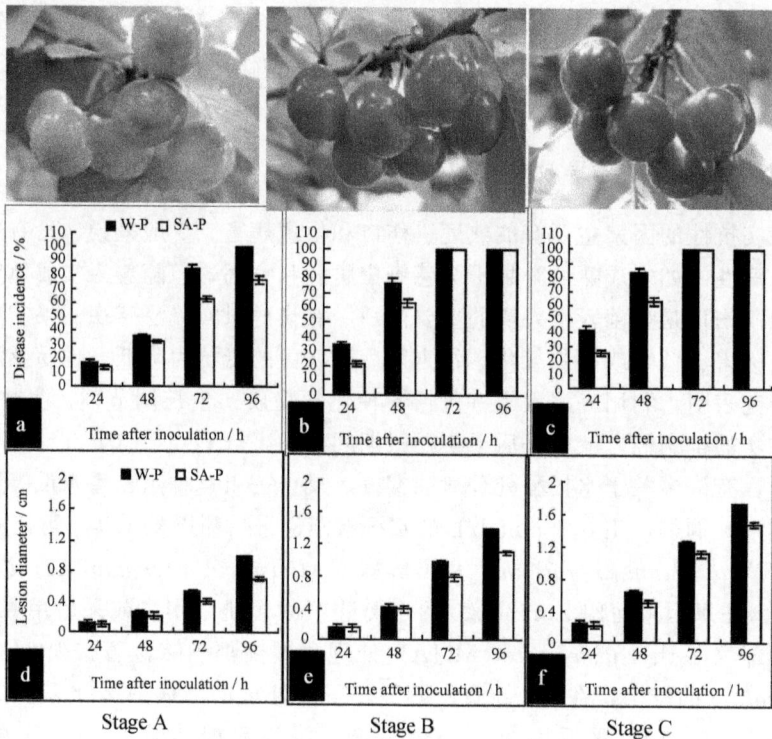

图 2-4-1-5 水杨酸处理对不同成熟度甜樱桃果实发病率和病斑扩展的影响
a 和 d 表示 7 成熟果实的发病率和病斑直径；b 和 e 表示 8 成熟果实的发病率和病斑直径；
c 和 f 表示 9 成熟果实的发病率和病斑直径

用不同浓度的外源 SA 处理梨果实，24 h 后接种链格孢菌（*A. alternata*），在常温或低温下观察其发病情况。结果表明：用浓度为 0.5 g/L 和 1.0 g/L 的 SA 处理可以抑制病斑扩展，在低温贮藏条件下，SA 的抑病效果更明显（曹建康等，2001）。用

1 mmol/L浓度水杨酸处理绿熟芒果后，接种炭疽病菌孢子悬浮液，置于13℃条件下贮藏，结果表明：SA 处理的芒果接种后第 4 天果实发病率仅为对照的 62.5%，12 和 16 天后果实病斑直径比对照分别降低了 39.9% 和 35.3%（曾凯芳和姜微波，2005）。采后芒果用 1 mmol/L 和 5 mmol/L SA 处理，可以延缓果实贮藏期间颜色的转黄、固酸比的增高，有利于保持果实硬度。而且 1 mmol/L 浓度 SA 的作用效果比 5 mmol/L 的要好，说明低浓度水杨酸处理能够延缓芒果果实的后熟衰老（曾凯芳等，2004）。Srivastava 和 Dwivedi（2000）报道了 SA 处理可以有效地延缓香蕉果实成熟，抑制呼吸强度和果胶酶活性，提高对采后病原菌的抗性和减少果实的腐烂。最近，张荣萍等（2007）的研究也证实水杨酸处理还能有效防治番木瓜的环斑病，其中以 50 mg/L 的防治效果最好，平均防效达到 70% 以上，而且喷施 SA 比灌施 SA 的防治效果更好。

## 5　水杨酸诱导果实抗性的机制

### 5.1　水杨酸诱导果实的防御反应

植物在抵御病原微生物的侵染过程中，抗性相关酶发挥了重要作用，这主要包括酚类代谢系统中的一些酶和病原相关蛋白（PR 蛋白）家族。其中多酚氧化酶（PPO）、过氧化物酶（POD）和苯丙氨酸解氨酶（PAL）是存在于植物体内与抵抗病原微生物侵染有关的酶。PPO 通过催化木质素及醌类化合物形成，构成保护性屏蔽而使细胞免受病菌的侵害；POD 在木质素生物合成的最后一步反应过程中催化 $H_2O_2$ 分解而发挥作用；PAL 则是苯丙烷类代谢途径中的第一个关键酶，与植物抗毒素及酚类化合物的形成密切相关。有许多研究表明：外源水杨酸处理能诱导果实抗病相关的酶活性，提高果实对病原菌的抵抗力。

Qin 等（2003）研究发现，将"红灯"甜樱桃果实在 0.5 mmol/L SA 溶液中增压浸泡（103 kPa）4 min，可显著提高果实在 0℃ 低温贮藏期间多酚氧化酶（PPO）、苯丙氨酸解氨酶（PAL）和 $\beta$-1,3 葡聚糖酶活性，SA 处理的果实接种青霉菌和黑霉菌后，其发病率也显著低于不处理的对照果实（Qin et al.，2003）。Yao 和 Tian 也证实了采前用浓度为 2 mmol/L SA 和 0.2 mmol/L MeJA 溶液喷雾或采后浸泡甜樱桃果实 2 min 后减少了贮藏期间的发病率与 SA 处理显著提高 PAL，过氧化物酶（POD）和 $\beta$-1,3 葡聚糖酶活性有关（Yao & Tian，2005）。Xu 和 Tian 的研究结果也表明，2 mmol/L SA 处理可诱导"红灯"甜樱桃果实几丁质酶和 $\beta$-1,3 葡聚糖酶活性的增加（Xu & Tian，2008）。另外，Zeng 等报道了 1 mmol/L 浓度 SA 处理芒果后 PAL 和 $\beta$-1,3 葡聚糖酶活性比对照果实分别高出 6 倍和 0.9 倍，而且 SA 处理的芒果果实炭疽病的发病率较低，病斑直径扩展缓慢（Zeng et al.，2006）。

此外，我们实验室利用蛋白质组学的方法研究了桃果实对 SA 诱导的抗性应答机制，结果表明，外源 SA 处理显著提高了桃果实超氧化物歧化酶、过氧化氢酶、过氧化物酶、甲硫氨酸亚砜还原酶、过敏蛋白和抗氧化蛋白的表达。在 SA 诱导的 13 个差异表达蛋白中，有 2 个 PR 蛋白，即樱桃过敏蛋白（cherry allergen Pru av）和谷胱甘肽过氧化物酶（glutathione peroxidase，GPX），在 SA 处理 24~48 h，其表达量显著增加，证实 SA 处理提高桃果实抗病相关蛋白的表达有利于增强果实对青霉菌侵染的抵抗力（Chan et al.，2007）。

最近，我们还发现不同发育时期的甜樱桃果实对 SA 抗性应答机制有差异，成熟度低的果实，其抗性诱导效果比高成熟的果实好。通过质谱鉴定出了 44 个差异表达的蛋白，其中 18 个蛋白与能量代谢相关，15 个蛋白属于 PR 蛋白，6 个蛋白与信号转导相关，5 个蛋白与细胞结构相关。在 8 个成熟的果实中，有 5 个热激蛋白和 4 个脱氢酶蛋白被 SA 诱导，这些蛋白参与了糖酵解和三羧酸循环，说明抗氧化蛋白与不同成熟度果实的抗性应答非常相关，而热激蛋白和脱氢酶在较高成熟度果实的抗性应答中更明显，证实了 SA 诱导的抗性与代谢途径相关（Chan et al.，2008）。

### 5.2　水杨酸诱导果实抗氧化反应

水杨酸诱导植物产生抗病的机制已被证明与抑制了 $H_2O_2$ 降解酶 CAT 的活性，导致植物细胞中内源 $H_2O_2$ 浓度的上升有关。Lamb 和 Dixon 的研究发现，外源 SA 处理可以诱导植物组织内 $H_2O_2$ 积累，他们认为 $H_2O_2$ 含量增加是植物过敏反应的一种信号转导，可以激发许多防卫相关基因来抵御病原菌的侵染（Lamb & Dixon，1997）。由于 $H_2O_2$ 本身以及由此产生的其他活性氧分子，可能作为第二信使来启动植物相关防御基因的表达，从而使寄主植物产生了对病原菌的抗性。同时，De Gara 等的研究表明，$H_2O_2$ 还能刺激过氧化反应，刺激寄主植物细胞壁成分的交联和木质互派沉积，从而明显增强细胞壁对病原菌降解酶的抵抗性，而一些抗氧化酶，如 SOD，CAT 和 POD 在植物与病原菌互作中具有重要作用（De Gara et al.，2003）。

Chan 和 Tian 研究了 SA 对采后甜樱桃果实的抗氧化相关酶和总蛋白的影响，结果表明，浓度为 0.5 mmol/L 的 SA 处理显著提高抗氧化蛋白含量，提高了 33 kDa 和 47 kDa 蛋白的表达量，说明 SA 处理降低甜樱桃果实青霉病发病率和抑制病斑直径扩展与诱导抗氧化酶和一些特殊蛋白的表达有关（Chan & Tian，2006）。Huang 等研究水杨酸处理对 6℃ 和 20℃ 贮藏下脐橙果实活性氧代谢和抗氧化系统的影响，结果表明：与对照相比，SA 处理能显著地加速果实过氧化氢积累，提高了超氧化物歧化酶活性，但降低了丙二醛含量和过氧化氢酶活性。即使在贮藏后期，SA 处理果实的丙二醛含量也仅为对照果实的 12.6％ 和 27.6％。贮藏期间，SA 处理明显减缓了谷胱甘肽还原酶、抗坏血酸盐还原酶的活性和谷胱甘肽、抗坏血酸盐的含量下降速度。说明 SA 处理能够调节抗氧化系统从而减轻果实脂质氧化，指出低温和 SA 共同结合处理是脐橙保鲜的有效方法（Huang et al.，2008）。

我们最近的研究表明，SA 处理可以显著地提高桃果实 GPX 和 CAT 酶活性，在 SA 处理后的 5 天中，GPX 和 CAT 酶活性一直表现出较高的水平，而 SA 处理果实的 PPO 酶活性比对照果实下降较快（图 2-4-1-6）。蛋白质组学研究的结果表明，SA 处理还能明显诱导桃果实 4 个抗氧化蛋白（SOD，CAT，GPX，THX）的表达（图 2-4-1-7），说明 SA 处理诱导了桃果实抗氧化系统也是抑制病原菌侵染的主要原因。

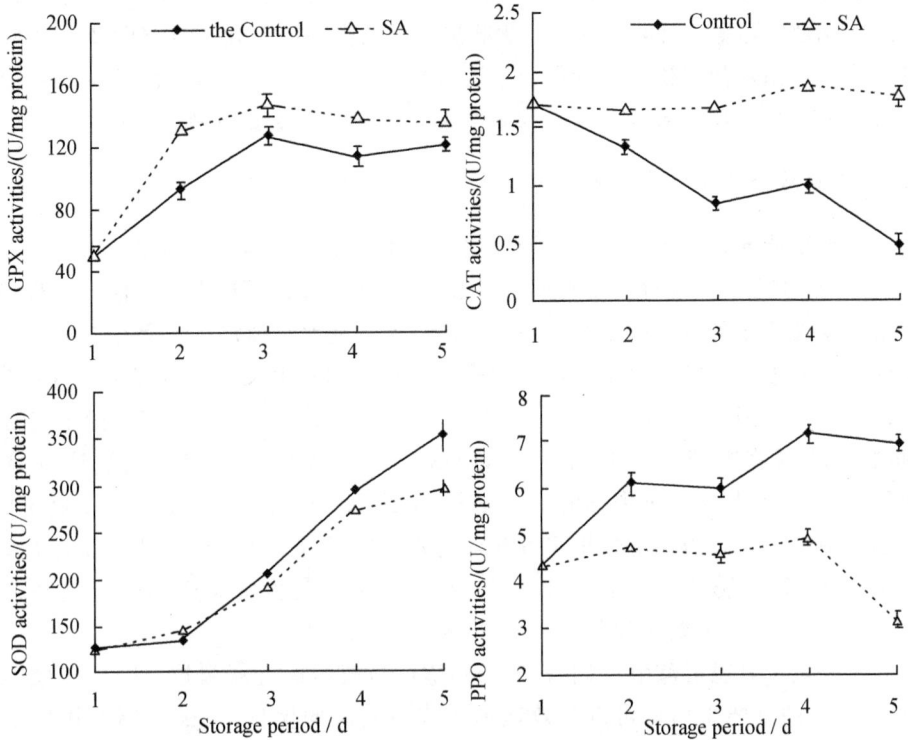

图 2-4-1-6　水杨酸处理对 25℃下桃果实抗氧化酶活性的影响

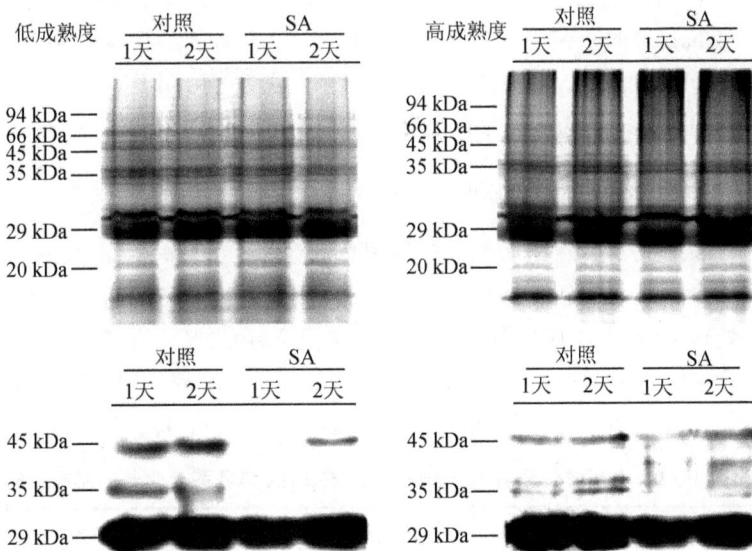

图 2-4-1-7　SA 处理对采后甜樱桃果实蛋白羰基化的影响

（引自：Xu & Tian，2008）

　　Xu 和 Tian 利用蛋白羰基化的免疫测定技术研究外源 SA 调控甜樱桃果实抗氧化反应，结果表明：外源 SA 处理（2 mmol/L）除了可以诱导甜樱桃果实过氧化氢酶、过氧化物酶、几丁质酶和 $\beta-1,3$ 葡聚糖酶的活性，以及相关基因在 RNA 转录水平的表达以外，还能减轻由青霉菌侵染造成的氧化胁迫，降低蛋白羰基化程度（图 2-4-1-7），有效抑制了青霉菌对甜樱桃果实的侵染程度（Xu & Tian，2008），由此说明 SA 处理激发甜樱桃果实抗氧化反应可能是其诱导果实抗病性的一个重要机制。

### 5.3　水杨酸诱导抗病基因的表达

通常病原菌能通过分泌生长素来干扰植物的正常生长过程，从而侵染植物，引起发病。Wang 等研究了 SA 处理对植物生长素相关基因之间的调控作用，他们发现 SA 能够抑制植物生长素相关基因的表达，包括 TIR1 受体基因，稳定生长素与细胞分裂素的抑制蛋白，从而影响了植物对生长素的响应，揭示了抑制生长素信号传递是 SA 诱导植物抗病性的一个机制（Wang et al.，2007）。Chong 等研究了葡萄果实中两个与抗病信号传递相关的调控因子 VvNHL1 和 VvEDS1，它们类似于拟南芥的抗病调控因子 NDR1 和 EDS1。结果发现外源 SA 可以诱导 VvEDS1 表达，尽管 SA 对 VvNHL1 没有直接的诱导效果，但能诱导葡萄果实抗灰霉病基因的表达（Chong et al.，2008）。Chen 等也证明了 SA 通过诱导葡萄果实 PAL 基因 mRNA 的表达和激发 PAL 的合成，提高了 PAL 酶活性，增强葡萄果实的抗病性（Chen et al.，2006）。

另外，多聚半乳糖醛酸酶抑制蛋白（PGIP）是植物抵抗真菌致病因子多聚半乳糖醛酸酶（PG）的重要蛋白，可以有效地抑制病原真菌的生长。Liang 等在桃果实上克隆到一个抵抗真菌病害的多聚半乳糖醛酸酶抑制蛋白基因（PGIP1），该基因 cDNA 全长 1380 bp，具有一个 330 个氨基酸的可读框，属于低拷贝基因。他们的研究证明了外源 SA 处理可以诱导该基因的表达，从而提高了桃果实抵抗病原菌侵染的能力（Liang et al.，2005）。Chan 等的研究了 SA 处理对桃果实 CAT 基因的诱导效果，Northern 杂交结果表明，在 SA 处理 48 h 后，CAT 基因的表达强度尤为明显，这些结果在分子水平上提供了 SA 处理可以提高果实抗氧化蛋白基因表达的证据（Chan et al.，2007）。

### 5.4　水杨酸对病原菌的抑制作用

2005 年，Yao 和 Tian 调查了 SA 对褐腐病原真菌（Monilinia fructicola）在 in vitro 上的影响效果，结果表明：浓度为 2 mmol/L SA 对病原菌的生长有直接的抑制作用，在 25℃下处理 12 h 后，病原菌孢子的萌发率只有 40.7%，芽管长度为 22.78 $\mu$m，远低于对照孢子的萌发率 91.30% 和芽管长度 99.13 $\mu$m；培养 48 h、72 h 和 96 h 后的抑制率分别达到了 64.1%、62.1% 和 60.5%（表 2-4-1-1）。

表 2-4-1-1　水杨酸处理对 M. fructicola 在 PDA 培养基上生长的影响/25℃

| Treatments | Inhibition rate of mycelial growth/% | | | Spore germinability | |
|---|---|---|---|---|---|
| | 48 h | 72 h | 96 h | % | $\mu$m |
| Control | ±0.00b | 0±0.00b | 0±0.00b | 91.39±7.47a | 99.13±18.32a |
| SA | 64.1±2.80 a | 62.1±5.61a | 60.5±1.35a | 40.70±1.71b | 22.87±1.86c |

注：病原菌 M. fructicola 在 PDA 培养基上 25℃下 12 h 后观测统计孢子萌发率和芽管长度（引自：Yao and Tian，2005）。

## 5.5 水杨酸对果实成熟衰老的影响

果实成熟衰老是一个极其复杂的生理生化过程，而乙烯是引发果实成熟衰老的主要因素。在未成熟的果实中，只有极少量的乙烯产生，随着果实的成熟，乙烯含量不断增加，从而促进未成熟果实的成熟。ACC 合成酶是乙烯生物合成中的限速酶，抑制 ACC 合成酶表达，可降低或阻止乙烯生成，进而延缓果实成熟衰老。在 1988 年，Leslie 和 Romani 报道了 SA 能够抑制梨细胞悬浮液中 ACC 合成酶活性，阻止乙烯生物合成的研究结果（Leslie & Romani，1988）。后来，Li 等的研究证实了外源 SA 处理能够抑制番茄 ACC 合成酶的转录表达，从而调控乙烯合成途径，影响果实的成熟衰老（Li et al.，1992）。在香蕉果实发育成熟过程中，SA 处理能够抑制果实细胞壁水解酶、纤维素酶、多聚半乳糖醛酸酶和木聚糖酶活性，同时，还能够抑制抗氧化酶类，如 CAT 和 POD，从而延迟香蕉果实成熟，减轻果实软化，降低果肉/果皮比率，减少含糖量，减轻呼吸作用（Srivastava & Dwivedi，2000）。SA 处理还能够显著降低了芒果炭疽病的发生，减缓了芒果颜色和果皮硬度变化，抑制了果实成熟衰老（Zainuri et al.，2001）。Babalar 等研究了不同浓度的 SA 对不同成熟度草莓果实的采后乙烯生成、抗病性和品质的影响。结果发现 1 mmol/L 和 2 mmol/L SA 处理都有效地降低了采后果实乙烯生成、发病程度并保持了果实较好的品质（Babalar et al.，2007）。Zhang 等用乙酰水杨酸（ASA）处理猕猴桃果实，结果发现乙酰水杨酸（ASA）处理降低了 LOX 酶活性和果实超氧自由基的产生，抑制了 ACC 合成酶和 ACC 氧化酶活性，抑制了乙烯的合成，从而延迟了乙烯呼吸高峰造成的果实成熟和衰老（Zhang et al.，2007）。曾凯芳等研究了不同浓度的外源 SA 对"紫花"芒果贮藏品质的影响，结果表明，采后芒果用 1 mmol/L 和 5 mmol/L SA 处理，可以降低果实的腐烂率，延缓果实贮藏期间颜色的转黄、固酸比的增高和果实的软化（曾凯芳等，2004）。

## 参 考 文 献

曹建康，毕阳，李永才，等.2001. 水杨酸处理对苹果梨采后黑斑病及贮藏品质的影响. 甘肃农业大学学报，36（4）：438-442.

张荣萍，麻利豪，王鹏，等.2007. 水杨酸对番木瓜环斑病的防治效果. 热带农业科学，27（6）：20-22.

曾凯芳，姜微波，李新明.2004. 外源水杨酸对"紫花"芒果贮藏品质的影响. 食品与发酵工业，30（5）：134-137.

曾凯芳，姜微波.2005. 采后水杨酸处理对芒果炭疽病（*Colletotichum gloeosporioides*）的诱导抗性. 中国农业大学学报，10（2）：36-40.

Babalar M，Asghari M，Talaei A，et al. 2007. Effect of pre – and postharvest salicylic acid treatment on ethylene production，fungal decay and overall quality of Selva strawberry fruit. *Food Chemistry*，105：449-453.

Cao H，Glazebrook J，Clarke J D，et al. 1997. The Arabidopsis NPR1 gene that controls systemic acquired resistance encodes a novel protein containing ankyrin repeats. *Cell*，88：57-63.

Chan Z L，Tian S P. 2006. Induction of $H_2O_2$ – metabolizing enzymes and total protein synthesis by antagonistic yeast and salicylic acid in harvested sweet cherry fruit. *Postharvest Biology and Technolo-*

*gy*39：314-320.

Chan Z L，Qin G Z，Xu X B，et al. 2007. Proteome approach to characterize proteins induced by antagonist yeast and salicylic acid in peach fruit. *Journal of Proteome Research*，6：1677-1688.

Chan Z L，Wang Q，Xu X B，et al. 2008. Functions of defense－related proteins and dehydrogenases in resistance response induced by salicylic acid in sweet cherry fruit at different maturity stages. *Proteomics*，8：4791-4807.

Chen J Y，Wen P F，Kong W F，et al. 2006. Effect of salicylic acid on phenylpropanoids and phenylalanine ammonia－lyase in harvested grape berries. *Postharvest Biology and Technology*，40：64-72.

Chong J L，Le Henanff G，Bertsch C，et al. 2008. Identification，expression analysis and characterization of defense and signaling genes in Vitis vinifera. *Plant Physiology and Biochemistry*，46：469-481.

De Gara L，de Pinto M C，Tommasi F. 2003. The antioxidant systems vis－à－vis reactive oxygen species during plant － pathogen interaction. *Plant Physiology and Biochemistry*，41：863-870.

Delaney T P，Friedrich L，Ryals J A. 1995. Arabidopsis signal transduction mutant defective in chemically and biologically induced disease resistance. *Proceedings of the National Academy of Sciences of the United States of America*，92：6602-6606.

Despre C，Chubak C，Rochon A，et al. 2003. The Arabidopsis NPR1 disease resistance protein is a novel cofactor that confers redox regulation of DNA binding activity to the basic domain/leucine zipper transcription factor TGA1. *Plant Cell*，15：2181-2191.

Dietrich R A，Delaney T P，Uknes S J，et al. 1994. Arabidopsis mutants simulating disease resistance response. Cell，77：565-577.

Durrant W E，Dong X. 2004. Systemic acquired resistance. *Annual Review of Phytopathology*，42：185-209.

Gaffney T，Friedrich L，Vernooij B，et al. 1993. Requirement of salicylic acid for the induction of systemic acquired resistance. *Science*，261：754-756.

Huang R H，Liu J H，Lu Y M，et al. 2008. Effect of salicylic acid on the antioxidant system in the pulp of 'Cara cara' navel orange (*Citrus sinensis* L. Osbeck) at different storage temperatures. *Postharvest Biology and Technology*，47：168-175.

Johnson C，Boden E，Arias J. 2003. Salicylic acid and NPR1 induce the recruitment of *trans*－activating TGA factors to a defense gene promoter in Arabidopsis. *Plant Cell*，15：1846-1858.

Keen N T. 1982. Specific recognition in gene－for－gene host－parasite systems. *Advances in Plant Pathology*，2：35-82.

Klessig D F，Malam J. 1994. The salicylic acid signal in plants. *Plant Molecular Biology*，26：1439-1458.

Kumar D，Klessig D F. 2003. The high－affinity salicylic acid－binding protein 2 is required for plant innate immunity and has salicylic acid－stimulated lipase activity. *Proceedings of the National Academy of Sciences of the United States of America*，100：16101－16106.

Lamb C，Dixon R A. 1997. The oxidative burst in plant disease resistance. *Annual Review of Plant Physiology and Plant Molecular Biology*，48：251－275.

Leslie C A，Romani R J. 1988. Inhibition of ethylene biosynthesis by salicylic acid. *Plant Physiology*，88：833－837.

Li N，Parsons B L，Liu D R，et al. 1992. Accumulation of wound－inducible ACC synthase transcript in tomato fruit is inhibited by salicylic acid and polyamines. *Plant Molecular Biology*，18：477-487.

Li J，Brader G，Palva E T. 2004. The WRKY70 transcription factor: a node of convergence for jasmonate- mediated and salicylatemediated signals in plant defense. *Plant Cell*，16: 319-331.

Liang F S，Zhang K C，Zhou C J，et al. 2005. Cloning，characterization and expression of the gene encoding polygalacturonase - inhibiting proteins（PGIPs）of peach [*prunus persica*（L. ）Batch]．*Plant Science*，168: 481-486.

Malamy J，Carr J P，Klessig D F，et al. 1990. Salicylic acid: a likely endogenous signal in the resistance response of tobacco to viral infection. *Science*，250: 1002-1004.

Meena B，Marimuthu T，Velazhahan R. 2001. Salicylic acid induces systemic resistance in groundnut against late leaf spot caused by *Cercosporidium personatum*. *Journal of Mycology and Plant Pathology*，31: 139-145.

Mou Z L，Fan W H，Dong X N. 2003. Inducers of plant systemic acquired resistance regulated NPR1 function through redox changes. *Cell*，113: 935-944.

Murphy A M，Holcombe L J，Carr J P. 2000. Characteristics of salicylic acid - induced delay in disease caused by a necrotrophic fungal pathogen in tobacco. *Physiological and Molecular Plant Pathology*，57: 47-54.

Qin Q Z，Tian S P，Xu Y，et al. 2003. Enhancement of biocontrol efficacy of antagonistic yeasts by salicylic acid in sweet cherry fruit. *Physiological and Molecular Plant Pathology*，62: 147-154.

Shulaev V，Leon J，Raskin I. 1995. Is salicylic acid a translocated signal of systemic acquired resistance intobacco? *Plant cell*，7: 1691-1701.

Slaymaker D H，Navarre D A，Clark D，et al. 2002. The tobacco salicylic acid - binding protein 3（SABP3）is the chloroplast carbonic anhydrase，which exhibits antioxidant activity and plays a role in the hypersensitive defense response. *Proceedings of the National Academy of Sciences of the United States of America*，99: 11640-11645.

Srivastava M K，Dwivedi U N. 2000. Delayed ripening of banana fruit by salicylic acid. *Plant Science*，158: 87-96.

Tian S P，Chan Z L. 2004. Potential of induced resistance in postharvest disease control of fruits and vegetables. *Acta Phytopathology Sinica*，34: 385-394.

Tian S P，Qin G Z，Li B Q，et al. 2007. Effects of salicylic acid on disease resistance and postharvest decay control of fruit. *Stewart Postharvest Review*，6: 1-7.

Verberne M C，Verpoorte R，Boln J F，et al. 2000. Overproduction of salicylic acid in plants by bacterial transgenes enhances pathogen resistance. *Nature Biotechnology*，18: 779-783.

Wang D，Pajerowska - Mukhtar K，Culler A H，et al. 2007. Salicylic acid inhibits pathogen growth in plants through repression of the auxin signaling pathway. *Current Biology*，17: 1784-1790.

Wildermuth M C，Dewdney J，Wu G，et al. 2001. Isochorismate synthase is required to synthesize salicylic acid for plant defense. *Nature*，414: 562-565.

Xiang C B，Miao Z H，Lam E. 1996. Coordinated activation of as - 1 - type elements and a tobacco glutathione S - transferase gene by auxins，salicylic acid，methyl - jasmonate and hydrogen peroxide. *Plant Molecular Biology*，32: 415-426.

Xu X B，Chan Z L，Xu Y，et al. 2008. Synergistic effect of antagonist yeast and SA on controlling brown rot in peach fruit and its mechanism. *Journal of the Science of Food and Agriculture*，88: 1786-1793.

Xu X B，Tian S P. 2008. Salicylic acid alleviated pathogen - induced oxidative stress in harvested sweet cherry fruit. *Postharvest Biology and Technology*，49: 379-385.

Yao H J，Tian S P. 2005. Effects of pre - and postharvest application of SA or MeJA on inducing disease resistance of sweet cherry fruit in storage. *Postharvest Biology and Technology*，35：253-262.

Zainuri，Joyce D C，Wearing A H，et al. 2001. Effects of phosphonate and salicylic acid treatments on anthracnose disease development and ripening of 'Kensington Pride' mango fruit. *Australian Journal of Experimental Agriculture*，41：805-813.

Zeng K F，Cao J K，Jiang W B. 2006. Enhancing disease resistance in harvested mango (*Mangifera indica L. cv. Matisu*) fruit by salicylic acid. *Journal of the Science of Food and Agriculture*，86：694-698.

Zhang Y L，Tessaro M J，Lassner M，et al. 2003. Knockout analysis of Arabidopsis transcription factors *TGA2*，*TGA5*，and *TGA6* reveals their redundant and essential roles in systemic acquired resistance. *Plant Cell*，15：2647-2653.

Zhang Y，Chen K S，Zhang S L，et al. 2007. The role of salicylic acid in postharvest ripening of kiwifruit. *Postharvest Biology and Technology*，28：67-74.

（田世平　徐祥斌）

# 第二节　茉莉酸诱导果实抗性的机制

## 导言

　　茉莉酸类物质（jasmonates，JAs）是植物天然合成的信号分子，在植物发育和果实成熟等过程中发挥着重要作用（Creelman & Mullet，1997）。作为植物体中介导生物和非生物胁迫反应的一类信号分子，此类物质现已发现 30 余种。其中的典型代表是茉莉酸（jasmonic acid，JA）和茉莉酸甲酯（methyl jasmonate，MeJA），化学名称分别为 3－氧－2－（2′-戊烯基）-环戊烷乙酸和 3－氧－2－（2′-戊烯基）-环戊烷乙酸甲酯（图 2-4-2-1）。

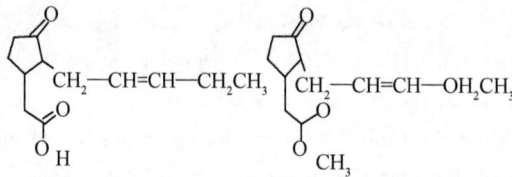

图 2 - 4 - 2 - 1　茉莉酸和茉莉酸甲酯的分子结构

　　游离的茉莉酸首先是从真菌培养滤液中分离得到的，后来发现多种高等植物也含有 JA。MeJA 则是 1962 年从茉莉属（*Jasminum*）的素馨花［*Jasminum officinale* L. var. *grandiflorum*（L.）Kobuski］中分离出来，作为香精油的气味化合物。放射免疫检测等技术表明，代表 160 多个科的 206 种植物材料中均有茉莉酸类物质的存在（Knöfel et al.，1990）。被子植物中 JA 的分布最普遍，而裸子植物、藻类、蕨类、藓类植物和真菌中也有分布。通常 JA 在茎端、嫩叶、未成熟果实和根尖等处含量较高，在生殖器官特别是果实比营养器官如叶、茎、芽的含量丰富。它通常在植物韧皮部系统中运输，也可在木质部及细胞间隙运输。由于 JA 能够诱导防御相关蛋白和次级代谢物质的合成，在提高植物抗逆抗病性方面有着广泛的用途（Turner et al.，2002）。

## 1　茉莉酸的生物合成

茉莉酸和茉莉酸甲酯具有环戊烷酮基本结构，研究表明它们的生物合成前体是 $\alpha$ - 亚麻酸。$\alpha$ - 亚麻酸从植物细胞膜上释放后，在质体中经脂氧合酶途径氧化为 13（$S$）- 氢过氧化亚麻酸，之后在丙二烯氧化合成酶（AOS）和丙二烯氧化环化酶（AOC）的作用下生成 12 - 氧 - 植物二烯酸（12 - OPDA）进入细胞质中，经 12 - 氧 - 植物二烯酸还原酶（OPDA reductase）作用，再进入到过氧化物体中经 3 次 $\beta$ - 氧化最后形成茉莉酸。之后，在茉莉酸羧基甲基转移酶（JMT）的作用下生成具有挥发性化合物茉莉酸甲酯（图 2 - 4 - 2 - 2）。此外，茉莉酸经烃基化、糖基化或与氨基酸结合，还可形成其他的茉莉酸衍生物（Cheong & Choi，2003）。

cDNA 微阵列技术分析结果显示，拟南芥中 JA 应答的 41 个基因中有 5 个是 JA 生物合成基因，表明 JA 生物合成途径中存在着正反馈调节系统（Sasaki et al.，2001）。此外，JA 能够诱导 *DAD1*、*LOX2*、*AOS*、*OPR3* 和 *JMT*

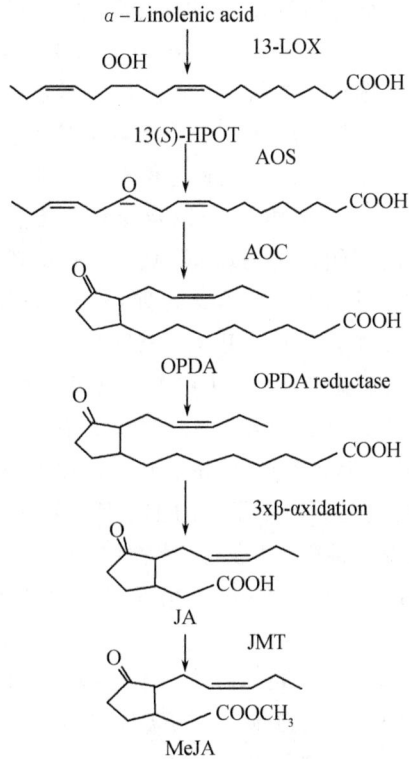

图 2 - 4 - 2 - 2　植物体内茉莉酸生物合成的主要途径
（引自：Cheong & Choi，2003）

等基因的转录（Laudert & Weiler，1998；Ishiguroa et al.，2001；Seo et al.，2001）。这些基因不仅是 JA 生物合成途径中的关键调节因子，在伤害和其他胁迫信号识别与转导过程中也起着关键作用。很明显，JA 的合成是在响应胁迫和发育信号的局部合成，合成途径的中产物又形成一个反馈环以使信号放大。

## 2　茉莉酸信号转导的调控

茉莉酸信号转导是依赖泛素调节蛋白选择性降解的一个典型途径。突变体研究对阐明茉莉酸信号途径的复杂性起着重要的作用（Berger，2002；Turner et al.，2002）。*COI*1（*coronatine insensitive* 1）是一个重要调控基因，它是从拟南芥中分离的茉莉酸信号途径中的第一个基因，*COI*1 对茉莉酸介导的植物的防御与繁育具有重要的作用，目前为止是所有依赖 JA 响应所必需的（Xie et al.，1998）。*COI*1 则是 *COI*1 基因编码的一个 66 kDa 的蛋白质，N 端具有 F - box 结构，富含亮氨酸重复序列（Kloek et al.，2001）。大量的研究表明，不仅是植物、人和酵母、线虫等动物中也都含有 F - box 蛋白，它与 SKP1（拟南芥中是 ASK）和 CDC53/Cullin 形成泛素连接酶复合体 SCF（SKP1-CDC53/Cullin-F-box 蛋白），进一步研究发现 SCF 与一个有 RING-finger 结构域的蛋白 RUB1（NEDD8）共同作用组成 E3（Glickman & Ciechanover，2002）。这个复合体中 Cullin 作为支架蛋白结合 RBX1 和连接蛋白 SKP1（Zheng et al.，2002），而 SKP1 则结合一系列具有底物特异识别功能的 F-box 蛋白（Pickart，2001a）。复合体 SCF 的功能是作为特异受体与目标蛋白结合以启动泛素调节的蛋白质水解（Glickman & Ciechanover，2002）。近年来，对拟南芥种子和种苗的研究表明，这种通过选择性清除异常多肽和降解蛋白的途径在细胞周期、信号转导、胞吞作用、雄性不育、细胞程序化死亡、激素响应和防御反应等生理过程中具有重要的作用（Eliis & Turner，2002）。依赖泛素调节的蛋白降解途径中，泛素与底物的结合需要泛素活化酶 E1、泛素调节酶 E2，以及泛素连接酶 E3 的连续活化作用。已有研究表明 SCF-E3 泛素连接酶能修饰跨膜运输、亚细胞定位、转录和蛋白激酶活性（Pickart，2001b）。因此 SCFⅢ-COI1 复合体可能修饰目标调节物的活性或通过磷酸化作用在活化和连续的降解中具有双重作用（朱家红和彭世清，2006）。

已有研究表明，一些 JA 应答基因的表达受 AP2/ERF 这类转录因子的调控，如拟南芥中的 ERF1（Lorenzo et al.，2003）。其中 5 个不同的 ERF 蛋白质（AtERF1～AtERF5）都具有 GCC box 专一性结合活性（Turner et al.，2002）。这些蛋白质通过与 JA 应答基因启动子上的 JERE（茉莉酸诱导子应答元件）相互作用进行调控。通过研究发现，番茄和拟南芥植物中转录因子 JAMYC2 和 JAMYC10 就是通过与 T/G-box（AACGTG）顺式作用元件的相互作用来促进 JA 相关的伤害应答基因的表达（Turner et al.，2002）。至少 2 个基本的螺旋-环-螺旋/亮氨酸拉链转录因子（HLH/Leucine-zipper TF）参与 JA 应答基因表达的调控（薛仁镐和金圣爱，2006），并且这些转录因子参与乙烯（*EREBF/ERF*）、冷害（*CBF/DREB*1）及干旱（*DREB*2）等许多胁迫应答基因的表达（Memelink et al.，2001）。

## 3　茉莉酸类物质对果实抗性的调控机制

### 3.1　茉莉酸类物质诱导果实的抗冷性

低温贮藏是延缓园艺产品采后成熟、抑制病原菌生长和保持品质的常规方法。但是许多园艺产品对 10～12℃ 以下的低温相当敏感，低温贮藏时容易产生冷害，丧失商业价值（Han et al.，2006）。因此，冷害是果实保鲜中的重要生理性病害，由此造成的经济损失巨大。大量研究表明，茉莉酸类物质处理能够诱导增强多种果实的抗冷性，减轻果实采后冷害的发生，提高果实采后贮藏保鲜效果（表 2-4-2-1）。

表 2-4-2-1　茉莉酸类物质对多种果实具有减轻冷害的作用

| 果实 | 施用物质 | 有效浓度/（mmol/L） | 文献来源 |
| --- | --- | --- | --- |
| 桃 | 茉莉酸甲酯 | 0.001/0.01 | Feng et al.，2003 |
| 木瓜 | 茉莉酸甲酯 | 0.01/0.1 | González-Aguilar et al.，2003 |
| 芒果 | 茉莉酸甲酯 | 0.1 | González-Aguilar et al.，2000 |
| 番石榴 | 茉莉酸甲酯 | 0.01/0.1 | González-Aguilar et al.，2004 |

续表

| 果实 | 施用物质 | 有效浓度/（mmol/L） | 文献来源 |
|---|---|---|---|
| 甜椒 | 茉莉酸甲酯 | 0.1 | Feng et al.，2004 |
| 番茄 | 茉莉酸甲酯 | 0.01 | Ding et al.，2002 |
| 枇杷 | 茉莉酸甲酯 | 0.01 | Cao et al.，2008 |
| 黄瓜 | 茉莉酸甲酯 | 1 | 韩晋和田世平，2006 |

　　如表 2-4-2-1 所示，可以看出，对于不同的果实所施用的茉莉酸甲酯的有效浓度是不相同的。其中，黄瓜所需的抗冷害有效浓度最大，桃的最小；而木瓜和番石榴则具有相同的有效浓度。由于物种之间生物学特性差异较大，因此在施用茉莉酸类等激素物质的时候，最好摸索好合适的处理浓度以避免对果实的伤害。

　　已有相关的研究表明，果实的内源茉莉酸类物质的含量与冷害程度密切相关（Kondo et al.，2005）。低温胁迫诱导活性氧物质产生（Ding et al.，2007），而过多的活性氧物质造成膜脂过氧化，破坏膜系统（Blokhina et al.，2003）。细胞膜电解质渗出率的变化直接反应组织细胞受到冷害的程度（韩晋和田世平，2006）。Meng 等（2009）研究发现 MeJA 能够通过保护桃子果实细胞膜的渗漏，从而减轻其冷害的发生（图 2-4-2-3）。膜系统的破坏使原本存在的多酚氧化酶（PPO）和酚类底物相结合，促进了组织内部的酶促褐变（Jiang et al.，2004），而 MeJA 处理对膜系统的保护可能在一定程度上抑制了果肉的冷害褐变症状。

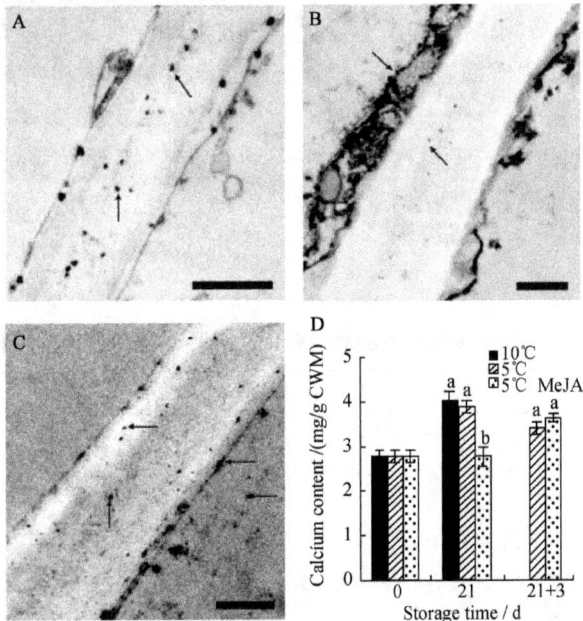

图 2-4-2-3　桃果实细胞壁中钙的分布和含量的变化

贮藏前，钙沉淀颗粒分布于胞间层并与质膜相邻（A）；茉莉酸甲酯处理的果实在 5℃ 处理 21 天之后，钙沉淀颗粒在液泡膜和质膜上具有分布（B）；细胞壁中的钙沉淀颗粒则分布在胞间层。而质膜中的钙沉淀颗粒减少，并随机分布于细胞壁（C）；图中箭头代表的是钙沉淀颗粒；图（A）和图（C）中的标尺代表 0.5 $\mu m$，图（B）中的标尺代表 0.1 $\mu m$，图（D）显示了钙含量的变化，其中的误差棒代表的是标准差，不同字母代表通过邓肯多重分析在 $P < 0.05$ 水平上的显著性差异

（引自：Meng et al.，2009）

不仅如此，通过细胞壁超微结构以及成分的分析表明，MeJA 处理还可以通过调节桃果实果肉细胞壁中钙的分布和含量，从而保护细胞壁的结构以减轻冷害的发生（Meng et al.，2009）（图 2-4-2-3）。

另外，研究还发现茉莉酸类物质能提高抗性相关酶系的活性，从而提高果实的抗冷性。植物中含有抗氧化酶等抗氧化系统（Blokhina et al.，2003），其中 CAT、POD、SOD 是主要的抗氧化酶。韩晋和田世平（2006）发现，MeJA 处理可以提高组织中的 CAT 活性，这可能与 MeJA 提高黄瓜的抗冷性直接相关。CAT 通过直接清除逆境胁迫产生的过剩的过氧化氢（$H_2O_2$），减轻氧化胁迫，并抑制 $H_2O_2$ 作为第二信使对其他代谢途径的影响，从而缓解了冷害条件下的代谢失调。Sala 等（2000）也认为抗冷植物与冷敏感植物的区别在于 CAT 具有较高的清除 $H_2O_2$ 能力，CAT 活性与柑橘抗冷性有关。González-Aguilar 等（2004）发现，外源 MeJA 处理能够提高番石榴果实苯丙氨酸解氨酶（PAL）的活性。PAL 是苯基丙酸类途径起始酶，其催化产物可以转化成活性酚物质（Nguyen et al.，2003）。而 Fung 等（2004）研究表明采前施加 MeJA 则能诱导增强甜辣椒果实中交替氧化酶（AOX）基因的转录表达，增强其抗冷性。

### 3.2　茉莉酸类物质诱导果实抗病性

果实采摘后在正常条件下进行呼吸、蒸腾等生理活动，合成过程逐渐减弱，降解过程加强。果实可溶性固形物含量增加，果胶物质降解和组织软化等变化在客观上有利于病原菌入侵和生长，导致采后果实病害发生，也是影响果实采后贮藏保鲜的重要因素。茉莉酸类物质能够诱导果实采后抗性，从而延缓果实采后衰老和病害发生，提高果实采后贮藏保鲜效果。

果实采后贮藏期间由真菌引起的果实腐烂是果实保鲜中的主要问题之一，由此造成的经济损失巨大。试验表明茉莉酸类物质对多种果实（包括柑橘、桃和甜樱桃等）采后的多种病害具有明显的防治效果（表 2-4-2-2），能够降低果实的发病率，降低病情指数。

表 2-4-2-2　茉莉酸类物质对多种果实具有减轻采后病害的作用

| 果实 | 施用物质 | 病害 | 有效浓度/（mmol/L） | 文献 |
|---|---|---|---|---|
| 柑橘 | 茉莉酸 | 绿霉病（*Penicillium digitatum*） | 0.01 | Porat et al.，2002 |
| 桃 | 茉莉酸甲酯 | 青霉病（*Penicillium expansum*） | 0.2 | Yao & Tian，2005a |
| | | 褐腐病（*Monilinia fructicola*） | 0.2 | |
| 甜樱桃 | 茉莉酸甲酯 | 褐腐病（*M. fructicola*） | 0.2 | Yao & Tian，2005b |
| 枇杷 | 茉莉酸甲酯 | 炭疽病（*Colletotrichum acutatum*） | 0.01 | Cao et al.，2008 |
| 番茄 | 茉莉酸甲酯 | 炭疽病（*Colletotrichum coccodes*） | 0.044 8 | Tzortzakis，2007 |
| 木瓜 | 茉莉酸甲酯 | 自然发病 | 0.01/0.1 | González-Aguilar et al.，2003 |
| 菠萝 | 茉莉酸甲酯 | 自然发病 | 0.1 | Martinez-Ferrer et al.，2005 |

如表 2-4-2-2 所示，对于不同果实不同病害的防治，茉莉酸甲酯的有效浓度是不相同的。其中，防治番茄炭疽病所需的有效浓度最小，仅为 0.044 8；而桃和甜樱桃则具有相同的有效浓度 0.2。由于物种之间生物学特性差异较大，因此在施用茉莉酸类

物质防治果实采后病害的时候，最好摸索好合适的浓度以获得有效的防治效果。

### 3.2.1 茉莉酸类物质可以诱导产生抗病性蛋白

茉莉酸类物质诱导的抗性蛋白（PR 蛋白）主要是一些植物的防御酶，包括几丁质酶（CHI）、$\beta$-1,3-葡聚糖酶（GLU）、多酚氧化酶（PPO）、过氧化物酶（POD）和苯丙氨酸解氨酶（PAL）等（Yao & Tian，2005a，2005b；Cao et al.，2008）。

$\beta$-1,3-葡聚糖酶作用底物是几丁质和葡聚糖，二者是真菌细胞壁的主要成分，这两种酶在抑制病原真菌生长方面可能发挥作用（杨玲玉等，2009）；PPO 可催化木质素及其他酚类氧化产物的形成，构成保护性屏蔽而抵抗病菌的入侵，也可以通过形成醌类物质直接起到抗病作用（Campos - Vargas & Saltveit，2002）；POD 属于 PR 蛋白的 PR-9 家族（Van Loon & Van Strien，1999），在木质素生物合成的最后一步中催化 $H_2O_2$ 分解，对植物中木质素的合成以及酚类物质的氧化具有重要作用；PAL 是植物中木质素、植保素以及酚类物质合成过程中的关键酶，是苯丙烷代谢途径的限速酶，其活性的强弱与植物的抗性反应密切相关，是一种植物防御酶（Pellegrini et al.，1994）。

采前和采后对甜樱桃施加 MeJA 的处理，可以显著提高果实中的防御反应酶（GLU、PAL、POD）的活性。采前 3 天施加 0.2 mmol/L 的茉莉酸甲酯，$\beta$-1,3-葡聚糖酶活性在果实收获的时候活性比对照提高 1.8 倍；采前处理的果实中 PAL 和 POD 活性也有显著提高。同时，果实采后施加茉莉酸甲酯也会提高防御酶的活性（Yao & Tian，2005b）。Yao 和 Tian（2005a）在桃果实的研究上获得了相似的结果，研究发现采后茉莉酸甲酯处理能够提高 CHI，$\beta$-1,3-葡聚糖酶等防御酶的活性（图 2-4-2-5），从而诱导桃果实产生对 *M. fructicola* 和 *P. expansum* 病原菌的抗病性。此外，González - Aguilar 等（2004）认为 MeJA 也能诱导番石榴中 PAL 活性，并且可以增强果实的抗性。Benedetti 等（1998）报道，MeJA 可迅速诱导 *ATHCOR1* 基因的表达而提高拟南芥抗假单孢杆菌的能力。Xie 等（1998）报道，*COI1* 基因受 JA 调节，并推测其与 JA 诱导抗病的信号转导有关。并且这两种基因结构与已知的抗病基因结构相似，都具有不同数量的亮氨酸重复序列。

### 3.2.2 茉莉酸类物质可以诱导产生一系列防御反应机制

茉莉酸类物质等激发子诱导寄主植物对外来病原菌进行初次识别反应，植物体发生一系列的生理结构以及代谢变化后，产生凝集素等分泌物，与病原菌激发子进行相互识别，最后产生一系列防御反应机制，如堵塞皮孔、果实细胞壁加厚、产生木质素、植保素以及其他的抗菌物质（如酚类，脂肪酸等）或病程相关蛋白等（刘祖琪和张石城，1994），从而阻碍病原菌的侵袭，同时茉莉酸类物质也可以作为一种信号分子影响植物细胞内外的信号转导途径。

大量的实验结果表明 MeJA 处理可以诱导植保素的合成（Vijayan et al.，1998；Thomma et al.，1998；Ellis & Turner，2001）。当病原菌入侵植物后，植物的木质化是植物—病原菌互作、植物本身的防御反应之一，MeJA 处理可以诱导木质素的合成和木质化。木质素是植物细胞壁的主要成分之一，它的增加可以加强细胞壁，增强细胞壁组织的木质化程度，从而对病原菌的侵入形成屏障作用。吴文华和潘瑞炽（1997），以及宾金华和潘瑞炽（1999）相继报道了 MeJA 处理的水稻幼苗和烟草幼苗叶片中纤维素和木质素含量明显增加。江月玲和潘瑞炽（1991）以花生幼苗为材料的研究也表明，

MeJA 促进其茎部纤维素和木质素增加，茎部机械组织更加发达。纤维素通过焦磷酸化酶的作用在植物体内合成；木质素通过苯丙烷类代谢途径合成，苯丙氨酸裂解酶（PAL）、肉桂酸-4-羟化酶（CA4H）和4-香豆酸联结酶（4CL）都是此途径中的重要酶类。

也有研究表明 JAs 不仅可以在植物体内（包括细胞内）传递抗性信息，还可以在植株间传递（Gundlach et al.，1992；Mueller et al.，1993），诱导许多参与防御反应的物质合成，如植物蛋白酶抑制剂中属于诱导性抑制剂的一类物质能被 JAs 诱导（Farmer et al.，1992）。这种物质不仅可以调节蛋白酶的合成，而且可以保护植物细胞免受自身蛋白酶破坏而维持细胞正常的生理生化代谢，防止植物被真菌、细菌等病原微生物侵染。

## 4 展望

茉莉酸在植物发育和防御反应中起着重要的作用。尽管已有研究表明茉莉酸以及茉莉酸甲酯能够防治果实采后贮藏期间的病害和冷害，但是还缺乏深入系统的研究工作。未来的研究工作应包括以下几个方面。

（1）研究果实采后对茉莉酸及其甲酯的应答机制。使用新技术（如基因芯片，蛋白质组学），发现各种处理作用下基因或蛋白的差异表达，鉴定 JA 应答基因和蛋白，从而深入了解果实的应答机制；

（2）研究茉莉酸及其甲酯对果实生理、品质和抗性影响，以及相关机制；

（3）研究茉莉酸及其甲酯与外源物质（或技术）配合的综合防治技术以及协同诱抗机制。

## 参 考 文 献

宾金华，潘瑞炽.1999. 茉莉酸甲酯诱导烟草幼苗抗病与过氧化物酶活性和木质素含量的关系. 应用与环境生物学报，5（2）：160-164.

韩晋，田世平.2006. 外源茉莉酸甲酯对黄瓜采后冷害及生理生化的影响. 园艺学报，33（2）：289-293.

江月玲，潘瑞炽.1991. 茉莉酸甲酯对花生幼苗中碳水化合物转移的影响. 植物生理学通讯，27（3）：188.

刘祖琪，张石城（主编）.1994. 植物抗性生理学. 北京：中国农业版社，222-332.

吴文华，潘瑞炽.1997. 茉莉酸甲酯对水稻叶片中碳水化合物含量及苯丙氨酸解氨酶和多酚氧化酶活性的影响. 植物生理学通讯，33（3）：178-180.

薛仁镐，金圣爱.2006. 茉莉酸甲酯：一种重要的植物信号转导分子. 生物技术通讯，17（6）：985-988.

杨玲玉，孟祥红，刘成圣，田世平.2009. 壳聚糖的抗菌性及其对果实病害的防治研究进展. 中国农业科学，42（2）：626-635.

朱家红，彭世清.2006. 茉莉酸及其信号传导研究进展. 西北植物学报，26（10）：2166-2172.

Benedetti C E，Costa C L，Turcinelli S R，et al. 1998. Differential expression of a novel gene in response to coronatine，methyl jasmonate and wounding in the Coi1 mutant of *Arabidopsis*. *Plant Physiology*，116：1037-1042.

Berger S. 2002. Jasmonate-related mutants of Arabidopsis as tools for studying stress signaling. *Planta*，214：497-504.

Blokhina O，Virolainen E，Fagerstedt K V. 2003. Antioxidants，oxidative damage and oxygen deprivation stress：a review. *Annals of Botany*，91：179-194.

Campos – Vargas R，Saltveit M E. 2002. Involvement of putative chemical wound signals in the induction of phenolic metabolism in wounded lettuce. *Physiologia Plantarum*，114：73-84.

Cao S F，Zheng Y H，Wang K T，et al. 2009. Methyl jasmonate reduces chilling injury and enhances antioxidant enzyme activity in postharvest loquat fruit. *Food Chemistry*，115：1458-1463.

Cao S F，Zheng Y H，Yang Z F，et al. 2008. Effect of methyl jasmonate on the inhibition of *Colletotrichum acutatum* infection in loquat fruit and the possible mechanisms. *Postharvest Biology and Technology*，49：301-307.

Cheong J J，Choi Y D. 2003. Methyl jasmonate as a vital substance in plant. *Trends in Genetics*，19：409-413.

Creelman R A，Mullet J E. 1997. Biosynthesis and action of jasmonates in plants. *Annual Review of Plant Physiology and Plant Molecular Biology*，48：355-381.

Ding C K，Wang C Y，Gross K C，et al. 2002. Jasmonate and salicylate induce the expression of pathogenesis-related – protein genes and increase resistance to chilling injury in tomato fruit. *Planta*，214：895-901.

Ding Z S，Tian S P，Zheng X L，et al. 2007. Responses of reactive oxygen metabolism and quality in mango fruit to exogenous oxalic acid or salicylic acid under chilling temperature stress. *Physiologia Plantarum*，130：112-121.

Eliis C，Turner J G. 2002. A conditionally fertile coi1 allele indicates cross – talk between plant hormone signaling pathways in *Arabidopsis thaliana* seeds and young seedlings. *Planta*，215：549-556.

Ellis C，Turner J G. 2001. The Arabidopsis mutant cev1 has constitutively active jasmonate and ethylene signal pathways and enhanced resistant to pathogens. *Plant Cell*，13：1025-1033.

Farmer E E，Johnson R R，Ryan C A. 1992. Regulation of expression of proteinase inhibitor genes by methyl jasmonate acid. *Plant Physiology*，98：995-1002.

Feng L，Zheng Y H，Zhang Y F，et al. 2003. Methyl jasmonate reduces chilling injury and maintains postharvest quality in peaches. *Agricultural Sciences in China*，2：1246-1252.

Fung R W M，Wang C Y，Smith D L，et al. 2004. MeSA and MeJA increase steady – state transcript levels of alternative oxidase and resistance against chilling injury in sweet peppers (*Capsicum annuum* L.). *Plant Science*，166：711-719.

Glickman M H，Ciechanover A. 2002. The ubiquitin – proteasome proteolytic pathway：destruction for the sake of construction. *Physiological Review*，82：373-428.

González – Aguilar G A，Buta J G，Wang C Y. 2003. Methyl jasmonate and modified atmosphere packaging (MAP) reduce decay and maintain postharvest quality of papaya 'Sunrise'. *Postharvest Biology and Technology*，28：361-370.

González – Aguilar G A，Fortiz J，Cruz R，et al. 2000. Methyl jasmonate reduces chilling injury and maintains postharvest quality of mango fruit. *Journal of Agricultural and Food Chemistry*，48：515-519.

González – Aguilar G A，Tiznado – Hernández M E，Zavaleta – Gatica R，et al. 2004. Methyl jasmonate treatments reduce chilling injury and activate the defense response of guava fruits. *Biochemical and Biophysical Research Communications*，313：694-701.

Gundlach H，Müller M J，kutchan T M，et al. 1992. Jasmonic acid is a signal transducer in elicitor – induced plant cell cultures. *Proceedings of the National Academy of Sciences of the United States of America*，89：2389-2393.

Han J，Tian S P，Meng X H，et al. 2006. Response of physiologic metabolism and cell structures in mango fruit to exogenous methyl salicylate under low – temperature stress. *Physiologia Plantarum*，128：125-133.

Ishiguroa S, Kawai – Oda A, Ueda J, et al. 2001. The DEFECTIVE IN ANTHER DEHISCENCE1 gene en-codes a novel phospholipase al catalyzing the initial step of jasmonic acid biosynthesis, which synchronizes pollen maturation, anther dehiscence, and flower opening in Arabidopsis. *Plant Cell*, 13: 2191-2209.

Jiang Y M, Duan X W, Daryl J, et al. 2004. Advances in understanding of enzymatic browning in harvested litchi fruit. *Food Chemistry*, 88: 443-446.

Kloek A P, Verbsky M L, Sharma S B, et al. 2001. Resistance to Pseudomonas syringae conferred by an *Arabidopsis thaliana* coronatine – insensitive (*coi*1) mutation occurs through two distinct mecha-nisms. *Plant Journal*, 26: 509-522.

Knöfel HD, Brückner C, Kramell R, et al. 1990. Radioimmunoassay for the natural plant growth regu-lator (−) jasmonic acid. *Biochemie und Physiologie der Pflanzen*, 186: 387-394.

Kondo S, Kittikorn M, Kanlayanarat S. 2005. Preharvest antioxidant activities of tropical fruit and the effect of low temperature storage on antioxidants and jasmonates. *Postharvest Biology and Technolo-gy*, 36: 309-318.

Laudert D, Weiler E W. 1998. Allene oxide synthase: a major control point in *Arabidopsis thaliana oc-tadecanoid signaling*. *Plant Journal*, 15: 675-684.

Lorenzo O, Piqueras R, Sánchez – Serrano J J, et al. 2003. ETHYLENE RESPONSE FACTOR 1 integrates signals from ethylene and jasmonate pathways in plant defense. *Plant Cell*, 15: 165-178.

Martinez – Ferrer M, Harper C. 2005. Reduction in microbial growth and improvement of storage quality in fresh – cut pineapple after methyl jasmonate treatment. *Journal of Food Quality*, 28: 3-12.

Memelink J, Verpoorte R, Kijine J W. 2001. ORCAnization of jasmonate – responsive gene expression in alkaloid metabolism. *Trends in Plant Science*, 6: 212-219.

Meng X H, Han J, Wang Q, et al. 2009. Changes in physiology and quality of peach fruits treated by methyl jasmonate under low temperature stress. *Food Chemistry*, 114: 1028-1035.

Mueller M J, Brodschelm W, Spannagl E, et al. 1993. Signaling in the elicitation process is mediated through the octadecanoid pathway leading to jasmonic acid. *Proceedings of the National Academy of Sciences of the United States of America*, 90: 7490-7494.

Nguyen T B T, Ketsa S, Doorn W G. 2003. Relationship between browning and the activities of polyphe-noloxidase and phenylalanine ammonia lyase in banana peel during low temperature storage. *Postharvest Biology and Technology*, 30: 187-193.

Pellegrini L, Rohfritsch O, Fritig B, et al. 1994. Phenylalanine ammonia – lyase in tobacco. *Physiologia Plantarum*, 106: 877-886.

Pickart C M. 2001a. Mechanisms underlying ubiquitination. *Annual Review of Biochemistry*, 70: 503-533.

Pickart C M. 2001b. Ubiquitin enters the new millennium. *Molecular Cell*, 8: 499-504.

Porat R, McCollum T G, Vinokur V, et al. 2002. Effects of various elicitors on the transcription of a β – 1, 3 – endoglucanase gene in citrus fruit. *Journal of Phytopathology*, 150: 70-75.

Sala J M, Lafuente M T. 2000. Catalase enzyme activity is related to tolerance of mandarin fruits to chilling. *Postharvest Biology and Technology*, 20: 81-89.

Sasaki Y, Asamizu E, Shibata D, et al. 2001. Monitoring of methyl jasmonate – responsive genes in Ar-abidopsis by cDNA macroarray: self – activation of jasmonic acid biosynthesis and crosstalk with other phytohormone signaling pathways. *DNA Research*, 8: 153-161.

Seo H S, Song J T, Cheong J J, et al. 2001. Jasmonic acid carboxyl methyltransferase: A key enzyme for jasmonate – regulated plant responses. *Proceedings of the National Academy of Sciences of the*

*United States of America*，98：4788-4793.

Thomma B P H J，Eggermont K，Penninckx I A M A，et al. 1998. Separated jasmonate – dependent and salicylate – dependent defense – response pathways in *Arabidopsis* are essential for resistance to distinct microbial pathogens. *Proceedings of the National Academy of Sciences of the United States of America*，95：15107-15111.

Turner J G，Ellis C，Devoto A. 2002. The jasmonate signal pathway. *Plant Cell*，14：153-164.

Tzortzakis N G. 2007. Methyl jasmonate－induced suppression of anthracnose rot in tomato fruit. *Crop Protection*，26：1507-1513.

Van Loon L C，Van Strien E A. 1999. The families of pathogenesis – related proteins，their activities，and comparative analysis of PR－1 type proteins. *Physiological and Molecular Plant Pathology*，55：85-97.

Vijayan P，Shockey J，Lévesque C A，et al. 1998. A role for jasmonate in pathogen defense of *Arabidopsis*. *Proceedings of the National Academy of Sciences of the United States of America*，95：7209-7214.

Xie D X，Feys B F，James S，et al. 1998. *COI*1：*An Arabidopsis* gene required for jasmonate – regulated defense and fertility. *Science*，280：1091-1094.

Yao H J，Tian S P. 2005a. Effects of a biocontrol agent and methyl jasmonate on postharvest diseases of peach fruit and the possible mechanisms involved. *Journal of Applied Microbiology*，98：941-950.

Yao H J，Tian S P. 2005b. Effects of pre – and post – harvest application of salicylic acid or methyl jasmonate on inducing disease resistance of sweet cherry fruit in storage. Postharvest Biology and Technology，35：253-262.

Zheng N，Schulman B A，Song L，et al. 2002. Structure of the Cul1 – Rbx1 – Skp1 – F boxSkp2 SCF ubiquitin ligase complex. Nature，416：703-709.

（田世平  刘  嘉）

# 第三节  harpin 对果实采后抗病性的诱导

## 导  言

　　harpin 是革兰氏阴性病原细菌通过Ⅲ型分泌系统产生的一类非特异性蛋白激发子，能诱导植物过敏反应（hypersensitive response，HR）和系统获得抗性（systemic acquired resistance，SAR）。Wei 等（1992）首次从 *Erwina amylovora* 中分离出 harpinEa 蛋白，该蛋白可引起非寄主植物的抗性反应（Peng et al，2003）。根据 *harpN* 基因的同源性，相继从 *E. chrysanthemi* 和 *E. carotovora* 中获得了激发子 harpinE$_{ch}$ 和 harpinE$_{cc}$（Mukherjee et al.，1997）；He 等（1993）从 *Pseudomonas. syringae pv. syringae* 中分离到由 *hrpZ* 基因编码的 *harpinpss*；以 *hrpZ* 为探针，又从丁香假单胞另外两个致病变种 *P. syringae* pv. *tomato* 和 *P. syringae* pv. *glycine* 中分别分离到 harpinPst 和 harpinPsg（Preston et al.，1995）。已报道的部分 harpins 及其编码基因见表2－4－3－1。2001 年美国 Cornell 大学和 EDEN 生物科技公司将 harpinEa 在大肠杆菌（*Escherichia coli*）中表达，研发了新型绿色生物农药，商品名为 Messenger，并已在多个国家进行了注册登记。国内开发的同类产品名为康壮素。

表 2 - 4 - 3 - 1　Harpins 及其编码基因

| 编码基因 | 名称 | 出发菌 | 文献 |
|---|---|---|---|
| *hrpN*$_{Ea}$ | harpin$_{Ea}$ | *E. amylovora* | Wei et al.，1992 |
| *hrpN*$_{Ech}$ | harpin$_{Ech}$ | *E. chrysanthemi* | Bauer et al.，1995 |
| *hrpN*$_{Ecc}$ | harpin$_{Ecc}$ | *E. c. pv. carotovora* | Mukherjee et al.，1997 |
| *hrpZ* | harpin$_{Pss}$ | *P. syringae* pv. *syringae* | He et al.，1993 |
| *hrpZ* | harpin$_{Pss}$ | *P. syringae* pv. *syringae* | Preston et al.，1995 |
| *hrpZ* | harpin$_{Psg}$ | *P. syringae* pv. *glycinea* | Preston et al.，1995 |
| *hrpZ* | harpin$_{Pst}$ | *P. syringae* pv. *tomato* | Preston et al.，1995 |
| *PopA1* | PopA1 | *R. solaniciarium* | Arlat et al.，1994 |
| *hrpA1* | HrpA1 | *X. c. pv. vesicatoria* | Wengelink et al.，1996 |
| *hrpAXoo* | HrfAXoo | *X. o. pv. oryzae* | 闻伟刚和王金生，2001 |
| *hrpAXooc* | HrfAXooc | *X. o. pv. oryziola* | 闻伟刚和王金生，2001 |

harpin 可诱导多种植物产生抗病性，其中对 harpin$_{Ea}$（简称 harpin）的研究较为广泛。据 Dong 等（1999）报道，harpin 可诱导拟南芥对 *P. syringae* pv. *tomato* 和 *P. parasitica* 的抗性；harpin 还可增强番茄对早疫病、烟草对 TMV，以及其他作物的抗病性（Qiu et al.，1997；Wei & Beer，1996）；此外，harpin 还可诱导黄瓜产生系统抗病性（Strobel et al.，1996）。除诱导抗病性外，harpin 还具有诱导植物抗虫和促进植物生长等特点（Qiu et al.，1997）。harpin 对果蔬采后病害抗病性的诱导的研究尚处于初步探索阶段。研究表明，harpin 处理可诱导苹果对 *Penicillium expansum*（de Capdeville et al.，2003）、梨对 *Alternaria alternata*（葛永红等，2004；王军节等，2006）和厚皮甜瓜对主要采后病害的抗病性（Bi et al.，2007a；Wang et al.，2008）。

# 1　harpin 采前处理对果实采后抗病性的诱导

生长期间采用 harpin 进行植株喷洒可诱导产品的采后抗病性。de Capdeville 等（2003）研究发现，在果实采收前 4 天或 8 天，分别选用 20 mg/L、40 mg/L、80 mg/L 的 harpin 溶液对 McIntosh、Empire 和 Delicious 3 个品种的苹果进行树体喷洒，果实贮藏 3 个月后的自然发病率和损伤接种 *P. expansum* 的发病率显著减少。在花期、幼果期、膨大期和网纹形成期用 50 mg/L harpin 对"银帝"甜瓜进行 1～4 次处理，可以有效降低由 *A. alternata* 和 *Fusarium* sp. 引起的果实潜伏侵染。随着处理次数的增加，潜伏侵染率逐渐降低，其中以 4 次处理效果最好（李梅等，2005）（表 2 - 4 - 3 - 2）。用 50 mg/L harpin 采前 4 次处理还可有效降低"银帝"和"黄河蜜"甜瓜果实采后损伤接种 *Trichothecium roseum* 的发病率和病斑直径，果实完全发病的时间也被延迟。观察还发现，对中晚熟品种"黄河蜜"的诱导效果要显著优于中早熟品种"银帝"。由此表明，中晚熟品种比中早熟品种具备更好的诱导潜力（图 2 - 4 - 3 - 1）。

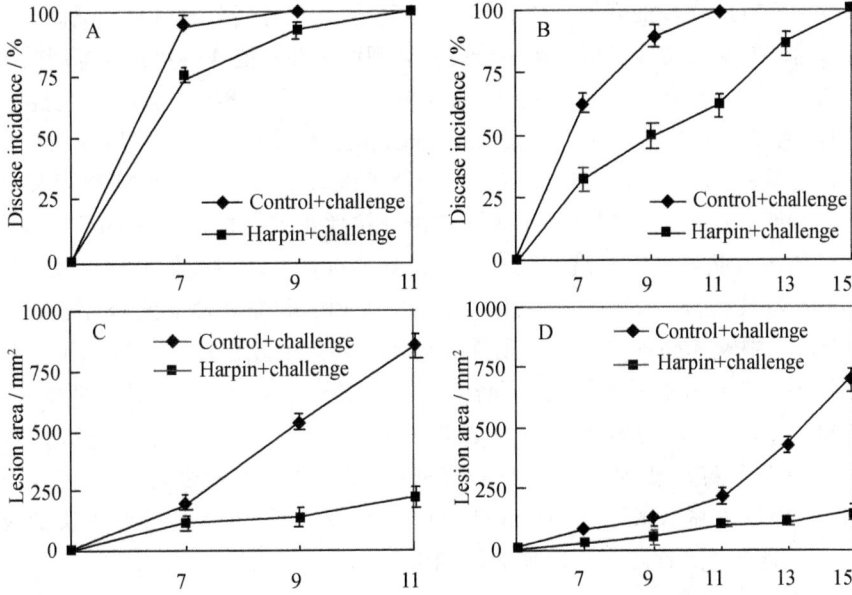

图 2-4-3-1 采前 50 mg/L Harpin 处理对采后甜瓜（A、C 为银帝 B、D 为黄河蜜）果实损伤接种 *T. roseum* 发病率（A、B）和病斑面积（C、D）的影响
（引自：王军节等，2006）

表 2-4-3-2 采前 50 mg/L harpin 处理对"银帝"甜瓜果实
*A. alternata* 和 *Fusarium* sp. 潜伏侵染率的影响（引自：李梅等，2005）

| Harpin 处理次数 | | 幼果期 | | | 膨大期 | | | 网纹形成期 | | | 成熟期 | | |
|---|---|---|---|---|---|---|---|---|---|---|---|---|---|
| | | 顶 | 中 | 底 | 顶 | 中 | 底 | 顶 | 中 | 底 | 顶 | 中 | 底 |
| 0 | *A. alternata* | 6.0ᵃ | 0 | 2.0ᵃ | 3.3ᵃ | 1.1ᵃ | 4.3ᵃ | 26.7ᵃ | 13.3ᵃ | 20.0ᵃ | 65.0ᵃ | 70.0ᵃ | 75.0ᵃ |
| | *Fusarium* sp. | 0 | 0 | 0 | 0 | 0 | 0 | 13.3ᵃ | 3.3ᵃ | 3.3ᵃ | 10.0ᵃ | 15.0ᵃ | 15.0ᵃ |
| 1 | *A. alternata* | 0 | 0 | 2.0ᵃ | 3.3ᵃ | 0 | 3.7ᵃ | 6.7ᵇ | 6.7ᵇ | 6.7ᵇ | 40.0ᵃᵇ | 40.0ᵃᵇ | 65.0ᵃ |
| | *Fusarium* sp. | 0 | 0 | 0 | 0 | 3.3ᵃ | 0 | 4.3ᵃ | 3.3ᵃ | 3.3ᵃ | 10.0ᵃ | 10.0ᵃ | 15.0ᵃ |
| 2 | *A. alternata* | | | | 0 | 0 | 0 | 0 | 3.3ᵇ | 0 | 40.0ᵃᵇ | 40.0ᵃᵇ | 45.0ᵇ |
| | *Fusarium* sp. | | | | 0 | 0 | 0 | 1.1ᵃ | 2.7ᵃᵇ | 3.1ᵇ | 10.0ᵃ | 5.0ᵇ | 10.0ᵃᵇ |
| 3 | *A. alternata* | | | | | | | 0 | 3.3ᵇ | 0 | 15.0ᵇ | 30.0ᵃᵇ | 35.0ᵇ |
| | *Fusarium* sp. | | | | | | | 0.7ᵃ | 1.0ᵃ | 2.3ᵇ | 5.0ᵃᵇ | 5.0ᵃ | 10.0ᵃᵇ |
| 4 | *A. alternata* | | | | | | | | | | 8.0ᵇ | 20.0ᵇ | 25.0ᵇ |
| | *Fusarium* sp. | | | | | | | | | | 0 | 5.0ᵃ | 8.7ᵇ |

注：表中不同字母表示达 5% 显著水平。

## 2 harpin 采后处理对果实抗病性的诱导

采后使用 harpin 溶液浸泡或真空渗透处理也可诱导果实体内的抗病性，从而减轻采后腐烂的发生。de Capdeville 等（2003）发现，采后 harpin 处理的苹果果实无论侵染率还是病斑扩展速度均显著低于对照；50 mg/L harpin 采后真空渗透处理可以明显降低苹果梨损伤接种 *A. alternata* 的发病率和病斑面积（葛永红等，2004；王军节等，2006）。同样，Bi 等（2007a）发现，采用 90 mg/L harpin 浸泡哈密瓜可明显抑制果实损伤接种 *A. alternata*，*Fusarium semitectum* 和 *T. roseum* 病斑直径的扩展，120 mg/L 和 200 mg/L

的更高浓度并没有进一步提高抑制的效果。由此表明，只有当 harpin 达到或高于某一浓度时才能有效启动果实的抗性反应，进一步提高处理浓度并不能获得更好的抑制效果。

采后 harpin 处理不但能诱导果实的局部抗性，还可以诱导果实的系统抗性。Bi 等（2005）将哈密瓜果实的一半用 90 mg/L 的 harpin 进行浸泡处理，然后分别在处理部位和未处理部位接种 *T. roseum*，观察结果显示处理或未处理部分的发病程度都显著低于对照。由此表明，harpin 处理诱导了果实的局部抗性和系统抗性。在对不同品种哈密瓜果实的诱导持续时间观察中发现，harpin 所诱导的抗性持续时间依品种以及处理面和非处理面不同而存在差异，对中早熟品种"皇后"处理面和非处理面的诱导有效期分别为 5 天和 3 天，对中晚熟品种"8601"则为 8 天和 6 天。由此也进一步说明了中晚熟品种比中早熟品种具备更好的诱导潜力。同样，用 50 mg/L harpin 浸泡处理"银帝"甜瓜，然后损伤接种 *T. roseum* 也得到类似的结果（Wang et al.，2008）。harpin 处理的时间依赖反应表明，果实在处理之后需要一定的时间来启动和增强防卫反应（Brisset et al.，2000）。对厚皮甜瓜来说，harpin 处理后常温条件下 2～4 天可使果实的防卫反应达到最大，一周以后这种防卫反应便逐渐消失。

## 3　harpin 诱导采后抗病性的机制

harpin 处理可以通过增强组织的抗病性、活化抗性酶、积累抗性物质以及调节活性氧代谢对采后病害的发生和发展产生抑制。

### 3.1　增强组织抗性

harpin 处理能增强组织的结构抗性。采前 50 mg/L harpin 处理能诱导"银帝"和"黄河蜜"甜瓜果实体内富含羟脯氨酸糖蛋白（HRGP）与木质素的积累，提高果实细胞壁的厚度和致密度（图 2 - 4 - 3 - 2）。木质素含量的增加在植物的抗病防卫反应起着十分重要的作用（Sicher et al.，1997）。HRGP 可作为凝集素将病原菌固定在细胞壁上，阻止病原菌的入侵和扩散，同时可作为木质素沉积的位点和结构屏障在植物的抗病反应中发挥作用。木质素的增加则可以提供一种有效的物理屏障作用，保护细胞免受病原菌的侵染（Beardmore et al.，1983）。

### 3.2　活化抗性酶、积累抗性物质

harpin 处理可明显提高果实体内氧化酶的活性。采后 harpin 处理明显提高了哈密瓜和苹果梨果实体内的过氧化物酶（POD）的活性（Bi et al.，2005，2007a；王军节等，2006）。Wang 等（2008）发现，50 mg/L harpin 采后处理"银帝"甜瓜，提高了果实体内 POD 同工酶的活性，但未见增加新的同工酶带（图 2 - 4 - 3 - 3）。采前 harpin 处理能促进甜瓜果实体内 POD 和多酚氧化酶（PPO）的活性增强（王军节等，2006）。POD 可催化酚类前体聚合为木质素，催化富含羟脯氨酸糖蛋白（HRGP）高级结构的形成，起到加固植物细胞壁，抵抗病原物入侵的作用，另外它也是细胞内活性氧清除酶之一，避免活性氧的产生和积累（Chittoor et al.，1999）。PPO 可将酚类物质氧化成高毒性的醌类物质从而可对入侵病原物进行毒杀（Mohammadi & Kazemi，2002；Nicholson et al.，1992）。

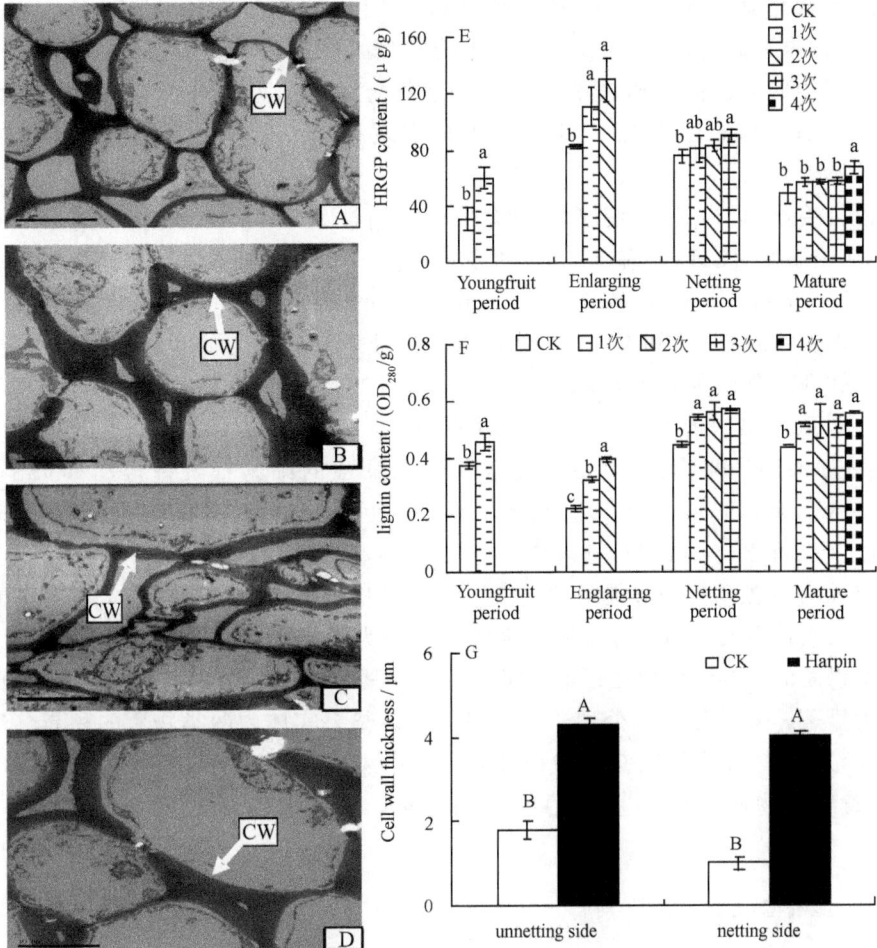

图 2-4-3-2 采前 50 mg/L harpin 处理对"银帝"甜瓜果实富含羟辅氨酸糖蛋白和
木质素含量以及对甜瓜果皮超微结构的影响

A、B、C、D 为 harpin 4 次处理对甜瓜果皮细胞超微结构的影响（3000 倍）：A 为无网纹 CK、B 为无网纹
harpin、C 为网纹 CK、D 为网纹 harpin、E、F 为采前 harpin 处理对果实木质素和富含羟辅氨酸糖蛋白
含量的影响、G 为采前 harpin 4 次处理对果皮细胞壁厚度的影响（15 000 倍）

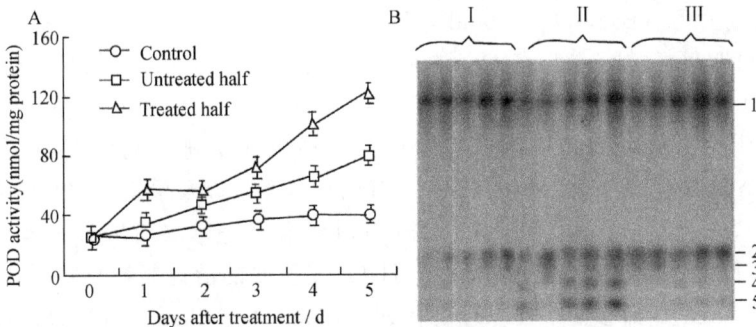

图 2-4-3-3 50 mg/L harpin 采后处理对"银帝"甜瓜果实 POD 活性及其同工酶的影响
A. 对 POD 酶活性的影响；B. 对 POD 同工酶的影响。Ⅰ. 对照，Ⅱ. 处理面，Ⅲ. 未处理面（Ⅰ、Ⅱ、
Ⅲ从左至右条带分别为处理后第 1 天至第 5 天 POD 同工酶）

（引自：Wang et al.，2008）

苯丙烷代谢途径是一条重要的产生抗菌物质的途径（Kombrink & Somssich，1995）。苯丙氨酸解氨酶（PAL）、查耳酮合成酶（CHS）和查尔酮异构酶（CHI）是该代谢途径中的关键酶和限速酶。因此，这些酶活性的高低直接与植物的抗性强弱密切相关（Hutcheson，1998）。harpin处理有效提高了厚皮甜瓜果实体内上述酶的活性。

病程相关蛋白（PRs）是植物系统获得抗病性（SAR）的标志（Sticher et al.，1997）。几丁质酶（CHT）和$\beta$-1,3-葡聚糖酶（GLU）是研究诱导抗病性过程中常用的指标（Hammerschmidt，1999）。50 mg/L harpin采前处理可提高"银帝"和"黄河蜜"甜瓜果实体内GLU和CHT活性，虽然最佳诱导时期与品种以及酶的种类有关，但总体是处理次数越多诱导越明显（王军节等，2006）。此外，采后harpin处理后哈密瓜和厚皮甜瓜果实中的CHT活性也被明显增强（Bi et al.，2005，2007a；Wang et al.，2008）。GLU和CHT主要通过水解病原真菌的细胞壁发挥作用（Van Loon，1997；Shewry & Lucas，1997）。此外，这类酶也可通过释放出非专化性激发子间接诱导抗病性（Yoshikawa et al.，1993）。

采前harpin处理可明显提高"银帝"甜瓜果皮中的酚类物质含量，而对黄酮类物质的作用只表现在成熟期，且4次处理的效果最为明显；而harpin对"黄河蜜"甜瓜的黄酮类物质的诱导可体现在每个时期的多次处理，对酚类物质的诱导以成熟期的4次处理最为显著，采后harpin处理还可以促进苹果梨果实体内酚类物质的积累（王军节等，2006）。酚类物质可以氧化成醌类物质，直接抑制病原真菌（Nicholson et al.，1992），黄酮类物质是一类重要的植物保卫素，也可以直接致死病原菌（王金生，2001）。

## 3.3　影响活性氧代谢体系

活性氧（ROS，reactive oxygen specy）的产生是非亲和性植物寄主-病原物互作过程中发生的早期事件之一。一般认为过敏性反应（hypersensitive response，HR）与植物体内ROS积累有关（Lamb & Dixon，1997）。ROS的产生与细胞质膜透性变化和脂质过氧化反应紧密关联，是细胞产生过敏性坏死的直接原因。病原菌侵入后，植物组织迅速出现ROS进发，大量形成ROS，主要包括超氧阴离子（$O_2^-$）、羟自由基（$OH^-$）和过氧化氢（$H_2O_2$）等（Baker & Orlandi，1995）。

harpin处理可明显促进哈密瓜$H_2O_2$和$O_2^-$含量的提高，诱导果实的超氧化物歧化酶（SOD）、POD、和谷胱甘肽还原酶（GR）活性的增加，降低过氧化氢酶（CAT）和抗坏血酸过氧化物酶（APX）活性。但harpin处理未能明显影响果实的抗坏血酸（AsA）、还原型谷胱甘肽（GSH）和丙二醛（MDA）含量，以及果实细胞膜的完整率。王军节等（2006）研究发现，采前harpin处理可以明显促进厚皮甜瓜果实体内$H_2O_2$的积累，提高SOD活性，并降低CAT活性。$H_2O_2$是重要的活性氧种类之一，植物体内许多酶如CAT和SOD都参与了$H_2O_2$的代谢（Baker & Orlandi，1995），$H_2O_2$的积累对果实抗病性的诱导非常重要，积累的$H_2O_2$可能作为信号分子诱导果实一系列抗性代谢的增强。ROS既可能作为信号分子发挥作用，也可能参与了果实侵染点附近的木质化。抗氧化酶活性的变化及抗氧化剂水平的升高表明果实体内存在着一套复杂而又精细的系统控制着 ROS 的合成、积累和消除（Baker & Orlandi，1995）。

## 4 展望

　　作为一种有效的生物诱抗剂，harpin 可通过激发果蔬体内的局部和系统防卫反应实现对采后病害的控制。但其处理效果还非常有限，远不及化学杀菌剂。目前已报道的供试的材料仅仅局限于苹果、梨和甜瓜等几种产品，对影响处理效果的诸多因素以及诱导抗性的机制仍缺乏系统而又深入的了解。因此，要提高 harpin 处理的效果，还需考虑与其他处理方法的结合，如与杀菌剂结合（Keinath et al.，2007）。还需要进一步扩大处理产品和病害的试验范围，筛选处理浓度、方法和影响处理效果的采前和采后关键因素，深入探讨诱导抗性的作用机理，延长诱导周期，评价处理对产品品质和货架期的影响（Bi et al.，2007b）。近年来，一些研究者试图通过基因工程技术构建高效表达系统来获得新型 harpin 蛋白（何丹等，2008），启发我们去直接提取相应 harpin 蛋白或构建含有该基因的基因工程菌进行抗性蛋白生产；或将该 *hrp* 基因转到相应果蔬中产生能自身分泌该 harpin 蛋白的转基因生物。同其他采后处理方法相比，harpin 处理具有简便、安全、广谱、持效性长的特点。将有望成为减少采后腐烂、延长采后寿命的一项新技术。

## 参 考 文 献

葛永红，李轩，李梅，等．2004．采后 Harpin 处理对损伤接种苹果梨黑斑病的影响．甘肃农业大学学报，39（1）：22-24.

李梅，毕阳，葛永红，等．2005．采前 Harpin 处理对"银帝"甜瓜潜伏侵染的影响．甘肃农业大学学报，40（2）：153-156.

王金生．2001．分子植物病理学．北京：中国农业出版社．

王军节，王毅，葛永红，等．2006．采后 Harpin 处理对苹果梨黑斑病的抑制及抗性酶的诱导．甘肃农业大学学报，41（5）：114-117.

闻伟刚，王金生．2001．水稻白叶枯菌 harpin 基因的克隆与表达．植物病理学报，31（4）：295-300.

Arlat M F，Van Gijsegem，Huet J C，et al. 1994. PopA1，a protein which induces a hypersensitive - like response on specific petunia genotypes，is secreted via the Hrp pathway of *Pseudomonas so-lanacearum*. *EMBO Journal*，13：543-553.

Baker C J，Orlandi E W. 1995. Active oxygen in plant pathogenesis. *Annual Review of Phytopathology*，33：299-321.

Bauer D W，Wei Z M，Beer S V，et al. 1995. *Erwinia chrysanthemi* harpin$_{Ech}$：an elicitor of the hyper-sensitive response that contributes to soft - rot pathogenesis. *Molecular Plant - Microbe Interactions*，8：484-491.

Beardmore J，Ride J P，Granger J W. 1983. Cellular lignification：a factor in the hypersensitive resistance of wheat to stem. *Physiological and Molecular Plant Pathology*，22：209-220.

Bi Y，Ge Y H，Guo Y R，et al. 2007a. Postharvest Harpin treatment suppressed decay and induces the accumulation of defense - related enzymes in Hami melons. *Acta Horticulturae*，731：439-449.

Bi Y，Tian S P，Zhao J，Ge Y H. 2005. Harpin induces local and systemic resistance against *Trichothe-rium roseum* in harvested Hami melons. *Postharvest Biology and Technology*，38：183-187.

Brisset M N，Cesbron S，Thomson S V，et al. 2000. Acibenzolar - S - methyl induces the accumulation of defense – related enzymes in apple and protects from fire blight. *European Journal of Plant Pathology*，106：529-536.

Chittoor J M，Leach J E，White F F. 1999. Induction of peroxidase during defense against pathogen. *In*：Datta S K，Muthukrishnan S. Pathogensis：Related Proteins in Plants. Boca Raton，FL：CRC Press. 291.

De Capdeville G，Beer S V，Watkins C B，et al. 2003. Pre – and postharvest harpin treatments of apples induced resistance to blue mold. *Plant Disease*，89：39-44.

Dong H，Delaney T P，Bauser D W，et al. 1999. Harpin induced disease resistance in Arabidopsis through the systemic acquired resistance pathway mediated by salicylic acid and the NIM1 gene. *Plant Journal*，20：207-215.

Hammerschmidt R. 1999. Induced disease resistance：how do induced plants stop pathogens? *Physiological and Molecular Plant Pathology*，55：77-84.

He S Y，Huang H C，Collmer A. 1993. *Pseudomonas syringae pv. syringae* harpinPss：a protein that is secreted via the Hrp pathway and elicits the hypersensitive response in plants. *Cell*，73：1255-1266.

Hutcheson S W. 1998. Current concepts of active defense in plants. *Annual Review of Phytopathology*，36：59-90.

Keinath. A P，Holmes G J，Everts K L，et al. 2007. Evaluation of combinations of chlorothalonil with azoxystrobin，harpin，and disease forecasting for control of downy mildew and gummy stem blight on melon. *Crop Protection*，6：83-88.

Kombrink E，Somssich I E. 1995. Defense responses of plant to pathogens. *Advances in Botanical Research*，21：1-34.

Lamb C，Dixon R A. 1997. The oxidative burst in plant disease resistance. *Annual Review of Plant Physiology and Plant Molecular Biology*，48：251-275.

Mohammadi M，Kazemi H. 2002. Changes in peroxidase and polyphenol oxidase activities in susceptible and resistant wheat heads inoculated with *Fusarium graminearum* and induced resistance. *Plant Science*，162：491-498.

Mukherjee A，Cui Y，Liu Y，et al. 1997. Molecular characterization and expression of the *Erwinia carotovora hrpN*$_{Ecc}$ gene，which encodes an elicitor of the hypersensitive reaction. *Molecular Plant – Microbe Interactions*，10：462-471.

Nicholson R L，Hammerschmidt R. 1992. Phenolic compounds and their role in disease resistance. *Annual Review of Phytopathology*，30：369-389.

Peng J L，Dong H S，Dong H P，et al. 2003，Harpin – elicited hypersensitive cell death and pathogen resistance require the NDR1 and EDS1 genes. *Physiological and Molecular Plant Pathology*，62：317-326.

Preston G，Huang H C，He S Y，et al. 1995. The HrpZ proteins of *Pseudomonas syringae* pvs. *syringae*，*glycinea*，and *tomato* are encoded by an operon containing *Yersinia ysc* homologs and elicit the hypersensitive response in tomato but not soybean. *Molecular Plant – Microbe Interactions*，8：717-732.

Qiu D，Wei Z M，Bauer D W，et al. 1997. Treatment of tomato seeds with harpin enhances germination and growth and induces resistance to *Ralstonia solanacearum*. *Phytopathology*，87：S80.

Shewry P R，Lucas J A. 1997. Plant proteins that confer resistance to pests and pathogens. *Advances in Botanical Research*，26：135-192.

Sticher L，Mauch – Mani B，Métraux J P. 1997. Systemic acquired resistance. *Annual Review of Phyto-*

*pathology*，35：235-270.

Stroble R N，Gopalan J S，Kuc J A，et al. 1996. Induction of systemic acquired resistance in cucumber by *Pseudomonas syringae pv. syringae* 61 HrpZ$_{Pss}$ protein. *Plant Journal*，9：431-439.

Van Loon L C. 1997. Induced resistance in plants and the role of pathogenesis – related proteins. *European Journal of Plant Pathology*，103：753-765.

Wang Y，Li X，Bi Y，et al. 2008. Postharvest ASM or harpin treatment induce resistance of muskmelons against *Trichothecium roseum*. *Agricultural Sciences in China*，7：217-223.

Wei Z M，Beer S V. 1996. Harpin from Erwinia amylovora induces plant resistance. *Acta Horticulturae*，411：223-225.

Wei Z M，Laby R J，Zumoff C H，et al. 1992. Harpin，elicitor of the hypersensitive response produced by the plant pathogen *Erwinia amylovora*. *Science*，257：85-88.

Wengelnik K，Marie C，Russel M，et al. 1996. Expression and localization of HrpA1, a protein of *Xanthomonas campestris* pv. *vesicatoria* essential for pathogenicity and induction of the hypersensitive reaction. *Journal of Bacteriology*，178：1061-1069.

Yoshikawa M，Tsuda M，Takeuchi Y. 1993. Resistance to fungal disease in transgenic tobacco plants expressing the phytoalexin elicitor – releasing factor，β – 1，3 – glucanase，from soybean. *Naturwissenschaften*，80：417-420.

（毕　阳　王军节）

# 第四节　BTH 处理对采后病害的抗性诱导

## 导言

BTH 是第一个人工合成并且商品化的化学诱抗剂。中文通用名为活化酯，英文通用名 ASM（acibenzolar – S – methyl），商品名有 Bion、Unix Bion 和 Actigard，化学名称为 S -甲基苯并 [1,2,3] 噻二唑 – 7 -硫代羧酸酯（1,2,3 – benzothiadiazole – 7 – carbothioic acid S – methyl ester，BTH）（图 2 – 4 – 4 – 1）。

图 2 – 4 – 4 – 1　S -甲基苯并 [1,2,3] 噻二唑 – 7 -硫代羧酸酯（BTH）的化学结构

BTH 对病原菌生长繁殖不具有直接的抑制作用，而是通过激活植物抗性来增强植物对病原菌侵染的抵抗能力，可有效地减轻小麦（Görlach et al.，1996）、豌豆（Dann & Deverall，2000）、马铃薯（Bokshi et al.，2003）、番茄（Soylu et al.，2003）、烟草（Pappu et al.，2000）、花椰菜（Ziadi et al.，2001）、辣椒（Buonaurio et al.，2002）、黄瓜（Cools & Ishii，2002）和甜瓜（Smith – Becker et al.，2003）等多种作物的田间病害。BTH 也可用于果蔬采后抗病性的诱导和病害的控制（Terry & Joyce，2004；Bi et al.，2007）。

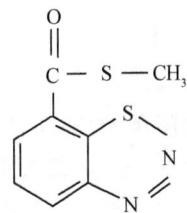

## 1 BTH 处理对采后抗病性的诱导

### 1.1 采前处理

采前田间喷施 BTH 能有效抑制果蔬采后病害的发生。在开花初期和座果期两次喷施 75 $\mu g/mL$ BTH 能有效防治甜瓜白粉病和细菌性角斑病，降低果实采后病害的发生率（王伟等，2000）。在甜瓜开花前叶面喷施 50 mg/$\mu L$（a.i）BTH 能明显减少由 *Fusarium* spp.、*Alternaria* spp. 和 *Rhizopus* spp. 引起的甜瓜采后病害。采前 1 天或采前 1 周时喷施 100 mg/$\mu L$ BTH 可明显减少由 *F. semitectum* 和 *Trichothecium roseurn* 引起的甜瓜白霉病和粉霉病（葛永红等，2006）。采前多次叶面喷施 0.25～2.0 mg/L BTH 有效地减少了草莓的采后灰霉病（*Botrytis cinerea*）（Terry & Joyce，2000）。自花后一个月开始，每月喷施一次 75 mg/$\mu L$ BTH，共喷洒 3 次，能有效降低鸭梨采后的青霉病（*Penicillium expansum*）和黑斑病（*Alternaria alternata*）（Cao & Jiang，2006）。张正科（2006）发现，在花期、幼果期、膨大期和网纹形成期用 100 mg/$\mu L$ BTH 对甜瓜进行 4 次处理，可以有效降低由 *A. alternata* 和 *Fusarium* sp. 引起的果实潜伏侵染。此外，BTH 采前处理还可减轻马铃薯（Bokshi et al.，2003）和西番莲（Willingham et al.，2002）的采后病害。使用 100 mg/$\mu L$ BTH 处理出芽 30 天后的马铃薯植株，成功诱导了马铃薯块茎采后对 *Fusarium* spp. 侵染的抗性。然而，处理出芽 60 天的植株未能诱导出显著的块茎抗性（Bokshi et al.，2000）。由此表明，采前 BTH 诱导果蔬采后抗病性的效果与果蔬的生长发育阶段、BTH 喷施时机和次数密切相关。

### 1.2 采后处理

BTH 采后处理可有效控制多种果实病害的发生。采用 0.5 mmol/L BTH 浸泡处理能有效减轻鸭梨果实青霉病（*P. expansum*）和黑霉病（*A. alternata*）的病害扩展。但是，随着 BTH 处理浓度的增加，果实的抗病性并没有得到进一步增强（Cao et al.，2005）。麻宝成和朱世江（2006）研究发现，采后 BTH 喷雾处理可明显抑制香蕉果实的炭疽病（*Colletotrichum musae*）和贮藏期间的腐烂。当 BTH 处理浓度高于 0.05 mmol/L时即可显著降低果实的病情指数，但是，当处理浓度增加 10 倍达到 0.5 mmol/L时，抑制效果并没有进一步增加。同样，Bi 等（2006）发现，采后 200 mg/L BTH 浸泡处理可明显抑制哈密瓜果实 *A. alternata*，*F. semitectum* 和 *T. roseum* 病斑的扩展，而 300 mg/L BTH 并没有进一步提高抑制作用。因此，BTH 可能是通过启动果实的抗性系统来增强果实对病原菌侵染的抵抗能力。并且，只有当 BTH 浓度达到或高于某一程度时才能有效启动果实诱导抗性机制。然而，果实诱导抗性机制一旦启动后，诱导抗性的强度并不随着 BTH 处理浓度的提高而得到进一步的增强。

目前的研究表明，采后 BTH 处理能有效诱导不同果实抗病性的浓度差别较大。采后 200 mg/L BTH 浸泡处理能够有效减轻桃果实采后 *P. expansum* 病斑的扩展（Liu et al.，2005）；1 mmol/L BTH 真空渗透处理能有效抑制芒果的炭疽病（*C. gloeosporioides*）

（Zhu et al.，2008）。Iriti 等（2007）在采后 1 周内对番茄每隔 1 天喷施一次 0.3 mmol/L BTH 溶液，在处理第 3 次后的第 3 天对果实损伤接种 B. cinerea，发现 BTH 处理有效抑制了灰霉病的发生。采后 500 $\mu$g/mL BTH 处理可以有效地抑制常温下苹果接种 P. expansum 和 B. cinerea 的病害发展，并在一定程度上降低低温下这两种病害的发生（Spadaro et al.，2004）。采后 100 mg/L BTH 处理也可以有效减轻由 A. alternata、R. stolonifer 和 T. roseurn 等病原菌引起的甜瓜采后病害（Wang et al.，2008；葛永红和毕阳，2008）。

采后 BTH 处理不但能诱导果实的局部抗性，还可以诱导果实系统抗性。Wang 等（2008）将甜瓜果实的一半用 100 mg/L BTH 浸泡处理，然后在处理部位和未处理部位分别接种 T. roseum 后发现，处理或未处理部分的发病程度都显著低于对照（整个果实都未经任何处理）。由此可见，BTH 处理诱导了果实的系统抗性。这种增强作用不仅表现在 BTH 处理对未接种果实抗性的系统诱导，也表现在病原菌接种后 BTH 处理果实的抗性增强。

### 1.3 诱导抗病性的持续时间

BTH 诱导的抗病性具有持续时间长的特点。BTH 采前处理所诱导的植株对病原菌和病毒侵染的抗性可持续 12～30 天或更久（Smith‐Becker et al.，2003；Bokshi et al.，2003）。Görlach 等（1996）报道，田间喷施 1 次 BTH（30 g BTH/hm²）能够诱导小麦抗病性维持一个生长季。喷施 2 或 3 次 BTH 能有效控制整个生长期间甜瓜（Smith‐Becker et al.，2003）、马铃薯（Bokshi et al.，2003）和花椰菜（Godard et al.，1999）等作物的田间病害。在生长的早期喷施 BTH 能够对作物产生更加有效和更长时间的保护作用（Bokshi et al.，2003）。由此表明，植物的抗病性一旦被诱导，即使在缺少诱导信号的情况下也能存在较长时间（Sticher et al.，1997）。

BTH 处理也可诱导果实的持久抗病性。在生长发育期间经喷施 BTH 的鸭梨幼果形成的较高强度抗性，可以持续到果实采收以后，从而抑制贮藏过程中果实的自然腐烂和一些生理代谢紊乱，提高果实的贮藏特性和商品品质（Cao & Jiang，2006）。Huang 等（2000）发现，开花前用 BTH 处理甜瓜植株，可明显减少果实采后病害的发生。采后 BTH 处理对果实产生的保护作用也能持续较长时间。鸭梨果实经 BTH 处理并贮藏 15 天后再接种病原菌，仍能观察到 BTH 处理对病害的抑制作用（Cao et al.，2005）。采后 BTH 诱导的"皇后"和"8601"哈密瓜果实对 T. roseum 的抗性能在常温贮藏条件下分别持续 7 天和 10 天（Bi et al.，2006）。这种持久的抗病性对采后病害的防治具有重要意义。

## 2 BTH 诱导果实采后抗病性的机制

### 2.1 组织抗性增强

表皮组织是果实抵抗病原菌侵染的重要屏障。BTH 处理能引起果实表皮结构和细胞显微结构的变化，增强果实的组织抗性。木质素含量增加是 BTH 处理引起果蔬表皮结构变化的主要因素。经 BTH 处理的桃果实木质素和绿原酸含量明显高于对照（图 2 - 4 - 4 - 2）。

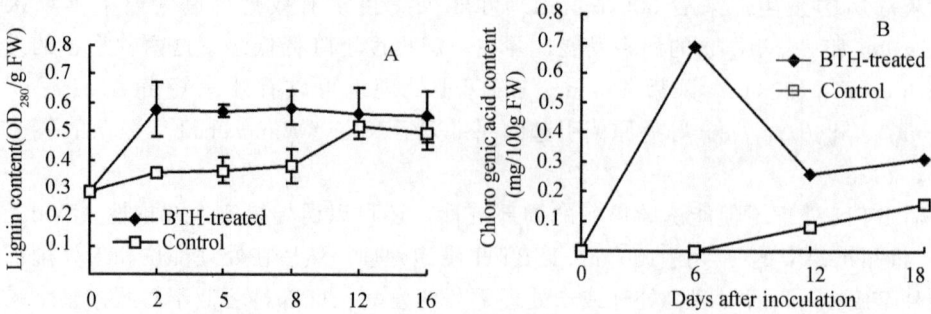

图 2 - 4 - 4 - 2　采后 200 mg/L BTH 处理对损伤接种 *Penicillium expansum*
桃果实木质素（A）和绿原酸（B）含量的影响

（引自：Liu et al.，2005）

显微观察表明，网纹形成期经 100 mg/L BTH 处理的"银帝"甜瓜果实表皮细胞间隙填充了大量的木质素和胼胝质，细胞排列更为紧密。采前 BTH 处理的"银帝"和"黄河蜜"甜瓜果实果皮角质层比对照明显增厚，表皮细胞和薄壁细胞的排列更为紧密且细胞壁加厚。采前喷施 BTH 还能促进果实体内总酚、类黄酮、富含羟脯氨酸糖蛋白（hydroxyproline - rich glycoprotein，HRGP）等抗性相关物质含量的提高。

### 2.2　提高抗性酶活性

BTH 能诱导病程相关蛋白（pathogenesis - related protein，PR），如几丁质酶（chitinase，CHT）（PR - 3）和 $\beta$ - 1,3 - 葡聚糖酶（$\beta$ - 1,3 - glucanase，GLU）（PR - 2）的表达，使植物产生系统获得抗病性（systemic acquired resistance，SAR）（Görlach et al.，1996；Wendehenne et al.，1998）。喷施 BTH 能够诱导甜瓜叶片 CHT 活性快速、急剧地升高（张咏梅等，2005；Smith - Beckera et al.，2003）。BTH 处理马铃薯叶片可使块茎表达较强的 GLU 活性，这种 GLU 活性可维持到处理后 30 天以上（Bokshi et al.，2003）。

采前喷施 BTH 能诱导厚皮甜瓜果实 GLU 和 CHT 活性的增强。在花后一个月时喷施 75 mg/L BTH，可以诱导鸭梨幼果果实 CHT 和 GLU 活性显著升高，使果实在生长过程中形成较强的抗性。每月喷施一次，共喷施 3 次 BTH 的鸭梨果实在采收和采后贮藏过程中具有较高的 CHT 和 GLU 活性。因此，采前喷施 BTH 可使果实在生长期间形成的抗性可一直持续到采收以后（Cao & Jiang，2006）。

CHT 和 GLU 可能直接参与了果实的抗病反应和系统抗性的建立。经 BTH 处理的果实接种 *P. expansum* 后 CHT 和 GLU 活性显著提高（图 2 - 4 - 4 - 3）。采后 BTH 处理能提高接种或不接种 *Colletotrichum musae* 香蕉果实的 CHT 和 GLU 活性（麻宝成和朱世江，2006）。Wang 等（2008）研究表明，采后 BTH 处理既能诱导甜瓜果实处理部位 CHT 活性升高，也能诱导果实上未处理部位 CHT 的活性上升。此外，采后 BTH 处理可诱导贮藏期间鸭梨（曹建康和姜微波，2005）、芒果（Zhu et al.，2008）和香蕉（麻宝成和朱世江，2006）CHT 和 GLU 活性增强，从而增强果实抗性，有效地降低果实的病害。

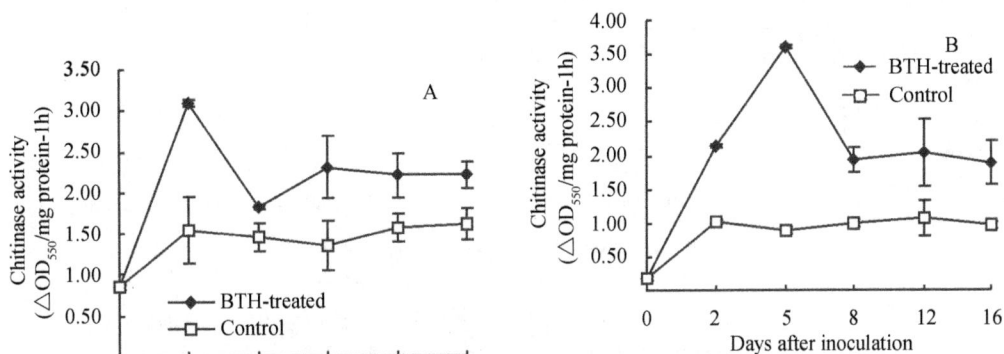

图 2-4-4-3　采后 200 mg/L BTH 处理对损伤接种 *Penicillium expansum*

桃果实几丁质酶（A）和 $\beta$-1,3-葡聚糖酶（B）活性的影响

（引自：Liu et al.，2005）

### 2.3　活化苯丙烷代谢

BTH 增强抗病性可能与激活 *pal* 基因表达、增强苯丙烷代谢有关（Latunde-Dada & Lucas，2001）。研究表明，当苯丙烷代谢关键酶——苯丙氨酸解氨酶（phenylalanine ammonia-lyase，PAL）的活性受到抑制时，BTH 诱导的植株抗病性显著降低。由此表明，PAL 在 BTH 诱导的抗性形成中具有重要作用（Stadnik & Buchenauer，2000）。BTH 处理可以有效诱导甜瓜生长发育和采后期间果实体内苯丙烷代谢活性的增强（Ge et al.，2008）。在花后一个月时喷施 75 mg/L BTH 显著提高了鸭梨幼果的 PAL 活性。经多次采前处理的鸭梨果实在采后期间仍具有较高的 PAL 活性（Cao & Jiang，2006）。此外，采后 BTH 处理也能增强鸭梨果实的 PAL 活性（曹建康和姜微波，2005）。

无论采前还是采后处理，BTH 均能明显诱导植株或果实体内的过氧化物酶（peroxidase，POD）活性。采前喷施 BTH 的甜瓜叶片在白粉菌（*S. cucurbitae*）孢子侵染后，POD 活性明显升高（张咏梅等，2005）。损伤接种 *P. expansum* 后经 BTH 处理的鸭梨果实 PAL 和 POD 活性进一步增强（图 2-4-4-4）（Cao et al.，2005）。采后 BTH 处理也能提高接种和未接种 *C. gloeosporioides* 香蕉果实中 PAL 和 POD 活性（麻宝成和朱世江，2006）。采后甜瓜经 BTH 处理后，同一果实处理和未经处理的部位 POD 活性都高于对照果实（Wang et al.，2008）。此外，采后 BTH 处理可有效提高贮藏过程中桃（Liu et al.，2005）、芒果（Zhu et al.，2008）和甜瓜（Bi et al.，2007）等果实 PAL 和 POD 活性。BTH 处理还能增强其他苯丙烷代谢相关酶的活性。例如，处理显著诱导了甜瓜果实的 4-香豆素-辅酶 A 连接酶（4-Coumarate：Coenzyme A Ligase，4CL）活性。

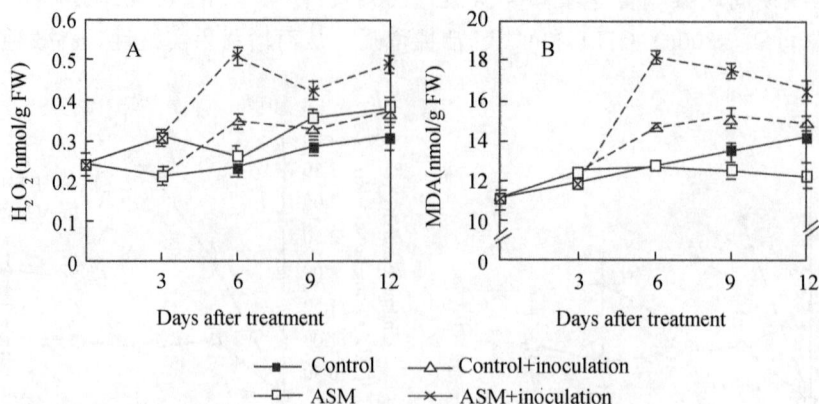

图 2-4-4-4　采后 0.5 mmol/L BTH 处理对损伤接种 *Penicillium expansum*
鸭梨果实 POD（A）和 PAL（B）活性的影响

（引自：Cao et al.，2005）

### 2.4　抗性物质的积累

Katz 等（1998）研究发现，BTH 能诱导欧芹细胞中香豆素等植保素含量的增加，香豆素合成的增强与编码 PAL 基因的诱导表达有关。采前 BTH 处理能使甜瓜果实果皮中抑菌物质的含量明显增加。采后 BTH 处理能够促进贮藏期间桃（Liu et al.，2005）、鸭梨（曹建康和姜微波，2005；Cao et al.，2005）和芒果（Zhu et al.，2008）等果实体内多酚和类黄酮物质的明显积累。

### 2.5　影响活性氧代谢体系

$H_2O_2$ 的快速积累是植物—病原菌互作过程中出现的早期事件之一（Baker & Orlandi，1995）。BTH 能抑制两种重要的 $H_2O_2$ 清除酶——过氧化氢酶（catalase，CAT）和抗坏血酸过氧化物酶（ascorbate peroxidase，APX）的活性，使组织中 $H_2O_2$ 快速积累，并作为信号分子激活植物抗病相关基因的表达和 SAR 的形成（Wendehenne et al.，1998）。

采前 BTH 处理可抑制 CAT 和 APX 活性，提高鸭梨幼果果实 $H_2O_2$ 含量，促使果实在发育过程中形成较强的抗性系统（Cao & Jiang，2006）。采后 BTH 处理既能抑制果实 CAT 活性，促进 $H_2O_2$ 水平的提高（Zhu et al.，2008），也能提高果实超氧化物歧化酶（SOD）活性，促进 $H_2O_2$ 快速而暂时性的上升（Liu et al.，2005）。然而，在病原菌侵染后，采后 BTH 处理能诱导香蕉（麻宝成和朱世江，2006）和鸭梨（Cao et al.，2005）果实 CAT 活性的升高。由此表明，病原物侵染可在一定程度上消除 BTH 处理所诱导的 $H_2O_2$ 作用。

脂质过氧化反应也可导致 $H_2O_2$ 的大量积累和抗病性的诱导（Baker & Orlandi，1995）。丙二醛（malondialdehyde，MDA）是细胞质膜和生物膜系统中脂质过氧化的主要产物，对病原菌具有毒性。经 BTH 处理鸭梨果实在接种 *P. expansum* 后，病斑组织周围 MDA 和 $H_2O_2$ 的迅速积累表明脂质过氧化反应参与 BTH 诱导的果实抗病性（图 2-4-4-5）。脂质过氧化作用可通过 MDA 和 $H_2O_2$ 抑制病原菌的侵染，或通过 $H_2O_2$

信号传递途径诱导果实系统抗性 （Cao et al.，2005）。

BTH 诱导的 $H_2O_2$ 积累主要发生在处理后较短的时间内，在随后长期的贮藏过程中，处理果实中的 $H_2O_2$ 含量逐渐与对照一致，甚至低于对照（Zhu et al.，2008）。因此，$H_2O_2$ 可能是 BTH 启动果实系统抗性反应的信号分子（Wendehenne et al.，1998）。果实还可通过其他代谢途径清除体内过度积累的 $H_2O_2$，以防止 $H_2O_2$ 对果实自身造成的伤害。

## 3 展望

利用诱导抗病性增强果蔬对采后病害的抵抗能力，是一种通过激发果蔬自身防御系统防治病害的方法（Terry & Joyce，2004）。BTH 可诱导果蔬体内的抗病性，实现对多种果蔬采后病害的控制（Bi et al.，2007），达到同时防治多种病原物侵染的目的（Sticher et al.，1997）。BTH 也可增强果实对多种逆境胁迫的抗性，并在一定程度上改善果实的贮藏品质。例如，明显提高番茄红素的含量（Iriti et al.，2007）；维持桃果实的可溶性固形物、可溶性果胶、抗坏血酸和还原型谷胱甘肽含量（Liu et al.，2005）。因此，作为一种抗菌谱广、持效期长、效果良好的化学诱抗剂，BTH 在果实采后病害的控制方面具有广阔的应用前景。

由于 BTH 使用浓度较低，一般在 100 mg/L 左右，因此残留量很低（Buonaurio et al.，2002）。卫生学和毒理学研究表明，BTH 对兔眼睛和皮肤无刺激、无致畸、无致突变和致癌作用。BTH 诱导的抗病性具有高度的生物安全性（Edreva，2004），可有效减少化学杀菌剂的使用量，部分替代杀菌剂对采后病害的控治。

BTH 单独处理仍难以像杀菌剂那样高效地控制果蔬采后病害。因此，需要考虑BTH 与其他采前和采后处理措施的结合，筛选处理浓度、方法和影响处理效果的采前和采后关键因素，深入探讨诱导抗性的作用机制及其对果蔬品质及成熟的影响。

## 参 考 文 献

曹建康，姜微波.2005.采后 ASM 诱导处理对鸭梨果实黑霉病的控制.园艺学报，32（5）：783-787.

葛永红，毕 阳，杨冬梅.2006.诱抗剂处理对"银帝"甜瓜采后粉霉病和黑斑病的抑制效果.食品科学，27（1）：246-249.

葛永红，毕阳.2008.苯丙塞重氮结合枯草芽孢杆菌 B1 处理对甜瓜采后主要病害的抑制效果.食品科学，29（6）：428-432.

麻宝成，朱世江.2006.苯并噻重氮和茉莉酸甲酯对采后香蕉果实抗病性及相关酶活性的影响.中国农业科学，39（6）：1220-1227.

王伟，唐文华，周洪友，等.2000.BTH 对厚皮甜瓜抗病性的诱导作用研究.中国农业大学学报，5（5）：48-55.

张咏梅，安力，毕阳，等.2005.BTH 对厚皮甜瓜过氧化物酶、几丁质酶活性和木质素积累的影响.甘肃农业大学学报，40（3）：315-318.

Baker C J，Orlandi E W. 1995. Active oxygen in plant pathogenesis. *Annual Review of Phytopathology*，33：299-321.

Bi Y，Ge Y H，Li Y C，et al. 2006. Postharvest acibenzolar－S－methyl treatment suppress decay and induces resistance in Hami melon. *Acta Horticulturae*，1：393-399.

Bi Y, Li Y, Ge Y. 2007. Induced resistance in postharvest fruits and vegetables by chemicals and its mechanism. *Stewart Postharvest Review*, 6: 1-7.

Bokshi A I, Morris S C, Deverall B J. 2003. Effects of benzothiadiazole and acetylsalicylic acid on β-1, 3-glucanase activity and disease resistance in potato. *Plant Pathology*, 52: 22-27.

Bokshi A, Morris S, Deverall B, et al. 2000. Induction of systemic acquired resistance in potato. In: *Proceedings of the Australian Potato Research, Development and Technology Transfer Conference*, Adelaide, South Australia.

Buonaurio R, Scarponi L, Ferrara M, et al. 2002. Induction of systemic acquired resistance in pepper plants by acibenzolar-S-methyl against bacterial spot disease. *European Journal of Plant Pathology*, 108: 41-49.

Cao J, Jiang W, He H. 2005. Induced resistance in Yali Pear (*Pyrus bretschneideri* Rehd.) fruit against infection by Penicillium expansum by postharvest infiltration of acibenzolar-S-methyl. *Journal of Phytopathology*, 153: 640-646.

Cao J K, Jiang W B. 2006. Induction of resistance in Ya pear (*Pyrus bertschneideri* Reld.) fruit against postharvest diseases by acibenzolar-S-methyl sprays on trees during fruit growth. *Scientia Horticulturae*, 110: 181-186.

Cools H J, Ishii H. 2002. Pre-treatment of cucumber plants with acibenzolar-S-methyl systemically primes a phenylalanine ammonia lyase gene (PAL1) for enhanced expression upon attack with a pathogenic fungus. *Physiological and Molecular Plant Pathology*, 61: 273-280.

Dann E K, Deverall B J. 2000. Activation of systemic disease resistance in pea by an avirulent bacterium or a benzothiadiazole, but a fungal leaf spot pathogen. *Plant Pathology*, 49: 324-332.

Edreva A. 2004. A novel strategy for plant protection: Induced resistance. *Journal of Cell and Molecular Biology*, 3: 61-69.

Ge Y, Bi Y, Li X, et al. 2008. Induces resistance against Fusarium and pink rots by acibenzolar-S-methyl in harvested muskmelon (*cv.* Yindi). *Agricultural Sciences in China*, 7: 58-64.

Godard J F, Ziadi S, Monot C, et al. 1999. Benzothiadiazole (BTH) induces resistance in cauliflower (*Brassica oleracea var botrytis*) to downy mildew of crucifers caused by *Peronospora parasitica*. *Crop Protection*, 18: 397-405.

Görlach J, Volrath S, Knauf-Beiter G, et al. 1996. Benzothiadiazole, a novel class of inducers of systemic acquired resistance, activates gene expression and disease resistance in wheat. *Plant Cell*, 8: 629-643.

Huang Y, Deverall B J, Tang W H, et al. 2000. Foliar application of acibenzolar-S-methyl and protection of postharvest rock melons and Hami melons from disease. *European Journal of Plant Pathology*, 106: 651-656.

Iriti M, Mapelli S, Faoro F. 2007. Chemical-induced resistance against post-harvest infection enhances tomato nutritional traits. *Food Chemistry*, 105: 1040-1046.

Katz V A, Thulke O U, Conrath U. 1998. A benzothiadiazole primes parsley cells for augmented elicitation of defense responses. *Plant Physiology*, 117: 1333-1339.

Latunde-dada A O, Lucas J A. 2001. The plant defence activator acibenzolar-S-methyl primes cowpea [*Vigna unguiculata* (L.) Walp.] seedling for rapid induction of resistance. *Physiological and Molecular Plant Pathology*, 58: 199-208.

Liu H X, Wang B G, Bi Y, et al. 2005. Improving disease resistance in peach fruit during storage using benzo-(1, 2, 3)-thiodiazole-7-carbothioic acid S-methyl ester (BTH). *Journal of Horticul-

*tural Science and Biotechnology*，80：736-740.

Pappu H R，Csinos A S，McPherson R M，et al. 2000. Effect of acibenzolar – S – methyl and imidacloprid on suppression of tomato spotted wilt *Tospovirus* in flue – cured tobacco. *Crop Protection*，19：349-354.

Smith – Becker J，Keen N T，Becker J O. 2003. Acibenzolar – S – methyl induces resistance to *Colletotrichum lagenarium* and cucumber mosaic virus in cantaloupe. *Crop Protection*，22：769-774.

Soylu S，Baysal Ö，Soylu E M. 2003. Induction of disease resistance by the plant activator，acibenzolar – Smethyl (ASM)，against bacterial canker (*Clavibacter michiganensis subsp. michiganensis*) in tomato seedlings. *Plant Science*，165：1069-1075.

Spadaro D，Garibaldi A，Gullino M L. 2004. Control of *Penicillium expansum* and *Botrytis cinerea* on apple combining a biocontrol agent with hot water dipping and acibenzolar – S – methyl，baking soda，or ethanol application. *Postharvest Biology and Technology*，33：141-151.

Stadnik M J，Buchenauer H. 2000. Inhibition of phenylalanine ammonia – lyase suppresses the resistance induced by benzothiadiazole in wheat to *Blumeria graminis* f. sp. *Tritici*. *Physiological and Molecular Plant Pathology*，57：25-34.

Sticher L，Mauch – Mani B，Métraux J P. 1997. Systemic acquired resistance. *Annual Review of Phytopathology*，35：235-270.

Terry L A，Joyce D C. 2000. Suppression of grey mould on strawberry fruit with the chemical plant activator acibenzolar. *Pest Management Science*，56：989-992.

Terry L A，Joyce D C. 2004. Elicitors of induced disease resistance in postharvest horticultural crops：a brief review. *Postharvest Biology and Technology*，32：1-13.

Wang Y，Li X ，Bi Y，et al. 2008. Postharvest ASM or harpin treatment induce resistance of muskmelons against *Trichothecium roseum*. *Agricultural Sciences in China*，7：217-223.

Wendehenne D，Durner J，Chen Z，et al. 1998. Benzothiadiazole，an inducer of plant defenses，inhibits catalase and ascorbate peroxidase. *Phytochemistry*，47：651-657.

Willingham SL，Pegg K G，Langdon P W B，et al. 2002. Combinations of strobilurin fungicides and acibenzolar (Bion) to reduce scab on passionfruit cause by *Cladosporium oxysporum*. *Australasian Plant Pathology*，31：333-336.

Zhu X，Cao J，Wang Q，et al. 2008. Postharvest Infiltration of BTH Reduces infection of mango fruits (*Mangifera indica* L. cv. Tainong) by *Colletotrichum gloeosporioides* and enhances resistance inducing compounds. *Journal of Phytopathology*，156：68-74.

Ziadi S，Barbedette S，Godard J F，et al. 2001. Production of pathogenesis – related proteins in the cauliflower (*Brassica oleracea var. botrytis*) – downy mildew (*Peronospora parasitica*) pathosystem treated with acibenzolar – S – methyl. *Plant Pathology*，50：579-586.

（曹建康　毕　阳）

# 第五节　寡聚糖诱导果实抗病性的机制

## 导言

近年来，食品农药残留问题日益受到关注。研究并利用高效、安全的方法和技术防治果实采后病害是研究者亟待解决的一项紧迫任务（Sharma et al.，

2009）。植物诱导抗病性是目前植物病害防治的研究热点之一，可以通过物理的、化学的或生物的手段诱导植物产生局部或系统抗病性，达到防治病害的目的（Terry & Joyce，2004）。寡聚糖是一类重要的抗性诱导分子（Franois & Hahn，1994）。研究表明，来源于生物体的高分子多糖通过生物降解产生的寡聚糖安全无毒，对环境友好，可以诱导果实抗病性，有效防治果实采后病害。本节主要从寡聚糖的种类、诱导抗病信号传递、基因表达及抗性诱导机制等角度，介绍寡聚糖诱导果实产生抗病性的机制。

## 1　寡聚糖的种类

目前已发现的能够发挥诱导子作用的寡聚糖一般来源于动植物与真菌细胞壁，如寡聚半乳糖醛酸、几丁寡糖和壳寡糖、低聚葡糖苷等，对生长期的作物（Falcon et al.，2008），采后的水果与蔬菜以及组培苗和工程化植株（Li et al.，2009；Wu et al.，2009），均会产生诱导抗病反应。对采后果实有诱导抗病作用的寡聚糖主要有以下几种。

### 1.1　几丁寡糖（oligochitin）和壳寡糖（oligochitosan）

几丁质和壳聚糖是许多真菌细胞壁的组成成分，也是甲壳动物外壳的主要组成物质。研究表明，几丁质和壳聚糖能够激发植物的防卫反应，诱导抗病功能可能是通过其组成单元——几丁寡糖与壳寡糖实现（Vander et al.，1998）。

几丁寡糖与壳寡糖之间的差异在于两者之间脱乙酰度的不同，几丁寡糖含有更多乙酰基团（Vasyukova et al.，2001）。现已发现，聚合度为 3~30 的几丁寡糖与壳寡糖分别以乙酰氨基葡萄糖或部分脱乙酰氨基葡萄糖为基本结构，可以诱导葡萄、柑橘、枣和番茄等多种果蔬产生抗病反应（Molloy et al.，2004）。有研究表明几丁寡糖可同时表现出对生长期植株及采后病害的防治能力（Bautista-Banos et al.，2006）。

### 1.2　葡聚糖苷（gulocoside）

最早发现的具有诱导子活性的寡糖是从大雄疫霉大豆专化型（*phytophthora megasperma* f. sp. *glycinea*，Pmg）提取的葡聚糖苷（Tran et al.，1985）。在果实抗病方面，Schulze-Lefert 等（2005）报道，葡聚糖苷侧链为白梨芦醇基团时能诱导苹果对黑星病的抗性，表现为离体条件下抑制孢子萌发与病菌侵染锥的形成。

结构分析表明，具有诱导子活性的最小葡萄糖苷单元是由 7 个葡葡糖残基组成的 $7-\beta$-葡聚糖苷，在一个 $\beta$-连接的葡聚糖残基主链上带有两个 $\beta$-葡糖残基侧链，而且分支的残基之间有一段主链残基分隔。葡聚糖苷可以抑制苹果黑星孢子萌发，抑制浓度为 200~400 $\mu g/mL$，可诱导果实成熟过程中对黑星孢的抗性。

### 1.3　牛蒡果寡糖（burdock fructooligosaccharide，BFO）

牛蒡果寡糖最早是从菊科植物牛蒡的根部提取的，有诱抗作用的结构为呋喃型果糖以 $\beta$（2→1）糖苷键相连的线状 12 聚体，末端连 1 分子吡喃型的葡萄糖，属菊糖构型。不但能诱导生长期黄瓜对炭疽病、白粉病等产生抗性，而且对采后番茄灰霉病有明显的诱导抗性作用。

## 2 寡聚糖诱导抗病作用机制

### 2.1 早期响应事件

快速去极化引起细胞膜静息电位的变化是导致植保素合成的最初信号转导事件。用聚合度大于 9 的几丁寡糖诱导番茄悬浮细胞，应用膜片钳技术观察到细胞膜电位瞬时变化，导致表面去极化（1 min 之内），$Ca^{2+}$ 和 $H^+$ 流入细胞内，$K^+$ 流出，最终细胞质酸化（Slooten et al.，1998）。这些早期响应事件能够诱导局部抗病性，但并未涉及抗性信息的传递及基因表达。

也有报导指出，寡糖诱导植物抗病反应中存在类似细胞凋亡的现象，受诱导的植物悬浮细胞出现原生质浓缩和细胞核裂解成小体等现象（Wang et al.，2008），荧光染色观察发现红色凋亡小体出现，这种类似凋亡的现象可能与过敏性反应（HR）有关（图 $2-4-5-1$）。

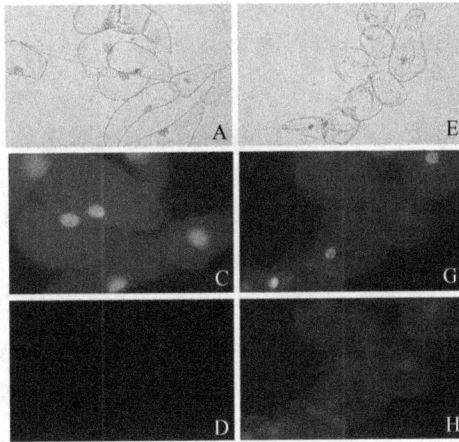

图 $2-4-5-1$ 壳寡糖诱导的烟草原生质浓缩与染色质解体，A、C、D 正常细胞；E、G、H 诱导凋亡细胞
（引自：Wang et al.，2008）

诱导子诱导的离子流动是活性氧爆发的必须条件。细胞对诱导子的识别首先引起离子流，随后诱导活性氧的迸发。郭红莲等（2004）以化学发光法测定了壳寡糖诱导棉花细胞抗性反应的早期事件，发现棉花细胞在壳寡糖作用 $20\sim30$ min 时活性氧释放即达到高峰值，并且含量变化与寡糖浓度有关。活性氧的增加与其后活性氧清除酶系的变化有密切关系，而这些酶也正是与抗性相关的防御反应酶。SOD 和 CAT 活性的增加在 $60\sim90$ min 时达到较高值。以壳寡糖诱导烟草悬浮细胞，通过荧光显微镜观察，发现极短时间内即有过氧化氢的积累（图 $2-4-5-2$）。

### 2.2 抗病信号与防卫基因

从寡糖类诱导子与受体结合到诱导植保素积累及其他多种防卫反应的形成，需要多种胞内信使的参与，激发多种防卫反应基因的表达，最终引发防卫反应。相关信号转导的研究目前还相当匮乏。寡糖类诱导子对果实抗性的诱导可能涉及局部抗性和系统抗性两种机制（Terry & Joyce，2004）。

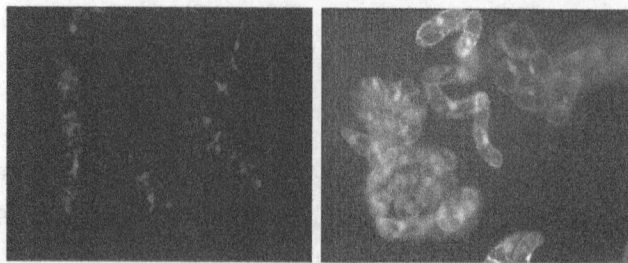

图 2-4-5-2　壳寡糖诱导的细胞过氧化氢产生（左为正常细胞，右为瞬时诱导细胞）
（引自：Wang et al.，2008）

Ferrari 等（2007）研究表明，寡糖诱导抗性参与了拟南芥中 SA 诱导途径，但是其具体形式还不清楚。此外，茉莉酸也可能是壳寡糖诱导抗性中的一种信号物质。杜昱光等（2003）以电化学阵列检测法测定了壳寡糖诱导烟草幼苗抗 TMV 的反应中，茉莉酸在壳寡糖处理 6 h 后即出现一个明显的变化峰，表明壳寡糖对烟草病毒病的抗性诱导与茉莉酸密切相关。

壳寡糖诱抗基因的调控可能在转录水平上进行，也可通过激酶系统进行信号放大或通过蛋白磷酸化过程进行。有研究表明，Pmg 葡寡糖能诱导苯丙烷类代谢途径中苯丙氨酸转移酶 PAL 和 4-香豆素辅酶 A 连接酶 4CL 的瞬时大量表达，其中至少有部分是新合成的 mRNA（Simpson et al.，1998）；核酸杂交结果表明编码 PAL、4CL 及查耳酮合成酶（CHS）基因的转录活性增加。对果实诱导抗性研究方面，诱抗基因也可能在转录水平上进行调控。壳寡糖与牛蒡果寡糖诱导的番茄果实抗灰霉病反应中，发现病程相关蛋白 PR 家族系列中 PR1 和 PR2 的 mRNA 水平大量积累，同时也诱导了 PAL 酶基因的 mRNA 积累。

壳寡糖诱导的烟草细胞中，发现与拟南芥抗性蛋白激酶 MAPK 有高度同源性的基因大量诱导表达（Yin et al.，2008），另外壳寡糖也诱导类丝氨酸蛋白激酶 SPK1 基因的表达。SPK1 酶的结合蛋白是一系列具有底物特异识别功能的 F-box 蛋白（Yafei et al.，2009）。现已从分离的防卫基因中找到了许多激发子响应顺式元件，如 Maleck 等（2000）通过原位足迹分析找到了欧芹 PR1 蛋白编码基因的启动子中具有与 Pmg 寡糖激发子结合的位点，即 ATTTGACC 区。而 GCC-box 也经常在一些防御基因的启动子区域出现，该顺式作用元件可与转录因子 GRF 蛋白专一性识别（Fan & Dong，2002）。在对寡糖诱导的欧芹细胞处理前后蛋白质表达的研究中发现，有多种蛋白质发生了磷酸化反应，从培养基中去除诱导子，这些蛋白质迅速发生去磷酸化反应，因而寡糖类诱导子对防卫反应的调控可能是通过信号物质调控蛋白质的可逆磷酸化过程来实现。

### 2.3　抗病防御酶系与植保素

在采前多种植物的诱导抗性研究中，低寡糖能够诱导植物防御反应相关酶系的活性变化，引起细胞氧化还原代谢的变化，进而诱导与植保素合成相关的代谢途径发生变化（Li et al.，2009）。

壳寡糖同样可以引起采后果蔬抗病相关防御酶系的活性变化。果实施用寡糖后诱导了信号物质过氧化氢（$H_2O_2$）的合成，延缓了还原型抗坏血酸（ASA）和还原型谷胱甘肽（GSH）含量的下降，并提高了柑橘果皮中超氧化物歧化酶（SOD）、过氧化氢酶（CAT）、过氧化物酶（POD）、多酚氧化酶（PPO）、抗坏血酸过氧化物酶（APX）和谷胱甘肽还原酶（GR）的活性（郭红莲等，2010）。孙明洁（2010）对冬枣、桃等果实诱导抗性的研究中发现，除了防御反应酶系的活性发生了变化外，诱导后果实中发现了黄酮类物质，这可能与苯丙烷类代谢相关酶活性的增加有关，诱导产生了植保素类物质。

## 3　寡聚糖对病原菌生长作用

寡聚糖对果实采后病原菌有一定抑制作用，此作用与糖浓度有关。低浓度的寡聚糖对果实病原菌无抑制作用（Molloy et al.，2004）。Xu 等（2007）在马铃薯葡萄糖琼脂（PDA）培养基上研究了外源壳寡糖对水稻稻瘟菌 *Pyricularia oryzae*、棉花黄萎菌 *Verticillium dahliae*、小麦赤霉病菌 *Fusarium graminearum*、番茄灰霉病菌 *Botrytis cinerea* 和辣椒疫霉 *Phytophthora capsici* 的体外抑菌作用，结果表明，聚合度为 2～20 的壳寡糖对供试的植物病原真菌均有一定的抑制作用，抑制强度随壳寡糖浓度的升高而增强（Xu et al.，2007）。孢子萌发法检测壳寡糖对果实青霉、灰霉及两种交链孢子的萌发无明显影响，但是对芽管的伸长有抑制作用（Guo et al.，2009）。

## 4　总结与展望

植物诱导抗性的应用具有无污染、简单易行等特点，具有广阔的应用潜力，寡聚糖来源于自然界，是最有潜力替代化学合成农药，控制果蔬采后病害的方法。果实自采摘后逐步衰老，其抗性诱导能力与采前植物有所不同，诱抗机制更为复杂。对寡聚糖诱导采后果实的抗病机制进行深入细致研究，将有助于减少果实病害造成的损失，具有广泛的前景。

## 参 考 文 献

杜昱光，李曙光，郭红莲. 2003. 高效液相色谱—电化学阵列检测技术用于植物内源激素等小分子物质的差异显示. 色谱，21（5）：23-25.

郭红莲，白雪芳，杜昱光，等. 2004. 壳寡糖对草霉悬浮培养细胞活性氧变化的研究. 园艺学报，5：356-358.

郭红莲，孙明洁，马立强. 2010. 寡糖素诱导枣果抗病反应中相关生理生化指标的变化. 中国果树，（1）：35-38。

孙明洁. 2010. 寡糖素诱导果实采后抗病机理的初步研究 [M]. 天津：天津科技大学硕士学位论文.

Bautista-Banos S, Hernandez-Lauzardo A N, Velazquez-del Valle M G, et al. 2006. Chitosan as a potential natural compound to control pre and postharvest diseases of horticultural commodities. *Crop Protection*，25：108-118.

Falcon A B, Cabrera J C, Costales D, et al. 2008. The effect of size and acetylation degree of chitosan derivatives on tobacco plant protection against *Phytophthora parasitica* nicotianae. *World Journal of Microbiology & Biotechnology*，24：103-112.

Fan W, Dong X. 2002. In vivo interaction between NPRI and transcription factors TGA, leads to SAmediated gene activation in Arabidopsis. *Plant Cell*，14：1377-1389.

Ferriral S，Galletti R，Denoux C，et al. 2007. Resistance to *Botrytis cinerea* induced in *Arabidopsis* by elicitors is independent of salicylic acid，ethylene，or jasmonate signaling but requires phytoalexin deficients. *Plant Physiology*，144（1）：367-379.

Franois C，Hahn，M G. 1994. Oligosaccharins：structures and signal transduction. *Plant Molecular Biology*，26：1379-1411.

Guo H L，Wang B Y，Li L，et al. 2009. Posthavest disease of lingwu changzao（*Ziziphus jujuba* Mill）fruit and the effect of biocontrol gagent on fruit decay. *Proceed of the first international jujube symposium*，475-479.

Li Y，Yin H，Wang Q，et al. 2009. Oligochitosan induced *Brassica napus* L. production of NO and $H_2O_2$ and their physiological function. *Carbohydrate Polymers*，75：612-617.

Maleck K，Levine A，Eulgem T，et al. 2000. The transcriptome of *Arabidopsis* during systemic acquired resistance. *Nature Genetics*，26：403-410.

Molloy C，Cheah L H，Koolaard J P. 2004. Induced resistance against *Sclerotinia sclerotiorum* in carrots treated with enzymatically hydrolysed chitosan. *Postharvest Biology and Technology*，33：61-65.

Schulze－Lefert P，Stéphane Bieri. Stephane. 2005. Recognition at a Distance. *Science*，308：506-508.

Sharma R R，Singh D，Singh R. 2009. Biological control of postharvest diseases of fruits and vegetables by microbial antagonists：a review. *Biological Control*，50：205-221.

Simpson S D，Ashford D A，Jarvey D J，1998. Short chain oligogalacturonides induce ethylene production and expression of the gene encoding aminocyclopropane 1－carboxylic acid oxidase in tomato plants. *Glycobiology*，8：579-583.

Slooten L，Van Montagu M，Inze D. 1998. Manipulation of oxidative stress tolerance in transgenic plants：Transgenic Plant Research. *Harwood. Amsterdam*，241-262.

Terry L A，Joyce D C，2004. Elicitors of induced disease resistance in postharvest horticultural crops：a brief review. *Postharvest Biology and Technology*，32：1-13.

Vander P，Kjell M，Varum A D. 1998，Comparison of the ability of partially N－acetylated chitosans and chitooligosaccharides to elicit resistance reactions in wheat Leaves. *Plant Physiology*，118：1353-1359.

Vasyukova N I，Zinov′eva S V，Il′inskaya L I，et al. 2001. Modulation of plant resistance to diseases by water－soluble chitosan. *Applied Biochemistry and Microbiology*，37：103-109.

Wang W，Li S，Zhao X，et al. 2008. Oligochitosan induces cell death and hydrogen peroxide accumulation in tobacco suspension cells. *Pesticide Biochemistry and Physiology*，90：106-113.

Wu C W，Du X F，Wang L Z，et al. 2009. Effect of 1－methylcyclopropene on postharvest quality of Chinese chive scapes. *Postharvest Biology and Technology*，51：431-433.

Xu J，Zhao X，Han X，et al. 2007. Antifungal activity of oligochitosan against *Phytophthora capsici* and other plant pathogenic fungi in vitro. *Pesticide Biochemistry and Physiology*，87：220-228.

Yafei C，Yong Z，Xiaoming Z，et al. 2009. Functions of oligochitosan induced protein kinase in tobacco mosaic virus resistance and pathogenesis related proteins in tobacco. *Plant Physiology and Biochemistry*，47：724-731.

Yin H，Zhao X M，Du Y G. 2008. Nitric oxide and hydrogen peroxide signaling in *Brassica napus resistance* to *Sclerotinia sclerotiorum* induced by oligochitosan. *Glycobiology*，18：987-987.

（郭红莲）

# 第三部分　实验方法和技术

# 第一章 分子生物学的研究技术

## 第一节 核酸提取技术

### 1 核酸提取技术

随着果蔬采后保鲜研究的不断深入，分子生物学实验方法被越来越多地引入该领域的研究。核酸的提取是各种分子生物学研究的基础，因此，高质量核酸的提取是分子生物学研究的良好基础。然而，由于果蔬产品的多样性，目前还没有一种针对所有果蔬核酸提取的通用方法，因此，根据不同果蔬的特点，开发和优化了多种核酸提取方法。

核酸包括脱氧核糖核酸（DNA）和核糖核酸（RNA）两种分子，本章将以此为分类方法，分别介绍采后果蔬基因组 DNA 和 RNA 的提取技术原理、操作及其应用。

#### 1.1 基因组 DNA 提取

目前，已经发展了多种基因组 DNA 的提取方法，成功地从植物叶片、愈伤组织、组培苗、果实等组织器官中提取出 DNA。但是，不同植物甚至是同一种类植物组织材料的来源、部位、形态等外在性质的不同以及化学成分、组织结构等内在特点的差异，在提取基因组 DNA 时均需要选择不同的方法或做一些特殊的处理。例如，从富含多糖、多酚、单宁、色素及其他次生代谢物质的木本植物中提取 DNA 常出现产量低、质量差、易降解等问题，影响了 DNA 的质量和纯度。针对这一现象，已有许多学者对植物特别是木本植物的基因组 DNA 提取纯化进行了改良和发展。

##### 1.1.1 基因组 DNA 提取的基本方法和原理
##### 1.1.1.1 CTAB 法提取基因组 DNA 的原理及基本操作

1）基本原理

十六烷基三甲基溴化铵（hexadyltrimethyl ammomum bromide，CTAB）、十二烷基硫酸钠（sodium dodecyl sulfate，SDS）以及十二烷基肌酸钠（sarkosyl）等离子型表面活性剂（去污剂），加入研磨后的样品后，能溶解细胞膜和核膜蛋白，使核蛋白解聚，从而使 DNA 得以游离出来。再加入苯酚和氯仿等有机溶剂，使蛋白质变性，并使抽提液分相，因 DNA 水溶性很强，经离心后即可从抽提液中除去细胞碎片和大部分蛋白质。上清液中加入无水乙醇使 DNA 沉淀，即得植物总 DNA。

2）CTAB 法提取基因组 DNA 基本操作

（1）2% CTAB 提取缓冲液在 65℃水浴中预热。

（2）取样品（约 1 g）置于研钵中，用液氮磨至粉状。

（3）加入 700 μL 的 2% CTAB 抽提缓冲液，轻轻搅动。

（4）置于 65℃的水浴槽或恒温箱中，每隔 10 min 轻轻摇动，40 min 后取出。

（5）冷却 5 min 后，加入氯仿-异戊醇（24：1）至满管，剧烈振荡 2～3 min，使两者混匀。

（6）4℃ 10 000 r/min 离心 10 min。

（7）轻轻地吸取上清液，后加入 600 μL 的异丙醇，并将离心管慢慢上下摇动 30 s，使异丙醇与水层充分混合至能见到 DNA 絮状物。

（8）10 000 r/min 4℃ 条件下离心 10 min 后，弃去液体。

（9）加入 700 μL 的 75%乙醇及 80 μL 5 mol/L 的乙酸钠，轻轻转动，用手指弹管尖，使沉淀与管底的 DNA 块状物浮游于液体中。

（10）10 000 r/min 4℃ 条件下离心 10 min 后，弃去液体，再加入 800 μL 75%的乙醇，将 DNA 再洗 3 min。

（11）10 000 r/min 4℃ 离心 5 min 后，倒掉液体，将离心管倒立于铺开的纸巾上，干燥 DNA（自然风干或用风筒吹干）。

（12）加入 50 μL 0.5×TE（含 RNase）缓冲液，使 DNA 溶解，置于 37℃ 恒温箱约 2 h，使 RNA 完全降解。

（13）电用检测提取质量后，置于－20℃ 保存备用。

注：CTAB 提取缓冲液的经典配方为：100 mol/L 的 Tris - HCl（pH 8.0）、20 mol/L 的 EDTA（pH 8.0）、1.4 mol/L 的 NaCl、2%的 CTAB、0.1%（V/V）的 $\beta$-巯基乙醇（现用现加）。其中，Tris - HCl（pH 8.0）能提供一个缓冲环境，防止核酸被破坏；EDTA 能螯合 $Mg^{2+}$ 和 $Mn^{2+}$，抑制 DNase 的活性；NaCl 提供的高盐环境，使得 DNA-蛋白复合物充分溶解，存在于液相中；CTAB 溶解细胞膜并结合核酸，使得核酸便于分离；而 $\beta$-巯基乙醇是抗氧化剂，能有效地防止酚类物质氧化成醌而难于去除。

1.1.1.2　SDS 法提取基因组 DNA 的原理及基本操作

1）基本原理

SDS 是阴离子去污剂，在高温条件下（55～65℃）能裂解细胞，离析出染色体并使蛋白质变性，最终释放核酸。而提高盐浓度并降低温度（冰浴）可以使蛋白质及多糖杂质沉淀下来，便于去除。

2）SDS 法提取基因组 DNA 基本操作

（1）取样品（约 1 g）置于研钵中，用液氮磨至粉状。

（2）向管中加入 50 μL 20%的 SDS 溶液，马上混匀，但是不要强烈振荡（防止 DNA 断裂），65℃ 保温 10～20 min，不时地轻轻摇动。

（3）加入 150 μL 的 5 mol/L 的 KAc，混匀后马上置于冰上 20～30 min。

（4）4℃ 10 000 r/min 离心 10 min。

（5）轻轻地吸取上清液，后加入 0.7 倍体积的异丙醇，混匀后于－20℃ 沉淀 30 min。

（6）12 000 r/min 4℃ 条件下离心 10 min 后，弃去液体，吹干后加入适量灭菌水（含 RNase），37℃ 消化 RNA。

（7）酚仿抽提后，加入 2 倍体积无水乙醇，－20℃ 沉淀 30 min。

（8）4℃ 10 000 r/min 离心 10 min 回收基因组。

（9）用 200～400 μL 70％乙醇洗后，再次离心、吹干并溶解。

（10）电泳检测提取质量后，置于－20℃保存备用。

SDS 提取缓冲液的经典配方为：10 mol/L 的 Tris－HCl（pH 8.0）、20 mol/L 的 EDTA（pH 8.0）、0.4 mol/L 的 NaCl、2％的 SDS。

### 1.1.1.3 吸附材料结合法提取基因组 DNA 的原理及基本操作

1）基本原理

近年来出现了以螯合树脂、特异性 DNA 吸附膜、离子交换纯化柱及磁珠或玻璃粉吸附等基础 DNA 提取新方法。其基本原理就是利用不同材料"高盐低 pH 结合核酸，低盐高 pH 洗脱核酸"（如硅质材料）、"低盐高 pH 结合核酸，高盐低 pH 洗脱核酸"（如阴离子交换树脂）或"磁性微粒挂上不同基团可吸附不同的目的物"（如磁珠）等特点，达到分离 DNA 的目的。在此，以二氧化硅颗粒吸附法为代表，介绍此类方法的基本流程。

2）SiO₂ 颗粒吸附法提取基因组 DNA 基本操作（Carter & Milton，1993）

（1）适于 DNA 提取的 SiO₂ 颗粒的制备：50 g 硅藻（Sigma D 5－384）重悬于 500 mL 水中，放置 3 h；沉降下来的硅藻在 10～20 mL 含 10 mg/mL 硫氰酸胍、50 mol/L Tris－HCl（pH 7.2），20 mol/L 的 EDTA（pH 8.0）的溶液中，黑暗中保持至少 3 个月。

（2）样品用液氮研磨后加入 500 μL 含有 25 mol/L Tris－HCl（pH 7.4），10 mol/L 的 EDTA（pH 8.0）的缓冲液中。

（3）往样品中加入 1 mL SiO₂ 颗粒溶液，室温晃动 2 min，然后沉积 5～10 s。

（4）用长巴斯德吸管吸去上清，沉淀物用含 200 mol/L NaCl、10 mol/L EDTA 和 50 mol/L Tris－HCl（pH 7.4）的 50％乙醇重悬。

（5）反复清洗、沉淀 SiO₂ 颗粒。

（6）最后用 1.0 mL 丙酮清洗，并暂时在 65℃下干燥。

（7）颗粒重悬浮于 50～200 μL 水，并在 65℃下温浴 2 min 以洗脱 DNA。

（8）通过沉淀除去 SiO₂ 颗粒，将含有 DNA 的溶液移入新的离心管。

（9）离心、干燥，溶于一定量的水。

（10）电泳检测提取质量后，置于－20℃保存备用。

### 1.1.1.4 采用试剂盒提取基因组 DNA

目前，国内外很多公司开发了多种商品化的 DNA 提取纯化试剂盒，其中的分离原理有的利用核酸的分子量差异（密度梯度离心法），有的利用特异性膜与 DNA 结合达到分离、回收的目的。这些试剂盒针对性强，适合于不同材料，高效但是价格昂贵，提取量少。实验室可根据自身需求加以选择使用。

### 1.1.2 果蔬产品基因组 DNA 提取方法及其应用

果蔬采后生理研究对象广泛，农产品间特性差异大，特别是一些种植范围不广的特色水果，因为研究较少，所以用传统的方法也许并不一定能有效提出高质量的基因组，因此方法的改进十分必要。

### 1.1.2.1 果蔬产品基因组 DNA 提取中的常见问题

由于材料特性，果蔬产品基因组 DNA 提取中常会遇到以下几方面问题。

1) 植物材料富含酚类物质

很多植物材料富含酚类物质，它是芳族环上的氢原子被羟基或功能衍生物取代后生成的化合物。在 DNA 提取过程中，酚类物质如果不及时去除，很容易氧化而易于与 DNA 共价结合，进而引起褐变，影响 DNA 提取的质量。

2) 植物材料富含多糖

水果果实富含糖类，多糖的污染是提取这类材料的 DNA 时一个非常难克服的问题（Shioda & Marakami，1987），因为多糖的许多理化性质与 DNA 很相似，很难将它们分开以获得高纯度的 DNA。DNA 与多糖结合后，由于多糖的强吸水性，最后 DNA 溶解于水后，往往呈胶状，甚至根本无法进行下面的实验。

对植物中次生产物酚类物质的去除，普遍是在提取液中加入适量的抗氧化剂和螯合剂，防止多酚氧化褐变。有效的抗氧化剂，如巯基乙醇、半胱氨酸、二硫苏糖醇、谷胱甘肽及抗坏血酸等；螯合剂，如 PVP（聚乙烯吡咯烷酮）、PVPP（聚乙烯聚吡咯烷酮）。它们都能络合多酚和萜类物质，在离心或氯仿抽提步骤中被除去，有效地防止多酚物质氧化成醌类，最终避免溶液变褐而具有抗氧化作用。PVP 或 PVPP 的用量根据杂质的多少而定，一般的浓度为 1%～6%。同时，PVP 还能有效去除多糖。因此将 PVP 和巯基乙醇配合使用并调整用量，能够有效地防止多酚污染。如果酚类物质含量非常高，还可以采用在 CTAB 缓冲液加入一定量的硼砂（0.0125 mol/L），效果非常不错（王玉成等，2002）。

对于富含多糖的问题，经典的 CsCl 梯度离心法能有效的除去植物中多糖，但该方法设备昂贵，且操作不方便、DNA 得率很低。因此，一些新的研究一起开发出有效去除多糖的策略，主要有以下几类。Dellaporta 等（1983）认为加入高浓度的 KAc 有利于除去多糖；在 1.0～2.5 mol/L NaCl 的高盐 TE 中，用无水乙醇可有效沉淀 DNA 并除去多糖（Fang et al.，1992）；用多糖水解酶降解多糖；利用氯苯可与多糖的羟基作用而去除多糖的原理，在提取缓冲液中加入一定量的氯苯（一般为 1/2 体积）；用 PEG8000 代替乙醇进行沉淀，达到良好的沉降效果。当然，还可以尝试综合运用以上几种方法，以期获得更好的除糖效果。

1.1.2.2　果蔬产品基因组 DNA 提取应用举例

1) 改良 CTAB 法提取李子幼芽 DNA（陈桂信等，2004）：加入 10% PVPP 与材料充分研磨，将提取缓冲液的 $\beta$-巯基乙醇体积分数降低为 1%，能有效地去除材料中的多酚类物质；用氯仿/异戊醇（24:1）抽提裂解液 2 次所获得的上相，加入 1/10 体积的 65℃的 NaCl/CTAB 溶液混匀，再用氯仿/异戊醇（24:1）连续抽提 2 次，并在 DNA 粗提液中加入适量高浓度 NaCl 和无水乙醇沉淀 DNA，可以有效地去除多糖的干扰。

2) 改良 CTAB 法提取猕猴桃幼叶 DNA（陈昆松等，2006）：通过增加提取缓冲液中 $\beta$-巯基乙醇用量，简化氯仿/异戊醇抽提液步骤，改用经－20℃预冷的异丙醇沉淀 DNA 等，对 CTAB 法加以改进，提取了优质 DNA。

1.2　RNA 提取

RNA 的提取也是分子生物学的基本内容之一。高质量的 RNA 是进行基因克隆、基因表达等研究的必要前提。与基因组 DNA 提取类似，RNA 在提取过程中也会遇到一些棘手的问题，只有掌握原理并灵活运用，才有可能提取高质量的 RNA。

### 1.2.1 RNA 提取的基本方法和原理

#### 1.2.1.1 TriZol 法提取 RNA 的原理及基本操作

1) 基本原理

TriZol 试剂是一个含有酚、异硫氰酸胍和 SDS 的酸性溶液，其在裂解细胞的同时抑制 RNase 的活性。当随后加入氯仿后，酚会大量溶解在氯仿中，造成 DNA 分布在下层的氯仿/酚溶液中，而 RNA 留在水相。最后用异丙醇沉淀得到纯净的总 RNA。

2) TriZol 法提取 RNA 的基本操作

（1）将样品从 $-80℃$ 冰柜取出后，液氮中研磨，至粉末状并始终保持冷冻状态，分装至 2 个 10 mL 的预冷的离心管中（每管样品粉末刚好淹没底部半球），各加入 3 mL 预冷的 TriZol 试剂和 60 $\mu$L 的 $\beta$-巯基乙醇（终浓度为 2%），快速混匀。

（2）室温下静置 10 min 左右。

（3）加 0.6×氯仿：异戊醇（49：1）1.8 mL，混匀，加无水乙醇约 0.7 mL（使得其终浓度为 15%），混匀，室温下静置 2 min。

（4）210 r/min 离心 15 min（温度 4℃）。

（5）取上清约 2 mL 至另 2 个预冷的离心管中，加 0.5×异丙醇，1 mL。混匀后，室温下沉淀 10 min。

（6）210 r/min 离心 20 min，去上清，加 2 mL，80%乙醇洗涤。

（7）210 r/min 离心 10 min，去上清，瞬时离心，吸干液体，室温下凉干。

（8）50 $\mu$L DEPC 水溶解沉淀，分装出 5 $\mu$L，进行 RNA 琼脂糖凝胶电泳，其余用液氮速冻之后，储藏与 $-80℃$ 冰柜中。

#### 1.2.1.2 异硫氰酸胍法提取 RNA 的原理及基本操作

1) 基本原理

异硫氰酸胍是强烈的蛋白质变性剂，它不仅能强烈抑制 RNA 酶的活性，还能有效地解离核蛋白与核酸的复合体，因此可以同巯基乙醇和 Sarkosyl（肌氨酰）一起对 RNA 酶产生强烈的抑制作用，并迅速释放核酸，然后通过 CsCl 梯度密度离心或酸酚变性等方法去除 DNA。这两种方法非常适用于动物细胞，但对于木本植物，则容易引起褐化现象。

2) 异硫氰酸胍法提取 RNA 的基本操作

（1）取果实 2 g，置于预冷的研钵中，加入液氮，迅速研磨成均匀的粉末。

（2）将粉末全部移入冰上预冷的 10 mL 离心管中，每管加入 3 mL 异硫氰酸胍提取剂（临用时加入 1/10 体积即 300 $\mu$L 的巯基乙醇），再加入 1/10 体积（300 $\mu$L）的 KAc、1/4 体积（750 $\mu$L）的 100%冰醋醇及 1/10 体积（300 $\mu$L）的乙酸钠，上下颠倒几次使离心管内溶液混合均匀。

（3）再加入 2 mL 的水饱和酚及 2 mL 氯仿-异戊醇，上下颠倒几次，混匀，在冰上放置 5 min。

（4）12 000 r/min 离心 10 min。

（5）取上清液，加入等量的水饱和酚及氯仿-异戊醇（各 2 mL），于 12 000 r/min

离心 10 min。

（6）取上清液，加入等量的异丙醇，于-20℃沉淀 1 h，随后以 18 000 r/min 离心 18 min。

（7）吸净上清液，用适量的 75％乙醇洗涤沉淀，以 12 000 r/min 离心 5 min。

（8）吸净上清液，在通风处吹干，然后将沉淀溶于适量的 DEPC 处理过的灭菌蒸馏水中，-80℃保存。

1.2.1.3 CTAB 法提取 RNA 的原理及基本操作

1）基本原理

为什么 CTAB 法既能提取基因组 DNA 又能提取 RNA？其实，在两种核酸的提取中，CTAB 的作用是一致的，那就是 CTAB 能使经机械研磨后的细胞破裂并充分释放出内含物（包括 DNA 和 RNA）。只不过在后面的步骤中，所用的沉淀方法不同，直接决定获得的是 DNA 还是 RNA。

2）CTAB 法提取 RNA 的基本操作

（1）液氮适量研磨样品，加入放入 65℃预先预热的缓冲液（2％ CTAB，2％ PVP，Tris-Cl pH 8.0，EDT，亚精胺，2％巯基乙醇），混匀充分，平放静置至少 10 min。

（2）12 000 r/min，4℃条件下离心 10 min。

（3）小心吸取上清到另一 DEPC 处理过的离心管，用等体积的氯仿/异戊醇（24∶1）抽提，充分混匀。

（4）12 000 r/min，4℃条件下离心 10 min，再次用氯仿/异戊醇（24∶1）抽提。

（5）12 000 r/min，4℃条件下离心 10 min。

（6）吸上清于一个 DEPC 处理过的离心管，加入 1/4 体积的 10 mol/L LiCl（特异与 RNA 结合），混匀后 4℃沉淀过夜。

（7）12 000 r/min，4℃离心 20 min。

（8）沉淀用 0.5 mL SSTE 溶液洗（去除 LiCl，其存在对反转录有很大影响），使其充分溶解。

（9）加入 0.5 mL 的氯仿/异戊醇（24∶1），混匀。

（10）12 000 r/min，4℃离心 1 min，吸上清于新的 DEPC 处理过的 1.5 mL 离心管，加入 2 倍体积的无水乙醇，混匀后-80℃沉淀至少 3 h。

（11）12 000 r/min，4℃离心 20 min，弃上清，干燥，溶于适量 DEPC 处理水。

（12）1％的琼脂糖凝胶电泳检验，样品保存于-80℃待用。

1.2.1.4 热硼酸法提取 RNA 的原理及基本操作

1）基本原理

热硼酸缓冲液中硼酸可以和酚类物质形成复合物，抑制了酚类物质的氧化，也阻止了酚类物质与 RNA 的结合，可以避免褐变。但是，热硼酸法耗时长、成本高、RNA 产量低，有 DNA 污染，还有待于改进。

2）热硼酸法提取 RNA 的基本操作

（1）将适量样品直接加入 10％ PVP，用液氮研磨成细粉末，加入 600 μL Tris-硼酸缓冲液（0.2 mol/L Tris-硼酸，10 mol/L EDTA，pH 7.6），再加入 200 μL Tris-饱和酚和 40 μL β-巯基乙醇，65℃温育 15 min。

（2）加入 20 μL 20 mg/mL 的蛋白酶 K，37℃水浴 1～2 h。

（3）直接加入 100 μL KAC，150 μL 无水乙醇，混匀。

（4）8 000 r/min 离心 20 min（4℃）。

（5）小心吸取出上清，加入等体积的氯仿/异戊醇（24∶1）并混匀。

（6）4℃ 12 000 r/min 离心 15 min，抽提至没有明显蛋白层。

（7）上清液加入 1/4 体积 LiCl，−20℃沉淀过夜。

（8）4℃ 12 000 r/min 离心 15 min。

（9）弃上清，用 75%的乙醇洗沉淀 2 次。

（10）干燥后加入适量 DEPC 水溶解 RNA，用 1.0%的琼脂糖凝胶电泳检测其完整性，保存样品于−80℃待用。

### 1.2.2　果蔬产品 RNA 提取方法及其应用

#### 1.2.2.1　果蔬产品 RNA 提取中的常见问题

与 DNA 类似，在 RNA 提取过程中会遇到最大的两个问题就是酚类物质和多糖的污染。根据 RNA 的特点，克服酚类物质和多糖污染的方法总结如下。

1）防止酚类化合物被氧化或去除酚类物质的方法

（1）还原剂法：一般在提取缓冲液中加入 $\beta$-巯基乙醇、二硫苏糖醇（DTT）或半胱氨酸来防止酚类物质被氧化，有时提取液中 $\beta$-巯基乙醇的浓度可高达 2%。$\beta$-巯基乙醇等还可以打断多酚氧化酶的二硫键而使之失活。硼砂（$NaBH_4$）是一种可还原醌的还原剂，用含硼砂的缓冲液处理材料后，提取缓冲液的褐色可被消减，醌类化合物可被还原成多酚类化合物，从而被除去。

（2）螯合剂法：螯合剂主要有 PVP 和 PVPP。其中的 CO－N＝基有很强的结合多酚化合物的能力，其结合能力随着多酚化合物中芳环羟基数量的增加而加强。原花色素类物质中含有许多芳环上的羟基，因而可以与 PVP 或不溶性的 PVPP 形成稳定的复合物，使原花色素类物质不能成为多酚氧化酶的底物而被氧化，并可在以后的抽提步骤中被除去。用 PVP 去除多酚时 pH 是一个重要的影响因素，在 pH 8.0 以上时 PVP 结合多酚的能力会迅速降低。当原花色素类物质量较大时，单独使用 PVPP 无法去除所有的这类化合物，因而需要与其他方法结合使用。

（3）Tris－硼酸法：如果提取缓冲液中含有 Tris－硼酸（pH 7.5），其中的硼酸可以与酚类化合物依靠氢键形成复合物，从而抑制了酚类物质的氧化及其与 RNA 的结合。这一方法十分有效，但如果 Tris－硼酸浓度过高（＞0.2 mol/L），则会影响 RNA 的回收率。

（4）牛血清白蛋白（BSA）法：原花色素类物质与 BSA 间可产生类似于抗原-抗体间的相互作用，形成可溶性的或不溶性的复合物，减小了原花色素类物质与 RNA 结合的机会，因此提高了 RNA 的产量。BSA 与 PVPP 结合使用提取效果会更好。由于 BSA 中往往含有 RNase，因而在使用时要加入肝素以抑制 RNase 的活性。

（5）丙酮法：Schneiderbauer 等（1991）用−70℃的丙酮抽提冷冻研磨后的植物材料，可以有效地从云杉、松树、山毛榉等富含酚类化合物的植物材料中分离到高质量的 RNA。

（6）$Li^+$/$Ca^{2+}$ 沉淀 RNA 的方法：通过 $Li^+$ 或 $Ca^{2+}$ 沉淀 RNA 的方法可以将未被氧

化的酚类化合物去除。与 PVP、不溶性 PVPP 或 BSA 结合的多酚，可以直接通过离心去除掉，或在苯酚、氯仿抽提时除去。Manning（1990）利用高浓度的 2－丁氧乙醇（50％）来沉淀 RNA，而多酚溶解于 2－丁氧乙醇中而被除去。然后用含 50％ 2－丁氧乙醇的缓冲液洗涤 RNA 沉淀以去除残留的多酚。

2）去除多糖干扰的对策

多糖的许多理化性质与 RNA 的性质也很相似，因此很难将它们分开。在去除多糖的同时 RNA 也被包裹携带流失，造成 RNA 产量的减少；而在沉淀 RNA 时，也产生多糖的凝胶状沉淀，这种含有多糖的 RNA 沉淀难溶于水，或溶解后产生黏稠状的溶液。由于多糖可以抑制许多酶的活性，因此污染了多糖的 RNA 样品无法用于进一步的分子生物学研究。在常规的方法中，通过 SDS－盐酸胍处理可以部分去除一些多糖；在高浓度 Na$^+$ 或 K$^+$ 离子存在条件下，通过苯酚、氯仿抽提可以除去一些多糖；通过 LiCl 沉淀 RNA 也可以将部分多糖留在上清液中。但即使通过这些步骤仍会发现有相当多的多糖与 RNA 混杂在一起，所以还需要用更有效的方法来解决植物 RNA 分离纯化时多糖污染的问题。

（1）高浓度的 NaCl：与基因组 DNA 提取类似，缓冲液中含有高浓度的 NaCl 有助于去除多糖。

（2）低浓度乙醇法：用低浓度乙醇沉淀多糖是一个去除多糖效果较好的方法。在 RNA 提取液或溶液中缓慢加入无水乙醇至终浓度 10％～30％，可以使多糖沉淀下来，而 RNA 仍保留于溶液中。一般都是在植物材料的匀浆液中加入乙醇，但 Tesniere 和 Vayda（1991）等在从葡萄浆果组织中提取 RNA 时，是在用 CsCl 超离心，乙醇沉淀之后的 RNA 溶液中加入终浓度 30％乙醇来沉淀多糖的，进一步纯化了 RNA 样品。

（3）KAc 沉淀法：Bahloul 和 Burkard（1993）等在提取云杉组织的 RNA 时在匀浆上清液中加入 1/3 体积的 5 mol/L KAc（pH 4.8）溶液以沉淀多糖；Ainsworth 等（1993）在提取酸模植物花组织的 RNA 时加入的是 1/5 体积的 5 mol/L KAc（pH 4.8）溶液；Hughes 和 Galau（1988）在提取棉花叶和花粉的 RNA 时加 1/3 体积的 8.5 mol/L KAc（pH6.5）溶液到匀浆液中以除去多糖等杂质。

在提取某些植物材料的 RNA 时，还可以尝试将上述两种方法结合使用。

1.2.2.2 果蔬产品 RNA 提取应用举例

1）草莓果实

（1）材料特点：草莓果实富含芳香族的酚类化合物、类黄酮类色素和多糖类化合物。

（2）RNA 提取改进要点

①用丙酮去除大部分类黄酮类色素。

②用乙二醇丁醚去除大部分多糖。

（3）具体提取方法

①离心管中加入预先冰冷的丙酮 5 mL，$\beta$－巯基乙醇 50 mL，将约 2 g 材料研磨成粉末，用预先冷冻的药匙加入离心管中，振荡 30 min，4℃，6 000 r/min 离心 10 min。

②弃上清液，离心管中加入抽提液（硼酸/Tris 缓冲液 5 mL，100 g/L SDS 250 μL，$\beta$－巯基乙醇 250 μL），振荡 10 min，然后加入等体积酚和氯仿/异戊醇，振荡 10 min，4℃，6000 r/min 离心 10 min。

③取上清液加入等体积的酚和氯仿/异戊醇振荡 10 min，4℃，6000 r/min 离心 10 min。取上清液加入等体积的氯仿/异戊醇，振荡 10 min，4℃，6000 r/min 离心 10 min。

④取上清液加入 0.4 倍体积的乙二醇丁醚，冰浴 30 min，4℃，8000 r/min 离心 15 min。

⑤取上清液加入 4/5 或等体积的异丙醇，冰浴 30 min，4℃ 8000 r/min 离心 15 min。

⑥沉淀用 70%乙醇清洗，干燥水溶后加入等体积的 6 mol/L LiCl，−20℃放置 2.5 h，4℃ 12 000 r/min 离心 15 min。

⑦沉淀用水重溶后加入 1/10 倍体积的 3 mol/L NaAc 和 2.5 倍体积的无水乙醇，−20℃沉淀 12 h 或者−80℃沉淀 30 min，4℃ 12 000 r/min 离心 15 min。

⑧沉淀用 70%乙醇清洗，干燥，20 μL 水溶，−20℃保存；

（4）主要试剂

硼酸/Tris 缓冲液（含 0.2 mol/L 硼酸/Tris，10 mol/L EDTA，pH 7.6），100 g/L 的 SDS，$\beta$-巯基乙醇、乙二醇丁醚、异丙醇、3 mol/L NaAc，Tris−平衡酚（pH 8.0），氯仿：异戊醇＝24：1，6 mol/L LiCl，70%乙醇和丙酮（预冷）。

2）芒果果实

（1）材料特点：富含多糖

（2）RNA 提取改进要点

①用 0.25 体积无水乙醇和 0.11 体积的 5 mol/L 乙酸钾溶液可以去除多糖杂质，能较为彻底地去除多酚，但得到的沉淀在经过 3 mol/L LiCl 洗涤后，由于多糖的存在，沉淀很难溶解。考虑到提取液中已经含有大量 KAc，因此在以酚酸/氯仿抽提后，再加入 0.25 体积无水乙醇，利用无水乙醇和 KAc 结合的方法，可以克服上述沉淀以 3 mol/L LiCl 洗涤后不易溶解的缺点。在沉淀溶解后再以氯仿提取，即可较彻底地去除蛋白质等杂质。

②本法在研磨过程中增加聚乙烯吡咯烷酮可避免芒果组织的氧化，去除多酚。加入样品后再加 5% 体积的巯基乙醇则可避免提取液在贮存过程中和转移样品时巯基乙醇的挥发，从而增加了实验的安全性。

（3）具体提取方法

①0.3 g 样品放入经液氮冷却的研钵中，立即加入液氮，再加入约 2%（m/V）的 PVP−40，研磨样品至细粉状。

②用燃烧处理并液氮冷却后的药匙将细粉状样品转入到预先在室温下加入 600 μL 提取缓冲液的 2 mL 离心管中，然后在通风橱中立即加入 30 μL 约 5% 体积巯基乙醇，0.25 体积无水乙醇和 0.11 体积的 5 mol/L 乙酸钾溶液（pH 4.8），旋涡混匀 1 min。

③立即加入 0.8 体积的氯仿/异戊醇（49：1），混匀后于冰浴静置 5 min，再在 4℃ 下以 20 000 g 离心 10 min。

④取上清液，加入等体积酚酸/氯仿（1：1），混匀后于 4℃下以 20 000 r/min 离心 10 min；取上清液，再加入 0.25× 体积无水乙醇，等体积氯/异戊醇（49：1）混匀，4℃下以 20 000 r/min 离心 10 min。

⑤取上清液，加入 0.6 体积 8 mol/L LiCl，使其终浓度为 3 mol/L，−20℃下放置 8 h 后，于 4℃下以 20 000 r/min 离心 90 min。

⑥用 3 mol/L LiCl 洗涤 2 次，用 600 mL 的 DEPC 水重新溶解沉淀。

⑦加入 0.8 体积的氯仿，混匀后 4℃下以 18 000 r/min 离心 10 min。

⑧加入 5 mol/L 乙酸钾溶液（pH 4.8）使其终浓度为 0.3 mol/L，用 2 倍体积无水乙醇沉淀，−20℃放置过夜或 8 h 以上。

⑨并于 4℃下以 18 000 r/min 离心 20 min。

⑩用 70% 乙醇洗涤 2 次，以 50 mL 的 DEPC 水重悬 RNA 或以乙醇沉淀的形式于 −80℃超低温冰箱保存。

（4）主要试剂

提取缓冲液由下述组成：2%（m/V）SDS、2%～5%（m/V）聚乙烯吡咯烷酮（PVP）−40、50 mol/L EDTA、150 mol/L Tris−HCl，1 mol/L 硼酸调节 pH 到 7.5，然后高温灭菌。

3）荔枝果实

（1）材料特点：荔枝果实果皮中多酚、花色素苷、多糖、蛋白质等物质含量较高，内源 RNAase 活性也上升。

（2）RNA 提取改进要点

①提取液中巯基乙醇与 EDTA 联用且在提取过程中尽量保持低温操作可有效地抑制 RNA$_{ase}$ 活性，另外可使多酚氧化酶活性受到抑制，防止了酚的酶促氧化，很好地解决了提取过程中的褐变问题。

②提高了提取液中 CTAB 及 NaCl 的浓度。

③经过 2 次氯仿抽提后，大部分多糖已被沉淀除去，然后利用 LiCl 可选择性地沉淀 RNA 的特点，将剩余的多糖留在提取液中，使最终 RNA 中多糖含量降到最低。而 RNA 粗品中残留的多糖可在除 DNA 的过程中经酚/氯仿抽提除去。

④提取缓冲液中的硼酸根可与酚形成共价键，防止其氧化，提高抽提液中的巯基乙醇的浓度至 5%，可有效地防止酚的氧化。

⑤本方法缩短了 LiCl 和乙醇沉淀 RNA 的时间，使单样品 RNA 提取时间缩短至 1.5 h 左右。

（3）具体提取方法（CTAB 法）

①取 5 mL 提取缓冲液入 10 mL 离心管，预热至 65℃。

②取约 1 g 左右荔枝果皮，置液氮预冷的研钵中，液氮中充分研磨成粉末。

③待液氮挥发完后，将样品快速移入预热的提取液中，涡旋混匀，65℃水浴 15～20 min，每隔 5 min 左右涡旋混匀 1 次。

④温浴毕，自然冷至室温，加入 0.6 倍体积（3 mL）氯仿，剧烈振荡 1 min，然后冰浴 15～30 min，4℃，18 000 r/min，离心 5 min。

⑤取上层水相，加入等体积氯仿，剧烈振荡 1 min，4℃，18 000 r/min，离心 10 min。

⑥取上层水相，分装至 1.5 mL 离心管中，各加入 1/3 体积 12 mol/L LiCl，涡旋 30 s（此步骤所得混合液可于 −20℃放置 6 个月以上）。

⑦4℃，18 000 r/min，离心 10 min。

⑧弃净上清，沉淀加入 400 μL 75% 乙醇，涡旋 1 min，18 000 r/min，离心 5 min。

⑨弃上清，重复 1 次。

⑩弃上清，沉淀干燥后溶于 30 μL DEPC $H_2O$，即为 RNA 溶液。

（4）主要试剂：提取缓冲液（0.1 mol/L Tris-硼酸缓冲液（pH 8.0），含 30 g/L CTAB，2.0 mol/L NaCl，30 mol/L EDTA-Na，5% β-巯基乙醇）、12 mol/L LiCl、氯仿、75%乙醇。

## 参 考 文 献

陈桂信，吕柳新，赖钟雄，等.2004.基因组 DNA 的提取与纯化.江西农业大学学报（自然科学版），26：329-333.

陈昆松，李方，徐昌杰，等.2006.改良 CTAB 法用于多年生植物组织基因组 DNA 的大量提取.遗传，26：529-531.

王玉成，杨传平，姜静.2002.木本植物组织总 RNA 提取的要点与原理.东北林业大学学报，30 (2)：1-4.

Ainsworth，C C，Clark J，Balsdon J. 1993. Expression, organisation and structure of the genes encoding the *waxy* protein (granule bound starch synthase) in wheat. *Plant Molecular Biology*，22：67-82.

Bahloul M，Burkard G. 1993. An improved method for the isolation of total RNA from spruce tissues. *Plant Molecular Biology Report*，11：212-215.

Carter M，Milton I. 1993. An inexpensive and simple method for DNA purifications on silica particles. *Nucleic Acids Research*，21：1044-1045.

Dellaporta S L，Wood J，Hicks J B. 1983. A plant DNA minipreparation version II. *Plant Biology Report*，1：19-21.

Fang G，Hammar S，Grumet R. 1992. A quick and inexpensive method for removing polysaccharides from plant genomic DNA. *Biofeedback*，13：52-57.

Hughes D W，Galau G. 1988. Preparation of RNA from cotton leaves and pollen. *Plant Molecular Biology Report*，6：253-257.

Manning K. 1990. Isolation of nucleic acids from plants by differential solvent precipitation. *Analytical Biochemistry*，195：45-50.

Schneiderbauer A，Sandermann H，Jr Ernst D. 1991. Isolation of functional RNA from plant tissues rich in phenolic compounds. *Analytical Biochemistry*，197：91-95.

Shioda M，Marakami M K. 1987. Selective inhibition of DNA polymerase by a polysaccharide purified from slime of *Physarum polycephalum*. *Biochemistry and Biophysics Research Communications*，146：61-66.

Tesniere C，Vayda M E . 1991. Method for the isolation of high quality RNA from grape berry tissues without contaminating tannins or carbohydrates. *Plant Molecular Biology Report*，9：242-251.

（朱本忠　朱　毅）

# 第二节　基因芯片

## 1　基因芯片技术概述

随着拟南芥、水稻、人类基因组计划的完成，大大促进了植物功能基因、人类疾病相关基因以及病原微生物基因的克隆、定位、功能与结构研究。基因芯片就是在这个背景下发展起来的一项新技术。因其具有与芯片相似的大规模分析和微型化的特点而得名。基因芯片能在一块或多块芯片上完成生物样品的分离、制备和生化反应，如核酸的分离、纯化、杂交或 PCR 等诸多生物学过程，显示出高效、大量、快速处理生物学信息的能力（梁国栋，2001）。

### 1.1 基因芯片概念与原理

1989 年，Southern 提出了在玻片表面固定的寡核苷酸探针杂交进行基因序列测定的实验设计，此后多个研究小组开展了相似的研究，随着信息、材料、机械、微电子等学科的应用，科学家们开发出了基因芯片。所以基因芯片技术的发展得益于核酸杂交理论，即核酸分子能与被固化的、与之互补配对的核酸分子杂交。基因芯片是分子生物学技术、计算机技术、机械制造技术等学科的交叉与融合的产物，通过半导体光刻加工的微缩技术，将生命科学研究中许多离散的、不连续的分析过程集成在微小的基片（硅片、玻璃和尼龙膜等）。在基片上固定核酸、多肽序列等大量探针分子，形成高密度点阵，与样品中的靶分子通过分子杂交技术在相同条件下进行反应，反应结果用同位素法、化学发光法、化学荧光法等方法显示，然后用扫描仪或激光共轭聚焦（CCD）摄像技术记录，由计算机分析、综合，并使这些分析过程微型化和连续化（梁国栋，2001）。

基因芯片技术主要包括芯片制备、样品的制备和标记、杂交反应以及信号检测这 4 个基本环节（陈志，2006）。本质上讲与 Southern blotting 和 Northern blotting 相同，只是许多探针同时固定在同一芯片上，在相同的实验条件下，同时完成多种不同分子的检测，因此它和传统杂交法相比具有操作简单、效率高、成本低、自动化程度高、检测靶分子种类多、结果客观性强等明显的优点。它与其他基因表达谱分析技术的不同之处在于，基因芯片可以在一次试验中同时平行分析成千上万个基因（Chang et al.，2005）。

### 1.2 基因芯片制作方法

基因芯片的制备主要有两种方法：一是原位合成法，这种方法只适用于寡核苷酸；另一种方法是合成后点样交联，多用于大片段 DNA，有时也用于寡核苷酸，甚至 mRNA或 EST。

#### 1.2.1 原位合成法

常用的基因芯片制作方法是喷墨打印技术（Schummer & Nelson，1997）。在载玻片的表面上涂一层光敏的疏水物质，通过光蚀刻合成寡核苷酸链，多个墨盒分别装 4 种碱基液体，喷印头在整个芯片上移动，根据芯片上不同位点探针的序列需要将特定的碱基喷印在特定位置。该方法基因合成效率高，长度长，可达 40～50 个核苷酸，探针密度可达每平方厘米 10 000 个。这种方法费用较低，为大多数研究者所采用。另一种方法是光导原位合成法（Ann，1994）。硅片或载玻片经预处理后在表面铺上连接分子，分子的羟基上带有光敏保护基团，用特制的光刻掩膜保护不需要合成的部位，暴露合成部位，在光的作用下去除羟基上的保护基团，将羟基游离，这样就可以采用化学反应加上第一个核苷酸，所加的核苷酸种类及在芯片上的部位是预先设定的，所引入的核苷酸带有光敏保护基团以便下一步合成。该方法优点是探针密度高，一般每平方厘米

250 000个。但缺点是需要预先设计并制造一系列光刻掩膜，造价高，且采用的光脱保护方式，掩膜孔径小时会发生衍射现象制约了密度的进一步提高。再加上光脱保护不彻底，存在大量合成不成功的探针，增大杂交背景，不利于定量检测。

### 1.2.2　自动化分区点样法

自动化分区点样方法的 DNA 样本合成方法是由已知基因序列合成寡核苷酸探针。通过 PCR 技术扩增已知基因的部分编码区序列，经纯化精确定量后点样。点样前，固相支持物需预处理，尼龙膜要带正电荷、载玻片可用聚丙烯酰胺凝胶或多聚赖氨酸包被。聚丙烯酰胺厚 20 $\mu$m，用光刻或机械刻写的方法在其表面划上网格，用激光照射蒸发掉单元间的多余凝胶以实现分区（Samuel et al.，1999）。点样的方法主要有两种：一种方法是喷墨喷嘴，该方法采用压电效应，压电喷嘴在合适的移动控制下，移动中可点10 000个样；另一种方法是机械点样，采用毛细管或镊子，在移动控制系统的监控下把少量的 DNA 样品点到固定位置上，点样的精确性由机器人控制系统的精确性决定。自动化分区点样技术的最大优点是可制备研究者感兴趣的样本的微阵列，如 DNA、脂类、多肽、抗体、碳水化合物或小分子等。

### 1.3　信号检测与数据分析方法

由于生物体中的细胞种类繁多，同时基因表达具有组织或时间特异性，基因表达数据与基因组数据相比更为复杂，数据量更大，数据的增长速度更快。所以对基因表达数据的成功分析是研究基因功能和基因表达调控的关键。

### 1.3.1　芯片数据的归一化

因为芯片实验中涉及一些不确定因素，如点样不均引起的差异、芯片理化性质的差异、不同标记方法的差异、样品起始量的不一致等，所以原始数据需经过归一化，以消除由于系统变异引起的误差，使基因表达数据能够真实反映测量样品的生物学差异。归一化可分为芯片间数据的归一化和芯片内数据的归一化等（Park et al.，2003）。芯片内数据的归一化常用方法是内标参照法，选择一个通用基因作为对照基因固定在芯片上，杂交时将一定量的荧光标记探针混合到杂交液中，这样就可以将对照点信号与各样点信号比较，其比值就可以消除各实验室的差异；另外一种方法是看家基因法，预先选择一组表达水平不变的看家基因，计算出这组基因平均值为 1 时的归一化系数，然后将其应用于全部的数据以达到归一化的目的。此外还可以利用局部加权回归分析的方法对数据进行归一化（Yang et al.，2002）。在芯片实验中，大部分基因的表达是没有显著差异的，若将全部的基因放入计算回归式时，可能会产生较大的误差，因此可以选定参与局部回归分析的观察值个数 $f$（通常 $f=20\%$）。原始数据经加权函数得到的值的矫正就可以达到归一化的目的。对于芯片间的数据常用的方法是平均数、中位数归一化，即将各芯片数据的 logratio 中位数或平均数调整为 0，把各芯片上的数据调整到同一水平，从而使之具有可比性。

### 1.3.2　差异基因的判断

基因芯片一个重要的应用就是比较不同条件下的基因表达差异，即识别一个基因在不同样本中表达水平的检测值在排除系统误差等因素外，达到一定的差异，具有统计学意义，同时也具有生物学意义。常用的分析方法包括倍数分析、方差分析和 $t$ 检验

(Kerr & Churchill，2001；Cui & Churchill，2003)。最早应用于基因芯片数据分析的方法是倍数分析法，该方法是通过对基因芯片的 ratio 值从大到小排序，ratio 是 cy3/cy5 的比值，又称 $R/G$ 值。一般 0.5～2.0 内的基因不存在显著表达差异，该范围之外则认为基因的表达出现显著改变。然而这样简单的 2 倍法并不能产生最优的结果。对于高表达基因的条件太苛刻，往往小于 2 就具有生物学意义，而对于低表达水平的基因，用 2 倍法作为判断条件又太宽松；在具体应用中，并没有明确的阈值，往往根据分析的具体要求由数据分析者自行确定。方差分析的目的是推断两组或多组资料的总体均数是否相同，检验两个或多个样本均数的差异是否有统计学意义。根据实验中考虑的因素多少选择不同的方差分析。如果只受单个因素的影响，考虑用单向方差分析；如果受多因素影响则考虑多因素方差分析。$t$ 检验是差异基因表达分析的另一种方法，当 $t$ 值超过根据可信度选择的标准时，比较的两样本被认为存在差异。但是 $t$ 检验常常受到样本量的限制，因为基因芯片成本昂贵，重复实验比较费时，小样本的基因芯片实验是很常见的，所以小样本造成的不可信的变异估计会导致较高的假阳性率。

### 1.3.3 聚类分析

聚类分析是根据数据点间的相似性来组织数据并构建系统树的多变量分类法。聚类分析可以了解在某一生物代谢途径上催化一系列反应的酶的表达规律，有助于阐明一些特殊的代谢通路和基因调控的机理。聚类分析也为分析和鉴别相似功能的基因提供了一个直观和快速的方法。当某些新基因与已知功能的基因归为一类时，就可以推测并描述新基因的潜在功能。聚类结果还可以为难以进行遗传学处理和基因组序列不全的物种提供功能分析的切入点。在基因芯片表达数据分析中应用最为广泛的是系统聚类分析 (Levenstien et al.，2003)，此外还有 $K$ 均值聚类分析、主成分分析、Bayesian 聚类分析、二向聚类分析、自组图分析、神经网络聚类分析等统计分析手段。系统聚类分析法是将基因芯片的表达数据点分配进入有严格等级的层层嵌套的子集，最接近的数据点分成一组，并用一个新点来替换，新点的值为此两点的平均值，其他点同样处理，用同样的方法进行下级处理，直至最终成为一个点，这样数据点就形成一个家谱的树状结构，树枝的长度表示两组数据的相似程度。系统聚类分析适合于具有真正等级下传的数据结构，不适合于基因表达谱可能相似的复杂数据集。$K$ 均值聚类分析首先要估计出将要分出几个类，然后将全部的基因按照相似性的距离归入这几类中，计算出每个类中的基因的均值，然后将每个基因分配到均值与它最相近的那个类中，然后重复以上两个步骤，直到所有的基因都被分配到类中，主成分分析可以将多维空间内的关系简化于三维空间，即可以用常规图形形式显示复杂数据，它是一类多变量技术，即以统计学的方法比较多个不同的变量。主成分分析广泛应用于基因芯片分析，以鉴别在多种实验条件下有相似的调节方式的各组基因，根据与之靠近的已知基因的特征，可以推测生物学功能未知基因的功能。根据主成分分析图像还可以发现游离基因，即多种实验条件下表达方式与大多数基因都不相同的个别基因，据此推断它们可能有新的功能。聚类方法有两个明显的局限：首先聚类结果要明确就需分离度很好的数据。几乎所有现存的算法都是从互相区别的不重叠的类数据中产生同样的聚类。但是如果类是扩散且互相渗透，那么每种算法界定的边界不清，得到各自的最适结果，造成每种算法的结果不同。第二个局限是上述所有聚类方法分析的仅是简单的一对一的线性相关关系，虽然线性比较可以大大减少发现类型关系的计算量,但忽视了生物系统中多因素和非线性的特点,造成分析结果与实际情况存在一定的偏差。

### 1.4 存在的问题及解决对策

基因芯片技术以综合、全面、系统的观点来研究生命现象,并充分利用生物学、信息学等当今带头学科的成果,使生命科学研究的思维方式发生了深刻变化。但是,作为一项新诞生的技术,它也同样有许多问题需要解决。有学者也指出,基因芯片技术作为一种预测手段还不稳定,应慎重选择(Michiels et al.,2005)。主要的原因有:①现阶段芯片检测的灵敏度首先取决于扩增模版,一般采用 PCR 方法进行扩增,不可避免地带来 PCR 所具有的局限。②目前广泛采用的荧光标记方法存在检出灵敏度较低的问题,而一些新的检测方法如质谱法、化学发光法、光导纤维法、DNA 生物传感器法等正在研究之中,尚不够完善。③分子杂交步骤亦存在一些有待解决的问题,加之芯片杂交的条件高度个性化,难以形成比较统一的杂交环境,给应用带来了障碍。④样品制备和标记还比较复杂,各研究机构中仍没有一个统一的质量控制标准,各实验室不能分享数据和资料库等。此外,目前基因芯片技术的费用还比较昂贵,尽管芯片或微阵列可以重复多次使用,但每次杂交反应后,其敏感性都要降低。低丰度基因的表达难于有效检测,芯片数据分析方法尚无统一的标准等,这些问题已开始为许多研究者所关注。随着功能基因组学和蛋白组学研究的深入和芯片技术的完善,这一新技术一定会在生命科学和相关领域中发挥巨大的作用。

### 1.5 cDNA 芯片实验技术

在 cDNA 芯片实验中,主要包括 3 步骤:第一步是 cDNA 芯片的制作,包括cDNA 的扩增和打印到固相支持物上;第二步是样品 RNA 的提取和标记,即提取、纯化待检测样品的 RNA,反转录成荧光标记了的 cDNA;第三步是杂交和数据分析。

#### 1.5.1 cDNA 芯片的制作

(1)基因特异性 DNA 片段的获得。培养 EST 克隆,分离 EST 质粒 DNA,以质粒 DNA 为模板进行 PCR 扩增,纯化 PCR 扩增产物,精确定量。

(2)包被芯片。包被物为多聚 L-赖氨酸,该物质具有疏水性和带正电荷特性。疏水性的特征可以尽量减少打印在芯片上核酸点的扩散,而带正电荷的特性可以使核酸有效的固定在芯片上。

(3)点样。将制备好的 PCR 扩增产物通过特定的高速点样机器直接点在芯片上。点样机器有一套计算机控制三维移动装置,多个喷印头,一个减震底座,上面可放内盛 PCR 扩增产物的多孔板和多个芯片。喷印针将 PCR 扩增产物从多孔板取出直接喷印于芯片上。

#### 1.5.2 样品制备和标记

(1)样品 RNA 的提取与纯化

(2)标记,通过反转录标记法,选择不同激发波长的荧光标记不同的样本。最常见的标记方式是用 Cy3 或 Cy5 荧光,Cy3 或 Cy5 标记的 dNTPs,通过酶反应掺入到待测样品中,便可以在一张片子上同时检测两份标本的信息,做到平行性比较,数据更可靠。

### 1.5.3 杂交与信号检测

（1）杂交，是荧光标记的样品与芯片上的探针进行反应产生一系列信息的过程。选择合适的反应条件能使生物分子间反应处于最佳状况中，减少生物分子之间的错配率。影响杂交的因素很多，但主要是时间、温度及缓冲液的盐浓度，如表达检测就需要长时间、低温和高盐条件的较严谨性杂交。

（2）信号检测，杂交反应后的芯片上各个反应点的荧光强弱经过芯片扫描仪和相关软件分析，将荧光转换成数据，即可以获得相关的生物信息。常用的信号检测方法是激光共聚焦荧光检测，其原理是与芯片发生杂交的探针上的荧光被激发后经过棱镜刚好能通过共聚集小孔，而被探测器检测到，检测到的荧光信号通过计算机处理后就可以直接读出杂交图谱，此法灵敏度和精确度较高，但是扫描所需时间较长。

## 2 基因芯片在果蔬研究中的应用

### 2.1 研究果蔬生理及基因表达

基因的差异性表达是调控生命过程的核心。基因的表达、关闭以及表达量的变化，决定了每一个生命体的生长发育，表型差异以及细胞周期调控、衰老、死亡等生命过程。表达谱基因芯片，即通过研究基因在不同组织或细胞，不同发育阶段中基因表达的改变，进而阐明基因的功能及调控规律。自 Stanford 大学的 Schena 等（1995）发表第一篇基因表达谱芯片的文章以来，在功能基因组研究方面，表达谱基因芯片正在发挥着越来越大的作用。目前，表达谱基因芯片在植物方面已开始应用于检测植物激素对植物基因表达的影响、果实成熟发育过程中基因表达情况、植物对环境耐受力、抗病虫害的能力和提高品质等方面的基因差异表达分析，大大促进了植物育种和新品种的产生。

Alba 等（2004）建立了包含有 12 899 个 EST，分别代表 8500 个番茄基因的基因芯片 TOM1。采用该芯片，发现了 869 个在番茄果实形成过程中上调表达的基因。番茄 Nr 突变体是由于一个乙烯受体基因突变造成的，表现为对乙烯不敏感，果实无法成熟。在 869 个上调表达的基因中，有 37% 的基因在 Nr 突变体中的表达情况发生变化，其中包括有关果实形态、种子形成、类胡萝卜生物合成、果实成熟等相关基因。结果表明乙烯在番茄果实发育中发挥多种重要的作用（Alba et al.，2005）。Cercós 等（2006）采用基因芯片研究了柑橘果实发育和成熟过程中的基因表达变化，在 7000 个基因中，有 2243 个基因表达发生了明显的改变，包括水分积累、糖类增加、酸还原、类胡萝卜素积累和叶绿素降解等相关基因。葡萄是一种非跃变型果实，但其成熟的分子调控机制尚不清楚。Lund 等（2008）采用 Affymetrix 公司开发的基因芯片，对葡萄果实发育 4 阶段的基因表达情况进行了研究，发现脱落酸合成相关基因、9-顺式环氧类胡萝卜素双加氧酶基因 *VvNCED2* 和脱落酸受体基因 *VvGCR2* 表达明显上调，表明脱落酸合成和信号转导过程与葡萄果实的发育密切相关。

### 2.2 果蔬病害鉴定

常规的病害鉴定、诊断或越冬苗上的潜伏侵染率的调查需要大量的人力、物力和时间，因此有必要研制出一种方法简便、检测快速、灵敏可靠、既能在植物组织中有高的检测灵敏度又能具有高度的种或种群间鉴别力，而且还能同时检测多种病害来取代常规方法。基因芯片技术将无数预先设计好的寡核苷酸、cDNA、基因组 DNA 在芯片上做成点阵，与样品中同源核酸分子杂交，对样品的序列信息进行高效的解读和分析，大规模获取相关生物信息，在植物病害的快速检测上具有广阔的应用前景。

非编码的内部转录间隔区（ITS）和非编码的串联排列的重复基因序列的拷贝间隔区（IGS）表现高度种间序列多态性，尤其是 ITS 表现出更强的种间或生物种群间的 DNA 多型性。由此 ITS 被更广泛地用来研制区分和检测真菌种间和种群间特异性的快速检测技术。Levesque 等（1998）利用这种专化性的核苷酸序列作为探针的检测方法检测并区分出腐霉菌属（*Pythium*）和疫霉属（*Phytophthora*）内不同种的差异。Koch 和 Utkhede（2002）研制出快速检测温室内的黄瓜茎流胶疫病菌（*Didymellabry-oniae*）的斑点杂交技术。在此技术基础上，将膜上或承载片上固定 PCR 产物改变为固定 DNA 探针即成为可检测多至若干个病害的基因芯片技术。Lee 等（2003）首次报道应用 cDNA 芯片检测植物病毒，该植物病毒芯片所包含的 cDNA 片段来自 4 种葫芦科植物易感染病毒的 cDNA 克隆。王进忠等（2005）根据已知的黄瓜花叶病毒、百合无症病毒、百合斑驳病毒基因核苷酸序列，设计引物和探针，标记核苷酸引物，不对称 RT - PCR 扩增产物与芯片上的寡核苷酸探针杂交，荧光扫描仪进行检测。研究制备的寡核苷酸芯片能够检测侵染百合的 3 种重要病毒核酸的特异性荧光信号。Bystricka 等（2005）采用人工合成的特异单链寡核苷酸作为探针，制成检测芯片，成功的检测出马铃薯病毒 X、病毒 Y、病毒 A、病毒 M、病毒 S、卷叶病毒和帚顶病毒。

### 2.3 转基因植物的检测

转基因植物是运用重组 DNA 技术将外源基因整合于受体植物基因组，改变其遗传后产生的植物及后代，也称为遗传修饰生物体（GMO）。自 1983 年世界第一例转基因作物问世以来，目前全球转基因农作物种植面积已达到 110 279 亿公顷以上。大量转基因农产品被直接或间接的制成人类的食品，呈现迅猛发展趋势。但是转基因作物作为一种新物种，对人类健康、生态平衡是否具有危害还未确定。许多国家以立法或其他形式要求对转基因产品进行标记，1998 年欧盟在世界上签署了第一个法案，要求凡是转基因产品都要进行标签说明。此后，日本、澳大利亚、新西兰和巴西等国都制定了对转基因产品进行风险评估及检测的相关法规。我国于 2001 年 6 月公布并实施了《农业转基因生物安全管理条例》。各国转基因标识制度的相继建立，对转基因检测技术的灵敏度和准确性提出了严格的要求，各种转基因检测技术也成为研究热点。

通过收集用于转基因技术的启动子、标记基因、抗病基因的 EST 序列制成基因芯片，可对转基因玉米、大豆、水稻、番茄等产品进行检测。应用基因芯片技术检测转基因植物具有快速、灵敏度高、特异性强、操作简便、自动化程度高等特点。黄文胜等（2003）根据油菜中所转入的外源基因，选择了 CaMV35S 启动子、FMV35S 启动子、Nos 终止子、*Bar* 基因、*Barnase* 基因、*Barstar* 基因、*EP-SPS* 基因、*GOX* 基因、*PAT* 基因等设计引物与探针，并制备了寡核苷酸芯片，通过多重 PCR 对样品核酸进行扩增和荧光标记后，将 PCR 产物与芯片杂交，检测油菜样品中所含的外源基因，在检测低含量的转基因油菜时灵敏度可达到 0.5%。高秀丽等（2005）将转基因水稻中常用的质粒载体 pCAMBIA1301 中的 4 个基因 GUS、35S 启动子、hpt、aadA 的特异引物固定于芯片上，通过引物延伸芯片法，实现了对质粒 pCAMBIA1301 中 4 个基因的检测。表明基因芯片能快速、准确、高效、全面的实现对转基因水稻的检测，不仅可判断其是否是转基因产品，还可对转入的外源基因的种类进行确定。刘烜等（2005）根据转基因番茄中所转入的外源基因，选择 35S 启动子、NOS 终止子、PG 基因设计特异性引物，制备基因芯片，实现了对转基因番茄所含外源基因的检测，检测灵敏度可达 0.5％。Zhou 等（2008）将油菜 MS1/RF1 基因设计引物和探针，制备了寡核苷酸芯片，通过多重 PCR 对样品核酸进行扩增和荧光标记，将 PCR 产物与芯片杂交，成功检测出了 MS1/RF1 转化事件。随着转基因果蔬的广泛种植，基因芯片技术也将为转基因果蔬的检测鉴定提供重要的技术保障。

# 参 考 文 献

陈志 . 2006. 基因芯片技术的最新进展 . 国际检验医学杂志，27（3）：249-251.

高秀丽，杨剑波，景奉香，等 . 2005. 用引物延伸芯片法实现对转基因水稻中质粒 pCAMBIA1301 的检测 . 遗传，27：271-278.

黄文胜，潘良文，粟智平，等 . 2003. 基因芯片检测转基因油菜 . 农业生物技术学报，11：588-592.

梁国栋 . 2001. 最新分子生物学实验技术 . 北京：科学出版社 .

刘烜，郑文杰，刘伟，等 . 2005. 转基因番茄 DNA 检测芯片的研究 . 食品研究与开发，26（4）：109-112.

王进忠，贾慧，文思远，等 . 2005. 百合病毒的 DNA 芯片检测技术研究 . 中国病毒学，20：429-433.

Alba R，Fei Z J，Payton P，et al. 2004. ESTs，cDNA microarrays，and gene expression profiling：tools for dissecting plant physiology and development. *The Plant Journal*，39：697-714.

Alba R，Payton P，Fei Z，et al. 2005. Transcriptome and selected metabolite analyses reveal multiple points of ethylene control during tomato fruit development. *The Plant Cell*，17：2954-2965.

Ann C P. 1994. Light - generated oligonucleotide array for rapid DNA sequenced analysis. *PNAS*，91：5022-5026.

Bystricka D，Lenz O，Mraz I，et al. 2005. Oligonucleotide - based microarray：A new improvement in microarray detection of plant viruses. *Journal of Virological Methods*，128：176-182.

Cercós M，Soler G，Iglesias D J，et al. 2006. Global analysis of gene expression during development and ripening of citrus fruit flesh. A proposed mechanism for citric Acid utilization. *Plant Molecular Biology*，62：513-527.

Chang J C，Hilsenbeck S G，Fuqua S A. 2005. Genomic approaches in the management and treatment of breast cancer. *British Journal of Cancer*，92：6182-6241.

Cui X，Churchill G A. 2003. Statistical tests for differential expression in cDNA microarray experiments. *Genome Biology*，4：210.

Kerr M K，Churchill G A. 2001. Statistical design and the analysis of gene expression microarray data . *Genetical Research*（Cambridge），77：123-128.

Koch C A，Utkhede R S. 2002. Diagnosis and identification of *Didymel labryoniae*，causal agent of gummy stem blight of greenhouse cucumbers，using a dot blot technique. *Journal of Horticultural Science and Biotechnology*，77：62-66.

Lee G P，Min B E，Kim C S，et al. 2003. Plant virus cDNA chip hybridization for detection and differentiation of four cucurbit infecting Tobamoviruses. *Journal of Virological Methods*，110：19-24.

Levenstien M A，Yang Y，Ott J. 2003. Statistical significance for hierarchical clustering in genetic association and microarray expression studies. *BMC Bioinformatics*，4：62.

Levesque CA. 1998. Identification of some oomycetes by reverse dot blot hybridization. *Phythopathology*，88：213-222.

Lund S T，Peng F Y，Nayar T，et al. 2008. Gene expression analyses in individual grape (*Vitis vinifera* L.) berries during ripening initiation reveal that pigmentation intensity is a valid indicator of developmental staging within the cluster. *Plant Mollecular Biology*，68：301-315.

Michiels S，Koscielny S，Hill C. 2005. Prediction of cancer outcome with microarrays：a multiple random validation strategy. *Lancet*，365 (9458)：4882-4921.

Park T，Yi S，Kang S，et al. 2003. Evaluation of normalization methods for microarray data. *BMC Bioinformatics*，4：33-45.

Samuel G，Francois B，Berfrand R J. 1999. Granjeaud Expression profiling：DNA array in many guises. *Bio Essays*，21：781-790.

Schena M，Davis R W，Davis R W. 1995. Quantitative monitoring of gene expression patterns with a complementary DNA microarray. *Science*，270：467-470.

Schummer M，Nelson P S. 1997. Inexpensive handheld device for the construction of high - density nucleic acid arrays. BioTechniques，23：1087-1092.

Yang Y H，Dudoit S，Luu P，et al. 2002. Normalization for cDNA microarray data：a robust composite method addressing single and multiple slide systematic variation. *Nucleic Acids Research*，30：e15.

Zhou P P，Zhang J Z，You Y H，et al. 2008. Detection of genetically modified crops by combination of multiplex PCR and low - density DNA microarray. *Biomedical and Environmental Science*，21：53-62.

（李正国）

# 第三节　蛋白表达与分析

## 1　蛋白表达技术概述

　　蛋白质与各种形式的生命活动紧密联系在一起，它是生命的物质基础，没有蛋白质就没有生命。蛋白质是生命活动真正的执行者，对蛋白质的功能的研究可以直接揭示各种神秘的生命现象。因此，对蛋白质的研究也受到越来越多的关注。

　　蛋白质的研究不同于 DNA 和 RNA，它具有复杂的二级、三级结构。蛋白质不能像 DNA 那样可以扩增，而少量的蛋白质又难以被观测和研究，因此蛋白质的人工合成就成为解决这些难题的重要途径之一。

　　与其他生物产品的合成过程一样，蛋白质的人工合成过程一般也分为上游、中游、下游过程。上游、中游过程是运用生物技术生产目标产物；下游过程是指对含有目标产物的物料进行处理、分离、纯化和加工。本节主要介绍蛋白质的人工表达技术及其应用。

　　蛋白质表达技术的发展历史可追溯到 20 世纪 70 年代，Struhl 等 (1976)、Yun 和 Vapnek (1977) 和 Chang 等 (1978) 分别将酿酒酵母的 DNA 片段，粗糙链孢霉的 DNA 片段和哺乳动物的 cDNA 片段导入大肠杆菌，引起其表型的改变，证明了外源基因在大肠杆菌中可以实现有功能的活性表达。这些研究工作为建立蛋白质的人工表达系统奠定了理论基础。Guanrante 等（1980）在《科学》杂志上发表了以质粒、乳糖操纵子为基础建立起来的大肠杆菌表达系统。同期，Clark-Walker 和 Miklos（1974）发现在大多数的酿酒酵母中也存在双链 DNA 质粒；Hinnen 等（1978）首先将一株酿酒酵母的 *leu2* 基因导入了另一株 *leu2* 缺陷型的酿酒酵母，发现其修复了后者的功能缺陷。不久，Hitzman 等（1981）用酵母表达了人 α-干扰素，标志着酵母表达系统的建立，至今已有众多的外源基因在酵母系统中得到表达（Derynek et al.，1980；Hitzeman et al.，1981）。此后越来越多的蛋白质得到了人工合成，同时简单的蛋白质表达系统已经不能满足人们要求，从而多种蛋白质表达系统应运而生，蛋白质表达技术也得到了迅速的发展。

一个完善的蛋白质表达系统由两个重要组分组成：表达载体和表达宿主。表达载体能携带外源基因进入表达宿主，同时表达载体还具有表达外源基因所必需的表达元件；表达宿主为外源基因的表达提供转录、翻译、翻译后修饰的原料及各种酶系，同时为这些生物反应的发生提供稳定的环境。通常，根据蛋白质表达所处的生物反应器的类型，蛋白质表达系统被分为两类：原核表达系统和真核表达系统。原核表达系统主要包括大肠杆菌表达系统、芽孢杆菌表达系统和链霉菌表达系统等；而真核表达系统种类较多：表达宿主较为低等有单细胞的酵母表达系统、多细胞的丝状真菌表达系统，也有较为高级的昆虫表达系统、哺乳动物表达系统和植物表达系统等。高荣凯和王琰（1997）认为，现有外源基因表达系统主要包括：大肠杆菌表达系统、枯草芽孢杆菌表达系统、链霉菌表达系统、酵母表达系统、哺乳动物细胞表达系统、昆虫杆状病毒表达系统、动物乳腺生物反应器及植物表达系统等。这些外源基因表达系统在基因表达量、表达产物的分离纯化及活性、成本等方面各有优缺点。

随着生物工程技术的发展以及人们对蛋白质表达技术的改进，近些年来又出现了一种新的蛋白质表达系统——无细胞表达系统，并且得到了较为广泛的应用。

## 2　原核表达系统

在各种表达系统中，最早采用的是原核表达系统，这也是目前最为成熟的表达系统。由于细菌培养操作简单、生长繁殖快、价格低廉、外源基因表达产物量大（如大肠杆菌中目的蛋白质的表达量可超过细菌总蛋白质量的 80%）、基因背景和表达特性较清楚等因素，使细菌表达系统成为最受欢迎的异源蛋白表达系统之一（Struhl et al.，1976）。当然原核表达系统也存在着不可忽视的缺陷：首先，通过原核表达系统所表达的外源蛋白往往会形成不溶性、无活性的包涵体，这使原核表达系统的应用范围受到很大限制。虽然到目前为止，原核表达系统的可溶性表达问题还没有完全解决，但已有较大进展。Caspers 等（1994）和 Machida 等（1998）发现，包涵体是由于新合成的大量外源蛋白的折叠过程中，宿主细胞内参与折叠的蛋白质因子的量不能满足需要，无法形成正确的构象而产生的，因此共表达与蛋白质折叠过程密切相关的分子伴侣折叠酶或硫氧还原蛋白基因可以使目的产物可溶性表达的比例明显上升。在有些情况下需要有多个蛋白质因子共表达才能达到预期的目标。其次，由于原核细胞的翻译后修饰系统不完善，很多外源蛋白在表达之后得不到正确的折叠以及修饰加工，因此无法获得有活性的重组蛋白。将真核生物糖基化过程中所涉及的酶系导入原核宿主细胞的设想很早就被提出，但是这些工作仍在探索中。

在原核系统中，大肠杆菌表达系统是应用最为广泛的表达系统，大量有价值的多肽和蛋白质已在大肠杆菌中得到了超量表达（Caulcott & Rhodes，1986；Caspers et al.，1994；廖美德等，2002；谢磊等，2004；戎晶晶等，2005）。迄今为止已经成功发展了许多表达载体和相应的宿主菌。大肠杆菌表达系统根据其表达载体的表达调控元件分为：Lac 和 Tac 表达系统、PL 和 PR 表达系统、T7 表达系统。Lac 和 Tac 表达系统是较早建立的大肠杆菌表达系统，它是以大肠杆菌 lac 操纵子调控机制为基础设计、构建的表达系统（Hasan & Szybalski，1995；Yabuta et al.，1995）；PL 和 PR 表达系统是以 λ 噬菌体早期转录启动子 PL、PR 为核心构建的表达系统；T7 表达系统是根据大肠杆菌 T7 噬菌体转录体系中的元件为基础构建的表达系统（Studier & Moffatt，1986；Tabor & Richardson，1985）。此外还有其他表达系统，如营养调控型、糖原调控型、pH 调控型等。采用原核表达系统表达目的蛋白的基本流程如图 3-1-3-1 所示。

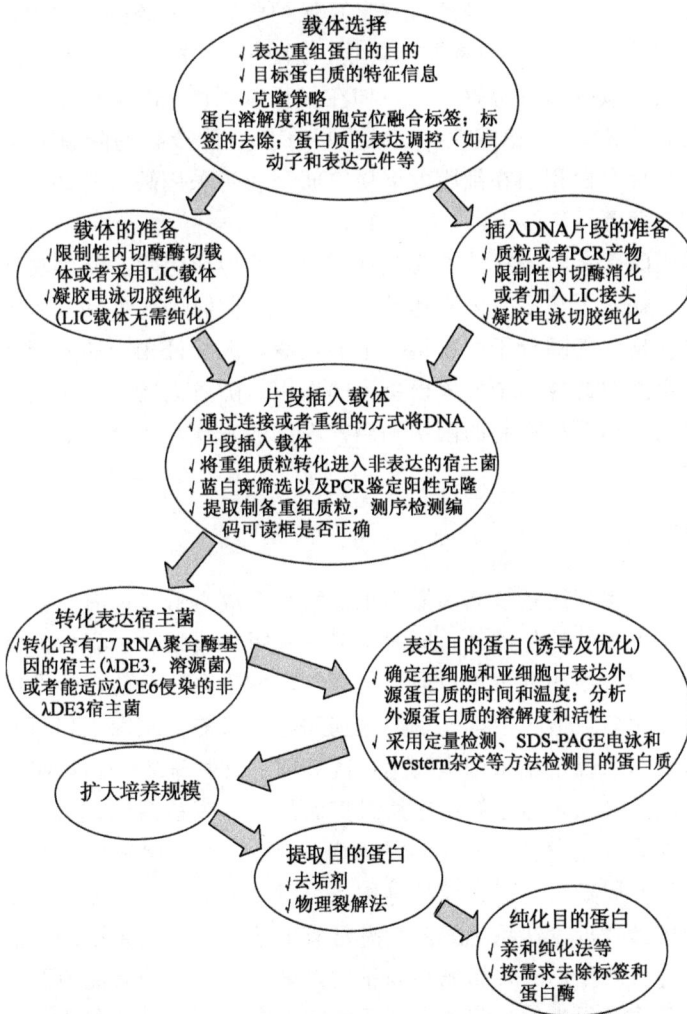

图 3-1-3-1　原核表达系统表达目的蛋白的操作流程

由于各种目标基因结构的多样性，如要各种外源基因在大肠杆菌表达系统中得到高效表达，还需要根据每一个目标基因的具体情况，结合所采用的表达系统类型加以分析，制定出合适的表达策略才能实现。这些技术和措施通常体现在以下几个方面。首先，表达载体的优化设计，由于每一个基因都具有各自独特的 5′ 端结构，最终构建成的各种表达质粒所具有的核糖体结合位点是非固定的，而核糖体结合位点序列的变化对 mRNA 的翻译效率具有显著影响，所以表达载体中插入的外源基因与载体上的核糖体结合位点（SD 序列）的距离以及碱基分布成为表达载体优化设计的重要参考因素；其次，由于大肠杆菌基因对密码子的使用具有一定的偏爱性，造成了外源基因编码序列中出现稀有密码子的问题，虽然还没有固定的规则来判定稀有密码子的存在是否对翻译过程产生明显的不利影响，但是大量的实验结果表明，不含稀有密码子的目标基因在大肠杆菌表达系统中往往可以比较容易实现高效表达（Chen et al.，1994），所以通过采用简并密码子避免或者减少外源基因中稀有密码子的含量可提高大肠杆菌表达系统表达外源基因的效率；最后，提高目标基因的 mRNA 和目标基因产物的稳定性，也是高效表达外源蛋白质的重要途径，大肠杆菌具有自身保护机制，大肠杆菌中的核酸酶和蛋白酶能够降解目标基因的 mRNA 和目标基因产物，这种降解作用有一定的专一性和选择性，可以通过多种方式来减少这种降解作用，如在目标基因的 mRNA 的 5′ 端设计出发夹结构，能大大的提高 mRNA 的稳定性，在减少目标蛋白质产物的降解方面，可以利用蛋白质转运系统把目标蛋白积累在细胞的周质空间，或者采用缺乏某些蛋白质水解酶基因的缺陷株作为宿主菌等（Vapnek et al.，1977）。

进入后基因组时代，大肠杆菌首先被选作研究蛋白质组学、基因功能、蛋白质网络等新课题的模型，揭示了很多基因表达的未知领域，同时为发展和完善大肠杆菌表达系统提供了更多的依据。伴随分子生物学技术的发展，大肠杆菌表达系统势必在实验研究及工业化生产重组蛋白的应用中发挥出更大的作用。随着大肠杆菌表达系统研究的不断深入，以及更多的表达调控机制的阐明和调控因素的发现，将会有更多、更好的大肠杆菌表达系统可供利用。

## 3  真核表达系统

用原核细胞作宿主表达真核基因操作虽然简单、成本低，但有时会因为所表达的外源蛋白大部分为不可溶性的包涵体，同时不能正确折叠或缺少翻译后的修饰导致没有生物活性，而且原核细胞中的有毒蛋白或有抗原作用的蛋白质可能会混杂在终产物中。使用真核表达系统在大多数情况下都能解决这些问题。目前，基因工程研究中常用的真核表达系统有酵母表达系统、昆虫细胞表达系统和哺乳动物细胞表达系统。

酵母表达系统是真核表达系统中应用最广泛的一种表达系统，由于这是一种采用低等单细胞真核生物为表达宿主的系统，因此该系统除了具备真核表达系统的优势外，还具有操作简单、生产周期短、产量较高等优点。酵母表达系统主要有传统的酿酒酵母表达系统和新兴的毕赤酵母表达系统。酿酒酵母有上述酵母表达系统的优点，但不足之处是在发酵过程中容易产生乙酸，影响到高密度发酵；蛋白质分泌能力差，容易使表达的蛋白质（即使分子质量很小的）停留在周质空间；产物容易过糖基化。而毕赤酵母表达系统基本不存在这些问题，因而得到了更广泛的应用。

　　巴氏毕赤酵母（*Pichia pastoris*）是近年来迅速发展起来的一种真核表达系统，是一种甲基营养型酵母，它能以甲醇作为唯一的能源和碳源，可以在含有甲醇的培养基中生长（Ellis et al.，1985；Cregg et al.，1993）。甲醇能够迅速诱导毕赤酵母合成大量的乙醇氧化酶（alcoholoxidase，AOX）（Raschke et al.，1996）。在巴氏毕赤酵母中发现存在两个基因（*AOX1*，*AOX2*）编码AOX，约占全部可溶性蛋白质的30%以上。这两个基因序列有92%的同源性，其编码蛋白质有97%的同源性。其中*AOX1*基因的编码产物在氧化过程中起主要作用，即*AOX1*基因的启动子受甲醇强烈诱导，而*AOX2*基因的启动子则弱（Koutz et al.，1981）。而且*AOX1*基因在转录水平上受到严格的双重调控：当以甘油、葡萄糖或乙醇作为碳源时，*AOX1*几乎不表达；在碳饥饿状态下，甲醇能强烈诱导启动*AOX1*的转录和翻译。

　　由于巴氏毕赤酵母没有稳定的天然质粒，所以其表达载体趋向采用整合载体，将表达载体用不同的酶切后线性化，通过同源重组整合到宿主基因组，可以产生稳定的转化子。毕赤酵母表达系统可以将重组蛋白分泌表达到细胞外，使该系统更具优势。表达的外源蛋白在载体携带编码的信号肽的引导下分泌至培养基上清液中，其间蛋白质经过了剪切、正确折叠和组合形成成熟的双体形式，且所表达的外源蛋白易于以后的纯化。毕赤酵母真核表达系统的操作流程（图3-1-3-2）不同于原核表达系统。在真核表达系统中，目的基因的表达单元需要通过重组的方式整合到宿主细胞的染色体基因上才能对其进行诱导表达。

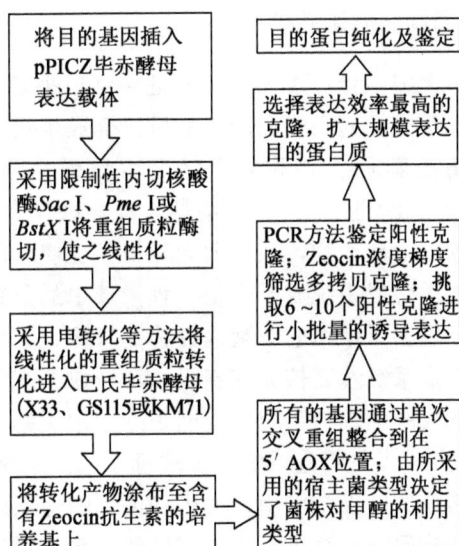

图3-1-3-2　毕赤酵母真核表达系统表达外源蛋白的操作流程

　　酵母对外源基因的表达水平受很多因素的影响，在基因水平上，提高和控制外源基因的转录水平是提高表达水平的有效方法之一，所以筛选高效启动子非常重要；另外，表达载体在细胞中的拷贝数和稳定性对外源基因在酵母中的表达有明显影响。在蛋白质水平，要考虑表达产物的可靠性问题，其中包括外源基因在表达系统中的遗传稳定性、不同生物来源的基因在酵母中表达后加工和修饰的情况。设计酵母表达系统高效表达策略需要考虑的因素有以下几个方面。首先，根据所表达的目标蛋白对酵母宿主有无毒性来选择诱导表达系统，也可以选择效率较高的信号肽序列，这样目标蛋白分泌到细胞外一方面能减轻宿主的负担，提高产量，另一方面能简化蛋白质纯化的操作；其次，通过选择蛋白酶缺陷的菌株，避免表达产物的降解，提高目的蛋白的积累量，或者在培养基中添加富含氨基酸的组分和酪蛋白的水解物、胃蛋白的水解物，降低对目的蛋白的水解速度，也可以采用非缓冲体系的培养基，通过pH的改变降低蛋白酶的活性，减少对表达产物的降解量，最终达到高效表达的目的。

　　酵母这一传统的最简单的真核微生物，已成为现代分子生物学重要的模式工具和外源基因表达的重要宿主。尤其近几年，巴氏毕赤酵母表达系统已被证明是既可以用于分泌表达又可以胞内表达外源基因的一个理想的酵母表达系统，其完善的分子生物学操作方法，成熟的高密度发酵技术，已成为基因工程研究的重要表达系统之一。

昆虫表达系统（Marshall，1998）是利用昆虫病毒——杆状病毒科多角体病毒的多角体蛋白基因（*polh*）的强启动子特性所建立的表达系统，除了能高效的表达正确折叠及翻译后修饰的外源蛋白的优点外，该表达系统与其他表达系统相比具有最高的外源基因装载量，能装载高达 12 kb 的外源基因，同时即使表达产物对宿主细胞或者虫体有毒害作用，该系统仍旧能保持较高的表达水平，因其表达是在大部分病毒粒子形成后才启动。然而昆虫表达系统也有着重组率低、筛选困难、工作周期长等缺点。哺乳动物表达系统在表达产物的质量及安全性上有着极大的优势，但也同样存在操作繁琐，工作周期长，产量较低的缺点。

## 4 无细胞表达系统

无细胞蛋白质表达系统是一种以外源 mRNA 或 DNA 为模板，通过在细胞抽提物的酶系中补充底物和能源物质来合成蛋白质的体外系统。20 世纪 60 年代生物学家采用大肠杆菌无细胞系统破解了生物蛋白质合成的遗传密码（Barondes & Nirenberg，1962）。20 世纪 80 年代中期，前苏联学者 Spirin 等（1988）通过在无细胞体系中连续流加能量和底物，从而大大延长了反应时间和提高了蛋白质的合成产量。此后，无细胞蛋白质合成系统成了生物工程领域中的研究热点之一，发展了多种无细胞蛋白质合成系统。根据所使用的细胞抽提物的来源，无细胞蛋白质合成系统可以分为原核无细胞蛋白质合成系统和真核无细胞蛋白质合成系统。最常用的有原核的大肠杆菌无细胞系统，真核的麦胚抽提物系统和兔网织红细胞裂解物系统，以及酵母细胞抽提物、嗜热性细菌抽提物、鼠 L2 细胞系统等。选择不同的系统主要是根据目的蛋白的来源和生化属性，以及蛋白质的下游应用。大肠杆菌无细胞系统具有较高的产率和均一性，表达的蛋白质适合结构研究；真核表达系统虽然产率较低但能表达需要翻译后修饰的蛋白质，有利于蛋白质功能研究。

传统的利用完整细胞的蛋白质生产流程是非常消耗时间的，需要将目的基因转化、细胞培养、表达参数优化等。同时利用重组 DNA 技术在宿主细胞内表达外源基因常常受到多种因素的限制，主要有：①基因表达产物的不溶性和不稳定性；②细胞内蛋白酶对产物的降解；③某些产物对宿主细胞产生毒性；④在原核细胞表达系统中，产物易形成不溶性的包涵体，需要变性和重新复性；⑤宿主细胞本身的基因调控机制在一定程度上影响外源基因的有效表达等。而无细胞表达系统却能很好解决这些问题。此外无细胞表达系统还具有以下几个优点。①能够直接以 PCR 产物作为模板合成蛋白质，不但可以进行快速的蛋白质表达，同时能进行突变蛋白质的快速筛选，实现靶分子的体外定向进化；②通过加入人工合成的氨基乙酰 tRNA 合成含有非天然氨基酸的蛋白质；③能同时平行合成多种蛋白质，满足植物蛋白质组学的研究要求。

无细胞蛋白质表达系统虽然有很多的优点，但其成本较高，同时在进行大蛋白质的合成时，除了需要解决细胞抽提物的制备问题以外，能量的供应和遗传模板的稳定性是影响系统效率和成本的两个瓶颈问题。在无细胞蛋白质合成系统中，即使不加外源模板进行蛋白质合成，ATP 等能源物质亦将被体系内各种磷酸酶快速降解，且降解生成的无机磷能抑制蛋白质的合成。另一方面，在无细胞蛋白质合成系统中，遗传模板的稳定性是制约系统效率提高的关键因素，模板的数量及稳定性极大地影响了蛋白质的合成效率和产率（Kim & Swartz，2000）。

目前无细胞表达系统已经应用于以下几个方面。

### 4.1 结构蛋白质组学研究中的应用

无细胞蛋白质表达系统可以进行蛋白质的高通量表达，能同时得到许多用于结晶研究的蛋白质，进而方便开展结构蛋白质组学的研究，特别是膜蛋白和有细胞毒性的蛋白质都可以利用无细胞体系进行表达；同时，可以在蛋白质中人为地引入硒代半胱氨酸，有利于蛋白质的 X 射线结晶学研究；可以在很小体积内进行无细胞体系的蛋白质表达，这样有利于蛋白质的同位素标记。

### 4.2 功能蛋白质组学研究中的应用

无细胞蛋白质表达系统可以进行蛋白质高通量、微量化的表达，表达后又可省去系统的分离纯化，因此可以对表达产物进行活性测定，尤其是酶活性的测定。在无细胞表达系统中加入没有终止密码子的 mRNA 模板可以促使形成 RNA-核糖体-蛋白质三元复合物，这样可以将表达的蛋白质展示在核糖体表面，可以达到与其他的蛋白质展示相同的效果。

近年来，随着无细胞蛋白质表达系统中 mRNA 稳定性的不断提高，能量再生体系的不断完善和反应器操作方式的不断改进，无细胞表达系统的成本大大降低，同时无细胞系统的蛋白质产量已有很大提高，已经有 20 h 反应得到 mg/mL 级的可溶性目标蛋白的报道（徐志南等，2004）。因此，无细胞表达系统在蛋白质组学研究中有着极其广泛的应用前景。

以上几种蛋白质表达系统各有优缺点，应根据实际需要进行选用。各方法的特点见表 3-1-3-1（陈丹等，2006）。

**表 3-1-3-1　几种蛋白质表达系统的比较**

| 项目 | 细菌 | 酵母 | 昆虫 | 哺乳动物细胞 | 无细胞蛋白质合成系统 |
|---|---|---|---|---|---|
| 蛋白表达周期 | 适中 | 适中 | 很慢 | 很慢 | 非常快 |
| 产量 | 高 | 高 | 适中 | 适中 | 高 |
| 生长培养基 | 简单便宜 | 简单便宜 | 复杂昂贵 | 很复杂昂贵 | |
| 蛋白质纯化 | 简单 | 简单 | 困难 | 很困难 | 简单 |
| 蛋白质的共表达 | 困难 | 困难 | 相对容易 | 困难 | 容易，易调节 |
| 正确性和稳定性 | 好 | 好 | 较好 | 较好 | 很好 |
| 蛋白质折叠 | 需重新折叠 | 需重新折叠 | 部分折叠 | 部分折叠 | 因系统而异 |
| N-糖苷键连接糖基化修饰 | 无 | 高甘露糖 | 简单无唾液酸 | 复杂 | 因系统而异 |
| O-糖苷键连接糖基化修饰 | 无 | 有 | 有 | 有 | 因系统而异 |
| 磷酸化 | 无 | 有 | 有 | 有 | 因系统而异 |
| 酰基化 | 无 | 有 | 有 | 有 | 因系统而异 |

　　目前，植物蛋白质组学已经成为植物科学研究的一个重要领域，因而蛋白质人工表达技术已经成为植物蛋白质研究的必备手段。随着生物技术的发展，各种蛋白质表达技术的改进和完善，为科研工作者提供了多样化的选择，同时也为植物蛋白质组学研究奠定了坚实的基础。

# 参 考 文 献

陈丹，胡又佳，朱春宝.2006.无细胞蛋白质合成系统.生物技术，16（5）：85-88.

高荣凯，王琰.1997.外源基因在大肠杆菌中的表达.海军总医院学报，10（4）：221-224.

廖美德，谢秋玲，林剑，等.2002.外源基因在大肠杆菌中的高效表达.生命科学，14（5）：283-287.

谢磊，孙建波，张世清，等.2004.大肠杆菌表达系统及其研究进展.华南热带农业大学学报，10（2）：16-20.

戎晶晶，刁振宇，周国华.2005.大肠杆菌表达系统的研究进展.药物生物技术，12（6）：416-420.

徐志南，陈海琴，汪家权，等.2004.无细胞蛋白质合成系统的研究进展.中国生物化学与分子生物学报，20（3）：289-293.

Barondes S H，Nirenberg M W. 1962. Fate of a synthetic polynucleotide directing cell – free protein synthesis II association with ribosomes. *Science*，138：813-817.

Caspers G J，Pennings J，De Jong W W. 1994. A Partial cDNA sequence corrects the human αA — crystallin primary structure. *Experimental Eye Research*，59：125-126.

Caspers P，Stleger M，Burn P. 1994. Overproduction of bacterial chaperones improves the solubility of recombinant protein tyrosine kinases in *Escherichia coli*. *Cellular and Molecular Biology*，40：635-644.

Caulcott C A，Rhodes M. 1986. Temperature-induced synthesis of recombinant proteins. *Trends in Biotechnology*，4：142-146.

Chang A C，Nunberg J H，Kaufman R J，et al. 1978. Phenotypic expression in *E. Coli* of a DNA sequence coding for mouse dihydrofolate reductase. *Nature*，275：617-624.

Chen H Y，Bjerknes R，Kumar R，et al. 1994. Determination of the optirnal aligned spaceing between the Shine-Dalgarno sequeces and the translaton codon of *Escherichia coli mRNAs*. *Nucleic Acids Research*，22：4953-4957.

Clack – Walker G D，Miklos G L G. 1974. Localization and quantification of circular DNA in yeast. *European Journal of Biochemistry*，41：359-365.

Cregg J M，Vedvick T S，Raschke W C. 1993. Recent advances in the expression of foreign genes in *pichia pastoris*. *Biotechnology*，11：905-910.

Derynck R，Remaut E，Saman E，et al. 1980. Expression human fibroblast interferon gene in *Escherichia coli*. *Nature*，287：193-197.

Ellis S B，Brust P F，Koutz P J，et al. 1985. Isolation of alcohol oxidase and two other methanol regulatable genes from the yeast pichia pastoris. *Molecular and Cellular Biology*，5：1111-1121.

Guarente L，Roberts T M，Ptashne M. 1980. A technique for expressing eukaryotic genes in bacteria. *Science*，209：1428-1430.

Hasan N，Szybalski W. 1995. Construction of Laclts and lacIqts expression plasmid and evaluation of the thermosensitivie *lac* reprsssor. *Gene*，163：35-40.

Hinnen A，Hicks J B，Fink G R. 1978. Transformation of yeast. *Proceedings of the National Academy of Sciences of the United States of America*，75：1929-1933.

Hitzman J L，Li C Y，Kyle R A. 1981. Immunoperoxidase staining of bone marrow sections. *Cancer*，48：2438-2446.

Hitzeman R A，Hagie F E，Levine H L，et al. 1981. Expression of human gene for interferon in yeast. *Nature*，293：717-722.

Kim D M，Swartz J R. 2000. Oxalate improves protein synthesis by enhancing ATP supply in a cell – free system derived from *Escherichia coli*. *Biotechnology Letters*，22：1537-1542.

Koutz P，Davis G R，Stillman C，et al. 1989. Structural comparison of the Pichia Pastoris alcohol oxidase genes. *Yeast*，5：167-177.

Machida S，Yu Y，Singh S P，et al. 1998. Overproduction of beta-glucosidase in active form by an Escherichia coli system coexpressing the chaperonin GroEL/ES. *FEMS – Microbiology Letters*，159：41-46.

Marshall A. 1998. The insects are coming. *Nature Biotechnology*，16：530-533.

Raschke W C，Neiditch B R，Hendricks M，et al. 1996. Inducible expression of a heterologous protein in Hansenula polymorpha using the alcohol oxidase 1 promoter of Pichia pastoris. *Gene*，177：163-167.

Spirin A S，Baranow V I，Ryabova L A，et al. 1988. A continuous cell – free translation system capable of producing polypeptides in high yield. *Science*，242：1162-1164.

Struhl K，Cameron J R，Davis R W. 1976. Functional genetic expression of eukaryotic DNA in *Escherichia coli*. *Proceedings of the National Academy of Sciences of the United States of America*，73：1471-1475.

Studier F W，Moffatt B A. 1986. Use of bacteriophage T7 RNA polymerase to direct selective high – level expression of cloned genes. *Journal of Molecular Biology*，189：113-130.

Tabor S，Richardson C C. 1985. A bacteriophage T7 RNA polymerase/promoter system for controlled exclusive expression of specific genes. *Proceedings of the National Academy of Sciences of the United States of America*，82：1074-1078.

Vapnek D，Hautala J A，Jacobson J W，et al. 1977. Expression in *Escherichia coli* K – 12 of the structural gene for catabolic dehydroquinase of *Neurospora crassa*. *Proceedings of the National Academy of Sciences of the United States of America*，74：3508-3512.

Yabuta M，Onai – Miura S，Ohsuyo K. 1995. Thermo – inducible expression of a recombinant fusion protein by *Esherichia coli lac repressor mutants*. *Journal of Biotechnology*，39：67-73.

Yun T，Vapnek D. 1977. Electron microscopic analysis of bacteriophages P1，P1Cm，and P7 Determination of genome sizes，sequence homology，and location of antibiotic – resistance determinants. *Virology*，77：376-385.

（李正国）

# 第四节　转基因操作技术

　　转基因技术所采用和涉及的主要工艺包括：DNA 重组体的构建和导入，转基因细胞的筛选和培养，转基因生物的种植、养殖或培植，目标产物的表达和利用以及转基因产品的加工、贮藏、包装等。其中最核心的技术是基因工程技术及其配套的基因重组操作技术。

　　基因工程技术是指利用载体系统的重组 DNA 技术以及利用物理、化学和生物等方法把重组 DNA 导入有机体的技术、即在体外条件下，利用基因工程工具酶将目的基因片段和载体 DNA 分子进行"剪切"后，重新"拼接"，形成一个基因重组体，然后将其导入受体（宿主）生物的细胞内，使基因重组体得到无性繁殖（复制），并可使目的基因在细胞内表达（转录、翻译），产生出人类所需的基因产物或改造、创造新的生物类型。

转基因操作技术路线如图 3-1-4-1 所示。

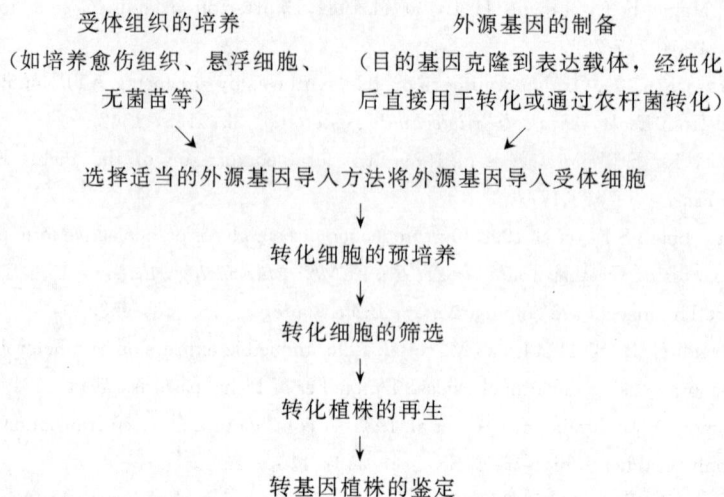

受体组织的培养　　　　　　　　外源基因的制备

（如培养愈伤组织、悬浮细胞、　　（目的基因克隆到表达载体，经纯化

无菌苗等）　　　　　　　　后直接用于转化或通过农杆菌转化）

↘　　　　　　　　↙

选择适当的外源基因导入方法将外源基因导入受体细胞

↓

转化细胞的预培养

↓

转化细胞的筛选

↓

转化植株的再生

↓

转基因植株的鉴定

图 3-1-4-1　植物转基因技术路线

## 1　目的基因克隆

### 1.1　大肠杆菌质粒 DNA 提取

质粒 DNA 的提取是从事基因工程工作中的一项基本实验技术。质粒是一种细菌染色体外的、具有自主复制能力的、共价闭合环状超螺旋结构的小型 DNA 分子。质粒 DNA 提取方法有很多种，以下介绍两种最常用的方法。

#### 1.1.1　碱裂解法

此方法适用于小量质粒 DNA 的提取，提取的质粒 DNA 可直接用于酶切、PCR 扩增、银染序列分析，方法如下。

（1）接 1% 含质粒的大肠杆菌于 2 mL LB 培养基。

（2）37℃ 振荡培养过夜。

（3）取 1.5 mL 菌体于 Eppendorf（Ep）管，以 4000 r/min 离心 3 min，弃上清液。

（4）加 0.1 mL 溶液 I（1% 葡萄糖，50 mmol/L EDTA pH 8.0，25 mmol/L Tris-HCl pH 8.0）充分混合。

（5）加入 0.2 mL 溶液 II（0.2 mmol/L NaOH，1% SDS），轻轻翻转混匀，冰浴 5 min。

（6）加入 0.15 mL 预冷溶液 III（5 mol/L KAc，pH 4.8），轻轻翻转混匀，冰浴 5 min。

（7）以 10 000 r/min 离心 20 min，取上清液于另一新 Ep 管。

（8）加入等体积的异戊醇，混匀后于 0℃ 静置 10 min。

（9）再以 10 000 r/min 离心 20 min，弃上清。

（10）用 70% 乙醇 0.5 mL 洗涤一次，抽干所有液体。

（11）待沉淀干燥后，溶于 0.05 mL TE 缓冲液中。

#### 1.1.2　煮沸法

（1）将 1.5 mL 培养液倒入 Ep 管中，4℃ 下 12 000 r/min 离心 30 s。

（2）弃上清，将管倒置于吸水纸上几分钟，使液体流尽。

（3）将菌体沉淀悬浮于 120 mL STET 溶液中，涡旋混匀。

（4）加入 10 mL 新配制的溶菌酶溶液（10 mg/mL），涡旋振荡 3 s。

（5）将 Ep 管放入沸水浴中，50 s 后立即取出。

（6）用微量离心机 4℃下 12 000 r/min 离心 10 min。

（7）用无菌牙签从 Ep 管中去除细菌碎片。

（8）取 20 μL 进行电泳检查。

注意：对大肠杆菌可从固体培养基上挑取单个菌落直接进行煮沸法提取质粒 DNA；煮沸法中添加溶菌酶有一定限度，浓度高时，细菌裂解效果反而不好；有时不同溶菌酶也能溶菌提取的质粒 DNA；质粒 DNA 中会含有 RNA，但 RNA 并不干扰进一步实验，如限制性内切核酸酶消化亚克隆及连接反应等。

### 1.2 大肠杆菌感受态细胞制备

受体细胞经过一些特殊方法（如 $CaCl_2$ 等化学试剂法）的处理后，细胞膜的通透性发生变化，成为能容许多有外源 DNA 的载体分子通过的感受态细胞（competent cell）。

（1）从新活化的 E.coil DH5a 平板上挑取 1 个单菌落（或感受态细胞）接种于 10 mL LB 液体培养基中，37℃振荡培养过夜，160～170 r/min 离心。

（2）将 1 mL 菌液转接到 100 mL LB 液体培养基中，37℃振荡扩大培养 2 h，使 $OD_{600} \leq 0.5$。

（3）将 100 mL 菌液转移到两个 50 mL 的离心管中，冰浴 30～40 min，5000 r/min 离心 8 min，弃上清。

（4）用冰冷的 0.1 mol/L $CaCl_2$ 以 1/10 倍体积（5 mL）悬浮沉淀，冰浴 20 min，4℃，5000 r/min 离心 7 min，回收细胞，在冰浴中用 1/20 倍体积冰冷的 0.1 mol/L $CaCl_2$ 悬浮细胞（2 mL $CaCl_2$＋500 μL 75％甘油）。

（5）每 100 μL 分装感受态细胞，液氮速冻，−80℃保存。

### 1.3 质粒 DNA 转化大肠杆菌

（1）取新制备的一管感受态细胞。

（2）取 0.03 mL 感受态细胞和 4 ng 质粒 DNA 混匀，置冰浴 30 min。

（3）将 Ep 管置于 42℃水浴中热冲击 2 min，立即置于冰上 1 min。

（4）在 Ep 管中加 70 μL LB 培养基混匀，37℃培养 30 min。

（5）涂在含适当浓度抗生素的 LB 平板上。

（6）37℃培养过夜，长出的菌斑即为阳性克隆。

## 2 载体构建

载体是携带外源 DNA 进入宿主细胞的工具。基因工程常用载体包括质粒、噬菌体、黏粒、M13 噬菌体、病毒载体和酵母人工染色体。植物转基因操作中的常用的载体是质粒载体。

2.1 质粒（载体）具备的基本元件

（1）复制起始点（*ori*）：使质粒可以自我复制和扩增。

（2）抗生素抗性基因：一般有两个，以便为受体菌提供易于检测的表型性状的选择记号，而且在外源基因插入后形成的重组质粒中，至少仍保留一个强选择性记号。常用的抗性有：抗氨苄青霉素基因 *Amp*ʳ、抗四环素基因 *Tet*ʳ、抗卡那霉素基因 *Kan*ʳ、抗氯霉素基因 *Cml*ʳ、抗链霉素基因 *Str*ʳ。

（3）若干限制酶单一识别位点（多克隆位点，polylinker）：满足各种基因克隆的需要，而且外源基因插入后不影响质粒的复制功能。

（4）较小分子量和较高拷贝数：便于进行分子操作和质粒扩增。

2.2 常用质粒载体

pBR322、pUC 系列质粒和 pBI121、典型质粒 pBR322 的物理图谱（图 3-1-4-2）和 pUC18/19 的物理图谱及多克隆位点（图 3-1-4-3）。

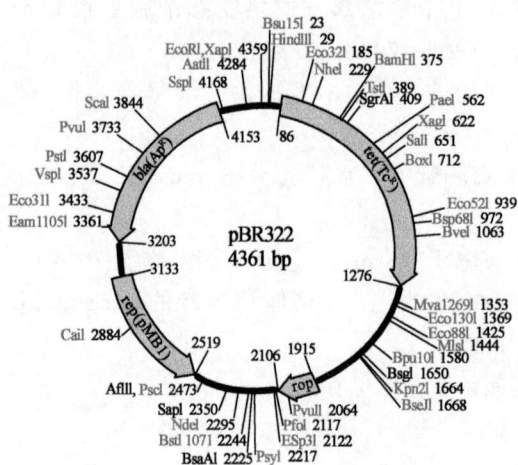

图 3-1-4-2 pBR322 质粒物理图谱

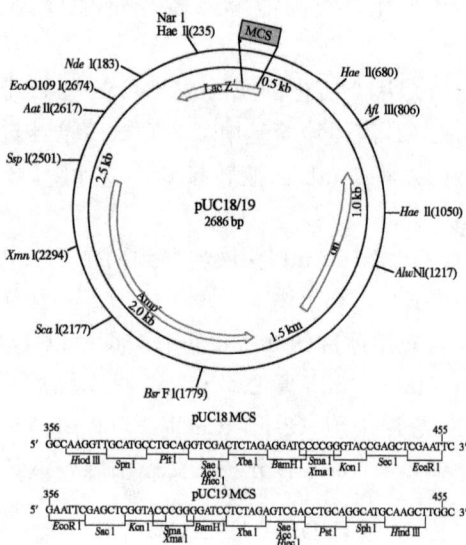

图 3-1-4-3 pUC18/19 质粒多克隆位点顺序

2.2.1 pBR322 质粒

pBR322 质粒是 4361 bp 的环状双链 DNA 载体，有两个抗药性基因（四环素和氨苄青霉素），一个复制起始点和多个用于克隆的限制酶切点。当缺失抗药性基因的大肠杆菌被 pBR322 质粒成功地转化时，它便从该质粒获得了抗生素抗性。两个抗生素基因中均含供插入外源 DNA 用的不同的单一酶切位点。一般只选一个抗生素基因作为插入外源 DNA 之用，外源 DNA 插入后该抗生素抗性失活。另一抗生素抗性基因则作为转化细菌后筛选阳性克隆之用。

2.2.2 pUC 系列质粒

pUC 系列质粒是 2.7 kb 的双链 DNA 质粒，有一个复制起点，一个氨苄青霉素抗性基因和一个多克隆位点，多克隆位点处于表达 *LacZ* 基因产物 β-半乳糖苷酶的氨基端片段，用 pUC 质粒转化 *LacZ* 基因有突变的大肠杆菌株（M15）时，因为由质粒表达的 α-肽补充了大肠杆菌缺失的 α-肽，所以恢复了分解半乳糖的能力。在加入 IPTG 和 X-gal 的培养基上，长出蓝色克隆。如果在多克隆位点内插入外源 DNA，由于它破坏了 α-肽的表达，因而在加入 IPTG 和 X-gal 的培养基，不能长出蓝色克隆，这就是所谓的蓝白筛选。

外源 DNA 片段和线状质粒载体的连接，也就是在双链 DNA 5′磷酸和相邻的 3′羟基之间形成新的共价链。

### 2.3 中间载体 pUC19-TCTR1 的构建方案图（图 3-1-4-4）

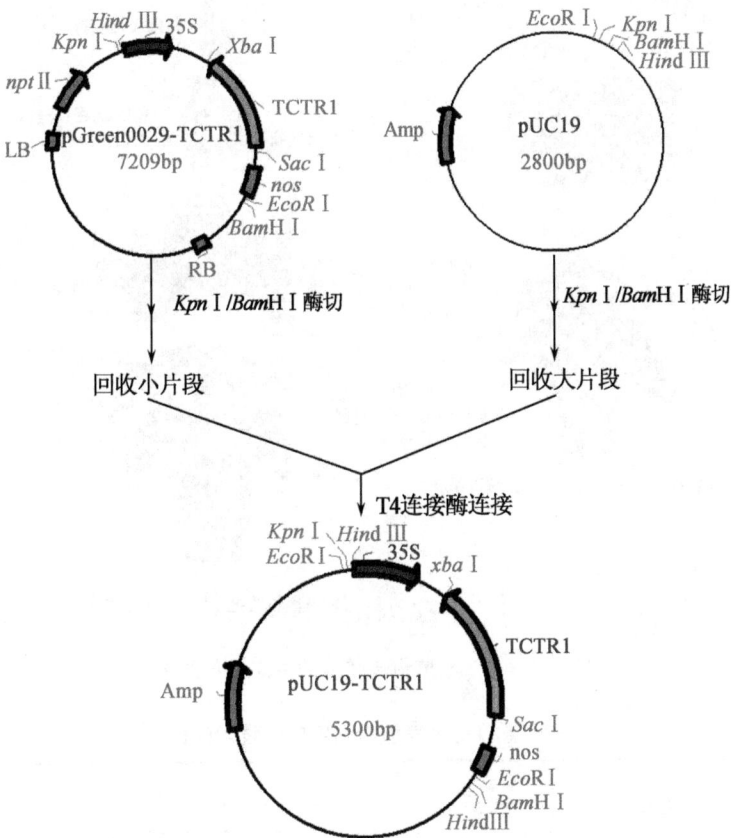

图 3-1-4-4 pUC19-TCTR1 载体构建

（引自：傅达奇，2002）

## 3 转化技术

把外源目的基因转移到植物细胞有两类主要的方式（图 3-1-4-5）。其中几种重要的植物细胞转化法的优缺点见表 3-1-4-1。

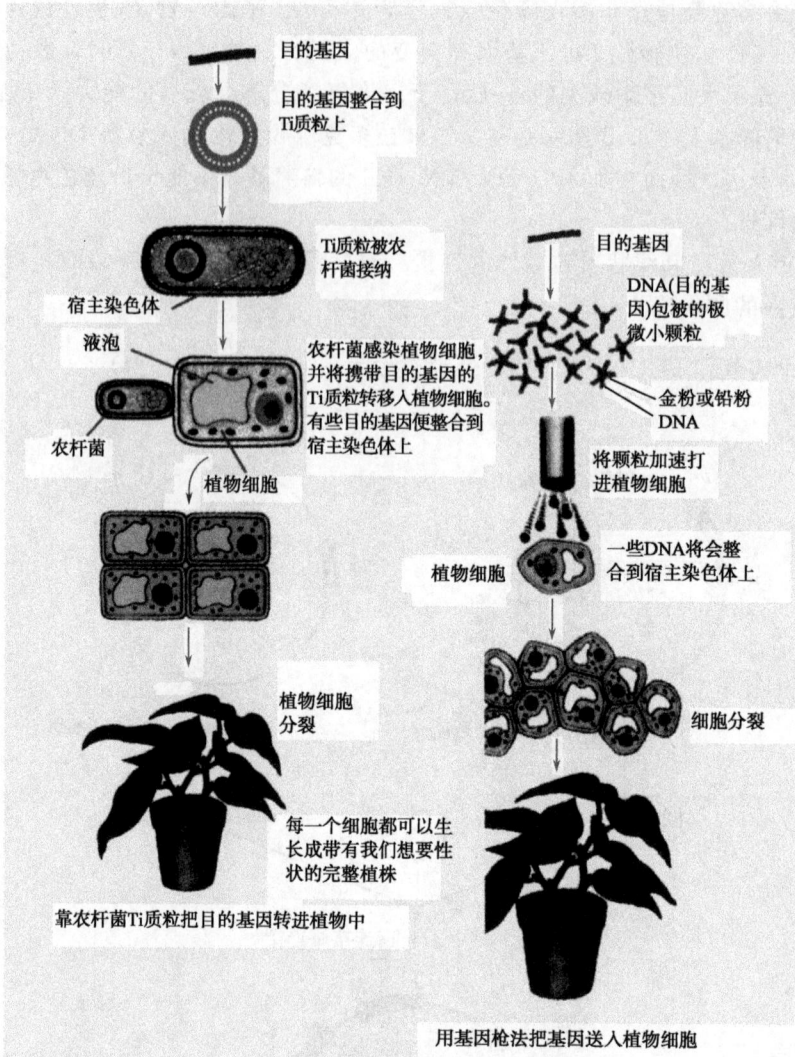

图 3-1-4-5　植物转基因的主要转化方法

表 3-1-4-1　主要植物细胞转化技术的比较

| 方法 | 优点 | 缺点 |
|---|---|---|
| 农杆菌介导法 | 转化效率高<br>能够插入非重排的外源 DNA 长片段外源转化<br>DNA 片段主要以单拷贝或低拷贝形式插入<br>不需要特殊的专用设备 | 转化的寄主范围有限，特别是对许多单子叶植物不适用<br>外源的转基因只能以 T-DNA 插入的方式被导入寄主细胞 |
| 化学法及电穿孔法 | 实验操作比较简单<br>转化效率高<br>在同一实验中可处理许多样品<br>化学法不需要特殊的专用设备 | 外源转化 DNA 重排频率高，并经常以多拷贝形式插入<br>化学法需要通过原生质体培养及其再生体系，才能产生出转基因植株<br>有增加导入体细胞克隆变异（somaclonal variation）的风险 |

续表

| 方法 | 优点 | 缺点 |
|------|------|------|
| 生物弹击法（基因枪法） | 基因转移不受物种界限的约束<br>可适用于不同的转化样品，如根、茎、叶、培养细胞愈伤组织，甚至种子等<br>很有可能用于培育转基因的禾谷类作物 | 需要复杂的专用设备<br>外源转化 DNA 重排频率高，并经常以多拷贝形式插入 |
| 显微注射法 | 基因转移不受物种界限的约束<br>可适用于不同的转化样品，如根、茎、叶、愈伤组织等<br>可在目测控制下操作 | 需要复杂昂贵的专用设备<br>需要接受专门训练的技术人员进行操作 |

第一类是间接转移法。它是以土壤杆菌为媒介，将克隆在 Ti 质粒载体（或 Ri 质粒载体）上的目的基因，通过细菌与植物细胞之间的接合作用，而转移到植物细胞并整合到它的染色体基因组上。

第二类是直接转移法。它是将编码目的基因的 DNA 分子，通过化学刺激法、电脉冲法、电激注入法以及生物弹击法等，直接转移到植物细胞的核基因组或质体基因组。

### 3.1　农杆菌转化技术

农杆菌是普遍存在于土壤中的一种革兰氏阴性细菌，它能在自然条件下趋化性地感染大多数双子叶植物的受伤部位，并诱导产生冠瘿瘤或发状根。根癌农杆菌和发根农杆菌细胞中分别含有 Ti 质粒和 Ri 质粒，其上有一段 T-DNA，农杆菌通过侵染植物伤口进入细胞后，可将 T-DNA 插入到植物基因组中。因此，农杆菌是一种天然的植物遗传转化体系。人们将目的基因插入到经过改造的 T-DNA 区，借助农杆菌的感染实现外源基因向植物细胞的转移与整合，然后通过细胞和组织培养技术，再生出转基因植株。农杆菌介导法起初只被用于双子叶植物中，近年来，农杆菌介导转化在一些单子叶植物（尤其是水稻）中也得到了广泛应用。

#### 3.1.1　农杆菌感受态细胞的制备

（1）挑取农杆菌（LBA4404）单菌落接种于 2.0 mL YEB 培养液中，28℃培养过夜。

（2）取 400 $\mu$L 菌液置于 50 mL YEB 液体培养基中，28℃，220 r/min，培养 5～6 h，培养置 $OD_{600}$ 达到 0.3～0.5。

（3）菌液倒入 5.0 mL 的离心管中，4℃，4000～5000 r/min 离心 3 min。

（4）菌体悬浮于 2 mL 0.15 mol/L NaCl，10000 r/min 离心 3 min。

（5）用 1 mL 预冷的 20 mmol/L $CaCl_2$ 轻轻悬浮，置于 4℃，12～24 h 内现用。

#### 3.1.2　转化农杆菌

（1）取 200 $\mu$L 农杆菌感受态细胞，加入 10～20 $\mu$L 质粒 DNA，冰浴 30 min。

（2）液氮中速冻 3～5 min，37℃水浴 5 min。

（3）加入 1 mL YEB 培养液，28℃，150 r/min，培养 4 h。

（4）10000 r/min 离心 30 s，去上清。

（5）再加入 200 $\mu$L YEB 培养液悬浮细胞，涂布于 YEB 平板（含适量抗生素），28℃培养 2 天。

3.1.3　农杆菌双元载体中质粒 DNA 的提取及纯化

（1）挑取含反义基因的农杆菌 LBA4404 的单菌落在 250 mL 含适量抗生素的 YEB 液体培养基中，于恒温摇床上 28℃、160 r/min 培养过夜。

（2）4 支 50 mL 离心管，各加入 30 mL 菌液，4000 r/min 离心 10 min，收集菌体。

（3）用 STE 溶液洗涤菌体。

（4）加入 2 mL 溶液 I，振荡悬浮细菌，室温下放置 10 min。

（5）加入 4 mL 新配置溶液 II，颠倒离心管数次，室温放置 10 min。

（6）加入 2 mL 溶液 III 颠倒离心管数次，室温放置 10 min。

（7）加入 1 mL 3 mol/L 的乙酸钠，颠倒离心管数次，−20℃放置 15 min。

（8）12 000 r/min 离心 5 min，将上清液转入一新离心管中，加入 2 倍体积的冰预冷的 95％乙醇，−20℃放置 1 h。

（9）12 000 r/min 离心 10 min，弃上清液。

（10）沉淀中加入 1 mL 0.3 mol/L 乙酸钠悬浮沉淀，加入 2.0 mL 95％乙醇，颠倒离心管数次，−20℃放置 15 min。

（11）12 000 r/min 离心 10 min，轻轻倒出上清液，离心管口向下，用无菌滤纸吸去管壁液滴。

（12）加入 1 mL 70％乙醇漂洗沉淀，快速吹干。

（13）加入适量 TE（pH 8.0）溶液溶解沉淀，加入 1/10 V 的 RNase，37℃保温 1 h。加入等体积酚/氯仿，颠倒离心管数次，12 000 r/min 离心 10 min，抽提 2 或 3 次。

（14）上层水相转入无菌离心管，加入 2× 无水乙醇，−20℃，1 h，沉淀 DNA，70％乙醇洗涤沉淀。快速吹干。溶于适量 TE（pH 8.0）。−20℃保存。

3.1.4　叶盘法遗传转化（寇晓虹，2003）

（1）无菌苗的获得：植物种子用自来水浸泡 12 h 后，用 70％乙醇消毒 5 min；1％ AgNO$_3$ 消毒 30 min，无菌水冲洗 3～4 次，然后播种于无激素的 MS 培养基上，26℃暗培养 3～4 天；萌芽后转入光照培养（16 h/d），光强 2000 Lx，26℃培养 3～4 天。

（2）预培养：取预出真叶的无菌子叶，剪去叶尖及叶柄部，置于无抗生素的 MS 固体培养基上，28℃预培养 2 天。

（3）侵染、共培养：挑取农杆菌单菌落接种于 YEB 液体培养基（50 mg/L Kan，125 mg/L Sm）中培养 12 h 以上，取 OD$_{600}$ 0.6～0.8 的菌液；10 000 r/min 离心集菌 5 min，用 MS 液稀释 10 倍，将经预培养的叶片放置于稀释后菌液中侵染 5 min，期间不断摇动。取出外植体，用滤纸吸干多余菌液，置于无抗生素的培养基上共培养（28℃暗培养 2 天）。

（4）抗性芽筛选：经共培养 2 天的叶片转入含抗生素的培养基上（MS＋0.2 mg/L IAA＋2 mg/L 6−BA＋30 mg/L kan＋500 mg/L carb），3 周左右长出不定芽和愈伤组织，每 2～3 周继代一次。

（5）生根培养：待芽长到 3 cm 左右将其切下，移入生根培养基，2～3 周后可见幼根长出。

（6）移栽：待根系发育良好，植株长至 10～15 cm 时即可移栽。将生根良好的植株从三角瓶中小心取出，避免损害根茎，用水冲去多余的琼脂，移入浸透水的灭菌土中（蛭石：营养土＝1∶3），罩上透明薄膜弱光下锻炼一至两周后移入温室大田生长。

### 3.2　基因枪法转化技术（王关林和方宏筠，1998）

基因枪技术的基本原理是将外源 DNA 包被在微小的金粒或钨粒表面，在高压作用下微粒被高速射入受体细胞或组织。微粒上的外源 DNA 进入细胞后，整合到植物染色体上得到表达，实现基因转化。因为颗粒的体积非常细小，再加上射击的速度非常快，所以外源基因进入细胞后仍能保持正常生物活性。并且被轰击过的细胞或组织虽含有颗粒，但仍能存活，发育不受太大的影响。基因枪的类型可分为火药式（gunpowder）、气动式（gaspowder）和放电式（electric discharge）3 种。

## 4　基因表达与鉴定

### 4.1　PCR 鉴定

PCR 技术可以鉴定转基因植物基因整合的情况，初步完成转基因的鉴定，这种方法灵敏度高，节省材料，效率极高，特别适合大批量鉴定转基因植物。但应注意假阳性现象。

PCR 鉴定是以质粒 DNA 作阳性对照，未转化植株组织总 DNA 作阴性对照，对移栽成活的再生植株进行 PCR 检测。

50 μL 的 PCR 反应体系：

| | |
|---|---|
| 10×PCR 缓冲液 | 5 μL |
| $MgCL_2$（25 mmol/L） | 4 μL |
| 逆转录反应产物 | 5 μL |
| 上游引物（2 μmol/L） | 1 μL |
| 下游引物（2 μmol/L） | 1 μL |
| dNTPs（10 mmol/L） | 2 μL |
| *Taq* DNA 聚合酶（2 U/μL） | 1 μL |
| $ddH_2O$ | 31 μL |

按以下程序进行扩增：94℃预变性 5 min，94℃变性 30 s，56℃退火 1 min，72℃延伸 1 min，30 个循环，72℃终延伸 10 min。1% 琼脂糖凝胶电泳检测 PCR 产物。

PCR 程序可根据操作基因适当调整。

### 4.2　Southern 杂交

Southern 杂交是分子生物学的经典实验方法。其基本原理是将待检测的 DNA 样品固定在固相载体上，与标记的核酸探针进行杂交，在与探针有同源序列的固相 DNA 的位置上显示出杂交信号。通过 Southern 杂交可以判断被检测的 DNA 样品中是否有与探针同源的片段以及该片段的长度。Southern 杂交操作流程见图 3-1-4-6。

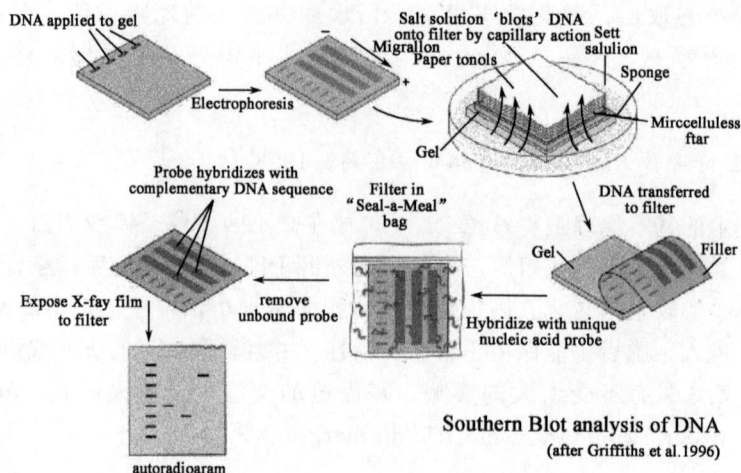

Southern Blot analysis of DNA
(after Griffiths et al.1996)

图 3-1-4-6　DNA 的 Southern 杂交操作流程

### 4.2.1　基因组 DNA 的制备

（略）

### 4.2.2　基因组 DNA 的限制性酶切

根据实验目的决定酶切 DNA 的量。一般 Southern 杂交每一个电泳通道需要 10～30 $\mu g$ 的 DNA。具体操作如下所示。

在 1.5 mL 离心管中依次加入

| | |
|---|---|
| DNA（1 $\mu g$ / $\mu L$） | 20 $\mu g$ |
| 10×酶切缓冲液 | 4.0 $\mu L$ |
| 限制性内切核酸酶（10 U/ $\mu L$） | 5.0 $\mu L$ |
| 加 ddH$_2$O | 至 500 $\mu L$ |

在最适温度下消化 1～3 h，消化结束时取 5 $\mu L$ 样品电泳检测消化效果。消化后的 DNA 加入 1/10 体积的 0.5 mol/L EDTA，以终止消化。然后用等体积酚、等体积氯仿抽提，2.5 倍体积乙醇沉淀，少量 TE 溶解。

注意：为保证消化完全，一般用 2～4 U 的酶消化 1 $\mu g$ 的 DNA。消化的 DNA 浓度不宜太高，以 0.5 $\mu g$/ $\mu L$ 为好。如果需要两种酶消化 DNA，而两种酶的反应条件可以一致，则两种酶可同时进行消化；如果反应条件不一致，则先用需要低离子强度的酶消化，然后补加盐类等物质调高反应体系的离子强度，再加第二种酶进行消化。

### 4.2.3　基因组 DNA 消化产物的电泳

琼脂糖凝胶电泳是目前分离核酸片段最常用的方法，制备简单，分离范围广（200 bp～50 kb），实验成本低。

（1）制备 0.8%凝胶：一般用于 Southern 杂交的电泳胶取 0.8%；

（2）电泳：电泳样品中加入 6×上样缓冲液，混匀后上样，留一或两泳道加 DNA Marker，1～2 V/cm，DNA 从负极泳向正极，电泳至溴酚蓝指示剂接近凝胶另一端时，停止电泳，观察电泳效果。

#### 4.2.4　转膜

转膜就是将琼脂糖凝胶中的 DNA 转移到硝酸纤维膜（NC 膜）或尼龙膜上，形成固相 DNA。转移的目的是使固相 DNA 与液相的探针进行杂交。常用的转移方法有盐桥法、真空法和电转移法。这里介绍经典的盐桥法（又称为毛细管法）。

（1）碱变性：室温下将凝胶浸入数倍体积的变性液中 30 min。

（2）中和：将凝胶转移到中和液 15 min。

（3）转移：按照凝胶大小剪裁 NC 膜或尼龙膜并剪去一角作为标记，用水浸湿膜后，浸入转移液中 5 min。剪一张比膜稍宽的 Whatman（3 mm）滤纸作为盐桥，再按凝胶的尺寸剪 3～5 张滤纸和大量的纸巾备用。如图 3－1－4－5 所示流程进行转移。（转移过程一般需要 8～24 h，及时更换浸湿的纸巾。转移液为 20×SSC。注意在膜与胶之间不能有气泡存在，否则会出现转移不完全的现象）。

（4）转移结束后取出 NC 膜，浸入 6×SSC 溶液数分钟，洗去膜上沾染的凝胶颗粒，置于两张滤纸之间，80℃烘 2 h，然后将 NC 膜夹在两层滤纸间，保存于干燥处备用。

#### 4.2.5　探针标记

进行 Southern 杂交的探针一般用放射性物质标记或用地高辛标记。放射性标记灵敏度高，效果好；地高辛标记没有半衰期，安全性好，这里介绍放射性标记。

探针的标记方法有随机引物法、切口平移法和末端标记法。有一些试剂盒可供选择，操作也很简单。

以下为 Promega 公司随机引物试剂盒提供的标记步骤。

（1）取 25～50 ng 模板 DNA 于 0.5 mL 离心管中，100℃变性 5 min，立即置冰浴。

（2）在另一个 0.5 mL 离心管中加入：

| | |
|---|---|
| Labeling 5×缓冲液 | 10 $\mu$L |
| （含有随机引物） | |
| dNTPmix | 2 $\mu$L |
| （含 dCTP、dGTP、dTTP 各 0.5 mmol/L） | |
| BSA（小牛血清白蛋白） | 2 $\mu$L |
| [$\alpha-^{32}$P] dATP | 3 $\mu$L |
| Klenow 酶 | 5 U |

（3）将变性模板 DNA 加入到上管中，加 ddH$_2$O 至 50 $\mu$L，混匀。室温或 37℃条件下反应 1 h。

（4）加 50 $\mu$L 终止缓冲液终止反应。

标记后的探针可以直接使用或过柱纯化后使用。由于 $\alpha-^{32}$P 的半衰期只有 14 天，所以标记好的探针应尽快使用。探针的比活性最好大于 $10^9$ 计数/（min·$\mu$L）。

#### 4.2.6　杂交

Southern 杂交一般采取的是液—固杂交方式，即探针为液相，被杂交 DNA 为固相。

（1）平衡膜：将印迹膜置于 3×SSC 和 0.1% SDS 溶液中，于 65℃平衡 20 min，除去膜上的溴酚蓝印迹和残留的碎胶等杂质。

（2）预杂交：倒出 3×SSC，加入适量的 Church & Gilbert buffer 杂交液，65℃预

杂 6~8 h，以封闭印迹膜。杂交液组分如下：0.25 mmol/L C&G Phosphate buffer；1 mol/L EDTA pH 8.0；7%SDS；1%BSA (crystallized)。

（3）杂交：将标记好的探针加入杂交液中，注意探针勿直接加在膜上，65℃，20~24 h。

### 4.2.7　洗膜与检测

（1）洗膜（温度一般为 65℃，可根据实际情况调整）

洗膜液 I：2×SSC，0.1% SDS，15 min×2 次；

洗膜液 II：1× SSC，0.1% SDS，30 min×2 次；

洗膜液 III：0.2× SSC，0.1% SDS，30 min×1 次；

在洗膜的过程中，不断振摇，不断用放射性检测仪探测膜上的放射强度。实践证明，当放射强度指示数值较环境背景高 1~2 倍时，是洗膜的终止点。

（2）压片、曝光：洗完的膜浸入 2×SSC 中 2 min，取出膜，用滤纸吸干膜表面的水份，并用保鲜膜包裹，注意保鲜膜与 NC 膜之间不能有气泡。将膜正面向上，放入暗盒中（加双侧增感屏），在暗室的红光下，贴覆两张 X 射线片，用透明胶带固定，合上暗盒，置−70℃低温冰箱中曝光。根据信号强弱决定曝光时间，一般在 1~3 天时间。

（3）X 射线底片的冲洗：Agfa 30 显影液显影（1~5 min）→冲水（1 min）→F5 定影液定影（10 min）→用水冲洗→晾干底片。洗片时，先洗一张 X 射线片，若感光偏弱，则再多加两天曝光时间，再洗第二张片子。

影响 Southern 杂交的因素很多，主要有：DNA 纯度、酶切效率、电泳分离效果、转移效率、探针比活性和洗膜终止点等。如图 3−1−4−7 所示为 Southern 杂交过程中确定的基因片段大小和条带。

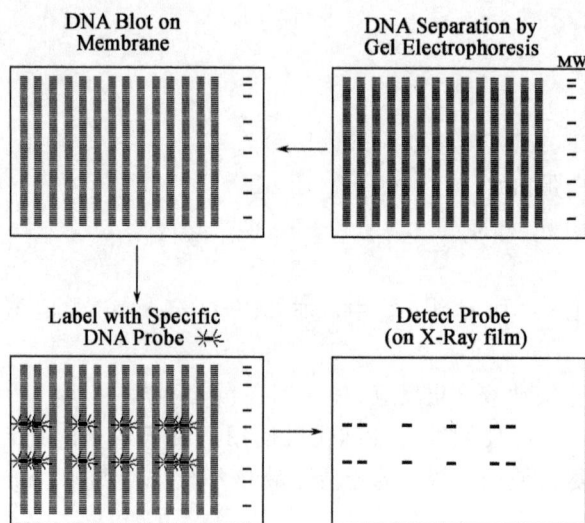

图 3−1−4−7　Southern 杂交确定不同样品限制性片段的分子质量和衡量相对数量

### 4.2.8　注意事项

（1）要取得好的转移和杂交效果，应根据 DNA 分子的大小，适当调整变性时间。对于分子质量较大的 DNA 片段（大于 15 kb），可在变性前用 0.2 mol/L HCl 预处理

10 min 使其脱嘌呤。

（2）转移用的 NC 膜要预先在双蒸水中浸泡使其湿透，否则会影响转膜效果；不可用手触摸 NC 膜，否则影响 DNA 的转移及与膜的结合。

（3）转移时，凝胶的四周用 Parafilm 膜封严，防止在转移过程中产生短路，影响转移效率，同时注意 NC 膜与凝胶及滤纸间不能留有气泡，以免影响转移。

### 4.3 Northern 杂交

当外源基因和受体基因组 DNA 同源性较小时，Northern 杂交是确定外源基因是否被转录的有效方法。

#### 4.3.1 总 RNA 的提取：采用异硫氰酸胍法

（略）

#### 4.3.2 RNA 电泳（Gregory et al.，1988）

上样 RNA 样品的前处理：在 DEPC 处理的 Eppendorf 管中依次加入 MOPS 缓冲液（10×）4 $\mu$L；甲醛 7 $\mu$L；甲酰胺 20 $\mu$L；RNA 样品 9 $\mu$L。

将 Ep 管置于 60℃水浴中保温 10 min，取出后置冰上 2 min，向小管中加入 4.5 $\mu$L 上样染料，混匀后即可上样。于 1% 的琼脂糖甲醛变性凝胶电泳分离，电泳结束后，将含甲醛的凝胶用 DEPC 处理水淋洗数次，除去甲醛。用 7.5 mmol/L NaOH 浸泡 20 min。

#### 4.3.3 转膜

RNA 转移参照《分子克隆》的碱转移法，用 7.5 mol/L NaOH 转移液将变性琼脂糖凝胶上的 RNA 转移至带正电荷的尼龙膜上，晾干后，80℃烘 1 h 固定 RNA。也可以采用真空转移仪（图 3-1-4-8）进行 RNA 转移（操作步骤如下）。

（1）用 3% 双氧水浸泡真空转移仪后，用 DEPC 水冲洗。用 RNAZap 擦洗多孔渗水屏和塑胶屏，用 DEPC 水冲洗二次。

（2）连接真空泵和真空转移仪，剪取一块适当大小的膜（膜的四边缘应大于塑胶屏孔口的 5 mm），膜在 Transfer buffer 中浸湿 5 min 后，放置在多孔渗水屏的适当位置。

（3）盖上塑胶屏，盖上外框，扣上锁。

（4）将胶的多余部分切除，切后的胶的四边缘要能盖过塑胶屏孔，并至少盖过边缘约 2 mm，以防止漏气。

（5）将胶小心放置在膜的上面，膜与胶之间不能有气泡。

（6）打开真空泵，使压强维持在 50～58 mbar；立即将 transfer buffer 加到胶面和四周。每隔 10 min 在胶面加上 1 mL transfer buffer，真空转移 2 h。

（7）转膜后，用镊子夹住膜，于 1×MOPS Gel Running buffer 中轻轻泡洗 10 s，去除残余的胶和盐。

（8）用吸水纸吸取膜上多余的液体后，将膜置于 UV 交联仪中自动交联。

（9）将胶和紫外交联后的膜，在紫外灯下检测转移效率。（避免太长的紫外曝光时间）

（10）将膜在 −20℃保存。

#### 4.3.4 随机引物法标记探针（采用 TaKaRa DNA 随机引物标记试剂盒）

（1）取模板 3 $\mu$L，加随机引物（Random Primer）2 $\mu$L，ddH$_2$O 9 $\mu$L，离心混匀。

（2）95℃变性 10 min，迅速置冰上 5 min，离心将管内液体收集至管底。

（3）加 2.5 μL 10×缓冲液 ，2.5 μL dNTPmix（A、G、T），1 μL Klenow 酶，混匀。

（4）加 5 μL［α-$^{32}$P］dCTP（50 μCi/μL），37℃反应 20 min。

（5）加 25 μL 0.4 mol/L NaOH 至终浓度为 0.2 mol/L，灭酶和变性探针 15 min。

### 4.3.5　预杂交

（1）将预杂交液在杂交炉中 68℃预热，并漩涡使未溶解的物质溶解。

（2）加入适当的杂交液到杂交管中（以 100 cm² 膜面积加入 10 mL 杂交液），42℃预杂交 4 h。

### 4.3.6　探针变性

（1）用 10 mmol/L EDTA 将探针稀释 10 倍。

（2）90℃热处理稀释后探针 10 min 后，立即放置于冰上 5 min。

（3）短暂离心，将溶液收集到管底。

### 4.3.7　杂交及洗膜：同 cDNA 文库筛选

### 4.3.8　探针的去除

前次杂交的尼龙膜要保持湿润，勿使其干燥，在 0.1×SSC，0.5％ SDS 溶液煮沸 10 min，晾干后即可用另一探针杂交，可以保存几个月。

### 4.3.9　注意事项

操作应该小心，但不必紧张。用于 RNA 电泳、转膜的所有器械、用具均需处理（用 DEPC 水）以除去 RNAase 酶，以免出现样品降解。电泳缓冲液采用 1× MOPS 胶体电泳缓冲液并煮沸转膜时，注意膜和多孔渗水屏之间不要有气泡。

## 4.4　Western Blotting

（1）聚丙烯酰胺凝胶电泳中的蛋白质电泳转移到硝酸纤维膜上。

①转移缓冲液洗涤凝胶和硝酸纤维素膜，将硝酸纤维素膜铺在凝胶上，用 5 mL 移液管在凝胶上来回滚动去除所有的气泡；

②在凝胶/滤膜外再包一张 3 mm 滤纸（预先用转移缓冲液浸湿），将凝胶夹在中间，保持湿润和没有气泡；

③将此滤纸/凝胶/薄膜滤纸按照厂家建议方法放入电泳装置中，凝胶面向阴极；

④将上述装置放入缓冲液槽中，并灌满转移缓冲液以淹没凝胶；

⑤按照厂家所示接通电源开始电泳转移；

⑥转移结束后，取出薄膜和凝胶，弃去凝胶。

（2）将薄膜漂在氨基黑中快速染色，直至分子质量标准显现时取出，记录下标准位置。

（3）用 100 mL 水洗涤纤维素膜，必要时可用脱色缓冲液。

（4）膜置印迹缓冲液中于 37℃保温 1 h。

（5）室温下，用 PBS-Tween 缓冲液洗涤薄膜。

（6）用封口机将薄膜封入塑料袋中，尽可能不留空气。

（7）袋的一角剪一缓冲液的小口，用透析袋夹紧。

（8）混合：NGS（100 μL），印迹缓冲液中的抗体（10 mL），加在装薄膜的袋中，于室温下摇动 2 h（或 4℃过夜）。

（9）用总体积 300 mL PBS – Tween 缓冲液，分 4 次在一浅盘中洗涤薄膜，每次 75 mL。

（10）将连接生物素的植物蛋白抗体（40 μL 溶于 10 mL 印迹缓冲液/100 μL NGS）加在袋内，于室温下摇动 1 h。

（11）按步骤（9）洗涤。

（12）加入抗生素蛋白 – HRP（40 μL 溶于 10 mL 印迹缓冲液/100 μL NGS），于室温下摇动 1 h。

（13）按步骤（9）洗涤。

（14）配制显色指示剂/底物：混合显色指示剂原液 3.0 mL，PBS 9.0 mL，加入 1% 过氧化氢 150 μL，立即使用。

（15）于室温下摇动直至出现紫色并开始看到背景（1～10 min）。

（16）将薄膜转到另一盛水容器中洗涤，终止显色反应，空气干燥，封入塑料袋中避光保存。

## 参 考 文 献

傅达奇 . 2002. 番茄反义 pBI121 – NR – LeACS2 双价表达载体的构建及转化 . 西南农业大学硕士论文 .

寇晓虹 . 2003. 番茄多聚半乳糖醛酸酶（PG）反义基因表达及相关功能研究 . 中国农业大学博士论文 .

萨姆布卤克 J，斐里奇 E F，曼尼阿蒂斯 . 1992. 分子克隆 . 金冬雁、黎孟枫等译，北京：科学出版社 .

王关林，方宏筠 . 1998. 植物基因工程原理与技术 . 北京：科学出版社 .

Gregory J W，Margaret G R，Jone G S. 1988. A proccedure for the small – scale isolation of plant suitable for RNA blot analysis. *Analytical Biochemistry*，172：279-283.

（寇晓虹）

# 附　相关试剂配制

1. STE 溶液：10 mmol/L Tris－HCl（pH 7.5），10 mmol/L NaCl，1 mmol/L EDTA。

2. 溶液Ⅱ：25 mmol/L Tris-HCl（pH 8.0），10 mmol/L EDTA，50 mmol/L 葡萄糖。分装后高压灭菌，4℃ 冰箱贮存备用。

3. 溶液Ⅱ：0.2 mol/L NaOH，1%（$m/V$）SDS，用 10 mol/L NaOH 和 10%SDS 新鲜配制。

4. 溶液Ⅲ：溶液 A 11.55 mL，冰醋酸 1000 mL（0.2 mol/L）。

5. LB 液体培养基：

10 g 胰蛋白胨，5 g 酵母提取物，10 g 氯化钠，1 mL 1 mol/L NaOH，用蒸馏水定容至 1 L，高压灭菌 18 min 备用。

6. 液体 YEB 培养基：10 g 胰蛋白胨，1 g 酵母提取物，10 g 氯化钠，用 NaOH 溶液调节 pH 为 7.0，用蒸馏水定容至 1 L，高压灭菌 18 min 备用。

7. SOC 培养基：0.5%（$m/V$）酵母提取物，2%（$m/V$）胰蛋白胨，10 mmol/L NaCl，2.5 mmol/L KCl，10 mmol/L $MgCl_2$，20 mmol/L $MgSO_4$，20 mmol/L 葡萄糖。

8. TAE 电泳缓冲液：50× 贮存液，pH 约 8.5，242 g Tris 碱，57.1 mL 冰醋酸，37.2 g $Na_2EDTA_2H_2O$，加 $H_2O$ 至 1 L。

9. 溴化乙锭溶液：1000× 贮存液，0.5 mg/mL，1000 mL $H_2O$。

10. 转膜变性液：0.5 mol/L NaOH；1.5 mol/L NaCl。

11. 转膜中和液：1 mol/L Tris－HCl（pH 7.4）；1.5 mol/L NaCl。

12. 转膜转移液（20×SSC）：NaCl 175.3 g，柠檬酸三钠 82.2 g，NaOH 调 pH 至 7.0，加 $ddH_2O$ 至 1000 mL。

13. 杂交液：1 mol/L C&G 磷酸盐缓冲液（500 mL）：无水 $Na_2HPO_4$ 35.5 g，85%磷酸调 pH 7.2（约需 2 mL）。

Church & Gilbert hybridization buffer（100 mL）：

| | |
|---|---|
| 1 mol/L C&G phosphate buffer | 50 mL |
| 0.5 mol/L EDTA（pH8.0） | 0.2 mL |
| SDS | 7 g |
| BSA（crystallized） | 1 g |
| $ddH_2O$ | 45 mL |

14. 洗膜液

洗膜液Ⅰ：2×SSC，0.1%SDS

洗膜液Ⅱ：1×SSC，0.1%SDS

洗膜液Ⅲ：0.2×SSC，0.1%SDS

# 第五节　基因沉默技术

生物体中特定基因不表达或表达减少的现象被称为基因沉默，基因沉默是一种后生遗传现象。基因沉默现象首先在转基因植物中被发现，接着在线虫、真菌、昆虫原生动物及小鼠中陆续被发现（Dongherty & Parks，1995；Marx，2000；Wianny & Zernicka-Goetz，2000）。在植物中通过导入外源基因使其获得新性状并能稳定遗传是植物基因工程的最终目的，而大量转基因植株不能正常表达，通常并不是由于外源基因的缺失或突变引起，而是基因失活的结果，这种失活现象就是基因沉默。1920 年 Wingard 等首次发现了一种被称为"恢复"（recovery）的现象，即植物受到病毒感染发病后，经过一段时间植株可以从病毒侵染症状中"恢复"过来，新长出的叶片不再感染病毒，具有了一定的抗性。对这种现象存在着两种解释：一种认为是蛋白质介导了植物的抗性，另一种认为是核酸介导了植物的抗性。Napolic 等（1990）将苯基苯乙烯酮合成酶基因导入到紫色的矮牵牛花中，希望获得花色加深的转基因植株，结果他发现有 42% 的转基因植株失去了原有的紫色，而变成了白花或紫白相间的花色，这是因为转入的基因干扰了矮牵牛花的内源基因，使之发生了共抑制（cosuppression），它本质上就是植物体内的 RNA 干扰。后来相继在其他生物中如拟南芥、线虫、果蝇、斑马鱼上发现了类似现象，这表明基因沉默是生物体内天然存在的对外源性和可移动的遗传物质的监控和防御机制，是生物界中普遍存在的现象（Hammond et al.，2001）。因此，深入研究基因沉默无论在理论上还是在实践上都具有重大意义。

## 1　基因沉默的机制

科学家们利用遗传突变体的筛选策略在多种生物体中已鉴定了许多参与基因沉默过程的必需基因，如粗糙脉胞菌（*Neurospora crassa*）中的 *qde21*、*qde22*、*qde23* 基因，莱哈衣绿藻（*Chalmydomonas reinhardtii*）中的 *mut26* 基因，拟南芥（*Arabidopsis thaliana*）中的 *sgs22*、*sgs23*、*argonaute*1（*ago1*）、*sde1*、*sde3*、*caf*、*ddm21*、*met21* 基因等，秀丽线虫（*Caenorhabditis elegans*）中的 *mut27*、*rde1*、*rde3*、*ego1*、*smg22*、*smg25*、*smg26* 基因等，果蝇（*Drosophila melanogaster*）中的 *ago2* 等（Mourrain et al.，2000；Plasterk & Ketting，2000）。经过研究发现这些基因多数属于多基因家族，具有很大的保守性。根据其编码蛋白质的特点可将它们分为 5 类：核酸酶类（nuclease）、核酸解旋酶类（helicase）、RNA 依赖性的 RNA 聚合酶类（RNA-dependent RNA polymerase，RdRP）、Argonaute 家族成员（含 PAZ 和 Piwi 结构域）、未知功能的螺旋—螺旋蛋白（coiled-coil protein）。由此看来，不同生物中的不同基因沉默必需蛋白既有共性又有多样性。这表明基因沉默机制在生物的进化中有很大的保守性和多样性。

综合大量的研究结果，基因沉默的大致过程可以描述如下：生物体细胞核内的 DNA 反向重复序列（多拷贝转基因、转座子或基因重组突变等）转录产生双链 RNA（double stand RNA，dsRNA），细胞核内的 dsRNA 被类 RNase III 型酶切割成大小约为 21 nt 的小分子干扰 RNA（small interfering RNA，siRNA），这些小分子干扰 RNA 在细胞核内与 CMT（chromodomain of chromomethylase）互作引导同源的 DNA 序列甲基化，同时 siRNA 或 dsRNA 直接与同源的 DNA 配对，产生 RNA－DNA 复合物和单链的 DNA 环或产生 RNA－DNA 多链结构（Cerutti et al.，1999）。这些不正常的结构被从头甲基化转移酶（denovo DNA methyl－transferase，DNMT）识别并使之甲基化，产生转录水平上的基因沉默。由不正常单拷贝基因转录出来或特异 mRNA 被切割而成的异常 RNA 作为模板，在细胞质 RdRP 作用下合成 dsRNA，细胞质中的 dsRNA 也可以由病毒 RNA 在病毒 RdRP 作用下合成或直接来自细胞核。细胞质 dsRNA 在类 RNase III 型酶（如 Dicer）作用下切割成 siRNA，这些 siRNA 与 Dicer 等蛋白质结合生成 RISC（RNA－induced silencing complex），RISC 特异性降解同源 mRNA，从而产生转录后水平的基因沉默。这一过程也可以产生异常 RNA（Ketting et al.，1999）。 siRNA 或 dsRNA 可能作为系统基因沉默信号保持基因沉默的特异性。

## 2　转录后水平的基因沉默（PTGS）

经过多年的研究发现，基因沉默可能发生在染色体 DNA、转录和转录后 3 种不同的层次水平上，分别称为位置效应（position effect）、转录水平上的基因沉默（transcriptional gene silencing，TGS）和转录后的基因沉默（post-transcriptional gene silencing，PTGS）。植物中，可操作的基因沉默技术主要是转录后水平的基因沉默技术。

PTGS 是指转基因在细胞核里能稳定转录，却无相应的稳定态 mRNA 存在的现象。它是由于转基因编码区与受体细胞基因组间存在同源性，导致转基因与内源基因的表达同时受到抑制，这种共抑制是 PTGS 的普遍现象。与转录水平基因沉默不同，转录后水平基因沉默具有逆转性，即受抑制基因通过减数分裂可以恢复表达活性，表现为减数分裂不可遗传性。转录后基因沉默（PTGS）是 RNA 水平基因调控的结果，普遍存在于生物界，如在动物中称为 RNA 干扰（RNAi），在植物中称为共抑制（co－suprression），而在真菌中称为压制（quelling）（Baulcombe，2000）。PTGS 贯穿于生物生长发育始终，是生物发育不同阶段中基因表达时序调控的一种手段，PTGS 也是生物长期进化中防止外源基因侵入（包括自然界本身的如病毒、转座子，也包括人工转入的基因），维护自身基因组完整性的一种防御机制。当前，转基因操作已广泛应用于理论研究和生产实践，而这种转入的基因可能出现基因沉默，尤其是极易促发 PTGS，因此对 PTGS 机制以及克服对策的研究很必要。

### 2.1　PTGS 的作用机制

一般认为是双链 RNA（dsRNA），称为诱发性双链 RNA 诱导了 PTGS 的发生。对于转基因诱导的 PTGS（transgene－mediated gene silencing），可能是反转重复序列的转录而形成互补 RNA，也可能是转基因过表达某一单拷贝内源基因，此时在 RdRP（依赖 RNA 的 RNA 聚合酶）作用下也会产生 dsRNA，对于病毒介导的 PTGS（virus－mediated gene silencing），可能是 dsRNA 病毒中间体诱发的。当 dsRNA 进入细胞后，被一种 dsRNA 特异的核酶内切酶 Dicer 识别，切割成 21～23 bp 的小片段 siRNA（Hamilton & Baulcombe，1999；Zamore et al.，2000；Bernstein et al.，2001；

Elbashir et al.，2001），siRNA 与 RNA 诱导的沉默复合体（RNA induced silencing complex，RISC）结合（Hammond et al.，2000），并且作为模板识别目的 mRNA，然后 mRNA 与 dsRNA 的正义链发生链互换，原先 dsRNA 中的正义链被 mRNA 代替，从 RISC - dsRNA 复合体中释放出来，而 mRNA 则处于原先的正义链的位置；Dicer 在同样位置对 mRNA 进行切割，这样又产生了 21～23 bp 的 dsRNA 小片段，与 RISC 结合，继续对靶 RNA 进行切割，从而使目的基因沉默（Vance & Vaucheret，2001）。该模型包括的 dsRNA 被 Dicer 切割成 21～23 bp 的 siRNA（short interferencing RNA）的过程是 PTGS 的核心，dsRNA 是基因沉默的诱导因子，siRNA 则对引导 RNA 特异性降解起决定作用。这一模型较好地解释了共抑制、反义 RNA 介导的基因沉默过程中也出现 dsRNA 的现象（Baulcombe，1996）。在发生共抑制的烟草中也鉴定到一些约 25 bp 的 RNA，进一步证实了共抑制、反义 RNA 和 hpRNA 具有共同的介导 PTGS 的机制。

　　Waterhouse 等（2001）首次明确了 dsRNA 在植物基因沉默中的关键作用。他们研究发现，同时携带与病毒基因组同源的有义和反义基因的植株比单独具有二者之一的植株抗病性更强。他们又以具有靶基因反向重复序列（IRS）的片段进行植物转化以产生自我互补的 dsRNA，发现这种结构比单独有义或反义基因片断转化能更有效地抑制基因表达。目前，构建 hpRNA 高效克隆和表达载体用于特定基因表达调控是 RNAi 技术应用研究的热点之一。

## 2.2　PTGS 的分类

　　目前，根据 PTGS 发生的作用机制和特点，人们发现主要有以下几种转录后水平基因沉默现象。

### 2.2.1　RNA 干涉

　　康奈尔大学的 Guo 和 Kemphues（1995）在利用反义 RNA 技术特异性阻断秀丽新小杆线虫（C. elegans）中的 par - 1 基因表达时，意外发现在对照组中给线虫注射正义 RNA，同样也抑制了 par - 1 基因的表达，1998 年华盛顿卡耐基研究所的 Fire 和麻省理工学院的 Mello 证实了 Guo 等观察到的正义 RNA 抑制基因表达的现象，其主要原因是由于体外转录所得 RNA 中污染了微量双链 RNA（dsRNA），但把体外转录得到的单链 RNA（ssRNA）纯化后注射到线虫体内，发现基因的抑制效应微弱，而纯化后的 dsRNA 能高效特异性阻断相应基因的表达，这种由 dsRNA 介导的特定基因受抑现象称为 RNA 干扰（RNA interferance，RNAi）（Fire et al.，1998）。Elbashir 等（2001）报道了 21 个核苷酸的 dsRNA 可以有效地诱导培养的哺乳动物细胞基因沉默。随后的实验表明，小干涉 RNA（short interference RNA，siRNA）可以稳定地抑制小鼠的体细胞和胚胎干细胞的基因表达（Paddison et al.，2002），由此人们认识到 RNAi 是控制基因及其表达的有效工具，使得有关 RNAi 的研究迅速发展并被美国《科学》杂志评为 2002 年的十大科技之一。RNA 干涉的现象大致可以分为 3 种，它们的作用机制大体相同，只是不同的研究小组对 RNA 干涉的命名不同，植物学家称之为共抑制（co - suppression），菌类学家称之为静息作用（quelling），昆虫学家和动物学家称之为 RNA 干涉。

（1）RNA 干扰的特点

1）RNAi 具有高度特异性

在 RNAi 过程中，dsRNA 能够特异性诱导其同源基因 mRNA 的降解，形成 21～23 个核苷酸（21～23 nts）的小核苷酸片断，再在此基础上进一步降解，其他基因几乎不受影响。研究发现，既使发生一个碱基的错配，RNAi 作用的效应也会大大降低（Mcmanus & Sharp，2002）。

2）RNAi 具有高效性

研究发现，细胞仅需几个分子的 siRNA，即可产生类似于缺失突变体表型的 RNAi 效应。在 RNAi 作用的过程中，细胞以 siRNA 为引物，以 mRNA 为模板，在 RNA 依赖的 RNA 聚合酶（RdRP）催化作用下，生成 dsRNA，dsRNA 再在 Dicer 酶的作用下，被切割形成新的 21～23 nts 的 siRNA，以维持高效、特异靶向的干扰作用（Davenport，2001）。

（2）RNAi 受多基因控制

研究发现 RNAi 受多基因控制，如 $rde-1$、$rde-4$ 为 RNAi 作用第一阶段的所必需，$rde-2$，$mut-7$ 为 RNAi 作用的效应基因；秀丽新小杆线虫的 RNAi 作用过程中 $ego-1$ 为必需基因（Smardon et al.，2000）。

1）RNAi 需要小分子 siRNA 介导

RNAi 作用的靶向精确定位是依赖于 siRNA 与目的基因 mRNA 的碱基互补配对来实现的，siRNA 来源于 Dicer 酶对 dsRNA 的切割，而 dsRNA 又是以 siRNA 为引物，以目的基因 mRNA 为模板，在 RdRP 作用下合成的，因此，RNAi 作用是一种由 siRNA 介导的同源依赖过程（Elbashir et al.，2001）。

2）RNAi 的放大效应

生物体内的 RNAi 具有放大效应。到目前为止，RNAi 的放大效应机制大致包括：①Dicer 酶对 dsRNA 的酶切生成 siRNA；②多轮的 RNA 诱导的沉默复合物（RISC）效应；C.RdRP 的作用，如植物和新秀丽小杆线虫的 RNAi 均需要与 RdRP 相似的蛋白质参与（Hannon，2002）。

（3）RNA 干扰的应用

RANi 的产生主要依赖于 siRNA 的合成，而 siRNA 的合成方法主要有体外合成和体内合成。将 siRNA 导入细胞的方法又分为微量注射法、电穿孔法、浸泡法、工程菌喂养法、转基因法、病毒感染法和细胞渗透多肽（cell-penetrating peptide，CPP）协助途径等。RNAi 现象自 1998 年发现以来，作为一种反向遗传学技术，已被成功的应用于线虫、果蝇、植物、真菌和哺乳动物等生物的多个研究领域中。

1）RNAi 与基因功能研究

利用 RNAi 技术，在 RNA 水平抑制基因的表达，为人们提供了一种高效的基因功能研究方法。已有大量研究证实 RNAi 可以特异性抑制特定基因的表达，获得功能性丧失，从而成为研究基因功能的良好工具。例如，①单个基因功能研究：Prasanth 等（2002）用 siRNA 抑制 $Orc6$ 基因的表达，阻碍有丝分裂，从而产生多核的细胞，结果长期缺失 $Orc6$ 的细胞，增殖减慢，逐渐死亡，揭示了 $Orc6$ 在染色体的复制和细胞分裂中的重要作用。②高通量基因功能研究：Ashrafi 等（2003）用 RNAi 技术系统地阻断线虫中已知基因的表达，确定了其中有 305 个基因失活导致体内脂肪减少，112 个基因的失活使得脂肪堆积。新发现的一些调节脂肪量的基因与哺乳动物的基因同源，另一些则具有高度的保守性。

与传统的基因功能的研究方法相比，RNAi 技术在基因功能研究上有其独特的优点。①技术灵敏、易行，结果稳定；②与基因敲除（gene knockout）相比耗时少，成本相对低；③与反义技术相比具特异性和高效性；④可进行高通量的基因功能分析，适用于大规模筛选，定位新的功能基因等。基于以上优势，RNAi 为人类基因组的研究进入后基因组时代，提供了一种有力的工具。

2）RNAi 抗病毒研究

因 dsRNA 是众多病毒的遗传物质，病毒入侵生物体细胞即可诱发 RNAi，从而抑制病毒繁殖所必需的基因而起到抗病毒作用，因此 RNAi 能有效保护人类细胞免受快速复制的病毒感染。目前，已有研究报道 RNAi 用于抗 HIV 病毒的研究、丙型肝炎病毒（HCV）的研究以及乙型肝炎病毒（HBV）的研究中。此外 RNAi 在其他病毒感染，如脊髓灰质炎病毒，疱疹病毒等的应用中也取得了较满意的效果（Qin et al.，2003；Kapadia et al.，2003；Mccaffrey et al.，2003）。

3）RNAi 用于肿瘤治疗

肿瘤一直是人类健康的宿敌，RNAi 在此方面的运用为人类带来了曙光。RNAi 有着序列特异性高的特点，可针对肿瘤相关基因变异设计干扰片段，从而特异地抑制变异 mRNA 的表达。同时，肿瘤是一种多基因疾病，针对单个基因的基因治疗一般不能取得好的效果。RNAi 技术可以针对信号通路的多个基因或者基因族的共有序列来同时抑制多个基因的表达，从而能更有效地抑制肿瘤生长（Cioca et al.，2003；Zhang et al.，2003；Verma et al.，2003）。

2.2.2 病毒诱导的基因沉默技术（virus induced gene silence – VIGS）

VIGS 技术是指携带一段靶基因表达序列的 VIGS 重组病毒载体侵染植物、引起植物内同源基因沉默与表型变异，进而通过表型变异进行基因功能分析的方法。VIGS 是从研究病毒和寄主或转基因之间的相互作用发展而来，在这个系统中，带有目的基因片段的病毒载体被传递到植物细胞，植物细胞识别入侵病毒的威胁并且利用保护性防卫机制来摧毁病毒和病毒载体上所携带的任何外源基因，从而影响植物本身目的基因的转录过程，导致目的基因 mRNA 发生特异性降解。

（1）VIGS 的分子机制

VIGS 属于 PTGS 的一种，在分子机制上符合 PTGS 的一切特点，只是在 dsRNA 的产生上是由各种病毒载体实现的。Kumagai 等（1995）在烟草花叶病毒（tobacco mosaic virus，TMV）上插入了一段八氢番茄红素脱氢酶（phytoene desaturase，PDS）cDNA 片段，PDS 是类胡萝卜素合成途径中的一个关键酶，而类胡萝卜素在植物中具有光保护作用，当带有该 cDNA 片段的 TMV 重组病毒侵染烟草后，侵染植物的叶片变成白色，被感染植株产生的白化效应是因为 PDS mRNA 水平显著降低引起的。Baulcombe 等（1998）在马铃薯 X 病毒（potato virus X，PVX）基因组上同样插入了一段 PDS 基因的 cDNA，重组病毒侵染植物后也出现了失去光保护作用的白化效应，因此他们提出 VIGS 可以有效地抑制植物内源基因的表达，从而可以利用病毒载体进行未知基因的功能鉴定。Ruiz 等（1998）推断 VIGS 机制中存在一种类似 PTGS 过程中的基因沉默信号，使非侵染组织具有抗病能力，这种信号可能是 dsRNA。进一步的研究发现，dsRNA 是基因沉默的关键起始因子，它可以通过病毒的复制机制、hpRNA 双向克隆转基因、RNA 自我复制等策略产生。dsRNA 在体内被一类似于 RNAseⅢ 的 Dicer 酶降解成 21～23 nt 的 siRNA。siRNA 进而与 RNAase 结合形成 RNA 诱导的沉默复合体（RISC）。RISC 是一种具有蛋白－RNA 效应的核酸酶，大小约为 500 kDa，同时具有外源和内源核酸酶活性，能够特异的与同源 RNA 作用而使 dsRNA 解链（Waterhouse et al.，2001）。在 RNA 依赖的 RNA 聚合酶的作用下，以 siRNA 为引物，ssRNA 为模板，沉默信号通过 RNA 的聚合作用而得以扩增。同时，dsRNA 解链后的小片段通过植物的维管组织而运输到植物的其他部分，从而达到系统性沉默效果。

（2）VIGS 载体系统的发展

病毒载体特征决定 VIGS 在植物体所影响的区域。病毒载体通过植物的运输系统由侵染区域转运到植物的其他大部分组织，但绝大部分病毒不能侵染植物生长点（Peele et al.，2001）。病毒载体的一些重要特征决定了它诱导植物出现基因沉默的能力：包括病毒感染植物生长点并诱导其出现基因沉默的能力，病毒基因组大小，病毒载体的核酸类型和基因组组成，病毒载体的寄主范围等。另外，在运用病毒载体时，我们还应考虑病毒载体对个人和环境的安全性问题。目前应用的病毒载体可以分为以下几类。

1）RNA 病毒载体

第一个 VIGS 载体是由模式 RNA 病毒烟草花叶病毒（TMV）发展而来的。Kumagai 等（1995）在 TMV 上插入了一段 PDS 基因的序列，侵染本氏烟草后成功地诱导了 PDS 基因的沉默。PDS 为八氢番茄红素脱氢酶，是类胡萝卜素合成所必需的酶，具有保护叶绿素免受光漂白的作用，而 PDS 基因发生沉默后被侵染的植物就会表现出光漂白的症状。PDS 沉默后植物表型变异易于辨别，因此 PDS 基因成为 VIGS 体系评价的参照基因。马铃薯 X 型病毒（PVX）能把目的基因传递到植物的细胞并且启动植物的 VIGS，但却不能侵染植物的生长点，严重限制了该载体的发展。烟草脆裂病毒（TRV）能有效地把沉默信号传递到植物的生长点，为研究植物发育器官中的基因功能提供了可能（Ratcliff et al.，2001）。TRV 是一种双链 RNA 病毒，由 RNA1 和 RNA2 两条单链 RNA 组成。RNA1 编码 RNA 依赖的 RNA 聚合酶，RNA2 编码外壳蛋白，目的基因片段被插入到 RNA2 中（Angenet et al.，1986）。把 TRV 病毒的基因组构建到双价表达载体，同时结合农杆菌的侵染特性，大大方便了 VGIS 的侵染。当采用农杆菌侵染方法时，该病毒的两个基因组结构被转入到各自独立的农杆菌中，目的基因片段被克隆到 RNA2 的结构上，两者混合后对植物的叶片进行共侵染。与其他病毒载体相比，TRV 病毒载体叶片侵染方便快捷，侵染数天后就能导致植物出现目的基因沉默表型；能侵染植物的生长点，可能会导致植物繁殖器官的基因沉默；与通量克隆技术结合 Gateway，TRV 还能实现目的基因的高通量功能分析（Liu et al.，2002a）。目前，TRV 病毒载体在烟草、番茄等茄科植物上运用取得了良好的效果，但不适合拟南芥等模式材料。Naylord 等（2005）首次构建了杨树花叶病毒载体（poplar mosaic virus，PopMV）全长基因组克隆为基础的基因沉默载体，用 GFP 的编码序列代替原有的外壳蛋白和移动蛋白，从而为白杨属的基因功能研究提供了一种有效的工具，为以木本植物病毒为载体的系统性沉默研究开创了先例。

大麦条纹花叶病毒（bareley stripe mosaic virus，BMSV）成功的诱导了大麦、水稻和玉米等单子叶植物中 PDS 基因沉默（Holzberg et al.，2002）。此外，其他的一些单子叶植物病毒也被改造成 VIGS 载体，如玉米条纹病毒（maize streak virus，MSV）、小麦矮小病毒（wheat dwarf virus，WDV）等，这些都为研究单子叶植物基因功能提供了载体资源。

2）DNA 病毒载体

除了 RNA 病毒外，DNA 病毒也是基因沉默载体的来源。DNA 病毒不能广泛的用作基因沉默载体，原因是较大的基因组结构限制了病毒的运动（Palmer & Rybicki，2001）。双生病毒载体可以浸染植物组织，是一种非常有前景的病毒载体（Fofana et al.，2004）。甘蓝曲叶双生病毒（cabbage leaf curl geminivirus，CbLCV）也是一个非常有潜力的 VIGS 载体，是拟南芥中第一个被运用的病毒载体。番茄金黄色花叶病毒（tomato golden mosaic geminivirus，TGMV）载体有效的诱导了增殖性细胞核抗原基因（proliferating cell nuclear antigen，PCAN）的沉默（Peele et al.，2001），该基因是烟草生长点 DNA 复制所需要的一个关键基因，该基因的转基因操作导致植物死亡（Kjemtrup et al.，1998）。番茄金黄色花叶病毒（TGMV）和白菜卷曲病毒（CbLCV）在植物的细胞核中利用寄主 DNA 复制机制，诱导植物目的基因的 RNA 沉默。

3）卫星病毒载体

卫星病毒必须借助辅助病毒的基因组信息才能在植物体中复制和运动。一个建立在卫星烟草花叶病毒（satellite tobacco mosaic virus，STMV）的 VIGS 体系最近被报道，该体系使用烟草花叶病毒（TMV）菌株作为辅助病毒（Gossel et al.，2002），该载体能够有效的抑制烟草的 PDS 等 13 个植物内源基因的表达并且呈现出明显的表型变化。Tao 和 Zhou（2004）建立了另一种以 DNA 卫星分子为新型载体的 VIGS 体系，他们对中国番茄黄化曲叶病毒（tomato yellow leaf curl china virus，TYLCCNV）进行研究时，分离鉴定了一种新型的 DNA 卫星分子，并将其改造成一种 DNA 卫星病毒载体。通过测试表明，该载体既可以有效抑制转基因 GFP 的表达，也可以抑制内源基因 PDA 和镁离子螯合酶的关键基因 *Su*（Sulfur）的表达。因此，DNA 卫星分子作为载体的 VIGS 体系是一种很有前景的诱导基因沉默的体系。

（3）VIGS 方法学的发展

在不同植物中建立 VIGS 体系，一般选用 *PDS* 基因作为报告基因，沉默表型容易用肉眼观察。在获得了良好的病毒载体以后，必须采用合适的侵染方法才能获得好的沉默效果。目前，比较常用的侵染方法主要有以下几种（傅达奇等，2005）。①机械伤口侵染。该方法主要是采用体外转录或从侵染叶片中提取获得的病毒载体 RNA 为侵染物。采用牙签或者是石英沙处理待侵染的叶片获得伤口。马铃薯病毒（PVX）早期就采用这种方法，该方法操作比较复杂，但沉默效果好，尤其是对于像拟南芥这些不适合采用其他方法的植物（Ratcliff et al.，2001）。②农杆菌侵染。该方法主要是利用了农杆菌对双子叶植物的良好侵染特性。带有目的基因的病毒载体随着农杆菌的侵染进入植物的组织，建立了一种瞬时表达体系，有效的诱导了 VIGS。农杆菌在侵染植物叶片的时候主要采用不带针头的注射器注射，高压叶面喷洒和叶面的真空渗透（Burch - Smith et al. , 2004)。该方法除了运用与 DNA 和 RNA 病毒，还用于建立了在植物体中成功瞬时表达外源蛋白的体系。③微粒轰击也是一种把病毒载体导入植物材料的良好方法，该方法主要运用于 DNA 病毒（Muangsan & Robertson，2004）。良好侵染方法的选择取决于植物材料和病毒载体的特性。

成功的基因沉默依赖于病毒传播和植物生长间相互作用的动力学，其中任一因素均受环境条件的影响，温度是病毒传播和基因有效沉默的最重要影响因素之一。例如，TRV 在番茄上建立良好的沉默表型是在温度 21℃或 21℃以下，而 TRV 在本氏烟上产生沉默的适宜温度为 25℃左右，25～29℃是 BSMV 在大麦上诱导基因沉默的适宜温度（Holzberg et al. , 2002）。

此外，在 VIGS 实验中设立对照非常关键。为监检沉默效率，通用的阳性对照为 PDS 基因的沉默，为排除病毒载体自身可能引起的表型干扰，有必要用空载体病毒接种植物作为阴性对照，另一个内在阳性对照是用一个功能明确的内源基因序列插入病毒载体接种植物。RT - PCR 分析可确定 VIGS 的沉默程度和特异性，半定量 RT - PCR 可比较基因沉默和阴性对照中转录产物的量，明确转录产物的相对减少，从而确定目的基因是否发生沉默。

（4）VIGS 的特点

分子生物技术的发展让我们掌握了高通量获得植物新基因信息的方法。例如，基因组测序、基因芯片以及差异筛选技术等。但获得序列只是我们了解和掌握该基因的第一步，更重要的是完成该基因的功能鉴定。为了符合大规模基因测序的形势，分子生物学家正在寻找高通量基因功能鉴定方法。过去，反义转基因技术是研究植物基因功能的常用和有效方法，但该方法需要组织培养步骤来产生转基因植株。双链互补基因结构有效提高了转基因植株中目的基因的抑制效率，但该方法仍然需要转基因操作。VIGS 体系不需要耗时的遗传转化和组织培养程序，能作为目的基因反向遗传学研究的潜在重要工具，加速基因的功能分析。VIGS 技术和传统的转基因技术相比具有如下优势。①操作简单，VIGS 只需进行农杆菌的浸染就能取得良好的效果，不需要复杂的遗传转化。②节省时间，VIGS 一般 2～3 周就有比较明显的效果，转基因需要获得转基因植株，需要完成复杂的传代鉴定工作，一般需要 1～2 年。③现在开发的病毒载体能运用于单子叶和双子叶植物。植物的转基因具有很强的选择性，单子叶植物的遗传转化有一定困难，如向日葵等。④对目的基因没有选择性，可以用来研究与植物生长发育的任何基因。转基因不适合研究胚胎发育早期的基因，该基因的抑制导致植株的死亡。⑤便于研究基因家族各个成员之间的功能。设计好的目的基因片段，VIGS 能特异地沉默单个或多个基因，能解决基因家族的冗余性问题。⑥VIG 能有效地应用于抗病信号传导中各个基因的功能研究。目前，已经成功的运用于 N 端抗性的研究领域（Peart et al. , 2002）。⑦ VIGS 可以运用于功能基因组研究。

（5）利用 VIGS 技术进行植物基因功能研究的进展

1）利用 VIGS 研究植物抗病途径中信号基因的功能

VIGS 最常应用的领域是研究参与植物抗病途径的已知基因、鉴定新基因。N 基因介导对 TMV 的抗性是一种病源互作研究，大部分都表现为抗性丧失。例如，Hsp90 在 N 基因介导的 TMV 抗性中也是必需因子（Liu et al. , 2004）。Shirasu 等（1999）就通过突变体的分离在大麦中发现 $Rarl$ 基因的抗病作用。Liu 等（2002b）将 VIGS 技术应用于烟草中，发现 $Rarl$ 基因起着相似的作用，同时还发现 $EDS1$ 基因和 $NPR1/NIM1$ 基因对于 $N$ 基因介导的抗 TMV 的几种激酶（NPK1，WIPK，SIPK，NtMEK1 和 Nt-MEK2）的作用只能起到减弱的效果，而 $N$ 基因介导的对 TMV 抗性的 COP9 信号因子也只能使本氏烟草沉默中病毒浓度降低。有报道说，在烟草中使用 TMV 病毒载体和在大麦中使用 BSMV 病毒载体，能进行基因的高通量筛选。在烟草中采用 VIGS 筛选了 5000 个基因，发现 100 个基因与烟草的细胞死亡有关，进一步研究发现，其中有 10 个基因与烟草的抗病性有直接的关系，另外 90 个基因与细胞的死亡没有直接关系（Lucioli et al.，2003）。Rui 等（2003）利用马铃薯病毒 PVX 建立了一个文库，进行 VIGS 的高通量筛选了 4992 个 cDNA 克隆获得了一个新的热激蛋白基因 $HSP$90。目前，耶鲁大学把通量克隆技术（gateway）与 TRV 病毒载体有机结合创造了一个新的载体，该载体可以用于 EST 的功能鉴定（Liu et al.，2002a）。Jin 等（2002）用 TRV 载体抑制烟草中一个分裂素激活蛋白激酶（MAPKKK）级联反应中的 $NPK1$ 基因的表达，结果由烟草 $N$ 基因（编码的蛋白质赋予烟草对烟草花叶病毒的抗性，该蛋白质为 Toll -白细胞介素 1 受体，含有富亮氨酸重复区）、$Bs2$ 和 $Rx$ 基因介导的植物对病毒的抗病性降低，而 $Pto$ 和 $Cf4$ 基因介导的抗病性没有变化。

近年来，利用 VIGS 来研究植物抗病反应中蛋白磷酸酶类型 2A（potein phosphatase type 2A，PP2A）催化亚基的作用时，发现一种特殊的番茄 $PP2A$ 基因- $PP2Ac$ 基因序列沉默在本氏烟草中对抗病相关基因的表达具有正调控作用，增加了病原抗性，加速了 $R$ 基因依赖信号（He et al.，2004）。

Scofield 等（2005）在小麦上用 BSMV - VIGS 研究了 $RAR1$、$SGT1$ 和 $HSP$90 的功能，证明 $RAR1$、$SGT1$ 和 $HSP$90 基因在抗叶锈病基因 $Lr21$ 介导的抗性中是必需的。Hein 等（2005）用 BSMV 证明 $RAR1$、$SGT1$ 和 $HSP$90 基因在大麦抗白粉病基因 $Mla13$ 介导的抗性途径中非常重要。Faivre - Rampant 等（2004）用 PVX 作载体在马铃薯上成功地实施了 VIGS，证明几个抗病及其相关基因的功能。

2）利用 VIGS 技术研究代谢和发育基因

利用 VIGS 技术研究了几条代谢途径（Burch - Smith et al.，2004；Burton et al.，2000），包括甾醇合成、对昆虫袭击引起的茉莉酸诱导产生的抑制者和光合成的光系统 Ⅱ。拟南芥基因组测序结果表明，存在着大量与已知 $CesA$ 基因同源基因，用 VIGS 技术取代传统的敲除方法在本氏烟草上确定了 $CesA - 1$ 同源物的功能，虽然 $CesA - 1$ 与 $Ce2Sa - 2$ 的核苷酸具 80% 同源性，VIGS 仍能特异地沉默 $CesA - 1$ 基因，产生相应的特异表型（Burton et al.，2000）。

Ratcliff 等（2001）将与开花性状有关的烟草 NFL 基因的 421 个核苷酸 cDNA 片段插入 TRV 载体中，其表达沉默引起次生及三生侧枝，花的表型异常。这表明 VIGS 可以应用于分生组织及花发育相关基因的功能研究中。另外，Fu 等（2004）通过采用 TRV 载体成功的沉默了番茄果实中的 $LeCTR1$、$LeEIN2$ 基因，引起了番茄果实成熟的异常，这是首次报道在番茄的果实中成功的实现了基因沉默。Xie 等（2006）采用 VIGS 的方法成功地沉默了离体番茄果实中的 $LeACS2$ 基因，引起离体番茄果实的成熟抑制，从而延长了番茄果实的成熟期。这些研究为研究植物生长调节、分生组织和花器官的发源的区分以及果实成熟在避免突变导致的不育性问题中提供了探索研究。

随着植物基因组计划的实施和进展，GenBank 中累积了大量的未知功能的 DNA 序列，如何鉴定这些基因的功能将成为基因组学研究的重点内容。VIGS 独特的优点，有望为研究植物 DNA 序列的功能提供一个快速高通量的技术平台。随着 VIGS 技术应用到更多的植物，以及研究人员更熟练的运用，我们可以预测 VIGS 将成为一种大规模研究植物基因组功能的有效工具。

### 2.2.3　VIGS 技术的操作实例

本节主要介绍以 TRV 为载体，应用于番茄活体果实的 VIGS 技术操作（Fu et al.，2004）。希望通过本小节的介绍，让读者能够掌握 VIGS 技术的具体试验操作，达到独立完成试验设计及试验操作的目的。

（1）材料

1）植物材料：番茄幼苗于 20℃，30％ 相对湿度条件下生长于温室内，14/10 h 光照生长。所有番茄于花期挂牌，绿熟期果实（花后 40 天左右）为材料进行 VIGS 试验。

2）载体构建：采用 RT－PCR 的方法扩增番茄 LeACS2（GenBank X59145）基因片段。使用的引物如下。

上游引物：5′CGA GCT CGT CAC CGA TGA CAC GAC 3′含有 XbaI 酶切位点；下游引物 5′GCT CTA GAG CGC AAT GAC GGC AGA AT 3′含有 SacI 酶切位点，扩增片段为 83～790 bp 的一段序列。然后采用 XbaI 和 SacI 将 LeACS2 与同样经过双限制性内切酶酶切后的 TRV2 载体进行连接，将目的基因连接到 TRV2 载体上。将连接有 LeACS2 基因的 TRV2 载体和 TRV1 载体分别转化农杆菌 GV3101，并采用 PCR 的方法确定阳性转化菌。

（2）方法

1）农杆菌侵染

将转化有 TRV1 和 TRV2 载体的农杆菌 GV3101 于含有卡那霉素的液体 LB 培养基中培养，并加入终浓度为 10 mmol/L 的 MES 和终浓度为 20 mmol/L 的乙酰丁香酮，培养过夜。将过夜的培养菌液重悬于侵染缓冲液中（10 mmol/L MgCl$_2$，10 mmol/L MES pH 5.6，150 mmol/L 乙酰丁香酮）调节 OD 值于 1.0，将转化 TRV1 和 TVR2 的浸染液等体积混合，并于室温下振荡 2～4 h。采用叶柄注射法对番茄活体果实进行浸染（Fu et al.，2004）。

2）RT－PCR 检测沉默效果

经过侵染后的番茄果实，一般经过 2～3 周就会出现表型，对于不确定产生表型变化的基因，通常采用 RT－PCR 的方法进行检测。

A. 首先采用异硫氰酸胍法提取番茄果实的总 RNA，具体步骤如下。

a）取 1 g 新鲜的番茄样品放在研钵中，加入液氮，迅速研磨成均匀的粉末。

b）将粉末全部移入冰上预冷的 1.5 mL 离心管中，上下颠倒几次离心管混合均匀。

c）加入 650 μL 异硫氰酸胍溶液，再加入 325 μL 水饱和酚及 325 μL 氯仿/异戊醇（49：1）。

d）上下颠倒几次，混匀，冰上放置 5 min，12 000 r/min 离心 10 min。

e）取上清液 750 μL，加入水饱和酚及氯仿/异戊醇（49：1）各 375 μL。

f) 4℃，12 000 r/min 离心 10 min。

g) 取上清液 700 μL，加入 70 μL 异丙醇，沉淀 1 h（−20℃）。

h) 用 l mL75％的乙醇洗沉淀一次，12 000 r/min 离心 5 min。

i) 除尽上清，稍微晾干后，溶于适量 DEPC 处理的灭菌蒸馏水。检测后分装，于 −80℃低温条件下保存，要避免对 RNA 的反复冻融。

3）反转录 PCR 扩增

按照 Pormega 公司的反转录试剂盒的说明进行，建立总体积为 20 μL 的反转录反应体系。首先在 PCR 管中加入总 RNA 2 μL，25 μmol/L 的 oligo（dT）$_{15}$ 2 μL，70℃温育 10 min 破坏 RNA 的二级结构，立即冰浴 2 min，离心将管内液体收集至管底。在冰上依次加入下列试剂：5×RT 缓冲液 4 μL；RNA 酶抑制剂 1 μL；dNTP（10 mmol/L）2 μL；MLV 反转录酶 1 μL，离心混匀，将管内液体收集至离心管底，42℃温育 1 h，之后 95℃加热 5 min 灭活反转录酶，立即冰浴 5 min，贮于−20℃备用。

检测目的基因是否发生沉默时，PCR 扩增引物设计时应避开构建基因沉默载体时选定的片段序列，防止外源干扰。因此，本试验选定的片段为 *LeACS2* 基因的 917～1343 bp 的一段序列，引物设计如下。

上游引物：5′CGGTCTAGAGGCACTCAACTTTATAAACC 3′

下游引物：5′CGGGGATCCCTTCAGTTTTCTGTCAAACC 3′

内标基因 Ubi3 引物设计如下。

上游引物：5′CAG GAC AAG GAA GGG ATT 3′

下游引物：5′GTA GAG CAC GAG GCA GAG3′

进行如下体系的 PCR 反应。

建立 50 μL 的 PCR 反应体系：10×PCR 缓冲液 5 μL；反转录反应产物 cDNA 模板 1 μL；上游引物 1 μL；下游引物 1 μL；dNTP（10 mmol/L）1 μL；*Taq* 酶 1 μL；灭菌的重蒸水 40 μL。离心混匀，在 HYBAID PCR 仪中 94℃预变性 5 min 后，按以下程序进行 PCR 扩增：94℃变性 45 s，53℃退火 45 s，72℃延伸 1 min，共 35 个循环，最后 72℃延伸 10 min 结束反应。琼脂糖凝胶电泳检查 PCR 扩增产物。通过对比对照番茄果实样品，和经过 VIGS 处理的番茄果实样品中目的基因的表达来确定目的基因是否发生基因沉默。

## 参 考 文 献

傅达奇，朱本忠，赵晓丹，等 . 2005. 植物中病毒诱导基因沉默的研究进展 . 中国生物工程杂志，25（8）：62-66.

Angenet G C，Linthorst H J，Belkum A F，et al. 1986. RNA2 of tobacco rattle virus stain TCM encodes an unexpected gene. *Nucleic Acids Research*，14：4673-4682.

Ashrafi K，Chang F Y，Watts J L，et al. 2003. Genome-wide RNAi analysis of *Caenorhabditis elegans* fat regulatory genes. *Nature*，421：268-272.

Baulcombe D C. 1996. RNA as a target and an initiator of post - transcriptional gene silencing in transgenic plants. *Plant Molecular Biology*，32：79-88.

Baulcombe D C. 2000. A silence that speaks volumes. *Nature*，404：804-808.

Bernstein E，Denli A M，Hannon G J. 2001. The rest is silence. *RNA*，7：1509-1521.

Burch – Smith T M, Anderson J C, Martin G B, et al. 2004. Applications and advantages of virus – induced gene silencing for gene function studies in plants. *The Plant Journal*, 39: 734-746.

Burton R A, Gibeaut D M, Bacic A, et al. 2000. Virus – induced silencing of a plant cellulose synthase gene. *The Plant Cell*, 12: 691-706.

Cerutti L, Mian N, Bateman A. 1999. Domains in gene silencing and cell differentiation proteins: the novel PAZ domain and redefinition of the Piwi domain. *Trends in Biochemical Sciences*, 25: 481, 482.

Cioca D P, Aoki Y, Kiyosawa K. 2003. RNA interference is a functional pathway with therapeutie potential in humam yeloid leukemia cell lines. *Cancer Gene Therapy*, 10: 125-133.

Davenport R J. 2001. Gene silencing: A faster way to shut down genes. *Science*, 292: 1469-1471.

Dongherty W G, Parks T D. 1995. Transgene and gene suppression telling us something new? *Current Opinion in Cell Biology*, 7: 399-405.

Elbarshir S M, Harborth J, Lendeckel W, et al. 2001. Duplexes of 21 – nucleotide RNAs mediate RNA interference in cultured mammalian cells. *Nature*, 411: 494-498.

Elbarshir S M, Lendecke W, Tusch T. 2001. RNA interference is mediated by 21 – and 22 – nucleotide RNAs. *Genes Development*, 15: 188-200.

Faivre – Rampant O, Gilroy E M, Hrubikova K, et al. 2004. Potato virus X – induced gene silencing in leaves and tubers of potato. *Plant Physiology*, 134: 1308-1316.

Fire A, Xu S, Montgomery M K, et al. 1998. Potent and specific genetic interference by double – stranded RNA in *Caenorhabditis elegans*. *Nature*, 391: 744, 745.

Fofana I B, Sangare A, Collier R, et al. 2004. A geminivirus – induced gene silencing system for gene function validation in cassava. *Plant Molecular Biology*, 56: 613-624.

Fu D Q, Zhu B Z, Zhu H L, et al. 2004. Virus induced gene silencing in tomato fruit. *The Plant Journal*, 43: 299-308.

Gossel V, Fache I, Meulewaeter F, et al. 2002. SVISS – a novel transient gene silencing system for gene function discovery and validation in tobacco plants. *The Plant Journal*, 32: 859-866.

Guo S, Kemphues K J. 1995. Par – 1, a gene required for establishing polarity in C. *elegans* embryos, encodes a putative Ser/Thr kinase that is a symmetrically distributed. *Cell*, 81: 611-620.

Hamilton A J, Baulcombe D C. 1999. A species of small antisense RNA in post – transcriptional gene silencing in plants. *Science*, 286: 950-952.

Hammond S M, Caudy A A, Hannon G J. 2001. Post – transcriptional gene silencing by double – stranded RNA. *Nature Reviews Genetics*, 2: 110-119.

Hammond S M, Bernstein E, Beach D, et al. 2000. An RNA – directed nuclease mediates post – transcriptional gene silencing in *Drosophila cells*. *Nature*, 404: 293-296.

Hannon G J. 2002. RNA interference. *Nature*, 418: 244-251.

He X, Anderson J C, Pozo O, et al. 2004. Silencing of subfamily I of protein phosphatase 2A catalytic subunits results in activation of plant defense respnses and localized cell death. *The Plant Journal*, 38: 563-577.

Hein I, Barciszewska – Pacak M, Hrubikova K, et al. 2005. Virus – induced gene silencing based functional characterization of genes associated with powdery mildew resistance in barley. *Plant Physiology*, 138: 2155-2164.

Holzberg S, Brosio P, Gross C, et al. 2002. Barley stripe mosaic virus – induced gene silencing in a monocot plant. *The Plant Journal*, 30: 315-327.

Jin H，Axtell M J，Dablbeck D，et al. 2002. NPK1，a MEKK1 – like mitogen – activated protein kinase kinase kinase，regulates innate immunity and development in plants. *Developmental Cell*，3：291-297.

Kapadia S B，Brideau A，Chisari F V. 2003. Interference of hepat it is C virus RNA rep lication by short interfering RNA s. *Proceedings of the National Academy of Sciences of the United States of America*，100：2014-2018.

Ketting R F，Haverkamp T H，van Luenen H G，et al. 1999. Mut – 7 of C. elegans，required for transposon silencing and RNA interference，is a homolog of *Werner syndrome* helicase and RNaseD. *Cell*，99：133-141.

Kjemtrup S，Sampson K S，Peele C G，et al. 1998. Gene silencing from plant DNA carried by a *Geminivirus*. *The Plant Journal*，14：91-100.

Kumagai M H，Donson J，Della – Cioppa G，et al. 1995. Cytoplasmic inhibition of carotenoid biosynthesis with virus – derived RNA. *Proceedings of the National Academy of Sciences of the United States of America*，92：1679-1683.

Liu Y，Burch – Smith T，Schiff M，et al. 2004. Molecular chaperone HSP90 associates with resistance protein N and its signaling proteins SGT1 and RAR1 to modulate an innate immune response in plants. *Journal of Biological Chemistry*，279：2101-2108.

Liu Y，Schiff M，Dinesh – Kumar S P. 2002a. Virus – induced gene silencing in tomato. *The Plant Journal*，31：777-786.

Liu Y，Schiff M，Marathe R，et al. 2002b. Tobacco Rar 1，EDS1，and NPR1/NIM1 like genes are required for N – mediated resisitance to tobacco mosaic virus. *The Plant Journal*，130：415-429.

Lucioli A E，Noris E，Brunetti A，et al. 2003. Tomato *yellow leaf curl Sardinia virus* rep – derived resistance to homologous and heterologous geminiviruses occurs by different mechanisms and is overcome if virus – mediated transgene silencing is activated. *Journal of Virology*，77：6785-6798.

Marx J. 2000. Interfering with gene expression. *Science*，288：1370，1371.

McCaffrey A P，Nakai H，Pandey K，et al. 2003. Inhibition of hepatitis B virus in mice by RNA interference. *Nature Biotechnology*，21：639-644.

McManus M T，Sharp P A. 2002. Gene silencing in mammals by small interfering RNAs. *Nature Reviews Genetics*，3：737-747.

Mourrain P，Béclin C，Elmayan T. 2000. Arabidopsis SGS2 and SGS3 genes are required for posttranscriptional gene silencing and natural virus resistance. *Cell*，101：533-542.

Muangsan N，Robertson D. 2004. Geminivirus vectors for transient gene silencing in plant. *Methods in Molecular Biology*，265：101-115.

Napoli C，Lemieux C，Jorgensen R. 1990. Introduction of a chimeric chalcone synthase gene into Petunia results in reversible co – suppression of homologous gene in trans. *The Plant Cell*，2：279-289.

Naylord M，Reeves J，Cooper J. 2005. Construction and properties of a gene – silencing vector based on poplar mosaic virus（genus *Carlavirus*）. *Journal of Virologial Methods*，1124：27-36.

Paddison P J，Caudy A A，Bernstein E，et al. 2002. Short hairpin RNAs（shRNAs）induce sequence – specific silencing in mammalian cells. *Genes & Development*，16：948-958.

Palmer K E，Rybicki E P. 2001. Investigation of the potential of maize streak virus to act as an infectious gene vector in maize plant. *Archives of Virology*，146：1089-1104.

Peart J R，Cook G，Feys B J，et al. 2002. An EDS1 orthologue is required for N – mediated resistance against tobacco mosaic virus. *The Plant Journal*，29：569-579.

Peele C, Jordan C V, Muangsan N, et al. 2001. Silencing of a meristematic gene using geminivirus – derived Vectors. *The Plant Journal*, 27: 357-366.

Plasterk R H, Ketting R F. 2000. The silencing of the genes. *Current Opinion in Genetic Developmcot*, 10: 562-580.

Prasanth S G, Prasanth K V, Stillman B. 2002. Orc6 involved in DNA replication, chromosome segregation, and cytokinesis. *Science*, 297: 1026-1031.

Qin X F, An D S, Chen I S, et al. 2003. Inhibiting HIV – 1 infection in human T cells by lent iviral – mediated delivery of small interfering RNA against CCR5. *Proceedings of the National Academy of Sciences of the United States of America*, 100: 183-188.

Ratcliff F, Martin – Hernandez A M, Baulcombe D C. 2001. Tobacco rattle virus as a vector for analysis of gen function by silencing. *The Plant Journal*, 25: 237-245.

Rui L, Isabelle M, Peter M. 2003. High throughput virus – induced gene silencing implicates heat shock protein 90 in plant disease resistance. *The EMBO Journal*, 22: 5690-5699.

Ruiz M T, Voinnet O, Baulcombe D C. 1998. Initiation and maintenance of virus – induced gene silencing. *The Plant Cell*, 10: 937-946.

Scofield S R, Huang L, Brandt A S, et al. 2005. Development of a virus – induced gene2silencing system for hexaploid wheat and its use in functional analysis of the Lr – 21mediated leaf rust resistance pathway. *Plant Physiology*, 138: 2165-2173.

Shirasu K, Lahaye T, Tan M W, et al. 1999. A novel class of eukaryotic zinc – binding proteins is required for disease reasistance signaling in barley and development in *C elegans*. *Cell*, 99: 355-366.

Smardon A, Stacey S C, Klein M E, et al. 2000. EGO2 is related to RNA directed RNA polymerase and functions in germ – line development and RNA interference in *C. elegans*. *Current Biology*, 10: 169-178.

Tao X R, Zhou X P. 2004. A modified viral satellite DNA that suppresses gene expression in plants. *The Plant Journal*, 38: 850-860.

Vance V, Vaucheret H. 2001. RNA silencing in plants defense and counter defense. *Science*, 292: 2277-2280.

Verma U N, Surabhi R M, Schmaltieg A, et al. 2003. Small interfering RNAs directed against beta – catenin inhibit the in vitro and in vivo growth of colon cancer cells. *Clinical Cancer Research*, 9: 1291-1300.

Waterhouse P M, Wang M B, Finnegan E J. 2001. Role of short RNAs in gene silencing. *Trends in Plant Science*, 6: 297-301.

Wianny F, Zernicka – Goetz M. 2000. Specific interference with gene function by double – stranded RNA in early mouse development. *Nature Cell Biological*, 2: 70-75.

Xie Y H, Zhu B Z, Yang X L, et al. 2006. Delay of postharvest ripening and senescence of tomato fruit through virus – induced LeACS2 gene silencing. *Postharvest Biology and Technology*, 42: 8-15.

Zamore P D, Tuschl T, Sharp P A, et al. 2000. RNAi: doulble – stranded RNA directs the ATP dependent cleavage of mRNA at 21 to 23 nucleotide intervals. *Cell*, 101: 25-33.

Zhang L, Yang N, Mohamed – Hadley A, et al. 2003. Vector based RNAi, a novel tool for isofornr specific knock-dowm of EGF and anti-angiogenesis gene therapy of cancer. *Biochemical and Biophysical Research Communications*, 303: 1169-1178.

（寇晓虹）

# 第六节　果蔬采后生物信息学

近年来，迅速发展的生命科学以及相关产业对处理生物数据的迫切需求是生物信息学产生和发展的重要基础，也是生物信息学应用的主要领域。识别新基因是当前国际上基因组研究的热点，而生物信息学是识别新基因的重要手段。对果蔬采后研究具有重要作用的蛋白质或相关调控途径蛋白质因子的分析成为另一个研究热点。

随着国际生物学数据库信息的不断增加，使用电子克隆的方法并结合分子生物学实验鉴定果蔬中的新基因已成为研究中的热点。迄今为止，番茄、柑橘、苹果、草莓、猕猴桃、葡萄、香蕉、桃、杏等植物的 EST 库已先后建立。在 GenBank 中登记 EST 信息最多的植物是拟南芥，152.6 万条；其次是玉米，146.2 万条；另外，水稻、小麦、油菜、大麦等植物的 EST 序列均超过 45 万条；以果实为鲜食对象的园艺植物中，以欧亚种葡萄（*Vitis vinifera*）的 EST 数目为最多，已达 352 984 条 EST，在所有生物中居第 21 位；苹果、柑橘、桃等果实也有较多的 EST 信息；另外，有些园艺植物的 EST 信息没有在 GenBank 中登记，如新西兰拥有数万条猕猴桃 EST 信息。在此基础上应用生物信息学、基因芯片和 EST - SSR（EST 序列中的简单序列重复长度多态性）等技术已分离了不少与经济性状相关的功能基因，对果实发育、成熟以及品质形成等有了较全面的理解，并在生产中得以不同程度的应用。张波等（2008）利用猕猴桃 EST 库及相关生物信息学手段，从果肉组织中克隆了 6 个 *LOX* 基因家族成员，并根据其序列同源性进行了分类；根据中国野生葡萄华东葡萄株系白河-35 - 1 在白粉病诱导下的cDNA文库中的 1 条 EST 序列设计特异引物，赵伟等（2007）进行了基因的扩增。根据生物信息学方法，杨小兰（2007）利用电子克隆的方法获得葡萄 *VvPF*1 基因（一个葡萄抗逆相关转录因子），并对该基因编码产物从氨基酸组成、理化性质、进化关系、二级三级结构、功能等方面进行了预测和分析；化文平和王喆之（2008）用电子克隆方法获得向日葵焦磷酸异构酶基因（*IPI*），并对此基因编码产物进行了结构分析和功能预测。强毅（2007）对拟南芥、紫苜蓿、黑麦草、绿竹、文心兰等植物的蔗糖磷酸合成酶基因在 GenBank 上的核苷酸序列以及推导的氨基酸序列、导肽、跨膜拓扑结构、疏水性/亲水性、蛋白质二级结构及功能域等进行分析预测和推断，为该类酶的深入研究提供了参考。

总之，生物信息学方法可有效减少实验过程中的盲目性，节约研究成本和研究时间，是当前生物学研究的一种新方法。

## 1　生物信息学概述

### 1.1　概述

信息学是一门交叉科学，它包含了生物信息的获取、处理、存贮、分发、分析和解释等在内的所有方面，综合运用数学、计算机科学和生物学的各种工具，来阐明和理解大量生物数据所包含的生物学意义。现代生物信息学是现代生命科学与信息科学、计算机科学、数学、统计学、物理学和化学等学科相互渗透而形成的，是应用计算机技术和信息论方法采集、存贮、传递、检索、分析和解读蛋白质及核酸序列等各种生物信息，以帮助了解生物学和遗传学信息的科学。

生物信息学通过破译隐藏在 DNA 序列中的遗传语言，并据此解释基因组信息结构的复杂性及遗传语言的根本规律，以及人体生理和病理过程的分子基础，为人类疾病的诊断、预防和治疗提供最合理有效的方法和途径。其主要研究内容包括：大规模基因组测序中的数据的提取和分析；新基因的鉴定和单核苷酸多态性（SNP）分析；功能基因组相关信息分析；基因组水平的进化分析；结构模拟和药物设计；基于遗传的疾病学研究等。

生物信息学的发展主要可以分为 3 个阶段。

（1）萌芽期（20 世纪 60～70 年代）：以 Dayhoff 的替换矩阵和 Neelleman－Wunsch 算法为代表，组成了序列比对这一生物信息学最基本的内容和思路。

（2）形成期（20 世纪 80 年代）：3 大分子数据库的国际合作使数据库共享成为可能，同时以 BLAST、FASTA 等为代表的工具软件和新的算法大量出现。

（3）高速发展期（20 世纪 90 年代至今）：人类基因组计划实施以来，DNA 序列数据、EST 数据、蛋白质一级结构数据以及蛋白质的空间结构数据快速增长。

1.2 重要的生物信息学网址（表 3-1-6-1）

**表 3-1-6-1 主要生物信息学 Web 服务器**（引自：乔纳森·佩夫斯纳，2006）

| 资源 | 描述 | 地址 |
| --- | --- | --- |
| 日本 DNA 数据库（DDBJ） | 和生物信息学中心（center for information biology）相关 | http：//www. ddbj. nig. ac. jp/ |
| 欧洲生物信息学研究所（EBI） | 维护 EMBL 数据库 | http：//www. ebi. ac. uk/ |
| 美国国立生物技术信息中心（NCBI） | 维护 GenBank | http：//www. ncbi. nlm. nih. gov/ |
| Centre for Molecular and Biomolecular Informatics | 来自 Nijmegen 大学 | http：//www. cmbi. ru. nl/ |
| ExPASy（Expert Protein Analysis System） | Swiss Institute of Bioinformatics 的蛋白质组服务器 | http：//www. expasy. org/ |
| GENESTREAM | Institut de Génétique Humaine, Montpellier | http：//www2. igh. cnrs. fr/ |
| GenomeNet | 位于日本东都 | http：//www. genome. ad. jp/ |
| INFOBIOGEN | 位于 Montpellier | http：//www. infobiogen. fr/page accueilen. html |
| Oak Ridge National Laboratory（ORNL） | 位于 Tennessee | http：//compbio. ornl. gov/ |
| Protein Information Resource（PIR） | 美国国立生物医学研究基金会的一个部门 | http：//pir. georgetown. edu/ |
| The Wellcome Trust Sanger Institute | 位于英国 Cambridge 的基因组研究中心 | http：//www. sanger. ac. uk/ |
| The Institute for Genomic Research（TIGR） | 位于美国 Rockville，Maryland | http：//www. tigr. org/ |

## 2　生物信息数据库

### 2.1　核酸序列数据库

GenBank、EMBL、DDBJ 是现在国际上最主要的 3 大核酸序列数据库。1988 年，3 大数据库共同成立了国际核酸序列数据库联合中心（International Nucleotide Sequence Database Collaboration），三方达成协议，对数据库的记录采用相同的格式。现在三方都可以收集直接提交给各自数据库的数据，每一方负责更新提交到自己数据库的数据，并在三方之间发布，任何一方都拥有三方所有的数据，实现同步更新，又不会发生数据更新的冲突。以下主要介绍 GenBank 的结构和使用。

### 2.2　GenBank

GenBank 由美国国立生物技术信息中心（NCBI）维护，是全球最有影响力的生物学网站之一，几乎包含了所有已知的核酸序列和蛋白质序列，以及它们相关的文献著作和生物学注释。GenBank 的数据直接来源于测序工作者、测序中心提交的大量 EST 序列和其他序列数据，以及与其他数据机构协作交换得到的数据。用户可以从 NCBI 主页上找到并使用数据查询、序列相似性搜索和其他分析服务，也可以从 NCBI 的 FTP 服务器上免费下载完整的 GenBank 数据。

完整的 GenBank 数据包括索引文件、序列文件和其他有关文件。索引文件是根据数据库中作者、参考文献等建立的，用于数据库查询。序列文件是 GenBank 中最常用的文件，其基本单位是序列条目，包括核苷酸碱基排列顺序和注释两部分（表 3-1-6-2）。

表 3-1-6-2　序列条目的关键字及其含义（引自：张阳德，2004）

| 关键字 | 含义 |
| --- | --- |
| LOCUS | 序列标记，包含了对序列长度、类型、种属类型以及公布日期的描述 |
| ACCESSION | 序列编号，在文献中使用这个序列时应以此编号为准 |
| KEYWORDS | 关键字，包括序列的基因产物和其他相关信息 |
| SOURCE | 序列来源，说明序列所属的生物体、组织，次关键字 ORGANISM 指出该生物体的分类学地位 |
| REFERENCE | 相关文献，包括作者、题目及杂志名等 |
| FEATURES | 特征表，详细描述序列特征，包括蛋白质编码区及翻译所得的氨基酸序列，外显子和内含子位置、转录单位、突变单位、修饰单位、重复序列等信息，蛋白质数据库 SwissProt 和分类学数据库 Taxonomy 等其他数据库的交叉索引编号 |
| BASE COUNT | 碱基含量 |
| ORIGIN | 碱基序列 |

### 2.3　蛋白质序列数据库

蛋白质序列数据库相对较少，除了 GenBank 外，主要还有 PIR 和 SWISS-PROT，目前这两个数据库在 EMBL 和 GenBank 数据库上均建立了镜像站点。

PIR（protein information resource），数据由 GenBank 的 DNA 序列翻译得到，按

注释的程度分为 4 个等级，包含了所有已知的自然界中野生型蛋白质的信息。

SWISS - PROT 包括了从 EMBL 翻译而来的蛋白质序列，这些序列经过检验和注释，因而存在滞后性，而且一大批含有可读框的 DNA 序列未被列入。SWISS - PROT 提供蛋白质序列的同源检索、分类和注释。注释的内容包括蛋白质的功能、翻译后加工、结构域特征、二级结构、三级结构、同源性、疾病相关信息等。

### 2.4 蛋白质结构数据库及结构显示程序

蛋白质结构数据库通过依靠 X 射线晶体衍射技术，测量蛋白质模型中每个原子的三维坐标，再利用建模软件估算出氢原子的位置。数据由分子中原子的空间位置，以及化学键等其他信息构成，空间的每一个点代表元素、残基和分子。

PDB (protein date bank)，是目前最主要的蛋白质分子结构数据库。PDB 蛋白质数据库所收集的生物大分子三维结构数据主要是通过 X 射线衍射和核磁共振实验测定，不接收通过计算机三维建模获得的结构数据。数据库信息包括结构数据、文献、一级、二级结构信息等。

MMDB (molecular modeling datebase) 是 NCBI Entrez 检索工具所使用的三维结构数据库，其中包括了由晶体衍射和核磁共振得到的所有 PDB 生物分子三维结构。MMDB 提供 BLAST 检索、结构—序列匹配、文件格式转换、编程界面等服务，也可以根据 PDB 和 MMDB 的 ID 编码利用 Entrez 检索工具进行文本查询。

分子结构显示程序可以动态显示甚至做出动画模拟。RasMol、Chime、Cn3D 等结构显示程序允许旋转或缩放分子结构，并可用骨架图、条带图、空间填充图等方式显示 DNA 和蛋白质分子三维结构。用户可以从网上直接获得的免费软件或者在网页上进行操作。

## 3 序列分析

序列比对 (alignment)，是将序列之间进行比较；或者将查询序列与整个数据库的所有序列进行比对，从数据库中获得与其最相似序列的数据。通过比较两个蛋白质或核酸序列之间的相似区域、保守性位点和 profile，可以寻找二者可能的进化关系；或将多个蛋白质或核酸序列进行比较，寻找进化过程中共同的保守区域和位点，从而探索导致它们产生共同功能的序列模式。还可以比对蛋白质与核酸序列，探索核酸序列可能的表达框架；把蛋白质序列与具有三维结构信息的蛋白质相比，获得蛋白质折叠信息，构建蛋白同源模型；此外，通过比对方法可以有效地鉴定一些新基因，并分析和预测其功能 (表 3 - 1 - 6 - 3)。

表 3 - 1 - 6 - 3 常用的序列比对软件

| 软件 | 描述 |
| --- | --- |
| BLAST | NCBI 提供的免费软件，是最常用的双序列比对软件，功能强大 |
| FASTA | 在数据库中搜索某序列的相似序列，也可以进行双序列比对 |
| Needle | 用于双序列的全局比对软件 |
| Water | 用于双序列的局部比对软件 |

续表

| 软件 | 描述 |
| --- | --- |
| CLUSTALX | 经典的多序列比对工具 |
| MUSCLE | 新一代多序列全局比对工具，有较高的运行速度和准确性 |
| Base by Base | 专门为病毒基因和蛋白质序列比对而开发，推广后也可以用来比对任何序列 |
| DNAman | 集成化的分析软件，可以进行双序列或多序列比对分析 |
| MEGA | 集成化的分析软件，可以进行双序列或多序列比对分析 |

### 3.1　BLAST（basic local alignment search tool）局部相似性基本查询工具

NCBI 提供的 BLAST 服务是现在应用最广泛的序列相似性搜索工具，用户可以把序列填入网页上的表单里，选择相应的参数后提交到数据服务器上即可获得序列搜索的结果。BLAST 包含 5 个程序和若干个相应的数据库，分别针对不同的查询序列和要搜索的数据库类型。

### 3.2　多序列比对

多序列比对是把两条以上可能有系统进化关系的序列进行比对的方法，其比对结果往往需要进行进一步处理，用于构建序列模式的 profile，或将序列聚类构建分子进化树等。目前使用最广泛的多序列比对程序是 CLUSTALW（它的 PC 版本是 CLUST-ALX）。CLUSTALW 是一种渐进的比对方法，先将多个序列两两比对构建距离矩阵，反应序列之间的两两关系；再根据距离矩阵计算产生系统进化指导树，对关系密切的序列进行加权；然后从最紧密的两条序列开始，逐步引入临近的序列并不断重新构建比对，直到所有序列都被加入为止。

## 4　分子水平的系统发生和进化

### 4.1　分子水平系统树的构建

分子进化是属于生物分子层次上的进化，也是生物进化层次中最基本的进化。假设核苷酸和氨基酸序列中含有生物进化历史的全部信息，且在各种不同发育谱系及足够大的进化时间尺度中，序列的进化速率相对恒定，如果将不同种类生物的同源分子的一级结构做比较，其差异量与所比较的生物由共同祖先变异以后所经历的独立进化时间呈正比。用这个差异量来确定所比较的生物种类在进化中的地位，并由此建立系统树，称为分子系统树。

通常从同一组数据中可推断出若干不同的系统树，因而分子系统学主要研究如何从一系列可能的系统树中选择"最合适的"或"最可信的"树。构建一个系统树，首先要对所分析的多序列进行排列；利用合适的算法构建一个进化树；最后对进化树进行评估。进化树的构建是一个统计学问题。我们所构建出来的进化树只是对真实的进化关系的评估或者模拟。模拟的进化树需要一种数学方法来对其进行评估。对进化树进行评估主要采用 Bootstraping 法。

### 4.2 系统树构建的主要方法

系统树的构建主要有以下 3 种方法。

（1）距离矩阵法

距离矩阵法根据双重序列比对的差异程度（距离）建立进化树。优点是可以使用序列进化的相同模型，计算强度小；缺点是屏蔽了一些特征数据。

（2）最大简约法（maximum parsimony method，MP）

最大简约法是一种广泛运用的系统树构建方法。它对所有可能的拓扑结构进行计算，并计算出所需替代数最小的那个拓扑结构作为最优树。适合构建比对序列较长，分类群的进化位置靠近的系统树。

（3）最大似然法（maximum likelihood method，ML）

最大似然法用概率计算的方法来估算最佳的系统树，首先计算出每个可能的进化位点出现的概率，然后找出概率最大的进化树，具有很好的统计学理论基础。

### 4.3 系统树相关分析软件

（1）PHYLIP

PHYLIP 是一个包含了大约 30 个程序的免费软件包，这些程序基本上囊括了系统发育的所有方面，是使用最广泛的系统发育程序。

（2）PUZZLE

PUZZLE 是用最大可能性的方法来构建进化树的一个软件，并且对树进行 Bootstrap 评估。

（3）PAUP 3.0/4.0

PAUP 3.0 只建立与 MP 相关的进化树及其分析功能；而 PAUP 4.0 已经可以针对核苷酸数据进行与距离方法和 ML 方法相关的分析功能，以及其他一些特色。

## 5 核酸序列分析

### 5.1 核酸序列分析的主要内容

生物体的遗传信息储存在核酸序列中，对核酸序列分析的主要内容是载体序列的去除、构建限制性酶切位点图谱、PCR 引物设计、序列翻译、序列的同源性分析、可读框（ORF）预测、序列拼接、基因序列的识别等。

近年来，GenBank、EMBL、DDBJ 3 大国际一级生物信息数据库新收录的核酸序列不断增加，对于电子基因定位、电子延伸、电子克隆和电子表达以及蛋白质功能分析、基因鉴定等方面都起到了重要推动作用。目前，利用生物信息学方法识别基因主要有两个途径。

（1）基因组外显子识别

基因组外显子识别，是从无名的基因组 DNA 序列中识别出完整的蛋白质编码序列，即外显子部分。现有研究表明 90% 的基因可以被预测或部分预测，但仅有 20% 的基因可被完全准确地预测。

（2）EST 策略的基因鉴定

电子克隆是利用计算机进行同源性或一致性分析，寻找感兴趣的 EST，构建包含这些 EST 区的重叠群，再进行 ORF 的判定以及相关蛋白质结构域和模体等功能结构域的识别。另外，还可以寻找与这个 EST 重叠群对应的基因组 DNA（gDNA）序列，从而明确这个 cDNA 的基因组结构，包括外显子、内含子和染色体的电子定位。

### 5.2 核酸序列分析的相关软件

GCG 是著名的序列分析商业软件包，由美国威斯康星的 Genetics Computer Group 开发。提供约 130 个程序，范围涉及双序列比对、多序列比对、亲缘关系分析、序列模体和序列谱搜索、RNA 二级结构预测、疏水指数图谱和抗原决定簇图谱、基于 Staden 方法的序列装配、限制性酶切位点图谱等。但 GCG 软件价格昂贵、操作复杂、需要经过专业培训才能掌握，而且每隔一段时间要升级附带的数据库这些缺点大大限制了它的推广应用。

欧洲分子生物学开放软件包（european molecular biology open software Suite，EMBOSS）是一个开源的序列分析软件包，整合了 100 多个的序列分析程序，可以满足一般实验室的各种各样的序列分析要求。使用者可以免费获得这些软件以及相关界面程序。EMBOSS 涵盖序列比对、快速数据库搜寻序列、蛋白质模序及结构域分析、EST 分析、核酸序列分析（如 CpG 岛的识别）等多个领域。

此外，其他在线免费软件主要包括以下几种。

（1）同源性检索软件：如 NCBI 的 BLAST 和 EBI 的 FASTA 软件等；

（2）重复序列分析软件：如 RepeatMasker；

（3）剪接位点分析：如 Genscan，提供各种物种基因组序列的内含子、外显子结构预测；

（4）tRNA 基因识别：关于 tRNA 的识别程序目前已经比较成熟，可参考 http：//www. genetics. wustl. edu/eddy/tRNAscan – SE；

（5）可读框识别：如 NCBI 的 ORF finder。

## 6 蛋白质结构和功能的预测分析

一般来说，蛋白质的三维结构主要以实验方法来测定，如 X 射线衍射法和 NMR 核磁共振法。由于用 X 射线晶体衍射和 NMR 核磁共振技术测定蛋白质的三维结构以及用生化方法研究蛋白质的功能效率并不高，无法适应蛋白质序列数量飞速增长的需要。因此近年来许多科学家致力于研究用理论计算的方法预测蛋白质的三维结构和功能。

### 6.1 蛋白质序列分析

从蛋白质序列出发，可以预测出蛋白质的许多物理性质，包括等电点、分子量、酶切特性、疏水性、电荷分布等。相关工具有以下几种。

（1）Compute pI/MW：是 ExPASy 工具包中的程序，计算蛋白质的等电点和分子量。对于碱性蛋白质，计算出的等电点可能不准确。

（2）PeptideMass：是 ExPASy 工具包中的程序，分析蛋白质在各种蛋白酶和化学试剂处理后的内切产物。

（3）TGREASE：是 FASTA 工具包中的程序，分析蛋白质序列的疏水性，用这个程序可以发现膜蛋白的跨膜区和高疏水性区的明显相关性。

（4）SAPS：蛋白质序列统计分析，对提交的序列给出大量全面的分析数据，包括氨基酸组成、电荷分布、电荷聚集区域、高度疏水区域、跨膜区段等。

## 6.2　蛋白质二级结构预测

二级结构是指 $\alpha$ 螺旋和 $\beta$ 折叠等规则的蛋白质局部结构元件。目前二级结构预测的准确性一般在 70% 左右。预测蛋白质二级结构的算法大多以已知三级结构和二级结构的蛋白质为依据，用人工神经网络、遗传算法等技术构建预测方法；还有将多种预测方法结合起来，获得"一致序列"。总的来说，二级结构预测仍是未能完全解决的问题，一般对于 $\alpha$ 螺旋预测精度较好，对 $\beta$ 折叠差些，而对除 $\alpha$ 螺旋和 $\beta$ 折叠等之外的无规则二级结构则效果很差。常见的二级结构预测程序主要有以下几种。

（1）nnPredict：用神经网络方法预测二级结构，蛋白质结构类型分为全 $\alpha$ 蛋白、全 $\beta$ 蛋白和 $\alpha/\beta$ 蛋白，输出结果包括"H"（螺旋）、"E"（折叠）和"–"（转角）。这个方法对全 $\alpha$ 蛋白能达到 79% 的准确率。

（2）PredictProtein：提供了序列搜索和结构预测服务。它先在 SWISS – PROT 中搜索相似序列，用 MaxHom 算法构建多序列比对的 profile，再在数据库中搜索相似的 profile，然后用一套 PHD 程序来预测相应的结构特征，包括二级结构。返回的结果包含大量预测过程中产生的信息，还包含每个残基位点的预测可信度，平均预测准确率达到 72%。

（3）SOPMA：带比对的自优化预测方法，将几种独立二级结构预测方法汇集成"一致预测结果"，包括 GOR 方法、Levin 同源预测方法、双重预测方法、PHD 方法和 SOPMA 方法。多种方法的综合应用平均效果比单个方法更好。

## 6.3　蛋白质三级结构预测

由于蛋白质的折叠过程仍然不十分明了，从理论上解决蛋白质折叠的问题还有待进一步的科学发展，但也有了一些有一定作用的三级结构预测方法。这些方法包括从头预测（ab – initio method）及穿针引线法（threading）和同源模拟法（homology modeling）。

同源模拟法是先在蛋白质结构数据库中寻找未知结构蛋白的同源伙伴，再利用一定计算方法把同源蛋白的结构优化构建出预测的结果。穿针引线法是将序列"穿"入已知的各种蛋白质的折叠子骨架内，计算出未知结构序列折叠成各种已知折叠子的可能性，由此为预测序列分配最合适的折叠子结构。除了"threading"方法之外，用 PSI – BLAST 方法也可以把查询序列分配到合适的蛋白质折叠家族，实际应用中发现这个方法的效果也不错。

在没有明显的同源时，可以考虑从头预测的方法来获得蛋白质结构模型。以自由能全局最小为判断依据对蛋白质进行模拟折叠，并不与已知的蛋白质结构进行比较。尽管分辨率很低，这仍不失为一种得到结构模型的有用方法。

## 7 生物信息学在果实研究中的应用

### 7.1 EST 数据库中果实的 EST 数据

EST 库是指某物种所有可表达基因的序列组成的数据库。该技术在人、动物、微生物和植物上迅速得到广泛应用，截至 2008 年 8 月 1 日，美国国立生物技术信息中心（NCBI）的 dbEST 数据库（http：//www. ncbi. nlm. nih. gov/dbEST/dbEST summary. html）该数据库已登记了 1603 种生物，共有 54 776 942 条 EST 序列，其中 EST 序列超过 1 万条的生物有 422 种。在 dbEST 数据库中登记 EST 信息最多的植物是拟南芥，达 152.6 万条，其次是玉米、水稻和小麦，均超过 100 万条。作为果实模式植物的番茄拥有 258 761 条 EST，在高等植物中居第 12 位。目前 dbEST 数据库中 EST 信息最丰富的果实是葡萄，达 352 984 条，在所有生物中居第 22 位，在高等植物中居第 8 位，其次为苹果和柑橘，均达 20 万条以上。此外，番木瓜、桃等果树也有较多的 EST 信息（表 3-1-6-4）。

表 3-1-6-4　dbEST 中 EST 数据量超过 5000 的果树

| 物种（species） | EST number | 排序（rank） |
|---|---|---|
| 葡萄（*Vitis vinifera*） | 352 984 | 22 |
| 苹果（*Malus domestica*） | 255 659 | 33 |
| 甜橙（*Citrus sinensis*） | 203 752 | 45 |
| 番木瓜（*Carica papaya*） | 77 158 | 95 |
| 桃（*Prunus persica*） | 71 161 | 102 |
| 枳（*Poncirus trifoliata*） | 62 344 | 107 |
| 克里曼丁橘（*Citrus clementina*） | 62 250 | 109 |
| 美味猕猴桃（*Actinidia deliciosa*） | 57 751 | 114 |
| 宽皮柑橘（*Citrus reticulata*） | 55 319 | 122 |
| 中华猕猴桃（*Actinidia chinensis*） | 47 379 | 135 |
| 森林草莓（*Fragaria vesca*） | 42 736 | 146 |
| 甜瓜（*Cucumis melo* subsp. *melo*） | 22 683 | 257 |
| 鳄梨（*Persea americana*） | 16 558 | 319 |
| 杏（*Prunus armeniaca*） | 15 105 | 335 |
| 酸橙（*Citrus aurantium*） | 13 665 | 355 |
| 毛花猕猴桃（*Actinidia eriantha*） | 12 647 | 365 |
| 藜檬（*Citrus limonia*） | 11 045 | 392 |
| 柿（*Diospyros kaki*） | 9 474 | 433 |
| 黄来檬（*Citrus latifolia*） | 8 756 | 454 |
| 绿来檬（*Citrus aurantiifolia*） | 8 219 | 466 |
| 甜来檬（*Citrus limettioides*） | 8 188 | 472 |
| 葡萄柚（*Citrus paradisi*） | 8 039 | 479 |
| 枳柚（*Citrus paradisi*（*Poncirus trifoliata*） | 7 954 | 483 |
| 软枣猕猴桃（*Actinidia arguta*） | 7 257 | 501 |
| 白瓜（*Cucumis melo* subsp. *agrestis*） | 6 921 | 507 |
| 香蕉（*Musa acuminata* AAA Group） | 6 710 | 515 |
| 葡萄杂种（*Vitis* sp.） | 6 542 | 517 |

| 物种（species） | EST number | 排序（rank） |
|---|---|---|
| 网纹甜瓜（*Cucumis melo* var. *reticulata*） | 5 943 | 536 |
| 柑橘杂种［*Citrus reticulata*（*Citrus temple*］ | 5 823 | 539 |
| 菠萝（*Ananas comosus*） | 5 649 | 544 |
| 香蕉（*Musa acuminata*） | 5 524 | 550 |
| 草莓（*Fragaria ananassa*） | 5 430 | 552 |
| 葡萄杂种（*Vitis arizonica*（*Vitis rupestris*） | 5 421 | 554 |
| 酸桔（*Citrus sunki*） | 5 216 | 563 |
| 长叶猕猴桃（*Actinidia hemsleyana*） | 5 101 | 570 |
| 核桃（*Juglans regia*） | 5 025 | 580 |

注：数据截至 2008 年 8 月 1 日，排序是指在所有生物中的排序。

### 7.2 果实 EST 数据的分析利用

概括而言，EST 已主要应用于果实研究的以下 3 个方面。①功能基因的分离和鉴定。通过 EST 分析已鉴定出众多基因。②基因表达模式分析。对 EST 数据进行直接分析或结合应用基于 EST 的基因芯片分析，对所包含基因的表达模式作了描述，并已用于组成型、组织或发育阶段特异表达基因的筛选。③分子标记开发与应用。SSR 在 EST 中出现的频率（可达 2%）远高于全基因组 DNA，且 EST－SSR 标记比基因组 SSR 标记具有更高的物种通用性，因而是 SSR 标记的理想来源；与此类似，EST 也是 SNP（single nucleotide polymorphisms，单核苷酸多态性）分子标记的良好来源（Labate & Baldo，2005）。

果树 EST 研究进展不仅体现在表 1 所述的 EST 数据量上，也被众多阐述 EST 技术应用的研究所反映，尤其在 EST－SSR 分子标记开发应用和功能基因表达模式这两个方面有较多报道。下面按果实种类对目前果实 EST 数据的分析利用作介绍。

#### 7.2.1 柑橘类

柑橘是最早开展 EST 研究的果实之一。早在 1996 年，Hisada 等（1996）构建了甜橙幼嫩种子 cDNA 文库并开展了 192 个随机克隆的测序。1997 年，Hisada 等（1997）以温州蜜柑膨大期果实为材料构建了 cDNA 文库并分析了 950 条 EST 的特性。随后，Shimada 等（2005）应用由 2213 个基因组成的基因芯片分析了果实发育期间的表达变化，发现果皮和汁囊中的基因表达变化存在悬殊差异，表明不同组织有着自身的遗传调控网络。柑橘类包括甜橙、宽皮柑橘等多种栽培种类以及枳和枳柚等砧木品种，目前 dbEST 中涉及 24 个柑橘种类，EST 总量达 474 100 条。

近年来，随着 EST 数据量的增长，柑橘 EST 分析的规模逐渐扩大。Forment 等（2005）以柑橘不同发育阶段、不同胁迫条件下的不同柑橘组织为材料构建了 25 个 cDNA文库，获得了 22 635 条高质量 EST，涵盖 11 836 个基因，开发了包含 6875 个基因的基因芯片，并应用于克里曼丁子房和幼果中的差异表达基因分析，取得了与 Northern 杂交相一致的结果，显示了柑橘 EST 技术应用于基因表达研究的可靠性。利用柑橘 EST 数据和开发的 cDNA 基因芯片分析了克里曼丁果实发育和成熟期间果肉中 7000 个基因的表达情况的结果表明，2234 个基因的表达发生了显著变化，在表达水平上调的基因中有较大一部分编码调控蛋白；鉴定出参与水分、碳水化合物和类胡萝卜素积累以及参与叶绿素、有机酸和维生素 C 降解的基因，并提出了柑橘果实成熟期间有机酸代谢的新机制。为了获得大量柑橘 EST，Terol 等（2007）以在果实品质、抗逆性及耐盐性方面存在差异的甜橙、克里曼丁的两种砧木为试材，构建了 9 个常规 cDNA 文库和 1 个均一化 cDNA 文库，测序获得 52 626 条 EST，涵盖 15 664 个基因，包含了柑橘主要代谢途径中的关键基因。同时，有 5000 余个基因为先前未曾报道，BLAST 结果表明，有 647 个基因可能属于柑橘属植物特异基因。Fujii 等（2007）应用包含 21 495 个基因的芯片就乙烯对温州蜜柑基因表达的影响开展了研究，发现乙烯的作用是广泛的，有 1 493 个基因的表达发生了超过 3 倍的变化，其中一半以上的乙烯响应基因的基因表达强度下调，研究还阐述了乙烯处理对果实类胡萝卜素积累的影响及其机制。

同时，柑橘 EST 数据库构建和基因芯片制作也取得重大进展，加州大学河岸分校和 Affymetrix 合作推出了柑橘芯片及 HarvEST 网站（http：//harvest. ucr. edu/）和相关软件。柑橘芯片包含来自柑橘属和枳属 89 个 cDNA 文库的 229 570 条 EST。柑橘芯片的推出为柑橘研究创造了广阔的前景。

### 7.2.2 葡萄

葡萄是目前单个物种中 EST 数据量最大的果树，加之其全基因组测序于 2007 年完成，目前已成为 EST 研究的热点。葡萄 EST 研究报道最先见于 2000 年，Ablett 等（2000）构建了果实和叶片两个 cDNA 文库，分别测序获得 2479 和 2438 条 EST 信息，分析发现两组织的基因表达差异很大，两文库间只有 12% 的基因具有相同的表达模式；叶片中有 36% 的基因与光合作用有关而果实中只有 3%；果实中与防卫、胁迫和信号转导相关的基因有着较高水平的表达，表明果实对环境刺激作出积极响应。随后，Terrier 等（2001）以 3 个发育阶段的葡萄果实为材料构建了 3 个 cDNA 文库，并从每个文库中随机筛选 100 个 cDNA 克隆进行测序，共获得 275 条 EST，功能归类分析鉴别出一系列参与葡萄果实发育进程的基因，分别编码细胞壁蛋白、信号转导蛋白和成熟相关蛋白等。

与柑橘类似，近年来葡萄 EST 分析的规模得以扩大。da Silva 等（2005）分析了葡萄 29 个 cDNA 文库的 146 075 条 EST，结果表明包含 25 746 个基因。在 EST 中搜索糖酵解途径、磷酸戊糖途径和苯丙烷类途径的 77 种关键酶编码基因，有 65 种可以找到同源序列，表明该文库覆盖了葡萄基因总量的 84.4%。同时，在葡萄花和果实发育期间共鉴定出 87 个差异表达的基因，为葡萄果实发育机制研究奠定基础。Peng 等（2007）以酿酒葡萄品种赤霞珠和鲜食葡萄品种玫瑰香为试材，构建了花、果实、种子和根 cDNA 文库，测序产生了 77 583 条 EST，分析表明一些转录因子和己糖运输载体在葡萄果皮中优先表达。

在葡萄 EST 数据量增长的同时，利用 EST 数据研究果实性状也取得进展。Moser 等（2005）对葡萄不同器官的 EST 作了比较分析，发现芽、花序和梢中的基因表达谱较为相近，而与果实、根和叶片的相差较大，不同器官间共同表达的基因较少，这些差异暗示不同器官中发生不同的生理生化过程。此外，Pacey - Miller 等（2003）应用 EST 研究发现，葡萄芽休眠期间基因表达仍然活跃。Grimplet 等（2007）利用基于 EST 的基因芯片研究了葡萄果皮、果肉和种子特异的基因表达谱，发现种子、果皮和果肉之间在所表达的基因种类和基因表达丰度上均存在明显差异。同时，他们研究发现水分亏缺胁迫使得成熟葡萄果实中参与苯丙烷类物质、乙烯和能量代谢的基因以及病程响应相关基因的表达水平明显提高。另外，Cramer 等（2007）对水分胁迫下葡萄幼树营养组织中的基因表达变化作了系统分析。EST 在葡萄果实成熟研究上的应用也取得较大进展，Deluc 等（2007）分析了赤霞珠葡萄果实发育期间的基因表达变化，对一些酿酒品质相关代谢物的产生和积累机制作了分析。Pilati 等（2007）应用包含 14 500 个基因的葡萄基因芯片分析了果实转熟期间的基因表达变化，发现 1477 个基因在不同发育期稳定表达，参与细胞壁代谢、次生物质代谢和胁迫响应的基因在转熟期间表达增强而与光合作用相关的基因则表达减弱；约有 19% 的基因是转录因子或与激素代谢或信号转导相关；同时，发现果实转熟期间发生氧化猝发，表现为 $H_2O_2$ 的累积和活性氧清除酶的变化。Rop/Rac GTPase 是具有多种作用的植物特异信号蛋白，在植物生长发育和激素信号转导中具有重要作用。利用 EST 和基因库信息，Abbal 等（2007）对葡萄该基因家族成员进行了研究，发现葡萄中有 7 个成员在表达，进一步分析表明，成员间表达模式不同，如 VvRops9 只在幼果中表达水平较高，其他成员先随果实发育表达增强，而在接近成熟时表达减弱。Lund 等（2008）应用 Affymetrix 公司葡萄基因芯片对葡萄果实转熟机制开展了研究，发现转熟期间 ABA 合成关键基因和 ABA 受体基因表达增强，认为 ABA 合成和信号转导加强是葡萄果实成熟启动的原因。

为了更有效应用葡萄 EST 信息，Doddapaneni 等（2008）构建了葡萄 EST 数据库 VitisExpDB，该数据库包括来自葡萄属 8 种植物的约 320 000 条 EST 序列，也包括 Affymetrix公司推出的葡萄基因芯片的基本信息，该芯片覆盖约 20 000 个基因。

### 7.2.3 苹果

在果树中，苹果 EST 研究报道仅晚于柑橘。Sung 等（1998）以富士苹果心皮、幼果和成熟果实果皮为材料构建了 cDNA 文库并获得 430 条 EST，随后多年未见苹果 EST 报道。2006 年，Newcomb 等（2006）报道了苹果 EST 构建及数据分析结果，分别涉及 43 个和 70 多个 cDNA 文库，151 687 条和 200 000 多条 EST 信息，分离了果实发育、成熟和品质形成（尤其是芳香物质和生物活性物质代谢）相关基因，对果实品质性状形成机制进行了阐述。Janssen 等（2008）应用基于 EST 开发的包含约 13 000 个基因的苹果芯片，对苹果果实 8 个发育阶段的基因表达模式进行了系统分析，发现有 1955 个基因的表达水平发生显著变化，分别在花芽、细胞分裂、果实膨大和果实成熟期优先表达；发现一些乙烯诱导的基因可在果实成熟期间被诱导；与此同时，他们应用番茄芯片对果实不同发育阶段的基因表达进行分析，发现有 16 个基因在苹果和番茄果实发育期间有着相似的表达模式，表明它们可能在果实发育中起着重要作用。

### 7.2.4 猕猴桃

就世界范围而言，猕猴桃是一种小水果，仅占世界水果总产量的 1% 左右，但对新西兰而言，是最具价值的园艺作物之一。早在 2000 年前后，新西兰 HortResearch 等启动了猕猴桃 EST 计划，但数据以及对 EST 信息的总体描述直至 2008 年 7 月才公开。有关猕猴桃 EST 信息的利用一直在进行，如从猕猴桃 EST 中筛选出 SSR 标记（Fraser et al.，2004）。从猕猴桃 EST 中筛选出脂氧合酶（LOX）基因家族的 6 个成员（Zhang et al.，2006；张波等，2008）以及乙烯信号转导途径相关的基因家族成员（Yin et al.，

2008)，为研究这些基因在果实发育和成熟期间的功能奠定了基础。

最近，Crowhurst 等（2008）撰文介绍了猕猴桃 EST 的总体信息。他们以猕猴桃属 8 种植物的花瓣、果实、芽、叶片、根等为试材，构建了 56 个 cDNA 文库，共获得 132 577 条 EST，包含 41 858 个基因。利用猕猴桃 EST，他们系统分析了涉及芳香物质、生物活性物质、色泽形成和果实成熟相关的众多基因在果实成熟期间的表达。

### 7.2.5 桃

2001 年，意大利 Padua 大学的研究者公开了桃 S3II 期果实 EST，随后制作了巨阵列芯片，对桃果实软化期间的细胞壁代谢相关基因作了系统分析，发现跃变前基因表达多被乙烯所抑制而跃变后则相反；出人意料的是，一些修复细胞壁的酶及结构蛋白的编码基因也在果实软化阶段表达（Trainotti et al.，2003）。他们以 4 个品种桃果实发育后期和成熟期的果实为材料构建了 cDNA 文库，结合前期获得的 EST，构建了包含 4848 个基因的基因芯片（ESTree Consortium，2005）。应用此芯片，他们后续研究表明，在桃果实跃变期间有 267 个基因表达增强，包括一些转录因子、大部分参与乙烯生物合成和信号转导以及萜类（含类胡萝卜素）物质代谢的基因，同时，发现有 109 个基因表达减弱（Trainotti et al.，2006）。近来，基于桃 EST 的芯片被用于桃果实冷害机制分析，Gonzàález-Agüero 等（2008）发现絮败果实与正常果实中存在 106 个基因的差异表达，其中 90% 的基因在絮败果实中被下调，认为絮败发生与细胞壁代谢和内膜运输系统的紊乱相关；Ogundiwin 等（2008）对桃果实冷响应基因作了全面分析；与此同时，Lazzari 等（2005）构建了桃 EST 数据库，包含来自 8 个 cDNA 文库的 18 630 条信息；Ogundiwin 等（2008）建立了专门覆盖桃果实冷响应基因的网络数据库 ChillPeach，这些均可为桃果实后续研究提供帮助。

### 7.2.6 草莓

Aharoni 等（2000）构建了红熟期和完熟期草莓 cDNA 文库并对 1100 个随机克隆进行测序，以此为基础制作了基因芯片，对草莓果实发育期间的差异基因表达进行了分析，最终成功分离了乙醇酰基转移酶基因，该基因为草莓果实成熟时芳香物质合成的关键基因。在后续工作中，他们分析了草莓瘦果和花托组织中的基因表达谱异同点，鉴别出组织特异表达基因，为果实发育机制的解析奠定基础（Aharoni & O'Connell，2002）。随后，Rosati 等（2004）应用包含 1800 条 EST 的基因芯片，研究了果实品质性状相关基因的表达，分离了肉桂酰辅酶 A 还原酶、肉桂醇脱氢酶、expansin 和内切-1,4-葡萄糖苷酶等质地相关基因。

### 7.2.7 杨梅

杨梅是我国特色果树，果实风味独特，营养和药用价值高，而且其果实品质性状又具多样性和特殊性，因而是果实品质性状功能基因的良好材料之一。为全面了解杨梅果实成熟与品质形成机制，我们以绿色未成熟、转色初熟、红色成熟、暗红色完熟"荸荠种"杨梅果实为材料构建了 4 个 cDNA 文库，从每个文库随机测序各获得 500 条 EST 信息。分析表明共包含 395 个基因，包括 ACC 氧化酶、多聚半乳糖醛酸酶等成熟相关基因以及花青苷合成酶、MYB 转录因子等果实品质形成相关基因，进一步的研究尚在进行中。

### 7.2.8 其他

纵观文献，果实 EST 库构建与利用还在其他果树上广泛开展。Jiang 和 Ma（2003）构建了扁桃雌蕊 cDNA 文库并获得 1000 条 EST 信息，整理出 716 个基因，发现与胁迫防御功能及蛋白质合成和加工功能相关的 EST 所占比例较高。Fonseca 等（2004）从梨果实 cDNA 文库中获得了 1364 条 EST 序列，制作了基因芯片，对果实发育、成熟和衰老期间的基因表达进行了分析，发现跃变前期和跃变期的基因表达存在显著差别。Grimplet 等（2005）以不同发育阶段的杏果皮组织为材料构建了 3 个 cDNA 文库，共获得 13 006 条 EST，整理出 5219 个基因，分析表明胁迫相关蛋白和细胞壁修复相关酶在果实成熟期表达明显增强。Moyle 等（2005）在网络上公布了由 5600 条信息构成的菠萝 EST 数据库，包含 3383 个基因，为非跃变型果实成熟、根结线虫感染和景天酸代谢研究提供支持。Devitt 等（2006）从黄肉和红肉番木瓜品种果实 cDNA 文库中共获得 1171 条 EST，鉴定出一系列与果实软化、芳香物质和色泽合成相关的基因；随后他们着重对两品种色泽差异机制进行了分析（Devitt et al.，2007）。Gonzalez - Ibeas 等（2007）构建了 8 个甜瓜 cDNA 文库，分析了 30 000 多条 EST 信息，整理出 6023 个基因，鉴定了一些果实品质和抗病相关基因。Xu 等（2007）以采收当天和采后两天的香蕉果实为材料构建了抑制性消减杂交 cDNA 文库并获得 289 条 EST 信息，筛选出金属硫蛋白基因和乙醇脱氢酶基因等 26 个在果实成熟期间表达增强的基因。Nakagawa 等（2008）构建了柿果实发育早期和成熟期果实 cDNA 文库，共获得 9952 条 EST，整理出 6700 个基因，并对原花青苷和类胡萝卜素合成基因在果实发育阶段期间的差异表达做了研究。为了获得 SSR 标记，Lewers 等（2008）构建了黑莓叶片 cDNA 文库并获得 18 432 条 EST，包含了 3000 多个基因，成功开发出 940 条 SSR 引物。

## 8 展望

在完成了人类基因组测序这一革命性事件，以及多种生物体基因组测序完成之后，对生物数据的处理需要耗费大量的时间。生物信息学的方法已经成为生物学这一领域与实验、理论并列的第三个支柱。生物学家为了更好地工作都需要对这方面有基本的了解。未来的生物信息学将在理论研究、软件开发、集成数据库、加强对已有生物数据的质量监控、加强生物学家、计算科学家、数学家之间的沟通和交流等将方面得到不断发展和完善。

自 1996 年以来，果树 EST 研究先后在柑橘、苹果、葡萄等多种果树上得以开展，取得了可喜的进展，除了从 EST 中获得了 SSR 和 SNP 等分子标记，更是广泛用于果实发育机制研究，对阐述果实发育、成熟和衰老机制以及果实品质性状形成及调控机制等起着积极的作用。然而，不可否认的是，果树 EST 研究与应用虽在近年内已取得令人瞩目的进展，但我国研究者参与度尚有限。尤其在 EST 数据处理、基因芯片制作与应用等方面尚缺乏足够的技术、经验和相关软件。因此，需加强国际合作，快速提高我国果树 EST 构建及利用的技术水平。同时，由于 EST 研究具有工作量大、费用较高昂等特点，加强国内外有关研究机构的协作和数据共享，对于我国果实 EST 研究与利用的快速发展具有重要意义。

# 参 考 文 献

化文平，王喆之．2008．向日葵异戊烯焦磷酸异构酶基因（ipi）的电子克隆和生物信息学分析．植物
　生理学通讯，44（1）：81-86．

强毅．2007．植物蔗糖磷酸合成酶的生物信息学分析．现代生物医学进展，7：557-560．

乔纳森·佩夫斯纳．2006．生物信息学与功能基因组学．孙之荣译．北京：化学工业出版社，9.

杨小兰．2007．一个葡萄抗逆相关转录因子 VvPF1 基因的 in silico 克隆及生物信息学分析．安徽农学
　通报，13（22）：16-19.

张波，李鲜，陈昆松．2008．基于 EST 库的猕猴桃脂氧合酶基因家族成员克隆．园艺学报，35：
　337-342.

张阳德．2004．生物信息学．北京：科学出版社．69.

赵伟，徐伟荣，徐炎．2007．中国野葡萄新基因 cDNA 全长的克隆及序列分析．西北植物学报，27：
　878-884.

Abbal P，Pradal M，Sauvage F X，et al. 2007. Molecular characterization and expression analysis of the
　Rop GTPase family in *Vitis vinifera*. *Journal of Experimental Botany*，58：2641-2652.

Ablett E，Seaton G，Scott K，et al. 2000. Analysis of grape ESTs：global gene expression patterns in
　leaf and berry. *Plant Science*，159：87-95.

Aharoni A，Keizer L C P，Bouwmeester H J，et al. 2000. Identification of the SAAT gene involved in
　strawberry flavor biogenesis by use of DNA microarrays. *The Plant Cell*，12：647-661.

Aharoni A，O' Connell A P. 2002. Gene expression analysis of strawberry achene and receptacle matura-
　tion using DNA microarrays. *Journal of Experimental Botany*，53：2073-2087.

Cramer G R，Ergul A，Grimplet J，et al. 2007. Water and salinity stress in grapevines：early and late
　changes in transcript and metabolite profiles. *Functional and Integrative Genomics*，7：111-134.

Crowhurst R N，Gleave A P，MacRae E A，et al. 2008. Analysis of expressed sequence tags from
　*Actinidia*：applications of a cross species EST database for gene discovery in the areas of flavor，
　health，color and ripening. *BMC Genomics*，9：351.

Da Silva F G，Iandolino A，Al‐Kayal F，et al. 2005. Characterizing the grape transcriptome. Analysis
　of expressed sequence tags from multiple Vitis species and development of a compendium of gene
　expression during berry development. *Plant Physiology*，139：574-597.

Deluc L G，Grimplet J，Wheatley M D，et al. 2007. Transcriptomic and metabolite analyses of Cabernet
　Sauvignon grape berry development. *BMC Genomics*. 8：429.

Devitt L C，Holton T A，Dietzgen R G. 2007. Genes associated with fruit colour in Carica papaya：
　identification through expressed sequence tags and colour complementation. *Acta Horticulturae*，740：
　133-140.

Devitt L C，Sawbridge T，Holton T A，et al. 2006. Discovery of genes associated with fruit ripening in
　*Carica papaya using expressed sequence tags*. *Plant Science*，170：356-363.

Doddapaneni H，Lin H，Walker M A，et al. 2008. VitisExpDB：A database resource for grape
　functional genomics. *BMC Plant Biology*，8：23.

ESTree Consortium. 2005. Development of an oligo‐based miro‐arry（IPEACH1.0）for genomics
　studies in peach fruit. *Acta Horticulturae*，682：263-268.

Fonseca S，Hackler Jr L，Zvara A，et al. 2004. Monitoring gene expression along pear fruit develop-
　ment，ripening and senescence using cDNA microarrays. *Plant Science*，167：457-469.

Forment J，Gadea J，Huerta L，et al. 2005. Development of a citrus genome‐wide EST collection and cDNA microarray as resources for genomic studies. *Plant Molecular Biology*，57：375-391.

Fraser L G，Harvey C F，Crowhurst R N，et al. 2004. EST - derived microsatellites from Actinidia species and their potential for mapping. *Theoretical and Applied Genetics*，108：1010-1016.

Fujii H，Shimada T，Sugiyama A，et al. 2007. Profiling ethylene - responsive genes in mature mandarin fruit using a citrus 22K oligoarray. *Plant Science*，173：340-348.

González - Agüero M，Pavez L，Ibáñez F，et al. 2008. Identification of woolliness response genes in peach fruit after post - harvest treatments. *Journal of Experimental Botany*，59：1973-1986.

Gonzalez - Ibeas D，Blanca J，Roig C，et al. 2007. MELOGEN：an EST database for melon functional genomics. *BMC Genomics*，8：306.

Grimplet J，Deluc L G，Tillett R L，et al. 2007. Tissue - specific mRNA expression profiling in grape berry tissues. *BMC Genomics*，8：187.

Grimplet J，Romieu C，Audergon J M，et al. 2005. Transcriptomic study of apricot fruit (Prunus arme-niaca) ripening among 13006 expressed sequence tags. *Physiologia Plantarum*，125：281-292.

Hisada S，Akihama T，Endo T，et al. 1997. Expressed sequence tags of Citrus fruit during rapid cell development phase. *Journal of American Society for Horticultural Science*，122：808-812.

Hisada S，Moriguchi T，Hidaka T，et al. 1996. Random sequencing of sweet orange (*Citrus sinensis* Osbeck) cDNA library derived from young seeds. *Journal of the Japanese Society for Horticultural Science*，65：487-495.

Janssen B J，Thodey K，Schaffer R J，et al. 2008. Global gene expression analysis of apple fruit devel-opment from the floral bud to ripe fruit. *BMC Plant Biology*，8：16.

Jiang Y Q，Ma R C. 2003. Generation and analysis of expressed sequence tags from almond (*Prunus dul-cis* Mill.) pistils. *Sexual Plant Reproduction*，16：197-207.

Labate J A，Baldo. 2005. Tomato SNP discovery by EST mining and resequencing. *Molecular Breeding*，16：343-349.

Lazzari B，Caprera A，Vecchietti A，et al. 2005. ESTree db：a tool for peach functional genomics. *BMC Bioinformatics*，6 (*Suppl* 4)：S16.

Lewers K S，Saski C A，Cuthbertson B J，et al. 2008. A blackberry (Rubus L.) expressed sequence tag library for the development of simple sequence repeat markers. BMC Plant Biology，8：69.

Lund S T，Peng F Y，Nayar T，et al. 2008. Gene expression analyses in individual grape (*Vitis vinif-era* L.) berries during ripening initiation reveal that pigmentation intensity is a valid indicator of devel-opmental staging within the cluster. *Plant Molecular Biology*，63：301-315.

Moser C，Segala C，Fontana P，et al. 2005. Comparative analysis of expressed sequence tags from different organs of *Vitis vinifera* L. *Functional and Integrative Genomics*，5：208-217.

Moyle R L，Crowe M L，Ripi - Koia J，et al. 2005. PineappleDB：an online pineapple bioinformatics resource. *BMC Plant Biology*，5：21.

Nakagawa T，Nakatsuka A，Yano K，et al. 2008. Expressed sequence tags from persimmon at different developmental stages. *Plant Cell Reports*，27：931-938.

Newcomb R D，Crowhurst R N，Gleave A P，et al. 2006. Analyses of expressed sequence tags from apple. *Plant Physiology*，141：147-166.

Ogundiwin E A，Martí C，Forment J，et al. 2008. Development of ChillPeach genomic tools and identi-fication of cold - responsive genes in peach fruit. *Plant Molecular Biology*，68：379-397.

Pacey - Miller T，Scott K，Ablett E，et al. 2003. Genes associated with the end of dormancy in grapes. *Functional and Integrative Genomics*，3：144-152.

Peng F Y，Reid K E，Liao N，et al. 2007. Generation of ESTs in Vitis vinifera wine grape（Cabernet Sauvignon）and table grape（Muscat Hamburg）and discovery of new candidate genes with potential roles in berry development. *Gene*，402：40-50.

Pilati S，Perazzolli M，Malossini A，et al. 2007. Genome－wide transcriptional analysis of grapevine berry ripening reveals a set of genes similarly modulated during three seasons and the occurrence of an oxidative burst at veraison. *BMC Genomics*，8：428.

Rosati C，Mourgues F，Giorno F，et al. 2004. A strawberry EST database for evaluating fruit quality traits and selecting improved genotypes through cDNA microarrays. *Acta Horticulturae*，663：283-290.

Shimada T，Fuiii H，Endo T，et al. 2005. Toward comprehensive expression profiling by microarray analysis in citrus：monitoring the expression profiles of 2213 genes during fruit development. *Plant Science*，168：1383-1385.

Sung S K，Jeong D H，Nam J，et al. 1998. Expressed sequence tags of fruits，peels，and carpels and analysis of mRNA expression levels of the tagged cDNAs of fruits from the Fuji apple. *Molecules and Cells*，8：565-577.

Terol J，Conesa A，Colmenero J M，et al. 2007. Analysis of 13000 unique Citrus clusters associated with fruit quality，production and salinity tolerance. *BMC Genomics*，8：31.

Terrier N，Ageorges A，Abbal P，et al. 2001. Generation of ESTs from grape berry at various developmental stages. *Journal of Plant Physiology*，158：1575-1583.

Trainotti L，Bonghi C，Ziliotto F，et al. 2006. The use of microarray ？ PEACH1.0 to investigate transcriptome changes during transition from pre－climacteric to climacteric phase in peach fruit. *Plant Science*，170：606-613.

Trainotti L，Zanin D，Casadoro G. 2003. A cell wall－oriented genomic approach reveals a new and unexpected complexity of the softening in peaches. *Journal of Experimental Botany*，54：1821-1832.

Xu B Y，Su W，Liu J H，et al. 2007. Differentially expressed cDNAs at the early stage of banana ripening identified by suppression subtractive hybridization and cDNA microarray. *Planta*，226：529-539.

Yin X R，Chen K S，Allan A C，et al. 2008. Ethylene－induced modulation of genes associated with the ethylene signalling pathway in ripening kiwifruit. *Journal of Experimental Botany*，59：2097-2108.

Zhang B，Chen K S，Bowen J，et al. 2006. Differential expression within the LOX gene family in ripening kiwifruit. *Journal of Experimental Botany*，57：3825-3836.

（赵　珩）

# 第二章 蛋白质组学技术

## 第一节 果蔬产品蛋白质组学发展概述

### 1 蛋白质组学概况

蛋白质组学是后基因组学的重要组成部分。蛋白质组（proteome）一词，源于蛋白质（protein）和基因组（genome）两个词的组合，是指"一种基因组所表达的全套蛋白质"，即包括一种细胞乃至一种生物所表达的全部蛋白质。蛋白质调控着生物体的各种生命活动，在细胞增殖、分化、衰老、凋亡以及生物体抵御外界环境胁迫方面发挥着重要作用。蛋白质具有表达时间、表达量的差异，也具有对生理信号、病理信号及外界物理、化学因素等刺激能动地发生反应的能力。蛋白质组学本质上指的是在大规模水平上研究蛋白质的特征，包括蛋白质的表达水平、翻译后的修饰、蛋白质与蛋白质相互作用等。这个概念最早在1995年提出。蛋白质组的研究有助于人类对各种生命现象及生命规律的诠释。蛋白质组学研究技术主要包括蛋白质分离、鉴定以及生物信息学。

双向电泳技术（2DE）是蛋白质组学研究中不可缺少的中心技术。它的分离能力比其他任何一种分离技术都要优越。尤其是以固相pH梯度等电聚焦为第一向的双向电泳技术，是当前分辨率最高、信息量最大的电泳技术。目前，一次双向电泳最高可达到11 000个蛋白质点的分辨率。利用双向凝胶电泳可以将不同样品或同一细胞的不同状态的蛋白质表达图谱进行对比和分析。另外，利用窄pH梯度胶分离以及开发与双向凝胶电泳相结合的高灵敏度蛋白质染色技术，如新型的荧光染色技术是目前提高双向凝胶电泳的分离容量、灵敏度和分辨率的发展趋势。

质谱技术的基本原理是将样品分子在离子源中离子化为具有不同质量的单电荷分子离子和碎片离子，进入由电场和磁场组成的分析器，用检测系统检测不同质荷比的谱线，即质谱。通过质谱分析，可以获得分析样品的分子质量、分子式、分子中同位素构成和分子结构等多方面的信息。不同氨基酸组成、氨基酸序列、修饰方式、蛋白质间结合方式、位点差异都可以在蛋白质分子质量上体现。质谱技术通过测定蛋白质分子的质量进行蛋白质分子鉴定、研究蛋白质分子的修饰和蛋白质分子相互作用。目前，生物质谱已成为有机质谱中最活跃、最富生命力的前沿研究领域之一。

蛋白质组学的研究依赖生物信息学的发展，分析和构建双向凝胶电泳图谱软件，蛋白质结构和功能分析软件，以及不断完善蛋白质组数据库都是蛋白质组学技术平台的重要组成部分，在蛋白质定性分析、功能确定以及蛋白质相互作用图谱和代谢途径图谱的构建等研究中起着关键作用。蛋白质组研究所提供数据的数量之巨大在生物学研究中史无前例，必须进行高度自动化处理，包括数据输入、贮存、加工、索取以及数据库之间的联系。生物信息学不仅要处理蛋白质组数据，对已知或新的基因产物也需要进行全面的功能分析，得到有功能意义的结构信息，或者预测部分蛋白质功能。

## 2　植物蛋白质组学的发展

蛋白质组学是研究基因功能的有力工具，成为功能基因组学时代的前沿和热点。蛋白质组学已广泛应用于植物遗传、发育和生理生态等诸多生物学领域，包括植物遗传多样性、植物发育（如种子成熟与发芽过程）、组织器官的分化过程、不同亚细胞结构中新蛋白的发现及其功能鉴定、植物对环境胁迫的适应机制等。

种子形成及萌发过程中，涉及大量蛋白质的变化。Finnie 等（2002）利用双向电泳方法研究了大麦种子发育期间蛋白质组的变化。结果表明一些蛋白质，如苹果酸脱氢酶在整个发育过程中均有表达，而其他蛋白质，如抗坏血酸过氧化物酶和冷调节蛋白质分别与灌浆早期或成熟干燥阶段有关。Gallardo 等（2001）研究了拟南芥种子发芽和萌发阶段的蛋白质组，发现在种子发芽和幼苗生长的不同时期伴随着新蛋白质的产生，包括肌动蛋白、胞质甘油三磷酸脱氢酶等。

环境因素对植物的生长发育影响巨大。蛋白质组学研究的兴起，为寻找与逆境胁迫相关的植物基因提供了更加直接的方式。Imin 等（2004）研究了低温对水稻花粉发育早期阶段花药的影响。通过 2 - DE 分离和银染检测，发现有 70 个蛋白质在低温处理之后表达量发生了变化。低温胁迫下，植物叶片中参与信号转导、RNA 加工、蛋白质翻译、蛋白质加工、氧化还原平衡、光合作用、光呼吸以及能量代谢的蛋白质发生了明显的差异（Yan et al.，2006）。Salekdeh 等（2002）对耐盐水稻和盐敏感水稻进行了盐胁迫下的比较蛋白质组研究，发现两种水稻的根中某些蛋白质中存在着表达上的差异。Shen 等（2003）在水稻幼苗叶鞘应答伤害信号的蛋白组研究中发现，水稻伤害 48 h 后至少有 29 种蛋白质发生变化，其中 10 种蛋白质上调或诱导表达，19 种蛋白质下调。

生物胁迫在植物生长发育过程中不可避免，造成经济作物的减产。蛋白质组研究有助于揭示植物与病原菌互作的机制。病菌侵染时植物局部会发生坏死并诱导产生一些抗病蛋白质。Colditz 等（2004）发现 *Aphanomyces euteiches* 侵染豆科植物后，植物中 2 个细胞壁蛋白质和 2 个小热激蛋白质表达丰度上调。Kim 等（2004）用蛋白质组学的方法研究了稻瘟菌处理后，水稻悬浮细胞蛋白质的差异变化，发现诱导表达的蛋白质包括异黄酮还原酶类似蛋白（isoflavone reductase like protein）、受体型蛋白激酶（recep-tor - like protein kinase）等。Ventelon - Debout 等（2004）研究了黄斑病病毒侵染水稻后，寄主蛋白质表达谱的变化，发现热激蛋白、盐胁迫诱导蛋白、超氧化物歧化酶以及其他抗性相关的蛋白质参与了抗性应答。

生殖过程是植物生命过程的重要组成部分。目前，应用蛋白质组学研究植物生殖过程主要集中于花粉。Imin 等（2004）报道了水稻幼孢子时期花药的蛋白质组成（共鉴定了 62 种蛋白质）；Dai 等（2007）鉴定了 322 种水稻成熟花粉蛋白质，主要包括参与信号转导、细胞壁重塑和代谢、蛋白质代谢以及糖类和能量代谢的蛋白质。

成熟衰老是植物生命的必经过程，也是受基因调控的程序性过程。目前研究最多的是叶片衰老过程中的蛋白质组变化。Wilson 等（2002）研究了豆科植物白三叶的叶片衰老过程中蛋白质组变化，发现 rubisco 大小亚基，rubisco 活化酶以及 H 复合体 33 kDa蛋白质的表达量下降。叶绿体中谷氨酰胺合成酶也发生了下降，但仍保持在一定水平。这些结果表明光合蛋白的蛋白质降解、叶绿体损伤在叶片衰老中具有重要作用。

## 3 蛋白质组学在果蔬研究领域的应用

随着蛋白质组学研究技术的逐步完善，果实蛋白质组学的研究也有了一定的发展。果实作为重要的植物器官，在植物的开花结果及后代繁衍过程中发挥着重要作用。研究者对西红柿、桃、柑橘、甜樱桃等多种果实的蛋白质组进行了研究，对引起果实采后病害的病原菌的蛋白质组的研究也在不断开展。

### 3.1 果实成熟衰老过程中的蛋白质组学研究

果实为开花植物所特有的发育器官，在种子的成熟和传播过程中发挥着重要作用。成熟衰老是果实的重要特征之一，直接影响着果实的贮藏时间和货架期，因此解析果实的成熟衰老成为植物学研究的热点之一，有着重要的理论和应用价值。通过差异蛋白质组学的方法，研究果实在不同成熟期及衰老过程中蛋白质的变化，寻找重要的差异蛋白质，对于控制果实的成熟衰老具有重要意义。Barraclough 等（2004）报道了一种果实蛋白质组学研究的技术方法。该方法适用于蛋白质含量较低的苹果和桃果实、脂类含量较高的鳄梨果实以及高酸含量的柠檬类果实。Abdi 等（2002）通过蛋白质组学的方法，研究了核果类水果（包括日本李、桃、油桃和欧洲李）在成熟过程中蛋白质组的变化，并且鉴定到一些成熟相关的蛋白质。在草莓果实成熟过程中，通过蛋白质组学的手段鉴定出 7 个重要的蛋白质，并且发现随着草莓果实的成熟度，柠檬酸合成酶（EC.4.1.3.7）和苹果酸脱氢酶（EC.1.1.1.37）的活性也在逐渐增强，伴随着柠檬酸和苹果酸在果实内的积累（Iannetta et al.，2004）。Iwahashi 和 Hosoda（2000）用 $37 \sim 42℃$ 热水处理延缓番茄果实成熟。蛋白质组研究表明，热水处理以后，番茄果实的果皮组织中 23.7% 的蛋白质消失，有 1.1% 的蛋白质被诱导表达。这些新出现的蛋白质主要包括与活性氧相关的酶，热激蛋白以及与细胞壁结构相关的蛋白质。Faurobert 等（2007）研究了番茄果实果皮组织成熟衰老过程中的蛋白质的变化，提取了 6 个发育阶段的总蛋白质，发现不同阶段的蛋白质图谱变化明显。研究者鉴定了 90 个蛋白质，在细胞分裂期主要是与氨基酸代谢和蛋白质合成相关的蛋白质发生差异表达；在细胞的扩张阶段，光合作用和蛋白质细胞壁形成相关蛋白激增；与碳水化合物代谢和氧化相关的蛋白质在果实发育过程中不断上调，在成熟果实中表达量达到最高。以番茄（Faurobert et al.，2007）及葡萄（Giribaldi et al.，2007）果实为实验材料，研究人员研究了果实在成熟过程中细胞内总蛋白质的变化，分离并鉴定了部分与果实成熟相关的蛋白质。本实验室研究了果实成熟衰老过程中线粒体蛋白质的差异表达，发现随着果实的成熟，线粒体蛋白质的氧化损伤明显升高（图 3-2-1-1）（Qin et al.，2009a）。线粒体是细胞内数量最多的细胞器，在能量产生以及细胞代谢中起主要作用，线粒体蛋白质的氧化损伤可能会导致线粒体生物学功能的尚失，最终导致果实的衰老。研究线粒体蛋白质氧化损伤将为活性氧调控果实成熟衰老的机制提供新的思路。

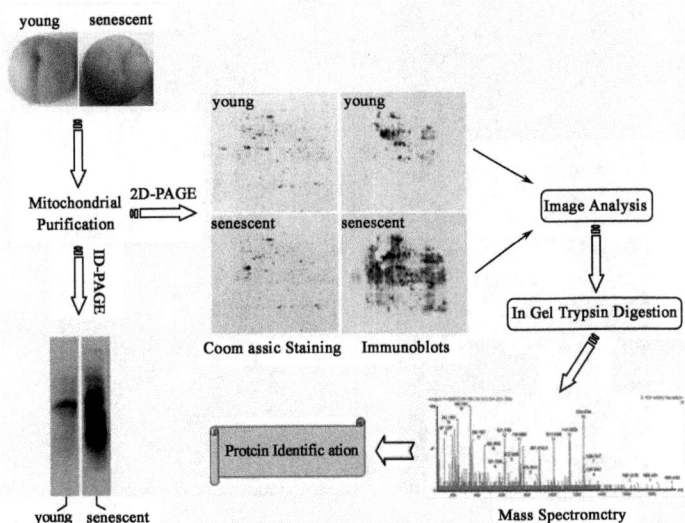

图 3 - 2 - 1 - 1 通过蛋白质组学方法研究桃果实线粒体蛋白质与果实衰老的关系

(引自：Qin et al.，2009a)

### 3.2 果实采后病理学中的蛋白质组学研究

果实的腐烂变质主要由病原菌引起，严重制约着水果产业的发展。病菌侵害将改变果实细胞蛋白质的表达。通过蛋白质组学研究果实—病原菌的相互作用，对于寻找果实诱导抗病性中发挥重要作用的蛋白质，了解生物胁迫的分子机制具有重要作用。同时，也为进一步通过基因工程和遗传育种的手段提高果实的抗病性，减少化学农药的使用提供有效的参考。Chan 等（2007）研究了生防菌和水杨酸处理桃果实后，桃果实蛋白质组的变化。鉴定了 25 个差异表达的蛋白质，包括参与蛋白质代谢、防御反应、能量代谢和细胞结构相关的蛋白质。其中，6 个抗氧化蛋白质和 3 个病程相关蛋白质被拮抗酵母或水杨酸诱导。其他 6 个蛋白质与糖酵解和三羧酸循环有关。Qin 等（2007）研究了果实采后病原真菌青霉菌（*Penicillium expansum*）在致病力降低的情况下细胞内总蛋白质及细胞外分泌蛋白的差异表达（图 3 - 2 - 1 - 2）。在细胞内总蛋白质中，鉴定出几种与抗逆（glutathione S - transferase，catalase，heat shock protein 60）和基础代谢相关的蛋白质（glyceraldehyde - 3 - phosphate dehydrogenase，dihydroxy - acid dehydratase，arginase）。由于 glutathione S - transferase 和 catalase 与细胞的氧化应激反应密切相关，进一步用荧光染料 DCHF - DA 研究了细胞中活性氧的代谢，并用免疫学的方法检测了蛋白质羰基化水平（蛋白质损伤）。结果表明，glutathione S - transferase 和 catalase 在清除活性氧和降低蛋白质氧化损伤中发挥了重要作用。同时，为了探讨水解酶类在青霉菌致病力中发挥的重要作用，研究了细胞外分泌蛋白在逆境条件下的差异表达。实验中鉴定到一种重要的水解酶 polygalacturonase。

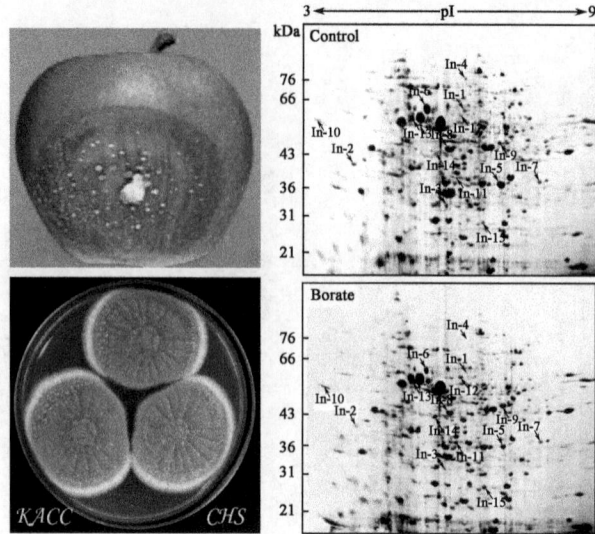

图 3-2-1-2　通过蛋白质组学方法研究果实采后病原真菌 *Penicillium expansum* 的致病机制

(引自：Qin et al.，2007)

# 第二节　蛋白质组学研究流程

蛋白质组学研究主要包括以下流程（图 3-2-2-1）。

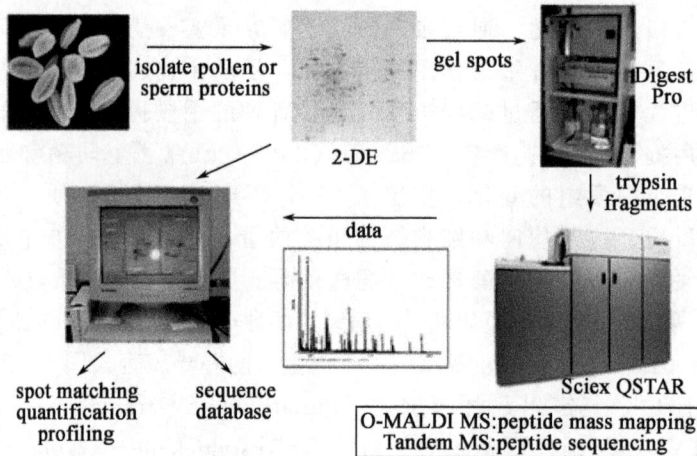

图 3-2-2-1　蛋白质组学研究流程

## 1　样品中蛋白质的提取

样品制备是蛋白质组研究的第一步，也是最重要的一步。恰当的样品制备是能否成功获得双向电泳清晰蛋白质点的关键步骤。样品制备要遵循以下原则：样本制备步骤尽可能简单，以避免不必要的蛋白质损失；裂解细胞或组织的方法应尽可能减少蛋白酶解（proteolysis）或降解（degradation）；避免反复冻融样本，样本在双向电泳前新鲜制备及溶解；去除样本中的脱氧核糖核酸、核糖核酸、脂质等。

样品的来源不同，裂解缓冲液也各不相同。通过不同试剂的合理组合，达到对样品蛋白质的最大抽提。样品蛋白质提取过程中，必须考虑如何去除影响蛋白质可溶性和2DE重复性的物质，如核酸、脂、多糖等大分子以及盐类小分子。大分子的存在会阻塞凝胶孔径，而盐浓度过高会降低等电聚焦的电压，甚至会损坏IPG胶条。样品制备的失败很难通过后续工作的完善或改进获得补偿。核酸的去除可采用超声或核酸酶处理，超声处理应控制好条件，并防止产生泡沫。脂类和多糖可以通过超速离心除去。透析可以降低盐浓度，但时间太长，可以采取凝胶过滤或沉淀/重悬法脱盐，但会造成蛋白质的部分损失。因此，处理方法必须根据不同的样品、样品所处状态以及实验目的和要求进行选择。

对大多数从植物组织里提取的总蛋白质而言，没有一种通用的程序，但遵循的原则基本相同。下面列出一种植物叶片总蛋白质提取方法。

### 1.1 三氯乙酸-丙酮沉淀法

（1）在液氮中研碎植物组织；

（2）悬浮于含10%三氯乙酸（TCA）和0.07%$\beta$-巯基乙醇的丙酮溶液（-20℃）；

（3）蛋白质沉淀过夜，然后离心（4℃，40 000 r/min，1 h），弃上清；

（4）沉淀重悬于含0.07% $\beta$-巯基乙醇的冰浴丙酮溶液里；

（5）离心（4℃，40 000 r/min，1 h），真空干燥沉淀；

（6）用裂解液溶解沉淀，离心（4℃，40 000 r/min，1 h）。

（7）Brandford法定量蛋白质，然后分装至Eppendorf管里保存在-80℃备用。

### 1.2 超速离心法

（1）植物组织获取；

（2）用研钵在液氮冷冻条件下将样品研磨成粉末，每1 g样品加入0.5 mL裂解液，使用组织匀浆器匀浆30 s；

（3）组织悬浮液于15℃，10 000 r/min离心10 min；

（4）上清液4℃，150 000 r/min超速离心45 min；

（5）小心避开上层漂浮的脂质层，吸取上清液，6℃，40 000 r/min再次离心50 min；

（6）取离心上清液，Bradford法定量，分装后置-80℃保存。

## 2 双向凝胶电泳

基于蛋白质的两个独立特性：等电点和分子质量。双向电泳能够有效地分离一个复杂生物混合物中的蛋白质，分辨出成千上万个蛋白质。首先根据蛋白质的等电点不同在pH梯度胶中等电聚焦将其分离，然后按照蛋白质分子质量的大小在垂直方向或水平方向上进行SDS-PAGE第二次分离。二维凝胶电泳后的凝胶经染色呈现二维分布图，水平方向反映出蛋白质在pI上的差异，垂直方向反映出它们在分子质量上的差别，所以二维凝胶电泳可以将分子质量相同而等电点不同的蛋白质以及等电点相同而分子质量不同的蛋白质分开。

双向电泳的第一向分离可以通过蛋白质样品在固定 pH 梯度胶条 [immobilized pH gradient (IPG) strip] 再水化和随后在电场作用下电泳而达到。带电荷的蛋白质在 pH 梯度范围内移动直到达到了它们的等电点位置，此时它们所带的静电荷为零，因此就停止移动。简言之，等电聚焦（IEF）利用蛋白质的等电点不同而达到分离的目的。

在等电聚焦完成后，胶条被放置在均一或梯度 SDS - PAGE（sodium dodecyl sulfate polyacrylamide gel）凝胶的阴极端，在胶条的一边或两边可以加入标准蛋白质作为分子量标记物。去污剂十二烷基硫酸钠（SDS）和还原剂（常为巯基乙醇）处理样品液，可以使蛋白质变性解离，同时，还原剂可以切断蛋白质中的二硫键（使其还原）。经过处理后，样品中的肽链都是处于无二硫键连接的分离状态。带有负电荷的 SDS 通过疏水基团与肽链中氨基酸的疏水侧链以一定比率结合形成 SDS -蛋白质复合物，其形状近似于长的椭圆棒，短轴恒定而长轴与蛋白质分子质量的大小成正比。电泳时 SDS -蛋白质复合物在凝胶中的迁移率不再受蛋白质原有电荷和形状的影响，而主要取决于蛋白质的分子质量。它们通过凝胶的速率与它们的分子质量的对数成反比，大蛋白质的迁移速度比小的蛋白质慢（分子筛效应，所有的分子都穿过凝胶，大分子的速度最慢）。各种蛋白质的迁移率不同，结果反映在电泳凝胶上，凝胶通过染色出现不同的蛋白带，从而可以将不同分子质量的蛋白质分离。

凝胶上的蛋白点可以通过放射性标记或各种染色方法染色而观察到，染色方法包括银染、考马斯亮蓝或荧光染色。合适的图像扫描装置扫描凝胶后可产生数字图像，这些数字图像可以使用双向凝胶图像分析软件，如 ImageMaster，进行研究和比较。

双向凝胶电泳可以鉴定出病菌、药物或其他刺激因素引起的蛋白质表达改变，也可鉴定出与不同发育时期相关的蛋白质。因此，这种技术在许多的基因表达研究中价值是无法估量的，如对于蛋白质靶标、疾病标记物和药物候选分子的发现，或药物毒性的评价等。双向电泳技术可以研究几乎所有的蛋白质类型。窄 pH 梯度范围的双向凝胶电泳具有很高的分辨率，允许更大的蛋白质载样量，因此甚至表达量很少的蛋白质也可被检测到。

然而，大多数科学家可能注意到双向凝胶电泳的质量和重复性有时候表现平凡。差的分辨率、高的噪音背景和蛋白质图像模式的巨大扭曲常常阻碍分析过程。造成这些现象的原因可能在于：不熟练的样品准备过程可能导致额外的生物样品成分改变，样品的难溶性可能导致分辨率不足，IPG 胶条中的盐分导致的垂直和水平拖尾使正常的鉴定和定量变得困难，灰尘颗粒或液滴可能导致许多人造的斑点等。

为了解决这些困难，双向凝胶图像分析软件中至关紧要的运算法则在过去的几年中得到了巨大的改进。尽管有这些优点，但是没有任何图像分析软件可以解决所有实验过程中的问题，而且，要从质量低的凝胶中获得有价值的信息仍旧是一种虚假的目标。因此，在开始双向凝胶电泳图像分析前，为了确保最好的质量和重复性，优化双向凝胶图像产生过程中的所有步骤是必须的。这也是保证在最终分析阶段得到重要结果的唯一途径。这些步骤包括每种原始材料样品准备过程的方法优化、样品的预分级、在双向电泳分离和蛋白质染色或标记过程中严格使用相同和正确的合适实验条件以及使用更大尺寸的凝胶或更窄范围的 pH 梯度等。扫描时图像的抓取参数也起重要作用。

### 2.1　第一向等电聚焦

双向电泳的第一向 IEF 电泳采用 IPGphor，实验将变得很简单。IPGphor 包括半导体温控系统（18～25℃）和程序化电源（8000 V，1.5 mA）。可采用普通型胶条槽一步完成胶条的水化、上样和电泳，大大减少操作步骤。IPGphor 一次可进行 12 个胶条槽的电泳（7，11，13，18，24 cm），因采用高电压（8000 V），可缩短聚焦时间。最新推出的通用型杯上样胶条槽因采用可移动的上样杯和电极，适合任何长度的 IPG 胶条，尤其适合极性等电点蛋白质的分离。

#### 2.1.1　蛋白质样品的溶解

为了取得良好聚焦的第一向分离，样本蛋白质必须充分解聚，并完全溶解。不管样本是否是原始的裂解物或经过了样本沉淀过程，样本溶液（表 3-2-2-1）必须含有某些成分，以确保在进行第一向等电聚焦（IEF）前，样本能完全溶解和变性。

表 3-2-2-1　常见裂解液配方

| 试剂 | 最终浓度 | 用量 |
| --- | --- | --- |
| urea（FW 60.06） | 7 mol/L | 4.2042 g |
| thiourea（FW 76.12） | 2 mol/L | 1.5224 g |
| CHAPS | 4%（$m/V$） | 0.4 g |
| CA | 2% | pH 3～10：0.1 mL；pH 5～8：0.1 mL |
| DTT | 1% | 10% DTT 1 mL（用前加） |
| dd $H_2O$ | | 至 10 mL（需要 4～5 mL） |

注：贮藏在 −20℃。尿素溶液加热温度不能超过 37℃，否则蛋白质会发生氨甲酰化。

溶解蛋白质一般使用含有变性剂、表面活性剂、还原剂、固定 pH 梯度缓冲液（IPG buffer）的裂解缓冲液。变性剂一般为尿素（urea）和硫脲（thiourea），二者多结合使用，通过破坏氢键打开蛋白质的三维结构，暴露蛋白质的电荷，使样本蛋白质易于溶解；表面活性剂（sufactant），也称去垢剂，保证蛋白质完全溶解，并防止蛋白质通过疏水基团的相互作用而聚集，增强蛋白质在其等电点处的溶解性。早期常使用 NP-40、TritonX-100 等非离子去垢剂，近几年较多的改用，如 CHAPS 与 Zwitter-gent 系列等双性离子去垢剂；还原剂（reducing agent）用于打断分子间和分子内的二硫键，并使样本蛋白质处于完全还原状态。最常用的是二硫苏糖醇（DTT），也有用二硫赤藓糖醇（DTE）以及磷酸三丁酯（TBP）等；固定 pH 梯度缓冲液可提高蛋白质的溶解度，防止蛋白质通过所带电荷互相聚集。也可以选择性加入 Tris-base，蛋白质酶抑制剂（如 EDTA、PMSF 或 protease inhibitor cocktail）以及核酸酶。样本溶解液中各种成分的具体作用及其推荐使用浓度范围如下。

变性剂

在变性条件下进行等电聚焦（IEF）能得到最高分辨率和最清晰的结果图。尿素是一种中性的促溶剂，在双向电泳的第一向中被用作变性剂，其浓度为 8 mol/L。尿素能使许多种蛋白质溶解并展开形成完全随机的结构，所有的离子基团都暴露在溶液中。除了尿素，最近发现硫脲能提高蛋白质的溶解度，尤其是膜蛋白。

去污剂

为了确保样本的完全溶解、防止通过疏水作用而使蛋白质集聚，在样品溶液中往往包含非离子或两性离子去污剂。最初使用的 NP-40 和 Triton X-100 是两种类似的非离子去污剂。后来的研究证明，两性去污剂 CHAPS（2%～4%）的效果更好，可用于溶解许多类型的蛋白质。现已研究出一些新的两性离子去污剂，据报道可提高膜蛋白的溶解性。当样本完全溶解有困难时，可采用阴离子去污剂 SDS 促溶。SDS 是一种非常有效的蛋白质溶解剂，但由于能与蛋白质形成复合物并且带负电荷，所以在双向电泳中不能作为唯一的去污剂使用。普遍使用的去除 SDS 干扰的方法是将样本在含有过量的 CHAPS、Triton X-100 或 NP-40 的溶液中稀释。最终 SDS 的浓度为 0.25% 或更低，过量去污剂和 SDS 的比应至少为 8：1。

还原剂

为打断二硫键，并使所有蛋白质处于还原状态，在样本溶液中往往加入还原剂。经常使用的还原剂为 DTT（二硫苏糖醇），使用浓度为 20～100 mmol/L。DTE（二硫赤酰糖醇）与 DTT 相近，也能用作还原剂。最初用 2-巯基乙醇作还原剂，但是浓度较高，内含的杂质可能引起人为假象。最近，采用非巯基还原剂 TBP（三丁膦）作双向电泳样本的还原剂，使用浓度为 2 mmol/L。但是 TBP 的溶解性有限，在溶液中不稳定，如果在样本制备时使用的话，还必须加入巯基还原剂，如 DTT，以维持蛋白质在水化和第一向等电聚焦时处于还原状态。

增溶剂

样本溶液中可加入载体两性电解质或 IPG 缓冲液［最高浓度 2%（V/V）］。它们通过电荷与电荷之间的相互作用减少蛋白质集聚，增加蛋白质的溶解性。有时候，需要制造一种碱性条件使蛋白质溶解更完全，蛋白质水解最少，可加入缓冲液或碱性液（如 40 mmol/L Tris 碱）。但是引入离子成分会影响第一向结果，应在第一向等电聚焦前将缓冲液或碱性液稀释到小于 5 mmol/L 浓度。

### 2.1.2　蛋白质样本的定量

进行蛋白质样本电泳，需对所分析的样本进行精确定量，以保证合适的蛋白质载样量。另外，通过精确定量，可使不同样本的载样量完全相同，有利于对相似的样本进行比较。但是，样本的精确定量比较困难，因为用于样本制备和溶解的许多试剂，包括去污剂、还原剂、促溶剂和载体两性电解质等，都与常用的蛋白质测定方法不相容。蛋白质定量目前所使用的分光光度法须依靠考马斯亮蓝结合或由蛋白质催化的由 $Cu^{2+}$ 还原为 $Cu^{+}$ 的还原反应。考马斯亮蓝蛋白定量不适用于存在其他能与考马斯亮蓝结合的试剂的情况，包括载体两性电解质如 Pharmalyte 和 IPG 缓冲液，还包括去污剂，如 CHAPS、SDS 或 Triton X-100 等。以 $Cu^{2+}$ 的还原反应为基础的蛋白质定量不适用于存在还原剂，如 DTT，或存在能与 $Cu^{2+}$ 形成复合物的试剂，如硫脲或 EDTA 的情况。由于存在去污剂和还原剂，用于 IEF 电泳和 SDS 凝胶电泳的样本常很难进行蛋白质定量，尤其是用于双向电泳的样本，除了样本制备中常用去污剂和还原剂外，还存在干扰性的载体两性电解质和硫脲等。双向电泳蛋白质定量试剂盒可解决这些问题（GE 公司），可对双向电泳蛋白质样本进行精确定量。该试剂盒含有独特的沉淀剂和辅助沉淀剂，可定量沉淀样本中的蛋白质，而干扰性的污染物质则留在溶液中。将蛋白质离心后，用 $Cu^{2+}$ 碱性溶液再溶解，$Cu^{2+}$ 可与蛋白质的多肽骨架结合，加入比色剂，与未结合的 $Cu^{2+}$ 发生反应，样本溶液的色密度与蛋白质浓度成反比，通过与标准曲线的比较，就可以精确测定蛋白质的浓度。由于这种测定技术不依赖蛋白质侧基反应，所以很大程度上不受氨基酸组成的影响，采用这种方法定量，发生蛋白质和蛋白质之间的定量差异的可能性很小。

### 2.1.3 样品的水化上样

实验步骤：

（1）用样品溶解缓冲液溶解样品，样品溶解后用水化液（表3-2-2-2）对样品进行适当稀释。蛋白质上样浓度不要超过 10 mg/mL，否则会造成蛋白质的集聚或沉淀。

表3-2-2-2 常见水化液配方

| 试剂 | 最终浓度 | 用量 |
|---|---|---|
| urea (FW 60.06) | 7 mol/L | 10.5 g |
| thiourea (FW 76.12) | 2 mol/L | 3.8 g |
| CHAPS | 2% ($m/V$) | 0.5 g |
| IPG Buffer | 0.5% ($V/V$) | 125 $\mu$L |
| 1% Bromophenol blue stock solution | 0.002% | 50 $\mu$L |
| Double-distilled water | | to 25 mL (13.5 mL) |

注：在使用前加入DTT，每2.5 mL水化液中加入7 mg DTT。贮藏在−20℃。水化液需当天新鲜配制（可配成贮液分装−20℃保存，但不可反复冻融）。

（2）吸取适量（表3-2-2-3）含有样品的水化液放入标准型胶条槽中，为确保样品充分进入胶条中，不要加入过量的水化液。

表3-2-2-3 胶条泡涨过程中水化液体积

| 胶条长度/cm | 每条需水化液体积/$\mu$L |
|---|---|
| 7 | 125 |
| 11 | 200 |
| 13 | 250 |
| 18 | 350 |
| 24 | 450 |

（3）从酸性端（尖端）一侧剥去IPG胶条的保护膜，胶面朝下，先将IPG胶条尖端（阳性端）朝标准型胶条槽的尖端方向放入胶条槽中，慢慢下压胶条，并前后移动，避免生成气泡，最后放下IPG胶条平端（阴极），使水化液浸湿整个胶条，并确保胶条的两端与槽的两端的电极接触。

（4）IPG胶条上覆盖适量 Immobiline DryStrip 覆盖油，盖上盖子，浸泡16 h。

（5）IPG胶条水化后可进行等电聚焦电泳。电泳条件参考IPG胶条使用说明书。

（6）暂时不进行第二向的IPG胶条可夹在两层塑料薄膜中于−80℃保存几个月。

### 2.1.4 IPG胶条等电聚焦后的平衡

IPG胶条等点聚焦后需平衡两次，每次15 min。平衡缓冲液（表3-2-2-4）包括 6 mol/L 尿素和30%甘油，会减少电内渗，有利于蛋白质从第一向到第二向的转移。第一步平衡在平衡液中加入DTT，使变性的非烷基化的蛋白质处于还原状态；第二步平衡步骤中加入碘乙酰胺，使蛋白质巯基烷基化，防止它们在电泳过程中重新氧化，碘乙酰胺也能使残留的 DTT 烷基化（银染过程中，DTT 会导致点拖尾 "point streaking"）。将 IPG 胶条轻轻润洗，并去除多余的平衡缓冲液，然后放入第二向 SDS 胶中。

表 3-2-2-4　常见平衡缓冲液配方

| 试剂 | 最终浓度 | 用量 |
| --- | --- | --- |
| Urea (FW 60.06) | 6 mol/L | 72.1 g |
| Tris-HCl, pH 8.8 | 75 mmol/L | 10.0 mL |
| Glycerol (87% $m/m$) | 29.3% ($V/V$) | 69 mL (84.2 g) |
| SDS (FW 288.38) | 2% ($m/V$) | 4.0 g |
| 1% Bromophenol blue stock solution | 0.002% ($m/V$) | 400 μL |
| Double-distilled water | | to 200 mL |

注：贮备溶液分装为 20 mL 或 50 mL 溶液贮藏于 -20℃，对于 11~24 cm 的干胶条，都可以使用 10 mL。使用之前将贮备溶液从 -20℃ 中取出，平均分成两份等体积液体。向一份液体中加入 DTT（每 10 mL 液体中加入 100 mg DTT）；向另一份加入碘乙酰胺（每 10 mL 液体中加入 250 mg 碘乙酰胺）。

实验步骤：

（1）使用前每 10 mL 平衡缓冲液中加入 100 mg DTT，加入适量溴酚蓝溶液。取出 IPG 胶条分别放入玻璃管中（支持膜贴着管壁，每个玻璃管中放入一条 IPG 胶条），用 Parafilm 封口，在振荡仪上振荡 15 min，倒掉平衡缓冲液。

（2）每 10 mL 平衡缓冲液加入 250 mg 碘乙酰胺。加入适量溴酚蓝溶液。用 Parafilm 封口，在振荡仪上振荡 15 min，倒掉平衡缓冲液。

（3）用去离子水润洗 IPG 胶条 1 s，将胶条的边缘置于滤纸上几分钟，以去除多余的平衡缓冲液。

（4）IPG 胶条的转移：将 IPG 胶条放在位于玻璃板之间的凝胶面上，使胶条支持膜贴着其中的一块玻璃板，用一薄尺将 IPG 胶条轻轻地向下推，使整个胶条下部边缘与板胶的上表面完全接触。确保在 IPG 胶条与板胶之间以及玻璃板与塑料支持膜间无气泡产生。

（5）可选操作：加入分子质量标准蛋白质

分子质量标准蛋白质溶液与等体积的 1% 琼脂糖溶液混合后，加入到 IEF 上样纸片上能得到很好的效果。终浓度为 0.5% 的琼脂糖会凝聚，在施加电压前可以防止标准蛋白质的扩散。

（6）最后用琼脂糖密封液进行封顶，用少量的密封液（1~1.5 mL）使 IPG 胶条被完全覆盖住，在此过程中不要产生气泡。

相应试剂的配制方法为：

（1）分离胶缓冲液 [含 1.5 mol/L Tris-HCl, pH 8.8 和 0.4% ($m/V$) SDS]：

45.5 g Tris 和 1 g SDS 溶于 200 mL 去离子水中，用 6 mol/L HCl 调节 pH 到 8.8，最后用去离子水将体积补足到 250 mL。此溶液可于 4℃ 贮存两周。

（2）平衡缓冲液（含 0.05 mol/L Tris-HCl, pH 8.8，6 mol/L 尿素，30% ($m/V$) 甘油和 2% ($m/V$) SDS）：180 g 尿素，150 g 甘油，10 g SDS 和 16.7 mL 分离胶缓冲液溶于去离子水中，最终将体积补足到 500 mL。此种缓冲液可于室温下保存两周。

（3）溴酚蓝溶液：0.25%（m/V）溴酚蓝溶于分离胶缓冲液中：

25 mg 溴酚蓝溶于 10 mL 分离胶缓冲液中，4 ℃贮存。

（4）覆盖液（缓冲液饱和的异丁醇）：

混合 20 mL 上述分离胶缓冲液和 30 mL 异丁醇，等几分钟后去掉异丁醇层。

（5）取代液（50%（V/V）甘油和 0.01%溴酚蓝水溶液）

混合 250 mL 甘油（100%）和 250 mL 去离子水，再加入 50 mg 溴酚蓝，搅拌几分钟。

## 2.2　第二向 SDS - PAGE

目前多使用垂直系统来进行第二向 SDS - PAGE。

### 2.2.1　凝胶灌制

根据第一向 IEF 电泳时 IPG 胶条的大小选择第二向合适的垂直电泳槽。最新推出的 Ettan DALT Ⅱ是为大规模、高通量、高重复性双向电泳第二向 SDS - PAGE 专门设计的。同时进行 12 块 26 cm×20 cm 板胶电泳，适于长至 24 cm IPG 胶条。其灌胶模具每次最多可灌制 14 块胶。通常不需要浓缩胶。不同凝胶的分离范围见表 3 - 2 - 2 - 5。

表 3 - 2 - 2 - 5　胶的分离范围

| 胶浓度/% | 分离范围/kDa |
|---|---|
| 5 | 36～200 |
| 7.5 | 24～200 |
| 10 | 14～200 |
| 12.5 | 14～100 |
| 15 | 14～60 |

（1）按仪器说明书装好灌胶模具，倒入凝胶溶液（在 Ettan DALT Ⅱ 的灌胶模具中，拔掉灌胶的胶管后，取代液会把管道中剩余的凝胶溶液压入模具中）。在每块胶的上面加入覆盖液以得到平的凝胶上样平面。

（2）灌胶后立即在每块凝胶上铺上一层用水饱和的正丁醇或异丁醇，以减少凝胶爆露于氧气，形成平展的凝胶面。

（3）同时灌制多块凝胶时，室温下至少聚合 3 h。聚合后倒掉覆盖在凝胶上的正丁醇溶液，并用凝胶贮存液冲洗凝胶表面。

（4）暂时不需要的凝胶可用塑料薄膜包好于 4℃保存 1～2 天。将整个凝胶模具完全浸没在凝胶储存液中可 4℃条件下保存 1～2 周。

灌胶所需溶液的配制：

（1）丙烯酰胺/甲叉双丙烯酰胺溶液（30.8%T，2.6%C）：

30%（m/V）丙烯酰胺和 0.8%甲叉双丙烯酰胺的水溶液。将 300 g 丙烯酰胺和 8 g 甲叉双丙烯酰胺溶解于去离子水中，最后用去离子水将体积补足到 1000 mL。过滤后可于 4℃储存两周。

（2）分离胶缓冲液（1.5 mol/L Tris - HCl，pH 8.6 和 0.4%（m/V）SDS）：

90.85 g Tris 和 2 g SDS 溶于 400 mL 去离子水中，用 6mol/L HCl 调节 pH 到 8.6，最后用去离子水将体积补足到 500 mL。此溶液可于 4℃储存两周。

（3）10%（$m/V$）过硫酸铵溶液：

1 g 过硫酸铵溶于 10 mL 去离子水中。此溶液需使用前新鲜配制。

2.2.2 电泳步骤

（1）电泳槽中装满电泳缓冲液，并打开温控系统，调节温度为 15℃。

（2）将平衡好的 IPG 胶条浸入电极缓冲液中几秒钟。

（3）将 IPG 胶条小心的放置于 SDS 胶面上，并轻压使 IPG 胶条与 SDS 胶面充分结合，上面覆盖 2 mL 热的琼脂糖溶液（75℃），使琼脂糖在 5 min 内凝固。其余的 IPG 胶条重复上述操作。

（4）将胶盒插入电泳槽中，开始电泳。采用垂直的 SDS 胶电泳。

（5）当溴酚蓝染料迁移到胶的底部边缘时结束电泳。

（6）凝胶转移到染色盒里固定，准备染色。

# 3 凝胶中蛋白质点的固定与染色

目前，双向电泳的染色方法较多，分辨率也不同，大致有：①考马斯亮蓝染色法；②银染法；③负染法；④荧光染色法；⑤放射性同位素标记法等。这几种检测方法的灵敏度各不相同。目前最常用的是银染法和考染法。由于银染的灵敏度是考染的 50 倍，故一般用银染法进行分析处理，再用考染法来进行样品微量制备。考马斯亮蓝 R-250 染色最为普遍，也最为简单。Meyer 和 Lamberts（1965）首次采用了这种方法，检测灵敏度为 10～100 ng。银染技术也是一种很常用的染色技术，它的检测灵敏度是考马斯亮蓝的 100 倍（Switzer et al.，1979；Rabilloud et al.，1990），但是与质谱的兼容性较低。胶体考染法最早由 Neuhoff 等（1988）报道，Candiano 等（2004）后来发表了改进的胶体考染法，它的优点是背景低、灵敏度高、可达 1 ng 左右。对于染色方法，需要考虑的因素主要包括：较高的灵敏度（较低的检测极限）、较高的线性动态范围（定量精确）、重复性好、高的质谱兼容性。然而不同的染色方法中染料所结合的蛋白质不同。因此没有一种染色方法可以适合所有的蛋白质染色。考虑到后续的蛋白质质谱鉴定，考马斯亮蓝染色是较为合适的染色方法。但也有报道认为银染可以与质谱鉴定兼容，得到满意的质谱结果。在我们的实验中，考马斯亮蓝染色的方法最好，得到的点清晰，与背景的反差大，容易识别，同时能够与质谱分析相兼容。

## 3.1 考马斯亮蓝染色

经典的考马斯亮蓝染色程序包括固定、染色、脱色。考马斯亮蓝染色液的配方为：

考马斯亮蓝 0.58 g

纯乙醇 120 mL

冰醋酸 40 mL

用纯净水稀释至 500 mL 溶解过夜，滤纸过滤。

## 3.2 胶体考染法

（1）固定：12%（$m/V$）三氯乙酸（TCA）2 h。

（2）染色：200 mL 染色液混合 50 mL 甲醇 16～24 h。

染色液：在 490 mL 含 2% ($m/V$) 的 $H_3PO_4$ 中加 50 g $(NH_4)_2SO_4$ 直至完全溶解，再加 0.5 g CBB G-250（已溶于 10 mL $H_2O$ 中），搅拌混合。无需过滤，使用前摇匀。

（3）漂洗：

1）0.1 mol/L Tris-$H_3PO_4$ 缓冲液（pH 6.5）漂洗 2 min；

2）25% ($m/V$) 甲醇漂洗不超过 1 min。

（4）稳定：在 20% 的 $(NH_4)_2SO_4$ 中稳定蛋白质-染料复合物。

优点：背景低，灵敏度高，可达到 200 ng 蛋白质点。

### 3.3 硝酸银染色

银染的方法种类很多，目前有文献报道的就有 100 多种。但是其准确的染色机制还不是特别的清楚。大致的原理是银离子在碱性 pH 环境下被还原成金属银，沉淀在蛋白质的表面上显色。

由于银染的灵敏度很高，可染出胶上低于 1 ng/蛋白质点，故广泛应用在 2D 凝胶分析上。待找到感兴趣的蛋白质点后，再通过考染富集该目的点，然后做进一步的肽段指纹图谱分析（PMF）或序列测定。随着质谱技术的不断完善和发展，对银染后的 f mol 级的蛋白质点直接测定已非难事。常见银染溶液配方及染色方法见表 3-2-2-6。

表 3-2-2-6 银染溶液配方及染色方法

| Step | Solution (250 mL per gel) | Gel Type | |
|---|---|---|---|
| | | 1 mmol/L unbacked | 1 mmol/L on film or glass support or 1.5 unbacked |
| 固定 | 25 mL acetic acid，100 mL methanol，125 mL milli-Q water | 2×15 min | 2×60 min |
| 敏化 | 75 mL methanol，0.5 g $Na_2S_2O_3$，17 g NaAc，milli-Q water to 250 mL | 30 min | 60 min |
| 漂洗 | 250 mL milli-Q water | 3×5 min | 5×8 min |
| 银染 | 0.625 g $AgNO_3$，milli-Q water to 250 mL | 20 min | 60 min |
| 漂洗 | 250 mL milli-Q water | 2×1 min | 4×1 min |
| 显色 | 6.25 g $Na_2CO_3$，100 μL formaldehyde，milli Q-water to 250 mL | 4 min | 6 min |
| 终止 | 3.65 g EDTA，milli-Q water to 250 mL | 10 min | 40 min |
| 漂洗 | 250 mL milli-Q water | 3×5 min | 2×30 min |

（1）很多银染程序都使用了戊二醛（glutardialdehyde），它能提高银染的灵敏度和染色结果的重复性，但是因为戊二醛会修饰蛋白质，从而会影响对蛋白质点的质谱鉴定和分析；

（2）保证所有的染色器皿绝对的干净，可使用玻璃或塑料做染色器皿；

（3）水的纯度对染色结果好坏影响是很大的，至少要用双蒸水（电导率<2 μS），有条件的可使用 Millipore water；

（4）染色过程中避免手去接触凝胶，必须戴上一次性手套或无粉乳胶手套；

（5）所用的化学试剂一定是要分析纯（AR）。

## 4 凝胶图像分析

### 4.1 图像扫描

在用图像分析软件 ImageMaster 研究凝胶之前，需使用成像装置（如平板文档扫描仪、照相机系统、白光扫描仪、磷屏成像仪、或者荧光扫描仪）对图像进行数字化，然后以一个适当的文件格式保存。对于 2D 软件作进一步分析来说最适用的格式是 TIFF（Tag Image File Format）。尽管 ImageMaster 可以读取其他文件类型，但是 TIFF 是使用此软件推荐的格式。以 TIFF 格式保存的文件一般带有 .tif 扩展名。

#### 4.1.1 图像分辨率

凝胶的扫描分辨率非常重要，影响着图像里可见细节的数量。低分辨率对应着一个大的像素尺寸或者每一英寸少的像素（或点）数目。一方面当图像分辨率太低，单个的蛋白点不能被区分。另一方面，当扫描分辨率变为太高，图像文件就会很大，将显著减缓凝胶分析的速度。$100\sim200\ \mu m$（或者 $250\sim150$ dpi）的分辨率是一个好的折中结果，因为它在没有导致大文件的情况下提供了高质量的图像。

注意：当用扫描仪抓取图像时，推荐 1：1（或 100%）的放大倍数。放大图像的尺寸不能增加任何信息，因此没有用处；收缩图像常常导致质量的损失或者没有能力分辨数据。基于照相机的系统不能在一个被设置了衡量大小的状态抓取图像。当使用这种系统时，一般情况最后将得到不同分辨率的图像。用相同分辨率来处理有利于图像的操作（如缩放、排列）。

#### 4.1.2 图像深度

在一张图像上可能灰阶的范围是根据图像的深度而变化的。举例来说，在 8-比特图像的例子中，一个像素拥有 256 可能的灰度值（$0\sim255$）。用更高图像深度扫描出的图像将包括更多信息，一张 16-比特的图像（65 536 灰阶）可能揭示更多微妙的但常常是重要的变化。我们强烈建议在凝胶分析中使用至少 12-比特的图像深度。当实现灰度校准时，原始的像素值被转换为真实的自然单位。这意味着无论什么起始的像素深度，灰度值的范围是相同的。一些扫描装置给出已经校准过的图像。ImageMaster 考虑了贮存在这种装置输出的 TIFF 文件中的换算表。而且，使用校准阶跃式光楔或校准条，可以在 ImageMaster 中实现图像抓取装置的校准。

### 4.2 凝胶图像分析的一般步骤

凝胶通过扫描仪扫描后，可采用 ImageMaster 2D Platinum 进行图像分析。ImageMaster 2D Platinum 可选择自动的、半自动的、或者手动的检测蛋白质点和匹配模式，因而允许在任何时候对结果的交互式调整和微调。ImageMaster 中的极端灵活和全能工具使此软件根据特定要求而行动和反应，而高度自动的和先进的分析技术增强了双向凝胶产生数据的定性和定量检查。能够通过使用直觉的定量过滤器和搜索选项选取部分数据，并且结果可以简单地通过浏览比较的表格或图形报告中的数据、或者在凝胶和报告之间导航进行查看。更高水平的比较和分析能够在凝胶产生的平均化或总图像上实现。

典型的凝胶图像分析包括下面一些步骤。这些步骤中的某些步骤可以反转或重复。

由于软件系统在每一个程序执行后都会重新计算（如定量），因此步骤顺序的改变或某些步骤的重复不会导致信息的丢失。

（1）抓取数据：凝胶图像首先必须使用一种图像抓取装置进行数字化，可在 ImageMaster 软件内抓取图像。

（2）建立一个工作区：可以建立一个工作区来永久性地组织项目和群体中的凝胶和相应的数据、自动地分配参照凝胶、加入评语供以后参考等。建立一个工作区可以节省大量的不必要的工作，对于实验的清楚和条理都有益。另外，也允许选择更喜欢的 ImageMaster 设置，因此可以在一个更个性化的环境中工作。

（3）观察和校准凝胶：包括处理凝胶图像文件（打开、保存、打印和关闭），操作凝胶图像（选取、移动、缩放、堆叠和排列），转换凝胶图像（旋转、修剪和缩小凝胶）以及观察信号强度（调整对比度、峰形图、三维观察）。在这一步中，必须校准凝胶图像。

（4）检定和定量蛋白质点：一旦熟悉了凝胶图像，就可以实现自动的蛋白质点的检定工作。

（5）注释蛋白质点和像素：一张凝胶图像上的单个像素和蛋白质点可以通过注解来显示，如校准、排列和匹配，或者基于它们特殊的特性标记蛋白质点。

（6）匹配凝胶图像：在蛋白质点被检定和注解之后，可以对凝胶图像进行匹配，也就是发现不同凝胶上相对应的蛋白质点。

（7）分析数据：数据分析和分类工具可以研究一对或一系列凝胶图像之间蛋白质表达的变化。数据分析步骤可以在两个不同的水平实现。蛋白质点群统计工具包括散点图、描述统计学、因子分析和探索法聚类。当类别被定义以后，可以使用"重叠测量"和各种统计检验。

（8）报告结果：可以在分析过程的任何时候展示特定凝胶图像和凝胶对象（蛋白质点、成对、成组、类别和注解）的信息。

## 5　蛋白质胶内酶解

蛋白质进行质谱鉴定之前，需要进行酶解，具体步骤如下。

（1）胶粒用手术刀片切下，最好控制在 2 mm³ 以下，置于 Eppendorf（EP）管中，并记录点号。

（2）加 100 μL Mini Q $H_2O$ 洗两次，10 min/次（这一步为可选步骤）。

（3）加 50 mmol/L $NH_4HCO_3$/乙腈＝1∶1 溶液（即含 25 mmol/L $NH_4HCO_3$，50％乙腈的溶液）100 μL，37℃脱色 20～60 min，吸干。期间每 15 min 振荡一次离心管使胶粒充分接触脱色液。

注：$NH_4HCO_3$ 溶液有挥发性，故需现用现配。

（4）重复步骤 3，直至蓝色褪去。有个别胶粒直到脱色 2 h 后考马斯亮蓝也不会完全褪去，少量考马斯亮蓝对质谱影响不大。

（5）将脱色液完全吸掉，加入 50 μL 乙腈脱水 5～10 min 至胶粒完全变白，用真空离心干燥机真空干燥 5 min。

（6）将 0.1 μg/μL 的酶贮液（取一管 20 μg 酶干粉，加入 200 μL 公司提供的缓冲液溶解，配置成 0.1 μg/μL 的酶贮液，贮存于－80℃）以 25 mmol/L $NH_4HCO_3$ 稀释

10 倍，每 EP 管加 30 $\mu$L，稍微离心一下，让酶液充分与胶粒接触，4℃或冰上放置 60 min，待溶液被胶块完全吸收，补加一定体积 25 mmol/L NH$_4$HCO$_3$ 没过胶粒为准，于 37℃水浴酶解 16~18 h。

（7）酶解后多肽的收集：样品酶解后在离心管中加入 5％ TFA（或 FA），50％ ACN 100 $\mu$L 于 37℃保温 1 h，超声 10 min，吸出上清液，胶粒再加入 2.5％ TFA（或 FA），50％ ACN 100 $\mu$L 于 37℃保温 1 h，超声 10 min，吸出上清液。合并上清液，冰冻干燥，−20℃保存。

注：上述方法适合于 2DE 胶样品胶上酶解，如果是 SDS – PAGE 胶样品胶上酶解，在加入胰蛋白酶之前，蛋白质点需进行还原及烷基化。

## 6 质谱鉴定

质谱技术是目前蛋白质组研究中发展最快，最具活力和潜力的技术。它通过测定蛋白质的质量来判别蛋白质的种类。当前蛋白质组研究的核心技术就是双向凝胶电泳－质谱技术，即通过双向凝胶电泳将蛋白质分离，然后利用质谱对蛋白质逐一进行鉴定。对于蛋白质鉴定而言，高通量、高灵敏度和高精度是 3 个关键指标。一般的质谱技术难以将三者合一，而最近发展的质谱技术可以同时达到以上 3 个要求，从而实现对蛋白质准确和大规模的鉴定。

过去的几年，生物质谱技术（biological mass spectrometry）的快速发展使得蛋白质的鉴定技术发生了革命性的变化。生物质谱技术由于高灵敏度、高通量，已取代了传统的蛋白质鉴定方法，如 Edman 降解法、氨基酸分析法等。质谱技术是研究蛋白质表达模式的主要鉴定技术。它的基本原理是将样品分子离子化后，根据不同离子间的荷质比（$m/z$）的差异分离并确定分子质量。质谱技术鉴定蛋白质根据蛋白质酶解后的肽质量指纹谱和肽序列信息去搜索蛋白质或核酸序列库。

### 6.1 肽质量指纹谱（peptide mass fingerprint）

通过肽质量指纹谱（peptide mass fingerprint，PMF）鉴定蛋白质的方法基于基质辅助激光解吸附/电离法（matrix – assisted laser desorption/ioniz – ation，MALDI），通过测定一个蛋白质酶解混合物中肽段的电离飞行时间来确定分子质量等数据，所以也称为基质辅助激光解吸/电离飞行时间质谱法（MALDI – TOF – MS）。用一定波长的激光打在样品上，使样品离子化，然后在电场力作用下飞行，通过检测离子的飞行时间（time of flying，TOF）计算出其质量电荷比，从而得到一系列酶解肽段的分子质量或部分肽序列等数据，最后通过相应的数据库搜索鉴定蛋白质。MALDI 鉴定的成功率也越来越高。基质辅助激光解吸/电离飞行时间质谱法操作简便，灵敏度高，同许多蛋白质分离方法相匹配。而且，现有数据库中有充足的关于多肽质量/电荷比值的数据，因此成为许多实验的首选蛋白质谱鉴定方法。

### 6.2 多肽序列搜索（MS/MS ion search）

通过多肽序列搜索（MS/MS ion search）鉴定蛋白质的方法基于串联质谱途径（tandem MS，MS/MS）。液相分离的肽段经在线连接的电喷雾质谱仪检测，质谱仪可选取肽段母离子并打碎形成碎片离子，质量分析器测得碎片离子的质量，即得 MS/MS 质谱图（图 3-2-2-2），根据 MS/MS 图谱中不同碎片的质量差，可推测被测肽段的序列。然后利用一些相应的软件去序列信息库查找并鉴定蛋白质（图 3-2-2-3），常见的数据库为 Mascot（http：//www. matrixscience. com/search_form_select. html）。该技术精度高、分析时间短，可同时处理许多样品。现已发展出玻璃芯片、3D 胶芯片、微孔芯片用作该技术的研究。

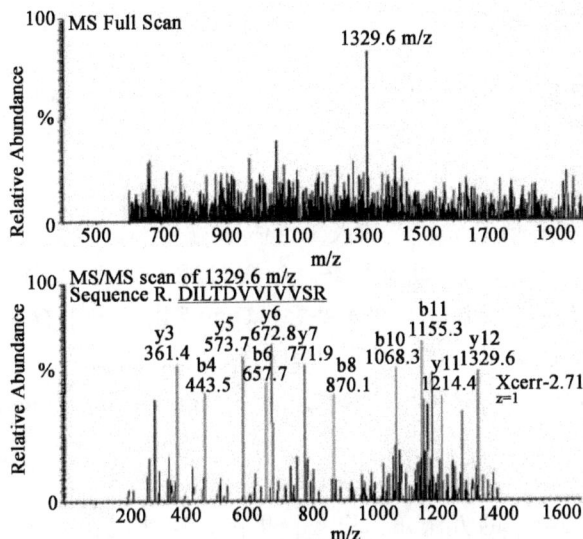

图 3-2-2-2　串联质谱肽段分析结果

（引自：Miles et al.，2005）

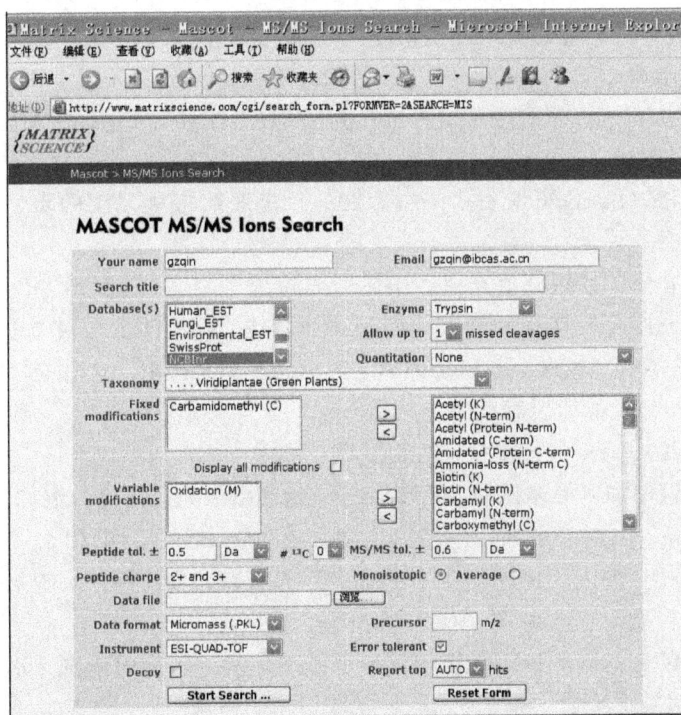

图 3-2-2-3　用 Mascot 软件进行数据库搜索进行蛋白质鉴定

## 第三节　蛋白质组学方法在果蔬采后生物学研究中的应用

### 1　果实蛋白质提取方法

本实验室采用不同方法对几种果实（甜樱桃，桃，苹果，芒果和冬枣）进行了细胞内总蛋白质及线粒体蛋白质的提取，得到了较为满意的结果。

#### 1.1　果实细胞内总蛋白质的提取

##### 1.1.1　TCA 法

参照 Sarry 等（2004）的方法进行并稍加改进，用取样器从 10 个果实中取 4 g 果肉，用液氮在研钵中将其研磨成粉。加入 4 倍体积的 10％冰冷的 TCA（含 0.07％ $\beta$-巯基乙醇），匀浆液于 $-20℃$ 下过夜培养，纱布过滤。滤液在 20 000 r/min 离心 30 min，收集沉淀。沉淀用冷丙酮洗 3 次，并在 4℃下干燥后溶于裂解缓冲液 [7 mol/L urea，2 mol/L thiourea，4％（$m/V$）CHAPS，1％（$m/V$）dithiothreitol，2％（$V/V$）carrier ampholytes（pH 3～10），0.001％（$m/V$）bromphenol blue]，保存于 $-80℃$ 备用。

##### 1.1.2　匀浆法

参照 Chan 等（2007）的方法，称取 4 g 果肉，用液氮在研钵中研磨成粉。加入 4 mL 的匀浆缓冲液 [20 mmol/L Tris-HCl（pH 7.5），250 mmol/L sucrose，10 mmol/L EGTA，1 mmol/L PMSF，1 mmol/L DTT，以及 1％ Triton X-100]，继续研磨。匀浆液 20000 r/min 离心 30 min。将上清液转移到新的离心管中，加入终浓度为 10％ TCA 溶液，4℃下放置 2 h。20000 r/min 离心 40 min，收集沉淀。用冷丙酮洗 3 次，4℃下干燥后溶于 250 $\mu$L 裂解缓冲液（同上），保存于 $-80℃$ 备用。

##### 1.1.3　酚提取法

使用酚提取法（Saravanan and Rose，2004）提取甜樱桃果实的蛋白质，所有步骤都在 4℃进行。

（1）称取 4 g 果肉，用液氮在研钵中研磨成粉。

（2）加入 4 mL 的匀浆缓冲液（匀浆液中含有 20 mmol/L，pH 7.5，Tris-HCl，250 mmol/L sucrose，10 mmol/L EGTA，1 mmol/L PMSF，1 mmol/L DTT，以及 1％ Triton X-100），继续研磨。

（3）匀浆液 20000 r/min 离心 30 min。

（4）在上清液中加入等体积的 pH 7.8 Tris-饱和酚，充分摇荡，混匀，10000 r/min，4℃下离心 30 min，上层为水相，中间白色物质为杂质，下层为酚相。

（5）回收酚相，加入 5 倍体积含 0.1 mol/L 乙酸铵的预冷甲醇，充分混匀，$-20℃$ 下过夜，沉淀蛋白质。

（6）沉淀用含 0.1 mol/L 乙酸铵的预冷甲醇洗 2 次。预冷丙酮洗 2 次。

（7）沉淀在 4℃下干燥，备用。

蛋白质沉淀中加入 500 $\mu$L 裂解液（同上）。振荡 30 min，用超声波超声处理 200 s，最后用 Bradford（1976）的方法定量蛋白质。样品保存于－80℃。

对于多种果实所进行的研究表明，酚提取法的结果最为理想（图 3-2-3-1）。

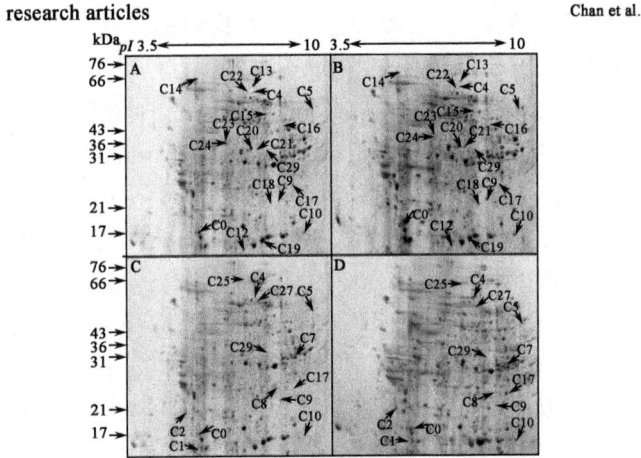

图 3-2-3-1　酚提取法提取桃果实细胞内总蛋白质的双向电泳图谱

（引自：Chan et al.，2007）

### 1.2　果实线粒体蛋白质提取

#### 1.2.1　缓冲液配制

（1）提取缓冲液：配制 1000 mL

Tris-HCl：0.05 mol/L，pH 7.2

蔗糖：0.25 mol/L

PVP-40：0.5%

BSA：0.1%

$\beta$-巯基乙醇：10 mmol/L，现用现加

EDTA-Na：6 mmol/L

用 HCl 调节 pH 值至 7.2。

注意：$\beta$-巯基乙醇应装在棕色瓶中保存于 4℃。$\beta$-巯基乙醇或含有 $\beta$-巯基乙醇的溶液不能高压灭菌。

（2）洗涤缓冲液（wash buffer）：配制 1000 mL

Tris-HCl：0.05 mol/L，pH 7.2

蔗糖：0.25 mol/L

BSA：0.1%

用 HCl 调节 pH 至 7.2。

（3）self-forming Percoll 梯度溶液：

Tris-HCl：0.05 mol/L，pH 7.2

蔗糖：0.25 mol/L

BSA：0.1%

Percoll：8% (V/V)，12% (V/V)，21% (V/V)，30% (V/V)

### 1.2.2　线粒体分离与纯化

整个过程在4℃低温下进行，130 g果实加入3倍体积（390 mL）提取缓冲液中。用高速组织捣碎器捣碎至糊状，4层纱布过滤，收集滤液。立即用1 mol/L KOH调节pH至7.0。滤液在1200 r/min，离心15 min。收集上清液后，再在17 000 r/min，离心20 min。弃上清，留沉淀，加入少量（1 mL）的预冷的洗涤缓冲液，用毛笔轻搅沉淀，将离心管中的线粒体粗提物集中到2个离心管中，补加洗涤缓冲液至40 mL，1200 r/min离心15 min。取上清液至另一离心管，17 000 r/min离心20 min。沉淀用残留的洗涤缓冲液悬浮，即为线粒体粗提物。约1 mL线粒体粗提物敷在Percoll梯度上面（8％：12％：30％＝2：4：1）。17 000 r/min离心45 min。线粒体在12％ Percoll层形成致密条带。用1 mL枪头小心吸出线粒体条带，装入40 mL离心管中，用5～10倍洗涤缓冲液稀释，13 000 r/min离心15 min。上清液用5 mL枪头吸去。加入约30 mL洗涤缓冲液，用刷子重悬沉淀，重复以上离心（13 000 r/min，15 min），线粒体沉淀用1 mL洗涤缓冲液悬浮并用刷子混匀。

将1 mL线粒体悬浮液敷在21％的Percoll梯度上面。31 000 r/min离心30 min。线粒体在离Percoll中部形成致密条带，用1 mL枪头小心吸出线粒体带，用5～10倍洗涤缓冲液稀释，27 000 r/min离心15 min。重复以上离心，线粒体沉淀用1 mL洗涤缓冲液悬浮并贮藏于−80℃。

### 1.2.3　线粒体纯度测定

线粒体纯度用以下标志酶的活性进行测定（Millar et al.，2001）：

线粒体——细胞色素c氧化酶；

胞浆——乙醇脱氢酶；

过氧化物酶体——过氧化氢酶。

将Percoll梯度自上而下分别测量标志酶的活性。酶活性测定方法参考Qin等（2009b）（图3-2-3-2）。

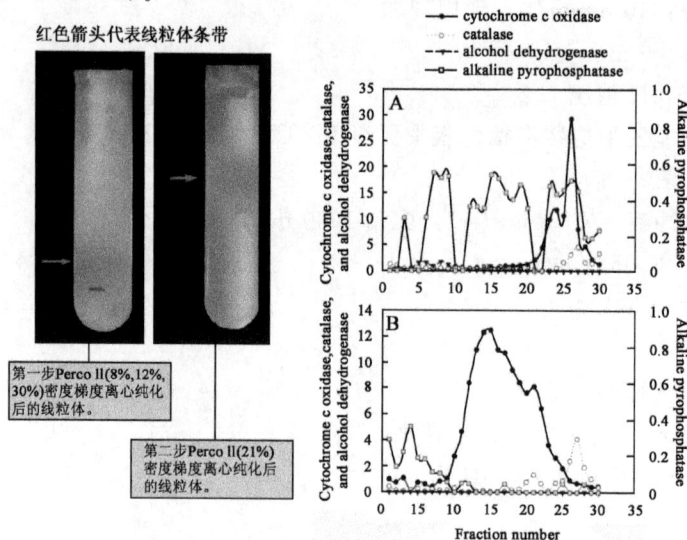

图3-2-3-2　通过标志酶对苹果果实线粒体纯度进行鉴定

（引自：Qin et al.，2009b）

### 1.2.4 线粒体破碎及蛋白质提取

用 TCA 沉淀法提取线粒体蛋白质：

（1）线粒体从 $-80{}^\circ\!C$ 取出后，置于室温放置 $5\sim10$ min，加入终浓度为 0.05 mol/L pH 7.2 的 Tris - HCl，1 mmol/L PMSF，2% $\beta$-巯基乙醇。

（2）冰浴下超声波处理：脉冲 2 s，间隔 4 s，功率 200 w，次数 250 次。

（3）超声处理后，样品在 25 000 r/min，$4{}^\circ\!C$，离心 15 min。取上清液至新的离心管中，加入终浓度为 10% 的 TCA，置于 $4{}^\circ\!C$ 放置 30 min 后，25 000 r/min，$4{}^\circ\!C$，离心 15 min。

（4）沉淀用预冷的丙酮洗 3 次后，置于通风橱风干 $5\sim10$ min，于 $-80{}^\circ\!C$ 保存。蛋白质用裂解缓冲液 [7 mol/L urea，2 mol/L thiourea，4% (m/V) CHAPS，1% (m/V) dithiothreitol，2% (V/V) carrier ampholytes（pH $3\sim10$），0.001% (m/V) bromphenol blue] 溶解后进行双向电泳。采用上述方法得到的双向电泳图谱见图 3 - 2 - 3 - 3.

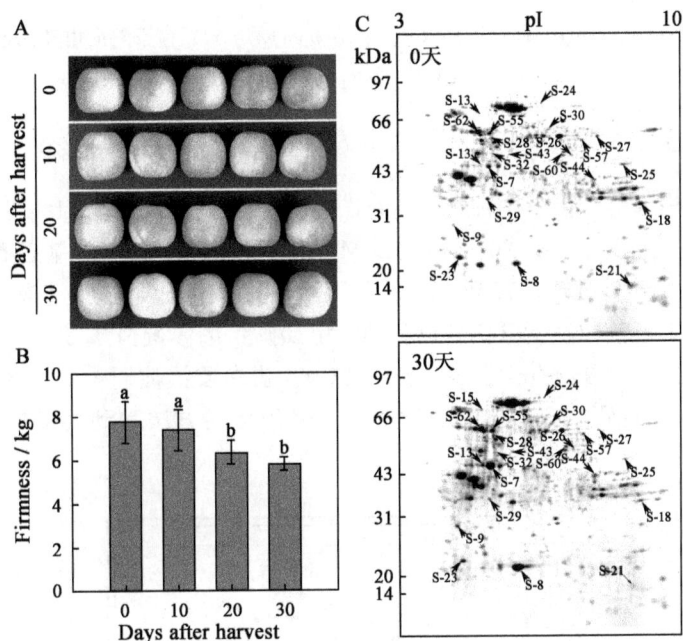

图 3 - 2 - 3 - 3　通过蛋白质组学方法研究苹果衰老过程中线粒体蛋白质差异表达

（引自：Qin et al.，2009b）

## 2 病原真菌蛋白质的提取

### 2.1 病菌孢子蛋白质提取

收集孢子到 1.5 mL Eppendorf 管中，加入 0.5 mL 蛋白质提取液 [0.5 mol/L Tris - HCl，pH 8.3；2% (V/V) NP - 40；20 mmol/L $MgCl_2$；2% (V/V) 巯基乙醇；1 mmol/L PMSF]，冰浴中超声波破碎细胞，离心 2 遍收集上清液（15 000 r/min，20 min，$4{}^\circ\!C$）。上清液中加入 TCA（三氯乙酸，终浓度为 10%）沉淀蛋白质，溶液在

4℃下放置 30 min，离心收集蛋白质沉淀（15 000 r/min，20 min，4℃）。蛋白质沉淀用－20℃丙酮洗 3 遍去除残留的 TCA（15 000 r/min，20 min，4℃）。离心管在 4℃放置 1 h 吹干丙酮制成蛋白质干粉，然后放－20℃待用。采用上述方法得到的青霉病菌孢子双向电泳图谱见图 3-2-3-4。

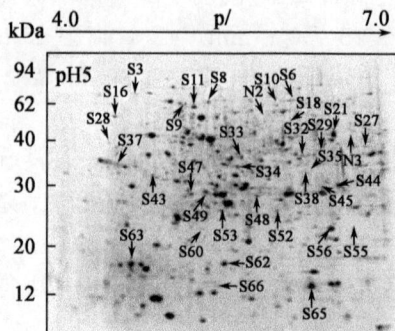

图 3-2-3-4　青霉病菌（*Pencillium expansum*）孢子双向电泳图谱

（引自：Li et al.，2010）

### 2.2　菌丝蛋白质提取

0.2 g 青霉病菌的干菌丝中加入 1.5 mL 蛋白质提取液［0.5 mol/L Tris-HCl，pH 8.3；2%（V/V）NP-40；20 mmol/L MgCl$_2$；2%（V/V）巯基乙醇；1 mmol/L PMSF］，冰浴中超声波处理，直至提取液基本澄清。离心 2 遍收集上清液（15 000 r/min，20 min，4℃）。上清液中加入 TCA（终浓度为 10%）沉淀蛋白质 30 min（4℃），离心收集蛋白质沉淀（15 000 r/min，20 min，4℃）。蛋白质沉淀用－20℃丙酮洗 3 遍。蛋白质干粉放－20℃待用（Qin et al.，2007）。采用上述方法得到的双向电泳图谱见图 3-2-3-5。

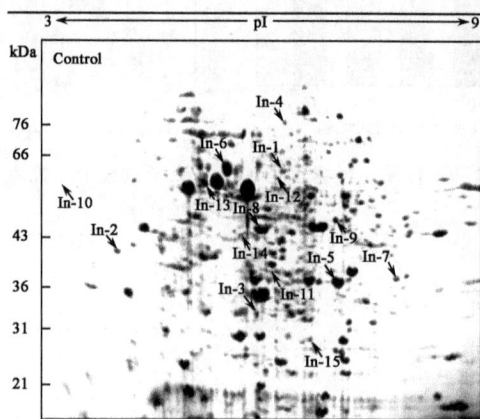

图 3-2-3-5　青霉病菌（*Pencillium expansum*）菌丝双向电泳图谱

（引自：Qin et al.，2007）

### 2.3　真菌细胞外蛋白质提取

病原菌青霉真菌在液体培养基中培养一定时间后收集上清液，收集方法为：先用 2 层纱布过滤除掉菌丝，再离心 2 遍去除沉淀（15 000 r/min，15 min，4℃），上清液用 0.25 μm 微孔滤膜去除细胞杂质。向收集液中加入巯基乙醇（终浓度为 2%），混合均匀后加入 TCA（终浓度为 10%），溶液在 4℃下放置 30 min 沉淀蛋白质，离心收集蛋白质沉淀（15 000 r/min，20 min，4℃）。蛋白质沉淀用－20℃甲醇洗 3 遍去除残留的 TCA（15 000 r/min，20 min，4℃）。离心管在常温下放置 10 min 吹干甲醇，然后放－20℃待用。采用上述方法得到的双向电泳图谱见图 3－2－3－6。

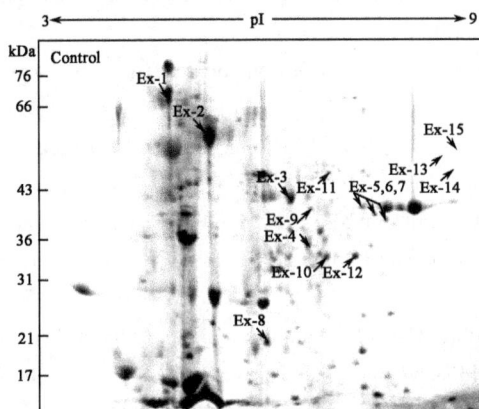

图 3－2－3－6　青霉病菌（*Pencillium expansum*）细胞外分泌蛋白质双向电泳图谱

（引自：Qin et al.，2007）

## 参 考 文 献

Abdi N，Holford P，McGlasson B. 2002. Application of two－dimensional gel electrophoresis to detect proteins associated with harvest maturity in stonefruit. *Postharvest Biology and Technology*，26：1-13.

Barraclough D，Obenland D，Laing W，et al. 2004. A general method for two－dimensional protein electrophoresis of fruit samples. *Postharvest Biology and Technology*，32：175-181.

Candiano G，Bruschi M，Musante L，et al. 2004. Blue silver：a very sensitive colloidal Coomassie G－250 staining for proteome analysis. *Electrophoresis*，25：1327-1333.

Chan Z，Qin G，Xu X，et al. 2007. Proteome approach to characterize proteins induced by antagonist yeast and salicylic acid in peach fruit. *Journal of Proteome Research*，6：1677-1688.

Colditz F，Nyamsuren O，Niehaus K，et al. 2004. Proteomic approach：identification of *Medicago trunca* proteins induced in roots after infection with the pathogenic oomycete *Aphanomyces euteiches*. *Plant Molecular Biology*，55：109-120.

Dai S，Chen T，Chong K，et al. 2007. Proteomic identification of differentially expressed proteins associated with pollen germination and tube growth reveals characteristics of germinated *Oryza sativa* pollen. *Molecular and Cellular Proteomics*，6：207-230.

Faurobert M，Mihr C，Bertin N，et al. 2007. Major proteome variations associated with cherry tomato pericarp development and ripening. *Plant Physiology*，143：1327-1346.

Finnie C, Melchior S, Roepstorff P, et al. 2002. Proteome analysis of grain filling and seed maturation in barley. *Plant Physiology*, 129: 1308-1319.

Gallardo K, Job C, Groot S P, et al. 2001. Proteomic analysis of Arabidopsis seed germination and priming. *Plant Physiology*, 126: 835-848.

Giribaldi M, Perugini I, Sauvage F X, et al. 2007. Analysis of protein changes during grape berry ripening by 2-DE and MALDI-TOF. *Proteomics*, 7: 3154-3170.

Iannetta P P, Escobar N M, Ross H A, et al. 2004. Identification, cloning and expression analysis of strawberry (Fragaria ananassa) mitochondrial citrate synthase and mitochondrial malate dehydrogenase. *Physiologia Plantarum*, 121: 15-26.

Imin N, Kerim T, Rolfe B G, et al. 2004. Effect of early cold stress on the maturation of rice anthers. *Proteomics*, 4: 1873-1882.

Iwahashi Y, Hosoda H. 2000. Effect of heat stress on tomato fruit protein expression. *Electrophoresis*, 21: 1766-1771.

Kim S T, Kim S G, Hwang D H, et al. 2004. Proteomic analysis of pathogen-responsive proteins from rice leaves induced by rice blast fungus, *Magnaporthe grisea*. *Proteomics*, 4: 3569-3578.

Li B, Lai T, Qin G, et al. 2010. Ambient pH stress inhibits spore germination of *Penicillium expansum* by impairing protein synthesis and folding: a proteomic-based study. *Journal of Proteome Research*, 9: 298-307.

Meyer T S, Lamberts B L. 1965. Use of coomassie brilliant blue R250 for the electrophoresis of microgram quantities of parotid saliva proteins on acrylamide-gel strips. *Biochimica et Biophysica Acta*, 107: 144-145.

Miles R R, Crockett D K, Lim M S, et al. 2005. Analysis of BCL6-interacting proteins by tandem mass spectrometry. *Molecular and Cellular Proteomics*, 4: 1898-1909.

Millar A H, Sweetlove L J, Giegé P, et al. 2001. Analysis of the Arabidopsis mitochondrial proteome. *Plant Physiology*, 127: 1711-1727.

Neuhoff V, Arold N, Taube D, et al. 1988. Improved staining of proteins in polyacrylamide gels including isoelectric focusing gels with clear background at nanogram sensitivity using Coomassie Brilliant Blue G-250 and R-250. *Electrophoresis*, 9: 255-262.

Qin G, Meng X, Wang Q, et al. 2009a. Oxidative damage of mitochondrial proteins contributes to fruit senescence: a redox proteomics analysis. *Journal of Proteome Research*, 8: 2449-2462.

Qin G, Tian S, Chan Z, et al. 2007. Crucial role of antioxidant proteins and hydrolytic enzymes in pathogenicity of *Penicillium expansum*. *Molecular and Cellular Proteomics*, 6: 425-438.

Qin G, Wang Q, Liu J, et al. 2009b. Proteomic analysis of changes in mitochondrial protein expression during fruit senescence. *Proteomics*, 9: 4241-4253.

Rabilloud T, Vuillard L, Gilly C, et al. 1990. Silver-staining of proteins in polyacrylamide gels: a general overview. *Cell Molecular Biology*, 40: 57-75.

Salekdeh GH, Siopongco J, Wade LJ, et al. 2002. A proteomic approach to analyzing drought-and salt-responsiveness in rice. *Field Crops Research*, 76: 199-219.

Saravanan R S, Rose J K C. 2004. A critical evaluation of sample extraction techniques for enhanced proteomic analysis of recalcitrant plant tissues. *Proteomics*, 4: 2522-2532.

Sarry J E, Sommerer N, Sauvage F X, et al. 2004. Grape berry biochemistry revisited upon proteomic analysis of the mesocarp. *Proteomics*, 4: 201-215.

Shen S H, Jing Y X, Kuang T Y. 2003. Proteomics approach to identify wound-response related proteins from rice leaf sheath. *Proteomics*，3：527-535.

Switzer R C，Merril C R，Shifrin S. 1979. A highly sensitive silver stain for detecting proteins and peptides in polyacryla mide gels. *Analytical Biochemistry*，98：231-237.

Ventelon－Debout M，Delalande F，Brizard J P，et al. 2004. Proteome analysis of cultivar－specific deregulations of *Oryza sativa* indica and *O. sativa* japonica cellular suspensions undergoing rice yellow mottle virus infection. *Proteomics*，4：216-225.

Wilson K A，McManus M，argaret M L，et al. 2002. The proteomics of senescence in leaves of white clover，*Trifolium Fepens L. Proteomics*，2：1114-1122.

Yan S P，Zhang Q Y，Tang Z C，et al. 2006. Comparative proteomic analysis provides new insights into chilling stress responses in rice. *Molecular and Cellular Proteomics*，5：484-496.

（秦国政）

# 第三章 生物显微技术

## 第一节 概 述

### 1 果实的类型和形态

果实一般是由子房发育而成，也可以由花的其他部分，如花托、花萼、花序轴等和子房共同发育而成，其形态多种多样，结构复杂多变。果实包括果壁和种子，其中果壁可完全由子房壁发育而成（真果），也可由子房壁和花的其他部分共同发育而成（假果）。因此，对真果而言，果壁即果皮：最外边的一层为外果皮（exocarp），中间的一层叫做中果皮（mesocarp），最内层为内果皮（endocarp）；对假果而言果壁包括果皮和花的其他部位发育而来的组织；通常情况下，狭义的果皮指果壁部分。果实种类多样，分类比较复杂，根据果实成熟时果皮的构造不同可将果实分为肉质果（flesh fruit）和干果（dry fruit）；根据心皮和花部的关系可以分为单果、复果和聚合果。水果特指鲜食或加工后可食的肉质果实，日常习惯上的果实和水果概念基本相同，因此本章内容中的果实泛指水果类。

### 2 果实的组织细胞学特征

成熟果实主要由果皮和果肉组织组成。果皮泛指果实外面的保护层，可由表皮组织及其内一层或几层细胞共同组成。最外层的表皮细胞一般为活细胞，具有各种各样的形状，多为长方形或不规则的扁平形，排列紧密，无细胞间隙，是表皮组织的主要组成部分；此外表皮组织中还含有半月形的保卫细胞，毛状的表皮毛细胞等。表皮细胞的外壁常加厚，外层一般角质化，表面覆盖着一层连续的角质层；角质层的表面多为平滑的，但也有具有脊状或褶状条纹，外面通常还堆积着一层蜡质，形成蜡层，具有防止果实水分蒸发和阻止病菌侵染的作用。表皮细胞内含有一中央大液泡、贴壁的细胞质层、细胞核、质体和线粒体，随着果实成熟内容物降解程度逐渐提高。表皮下的几层细胞多为厚角细胞，细胞多为长形，细胞壁加厚，细胞间排列相对较为紧密，从外向内细胞体积逐渐增大，细胞间隙扩大。果肉部分为多层排列疏松的薄壁组织细胞，细胞多为多面体形，体积从外向内逐渐增大，中央为一大液泡，细胞质成薄薄的一层，紧贴着细胞壁，内含衰老的细胞器、降解物和淀粉粒等，细胞多具有纤维素薄壁，相邻细胞壁上常具有大型的单纹孔对。随着果实成熟，果肉细胞壁逐渐分解，中胶层分离、细胞间隙变大、细胞壁变薄；胞内细胞器和贮藏物质逐渐降解，叶绿体转化成有色体，淀粉粒、蛋白体和油体等贮藏器官的数量逐渐减少，液泡体积逐渐变大；细胞降解程度由外向内逐渐增加；果实逐渐变软。

## 3 采后果实细胞学研究内容

果实生长、发育、成熟和衰老等生命过程是作为基本组成单元的细胞得形态结构和生理功能变化的综合体现，不同发育阶段果实细胞的形态结构、物质组成、代谢动态存在差异，因此利用细胞学的手段研究果实组织细胞的动态对阐明其生长发育及对环境刺激的响应是必不可少的内容。目前，果实细胞学的研究内容主要包括以下几个方面。①果实细胞的形态结构；②果实营养物质或无机离子的细胞分布的动态变化；③果实细胞壁结构和物质分布的动态变化；④果实代谢过程中相关酶的功能状态、中间代谢产物的分布等。

## 4 果实组织细胞的特殊性和细胞学研究中的注意事项

成熟果实的果皮和果肉组织多属于薄壁细胞，细胞中央为一大液泡，细胞质贴壁、衰老的细胞器或细胞器降解物数量较少、分布在细胞边缘，细胞壁物质降解、细胞壁较薄、结合疏松；胞间连丝丰富、物质交流和流动性大。因此，果实组织与一般植物材料相比具有以下特殊性。①细胞内容物较少，含水量较多；②组织结构疏松，质地较软；③组织内物质流动性大。由于果实组织具有上述特点，在进行细胞学研究的过程中需注意以下事项。①取材，因果实特别是后熟的果实组织较软，组织块特别是超微结构组织块材料切取时极易造成组织损伤，在实践中我们采用如图3-3-1-1所示方法，取得了比较理想的实验效果；②固定，因组织疏松、气体和含水量相对较高、组织内物质流动性大，为更好地固定材料需抽气处理，但注意负压不要过大，以免对组织细胞造成损伤；③脱水，脱水剂从低浓度（30%）开始，浓度梯度间隔不宜过大。

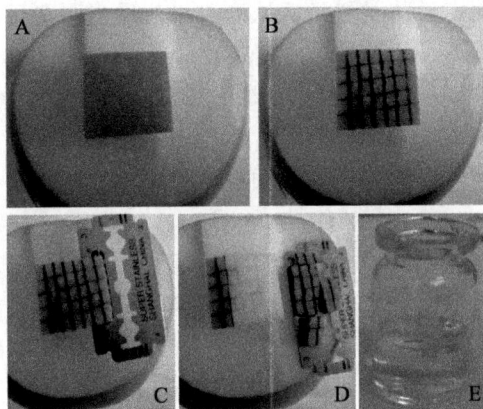

图 3-3-1-1 果实组织取材方法

A. 选定取材部位后将多余部位切除；B. 利用双面刀片将选定材料分割，大小根据取材的需要；
C. 利用双面刀片按照需求将样品削切；D. 获得材料块；E. 将材料块轻放入固定液中

# 第二节 果蔬组织和细胞的形貌结构研究方法

光学显微镜可以用来观察果实组织和细胞的形态结构，扫描电子显微镜可以用来观察组织和细胞的表观形态，透射电子显微镜可以用来在亚细胞水平上观察细胞的结构，原子力显微镜可以更便捷地在纳米尺度上定性和定量研究细胞形态和结构，激光扫描共聚焦显微镜在组织细胞的断层扫描和三维观察方面具有独特的优势，上述方法在果实和其他生物材料的研究中已有广泛应用。

# 1　组织和细胞结构的普通光学显微镜研究方法

## 1.1　简介

顾名思义该方法借助于普通光学显微镜观察切片上的材料组织及细胞的形态结构，组织切片可以是永久切片也可以是临时切片。果实组织和细胞研究中多使用永久切片，而细胞化学定位研究中可使用冷冻切片的方法，下面主要介绍使用较多的石蜡永久切片的制作过程。

## 1.2　石蜡永久切片实验流程

取材→固定→漂洗→脱水→透明→浸蜡和包埋→切片→黏片→脱蜡→染色→脱水→透明→封片。

（1）取材：如图3-3-1-1所示方法，材料块大小为（3～5）mm×（2～3）mm×（1～2）mm。

（2）固定：将上述材料立即投入固定液中，固定液与材料的体积比应不小于5，适当抽气，室温固定2～24 h。常用果实材料的固定液有FAA（50%或70%乙醇：乙酸：福尔马林=90：5：5，体积比；此固定液也可作为保存液）和乙醇-乙酸溶液（95%乙醇：乙酸=3：1，体积比，材料固定后70%乙醇保存）。

（3）漂洗和脱水：固定后的材料经低浓度脱水剂适当漂洗后，采用系列梯度乙醇溶液按如下流程进行脱水，30%（10～15 min）→50%（10～15 min）→70%（10～15 min）→80%（10～15 min）→90%（10～15 min）→95%（15～20 min）→100%（30 min）→100%（30 min）。

（4）透明：将上述脱水后的材料按照如下梯度置换的方法进行透明，二甲苯：乙醇（1：3，体积比，1～2 h）→二甲苯：乙醇（1：1，体积比，1～2 h）→二甲苯：乙醇（3：1，体积比，1～2 h）→二甲苯（1：3，体积比，1～2 h）。

（5）浸蜡和包埋：将上述透明后含材料的二甲苯中逐渐加入碎蜡，使石蜡逐渐溶解到二甲苯中并渗入材料组织，最后使二甲苯完全挥发，完全取代材料中的二甲苯；将浸蜡完全的材料包埋在熔解的石蜡中，包埋时注意根据自己的要求摆放材料方向，凝固后成材料块。

（6）切片、黏片：将上述材料块分割、黏块、修块后利用石蜡切片机进行切片；将切得的连续石蜡切片利用黏片剂粘黏在载玻片，干燥。

（7）脱蜡、透明和复水：将上述载片按照下述步骤逐渐脱蜡、透明和复水，二甲苯Ⅰ（10 min）→二甲苯Ⅱ（10 min）→二甲苯：乙醇（1：1，10 min）→100%乙醇（1：1，5～10 min）→90%乙醇（1：1，5 min）→80%乙醇（1：1，5 min）→70%乙醇（1：1，5 min）→50%乙醇（1：1，5 min）→50%乙醇（1：1，5 min）。

（8）染色：上述切片置入染色缸中染色，常用染色剂苯胺蓝、番红-固绿、PAS反应等，详细的染色液的配置和染色流程参看（郑国锠和谷祝平，1993）。

（9）脱水、透明和封片：染色后的载片经系列梯度乙醇脱水、二甲苯透明，封片。50％→70％乙醇（5 min）→80％（5～10 min）→90％（10 min）→95％（10 min）→100％（15 min）→100％（15 min）→二甲苯：乙醇（1：1，体积比，10 min）→二甲苯：乙醇（2：1，体积比，10 min）→二甲苯Ⅰ（10 min）→二甲苯Ⅱ（10 min）→树胶封片。

## 2　果蔬组织超微结构的研究方法

### 2.1　简介

透射电子显微镜（TEM）可以在亚细胞水平观察细胞壁、细胞膜和各种细胞器的形态结构，结合免疫标记、酶细胞化学定位、能谱分析可进行细胞组成特定物质，如蛋白质、酶等分布的研究或物质半定量分析，本部分主要介绍超微细胞结构观察的实验方法。

### 2.2　透射电镜样品的实验流程

取材→前固定→漂洗→后固定→漂洗→脱水→渗透和包埋→切片→染色和观察。

（1）取材：如图 3-3-2-1 所示方法选定特定部位迅速取材，注意避免对材料的机械伤害，也可以在取材时刀刃蘸少许前固定液，材料大小以 1～2 mm×1 mm×1 mm为宜。

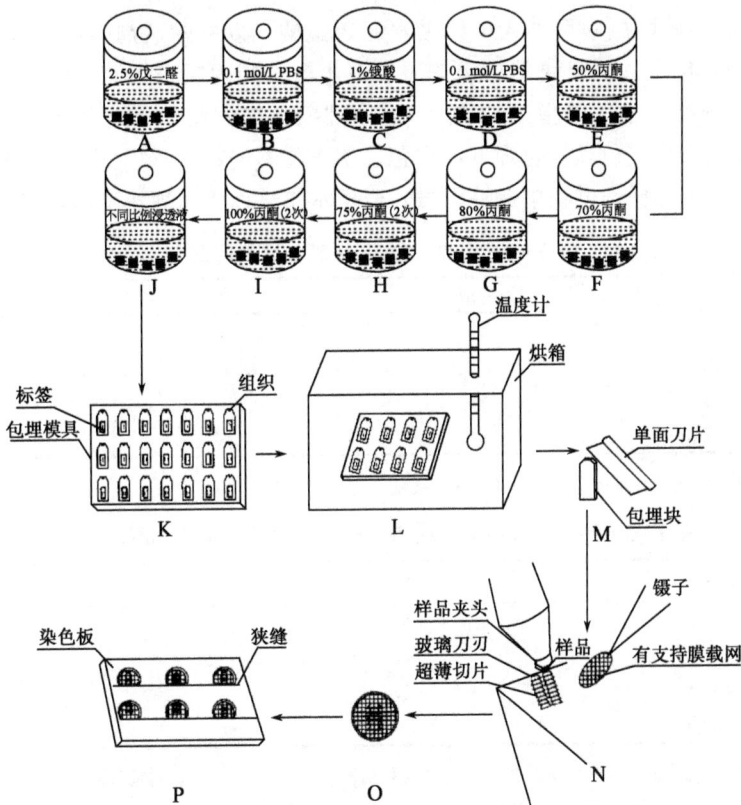

图 3-3-2-1　透射电子显微镜样品制备实验流程图

A. 初固定；B 和 D. 漂洗；C. 后固定；E-I. 脱水；J. 渗透；K 和 L. 包埋和聚合；M. 修块；N. 切片；P. 染色

（引自：付洪兰，2004）

（2）初固定：取材后立即投入 0.2 mol/L，pH 7.2 磷酸缓冲液稀释配制的 2.5% 戊二醛固定液中（磷酸缓冲液的终浓度为 0.1 mol/L），抽气、室温固定 2 h。

**表 3-3-2-1  0.1 mol/L 磷酸缓冲液戊二醛固定剂的配置**

| 戊二醛的终浓度/% | 1.0 | 1.5 | 2.0 | 2.5 | 3.0 | 4.0 |
|---|---|---|---|---|---|---|
| 0.2 mol/L 磷酸缓冲液/mL | 50 | 50 | 50 | 50 | 50 | 50 |
| 25%戊二醛溶液/mL | 4 | 6 | 8 | 10 | 12 | 16 |
| 重蒸水定容至/mL | 100 | 100 | 100 | 100 | 100 | 100 |

（3）漂洗：材料固定后用预冷的 0.1 mol/L，pH 7.2 磷酸缓冲液漂洗 30 min/次，3~4 次。

（4）后固定：0.2 mol/L，pH 7.2 稀释磷酸缓冲液对半稀释的终浓度为 1% 锇酸溶液室温固定 2 h 或低温 4~6 h（固体锇酸用 ddH$_2$O 充分洗净安瓿瓶后整体放入棕色试剂瓶中，破碎后配成浓度为 2% 的原溶液，使用时以一定要注意器皿干净，否则锇酸可被氧化，避光保存；锇酸易挥发对黏膜系统损伤，上述操作应在通风橱中进行）。

（5）漂洗：用 0.1 mol/L，pH 7.2 磷酸缓冲液漂洗 30 min/次，3~4 次，ddH$_2$O 洗一次。

（6）脱水：50%、70%、80%、90% 各一次（次/10 min）、100% 丙酮 2 次（次/20 min）；最后一次丙酮中可加入少量无水亚硫酸钠，以去除试剂中微量水分。

（7）渗透、包埋：材料块的渗透按照以下步骤，纯丙酮：树脂（2:1）→纯丙酮：树脂（1:1）→纯丙酮：树脂（1:2）→纯树脂 I→纯树脂，上述各步 2 h 以上，可根据整体时间适当安排，包埋块包埋（注意包埋块中材料的方向，以便于后面的切片过程），70℃ 聚合过夜。上述操作过程中保持干燥，避免水汽，以防包埋块变脆，影响切片。

**表 3-3-2-2  Spurr 树脂包埋剂的配方**

| 试剂 | 硬度适中 | 硬 | 软/g |
|---|---|---|---|
| VCD/g | 10 | 10 | 10 |
| DER736（增塑剂，g） | 6 | 4 | 7 |
| NSA（固化剂，g） | 26 | 26 | 26 |
| DMAE（加速剂，g） | 0.4 | 0.4 | 0.4 |

注：将前 3 种试剂充分混匀后再加入 DMAE 混匀。

**表 3-3-2-3  Epon 812 树脂包埋剂的配方**（参考 Luft，1961）

| 试剂 | 冬季 | 夏季 |
|---|---|---|
| Epon812/g | 6.4 | 6.2 |
| DDSA/g | 0.7 | 1.4 |
| MNA/g | 5.1 | 4.5 |
| DMP-30/mL | 0.15 | 0.15 |

注：上述比例以配制包埋剂 10 mL 为例；配制时相对湿度应在 25% 以下，将前 3 种试剂充分混匀后，搅拌条件下逐滴加入 DMP-30，搅拌 10 min，充分混匀。

（8）切片、染色和观察：超薄切片机切片，厚度 70 nm，铜网收集、干燥后采用 2% 乙酸双氧铀（50% 乙醇溶液配制）和柠檬酸铅溶液（表 3-3-2-4）双染色的方法染色，染色时间根据样品特性进行预实验确定，电子显微镜下观察、拍照。

表 3 - 3 - 2 - 4　柠檬酸铅溶液的配制（10 mL）

| 试剂名称 | 剂量 |
| --- | --- |
| 硝酸铅（Pb(NO₃)₂） | 0.265 g |
| 柠檬酸钠（C₆H₅Na₃O₇·2H₂O） | 0.352 g |
| 重蒸水 | 6 mL |
| 氢氧化钠（1 mol/L） | 1.6 mL |

注：将前 3 种物质置于 10 mL 容量瓶中，充分混匀成乳白色悬浊液，然后加入氢氧化钠溶液待溶液变清后重蒸水定容。

## 3　果蔬组织形貌的扫描电子显微镜研究方法

### 3.1　简介

扫描电子显微镜是利用电子束在样片表面上进行逐点扫描，获得三维立体图像，图像观察视野大，景深长，富有立体感；常规扫描电镜的分辨率为 7～10 nm，高性能扫描电镜分辨率可达 0.5 nm；利用扫描电镜观察样品表面形貌的同时，也可进行物质定位和成分分析。生物样品研究中常使用的扫描电子显微镜主要有两大类：常规扫面电子显微镜（SEM），生物样品需固定、脱水、干燥和喷镀处理后方能观察；环境扫描电子显微镜（ESEM），可在环境真空条件下对生物样品、含水样品、含油样品进行观察。目前，利用扫描电镜技术已经开展了果皮和果肉组织细胞形貌特征的研究工作。

### 3.2　常规形貌观察的实验流程和示例

由于环境扫描电镜观察过程可对生物样品直接进行观察，因此不需要更多的样品处理，因此本部分主要介绍普通扫描电子显微镜样品的制备流程。

（1）取材：选定目标位置后如图 3 - 3 - 2 - 2 所示方法取样，样品大小以不超过 1 mm×1 mm×1 mm 为宜，在满足要求的情况下样品应尽量小；取材时避免对果实表皮或目标组织部位的机械损伤；取材后样品可适当清洗，去除表面的污物。

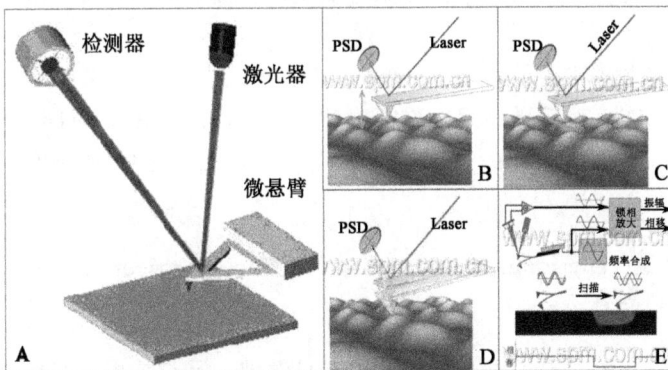

图 3 - 3 - 2 - 2　AFM 工作原理
A. 和工作模式；B. 接触模式；C. 横向力或摩擦力作用模式；D. 轻敲模式；E. 相移模式

（2）固定：样品立即投入 FAA（50％的乙醇 90 mL＋福尔马林 5 mL＋冰醋酸 5 mL）固定液或 0.1 mol/L 磷酸缓冲液＋2.5％戊二醛）溶液中，适当抽气，固定 2～4 h。

（3）脱水和置换：采用系列浓度梯度乙醇脱水：30％（5 min）→50％（5 min）→70％（10 min，FAA 固定样品起始）→80％（10～15 min）→90％（10～15 min）→100％（10～15 min）→乙醇：乙酸乙酯（3∶1，15 min）→30％（1∶1，15 min）→30％（1∶3，15 min）→乙酸乙酯（15 min）→乙酸乙酯（15 min）。

（4）临界点干燥：采用临界点干燥的程序进行样品的干燥：预冷干燥室→放置样品→注入二氧化碳→置换气化→排出气体→取出样品→清洗样品室。

（5）样品粘贴、喷镀：干燥的组织块用双面胶黏到金属台上，用离子溅射或真空喷镀法对样品进行镀膜处理。

（6）样品观察：普通扫描电子显微镜下进行观察、拍照，加速电压 10～30 kV。

### 3.3　果肉组织内部形貌特征的冷冻断裂技术实验流程和示例

上述方法制备的生物样品一般适于表面形貌的观察，如果研究生物样品内部形貌结构（果肉组织形貌）可用冷冻破碎或冷冻断裂的方式进行样品的处理在高分辨率扫描电镜下观察，以下介绍实验流程。

（1）冷冻破碎实验方法（Orfila & Knox，2000）

①取材和固定：样品切成大约 10 mm×10 mm×10 mm，液氮快速冷冻后用针破碎成小块（30 mm³）；样品放入 pH 7.2、0.1 mol/L 磷酸缓冲液配置的 2.5％戊二醛溶液中 4℃ 固定 2 h；放入 1％锇酸缓冲液（0.2 mol/L 磷酸缓冲液或 0.1 mol/L 二甲砷酸钠缓冲液），4℃ 固定 60～90 min。样品也可以不经固定直接冷冻。

②漂洗：用上述缓冲液漂洗 3 次，15 min/次。

③后固定：样品放入 pH 7.2，0.1 mol/L 磷酸缓冲液配置的 1％锇酸溶液中 4℃ 固定 1 h。

④漂洗：用上述缓冲液漂洗 3 次，10 min/次，重蒸水漂洗一次。

⑤脱水、干燥：样品经系列梯度乙醇脱水后临界点干燥（上述方法）。

⑥样品喷涂和观察：样品黏贴在样品台上喷镀，镀层厚度约 20 nm，高分辨率扫描电镜下观察、拍照。

（2）冷冻断裂方式实验流程（MacDougall et al.，1995）：取材后清洗样品直接放在铝夹具内液氮速冻，然后样品用冷冻断裂装置进行断裂，断裂时间为 3 min，敲击频率为 360 次/min，断裂后的样品冷冻干燥后固定在样品台上喷镀处理后于扫描电镜下观察。

### 3.4　环境扫描电镜（environmental scanning electron microscopy，ESEM）观察果实表面形貌特征流程和示例

环境扫描电镜技术拓展了电子显微学的研究领域，是扫描电子显微镜领域的一次重大技术革命。样品既不需要脱水，也不必进行导电处理，可在自然状态下直接观察和分析元素成分，配备低温附件可在低温冷冻条件下观察样品的形貌，实现了人们所追求的在自然状态下样品观察和分析的目标。普通环境扫描电镜观察不需要过多的样品处理；

低温冷冻环境扫描电镜需要对样品进行冷冻处理，实验流程可参照如下所述。

（1）冷冻扫描电镜实验流程（Roy et al.，1997）

①取材：果实样品切成大约 10 mm×10 mm×10 mm 小块，将样品固定在夹具的冷冻附台上（tissue tek，miles scientific，naperville，IL）。

②冷冻蚀刻：将带有样品的夹具快速投入液氮中进行冷冻，然后放入 CT‐1500HF cryotrans system（oxford instruments，eynsham，UK）的升温箱中，当温度逐渐升至 −95℃条件下进行样品表面的蚀刻。

③喷镀观察：蚀刻后的样品立即喷泊镀膜，然后转移至冷冻状态下利用环境扫描电镜进行观察，加速电压为 10 kV。

（2）常规环境扫描电镜：新鲜样品直接进行样品的活体观察。

## 4 原子力显微镜形貌观察

### 4.1 简介

原子力显微镜（atomic force microscope，AFM）是通过样品表面力与距离的关系而获得样品表面结构形态信息的一种显微镜。它使用一个尖端附有探针的一端固定的弹簧悬臂作为接受力变化的敏感元件。当探针距离样品很近时，针尖端原子与样品表面原子间存在极微弱的相互作用，该相互作用使悬臂发生形变或使其运动发生变化，利用光学检测法或隧道电流检测法可测得微悬臂对应于扫描各点的位置变化；在对样品的扫描过程中保持作用力恒定，测得探针对应于扫描各点位置的变化；或保持坦诚、样品间距不变，测得扫描各点探针、样品间相互作用力的变化，即可得到样品表面的形貌特征。

原子力显微镜应用于生物学的研究领域，其优势在于以下方面：第一，AFM 技术的样品制备简单，无需对样品进行特殊处理，其破坏性较其他生物学常用技术要小。第二，AFM 能在多种环境（包括空气、液体和真空）中运作，生物分子可在生理条件下直接成像，也可对活细胞进行实时动态观察。第三，AFM 能提供生物分子和生物表面的分子/亚分子分辨率的三维图像。第四，AFM 能以纳米尺度的分辨率观察局部的电荷密度和物理特性，测量分子间（如受体和配体）的相互作用力。第五，AFM 能对单个生物分子进行操纵。

近年来，AFM 在果实采后领域用于研究组织形貌特征，细胞壁多糖分子的排列、形态等方面已有研究报道，下面介绍 AFM 在果实领域的应用技术流程和获得的图像结果。

### 4.2 实验流程

AFM 可在空气、液体和真空等状态下对样品进行观察，因此样品一般不需要特殊处理，但 AFM 工作参数根据不同的研究目的存在差异。

### 4.3 果实表面形貌的 AFM 观察（Cardona et al.，2008）

样品为果实表皮组织，AFM 的工作模式为接触模式，悬臂系统为标准"V"形硅氮悬臂，探针为方锥形，微悬梁的弹性系数为 0.26 N/m；图像的分辨率为 256×256

点，扫描速率为 1 Hz，侧向的分辨率为 0.2 μm；采用随机携带的软件进行图像处理。在观察表面形貌特征的同时，也可以进行三维空间的定量测量。

### 4.4　果实细胞壁组分的原位 AFM 观察（Lesniewska et al.，2004）

葡萄悬浮培养细胞离心收集后置于盖玻片上，盖片先用 0.1% 多聚赖氨酸处理以便细胞黏附在玻片表面，然后用 Nitsch - Nitsch 培养基覆盖，24℃ 条件 AFM 观察、测量。

实验使用带多探头、具多种工作模式的 AFM（Nanoscope IIIa；Veeco Co.，CA），V 形硅氮悬臂的弹性系数为 10～600 mN/m、Young'S 系数通过纳米压痕检测约为 440 gPa；采用接触和轻敲两种模式，扫描频率为 1～5 Hz，图像经压平处理以提高图像质量。采用接触模式扫描时，作用力调整到 100 pN 以下；采用轻敲模式时，通过适当调整扫描条件（作用力、振幅）及图像质量优化程序，在细胞表面扫描时获得了侧向分辨率达到 1 nm，垂直分辨率 0.1 nm 的观察效果，振幅低于 5 nm、自由振幅低于 10%。在进行细胞表面扫描的同时，也可对样品进行定量研究，具体实验方法可参照仪器使用说明和不同实验研究中的报道参数，如图 3 - 3 - 2 - 3 所示为葡萄细胞壁形貌和参数特征。

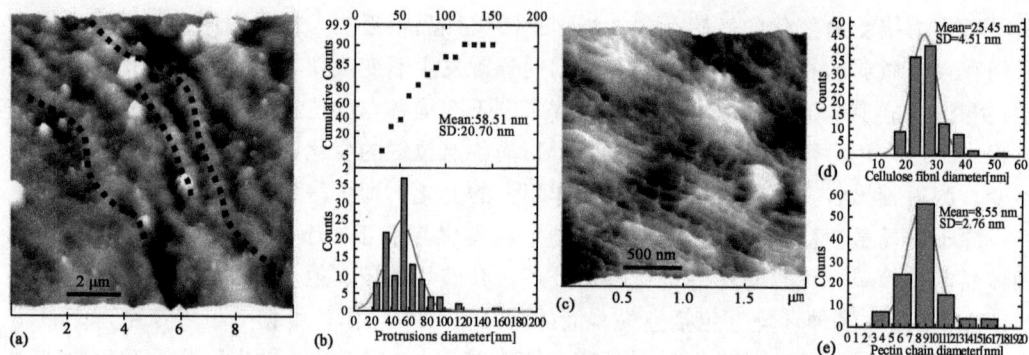

图 3 - 3 - 2 - 3　AFM 观察的 Nitsch - Nitsch 培养基中的葡萄细胞壁活体低倍形貌图

(a) 对照细胞，平行排列的直径大约为 20 nm 的微纤丝（灰线）被果胶质包裹形成平均直径为 58 nm 的凸出，接触模式，作用力≤20 pN，扫描频率 1.5 Hz，Bar＝2 μm。(b) 凸出平均直径的柱形分布图，统计数量为 100 个细胞。(c) AFM（轻敲模式）观察的 Nitsch - Nitsch 培养基中经 UV 处理的葡萄细胞壁活体形貌图，细胞壁表面有微纤丝凸出，凸出的高度大约 3 nm、平均直径在 8.5 nm；细胞壁微纤丝粗细纤丝片段间间隔深度在 3～7 nm、深度在 60～300 nm；AFM 工作振幅≤2 nm，扫描频率为 1 Hz，Bar＝500 nm。(d) UV 处理细胞纤维素微纤丝直径分布的柱形图，样品数≥100 个细胞。(e) UV 处理细胞果胶链直径分布的柱形图，样品数≥100 个细胞

（引自：Lesniewska et al.，2004）

### 4.5　细胞壁果胶和半纤维素分子的离体 AFM 观察

（1）半纤维素分子的观察（Chen et al，2009）：半纤维素溶液首先稀释到适于 AFM 测定的浓度（0.5～20 μg/mL），稀释后的溶液用漩涡混合仪充分混匀，取 10～20 μL 溶液滴加在新的云母片上，空气干燥。实验使用的 AFM 为 JSPM - 5200（JEOL，Japan），探针为 NSC 11/no A1（MikroMasch，Wilsonville，OR，USA），悬臂的弹性系数为 48 N/m，振动频率为 330 kHz，工作模式为 AC。随机携带 AFM 图像

处理软件（WinSPM System，Japan）用于扫描图像的处理，图像经压平化处理校正以提高图像视觉质量，图像中的明暗区域分别代表样品链相应的峰高和谷深，以海拔刻度（15 nm）表示，二维和三维海拔模式图像用于相应的分析。未校正图像中半纤维素分子的宽度、高度和聚合度采用截面方式定量分析。

（2）果胶分子的 AFM 观察（Yang et al.，2009）：果胶分子在室温下用漩涡混合仪充分混匀，取 20 μL 样品溶液滴加在新的云母片上，盖上盖玻片，然后用手指轻压盖玻片，此操作维持几秒以便果胶分子的充分分散，避免果胶分子凝聚；然后云母片用吹风机吹干，实验中果胶分子的浓度根据所获得单分子果胶的图像情况适当调整。实验使用的 AFM 的工作环境为 30％～40％相对湿度、温度为 25℃，型号为 NanoScope IIIa（Veeco/Digital Instruments，Santa Barbara，CA，USA），带有 J 和 E 两种扫描器，可通过调整不同的扫描器以达到对样品微小区域进行扫描。工作模式为轻敲模式，该模式所得海拔图像能最大限度地反映软质样品的形貌图，探针与样品的作用力较小，对软样品的损伤最小，而且此模式下侧向作用力大大降低，样品变形小，侧向分辨率高。探针类型为 NSC 11/no A1（MikroMasch，Wilsonville，Oregon，USA），悬臂的弹性系数为 48 N/m，振动频率为 330 kHz，扫描频率约 2 Hz，每次使用前激光扫描对探针进行扫描，将获得的图像与标准参照图像比对以检验探针的完整性。

图像分析采用随机携带的 NanoScope 软件（version 5.30b4），软件的压平化功能降低了样品的陡度，提高图像质量，同时几乎不改变图像三维数据。图像中明、暗区分别代表相应的峰高和谷深，海拔模式图像中垂直方向和水平方向采用不同的刻度，前者多为微米而后者多为纳米。通过对海拔模式图像的分析，可获得样品的定性和定量信息，在真正的果胶分子的分枝点，分子的高度保持不变，而不同分子的交叉位置高度是叠加的。果胶分子的三维（长、宽和高）尺度利用软件通过截面分析获得，通过直接测定果胶分子的水平和垂直数据获得单分子的宽度和高度，而长度通过沿果胶分子方向进行测量获得。图 3-8A-C 为桃果实不同组分果胶分子的 AFM 图。

## 5　激光扫描共聚焦显微镜

### 5.1　简介

激光扫描共聚焦显微镜（laser scanning confocal microscopy，LSCM）用激光作扫描光源，进行逐点、逐行、逐面的图像快速扫描，所使用的扫描激光与收集荧光共用一个物镜，物镜的焦点即扫描激光的聚焦点，也是瞬时成像的物点。由于激光束的波长较短、光束很细，所以 LSCM 的分辨力已接近光学显微镜的理论分辨率（200 nm），图像清晰度和对比度较普通光学显微镜大大提高。系统经一次调焦，扫描限制在样品的一个平面内，通过调焦深度的变化，就可以获得样品不同深度层次的图像，且图像可以直接贮存到计算机。利用图像处理系统对组织，细胞及亚细胞结构进行断层扫描和三维立体空间结构再现，将形态学研究从平面图像水平提高到三维立体水平，图像清晰鲜艳，实现从组织细胞水平直接进入亚细胞水平的观察。而且在组织、细胞形态结构观察的同时，还可以对活细胞内生化成分进行定量分析、光密度统计以及细胞形态的测量，配合焦点稳定系统可实现长时间活细胞的动态观察。激光扫描共聚焦显微镜作为一种先进的分子细胞学研究仪器，在光切片扫描、细胞及生物荧光样品观察分析、动态荧光分析、3D 图像处理和时间序列拍摄成像等方面广泛应用于现代生物学的研究。以采后果实和病原微生物为实验材料除与其他生物材料一样进行荧光物质观察外，利用果实角质层部位的自发和反射荧光开展的角质层研究为采后生物学的研究提供了新方法、手段和思路。

### 5.2 果实组织细胞形貌的 LSCM 观察

LSCM 可以对样品逐层扫描（所谓的薄层光学切片功能）获取每一断层的结构信息，通过计算机进行图像叠加后可以在水平、垂直或其他任意角度观察样本的外形及剖面，获得样品的真正意义上的三维数据，能十分灵活、直观地进行形态学和细微结构的观察。

果实材料切成大小为 $500\ \mu m \times 300\ \mu m \times 200\ \mu m$，材料薄片用 $0.05\%$ 中性红染色（用 5 mmol/L，pH 8～8.5 的 Heps－KOH 缓冲液＋20％蔗糖溶液配置，20％蔗糖溶液与苹果汁的渗透势基本相同，有利于维持细胞的形态）。染色后的切片用等渗的蔗糖溶液洗两次，每次 5 min。LSCM（Zeiss，LSM 410）观察，激发光波长 543 nm，波长在 570 nm 以上的发射光通过一个长通透性滤光器收集。选定切片上的特定区域进行扫描，每一切面扫描 8 次后将数据取平均（以消除背景噪声）用于该切片的图像构建。利用图像处理软件进行 3D 图像构建，水平方向图片数量约为 18 帧/幅，数量根据不同深度样品荧光强度而定，图 3－3－9 为利用上述方法获得的苹果果皮角质层的 3D 图像（Veraverbeke et al.，2003）。

### 5.3 果皮表皮角质层结构的 LSCM 观察

果实表皮细胞壁的外侧一般为一层无细胞结构主要由脂类物质组成的角质层，角质层的外侧覆盖有蜡质。角质层和蜡层的存在对果实起到一个屏障作用，一方面阻止病原菌的入侵；另外一方面防止水分的蒸发，在果实的贮藏保鲜中发挥重要作用。但由于角质层的特殊性，目前主要采用化学成分分析和扫描电镜表面形态观察的研究方法，但难以阐明其动态变化过程，激光共聚焦荧光显微镜为角质层的研究提供了有力的工具。Veraverbeke 等（2001）以苹果为实验材料尝试了 LSCM 对角质层的无痕检测方法，具体实验过程如下。

苹果果皮样品用带有 Bio－Rad MRC 1024－UV 激光成像系统的 Nikon 300 倒置显微镜观察，光源为氩和氩氖，仪器控制和图像处理软件系统为 Lasersharp 3.1。样品观察主要使用氪-氩光源发射的波长为 488 nm 的光束，滤光片为 UBHS，带一个 510 nm 的双二色光束分割器，反射光由通道 2 记录（图像中绿色部分），荧光记录由带有一个 560 nm 的双二色镜的滤光片挡板 E2，通道 1（图像中红色部分）收集 585～640 nm 的光。低倍图像使用的是 Nikon 10 NA 物镜，高倍使用 Olympus 60 NA 1.4 物镜，样品上不加盖玻片。为考察浸润油是否对样品表面蜡层造成破坏进行了如下实验：浸润油直接滴加在果实角质层上，然后将整个苹果用弹性的胶条固定在显微镜的样品台上，通过比较样品处理前后图像的差异，发现浸润油处理对果实角质层结构无显著影响。图像处理主要采用 Bio－Rad 公司的 Lasersharp 3.1 or 3.2 软件及 COMOS（version 7.0a）图

像处理软件，图像的进一步加工和处理采用 Adobe Photoshop、Confocal assistant 4. 1
和 Huygens System 2（Scientific Volume Imaging BV，Hilversum，The Netherlands）
或 Imaris version 2. 7（Bitplane，Zürich，Switzerland）软件系统。

## 5.3.1　苹果表皮的三维立体图（图 3 - 3 - 2 - 4）

图 3 - 3 - 2 - 4　苹果表皮的三维立体图

采用上述实验方法获得的苹果果皮表层三维图，上图中不同组织层能通过各自荧光和反射特性区分开。
液泡（4）含有花青素等显色组分，其自发荧光波长为 585～640 nm（图像中鲜红色部分）；叶绿体
（5）荧光波长在 640 nm 以上（图像中蓝色部分）；蜡层（1）反射荧光波长为 488 nm（图像中绿色部
分）；角质（2）荧光较弱（暗红）；细胞壁（1）的反射荧光（绿色）将角质层与其下的内层细胞区分开。

（引自：Veraverbeke et al.，2001，Planta）

## 5.3.2　苹果果皮蜡层二维切面图

苹果果皮表面的蜡层为脂类物质，用有机溶剂正己烷可将其溶解，通过此处理可以
对比验证试验方法的可靠性。果实表面滴加一定量的正己烷，持续 45 s，然后再用一定
量的正己烷将表面蜡质洗掉后按照上述方法 LSCM 观察（图 3 - 3 - 2 - 5）。

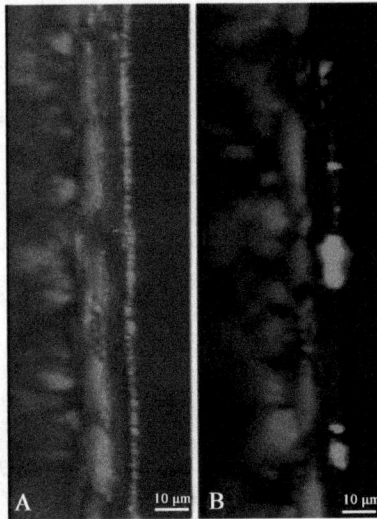

图 3 - 3 - 2 - 5　苹果果皮蜡层二维切面图

正己烷处理前（A）和后（B）苹果角质层的 LSCM 观察图像，处理前蜡层的发射荧光
清晰可见，而处理后只有上部分蜡质残留，大部分蜡质消失，Bar＝10 μm

（引自：Veraverbeke et al.，2001）

# 第三节　物质定位标记观察

生命的基本组成单位是细胞，所有的细胞都是由水、蛋白质、糖类、核酸、盐类和各种微量的有机化合物所组成。细胞生物学的一个特点是将细胞形态观察与细胞组成成分的分布和动态变化结合起来，其中物质定位标记技术是细胞生物学研究的一个重要手段，主要包括细胞化学定位、免疫标记、放射自显影等方法。本部分重点介绍采后生物学常用的细胞化学和免疫标记的技术方法和应用。

## 1　细胞化学技术

细胞化学的范围很广，通常根据研究对象的不同分为生物大分子物质的细胞化学、离子物质的细胞化学、酶细胞化学、核酸细胞化学等。可利用普通光学显微镜、荧光显微镜、透射电子显微镜和扫描电子显微镜等设备对细胞组分的分布进行观察和研究。

### 1.1　普通显微化学

应用特定的化学处理与组织或细胞的某一部分起化学变化而产生特殊的颜色反应，并通过光学显微镜直接鉴定组织或细胞中含有物的性质和分布位置的一种方法，包括组织化学和细胞化学两个方面（郑国锠和谷祝平，1993）。该方法的目的是使细胞内含物或细胞间的内含物在原位呈现，因此技术的关键和注意事项在于：首先，在材料处理的过程中必须细心，避免待显色组分的分散或改变其在解剖学上的位置；其次，显色反应具有专一性；最后，实验过程中需足够的实验材料的重复及染色的对照实验，以保证方法的可靠性。

#### 1.1.1　生物大分子物质（糖类、脂类、蛋白质）显微化学观察

果蔬组织主要由薄壁细胞组成，多数种类的果蔬细胞内糖类、脂类和蛋白质等内含物含量相对较少，细胞壁多糖组分含量相对丰富。植物细胞学研究中常用的组织细胞化学染色方法也适用于果蔬组织细胞的研究，作为待染色的组织切片可以是徒手切片、冰冻切片、石蜡切片和半薄切片，其中后两种切片较为常用。石蜡切片的实验程序参照"石蜡永久切片实验流程（2.1.2）部分"，但如进行脂类的组织细胞化学染色，材料固定时需用戊二醛和锇酸双固定，切片经脱蜡、复水后按照下述方法染色；半薄切片按照"透射电镜制样方法（2.2.2）部分"，切片厚度为 $1~\mu m$，将切片捞取、黏贴在载玻片上，参照下述方法进行染色（胡适宜和朱澂，1990）。

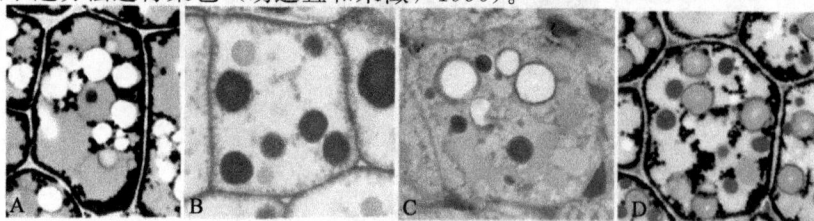

图 3-3-3-1　花生种子中多糖、脂类、蛋白质物质的半薄切片细胞化学显示
A. 脂类物质的苏丹黑 B 染色；B. 多糖物质的 PAS 染色；C. 蛋白质的考马斯亮蓝 R 染色；
D. 复合染色，3 种物质的显示

（引自：胡适宜和朱澂，1990，植物学报）

(1) 脂类物质的细胞化学定位：苏丹黑 B（Sudan black B）染色的步骤：取 0.3 g 苏丹黑 B 加入 100 mL、70%乙醇的溶液中、上述染料装入小瓶中、密封后于 37℃ 温箱中放置 12 h，过滤备用，染色前将苏丹黑 B 染色液置于 60℃ 温箱中加温；切片经 70% 乙醇处理 1～2 min 后转入苏丹黑 B 染色液（新鲜配制）中 40℃ 染色 30 min；切片在 70% 乙醇中分色处理、蒸馏水漂洗；切片自然干燥或置于 40℃ 电热温箱中烘干后甘油胶封片（5 g 明胶溶入 30 mL 蒸馏水 2 h 后加入 35 mL 甘油和 1～5 g 石碳酸）后观察，脂类物质被染成黑色（图 3-3-3-1A）。

(2) 蛋白质的细胞化学定位：考马斯亮蓝 R（Coomassie brilliant blue R）染色：取 1 g 考马斯亮蓝 R 加入 100 mL 7%乙酸溶液中，上述染料装入小瓶中，60℃ 温箱中完全溶解后备用；切片经 7% 乙酸处理 1～2 min，考马斯亮蓝 R 染色液染色 20 min；0.1% 乙酸溶液分色，流水洗 5 min，蒸馏水漂洗后甘油胶封片，观察蛋白类物质被染成蓝色（图 3-3-3-1C）。

(3) 多糖类物质的细胞化学定位：高碘酸席夫反应（periodic acid schiff reaction，PAS）染色：切片浸入 0.5%高碘酸溶液 [0.5 g 高碘酸（$HIO_4$）溶于 100 mL 蒸馏水中，或用 0.5 g 高碘酸钾（$KIO_4$）溶于 100 mL 3% 的硝酸溶液中，现配现用] 中 8 min；蒸馏水浸洗一下，立即放入 30℃ 预热席夫试剂 [0.5 g 碱性品红加到 100 mL 沸腾的蒸馏水中在不断搅拌下煮沸 5 min，冷却至 50℃ 过滤后装入棕色瓶，加入 1 mol/L 的盐酸 10 mL，冷却至 25℃，加入 1 g 偏亚硫酸钾（$K_2S_2O_5$）或偏亚硫酸钠（$Na_2S_2O_5$），振荡、暗处过夜，次日取出（呈淡黄色），加 0.25 g 中性活性炭，剧烈振荡 1 min，过滤后用黑纸包裹棕色试剂瓶，4℃ 冰箱保存] 中室温下反应 12 min；漂洗液（1 mol/L 的盐酸 5 mL 与 10% 偏亚硫酸钾或偏亚硫酸钠水溶液 5 mL，用蒸馏水定容到 100 mL）漂洗 3 次，每次 2～5 min，水滴流冲洗 3～5 min 后晾干即可，多糖和淀粉类物质被染成红色（图 3-3-3-1B）。

(4) 复合染色：切片先经 PAS 反应→苏丹黑 B→考马斯亮蓝 R 依次连续染色，最后封片观察，脂类成分被染成黑色、蛋白质类物质被染成蓝色而多糖类或糖蛋白种的多糖组分被染成红色（图 3-3-3-1D）。

### 1.1.2 细胞壁组分的组织细胞化学定位观察

成熟果实细胞细胞壁纤维素、半纤维素、果胶物质以及蛋白质、离子组分的变化在一定程度上反映细胞壁的代谢动态和功能状态。细胞壁的研究也是当今果实采后领域研究的热点，其中细胞壁组分的细胞学分布动态变化成为研究重点内容。细胞壁组分物质的定位研究方法主要包括：光镜的细胞化学染色方法、光镜和电镜免疫标记、酶细胞化学或离子细胞化学等。本部分主要介绍光镜的细胞化学染色方法。

(1) 果胶物质定位：果胶主要位于中胶层，包括酯化果胶和非酯化果胶不同类型，其变化反映相邻细胞间的黏附能力或分离程度，应用不同的染料染色可以观察其在果实发育、成熟和衰老代谢过程中的动态变化。切片经 0.02%钌红水溶液染色 30 min 用于非酯化果胶的鉴定，或羟胺三氯化铁法染色用于酯化果胶的鉴定，或切片在 40℃ 条件下先经 0.1 mol/L $Na_2CO_3$ 溶液处理 24 h 后再经 0.02%钌红溶液染色用于总果胶的鉴定，染色后的石蜡切片经系列脱水、透明、封片观察（Chen et al.，2006），钌红染色后非酯化果胶为紫红色，羟胺三氯化铁染色后酯化果胶成橘红色。

（2）纤维素定位：半薄切片（0.5～1.0 $\mu m$）用 0.025%（$m/V$）荧光增白剂 calcofluor white（fluorescent brightener 28，Sigma）浸泡处理 30 s，去离子水漂洗，UV 荧光显微镜下观察、拍照，纤维素显示明亮荧光。

（3）木质素（lignin）和木栓质（suberin）的定位：木质素的主要成分是酚类聚合物；木栓质的成分为蜡质成分，包括与细胞壁相连的酚质化木栓质和质膜相连的脂肪质木栓质。木质素可用间苯三酚（phloroglucin）染色（红色）；木栓质可用苏丹红 III（Sudan red III）染成橙红色或用亲脂性荧光染料 fluorol yellow 088（FY）染成黄绿色（脂肪化木栓质），而酚质化木栓质在蓝色光下发出暗绿色自发荧光。

木质素染色方法：徒手切片或半薄切片用 1 mol/L 的盐酸浸透（间苯三酚在酸性条件下才能与木质素反应），然后滴加 1% 间苯三酚（0.1 g 间苯三酚溶于 10 mL 95% 乙醇中）染色，染色时间根据材料种类适当调整，切片中纤维素呈红色或紫红色，光学显微镜下观察、拍照。

木栓质的苏丹红 III 染色方法：用于木栓质定位的材料需按照固定脂类的方法对材料进行固定；切片在 50% 乙醇中放置 5 min，在苏丹红 III 染液（将苏丹红 III 染料 0.1 g，溶于 10 mL 95% 乙醇中，然后加入 10 mL 甘油）中于 37℃ 条件下染色 30 min，再在 50% 苏丹红 III 中漂洗一下，蒸馏水中冲洗，甘油封片观察，细胞中脂肪、栓质、角质染为橘红色。

木栓质的 fluorol yellow 088（FY）染色方法：徒手切片材料或经脂类固定剂固定的材料切片置于聚乙二醇甘油配置的 0.01%（$m/V$）的 FY 染料中 1 h，切片用蒸馏水冲洗几次，75% 甘油封片后紫外下观察、拍照，脂肪化木栓质呈黄绿色荧光。

### 1.2　酶组织细胞化学（histochemistry and cytochemistry of enzyme）

是指利用酶化学反应的产物能在光学和电子显微镜下被识别，借以从形态学角度判定酶在组织细胞内的存在部位，研究酶这类物质在组织细胞内的分布动态和功能的技术方法。研究组织细胞内特定酶分布的细胞化学方法大致包括两大类：一是利用酶的活性反应的方法；二是利用抗原-抗体反应证实酶蛋白存在部位的方法。一般的酶组织细胞化学指前者，后者被归为免疫组织细胞化学的范畴。

酶组织细胞化学原理：组织细胞内的酶催化其反应底物生成相应的反应产物，称为初级反应产物，在酶作用的原位利用捕捉剂与初级反应产物进行捕捉反应，生成在显微镜下可见的终产物，间接证明酶分布位置和酶催化活性的强弱。因此，从细胞化学角度检测某种酶活性必须具备 3 个基本条件：同时保持组织结构和酶的活性；保持反应产物的原位性，并可用于观察；进行反应产物特异性的研究。

酶组织细胞化学实验的原则和关键：为达到上述目的在进行酶组织细胞化学实验时应注意以下原则和关键环节。第一，在最大限度保存酶活性，防止酶的移位、扩散或丢失的前提下，兼顾细胞结构的保存。第二，酶催化反应和捕捉反应具有专一性：首先，应寻找目标酶专一性催化的同时不能被其他酶催化反应的特异性底物，或采用抑制剂来抑制非目标酶的催化活性，以保证催化反应的唯一性；其次，保证捕捉反应具有及时、原位和易于识别的特点；最后，设置酶专一性反应的平行对照实验，一般至少应包括缺少反应底物的对照组来验证捕捉反应的专一性和加入酶抑制剂的对照组以保证催化活性的专一性。第三，酶标记反应结束前的操作应在低温下或预冷的条件下进行，具有一定的取样量以保证实验结果的代表性。目前，利用酶组织细胞化学技术既可以在光学显微镜下研究具催化活性的酶在组织细胞水平的动态分布变化，也可以在电子显微镜下研究具催化活性的酶在亚细胞水平的动态分布变化。以下主要介绍酶组织细胞化学技术在果蔬采后领域的应用技术和示例。

### 1.2.1　光学显微镜酶组织细胞化学观察

酶催化反应产物经捕捉剂显色后可在光学显微镜下观察，研究酶在组织水平的活性动态。材料一般不需固定，徒手切片或冰冻切片后直接进行孵育和显色反应，适于酶活性定位的快速检测；也可以采用半薄切片对超微酶细胞化学研究中的材料在光学显微镜下进行观察。实验流程主要包括：取材、切片、孵育和显色反应、封片和观察。

（1）取材和切片：选取拟取材部位，用锋利刀片切取组织小块，可采用冷冻切片或徒手切片的方式制备用于酶孵育反应的薄切片，切片厚度为 $20\sim100~\mu m$。

（2）孵育和显色反应：冷冻切片黏附在载玻片上孵育，而徒手切片采用漂浮孵育的方法，孵育液的组成、温度、时间以及显色反应可参考文献报道的方法，并根据预实验的结果适当调整，目前文献报道的能进行细胞化学定位的酶有 100 多种。

（3）封片和观察：黏附在载玻片上的冷冻切片经孵育显色反应后直接进行临时封片观察，漂浮孵育后的切片粘贴在载玻片上后临时封片观察，避免黏片产生气泡。

（4）实验示例

①过氧化物酶（POD）定位孵育和显色反应：酶催化其生理底物（过氧化氢、酚类物质）产生的活性基团能催化捕捉底物（DAB、NBT 等）氧化聚合生成黄褐色底物，光学显微镜下可见。孵育反应液：①50 mmol/L、pH 6.8 的磷酸钾盐缓冲液中含有 10 mmol/L 过氧化氢和 9 mmol/L 愈创木酚，室温下显微镜光源下光照 1 min，观察拍照（Fernandez‐García & Olmos，2008）。③50 mol/L、pH 7.0 磷酸加盐缓冲液中含有 0.5 mg/ mL DAB 、5 mmol/L 过氧化氢和 20 mmol/L 3‐amino‐1,2,4‐triazole（ATZ，过氧化氢酶抑制剂），室温反应 45 min 后观察拍照，两个对照组孵育液中不含有 $H_2O_2$ 或 DAB（Andrews et al.，2002）。

②多酚氧化酶（PPO）定位孵育和显色反应：材料组织在含有 50 mmol/L 儿茶酚的 0.1 mol/L、pH 4.5 的乙酸钠缓冲液中室温条件下孵育反应 30 min～2 h，同时在孵育液中通过加入 0.1 mg/L 过氧化氢酶消除 $H_2O_2$ 的含量以抑制 POD 反应所引起的非特异性反应（Onsa et al.，2007）。

③氨基乙醛脱氢酶（aminoaldehyde dehydrogenase）定位孵育和显色反应：材料经徒手切片，厚度为 $20\sim40~\mu m$，切片浸入含有孵育液 1 mmol/L 3‐氨基丙醛（APAL），1 mmol/L NAD$^+$，0.15 mmol/L PMS and 0.75 mmol/L NBT 的 0.15 mol/L、pH 8.5 的 Tris‐HCl 缓冲液中，30℃条件下于暗处反应 1～3 h 直至切片中褐色沉淀出现，然后切片再浸入 7%（V/V）乙酸溶液 10 min，最后蒸馏水漂洗终止该反应。对照实验组分别为孵育液中不含有 APAL 或预先用含有 0.5 mmol/L 4‐氯高汞苯甲酸（该酶抑制剂）的 0.15 mol/L、pH 8.5 的 Tris-HCl 缓冲液浸泡 10～20 min，然后再进行酶的孵育反应。光学显微镜下观察、拍照（Šebela et al.，2001）。

（5）$\beta$‐葡聚糖苷酶类定位孵育和显色反应：组织材料经振动切片机切片，厚度为

80 $\mu$m，孵育液组成为：50 mol/L、pH 6.5 磷酸缓冲液含 60 $\mu$mol/L X - Glc（5 - brome - 4 - chloro - 3 - indolyl - $\beta$ - D - glucopyranosyde），1 mmol/L 铁氰化钾，1 mmol/L亚铁氰化钾，10 mmol/L EDTA，于37℃条件下暗处反应 30 min～3 h，反应时间根据预实验确定，以不加反应底物作为实验对照组，反应终止时以冷磷酸缓冲液漂洗、甘油封片、观察。

1.2.2　酶的超微细胞化学（ultracytochemistry of enzyme）观察

（1）简介：该技术是 20 世纪 60 年代，在应用光镜研究组织化学的基础上发展起来的。截止到目前，在电镜下能实现定位的酶约 100 多种，且只能通过酶活性作用结果间接的做定性观察。电镜酶细胞化学一般是先将酶原位固定在细胞内；再使酶与特定底物起反应生成的初级产物经捕捉反应沉着于酶催化活性的原位上；最后使沉着物变为电子致密物，能够在电镜下观察。捕捉反应根据酶催化的特性有所差异，如磷酸酶催化底物（磷酸酯）生成初级产物无机磷酸，与捕捉试剂中的铅离子结合生成电子致密的磷酸铅沉淀；过氧化物酶氧化其底物过氧化氢产生的活性分子进一步氧化二氨基联苯胺（DAB）生成嗜锇的多聚体，在后固定时与锇酸结合转变成电子致密的复合体；还原酶在催化反应的过程能将铁氰化物还原，生成的亚铁氰化合物被铜离子捕捉，生成电子致密的亚铁氰复合物。总之，各种酶虽然在反应底物、反应条件、反应产物及捕捉机制上各不相同，但它们的共同点是酶与特异性底物作用后，经捕获反应在反应部位生成电子致密的沉淀物，从而在电镜下检出酶存在的部位。

（2）样品制备过程及原则：在酶电镜细胞化学定位过程中，样品的制备主要分 3 个阶段：固定处理、孵育反应和样品块的制备。制备操作的基本原则是：在保持酶活性的前提下同时保存细胞的精细结构，防止反应产物的扩散；保证反应的特异性并有对照实验验证反应的真实性。电镜细胞化学实验流程基本相似，孵育液的组成、孵育反应条件因酶而异，需根据文献报道进行预实验进行摸索。实验基本流程是：取材→初固定→漂洗→孵育反应→漂洗→后固定→脱水→渗透→包埋→切片→染色（非必需）→观察。

①取材：取材过程如图 3 - 3 - 1 - 1 所示，取材原则与常规透射电镜基本一致；为更好地保存酶的活性、防止酶的移位和扩散，在材料切割时双面刀片可蘸取少量固定液；材料不宜过大，厚度在 100 $\mu$m 以内，对果肉组织可适当增厚，以防酶反应不充分。

②初固定：电镜酶细胞化学固定中，既要保存细胞的精细结构同时还要保存酶的活性。但实际上二者是矛盾的，结构保存的越好，酶活性越低，因此在进行酶细胞化学固定时应二者适当兼顾。常用的初固定剂戊二醛对细胞结构保存较甲醛好，但渗透速度和对酶活性影响较大，因此在酶细胞化学研究中常使用 4%左右的甲醛和 0.5%～1%戊二醛配合使用，如果是对醛基敏感的酶常省略初固定这一步骤。由于磷酸缓冲液常影响酶的活性及后续的捕捉反应，因此酶细胞化学研究中多使用二甲砷酸钠缓冲液，使用浓度为 50～100 mmol/L，pH 的选择应在不引起酶变性的情况下偏离其最适 pH；同时应注意固定剂溶液的渗透势以免对组织的破坏；初固定时固定液一般应预冷至 4℃，固定时间为1～2 h。

③漂洗：初固定后样品材料用预冷的同浓度和固 pH 的缓冲液漂洗 1 或 2 次，然后再用与孵育反应液相同的缓冲液漂洗 2 或 3 次。注意漂洗时间不宜过长但漂洗要彻底，以免固定剂影响酶催化活性。

④孵育反应：被检测的样品与适当的底物及捕捉剂一起保温，使其发生特异性的细

胞化学反应的过程，是酶细胞化学的关键性步骤。孵育反应过程受多种因素的影响，如表 3-3-3-1 所示。

表 3-3-3-1　影响孵育反应的各种因素（朱丽霞等，1983）

| 因素 | 对酶催化作用的影响 | 对捕捉反应的影响 |
| --- | --- | --- |
| 固定剂和贮存 | 酶活性丢失特异性的改变底物的渗透 | 捕捉剂的扩散组织吸收部位的改变 |
| 温度 | 催化速率酶失活 | 捕捉反应速率捕捉剂的扩散 |
| pH | 催化速率酶失活 | 捕捉反应的速率终产物的溶解度 |
| 底物浓度 | 催化速率过量时造成抑制 | 捕捉剂的结合 |
| 底物的结构 | 催化速率特异性的改变 | 捕捉反应的速率与捕捉剂的结合 |
| 抑制剂 | 特异性催化速率 | 降低捕捉剂的消耗 |
| 捕获剂的浓度 | 酶的抑制与底物的结合 | 捕捉反应的速率 |
| 其他离子 | 特异性催化速率 | 终产物的溶解性与捕获剂的结合 |

孵育温度影响酶活性：较低的温度可以改善酶的定位，但反应灵敏度和速率降低，酶的最适温度条件下有利于酶的快速反应。孵育时间要适当：时间短，反应不足，时间长，产物扩散。孵育液 pH 要适宜，否则反应速率降低。孵育液中离子类型要适当，会激活或抑制酶活性。孵育液应用前配置，所有器皿干净，不与金属接触，药品至少要分析纯，操作时注意药品的加入次序。底物应有足够的浓度和特异性。捕捉剂应有足够的浓度，以保证捕捉反应的速度，浓度过高也抑制酶活性，增加非特异性的反应。因此，酶的孵育反应受多种因素的影响，具体到每一种酶的孵育反应根据其反应原理，在参考文献报道的基础上应进行预实验，确定孵育条件，同时设计严密的对照实验，并在进行结果分析时应谨慎。

⑤漂洗和后固定：孵育反应后的样品，先用缓冲液漂洗 2 或 3 次，漂洗时间 5～10 min，然后用后固定剂进行固定。常用后固定剂为 1%锇酸（可用上述缓冲液稀释），一方面保持细胞精细结构，另一方面也可以使嗜锇捕捉反应产物形成电子致密的沉淀物。而对胆碱酯酶定位时产生的铜复合物需用高锰酸钾氧化转变成不溶性的铜沉淀。

⑥脱水、渗透、包埋、切片、染色和观察：后固定后的样品，按照常规电镜制样方法进行脱水、渗透和包埋，半薄切片厚度 70～80 nm；切片不经染色或经乙酸双氧铀染色，染色以不干扰酶定位效果为原则；观察、拍照。

⑦对照实验：酶的细胞化学反应很复杂，可出现假阳性或假阴性结果，因此，在做出慎重的结论之前，应做必要的对照实验，以证明结果的可靠性。当出现阳性结果时，应证明在特定结构部位所见的沉淀的确是特异酶反应的产物，而不是人为的假象；当出现阴性结果时，应证明这种阴性结果是由于该结构部位不存在某种酶，而不是由于不合适的实验条件所造成的人为漏检。

假阳性结果包括酶性和非酶性两类。证明产物的酶学性质的方法是在孵育液中加入特异性的酶的抑制剂，或用使酶失活的方法处理，或将样品保温在缺乏所需底物的孵育液中，经过上述处理后，如果在实验组中出现的特异沉淀的部位在对照的样品中不出现，则表明实验组出现的沉淀是酶反应的产物；如果对照组的切片中亦出现特异性的沉淀，则证明结果是假阳性的。另外，由于酶的扩散也可以产生假阳性的结果，但定位结果多呈明显的梯度分布。

假阴性结果的出现可能与底物或捕捉剂没有渗入组织，或由于酶的渗漏或失活等原因有关。为了解样品中底物及捕捉剂的渗透状况，最好在进行目标区域的定位研究前对组织块进行横切，检查整个横切面上终产物的分布状况，如果在切片的大块区域特别是组织块内部区域出现无染色现象或自外向内的梯度减弱，则说明渗透不充分。检查有酶失活或渗漏造成的假阴性，需要进行生化测定。总之，假阴性结果的排除相对比较困难。

（3）酶电镜细胞化学定位的示例（POD 为例）

①取材：选取成熟度一致的果实 5 个，取材，立即投入 4℃ 预冷的 50 mmol/L，pH 7.0 二甲砷酸钠缓冲液配置的 4%多聚甲醛＋1%戊二醛固定液中，适当抽气，室温固定 1.5 h。

②漂洗：预冷 50 mmol/L，pH 7.1 Tris-HCl 的缓冲溶液含有 20 mmol/L 3-氨基-1，2，4-三唑（过氧化氢酶抑制剂），15 min/次，4 次。

③孵育反应：DAB 溶液（50 mmol/L，pH 7.6 Tris-HCl 缓冲液，含有 1mg/ml DAB，20 mmol/L 3-氨基-1，2，4-三唑）：0.1%$H_2O_2$＝4：1（用前添加），25℃ 暗处孵育反应 15 min。对照反应 a：孵育液中不加底物 0.1% $H_2O_2$；b：孵育液中不含有 DAB。

④漂洗和后固定：50 mmol/L，pH 7.0 二甲砷酸钠缓冲液，15 min/次，4 次；50 mmol/L，pH 7.0 二甲砷酸钠缓冲液配置的 1%锇酸中后固定 2 h；蒸馏水 15 min/次，3 次。

⑤包埋块制备：系列丙酮脱水、Spurr 树脂渗透和包埋、70℃ 聚合反应。

⑥切片和观察：超薄切片，厚度 70~80 nm，透射电子显微镜下观察、拍照。

（4）常见酶的孵育反应液和反应条件

①多酚氧化酶（PPO）孵育反应：50 mmol/L，pH 7.0 二甲砷酸钠缓冲液，含有 5 mg/ml L-多巴，25℃ 暗处孵育反应 60 min。对照反应 a：孵育液中不加底物 L-多巴；b：材料先在 100 mol/L 二乙基二硫氨基甲酸钠（PPO 抑制剂）中孵育 45 min，然后再在孵育液中孵育反应。

②过氧化氢酶（catalase，CAT）孵育反应：10 mg DAB 溶解在 5 mL 50 mmol/L 2-氨基-2-甲基-1，3-丙二醇缓冲液（pH 10.0）中，孵育前将 0.01 mL 30% $H_2O_2$ 加到上述溶液中，调 pH 到 9.0，37℃ 条件下孵育 30~60 min。对照反应为 a：孵育液中去除 DAB；b：材料先在 20 mol/L 氨基三唑（CAT 抑制剂）中孵育 30 min，然后再在孵育液中孵育反应。

③果胶酶（pectinase）孵育反应：100 mmol/L，pH 5.0 乙酸缓冲液，含 0.5%果胶，25℃ 孵育反应 20 min；然后材料转移到 80~100℃ 的 Benedict's 试剂中 10 min；两个对照同时进行（有可能造成组织变形）。对照反应孵育液的配置 a：孵育液中不加底物果胶；b：孵育前先煮沸 10 min。Benedict's 试剂配制：1.73 g $CuSO_4$ 溶于蒸馏水中，另将柠檬酸钠 17.3 g 和 $Na_2CO_3$ 10 g 溶于 70 mL 蒸馏水中，待冷却后，将前者缓慢加进后者同时不断搅动，最后用蒸馏水定容至 100 mL。

④纤维素酶（cellulase）孵育反应：50 mmol/L，pH 4.8 柠檬酸缓冲液，含 0.01%羧甲基纤维素，25℃ 孵育反应 20 min；然后材料转移到 80~100℃ 的 Benedict's

试剂中 10 min；两个对照同时进行（有可能造成组织变形）。对照反应孵育液的配置 a：孵育液中不加底物羧甲基纤维素；b：孵育前先煮沸 10 min。

⑤酸性磷酸酶（acid phosphatase）孵育反应：孵育液含 10 mmol/L $\beta$-甘油磷酸钠，50 mmol/L乙酸缓冲液（pH 5.0～5.5），3.6 mmol/L Pb(NO$_3$)$_2$。孵育液配置时将前两种试剂单独配置，硝酸铅单独配置，然后在不断搅拌的条件下将 Pb(NO$_3$)$_2$ 溶液逐滴滴加后充分混容，避免沉淀产生。37℃条件下孵育反应 30～60 min。

⑥葡萄糖-6-磷酸酶（glucose-6-phosphatase）孵育反应：孵育液含有 1 mmol/L 葡萄糖-6-磷酸，35 mmol/L pH 5.7 乙酸缓冲液，4 mmol/L Pb(NO$_3$)$_2$，孵育液的配置参照上述方法，25℃孵育 60 min。

⑦三磷酸腺苷酶（ATPase）孵育反应：材料在含有 1 mmol/L CeCl$_3$ 的 pH 7.0 浓度为 50 mmol/L Tris-苹果酸缓冲液中 4℃孵育 60 min，然后置入含有 1 mmol/L CeCl$_3$，2 mmol/L ATP，5 mmol/L Mg(NO$_3$)$_2$，50 mmol/L Tris-苹果酸缓冲液（pH 7.0）孵育液中 30℃孵育 120 min。

⑧$\beta$-葡苷聚糖酶（$\beta$-glucuronidase）孵育反应：13.7 g 萘酚 AS-BI 葡糖苷酸溶解到 1 mL 50 mmol/L NaHCO$_3$ 溶液中，然后用 100 mmol/L 乙酸缓冲液（pH 4.5）稀释至 100 mL，于 0～4℃贮藏。取 16 mL 该底物溶液用上述乙酸溶液稀释至 50 mL，材料在该孵育液中 25℃孵育反应 1.5～3 h；然后将上述材料转入含 30 mg 对硝基-二唑-四氟酸硼酸铜（coupler p-nitrobenzene diazonium-tetrafluoraborate）的 50 mL 浓度为 100 mmol/L的磷酸缓冲液（pH 7）中 25℃反应 30 min。

⑨非特异性酯酶（non-specific esterase）孵育反应：孵育液含 $2 \times 10^{-4}$ mmol/L AS-D乙酸萘酚（naphthol AS-D acetate）和 0.1 mol/L Tris-苹果酸缓冲液（pH 6.5）或 Tris-HCl（pH 7.1），37℃孵育 60 min 后样品转移到捕捉反应溶液，捕捉反应溶液组成为 1 mL 0.1 mol/L 乙酸缓冲液含 10 mg 苯二甲基蓝染料，2℃条件下反应 10 min。

⑩脂酶（lipase）孵育反应：孵育液组成为 5% 吐温-80 1.0 mL；0.2 mol/L Tris-顺丁烯二酸缓冲液（pH 7.2）2.5 mL；10% CaCl$_2$ 1.0 mL；2.5% 牛黄胆酸钠 2.5 mL；蒸馏水 18.0 mL，37℃孵育反应 3 h，对照反应为孵育液中不加吐温-80。孵育后材料用 2% EDTA-二甲砷酸钠缓冲液（pH 7.2）洗涤 5 min，螯合其中的钙离子，然后再用二甲砷酸钠缓冲液洗涤 3 次，共 15 min。将洗涤后的材料块用 0.15% Pb(NO$_3$)$_2$ 水溶液在室温下处理 10 min，形成脂肪酸铅沉淀。

⑪琥珀酸脱氢酶（succinic dehydrogenase）孵育反应：该酶对固定剂比较敏感，因此孵育反应前不进行初固定。材料在暗处于室温下在孵育液中孵育反应 10～20 min，10 mL 孵育液的组成为 3 mL 0.5 mol/L 酒石酸钠钾（溶于 0.1 mol/L，pH 7.6 磷酸钠钾缓冲液中）；0.5 mL 0.3 mol/L 硫酸铜溶液；4.8 mL 0.1 mol/L 磷酸钠钾缓冲液（pH 7.6）；1.4 mL 1.0 mol/L 琥珀酸钠；0.3 mL 0.05 mol/L 铁氰化钾。孵育后的材料用预冷的 0.1 mol/L 磷酸缓冲液（pH 7.6）冲洗 10 min，然后置入相同缓冲液配置的 5% 戊二醛溶液中固定 3 h，磷酸缓冲液漂洗后再进行后固定。

⑫乙醇脱氢酶（alcohol dehydrogenase）孵育反应：孵育反应在密闭的试管中进行，未经固定的材料放入下列孵育液中孵育反应。孵育液组成为 20 mmol/L 二甲砷酸

钠缓冲液（pH 7.5），3 mmol/L MgCl$_2$，1%（$m/V$）蔗糖，2%（$m/V$）聚乙烯吡咯烷酮，0.01% 吐温-20，0.6 mmol/L NBT，1 mmol/L 酚嗪二甲酯硫酸盐（PMS），0.5 mmol/L NADP，0.5 mmol/L 乙醇；30℃孵育反应 45 min；材料经漂洗后进行初固定和后固定。

### 1.3 钙离子的超微细胞化学观察

钙在生物体内存在结构钙、疏松结合态钙和游离态钙 3 种形式。结构钙指与生物体内无机盐或其他成分相结合形成的化学性质比较稳定的难溶性结构组分，对维持细胞形态结构具有重要作用；游离态钙在细胞内以离子状态存在，含量相对较低，与细胞信号转导和生理代谢调节密切相关；疏松结合态钙在生物体内以相对稳定的化合态形式存在，在特定的生理过程中可以分解释放出游离态钙离子，游离态钙也可以形成疏松结合态形式，在一定程度上调节钙离子浓度。利用专一性的荧光染料检测胞质游离态钙离子动态已是细胞生物学研究中的一种成熟方法；焦锑酸盐沉淀技术可以在透射电镜下对疏松结合态的钙进行定性研究；能谱或波谱扫描电镜技术可以定性和半定量研究组织细胞内总钙的分布。果实的发育、成熟和衰老过程与果壁、果肉细胞内钙的分布密切相关，本部分介绍果实组织焦锑酸钾沉淀方法。

#### 1.3.1 相关试剂的配置

（1）5%焦锑酸钾溶液：焦锑酸钾 2 g 溶于 160 mL ddH$_2$O 中，煮沸至少 1 h，同时不断搅拌并加入新鲜 ddH$_2$O，当最后体积约为 40 mL 时，放入冰箱，可贮存一周。

（2）10%多聚甲醛：2.5 g 多聚甲醛溶于 25 mL ddH$_2$O 中，加热至 60～70℃，加入 1 mol/L KOH 数滴至溶液澄清。

（3）磷酸盐缓冲液：0.2 mol/L KH$_2$PO$_4$ 50 mL 与 0.2 mol/L KOH 46 mL 混合即可得 0.2 mol/L、pH 7.8 的磷酸缓冲液；同样的比例混合 0.6 mol/L KH$_2$PO$_4$ 与 0.6 mol/L KOH 即可得 0.6 mol/L、pH 7.8 的磷酸钾盐缓冲液。

（4）前固定液的配制：5%的焦锑酸钾溶液，0.2 mol/L、pH 7.8 的磷酸钾盐缓冲液，25%戊二醛与 10%按体积比 4∶3∶1∶2 依次混合，调 pH 至 7.8，此固定液最终组成为：焦锑酸钾 2%、戊二醛 2.5%、多聚甲醛 2%、磷酸钾盐缓冲液 60 mmol/L。此溶液用前配置。

（5）后固定液配制：5%的焦锑酸钾溶液，0.6 mol/L、pH 7.8 的磷酸钾盐缓冲液与 2%锇酸按体积比 4∶3∶3 依次混合，调 pH 至 7.8，此溶液的最终浓度为：依次混合，调 pH 至 7.8，此固定液最终组成为：焦锑酸钾 2%、锇酸 1%、磷酸钾盐缓冲液 60 mmol/L。此溶液用前配置。

（6）洗涤液配制：5%的焦锑酸钾溶液，0.6 mol/L、pH 7.8 的磷酸钾盐缓冲液与重蒸水按体积比 4∶3∶3 依次混合，调 pH 至 7.8，此溶液的最终浓度为焦锑酸钾 2%、磷酸钾盐缓冲液 60 mmol/L。此溶液须在临用前配置。

#### 1.3.2 实验步骤

（1）前固定：如图 3-3-1-1 所示取材，材料块不宜大，在 4℃预冷的前固定液中抽气 15 min 使材料下沉，换新鲜的前固定液 4℃固定 4 h，经常摇动。

（2）漂洗：洗涤剂漂洗 30 min/次，4 次。

（3）后固定：后固定液中 4℃冰箱过夜。

（4）漂洗：0.1 mol/L、pH 7.8 磷酸钾盐缓冲液洗 4 次，每次 30 min。

（5）常规电镜制样：超薄切片机切片，厚度 70～80 nm，切片在水槽中的漂浮时间控制在 5～10 min，以免钙沉淀颗粒脱落。

（6）注意事项：材料在前后固定液经常会发生沉淀，主要是溶液 pH 有关，另外前后固定液应现配现用。

### 1.4　其他代谢物的细胞化学定位观察

研究生物体内物质、能量代谢以及信号转导过程中代谢中间产物的时空变化模式对认识生命现象具有重要的作用。随着研究技术的发展，越来越多的代谢产物已能在组织细胞水平进行定位，本部分以活性氧代谢过程中 $H_2O_2$ 和 $O_2$ 为例介绍其定位方法。

#### 1.4.1　$H_2O_2$ 的组织细胞化学定位

（1）$H_2O_2$ 的光学显微镜定位：实验材料浸泡在 10 mmol/L MES 缓冲液（pH 6.5）配制的 1% DAB 溶液中，抽气渗透 5 min，在室温条件下避光孵育 8 h，然后在光照下曝光直到出现 DAB 和 $H_2O_2$ 反应产生的褐色斑点。如果是有颜色的组织，如叶片等可以在沸腾的乙醇中脱色以突出褐色斑点。对照实验组为材料先在 1 mmol/L $H_2O_2$ 清除剂维生素 C 中浸泡 2 h 后再按照上述方法进行孵育和显色反应。同时可以采用统计学的方法进行半定量的研究：材料经拍照后，采用 Photoshop 软件系统对照片中斑点面积进行统计，结果表述为斑点面积对材料组织表面积的百分数（Rodríguez-Serrano et al.，2004）。

（2）$H_2O_2$ 的电镜细胞化学定位：按照电镜制样的方法进行取样，然后浸入 50 mmol/L MOPS（pH 7.2）缓冲液配制的 5 mmol/L $CeCl_3$ 溶液中 1 h。对照处理为：a. 材料浸泡在含有 25 mg/mL 过氧化氢酶的上述溶液中；b. 上述溶液中不含有 5 mmol/L $CeCl_3$。上述孵育后的材料经漂洗后，用 50 mmol/L 二甲砷酸钠缓冲液（pH 7.2）配置的 2.5% 的戊二醛溶液初固定 1 h，上述缓冲液漂洗 3 次，锇酸后固定。按照常规电镜方法进行制样，切片经双染色或不染色，透射电镜下观察、拍照。

#### 1.4.2　超氧阴离子的组织细胞化学定位

（1）超氧阴离子（$O_2^-$）的组织化学定位：材料组织浸入 50 mmol/L 磷酸钾盐缓冲液（pH 6.4）配置的含有 10 mmol/L 叠氮化钠的 0.1% NBT 溶液中暗处孵育 5～10 min，然后在光照下曝光直到出现 NBT 和 $O_2^-$ 反应产生的蓝色斑点。如果是有颜色的组织，如叶片等可以再沸腾的乙醇中脱色以突出褐色斑点。对照实验组为材料先在 1 mmol/L $O_2^-$ 清除剂 TMP（tetramethylpiperidinooxy）中浸泡 3 h 后再按照上述方法进行孵育和显色反应。同时可以采用统计学的方法进行半定量的研究：材料经拍照后，采用 Photoshop 软件系统对照片中斑点面积进行统计，结果表述为斑点面积对材料组织表面积的百分数（Rodríguez-Serrano et al.，2004）。

（2）超氧阴离子（$O_2^-$）的电镜细胞定位：该方法的原理是 $O_2^-$ 将 $Mn^{2+}$ 氧化成 $Mn^{3+}$，然后 $Mn^{3+}$ 氧化 DAB，并在后固定时与锇酸形成电镜可见的不溶性聚合物。材料组织在 0.1 mol/L HEPES 缓冲液（pH 7.2）配置的含有 2.5 mmol/L DAB、0.5 mmol/L $MnCl_2$ 和 1 mmol/L 叠氮化钠的孵育液中孵育反应 30 min。对照实验组为：a. 孵育液中不含有 DAB；b. 孵育液中不含有 $MnCl_2$；c. 反应的特异性对照试验为样品在 1 mmol/L 的 CuZn-SOD 溶液中处理 30 min 后，在进行上述孵育反应。样品经戊二醛和锇酸双固定后按照常规电镜制样方法制样、切片、观察。

## 2 免疫细胞化学标记

利用免疫学的特异性、化学的灵敏性，对细胞在原位直接进行定性和半定量检测的一项综合性新技术，从而使静态的形态描述上升到结构、功能和代谢为一体的动态观察，广泛应用到生物学研究的各个领域。该技术的关键是特异性的一抗与目标抗原发生免疫识别标记，通过直接的显示方法或带有标识的二抗识别一抗间接显示标记位点，二抗可以使用酶标记、荧光标记或胶体金标记，分别进行普通光镜观察、荧光显微镜包括激光共聚焦显微镜观察或电子显微镜的观察。

### 2.1 免疫标记的关键技术

#### 2.1.1 固定

免疫细胞化学标本固定的目的是既要保存细胞的结构，又要尽可能地保存抗原的活性。但所有的固定剂都在不同程度上影响抗原的活性，因此在进行样品固定时为达到最佳效果，固定剂的种类、浓度、温度、pH 和固定时间等因素必须进行筛选和优化。醛类物质是免疫细胞化学常用的固定剂，多聚甲醛或甲醛组织穿透能力强但对物质的交联程度低；戊二醛的组织渗透力相对较弱但对物质的交联程度高；因此 2%～4% 多聚甲醛与 0.1%～0.5% 戊二醛复合固定剂常用于免疫标记材料固定。醛类固定剂一般在 4℃ 固定 1～2 h，当样品需要长时间固定时最好放在稍低浓度的固定液中。另外，碳二亚胺也是一种保存蛋白质抗原的良好固定剂，主要由乙基-二甲基丙基碳亚胺酸盐、磷酸缓冲液合 Tris 缓冲液所组成。它可通过影响羧基而产生酰基异脲并进一步与临近的氨基通过酰胺键发生交联，并具有与乙醇类似的蛋白质交联作用。因其较弱的抗原遮蔽作用而能较好地显示细胞膜相关的抗原，而且将其与 0.3% 的戊二醛配合，具有更好的抗原合超微结构的保存能力，目前也可用于小分子肽、植物激素等小分子物质的免疫标记研究。免疫标记样品制备过程中一般不使用锇酸的原因在于该固定剂容易损失组织中的抗原性，另外锇酸的存在影响包埋剂的紫外聚合。

#### 2.1.2 包埋

免疫标记样品的包埋根据实验的需求可以采用石蜡包埋或树脂包埋，可进行免疫组织细胞或免疫电镜的研究。石蜡包埋经系列梯度乙醇脱水、二甲苯透明、石蜡浸透过程需要 18～24 h，一般在保证完全脱水的前提下，整个脱水过程必须尽快完成，浸蜡过程避免过度暴露于较高的温度下，以免破坏抗原性。常用的树脂包埋剂有疏水性的 Epon812、Spurr 和亲水性的 LR White/Gold 和 Lowicryl 等。为保持较好的抗原性，避免树脂对抗体的非特异性吸附，LR White 包埋剂在免疫细胞标记使用最为方便和广泛。LR White 包埋剂具有许多独特的优点：水溶性，对脱水剂要求不高，70% 乙醇脱水即可；对脂类的溶解性低，可较好地保存抗原性，即使不用锇酸，也能较好地保存膜结构与细胞器；不需要低温可在 50℃ 聚合；本身对抗体无亲和性，对抗体无屏蔽作用，无须蚀刻即可直接进行免疫标记；电子轰击下较稳定，不需要做支持膜。

### 2.1.3　石蜡切片中的黏片、脱蜡和水化

免疫细胞化学技术不同于普通的组织细胞化学，需经抗原、抗体孵育反应或探针杂交以及各种处理液的反复漂洗，甚至还要在摇床上进行清洗。如果没有黏附剂将切片牢固地黏附在载片上，将发生较高频率的脱片现象，使整个实验失败，因此选择一种既不影响染色背景又具有良好粘贴性的黏附剂是至关重要的。目前免疫细胞化学中常用的黏附剂包括明胶、多聚赖氨酸和三乙氧基硅化丙胺。明胶常以 1% 甘油作溶剂配成 1% 明胶和 1% 甲明矾的明矾明胶液使用，多聚赖氨酸一般配成 10% 的水溶液使用，使用时将清洁载片置于该溶液中，5 min 后取出，放入 37℃ 烘箱干燥备用；三乙氧基硅化丙胺配成 2% 的水溶液使用，将清洁的载片置于该溶液中 5 s，然后置于纯丙酮中 15 min/次，2 次，蒸馏水中 15 min/次，2 次，放入 37℃ 烘箱干燥备用。良好的脱蜡和水化是保证免疫分子结合和染色的关键环节，尽管采用二甲苯和乙醇系列脱蜡是一个简单过程，但必须注意经常更换这些溶液，以彻底除去包埋介质和避免污染。

### 2.1.4　树脂切片的蚀刻

树脂包埋组织的半薄切片或薄切片分别用于光镜或电镜的免疫细胞化学标记。LR White/Gold 和 Lowicryl 包埋剂不会与抗原产生共聚合，半薄切片或薄切片无需蚀刻即可进行免疫标记。Epon 树脂的存在会使细胞内的抗原物质被大大地遮蔽，因而彻底去除 Epon 树脂是保证良好免疫染色的基础。蚀刻溶液主要有 3 种：饱和过碘酸钠水溶液、1% $H_2O_2$ 溶液和乙醇盐（饱和 NaOH 乙醇溶液或 2% KOH 乙醇溶液）溶液。若一抗是针对含糖类的抗原，半薄或薄切片用饱和过碘酸钠溶液蚀刻的时间应尽可能短（小于 5 min），以免过碘酸破坏糖类抗原，尽量选用 1% $H_2O_2$ 作为蚀刻溶液。半薄切片蚀刻时，可将一小滴蚀刻溶液滴加在切片上；而薄切片蚀刻时一般在培养皿中放一片 parafilm 或干净蜡片，在其上滴一滴用于蚀刻的溶液，然后将带有切片的镍网倒扣在蚀刻溶液上。蚀刻时应严格控制时间，时间过短则抗原暴露不充分，影响标记效果；时间过长则不仅破坏超微结构还影响抗原性，蚀刻时间多根据预实验而确定，一般 Epon 树脂包埋的组织蚀刻时间约 10 min。蚀刻温度同样影响蚀刻效果，温度高时适当减小蚀刻时间。蚀刻后直到免疫标记完成，切片应始终会保持湿润状态，否则易出现难以清洗的非特异性反应（杨勇骥，2003）。

### 2.1.5　封闭反应和漂洗

为防止一抗与组织切片的非特异吸附反应，免疫标记反应前切片先用 TBS 缓冲液配置的 0.1%～1% 牛血清白蛋白（BSA）进行封闭反应。样品免疫标记过程中需用 BSA 的 PBS 漂洗，以去除相关溶液的残留。下面介绍常用的漂洗液和封闭溶液的配置方法（表 3-3-3-2）。

**表 3-3-3-2　免疫标记改进型 PBS 漂洗液和改进型 BSA 封闭剂配置**

| PBS 漂洗液 | | BSA 封闭剂 | |
| --- | --- | --- | --- |
| 试剂 | 剂量 | 试剂 | 剂量 |
| $Na_2HPO_4 \cdot 2H_2O$ | 0.325 g | NaCl | 0.8 g |
| $NaH_2PO_4 \cdot 2H_2O$ | 0.051 g | Tris | 0.065 g |
| NaCl | 0.85 g | 叠氮化钠 | 0.13 g |
| 叠氮化钠 | 0.13 g | BSA | 0.5 g |

| PBS 漂洗液 | | BSA 封闭剂 | |
| --- | --- | --- | --- |
| 试剂 | 剂量 | 试剂 | 剂量 |
| BSA | 0.1 g | Tween 20 | 0.05 mL |
| Tween 20 | 0.05 mL | 双蒸水稀释，0.2 mol/L HCl 调 pH，定容至 100 mL， | |
| 双蒸水定容至 100 mL，4℃保存 | | 4℃保存 | |

　　石蜡或树脂半薄切片在进行封闭反应时，直接将封闭剂滴加在载玻片材料部位，注意防止小气泡的产生，室温下封闭反应约 30 min；超薄切片在进行封闭反应时，可将带有切片的镍网背面浸润后将镍网正面朝上插入到液滴中，封闭反应 30 min。一抗和二抗孵育反应后切片均需要漂洗反应，对石蜡或半薄切片可直接用漂洗了轻轻冲洗 5 次；超薄切片可采用将漂洗液滴加在 parafilm 膜上，然后将镍网正面在漂洗液的液滴上逐一转移的方法，漂洗 5 次以上。

　　2.1.6　免疫标记

　　免疫标记通常有直接标记和间接标记两种方法，如图 3 - 3 - 3 - 2 所示。直接标记中，显示物质或试剂（酶、荧光试剂、胶体金等）已经结合到抗体上，只需孵育一次即可达到标记抗原的目的，实验过程简单快速、假阳性低，但由于特异性抗体获取不易，与显示物质共价结合的过程中也易导致抗体识别位点的丧失，因此目前多采用间接标记的方法。间接标记法中首先用第一抗体对样品进行孵育，一抗与样品中抗原进行特异性的识别、结合，然后用已被显色剂标记的第二抗体孵育样品，使第二抗特异性地识别第一抗体，通过这种特异性的结合起到间接定位组织中抗原的作用，与直接法相比，标记信号较强，适用面广，但增加了操作步骤和假阳性出现的概率。常见的用于二抗标记的显色物质包括：酶、荧光物质和胶体金。

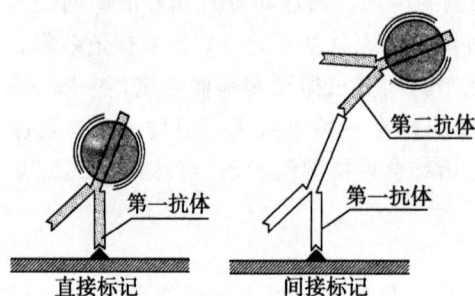

图 3 - 3 - 3 - 2　免疫标记的直接标记和间接标记示意图
（引自：付洪兰，2004）

　　（1）酶化学显色标记：酶化学显色技术是免疫细胞化学中广泛使用的技术之一，通过酶与底物反应，使原来无色的底物经显色剂作用后显示出肉眼可见的各种颜色，以便于抗原分析和定位。目前常用的标记酶为辣根过氧化物酶、小牛肠碱性磷酸酶、葡萄糖氧化酶（尼腺曲霉菌来源）、$\beta$-半乳糖苷酶（大肠杆菌来源）。酶与底物反应在原位生成具有一定颜色的难溶性化合物，可在光学显微镜观察，实现组织水平的抗原标记研究，所使用的组织切片可以是石蜡切片也可以是树脂半薄切片。辣根过氧化物酶（HRP）可以催化底物之一 3,3'-二氨基联苯胺（DAB）形成一种难溶于醇和其他有机溶剂的灰褐色的终产物，内源性 HRP 的存在可能干扰免疫标记的特异性；碱性磷酸酶能催化底物之一氮蓝四唑（NBT）形成蓝色溶于醇和其他有机溶剂的蓝色化合物，该方法的优点基本无内源性的干扰。

　　（2）荧光标记：是将抗原抗体反应的特异性和敏感性与显微示踪的精确性相结合，以荧光素作为标记物在不影响其免疫学特性的前提下与已知的抗体（或抗原，但较少用）结合，然后将荧光素标记的抗体作为探针，与组织细胞内的抗原进行特异性的识别和结合，利用荧光显微镜或扫描激光共聚焦显微镜，可以直接观察呈特异荧光的抗原抗体复合物的分布。该技术的主要特点是：特异性强、敏感性高、速度快；主要缺点是：非特异性染色问题尚未完全解决，结果判定的客观性不足，技术程序也还比较复杂。常用的荧光色素有以下几种。

①异硫氰酸荧光素（fluoresceinisothiocyanate，FITC）为黄色或橙黄色结晶粉末，易溶于水或乙醇等溶剂；相对分子质量为 389.4，最大吸收光波长为 490 nm，最大发射光波长 520 nm，呈现明亮的黄绿色荧光；与蛋白质结合能力等方面都更好，在冷暗干燥处可保存多年，是应用最广泛的荧光素。其主要优点是：a. 人眼对黄绿色较为敏感；b. 通常切片标本中的绿色荧光少于红色。

②四乙基罗丹明（rhodamine，RIB 200）为橘红色粉末，不溶于水，易溶于乙醇和丙酮。性质稳定，可长期保存；最大吸收光波长为 570 nm，最大发射光波长为 595～600 nm，呈橘红色荧光。

③四甲基异硫氰酸罗丹明（tetramethylrhodamineisothiocyanate，TRITC）的最大吸引光波长为 550 nm，最大发射光波长为 620 nm，呈橙红色荧光；与 FITC 的翠绿色荧光对比鲜明，可配合用于双重标记或对比染色，其异硫氰基可与蛋白质结合，但荧光效率较低。

（3）胶体金标记：以胶体金作为示踪标志物标记抗体（抗原，少用），应用于抗原抗体反应的一种新型免疫标记技术。胶体金标记不存在内源酶干扰及放射性同位素污染等问题，与银结合（免疫金银法）可进行免疫组织和细胞学的观察。利用其电子不透性在电镜下可进行亚细胞水平的观察，而且利用不同颗粒大小的胶体金还可以作双重甚至多重标记，使定位更加精确，因此已成为继荧光素、酶、同位素标记技术之后的一种新型标记技术，广泛应用于免疫学和细胞学的研究。胶体金标记技术多样，包括直接标记、间接标记（图 3-3-3-2），为增强标记信号的复合标记（图 3-3-3-3），以及双重标记（图 3-3-3-4）。目前，胶体金的制备和蛋白质结合技术和方法基本成熟，另外金标二抗也已商品化。一般在实验过程中精细定位如病毒、细胞器定位等选用 5 nm 胶体金，细胞壁组分采用 15～20 nm 胶体金，一般蛋白质标记采用 10 nm，稳定抗原采用较大颗粒胶体金，多重标记时，胶体金直径推荐选用 6 nm、10 nm、15 nm。

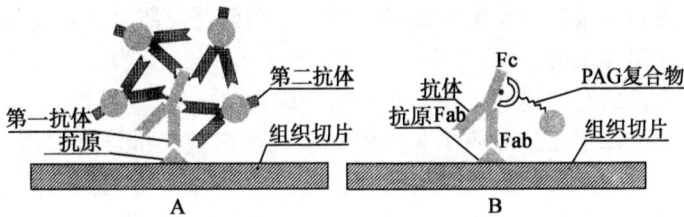

图 3-3-3-3 免疫球蛋白-金颗粒与 PAG 标记

A. 免疫球蛋白-金颗粒复合标记原理；B. 蛋白质 A-金复合标记原理

（引自：付洪兰，2004）

免疫金银染色法（IGSS）应运而生。该方法的原理是，先用胶体金标记物作免疫金染色，再加入含银的物理显影液，则银离子靠电荷吸引，大量吸附于金颗粒周围，使显色结果呈现金属银的蓝灰色，同时将显色信号进一步放大。应用时，由于本法最终显色是靠金属银的吸附沉积，因此不需要高

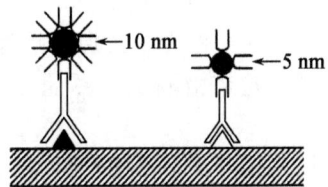

图 3-3-3-4 双重标记技术示意图

浓度的胶体金标记物，将胶体金标记物稀释几十倍，仍可获得同免疫金染色一样的最佳效果。这样不仅可以节省大量的抗体或抗原标记物，而且可以节省大量的胶体金。本方法灵敏度的关键在于胶体金吸附银颗粒的数量。小直径的胶体金比大颗粒胶体金能吸附更多的银离子，而且小颗粒胶体金比大颗粒胶体金更为稳定。

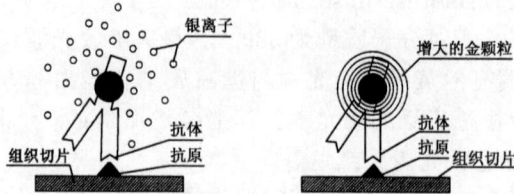

图 3-3-3-5　免疫金银染色法示意图

### 2.1.7　对照设定

为保证免疫荧光组织化学染色的特异性，排除非特异性染色，必须在初次实验时进行对照实验。

（1）直接法需设的对照实验

①标本自身荧光或标记酶活性的对照：标本只加 PBS 或不加 PBS，甘油缓冲液封片，荧光显微镜观察应呈阴性荧光，即未见与特异性荧光相似的荧光；标本加入酶反应底物应为阴性反应。

②抑制实验：可分为二步抑制法和一步抑制法。二步抑制法即在标本上先加未标记的特异性抗体，再滴加标记抗体，结果应呈阴性或减弱阳性反应。一步抑制法是先将标记抗体与未标记抗体作适量（未标记抗体多于标记抗体）混合，再滴加在标本上染色，结果应为阴性。一步法较二步法简便而且稳定。为证实此种染色的抑制是由于较多的未标记抗体竞争抑制所致，而不是由于标记抗体被稀释所致，可用盐水代替未标记抗血清，染色结果应为阳性。

③阳性对照：用已知阳性标本作直接法免疫荧光染色，结果应呈阳性荧光。例如，标本自身对照实验和抑制实验均阴性或阳性减弱，而阳性对照实验和待检测标本均呈强阳性，即为特异性阳性反应。

（2）间接法需设的对照实验：除与直接法一样设置标本自身对照、抑制实验和阳性对照实验外，还需设标记二抗对照实验，即标本只加标记二抗，结果应为阴性。例如，自身对照、标记二抗对照和抑制实验均阴性，阳性对照和待检测标本均呈强阳性标记，即为特异性阳性标记。

### 2.1.8　免疫标记操作过程注意事项

（1）避免气泡产生：抗体溶液与组织切片接触时应避免气泡的产生和残留，以免影响抗原—抗体的标记反应。

（2）保持湿度：抗原—抗体反应过程中应保持反应体系内温度和湿度，超薄切片应漂浮在抗体液滴上，尽量避免非材料部位浸入抗体溶液，避免非特异性的吸附作用。

（3）保持洁净：整个免疫标记过程中应保持清洁，避免污染，特别时孵育反应时应在相对密闭的环境中。

（4）避免交叉污染：免疫电镜操作过程中，需用镊子夹住镍网的边缘进行转移，此时，镊子的尖端将会携带部分液体，在进行不同实验组和对照组的免疫标记过程中容易产生交叉污染，因此需注意每进行一步操作后应将镊子尖部用蒸馏水清洗。

## 2.2 蛋白质免疫标记

细胞学研究中，蛋白质的免疫标记方法多样，在显微水平上，一般主要是针对蛋白质类抗原用其特异性抗体进行免疫标记，观察其位置、分布规律。采用的标记方法多为间接法，二抗主要采用酶、荧光物质或胶体金进行，分别普通光学显微镜、荧光显微镜或扫描激光共聚焦显微镜或电子显微镜下进行观察。下面主要介绍蛋白质的酶标记免疫定位、荧光标记免疫定位和电镜胶体金免疫定位 3 种实验方法。

### 2.2.1 石蜡切片酶标免疫定位

该方法的基本程序与常规石蜡切片制作相似，切片复水后进行相应的免疫标记，然后制作成永久切片、观察，基本实验流程如下所示。取材→固定→脱水、包埋→切片、粘片→脱蜡、复水→封闭→一抗反应→漂洗→二抗反应→漂洗→显色反应→脱水→封片、观察。现以葡萄果实发育过程中磷酸烯醇式丙酮酸羧化酶和 NADP -苹果酸酶为例介绍该实验操作过程（Walker et al.，1997）。

（1）取材和固定：选取待观察部位的材料，立即投入固定液中常温固定 24 h，固定液的组成为：0.1 mol/L，pH 7.2 磷酸缓冲液含 20 mg/mL 多聚甲醛和 7.5 mg/mL 蔗糖。

（2）石蜡切片制作：材料经系列乙醇脱水、透明、渗透后石蜡包埋。旋转切片机切片，切片厚度为 15 $\mu$m，粘贴在经多聚赖氨酸处理的载玻片上。

（3）脱蜡、复水：切片经二甲苯脱蜡、复水。

（4）封闭反应：复水后的切片用封闭剂 25℃ 条件下孵育 30 min，封闭剂的组成为：100 mmol/L、pH 7.5 的 Tris - HCl 含 150 mmol/L NaCl、15 mg/mL 明胶、10 mg/mL BSA。

（5）一抗标记：切片转移到用上述封闭剂按 1∶300 稀释的一抗溶液中，25℃ 条件下孵育 2 h。

（6）漂洗：切片用 100 mmol/L PBS - Tween 缓冲液 25℃ 条件下漂洗多次，共 15 min，漂洗液的组成为：1.5 mmol/L 磷酸钾、8.5 mmol/L 磷酸钠、137 mmol/L NaCl、2.7 mmol/L KCl 和 0.5 $\mu$L/ mL Tween 20。

（7）二抗标记：切片在上述封闭剂配置的碱性磷酸酶标记的相应二抗溶液（0.4 $\mu$L/mL）中 25℃ 条件下孵育 2 h。

（8）显色和观察：切片先用上述漂洗液中 25℃ 条件下漂洗多次，共 5 min，然后切片在碱性磷酸酶的显色溶液中 25℃ 条件下显色 15 min，显色溶液组成为：100 mmol/L Tris - HCl（pH 9.5）中含 340 mg/mL NBT，50 mg/mL 5 -溴- 4 -氯- 3 -吲哚基磷酸二钠（5 - bromo - 4 - chloro - 3 - indolyl phosphate），100 mmol/L NaCl 和 5 mmol/L $MgCl_2$。切片经乙醇脱水、封片后观察，蓝色部位为特异性标记位置。

（9）结果示例（图 3 - 3 - 3 - 6）。

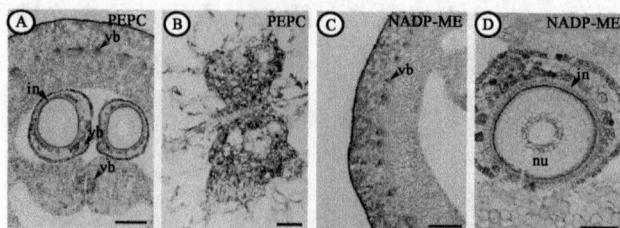

图 3-3-3-6 葡萄果实磷酸烯醇式丙酮酸羧化酶（PEPC）和 NADP-苹
果酸酶（NADP-ME）的免疫定位，二抗为碱性磷酸酶标记

（引自：Famiani et al.，2000）

### 2.2.2 荧光免疫组织定位

该方法的实验程序与上述类似，二抗多使用 FITC、罗丹明等荧光物质标记，组织切片材料多为冰冻切片、徒手薄切片、半薄树脂切片等，采用荧光显微镜观察，扫描激光共聚焦显微镜的使用能取得良好的观察效果。以下以番茄细胞壁代谢相关的 $\beta$-甘露糖酶的荧光免疫定位为例介绍该方法的技术流程（Bewley et al.，2000）。

（1）取材固定：切取番茄外果皮组织 [8 mm×8 mm×（3～5）mm]，立即投入固定液中室温固定 1 h，固定液的组成为：25 mmol/L PBS（137 mmol/L NaCl，5.4 mmol/L $Na_2HPO_4$，pH 7.5）配制的 3% （V/V）甲醛。

（2）切片：按照徒手切片的操作方式制作组织薄切片，厚度约 20 $\mu m$，然后使用上述 PBS 缓冲液冲洗。

（3）封闭反应：切片用封闭剂 25℃ 条件下孵育 30 min，封闭剂的组成为：上述 PBS 配置的 2% （m/V）脱脂奶粉。

（4）一抗标记：切片转移到用上述封闭剂按 1∶500 稀释的含 0.3% （V/V）TritonX-100 的一抗溶液中，25℃ 条件下孵育 3 h。

（5）漂洗：切片用上述 PBS 缓冲液 25℃ 条件下漂洗多次，共 5 min。

（6）二抗标记：切片在上述封闭剂配置的 FITC 标记的相应二抗溶液（1∶200 稀释）中 25℃ 条件暗处孵育 3 h，二抗溶液中含有 0.3% （V/V）TritonX-100。

（7）漂洗：切片用上述 PBS 缓冲液 25℃ 条件下漂洗多次，共 5 min。

（8）封片、观察：切片用上述 PBS 按照 1∶2 （V/V）稀释的甘油封片，扫描激光共聚焦显微镜下观察、拍照。利用 Photoshop 软件将同一部位的组织的明场与荧光图片进行叠加处理。

（9）结果示例（图 3-3-3-7）。

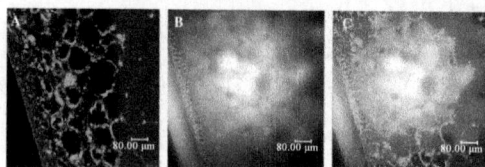

图 3-3-3-7 番茄果实 $\beta$-甘露糖酶免疫标记的扫描激光共聚焦显微镜观察

A 为 FITC 标记的酶分；B 为普通光镜观察；C 为二者叠加图，切片为徒手切片

（引自：Wang et al.，2009）

### 2.2.3 胶体金免疫标记

第二抗体或蛋白质 A 用胶体金标记，5～20 nm 金颗粒在透射电镜下进行蛋白质的

标记观察；金银增强法可在组织水平进行免疫标记研究，组织切片可为徒手切片、石蜡切片和半薄切片。胶体金免疫电镜的实验流程为：取材→固定→树脂包埋块制备→超薄切片→封闭→一抗标记→漂洗→二抗或蛋白质 A 标记→漂洗→电镜观察，下述为详细介绍实验流程 (Fornara et al., 2008)。

(1) 取材和固定：按照图 3-3-1-1 方法取样，样品大小按照常规电镜要求，立即投入到预冷的固定液中 4℃固定 16 h，固定液组成为：0.1 mol/L, pH 7.2 的磷酸缓冲液中含 4% 多聚甲醛 + 2.5% 戊二醛 (一般戊二醛的浓度 0.5%～1%)。

(2) 树脂包埋块制备和切片：固定后的材料经 0.1 mol/L PBS 漂洗后，系列乙醇脱水 (30%～100%)，LR Gold 包埋剂逐渐渗透，纯包埋剂包埋，-20℃紫外光下聚合 24 h。超薄切片机切片，厚度为 80 nm，Formvar 覆盖的 200 目镍网捞片。

(3) 封闭：镍网在 Tris (10 mmol/L Tris, 10 mmol/L Na·EDTA, 100 mmol/L NaCl, pH 7.4) 缓冲液中复水后，25℃条件下封闭剂封闭 1 h，封闭剂组成为：上述 Tris 缓冲液配置的 1% (m/V) BSA 溶液。

(4) 一抗标记：切片在上述封闭剂按照 1：200 稀释的一抗溶液 (兔抗 STS 蛋白) 溶液中 25℃条件下孵育 2～3 h，孵育时镍网材料面朝下漂浮在一抗液滴上，孵育过程经常移动镍网并保持反应体系清洁和湿度。

(5) 漂洗：漂洗液 (上述 Tris 缓冲液 + 0.2% Triton) 充分漂洗。

(6) 二抗标记：上述封闭剂按照 1：30 稀释的二抗 (羊抗兔 IgG, Biocell) 溶液中 25℃条件下孵育 90 min，方法同一抗标记。

(7) 漂洗和后固定：上述漂洗液漂洗，然后用 Tis 缓冲液配置的 1% 戊二醛溶液后固定 10 min (此操作可省略)。

(8) 染色和观察：3% 乙酸铀染色 5 min，干燥后电子显微镜下观察，加速电压为 80 kV。免疫电镜一般有铀对染，染色不易过深，尽量避免铅染，以免干扰。

(9) 对照实验：一抗先与抗原蛋白反应，其他操作同上。

2.2.4 胶体金双标记

利用不同直径 (如 5 nm 与 15 nm) 胶体金分别标记不同的二抗，可以实现在同一切片上标记两种或两种以上特定抗原的存在和分布，统称为胶体金双标记方法，有间接双标记法和直接双标记方法。

(1) 间接胶体金双标记方法

① 镍网切片向下在 ddH₂O 上漂浮 2 min；② 在封闭液 (BL) 上漂浮 30 min；③ 把一抗 A 用 BL 稀释 100～500 倍，将镍网切片向下漂浮 30～60 min；④ ddH₂O 漂洗 2 次各 5 min，除去多余一抗 A；⑤ 在封闭液 (BL) 上漂浮 30 min；⑥ 用小颗粒 (5 nm) 胶体金探针 A 标记 30 min；⑦ ddH₂O 漂洗 2 次各 5 min，除去多余胶体金探针 A；⑧ 重复步骤 ②～⑦，其中抗体和探针改用一抗 B 和大颗粒 (15 nm) 胶体金探针 B；⑨ ddH₂O 上漂洗除去未标记的胶体金探针，共漂洗 3 次，每次 5～10 min，晾干，铀染色或不染色，观察。

(2) 直接胶体金双标记方法

该方法主要是基于用胶体金直接标记待标记抗原的特异性抗体进行直接的免疫标记。如果两种探针的重悬浮液相同 (如同为 IgG-gold)，可直接混合，常规免疫标记程序进行。混合时大颗粒胶体金的量要适当增加。如果两种探针的重悬浮液差别较大，可分别进行直接标记。步骤如下：①镍网切片向下在 ddH₂O 上漂浮 2 min；② 在封闭液 1 上漂浮 30 min；③ 用胶体金探针 1 标记 30 min；④ ddH₂O 上漂洗除去未标记的胶体金探针，共漂洗 2 次，每次 5～10 min；⑤ 在封闭液 2 上漂浮 30 min；⑥ 用胶体金探针 2 标记 30 min；⑦ ddH₂O 上漂洗除去未标记的胶体金探针，共漂洗 3 次，每次 5～10 min，晾干，铀染色或不染色，观察。

### 2.3 细胞壁多糖的免疫标记

### 2.3.1 细胞壁结构概述

果实细胞壁主要由初生壁和中胶层两部分组成。中胶层主要由同聚半乳糖醛酸（HG）分子间通过钙离子的桥连、氢键和疏水作用交联在一起，具有细胞黏连和通透性调节的功能。果实成熟过程中果肉细胞中胶层 HG 分子逐渐解聚、钙离子及其桥连程度改变、氢键和疏水作用减弱，造成中胶层解体、膨胀，细胞间粘连降低，果肉细胞沙化、果实软化或机械特性降低。初生壁为细胞壁的骨架结构，由三个结构上相对独立但相互作用的网络构成：纤维素微纤丝和交联聚糖组成的基本结构框架嵌在果胶质多糖基质组成的第二重网络中，第三重网络由结构蛋白和有机小分子化合物组成（Fry，2004）。纵横交错的纤维素微纤丝是细胞壁的骨架分子，分布在细胞壁内侧，纤维素酶可水解微纤丝分子，导致果实软化。交联聚糖包括木葡聚糖（XyG）、葡糖醛阿拉伯木聚糖（GAX）、混合连接（1→3），（1→4）$\beta$-D-葡聚糖、葡甘露聚糖、半乳葡甘露聚糖和半乳甘露聚糖等，这类物质分布在微纤丝中间，通过氢键、共价键等作用力将不同的微纤丝连接成网络结构，或与果胶基质相连。研究表明果实成熟过程中交联聚糖特别是 XyG 分子的降解、结合键的改变直接影响果实硬度和机械特性。果胶基质包括 HG、聚鼠李半乳糖醛酸 I（RGI）和 RGII 等。不同分子结构的果胶物质通过离子键、氢键和（或）疏水作用相互间或与其他分子连接，起到填充交联和通透性、电荷特性和局部 pH 的调节功能（Willats et al.，2006）。HG、RGI、RGII 主链的解聚、侧链（如阿拉伯聚糖、半乳聚糖、阿拉伯半乳聚糖等）脱分支、侧链解聚及相互间作用力或结合键的改变将直接影响果实的硬度和机械特性，与果实成熟软化密切相关。因此，果实细胞壁结构是复杂多样的，其精细结构目前了解较少，难以确切描述。

目前，细胞壁结构、动态和生物学功能的研究备受关注，研究工作主要集中在以下几个方面。①利用光学显微镜结合细胞化学技术、电子显微镜和原子力显微镜研究细胞壁的结构和动态；②利用现代生物学技术、生物化学和化学分析的方法研究细胞壁组分的分子组成和结构以及生命活动中的化学变化；③利用免疫标记的方法研究细胞壁组分，包括多糖、蛋白、离子和其他组成成分的细胞定位和分布。随着细胞壁多糖抗原位置的分离、纯化和特异性抗体的制备，利用免疫标记技术研究细胞壁多糖的结构和动态变化已基本成为一种成熟的方法。目前，国内外常用的细胞壁多糖及部分糖蛋白的免疫抗体探针主要由 CCRC-M（Comples Carbohydrate Research Center Monoclonal Antiboidies）、JIM（John Innes Monoclonal Antibodies）和 LM（Leeds Monoclonal Antibodies）3 大系列，分别由美国佐治亚大学复合糖研究中心、英国 John Innes 研究所和 Leed 大学 3 个研究机构提供，常见抗体探针的种类、免疫原以及识别抗原信息如表 3-3-3-3 所示。如图 3-3-3-7 所示部分抗体探针识别抗原位点的示意图。

**表 3 - 3 - 3 - 3 目前常使用的细胞壁多糖分子特异性抗体类型和识别位点**

| 抗体名称 | 免疫原 | 识别抗原 | 抗原决定簇结构 |
|---|---|---|---|
| CCRC - M1 | RG I/MeBSA | Xyloglucan，RG I | $\alpha$ - Fuc - (1，2) - $\beta$ - Gal |
| CCRC - M2 | RG I/MeBSA | RG I | unknown |
| CCRC - M3a | unknown | Crystalline cellulose | unknown |
| CCRC - M7 | RG I/MeBSA | RG I, Arabinogalactans, Arabinogalactan protein | trimer or larger of $\beta$ - (1，6) - Gal carrying one or more Ara residues of unknown linkage |
| CCRC - M8 | RG I/MeBSA | RG I, Arabinogalactans | unknown |
| CCRC - M10 | RG I/MeBSA | RG I | unknown |
| CCRC - M13 | RG I/MeBSA | RG I | unknown |
| CCRC - M22 | De - arabinosylated RG I/MeBSA | RG I | unknown |
| CCRC - M32 | Seed mucillage/MeBSA | Arabinogalactans | unknown |
| CCRC - M34 | Seed mucillage/MeBSA | Arabinogalactans | unknown |
| CCRC - M70 | Galactomannan：BSA | Guar galactomannan, Gum guar, Locust bean gum | unknown |
| JIM1 | unknown | $\beta$ - linked galactose, plasma membrane | unknown |
| JIM4 | Protoplasts from suspension cultured cells | Arabinogalactan glycoprotein | $\beta$ - GlcA - (1，3) - $\alpha$ - GalA - (1，2) - Rha |
| JIM5 | Protoplasts from suspension cultured cells | Homogalacturonan (partially methyl - esterified) | Me ($\alpha$) GalA1 - 4 ($\alpha$) GalA1 - 4 ($\alpha$) GalA1 - 4 ($\alpha$) GalA1 - 4 ($\alpha$) GalA1 - 4 ($\alpha$) MeGalA |
| JIM7 | Protoplasts from suspension cultured cells | Homogalacturonan (partially methyl - esterified) | GalA1 - 4MeGalA1 - 4MeGalA 1 - 4MeGalA1 - 4MeGalA1 - 4 galA |
| JIM13 | Arabinogalactan protein (AGP2) | Arabinogalactan, Arabinogalactan protein | ($\beta$) GlcA1 - 3 ($\alpha$) GalA1 - 2Rha |
| JIM14 | Arabinogalactan protein (AGP2) | Arabinogalactan, Arabinogalactan protein | unknown |
| JIM15 | Arabinogalactan protein (AGP2) | Arabinogalactan, Arabinogalactan protein | unknown |
| JIM16 | Arabinogalactan protein (AGP2) | Arabinogalactan, Arabinogalactan protein | unknown |
| JIM16 JIM18 | Extracellular glycoproteins | Arabinogalactan glycophospholipid | unknown |
| LM2 | Cell wall material | Arabinogalactan - protein | $\beta$ - linked glucuronic acid |
| LM5 | Neoglycoprotein | 1，4 - linked $\beta$ - D - galactose oligomers | ($\beta$) Gal1 - 4 ($\beta$) Gal1 - 4 ($\beta$) Gal1 - 4 gal |
| LM6 | Neoglycoprotein | 1，5 - linked $\alpha$ - L - arabinose oligomers/ feruloylated (1 - 4) - $\beta$ - D - galactan/AGPs | $\alpha$ - Ara1 - 5 - $\alpha$ - Ara1 - 5 - $\alpha$ - Ara1 - 5 - $\alpha$ - Ara1 - 5Ara |
| LM7 | Pectin | Homogalacturonan/ non - blockwise partially Me - HG | partially methylesterfied epitope of homogalacturonan |
| LM8 | Pectin | xylogalacturonan | partially methylesterfied epitope of homogalacturonan |
| LM9 | pectin | feruloylated 1，4 - linked $\beta$ - D - galactan | Feruloylated galactan |

| 抗体名称 | 免疫原 | 识别抗原 | 抗原决定簇结构 |
|---|---|---|---|
| LM10 | Xylopentaose – BSA' | feruloylated 1，4 – linked $\beta$ – D – galactan/ （4~4） – $\beta$ – D – xylan | $\beta$ – Xyl – （1~4） – $\beta$ – Xyl |
| LM11 | Xylopentaose – BSA | feruloylated 1，4 – linked $\beta$ – D – galactan/ （4~4） – $\beta$ – D – xylan / arabinoxylan | $\beta$ – Xyl – （1~4） – $\beta$ – Xyl – （1~4） – $\beta$ – Xyl – （1~4） – $\beta$ – Xyl |
| LM15 | unknown | XXXG motif of xyloglucan | unknown |
| LM14 | unknown | AGP glycan | unknown |
| LM18 | unknown | partially Me – HG / de – esterified HG | unknown |
| LM19 | unknown | partially Me – HG / de – esterified HG | unknown |
| LM20 | unknown | partially Me – HG / | unknown |
| PAM1 | unknown | blockwise de – esterified HG | unknown |
| MAC204 | Peribacteroid membrane | Arabinogalactan protein | unknown |
| MAC207 | Peribacteroid Membrane | $\alpha$ – GlcA – （1，3） – $\alpha$ – GalA – （1，2） – $\alpha$ – Rha | $\beta$ – GlcA1 – 3 （$\alpha$） GalA1 – 2Rha |
| PN 16.4B4 | Membranes from suspension – cultured cells | Arabinogalactan protein | Uncharacterized epitope in carbohydrate part of the glycoprotein |
| 2F4 | Polygalacturonic acid | Homogalacturonan | dimeric association of pectic chains through calcium ions |

根据糖蛋白的识别位点，某些抗体探针也可以用于糖蛋白的免疫标记，目前用于细胞壁糖蛋白标记的抗体信息如表 3 – 3 – 3 – 4 所示。

表 3 – 3 – 3 – 4　具有识别糖蛋白的抗体探针类型和相关信息

| 抗体名称 | 免疫原 | 识别抗原 | 抗原决定簇结构 |
|---|---|---|---|
| JIM19 | | extensin | |
| LM1 | Cell wall material | Extensin；HRGP | unknown |
| LM2 | Cell wall material | Arabinogalactan – protein | $\beta$ – linked glucuronic acid |
| LM6 | Neoglycoprotein | 1，5 – linked $\alpha$ – L – arabinose oligomers/ feruloylated （1~4） – $\beta$ – D – galactan/AGPs | $\alpha$ – Ara1 – 5 – $\alpha$ – Ara1~5 – $\alpha$ – Ara1 – 5 – $\alpha$ – Ara1 – 5Ara |
| MAC204 | Peribacteroid membrane | Arabinogalactan protein | unknown |
| PN 16.4B4 | Membranes from suspension – cultured cells | Arabinogalactan protein | Uncharacterized epitope in carbohydrate part of the glycoprotein |

### 2.3.2　细胞壁多糖分子免疫定位简介

细胞壁多糖的免疫定位程序与蛋白质免疫定位类似，但有些研究认为锇酸固定对糖的免疫原性无显著影响，常规 Spurr 或 Epon 812 树脂包埋不影响免疫标记效果，因此某些研究直接使用常规电镜样品材料进行多糖分子的免疫标记研究，然而，从实验方法的通用性和研究结果的公信度考虑，建议还是采用甲醛和戊二醛配合固定、LR White

等水溶性树脂包埋的方法和程序。

2.3.3　细胞壁多糖的免疫荧光定位

以荧光标记二抗为探针,通过对徒手切片、石蜡切片或半薄树脂切片的免疫标记,利用普通荧光显微镜、扫描激光共聚焦显微镜从组织学角度研究细胞壁多糖的定位和分布,具体实验操作可按照如下实验步骤(Verhertbruggen et al.,2009)。

(1)取材和固定:取材后立即投入 PBS 缓冲液配置的 4%多聚甲醛+0.5%～1%戊二醛溶液中,室温固定 2 h 或 4℃固定 12 h。

(2)组织切片的制作:石蜡切片按照上述常规方法进行乙醇脱水、透明、渗透、包埋、修块、切块、黏片步骤,黏片前载玻片先用多聚赖氨酸溶液浸泡处理。免疫标记前切片材料经脱蜡、复水等操作以除去组织材料内石蜡物质。徒手切片样品按照常规操作方法制作。超薄切片样品制作按照下述免疫胶体金电镜的方作制作树脂包埋块,采用超薄切片机进行半薄切片,厚度为 1～2 μm。

(3)封闭:上述切片材料用 100 mmol/L,pH 7.2 的 PBS 配置的 3%～5%的脱脂奶粉或 BSA 室温下孵育反应 30～60 min。

(4)一抗标记:封闭后的切片用上述封闭剂稀释的抗细胞壁多糖成分的一抗室温下至少孵育 1 h 或 4℃过夜,目前常用一抗的稀释在 5 倍以上可以达到良好的标记效果。

(5)漂洗:上述磷酸缓冲液漂洗 3 次,每次不少于 5 min,漂洗溶液中可以适当加入脱脂奶粉或 BSA 以及吐温。

(6)二抗标记:上述封闭剂按照 1∶100 稀释的 FITC 标记的二抗溶液与按照室温下孵育 1.5～2 h。

(7)漂洗:磷酸缓冲液漂洗 3 次,每次不少于 5 min。

(8)封片和观察:为进行对比漂洗后的切片用 0.025%(m/V)纤维素的染色剂 Calcofuor White(Sigma,UK)暗处染色 5 min,去离子水充分漂洗。随后,切片用 PBS 稀释的含有抗荧光猝灭剂 Citifluor AF3(Agar Scientific,Stansted,UK)的甘油溶液封片。切片采用普通荧光显微镜或扫描激光共聚焦显微镜观察。

(9)免疫标记的特异性对照实验组的设计按照常规方法。

2.3.4　细胞壁多糖的免疫胶体金电镜定位

该方法是目前研究细胞壁多糖分子精确定位和分布的主要方法,实验程序与蛋白质的免疫胶体金电镜方法类似。

(1)取材和固定:切取材料组织(<2 mm³),立即投入 100 mmol/L,pH 7.2 的 PBS 配置的 2.5%戊二醛溶液中或 4%多聚甲醛+1%戊二醛溶液,适当真空抽气后室温条件下固定 2 h。

(2)超薄切片制作:材料经系列乙醇脱水、LRW 树脂渗透、包埋,60℃条件下聚合;超薄切片机切片,厚度为 70～80 nm,切片捞在碳膜覆盖的镍网上。

(3)封闭反应:将封闭剂滴在石蜡盘或 parafilm 上,镍网采用倒扣的方式漂浮在封闭剂液滴表面,室温下孵育 30 min,封闭剂的组成为:100 mmol/L pH 7.2 PBS 缓冲液配制的 3% BSA 溶液。

(4)一抗标记:采用上述方式,将镍网漂浮在抗细胞壁多糖分子的特异抗体液滴表面,室温下孵育 1～1.5 h,一抗孵育液的组成为:100 mmol/L pH 7.2 PBS 缓冲液

＋1％ BSA 溶液按照 1∶20 进行稀释。

（5）漂洗：采用液滴表面移动的方法进行漂洗至少 4 次，每次不少于 5 min，漂洗液组成为：100 mmol/L pH 7.2 PBS 缓冲液＋1％ BSA＋0.05％ Tween。

（6）二抗标记：如上方法将镍网倒扣在稀释后的二抗液滴上，室温孵育 2 h，二抗溶液组成为：100 mmol/L pH 7.2 PBS 缓冲液＋1％ BSA 溶液按照 1∶20 稀释的二抗。

（7）漂洗：采用液滴表面移动的方法进行用漂洗液（100 mmol/L pH 7.2 PBS 缓冲液＋0.05％吐温）漂洗至少 4 次，每次不少于 5 min，最后用去离子水漂洗。

（8）染色和观察：漂洗后的镍网用 1％乙酸双氧铀染色，电子显微镜下观察、拍照。对 1 nm 金颗粒标记的二抗样品，在染色前可以利用银增强的方法以提高标记的强度，具体操作可将银染试剂盒中的增强剂和启动剂按照 1∶1 混合后标记反应 10～15 min，去离子水充分漂洗。

（9）对照实验：对照采用去除一抗的方法。

### 2.3.5 细胞壁多糖分子免疫胶体金扫描电镜定位

利用免疫标记的原理和方法，对样品表面进行免疫标记，通过扫描电镜观察，间接标记抗原的位置和分布，实验可按如下步骤进行。

（1）取样和固定：选取特定部位的样品，立即投入到 50 mmol/L，pH 7.2 的二甲胂酸钠配置的 1％戊二醛溶液中固定 2～3 h，然后漂洗后暂时保存在上述缓冲液中保存待用。

（2）封闭反应：免疫标记前样品材料先用含吐温 20 的缓冲液（PBST：0.14 mol/L NaCl，0.001 5 mol/L KH$_2$PO$_4$，0.002 7 mol/L KCl，0.5 mL/L Tween 20 and 0.9 mL/L Kathon，pH 7.4）漂洗 4 次，每次不少于 5 min；随后样品用封闭剂于室温下封闭反应 4 h，封闭剂组成为：pH 8.2 PBST 配置的 1％ BSA 溶液。

（3）一抗标记：样品用一抗溶液 4℃孵育过夜，孵育液组成为：PBST－BSA 溶液（pH 8.2 PBST 配置的 1％ BSA 溶液）按照 1∶10 稀释的抗细胞壁多糖分子的特异抗体。

（4）漂洗：PBST－BSA 溶液漂洗 5 次，每次不少于 5 min。

（5）二抗标记：PBST－BSA 溶液按照 1∶50 稀释的 5 nm 金标二抗溶液 4℃孵育过夜。

（6）银增强反应：采用经充分漂洗后将银增强试剂盒中增强剂和启动剂按照 1∶1 比例混合后室温下反应 15 min，去离子水充分漂洗。

（7）样品经系列乙醇脱水、临界点干燥、喷碳后扫描电镜下观察。

## 2.4 植物激素的免疫标记

### 2.4.1 概述

利用免疫标记的方法可进行植物激素定位和分布的研究，该方法的关键是特异性抗激素的抗体制备和组织样品中激素的原位保存。生长激素 IAA、脱落酸 ABA、细胞分裂素 CK 和赤霉素 GA 等均为小分子的有机化合物，特异性的免疫抗体制备比较困难，目前国内外特别是南京农业大学周燮实验室已将几种结构的植物激素和弗氏佐剂相配合制备出多种多克隆或单克隆免疫抗体，开展了植物激素免疫标记的研究工作。特异性的免疫抗体可通过书信索取或购买的方式获得，实验方法可按照如下方法（孟祥红等，2001）。

#### 2.4.2 实验流程

植物激素的原位固定和抗体标记的特异性和专一性是本实验的关键。在固定时采用 EDC 固定、甲醛和戊二醛混合固定，最后经锇酸固定程序，上述固定模式既能充分保证固定的原位性，同时对其抗原性无显著影响。

(1) 取材和固定：选取特定部位材料，将材料迅速投入用 0.1 mol/L pH 7.2 的二甲砷酸钠缓冲液配制的 2% EDC 溶液中室温下固定 2 h 后，弃去 EDC 液，用同样浓度的二甲砷酸钠缓冲液过一下，再转入用二甲砷酸钠缓冲液配制的 4% 多聚甲醛与 1% 戊二醛混合液中 4℃ 静置 15 h。材料经 10 mmol/L pH 7.2 二甲砷酸钠缓冲液洗 3×20 min；在二甲砷酸钠缓冲液配制的 0.05% 锇酸中后固定 30 min；

(2) 树脂包埋块制备：材料经二甲砷酸钠缓冲液冲洗 3 次，10 min/次，去离子水漂洗；系列梯度乙醇脱水，LRW 树脂渗透和包埋。同时研究也表明脂溶性树脂特别是 Spurr 对免疫标记的效果无显著影响，因此也可以采用 Spurr 包埋的程序进行操作。

(3) 荧光标记免疫反应和观察：在超薄切片机上进行半薄切片，厚度为 2 $\mu$m，将切片粘贴在干净的载玻片上，载玻片先在多聚赖氨酸溶液中浸泡和烘干。切片在室温下经 10% $H_2O_2$ 蚀刻 10 min；PBST 缓冲液（PBS 缓冲液中含 0.02% Tween-20，0.02% NaN₃）洗 3×5 min；加封闭溶液（PBST 配制的 10% 的小牛血清），并在 30℃ 保湿盒中孵育反应 20 min；吸去封闭溶液；切片上加用封闭溶液（PBST 中含 10% BSA）稀释的鼠抗 ABA 单克隆抗体（购自南京农业大学）于 30℃ 下温育 4 h（稀释倍数根据抗体情况而定）；PBST 缓冲液洗 3×5 min；加用 PBST 缓冲液稀释的 FITC 标记的羊抗鼠抗体（华美公司）于暗处 30℃ 保湿盒中孵育 70 min；最后经 PBST 洗 3×5 min，去离子水充分漂洗。切片在荧光显微镜下观察、拍照。为保证实验结果的可靠性，实验中设定两个阴性对照：A 省去一抗，以判断切片上金标二抗的非特异性吸附；B 用正常的鼠 IgG 代替特异的一抗，以判定一抗的非特异性；C 将一抗提前用 ABA 孵育，然后再对切片进行一抗的免疫标记。

(4) 胶体金免疫定位：在 LKB2088 型超薄切片机上切片，厚度为 70 nm 左右。捞在覆有 Formvar 膜的镍网上。将镍网有切片的一面朝下漂浮在 10% $H_2O_2$ 小滴上，室温静置 10 min；取出镍网，从其边缘吸去残液，PBST 缓冲液（PBS 缓冲液中含 0.02% Tween-20，0.02% NaN₃）过一下，在封闭溶液（PBST 缓冲液中含 1% BSA，1.5% 甘氨酸）中，室温条件下静置 20 min；PBST 溶液洗 30 s；用稀释液（PBST 中含 1% BSA）稀释的鼠抗 ABA 单克隆抗体（购自南京农业大学）中室温孵育 4 h；再经 PBST 洗 4×30 s，用稀释液稀释的 15 nm 金标羊抗鼠抗体（购自浙江大学）中室温孵育 90 min；PBST 洗 4×30 s，双蒸水洗 2×30 s，晾干；乙酸双氧铀和柠檬酸铅染色后，电镜观察、拍照。对照实验如上所述。

#### 2.5 RNA 原位杂交标记

#### 2.5.1 简介

原位杂交技术（*in situ* hybridization，ISH）是分子生物学、组织化学及细胞学相结合而产生的新兴技术，已成为目前分子细胞生物学研究的重要手段之一。该技术的原理是在一定的温度和离子浓度下，特异序列的单链探针通过碱基互补原则与组织细胞内待测的核酸复性结合而使得组织细胞中的特异性核酸得到定位，并通过探针上所标记的检测系统将其在核酸的原位显示出来。因此，利用特定标记的核苷酸链为探针，可与组织切片、细胞或染色体标本中的待检 DNA 片段或 mRNA 进行原位杂交，从而分析待检核酸的分布和含量，研究各种基因在染色体上的定位或 mRNA 在胞质中的表达。因此，原位杂交技术可分为 DNA 原位杂交和 RNA 原位杂交，DNA 原位杂交主要以各种时期各种形态的 DNA（间期细胞核、中期染色体、DNA 纤维）为杂交靶对象；RNA原位杂交主要用标记的探针对组织细胞中的 RNA 进行原位定位。

RNA 原位杂交技术是运用 cRNA、cDNA 或寡核苷酸等探针检测动物或植物组织中特定基因的 mRNA 分布状况，以了解该基因的表达模式。其原理是将体外合成的带有标记的 cRNA、cDNA 或寡核苷酸与组织或细胞中特定基因的 mRNA 发生杂交，从而将探针定位在特定基因的表达区域内。因 cRNA 与 RNA 之间形成的杂交体比cDNA-RNA 杂交体稳定，而且 cRNA-RNA 杂交体不受 RNAase 的影响，杂交反应后可用 RNAase 处理以除去未结合的探针，因此，cRNA 探针在 RNA 定位中使用较为广泛。根据探针上所带标记的不同可分为两种，即非放射性的地高辛（DIG）和生物素（BIO）或带有放射性的同位素（$^{32}$P）。带有放射性同位素的探针在杂交后可以直接通过放射自显影来确定该特定基因的表达区域；带有非放射性标记的探针还需通过酶促免疫显色或免疫荧光反应来定位特定基因的 mRNA 在组织或细胞中的分布位置。实验流程以非放射性的 DIG 为标记的 RNA 原位杂交为例大致如下。当体外转录的反义mRNA探针与组织中的天然 mRNA 杂交后，带有碱性磷酸酶（AP）的抗 DIG 抗体特异性地结合探针上的 DIG 标记，从而将带 AP 的抗 DIG 抗体定位于特定基因的 mRNA 分布区域内，而后加入 AP 的无色底物，底物在 AP 的作用下变为有色沉淀沉积在相应区域，从而实现显微观察。具体的实验流程和基本原则大致如下。

2.5.2　RNA 组织原位杂交的实验流程和原则

（1）杂交前准备：包括固定、取材、玻片和组织的处理，如何增强核酸探针的穿透性、减低背景染色等。

①固定：原位杂交组织化学技术在固定剂的应用和选择上应兼顾到 3 个方面：保持细胞结构；最大限度地保持细胞内 RNA 的水平；使探针易于进入细胞或组织。为最大限度地减少 RNA 的降解，一方面要注意固定剂种类、浓度和固定的时间选择，一般用 1%～4% 多聚甲醛低温固定 24 h 会取得良好的效果；另一方面取材后应尽快予以冷冻或固定。

②玻片和组织切片的处理：盖玻片和载玻片应用热肥皂刷洗，自来水清洗干净后，置于清洁液中浸泡 24 h，清水洗净烘干，95% 乙醇中浸泡 24 h 后蒸馏水冲洗、150℃或以上过夜烘干以去除任何 RNA 酶。由于 RNA 原位杂交实验程序繁杂，切片粘贴好坏直接影响实验的成败，载玻片应先用黏片剂浸泡、烘干处理，黏片剂多用铬矾-明胶液，多聚赖氨酸液。

③增强组织的通透性和核酸探针的穿透性：此步骤根据应用固定剂的种类、组织的种类、切片的厚度和核酸探针的长度而定。增强组织通透性常用的方法如应用稀释的酸洗涤、去垢剂（detergent）Triton X-100、乙醇或某些消化酶处理，上述处理无疑可增强组织的通透性和核酸探针的穿透性，提高杂交信号，但同时也会可能导致 RNA 的降解和影响组织的形态结构，因此，在用量及孵育时间上应慎为掌握。

④减低背景染色：在原位杂交实验程序中，如何减低背景染色是一个重要的问题，杂交后的酶处理和杂交后的洗涤均有助于减低背景染色。预杂交（prehybridization）是减低背景染色的一种有效手段。预杂交液和杂交液的区别在于前者不含探针和硫酸葡聚糖，将组织切片浸入预杂交液中可达到封闭非特异性杂交位点的目的，从而降低背景染色。

⑤防止 RNA 酶的污染：由于在手指皮肤及实验用玻璃器皿上均可能含有 RNA 酶，为防止其污染而影响实验结果，在整个杂交前处理过程都需戴消毒手套。所有实验用玻璃器皿及镊子都应于实验前一天高温（240℃）烘烤以消除 RNA 酶。杂交前及杂交时所应用的溶液均需经高压消毒处理。

（2）杂交：RNA 原位杂交整个实验周期较长，实验程序繁杂，杂交步骤是整个实验中最为直接的一步，杂交前的一切准备工作如增加组织通透性都是为在杂交这一步骤中核酸探针能进入组织或细胞与其内源靶核苷酸相结合，因此杂交是原位杂交技术最重要的一个环节。RNA 探针的长度以 50~150 bp 为佳，探针易进入组织细胞，杂交效率高，杂交时间短。杂交时探针的浓度按其种类略有不同，放射性标记探针的杂交浓度多为 0.5 ng/μL，非放射性标记探针的杂交浓度多为 1.0 ng/μL；杂交液的体积一般以每张切片 30~50 μL 为宜。杂交温度应低于熔解温度（Tm）20~30℃为宜，过高的杂交温度对切片组织的形态结构以及切片的黏附造成不利的影响，可通过加入甲酰胺浓度、离子强度等方法降低 Tm 和杂交温度。杂交时间随杂交液浓度的增加而缩短，杂交时间过短造成杂交不完全；杂交时间过程增加非特异性的着色。杂交时将杂交液滴于切片组织上，加盖硅化的盖玻片以防止孵育过程中的高温（50℃左右）导致杂交液的蒸发。为保证杂交所需的湿润环境，可将其放在盛有少量 2~5 倍 SSC（standard saline citrate, SSC）溶液的硬塑料盒中进行孵育。

（3）杂交后处理：杂交后处理包括系列不同浓度，不同温度的盐溶液的漂洗。通过杂交后的洗涤有效地降低背景染色，获得较好的反差效果。

（4）显示（visualization）：根据核酸探针标记物的种类分别进行放射自显影或利用酶检测或荧光标记系统进行不同显色处理。组织或细胞原位杂交切片在显示后均可进行半定量的测定，如放射自显影可利用人工或计算机辅助的图像分析检测仪检测银粒的数量和分布的差异；非放射性核酸探针杂交的组织或细胞可利用酶检测系统显色或荧光标记，然后利用显微分光光度计或图像分析仪对不同类型和数量的核酸的显色强度进行检测。

（5）对照实验和原位杂交结果的判断：原位杂交与其他定位实验一样存在非特异性的标记位点，必须设定严格的对照试验，对照试验的设置须根据核酸探针和靶核苷酸的种类和现有的可能条件去选定。一般用已知染色模式的探针为阳性对照，转录正义 RNA 链探针为阴性对照，同时在进行原位杂交结果的判断上应持慎重态度。

2.5.3　mRNA 原位杂交的实验操作步骤（水稻根尖为例，李和平，2009）

（1）材料的固定和包埋：取根尖立即浸入预冷的固定剂中，抽气直至材料下沉；固定剂可以使用 4%多聚甲醛+0.5%戊二醛、FAA 等，注意固定剂使用 DEPC - H₂O 配置。系列浓度乙醇脱水、二甲苯透明、石蜡渗透和包埋。

（2）切片：按照石蜡切片操作进行，切片用多聚赖氨酸处理，展片是使用 DEPC -

$H_2O$，40～45℃黏片 24 h。

（3）探针制备：按照分子操作实验步骤进行。

（4）切片的脱蜡、消化和乙酰化：操作确保在无 RNAase 条件下进行，容器、溶液等灭菌，溶液使用 DEPC - $H_2O$ 配置。采用常规石蜡切片的脱蜡方式脱蜡、复水。37℃预热的蛋白酶 K 溶液（0.1 mol/L pH 7.5 Tris - HCl，50 mmol/L，EDTA 5 $\mu$g/mL）处理 30 min，无菌 DEPC - $H_2O$ 漂洗 3 次。快速搅拌条件下 100 mol/L pH 8.0 三乙醇胺溶液中加入乙酸酐至终浓度为 250 $\mu$g/mL，5 s 后放入载片室温条件下处理 5 min。

（5）脱水：切片经系列乙醇脱水，干燥。

（6）预杂交：150 $\mu$L 预杂交液（现配现用，无气泡）加于玻片上，硅化盖玻片或 Parafilm，42℃预杂交 3 h。预杂交液（10 mL）组成为：DEPC - $H_2O$ 1.85 mL；甲酰胺 5 mL；50% 硫酸葡聚糖 1 mL；10× 杂交盐 1 mL（1 mol/L pH 7.5 Tris 溶液 100 $\mu$L；0.5 mol/L EDTA 20 $\mu$L；5 mol/L 600 $\mu$L；DEPC - $H_2O$ 280 $\mu$L）；10 mg/mL tRNA 0.15 mL；10× 封闭溶液 1 mL（用前摇匀）。

（7）杂交：每张载玻片上滴加 150 $\mu$L 杂交液，置于保湿盒中 42℃杂交过夜，杂交液组成为：上述预杂交液配置的含 400 ng/mL 探针。

（8）切片漂洗：40 mL 4×SSC 室温下漂洗切片 5～10 min，重复 4 次，以洗去杂交液；预热至 37℃的缓冲液配置的浓度为 25 $\mu$g/mL RNAase 溶液滴加在切片上，37℃保温 30 min；上述 RNAase 缓冲液洗片 3 次，每次 10 min；2×SSC 溶液室温下洗 2 次，每次 15～30 min；0.1×SSC 于 60℃漂洗 15～30 min。

（9）杂交后的显色反应：PBT（$Na_2HPO_4 \cdot 12H_2O$ 2.9 g/L；$NaH_2PO_4 \cdot 2H_2O$ 0.3 g/L；NaCl 7.6 g/L；Tween - 20 1 mL/L）溶液室温漂洗 5 min；5% 封闭溶液（PBT 溶解 BSA）室温下封闭 30～60 min；PBT 漂洗 1 min；浓度为碱性磷酸酶（AP）标记的抗 DIG 抗体溶液（PBT 135 $\mu$L＋10 mg/mL BSA 15 $\mu$L，抗 DIG - AP 加至 5 U/mL）室温下孵育 30 min；室温下 PBT 漂洗 2 次，每次 20 min，然后用 TNM50（1 mol/L Tris pH 9.5 0.5 mL＋1 mol/L $MgCl_2$ 0.25 mL＋5 mol/L NaCl＋$dH_2O$ 4.15 mL）溶液漂洗 5 min；每张切片加 AP 催化底物 150 $\mu$L 室温下避光反应 30 min～12 h，以正义链出现很淡的颜色为终止反应的标准；临时封片镜检，或系列乙醇脱水、透明永久封片后镜检。

如果探针使用放射性标记，进行放射自显影，并拍照，将放射性图片和同张切片经常规然后拍照后的图片进行比对或图像的重叠处理。

2.5.4 结果示例

（1）桃果实 PPERAG 基因原位杂交（图 3 - 3 - 3 - 8）：石蜡切片，杂交温度为 42℃；杂交液组成为：50%（$V/V$）formamide，300 mmol/L NaCl，10 mmol/L Tris - HCl pH 7.5，1 mmol/L EDTA，0.02%（$m/V$）Ficoll，0.02%（$m/V$）polyvinylpyrrolidone，0.025%（$m/V$）bovine serum albumin（BSA），10%（$V/V$）dextran sulfate and 60 mmol/L DTT；杂交后用 500 mmol/L NaCl，1 mmol/L EDTA，10 mmol/L Tris - HCl，50 $\mu$g/mL RNase A 处理；免疫探针为碱性磷酸酶标记的 DIG。

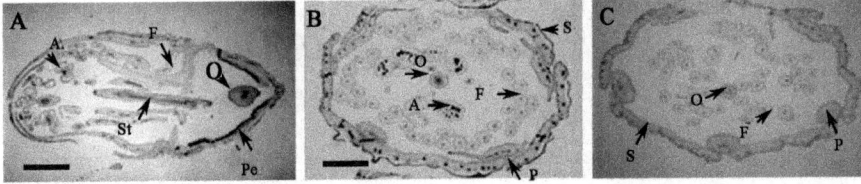

图 3-3-3-8 桃果实 *PPERAG* 基因原位杂交，杂交信号为蓝紫色沉淀物

A. *PPERAG* 基因转录主要在子房、花柱和雄蕊的花丝；B. *PPERAG* 基因在萼片中的表达降低，花瓣中无表达；
C. 对照试验，探针为 pGEMluc Vector（Promega，Madison，WI，USA）转录得到的正义 RNA，示无杂交信号。
A. 花药；F. 花丝；O. 子房；P. 花瓣；S. 萼片；St. 花柱；Bar＝2 mm（A）和 1.6 mm（B，C）

（引自：Tani et al.，2009）

（2）柑橘果实果胶甲酯酶基因表达（放射性标记）（图 3-3-3-9）：放射自显影按照相应胶片的说明进行。

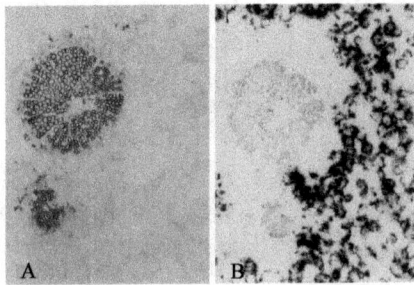

图 3-3-3-9 柑橘果实 PME mRNA 原位杂交，切片用番红染色

A. 正义链探针杂交的阴性对照图片，维管束为红色；B. 果肉组织中该基因强烈表达；Bar＝100 μm

（引自：Christensen et al.，1998）

# 第四节 电镜微区定量分析

## 1 电镜 X 射线显微分析技术简介

该技术是将电子显微镜观察和 X 射线分析相结合的电子显微分析技术，其原理是基于每一个元素均具有特征性的 X 射线谱系（频率或波长），根据 X 射线谱系的不同可判定元素的种类。当高速细电子束轰击固体标本表面的微小区域使该区域内所含的元素发射 X 射线，通过收集、检测发射的 X 射线的波长和强度，即可分析该区域所含元素的种类和含量。该分析技术的优点在于：①分析过程不破坏样品的结构，可保持各元素原有分布的情况下对生物细胞内的元素进行同时进行分析；②结合拍摄透射或扫描图像，可在形态观察的同时对一定结构内的元素进行测量，从而获知超微结构的变化与其组成元素的变化关系；③技术灵敏度高，可辨别小于 1 $\mu m^3$ 区域内质量少于 10～14 g 的元素，随着电子光学技术的发展，其测定区域逐渐变小，灵敏度逐渐提高。目前，作为一种有效的微量元素分析技术，在生物和和环境方面有着广阔的应用前景（凌冶萍和俞彰，2004）。

电子束轰击标本所发射的 X 射线可利用 X 射线检测器接受并分辨特征波长和强度，借以确定标本所含元素的性质和数量，目前常用于特征 X 射线检测的方法包括能谱分析法和波谱分析法，分别使用能谱仪或波谱仪。能谱仪与扫描电镜或透射电镜结合可对样品进行元素谱分析；波谱仪由于工作条件的因素限制其在扫描电镜中的应用，与透射电镜结合可实现微区元素分析。

## 2　扫描电镜的能谱分析法

用检测器能谱仪（X射线能量色散谱仪，简称EDX）直接接收X射线，将它变为电信号后放大，并进行脉冲幅度的分析仪确定入射射线的能量，从而区分不同特征X射线和确定所含元素的性质，所获得的能谱图的谱线位置代表元素的性质，幅高代表元素的含量。能谱仪在20世纪70年代末和80年代初期普遍推广以来，首先在扫描电镜和电子探针分析仪器上得到应用，其优点是可以分析微小区域的成分，并且可以不用标样。能谱仪收集谱线时一次即可得到可测的全部元素，分析速度快；另外，在扫描电镜所观察的微观领域中，一般并不要求所测成分具有很高的精确度，因此扫描电镜配备能谱仪得到了广大用户的认可，且其无标样分析的精确度能胜任常规研究工作。目前，最先进的采用超导材料生产的先进的能谱仪分辨率达到了 $5 \sim 15$ eV，已超过了25 eV分辨率的波谱仪。分析元素范围为 $B_5 \sim U_{92}$；可测质量分数0.01％以上的重元素，对0.5％以上的元素有比较准确的结果，主元素的测量相对误差在5％左右；但对像B、C、N、O这些超轻元素检测灵敏度较低，难以得到好的定量结果。能谱仪主要是用来分析材料表面微区的成分，分析方式有定点定性分析、定点定量分析、元素的线分布、元素的面分布。

### 2.1　元素面分布的X射线能谱扫描分析

电子束轰击标本表面，并沿表面扫描，X射线能谱仪接收某一特定元素的能谱，此时屏幕上可描绘出该元素的X射线强度分布图像，将此区域的元素分布图像与其形貌图像进行叠加，可形象地表现出该元素在样品表面的相对分布状况，下面以Storey和Leigh（2004）方法介绍该技术。

（1）样品制备：用于能谱分析的扫描电镜样品的制备与普通形貌观察样品制备类似，但需注意样品制备各环节应避免外源元素的污染和内源元素的流失、移位，因此，冰冻蚀刻、冷冻断裂、冷冻干燥等方法制备的样品既可以保存组织形貌和内源元素，又避免外源元素污染。下述为Storey和Leigh（2004）试验方法：样品（柑橘叶）用去离子水润湿后迅速用液氮冷冻，冷冻后的样品在液氮中转移到冰冻蚀刻槽（Balzers SCU 102，Balzers Union Aktiengesellschaft，Furstentum，Liechtenstein）；样品在 $-105℃$ 下使用提前遇冷至 $-50℃$ 的切片不锈钢刀削平；然后样品在程序降温仪（Yamatake - Honeywell，Tokyo）控制在 $-86℃$ 条件下蚀刻4 min；样品在 $-130℃$ 条件下喷金。

（2）能谱分析：样品采用Philips 500扫描电镜（Philips Electron Optics，Eidenhoven，The Netherlands）装配有EDAX能谱散射X射线检测仪（EDAX International，Mahwah，NJ）以及Link AN10000 X射线分析仪（Oxford Instruments Microanalysis Group，High Wycombe，UK）。在进行元素面扫描分析时，首先对样品按照分辨率512×512像素进行普通形貌扫描，并将图像进行保存；然后在样品的同一区域进行能谱扫描，以某一元素的特征能谱进行数据采集和成像，图像分辨率为128×

128，X 射线的量子数范围为 1000～1500 cps，每一像素的扫面时间为 10 ms。

## 2.2 元素线分布的 X 射线能谱扫描分析

电子束轰击标本表面，并沿某一直线进行扫描，X 射线能谱仪接收某一特定元素的能谱，此时屏幕上可描绘出该元素沿此直线的 X 射线强度分布强弱或曲线图，将此线的元素分布图像与其形貌图像进行叠加，可形象地表现出该元素在样品此直线上元素的相对分布状况。

# 3 波谱分析法

使用波谱仪（X 射线波长色散谱仪，简称 WDX）附件进行。波谱仪是随着电子探针的发明而诞生的，作为电子探针的核心部件用作成分分析。元素分析的原理可用 $\lambda=(d/R)L$ 式中：$\lambda$ 为电子束激发试样时产生的 X 射线波长，与元素种类有关；$d$ 为分光晶体的面间距，为已知数；$R$ 为波谱仪聚焦圆的半径，为已知数；$L$ 为 X 射线发射源与分光晶体之间的距离，对不同的 $L$ 则有不同的 X 射线波长 $\lambda$，根据 X 射线波长就可得知是什么元素。

因此，波谱仪是通过机械装置的运动改变距离 $L$ 来实现成分分析。与能谱仪相比较，波谱仪的检测灵敏度更高，在电子探针的理想工作条件下能达到 $1\times10^{-4}$ 的检测能力。但波谱仪对分析条件要求苛刻，如电子束流要大于 0.1 $\mu$A，样品要求非常平整并且只能水平放置，准确的成分定量分析还需要相关的标准样品并在相同工作条件下作对比分析，对主机的稳定度也要求极高。目前，波谱仪主要可用于透射电镜样品的分析，在扫描电镜上的应用受到局限，原因在于：首先，波谱仪要求 X 射线取出角要求很大，原因在于大的取出角条件下，电子束激发的 X 射线在试样内部经过的路程短，被试样本身的吸收就会小，这才能保证有较大的检测信号，而大的取出角影响或降低扫描电镜的分辨率；其次，扫描电镜在波谱仪要求的大电流工作条件下，不可能得到高空间分辨率的二次电子像；最后，扫描电镜的分析试样通常为粗糙面，难以满足波谱仪对试样的各种要求。

## 参 考 文 献

付洪兰 .2004. 实用电子显微镜技术 . 北京：高等教育出版社 .11，85.

胡适宜，朱澂 .1990. 显示环氧树脂厚切片中多糖、蛋白和脂类的细胞化学方法 . 植物学报，32：841-846.

李和平 .2009. 植物显微技术 . 北京：科学出版社 .101-103.

凌冶萍，俞彰 .2004. 细胞超微结构与电镜技术—分子细胞生物学基础 . 上海：复旦大学出版社 .151-159.

孟祥红，王建波，利容千 .2001. 光敏细胞质不育小麦花粉发育过程中 ABA 免疫电镜定位 . 武汉大学学报（理学版），47：775-781.

杨勇骥 .2003. 实用生物医学电子显微镜技术 . 上海：第二军医大学出版社 .123.

郑国锠，谷祝平 .1993. 生物显微镜技术 . 北京：高等教育出版社 .128，85-100.

朱丽霞，程乃乾，高信曾 .1983. 生物学中的电子显微镜技术 . 北京：北京大学出版社 .126.

Andrews J，Adams S R，Burton K S，et al. 2002. Subcellular localization of peroxidase in tomato fruit skin and the possible implications for the regulation of fruit growth. *Journal of Experimental Botany*, 53: 2185-2191.

Bewley J D, Banik M, Bourgault R, et al. 2000. Endo - β - mannanase activity increases in the skin and outer pericarp of tomato fruits during ripening. *Journal of Experimental Botany*, 51: 529-538.

Cardona Y P, Oliveros C E, Arias D F, et al. 2008. Epicarp characterization of coffee fruits by atomic force microscopy. *Journal of Food Engneering*, 86: 167-171.

Chassagne - Berces S, Poirier C, Devaux M, Fonseca F, Lahaye M, Pigorini G, Girault C, Guillon F. 2009. Changes in texture, cellular structure and cell wall composition in apple tissue as a result of freezing. *Food Reseach International*, 42: 788-797.

Chen F S, Zhang L F, An H J, et al. 2009. The nanostructure of hemicellulose of crisp and soft Chinese cherry (*Prunus pseudocerasus* L.) cultivars at different stages of ripeness. *LWT - Food Science and Technology*, 42: 125-130.

Chen K M, Wang F, Wang Y H, et al. 2006. Anatomical and chemical characteristics of foliar vascular bundles in four reed ecotypes adapted to different habitats. *Flora*, 201: 555-569.

Christensen T M I E, Nielsen J E, Kreiberg J D, et al. 1998. Pectin methyl esterase from orange fruit: characterization and localization by in-situ hybridization and immunohistochemistry. *Planta*, 206: 493-503.

Famiani F, Walker R P, Técsi L I, et al. 2000. An immunohistochemical study of the compartmentation of metabolism during the development of grape (*Vitis vinifera* L.) berries. *Journal of Experimental Botany*, 51: 675-683.

Fernandez - García N A, Olmos P E. 2008. Sub - cellular location of $H_2O_2$, peroxidases and pectin epitopes in control and hyperhydric shoots of carnation. *Environmental and Experimental Botany*, 62: 168-175

Fornara V, Onelli E, Sparvoli F, et al. 2008. Localization of stilbene synthase in Vitis vinifera L. during berry development. *Protoplasma*, 233: 83-93.

Fry S C. 2004. Primary cell wall metabolism: tracking the careers of wall polymers in living plant cells. *New Phytologist*, 161: 641-675.

Lesniewska E, Adrianb M, Klinguerc A, et al. 2004. Cell wall modification in grapevine cells in response to UV stress investigated by atomic force microscopy. *Ultramicroscopy*, 100: 171-178.

Luft J H. 1961. Improvements in epoxy resin embedding methods. *Journal of Biophysical and Biochemical Cytology*, 9: 409-414.

MacDougall A J, Parker R, Selvendran R R. 1995. Nonaqueous fractionation to assess the lonic composition of the apoplast during fruit ripening. *Plant Physiology*, 108: 1679-1689.

Mazzuca S, Spadafora A, Innocenti AM. 2006. Cell and tissue localization of β - glucosidase during the ripening of olive fruit (Olea europaea) by in situ activity assay. *Plant Science*, 171: 726-733.

Okamura Y. 1990. Heterogeneity of the blood group ABH antigens and variation in the expression of these antigens of secretory granules in human cervical glands. *Histochemistry*, 94: 489-496.

Onsa G H, Saari N B, Selamat J, et al. 2007. Histochemical localization of polyphenol oxidase and peroxidase from *Metroxylon sagu. Asia Pacific Journal of Molecular Biology and Biotechnology*, 15 (2): 91-98.

Orfila C, Knox J P. 2000. Spatial regulation of pectic polysaccharides in relation to pit field in cell walls of tomato fruit pericarp. *Plant Physiology*, 122: 775-782.

Parker C C, Parker M L, Smith A C, et al. 2001. Pectin distribution at the surface of potato parenchyma cells in relation to cell – cell adhesion. Journal of Agriculture and Food Chemistry，49：4364-4371.

Romero – Puertas M C，Rodriguez – Serrano M，Corpas F J，et al. 2004. Cadmium – induced subcellular accumulation of $O_2^-$ and $H_2O_2$ in pea leaves. *Plant Cell Environment*，27：1122-1134.

Roy S，Watada A E，Wergin W P. 1997. Characterization of the cell wall microdomain surrounding plasmodesmata in apple fruit. *Plant Physiology*，114：539-547.

Sěbela M，Luhová L，Brauner F，et al. 2001. Light microscopic localisation of aminoaldehyde dehydrogenase activity in plant tissues using nitroblue tetrazolium – based staining method. *Plant Physiology and Biochemistry*，39：831-839.

Storey R，Leigh R A. 2004. Processes modulating calcium distribution in citrus leaves：an investigation using X – ray microanalysis with strontium as a tracer. *Plant Physiology*，136：3838-3848.

Tani E，Polidoros A N，Flemetakis E，et al. 2009. Characterization and expression analysis of AGA-MOUS – like，SEEDSTICK – like，and SEPALLATA – like MADS – box genes in peach（*Prunus persica*）fruit. *Plant Physiology and Biochemistry*，47：690-700.

Veraverbeke E A，Van Bruaene N，Van Oostveldt P，et al. 2001. Non destructive analysis of the wax layer of apple（*Malus domestica Borkh.*）by means of confocal laser scanning microscopy. *Planta*，213：525-533.

Verhertbruggen Y，Marcus S E，Haeger A，et al. 2009. Developmental complexity of arabinan polysaccharides and their processing in plant cell walls. *The Plant Journal*，59：413-425.

Walker R P，Acheson R M，Técsi L I，et al. 1997. Phosphoenolpyruvate carboxykinase in C4 plants：its role and regulation. *Australian Journal of Plant Physiology*，1997，24：459-468.

Wang A，Li J F，Zhang B X，et al. 2009. Expression and location of endo – β – mannanase during the ripening of tomato fruit，and the relationship between its activity and softening. *Journal of Plant Physiology*，166：1672-1684.

Willats W G T，Knox J P，Mikkelsen J D. 2006. Pectin：new insights into an old polymer are starting to gel. *Trends in Food Science Technology*，17：97-104.

Yang H S，Chen F S，An H J，et al. 2009. Comparative studies on nanostructures of three kinds of pectins in two peach cultivars using atomic force microscopy. *Postharvest Biology and Technology*，51：391-398.

（孟祥红）

# 第四章　果蔬产品采后代谢组学技术

## 第一节　果蔬采后代谢组学技术发展概述

### 1　代谢组学概况

代谢组学以组群指标分析为基础，以高通量检测和数据处理为手段，以信息建模与系统整合为目标的系统生物学的一个分支，继基因组学、转录组学、蛋白质组学后系统生物学的另一重要的研究领域，是研究生物体系受外部刺激所产生的所有代谢产物变化的科学（Nicholson et al.，1999）。代谢组学所关注的是各种代谢路径底物和产物的小分子代谢物（Mw<1 kDa），反映细胞或组织在外界刺激或是遗传修饰下代谢应答的变化，包括糖、脂质、氨基酸、维生素等。当前代谢组学已形成两大主流领域：metabolomics 和 metabonomics。一般认为，metabolomics 是通过考察生物体系受刺激或扰动后（如将某个特定的基因变异或环境变化后）代谢产物的变化或其随时间的变化，来研究生物体系的代谢途径的一种技术；而 metabonomics 是生物体对病理生理刺激或基因修饰产生的代谢物质的质和量的动态变化的研究。前者一般以细胞做研究对象，后者则更注重生物体组织。目前，代谢组学已确定 4 个方面层次。第一个层次为靶标分析，目标是定量分析一个靶蛋白的底物和（或）产物；第二个层次为代谢轮廓分析，采用针对性的分析技术，对特定代谢过程中的结构或性质相关的预设代谢物进行定量测定；第三个层次为代谢指纹分析，定性并定量分析细胞内外全部代谢物；第四个层次为代谢组学，定量分析一个生物系统全部代谢物。当前，作为应用驱动的新兴科学，代谢组学已在药物毒性、疾病诊断和动物模型、基因功能的阐明等领域获得了广泛地应用。可以预见，随着果蔬采后生物学发展，代谢组学在果蔬采后研究领域已显示出潜在的应用前景。

### 2　代谢组学在果蔬采后研究领域的应用概况

果蔬采后品质形成是一个十分复杂的代谢过程，对果蔬品质起重要作用，因而一直受到人们的关注。在过去工作中，果蔬采后研究主要分析一些代谢相关的生理生化指标，对代谢具体过程缺乏认识。近几年来，代谢组学已在果蔬产品采后研究方面取得了新的突破和进展，已成为深入揭示果蔬品质、加工潜力、安全评价的一个重要的研究手段（Wishart，2008）。

#### 2.1　果蔬营养成分特性

传统的果蔬营养成分分析包括碳水化合物、蛋白质、脂肪、纤维素、维生素、微量元素、灰分等几大类。应用代谢组学测定的营养物质不只是传统分析的几个大类，而是存在于果蔬产品中成百上千种具体化学物质及其含量。果蔬产品是一种非常复杂的化学物质聚集体，包含上万种可被检测到的代谢物质。由于果蔬代谢组学不仅要检测化学物质种类差异，还要检测各种化学物质的含量差异，因此采集数据量将会非常庞大，需要有效的数据处理程序来进行系统分析。代谢组学正是结合新型的计算机软件分析技术与现有的数据库，通过对果蔬成分分析，给出营养评价。目前，已有多种果蔬开始基于代谢组学的分析研究，如荔枝、葡萄、番茄等（Azari et al.，2010）。通过采用核磁共振（NMR）、气质联用（GC/MS）、液质联用（LC/MS）、毛细管电泳-质谱等技术鉴定果蔬样品中的营养物质成分（Burton et al.，2008）。对于已知的物质，可以采用 LC/MS 技术与标准品对照，鉴定果蔬中是否存在酚类物质、萜类、生物碱等成分；而对于未知成分，NMR 技术显示出独特的优越性，可以鉴定未知成分的化学结构。另外，NMR 技术也可用来鉴定果蔬中的已知成分。例如，由于荔枝中某些特征成分的变化会影响到果实的口感、风味、颜色等，因此通过定量分析这类成分，即可评价其品质。近年来，越来越多的果蔬产品已开展代谢组学研究，尤其是一些具有良好保健功效的果蔬品种，通过分析它们的营养物质组成，有助于筛选优良的果蔬品种，同时也为果蔬产品的后续深加工提供开发依据。此外，代谢组学的分析力求检测样品中每种代谢物，并可监测在各种条件下代谢物的变化情况，这也是进行功能基因组学研究的重要基础。

## 2.2　果蔬品质与安全监控

果蔬中的化学物质的鉴定是代谢组学研究的重要内容，也是评价果蔬品质的有效途径。对于某些果蔬而言，某一种或几种化学物质的存在与否及其含量高低决定了其品质特性，但在特定条件下，当风味、颜色、成熟度等评价指标不能反映产品品质差别时，定性与定量分析这些物质可有助于区分不同产品间的品质差异。因此，评价不同果蔬品质差异也是果蔬采后调控和加工的一项重要内容。采用代谢组学研究手段，可系统分析化学物质组成，还可判断真假产品差异。另外，运用 LC/MS、GC/MS 等技术结合统计分析软件，明确具体变化的物质，可实现对果蔬贮藏品质的有效控制。随着近几年对食品安全与品质的日益关注，对果蔬品质的控制将更加严格，代谢组学的独特优势将使其在果蔬安全与品质控制领域发挥出越来越重要的作用。

## 2.3　果蔬采后代谢途径

代谢组学可全面研究果蔬的复杂代谢过程及其产物，为阐明植物次生代谢网络和代谢途径提供了技术支撑。例如，通过对突变型或转基因型的果蔬与正常野生型的代谢变化的差异比较，可评价该基因功能；通过专一性抑制剂，采用代谢组学方法监测代谢物的变化过程，从而找到控制果蔬代谢的规律及关键步骤；运用代谢组学中的无偏分析技术，可系统研究并定位代谢调控位点。Tiessen 等（2002）采用高效液相色谱仪（HPLC）对马铃薯块茎进行了代谢组学分析，检测了淀粉合成途径中的一系列底物、中间物、酶及产物量的变化，再通过对野生株和转基因株马铃薯进行对比研究，提出了淀粉合成途径的调节机制。对于采后果蔬来说，通过控制代谢途径，可提升果蔬品质。

### 2.4　果蔬基因分析

果蔬代谢产物在根本上受基因水平的控制，在基因水平上，甚至微小的表达差异可导致代谢物组成的大幅改变。早期研究往往通过可见的表型改变来判断基因表达水平的升降，耗时较长，但有时候基因表达变化无法引起表型的改变，事实上植物体中一些代谢产物已发生明显的变化。因此，利用代谢组学方法通过检测代谢物的变化就可以判断基因表达水平，从而推断该基因的功能及其对代谢途径的影响。通过对马铃薯的多种代谢物进行代谢组学分析，证实了葡萄糖磷酸变位酶基因表达水平的变化对马铃薯多条主要代谢途径存在显著影响（Lytovchenko et al.，2002）。Yamazakia 等（2003）利用 LC/MS 对红色和绿色紫苏的叶片和茎秆进行了代谢组学分析，利用 mRNA 差异显示技术找到了一些差异基因，明确了一些影响紫苏显色的基因。可见，代谢组学在阐明果实品质的重要基因功能方面已显示出独特优势。

# 第二节　代谢组学分析流程

完整的代谢组学分析流程包括样品的制备、数据的采集和数据的分析及解释。样品的制备包括样品的提取、预处理和化合物的分离。代谢物通常用水或有机溶剂（甲醇、己烷等）提取。在分析之前，常先用固相微萃取、液相色谱等方法进行预处理，用气相色谱、液相色谱、毛细管电泳等方法进行化合物的分离。在预处理后，样品中的代谢产物需要通过合适的方法进行测定，液相色谱、气相色谱、质谱、核磁共振波谱、红外光谱、紫外吸收光谱、共振光散射等分析手段及其组合将应用于代谢组学分析过程。其中，核磁共振技术特别是氢谱以其对含氢代谢产物的普适性，色谱以其高分离度、高通量；而质谱以其普适性、高灵敏性和特异性而成为最常用的代谢组学分析工具。代谢组学分析需要借助于生物信息学平台进行数据的分析和解释，并解读数据中蕴藏的生物学意义（Verhoeckx et al.，2004），最常用的是主成分分析（PCA）法和偏最小二乘（PLS）法。在实际分析过程中，代谢组学研究还存在一些不足。例如，分析手段存在局限性，全部定量分析难以实现，准确性不足，定性过程比较复杂。另外，对于果蔬而言，植物细胞中包含许多次生代谢物质（如酚类物质），在测定分析过程中会相互干扰。因此，建立分析流程和标准化技术体系对于果蔬代谢组学研究尤其必要。

## 1　样品的采集与预处理

### 1.1　样品的采集

果蔬品质受不同成熟阶段、栽培条件和采后处理的影响，因此为保证代谢组学研究的重复性，需要选择均一成熟度的果蔬组织进行样品处理。另外，样品制备还需要考虑果蔬的生长地点、取样量和处理方法等问题，并根据所分析对象的分子结构、溶解性、极性等理化性质及其相对含量大小对提取和分离的方法进行选择，逐一优化试验方案。现阶段代谢组学的分析对象主要集中在亲水性小分子，尤其是初级代谢产物。气相色谱—质谱联用（GC-MS）和毛细管电泳-质谱（CE-MS）联用都是分析代谢产物的重要技术。

1.2　样品的预处理

样品预处理是代谢组学研究中的一个重要方面。基于代谢组分析的系统性，整个样品处理和分析过程应尽可能保留和体现样品中完整的代谢物组分信息，因此样品预处理就显得尤为重要。例如，在气相色谱-质谱研究中，相转移催化技术可以使分析物与离子对试剂形成离子对，并利用它在有机相中溶解性好的特点，提高衍生化效率；对目标代谢产物的衍生化处理来说，GC/MS 系统只适合对挥发性成分进行分析；而高效液相色谱法（HPLC）一般则使用紫外、荧光或示差检测仪对样本进行检测，无需进行衍生化处理。

## 2　数据的采集

物质分离是代谢组学研究中的重要步骤。毛细管电泳和气相色谱法由于具有较高的分辨率，已成为代谢组学研究的常规技术手段之一（Ramautar et al.，2006）；而液相色谱因其适用范围广，应用也非常广泛。与分离一样，定量分析也是代谢组学研究中的重要因素，取决于各分析系统的线性范围。傅里叶转换核磁共振（FT‐NMR）、傅里叶红外光谱（FT‐IR）以及近场红外光谱法（NIR）等技术由于敏感性高，重复性好也用于定量检测。

由于现有的分析技术存在的各自的优缺点，因此，单一技术已难以满足代谢组学研究的要求，需要对各种技术进行整合。分析技术的整合包括了不同分离技术和不同类型数据的获取方式等，可达到分析平台优势互补。例如，在除了将液相色谱-质谱联用技术与化学计量学方法相结合用于代谢组学研究之外，还可将指纹谱分析、多变量分析、液质联用色谱、微制备、气质联用色谱、数据库检索、同位素标记物比对等方法进行了整合，并利用整合后的平台进行代谢组学分析。此外，亲和液相色谱、反相液相色谱和气相色谱的整合、NMR 与 MS 的整合、不同填料色谱柱（如 C8、C18、苯基柱）整合对于代谢组学研究的标准化、定量化的数据采集也很有帮助。

（1）标准化：由于代谢组学分析技术和操作条件的多样化，使得大量产生的数据和结果缺乏规范性，这给代谢组学数据的采集、存贮、查询、比较、共享和整合等带来诸多不便，因此，需要建立一整套的标准化分析程序。目前，最主要的标准化程序还是针对数据的处理，代谢组数据的标准化也开始尝试类似转录组学和蛋白质组学的方法，具体规定了有关实验和分析方法的数据格式和必要信息。

（2）定量化：从代谢组学各个层次的定义不难看出，量化是一个重要目标，其中内标的使用是一个重要的手段。例如，在采用气相色谱分析多糖中的单糖组成时，通常采用肌醇作为内标物质，建立内标物与单糖标准品的质量与峰面积之间的数学关系式，从而可以准确定量多糖中每一种单糖的含量。在 LC‐MS/MS 分析时，同时使用非同位素内标和同位素内标来实现定量。最近提出的用于 NMR 进行代谢组学研究的定量方法，是利用许多种纯品的光谱数据建立一个数据库，通过检索比对来鉴定并定量代谢物。通过对各种定量方法的比较，可以看出，使用内标进行定量的方法具有鉴定方便、定量准确的优点，比较适用于结构清楚，内标物比较易得的物质的定量；而采用数据库进行检索比对的方法，其优点是比较简便，成本较低，但准确性有所欠缺。在实际运用中，应该根据每个研究对象的不同特点有针对性选择。

## 3　数据的分析与解释

考虑到代谢物复杂的线性或非线性关系，需要进行多变量分析，将原始的谱图数据转换为数字化的矩阵数据，并通过对各个物质的鉴定和整合从而进行多变量分析。由于环境等因素的干扰，需要对得到的光谱数据进行校正，包括降低噪声、校正基线、提高分辨率和数据标准化。

考虑到样品分析手段的多样性，产生了许多不同的代谢组学数据，这需要通过数学统计方法对不同数据加以整合。目前，已有关于 LC/MS 数据和 GC/MS 数据融合的报道。随着现代自然科学技术不断发展，各种基于整体的研究，如蛋白质组学、代谢组学、基因组学等不断出现并相互交叉，通过整合整体研究数据，可以更全面和深刻地阐明生物网络复杂性，准确理解代谢物质与蛋白质、代谢物质与基因之间的关系。代谢组学数据整合可以通过代谢网络支架分析、建模方法或借用有关专业软件来实现。对于许多复杂的体系，单一内容的数据已经很难准确反映出体系的性质和变化，这就需要更加重视采用多种数据来解释问题。

在数据分析技术上，由于代谢组学分析能够产生信息量丰富的多维数据，因此，需要充分整合化学计量学和多元统计分析方法等技术，对代谢组学数据进行分析说明。按照对于目标数据的了解情况，数据分析方法可分为非监督方法与监督方法两种。非监督方法是用来探索完全未知的数据特征的方法，对原始数据信息依据样本特性进行归类，把具有相似特征的目标数据归属于同源类中，并采用相应的可视化技术直观地表达出来。常用的方法有聚类分析法（cluster analysis，CA）和主成分分析法（principal components analysis，PCA）等。监督方法是在已有知识的基础上建立信息组（class information），并利用所建立的组对未知数据进行辨识、归类和预测；常见方法有线性判别分析（linear discrimination analysis）、偏最小二乘法分析（PLS - discrimination analysis）和人工神经网络（artificial neural network，ANN）。每一种方法均有各自特点，通过比较、整合可以得到更完整的结果。

### 3.1　聚类分析法

聚类分析就是把事物按其相似程度进行分类，并从中找出每一类事物共同特征的分析工具。在具体到代谢组学中，被归入一类的物质有相同的特征，可能有相同的功能作用。聚类分析过程通常可分为以下步骤：数据采集并且收集相应的变量、产生一个相似矩阵、决定把目标总体细分为几类、对每一种类别相应的定义、实施聚类分析，得出结果。常用的聚类分析主要有：

（1）最近相邻（也称为单连接）：这里两个类间距离被定义为两个类中最近的两个对象间的距离。如果类 A 是一组对象 $A_1$，$A_2$，$\cdots$，$A_m$ 的集合，B 是对象 $B_1$，$B_2$，$\cdots$，Bn 的集合。类 A、B 间的单连接的距离是 Min（distance（$Ai$，$Bj$）$|$ $i=1$，2，$\cdots$，$m$；$j=1$，2，$\cdots$，$n$）。这个方法有一个趋势，在开始时会把同一类中距离较大的两个对象先集聚，形状类似于被拉伸的香肠。

（2）最远相邻（也称为全连接）：在两个类间距离被定义为两个类中最远的两个对象间的距离。如果类 A 是一组对象 $A_1$，$A_2$，$\cdots$，$A_m$ 的集合，B 是对象 $B_1$，$B_2$，$\cdots$，$B_n$ 的集合。类 A、B 间的单连接的距离是 Max（distance（A$i$，B$j$） $\mid i=1$，2，$\cdots$，$m$；$j=1$，2，$\cdots$，$n$）。这个方法倾向于在早期在一个很窄范围内的距离产生聚类，形状类似于球形。

（3）组平均（也称为平均连接）：这里两个类间距离被定义为两个类中所有对象间距离的平均值。如果类 A 是一组对象 $A_1$，$A_2$，$\cdots$，$A_m$ 的集合，B 是对象 $B_1$，$B_2$，$\cdots$，$B_n$ 的集合。类 A、B 间的单连接的距离是 （1/mn）$\sum$（distance（A$i$，B$j$） $\mid i=1$，2，$\cdots$，$m$；$j=1$，2，$\cdots$，$n$）。

### 3.2 主成分分析法

为了全面分析某个问题，往往提出很多与此有关的变量或因素。在应用统计分析方法研究这个多变量的主题时，变量个数太多就会增加主题的复杂性。主成分分析是对于原先提出的所有变量，建立尽可能少的新变量，使得这些新变量是两两不相关的；而且这些新变量在反映对象的信息方面尽可能保持原有的信息。主成分分析是目前应用最为广泛的多维分析方法之一。该方法的特点是将分散在一组变量上的信息集中到某几个综合指标，即主成分上，利用这些主成分来描述数据集内部结构，实际上也起着数据降维的作用。这些变量具有以下性质：①每一个主成分之间都是正交的；②第一个主成分包含了数据集的绝大部分方差，第二个次之，依此类推。这样，由第二个或第三个主成分作图，就能够很好地代表数据集所包含的生物化学变化。

主成分分析本身往往并不是目的，而是达到目的的一种手段，因而，多用在中间环节。例如，把它用在多重回归中，便产生了主成分回归。在多重回归分析中，当自变量间高度相关时，某些回归参数的估计值极不稳定，甚至出现有悖常理、难以解释的情形时，可先采用主成分分析产生若干主成分。只要多保留几个主成分，原变量的信息不致过多损失。

### 3.3 线性判别分析

作为有监督模式识别方法的基本组成部分，线性判别分析的计算比较简单，易于分析。在数据空间中，属于某一个类的一个样本点集，总是在某种程度上与属于另一个类的样本点集相分离。分类模型一般是在线性函数基础上设计一个判别准则函数，通过使用优化算法优化该判别准则函数，使在找到准则函数最优值的同时，实现各类的最大程度的分离。实际上，线性判别分析往往是一个优化线性判别准则函数的问题。依据处理数据群的类别数目，分为 Fisher 线性判别分析（fisher linear discrimination analysis）和多维线性判别分析（multi-class linear discrimination analysis），前者处理两类样本，而后者则处理两类以上的分析手段。

### 3.4 偏最小二乘法

偏最小二乘法是 20 世纪 80 年代提出的，属于一种多因变量对多自变量的回归建模方法，可以较好解决许多以往用普通多元回归无法解决的问题，实现多种数据分析方法的综合应用。偏最小二乘回归是对多元线性回归模型的一种扩展，在其最简单的形式中，只用一个线性模型来描述独立变量 $Y$ 与预测变量组 $X$ 之间的关系。偏最小二乘回归可能是所有多元校正方法里对变量约束最少的方法，这种灵活性让它适用于传统的多元校正方法所不适用的许多场合。例如，当一些观测数据少于预测变量数时，在使用传统线性回归模型之前，先对所需的合适变量数进行预测并去除噪音干扰。因此，偏最小二乘回归被广泛用于许多领域来进行建模，如化学、生物科学等，尤其是它可以根据需要而任意设置变量这个优点更加突出。在化学计量学上，偏最小二乘回归已作为一种标准的多元建模工具。

偏最小二乘回归分析可分为 3 种：①非线性偏最小二乘法在工程技术分析和预测研究中，会遇到一些预测变量集合与被预测变量集合之间存在非线性的情况。在这种情况下，需要采用非线性偏最小二乘法分析得到较为理想的回归模型。②最大熵回归分析法。交互方法是计算偏最小二乘法的传统手段，通常会造成确定的主成分数目过大，且没有考虑相关性的情况，产生过度拟合，使预测能力下降；而人为给定主成分数目缺少理论依据，不能得出正确结果；此时，采用最大熵回归分析法可以合理确定主成分的权重。③变量投影回归分析法。虽然偏最小二乘法得到的方程已对参数进行了简化，若采用变量投影回归分析法可进一步简化所得到的方程，并可以提高预测精确度。变量投影回归分析法可衡量自变量对因变量解释能力，变量投影重要性指标数值越大，该自变量对因变量的解释能力越强，对预测值的贡献越大。

### 3.5　人工神经网络

人工神经网络设计原理是模拟人的大脑功能，由许多人工神经元构成，是一种典型的黑箱建模工具。人工神经网络实质是一种输入转化为输出的数学表达式，这种数学关系由网络的结构来确定，而网络结构根据具体问题进行设计和训练。人工神经网络通过对一系列样本的"学习"来解决预测、评估或识别问题，适合模拟机制不明确的过程。人工神经网络可以充分逼近任意复杂的非线性关系，采用并行分布处理方法，使得快速进行大量运算成为可能（Lirov，1992）。可学习和自适应不知道或不确定的系统，能够同时处理定量、定性知识。

人工神经网络的特点和优越性，主要表现在 3 个方面。①具有自学习功能。例如，在图像识别时，只要先把许多不同的图像样板和对应的识别结果输入人工神经网络，网络就会通过自学习功能，慢慢学会识别类似的图像。自学习功能对于预测有特别重要的意义。②具有联想存贮功能。采用人工神经网络的反馈网络就可以实现这种联想。③具有高速寻找优化方案的能力。寻找一个复杂问题的优化方案，往往需要很大的计算量，利用一个针对某问题而设计的反馈型人工神经网络，可发挥计算机的高速运算能力，可能很快找到优化方案。

根据网络的拓扑结构和学习规则，人工神经网络可分为多种类型，如不含反馈的前向神经网络、层内有相互结合的前向网络、反馈网络、相互结合型网络等，还可根据网络层数分为双层和多层网络（图 3-4-2-1）。双层网络只有输入层和输出层，没有隐含层；多层网络则包括输入、输出和隐含层；其中隐含层可以由一层或多层组成。目前，应用最广泛、作用最大的为多层前向神经网络，也称作误差反转前向网络。

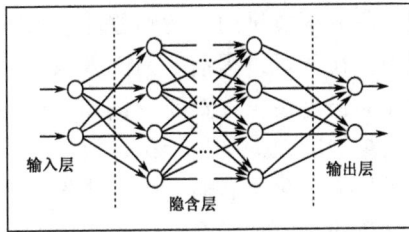

图 3-4-2-1　人工神经网络结构

# 第三节　代谢组学研究的主要技术及在果蔬研究中的应用

生物体内代谢产物的数目与所研究对象密切相关，植物体能检测到的代谢物数目达200 000 种之多，因此，尽可能全面研究生物体内代谢物，在生物整体性研究中意义重大（Sumner et al.，2003）。在生命科学中，对代谢物研究具有如下优点。①在细胞内，代谢物数目要远少于基因或蛋白质的数目；②在生化反应过程中，虽然酶浓度及代谢通量没有发生显著变化；但代谢物浓度可能会发生变化；③代谢物是基因表达的下游产物，能准确反映生物细胞的功能水平，而代谢物成分或浓度的变化都将看成是功能基因组学或转录组学的放大效应；④代谢通量的调控不仅受基因表达的影响，还受到环境因素的影响，因此对代谢物测定分析更为重要。由于代谢物组分的变化很大，导致代谢物的物理化学性质会存在大的差异，这给代谢组学分析技术提出了更高的要求，因此选择一种代谢物的分析手段至关重要；其次，由于代谢物组成复杂、含量不一、样品制备过程的偏差以及检测设备差异等问题，现阶段的仪器分析水平还难以满足这方面的要求；另外，与原有的各种组学技术只分析特定类型的化合物不同，代谢组学所分析对象的大小、数量、官能团、挥发性等物理化学参数差异很大，要对它们进行无偏向的全面分析，单一的分离分析手段还难以胜任。因而，在选择代谢物检测分析方法时，要同时考虑仪器和技术的检测速度、选择性和灵敏度，找到一种最适合目标化合物的分析方法。

目前，代谢组学通常采用红外光谱法（IR）、核磁共振（NMR）、质谱（MS）、高效液相色谱（HPLC）以及各种技术的联合，进行代谢物分析并为其绘制图谱，这些技术可提高样品分析过程中的分辨率、敏感性及选择度。

## 1　气相色谱质谱联用（GC/MS）

### 1.1　气相色谱质谱的基本原理

气相色谱是一种快速高效的分离技术，适合分析挥发性混合物，但仅仅依据色谱图中的保留时间有时难以对分离出来的每个组分做出明确的鉴定。质谱技术主要用来定性鉴定和结构分析，是一种高效的定性分析工具。将气相色谱与质谱结合起来，可充分发挥二者的分离优势与定性优势，且其检测限优于现有的其他分析技术（表3-4-3-1）。在代谢组学研究中，气质联用被称做代谢物分析的"黄金标准"。气质联用是一套耦联系统，包括气相色谱单元、接口和质谱单元。在样品分析过程中，易挥发成分和（或）热稳定成分首先通过气相色谱得到较好的分离，然而洗脱成分经电子轰击质谱进行检测。尽管气质联用对难挥发和高分子质量的代谢物检测效果不是很好，但对大多数的易挥发组分都能准确地分析检测。在分析过程前，因大多数样品都需要在室温或升温的条件下进行衍生化处理，因而样品稳定性至关重要。例如，样品中水分存在会严重影响衍生化产物的结构；而干燥样品虽然能减少这种干扰，但干燥过程又会使某些易挥发代谢物损失。在分析过程中，少量的衍生化样品通过分流或无分流技术注入不同极性的气相色谱柱，通过检测装置探测分离的不同气相组分。色谱图非常复杂，包括各种代谢物和复杂多样的衍生化产物，所以样品在色谱柱中需要停留较长的时间。在代谢组学研究中，最早 GC/MS 是用于研究酸血症，对尿液进行筛选。在植物代谢组学研究中，通过使用 GC/MS 分析胞内代谢物或易挥发成分，研究基因或环境因子的改变对植物体的影响。在药物毒理、疾病诊断和微生物研究中，GC/MS 可用来分析生物液体样品。近年发展起来的多维分离设备（如 GC/GC - TOF - MS）由于专一性强，灵敏度高，已表现良好发展优势。

表 3 - 4 - 3 - 1 各类分析仪器的检测限

| 分析仪器 | 监测限/g |
| --- | --- |
| GC/MS | $10^{-12}$ |
| 分光光度计 | $10^{-5} \sim 10^{-7}$ |
| 核磁共振波谱 | $10^{-5}$ |
| 红外光谱 | $10^{-5}$ |

### 1.2　GC/MS 在果蔬采后研究中的应用

GC/MS 既具备气相色谱的高效分离能力，又具备质谱准确鉴定化合物结构的特点。因而，可用于快速测定果蔬中的挥发性物质，对于果蔬的风味成分分析以及安全性评价具有重要的作用。

#### 1.2.1　GC/MS 分析余甘子中的芳香性物质

余甘子（*Phyllanthus emblica*）属于热带亚热带果树植物，广泛栽培于中国、印度、印度尼西亚和马来西亚等。在一些地方的传统药物中，余甘子果实还被用做治疗炎症、发烧等症状。余甘子精油已被证实具有良好的抗菌功效，是该果实发挥药用功效的重要原因之一。本部分以余甘子的挥发性成分进行提取，通过 GC/MS 技术鉴定挥发性物质结构为例，说明 GC/MS 在采后果实的应用情况（Liu et al.，2009）。

（1）精油的提取

取 50 g 余甘子果实，采用 Clevenger 精油分离装置通过水蒸气蒸馏法提取 5 h。所得精油样品采用无水硫酸钠干燥脱水，然后贮存于 4℃，用于 GC/MS 分析。

（2）GC/MS 分析程序

选用 Hewlett - Packard 5890Ⅱ气相色谱系统配备 Hewlett - Packard 5971/A 质谱检测器，采用电喷雾离子化模式（70 eV）和 SE30 硅胶毛细管色谱柱（25 m×0.25 mm 内径，膜厚度 0.25 μm）。柱程序升温如下：起始 110℃维持 3 min，以 8℃/min 上升至 220℃，在 220℃保持 15 min；进样口温度为 220℃，检测器温度为 250℃；选用氢气为载气，流速 1.1 mL/min，分流进样，分流比为 1∶10；进样量为 1 μL；以 C8～C18 正烷烃标准品计算保留指数。通过于标准数据库 NIST98 与 WILEY275 比对，鉴定 GC/MS 图谱中的挥发性物质结构。

（3）结果分析

如表 3-4-3-2 所示，列出了经 GC/MS 分析余甘子精油挥发性成分的结果。如表 3-4-2-2 所示，该精油含有 26 种化合物，其中主要挥发性物质为柠檬烯（6.2%）、樟脑（9.7%）、桂叶烯（2.92%）、正葵醛（14.63%）、香橙醇（2.96%）、百里酚（1.73%）、$\beta$-波旁烯（11.85%）、$\beta$-榄烯（9.68%）、$\beta$-丁香烯（13.57%）、1-辛烯-3-醇（5.97%）、龙脑（3.46%）和甲基丁香酚（3.34%）。另外，存在的多种微量成分对于余甘子精油的风味特征可能也有一定作用。在本研究中，GC/MS 分析显示了快速准确的特征，确定了余甘子精油中挥发性成分的组成，并给出结构鉴定的结果。

表 3-4-3-2 余甘子精油的挥发性物质组成

| 化合物 | 保留指数 | 相对百分比/% |
|---|---|---|
| 庚烷 | 700 | tr |
| 已醇 | 876 | 0.4 |
| 3-辛醇 | 991 | 0.84 |
| 柠檬烯 | 1021 | 6.2 |
| 2，3-辛二烯酮 | 1083 | 微量 |
| 十一烷 | 1100 | 微量 |
| 樟脑 | 1146 | 9.7 |
| 壬醇 | 1164 | 0.10 |
| 桂叶烯 | 1174 | 2.92 |
| 正葵醛 | 1206 | 14.63 |
| 香橙醇 | 1229 | 2.96 |
| 3-辛酮 | 1259 | 1.91 |
| 5-甲基-3-庚酮 | 1265 | 0.42 |
| 百里酚 | 1290 | 1.73 |
| 2，4-葵二烯醛 | 1320 | 0.43 |
| $\beta$-新丁香三环烯 | 1347 | 0.76 |
| $\beta$-波旁烯 | 1356 | 11.85 |
| (Z)-3-已烯醇 | 1391 | 0.83 |
| $\beta$-榄烯 | 1436 | 9.68 |
| $\beta$-丁香烯 | 1448 | 13.57 |
| 1-辛烯-3-醇 | 1452 | 5.97 |
| 龙脑 | 1535 | 3.46 |
| 丁香酚 | 1612 | 0.75 |
| 十七烷醇 | 1703 | 微量 |
| 十五酮 | 1910 | 微量 |
| 甲基丁香酚 | 2030 | 3.34 |

### 1.2.2　荔枝风味物质鉴定

荔枝是热带、亚热带的特色水果，原产于中国，以其独特的酸甜口感和怡人的香味而深受世界各地消费者的欢迎。该果实香味特征通常被描述为玫瑰花与柑橘的混合香型，而仿造荔枝香味而人工合成的荔枝香精也广泛用于饮料中。采用 GC/MS 技术可快速鉴定荔枝果实存在的各类挥发性物质结构，并结合 GC/O（气相色谱/嗅觉测量法）技术可评价每种挥发性物质对风味的贡献大小（Ong，1998）。

（1）荔枝精油制备

称取新鲜的荔枝果实 1.5 kg，去果皮、果核，添加 1.0 mol/L 氯化钙搅拌 1 min，得混浊果汁；采用 Freon 113TM 与乙酸乙酯先后提取果汁中的精油成分。提取液经无水硫酸钠干燥脱水后，根据分析需要进行稀释或浓缩处理，进行 GC/O 和 GC/MS 分析。

（2）GC/O 分析程序

采用 Datu 公司的 GC/O 系统，配备了 HP-1 型（15 m×0.32 mm）毛细管柱。气相色谱单元的流出装置与嗅觉测定单元气流装置相结合。嗅觉测定单元气流装置直径 1 cm，流速 7 L/min，柱程序升温如下：以 6℃/min 从 35℃升至 250℃。在嗅觉分析前，取样器要进行嗅觉灵敏度训练，使其能够探测 0.82 ng 的乙酸丁酯、0.99 ng 乙酸己酯、0.82 ng 的 1,8-桉油素、1.20 ng 的茴香酮等。每个样品进行嗅觉分析两次，以每个物质的保留时间换算成 Kovats 指数。

（3）GC/MS 分析程序

采用 HP 系列 5985 MSD 型 GC/MS 仪器，配备 HP-1 毛细管柱（25 m× 0.20 mm）。柱程序升温如下：以 4℃/min 从 35℃升至 250℃。风味物质通过与数据库及实际标准品对照进行鉴定。

（4）结果分析

GC/MS 鉴定了荔枝精油中主要的 35 种风味物质（表 3-4-3-3）。通过 GC/O 可以计算出各物质的风味值。风味值表示单个物质对总体风味的相对贡献程度。香叶醇、愈创木酚、香草醛、2-乙基-2-噻唑啉、2-苯乙醇、$\beta$-黑种草酮、1-辛烯-3-醇、（Z）-2-壬醛和呋喃醇对荔枝风味的功效最大，各个物质的风味值均在 60 以上。其他物质也具有较高的风味值，如羟基肉桂酸、乙丁基乙酸、4,5-环氧-2-葵醛、异龙脑、异缬草酸、呋喃芳樟醇等。

表 3-4-3-3　荔枝精油中风味组成及特征

| 化合物 | 保留指数 | 风味 | 风味值 |
| --- | --- | --- | --- |
| 香叶醇 | 1230 | 水果味 | 100 |
| 愈创木酚 | 1056 | 药味 | 99 |
| 香草醛 | 1345 | 香草味 | 97 |
| 2-乙基-2-噻唑啉 | 1055 | 坚果味 | 90 |
| 2-苯乙醇 | 1078 | 花香 | 88 |
| $\beta$-黑种草酮 | 1356 | 荔枝香味 | 83 |
| 1-辛烯-3-醇 | 958 | 水果味 | 77 |
| （Z）-2-壬醛 | 1121 | 蔬菜味 | 69 |

续表

| 化合物 | 保留指数 | 风味 | 风味值 |
|---|---|---|---|
| 呋喃醇 | 1029 | 焦糖味 | 65 |
| 芳樟醇 | 1083 | 柑橘味 | 59 |
| 羟基肉桂酸 | 1304 | 香脂味 | 55 |
| 乙丁基乙酸 | 760 | 水果味 | 51 |
| 4,5-环氧-2-癸醛 | 1335 | 木香味 | 50 |
| 异龙脑 | 1128 | 酸败味 | 49 |
| 异缬草酸 | 840 | 酸败味 | 47 |
| 呋喃芳樟醇 | 1065 | 蔬菜味 | 46 |
| (E)-2-壬醛 | 1130 | 塑料味 | 44 |
| 苯乙酸 | 1236 | 尿味 | 42 |
| γ-壬酸内酯 | 1308 | 霉味 | 41 |
| 己酸 | 1005 | 甜味 | 35 |
| 癸内酯 | 1440 | 可可味 | 33 |
| cis-玫瑰红氧化物 | 1092 | 花香味 | 29 |
| 苯乙酸乙酯 | 1233 | 玫瑰花香味 | 28 |
| 三萜醇 | 1172 | 花香 | 26 |
| 香草醇 | 1212 | 柑橘味 | 25 |
| 乙基-2-甲基丁酯 | 837 | 水果味 | 25 |
| 壬醛 | 1081 | 塑料味 | 22 |
| 乙基异丁酸酯 | 775 | 草味 | 22 |
| 己醛 | 780 | 草味 | 22 |
| 2,4-癸二烯醛 | 1284 | 柑橘味 | 21 |
| 2-甲基-2-丁烯醛 | 752 | 蔬菜味 | 17 |
| 乙酸异丁酯 | 767 | 水果味 | 16 |
| 癸酸内酯 | 1418 | 木味 | 16 |
| 萜品油烯 | 1077 | 塑料味 | 15 |
| 萜-4-醇 | 1160 | 木味 | 14 |

## 2 液质联用色谱技术（LC/MS）

### 2.1 液质联用色谱的基本原理

LC/MS 工作基本原理主要如下。样品通过液相色谱单元进行分离，然后进入质谱接口单元；在该单元中被分离的样品分子由液相离子、分子转变成气相离子，然后被聚焦于质量分析器，按照质荷比进行分离；所获得的离子信号，通过检测器传输至计算机数据处理系统，生成质谱图。LC/MS 分析具有以下优点。①适用范围广。相对于 GC/MS 仅用于分离挥发性物质而言，LC/MS 对物质的挥发性没有要求，可直接检测不同极性的化合物，且分子质量范围很宽，通常 $m/z$ 为 $50\sim2000$。②样品通量高。LC/MS 具有很高的专一性，定量分析可以在很短的时间内完成。③灵敏度高。可以对复杂样品中痕量的物质进行定性和定量分析。④提供样品结构信息。通过软电离方式，一级质谱中的准分子离子峰可以给出分子质量信息，通过多级质谱分析，可以推断化学基团结构信息。

利用 LC/MS 作为分析平台的代谢组学研究，相对而言属于较新的方法。LC/MS 不同于 GC/MS，它对检测温度要求较低，对样品的挥发性也没有太高的要求，这样简化了样品制备过程。在绝大部分非药学应用（如微生物、植物及哺乳动物生物标记的发现）研究中，样品在经过胞内代谢物提取或蛋白质沉淀处理后在有机溶剂中稀释到一定的浓度后就可进入分析系统。在药学领域研究中，样品需要做进一步处理。在代谢组学研究中，LC/MS 主要应用于临床疾病诊断，针对人或哺乳动物体内部分疾病的生物标记的发现进行研究，运用高通量筛选技术结合代谢产物的鉴定，有针对性地对样品进行分析。事实上，毛细管 HPLC/MS 已经用来进一步提高代谢产物鉴定的灵敏度，其代谢物分离效率优于 LC/MS。

### 2.2　LC/MS 在果蔬采后研究中的应用

果蔬中包含的绝大部分化学物质因挥发性很低，采用 GC/MS 法难以进行鉴定；而 LC/MS 可以弥补 GC/MS 在这方面的缺陷，可快速准确的鉴定这些物质，评价其营养功效及其安全性等。

#### 2.2.1　LC/MS 测定橄榄油中的酚类物质

酚类广泛存在于果蔬产品中，具有多种生物活性，如抗心血管疾病、抑制动脉粥样硬化、抗菌、消炎、清除自由基等功能。橄榄油具有天然保健功效、美容功效和理想的烹调功效，其中不饱和脂肪酸和酚类物质是橄榄油发挥多种生物功效的重要原因，因而快速定性和定量橄榄油中的生物活性物质对于评价其品质具有重要参考价值。传统的薄层色谱或分光光度法在分析时存在很大的局限，难以精确定量各种物质的含量，而采用 LC/MS 技术可达到准确鉴定目的（Suárez et al.，2008）。

（1）样品处理

收集成熟季节的橄榄果实，采用油磨压榨法制备橄榄油。按照液液萃取法分离酚类物质。将 20 mL 的甲醇/水（80/20，V/V）添加到 45 g 橄榄油中，均质 2 min，经离心分离两相体系。得到的甲醇相经真空浓缩后溶于 5 mL 乙腈，然后用 10 mL 正己烷洗涤 3 次；再次真空浓缩，然后用 5 mL 甲醇溶解，准备下步分析。

（2）LC/MS 分析

采用 AcQuity™ 高效液相色谱系统，配备 C18 反相柱（100 mm×2.1 mm），Waters 质谱系统。采用电喷雾离子化手段和阴离子模式操作 ［M－H］⁻，毛细管电压 3 kV，离子源温度 150℃，去溶剂气体温度为 400℃，流速 800 L/h，氮气和氩气分别用做锥气体和裂解气体；各类标准品配制成 10 $\mu$g/mL 做外标试验。

（3）结果分析

通过 LC/MS 分析，发现样品物质与标准品具有良好的吻合度。橄榄油被鉴定出 13 种酚类物质（表 3－4－3－4），其中以橄榄苦苷元含量最高，达 68 mg/kg 橄榄油。所鉴定的酚类物质还包括苯乙醇类（如酪醇）、酚酸类（如香草酸）、黄酮类（如芹菜素）、裂环烯醚萜类（如橄榄苦苷衍生物）和木脂素类（如松脂素）物质。其中，酚酸类和苯乙醇类物质含量较低；而裂环烯醚萜类含量较高。

表 3 - 4 - 3 - 4   LC/MS 测定橄榄油中的酚类物质

| 物质 | 母离子 | 定量 | | 验证 | | 含量/ (mg/kg 橄榄油) |
|---|---|---|---|---|---|---|
| | | 产物离子 | 裂解能/eV | 产物离子 | 裂解能/eV | |
| 羟基酪醇 | 153 | 123 | 10 | 95 | 25 | 2.5 |
| 酪醇 | 137 | 106 | 15 | 119 | 15 | 3.0 |
| 香草酸 | 167 | 123 | 10 | 152 | 15 | 0.9 |
| 香草醛 | 151 | 136 | 10 | 92 | 15 | 0.5 |
| 木樨草素 | 285 | 133 | 25 | 151 | 25 | 4.1 |
| 芹菜素 | 269 | 123 | 10 | 152 | 15 | 1.5 |
| 4-乙酰氧乙基-1,2-二羟基苯 | 195 | 135 | 15 | 107 | 20 | 1.6 |
| 二醛基油橄榄酸羟基酪醇酯 | 319 | 195 | 5 | 183 | 10 | 20 |
| 甲基橄榄苦苷元 | 409 | 377 | 5 | 275 | 10 | 5.0 |
| 橄榄苦苷衍生物 | 365 | 229 | 10 | 185 | 15 | 1.4 |
| 橄榄苦苷元 | 377 | 275 | 10 | 307 | 10 | 68 |
| 松脂素 | 357 | 151 | 30 | 136 | 30 | 2.3 |
| 乙酰氧基松脂素 | 415 | 235 | 15 | 151 | 15 | 0.9 |

另外，同样采用高效液相色谱荧光法检测橄榄油中存在的酚类物质。由于物质结构的局限，仅检测到羟基酪醇、酪醇、香草酸、橄榄苦苷、松脂素、乙酰氧基松脂素等 8 种酚类物质。可见 LC/MS 法具有更高的灵敏度和检测能力。

2.2.2   LC/MS 定量不同加工菠菜产品中胡萝卜素与酚酸含量

增加蔬菜摄入量可减少癌症及心血管疾病发生的风险，这与蔬菜含有丰富的生物活性物质高度相关，包括酚类、胡萝卜素等物质。不同的采后处理方式会导致蔬菜中活性物质的损失。本章以菠菜为例，采用 LC/MS 技术说明冷藏和热烫处理对菠菜的酚酸含量的影响情况（Bunea et al., 2008）。

（1）样品处理

将新鲜的菠菜用自来水冲洗干净后分成两部分：一部分用于 4℃冷藏，另一部分用于热烫处理。样品 1 为新鲜菠菜，样品 2、样品 3 为分别冷藏 24 h、72 h 的菠菜，样品 4 为样品 2 在沸水煮 10 min 处理，样品 5 为新鲜菠菜经沸水煮 2 min 后在−18℃冷冻贮藏 1 个月，样品 6 为样品 5 在沸水煮 10 min 处理。分别称取 1 g 样品，采用 50 mL 甲醇：水：盐酸（5：4：1，$V/V/V$）提取 1 h，过滤，1000 r/min 离心 10 min，收集上清液，35℃真空浓缩；加盐酸调 pH 接近 0，在 35℃水解 24 h。水解样品经乙酸乙酯萃取多次，并合并萃取液，蒸发至干，准备下步分析。

（2）LC/MS 分析

采用 Agilent 1100 系列液相色谱系统，Phenomenex C18 柱（250×4.6 mm）和 Agilent G1946D 质谱。液相条件如下：维持体系 35℃，流速 1 mL/min；流动相 A 为

0.2%乙酸，流动相 B 是甲醇，流动相 C 为乙腈。质谱条件为：电喷雾离子化方式，氮气作为喷雾气体，工作压力 60 psi，流速 1 mL/min；毛细管温度和电压分别为 350℃和 4 kV，扫描范围为 50～1000 $m/z$，阴离子模式。

（3）结果分析

采用 LC/MS 技术，通过与标准品对照质谱图，鉴定菠菜中主要的酚酸类物质为对肉桂酸、阿魏酸、邻肉桂酸 3 种（表 3-4-3-5）。经过不同冷藏或热烫处理后，各种酚酸物质含量均发生明显变化；其中样品 2、3、5、6 的 3 种酚酸含量均有不同程度提高（表 3-4-3-6），这可能经过处理以后，组织结构发生了变化，有利于酚酸溶出。

**表 3-4-3-5 菠菜中酚酸类物质的 LC/MS 鉴定结果**

| 物质 | 保留时间/min | $[M-H]^-$ | 其他离子峰 | 最大吸收峰 |
|---|---|---|---|---|
| 对肉桂酸 | 16.4 | 163 | 119，349 | 225、310 |
| 阿魏酸 | 17.2 | 193 | | 238、295 |
| 邻肉桂酸 | 22.6 | 163 | 119，241 | 215、277、325 |

**表 3-4-3-6 经不同处理后菠菜中的酚酸物质含量的变化情况**

| 样品 | 对肉桂酸 | 阿魏酸 | 邻肉桂酸 |
|---|---|---|---|
| 样品 1 | 27.8 | 9.9 | 1.3 |
| 样品 2 | 35.3 | 13.3 | 7.1 |
| 样品 3 | 55.8 | 15.2 | 10.6 |
| 样品 4 | 23.7 | 9.9 | 9.7 |
| 样品 5 | 37.5 | 20.0 | 7.1 |
| 样品 6 | 53.2 | 37.3 | 28.7 |

# 3 核磁共振技术

## 3.1 核磁共振的基本原理

核磁共振（nuclear magnetic resonance，NMR）技术就是一种利用原子核的磁性来研究物质分子结构及物理特性的光谱学方法。核磁共振现象来源于原子核的自旋角动量在外加磁场作用下的进动。原子核是带正电荷的粒子，能自旋的核有循环的电流，会产生磁场，形成磁矩。当自旋核处于磁场强度为 $H_0$ 的外磁场中时，除自旋外，还会绕 $H_0$ 运动，这种运动情况与陀螺的运动情况十分相像，称为进动，如图 3-4-3-1 所示。如果以适当频率的电磁波照射在外加磁场中的自旋核，这时处于低能态的自旋核就会吸收电磁波的能量，从低能态跃迁到高能态，这种现象称为核磁共振。这时的核产生一种核磁共振信号，从而给出核磁共振谱，

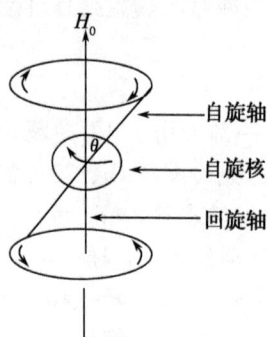

图 3-4-3-1 原子核在外磁场中的运动情况

即 NMR 谱。根据此核磁共振谱可反映分子中原子所处的状态，这是其他分析手段（红外、紫外、圆二色性及质谱）所不具备的（王镜岩，2002）。当发生共振时，照射频率的大小取决于外加磁场的强度。如果固定照射频率，对不同的核来说，磁矩大的核若发生共振，它需要外加的磁场强度将小于磁矩小的核，即原子核发生共振所需要的照射频率（共振频率）是由外加磁场强度和磁矩所决定。

### 3.2　NMR方法的特点

NMR 样品只需要简单的预处理。一般 $^1$H‑NMR 谱只需 0.03 mL 样品，如一维谱的测定仅需 5 min，不会破坏样品的结构和性质，从而能对样品实现非破坏性、非选择性的分析。另外，还可在一定的温度和缓冲液范围内选择实验条件，能够在接近生理条件下进行实验。$^1$H‑NMR 对含氢化合物均有响应，能完成代谢产物中大多数化合物的检测，满足代谢组学中的对尽可

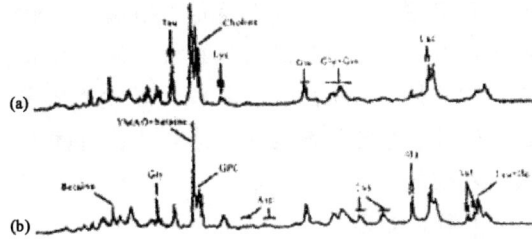

图 3‑4‑3‑2　老鼠肾组织的 $^1$H MAS NMR 谱
(a) 离体 1h 后新鲜肾皮组织；(b) 离体 5 h 后的冰冻肾皮组织

能多的化合物进行检测的目标。由于 $^1$H‑NMR 的谱峰与样品中各化合物的氢原子是一一对应的，所测样品中的每一个氢原子在图谱中都有其相关的谱峰，图谱中信号的相对强弱反映样品中各组分的相对含量；因此，NMR 方法很适合研究代谢产物中的复杂成分。例如，可研究化学交换、扩散及内部运动等动力学过程，给出极其丰富的有关动态特性的信息。$^1$H‑NMR 的化学位移范围只有 10 ppm，因此，在 3～5 ppm 和 6～8 ppm 处存在大量的氨基酸，图谱中可能出现上百个化合物的峰，这些峰相互重叠、干扰，造成了图谱解析的困难；而生物标物（biomarker）常常受到与测定不相关物质的干扰；并且对于分子质量大于 30 kDa 蛋白质，由于共振峰数目的增多以及强的偶极耦合作用和化学位移各相异性引起的谱线展宽，因此，NMR 的灵敏度相对较低。解决的途径有 3 条：提高磁场强度、应用同位素标记所研究的对象，如用 H、C、N 等标记；发展能够提高分辨率和灵敏度的新的脉冲实验方法；还可以通过使用超低温探头提高灵敏度（周志明等，2004）。此外，高分辨核磁共振（high‑resolution NMR）具有较好的灵敏度和信号分散特点，易使图谱容易解析，可检测 $^1$H、$^{13}$C、$^{15}$N、$^{19}$F、$^{23}$Na、$^{31}$P 和 $^{39}$K 等核素。$^{13}$C、$^{15}$N 可用来跟踪标记的糖、氨基酸、脂肪、内源性小分子等在生物体内的代谢物，配合二维的 $^1$H‑$^1$H COSY 谱可提供大量有用的信息，并且可以简化图谱。

Nicholson 等（2002）研究小组采用了一种近年来新发展的魔角旋转（magic angle spinning，MAS）技术，可将 NMR 技术广泛地应用于药物毒性、基因功能、疾病的临床诊断中。MAS 技术让样品与磁场方向成 54.7° 旋转，从而克服了由于偶极耦合（dipolar coupling）引起的线展宽、化学位移的各向异性。如图 3‑4‑3‑2 所示是利用高分辨魔角旋转技术测定的大鼠肾组织中的代谢产物的核磁共振谱。值得注意的，小体积样品在魔角情况下因磁化率的不均匀引起的谱线增宽将达到 1.5 kHz 左右，这意味着样品的旋转速率必须大于 1.5 kHz，才能使谱线窄化，从而使旋转边带得到有效抑制（Tang, et al. , 2004；Lindon et al. , 2006）。

### 3.3　NMR 在果蔬采后研究中的应用

果蔬代谢组学的研究旨在分析所有代谢物质的总和，而代谢物质随着细胞、组织、器官或者个体的生理、发育、病理状态不同而发生改变，是一个非常复杂的分析程序。对于已知的代谢物质，可以采用 LC/MS 进行快速确定；但对于未知的代谢物质，则需要采用 NMR 技术进行鉴定。

#### 3.3.1　$^1$H NMR 技术分析果汁中的苹果酸与柠檬酸的含量

苹果酸与柠檬酸是水果中存在的主要有机酸物质。在苹果、梨等水果中，苹果酸是主要的有机酸类物质；而在草莓、柑橘等水果中柠檬酸是主要的有机酸。测定这两种物质的含量对于评价果汁品质具有重要的参考价值。利用 NMR 的氢谱技术可准确测定果汁中存在的糖、有机酸、氨基酸、酚类物质等（Campo et al.，2006）。本章以苹果汁、杏汁、桃汁、橙汁、草莓汁、菠萝汁、猕猴桃汁为例，说明采用 NMR 技术定量分析苹果酸与柠檬酸的组分与含量。

（1）样品处理

从市场购买苹果、杏、桃、猕猴桃、橙子、草莓和菠萝。采用电动榨汁机直接将各类水果榨成果汁，并在 12000 r/min 离心力条件下离心 20 min，收集上清液，加水稀释后调 pH 为 1.0。

（2）NMR 分析程序

取 600 μL 样品，添加 100 μL 的混合液（含 70%重水和 15 mg/mL 的 3-三甲基-四氘-丙酸钠），然后置于 5 mm 外径的 NMR 分析管中。采用 Bruker Avance-500 核磁共振波谱仪记录一维波谱，样品总分析时间约 20 min，采用扩展区域电子积分法计算指定峰的峰面积。

（3）结果分析

由于存在较多因素可影响到 NMR 波谱的绝对强度，如样品体积、波谱仪操作性能等，因而，需要采用相对定量的方法来消除这些因素的影响。在本测试中，以 3-三甲基-四氘-丙酸钠为内标，定量分析苹果酸与柠檬酸的含量。如表 3-4-3-7 所示列出了 NMR 法与酶法测定的结果。在酶法测定中，以苹果酸脱氢酶和柠檬酸裂解酶为酶反应介质，通过测定产物进行定量分析。从结果来看，NMR 法与酶法有着良好的一致性。在所得到的结果中，苹果汁中苹果酸含量很高，达 10.12 mg/g，但柠檬酸含量很低，仅 0.36 mg/g；而在橙汁中柠檬酸含量高达 11.71 mg/g，但苹果酸含量较低，仅为 2.13 mg/g；杏子汁中苹果酸与柠檬酸含量相当，均为 4 mg/g 以上。

表 3-4-3-7　NMR 法与酶法测定果汁中苹果酸与柠檬酸含量（mg/g）

| | 苹果酸 | | 柠檬酸 | |
|---|---|---|---|---|
| | NMR 法 | 酶法 | NMR 法 | 酶法 |
| 苹果汁 | 10.12 | 9.92 | 0.36 | 0.33 |
| 杏子汁 | 4.59 | 4.51 | 4.13 | 4.19 |
| 桃子汁 | 2.49 | 2.62 | 1.64 | 1.78 |
| 猕猴桃汁 | 2.66 | 2.54 | 11.00 | 11.22 |
| 橙汁 | 2.13 | 1.94 | 11.71 | 11.25 |
| 草莓汁 | 1.74 | 1.65 | 7.13 | 7.33 |
| 菠萝汁 | 1.43 | 1.49 | 6.52 | 6.77 |

### 3.3.2　NMR 鉴定葡萄中黄酮类物质的差向异构体

水果中存在着多种天然化学物质，在它们生物合成途径中，由于酶的参与，使得生成多种差向异构体，即化学结构式相同，但空间构象不同。例如，在柑橘中黄烷酮在 C2 位置存在空间构象差异，这些异构体虽然在结构上差异很小，但由于在生物活性、营养等方面则存在着显著差别，因此，在营养评价过程中有必要对它们进行区分。一些常见的分析技术（如 LC/MS 技术），很难对差向异构体进行区分，而采用 NMR 技术，则可以准确地将这类异构体区分开来。本节以葡萄为例，说明采用 NMR 技术鉴定其中的柚皮素异构体（Maltese et al.，2009）。

（1）样品处理

从市场购买葡萄，手工剥皮，并切成碎末。采用甲醇/水溶液（1：1，$V/V$）在超声条件下常温提取 20 min，离心去除残渣。提取液真空干燥后用于 NMR 分析。

（2）NMR 分析程序

样品溶解于氘代甲醇/重水（1：1，$V/V$），采用 600 MHz 的 Bruker DMX - 600 核磁共振波谱仪进行 NMR 分析，测定 $^1H$、$^1H$ $-^1H$ COSY、TOCSY、$^1H$ $-^{13}C$ HMBC、$^1H$ - i 13C HSQC 和 NOESY 波谱。

（3）结果分析

通过一维氢谱测定葡萄皮提取物，发现存在大量的柚皮苷，进一步通过二维 COSY 和 HMBC 谱分析表明，化学位移在 6.17 ppm 附近的 $H_6$ 与 $H_8$ 信号附近存在一个信号峰，它与化学位移为 5.33 ppm 处的 $H_2$ 裂解峰重叠，该峰存在表明提取物中存在柚皮苷的异构体。通过柚皮苷标准品进行 NMR 分析，发现两种异构体在以下位点存在差异：2S 构型的柚皮苷 $H_2$ δ5.56 ppm（dd，$J = 13.2$，3 Hz）、$H_3$ 直立键 δ2.77 ppm（dd，$J = 17$，3.2 Hz）和 $H_3$ 平伏键 δ3.36 ppm（dd，$J = 17$，14 Hz）；而 2R 构型的柚皮苷 H2 δ5.52 ppm（dd，$J = 13$，3 Hz）、$H_3$ 直立键 δ3.43 ppm（dd，$J = 16$，3 Hz）和 H3 平伏键 δ2.73 ppm（dd，$J = 16$，3.4 Hz）。通过将该部分图谱与葡萄皮提取物 NMR 图谱进行对照，证实提取物中确实存在柚皮苷的差向异构体。

## 4　红外光谱法

### 4.1　红外光谱法的基本原理

红外光谱法（infrared spectrometry，IR）是利用红外辐射与物质分子振动或转动的相互作用，通过纪录试样的红外吸收光谱进行定性、定量和结构分析的一种方法。红外光谱与分子的结构密切相关，是研究表征分子结构的一种有效手段，与其他方法相比较，红外光谱由于对样品没有任何限制，是公认一种重要的分析工具。红外光谱是振动 -转动光谱，物质分子吸收红外辐射发生振动和转动能级跃迁，必须满足以下两个条件，即符合光谱学的选择定则：①辐射光子具有的能量与发生振动、转动跃迁能相等。在常温下绝大多数分子处于基态，由基态跃迁到第一振动激发态所产生的吸收谱带称为基频谱带。基频谱带的频率与分子振动的频率相等；②分子振动必须伴随偶极矩的变化。物质分子吸收红外辐射，两者之间必须有相互作用。分子振动必须伴随偶极矩变化，振动时才会产生电磁振荡，与红外辐射发生共振而吸收其能量。具有偶极矩变化的分子振动称为红外活性振动；而没有偶极矩变化的分子振动不能产生红外吸收，称为红外非活性振动。

红外吸收谱带的强度取决于分子振动时偶极矩的变化。振动时偶极矩变化越大，吸收强度也越大；因而，一般说来，极性较强的基团（如 C＝O，C－Cl 等）振动，吸收强度较大；极性较弱的基团（如 C＝C，C－C 等）振动，吸收较弱。偶极矩与分子结构的对称性有关；对称性越强，偶极矩就越小，吸收谱带的强度就越弱。此外，吸收谱带的强度还与振动形式、氢键、溶剂等因素有关。与紫外可见吸收谱带相比，即使很强的红外吸收谱带的强度也要小得多，相差 2～3 个数量级。一般的红外分光光度计测定时需要采用宽的狭缝，这就使红外吸收峰的摩尔吸收系数难于测定，测得值常随仪器而异；因此，一般仅定性地用很强（vs）、强（s）、中（m）、弱（w）和很弱（vw）来表示红外吸收谱带的强度大小。

目前，大多数化合物的红外光谱与结构的关系实际上凭经验获得。从许多具有同样基团的化合物的红外光谱中发现，不管分子的其余部分怎样，不同分子的共同基团都在较窄的频率区间呈现吸收谱带，此吸收谱带的频率称为基团频率（group frequency）。最有分析价值的基团频率存在于 4000～13 000 /cm 区间，红外光谱的这一区域称为基团频率区，又称特征区。该区域吸收峰比较稀疏，易于辨认，常常用于鉴别官能团的存在。基团频率主要由基团中原子的质量及原子间的化学键力常数决定，然而，在不同的分子和外界环境中，基团频率并不是一个固定值，而是有一定范围的。利用红外光谱分析化合物的结构，需要熟悉基团频率。测定物质红外光谱的仪器目前主要有两类，即色散型的红外分光光度计（infrared spectrophotometer）和傅里叶变换红外光谱计（frourier transform infrared spectrometer，FTIR）。随着计算机发展以及红外光谱仪与其他大型仪器的联用，使得红外光谱在结构分析、化学反应机理研究等方面发挥着极其重要的作用。红外光谱法具有以下几个特点。①气态、液态和固态的样品均可进行红外光谱测定；②每种化合物均有红外吸收，并显示了丰富的结构信息；③常规红外光谱仪价格低廉，易于购置；④样品用量少，可达到微克级；⑤针对特殊样品的测试要求，发展了多种测量新技术，如光声光谱、衰减反射光谱、漫反射和红外显微镜等。

### 4.2　红外光谱法的实验技术和应用

#### 4.2.1　试样的处理和制备

（1）制样要求

在红外光谱法中，制样技术的优劣是能否获得满意红外谱图的关键之一。红外试样可以是固体、液体或者气体，但一般应符合以下要求。①试样纯度应大于 98％或者符合商业规格，这样才便于与纯化合物的标准图谱或商业光谱进行比对；多组分试样应预先用分馏、萃取、重结晶或色谱法进行分离提纯，否则各组分的光谱相互重叠，难于解析；②试样不应该含水（结晶水或游离水），水有红外吸收，与羟基峰干扰，而且会侵蚀吸收池的盐窗。

（2）红外光谱分析制样方法

红外试样的调试方法应根据试样状态而异。气体试样可以用气体池测定，用减压抽气的方法将试样吸入气体池；液体试样常用的方法主要有液膜法、液体池法和多重衰减全反射法。液膜法指的是将试样滴在两块盐片之间，用专用夹具夹住，进行测定，此法适用于沸点较高的试样，黏度大的试样可以直接涂在一块盐片上；液体池法指将低沸点易挥发的试样注入封闭的吸收池中测定，液层厚度为 $0.01\sim1$ mm。某些红外吸收很强的液体可以制成溶液，然后注入吸收池中测定。配制溶液应考虑到溶剂本身无吸收干扰。常用的溶剂有 $CCl_4$（适用于 $4000\sim1350/cm$）和 CS2（适用于 $1350\sim600/cm$）。多重衰减全反射法（attenuated total reflaction，ATR）是将试样溶液点于 ATR 晶体两侧，待溶剂挥发形成薄膜。测定时红外光在试样薄膜之间进行多次全反射，被选择吸收，可获得清晰的红外光谱。对于固体样品，常用的制样方法有 4 种：①压片法，是把固体样品的细粉均匀地分散在碱金属卤化物中并压成透明薄片的一种方法；②粉末法，是把固体样品研磨成 2 μm 以下的粉末，悬浮于易挥发溶剂中，然后将此悬浮液滴于 KBr 片基上铺平，待溶剂挥发后形成均匀的粉末薄层的一种方法；③薄膜法，是把固体试样溶解在适当的溶剂中，把溶液倒在玻璃片上或 KBr 窗片上，待溶剂挥发后生成均匀薄膜的一种方法；④糊剂法，是把固体粉末分散或悬浮于石蜡油等糊剂中，然后将糊状物夹于两片 KBr 间测绘其光谱。

### 4.2.2　定性分析

有机化合物的红外光谱具有鲜明的特征性，其谱带的数目、位置、形状和强度都随化合物而各不相同，因而，红外光谱法是定性鉴定和结构分析的有力工具。

（1）已知化合物的鉴定：将试样的谱图与标准品测得的谱图相比对或者与文献上的标准谱图相对照，即可以定性。

（2）未知物结构的测定：如未知物不是新化合物，而在标准光谱已有收载的，可以采用两种方法来查对标准光谱，一是利用标准光谱的谱带索引，寻找标准光谱中与试样光谱吸收带相同的谱图；一是进行光谱解析，判断试样可能的结构，然后由化学分类索引查找标准光谱比对。

### 4.2.3　定量分析

定量分析的依据是郎伯-比尔定律。由于红外光谱图中吸收带很多，因此，在定量分析时，特征吸收谱带的选择尤为重要。此外，除考虑 ε 较大之外，还应注意以下几点：谱带的峰形应有较好的对称性，没有其他组分在所选择特征谱带区产生干扰，溶剂或介质在所选择特征谱带区域应无吸收或基本没有吸收，所选溶剂不应在浓度变化时对所选择特征谱带的峰形产生影响，特征谱带不应在对二氧化碳、水蒸气有强吸收的区域。谱带强度的测量方法主要有峰高（吸光度值）测量和峰面积测量两种，而定量分析方法较多，视被测物质的情况和定量分析的要求可采用直接计算法、工作曲线法、吸收度比法和内标法等。

### 4.3　傅里叶变换红外光谱法在水果采后生物学上的应用实例

近年来，傅里叶变换红外光谱技术已被广泛用于植物组织的细胞壁成分的分析（Coimbra et al.，1999；Bestard et al.，2001；Manrique & Lajolo，2002）。韩晋（2006）报道，芒果果实在贮藏 21 天后，未发生冷害的果实（14℃贮藏和经水杨酸甲酯（MeSA）处理后 5℃贮藏）与发生冷害的果实（5℃贮藏）相比较，后者果皮的细胞壁中含有更高比例的线性长链脂类、酚类和果胶类物质，但纤维素含量却更低（图 3-4-3-3）。

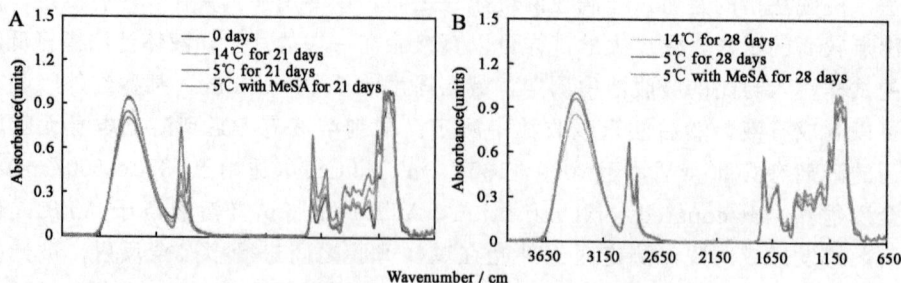

图 3-4-3-3　芒果果实外果皮细胞壁成分的傅里叶变换红外光谱分析

1156～1035/cm 是纤维物质的特征峰区；1735/cm、1630/cm、1420/cm、1371/cm 是果胶物质的特征峰，其中 1735/cm 是酯键的吸收峰；1420/cm 和 1371/cm 分别代表非酯化的果胶和果胶的羧基，1630/cm 为果胶物质的羧酸盐功能团；1515/cm 为酚环的吸收峰；2926/cm、2854/cm、1735/cm 是长链脂肪类物质的特征峰，其中 2926/cm 和 2854/cm 为亚甲基的吸收峰

韩晋（2006）还发现桃子果实在 10℃ 下贮藏的果实细胞壁组分中，首先是果胶物质（1735/cm、1630/cm、1420/cm、1371/cm）比例下降，然后纤维物质（1156～1035/cm）比例迅速降低；伴随纤维物质比例的急剧降低，果胶和酚类物质（1515/cm）比例反而升高；各组分的物质结构也发生了显著变化，其中酯键（1735/cm）的吸收降低，亚甲基（2926/cm）、羧酸盐（酯）和羧基（1630/cm、1420/cm、1371/cm）的吸收升高（图 3-4-3-4A）。在贮藏初期（第 14 天），经 5℃ 贮藏的对照（CK）果实的细胞壁中酚类物质的比例与 0℃ 贮藏的对照果实差异不大，而果胶物质和纤维物质的比例高于 0℃ 贮藏的对照果实；随着贮藏时间的延长，5℃ 贮藏的对照果实细胞壁中酚类物质和果胶物质的比例降低；到贮藏 21 天时，5℃ 贮藏的对照果实细胞壁中酚类物质的比例显著低于 0℃ 贮藏的对照果实，而果胶物质比例则与 0℃ 贮藏的对照果实趋于一致；但在贮藏 21 天后，5℃ 贮藏的对照果实细胞壁中纤维物质的比例急剧下降，而 0℃ 贮藏的对照果实细胞壁中纤维物质仍保持较高的比例。经 MeJA 处理后，5℃ 和 0℃ 贮藏的果实细胞壁中酚类、果胶，特别是纤维物质仍保持着较高的比例（图 3-4-3-4B）。

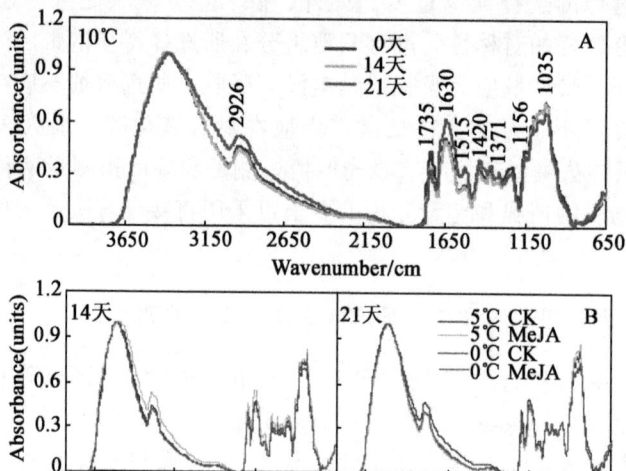

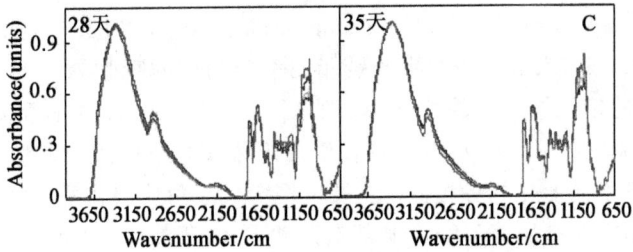

图 3-4-3-4　经 10℃贮藏的桃果实细胞壁成分的变化情况

（A）和在 5℃和 0℃下不同贮藏时期的桃果实细胞壁成分的分析（B）。2926/cm 是亚甲基吸收峰；
1735/cm、1630/cm、1420/cm、1371/cm 是果胶物质的特征峰，其中 1735/cm 是酯键的吸收峰，
1630/cm 为果胶物质的羧酸盐功能团，1420/cm 和 1371/cm 分别代表非酯化的果胶和果胶的羧基；
1515/cm 为酚环的吸收峰；1156～1035/cm 是纤维物质的特征峰区

吴萍等（2009）还指出在冷藏和气调贮不同贮藏时期的壶瓶枣果肉细胞壁物质经 FTIR 检测后，其波峰趋势虽然相似，但具体各吸收峰强度则随着贮藏条件的不同有所改变（图 3-4-3-5）。与细胞壁物质相关的波峰位于 3400～900/cm 处，其官能团主要体现在 3351/cm（醇羟基或酚羟基振动）、2928/cm（$CH_2$ 反对称伸缩振动）、1740/cm（饱和酯 C＝O 伸缩振动）、1620/cm（与苯环共轭的 C＝C 伸缩振动）、1541/cm（芳香环 C＝C 伸缩振动）、1410/cm（芳香环 C＝C 伸缩振动）、1372/cm（$CH_3$ 的对称变角振动）、1325/cm（愈创木基芳香环振动）、1237/cm（木质素中的苯羟基的 C－O 键伸缩振动或 $CH_2$ 面外摇摆振动）、1103/cm、1054/cm、1035/cm（糖类 C－OH 伸缩振动）和 927/cm（羧酸 C－OH 面外振动）（McCann et al.，1994；1997；Stewart et al.，1997；Zhong et al.，2000；Wilson et al.，2000）。对各个贮藏时期气调贮藏与普通冷藏的壶瓶枣细胞壁物质进行差谱分析的结果也显示，经过同样时间贮藏后，气调贮藏和普通冷藏的果实细胞壁物质存在显著差异（1800～900/cm），尤其是在果实贮藏前期（图 3-4-3-6 D、E），气调贮藏的果实细胞壁物质中酯化果胶类物质（1740/cm）含量和木质素等酚类物质（1620/cm、1541/cm、1410/cm、1325/cm）的含量显著高于普通冷藏的处理，而纤维素类物质（1300～1035/cm）则略低于普通冷藏处理；继续贮藏至 45 天时，气调贮藏和普通冷藏的果肉细胞壁物质成分间这种差异缩小（图 3-4-3-6 F）。可见，与冷藏相比，气调贮藏能够更好地保持壶瓶枣果肉细胞壁物质中的酯化果胶和木质素等酚类物质含量，尤其是在贮藏前期（15 天和 30 天），效果最显著。另外，吴萍等（2009）采用傅里叶变换红外光谱（FTIR）法进一步发现壶瓶枣果实表皮角质层成分与果肉细胞壁物质的成分显著不同（图 3-4-3-5 和图 3-4-3-6）。与细胞壁物质相比，角质层在 2856/cm 处出现了亚甲基（$CH_2$）对称伸缩振动吸收峰，在 2928/cm 处（$CH_2$ 反对称伸缩振动）的吸收强度明显提高。除此之外，两者在 1800～1000/cm 内吸收峰的峰形和强度都存在显著差异，角质层在此处的吸收峰主要有：1735/cm（饱和脂肪酯 C＝O 伸缩振动）、1610/cm（芳香环 C＝C 伸缩振动）、1515/cm（芳香环骨架的振动）、1452/cm（芳香环 C＝C 伸缩振动或烷烃的 C－H 变角振动）、1372/cm（$CH_3$ 的对称变角振动）、1274/cm（芳香酸酯 C－O－C 伸缩振动）、1242/cm（木质素中苯羟基的 C－O 键伸缩振动）、1160/cm、1102/cm、1062/cm 和 1037/cm（糖类的 C－OH 弯曲振动或糖苷键的 C－O－C 伸缩振动）（McCann et al.，1994，1997；Stewart et al.，1997；Zhong et al.，2000；Wilson et al.，2000）；其中 2929/cm、2856/cm、1735/cm 代表线形长链脂肪酸类物质的吸收峰，也是角质层（包含其角质基质和表面的蜡层结构）的特征峰。如图 3-4-3-7 A 和 B 所示分析结果还可知，经过冷藏或气调贮藏 30 天或 45 天后，壶瓶枣果实角质层成分发生了明显改变，而且在这两种贮藏条件下的变化趋势相似，主要表现为代表角质层物质的特征峰（2929/cm、2856/cm、1735/cm）含量显著下降，尤其是贮藏至 45 天时，这些峰强度仅降至初始强度（0 天的角质层样品的吸收峰强度）的 50% 左右；与冷藏相比，气调贮藏下降得更快；而代表芳香族类物质的特征峰（1610/cm、1515/cm、1452/cm、1274/cm、1242/cm）强度则显著增大。多糖类物质的指纹区域（1160~900/cm）在果实贮藏后略有降低，但整体含量变化不大。从差谱分析结果（图 3-4-3-7C、D）也可以看出，经过 30 天贮藏之后，冷藏的壶瓶枣果实角质层物质（2929/cm、2856/cm、1735/cm）含量显著高于气调贮藏，而芳香族类物质（1610/cm、1516/cm、1452/cm、1274/cm、1242/cm、1164/cm）含量则明显低于气调贮藏；贮藏至 45 天时的情况与 30 天时相似，只是两种贮藏条件间的差异缩小。综上所述可知，在贮藏 30 天或 45 天后，与冷藏相比，气调贮藏的壶瓶枣果实表皮中角质层物质含量更低（2929/cm、2856/cm、1735/cm），而芳香类物质含量（1610/cm、1515/cm、1452/cm、1274/cm、1242/cm）略高。

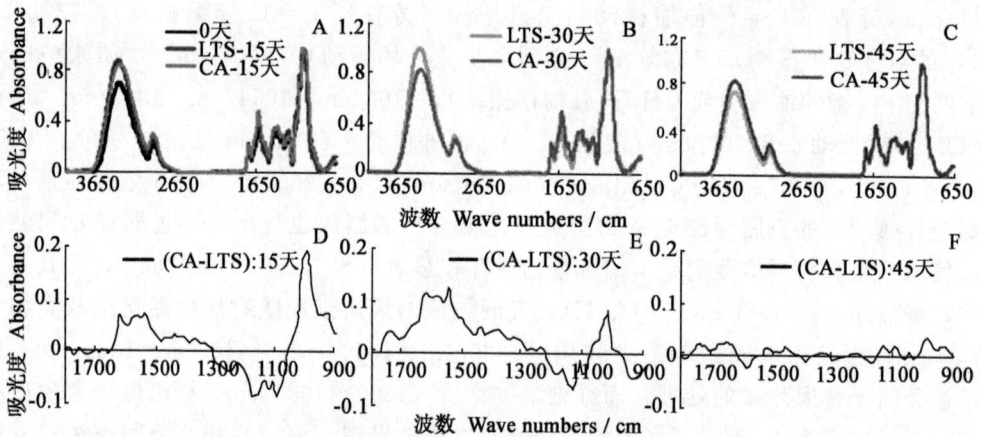

图 3-4-3-6　壶瓶枣果实在不同贮藏条件下果肉细胞壁物质（CWM）的傅里叶变换红外光谱（FTIR）分析

LTS：冷藏（−1℃）；CA：气调贮藏（10%O₂＋10%CO₂，−1℃）。A. 初始点和贮藏 15 天的壶瓶枣 CWM 的 FTIR 光谱；B. 贮藏 30 天的壶瓶枣 CWM 的 FTIR 光谱；C. 贮藏 45 天的壶瓶枣 CWM 的 FTIR 光谱；D. 在 15 天时，气调贮藏与冷藏果实的 CWM 的 FTIR 差谱；E. 在 30 天时，气调贮藏与冷藏果实的 CWM 的 FTIR 差谱；F. 在 30 天时，气调贮藏与冷藏果实的 CWM 的 FTIR 差谱

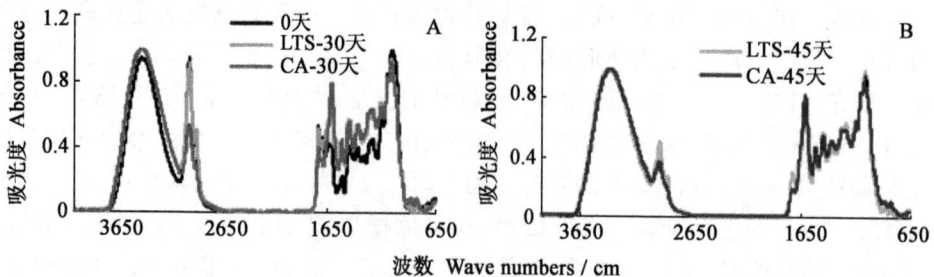

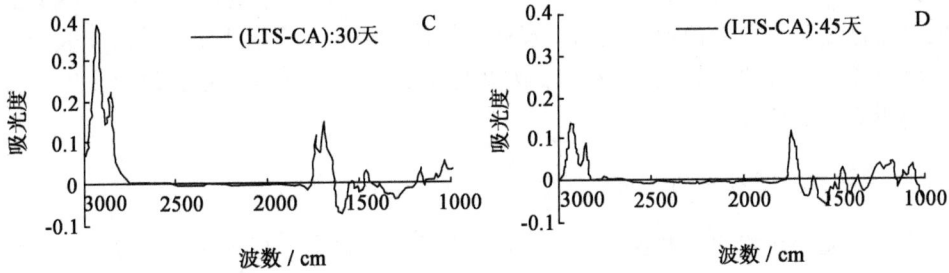

图 3-4-3-6　壶瓶枣果实在不同贮藏条件下角质层成分的傅里叶变换红外光谱（FTIR）分析
LTS：冷藏（-1℃）；CA：气调贮藏（10％$O_2$+10％$CO_2$，-1℃）。A. 初始点和贮藏 30 天的壶瓶枣角质层的 FTIR 光谱；B. 贮藏 45 天的壶瓶枣角质层的 FTIR 光谱；C. 在 30 天时，气调贮藏与冷藏果实的角质层的 FTIR 光谱；D. 在 45 天时，气调贮藏与冷藏果实的角质层的 FTIR 光谱

## 5　共振光散射

### 5.1　共振光散射光谱法的基本原理

光散射现象是指一束光通过介质时在入射光方向以外的各个方向上都能观测到光强的现象，它是光与介质分子之间相互作用的一种表现形式，广泛存在于光与粒子的相互作用过程之中。光散射与介质的不均匀性有关。除了真空之外，其他所有介质都有一定程度的不均匀性，从而产生散射光（李原芳等，1998）。当介质中粒子的直径（$d$）与入射光波长 $\lambda_0$ 有以下的关系时，可产生不同种类的散射：当 $d \geqslant \lambda_0$ 时，产生的散射可为反射和折射；$d \approx \lambda_0$ 时，产生 Tyndall 散射；$d \leqslant 0.05\lambda_0$ 时，产生 Rayleigh 散射为主的分子散射（Huang & Li，2003）。共振光散射主要是共振 Rayleigh 散射，但也有 Tyndall 散射、荧光和动态光散射；这主要取决于散射粒子的直径，激发与发射波长和仪器的狭缝宽度（Tuite et al.，1997）。Rayleigh 散射是散射光波长等于入射光波长，而且散射粒子又远小于入射光波长时产生的弹性散射，其散射强度与波长的四次方成反比。如果这种散射位于吸收带附近，则有可能引起散射强度的急剧增加，这种现象则被称为共振瑞利光散射（resonance rayleigh scatterin，RRS）或称为共振光散射（resonance light scattering，RLS）。共振光散射是一种散射波长等于入射波长的弹性散射光，其强度与散射颗粒尺寸，溶液浓度、溶液折射率的波动值以及入射波长等因素有关（Huang & Li，2003）。在一定条件下，当体系固定（即散射颗粒尺寸恒定）时，共振光散射的强度与待测物的浓度成正比。在普通荧光分光光度计上，选择合适的激发和发射的通带宽度，采用相等的激发和发射的波长同时扫描，所得的光谱图为同步光谱图（$\Delta\lambda=0$），即为散射粒子的共振光散射光谱（Huang & Li，1996，1997）。由于共振光散射光谱属于同步光谱，而散射光是源于等波长入射光激发散射粒子时产生的，这样散射粒子实际上是能发射出与激发光相等的新光体；故共振光散射信号属于同步发光。在仪器条件一定时，共振光散射强度与散射粒子的浓度呈正比。据此构成了共振光散射光谱法的定量分析基础。

与物理上广泛使用的散射光谱法不同，在于共振光散射光谱法不用激光作为光源，只需要普通荧光分光光度计，调节激发光波长和发射光波长相等，即可测定待测组分发出的共振光散射强度。共振光散射光谱法是一种用于痕量样品定量分析的高灵敏度方法，它对仪器要求不高，简便、快速，预处理简便，是分子发射光谱领域近年来发展起来的一种重要分析方法。目前，RLS 已成功地应用于环境科学、分析化学、生命科学和材料科学等领域研究。

### 5.2 共振光散射技术的应用

与其他的光谱法相比，共振光散射光谱法具有以下特点。①所需仪器简单：共振光散射光谱法能在普通的荧光分光光度计上进行，不像激光光谱需要特殊的激光光源；②分析速度快：共振光散射光谱分析法一般不需要对样品进行预先的化学处理，如测定糖原时，可直接把糖原溶于水，直接在普通的荧光分光光度计上测定即可；③灵敏度高：高灵敏度是共振光散射光谱法的一个极其显著的优点，如在适宜的测定条件下，用该方法测定核酸和金属离子时，检测限均能达到纳克级；④应用广泛：共振光散射光谱法既可以用于生命科学领域，又可以用于环境科学与材料科学等领域，如采用不同有机染料与蛋白质或核酸等生物大分子结合形成复合物，可直接测定生物大分子。

#### 5.2.1 共振光散射技术在核酸测定中的应用

核酸是最早采用光散射技术研究和分析的生物大分子。1993 年 Pasternack 等首次采用共振光散射技术对于卟啉类化合物在核酸上的聚集进行了研究，结果显示出高的灵敏度和选择性。核酸分子由于磷酸基的存在带负电荷，而带有正电荷的有机染料或金属螯合阳离子的小分子以静电作用键 DNA，结合常数较大；因而能产生强烈的共振光散射。目前测定核酸的共振光散射法主要有以下几种。

（1）有机染料试剂

在共振光散射用于测定核酸的技术中，常使用一些染料分子作为 RLS 探针。醌亚胺类的染料，如藏红 T（ST）、中性红（NR）、亚甲基蓝（MB）可以在核酸分子表面进行长距离组装，能产生特征的共振光散射光谱；某些碱性三苯甲烷染料，如乙基紫（EV）、结晶紫（CV）、甲基紫（MV）和玫苯胺（RL）能与核酸结合而使 RLS 急剧增强并产生新的 RLS 光谱；酚藏花红（PS）与核酸作用能导致体系折光指数发生变化，使 RLS 强度急剧增加；耐尔蓝（NB）的硫酸盐用于小牛胸腺 DNA（CtDNA）的测定，灵敏度很高，检出限最低可达 0.4 ng/mL。近来，关于罗丹明染料如罗丹明 B（RB）、丁基罗丹明 B（BRB）、罗丹明 6 g（RH6 g）与核酸作用的共振光散射光谱的研究也有报道。另外，陈小兰等（2001）将合成的四氨基铝酞菁（TAAlPc）用于测定纳克级核酸，并将其用于金黄色葡萄球菌 DNA 的测定，所得结果与紫外吸收法相一致。在一些表面活性剂存在下，DNA 与染料产生的共振光散射光谱的增强作用的也有报道（冯硕等，2004）；如碱性三苯甲烷染料亮绿（BG）和孔雀石绿（MG）与核酸结合后的 RLS 强度虽然变化不明显，但在溴代十六烷基甲基铵（CTMAB）存在下，BG、MG 与 DNA 体系产生的共振光散射明显增强。其他的表面活性剂还包括十六烷基三甲基溴化铵（CTAB）、溴代十六烷基吡啶（CPB）等。

（2）大粒子散射试剂

Li 和 Tong（2000）将大粒子散射（粒子直径在 200～700 nm，其散射光的性质属于 Debye 散射和 Mie 散射）技术用于核酸的共振散射分析。在强酸性介质中，核酸首先变性，然后单链核酸聚集为大粒子，粒子大小与紫外可见光的波长相当，由动态激光散射仪测得的粒子水合半径与其浓度呈线性关系（Li & Tong，1999）。由大粒子产生的光散射强度在很宽的范围内与核酸的浓度成正比。该方法具有灵敏度高、线性范围宽、操作简便、所用试剂易得的优点，应用前景广泛。例如，硫酸鱼精蛋白是一种小分子蛋白质，能与核酸通过强静电力作用结合为大粒子的复合物，其散射光强度在 pH 2.2～4.4 的 Britton/Robinson 缓冲溶液中达到最大值（Li & Tong，1999）。由此建立的核酸的大粒子散射分析方法的线性范围为 105～6010 $\mu$g/mL，检出限分别为 1215 ng/mL 的小牛胸腺 DNA、9.0 ng/mL 的鱼精子 DNA、1810 ng/mL 的酵母 RNA；其优点是蛋白质、核苷酸和大部分金属离子不干扰核酸测定的结果。

（3）金属离子及其络合物

在酸性介质中，$Al^{3+}$ 与 DNA 分子表面的磷酸根发生静电作用，产生增强的共振光散射。与染料不同的是，金属离子没有生色基团，因而它们与核酸和蛋白质等生物大分子的作用受光吸收的影响小，主要体现出粒子大小对 RLS 信号的影响。朱昌青等（2000）发现核酸对氯化银溶胶的共振光散射有猝灭作用，认为是游离的银离子与核酸的碱基结合力很强，影响了胶体氯化银的沉淀平衡而导致的，并将其用于核酸的测定。

5.2.2　共振光散射光谱法测蛋白质

蛋白质的测定主要基于在酸性条件下，带负电的阴离子染料与质子化的蛋白质通过静电吸引、分子间氢键以及疏水作用等，形成大的聚集体，从而对有机染料体系的共振光散射信号具有放大作用，且共振光散射强度与加入的蛋白质浓度呈线性关系；由此建立了利用共振光散射光谱法测定蛋白质的分析方法。该方法用于测定蛋白质含量，其灵敏度比传统方法至少高两个数量级。目前，文献已报道的酸性染料探针主要有考马斯亮蓝、铍试剂、四取代磺酸酞菁铝、4-偶氮铬变酸苯基荧光酮、磺化偶氮Ⅲ、偶氮磺Ⅲ、二溴苯基荧光酮-铝、$\alpha,\beta,\gamma,\delta$-四（五磺基噻嗯基）卟啉、四碘酚磺酞、邻苯三酚红、酸性绿25、曲利苯蓝、溴酚蓝、酸性铬蓝 K 和槲皮素等。这些染料探针在酸性条件下均能通过静电作用力直接与蛋白质结合，引起强烈的共振光效应。另外，某些染料探针还可以通过表面活性剂增效，可极大提高测定蛋白质的灵敏度。当前使用最多的作为增敏剂的表面活性剂为十二烷基磺酸钠（SDS）。Huang 和 Li（2003）报道了直接使用阴离子表面活性剂定量测定蛋白质的方法。最近几年还出现了采用胶体（如金溶胶）和纳米粒子（如 CdS 纳米粒子和 Ag-Pt 核-壳纳米粒子）作为共振光散射探针用于测定蛋白质的新方法（Liu et al.，2009；Chen et al.，2007）。

5.2.3　共振光散射光谱法测定糖原

糖类物质不仅为生物体提供了能源，而且近年来分子生物学、细胞生物学和生物化学等的研究表明，糖复合物作为信息分子对于细胞的识别、增生、分异以及维持生物体的免疫系统、生殖系统、神经系统和新陈代谢都发挥重要的功能。糖类物质已成为蛋白质和核酸之后的重要生物大分子。目前，糖原的测定方法主要有碘键合法和酶法，但这两种测定方法灵敏度低，测定条件苛刻，操作烦冗。张淑珍等（2000）报道了利用共振光散射光谱法测定兔肝糖原、牡蛎糖原、国产糖原。该法不需要专门的特殊试剂，便于在实际中应用，并且具有线性范围宽（0.2～4000 mg/L）、灵敏度高等特点。

# 参 考 文 献

陈小兰，李东辉，朱庆枝，等.2001.用四氨基铝酞菁共振光散射技术测定纳克级核酸.高等学校化学学报，22：901-904.

冯硕，李正平，张淑红，等.2004.共振光散射技术测定核酸的研究进展.光谱学与光谱分析，24：1676-1680.

韩晋.2006.低温胁迫下果实组织结构和生理变化及化学调控机理研究.中国科学院研究生院.硕士学位论文.

李原芳，黄承志，胡小莉.1998.共振光散射技术的原理及其在生化研究和分析中的应用.分析化学，26：1508-1515.

王镜岩.2002.生物化学.第三版.北京：高等教育出版社.

吴萍，田世平，徐勇.2009.气调贮藏对壶瓶枣果实细胞壁和角质层成分及品质的影响.中国农业科学，42：619-625.

张淑珍，赵凤林，李克安，等.2000.分析化学的成就与挑战.重庆：西南师范大学出版社.

周志明，刘买利，张许.2004.提高生物大分子 NMR 分辨率和灵敏度的有效方法：TROSY 和 CRINEPT.波谱学杂志，21（3）：372-385.

朱昌青，李东辉，郑洪，等.2000.核酸对氯化银胶体溶液共振光散射的碎灭作用及其应用.分析化学，25：1455-1485.

Azari R，Tadmor Y，Meir A，et al. 2010. Light signaling genes and their manipulation towards modulation of phytonutrient content in tomato fruits. *Biotechnology Advances*，28：108-118.

Bestard M J，Sanjuan N，Rosselló C，et al. 2001. Effect of storage temperature on the cell wall components of broccoli (*Brassica oleracea L. Var. Italica*) plant tissues during rehydration. *Journal of Food Engineering*，48：317-323.

Bunea A，Andjelkovic M，Socaciu C，et al. 2008. Total and individual carotenoids and phenolic acids content in fresh，refrigerated and processed spinach (*Spinacia oleracea L.*). *Food Chemistry*，108：649-656.

Burton L，Ivosev G，Tate S，et al. 2008. Instrumental and experimental effects in LC – MS – based metabolomics. *Journal of Chromatography B*，871：227-235.

Campo G，Berregi I，Caracena R，et al. 2006. Quantitative analysis of malic and citric acids in fruit juices using proton nuclear magnetic resonance spectroscopy. *Analytica Chimica Acta*，556：462-468.

Chen L，Zhao W，Jiao Y，et al. 2007. Characterization of Ag/Pt core – shell nanoparticles by UV – vis absorption，resonance light – scattering techniques. *Spectrochimica Acta Part A：Molecular and Biomolecular Spectroscopy*，68：484-490.

Coimbra M A，Barros A，Rutledge D N，et al. 1999. FTIR spectroscopy as a tool for the analysis of olive pulp cell – wall polysaccharide extracts. *Carbohydrate Research*，317：145-154.

Huang C Z，Li K，Tong S Y. 1996. Determination of nanograms of nucleic acids by a resonance light – scattering technique with α，β，γ，δ – tetrakis [4 – (trimethylammoniumyl) prophine. *Analytical Biochemistry*，68：2259-2263.

Huang C Z，Li K，Tong S Y. 1997. Determination of nanograms of nucleic acids by their enhancement effect on the resonance light scattering of the cobalt (II) /4 – [ (5 – Chloro – 2 – pyridyl) azo] – 1，3 – diaminobenzene complex. *Analytical Biochemistry*，69：514-520.

Huang C Z，Li Y F. 2003. Resonance light scattering technique used for biochemical and pharmaceutical analysis. *Analytica Chimica Acta*，500：105-117.

Liu Z D，Huang C Z，Li Y F，et al. 2006. Enhanced plasmon resonance light scattering signals of colloidal gold resulted from its interactions with organic small molecules using captopril as an example. *Analytica Chimica Acta*，577：244-249.

Li Y F，Huang C Z，Huang X H，et al. 2001. Determination of DNA by its enhancement effect of resonance light scattering by axur A. *Analytica Chimica Acta*，429：311-319.

Li Z，Li K，Tong S. 1999. Nephelometric determination of micro amounts of nucleic acids with protamine sulfate. *The Analyst*，124：907-910.

Li Z，Li K，Tong S. 2000. Determination of nucleic acids in acidic medium by enhanced light scattering of large particles. *Talanta*，51：63-70.

Lindon J C，Holmes E，Nicholson J K. 2006. Recent developments and applications of NMR – Based metabonomics. *Chinese Journal of Magnetic Resonance*，23：18-24.

Lirov Y. 1992. Computer aided neural network engineering. *Neural Networks*，5：711-719.

Liu X L，Zhao M M，Luo W，et al. 2009. Identification of volatile components in Phyllanthus emblica L. and their antimicrobial activity. *Journal of Medicinal Food*，12：423-428.

Lytovchenko A，Sweetlove L，Pauly M，et al. 2002. The influence of cytosolic phosphoglucomutase on photosynthetic carbohydrate metabolism. *Planta*，215：1013-1021.

Maltese F，Erkelens C，Kooy F，et al. 2009. Identification of natural epimeric flavanone glycosides by NMR spectroscopy. *Food Chemistry*，116：575-579.

Manrique G D，Lajolo F M. 2002. FT – IR spectroscopy as a tool for measuring degree of methyl esterification in pectins isolated from ripening papaya fruit. *Postharvest Biology and Technology*，25：99-107.

McCann M C，Chen L，Roberts K，et al. 1997. Infrared microspectroscopy：sampling heterogeneity in plant cell wall composition and architecture. *Physiologia Plantarum*，100：729-738.

McCann M C，Shi J，Roberts K，et al. 1994. Changes in pectin structure and localization during the growth of unadapted and NaCl – adapted tobacco cells. *The Plant Journal*，5：773-785.

Nicholson J K，Connelly J，Lindon J C，et al. 2002. Metabonomics：a generic platform for the study of drug toxicity and gene function. *Nature Reviews Drug Discovery*，1：153-161.

Nicholson J K，Lindon J C，Holmes E. 1999. 'Metabonomics'：understanding the metabolic responses of living systems to pathophysiological stimuli via multivariate statistical analysis of biological NMR spectroscopic data. *Xenobiotica*，29：1181-1189.

Ong P K C. 1998. The flavor chemistry of rambutan (*Nephelium lappaceum* L. ) and lychee (*Litchi chinesis Sonn.* ) . Doctor Dissertation，Cornell University. 54-72.

Ramautar R，Demirci A，de Jong G J. 2006. Capillary electrophoresis in metabolomics. *TrAC Trends in Analytical Chemistry*，25：455-466.

Stewart D，Yahiaoui N，McDougall G J，et al. 1997. Fourier – transform infrared and Raman spectroscopic evidence for the incorporation of cinnamaldehydes into the lignin of transgenic tobacco (*Nicotiana tabacum* L. ) plants with reduced expression of cinnamyl alcohol dehydrogenase. *Planta*，201：311-318.

Suárez M，Macià A，Romero M P，et al. 2008. Improved liquid chromatography tandem mass spectrometry method for the determination of phenolic compounds in virgin olive oil. *Journal of Chromatrography A*，1214：90-99.

Sumner L W，Mendes P，Dixon R A. 2003. Plant metabolomics：large – scale phytochemistry in the functional genomics era. *Phytochemistry*，62：817-836.

Tang H，Wang Y，Nicholson J K，et al. 2004. Use of relaxation – edited one – dimensional and two dimensional nuclear magnetic resonance spectroscopy to improve detection of small metabolites in blood plasma. *Analytical Biochemistry*，325：260-272.

Tiessen A，Hendriks J H M，Stitt M，et al. 2002. Starch synthesis in potato tubers is regulated by post-translational redox modification of ADP – glucose pyrophosphorylase：a novel regulatory mechanism linking starch synthesis to the sucrose supply. *The Plant Cell*，14：2191-2213.

Tuite E，Lincoln P，Norden B. 1997. Photophyscial evidence that Ru (phen)$_2$ (dppz)$^{2+}$ intercalate DNA from the minor groove. *Journal of the American Chemical Society*，119：239，240.

Verhoeckx K C M，Bijlsma S，Jespersen S，et al. 2004. Characterization of anti – inflammatory compounds using transcriptomics，proteomics，and metabolomics in combination with multivariate data analysis. *International Immunopharmacology*，12：1499-1514.

Wishart D S. 2008. Metabolomics：application to food science and nutrition research. *Trends in Food Science & Technology*，19：482-493.

Wilson R H，Smith A C，Kacurakova M，et al. 2000. The mechanical properties and molecular dynamics of plant cell wall polysaccharides studied by Fourier – transform infrared spectroscopy. *Plant Physiology*，124：397-406.

Yamazakia M，Nakajimaa J，Yamanashia M，et al. 2003. Metabolomics and differential gene expression in anthocyanin chemovarietal forms of *Perilla frutescens*. *Phytochemistry*，62：987-995.

Zhong R，Morrison W H，Himmelsbach D S，et al. 2000. Essential role of caffeoyl coenzyme AO – methyltransferase in lignin biosynthesis in woody poplar plants. *Plant Physiology*，124：563-578.

（杨　宝　庞　杰　蒋跃明）

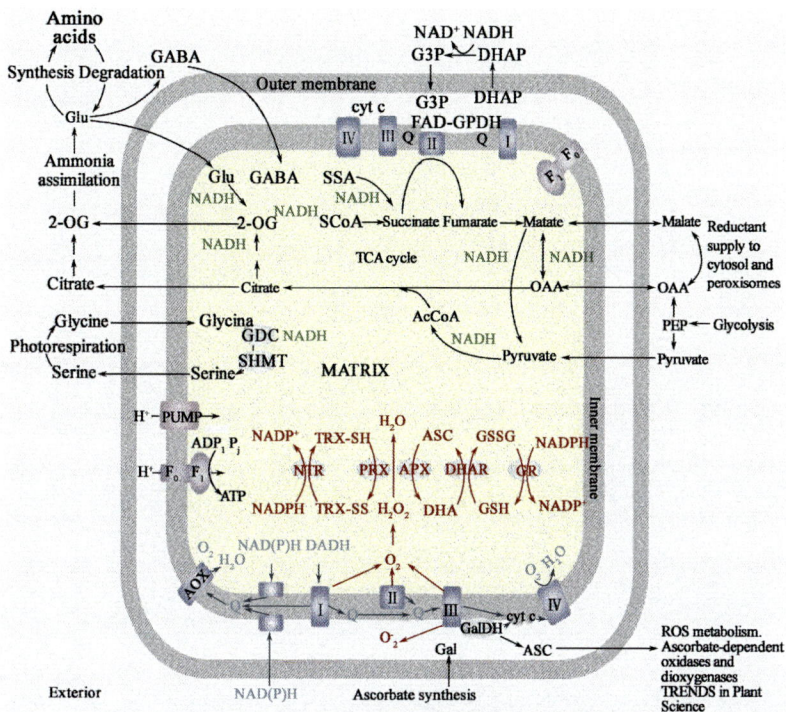

图1-1-1-1 线粒体功能的关键反应示意图

AcCoA，乙酰辅酶A；AOX，交替氧化酶；APX，抗坏血酸过氧化物酶；ASC，抗坏血酸；DHAP，磷酸二羟丙酮；DHA(R)，脱氢抗坏血酸（还原酶）； FADGPDH ，含FAD甘油三磷酸脱氢酶；GABA，γ-氨基丁酸；Gal(DH)，L-半乳糖-γ-内酯（脱氢酶）；GDC，甘氨酸脱羧酶；G3P,甘油-3-磷酸；GR，谷胱甘肽还原酶；GSH，氧化型谷胱甘肽；GSSG，谷胱甘肽；NTR，NADPH,硫氧还蛋白还原酶；OAA，草酰乙酸；2-OG，2-酮戊二酸；PRX，过氧化物酶；Q，泛醌；SCoA，琥珀辅酶A；SHMT，丝氨酸羟甲基转移酶；SSA，琥珀酸半醛；TRX，硫氧还蛋白。

（引自：Noctor et al.，2007）

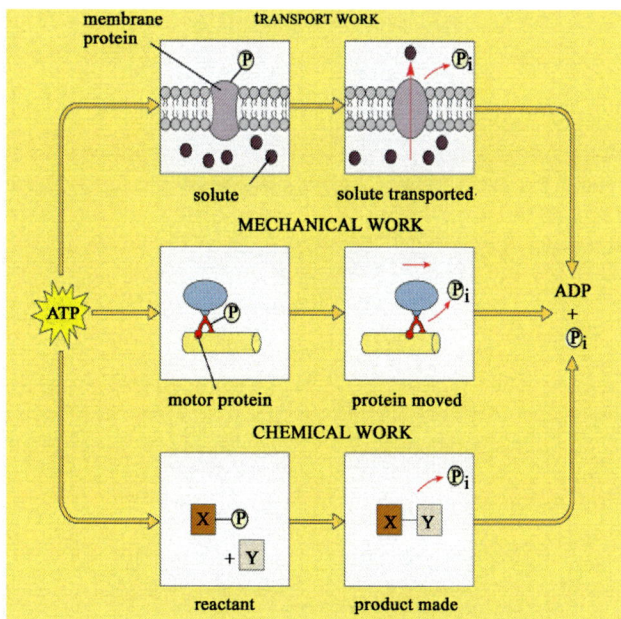

图1-1-2-2 ATP 提供植物生命活动的路径
（引自：Campbell et al.，1999）

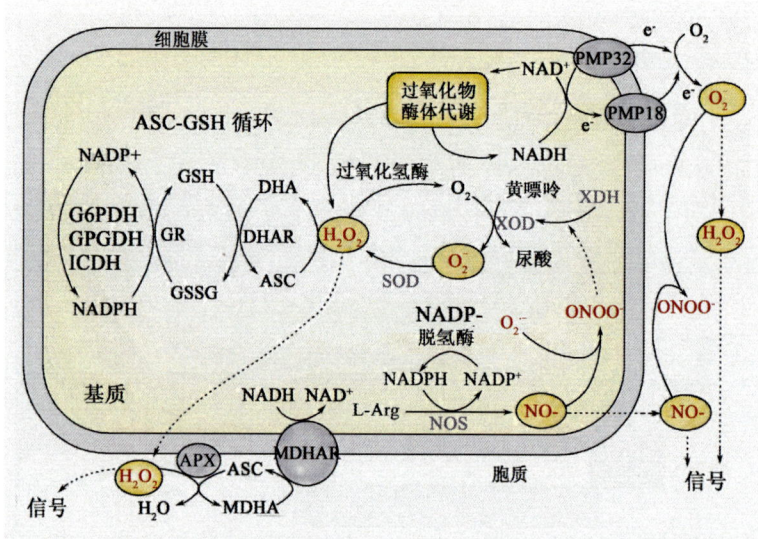

图1-1-3-5　信号分子过氧化氢（H₂O₂），超氧阴离子（O₂⁻）和一氧化氮（NO·）
在植物过氧化物酶体中的代谢模式图

GPGDH，6-磷酸葡萄糖脱氢酶；APX，抗坏血酸过氧化物酶；ASC，还原型抗坏血酸；DHA，不饱和脂肪酸；DHAR，不饱和脂肪酸还原酶；G6PDH,葡萄糖-6-磷酸脱氢酶；GR,谷胱甘肽还原酶；GSH，还原型谷胱甘肽；GSSG，氧化型谷胱甘肽；ICDH，异柠檬酸脱氢酶；MDHA，单脱氢抗坏血酸；MDHAR，单脱氢抗坏血酸还原酶；NOS，一氧化氮合酶；SOD,超氧化物歧化酶；XDH，黄嘌呤脱氢酶；XOD，黄嘌呤氧化酶

（引自：Corpas et al.，2001）

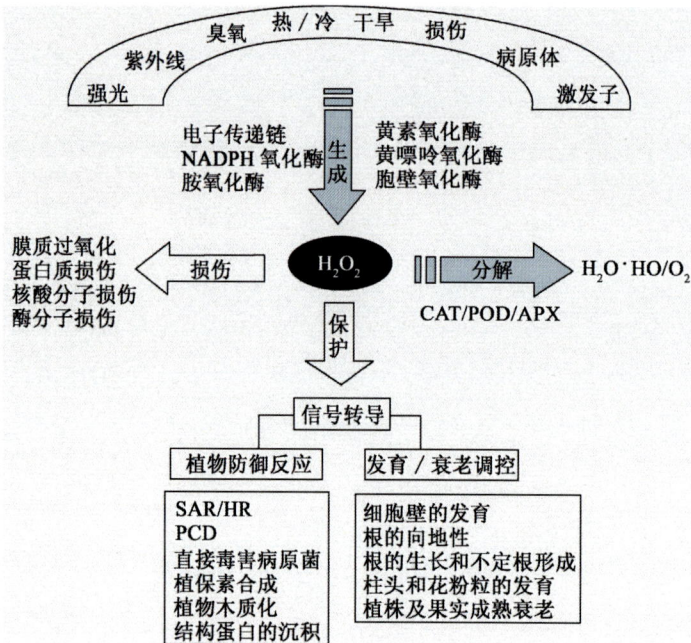

图1-1-4-1　植物细胞内的H₂O₂

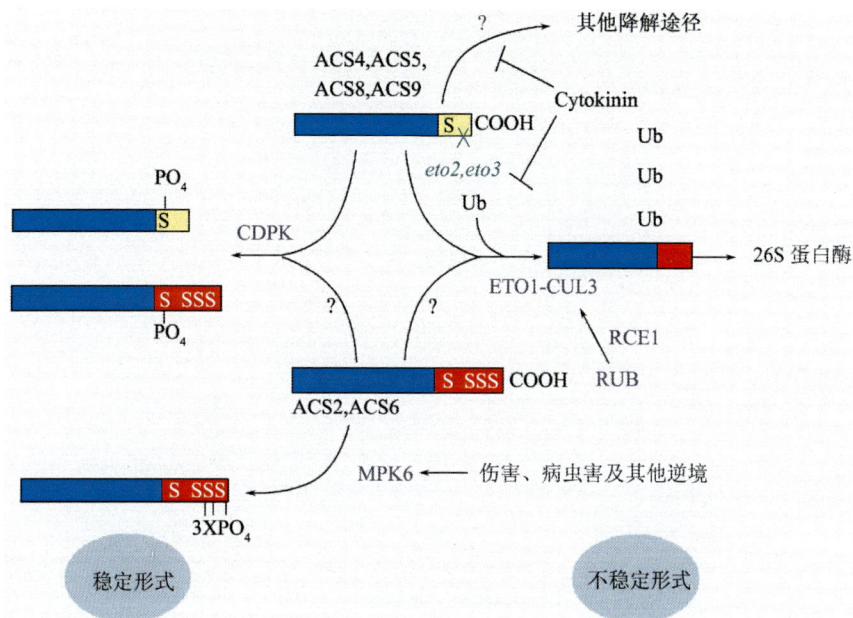

图1-2-1-3　ACS转录后调控模式

(引自：Chae & Kieber，2005)

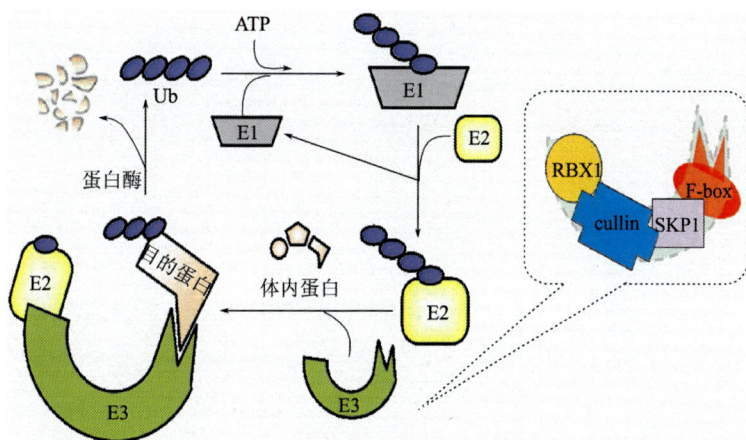

图1-2-1-4　泛素降解途径及生长素受体参与的泛素连接酶E3的结构

图1-2-1-5　在连体番茄中用TRV介导的VIGS沉默LeEILs基因

（a）对照果实（TRV）.（b）和（c）LeEILs基因沉默番茄果实表型（TRV-LeEILs）

（d）番茄果实切图，左：对照果实(TRV)；右：LeEILs沉默果实

（引自：Fu et al.，2005）

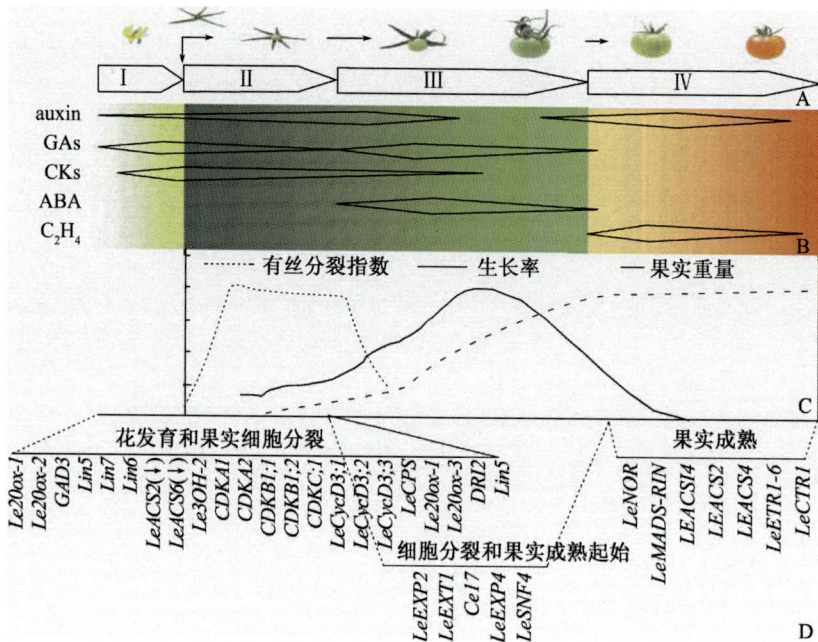

图1-2-2-1　番茄果实发育的激素调控

A．番茄果实发育不同阶段示意图．Ⅰ．花的发育和果实形成阶段．Ⅱ．果实发育早期细胞分裂阶段．Ⅲ．细胞增大和果实成熟开始阶段．Ⅳ．果实成熟阶段．B．果实发育不同阶段的激素含量变化示意图．C．番茄果实的有丝分裂指数、生长率果实重量示意图．D．果实发育过程中与激素变化相关的基因示意图，下标箭头表示该基因表达下调

（引自：Srivastava & Handa，2005）

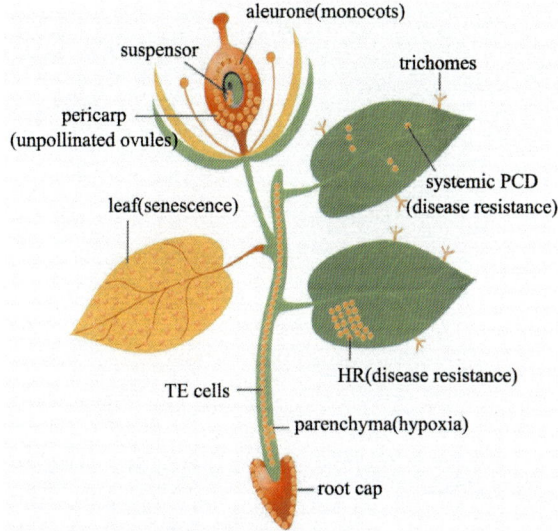

图1-2-4-1 维管植物发育和胁迫条件下PCD的发生部位

图中橘色的圆点代表发生死亡的细胞

(引自：Pennell & Lamb，1997)

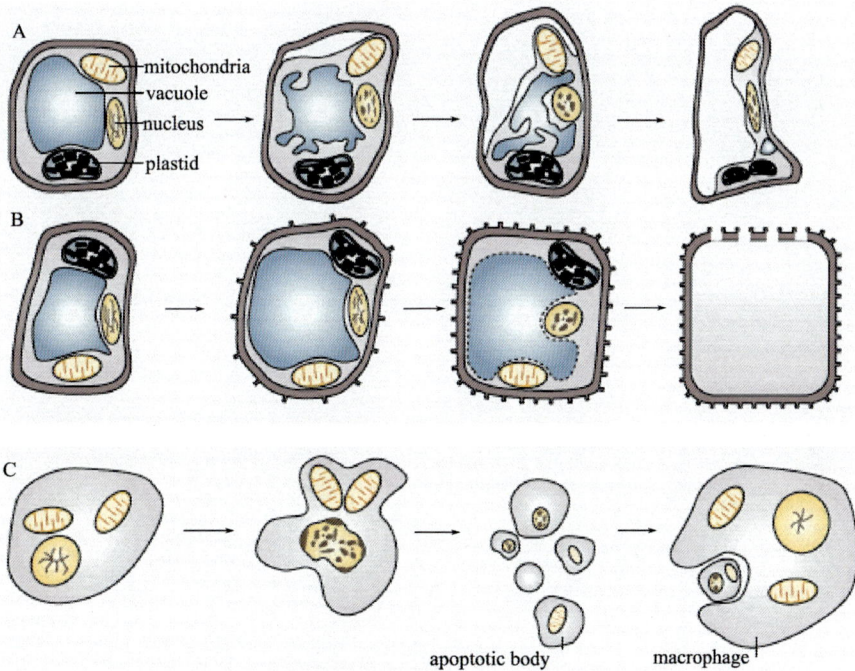

图1-2-4-2 植物PCD和动物细胞凋亡之间形态学的比较

A．植物的超敏反应，在细胞死亡的后期，能够观察到染色质皱缩、DNA裂解成50 kb大小的片段，然后液泡出现明显破裂。并且能够观察到液泡和质膜出芽以及细胞器的降解。在细胞死亡的最后阶段，质膜崩溃并质壁分离，并以死亡细胞的内容物泄露进入非原生质体而告终。图中不规则、棕色的块状物是片段化的细胞核DNA。B．管状分子的分化，液泡的肿胀和破裂伴随着细胞壁的增厚和重建．在液泡发生崩溃后，核DNA立即发生片段化，这一过程发生在细胞自溶之前，是细胞死亡的后期。正在分化的管状分子中的短茬是网状的次生壁。在管状分子分化的末期，细胞壁中破裂的区域表明了局部空间的穿孔。C．动物细胞的凋亡，最初的形态学特征是染色质皱缩、DNA片段化，质膜呈现边缘化，并包裹细胞内含物形成凋亡小体，最终被邻近细胞或巨噬细胞吞噬降解。

(引自：Lam，2005)

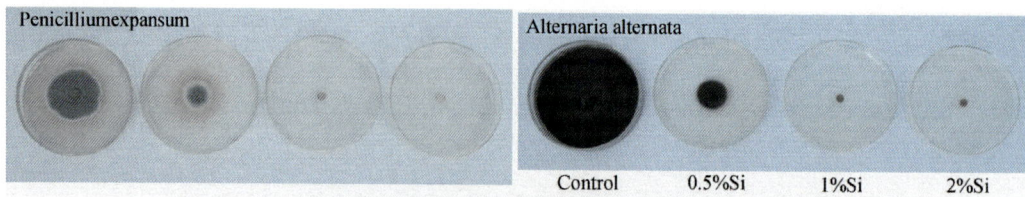

图2-2-1-1　硅酸钠在离体条件下对青霉菌(Penicillium expansum)和
交链孢(Alternaria alternata)的抑制作用

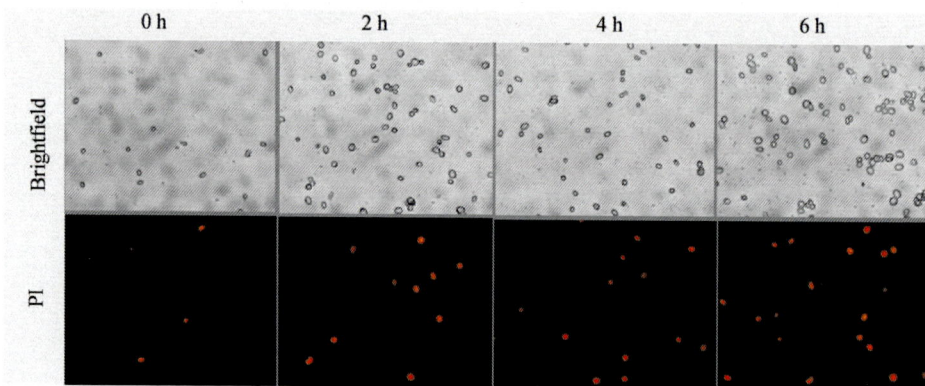

图2-2-1-3　*Penicillium digitatum*及*Monilinia fructicola*孢子在0.05%硅酸钠中质膜完整性的动态变化
病原菌孢子用荧光染料Propidium iodide (PI)染色后在荧光显微镜下观察孢子染色情况

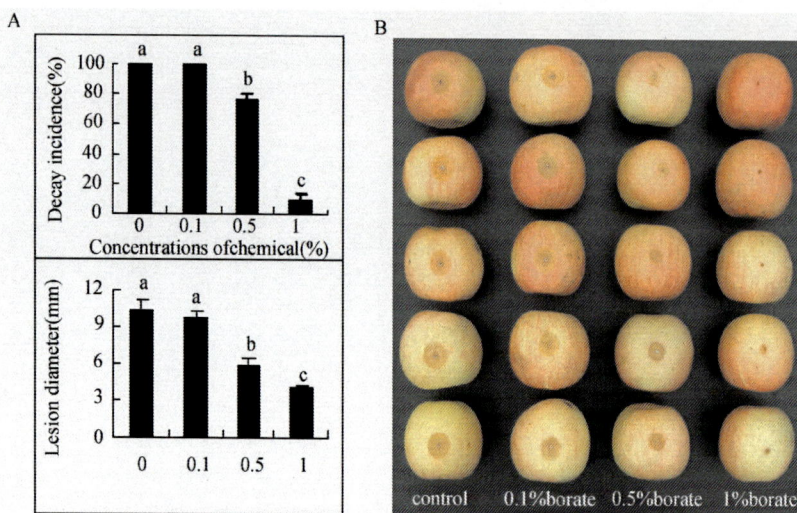

图2-2-1-5　不同浓度硼酸钾处理对苹果果实采后青霉病（*Penicillium expansum*）的防治效果。
果实接种后贮藏在25℃，4天后统计发病率及病斑直径

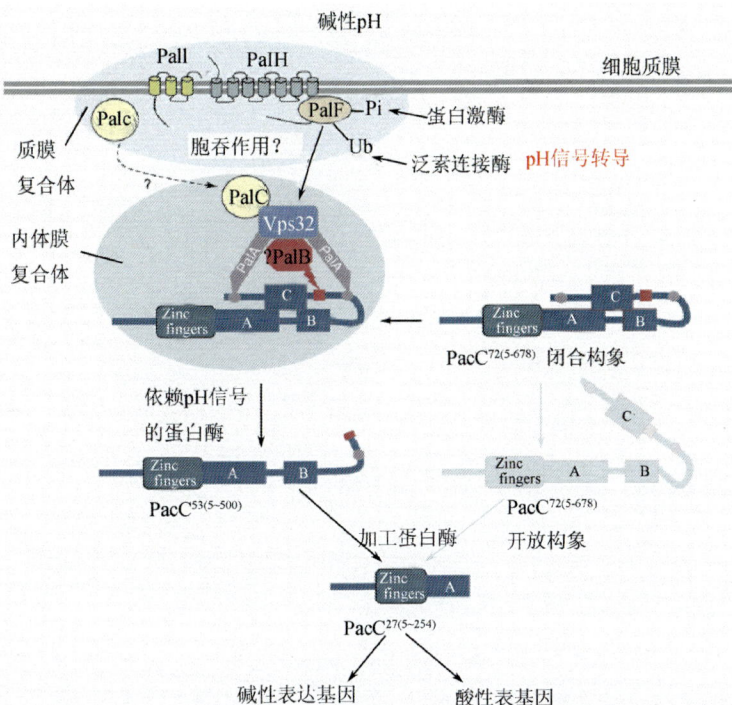

图 2-2-2-1 构巢曲霉*Aspergillus nidulans*中的pH调控机制

（引自：Peñalva et al.，2008）

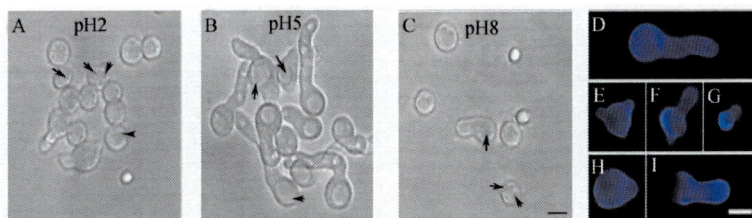

图2-2-2-2 青霉孢子在不同pH的PDB培养液中25℃培养10 h后的孢子形态

（引自：Li et al.，2010）

图2-2-3-3 芒果经不同草酸处理后在常温（25℃）下贮藏18天果实的腐烂状况

A．对照，B．采后草酸处理，C．采前＋采后草酸，
D．采前 Ca²⁺＋采后草酸

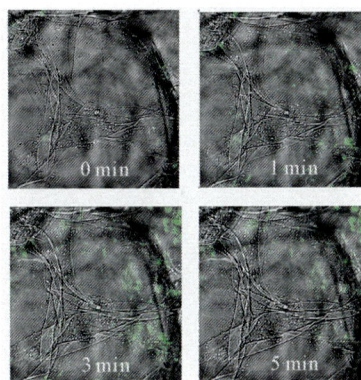

图2-2-4-1 真菌激发子诱导的NO爆发

LCSM 40倍物镜下拍摄番茄果皮组织在真菌激发子处理前、处理后1、3、5 min的NO荧光染色照片

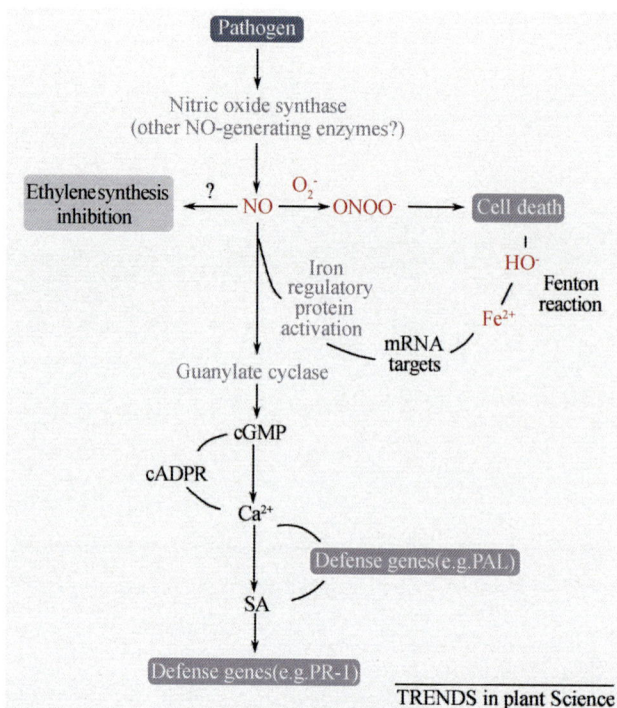

图2-2-4-2　NO 信号途径

（引自：Wendehenne et al., 2001）

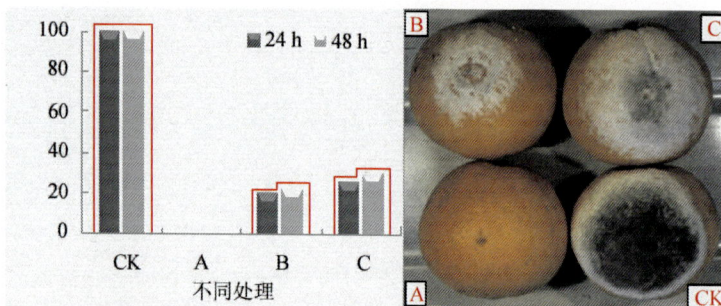

图2-3-1-1　枯草芽孢杆菌不同处理液对柑橘绿霉病的防治效果（25℃，7天）

A 活菌液；B 过滤液；C 热处理液；CK 对照

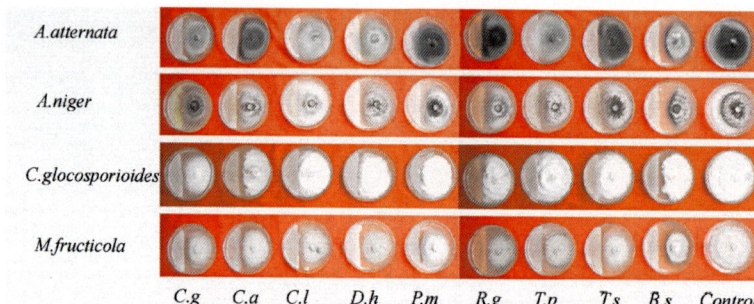

图2-3-1-3　不同酵母拮抗菌与不同病原菌在PDA培养基上的对峙生长情况

B．s-*B.subtilis* 912；C．g-*C.guiliermondii*；C．a-*C.albidus*；C．l-*C.laurenti*；D．h-*D.hansentii*；P．m-*P.membraneafaciens*；R．g-*R.glutinis*；T．p-*T.pullulans*；T．s-*Tricosporon* sp.

图 2-3-3-3 　壳聚糖包膜延长冬枣果实低温贮藏期和品质

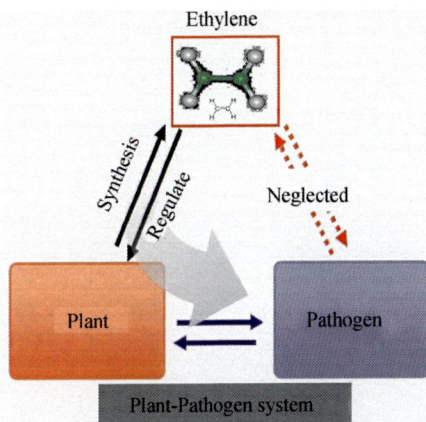

图2-3-4-3 　乙烯在植物与病原物互作体系中的研究现状

图2-4-1-5 　水杨酸处理对不同成熟度甜樱桃果实发病率和病斑扩展的影响

a 和 d 表示7成熟果实的发病率和病斑直径； b 和 e 表示8成熟果实的发病率和病斑直径；c 和 f 表示9成熟果实的发病率和病斑直径

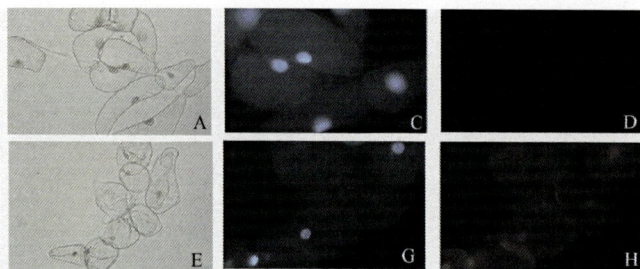

图2-4-5-1　壳寡糖诱导的烟草原生质浓缩与染色质解体，A、C、D正常细胞；E、G、H诱导凋亡细胞
(引自：Wang et al.，2008)

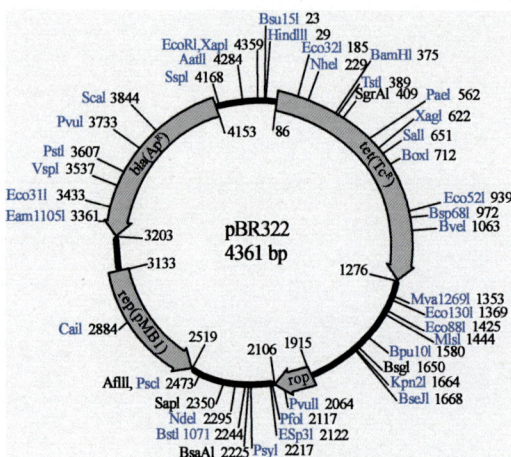

图3-1-4-2　pBR322 质粒物理图谱

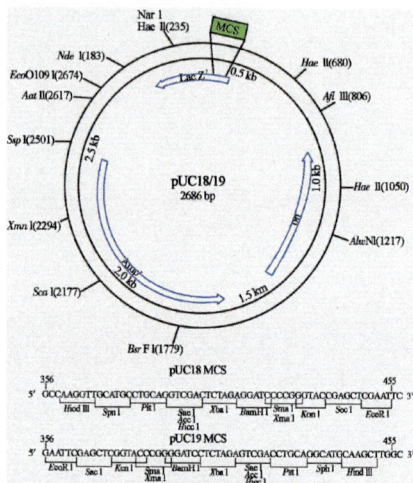

图3-1-4-3　pUC18/19 质粒多克隆位点顺序

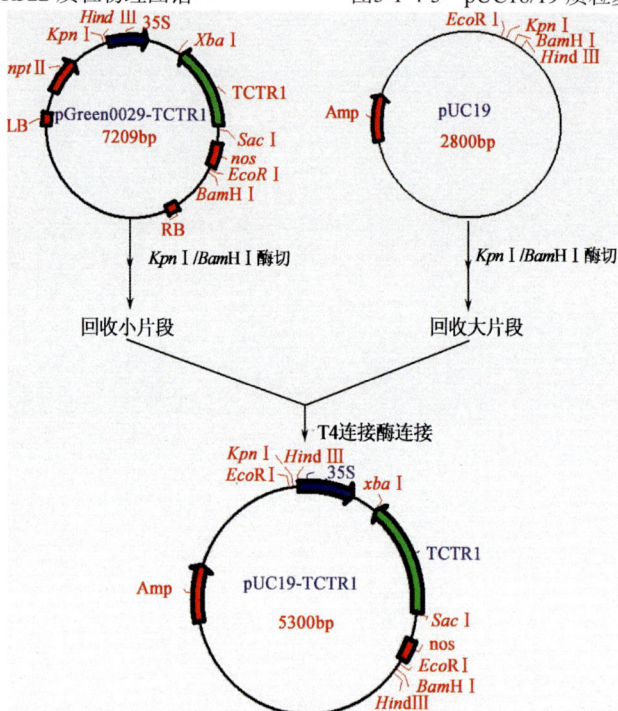

图3-1-4-4　pUC19-TCTR1载体构建
(引自：傅达奇，2002)

图3-1-4-5 植物转基因的主要转化方法

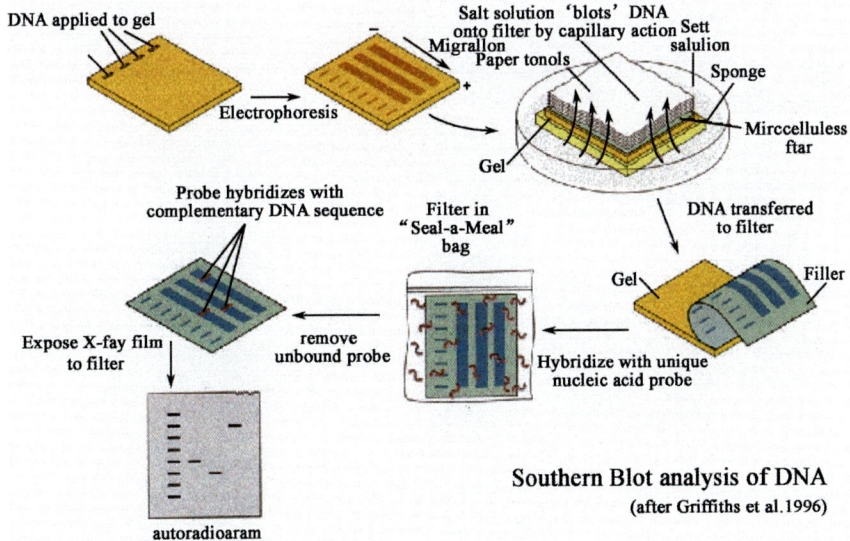

Southern Blot analysis of DNA
(after Griffiths et al.1996)

图3-1-4-6 DNA 的Southern杂交操作流程

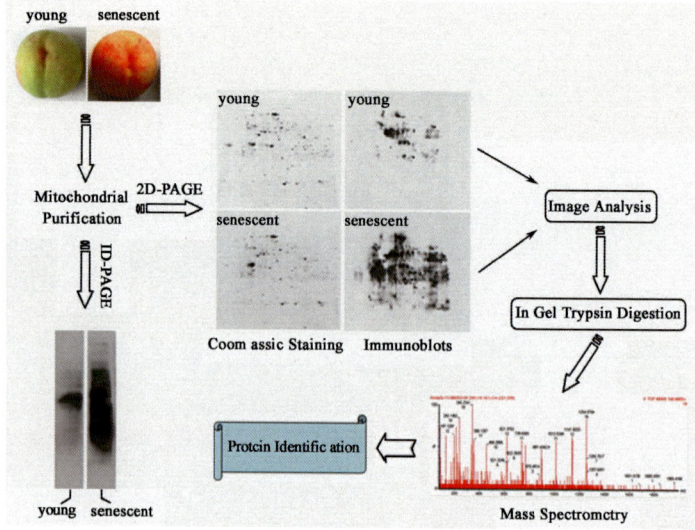

图3-2-1-1 通过蛋白质组学方法研究桃果实线粒体蛋白质与果实衰老的关系

（引自：Qin et al.，2009a）

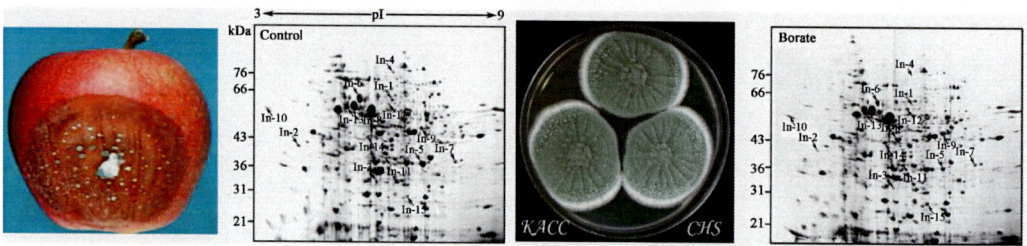

图3-2-1-2 通过蛋白质组学方法研究果实采后病原真菌*Penicillium expansum*的致病机制

（引自：Qinetal，2007）

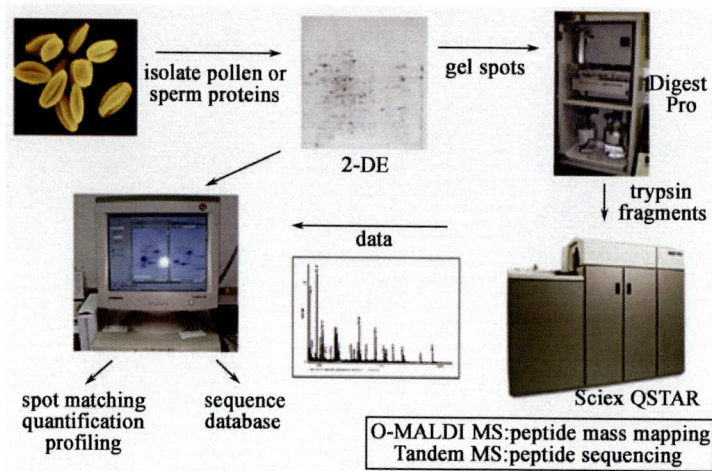

图3-2-2-1 蛋白质组学研究流程

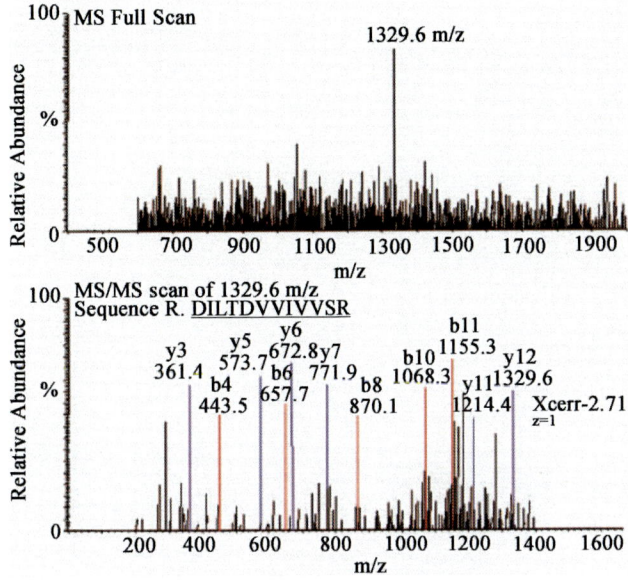

图3-2-2-2　串联质谱肽段分析结果

(引自：Miles et al.，2005)

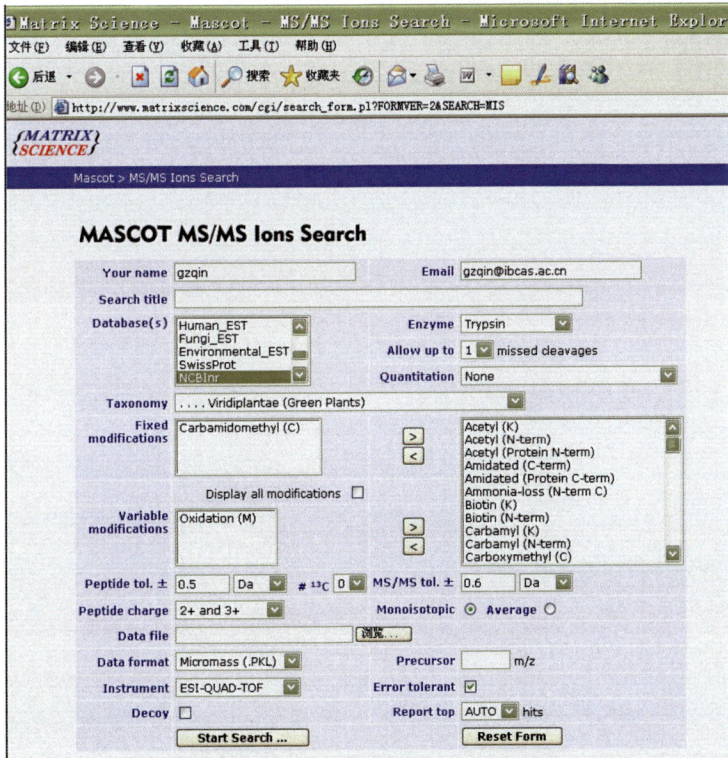

图3-2-2-3　用Mascot软件进行数据库搜索进行蛋白质鉴定

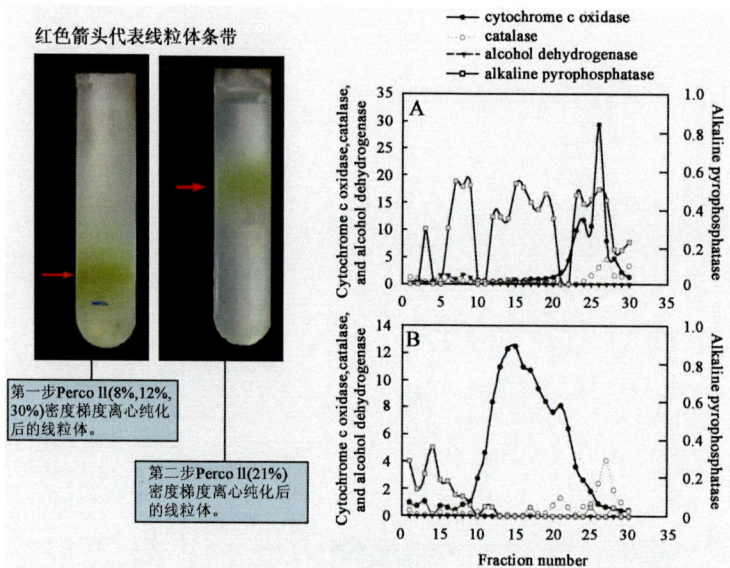

图3-2-3-2 通过标志酶对苹果果实线粒体纯度进行鉴定
（引自：Qin et al.，2009b）

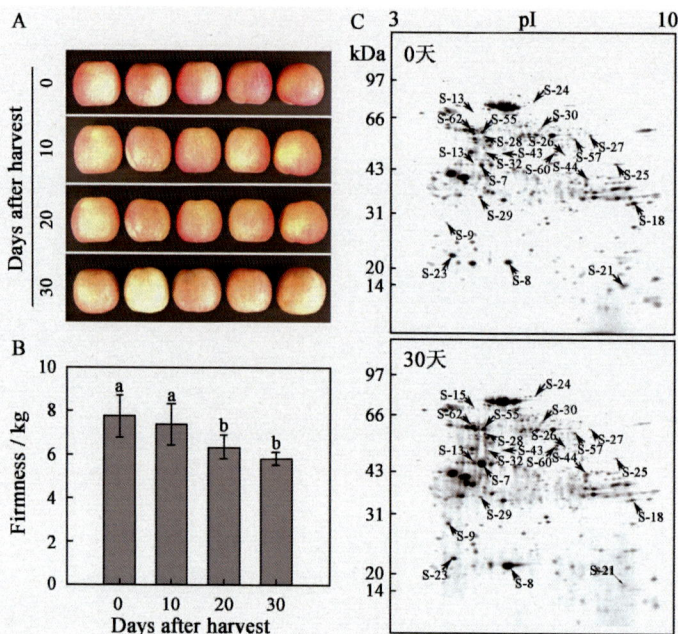

图3-2-3-3 通过蛋白质组学方法研究苹果衰老过程中线粒体蛋白质差异表达
（引自：Qin et al.，2009b）

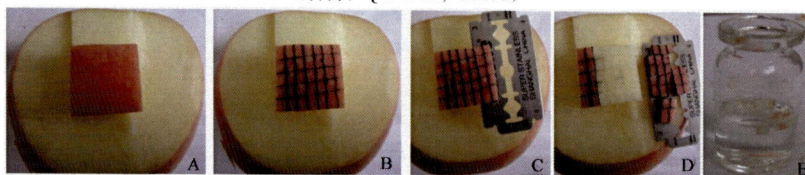

图3-3-1-1 果实组织取材方法
A.选定取材部位后将多余部位切除；B.利用双面刀片将选定材料分割，大小根据取材的需要；C.利用双面刀片按照需求将样品削切；D.获得材料块；E.将材料块轻放入固定液中

XIV

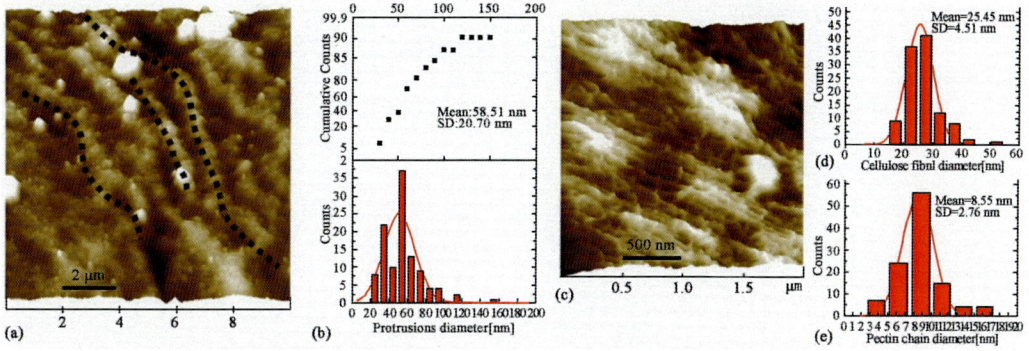

图3-3-2-3 AFM观察的Nitsch‑Nitsch培养基中的葡萄细胞壁活体低倍形貌图

(a)对照细胞，平行排列的直径大约为20 nm的微纤丝（灰线）被果胶质包裹形成平均直径为58 nm的凸出，接触模式，作用力≤ 20 pN，扫描频率1.5 Hz，Bar=2 μm。(b)凸出平均直径的柱形分布图，统计数量为100个细胞。(c)AFM（轻敲模式）观察的Nitsch‑Nitsch培养基中经UV处理的葡萄细胞壁活体形貌图，细胞壁表面有微纤丝凸出，凸出的高度大约3 nm、平均直径为8.5 nm；细胞壁微纤丝粗细纤丝片段间间隔深度为3～7 nm、深度在60～300 nm；AFM工作振幅≤ 2 nm，扫描频率为1 Hz，Bar=500 nm。(d)UV处理细胞纤维素微纤丝直径分布的柱形图，样品数≥ 100个细胞。(e)UV处理细胞果胶链直径分布的柱形图，样品数≥ 100个细胞

（引自：Lesniewska et al.，2004）

图3-3-2-4 苹果表皮的三维立体图

采用上述实验方法获得的苹果果皮表层三维图，上图中不同组织层通过各自荧光和反射特性区分开。液泡（4）含有花青素等显色组分，其自发荧光波长为585～640 nm（图像中鲜红色部分）；叶绿体（5）荧光波长在640 nm以上（图像中蓝色部分）；蜡层（1）反射荧光波长为488 nm（图像中绿色部分）；角质（2）荧光较弱（暗红）；细胞壁(1)的反射荧光（绿色）将角质层与其下的内层细胞区分开

（引自：Veraverbeke et al.，2001，Planta）

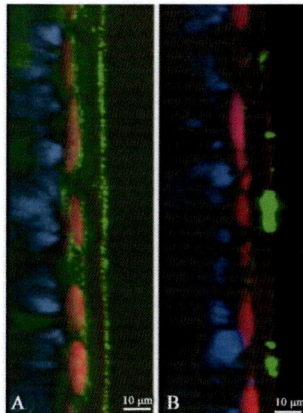

图3-3-2-5 苹果果皮蜡层二维切面图

正己烷处理前（a）和后（b）苹果角质层的LSCM观察图像，处理前蜡层的发射荧光清晰可见，而处理后只有上部分蜡质残留，大部分蜡质消失，Bar=10 μm

（引自：Veraverbeke et al.，2001）

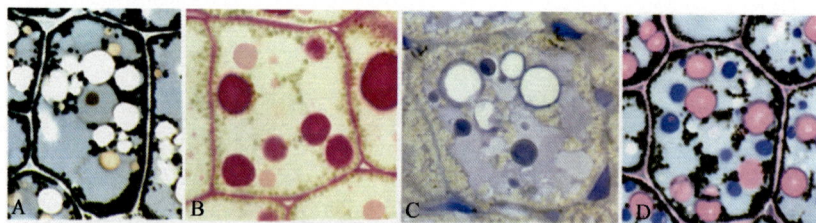

图3-3-3-1　花生种子中多糖、脂类、蛋白质物质的半薄切片细胞化学显示
1. 脂类物质的苏丹黑B染色；2. 多糖物质的PAS染色；3. 蛋白质的考马斯亮蓝R染色；4. 复合染色，3种物质的显示
（引自：胡适宜和朱澂，1990，植物学报）

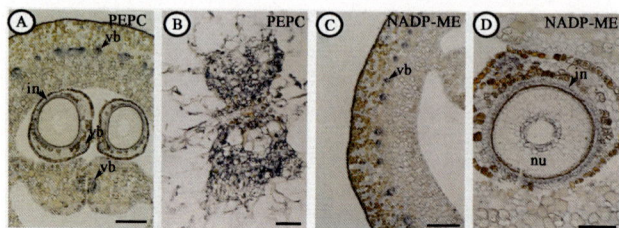

图3-3-3-6　葡萄果实磷酸烯醇式丙酮酸羧化酶（PEPC）和NADP-苹果酸酶（NADP-ME）
的免疫定位，二抗为碱性磷酸酶标记
（引自：Famiani et al., 2000，J EXP Bot）

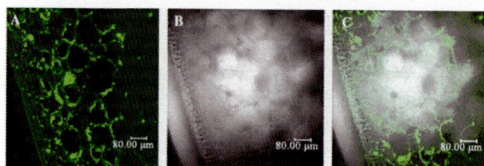

图3-3-3-7　番茄果实$\beta$-甘露糖酶免疫标记的扫描激光共聚焦显微镜观察
A. 为FITC标记的酶分；B. 为普通光镜观察；C. 为二者叠加图，切片为徒手切片
（引自：Wang et al., 2009，J Plant Physiol）

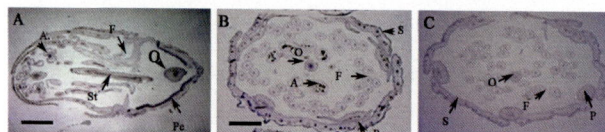

图3-3-3-8　桃果实PPERAG基因原位杂交，杂交信号为蓝紫色沉淀物
A. PPERAG基因转录主要在子房、花柱和雄蕊的花丝；B. PPERAG基因在萼片中的表达降低，花瓣中无
表达；K. 对照试验，探针为pGEMluc Vector（Promega, Madison, WI, USA）转录得到的正义RNA，示无杂
交信号。A. 花药；F. 花丝；O. 子房；P. 花瓣；S. 萼片；St. 花柱；ar=2 mm（A）和1.6 mm（B，K）
（引自：Tani et al., 2009，PlantPhysiol Biochem，Plant Physiol Biochem）

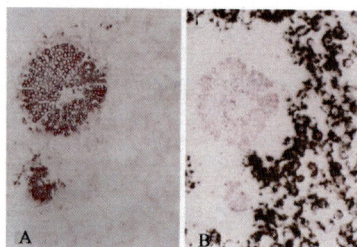

图3-3-3-9　柑橘果实PME mRNA原位杂交，切片用番红染色
A. 正义链探针杂交的阴性对照图片，维管束为红色；B. 果肉组织中该基因强烈表达；Bar=100 μm
（引自：Christensen et al., 1998，Plant）